教育部普通高等教育"十一五"国家级规划教材
国家林业和草原局普通高等教育"十四五"规划教材
高等院校园林与风景园林专业系列教材

园林植物遗传育种学

（第3版）（附数字资源）

刘青林　贾桂霞　主编

中国林业出版社
China Forestry Publishing House

内容简介

本教材包括5篇共38章。第一篇园林植物遗传学，在细胞遗传学、分子遗传学和基因组学、数量遗传学和群体遗传学的基础上，重点阐述了花发育与重瓣性、花色与彩斑、花香、茎发育与株型等重要观赏性状的遗传规律。第二篇园林植物育种学总论从种质资源与引种驯化，经杂交育种与杂种优势利用、诱变育种、倍性育种、分子育种，到选择育种，品种登录、保护、审定与繁育，系统论述了园林植物育种的方法与流程。第三篇一、二年生与多年生花卉育种，介绍了三色堇、万寿菊、菊花、兰花、香石竹、鸢尾、萱草、仙人掌类与多肉植物的种质资源、育种方法和育种进展等。第四篇球根花卉育种，介绍了百合、荷花、郁金香、朱顶红、石蒜、大丽花、睡莲的种质资源、育种方法和育种进展等。第五篇木本花卉育种，介绍了梅花、牡丹与芍药、月季、杜鹃花、茶花、桂花、玉兰、丁香的种质资源、育种方法和育种进展等。数字资源为教材彩图、课件等内容。

本书53位作者来自25家单位，均为科研和生产第一线的专家。作者们以第一手资料为基础，结合国内外研究进展和育种实践写成本书，因此，本书具有较高的学术水平和很好的应用价值，可供园林、园艺专业的本科生和研究生作为教材使用，也可作为育种科技人员的重要参考书。

图书在版编目（CIP）数据

园林植物遗传育种学 / 刘青林，贾桂霞主编.
3版. -- 北京：中国林业出版社，2024.10. --（教育部普通高等教育"十一五"国家级规划教材）（国家林业和草原局普通高等教育"十四五"规划教材）（高等院校园林与风景园林专业系列教材）. -- ISBN 978-7-5219-2752-8

Ⅰ. S680.32

中国国家版本馆CIP数据核字第2024791HS9号

策划、责任编辑：康红梅
责任校对：苏 梅
封面设计：北京钧鼎文化传媒有限公司

出版发行	中国林业出版社
	（100009，北京市西城区刘海胡同7号，电话 010-83223120，83143551）
电子邮箱	jiaocaipublic@163.com
网　　址	https://www.cfph.net
印　　刷	北京中科印刷有限公司
版　　次	2000年6月第1版（共印11次）
	2010年12月第2版（共印12次）
	2024年10月第3版
印　　次	2024年10月第1次印刷
开　　本	850mm×1168mm　1/16
印　　张	52
字　　数	1302千字
定　　价	119.90元

数字资源

国家林业和草原局院校教材建设专家委员会高教分会
园林与风景园林组

组　　长　李　雄（北京林业大学）
委　　员　（以姓氏拼音为序）
　　　　　包满珠（华中农业大学）
　　　　　车代弟（东北农业大学）
　　　　　陈龙清（西南林业大学）
　　　　　陈永生（安徽农业大学）
　　　　　董建文（福建农林大学）
　　　　　甘德欣（湖南农业大学）
　　　　　高　翅（华中农业大学）
　　　　　黄海泉（西南林业大学）
　　　　　金荷仙（浙江农林大学）
　　　　　兰思仁（福建农林大学）
　　　　　李　翅（北京林业大学）
　　　　　刘纯青（江西农业大学）
　　　　　刘庆华（青岛农业大学）
　　　　　刘　燕（北京林业大学）
　　　　　潘远智（四川农业大学）
　　　　　戚继忠（北华大学）
　　　　　宋希强（海南大学）
　　　　　田　青（甘肃农业大学）
　　　　　田如男（南京林业大学）
　　　　　王洪俊（北华大学）
　　　　　许大为（东北林业大学）
　　　　　许先升（海南大学）
　　　　　张常青（中国农业大学）
　　　　　张克中（北京农学院）
　　　　　张启翔（北京林业大学）
　　　　　张青萍（南京林业大学）
　　　　　赵昌恒（黄山学院）
　　　　　赵宏波（浙江农林大学）
秘　　书　郑　曦（北京林业大学）

《园林植物遗传育种学》（第3版）编写人员

名誉主编 程金水
主　　编 刘青林　贾桂霞
副 主 编 何恒斌　何俊娜　周晓锋
编写人员 （以姓氏拼音为序）
　　　　　　陈龙清（西南林业大学）
　　　　　　成雅京（国家植物园）
　　　　　　崔洪霞（中国科学院植物研究所）
　　　　　　崔铁成（肇庆学院）
　　　　　　段　青（云南省农业科学院花卉研究所）
　　　　　　傅小鹏（华中农业大学）
　　　　　　高　雪（北京林业大学）
　　　　　　高亦珂（北京林业大学）
　　　　　　葛　红（中国农业科学院蔬菜花卉所）
　　　　　　何恒斌（北京林业大学）
　　　　　　何俊娜（中国农业大学）
　　　　　　胡惠蓉（华中农业大学）
　　　　　　胡永红（上海辰山植物园）
　　　　　　贾桂霞（北京林业大学）
　　　　　　李嘉珏（中国洛阳国家牡丹园）
　　　　　　李淑娟（陕西省西安植物园）
　　　　　　李　心（上海市农业科学院林木果树所）
　　　　　　李涌福（南京林业大学）
　　　　　　刘青林（中国农业大学）
　　　　　　莫锡君（云南省农业科学院花卉研究所）
　　　　　　潘春屏（大丰盆栽花卉研究所）
　　　　　　邱茉莉（肇庆学院）

屈连伟（辽宁省农业科学院花卉所）
任梓铭（浙江理工大学）
石　雷（中国科学院植物研究所）
孙丽丹（北京林业大学）
王　聪（北京农学院）
王亮生（中国科学院植物研究所）
王文和（北京农学院）
王贤荣（南京林业大学）
王亚玲（海南大学）
夏宜平（浙江大学）
向　林（华中农业大学）
肖月娥（上海植物园）
邢桂梅（辽宁省农业科学院花卉所）
邢　全（中国科学院植物研究所）
杨柳燕（上海市农业科学院林木果树所）
杨　勇（中国科学院植物研究所）
杨宗宗（新疆自然里植物学社）
于　蕊（西北农林科技大学）
张爱芳（肇庆学院）
张　成（南京林业大学）
张华丽（北京市园林绿化科学研究院）
张敬丽（云南农业大学）
张永春（上海市农业科学院林木果树所）
张长芹（中国科学院昆明植物研究所）
张志胜（华南农业大学）
赵惠恩（北京林业大学）
赵祥云（北京农学院）
赵印泉（成都理工大学）
周　莉（中国农业大学）
周　琳（上海市农业科学院林木果树所）
周晓锋（中国农业大学）

主　审　张启翔（北京林业大学）
　　　　　包满珠（华中农业大学）
　　　　　陈发棣（南京农业大学）

《园林植物遗传育种学》(第2版)编写人员

主　　编　程金水　刘青林
副 主 编　贾桂霞　陈龙清
编写人员　(以姓氏拼音为序)
　　　　　陈龙清(华中农业大学)
　　　　　程金水(北京林业大学)
　　　　　崔洪霞(中国科学院植物研究所)
　　　　　崔铁成(肇庆学院)
　　　　　宫　力(北京市园林科学研究所)
　　　　　桂　敏(云南省农业科学院花卉研究所)
　　　　　黄善武(中国农业科学院蔬菜花卉研究所)
　　　　　贾桂霞(北京林业大学)
　　　　　李嘉珏(中国洛阳国家牡丹园)
　　　　　刘建秀(江苏省中国科学院植物研究所)
　　　　　刘青林(中国农业大学)
　　　　　刘耀中(北京市园林科学研究所)
　　　　　石　雷(中国科学院植物研究所)
　　　　　王亮生(中国科学院植物研究所)
　　　　　王其超(中国荷花研究中心)
　　　　　王云山(山西省农业科学院园艺研究所)
　　　　　邢　全(中国科学院植物研究所)
　　　　　义鸣放(中国农业大学)
　　　　　张行言(中国荷花研究中心)
　　　　　张西西(北京市园林科学研究所)
　　　　　张长芹(中国科学院云南植物研究所)
　　　　　张志胜(华南农业大学)
　　　　　赵惠恩(北京林业大学)
　　　　　赵祥云(北京农学院)
　　　　　赵印泉(成都理工大学)
主　　审　陈俊愉(北京林业大学)
　　　　　孙自然(中国农业大学)
　　　　　张启翔(北京林业大学)

《园林植物遗传育种学》（第1版）编写人员

顾　　问　　陈俊愉
主　　编　　程金水
副 主 编　　刘青林
编写人员　　（以姓氏拼音为序）
　　　　　　包满珠（华中农业大学）
　　　　　　陈龙清（华中农业大学）
　　　　　　陈榕生（厦门园林植物园）
　　　　　　程金水（北京林业大学）
　　　　　　戴思兰（北京林业大学）
　　　　　　傅新生（天津市园林绿化研究所）
　　　　　　黄善武（中国农业科学院蔬菜花卉研究所）
　　　　　　贾桂霞（北京林业大学）
　　　　　　李嘉珏（甘肃省林业厅）
　　　　　　林尤兴（中国科学院植物研究所）
　　　　　　刘建秀（江苏省中国科学院植物研究所）
　　　　　　刘青林（中国农业大学）
　　　　　　龙雅宜（中国科学院植物研究所）
　　　　　　马江生（中国科学院遗传研究所）
　　　　　　施雪波（北京市园林科学研究所）
　　　　　　孙自然（中国农业大学）
　　　　　　王大均（上海植物园）
　　　　　　王其超（中国荷花研究中心）
　　　　　　熊济华（西南农业大学）
　　　　　　徐民生（中国科学院植物研究所）
　　　　　　义鸣放（中国农业大学）
　　　　　　张敦方（东北林业大学）
　　　　　　张长芹（中国科学院昆明植物研究所）
　　　　　　张志胜（华南农业大学）
　　　　　　赵梁军（中国农业大学）
　　　　　　赵祥云（北京农学院）

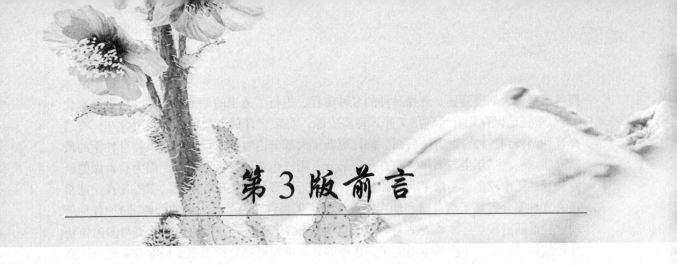

第 3 版前言

  2012年党的十八大将生态文明建设列为"五位一体"社会主义现代化强国建设的重要内容，2019年12月国务院办公厅发布《关于加强农业种质资源保护与利用的意见》，2023年12月中共中央、国务院发布了《关于全面推进美丽中国建设的意见》，2004年至今连续20年发布以"三农"（农业、农村、农民）为主题的中央一号文件，将园林绿化美化建设提升到国家战略。园林绿化美化建设不仅是生态文明、美丽中国建设的重要内容，而且是乡村全面振兴的重要抓手。美丽中国、和美乡村离不开美丽的、适应性强的园林（观赏）植物，这为我们园林植物的种质资源和遗传育种工作指明了方向。

  近几十年来，园林植物遗传育种工作取得了长足的进展。且不说梅花、月季、菊花、荷花等基因组、转录组对目标性状分子机理和功能基因的研究，也不说国际园艺学会指定的中国国际品种登录权威已经达到9个，仅育成品种的数量就有极大的增加。从国家林业和草原局、农业农村部授权的新品种、国际登录的品种、部分省级林业部门审定的良种及论文发表的新品种来看，目前可以整理在册的园林植物新品种估计已经超过5000个。尤其是具有自主知识产权的新品种已经到了从数量增加到质量提高的新阶段，这对我们的育种工作提出了更高的要求。

  目前在教学、科研单位依然存在重科研、轻教学，重论文、轻著作的现象。毋庸置疑，这种情形是不利于教材编写工作的。但来自25家单位的53位专家、教授、研究员，挣脱考核指标的束缚，挤出宝贵的时间来撰写书稿，在此我谨表达衷心的感激！

  本教材第2版第一主编、北京林业大学园林学院教授程金水先生于2023年1月5日辞世。北京林业大学园林学院教授、中国工程院资深院士陈俊愉先生，中国荷花研究中心正高工王其超先生和张行言先生，中国农业大学园艺学院教授孙自然先生、中国农业科学院蔬菜花卉所研究员黄善武先生等老前辈先后过世，我们的编者队伍和书稿存在青黄不接的困难。好在各位老先生的思想和书稿，如陈俊愉先生的绪言，王其超、张行言先生的荷花育种，程金水先生的茶花育种，孙自然先生的菊花育种和黄善武先生的月季育种都是经典，并不落伍。

  第3版修订的主要内容如下：园林植物遗传学部分的第1章遗传学概要扩充为细胞遗传学概要、分子遗传学和基因组学概要、数量遗传学概要共3章内容，并增加了群体遗传学概要一章，这主要是目前的园林植物研究工作已经发展到分子生物学阶段，教材应反映实际工作。重瓣花是花发育的结果，故将二者合并。园林植物育种学总论部分按照种质资源、创造变异、选择品种的育种流程，进行了适当的调整和归并。将引种驯化（类似于迁地保存和直接利用）并入种质资源，将杂交育种与杂种优势利用合并，将选择育种调整到各种育种方法后面。修订更新了大部分内容，以反映园林植物育种学的最新进展。一、二年生与多年生花卉育种部分，用三色堇替换了矮牵牛，因为前者做的研究和育种工作较多。新增了鸢尾和萱草，这是近年育种成果比较丰硕的宿根花卉。球根花卉育种部分省略了唐菖蒲和仙客来，增加了朱顶红、石蒜、大丽花、睡莲4种育种活动比较活跃的种类。木本花卉育种部分的种类没有变化。第2版的仙人掌类与多肉植物育种前移至一、二年生和多年生花卉育种部分，草坪植物育种因草业科学专业的分工而省略。第3~5篇各章的作者都是科研、育种第一线的专家，所写章节基本反映了我国在该种花卉遗传育种上的最高水平和最新进展。同时本次修订配备了数字资源，主教材中的部分彩色图片原图都放在数字资源中。

在此，对使用本教材的任课教师提几点建议：第一，要通读、领会所讲的章节，随时积累、补充最新的研究和育种进展，不必拘泥于章节顺序或篇章结构，也不要拘泥于现成的课件。只要掌握了核心内容，随口道来都是华章。第二，各章的思考题难度比较大，我们的出发点是，思考题不是作业，没有标准答案，甚至也没有参考答案；主要目的是引导学生举一反三、融会贯通、创新思考。第三，希望教学相长，比如师生共同讨论思考题，这样的教学效果会更好。

最后是对学生和读者的建议：第一，对教师讲授的章节至少要通读（预习）一遍，带着自己对思考题的理解来听课，并积极参加课堂讨论。第二，园林植物种类的多样性、育种目标的多样化，为育种工作提供了无限的可能性。既可以"指哪打哪"（先制定育种目标），也可以"打哪指哪"（根据育种结果，事后指明育种目标）。第三，各种观赏（经济）性状的发育和遗传都已不再是"黑盒子"；要根据其分子、发育和遗传机理，预测后代的变异，努力实现有计划、有目的的育种工作。第二、三点看似矛盾，其实最重要的是因地制宜、因种制宜地制订育种方案和工作计划。

本次修订历时较长，感谢各位编者争先恐后、积极交稿！也感谢各位编者对园林植物遗传育种教材和工作的恒久热爱和坚持，尤其是对我本人的厚爱和扶持！感谢中国林业出版社康红梅编审的忘我工作；她初审过后，我心里的石头才落地。北京林业大学园林学院张启翔教授、华中农业大学园艺林学学院包满珠教授、南京农业大学园艺学院陈发棣教授对本教材进行了把关，三位先生在百忙之中担任主审，令我非常感动！

人们往往自以为是，很难发现自身的错误，我也不例外。错误之处在所难免，敬请各位读者不吝指正，以便再版时更正。

中国农业大学　刘青林
2024年2月

第2版前言

《园林植物遗传育种学》(第1版)作为21世纪课程教材,自2000年出版至今已近10年,其间发行了5万多册,受到有关院校师生和企业技术人员的厚爱。

10年间,园林植物遗传育种学取得了较快的发展,主要体现在4个方面。首先,现代分子生物学、分子遗传学和生物技术的快速发展,不仅阐明了园林植物性状发育的分子机理,使不少观赏或经济性状都可以得到定向改良,而且已经获得了一些转基因花卉,其中已经或即将上市的有蓝色香石竹和蓝色月季。其次,园林植物品种权的保护越来越受重视,新品种引进和更新换代的步伐不断加快。我国自1999年在昆明世界园艺博览会之前加入UPOV以来,品种权保护不断加强,新品种引进和更新的速度基本上与世界同步。再次,随着栽培设施、复合缓释肥、花期调控技术的引进、吸收和创新,我国花卉产业化已初步形成,这对新品种的生产性状和经济性状提出了更高的要求,如适合设施栽培、生长期短、生长温度低的花卉专用品种。最后,随着城市环境和资源的变化、生态文明建设和园林绿化的可持续发展对新品种的适应性和抗逆性提出了更高的要求,如节水(抗旱)、适合屋顶绿化、适宜再生水灌溉的园林植物品种。这就要求园林植物遗传育种工作者不仅要加快培育观赏性状新颖、奇特的新品种,还要同时具有很好的生产性状和较强的抗逆性和抗病性;不仅满足花卉生产和园林绿化对新品种的需要,而且要易养、节水、节能、环保,让园林植物进入千家万户,进入城市的每一个角落,成为城市生活和生态环境不可分割的一部分。为了跟上园林植物遗传育种学发展的步伐,我们在第2版主要做了以下3个方面的修订工作:

第一,调整、完善框架。《园林植物遗传育种学》的框架在第1版时已经搭建得比较完整,全书分总论和各论两大部分,总论部分又分为遗传学和育种学两部分。为了满足园林植物与观赏园艺专业研究生和花卉科技工作者进一步学习的需要,我们在遗传学部分将彩斑遗传与花色遗传合并;将花径遗传与重瓣性遗传分开,前者与数量性状遗传组成一章,后者单独一章;并增加了花香遗传一章。育种学部分将多倍体育种和单倍体育种合并为倍性育种一章。将品种登录、审定、保护与品种退化与良种繁育合并为一章。各论部分主要根据国内育种的进展情况,删除了一串红、花烛、蕨类植物,增加了万寿菊、丁香、玉兰。

第二,第1版出版后,国内园林植物遗传育种学的队伍也进入新老交替阶段,我们本着"做什么,写什么"的一贯原则,对作者队伍进行了适当调整和补充。如邀请中国科学院植物研究所的王亮生先生新撰花色与彩斑遗传,请中国科学院植物研究所崔洪霞先生撰写丁香育种等。

第三,更新、充实内容。如前所述,10年来园林植物遗传育种学的理论和实践都发展很快,更新、充实内容是我们修订的主要工作。如遗传学概要、花发育的遗传、花香遗传、分子育种等章节都是重新撰写的,倍性育种也增加了染色体工程的内容等。

本书的修订工作是从2005年开始的，2007年本教材被列入教育部"普通高等教育'十一五'国家级规划教材"。虽经多次审读，错误和遗漏之处在所难免，我们热盼读者提出宝贵的意见，以便再版时进一步提高。

程金水　刘青林
2010年9月

第1版序言

园林植物（landscape plants）乃观赏植物（ornamental plants）之泛称，并简称或统称为花卉（广义，ornamental plants，garden flowers），按《中国农业百科全书·观赏园艺卷》的定义，园林植物（观赏植物）即"具有一定观赏价值，使用于室内外布置、美化环境并丰富人们生活的植物"（陈俊愉，1996）。

园林事业是我国城乡建设中的一个组成部分。人们对园林事业的要求不断提高，不仅需要园林绿地和风景名胜区、森林公园等发挥美化环境、提供优美游憩活动场地，还要求它们在改善环境、保护环境和恢复与建立生态平衡上做出贡献。因此，园林事业的功能是综合性的，其任务是多种多样的。

园林植物是园林事业的主要组成因素和重要内容。人们希望园林绿地中布置着丰富多彩、万紫千红、欣欣向荣、健康美丽的园林植物，也就是说，广大群众期待着所用园林植物既体现出物种多样性，又包含着品种多样性（陈俊愉，1998）。我国被西方人士誉称为"园林之母"，意即野生和栽培花卉种质均极丰富，很多奇花嘉木及其丰多的优良品种最初都是由我国传至世界各地的，如芍药、荷花、梅花、兰花、牡丹、山茶、萱草、杜鹃花等，乃其著例。

欧美等西方国家大量引种野生和国外栽培花卉并用以选育新品种，是近二三百年的事，近百年来尤甚。如欧美一般大城市的公私园林中，应用1000~3000种或更多的园林植物。对重要名花，更是用引入之种质通过杂交等手段，来大量选育新品种，如国际山茶协会登录的山茶品种达22 000个，各国栽培应用的月季品种达25 000之多（程金水，2000），由此可见园林植物遗传育种之重要性及其积累成果之突出性。

反观我国，不论在园林应用物种或栽培品种上，其多样性均远远落后于西方一般水平。如就每城市所用园林植物物种而言，一般总数为数百个。即使在应用植物材料最为丰富的广州，也仅为1500种左右。至于品种多样性方面，我国也处于贫乏落后的局面，如"我国山茶栽培品种仅300多个，云南山茶140多个，差距何等之大"（程金水，2000），"建国初期全国至少有200个品种以上（如河南鄢陵就有60个以上），现在已很少见……"（陈俊愉，1998），由此可知，现在我们是大大落后了。

那么，什么是园林植物育种？它在园林建设和生产开发中起何作用？它和遗传学有什么关系？"通过引种、杂交育种、选种或良种繁育等途径改良观赏植物固有类型而创造新品种的技术与过程"，称作园林植物（观赏植物）育种。它"也是以遗传学理论为指导，将天然存在的或人工创造的变异类型通过一定的方法和程序，选育出性状基本一致、遗传性相对稳定、符合育种目标与要求的新类型、新品种，并繁育良种苗"（陈俊愉，1996）。这样看来，园林植物遗传育种是丰富园林应用中物种多样性和品种多样性的重要而有力的科技手段。欧美和日本等国近百年来大搞园林植物育种，才形成了今天后来居上、欣欣向荣的局面。

此外，园林植物生产在世界种植业中占有重要而独特的地位，它有较高的经济效益，且长期处于上升阶段，而成为世界上最有活力的产业之一。据统计，数十年前的世界花卉年销售金额仅几十亿美元，1991年猛增至1000多亿，预计21世纪末可望达2000亿美元。我国花卉及有关产品出口，近年发展迅速，1996年总产值48亿元，出口创汇1.3亿美元（2008年全国花卉业总产值已达666.96亿元，出口额3.99亿美元，编者注）。虽与全球花卉产值和换取外汇值相比，我国不过占了一个零头，但只要战略对路，方法对头，我国花卉生产开发，包括内外销，都是有其广阔前景的。其间，正确引种并选育新品种，乃关键之一。

从育种的原始材料讲，摸清家底即系统而彻底地掌握种质资源至关重要。由于我国系园林之母，育种后新品种又主要是在本国应用，因此，深入调查研究本国花卉种质资源，就显得格外重要。国际花卉界最流行的一句话，"谁掌握种质，谁就掌握未来！"由于我国不论野生种质资源还是栽培品种资源都既丰富，又有其鲜明特色，故更有必要深入摸清家底，然后可以受惠无穷。根据我们和有关同志的多年研究积累，认为中国花卉种质资源的特长乃在于以下几方面：①早花和特早花类型多；②两季或四季开花类型多；③花有芳香甚至有异香者多；④具有特异性状者多（如具金黄色花之金花茶、开绿花之凤仙花、花心具"台阁"之梅花、开大朵黄花之大花黄牡丹等）；⑤具有突出的抗逆性，尤其是抗虫性、抗旱、耐热、耐盐碱等；⑥具有强大的自播能力和随遇而安的适应性。的确，我国花卉种质资源既多又好。这正如1980年夏美国加州大学戴维斯分校赖斯尔教授（Prof. A. T. Leiser, Uni. of Calif., Davis）亲口告我的："加州的树木花草有70%以上来自中国，中国的花卉种质资源太丰富了，过去引入美国的中国园林植物仅是少数单株的后代，最好的优株还在中国。"（陈俊愉，1982）

正因种质资源和摸清家底关系到花卉园林事业的全局和未来，我们曾建议国家和有关部门健全、巩固已有之名花基因库（如金花茶、牡丹、芍药等）和品种资源圃（如梅、兰花等），还要有计划、有步骤、有重点地建立其他重要花卉的基因库和品种圃。调查研究工作当然要配合开展，因为山林破坏等多种原因，至少因有的野生种质资源和栽培品种资源业已断种或濒危，亟应火速及时抢救，妥善保存，系统研究，直至繁殖、推广、栽培、应用其中之佼佼者。这是我们园林之母对于我国和世界的义务与奉献。

我国是个人口众多、气候地形复杂、平原和耕地较少、种质资源丰富而多种破坏与污染严重、荒漠化与水土流失严重、旱害频仍、人民勤劳坚韧而适应性强的文明古国和大国。认清、抓准我国国情，是干任何事业取得成功的前提。在如此严峻形势下，要想在较短时期内获得显著成绩，后来居上，必须在战略上切合国情，审时度势，抓准突破口，异军突起，出奇制胜，迎头赶上。

"名花好、野花多"——这是我国园林植物的特点，前者更是中华优秀的传统。什么是名花？"知名度高、品质优良的观赏植物谓之名花"（陈俊愉，1996）。多种世界名花起源于中国。因为我们有重视名花的历史传统，且中华花文化在全球是极具特色而亟待宣传和弘扬的。现在，在欧美主要通过花卉种质资源调查、引种和有目的、有重点、有步骤开展花卉育种已见成效之后，我们该如何对待中华花卉种质资源和名花传统呢？答曰：扬长避短，埋头苦干，学习提高，独树一帜。我们要有决心，有信心，团结一致，锲而不舍，力争用50年或略长的时间，赶上并超过欧美水平，在中华大地上建成世界花卉王国，我们的原则和途径是：①改革名花走新路；②改造洋花为中华；③选拔野花进花园；④花卉王国靠共建。现分别略加说明如下：

一曰"改革名花走新路" 中华名花的优点很多，它们是我们祖先千百年来引种、选育、欣赏、改良的心血结晶。1996—1997年上海文化出版社和上海园林学会等联合举办了"中国传统十大名花评选活动"，标准明确，规模宏大，发动群众，计算精确。在近15万选票中，统计选定了梅花、牡丹、菊花、兰花、月季、杜鹃花、山茶、荷花、桂花、水仙，这次评选是空前的、成功的。但是，如进而突出时代精神、群众观点和环境保护意识，则十大传统名花均仍有需加改革之处，方可走上在国内更普及，并在世界上飘香万里的地步。改革的途径是充分利用野生种进行远缘杂交，再连续培育、选优，如北京林业大学在地被菊和刺玫月季品种群选育中，已取得改革名花的初步成果。它们分别都比大菊、现代月季品种有更大的抗逆性和适应性，更耐粗放管理，因而，可在边远后进地区大量露地栽培应用，为更多群众服务。

二曰"改造洋花为中华" 由于近年欧美等外国在引种和选育新颖花卉上做了大量工作，因此，除原有名花如月季、山茶、菊花、百合、杜鹃花、郁金香等新品辈出、争奇斗艳外，还在切花中发展了非洲菊、六出花、花烛（红鹤芋、安祖花）、大花蕙兰等新种类、新品种，它们有天然花期长、切花寿命长、花色类型丰富等优点。合理引种国际市场上畅销花，不失为丰富花卉种类与品种的一条捷径。但在这样做的同时，一定勿忘改造洋花，使之国产化，甚至选育中国新品种群。这样做的好处很多，主要是摆脱长期依靠国外进口种株、种球、种子，既耗费外汇，又有不完全切合中华风土等弊端，且可独树一帜，从而创立并发展中国新品种群。例如郁金香，即可用我国原产的15种野生郁金香与荷兰栽培郁金香品种杂交，可望从中选育出中国郁金香新品种群。

三曰"选拔野花进花园" 家花（栽培花卉）都是从野花经引种、选育而来。为了克服现有园林绿地中物种多样性严重不足之缺点，也为了降低栽培管理费用，更为了废物利用、化废为宝，选拔合适的野生花卉直接进入园林绿地，应是当今急务之一。选拔时，应注意以下几点：①观赏价值高的种类，应列为首选，如缠枝牡丹（*Calystegia dahurica*）、山荞麦、紫花地丁、沙拐枣等；②有特殊优点的种类，如蒲公英之早花性和四季开花性，沙参之秋季开蓝色花等；③抗逆性特强，如抗旱、抗寒、耐践踏等；④适作地被植物用者，尤其是耐阴性强者，如紫花地丁等，应作为首选种类；⑤在引种驯化过程可结合进行选种。

四曰"花卉王国靠共建" 西方如荷兰等国，用二三百年建成花卉王国，我国因有花卉种质资源丰富而优异、风土条件复杂，土地人力成本较低等有利因素，可借鉴西方经验教训，只要目标明确、万众一心，用50年或略长的时间，走完西方花二三百年走过的路，从世界园林之母一跃而为全球花卉王国，从被动地、无偿地向各国提供花卉种质资源到在建设本国公私园林所用花卉材料之外，还主动地、有偿地用各类花卉新品种群为各国园林服务。这是可以实现的一个理想，花卉遗传育种工作者应负起主要责任来。

最后，结合有计划有重点地建立不同名花和特产花卉基因库与品种资源圃，是一切花卉遗传与育种的前提和物质基础，应下大决心采取有力措施促其实现。

花卉育种工作，千头万绪。这是一项很有特点的事业，在执行中应抓准育种目标、原始材料、评选标准等关键环节。切勿好高骛远，贪大求全。详见"花卉育种中几个关键环节"一文（陈俊愉，1995），不再赘述。

本书分总论、各论两部分。总论包括园林植物遗传学与园林植物育种学：前者在一般遗传学原理基础上，着重探讨与园林植物关系密切的问题，如花色遗传、彩斑遗传、花径与重瓣性遗传、株型与枝姿遗传、数量性状与抗性遗传等；后者则在探讨种质资源之后，分述不同育种方法以及品种登录保护、防止品种退化与良种繁育等。在各论部分中，分一、二年生花卉与宿根花卉、球根花卉、花木、观叶与草坪植物介绍20种（类）园林植物育种方法与技术。可以说，这是一本理论联系实际并饶有中国特色的园林植物遗传育种教材。

陈俊愉

1999年9月

第1版前言

《园林植物遗传育种学》是根据1998年12月高等农林教育面向21世纪环境生态类本科人才培养方案及教学内容和课程体系改革的研究与实践工作会议，以及园林教学指导委员会教材编写计划，经教育部高教司批准，在园林专业教学指导委员会指导下，由北京林业大学负责组织编写的。教材编写贯彻少而精原则以及保证教材的系统性、科学性、先进性和实用性的要求。教材内容，考虑园林植物特点，遗传学部分编写，在细胞遗传基本知识基础上，着重讲述花的发育、花色、彩斑、重瓣性、株型、抗性等现代遗传变异原理。育种学部分，根据近些年国内外园林植物育种的进展，在常规育种基础上，充实了杂种优势利用中的制种技术，诱变育种，倍性育种；增加了分子育种，品种登录等内容。各论选择了有代表性的一、二年生花卉、宿根、球根、木本花卉及观叶植物与草坪植物共20种，由国内多年从事有关花卉教学、科研和生产的专家、教授撰写（作者列于各章末尾的括弧内）。这本教材可以说是新中国成立50年来，20多位专家共同协作的结晶。初稿打印出来以后，又经陈俊愉教授、陈有民教授、孙自然教授、龙雅宜研究员、董保华高级工程师、周维燕教授、刘燕副教授的审阅，提出了宝贵的修改意见。特别是80多岁高龄的陈俊愉资深院士，冒着酷暑，为本书撰写了绪论。在此，对为本书编写、审阅、编辑、出版付出辛勤劳动的专家和工作人员，表示最衷心的感谢！

全书约60万字，附有彩图、黑白图，每章后有参考文献和思考题，可供自学复习时参考。

学时分配建议：理论教学50~60学时，其中总论30~40学时，各论20~30学时；实习实验20学时。各校可根据具体情况安排。

此书出版的时候已进入科学技术迅速发展的21世纪，由于编者的认识所限，加上编写时间的短促，可能有疏漏和错误的地方，欢迎使用本教材的师生提出批评和建议，以便再版时修正、更新、充实、提高。

编 者

1999年12月

目录

第3版前言
第2版前言
第1版序言
第1版前言

第1篇　园林植物遗传学 （1）
第1章　细胞遗传学概要 （2）
　　1.1　遗传与变异 （2）
　　1.2　染色体结构与行为 （3）
　　1.3　遗传基本规律（孟德尔定律） （10）
　　1.4　连锁遗传、基因定位与伴性遗传 （23）
　　1.5　染色体畸变 （32）
　　1.6　细胞质遗传与雄性不育 （37）
　　思考题 （40）
　　推荐阅读书目 （40）
第2章　分子遗传学和基因组学概要 （41）
　　2.1　遗传物质分子基础 （41）
　　2.2　基因复制与表达 （46）
　　2.3　基因表达的调控 （49）
　　2.4　基因突变与转座子 （53）
　　2.5　基因组与基因组学 （55）
　　思考题 （60）
　　推荐阅读书目 （61）
第3章　数量遗传学概要 （62）
　　3.1　数量性状遗传及其遗传力 （63）
　　3.2　多基因假说和数量性状基因座 （65）
　　3.3　园林植物数量性状及应用 （71）
　　思考题 （76）

　　　　推荐阅读书目……………………………………………………………………（77）
第4章　群体遗传学概要……………………………………………………………（78）
　　4.1　群体遗传学概念与简史……………………………………………………（78）
　　4.2　植物群体变异来源及其检测………………………………………………（80）
　　4.3　理想群体与Hardy-Weinberg法则…………………………………………（83）
　　4.4　自然选择与遗传漂变………………………………………………………（86）
　　4.5　园林植物群体遗传学研究…………………………………………………（88）
　　　　思考题……………………………………………………………………（97）
　　　　推荐阅读书目……………………………………………………………（98）
第5章　花发育与重瓣性遗传………………………………………………………（99）
　　5.1　花发育与重瓣性概述………………………………………………………（100）
　　5.2　成花诱导（花序的发育）与童期……………………………………………（101）
　　5.3　花的发端（花芽发育）与花期遗传…………………………………………（104）
　　5.4　花器官与花型发育…………………………………………………………（106）
　　5.5　重瓣花起源和形成机理……………………………………………………（112）
　　5.6　重瓣花遗传…………………………………………………………………（116）
　　5.7　影响花发育的因素及其育种应用…………………………………………（118）
　　　　思考题……………………………………………………………………（121）
　　　　推荐阅读书目……………………………………………………………（121）
第6章　花色与彩斑遗传……………………………………………………………（122）
　　6.1　色素类群及其生物合成……………………………………………………（123）
　　6.2　花色和色素…………………………………………………………………（131）
　　6.3　花色基因与遗传……………………………………………………………（134）
　　6.4　彩斑遗传……………………………………………………………………（140）
　　　　思考题……………………………………………………………………（146）
　　　　推荐阅读书目……………………………………………………………（146）
第7章　花香遗传……………………………………………………………………（147）
　　7.1　花香挥发物主要成分和代谢途径…………………………………………（148）
　　7.2　花香代谢关键酶分离及其基因克隆………………………………………（151）
　　7.3　花香产物调控………………………………………………………………（154）
　　7.4　花香遗传改良………………………………………………………………（157）
　　　　思考题……………………………………………………………………（160）
　　　　推荐阅读书目……………………………………………………………（160）
第8章　茎发育与株型遗传…………………………………………………………（161）
　　8.1　茎发育与株型多样性………………………………………………………（162）
　　8.2　植物激素与株型发育………………………………………………………（165）
　　8.3　株型遗传一般规律…………………………………………………………（166）

8.4 应用生物技术修饰株型 …………………………………………………（167）
思考题 ……………………………………………………………………（168）
推荐阅读书目 ……………………………………………………………（168）

第2篇 园林植物育种学总论 ………………………………………………（169）

第9章 种质资源与引种驯化 …………………………………………（170）
9.1 种质资源概念、分类和意义 ………………………………………（171）
9.2 起源中心与变异来源 ………………………………………………（172）
9.3 中国园林植物种质资源特点及其成因 ……………………………（175）
9.4 种质资源工作主要内容 ……………………………………………（178）
9.5 引种驯化概念与意义 ………………………………………………（186）
9.6 引种驯化原理与规律 ………………………………………………（187）
9.7 引种驯化原则与方法 ………………………………………………（191）
思考题 ……………………………………………………………………（194）
推荐阅读书目 ……………………………………………………………（194）

第10章 杂交育种与杂种优势利用 ……………………………………（195）
10.1 概念与意义 …………………………………………………………（196）
10.2 杂交育种计划制订和准备工作 ……………………………………（198）
10.3 杂交技术 ……………………………………………………………（204）
10.4 远缘杂交特点和育种技术 …………………………………………（205）
10.5 杂种后代选育 ………………………………………………………（213）
10.6 杂种优势及其利用价值 ……………………………………………（215）
10.7 选育一代杂种一般程序 ……………………………………………（217）
10.8 杂种种子生产 ………………………………………………………（220）
思考题 ……………………………………………………………………（226）
推荐阅读书目 ……………………………………………………………（226）

第11章 诱变育种 ………………………………………………………（227）
11.1 诱变育种概述 ………………………………………………………（228）
11.2 辐射诱变育种 ………………………………………………………（230）
11.3 化学诱变育种 ………………………………………………………（237）
11.4 空间诱变及离子注入 ………………………………………………（241）
11.5 诱变后代选育 ………………………………………………………（243）
思考题 ……………………………………………………………………（245）
推荐阅读书目 ……………………………………………………………（245）

第12章 倍性育种 ………………………………………………………（246）
12.1 多倍体概述 …………………………………………………………（247）
12.2 人工诱导多倍体方法 ………………………………………………（250）

12.3　多倍体鉴定、选育及其成就 ………………………………………………………（255）
　　12.4　单倍体概述 …………………………………………………………………………（257）
　　12.5　花药培养诱导单倍体植株方法 ……………………………………………………（259）
　　12.6　染色体工程概述 ……………………………………………………………………（266）
　　思考题 ………………………………………………………………………………………（267）
　　推荐阅读书目 ………………………………………………………………………………（267）

第13章　分子育种 …………………………………………………………………………………（268）
　　13.1　分子育种概述 ………………………………………………………………………（269）
　　13.2　分子标记辅助选择 …………………………………………………………………（271）
　　13.3　目的基因获得 ………………………………………………………………………（272）
　　13.4　目的基因与载体连接 ………………………………………………………………（274）
　　13.5　植物遗传转化 ………………………………………………………………………（276）
　　13.6　转基因植株再生与鉴定 ……………………………………………………………（278）
　　思考题 ………………………………………………………………………………………（280）
　　推荐阅读书目 ………………………………………………………………………………（281）

第14章　选择育种 …………………………………………………………………………………（282）
　　14.1　选择育种意义 ………………………………………………………………………（283）
　　14.2　选种原理（变异来源） ………………………………………………………………（284）
　　14.3　性状鉴定 ……………………………………………………………………………（291）
　　14.4　不同繁殖方式选择方法 ……………………………………………………………（297）
　　14.5　选择基本方法 ………………………………………………………………………（299）
　　14.6　选种步骤 ……………………………………………………………………………（300）
　　思考题 ………………………………………………………………………………………（301）
　　推荐阅读书目 ………………………………………………………………………………（302）

第15章　品种登录、保护、审定与繁育 …………………………………………………………（303）
　　15.1　品种国际登录 ………………………………………………………………………（304）
　　15.2　新品种保护 …………………………………………………………………………（312）
　　15.3　良种审定 ……………………………………………………………………………（318）
　　15.4　良种繁育方法 ………………………………………………………………………（321）
　　15.5　良种繁育组织与程序 ………………………………………………………………（327）
　　思考题 ………………………………………………………………………………………（329）
　　推荐阅读书目 ………………………………………………………………………………（330）

第3篇　一、二年生与多年生花卉育种 ……………………………………………………（331）

第16章　三色堇育种 ………………………………………………………………………………（332）
　　16.1　育种简史 ……………………………………………………………………………（333）
　　16.2　种质资源 ……………………………………………………………………………（334）

16.3　育种目标及其遗传 ………………………………………………（335）
　　16.4　育种方法 …………………………………………………………（337）
　　16.5　杂种优势育种与制种 ……………………………………………（338）
　　思考题 ……………………………………………………………………（340）
　　推荐阅读书目 ……………………………………………………………（340）

第17章　万寿菊育种 …………………………………………………………（341）
　　17.1　育种简史 …………………………………………………………（341）
　　17.2　种质资源 …………………………………………………………（343）
　　17.3　主要性状遗传及育种目标 ………………………………………（346）
　　17.4　杂交育种与杂种优势 ……………………………………………（349）
　　17.5　倍性与分子育种 …………………………………………………（351）
　　17.6　新品种保护与杂种一代种子生产 ………………………………（354）
　　思考题 ……………………………………………………………………（356）
　　推荐阅读书目 ……………………………………………………………（356）

第18章　菊花育种 ……………………………………………………………（357）
　　18.1　育种简史 …………………………………………………………（358）
　　18.2　遗传资源 …………………………………………………………（361）
　　18.3　育种目标 …………………………………………………………（365）
　　18.4　杂交育种 …………………………………………………………（373）
　　18.5　突变育种 …………………………………………………………（377）
　　18.6　生物技术 …………………………………………………………（379）
　　18.7　育种进展与未来趋势 ……………………………………………（386）
　　思考题 ……………………………………………………………………（392）
　　推荐阅读书目 ……………………………………………………………（393）

第19章　兰花育种 ……………………………………………………………（394）
　　19.1　育种进展 …………………………………………………………（395）
　　19.2　种质资源 …………………………………………………………（399）
　　19.3　育种目标及其遗传 ………………………………………………（402）
　　19.4　引种驯化 …………………………………………………………（405）
　　19.5　杂交育种 …………………………………………………………（406）
　　19.6　诱变与多倍体育种 ………………………………………………（411）
　　19.7　生物技术在兰花育种上应用 ……………………………………（415）
　　19.8　良种繁育 …………………………………………………………（418）
　　思考题 ……………………………………………………………………（423）
　　推荐阅读书目 ……………………………………………………………（423）

第20章　香石竹育种 …………………………………………………………（424）
　　20.1　育种简史 …………………………………………………………（425）

  20.2 种质资源 ………………………………………………………………………（425）
  20.3 育种目标及其遗传 ………………………………………………………（429）
  20.4 选择育种 …………………………………………………………………（430）
  20.5 杂交育种 …………………………………………………………………（431）
  20.6 诱变与多倍体育种 ………………………………………………………（434）
  20.7 分子育种 …………………………………………………………………（436）
  20.8 育种进展与良种繁育 ……………………………………………………（439）
  思考题 ……………………………………………………………………………（443）
  推荐阅读书目 ……………………………………………………………………（443）
第21章 鸢尾育种 ………………………………………………………………（444）
  21.1 种质资源 …………………………………………………………………（444）
  21.2 育种目标 …………………………………………………………………（445）
  21.3 杂交育种 …………………………………………………………………（446）
  21.4 倍性与分子育种 …………………………………………………………（448）
  21.5 育种进展 …………………………………………………………………（449）
  思考题 ……………………………………………………………………………（453）
  推荐阅读书目 ……………………………………………………………………（453）
第22章 萱草育种 ………………………………………………………………（454）
  22.1 育种历史 …………………………………………………………………（454）
  22.2 种质资源 …………………………………………………………………（456）
  22.3 育种目标 …………………………………………………………………（458）
  22.4 杂交育种 …………………………………………………………………（463）
  22.5 倍性育种 …………………………………………………………………（464）
  22.6 分子育种 …………………………………………………………………（467）
  思考题 ……………………………………………………………………………（468）
  推荐阅读书目 ……………………………………………………………………（468）
第23章 仙人掌类与多肉植物育种 …………………………………………（469）
  23.1 种质资源与起源演化 ……………………………………………………（470）
  23.2 育种目标及生殖生物学基础 ……………………………………………（474）
  23.3 引种驯化 …………………………………………………………………（475）
  23.4 杂交育种 …………………………………………………………………（477）
  23.5 自发变异与诱变育种 ……………………………………………………（481）
  23.6 品种选择、登录、保护与良种繁育 ……………………………………（487）
  23.7 仙人掌科育种进展 ………………………………………………………（492）
  23.8 其他多肉植物育种进展 …………………………………………………（497）
  思考题 ……………………………………………………………………………（509）
  推荐阅读书目 ……………………………………………………………………（510）

第4篇 球根花卉育种 (511)

第24章 百合育种 (512)
24.1 育种历史 (513)
24.2 种质资源 (515)
24.3 育种目标及其遗传 (524)
24.4 杂交育种及细胞遗传学应用 (531)
24.5 倍性与辐射育种 (537)
24.6 分子育种 (541)
24.7 品种登录与保护 (544)
24.8 良种繁育 (546)
思考题 (548)
推荐阅读书目 (549)

第25章 荷花育种 (550)
25.1 育种简况 (550)
25.2 种质资源与育种目标 (552)
25.3 杂交育种 (554)
25.4 倍性与诱变育种 (557)
25.5 新品种筛选与登录 (558)
思考题 (561)
推荐阅读书目 (561)

第26章 郁金香育种 (562)
26.1 育种简史 (563)
26.2 种质资源 (564)
26.3 育种目标及其遗传基础 (577)
26.4 杂交育种 (580)
26.5 突变、多倍体与生物技术育种 (584)
26.6 良种繁育与产业发展 (588)
思考题 (594)
推荐阅读书目 (594)

第27章 朱顶红育种 (595)
27.1 育种简史 (596)
27.2 种质资源 (597)
27.3 育种目标 (601)
27.4 杂交与倍性育种 (602)
27.5 分子育种探索 (605)
27.6 育种进展 (606)
思考题 (610)

推荐阅读书目 …………………………………………………………………………（610）

第28章 石蒜育种 …………………………………………………………………（611）
  28.1 栽培与育种简史 ………………………………………………………………（611）
  28.2 种质资源 ………………………………………………………………………（614）
  28.3 育种目标与亲本选配 …………………………………………………………（616）
  28.4 杂交育种 ………………………………………………………………………（621）
  28.5 良种繁育 ………………………………………………………………………（622）
  思考题 ………………………………………………………………………………（626）
  推荐阅读书目 ………………………………………………………………………（626）

第29章 大丽花育种 ………………………………………………………………（627）
  29.1 育种简史 ………………………………………………………………………（628）
  29.2 种质资源 ………………………………………………………………………（629）
  29.3 育种目标及花色遗传 …………………………………………………………（634）
  29.4 引种与杂交育种 ………………………………………………………………（635）
  29.5 诱变与分子育种 ………………………………………………………………（636）
  29.6 育种进展及育成品种 …………………………………………………………（638）
  思考题 ………………………………………………………………………………（640）
  推荐阅读书目 ………………………………………………………………………（640）

第30章 睡莲育种 …………………………………………………………………（641）
  30.1 育种简史 ………………………………………………………………………（641）
  30.2 种质资源 ………………………………………………………………………（642）
  30.3 育种目标与花色遗传 …………………………………………………………（645）
  30.4 杂交育种 ………………………………………………………………………（647）
  30.5 倍性、诱变与分子育种 ………………………………………………………（650）
  30.6 新品种筛选 ……………………………………………………………………（651）
  30.7 新品种登录、保护与审定 ……………………………………………………（653）
  思考题 ………………………………………………………………………………（654）
  推荐阅读书目 ………………………………………………………………………（654）

第5篇 木本花卉育种 ………………………………………………………………（655）

第31章 梅花育种 …………………………………………………………………（656）
  31.1 起源演化 ………………………………………………………………………（656）
  31.2 遗传资源与引种保存 …………………………………………………………（658）
  31.3 育种目标 ………………………………………………………………………（662）
  31.4 杂交与诱变育种 ………………………………………………………………（663）
  31.5 分子生物学研究与分子育种 …………………………………………………（666）
  31.6 品种登录、保护与区域试验 …………………………………………………（667）

思考题 … （669）
　　　推荐阅读书目 … （670）
第32章　牡丹与芍药育种 … （671）
　　32.1　野生资源 … （671）
　　32.2　品种资源 … （678）
　　32.3　起源演化及品种分类 … （680）
　　32.4　育种目标 … （685）
　　32.5　花色及其他性状的遗传 … （687）
　　32.6　引种驯化与选择育种 … （691）
　　32.7　杂交育种 … （693）
　　32.8　诱变育种与倍性育种 … （699）
　　32.9　分子育种基础 … （701）
　　32.10　育种进展与品种保护 … （705）
　　　思考题 … （706）
　　　推荐阅读书目 … （706）
第33章　月季育种 … （707）
　　33.1　种质资源 … （707）
　　33.2　起源演化与品种分类 … （710）
　　33.3　育种目标及其遗传 … （714）
　　33.4　引种与选种 … （717）
　　33.5　杂交育种 … （719）
　　33.6　诱变育种 … （722）
　　33.7　细胞工程与分子育种 … （723）
　　33.8　品种登录、保护与良种繁育 … （725）
　　　思考题 … （726）
　　　推荐阅读书目 … （726）
第34章　杜鹃花育种 … （727）
　　34.1　种质资源 … （728）
　　34.2　育种目标 … （731）
　　34.3　引种驯化与杂交育种 … （735）
　　34.4　诱变与基因工程育种 … （737）
　　34.5　良种繁育 … （738）
　　　思考题 … （739）
　　　推荐阅读书目 … （739）
第35章　茶花育种 … （740）
　　35.1　育种概况 … （741）
　　35.2　遗传资源与起源演化 … （742）

35.3　育种目标及性状遗传 ……………………………………………（744）
　　35.4　引种与杂交育种 …………………………………………………（749）
　　35.5　倍性育种 …………………………………………………………（751）
　　35.6　品种登录与新品种授权 …………………………………………（751）
　　思考题 ……………………………………………………………………（756）
　　推荐阅读书目 ……………………………………………………………（756）

第36章　桂花育种 ………………………………………………………（757）
　　36.1　种质资源 …………………………………………………………（758）
　　36.2　育种目标 …………………………………………………………（762）
　　36.3　引种与选种 ………………………………………………………（762）
　　36.4　杂交育种与嫁接 …………………………………………………（763）
　　36.5　利用生物技术选育新品种 ………………………………………（763）
　　36.6　良种繁育 …………………………………………………………（764）
　　思考题 ……………………………………………………………………（764）
　　推荐阅读书目 ……………………………………………………………（764）

第37章　玉兰育种 ………………………………………………………（765）
　　37.1　种质资源 …………………………………………………………（765）
　　37.2　育种目标及主要性状遗传规律 …………………………………（770）
　　37.3　引种选育与杂交育种 ……………………………………………（772）
　　37.4　育种现状及进展 …………………………………………………（774）
　　37.5　品种登录与保护 …………………………………………………（780）
　　思考题 ……………………………………………………………………（781）
　　推荐阅读书目 ……………………………………………………………（781）

第38章　丁香育种 ………………………………………………………（782）
　　38.1　育种历史及现状 …………………………………………………（782）
　　38.2　种质资源 …………………………………………………………（784）
　　38.3　育种目标及潜力 …………………………………………………（787）
　　38.4　主要性状遗传规律 ………………………………………………（789）
　　38.5　杂交选育 …………………………………………………………（790）
　　38.6　品种登录、保护与良种繁育 ……………………………………（792）
　　思考题 ……………………………………………………………………（793）
　　推荐阅读书目 ……………………………………………………………（793）

参考文献 ………………………………………………………………………（794）

第1篇 园林植物遗传学

第1章　细胞遗传学概要 / 2

第2章　分子遗传学和基因组学概要 / 41

第3章　数量遗传学概要 / 62

第4章　群体遗传学概要 / 78

第5章　花发育与重瓣性遗传 / 99

第6章　花色与彩斑遗传 / 122

第7章　花香遗传 / 147

第8章　茎发育与株型遗传 / 161

第1章 细胞遗传学概要

[**本章提要**]在区分遗传与变异的基础上,介绍了染色体的结构和行为。以携带遗传物质的染色体为核心,全面论述了细胞水平的分离、自由组合、连锁等三大遗传规律,及其相关的基因定位和伴性遗传。染色体的结构和数目的变异是自然变异和进化的重要来源。最后除核物质控制的遗传变异规律外,还论述了细胞质遗传及其相关的雄性不育。

无论是高等植物还是微生物,各种生物最重要的共同特征之一是自我繁殖。通过自我繁殖,不仅繁殖了后代,同时把自己的特征特性传递下去,产生和自己相似的后代。俗话说"种瓜得瓜,种豆得豆"。这种亲代性状在子代出现,使子代与亲代基本相似的现象称为遗传。从分子水平讲,是遗传信息的复制和表达。可见,生物性状的遗传机制是和它们的繁殖过程紧密联系着的。有性繁殖的生物,是通过雌雄性细胞的融合产生子代,因此性细胞是上下代之间物质联系的唯一桥梁,遗传信息的传递通过性细胞而实现。无性繁殖的生物,由体细胞或身体的部分组织再生成为整个有机体,其遗传信息的传递是通过分生组织的细胞遗传物质复制而实现的,从而产生完全像母体的个体。

1.1 遗传与变异

生物通过遗传,不仅传递了与亲代相似的一面,同时也产生了与亲代相异的一面。亲代和子代之间，或同一子代的个体之间总是相似又不相同，甚至差异很大，俗话说："一母生九子，连母十个样。"这种亲子之间和同种生物个体之间的差异称为变异。从分子水平讲，变异是DNA分子所携带的遗传信息的变化或差异表达所致。

遗传和变异是有机体在繁殖过程中同时出现的两种普遍现象。生物有了遗传的一面，可以使不断变化的物种（和品种）在一定时期内保持相对的稳定，品种的优良特征才有被利用的可能；有了变异的一面，才能有新类型的出现，新类型为选择提供了基础，生物才能发展、进化，否则就不可能有物种从低级到高级，也不可能有更新、更好的品种代替旧的、劣变的品种。育种工作者的任务就在于掌握遗传变异的规律来创造新品种。

变异根据能否遗传，分成可遗传变异和不可遗传变异两类。可遗传的变异是指性状的改变能在后代中反复出现，如花色的突变，枝及刺的变异，株形的变异等。遗传变异的产生必须有遗传物质的改变。不可遗传变异是指生物在生长发育过程中，受到环境条件的作用，引起性状的改变，但没有引起遗传物质的变化。不可遗传变异只限于当代，不遗传给后代；如果引起变异的条件消失，变异也就消失。在自然界里，这两类变异往往同时存在，要区分这两类变异，有时比较容易，有时比较困难，育种工作者必须善于区分这两类变异。一是控制外界环境条件，把试验材料栽培在尽可能一致的环境条件下。例如，要鉴别一个矮生植株是可遗传的变异，还是不可遗传的变异，可将矮生植株繁殖后种在相对优越的条件里。如植株保持矮生，即为可遗传的变异；如长高，即不可遗传的变异。二是用遗传基础比较一致的材料，栽培在不同环境条件下，由此获得的差异往往是不可遗传的变异。了解变异的种类和实质，就可以正确地选取自然界出现的能遗传的变异。

基因型是生物所遗传的一整套遗传物质，它是生物体一切遗传组成的总和，是生物性状遗传的可能性。表现型是生物体所表现出来的性状的总和，也是遗传基础在外界环境条件作用下最终表现出来的现实性，是指有机体形态结构上的特征和生理生化方面的特性。表现型是基因型和生物体内外条件相互作用的结果，它受遗传基础和环境条件两个因素的制约。遗传基础改变，表现型随之改变；环境条件改变，表现型也会改变，尤其是植株的高矮、花径的大小等数量性状。所以在生产上除了注意基因型，选用良种外，还要采用相应的农业措施，促使优良的性状得到充分发育。只有良种良法相结合，才能取得良好的效果。

遗传学是研究生物遗传和变异的科学。本章简要介绍遗传学的基础，包括染色体、分离与自由组合规律、连锁遗传、基因及其表达、染色体畸变与基因突变、细胞质遗传等。

1.2 染色体结构与行为

1.2.1 染色体的数目和类型

基因控制着性状的表达。长期的研究确定染色体是基因的载体。各种生物染色体数目都是恒定的。对于二倍体（$2X$）生物，每个体细胞都包含一组由母本遗传来的染色体（染色体组X）和一组相对应的由父本遗传来的染色体。除性染色体外，其余染色体两两成对。形态、大小相同的染色体称为同源染色体；性细胞或配子中只含有体细胞染色体数目的一半，称为单倍体。真核生物基因组是指一个特定物种的单倍体细胞核内整套染色体上所包含的DNA分子遗传信息。

染色体是由DNA与多种蛋白质相结合形成的棒状复合体，常以染色质的形式存在于细胞中。在细胞分裂的一定时期，染色体高度螺旋化形成特定的形态，包括染色体的相对长度、着丝粒和次级缢痕的位置、随体的有无。具有居中着丝粒的染色体其两臂大致等长，近中着丝粒和近端着丝粒染色体有两个长短明显不同的臂，较短的臂称为p臂，较长的臂称为q臂。如果着丝粒在染色体的一端或靠近染色体末端，成为端着丝粒。根据长臂和短臂之比以及有无随体，将染色体分为5种类型（表1-1）。

表1-1　染色体不同臂比的各种类型

名　称	符号	臂比
中部着丝粒染色体（metacentric chromosome）	M. m	1~1.7
亚中着丝粒染色体（submetacentric chromosome）	S. m	1.71~3.0
亚端着丝粒染色体（subtelocentric chromosome）	st	3.1~7.0
端部着丝粒染色体（telocentric chromosome）	t	7.1~∞
随体染色体（satellite chromosome）	Sat	

染色体的核型（组型）是指某一物种染色体的组成，包括染色体数目、染色体形态、染色体的"解剖学"特征（主要指分带特征）。通常用中期染色体的照片，按长臂的大小或总的长度依次排列。核型具有种的特异性，可用来表明物种的特点以及和近缘种之间的进化关系，在系统分类中有着重要的参考价值。

染色体带型：中期染色体片经过一定的预处理，再用不同的方法染色，使染色体上出现明显深浅相间而稳定的带纹图形称为染色条带，可使核型中的每一条染色体都得以逐一鉴别。分带技术由于预处理与染色的方式不同可产生不同的带型，因此有G带、C带、Q带、N带和R带等不同技术。其中G带技术是最常用的技术，经预处理的染色体片用吉姆萨（Giemsa）染料染色，G带反映了染色体DNA上A-T的丰富区，可用于鉴定染色体号数以及基因定位。Q带是将染色体用喹吖因（quinacrine）染色，产生荧光带，在荧光显微镜下可观察到。

根据染色体的功能可以分成常染色体和性染色体。常染色体上一般不具有决定性别的主要基因，一对同源的常染色体形态总是相同的。性染色体上具有决定性别的相关基因。在高等脊椎动物和某些植物中，一对性染色体不完全同源，形态大小也不同。

1.2.2　染色体的分子结构

1.2.2.1　核小体的组成及结构

染色质（体）由DNA和蛋白质组成。同一物种内每条染色体所带DNA的量是一定的，但不同染色体或不同物种之间变化很大，从上百万到几亿个核苷酸不等。染色体上的蛋白质主要包括组蛋白和非组蛋白。组蛋白是染色体的结构蛋白，与DNA组成核小体。与真核生物DNA结合的组蛋白有5种类型：H1、H2A、H2B、H3、H4。

科学家通过化学交联、高盐分离组蛋白、X衍射、电镜观察及电泳实验等方法研究组蛋白多聚体的结构、排列以及怎样和DNA结合的，1974年Kornberg和Thomas提出"核小体"和染色质结构的"绳珠"模型，1984年Klug和Butler进行了修正。

核小体是由H2A、H2B、H3、H4 4种组蛋白，每种各两分子，形成一个组蛋白八聚体和长146bp的DNA组成核心颗粒，其中146bpDNA在八聚体外面盘绕1.75圈；两端还各有10bp的DNA，从核心颗粒上翘起来，与H1组蛋白结合。H1像一个搭扣，将绕在八聚体上的DNA固定。核小体之间由32~34bp的DNA相连接，由此形成了由许多核小体组成的染色质细丝（图1-1）。

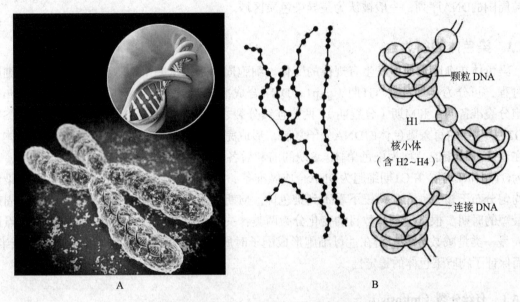

图1-1 染色体（A）及核小体示意图（B）

染色体上除了存在大约与DNA等量的组蛋白以外，还存在大量的非组蛋白，种类很多，其中常见的有15~20种，包括酶类，如RNA聚合酶、包装蛋白、加工蛋白、与细胞分裂有关的收缩蛋白、骨架蛋白、核孔复合物蛋白以及与基因表达有关的蛋白等。

1.2.2.2 染色体的高级结构

在活细胞中染色质并不以"绳珠"状存在，而是保持高度紧密的状态。相邻核小体彼此紧密相连使染色质形成直径为10nm的核丝，进一步螺旋化成为直径为30nm的螺旋（线）管，螺旋的每一周由6个核小体组成；螺线管进一步压缩形成超螺旋。中期染色质是一细长、中空的圆筒，这个超螺旋圆筒进一步压缩便成为染色单体。

在有丝分裂和减数分裂中复制后的染色体要能均匀准确地分配到两个子细胞中，其关键在于纺锤丝附着在染色体的着丝粒上，使染色体向两极移动。失去了着丝粒的染色体片段就不能精确地分离，也不能和其他染色体在末期汇聚在一起形成核，而是在细胞质中逐渐凝聚为微核。

每一条染色体的末端都有特殊的结构叫作端粒，它可以保持染色体的稳定性，丢失了端粒的染色体很容易和别的染色体相接形成双着丝粒染色体或自身首尾相连形成环状染色体，前者在减数分裂后期会产生染色体桥，最终引起染色体的重复与缺失。端粒还可以使真核染色体的复制顺利进行，若没有端粒，复制后新形成的DNA会逐渐减短。端粒和染色体的行为、细胞的寿命、遗传信息的复制和表达以及核骨架的组成都有一定的关系。

染色质也可分为常染色质和异染色质。常染色质在细胞分裂时凝聚，而在间期时不盘绕。真核生物的基因如果与组蛋白紧密结合则不能表达（即不能作为RNA合成的模板），所以基因激活的第一步就是DNA从组蛋白上的脱离，常染色质区域被认为含有活性的基因。而异染色质区域在细胞周期均保持凝聚状态，被认为含有沉默的或高度重复的DNA序列。在着丝粒周围的DNA序列，一般被认为是异染色质区域。

1.2.3 染色体的行为

染色体在细胞周期中发生有规律的变化。细胞周期是指从一个细胞到它分裂产生子细胞的过程，可分为4个阶段：G1期（gap1，DNA合成准备期）、S期（合成期）、G2期（gap2，细胞分裂准备期）和M期（分裂期）。两个连续分裂之间的时期为分裂间期，包括G1期、S期和G2期。在S期每条染色体的DNA分子复制，形成完全相同的两条染色体（姐妹染色单体），但在着丝粒处相连，称为染色单体。S期的前和后各有两段代谢、生长和分化的活跃期，分别为G1期和G2期。在G1期细胞为DNA合成做准备，在G2期出现细胞生长和扩增。此期染色质均匀分布于核中，在显微镜下看不到染色体。M期由前、中、后和末期构成，是细胞周期中最短的时期。根据染色体数目的变化分为两类：一类是有丝分裂，主要在植物的生长点进行；另一类是减数分裂，是在性母细胞形成配子时所发生的特殊分裂，使染色体数目减半，从而保证了物质染色体的稳定性。

1.2.3.1 有丝分裂（mitosis）

多细胞生物的所有体细胞均通过有丝分裂进行增殖。包括核分裂和细胞质分裂，其中核分裂包括4个时期：

①前期 染色体聚缩使其缩短变粗，在光镜下可观察到呈现为细的丝线状，然后进一步形成超螺旋，逐渐变得更短、更粗。到前期末，核仁逐渐消失，核膜开始破裂，核质和细胞质融为一体。染色体高度聚缩，纺锤体形成。可在这个阶段用生物碱如秋水仙碱或其他药剂处理细胞，干扰纺锤丝的组装，从而抑制有丝分裂，诱导产生多倍体。

②中期 着丝粒附着在纺锤丝上，染色体向细胞中心的平面处（赤道板）移动。

③后期 姐妹染色单体在着丝粒处分离，被分别拉向相反的两极，两臂由着丝粒拖拽移动。根据着丝粒所在位置的不同，染色体呈现不同的形态，如中着丝粒染色体呈V形，端着丝粒染色体呈杆状。

④末期 分到两极的染色体开始解螺旋，纺锤体解体，核膜重新形成，核仁出现，又形成了间期核。

在多数植物中，细胞质分裂是在细胞中央形成由果胶质组成的细胞板，并向两侧延伸直至细胞壁，然后纤维素和其他物质添加到细胞板上，使其转变为新的细胞壁。产生的两个细胞称为子细胞或后代细胞，两个细胞的大小是否相同取决于细胞质分裂时细胞板所在的位置，因此细胞器的分裂是随机的，从而导致由质体基因突变造成的叶部或茎部等彩斑性状会发生不规则分布。但两个子细胞中含完全相同类型和数目的染色体，从而具有完全一致的遗传物质。

有丝分裂具有重要的遗传学意义，由此产生的两个子细胞与母细胞具有相同的染色体，保证了性状的稳定性。在园林植物中，应用扦插、嫁接等无性繁殖方式获得的后代具有相同的性质。培育出的园林植物新品种，必须建立相应的无性繁殖体系，从而保证品种的稳定性。

1.2.3.2 减数分裂（meiosis）

配子是通过减数分裂形成的，仅在大小孢子母细胞中进行。DNA是在减数分裂的间期进行复制，但通过两次连续的细胞分裂，从而导致子细胞的染色体数目由$2n$减少为n。两次连续的减数分裂分别称为第一次减数分裂和第二次减数分裂，均分为前期、中期、后期和末期；但二次分裂的特点不同，其中最复杂和最长的时期是前期Ⅰ（图1-2）。

（1）前期Ⅰ

包括以下5个连续的过程：

①细线期　染色体开始聚缩，呈现细长线状。

②偶线期　在性母细胞中，细线状的同源染色体逐步相互配对或联会。

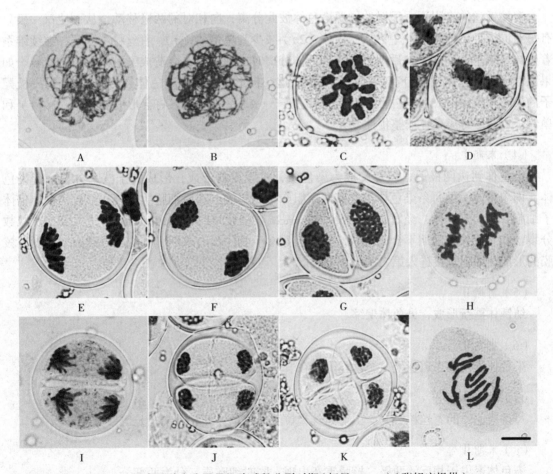

图1-2　百合品种小孢子母细胞减数分裂时期（标尺=20μm）（张锡庆提供）

A.细线期　B.偶线期　C.终变期　D.中期Ⅰ　E.后期Ⅰ　F.末期Ⅰ　G.二分体　H.中期Ⅱ　I.后期Ⅱ　J.末期Ⅱ　K.四分体　L.小孢子染色体数12条

③粗线期　联会完成，染色体进一步缩短变粗。一对配对的同源染色体称二价体或四联体。沿着联会的染色体开始出现重组，即非姐妹染色单体之间发生断裂、互换和重接，导致遗传物质的交换。在显微镜下观察时，发生交换的点呈"十"字形，这种非姐妹染色单体间的交错结构称为交叉。每一对同源染色体会有一个或多个交叉的存在。一般而言，二价体的交换数目随染色体长度的增加而增加。

④双线期　同源染色体互相排斥呈现轻微的分离。

⑤终变期　染色体达到最大程度的聚缩，常可见到"O"形或"十"形的一对同源染色体，这是交叉端化的结果。交叉端化即为交叉向二价体的两端移动，并逐渐接近末端。核仁、核膜消失，纺锤体开始形成。

（2）中期Ⅰ

二价体随机排列在赤道板上，纺锤丝与着丝粒连接，着丝粒分居于赤道板的两侧。与终变期一样，中期Ⅰ也是鉴定染色体数目的最好时期。

（3）后期Ⅰ

在纺锤丝的牵引下，配对的同源染色体彼此分离，向相对的两极移动，从而使每一极只有每对同源染色体中的一个，从二倍体（$2n$）减少为单倍体（n）。着丝粒不分开，继续维系着姐妹染色单体。如果在后期Ⅰ同源染色体分离时出现差错，会造成染色体数目的变异。如果某对同源染色体没有分离，都移向一极，这一极形成的配子染色体数为$n+1$，而另一极配子的染色体数为$n-1$，这些配子如与正常的配子（n）受精融合，将会形成如三体（$2n+1$）和单体（$2n-1$）等染色体非整倍性变异。

（4）末期Ⅰ

染色体到达两极后，解螺旋成为染色质，核膜重新形成，形成的子核只含有一套染色体，即单倍体，但每条染色体都含有两条姐妹染色单体。随后细胞质分裂，形成两个单倍体子细胞，称为二分体，经短暂的停顿时期——减数分裂间期（interkinesis），进入第二次减数分裂。在减数分裂间期不合成DNA。但也有很多生物中没有末期Ⅰ和减数分裂间期，没有核膜的形成，细胞直接进入第二次减数分裂。

（5）前期Ⅱ

纺锤体重新形成，染色体聚缩。

（6）中期Ⅱ

染色体排列在赤道板上，纺锤丝附着在着丝粒上。

（7）后期Ⅱ

每条染色体的着丝粒分开，由纺锤丝牵拉着染色单体互相分离，是等数分裂。

（8）末期Ⅱ

染色体聚集于相反的两极，核膜重新出现。同时细胞质又分为两部分。

经过一个减数分裂周期（减数分裂Ⅰ和Ⅱ），一个二倍体的母细胞形成4个单倍体的子细胞。减数分裂在遗传学上具有非常重要的意义：

①具有一定的时空性，仅在一定的发育阶段和特定细胞（生殖细胞）中进行。

②减数分裂的产物是单倍体，将发育为性细胞，雌、雄性细胞受精结合为合子，又恢复为全数的染色体（2n），从而保证了亲代与子代间染色体数目的恒定，为后代的正常发育和性状遗传提供了物质基础，同时保证了物种相对的稳定性。

③减数分裂的前期长而复杂，经历了同源染色体配对、联会、交换等过程；而且各个非同源染色体之间均可能自由组合在一个子细胞里。这使得每个子细胞中遗传信息的组合不同，从而为生物的变异提供了重要的物质基础，有利于生物的适应及进化，并为人工选择和引种提供了丰富的材料。

1.2.4 植物的生活周期

1.2.4.1 被子植物的配子发生

①雄配子体的形成　即花粉粒的形成过程，在雄蕊的花药中进行。在特定发育时期，雄蕊的花药中分化形成小孢子母细胞（2n），经减数分裂形成4个单倍体的小孢子（n）。小孢子进一步发育形成成熟的花粉。刚刚形成的小孢子内部充满浓厚的细胞质，核处于细胞中央。当细胞体积增大时，细胞质开始液泡化，核被挤到边上，此时小孢子核进行有丝分裂，形成两个子核，一个靠近细胞壁，为生殖核；另一个向着大液泡，即营养核。在两核之间形成细胞板，形成具有生殖细胞和营养细胞的雄配子体。对于一些2-细胞花粉植物，如豆科、百合科、兰科、蔷薇科、茄科等，花粉粒通常在这一阶段成熟、散粉，直到传粉后，生殖细胞才在生长的花粉管中经一次有丝分裂，形成两个精细胞；而另一些3-细胞花粉的植物，花粉成熟过程中生殖细胞进行一次有丝分裂形成两个精细胞，成熟的花粉是由一个营养细胞和两个精细胞构成的，如菊科、禾本科、十字花科和藜科等的花粉。

②雌配子体的形成　雌蕊的子房中，胚珠的珠心细胞发育到一定阶段分化形成大孢子母细胞（2n），经减数分裂形成4个单倍体的大孢子（n），一般呈直线排列，通常近珠孔端的3个大孢子退化，仅合点端的大孢子继续增大、发育。在大孢子发育为胚囊的过程中，首先是细胞体积的增大，接着发生连续3次有丝分裂，形成8个核。随着核分裂的进行，胚囊显著伸长和扩展体积，并在核之间形成细胞壁，在珠孔端产生1个卵细胞和2个助细胞，合点端形成3个反足细胞，中间为含有2个极核的中央细胞，这样，一个成熟的胚囊包含有7个细胞和8个单倍体的核。

1.2.4.2 受精

花粉粒由风或昆虫携带至柱头上，萌发长出花粉管，进入柱头，穿过花柱、子房，经珠孔进入胚囊，其中一个精核与卵细胞受精，产生二倍体的合子（2n）；另一个精核与两个极核融合，形成三倍体的胚乳（3n），这一过程称为双受精，是被子植物所特有的。

配子的形成和受精等过程，形成了高等植物的生活周期。大多数植物的生活周期都有两个显著不同的世代，单倍体的配子体世代和二倍体的孢子体世代。在低等植物如苔藓类中，配子体是十分明显并且独立生活的世代，孢子体小且依赖于配子体。在高等植物中，情况正好相反，孢子体是独立、明显的世代，而配子体则不明显。裸子植物和被子植物的配子体，则是完全寄生的世代。高等植物从受精卵发育成一个完整的绿色植株，是孢子体的无性世代。孢子体发育到一定阶段，在花药和胚珠内通过减数分裂，形成单倍体的小孢子和大孢子。大孢子和小孢子经过有丝分裂分化为雌、雄配子体。雌、雄配子受精结合形成合子以后，完成有性世代，又进入无性世代。

1.2.4.3 无融合生殖

植物不经过雌、雄配子融合而产生种子的生殖方式，称为无融合生殖。主要可分为3种类型：在减数胚囊中的无融合生殖、在未减数胚囊中的无融合生殖和不定胚生殖。

①在减数胚囊中的无融合生殖　成熟胚囊的卵细胞不经过受精而直接发育为个体的生殖方式为单倍体孤雌生殖（简称孤雌生殖），由助细胞或反足细胞直接发育为个体的生殖方式则称为单倍体无配子生殖（简称无配子生殖）。孤雌生殖和无配子生殖在被子植物中是广泛存在的，但在自然状态下，发生的频率非常低，可通过人工授粉、化学药剂处理和异种属细胞质-核替换等方法加以诱导而产生。

②在未减数胚囊中的无融合生殖　在被子植物中，未减数胚囊有两种起源，一种起源于大孢子母细胞，减数分离受阻，形成二倍体的孢子，由二倍体的孢子产生胚囊。在这种胚囊中，卵细胞、助细胞和反足细胞是二倍体，由这些细胞不经过受精形成二倍体胚的生殖方式称为二倍体孢子生殖。另一种起源是胚囊珠心细胞，这些珠心细胞经过3次有丝分裂，形成了与体细胞染色体数目相等的胚囊。由这种胚囊中的卵细胞或助细胞直接发育成幼胚的生殖方式称为无孢子生殖。这种生殖方式在苋科、石蒜科、菊科、十字花科、禾本科等十几个科的植物中都有发现。

③不定胚生殖　是指由胚囊外面的珠心细胞或珠被细胞直接经过有丝分裂而发育形成的植物胚。在被子植物中，至少已在20个科的植物中发现不定胚现象，在柑橘类中极为普遍。

还有两种生殖方式称为雄核发育和半融合生殖。雄核发育是指精卵细胞发生细胞质融合后，没有进行核融合，随后卵核解体、消失，雄核发育成胚。半融合生殖是指精核进入卵细胞后并不与卵核融合而是彼此独立地分裂，形成嵌合体胚。在嵌合体胚中，精细胞和卵细胞的贡献是不同的，有些组织或器官具有父本的遗传特性，而另一些组织或器官则具有母本的遗传特性。

无融合生殖在植物育种中的用途主要是提供单倍体材料和用于杂种优势的固定。利用无融合生殖固定杂种优势有两种方式，一是利用在减数胚囊中的无融合生殖来部分固定杂种优势；二是利用不定胚和在未减数胚囊中的无融合生殖来完全地固定杂种优势。

1.3　遗传基本规律（孟德尔定律）

奥地利科学家、经典遗传学创始人孟德尔（Gregor Mendel）从小爱好园艺，虽然因为家境贫寒，没有念完大学就当了修道士，却矢志不渝地钻研科学。开始时，他对"种瓜得瓜，种豆得豆"的生物遗传现象感到好奇和困惑，就在修道院里种了许多花木，选用32个豌豆品种，连续工作了8年，观察了7对性状，最终总结了两个定律。令人遗憾的是，由于孟德尔的研究方法和结论都远远超过了当时的科学认知水平，因此这些天才的科学发现和见解，在当时并没有引起生物学界的注意。从他1865年发表《植物杂交试验》到1884年逝世，欧美各国科学界几乎无人理睬他的巨大贡献。直到1900年，他的理论才被重新发现并得到普遍应用，从而成为遗传学的奠基人。孟德尔试验的成功归功于他卓越的观察力和方法学，主要表现在以下几方面：

（1）设计严密，层次分明

①选择了严格自花授粉的豌豆，种子在使用前进行试种，观察是否存在性状分离，确定纯种后才使用；在试验中注意选择生命力强的种子，使后代的成活力相同，避免统计误差。②选择研究的性状"具有稳定的可区分性"，即质量性状，而不是数量性状，抓住了遗传规律的主流。③采用单因子分析法，把性状区分为各个单位进行研究。试验观察集中在一定范围内，不受其他多种多样遗传性状的干扰。④继承了前人采用的正反交，为以后区分伴性遗传和细胞质遗传打下基础。⑤设立对照试验，将盆栽的植物移到温室内，与大田种植的做对照，以排除虫媒的干扰。

（2）精确验证

创用测交（test cross）方法对推论加以验证，突破了传统生物学的研究方法。

（3）系谱跟踪和定量分析

分别对杂种F_1、F_2、F_3代中出现的性状进行分类、记数、数学归纳和生物统计。

1.3.1 分离规律

1.3.1.1 分离现象

生物体所表现的形态特征和生理特征，统称为性状。孟德尔在研究豌豆等植物的遗传性状时，把植株所表现的性状区分为各个单位加以研究，如花色、种子的形状等，这些区分开的性状为单位性状。不同个体在单位性状上常有各种不同的表现，如豌豆花色有红色和白色、种子形状有圆形和皱形等，这种同一单位性状在不同个体间所表现出来的相对差异，称为相对性状。在大量试验的基础上，孟德尔最终确定7对性状加以系统研究。

孟德尔对这7对性状分别进行杂交，并按照杂交后代的系谱，分析每对相对性状的遗传规律。由一对纯合亲本（parent，P）杂交，产生第一个杂交后代（first filial generation，子一代，F_1），全部为杂合子。然后在这些F_1个体之间进行杂交或自交，产生第二个杂交后代（F_2）；如果植物是自体受精的，通常在亲本世代中人工授粉，再让产生的F_1代自我授粉，产生F_2代。具体杂交结果见表1-2。

通过豌豆杂交，孟德尔对一对性状的遗传得出以下规律：①F_1代的性状一致，通常和一个亲本相同，得以表现的性状称为显性性状，未能表现的性状称为隐性性状；②杂种F_1代自交后产生的F_2代，原有亲本的两种性状（显性和隐性）都能得到表达，即出现了性状分离；③两种性状的比例为3∶1。

表 1-2　豌豆七对相对性状杂交试验结果

单位性状	亲本组合	F_1表现型	F_2表现型		F_2比例
花色	紫花×白花	紫花	705紫	224白	3.15∶1
种子形状	圆形×皱缩	圆形	5474圆	1850皱	2.96∶1
子叶颜色	黄色×绿色	黄色	6022黄	2001绿	3.01∶1
豆荚形状	饱满×缢缩	饱满	882饱满	299缢缩	2.95∶1
豆荚颜色	绿色×黄色	绿色	428绿	152黄	2.82∶1
花着生位置	腋生×顶生	腋生	651腋生	207顶生	3.14∶1
植株高度	高植株×矮植株	高植株	787高	277矮	2.84∶1

1.3.1.2 分离现象的解释

对以上结果深入分析的基础上，孟德尔提出了一系列假设，其核心内容为：

①性状由遗传因子控制，这些因子可从亲代传递到子代。

②遗传因子在体细胞中是成对存在的（控制相对性状的一对遗传因子），形成配子时彼此分离，独立地分配到不同的性细胞中。

③在形成合子时，配子的结合是随机的。

④有些遗传因子是以显性形式存在，即能在任何杂种一代得到表达；而有些因子呈隐性状态，只有当父、母本同时含有这一因子时才能表达。

1909年丹麦的科学家约翰森（Johannsen）提出基因一词，取代了孟德尔的遗传因子，同年又提出基因型（genotype）和表现型（phenotype），前者是指生物的内在遗传组成，后者是指可观察到的个体外在性状，是特定基因型在一定环境条件下的表现。基因在染色体上的位置（座位）称为基因位点（locus），每个基因都有自己特定的座位，凡是在同源染色体上占据同座位的基因都称为等位基因（allele）。这一概念是由贝特森（1902）提出，当时的概念是指位于一对同源染色体上、位置相同、控制同一性状的一对基因；现在的概念是指一个基因由突变而产生的多种形式之一。一个或几个座位上的等位基因相同的二倍体或多倍体称纯合子，不同的称杂合子。

基因型用符号表示。基因的基础字母通常取自突变或者异常性状的名称，可以是一个单字母（如a），一个缩写（如cdc，编码细胞分裂周期基因，cell division cycle），或者是一个基因名称的前几个字母。一般显性等位基因用一个大写字母，或首字母大写，或者用所有的字母大写来表示；而一个隐性等位基因用全部的小写字母表示。

现用这些名词和遗传符号阐明孟德尔的遗传规律。如花色遗传，红花基因C和白花基因c互为等位基因，表型为红色的性状为显性性状，其亲本基因型是CC；而相对表型为白色的性状是隐性的，基因型为cc。它们都是纯合体，产生配子时，一对等位基因相互分离，雌雄配子各带有C和c基因；结合时，形成了杂合体Cc。由于C控制显性性状，在杂合体Cc中可以得到表达，而隐性的基因在杂合体的遗传结构中虽然也存在，但得不到表达，所以F_1杂合体的表型是红色的。

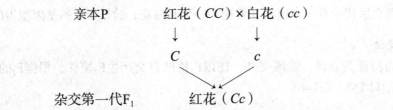

F_1杂合体的基因型是Cc，当大、小孢子母细胞进行减数分裂形成配子时，随着这对同源染色体在后期Ⅰ的分离，C和c也分别进入不同的二分体，最后形成的雌雄配子各含C和c基因，概率皆为1/2。雌雄配子随机结合将出现4种组合（表1-3），用庞纳特（Reginald C. Punnett）方格表示。庞纳特方格使用棋盘格或表格的形式来表示来自每一个亲代的可能配子的基因型，一组配子在最上面的一行，另一组配子在最左边的一列。每一种配子组合产生的可能的后代基因型组合在表格的中央显示。

表1-3 F_1产生的配子类型及F_2的基因型和表现型

配子类型	C	c
C	CC（25%，红色）	Cc（25%，红色）
c	Cc（25%，红色）	cc（25%，白色）

由此可以得出，在F_2中，基因型出现$1CC:2Cc:1cc$的比例，由于显隐性的关系，只出现红色和白色两种表型，比例为3:1，其中只有1/3的红花植株是纯合体（CC），2/3的红花植株为杂合体（Cc）。

1.3.1.3 分离规律的验证

分离规律的实质是等位基因在配子形成过程中彼此分离，互不干扰，因而配子中只具有成对基因的一个。为了证明这一假设的真实性，孟德尔采用测交和自交的方法加以验证。

（1）测交与回交

回交为亲本之一与F_1代的杂交，而测交则为隐性纯合亲本与F_1代的杂交，是回交的一种。测交可用来确定待测个体的基因型，因为隐性纯合体只能产生一种含隐性基因的配子，它们和含有任何基因的另一种配子结合，其子代将只能表现出另一种配子所含基因的表现型。因此，测交子代表现型的种类和比例正好反映了被测个体所产生的配子种类和比例。

在前面的分析中指出，F_1杂合体的表型为红花，基因型为Cc，如与隐性亲本测交时，应产生两种基因型不同的配子C和c；而隐性亲本只能产生c配子。假设配子的结合是随机的，后代则会产生两种不同的表型，紫花和白花，比例应为1:1。

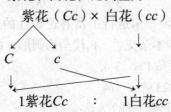

因为在测交后代中有一半植株开紫花，一半开白花，验证了F_1的基因型为Cc。

（2）自交法

孟德尔为验证其假设，除测交外，还以F_2植株自交产生F_3植株，根据F_3的性状表现来证实所设想的F_2基因型（表1-4）。

表1-4　豌豆F_2和F_3表现型和基因型的分析

F_2比率		预期F_3比率	
表现型	预测的基因型	基因型	表现型
3紫色	1CC	全部为CC	全部为紫色
	2Cc	1CC：2Cc：1cc	3紫色：1白色
1白色	cc	全部为cc	全部为白色

孟德尔从705株紫花植株中任选100株自交，其中36株的F_3植株全部开紫花，有64株的F_3发生性状分离（3/4紫花，1/4白花），不分离与分离的比约为2：1，因此说明在F_2显性性状植株中，有1/3是显性纯合体，2/3为显性杂合体。F_2中白花植株自交后，后代全部是白花。结果证实了他的推测，孟德尔将试验继续到第六代，每代的结果都与他的推论一致。

1.3.2　自由组合定律

1.3.2.1　两对性状的遗传

孟德尔在分析一对性状遗传规律的同时，还仔细观察分析了两对和两对以上性状的遗传。将结圆形和黄色种子的亲本和结皱皮和绿色种子的亲本杂交，杂交F_1都结圆形黄色种子，表明圆形对皱皮为显性，黄色对绿色是显性。F_1代自交后，F_2得到556粒种子，共有4种类型，圆形黄色的为315粒，皱缩黄色的101粒，圆形绿色108粒，皱缩绿色32粒，它们之间的比近似于9：3：3：1。除出现两种亲本类型外（亲组合），另有两种类型为新的性状组合（重组合）。

亲代P　　　　　　圆形黄色×皱缩绿色
　　　　　　　　　　　　↓
F_1　　　　　　　　　圆形黄色
　　　　　　　　　　　　↓⊗
F_2表型　　圆形黄色　圆形绿色　皱缩黄色　皱缩绿色
粒数　　　　　315　　　108　　　101　　　32
比例　　　　　9　　　　3　　　　3　　　　1

为什么会产生这样的比例？孟德尔进行了富有逻辑性的分析，首先只看其中的一对性状，如种子的形状，圆形和皱皮亲本杂交后，F_1代全为圆形，F_2代中：

　　圆形子粒315+108=423　　76.1%　　3/4
　　皱皮子粒101+32=133　　　23.9%　　1/4

单独分析种子颜色，也可以得到同样的结果：

黄色子粒315+101=416　　74.8%　　3/4
绿色子粒108+32=140　　25.2%　　1/4

由上述结果可见，各种性状的分离比例接近3∶1，这说明具有两对性状差别的植株进行杂交时，杂交后代中各种相对性状的分离仍然是独立的，互不干扰。也就是说种子形状的分离不受子叶颜色分离的影响，是独立遗传的。在F_2代中除了亲组合以外，又出现了重组合，而且这4种组合类型圆黄∶圆绿∶皱黄∶皱绿呈9∶3∶3∶1之比。从数学关系上看，9∶3∶3∶1的比例，实际上就是$(3∶1)^2$的展开，孟德尔推测这是两对性状自由组合的结果。用简单的乘积方法，就可以得到两对性状独立分配（自由组合）的全部结果：

$$\frac{3圆∶1皱 \times 3黄∶1绿}{9圆黄∶3圆绿∶3皱黄∶1皱绿}$$

这个假设很好地解释了杂交试验结果。后人将其归纳为孟德尔第二定律——自由组合定律，即在配子形成时各对等位基因彼此分离后，独立自由地组合到配子中。

1.3.2.2　自由组合定律的解释

与分离定律相同，圆形黄色与皱缩绿色亲本为纯合体，用R和r分别代表控制种子圆形和皱形的一对基因，Y和y分别代表控制子粒黄色和绿色的一对基因。圆形黄色亲本基因型为$RRYY$，产生RY配子，皱皮绿色亲本的基因型为$rryy$，产生ry配子，杂交后F_1代是杂合体，基因型为$RrYy$，表现型为圆形黄色。F_1产生配子时，等位基因Rr彼此分离，等位基因Yy也同样如此，非等位基因自由组合，形成4种不同基因型的配子：RY、Ry、rY和ry。4种不同的配子随机结合，共有16种可能的组合。F_2群体共有9种基因型，4种表现型，比例为9∶3∶3∶1。

P　　　　　　　　　豌豆圆形黄色$RRYY$×皱皮绿色$rryy$
　　　　　　　　　　　　　　↓
F_1　　　　　　　　　　圆形黄色$RrYy$
　　　　　　　　　　　　　　↓⊗

雄＼雌	RY	Ry	rY	ry
RY	RRYY 圆形黄色	RRYy 圆形黄色	RrYY 圆形黄色	RrYy 圆形黄色
Ry	RRYy 圆形黄色	RRyy 圆形绿色	RrYy 圆形黄色	Rryy 圆形绿色
rY	RrYY 圆形黄色	RrYy 圆形黄色	rrYY 皱皮黄色	rrYy 皱皮黄色
ry	RrYy 圆形黄色	Rryy 圆形绿色	rrYy 皱皮黄色	rryy 皱皮绿色

由此可知，自由组合（独立分配）定律的实质在于，控制这两对性状的两对等位基因，分别位于不同的同源染色体上；在减数分裂形成配子时，同源染色体上的等位基因彼此分

离，使得非同源染色体上的基因之间可以自由组合。

1.3.2.3 自由组合定律的测交验证

以上假设完满地解释了两对杂交的结果，但孟德尔同样采用测交和自交来加以验证。根据原假设，F_1杂合体形成配子时，不论雌配子或雄配子，都有4种类型，既YR、Ry、rY和ry，而且比例相等。当和双隐性亲本测交时，由于双隐性纯合体只产生ry配子，测交后代应出现圆形黄色、圆形绿色、皱缩黄色和皱缩绿色4种表现型，其比例为1∶1∶1∶1，而实际结果完全符合预期的推测（表1-5）。

表1-5 F_1圆形黄色（$RrYy$）和双隐性亲本皱皮绿色（$rryy$）测交的结果

	F_1配子	RY	Ry	rY	ry
测交后代期望值	基因型	$RrYy$	$Rryy$	$rrYy$	$rryy$
	表现型	圆、黄	圆、绿	皱、黄	皱、绿
	表现型比例	1	1	1	1
实际测交结果	F_1为母本	31	26	27	26
	F_1为父本	24	25	22	26

由此可以得出，控制两对相对性状的两对基因在F_1杂合体中互不混淆，保持各自的独立性。孟德尔由此提出颗粒式遗传，而不是融合式的遗传，这点对遗传学的发展具有重要的意义。

1.3.2.4 多对基因的遗传

当具有3对不同性状的植株杂交时，只要决定这3对性状遗传的基因分别位于3对非同源染色体上，它们的遗传都符合分离定律和自由组合定律。如豌豆的圆粒、黄色、紫花（$RRYYCC$）植株与皱粒、绿色、白花植株（$rryycc$）杂交，F_1全部为黄色、圆粒、紫花（$RrYyCc$）。F_1的3对杂合基因分别位于3对染色体上，在减数分裂过程中，这3对染色体有$2^3=8$种可能的组合方式，因此产生8种类型的雌雄配子（RYC、RYc、RyC、rYC、Ryc、rYc、ryC、ryc）。各种雌雄配子之间随机结合，F_2将可能产生64种组合。雌雄配子的自由组合可以采用分支法加以分析。以两对基因$RrYy×RrYy$杂交为例，用分支法分别说明后代基因型和表现型的类型及比例。F_2基因型及其概率的确定如下：

Rr基因的分离	Yy基因的分离	概率	基因型
1/4RR	1/4YY =	1/16	$RRYY$
	2/4Yy =	2/16	$RRYy$
	1/4yy =	1/16	$RRyy$
2/4Rr	1/4YY =	2/16	$RrYY$
	2/4Yy =	4/16	$RrYy$
	1/4yy =	2/16	$Rryy$

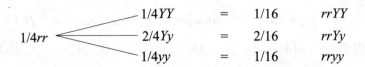

由此可以得出，一对基因杂交产生的F_2中会有3种不同的基因型，对于2对基因杂交的F_2代，基因型有9种，是3^2。

F_2表现型及其概率的确定：

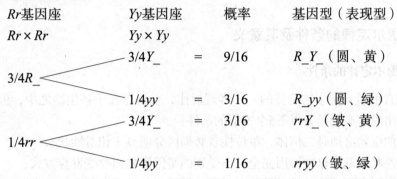

| Rr基因座 | Yy基因座 | 概率 | 基因型（表现型） |

一对基因杂交产生的F_2中会有2种不同的表现型，比例为3∶1；而两对基因杂交的F_2代，共有4种表现型，是2^2，比例为9∶3∶3∶1，是$(3∶1)^2$。

当3对基因分别位于3对非同源染色体上，3对独立基因的杂交，可以看作是3个单对基因之间的杂交，将3对基因分别计算，再利用概率的原理加以推算。3对基因杂交时产生的配子类型为8种，是2^3。雌雄配子自由结合后，产生子代共有27种基因型，为3^3。8种表现型，为2^3；表现型的比例就是$(3∶1)×(3∶1)×(3∶1)=(3∶1)^3$。因此，只要各对基因都属于独立遗传，其杂种后代的分离就会遵循一定的规律（表1-6）。

表1-6　杂种杂合基因对数与F_2基因型和表现型的关系

基因对数	F_1配子类型	F_1配子组合	F_2基因型	F_2表现型	F_2表现型分离比
1	2	4	3	2	$(3∶1)^1$
2	4	16	9	4	$(3∶1)^2$
3	8	64	27	8	$(3∶1)^3$
4	16	256	81	16	$(3∶1)^4$
n	2^n	4^n	3^n	2^n	$(3∶1)^n$

用此方法可以计算具有许多对独立分配基因的不同亲本杂交后代中某一特定基因型或表现型的概率。如4对基因的杂交组合：$AABbCcDD × AaBbccDd$，求后代中基因型为$AABBccDD$和表现型为$A\_B\_ccD\_$的概率。我们可以把每对基因作为独立事件来求4对基因同时发生某事件的概率：

P	$AA \times Aa$	$Bb \times Bb$	$Cc \times cc$	$DD \times Dd$
要求的基因型	AA	BB	cc	DD
概率	1/2 ×	1/4 ×	1/2 ×	1/2=1/32
要求的表现型	$A\_$	$B\_$	cc	$D\_$
概率	1 ×	3/4 ×	1/2 ×	3/4=9/32

1.3.3 孟德尔定律的条件及其意义

1.3.3.1 孟德尔定律的条件

分离和自由组合是生物遗传的一个客观规律，普遍存在于各生物之中，但是分离和自由组合比例的出现，必须具备以下5个方面的条件：

①研究的生物必须是二倍体，单位性状必须区分明显（相对性状）；
②控制性状的基因显性作用完全，不受别的基因影响而改变发育方式；
③减数分裂中形成的各类配子数目相等，受精时各类雌雄配子的结合机会相等；
④各种合子及由合子发育起来的个体必须具有同样的成活率；
⑤杂种后代所处条件相似，分析的群体比较大。

1.3.3.2 孟德尔定律的意义

①具有普遍性，不仅在植物中广泛存在，在其他二倍体生物中同样表现出相应的遗传规律。
②由于自由组合的存在使生物群体中存在着多样性，使世界变得丰富多彩，生物得以生存和进化。
③指导育种工作，可有目的地选择具有不同优良性状的亲本，通过杂交使多种优良性状集中于杂种后代，并可预测优良性状组合出现的大致比例，以确定杂交育种的规模。另外，杂合体是不能留做种子的，杂种优势只体现在F_1代，F_2代性状会发生分离。

1.3.4 孟德尔定律的扩展

1.3.4.1 显隐性关系的相对性

（1）完全显性

孟德尔在植物杂交试验中所选择的7对相对性状中，F_1所表现的性状都和亲本之一完全相同，这样的显性称为完全显性。但并不是所有的情况都是如此，有时在显隐性关系上会出现各种变异。

（2）不完全显性

一对相对性状纯合的亲本杂交，杂合体表现双亲的中间性状。如紫茉莉（*Mirabilis*

jalapa)红花植株与白花植株杂交,F_1代既不是红花,也不是白色,而是粉红色;F_1自交后产生的F_2代有3种红花、粉红花和白花表现型,比例为1∶2∶1。金鱼草的花色也是如此。在不完全显性时,基因型和表现型是一致的。

（3）共显性

基因缺少显隐性关系,杂合子中一对基因都得以表现,即同一组织同一空间表现了双亲各自的特点,产生了与两种纯合基因型都显著不同的表型。人类控制MN血型的等位基因是共显性,用符号L^M和L^N表示,L是为了纪念发现MN血型的两位科学家（Landsteiner和Levine）,由于是用免疫血清检出的,故用M和N来作为MN血型的符号。该血型系统共有3种血型,即M、N和MN型,分别由基因型L^ML^M、L^NL^N和L^ML^N决定的,其中M型个体的红细胞膜上有M抗原,N型个体的红细胞膜上有N抗原,而MN型个体的红细胞膜上既有M抗原又有N抗原,即两种基因在同种组织中都得到了表达。

（4）镶嵌显性

当两亲本杂交,个别亲本的特征在F_1代的同一个体不同部位表现出来,形成镶嵌图式,表明基因除有定性的作用外,还有定位作用。

（5）环境与显隐性的关系

①外部环境　光照和温度对植物的生化反应具有重要的影响,由此必然影响到表型效应,以致改变显隐性关系。如玄参科的金鱼草有红色花和淡黄色花两种不同的品系,将这两种不同的品系杂交,产生的F_1在不同的条件下,表现不同。在光充足但低温条件下,F_1为红色,那么红色为显性;当光不足、温暖条件下,F_1为淡黄色,那么红色为隐性;当光充足、温暖时,F_1为粉红色,呈不完全显性。可见外部的环境条件会影响到显隐性的关系。

$$红色花 \times 淡黄色$$
$$\downarrow$$

光充足、低温	红色花
光不足、温暖	淡黄色
光充足、温暖	粉红色

②内部环境　须苞石竹花的白色与暗红色是一对相对性状。用开白花的植株与开暗红色的植株杂交,杂种F_1的花最初是纯白的,以后慢慢变为暗红色,因此个体发育进程不同,基因的表达也不同。

1.3.4.2　复等位基因

到目前为止,所涉及的遗传系统只限于一对等位基因,即任意个体在一个基因座上具有等位基因的最大数目是两个。但是由于一个基因可以突变为另外不同的形式,所以在一种生物群体中,某一基因座理论上可能有许多等位基因。遗传学把同源染色体相同位点上存在的3个或3个以上不同形式的等位基因称为复等位基因。复等位基因在自然界广泛存在,存在于同种生物的不同个体中,决定同一单位性状内多种差异的遗传,增加了生物多样性,为生物适应性和育种提供了更丰富的资源。但对于一个二倍体的个体,其体内只有一对同源染色体，因此每个个体最多只能具有复等位基因的两个成员。通常使用大写字母指出相对于系列中所有其他等位基因都是显性的基因，对应的小写字母为相对于其他等位基因都是隐性的等位基因，显性程度介于这两个极端等位基因之间的其他基因，通常用具有合适上标的小写字母表示。

（1）中国报春花花心的遗传

已知中国报春花花心的颜色是由一个复等位基因系列控制的，包括A、a^n和a，其中A基因显性于a^n和a，表现出的花心为白色花心（或亚历山大类型）；a^n基因显性于a基因，表现为正常类型，即黄色花心；a基因控制报春花大的黄色花心（皇后类型）（表1-7）。

表 1-7 中国报春花花心颜色

表现型	基因型
亚历山大类型（白色花心）	AA，Aa^n，Aa
正常类型（黄色花心）	$a^n a^n$，$a^n a$
报春花皇后类型（大的黄色花心）	aa

（2）植物的自交不亲和性

自交不亲和性受复等位基因控制。在茄科、百合科、豆科、鸭跖草科多种植物中，自交不亲和性都是由单个基因座S控制的不亲和系统。在这个基因座上，存在着一系列的复等位基因，分别用S_1、S_2、S_3……表示，每个二倍体植株有其中的两个，它们控制花粉和雌蕊的不亲和反应。花粉的细胞核为单倍体，因此只含有一个等位基因；来源于母体植株的花柱组织为二倍体，含有两个不亲和等位基因。如果花粉核中的不亲和基因与花柱中的两个等位基因之一相同，花粉管在花柱中的生长会受到抑制，基本上不会发生受精；如果花粉核中的不亲和基因与花柱组织中的两个等位基因都不同，则花粉管正常生长并受精（表1-8）。

表 1-8 三叶草自交不亲和等位基因杂交后代类型

母 本	父 本	杂交后代基因型及其比例
S_1S_2	S_3S_4	$1/2 S_1S_3 : 1/2 S_2S_4$
S_1S_2	S_1S_2	—
S_1S_3	S_2S_4	$1/4 S_1S_2 : 1/4 S_2S_3 : 1/4 S_1S_4 : 1/4 S_3S_4$

1.3.4.3 基因间的相互作用

在孟德尔之后，许多试验证明基因与性状的关系远不是"一对一"的关系，大多数性状是由多对基因控制的。另外，表型是许多基因产物在特定环境中表达的结果，环境不仅包括像温度和光照这样的外部环境，还包括像激素和酶这样的内部因子。根据孟德尔定律，两对基因杂交，其F_2代的表现型之比是9∶3∶3∶1；当两对非等位基因控制同一性状时，它们相互间是如何作用的？尽管情况不同，但万变不离其宗，仍然符合孟德尔定律，产生一些新的表型只不过是表型的综合而已。

(1) 互补作用

当两个独立遗传的显性基因同时存在（包括纯合显性或杂合状态），就会互补产生一种不同的表型；当只有一对基因是显性，或两对基因都是隐性时，产生相同的另一种表型。这种基因互作的类型称为互补作用。如香豌豆有紫花品系和白花品系，两个白花品系杂交产生的F_1代均为紫花，自交后F_2代只有紫花和白花两种表型，比例接近9/16和7/16。对照自由组合定律，可知该杂交组合是两对基因的分离，是9:3:3:1的变形。从F_1群体和F_2中9/16的植株开紫花，说明是两对显性基因的互补作用。如果紫花所涉及的两个显性基因为C和P，就可以确定杂交亲本、F_1、F_2各种类型的基因型。

P　　　　　　　　　　白花（$CCpp$）× 白花（$ccPP$）
　　　　　　　　　　　　　　　↓
F_1　　　　　　　　　　　紫花（$CcPp$）
　　　　　　　　　　　　　　　↓
F_2　　9紫花（$C\_P\_$）：7白花（$3C\_pp + 3ccP\_ + 1ccpp$）

色素生化代谢的途径如下：

　　　　　　　　　　　C　　　　　　　　　　　　　P
　　　　　　　无色色素——→无色的中间产物——→表现紫色的色素

(2) 积加（累加）效应

南瓜有不同的果形，A基因和B基因都控制果形向横向延伸，突变型是向纵向延伸，A和B的作用可以相互叠加，当基因型为$A\_B\_$时，表现为扁形，$aabb$为长形，A_bb或$aaB\_$为球形，表现出9:6:1的比例。这种基因互作称为积加效应（累加效应）：即两种显性性状同时存在时产生一种性状，单独存在时分别表现相似的性状，两种显性基因均不存在时表现第三种性状。

P　　　　　　　　　　圆球形（$AAbb$）× 圆球形（$aaBB$）
　　　　　　　　　　　　　　　↓
F_1　　　　　　　　　　　扁盘形（$A\_B\_$）
　　　　　　　　　　　　　　　↓
F_2　9扁盘形（$A\_B\_$）：6圆球形（$3A\_bb + 3aaB\_$）：1长圆形（$aabb$）

(3) 重复显性（叠加）作用

荠菜的蒴果有三角形和卵形两种类型，由两对独立分配的基因控制，分别由符号A和B表示。将这两种植物杂交，F_1全是三角形蒴果，F_2代只有三角形和卵形两种表现型，比例为15:1。由此可知，除$aabb$以外，任何基因型，只要有一个A或B，表型都为三角形。A和B的作用相同，本身是完全显性，A和B互为完全显性。这种基因互作也称为重复显性作用（duplicate effect）。

P　　　　　　　　　　三角形（$AABB$）× 卵形（$aabb$）
　　　　　　　　　　　　　　　↓
F_1　　　　　　　　　　　三角形（$AaBb$）
　　　　　　　　　　　　　　　↓
F_2　　15三角形（$9A\_B\_ + 3A\_bb + 3aaBb$）：1卵形（$aabb$）

（4）显性上位

在两对非等位基因控制同一性状时，抑制或遮盖另一个基因座基因作用的基因，称为上位基因；被抑制或遮盖的基因就是下位基因。所表现出的遗传效应称为上位效应，包括显性上位和隐性上位。

两对独立遗传基因共同控制一单位性状，其中一对基因对另一对基因的表现有遮盖作用，其中起遮盖作用的基因为显性基因。西葫芦果皮有白色、黄色、绿色3种，显性基因（W）对另一对基因（Yy）有上位性作用，当W基因存在时，抑制色素的形成，表现为白色；缺少W时，Y基因表现其黄色作用；如果W和Y都不存在时，表现y基因的绿色，F_2出现3种表现型，其比例为12∶3∶1。

P　　　　　　　　白色（$WWYY$）× 绿色（$wwyy$）
　　　　　　　　　　　　　↓
F_1　　　　　　　　　　白色（$WwYy$）
　　　　　　　　　　　　　↓
F_2　　　12白色（9$W\_Y\_$ + 3W_yy）∶3黄色（$wwY\_$）∶1绿色（$wwyy$）

（5）隐性上位

两对基因互作时，一个基因座的隐性基因抑制另一对基因的表达。如玉米胚乳蛋白质层颜色的遗传。当基本色泽基因C存在时，另一对基因$Prpr$都能表现各自的作用，即Pr表现紫色，pr表现红色。当缺少C基因时，隐性基因c对Pr和pr起上位作用，使得Pr和pr都不能表现其性状；F_2出现的3种表现型的比例为9∶3∶4。

P　　　　红色蛋白质层（$CCprpr$）× 白色蛋白质层（$ccPrPr$）
　　　　　　　　　　　　　↓
F_1　　　　　　　　　　紫色（$CcPrpr$）
　　　　　　　　　　　　　↓
F_2　　　9紫色（$C\_Pr\_$）∶3红色（C_prpr）∶4白色（3$ccPr\_$ + 1$ccprpr$）

其基因间相互作用的生化代谢过程如下：

$$\text{白色底物} \xrightarrow{C} \text{红色产物} \xrightarrow{Pr} \text{紫色产物}$$

（6）抑制效应

在两对独立遗传基因中，其中一对基因的显性基因抑制另外一对基因的表达。在报春花属中，K基因可以控制合成一种黄色的锦葵色素，但另一基因D存在时可抑制其表达，因此在F_2中出现两种表现型，白色与黄色的比为13∶3。

P　　　　　　　　黄花（$KKdd$）× 白花（$kkDD$）
　　　　　　　　　　　　　↓
F_1　　　　　　　　　　白花（$KkDd$）
　　　　　　　　　　　　　↓
F_2　　　13白花（9$K\_D\_$ + 3$kkD\_$ + 1$kkdd$）∶3黄花（3K_dd）

其生化代谢途径如下：

$$D$$
$$\downarrow 抑制$$
$$K$$
白色色素——→黄色锦葵色素

以上只讨论了两对独立基因共同决定同一性状时所表现的各种情况（表1-9），涉及3对或更多基因座间的相互作用也是可能的，如果共同决定同一性状的基因对数更多，后代表现的分离比例将更复杂。在整体基因型中，大多数基因都可能在一定程度上依赖于其他基因，表型依赖于整体基因型与环境的相互作用。

表 1-9　不同等位基因的相互作用

类型	实例	F_2表型比例			
		A_B_	A_bb	aaB_	aabb
经典比例		9	3	3	1
互补作用	香豌豆花色	9紫花	7白		
积加效应	南瓜果形	9扁	6圆球		1长
叠加作用	荠菜果形	15三角形			1卵形
显性上位	西葫芦颜色	12白		3黄	1绿
隐性上位	玉米胚乳颜色	9紫	3红	4白	
抑制效应	报春花花色	9白	3黄	4白	

1.4　连锁遗传、基因定位与伴性遗传

1.4.1　基因的连锁和交换

1.4.1.1　基因连锁的发现

1900年孟德尔遗传定律被重新发现后，引起生物学界的广泛重视，人们以更多的动物、植物为材料进行杂交试验。1905年，Bateson和Punnet研究了香豌豆两对性状的遗传，发现了性状连锁遗传的现象。一对性状是花的颜色，紫花（P）对红花（p）是显性；另一对性状是花粉的形状，长花粉粒（L）对圆花粉粒（l）为显性。杂交亲本分别是紫花、长花粉和红花、圆花粉，杂交F_1代都是紫花、长花粉，在F_2中也出现4种表现型，杂交结果如下所示：

P　　　　紫花、长花粉（$PPLL$）× 红花、圆花粉（$ppll$）
　　　　　　　　　↓
F_1　　　　　紫花、长花粉（$PpLl$）
　　　　　　　　　↓⊗

F_2	紫长（$P_L\_$）	紫圆（P_ll）	红长（$ppL\_$）	红圆（$ppll$）	总数
实际数	4831	390	393	1338	6952
按9∶3∶3∶1推算的理论数	3910.5	1303.5	1303.5	434.5	6952

分别分析花的颜色和花粉形状的遗传规律，分离比均符合3∶1，说明每个单位性状仍受分离定律支配，但两对基因的遗传显然不能用自由组合定律来解释。F_2中出现的4种表现型不符合9∶3∶3∶1的分离比例，实际数与理论数相差很大，其中亲本的性状组合（紫、长与红、圆）的实际数多于理论数；而重新组合性状（紫、圆与红、长）的实际数却少于理论数。因此，他们提出原来属于同一亲本的两个基因更倾向于进入同一配子中。为了证明这个假设是否正确，他们又将杂交亲本的性状组合加以改变，把一个显性性状与另一个隐性性状组合在一个亲本中，以紫花圆形花粉和红花长花粉的亲本杂交，杂交结果如下：

P　　　　　　　紫花圆花粉（*PPll*）× 红花长花粉（*ppLL*）

↓

F_1　　　　　　　紫花长花粉（*PpLl*）

⊗↓

F_2	紫长（*P_L_*）	紫圆（*P_ll*）	红长（*ppL_*）	红圆（*ppll*）	总数
实际数	226	95	97	1	419
按9∶3∶3∶1 推算的理论数	235.8	78.5	78.5	26.2	419

同样，F_2得到4种表现型，结果也不符合9∶3∶3∶1分离比，虽差异不像前次显著，但仍是亲组合的实际数大于理论数，重组合的实际数少于理论数。由此可见杂交的两对相对性状在F_2中没有表现自由组合的遗传，而原来为同一个亲本所具有的性状，在F_2中常常有联系在一起遗传的倾向，这种现象称为连锁遗传。

在第一个试验中，两个显性性状联系在一起，两个隐性性状联系在一起，这样的性状组合，遗传学上称相引组或相引相；在第二个试验中，一个隐性性状和一个显性性状联系在一起的组合称为相斥组或相斥相。虽然Bateson和Punnet发现了性状连锁的现象，但并未真正揭示基因在染色体上连锁的遗传规律。

1.4.1.2　连锁规律的建立

1910年摩尔根（Morgan）和他的学生Bridges以果蝇为试验材料，研究了两对基因的遗传，发现了连锁和互换，建立了遗传学的第三个基本定律——连锁遗传，并创立了基因论，即基因在染色体上呈现直线排列，占有一定位置。基因的传递同所在染色体的传递是连锁的，即连锁定律。

当两对性状组合在一起杂交时，F_2为什么不表现出自由组合定律的9∶3∶3∶1的比例？其原因也必须从F_1产生的各类配子比例中去寻找，已知在自由组合定律中，9∶3∶3∶1的比例是在F_1杂合子产生4种类型的配子，且各类配子数目相等的前提下获得的。由此可以推断在连锁遗传的情况下，F_1产生的4类配子不会是1∶1∶1∶1的比例。测定F_1雌雄配子中各类配子比例最好的方法是采用双隐性个体与F_1测交，测交得到的子代数目能反映出F_1形成的配子种类和比例。现以玉米籽粒两对连锁基因的传递为例，说明连锁遗传定律。

玉米籽粒有色*C*是无色*c*的显性，正常（饱满）胚乳（*Sh*）是凹陷胚乳（*sh*）的显性，两对性状杂交及测交结果如下：

P　　　　　　　　　　有色饱满CSh/CSh × 无色凹陷csh/csh
　　　　　　　　　　　　　　　　↓
F_1测交　　　　　　　有色饱满CSh/csh × 无色凹陷csh/csh
　　　　　　　　　　　　　　　　↓

F_1配子		CSh	Csh	cSh	csh	总 计
测交后代	基因型	CSh/csh	Csh/csh	cSh/csh	csh/csh	8368
	表现型	有色饱满	有色凹陷	无色饱满	无色凹陷	
	实际数	4032	149	152	4035	

测交出现4种表现型，说明产生4种配子，但亲本配子所带有的两个C和Sh或c和sh在F_1植株进行减数分裂时没有自由分配，而是常常联系一起出现；而且产生的具有2个显性基因（C和Sh）的配子和具有2个隐性基因（c和sh）的配子数目相等。同样，两类新组合配子的数目也相等。其中，亲组合和重组合所占的比例如下：

　　重组合　　　　（149+152）/8368 × 100%=3.6%
　　亲组合　　　　（4032+4035）/8368 × 100%=96.4%

在相斥组的杂交试验中，F_1杂合体与双隐性个体测交，也得到了同样的结果，F_1产生的配子中和亲本相同的组合类型多，重新组合的配子较少，而且它们出现的百分率和上述相引组的结果很接近。

P　　　　　　　　　　无色饱满cSh/cSh × 有色凹陷Csh/Csh
　　　　　　　　　　　　　　　　↓
F_1测交　　　　　　　有色饱满cSh/Csh × 无色凹陷csh/csh
　　　　　　　　　　　　　　　　↓

F_1配子		CSh	Csh	cSh	csh	总 计
测交后代	基因型	CSh/csh	Csh/csh	cSh/csh	csh/csh	44 595
	表现型	有色饱满	有色凹陷	无色饱满	无色凹陷	
	实际数	638	21 397	21 986	672	

　　重组合　　　　（638+672）/44 595 × 100%=2.94%
　　亲组合　　　　（21 397+21 986）/44 595 × 100%=97.06%

由以上两个试验，可反映出连续遗传的基本特征：

（1）连锁

当两个或两个以上的基因位于同一染色体上时，这些基因称为连锁基因，它们可在常染色体上连锁，也可在性染色体上连锁。位于不同染色体上的基因，彼此独立地分配到配子中去（孟德尔的独立分配规律）。但是位于同一条染色体上的基因在配子形成时，连锁基因的分配不是独立的，而是倾向于以它们在亲本内同样的组合留在一起。如AB/ab和ab/ab，斜线（/）左侧的基因位于一条染色体上，斜线右侧的基因位于同源的染色体上。排列在同一条染色体上及其同源染色体上的基因群称为连锁群。一种二倍体生物的连锁群数和其染色体对数相等。

（2）交换

连锁基因并不总是留在一起，这种连锁称为不完全连锁。原因是第一次减数分裂前期，同源染色体配对形成联会；到粗线期，非姐妹染色单体间会发生不同长度的片段交换，因此造成了连锁基因之间的重组。经过减数分裂，4条染色单体进入到不同的配子中。以双杂合子（AB/ab）为例，如在A和B基因座之间发生交换，会以同样的频率产生4种配子（AB、Ab、aB、ab），其中的两个会保持亲本的连锁关系（AB和ab），因此称为亲本类型或非交换类型；另外两个配子将成为重组类型或交换类型。但是，如果被研究的两个基因之间的交换并不是都在每一次减数分裂时发生，则一个双杂合个体产生的所有配子中，非交换类型的配子频率会超过交换类型的配子频率。

只有在个别生物中，如雄果蝇和雌家蚕，位于同一条同源染色体上的非等位基因总是连在一起遗传的现象，称为完全连锁。如对F_1进行测交，后代只出现亲本类型，而且数目相等。

1.4.1.3 重组值

根据交换发生的随机性，染色体越长，交叉的数目就越多。如两个基因在染色体上的距离越远，它们之间发生交换的机会就越多，因此交换值的大小就可以用来表示基因间距离的长短。

交换有时在同源染色体两处以上的部位发生交换，称为双交换。当双交换出现在两个遗传标记中间时，后代是亲本类型。但是，如果在两个遗传标记之间还具有第三个基因，可以通过第三个基因座检测出双交换。实际上我们无法直接测定交换值，只有通过标记基因的重组来估计交换的频率。

$$重组值（重组率）=重组型配子数/总配子数 \times 100\%$$

应用这个公式计算重组值，首先要知道重组型的配子数，测定重组型配子数的简易方法有测交法和自交法。测交法是F_1（AaBb）与双隐性纯合亲本（aabb）杂交，以子代的表型（AaBb、Aabb、aaBb、aabb）的频率求算出F_1不同配子类型（AB、Ab、aB、ab）的频率。自交法是从F_2分离比推算F_1不同配子的频率。以香豌豆为例，因F_2有4种表现型，可推测F_1形成4种配子，分别为PL、Pl、pL、pl。设各配子的比例分别为a、b、c、d，自交形成F_2的基因型及其频率即为$(aPL:bPl:cpL:dpl)^2$，其中表现型为纯合双隐性ppll的个体只能由pl的雌雄配子结合而成，其频率为d^2。F_2中表现型ppll的个体数为1338，是总数6952的19.2%，故F_1配子pl的频率d为19.2%的开方，即44%。因PL和pl均为亲本组合，故PL的频率也为44%，重组型配子Pl和pL的频率分别为6%。于是F_1形成4种配子的比例分别为44PL:6Pl:6pL:44pl，重组值为12%。

重组值是连锁基因间连锁程度的一种度量，取值范围为0~50%，当交换值接近0时，说明连锁强度大，同源染色体之间发生交换的概率很低；而重组值接近于50%时，说明连锁基因之间的距离较远，彼此间频繁地发生重组。但重组值最大不可能超过50%，无论染色体上两点距离如何大，一次交换只可能发生在同源染色体的两条染色单体之间，另外两条染色单体并未发生交换，即使是每个初级性母细胞同源染色体都发生了交换，重组率也只有50%。其实当重组率达到50%时，已是染色体之间的自由组合了。

1.4.2 基因定位和染色体作图

基因在染色体上呈线性排列，确定基因在染色体上的相对位置和排列顺序的过程称为基因定位，由此绘制的线性示意图为染色体图（或遗传图、连锁图）。遗传作图涉及两个方面的问题：①基因间线性顺序的确定；②基因间相对距离的确定。摩尔根的果蝇试验表明，重组是同源染色体发生交换的结果，两个连锁基因之间的距离决定了它们的重组率，可以用试验的方法来确定真核生物染色体上不同基因的位置——遗传作图。两个连锁基因在染色体图上相对距离的数量单位为图距，一个图距单位相当于1%的交换，图距单位常称为厘摩（cM），以纪念摩尔根。基因定位的主要方法有两点测验和三点测验。

1.4.2.1 两点测验

两点测验是基因定位最基本的一种方法。从几何知识上知道，要证明a、b、c三点共线，当ab + bc=ac时，三点在一条直线上。为了确定3对基因在染色体上的相对位置，摩尔根的学生Sturtevant想出了巧妙的办法，分别进行3次杂交和3次测交，然后根据重组值来确定3对基因是否连锁以及在染色体上的位置。

以玉米为例，说明两点测验的方法。已知玉米籽粒的有色（*C*）对无色（*c*）为显性，饱满（*Sh*）对凹陷（*sh*）显性，非糯性（*Wx*）对糯性（*wx*）为显性。为了明确这3对基因是否连锁遗传，分别进行了以下3组试验（表1-10）。

表1-10 玉米两点测验的3个测交结果

杂交亲本组合	测交后代		种子粒数
	表现型与基因型	配子类型	
有色、饱满（*CCShSh*） 无色、凹陷（*ccshsh*）	有色、饱满（*CcShsh*）	亲组合	4032
	无色、饱满（*ccShsh*）	重组合	152
	有色、凹陷（*Ccshsh*）	重组合	149
	无色、凹陷（*ccshsh*）	亲组合	4035
非糯性、凹陷（*WxWxshsh*） 糯性、饱满（*wxwxShSh*）	非糯、饱满（*WxwxShsh*）	重组合	1531
	非糯、凹陷（*Wxwxshsh*）	亲组合	5885
	糯性、饱满（*wxwxShsh*）	亲组合	5991
	糯性、凹陷（*wxwxshsh*）	重组合	1488
非糯性、有色（*WxWxCC*） 糯性、无色（*wxwxcc*）	非糯、有色（*WxwxCc*）	亲组合	2542
	非糯、无色（*Wxwxcc*）	重组合	739
	糯性、有色（*wxwxCc*）	重组合	717
	糯性、无色（*wxwxcc*）	亲组合	2716

第一个试验中，*Cc*和*Shsh*之间的重组值为[（152+149）/（4032+152+149+4035）]×100%=3.6%，说明这两对基因连锁，在染色体上相距3.6cM。

第二个试验中，*Wxwx*与*Shsh*之间的重组值为[（1531+1488）/（1531+5885+5991+1488）]×100%=20.3%，显然二者也是连锁的。

第三个试验中，$Wxwx$和Cc间的重组值为[（739+717）/（2542+739+717+2716）]×100%=21.7%，这两对基因也为连锁基因。

既然3对基因彼此连锁，说明这3对基因位于同一条染色体上。对比试验结果，3个基因在染色体上的排列顺序可能为sh在wx和c之间，因为wx和c间的理论重组值应该是20+3.6=23.9%，与实际重组值22%比较接近。为什么会出现情况？原因是当两对连锁基因之间的距离超过5cM时，彼此之间会发生两次交换（双交换），而两点测验测不出双交换，使得两点测验的准确性不如三点测验。另外，两点测验必须进行3次杂交和3次测交，工作烦琐。

1.4.2.2 三点测验

三点测验是定位基因的基本方法，通过一次杂交和一次测交，同时确定3对基因在染色体上的位置。仍以玉米Cc、$Shsh$、$WXwx$ 3对基因为例，说明三点测验的具体步骤。

P　凹陷、非糯、有色（$shshWxWxCC$）× 饱满、糯性、无色（$ShShwxwxcc$）
↓
F_1　饱满、非糯、有色（$ShshWxwxCc$）× 凹陷、糯性、无色（$shshwxwxcc$）
↓

测交后代的表型	推测F_1产生的配子类型	籽粒数	交换类型
凹陷、非糯、有色	$shWxC$（$sh++$）	2538	亲组合
饱满、糯性、无色	$Shwxc$（$+wxc$）	2708	
饱满、非糯、无色	$ShWxc$（$++c$）	626	单交换
凹陷、糯性、有色	$shwxC$（$shwx+$）	601	
凹陷、非糯、无色	$shWxc$（$sh+c$）	113	单交换
饱满、糯性、有色	$ShwxC$（$+wx+$）	116	
饱满、非糯、有色	$ShWxC$（$+++$）	4	双交换
凹陷、糯性、无色	$shwxc$（$shwxc$）	2	
总数		6708	

因为非交换配子总是以最高的频率产生，双交换出现的概率最少。已知$shWxC$在一条染色体上，而$Shwxc$在另一条染色体上。但哪一个基因处在中间呢？可以考虑3种情况：

①如果Wx基因处在中间，可以得到的双交换类型应是：

$$shWxC/Shwxc \times shwxc/shwxc \longrightarrow shwxC/shwxc 和 ShWxc$$

与实际的双交换类型对比，可确定以上两类不是双交换类型，因此Wx基因不在中间。

②如果C基因处在中间，可以得到的双交换类型应是：

$$shCWx/Shcwx \times shcwx/shcwx \longrightarrow shcWx/shcwx 和 ShCwx/shcwx$$

与实际的双交换类型对比，这些不是双交换类型，因此C基因不在中间。

③如果Sh基因处在中间，得到的配子类型应是：

$$WxshC/wxShc \times wxshc/wxshc \longrightarrow WxShC/wxshc 和 wxshc/wxshc$$

这些与实际双交换类型相符，因此可以得出Sh基因在中间。

既然已经知道了基因顺序和亲本的连锁关系，就可以计算交换值，以确定它们之间的距离。除双交换外，还可以推导出单交换类型，Wx和Sh之间的单交换类型为$wxshC/wxshc$和$WxShc/wxshc$；Sh和C之间的单交换类型为$Wxshc/wxshc$和$wxShC/wxshc$。具体基因之间的交换值的计算如下：

双交换值=（4+2）/6708×100%=0.09%

Wx和Sh之间的交换值=（601+626+4+2）/6708×100%=（601+626）/6708×100%+0.09%=18.4%

Sh和C之间的交换值=（116+113+4+2）/6708×100%=（116+113）/6708×100%+0.09%=3.5%

Wx和C之间的重组值=（601+626+116+113）/6708×100%=21.7%

根据计算结果，可以绘出wx、sh和c之间的遗传图，但我们会发现wx-sh和sh-c之和为21.9%，大于wx-c的距离，这是什么缘故呢？因为wx-c之间发生双交换，但因不产生重组类型而无法计算，但从wx-sh和sh-c的重组中可以看到确实发生了两次双交换，如果把漏掉的双交换加进去，则为wx-c=（wx-sh）+（sh-c）=21.9%。

1.4.2.3 并发系数和干扰

如果在两条非姐妹染色单体上分别发生两次单交换，根据概率定律，那么两次单交换同时发生（即为双交换）的概率就应该等于各自发生时的概率乘积。并发系数（coefficience of coincidence）C为观测到的双交换值除以预期双交换的比值。

$$并发系数C=实际双交换值/理论双交换值$$

以上述试验为例，理论双交换值应为0.184×0.035×100%=0.64%，但实际测得的双交换值为0.09%，C=0.09/0.64=0.14，结果远小于1；说明实际发生的双交换比预期发生的概率小得多，这是由于一次交换事件的发生，干扰了另一次交换事件的发生，这种现象称为干扰或干涉（interference，I）。对于受到干扰的程度，用I来表示。干扰和并发系数的关系如下：

$$I=1-C$$

当C=1，I=0时，表示无干涉存在；当C=0，I=1时，表示存在完全干涉，1>C>0时，表示存在干涉，即一次交换抑制了邻近位点另一次交换的发生。

通过两点测验或三点测验，可将一对同源染色体上的基因的位置确定下来，绘制成遗传图。存在于同一染色体上的基因群，称为连锁群。对于二倍体生物，其连锁群的数目与染色体的对数一致，即有n对染色体就有n个连锁群。

1.4.3 性别决定与伴性遗传

1.4.3.1 性别决定

性别本身的重要性在于异体受精过程中，在每一个世代产生大量新的遗传组合，是提供遗传多样性的机制，从而为生物更好地适应环境提供了原始材料。和其他性状一样，决定性别的不外乎是基因和环境两大因素，但大多数生物的性别决定机制是受遗传控制的，可归为以下几类：

（1）性染色体决定性别

性染色体本身决定性别，分为两种类型，XY型和ZW型。

①XY型 在人类、哺乳动物、大部分的两栖类、爬行类、部分的鱼类和昆虫都属于XY型。雄性为异配性别XY，雌性为同配性别XX。植物中少数雌雄异株植物有异形性染色体，如女娄菜等（表1-11）。

表1-11　几种雄性异配性别的植物

物　种	常染色体数	♀	♂
大麻（*Cannabis sativa*）	20	XX	XY
茜草（*Humulus lupulus*）	20	XX	XY
酸模（*Rumex anglocarpus*）	14	XX	XY
女娄菜（*Melandrium album*）	22	XX	XY

②ZW型 鸟类、鳞翅目昆虫及部分两栖类和爬行类等动物中是雌性异配性别，为加以区别，雌性表示为ZW，雄性则为同配性别，表示为ZZ。草莓、金老梅为雌性异配类型。

③性染色体的数目决定性别 在某些双翅目、直翅目和鳞翅目的昆虫中没有异形的性染色体，而是由性染色体数来决定性别的，如雌性为XX，雄性比雌性少了一条染色体，称为XO型，在植物中花椒也是属于XO型。在鳞翅目昆虫中也有雄性为ZZ型，雌性为ZO型。

（2）染色体组的倍性决定性别

如蜜蜂的性别。蜂王是可育的雌蜂，染色体数为2n=32，经正常减数分裂产生的卵为单倍体n=16，卵和精子结合又形成2n=32的合子，将发育成蜂王和工蜂；部分单倍体的卵发育形成雄蜂（n=16）。

（3）基因决定性别

①由复等位基因决定性别 如葫芦科的一种喷瓜（*Ecballium elaterium*），是由复等位基因决定的，具体基因组合和性别表现见表1-12所列。

表1-12　喷瓜的性别决定

基因和显隐性关系	基因型	决定性别
a^D	$a^D a^D$，$a^D a^+$，$a^D a^d$	♂
a^+	$a^+ a^+$，$a^+ a^d$	两性
a^d	$a^d a^d$	♀

②由基因决定 玉米一般都是雌雄同株，由两对基因控制雌雄性别的发育。雌花序在叶腋处呈穗状，由显性基因Ba控制，其隐性等位基因为ba；顶端的雄花序由显性基因（Ts）控制的，其基因型和性别的关系见表1-13所列。

表 1-13　玉米的性别决定

基因型	性别	表型
BaBaTsTs	♀♂	顶端长雄花序，叶腋长雌花序
Ba_tsts	♀	顶端和叶腋都长雌花序
babaTs_	♂	顶端长雄花序，叶腋不长花序
babatsts	♀	顶端长雄花序，叶腋不长花序

从表1-13中可见，Ba只控制叶腋是否长雌花序；而Ts基因则不同，显性时顶端长出雄花序，隐性时顶端长出雌花序。

1.4.3.2　伴性遗传

伴性遗传是指控制性状的基因在性染色体上，其遗传方式称为伴性遗传，其遗传特点由性染色体遗传规律所决定。

（1）果蝇的性连锁

正常果蝇的眼色是红色的，摩尔根和他的学生以果蝇为材料进行遗传试验时，意外地发现了一只白眼的雄果蝇。于是将这只白眼雄果蝇与红眼雌果蝇杂交，所有F_1的后代都是红眼，表明白色这个等位基因是隐性的。将F_1红眼果蝇互交，获得了F_2代，红眼与白眼之比为3∶1，但白眼都是雄的，红眼中雌雄之比为2∶1。如何解释这种现象呢？摩尔根收集了很多的材料，进行了正交、反交和回交等试验，提出X和Y染色体决定果蝇的性别；红眼和白眼是一对等位基因控制的性状，且这对基因位于X染色体上。对于雄果蝇，其性染色体为XY，因此这对基因中的一个仅位于X染色体上，Y染色体上没有相对应的等位基因。而雌果蝇具有一对XX染色体，因此具有一对控制眼色的等位基因。这样的假设完美地解释了试验获得的各种结果，具体介绍3组试验，分别如下：

① 正交

P　　　　　　　红眼♀（X^+X^+）× 白眼♂（X^wY）

↓

F_1　　　　　　红眼♀（X^+X^w）× 红眼♂（X^+Y）

↓

F_2

♀ \ ♂	X^+	Y
X^+	红眼♀ X^+X^+	红眼♂ X^+Y
X^w	红眼♀ X^+X^w	白眼♂ X^wY

② 反交

P　　　　　　　白眼♀（X^wX^w）× 红眼♂（X^+Y）

↓

F_1　　　　　　红眼♀（X^+X^w）白眼♂（X^wY）

③测交

红眼♀（X^+X^w）× 白眼♂（X^wY）
↓

♀＼♂	X^w	Y
X^+	红眼♀X^+X^w	红眼♂X^+Y
X^w	白眼♀X^wX^w	白眼♂X^wY

摩尔根通过对果蝇眼色遗传的研究，揭示了伴性遗传的机理，并可概括以下特点：一是正反交的结果不同；二是后代性状的分布和性别有关；三是常呈一种绞花式遗传，即雄性后代像它们的母亲一样，为白眼；而所有的雌性后代像它们的父亲一样，是红眼。更重要的是将一个特定的基因定位在一条特定的染色体上，将抽象的基因落到实处，从而创造了基因理论。

（2）白剪秋罗的伴性遗传

剪红纱花 Lychnis bungeana（L. senno）为雄性异配性别，叶片有宽叶和窄叶两种，将宽叶雌株和窄叶雄株杂交，F_1无论雌雄全部为宽叶。F_1代互交后得到的F_2代，雌株全部为宽叶；雄株中一半为宽叶，一半为窄叶。这个结果与果蝇眼色的遗传完全相同，因此可以推论，控制叶形的基因在X染色体上，而且Y染色体上没有相应的等位基因。

P　　　　　　　　　♀宽叶X^BX^B × 窄叶X^bY
　　　　　　　　　　　　　　↓
F_1　　　　　　　　宽叶X^BX^b × 宽叶X^BY
　　　　　　　　　　　　　　↓
F_2　　♀宽叶X^BX^B　　♀宽叶X^BX^b　　♂宽叶X^BY　　♂窄叶X^bY

1.5　染色体畸变

染色体的畸变又称染色体突变，包括染色体结构和数目的改变。染色体结构改变导致染色体的重排，染色体数目的改变包括整套染色体的增减和单条或多条染色体的增减。染色体畸变的结果必然导致基因突变，基因突变是指DNA分子上单个碱基的变化。

1.5.1　染色体结构的改变

染色体结构的改变一般是由于染色体的断裂和染色体片段的愈合而产生的。染色体的断裂产生了损伤的末端，它和带有端粒的正常末端不同，具有黏性，易和其他黏性染色体末端相连接，从而产生各种结构变异。染色体结构的改变可分为缺失、重复、倒位和易位4种类型。其中前二者是染色体片段数目的变异，后二者属于染色体片段排列的变异。如一对同源染色体其中一条是正常的，而另一条发生了结构变异，含有这类染色体的细胞或个体称为结构杂合体；若一对同源染色体产生了相同的结构变异，则称为结构纯合体。

1.5.1.1 缺失（deletion, deficiency）

缺失指失去了部分染色体片段。丢失的染色体片段可以小到只包含一个基因或基因的一部分。有两种类型：

①顶端缺失（末端缺失） 染色体的末端发生了缺失。由于丢失了端粒，故一般很不稳定，比较少见，常和其他染色体片段重新愈合形成双着丝点染色体或易位；或自身首尾相连，形成环状染色体。双着丝点和环状染色体在有丝分裂过程中都可形成染色体桥的结构，由于断裂点不稳定，所以又造成新的重复和缺失。

②中间缺失 染色体中部缺失了一个片段，这种缺失较为稳定，比较常见。

缺失的遗传效应如下：

①致死或出现异常 缺失的后果要看缺失片段的大小以及缺失片段上所携带基因的重要性而定。缺失部分过长，对二倍体生物通常是致死的。发生缺失的配子常不育，尤其是花粉，而胚囊的耐受性略强，所以缺失多数通过卵细胞遗传。

②拟显性（假显性） 显性基因的缺失使同源染色体上隐性非致死基因的效应得以显现，这种现象称为拟显性。如具有一对等位基因A和a的杂合个体丢失了带有A基因的染色体片段，从而使位于另一条染色体上的隐性a基因在表型上得以表达。因此可以利用这一特性进行基因定位。

1.5.1.2 重复（duplication）

重复指增加部分染色体片段。有以下类型：

①顺接重复 重复片段所携带遗传信息的顺序和方向与原有片段在染色体上的排列方向相同。

②反接重复 重复片段所携带DNA顺序和原有的相反。

有多种方式产生染色体内的重复，如不等交换、染色体扭结、断裂-融合桥的形成常造成染色体的重复和缺失。

重复的遗传效应如下：

①表型异常 重复区段上的基因数目增加，打乱了基因间固有的平衡关系，对细胞、个体的生长发育有可能产生不良影响，过长区段的重复或基因产物十分重要的话，也会严重影响生活力、配子育性，甚至引起个体死亡。

②位置效应 一个基因随着染色体畸变而改变它和邻近基因的位置，从而改变表型效应的现象。

生物从简单到复杂的进化最根本的是基因组DNA含量的增加和新基因的产生，而重复是重要途径，因此对生物进化有积极的作用。

1.5.1.3 倒位（inversion）

倒位指染色体中发生了某一区段倒转。其中倒位片段不包含着丝粒的类型为臂内倒位；倒位片段包含着丝粒的为臂间倒位。

对于倒位杂合体，在减数分裂同源染色体配对及分配过程中出现一些特殊的现象。如一倒位杂合子，其中一条同源染色体的正常顺序是1-2-3-4-5-6，另一条具有倒位片段的染色体顺序为1-2-5-4-3-6。无论是臂内倒位还是臂间倒位，减数分裂联会时，这两条染色体的同源部分为满足最大限度的配对，其中一条染色体形成一个环的结构进行同源染色体配对，形成倒位圈。如在倒位圈内发生一次非姐妹染色体单体的交换，臂内倒位和臂间倒位在减数分裂后期Ⅰ的图像产生差异。

如臂内倒位杂合体倒位圈内发生非姐妹染色单体的交换，将形成双着丝粒染色体和无着丝粒片段，在减数分裂后期Ⅰ同源染色体相互分离时，形成染色体桥。染色体桥最终会在某处随机断裂，产生有重复和缺失的染色体片段，含有这种重复和缺失的配子是没有功能的，因此，产生的配子中1/2是败育的，1/2是可育的，其中1/4的配子具有正常染色体顺序，另外1/4的配子含有倒位染色体。

如在臂间倒位杂合体倒位圈内发生交换，不会形成双着丝粒染色体，减数分裂后期Ⅰ的图像正常。但产生的配子同样是1/2败育，1/2是可育，其中1/4的配子具有正常染色体顺序，另外1/4的配子含有倒位染色体。

因此，倒位的遗传效应主要包括以下几方面：

①产生倒位环　降低倒位区段基因间的重组率。

②引起基因重排　如果断裂点不破坏重要的基因，通常不会对细胞和个体的生活力产生严重影响，含有完整倒位染色体的配子是可育的。倒位区段内基因的表达也可能由于位置效应而发生显著改变，引起表型变异。

③倒位是生物进化的重要途径之一。

1.5.1.4　易位（translocation）

易位指两条非同源染色体之间产生部分片段的交换。如果两条非同源染色体互相交换片段，则称为相互易位，是最常见的易位类型。如一条染色体的片段和另一条非同源染色体相结合，称为单向易位。

减数分裂期间，相互易位的杂合子个体，为使所有同源的部分正确配对或联会，易位的非同源染色体将形成"十"字形构型；到了终变期，"十"字形构型因交叉端化而变为4条染色体组成的环。后期可能出现两种分离：一种是邻近式分离，即四体环中相邻的两条染色体分别向两极移动，则产生的所有配子都存在染色体的缺失和重复，皆不可育；另一种是交互式分离，是不相邻的染色体同趋于一极，在减数分裂中期Ⅰ形成"8"字形的构型，产生染色体正常的配子和平衡易位的配子。平衡易位虽有染色体的重排，但对整个配子而言基因组保持完整，没有缺失和重复，配子是可育的。

易位的遗传效应主要如下：

①在植物中有时会出现半不育现象　易位杂合子既可以通过相邻式分离产生配子，又可以通过交互式分离产生配子。如果二者发生的概率相同，则会出现半不育现象，因为只有后一种分离方式才会产生可育的配子。

②位置效应　由于位于常染色质的基因经过染色体重排移到异染色质附近区域，不能表达，表现出不稳定的表型效应。

③基因的连锁群发生了改变　部分以前处于非同源染色体的基因经易位成为同一连锁群，

形成新的连锁群；相反，有些连锁基因会变为独立的遗传关系。

总之，在植物界中与进化较为密切的是易位和倒位，它们是引发爆发式新物种起源的重要途径。

1.5.2 染色体数目的改变

每一物种都有其特定的染色体数目，大部分真核生物都是二倍体，即在它们的体细胞中有两套染色体，而其配子是单倍体，只有一套染色体。遗传上把二倍体生物的配子所含有的染色体数称为一个染色体组或基因组（genome）。染色体组中所包含的染色体在形态、结构和连锁基因群上彼此不同，它们具有生物体生长发育所必需的全部遗传物质，并且构成了一个完整而协调的体系，缺少其中的任何一条都会造成生物体的不育或性状的变化。一个染色体组所含有的染色体数称为染色体基数，用 x 来表示。如果细胞或个体细胞核内含有完整倍数的染色体组，称为整倍体，而非整倍体是细胞核内含有的染色体数不是染色体组的完整数倍。

1.5.2.1 整倍体（euploidy）

（1）单倍体（monoploid，$1x$）

细胞核中只有一个染色体组。现代植物育种中常应用单倍体培养技术如花药或花粉培养技术，培养成单倍体植株。单倍体植株对于纯合自交系的选育、某些隐性抗性突变的筛选十分方便。如对于抗性突变体筛选，只要将单倍体细胞放在选择性培养基上就可筛选出抗性细胞，然后培养成抗性单倍体植株。但由于单倍体无繁殖能力，用秋水仙碱适当处理，使染色体加倍，便可获得纯化的、可育的抗性二倍体植株。

（2）二倍体（diploid，$2x$）

大部分真核生物都是二倍体，即它们的体细胞中有两套染色体，它们的配子是单倍体，只有一套染色体。

（3）多倍体（polyploid）

是指具有两个以上染色体组的植物。据估计，有1/3的被子植物为多倍体。由于多倍体染色体数目增加，细胞核和细胞体积增加，使植株器官的体积增加，代谢增强，表现出花大色艳、抗性突出等特点，因此在众多的园林植物品种中，多倍体占有突出的地位。多倍体有同源多倍体和异源多倍体之分，前者的多套染色体来源于同一物种，而后者的多套染色体来源于不同物种。

①三倍体（triploid）　通常是同源的，由四倍体（$4x$）和二倍体（$2x$）之间自然或人工杂交而产生，或自然界未减数的配子（$2x$）与$1x$配子结合形成三倍体。三倍体的特点是不育，这和减数分裂时染色体分离有关，中国水仙是三倍体植物，$x=10$，$3x=30$，只开花不结实，一般通过鳞茎繁殖。

②同源四倍体（autotetraploid）　含有4组相同的染色体组。减数分裂染色体配对时，通常产生四价体（4条联会的染色体）；如果染色体两两分离，即四价体中的两条染色体在分离时移向一极，另两条移向相反的一极，则可以产生遗传平衡的配子；也可能以3/1式不均衡分

离方式出现。在染色体配对时，也可能形成一个三价体和一个单价体或两个二价体。多数情况下，同源染色体的联会以四价体和两个二价体为主，后期Ⅰ的分离以2/2式为主，因此形成的配子大部分是可育的。但也会出现3/1式或2/1式的分离，形成的配子染色体数和染色体组合不平衡，从而造成部分不育及子代染色体数的多样性变化。

③异源多倍体（allotetraploid） 两个或多个不同物种杂交，杂种的染色体组经加倍后形成的多倍体。如一个物种的二倍体染色体组为AA，另一个物种的二倍体染色体组为BB，二者杂交得到的F_1代杂种为具有AB染色体组的二倍体，表现不育，经染色体加倍后，染色体组为AABB，形成异源四倍体。由于具有两个相配的染色体组，在减数分裂时，可以像正常二倍体一样两两配对，表现可育，因此又称双二倍体。在植物界中，异源多倍体广泛存在，是物种演化的一个重要因素。如异源多倍体的普通小麦、棉花、烟草等都是长期进化的产物；同时，异源多倍体是目前植物育种的一种常规手段，只是用秋水仙碱等药剂加倍染色体来取代自发加倍。

1.5.2.2 非整倍体（aneuploidy）

染色体组内的个别染色体数目有所增减，使细胞内的染色体数目不成基数的完整倍数。

（1）单体（2n-1）

单体指缺少一对同源染色体中的一条。在二倍体植物中，单体一般不能存活；而对于多倍体而言，由于不同染色体组中染色体的功能可以相互补偿，因此单体可以存活并繁衍后代。单体在减数分裂时，没有配对的单独染色体可移向任意一极，因此形成两种类型的配子n及n-1，从理论上讲，二者的比例应该是1∶1，但成单的染色体在分离后期会出现滞后现象，不能进入任何一个细胞核，所以，n-1配子的频率比理论预期值要高。n-1配子很少有功能，即使有活力，n-1花粉在受精过程中竞争不过正常的花粉，因此一般n-1配子的传递主要是通过雌配子来实现。

（2）缺体（2n-2）

丢失了一对同源染色体，一般来自单体的自交后代。在二倍体生物中，缺体是不能存活的；异源多倍体常可存活，但长势较弱。

（3）三体（2n+1）

细胞内某一对同源染色体增加了一条。由于染色体平衡关系的破坏和基因剂量的增加，三体也表现出异常的特征。对于多出的一条染色体，在减数分裂染色体配对时可形成三价体的结构，如三价体中两条染色体移向一极，第三条染色体移向另一极，则形成两种类型的配子n+1和n。由于n+1花粉竞争不过正常的n花粉，很难有机会参与受精，因此，三体的外加染色体主要是通过n+1卵细胞进行传递。

（4）四体（2n+2）

个体多了一对同源染色体，绝大多数四体来源于三体的自交后代。由于有4条相同的染色体，在减数分裂时会形成一个四价体，还会出现一个三价体和一个单价体，或两个二价体等形式，产生的配子多数为n+1，而且大部分能参与受精。

多数非整倍体因生活力较低，较少直接应用于生产，但它可作为遗传研究及育种的材料，一是利用单体、缺体进行基因定位；二是应用于染色体工程，有目标地替换体内的某些染色体。在园林植物中，由于非整倍体会产生多种变异类型和特异的观赏价值，因此非整倍体育种是培育新品种的一条重要途径。

1.6 细胞质遗传与雄性不育

前文已介绍了染色体上核基因的结构及表达，并了解了遗传的规律。但DNA并不仅位于细胞核中，在细胞质中也有少部分DNA的存在，主要位于动植物的线粒体和植物的叶绿体中。由细胞质基因所决定的遗传现象和遗传规律叫作细胞质遗传，或称为核外遗传。

1.6.1 细胞质遗传的特点

1909年，德国植物学家Carl Corrans（孟德尔定律重新发现的三位学者之一）报道了不符合孟德尔定律的遗传现象。紫茉莉有一种花叶类型，除茎叶均为绿色的枝条外，整株还存在白色及绿白斑驳的花斑状枝条。在开花时，Corrans分别以不同表型枝条上的花朵相互授粉，具体杂交组合及杂种后代的表现见表1-14所列。

表 1-14 紫茉莉花斑性状的遗传

接受花粉的枝条（♀）	提供花粉的枝条（♂）	杂种后代的表现
白色	白色 绿色 花斑	白色
绿色	白色 绿色 花斑	绿色
花斑	白色 绿色 花斑	白色、绿色、花斑

从表1-14可以看出，无论是正交还是反交，杂种后代的表型取决于母本枝条的表型，与提供花粉的父本性状无关。由此可得出细胞质遗传的特点：杂种后代不表现经典的遗传学的分离规律；正交与反交后，杂种表现不一样；杂种均表现母本的性状特点；性状不能通过父本传递，呈母系遗传。

经研究，紫茉莉绿色枝条含有正常的叶绿体；白色枝条，由于叶绿体DNA发生了基因突变，无法合成叶绿素，因此，在枝条中只存在无色的质体；而对于花斑枝条，绿色部分的细胞中含有正常的叶绿体，白色部分的细胞中只含有无色的质体。无论是哪种枝条，当进入生殖生长形成花粉或卵细胞时，均要经过减数分裂的过程。染色体执行严格的分离规律，而细胞质的分离是相对随机的；因此由绿色枝条上的花产生的卵细胞含有正常的叶绿体，白色枝条上的花形成的卵细胞只有无色的质体；而对于花斑枝条，则有可能产生三者类型的卵细胞：只含有叶绿体、只有无色的质体、既有叶绿体又有无色的质体。对于大多数被子植物，受精卵的细胞质物质主要由卵细胞提供，因此，合子中的核外遗传基本上取决于卵细胞，而和花粉无关。

因此人们推测细胞质中存在遗传物质。但直到1953—1964年才相继获得线粒体和叶绿体中存在DNA的直接证据，随着有关线粒体和叶绿体基因组及其基因表达的研究日益深入，核外遗传逐渐成为遗传学研究中的重要领域之一。

1.6.2 细胞质遗传的分子基础

1.6.2.1 叶绿体基因组

叶绿体DNA（cpDNA）是一裸露的环状双链分子，其大小一般在120bp~190kb，通常一个叶绿体中含有1至多个这样的DNA分子；叶绿体DNA具有自我复制的能力，其复制方式与核DNA一样，都是半保留复制。但叶绿体DNA的复制酶及许多参与蛋白质合成的组分都是由核基因编码，在细胞质中合成后转运至叶绿体的。

目前，有关叶绿体基因组的研究已取得很大进展，利用遗传重组和限制性内切酶识别位点作图等方法，已绘制了许多植物叶绿体DNA遗传图谱。从测定的叶绿体基因组序列看，植物叶绿体基因组编码120种左右的蛋白质，主要是与光合作用、叶绿体组成，以及转录与翻译有关的基因。

叶绿体基因组具有自己的转录翻译系统，它的核糖体为70S，组成50S和30S小亚基的23S、4.5S和16S rRNA基因都是由叶绿体DNA编码的。编码叶绿体核糖体蛋白质的基因中约有103个叶绿体DNA；另外，叶绿体基因组还含有30多个tRNA基因的编码序列。

叶绿体基因组虽然具有相对独立的遗传体系，但在整个细胞生命活动中，还需与核基因组共同作用，叶绿体是半自主性细胞器。

1.6.2.2 线粒体基因组

线粒体DNA（mtDNA）同样是裸露的双链分子，主要呈环状，但也有线性的。不同生物的线粒体基因组大小差异很大；植物的线粒体基因组的大小从200kb到2500kb，所含有的DNA不仅能复制传递给后代，还能转录所编码的遗传信息，合成线粒体某些自身所特有的多肽。线粒体基因组编码的蛋白质总数很少，主要为氧化呼吸所需要的酶复合物中的少部分亚基；另外，还编码它自身所需要的一些核糖体蛋白和核糖体rRNA。由于这些特性，线粒体构成非染色体遗传的又一遗传体系，但仍依赖于核编码的蛋白质的输入，线粒体也是半自主性的细胞器，它与核遗传体系处于相互依存的关系。

1.6.3 植物雄性不育的遗传

植物花粉败育的现象称为雄性不育（male sterility），主要特征为雄蕊发育不正常，不能产生可育的花粉，而雌蕊发育正常，可接受正常花粉而受精结实。雄性不育在植物界较为普遍，已在多种植物中发现，并在杂种优势的利用和F_1代杂交制种中发挥着重要的作用。草花F_1代种子在园林应用中日趋广泛，受到园林植物遗传育种工作者的重视。

导致雄性不育的因素是多种多样的，大致可分为三大类型：

生理不育性 生理不协调或某些环境因素所造成，也可由杀雄配子剂和其他化学物质所诱导。

染色体不育 总体上可包括以下3种情况：一是远缘杂交时，由于染色体数目和性质上的不协调造成的不育；二是染色体畸变或异常行为所引起；三是三倍体等造成的雄性不育。

基因控制 这种雄性不育类型是可遗传的，包括核不育型、细胞质不育型和核质互作不育型等以下3种类型。

（1）细胞核雄性不育（核不育型）

由核基因控制，现有的核不育型多为自然发生的变异，其遗传和表达遵循孟德尔的遗传定律。在多数情况下，不育性由简单的一对隐性核基因（ms）所控制，纯合体（$msms$）表现雄性不育。当雄性可育植株（$MsMs$）与之杂交，F_1杂合体（$Msms$）表现雄性可育，F_2代植株的育性呈简单的孟德尔式分离。因此，采用有性繁殖时，不能使核不育型的整个后代群体保持不育性，这使核不育类型的利用受到很大的限制；在F_1制种中，常采用两用系的体系，如万寿菊的两用系。

（2）细胞质雄性不育（质不育型）

由细胞质基因控制的雄性不育类型，表现细胞质遗传的特点，即用可育系给不育系授粉，后代均表现不育，这种类型的雄性不育性状容易保持但不易恢复，其利用主要在以营养体为产品的植物中。

（3）核质互作不育型

这是指由细胞质基因和核基因共同控制的不育类型，在多种作物及花卉中均有发现。遗传研究表明，核质互作型不育类型是由细胞质和细胞核两个遗传体系相互作用的结果，只有当不育的细胞质基因（S）和相对应的核不育基因（$msms$）同时存在时，个体才能表现不育（表1-15）。

表1-15 核质互作的基因型及表现型

质基因	$MsMs$	$Msms$	$msms$
N（Normal）可育基因	N（$MsMs$）可育	N（$Msms$）可育	N（$msms$）可育
S（Sterility）不育基因	S（$MsMs$）可育	S（$Msms$）可育	S（$msms$）不育

如果以S（$msms$）为母本，分别与其他5种可育型植株杂交，后代的育性可归纳如下：

① S（$msms$）×N（$msms$），F_1的基因型仍为S（$msms$），表现不育，说明N（$msms$）具有保持不育性在世代中稳定传递的能力，因此称为保持系。对于S（$msms$），由于其不育性可被N（$msms$）所保持，在后代中出现稳定的不育个体，因此称其为不育系。

② S（$msms$）×N（$MsMs$）以及S（$msms$）×S（$MsMs$）组合，F_1基因型均为S（$Msms$），全部表现正常可育，说明N（$MsMs$）或S（$MsMs$）具有恢复育性的能力，因此称为恢复系。

③ S（$msms$）×N（$Msms$）以及S（$msms$）×S（$Msms$）组合，F_1的基因型有两种：S（$Msms$）和S（$msms$），出现育性分离，可育和不育植株的比例为1∶1。

可见，由核质互作的不育型，既可有相应的保持系使不育性得到保持，又可以找到相应的恢复系而使育性得到恢复，因此利用这种类型的雄性不育系生产杂种F_1代，一是省去人工去雄，简化了制种手续，降低F_1代种子的生产成本；二是提高杂种F_1代种子质量，可使杂种一代纯度提高到100%，在杂种优势利用中具有极其重要的作用。

常用的制种方法为"三系两区制种法"。三系即为雄性不育系、保持系和恢复系；两区即为两个隔离区，分别为不育系繁殖区和杂种一代制种区。在不育系繁殖区隔行种植不育系和保持系，从不育系上采收的种子是不育系和保持系的杂交种，后代仍为不育；而从保持系上收获的种子是自花授粉的后代，仍是保持系。在制种区内种植不育系和恢复系，从不育系上收获的种子为杂种F_1代种子，用于销售；从恢复系上得到的种子仍为恢复系，为下一年制种区的父本。

（贾桂霞）

思考题

1. 如何从表型的变异区分芽变、实生变异和环境饰变？
2. 为什么说染色体携带着遗传物质？
3. 从染色体（含核小体）的结构来看，哪些因素可以影响染色体的行为？
4. 请从生活史角度，分析蕨类植物、裸子植物、双子叶植物和单子叶植物的异同点。
5. 减数分裂是一次复制、两次分裂，哪一次是真正意义上的减数分裂，为什么？
6. 同样是染色体水平，为什么会出现分离定律、自由组合定律、连锁和交换这三大遗传定律？它们的联系和区别是什么？
7. 基因互作是如何改变多基因控制的各种表现型的比例的？
8. 试析染色体结构变异和数目变异的遗传效应及其在育种上利用的潜力。
9. 伴性遗传与细胞质遗传有何区别？

推荐阅读书目

中国农业百科全书·观赏园艺卷. 1996. 陈俊愉. 中国农业出版社.
遗传学（第四版）. 2022. 刘庆昌. 科学出版社.
遗传学（第四版）. 2021. 刘祖洞，乔守怡，吴燕华等. 高等教育出版社.
Lewin基因Ⅻ（中译本）. 2021. 克雷布斯（Jocelyn E. Krebs），戈尔茨坦（Elliott S. Goldstein），基尔帕特里克（Stephen T.）编，江松敏译. 科学出版社.
植物细胞遗传学：基因组结构与染色体功能（导读版）. 2023. Bass H W, Birchler J A. 科学出版社.
Flower Breeding and Genetics. 2006. Anderson N O. Springer Netherlands.

第2章 分子遗传学和基因组学概要

[**本章提要**] 首先证明了染色体携带的遗传物质是DNA（或RNA），这里既需要间接证据，又需要直接证据，更需要多条证据组成证据链。接着介绍了DNA的分子组成和分子结构。至此，孟德尔的遗传因子就变成了实实在在的DNA分子，成为分子生物学的核心物质之一。从DNA的复制、RNA的转录，到氨基酸的合成，形成了生物学的中心法则。其次从转录、转录后、翻译后3个阶段，论述了基因表达的调控。基因突变、修复和转座子是基因突变的分子基础。最后简述了基因组的测序、结构和重要园林植物基因组的研究进展和数据库资源。

每个生命体的遗传本性是由它的基因所决定的，那么基因是什么？为什么亲代和子代之间具有遗传和变异的现象？基因是如何起作用的，这一直是生命科学研究的热点。

2.1 遗传物质分子基础

众所周知，DNA是主要的遗传物质。DNA到底是什么？DNA，或脱氧核糖核酸，只是一种化学物质，具体来说，是一种双链螺旋多核苷酸。然而，在适当的生态环境中，这种化学物质决定了诸如矮牵牛花瓣的颜色、梅花的香味、菊花的花型以及面对生物和非生物压力时月季切花的质量等性状。植物的大部分DNA存在于每个细胞的细胞核中，是植物主要的遗传物质。

2.1.1 DNA作为主要遗传物质的间接证据

①DNA是染色体上的主要成分之一,并且是所有生物染色体所共有的成分;而蛋白质则不同,在一些低等的物种中,染色体上只有裸露的DNA分子存在。

②一种生物不同组织的细胞,无论年龄大小、功能如何,在一定的条件下,每个细胞核的DNA含量总是保持恒定,而配子细胞DNA的含量总是体细胞含量的一半,多倍体的DNA含量是按其染色体的倍数的增加而增加的。相比之下,细胞内的RNA和蛋白质含量在不同细胞间的变化没有相似的分布规律。

③利用带有放射性标记元素进行标记,发现一种元素的原子一旦成为DNA分子的组成成分,那么在细胞保持健全生长的条件之下,这种元素不会离开DNA,说明DNA在分子水平上保持相对稳定性;而细胞内除DNA分子外,大部分物质都是一边迅速合成,一边分解。

④染色体上的DNA和细胞质里的DNA分子,能够利用周围物质由一个分子变成两个分子,即能够精确地复制。这个独特的特性使DNA能够成为遗传物质,担负起生命延续的任务。

⑤用不同波长的紫外线诱发各种生物突变时,最有效的波长为260nm,与DNA所吸收的紫外线光谱是一致的,说明DNA分子能够变异,发生基因突变,从而使生物不断地进化。

2.1.2 DNA作为主要遗传物质的直接证据

(1)细菌的转化试验

核酸是遗传物质的观念源自1928年Frederick Griffith等进行的肺炎双球菌的转化试验。肺炎双球菌根据细菌荚膜的有无分为两种类型:一种为光滑型(S型),其细胞壁的外面有一层多糖荚膜,可使细菌免于寄主的破坏而具有毒性;人感染后引起肺炎,小鼠感染后产生败血症而死亡,但加热杀死后再感染小鼠不会引起死亡。另一种为粗糙型(R型),其细胞外没有荚膜,菌落粗糙,因为没有多糖,使得寄主得以破坏这些细菌,不能致病。将热处理失活的S型细菌与活的R型细菌分别注射小白鼠,都不能致死;但经加热灭活的SⅢ菌液与活的RⅡ型菌液混合后注射小白鼠,结果导致死亡;并从死亡的小鼠体内分离到大量活的SⅢ型细菌。这意味着加热杀死的S型细菌存在某种遗传物质可以转化R型活细菌,从而使其具有生产荚膜的能力。直到1944年Avery等人在前人工作的基础上,不仅完成了体外的转化,而且用生物化学的方法对S型细菌提取液的所有成分进行分离,包括多糖、脂类、RNA、蛋白质、DNA等,并进行单因子转化试验,证明转化因子是DNA,而且转化频率随着DNA的纯度提高而增加。

(2)噬菌体的感染

T2噬菌体是感染大肠杆菌的一种噬菌体(细菌的病毒),它由蛋白质外壳和内部的DNA组成,其蛋白质含有硫而不含磷,而DNA中含磷而不含硫。利用这一特性,1952年Hershey和Chase分别用同位素^{32}P对噬菌体的DNA和^{35}S对其蛋白质进行标记之后,分别感染大肠杆菌,培养10min后,将被感染的细菌进行搅拌,并通过离心将噬菌体和大肠杆菌分开,细菌是在沉淀中,而游离的噬菌体悬浮在上清液中。经同位素测定,大部分^{32}P出现在被感染的细菌中,因感染而产生的子代噬菌体含有约30%的原^{32}P标记,而子代噬菌体只接受了原来噬菌体群体所含不到1%的蛋白质。这个试验表明,只有亲代噬菌体的DNA进入细菌,并成为子代噬菌体的组成部分,这正是遗传物质的遗传形式。Hershey也因此荣获1969年诺贝尔生理学或医学奖。

(3)烟草花叶病毒的重建

烟草花叶病毒(Tobacco mosaic virus,TMV)由蛋白质外壳和RNA核心组成,把TMV放在水合苯酚中振荡,可将蛋白质和RNA分开。1956年Gierer和Schraman发现分离的RNA具有侵染植物的能力,产生TMV的典型病斑,而分离出的蛋白质无这种感染能力;如将它们放在一起,仍可得到具有感染力的病毒颗粒。1957年Fraenkel-Conrat和Singre分别将TMV两个不同株系(M和HR)的蛋白质和RNA进行分离提取,并重组成杂种病毒感染烟草叶片,产生的病斑与杂种TMV所含的RNA一致,与蛋白质无关。该试验证明,在不具有DNA的病毒中,RNA是遗传物质。

2.1.3 核酸的分子组成

任何生物都含有核酸,核酸占细胞干重的5%~15%。核酸是一种高分子化合物,基本单位是核苷酸。每个核苷酸由一分子五碳的核糖、一分子磷酸和一分子碱基组成,若干个核苷酸聚合后就形成核酸。核酸可分为两大类:脱氧核糖核酸(DNA)和核糖核酸(RNA)。二者的区别为,DNA含有的糖是脱氧核糖,RNA含有的糖是核糖,即RNA中的戊糖在2′位上有一个羟基。每种核酸有4种碱基:DNA和RNA有两种相同的嘌呤,即腺嘌呤(A)和鸟嘌呤(G);DNA有两种嘧啶,即胞嘧啶(C)和胸腺嘧啶(T),RNA中由尿嘧啶(U)取代了胸腺嘧啶。

2.1.4 核酸的分子结构

DNA的分子结构是20世纪40~50年代生命科学领域研究的热点。1953年Watson和Crick提出了著名的DNA双螺旋模型,这突出的成果建立在前人工作的基础上,主要有:①1952年Wilkins和Franklin获得清晰的DNA结晶X射线衍射图,为双螺旋结构模型提供了强有力的证据。②Chargaff等对DNA分子进行化学分析发现,DNA中碱基含量A=T,G=C,A+G=T+C。DNA双螺旋结构模型是划时代的,成为遗传学和分子生物学发展史上最重要的里程碑之一,为遗传物质的功能及生物遗传和变异的解释奠定了理论基础。

DNA双螺旋结构的基本特点:

①DNA分子由两条反向平行的多核苷酸链组成,即两条链的5′和3′方向相反。

②双螺旋的直径是2nm;螺距是3.4nm,每个螺旋有10个碱基对。

③糖—磷酸键是在双螺旋的外侧,两条链上的碱基通过氢键形成碱基对,碱基对的平面与轴线垂直。

④碱基配对时,必须是一个嘌呤,一个嘧啶;而且腺嘌呤(A)只能与胸腺嘧啶(T)配对,鸟嘌呤(G)与胞嘧啶(C)配对,碱基之间的这种一一对应关系叫碱基互补配对原则(图2-1)。

组成DNA分子的碱基虽然只有4种,却在长链中的排列顺序千变万化,因此构成了DNA分子的多样性。对特定物种的DNA分子来说,其碱基顺序是一定的,并且通常保持不变,从而保证该物种的遗传稳定性。但是,在特定条件下,改变碱基顺序、位置或以碱基类似物代替某一碱基时,将产生基因突变(mutation)。

①变性(denaturation) 指从双链状态变为单链状态,通常是通过加热而使双链分开。

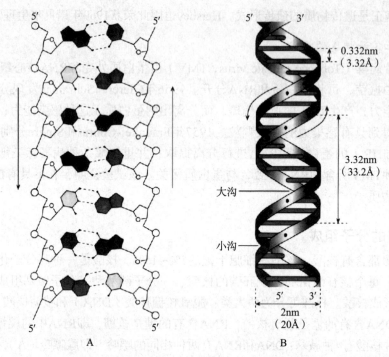

图2-1 DNA的双螺旋结构示意图

DNA在一个较窄的温度范围内变性，当高于变性（解链）温度的中点（解链温度melting temperature，Tm）时，DNA双链分开。Tm取决于G、C碱基对所占百分比。因为每一个G、C碱基对有三个氢键，比只有两个氢键的A、T碱基对更加稳定。DNA中的G、C碱基对越多，分开两条链所需的能量也越大。

②复性（renaturation） 指变性后已分开的互补链重新形成双螺旋的能力。复性有赖于两条互补链间专一的碱基配对。双螺旋的复性，恢复了DNA变性时所失去的原有属性。但复性的技术可推广到使任何两条互补核酸序列相互作用而形成双链体结构，这种作用称为分子杂交。这种杂交不考虑核酸的来源，可以一个是DNA制剂，另一个是RNA制剂。其杂交程度与彼此间的互补程度相关，两个序列无须精确互补，如果两个序列密切相关但不是完全相同还是可以生成不完整的双链体。这种方法已成为遗传学和分子生物学中最为普遍和重要的方法之一。

2.1.5 基因的概念及其结构

2.1.5.1 基因概念的演变

基因是生物遗传的物质基础，也是遗传学的基础。长期以来，人们对基因概念的认识经历了一系列的发展过程。近百年来，从孟德尔观察到的基因是一种颗粒状结构开始，通过发现基因由DNA构成，进而发展到Waston和Crick的双螺旋结构模型，21世纪伊始又完成了人类基因组的测序，人们对基因的认识不断深入。表2-1概括了从基因的历史概念演变成现代的基因组定义的各个阶段。

表 2-1　遗传学史上的主要事件

年份	事件
1865	孟德尔发表植物杂交试验，提出基因是颗粒状的遗传因子
1871	发现核酸
1903	染色体是遗传单元
1910	基因位于染色体上
1913	基因在染色体上呈线性排列
1927	突变是基因的物理改变
1931	通过交换而发生遗传重组
1944	DNA是遗传物质
1945	基因编码蛋白质
1951	蛋白质的首次测序
1951	转座子和跳跃基因的发现
1953	DNA双螺旋结构模型
1958	DNA半保留复制
1961	遗传密码是三联体
1977	真核生物基因是断裂的
1977	DNA可以测序
1995	细菌基因组测序
2001	人类基因组测序

基因的概念也在不断发展。现代的概念是：基因是编码有功能产物的DNA片段，基因的产物可以是蛋白质或是RNA（tRNA和rRNA）。基因的重要特点是在某些情况下其产物能从合成位点扩散开去作用别的位点。

2.1.5.2　基因的类型

基因按其功能主要分为结构基因、调控基因和RNA基因。

（1）结构基因

结构基因（structural gene）是能决定某些多肽链或蛋白质分子结构的基因。结构基因的突变可导致特定多肽或蛋白质一级结构的改变。

（2）调控基因

调控基因（regulatory gene）是调节或控制结构基因表达的基因。调控基因的突变可以影响一个或多个结构基因的功能导致蛋白质数量或活性的改变。

（3）RNA基因

RNA基因只转录不翻译，即以RNA为表达的终产物。例如，rRNA基因和tRNA基因，产物分别为rRNA和tRNA。

2.1.5.3 基因的结构

一直以来，人们认为基因都是以一个连续的片段来转录生成一个连续的RNA，并最终翻译成蛋白质的。然而，后来研究发现并不是所有的基因都是连贯的。基因可以分为编码区和非编码区，真核生物基因的编码区被内含子的非编码区分隔开来，但在基因的两端都会含有5′端非翻译区（5′-untranslated region，5′-UTR）和3′端非翻译区（3′-UTR），非编码区不会被翻译成氨基酸序列，但是对于基因遗传信息的表达却是必需的（图2-2）。

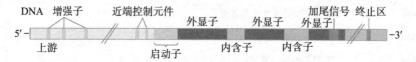

图2-2 真核生物蛋白质编码基因的典型结构

基因5′端周围的启动子序列决定了转录的起点，与RNA聚合酶的正确识别和结合有关。真核生物蛋白质基因启动子区的一致序列一般包括TATA盒、起始子和其他元件。这些序列有的在转录起始点的上游，有的位于基因的内部。基因3′端的终止子的序列具有转录终止功能。3′端通常有一段高度保守的序列AAUAAA，与3′端的多聚腺苷酸化有关，故称为加尾信号。

2.2 基因复制与表达

2.2.1 DNA的复制

DNA作为遗传物质，必须具备精确复制、将遗传信息稳定传递给子细胞的功能。Watson和Crick在提出DNA双螺旋结构模型不久，就提出了DNA半保留的复制方式。1958年Meselson和Stahl利用^{15}N标记大肠杆菌的DNA双链，经过3个世代的繁殖，证明DNA都是半保留复制。亲代DNA分子的两条链解旋形成复制叉，并以彼此分离的两条单链为模板，利用碱基互补配对原则合成两条新链。由于两条链是反向平行的，而DNA聚合酶的合成方向为5′→3′，因此一条链以5′→3′方向连续合成，即前导链的连续复制；而另一条链按5′→3′方向以不连续方式合成，即后随链的不连续复制（图2-3）。

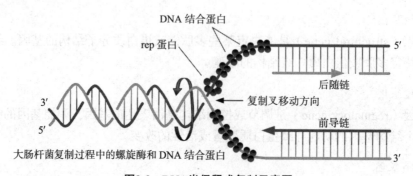

图2-3 DNA半保留式复制示意图

复制要求亲代的两条链分开，这种结构的破坏只是暂时的，当形成子代双链体时会复原，在任何时刻双链体DNA只有一小段分开为单链。

2.2.2 转录

基因作为遗传物质，还需以蛋白质的形式将其生理功能表达出来。基因表达是一个两步过程，包括转录和翻译。第一步是合成与DNA的一条链互补的RNA，称为转录。第二步称为翻译，即用RNA的信息合成多肽。

基因表达的第一步是转录（transcription），即从构成基因的DNA片段合成RNA分子的过程。简单地说，转录是DNA在RNA聚合酶的作用下，以4种核糖核苷酸（ATP、CTP、GTP和UTP）为原料合成RNA的过程。无论是原核生物还是真核生物的mRNA、tRNA和rRNA都是来自转录。已知3种形式的RNA，分别为信使RNA（mRNA）、转运RNA（tRNA）和核糖体RNA（rRNA）。这3种RNA分子在蛋白质合成中发挥着各自的作用。

mRNA是蛋白质合成的模板，其功能就是把DNA上的遗传信息准确无误地记录下来。mRNA的转录过程为以DNA的一条链为模板，在RNA聚合酶的作用下，在碱基互补配对原则下，合成mRNA前体，其中T为U所取代，转录产物的方向为$5'\rightarrow 3'$。

tRNA能根据mRNA的遗传信息将氨基酸带到核糖体上，从而进行蛋白质的合成，而一种氨基酸可被1~4种tRNA所携带。转录出的tRNA前体，经加工剪切和修饰后，含有稀有碱基（次黄嘌呤、假尿核苷）和一些甲基化的嘌呤和嘧啶。对多种生物tRNA结构研究发现，其一般含有80个左右的核苷酸，并通过折叠，形成三叶草构型。

核糖体是合成蛋白质的场所。原核和真核生物的核糖体都含有两个不同大小的亚基，每个亚基由一个或多个rRNA分子与核糖体蛋白质分子构成。真核生物的初级转录产物为45S前体，5S RNA与它们分开转录。45S前体在核中经过一系列的核酸内切酶和外切酶的作用，最终加工形成18S、5.8S和28S的rRNA。此外，在转录过程或以后，有100多个位点被甲基化。

原核生物由于转录和翻译的偶联，mRNA一般不进行加工。而真核生物转录在细胞核中，翻译在细胞质中，且大多数基因存在内含子，因此mRNA前体需进行加工。一般经过4个步骤：① 5'端加帽；② 3'端加尾（多聚腺苷酸化）；③ 内含子的切除和外显子的连接；④ 某些碱基的修饰，如甲基化，最终形成用于翻译的成熟mRNA。

2.2.3 翻译及遗传密码子的组成

基因的表达即蛋白质的合成，是以mRNA为模板，以tRNA为工具，在rRNA构建的核糖体上合成功能性蛋白质的过程，称为翻译（translation）或蛋白质的合成，蛋白质的合成包括翻译的起始、肽链的延伸和合成的终止3个步骤。

在mRNA中，3个核苷酸编码一种氨基酸，因此3个连续的核苷酸称为三联体密码（密码子）。有的氨基酸由一个以上的密码子所决定，这种现象称为简并，对于遗传稳定性具有一定的作用。遗传密码在所有生物中是通用的，翻译时没有间隔，且连续、不重叠；密码子有起始密码子和终止密码子（表2-2）。

如果要正确读取模板从而合成目标多肽，mRNA模板的翻译就必须从一个精确的位置开始。这是由起始密码子AUG决定的，AUG也是甲硫氨酸的密码子。因此，所有多肽都以

表2-2 20种氨基酸遗传密码子表

第一碱基	第二碱基								第三碱基
	U		C		A		G		
U	UUU	苯丙氨酸	UCU	丝氨酸	UAU	酪氨酸	UGU	半胱氨酸	U
	UUC	苯丙氨酸	UCC	丝氨酸	UAC	酪氨酸	UGC	半胱氨酸	C
	UUA	亮氨酸	UCA	丝氨酸	UAA	终止子	UGA	终止子	A
	UUG	亮氨酸	UCG	丝氨酸	UAG	终止子	UGG	色氨酸	G
C	CUU	亮氨酸	CCU	脯氨酸	CAU	组氨酸	CGU	精氨酸	U
	CUC	亮氨酸	CCC	脯氨酸	CAC	组氨酸	CGC	精氨酸	C
	CUA	亮氨酸	CCA	脯氨酸	CAA	谷氨酰胺	CGA	精氨酸	A
	CUG	亮氨酸	CCG	脯氨酸	CAG	谷氨酰胺	CGG	精氨酸	G
A	AUU	异亮氨酸	ACU	苏氨酸	AAU	天冬酰胺	AGU	丝氨酸	U
	AUC	异亮氨酸	ACC	苏氨酸	AAC	天冬酰胺	AGC	丝氨酸	C
	AUA	异亮氨酸	ACA	苏氨酸	AAA	赖氨酸	AGA	精氨酸	A
	AUG	甲硫氨酸（起始密码）	ACG	苏氨酸	AAG	赖氨酸	AGG	精氨酸	G
G	GUU	缬氨酸	GCU	丙氨酸	GAU	天冬氨酸	GGU	甘氨酸	U
	GUC	缬氨酸	GCC	丙氨酸	GAC	天冬氨酸	GGC	甘氨酸	C
	GUA	缬氨酸	GCA	丙氨酸	GAA	谷氨酸	GGA	甘氨酸	A
	GUG	缬氨酸（起始密码）	GCG	丙氨酸	GAG	谷氨酸	GGG	甘氨酸	G

甲硫氨酸开始的。同样，翻译完成是由3个终止密码子UAG、UAA或UGA之一所决定。

2.2.4 中心法则

中心法则主要阐明基因的自我复制和蛋白质合成两个基本属性（图2-4）。核酸的复制是负责遗传信息的传承；DNA转录成RNA，和RNA翻译成蛋白质，则是把遗传信息从一种形式转化为另一种形式。

从图2-4可以看出遗传信息的传递方向，并反映了DNA、RNA和蛋白质三者之间的相互关系。具体有以下两点：

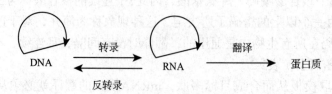

图2-4 遗传的中心法则

①核酸是遗传物质，绝大多数生物的基因组由DNA组成，病毒基因由DNA或RNA组成。DNA通过半保留机制而复制；病毒单链基因组的复制是先以单链为互补链的模板，之后互补链又被作为新的互补链的模板进行复制。

②遗传信息传递的方向是从DNA到RNA，但在反转录病毒中方向相反。反转录病毒的基因组由单链RNA组成，在反转录酶的作用下，以RNA为模板，反向合成DNA。在感染循环中，RNA反转录成单链DNA，单链DNA又形成双链DNA，插入寄主基因组中，成为寄主细胞基因组的一部分，与其他基因一样遗传下去。因此，反转录使RNA序列作为遗传信息使用。虽然反转录在细胞的正常运作中不起作用，但在考虑基因组的进化时，它就成为一种具有潜在作用的重要机制。在园林植物中，由于病毒侵染造成彩斑，其机制是否与病毒的反转录及插入基因组有关，是值得研究的课题之一。

2.3 基因表达的调控

从基因到蛋白质需经历多个步骤，有多种酶参与、调节这些过程，从而调控每个基因编码蛋白质产物量的多少。这些调节步骤的第一步称为转录调节（transcriptional regulation），决定某条特定的mRNA是否被转录及何时被转录，包括转录的起始、维持及终止。第二步称为转录后调节（post-transcriptional regulation），这种调控在转录后进行，包括mRNA的稳定性、翻译效率和降解速率的调控。第三步为蛋白质稳定性（protein stability）调节（翻译后调节），这一调节机制对基因或其产物活性调控发挥重要作用。

2.3.1 基因表达的转录调控

基因转录是在RNA聚合酶的催化下进行的，RNA聚合酶结合到将要转录的DNA上，并聚合产生与DNA模板序列互补的mRNA。RNA聚合酶可以分为几种，其中RNA聚合酶Ⅱ负责转录大多数编码蛋白质的基因。

2.3.1.1 顺式作用元件可能影响RNA的稳定性

顺式作用元件是指DNA序列上的一些对基因表达有调节活性的特定调控序列，这种序列上分布着调节蛋白的结合位点。为使RNA聚合酶Ⅱ以最大速率把基因转录为RNA，许多顺式作用的调节元件必须协同作用。其中正向调控作用的顺式作用元件有启动子、增强子，负向调控作用的元件有沉默子。

（1）启动子

真核启动子一般包括转录起始位点及其上游100~200bp序列，包含具有独立功能的DNA序列元件，每个元件长7~30bp。启动子中的元件可以分为以下两种（图2-5）。

①核心启动子元件　指RNA聚合酶起始转录所必需的最小的DNA序列，包括转录起始位点及其上游25/30 bp处的TATA盒。核心元件单独起作用时只能确定转录起始位点，产生基础水平的转录。

②上游启动子元件　包括通常位于-70bp附近的CAAT盒和GC盒以及距转录起始位点更远的上游元件。CAAT盒参与RNA聚合酶的最初识别，它是转录起始复合物的组装位点。

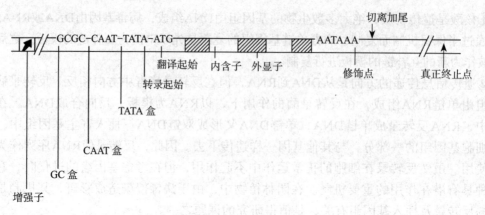

图2-5 真核生物启动子结构

（2）增强子

增强子可大大加强同一DNA分子上启动子的转录效率，对转录起到激活和正调节作用；沉默子的作用则相反，结合了阻遏物的沉默子序列抑制激活因子并降低转录效率，甚至使整个调控系统失活。转录调节蛋白依功能可分为转录因子、激活因子、辅激活因子和阻遏物。

（3）反式作用因子

结合于这些顺式作用序列的转录因子，称为反式作用因子（trans-acting factor），而编码这些转录因子的基因位于基因组中其他区域。此外，对于真核RNA聚合酶发挥功能，还需要普通转录因子参与，将RNA聚合酶定位到基因的转录起始位点。

不同基因由不同的上游启动子元件组成，能与不同的转录因子结合，这些转录因子通过与转录复合体作用而影响转录效率。同一DNA序列可被不同的蛋白因子所识别。能直接结合DNA序列的蛋白因子是少数，但不同的蛋白因子间可以相互作用。因而多数转录因子是通过蛋白质-蛋白质间作用与DNA序列联系并影响转录效率的。转录因子之间或转录因子与DNA的结合都会引起构象变化，从而影响转录的效率。

2.3.1.2 遗传表观修饰对基因活性的影响

如前文所述，只有当DNA可被RNA聚合酶和其他蛋白因子结合时，才可能发生基因转录。处于压缩状态的DNA需要通过DNA和组蛋白的共价修饰而被释放，从而被RNA聚合酶和转录因子识别和结合。由于这种共价修饰可改变一个基因的转录行为，但并不改变DNA的序列本身，因而又称表观遗传修饰（epigenetic modification）。

DNA中胞嘧啶碱基的甲基化（methylation）是DNA修饰的常见类型之一。DNA甲基化常见于基因的5′-CG-3′序列，在甲基转移酶的催化下，DNA的CG两个核苷酸的胞嘧啶被选择性地添加甲基，形成5-甲基胞嘧啶。植物甲基化频率较高的序列为CG、CHG和CHH（H可以是鸟嘌呤之外的任意碱基）。DNA的甲基化可引起基因的失活，导致某些区域DNA构象变化，从而影响蛋白质与DNA的相互作用。

表观遗传修饰也可以发生在组蛋白上。在真核细胞中，核心组蛋白主要由组蛋白折叠结构域和N端尾巴组成；其中N末端尾巴突出于核小体外，会发生一系列的共价修饰。常见的组蛋白修饰主要有甲基化、乙酰化、磷酸化、泛素化、ADP-核糖基化等。

组蛋白甲基化（histone methylation）是一种重要的组蛋白共价修饰形式，主要是指发生在组蛋白H3和H4赖氨酸（Lysine，K）和精氨酸（Arginine，R）残基上的甲基化。这些被甲基化的赖氨酸残基从外向内数依次为K4、K9、K27和K36。一个氨基酸残基上可能被加上1个、2个甚至3个甲基。一般认为，H3K9、H3K27和H4K20甲基化与基因转录抑制有关；而H3K4、H3K36和H3K79甲基化与基因转录激活有关。

组蛋白尾巴上的另外一种修饰为乙酰化（histone acetylation），此过程由组蛋白乙酰转移酶（histone acetyltransferase，HAT）催化完成。组蛋白乙酰化就是在HAT催化作用下，将乙酰基从乙酰辅酶A转移到组蛋白N末端尾部特定赖氨酸的ε-氨基上；而组蛋白去乙酰化就是乙酰化的组蛋白在组蛋白去乙酰化酶（histone deacetylase，HDAC）的催化下，去除N末端尾部特定赖氨酸残基ε-氨基上的乙酰基。一般来说，组蛋白乙酰化伴随着基因激活，组蛋白去乙酰化通过去除乙酰基团而逆转基因的激活状态。

2.3.2 基因表达的转录后调控

2.3.2.1 mRNA加工

mRNA加工是指从初级转录产物转变为成熟的mRNA分子的部分过程，涉及内含子的切除和外显子的拼接。通过选择不同5′起始点、3′加尾位点以及对不同内含子进行剪切，产生不同的成熟mRNA，随后通过翻译产生不同的蛋白质产物。这种类型的基因调控叫作选择性剪接（可变剪接）。由此可见，由一个基因所合成的RNA前体，因选择性剪接而产生多种mRNA，翻译出不同的蛋白质。这样就形成了一个相关的蛋白质家族，它们可以在不同发育阶段、不同组织或在细胞内不同的亚细胞结构中出现并发挥其功能。

2.3.2.2 非编码RNA通过RNA干扰（RNAi）途径调节mRNA的稳定性

调节mRNA稳定性的另外一种途径便是RNA干扰途径（RNA interference pathway，RNAi途径）。这一途径涉及几种类型的小RNA分子，它们不编码蛋白质因而称为非编码RNA。RNAi途径在基因表达调节及基因组防卫中发挥重要作用。植物中，RNAi途径通常来自以下3种情形之一。

（1）植物的正常发育过程中存在的microRNA（miRNA）

miRNA是近年来发现的一类对生命活动起重要调控作用的非编码小RNA，普遍存在于从低等生物到人的细胞中。miRNA长21~23nt，是由具有发夹结构的70~90nt的单链RNA前体经过Dicer酶加工而成。

miRNA参与许多与发育相关基因的表达，如花和叶的发育、植物器官的极性生长等，并参与植物的抗逆胁迫。所有的miRNA产生于特定的DNA位点，由RNA聚合酶Ⅱ合成。成熟的单链miRNA通过与特异靶mRNA互补结合，引发靶mRNA的翻译抑制或降解，从而抑制基因的表达。一个miRNA分子往往同时抑制多个组织特异性mRNA的表达。

（2）短干扰RNA（short interfering RNA，siRNA）的产生会导致某些基因的沉默

成熟的siRNA在结构和功能上与miRNA类似，同时还有其他功能，如导致DNA更容易发生甲基化。尽管RNA诱导沉默复合体（RNA-induced silencing complex，RISC）可能并不直接与DNA甲基化酶或组蛋白甲基化酶互作，但siRNA可能引导这些修饰酶与基因组中将要发生基因沉默的区域结合。因而染色体以ATP依赖的方式被重塑，随之被甲基化，从而导致该DNA所在区域染色体更加致密和异染色质化。

最早导致人们发现siRNA现象的试验是植物对转入外源基因的反应。20世纪90年代早期，Richard Jorgensen及其同事致力于矮牵牛花中查耳酮合成酶的研究，该酶是牵牛花中产生紫色素的关键酶。当他们在牵牛花植物中插入一个高活性的查耳酮合成酶基因时，预期在其子代中看到花色加深的植株，然而，令人吃惊的是，花瓣颜色出现了从深紫（预期）到全白（似乎查耳酮合成酶基因的表达水平下降而不是升高）的各种变化。导入外源基因导致细胞内该基因的表达受抑制，这一现象称为共抑制（cosuppression）。

（3）由病毒感染或由外源基因转化而来

除了对miRNA和内源siRNA的加工外，植物还把RNAi机制作为抵御病毒感染的分子免疫之用。植物病毒的基因组结构变化多样。有些病毒注射双链DNA，有些则使用单链或双链RNA来感染植物。然而，每种病毒在其生活周期的某一阶段总会产生dsRNA。RNA病毒在寄主细胞中的复制需要在细胞质中形成dsRNA中间体。另外，双链DNA病毒在它们转录重叠的可读框时，DNA的正、反链往往转录产生双链RNA。

无论dsRNA来源于RNA病毒还是DNA病毒，它们总是产生于寄主细胞的核中。植物的Dicer-like（DCL）蛋白可以识别dsRNA分子并启动RNAi途径，最终导致病毒RNA的破坏。在将外源入侵的RNA剪切成21~24个核苷酸的siRNA过程中，植物还会产生能穿越胞间连丝并遍布植物体全身的记忆分子，在病毒扩散之前产生有效的免疫作用。

总之，RNAi过程中dsRNA发挥转录后抑制作用，导致特异转录产物的沉默。miRNA通常参与调节发育相关基因的活性，而siRNA帮助保持异染色质化转录失活，或者在抵抗病毒感染中发挥分子免疫作用。

2.3.3 蛋白质寿命的翻译后调节

在基因产生功能性蛋白质过程中，mRNA的稳定性发挥重要作用，而蛋白质在细胞中也有一个既定的寿命，从几分钟到几小时或更长。这样细胞中酶的稳态水平反映了蛋白质合成与降解的平衡，称为周转（turnover）。

需要降解的蛋白首先经泛素化酶（ubiquitin enzyme）催化和泛素（ubiquitin）分子共价结合，这个过程称为泛素化。被泛素标记的蛋白质将被26S蛋白酶体（26S proteasome）复合物以ATP依赖的方式降解。真核细胞中90%以上的短寿命蛋白通过泛素依赖的途径被降解。

真核细胞在翻译水平调控蛋白质的合成有3种方式：①改变mRNA的半衰期或稳定性；②控制翻译的起始和速率；③翻译后的蛋白质修饰。真核生物基因翻译后新合成的肽链多无活性，还必须在细胞质中加工和修饰才具有功能，其调节包括新生肽链的剪接、化学修饰、肽链的折叠。

2.4 基因突变与转座子

2.4.1 基因突变概念和类型

基因突变指基因组中DNA序列的任何改变，可以发生在任何区域，但只有突变出现在一个基因的序列中时，生物体才能体现出表型的改变。野生型等位基因是在群体中产生最普遍表型的等位基因，任何一种不同于野生型等位基因的基因称为突变等位基因，每个位点上可以有不同的等位基因，即复等位基因。

基因突变可分为自发突变和诱发突变。自发突变为自然发生的突变，由于自然选择的作用，在群体中对于生物体有害的突变被限制在一个低频率上；具有这种类型突变的生物体一般不能与野生型的个体平等竞争。由诱变剂处理所引发的突变为诱发突变，包括一些物理因素和化学诱变剂都能增加突变的频率。物理因素包括引起电离辐射的α、β、γ或X射线，以及非电离辐射的紫外线等；化学诱变剂主要为碱基类似物、碱基修饰物、插入剂等。突变可发生在体细胞中，形成芽变，或造成嵌合体；突变也经常发生在性细胞中，形成突变的配子，通过有性生殖传递给下一代。

从DNA结构看，基因突变主要有以下3类：

①碱基替换　指基因中一个碱基被另一个碱基取代所造成的突变。有两种类型：一是转换，即嘌呤与嘌呤之间的替换，或嘧啶与嘧啶之间的替换；二是颠换，即一个嘌呤被嘧啶所替换，或嘧啶被嘌呤所替换。

②插入突变　插入一个或多个核苷酸。

③删除突变　一个或多个核苷酸从DNA中删除。

从突变对蛋白质的影响看，基因突变可分为以下5类：

①沉默突变　也称同义突变，即一个氨基酸的密码子突变为该氨基酸的另一个密码子时产生的突变。通常碱基替换发生在密码子的第三位，由于遗传密码的简并性，翻译出来的仍是相同的氨基酸，蛋白质氨基酸的序列并未发生改变，所以蛋白质仍具有野生型的功能。

②无义突变　将编码氨基酸的密码子变为终止子的突变，由于造成翻译提前终止，产生不完整的多肽链，因而丧失功能。

③错义突变　密码子的变化导致一个不同氨基酸的产生，改变了多肽链的一级结构及蛋白质的功能。

④移码突变　增加或减少1~2个碱基，使该位点后面的阅读框全部发生改变，造成蛋白质功能的丧失。

⑤中性突变　密码子的变化产生了一个不同的氨基酸，但新氨基酸与原来氨基酸的行为相似，所以不改变蛋白质的性质。

2.4.2 DNA修复

DNA损伤可分为两类：一是单个碱基的改变；二是DNA结构变形，如紫外线引起相邻的胸腺嘧啶形成共价键，产生了链内嘧啶二聚体，阻断DNA的复制和转录。在长期的进化中，无论是真核生物还是原核生物，均形成了各种酶促系统来修复DNA的损伤。当修复系统无法使DNA恢复原样时，就会产生突变。修复系统分为4类：

（1）直接修复

如光复活修复，在光裂解酶作用下，可打开紫外线造成的嘧啶二聚体，从而使DNA直接恢复到正常的碱基状态。

（2）切除修复

包括一般切除和糖基化酶的切除。

①一般切除修复　损伤的DNA由核酸内切酶切除，并以完整的一条链为模板，在DNA聚合酶的作用下，重新合成一段互补的正常链，缺口由DNA连接酶补充。

②糖基化酶的切除修复　糖基化酶和裂解酶能从多核苷酸链中直接除掉一些碱基。糖基化酶切除受损或错配碱基与脱氧核糖之间的键，裂解酶进一步打开糖环的反应。当碱基从DNA除去时，接下来的反应和一般切除修复一样，即核酸内切酶切除磷酸二酯骨架，DNA聚合酶合成DNA以填补缺口，再由连接酶连接恢复多聚核苷酸的完整性。

（3）复制后修复

包括错配修复和重组修复。

①错配修复　该系统为DNA复制中出现碱基错配的识别和改正提供了依据。该修复系统具备3个功能：一是识别错配的碱基对；二是在这个碱基对中，修复系统应知道哪一个是正常碱基，哪一个是突变碱基；三是切除错误的碱基，并进行修复合成。

②重组修复　在DNA复制时，如模板链含有受损碱基，则产生的子代双链具有一定的缺陷，该系统在处理此类损伤时很有效。如胸腺嘧啶二聚体，当DNA复制时，二聚体就使损伤位点失去模板的作用，复制越过这一位点，这样在新合成的相应位点上有一个缺口。由此复制产生的两个子代DNA分子式不同：一个子代双链分子具有一条含有损伤的亲链和一条带有相应缺口的新合成链；而另一个子代双链分子则由未受损伤的亲链和正常合成的互补链组成。恢复系统利用这条正常的子链进行修复，即损伤子链的缺口由正常子链的同源片段通过重组来填补。

（4）SOS修复

这是一种急救式修复，又称差错倾向修复，是细胞中的DNA受到大规模损伤时，严重影响其生存，在其他修复系统难以见效时，被诱发出的一种高效修复系统。它可以修复DNA的损伤，但不一定恢复原有的碱基序列。

2.4.3　转座子

突变有多种形式，包括DNA序列中单个碱基对改变引起的点突变以及大段DNA的插入或缺失。长期以来，点突变被认为是单个基因发生改变的主要方面。但目前已知，其他遗传物质片段的插入也是相当频繁的，如转座子，它能从一个位置移动到另一个位置的DNA序列，通常会破坏一个基因的活性。

1951年美国遗传学家麦克林托克（McClintock）在冷泉港数量生物学研讨会（Cold Spring Harbor Symposium on Quantitative Biology）上发表了玉米转座子的研究内容。转座子

（transposon）有多种称谓，包括转座因子（transposable element）、跳跃基因（jumping gene）、移动因子（mobile genetic elements）等。其实质为基因组中可移动的一段DNA序列，可从一个位置移动到另一个位置。此后通过大量的研究，证实在原核生物和真核生物中都存在着转座子。

麦克林托克在1940—1950年研究玉米籽粒花斑性状的遗传。当时已知很多基因控制花青素的合成，使玉米的胚乳呈现紫色，这些基因中任何一对基因发生突变都会影响色素的合成，使胚乳呈白色。玉米胚乳的颜色除紫色和白色外，还会出现花斑（白色背景上带有紫色斑点）性状。在研究三者的相互关系时，麦克林托克将注意力主要集中在以下两个问题：一是为什么会产生花斑性状？二是为何花斑表型不稳定？她采用细胞遗传学的方法，对细胞有丝分裂、减数分裂过程中的染色体行为（包括重组、染色体断裂、倒位等）进行了大量细致的工作，推断出花斑这种表型并不是由一般的基因突变产生的，而是由于一种控制因子的存在所形成的，并提出了生物的基因组中存在转座因子的学说。她认为野生型C基因控制胚乳产生紫色的表型，C基因的突变阻断了紫色素的合成，则胚乳呈白色。并提出有一个"可移动的遗传因子"（现称为解离因子Ds，dissociator）可插入C基因中；另一个可移动的因子是Ac（激活因子，activator），它的存在激活Ds转座进入C基因或其他基因中，也能使Ds从基因中转出，即著名的Ac-Ds系统。该系统很好地解释了不规则彩斑的形成。当Ds转座插入C基因中时，C基因无法表达，产生的籽粒为白色；当Ac激活Ds从C基因转出时，C基因恢复正常，形成色素，则籽粒出现有色斑点。紫斑的大小取决于回复突变发生的早晚，如回复突变发生在籽粒发育的早期阶段，细胞分裂次数多，紫色斑点就较大。这些转座子既可以沿染色体移动，也可在不同染色体之间跳跃，因此，转座子也称跳跃基因。这是遗传学发展史中划时代的重大发现，将基因的概念向前推进了一大步。但这项成果直到20世纪60年代才被接受，并因此麦克林托克在1983年获得诺贝尔生理学或医学奖。

McClintock还发现Ds可导致所在位置的染色体断裂，断裂后的染色体丢失了端粒，经复制后，缺少端粒的染色体将彼此连接，形成双着丝粒的染色体，在有丝分裂中两个着丝粒彼此分开并向两极移动，因此形成染色体桥。这种结构非常不稳定，在向两极拉的过程中，染色体桥发生断裂，使染色体一段产生重复，另一段产生缺失，这样周而复始形成断裂融合桥循环。这种断裂可以通过细胞学和遗传学的方法加以监测。Ds位于玉米的第9号染色体的一条臂上，该臂的顶端带有结节，这一结构特征极易辨认。如果断裂融合桥上具有合成色素的基因，则会造成叶部或花部的不规则彩斑。

由此可以看出，转座子是基因组突变与进化的主要来源之一。现已在多种生物中发现各种类型的可移动的遗传因子，并在分子水平上得到证实。而且转座子标记方法已成为研究基因结构和功能的重要方法。转座子是园林植物中不规则彩斑形成的一个重要原因，如金鱼草植株叶片及花瓣上的不规则花瓣，也是因为转座子造成的。

2.5 基因组与基因组学

2.5.1 基因组的概念

基因组（genome）一词最早出现于1920年，由德国植物学家汉斯·温克勒（Hans

Winkler）将"gene"的前3个字母和"chromosome"的后3个字母拼凑而成，通常指二倍体生物一个完整染色体组上的全部DNA。由于该基因组位于细胞核内的染色体上，也被称为核基因组。基因组除整套核DNA（如核基因组）外，还包含细胞器基因组，如线粒体基因组和叶绿体基因组。广义的基因组是指生物细胞内的全部遗传信息，包括DNA和RNA，核基因组和细胞质（器）基因组等。一般而言，生物的遗传信息主要是由核基因组组成。一个有性生殖物种的基因组，通常是指一套常染色体和两种性染色体的DNA序列。

2.5.2　基因组学的内容

基因组学（genomics）是针对基因组进行图谱构建、测序及分析的一门学科。在技术上，基因组学通过测序和解读两个相对独立的环节来达到目标。

（1）基因组测序

高通量测序技术可以在很短的时间内获得目标物种基因组DNA序列数据，是了解基因组序列的主要获取方式。在测序之前先通过流式细胞术、染色体观察及K-mer的基因组序列分析，可以获得包括基因组大小、重复比例、杂合率及倍性等基因组相貌信息。根据基因组的相貌信息，可以将基因组分为简单基因组和复杂基因组：一般可以将重复序列比例低于50%、杂合率低于0.5%，或基因组小于2Gb的二倍体植物基因组视为简单基因组；复杂基因组一般指重复序列比例高于60%，或者杂合率大于0.5%，或者基因组大于2Gb，或者多倍体基因组。

测序之前需根据植物基因组概貌信息制订一个合适的基因组测序策略。测序技术经历了三代更迭：第一代测序技术（Sanger测序）、第二代测序技术（Illumina/454/SOLiD/BGISeq）、第三代测序技术（PacBio/Nanopore）。根据目前的两种主流测序技术，植物基因组的测序策略可以大致分为纯二代测序策略、二代三代组合测序策略及纯三代测序策略3种。

（2）植物基因组拼接组装

基因组拼接是生物信息学的一项重要任务。高通量测序可以获得目标物种基因组DNA序列数据，高通量测序仪产生的读序（"read"）一般为8~150bp，而一条染色体有几十Mb的长度，因此，需要利用这些短序列拼接出高质量基因组序列。目前应用于基因组从头拼接的算法主要包括德布鲁因图（de Brujin graph，DBG）和序列重叠一致性（overlap-layout-consensus，OLC）两种。

基因组拼接主要步骤如下：①全基因组鸟枪法测序，包括单端测序（single-end）、双端测序（paired-end）及大片段末端双端测序（mate-pair）。目前的第三代测序也是单端测序的一种，双端测序特指短片段建库双端测序，大片段末端双端测序还包括了Hi-C、Chicago、10x等大片段建库测序前沿技术。②原始序列的矫正和质量控制。③基因组denovo组装。④基因组组装改善提升，主要包括拼接延长（scaffolding）、补洞（gapfling）及拼接一致性矫正（polishment）。

对于一个重要物种的基因组，Scaffold水平的基因组草图序列明显是不够的，而染色体水平的基因组组装对于遗传研究至关重要。因此，往往需要通过添加一些额外的数据进行染色体水平组装。这项工作通常又称为准染色体重建（pseudo-chromosomes reconstruction），其中"准"代表的是基因组组装仍旧存在很多不确定的地方，需要各种可能的证据来进行校验。

染色体水平组装目前通常利用遗传图谱（genetic map）、光学图谱技术、Hi-C等技术来进行辅助组装。

2.5.3 植物基因组的大小与基本结构

2.5.3.1 基因组大小

一个物种通常具有稳定的基因组含量，称为该物种的C值（C-value）。基因组大小是指单倍体（如配子）中包含的所有DNA总量或者二倍体单个体细胞中含有的全部DNA的一半，一般用皮克（10^{-12}g）或核苷酸碱基对数目（million base pair，Mb）来表示。植物基因组跨度较大，其核基因组大小可以从40Mb到150Gb；叶绿体基因组大小相对稳定，一般在150kb左右；而植物线粒体基因组大小跨度很大，藻类线粒体基因组大小在13~96kb，而被子植物跨度能达到200~700kb，有的甚至能达到11Mb左右。

基因组DNA序列看似简单，其实构成很复杂。真核生物核基因组一般包括35%~80%的重复序列和约5%的蛋白质编码序列，这些编码序列分布于整个基因组区域；同时，基因组上有大量非编码序列，包括结构RNA，如转运RNA（tRNA）、核糖体RNA（rRNA）、核小RNA（snRNA），调节RNA，如小RNA（miRNA）和假基因。

2.5.3.2 蛋白质编码基因

蛋白质编码序列分布于整个基因组区域。相对而言，染色体着丝粒附近重复序列多而编码序列分布少。蛋白质编码序列在植物基因组中所占比例很低。一个植物基因组中，编码基因的数量通常在2万~4万个，如拟南芥中有编码基因2.7万个，毛果杨中有4.1万个，睡莲中有2.4万个。

蛋白质编码基因往往是以基因家族的形式存在，即有多个序列相似（保守）的成员。在维管束植物中，50%以上的基因都具有10个以上拷贝，而不同基因家族拥有的成员数相差很大，如*F-box*基因，在欧洲报春里有135个拷贝，而在柳枝稷里有522个拷贝。

植物基因组中有一大类基因属于转录因子家族。转录因子是一类能与基因5'端上游启动子区域特定序列结合，从而调控基因表达的蛋白质分子。因此转录因子在细胞中起着重要的作用。

2.5.3.3 非编码基因

基因组上除了少量的蛋白质编码序列，还存在大量非编码序列。非编码序列转录形成非编码RNA（non-coding RNA，ncRNA）。非编码RNA包括管家非编码RNA（housekeeping ncRNA）和调节性非编码RNA（regulatory ncRNA）。管家非编码RNA包括转运RNA（tRNA）、核糖体RNA（rRNA）。tRNA为具有携带并转运氨基酸功能的一类小分子核糖核酸，由一条长为70~90个核苷酸并折叠成三叶草形的短链组成。rRNA是细胞内含量最多的一类RNA，与蛋白质结合而形成核糖体，参与氨基酸合成过程。

调节性非编码RNA根据RNA的长度可分为长非编码RNA（long non-coding RNA，lncRNA）和小非编码RNA（small ncRNA）。小非编码RNA又可分为微小RNA（microRNA， miRNA）、小核仁RNA（small nucleolar RNA，snoRNA）、小干扰RNA（small interfering RNA，siRNA）、小核RNA（small nuclear RNA，snRNA）、piRNA（piwi-interacting RNA）、环形RNA（circular RNA，circRNA）等。

2.5.3.4 重复序列

编码基因数量在不同物种中总体相似，而造成基因组大小显著差异的主要来自重复序列。植物基因组中重复序列通常占了很大比例，分布在着丝粒、端粒及染色体各区域。根据序列排列方式可以将重复序列分为两类：一类是串联重复序列，重复单元（单位）首尾相连，成串排列；另一类是散在重复序列，其排列方式不是首尾相连簇集在一起，而是散布在不同位置，转座子即是典型的散在重复序列。

串联重复序列按照其重复单位的长短可分为3类：微卫星DNA（micro-satellite DNA）、小卫星DNA（mini-satellite DNA）和卫星DNA（satellite DNA）。微卫星DNA序列，又称短串联重复序列（short tandem repeats，STR）或简单重复序列（simple sequence repeats，SSR），SSR是一类由几个核苷酸（一般为1~6bp）为重复单元簇集而成的长达几十个重复单元的串联重复序列。小卫星DNA序列通常是指以7~100bp（多数为15bp左右）为重复单元的串联重复序列，长度多在0.5~30kb。卫星DNA通常包含富含AT的重复单元，一个重复单元长度通常在150~400bp，形成长度可达100Mb的串联重复序列。

2.5.4 植物基因组测序

1986年，地钱和烟草的叶绿体基因组首先被测序完成，这是植物领域最早被测序完成的基因组。1999年，拟南芥核基因组2号和4号染色体相继被测序完成，直到2000年12月拟南芥全部染色体被测序完成并发表，早于人类基因组发表（2001年）。2002年毛果杨雌株无性系Nisqually1采用全基因组鸟枪法测序，在拼接组装的基因组上初步鉴定到45 555个蛋白质编码基因。2005年高通量测序技术的发明极大促进了植物基因组测序及其相关研究。2010年后迎来植物基因组测序的高潮，几乎每年都有十几个或几十个植物物种被测序完成。截至2023年7月，已有1170个植物基因组被测序发表（数据来源于plaBi）。

植物自然群体和作物群体均包含着大量的遗传变异。目前一般通过全基因组重测序进行遗传变异鉴定，园林植物中已经进行过基因组重测序的物种主要有梅花、月季、莲等（表2-3）。如2018年4月，由张启翔教授领衔的国家花卉工程技术中心等单位在完成梅花全基因组测序的同时，还选取了333株梅花品种、15株野生梅花及3种梅花近缘物种（山杏、山桃和李）开展全基因组重测序工作。

表 2-3　部分园林植物基因组测序进展

中文名	拉丁名	科　属	基因组大小/Mb	完成年份
毛果杨	Populus trichocarpa	杨柳科杨属	485	2006
梅　花	Prunus mume	蔷薇科李属	280	2012
大　桉	Eucalyptus grandis	桃金娘科桉属	640	2014
小兰屿蝴蝶兰	Phalaenopsis equestris	兰科蝴蝶兰属	1160	2014

(续)

中文名	拉丁名	科属	基因组大小/Mb	完成年份
火炬松	*Pinus taeda*	松科松属	21 600	2014
银杏	*Ginkgo biloba*	银杏科银杏属	11 750	2016
深圳拟兰	*Apostasia shenzhenica*	兰科拟兰属	372.8	2017
野蔷薇	*Rosa multiflora*	蔷薇科蔷薇属	750	2017
莲	*Nelumbo nucifera*	莲科莲属	929	2018
月季	*Rosa chinensis*	蔷薇科蔷薇属	560；532	2018
甘菊	*Chrysanthemum seticuspe*（*Chrysanthemum lavandulifolium*）	菊科菊属	3060	2019
圆叶杜鹃	*Rhododendron williamsianum*	杜鹃花科杜鹃花属	651	2019
元宝枫	*Acer truncatum*	无患子科槭树属	633	2020
香雪球	*Lobularia maritima*	十字花科香雪球属	240	2020
蜡梅	*Chimonanthus praecox*	蜡梅科蜡梅属	780	2020
胡桃楸	*Juglans mandshurica*	胡桃科胡桃属	550	2021
海滨木槿	*Hibiscus hamabo*	锦葵科木槿属	1700	2022
麻栎	*Quercus acutissima*	壳斗科栎属	760	2022
满天星	*Gypsophila paniculata*	石竹科石头花属	750	2022
油松	*Pinus tabuliformis*	松科松属	26 000	2022
刺槐	*Robinia pseudoacacia*	豆科刺槐属	680	2023
菊花	*Chrysanthemum morifolium*	菊科菊属	8150	2023

2.5.5 植物基因组数据资源

植物基因组数据资源包括植物基因组及其他组学数据，它们一般被储存在国际公共基因组数据库、植物综合性基因组数据库、特定物种基因组数据库和一些专业数据库中。

（1）国际公共基因组数据库

目前国际上有4个主要的核苷酸序列公共数据库，包括欧洲生物信息研究所（European Molecular Biology Laboratory-European Bioinformatics Institute，EMBL-EBI）维护的欧洲分子生物学实验室（ENA）、美国国家生物技术信息中心（NCBI）的基因银行（GenBank）、日本DNA数据库DDBJ（DNA Data Bank of Japan），以及2017年成立的位于中国北京基因组研究所的生命与健康大数据中心BIGD（BIG Data Center）（表2-4）。其中前3个数据库构成了国际核苷酸序列数据库合作组织INSDC（International Nucleotide Sequence Database Collaboration，http://wwwinsdc.org），INSDC的3个数据库每天进行数据交换与共享，三大国际数据库在任何给定时间均包含相同的数据。

其中，NCBI除了维护公共核苷酸数据库GenBank外，还包含很多具有特定功能的基因组相关数据库。例如，RefSeq数据库、Genome数据库、Gene数据库等。与NCBI相对应的另一大综合性门户网站EMBL-EBI，同样囊括了庞大的基因组相关子数据库和在线工具。其中最

表2-4　基因组序列相关综合性数据库

数据库类别	数据库名称	网　站
综合性基因组数据库	NCBI	http://www.ncbi.nlm.nih.gov
	EMBL-EBI	http://www.ebi.ac.uk
	BIGD	http://bigd.big.ac.cn
国际公共核苷酸序列数据库	GenBank	http://www.ncbi.nlm.nih.gov/genbank
	ENA	http://www.ebi.ac.uk/ena
	DDBJ	http://www.ddbj.nig.acjp
	GSA	http://bigd.big.ac.cn/gsa

有名的子库当属广为人知的Ensembl数据库，提供了大量物种参考基因组及相关注释，并提供基因组浏览器等工具。另外，还有高质量蛋白数据库Swiss-Prot，不同物种间不同生物学条件下的基因组表达数据库Expression Atlas，重要功能域数据库，如PFAM、RFAM、PRIDE等。我国作为国际基因组数据最大产出国之一，建立了BIGD数据库。该数据库除了可以提供公共核苷酸序列数据库功能外，还陆续建立了ICG、LncRNAWiki、MethBank及GVM等专门数据库。

（2）植物综合性基因组数据库

目前植物基因组综合数据库主要包括Phytozome（https://phytozomejgi.doe.gov/pz/portal.html）、EnsemblPlants（http://plants.ensembl.org/index.html）、PlantGDB（http://www.plantgdb.org）、Gramene（http://www.gramene.org）及PLAZA（https://bioinformaticspsb.ugent.bc/plaza/）。这5个数据库囊括了目前已经发表的大部分植物基因组的信息，包括基因组序列和注释信息等，以及简单的序列搜索比对功能、比较基因组学功能等，这5个数据库能够实时更新。

植物细胞器数据库主要包括：NCBI Organelle数据库、PODB数据库（Plant Organelles Database）、Organelle DB数据库和GeSeq数据库。

（3）特定物种基因组数据库

为促进比较基因组研究，方便类群研究，按照植物科、属或特定用途，包含多种植物基因组的数据库，如蔷薇科基因组数据库（Genome Database for Rosaceae GDR）、兰科（Orchidstra 2.0）、木本植物（Hardwood Genomics Project）基因组数据库等。除此之外，还有针对某种特定植物的基因组数据库，如中国科学院武汉植物园搭建的莲基因组数据库（Scared Lotus Genome Database）等。

（贾桂霞　高雪）

思考题

1. 为什么说DNA是遗传物质，而蛋白质不是遗传物质？
2. 请从遗传学历史出发，简述基因的不同表现形式或物质基础。

3. 从DNA的复制、RNA的转录、氨基酸的翻译，到蛋白质的合成，试析遗传的保守性和变异的可能性。
4. 从转录调控、转录后调控，到翻译后调控，植物步步纠错。从育种的角度来说，这些基因表达的调控步骤有什么利用价值和方式？
5. 基因突变和转座子与染色体的结构变异（畸变）有何关系？
6. 基因组的结构与染色体的结构如何联系起来？
7. 为什么要给植物基因组测序？不同物种基因组的主要区别在哪里？

推荐阅读书目

植物基因组学. 2020. 樊龙江. 科学出版社.
遗传学：基因和基因组分析（第八版）. 2015. 哈特尔（Daniel L. Hartl），鲁沃洛（Maryellen Ruvolo）著, 杨明译. 科学出版社.

第3章 数量遗传学概要

[**本章提要**]从界限分明的质量性状到连续变异的数量性状，从遗传规律到遗传力，本章首先介绍了数量性状的概念及其遗传力。与控制质量性状的主基因相对应，控制数量性状的是多基因，数量性状基因座的定位是数量遗传学研究的重要内容。植株的高度、花色的深浅、花瓣的多少、花香的浓淡，都是数量性状。然后简述了园林植物，包括梅花、菊花、牡丹的遗传图谱等数量遗传学相关的研究进展。

遗传学通常把生物性状分为质量性状（qualitative trait）和数量性状（quantitative trait）。数量性状是受多个基因控制的，表现为数量上或程度上连续性变异的性状。动植物的绝大部分性状属于数量性状，如个体的高度和重量、农产品的经济产量、营养素含量以及植物抗逆性状等属于典型的数量性状（孔繁玲 等，2006）。在园林植物中也广泛存在数量性状，如株高、花瓣数量、花径、抗逆性等。质量性状与数量性状之间本质的区别在于控制性状的基因数目及受环境因素影响的程度。由于数量性状是多对基因控制，每一个基因的作用微小，同时多对基因协同作用，且易受环境条件的影响。

数量性状可分为受微效多基因控制的数量性状与受主基因和多基因共同控制、分离世代呈现多峰且连续分布的数量性状，前者基因数目多，各个基因的效应不一定相等，但单个基因的效应微小且对环境反应敏感，分离世代呈现单个正态分布；后者所谓主基因是指那些效应大而易于鉴别其单独的数量遗传效应的基因。主基因的存在使分离世代的个体间具有可分组趋势，但又由于微效多基因的存在使组界变得模糊（孔繁玲 等，2006）。

由于数量性状对环境变化比较敏感，易受环境的影响，因此在数量性状的研究方法与质量性状的不同：一是对个体性状的差异不能简单地按类别分组，必须对个体进行测量或称量；二是在杂交后代中，性状的数量差异不表现孟德尔式分离比，个体间的遗传差异不显著，所以研究的单位必须从个体或个别系谱扩大到群体和许多世代才可能获得规律；三是利用统计学方法对性状进行测量，研究它的遗传规律。

数量遗传学是根据遗传学原理，运用适宜的遗传模型和数理统计的理论和方法，探讨生物群体内个体间数量性状变异的遗传基础，研究数量性状遗传传递规律及其在生物改良中应用的一门理论与应用学科。它是遗传学原理和数理统计学相结合的产物，属于遗传学的一个分支学科，与育种学有着密切的关系（孔繁玲，2006）。

3.1 数量性状遗传及其遗传力

3.1.1 数量性状的遗传方式

许多年来遗传学家把两个纯系亲本杂交，从后代分离世代的遗传变异情况进行许多性状的遗传研究。下面介绍两个经典的例子，说明数量性状的遗传方式。

1909年瑞典遗传学家H. Nilson-Ehle对小麦籽粒颜色的遗传进行了研究。他将红色种皮和白色种皮的纯种小麦进行杂交，获得的F_1代小麦籽粒的颜色介于双亲之间，表现为中间型；自交后，F_2在不同的组合中有不同的表现，红色和白色种子的比例可分为3种组合，分别为3∶1、15∶1和63∶1；而且F_2的红色籽粒中又有不同深浅类型的出现。3∶1的分离，说明只有1对基因控制，是质量性状。15∶1和63∶1的分离，说明小麦籽粒颜色分别受2对或3对基因的控制（表3-1）。

当小麦籽粒颜色受3对重叠基因决定时的遗传动态见表3-2所列。

表3-1　2对基因影响小麦籽粒颜色的遗传

P	$R_1R_1R_2R_2$红粒 × $r_1r_1r_2r_2$白粒				
F_1	$R_1r_1R_2r_2$红粒				

F_2表现型类别	红色				白色
	深红	中深红	中红	浅红	
表现型比例	1	4	6	4	1
红粒有效基因数	4R	3R	2R	1R	0R
基因型	$1R_1R_1R_2R_2$	$2R_1R_1R_2r_2$ $2R_1r_1R_2R_2$	$1R_1r_1r_2r_2$ $4R_1r_1R_2r_2$ $1r_1r_1R_2R_2$	$2R_1r_1r_2r_2$ $2r_1r_1R_2r_2$	$1r_1r_1r_2r_2$
红粒∶白粒	15∶1				

表 3-2　3 对基因影响小麦籽粒颜色的遗传

P	$R_1R_1R_2R_2R_3R_3$红粒 × $r_1r_1r_2r_2r_3r_3$白粒
F_1	$R_1r_1R_2r_2R_3r_3$红粒

F_2表现型类别	红色						白色
	最深红	暗红	深红	中深红	中红	浅红	
表现型比例	1	6	15	20	15	6	1
红粒有效基因数	6R	5R	4R	3R	2R	1R	0R
红粒∶白粒	15∶1						

1913年美国学者Edward East进行了烟草花冠长度的遗传学研究。East选用长花烟草（*Nicotiana longiflora*）作为研究材料以及花冠长度性状作为研究对象是经过周密考虑的。其中一个原因是两个亲本的花冠长度相差较大，一个亲本平均长度为40.6mm，另一个亲本则为93.4mm，而且两亲本花冠长度的变化幅度均不大；另一个原因是这一性状受环境因素影响比之其他性状较小，即较为稳定。通过两个纯系亲本杂交，杂交结果显示，杂种一代（F_1）的花冠长度介于两亲本间，表现中间类型；从变异幅度看，F_1的方差和两个亲本的方差相似。因为亲本均属纯系，F_1则属于基因型一致的群体，所以这一性状所表示出的变异，均明显地属于非遗传因素所引起的环境变异。到了杂种二代（F_2），F_1的核基因必将发生基因的分离和重组，使表现型的变异包括有环境变异和遗传变异，形成F_2群体的变异度比之亲本及F_1代的变异幅度都大。可见，数量性状具有如下特点：①数量性状的变异及表型表现为连续性，其分布呈正态分布；②数量性状易受环境条件的影响，这种变异是不遗传的。

3.1.2　遗传力的概念及其应用

在数量性状遗传研究中面临两个重要的事实：一是在数量调查中，会得到大量而复杂的数据，对此要进行整理和组织，调查的对象不可能是总体，只能采取随机取样的方法，而且要力求使以样本为依据的估算接近于总体的实际；二是环境因素的干扰，在数量性状的遗传中，不同基因型间的表（现）型差异受环境影响很大，而基因的作用又缺乏个别性，往往不易把环境影响和基因差异分开。这些实际问题使对数量性状的遗传分析更加复杂，必须采用统计学的方法。最重要的统计量为平均数、方差和标准差。

在数量性状的遗传研究中，所观察到的只是表现型，是在遗传基础和环境因素共同作用下表现出的数值，即表现型值P=遗传型值G+环境值E。实际上遗传型值和环境值都无法直接度量，只能通过该部分的变化而引起表型变化的大小来估算其作用的程度，即用方差来表示各种变异，$V_P=V_G+V_E$。其中只有遗传型不同而造成的变异才是可遗传的变异，在育种上才有利用的价值，因此要研究表现型中能遗传的变量占有多少分量。

遗传力（heritability）指亲代传递某一遗传特性给后代群体的能力，是植物育种上广泛应用的一个统计数据，可作为杂种后代进行选择的一个指标。遗传力有广义遗传力和狭义遗传力之分。广义遗传力是指遗传方差占总方差的比值：
$$h_B^2 = V_G/V_P \times 100\%$$

如果该比值越大，说明该性状传递给子代的能力就越强，受环境条件的影响相对较小。凡是遗传力数值高的性状，在子代中有较多的机会表现出亲本的性状，选择的效果也较好；反之，说明基因型效应相对较小，而环境条件影响较大，也就是亲本传递该性状于子代的能力较小，选择的效果就较差。因此遗传力的大小可作为衡量亲代和子代间性状遗传程度的标准，是数量性状遗传研究中的一个重要参数。

遗传方差如从基因作用来分析，包含了基因加性方差（V_A）和非加性方差，其中非加性方差又分为显性方差（V_D）和上位性方差（V_I）。这里 V_A 是基因间加性作用引起的变量，V_D 是等位基因间互作产生的，V_I 是非等位基因间互作产生的变量。

$$V_G = V_A + V_D + V_I$$
$$V_P = V_A + V_D + V_I + V_E$$

式中　V_A 是可固定在上下代之间传递的遗传变量；V_D 和 V_I 是不可固定的遗传变量，随着基因型纯合程度的提高而减小，甚至消失。

这种加性方差（V_A）占表现型总方差（V_P）的比值为狭义遗传力（h_N^2）。
$$h_N^2 = V_A/V_P \times 100\% = V_A/V_P \times 100\%$$

在育种家对多种植物多个性状进行测验和估算的基础上，认为遗传力对选择育种具有重要的指导意义，一般规律如下：

①h_B^2 和 h_N^2 高　说明性状主要由基因的加性作用所控制，能在早期世代就可通过对单株的表型加以选择，选择效率高。

②h_B^2 高、h_N^2 低　说明基因的非加性作用占有相当的分量，在世代传递中性状有较大的变化，选出的优株应通过无性繁殖的方式，将显性和上位性作用保留下来。

③h_B^2 和 h_N^2 低　表明该性状受环境影响大，需在多个世代加以选择。

3.2　多基因假说和数量性状基因座

3.2.1　多基因假说

在小麦籽粒颜色遗传的试验基础上，Nilson-Ehle提出了多基因假说（multiple-factor hypothesis），之后East等根据烟草花冠长度和玉米穗长的遗传研究，进一步完善了数量性状的多基因假说。主要内容：①数量性状同时受多基因控制；②每个基因对性状的影响是微小的、等效的，其作用是累加的；③等位基因间的显隐性关系通常不存在，它们的传递方式也遵循孟德尔式的基本遗传规律。

多基因假说只能解释一部分现象，其实基因间的作用方式各种各样，并不是那么简单和绝对的，主要分为两类：

①加性作用　等位基因或非等位基因之间无显隐性关系，基因的作用是按一定的常数累加或倍加，能把性状固定地传递给后代群体。

②非加性作用　包括等位基因间的显性、部分显性和超显性作用，以及非等位基因之间的作用（上位性作用）。这种基因的作用不能把性状固定地传递给后代群体，它随着基因纯

合程度的提高而不断减少。

基因的加性作用和非加性作用对性状表现不同的控制效应，在分析性状的遗传构成及品种选育中，对确定选育方式和途径具有很重要的参考价值。以上各种类型的基因作用，往往同时或交叉控制着性状的表现。

3.2.2 数量性状基因座

数量性状基因座（quantitative trait locus，QTL）是指控制数量性状的基因在基因组中的位置。20世纪80年代以来，分子生物学迅速发展，数量性状遗传学与其结合，形成分子数量遗传学，并取得重大突破。目前开展了多种植物的QTL作图（或QTL定位）。以分子标记技术为工具、以遗传连锁图谱为基础、利用分子标记与QTL之间的连锁关系，确定影响某一性状的QTL在染色体上的数目、位置及其遗传效应。该研究使从DNA分子水平确定控制数量性状的基因的结构和功能，并通过基因工程进行遗传改良成为可能。QTL定位对于分子标记辅助选择育种、杂种优势机理探讨、种质资源遗传多样性研究、群体遗传潜势评价、数量性状遗传控制与性状表达的深入研究以及数量性状基因的分离与克隆等方面都具有重要意义。

QTL定位（或作图）的基本原理是利用特定群体中的遗传标记信息和相应的性状观测值，分析遗传标记和QTL的连锁关系，进而根据已知的标记连锁图（linkage map）来推断QTL的遗传图谱。作图的核心是连锁分析；但与质量性状不同，数量性状与标记之间的连锁分析不能直接计算遗传标记和QTL之间的重组率，而是采用一定的统计推断方法来研究遗传标记和QTL之间具有某种重组率的可能性，然后依据这种可能性来判断遗传标记和QTL是否连锁，从而确定其位置和效应（孔繁玲 等，2006）。

3.2.3 QTL定位过程

3.2.3.1 构建作图群体

人工构建的符合QTL作图要求的特定遗传群体称为作图群体。该群体应满足在所研究数量性状上应具有丰富的遗传变异。一般可分为以下3类。

①临时性作图群体（tentative population） 如F_1、F_2、F_3、BC（回交群体）和三交群体[A/B//C或A//B/C（/表示第一次杂交，//表示第二次杂交)]等。早期QTL定位多用这类群体，该群体易获得，有丰富的遗传变异信息。缺点是很难进行重复试验，此类群体遗传组成会因自交或近交而变化，不能长久使用。然而多年生木本植物，由于世代周期长，基因杂合度高和遗传背景复杂等特点，很难建立高世代的作图群体，很大程度上制约了木本植物高密度遗传图谱的构建与应用。1994年，Grattapaglia 和 Sederoff 提出了可以通过"双假测交"（two-way pseudo-testcross）策略解决高杂合度物种的遗传图谱构建问题，并利用该策略成功构建了'巨桉'בMacro'桉F_1代群体的遗传图谱（Grattapaglia & Sederoff, 1994）。该策略使F_1群体可以在短期内获得，因此，目前大部分果树、林木等木本植物的遗传图谱的构建都基于此理论，利用F_1代群体进行遗传作图，极大地简化和促进了木本植物遗传图谱构建工作。

②永久性作图群体（permanent population） 如重组近交系（recombinant inbred lines, RIL）群体、加倍单倍体（doubled haploid lines, DH）群体和永久F_2群体（immortalized F_2

population，IF）等。其中，RIL和DH群体可进行重复试验，把环境效应和试验误差从总效应中分离出来。缺点是不能估计显性效应及与显性相关的上位性效应。而IF群体是由RIL或DH群体内的系统相杂交得到的，可以多环境种植，并可以估计显性效应及与显性相关的上位性效应，是一个具有多种优点的作图群体。

③近等基因系（near-isogenic lines，NIL） 特点是整个染色体组只在少数几个甚至一个区段存在差异，其他区域基本完全相同。因而它能消除作图时背景干扰而使基因组中只有一个或少数几个QTL得以分离，可提高QTL作图的准确性。该类群体多用于基因精细定位、分离和克隆QTL。

3.2.3.2　确定和筛选遗传标记

遗传标记由于可识别的层次和手段不同，可分为4种。可以直观地区分其基因型的遗传标记为形态学标记和细胞学标记。同工酶标记是借助生化手段在蛋白质水平上可区分其基因型的遗传标记，这3种标记都是以基因表达的结果（表现型）为基础，是对基因的间接反映；而在DNA水平上可直接区分其基因型的标记则称为分子标记。因此，遗传标记是一些可直接或间接观测到其基因型的性状和表现。

目前QTL作图时需要使用多态性的分子标记。理想的分子标记应具有如下特征：①在基因组上具有较高的DNA多态性，能够检测杂交亲本间的遗传差异，增加满足作图条件的基础标记数目；②在基因组上分布广泛且均匀，提高遗传图谱上标记分布的均匀度和覆盖度；③共显性，可以区分杂合基因型和纯合基因型，提供更为丰富的标记分离和重组信息；④开发和应用成本低，有助于实现大规模分离群体的遗传作图分析；⑤实验操作简单，易于观察记录；⑥标记稳定性高和重复性好，有利于不同实验室比较和整合相同或近缘物种的遗传信息，开展多群体图谱整合和比较作图（孔繁玲 等，2006）。总体而言，理想的分子标记应具有共显性、均匀分布在整条染色体上、检测手段简单快速、使用成本低等特征。在过去的20多年中，分子标记技术得到了突飞猛进的发展，至今已经有几十种分子标记技术相继出现，主要包括有以分子杂交为基础的RFLP（限制性片段长度多态性，restriction fragment length polymorphism）标记，以PCR为基础的RAPD（随机扩增多态DNA，random amplified polymorphism DNA）、AFLP（扩增片段长度多态性，amplified fragment length polymorphism）、SSR（简单序列重复，simple sequence repeat）、ISSR（inter-simple sequence repeat）、STS（序列标签位点，sequence-tagged site）、RGA（抗病基因同源序列，resistance gene analogs）、SNP（单核苷酸多态性，single nucleotide polymorphism）等。这些分子标记已广泛应用于作物的分子遗传图谱构建、种质资源遗传多样性、基因/QTL定位以及基因图位克隆等各个领域。确定分子标记后，利用双亲、作图群体的样本材料或性状极值库筛选具体的遗传标记，选择那些分离正常、多态性好的标记继续进行遗传分析。

3.2.3.3　检测和分析标记，构建标记的遗传图谱

（1）遗传图距

遗传图距（map distance）为同一染色体上两基因位点之间的距离，以重组率r来度量。

重组率为双杂合子亲本所产生的重组型配子在配子总数中所占的比例。遗传图距的单位为摩根（Morgan，M）和厘摩（centimorgan，cM）（徐刚标，2009）。

1M为减数分裂过程中同源染色体配对时，两标记之间期望交换数为1的长度。

1cM为同源染色体在配对时的期望交换数为0.01的长度。

$$1M=100cM$$

1cM所含碱基对数因物种而不同，也因在染色体上位置的不同而异。

（2）作图函数

作图函数（mapping function）是图距单位摩根M与重组率r之间的函数关系式。由于可能发生双重甚至多重交换，重组率r不具有线性可加特性，无法在实际作图中使用。而M（cM）为线性可加，可在作图中方便使用。因此需要对r与M相转换。常用的作图函数常分为Haldane作图函数和Kosambi作图函数。由于Kosambi作图函数考虑了交叉干扰，在QTL作图中使用较多（徐刚标，2009）。

（3）分子标记遗传图谱的构建

分子标记遗传图谱是用遗传距离来表示分子标记在染色体上相对位置的基因组图。分子遗传图谱在比较基因组研究、基因的定位克隆、标记辅助选择、QTL定位等研究领域都具有重要的理论和实践意义。构建遗传图谱首先需要估计两位点之间的距离，然后将分子标记划分为若干个连锁群，最后对每个连锁群的标记位点进行排序，并估计相邻位点间的遗传距离（孔繁玲，2006）。

①单位点的偏分离检验　标记的连锁分析前提是等位基因正常分离。一般采用卡平方测验法来检验是否存在偏分离。

②两位点连锁测验　简称两点测验。通过一次杂交和一次用隐性亲本测交来确定两对基因是否连锁，然后再根据交换值来确定它们在同一染色体上的位置。

③利用极大似然估计法（MLE）估算重组率　可解决无法对估值进行显著性检验的问题（徐云碧、朱立煌，1994）。

④常用的检验基因连锁显著性的有似然比LR（likelihood ratio或odds ratio）和LOD值两种指标　似然比比较观测资料来自某一假设（如两个标记间以重组率$0 \leq r < 0.5$相连锁）的概率与来自另一假设（如$r=0.5$）的概率，这两种概率的比值称为似然比，即

$$LR=L(r)/L(0.5)$$

LOD值：LOD值为似然比的常用对数值。

$$LOD=\lg \frac{L(r)}{L(5.0)}$$

相应于似然比的1000∶1，通常以$LOD>3$作为连锁值显著的标准。对于不同的r值，LOD值是不同的，$L(r)/L(0.5)>1$，相应的LOD为正；$L(r)/L(0.5)<1$时，相应的LOD为负。

⑤连锁群的划分　遗传图谱构建中连锁群的划分一般依据两两位点间的重组率和LOD值两个指标。若位点i和j之间的重组率为r_{ij}，LOD为Z_{ij}，则连锁群划分一般采用如下三者之一：

如果$r_{ij} \leq c$，则位点i和j被划为一个连锁群；

如果$Z_{ij} \geq a$，则位点i和j被划为同一连锁群；

如果 $r_{ij} \leq c$，且 $Z_{ij} \geq a$，则位点 i 和 j 被划为同一连锁群。
式中　c 为重组率的某一临界值；a 为 LOD 值的一个临界值。

实际操作时，可适当调整 c 和 a 的取值，使所分连锁群的个数和染色体对数相等或接近。同时，还需采用一定的遗传标识把所分的连锁群分配于染色体（孔繁玲，2006）。

（4）数量性状值的测量

对分离世代群体的同一样本中每株个体进行其数量性状表型值的测定，并将每株个体的数量性状表现型值和分子标记基因型值按顺序列表，形成分析所需的基本数据。

（5）性状标记连锁分析和QTL定位及其效应估计

作图常用的统计方法有单标记分析法（single marker analysis）、区间作图法（interval mapping, IM）、复合区间作图法（composite interval mapping, CIM）和基于混合线性模型的复合区间作图法（composite interval mapping based mixed linear model, MCIM）等。

①单标记分析法　单标记分析（single marker analysis）是通过检测单个标记与QTL是否连锁来判断某标记附近是否存在QTL，估计其重组率并分析其遗传效应。其基本原理是利用多种统计学分析方法，如方差分析、t 检验等，比较某一位点不同基因型的表型均值差异，检测的差异越显著，意味着分子标记与影响该性状QTL之间连锁越紧密。单标记分析法简单直观，但不能充分利用遗传图谱所提供信息，无法准确估计QTL所在连锁群的位置，且通常低估QTL的遗传效应（Tanksley，1993）。

②区间作图法　由 Lander 和 Botstein（1989）联合提出，区间作图法是基于完整的遗传图谱信息，利用极大似然估计程序通过计算染色体上相邻标记之间存在和不存在QTL的似然函数比值的对数，即 LOD 值，来判定各标记区间是否存在 QTL。区间作图法能够降低QTL检测所需的样本数目，并且将QTL锁定在连锁群的特定区间内，但当一条染色体上包含不止一个QTL时，由于检测区域外部QTL的干扰，QTL定位结果会出现较大偏差。

③复合区间作图法　具有代表性的是 Zeng（1994，1996）提出的复合区间作图法（composite interval mapping, CIM）。该法实现了区间作图和多元线性回归的有机结合，能够克服区间作图法的不足。在利用区间作图法进行QTL扫描时，通过把被检测区间以外的标记当作协变量（cofactor），来消除染色体上其他 QTL 对被检测区间的干扰，提高了QTL的检出效率和定位精度。复合区间作图法被提出后，在植物QTL分析中发挥了巨大作用。

④混合线性模型的复合区间作图法　朱军（1998a，1998b，1999）提出了基于混合线性模型的复合区间作图法（mixed-mode-based composite interval mapping, MCIM），这是一种可以分析包括上位性的各项遗传主效应及其与环境互作效应的作图方法。该方法把群体均值、QTL 的各项遗传主效应（包括加性效应、显性效应和上位性效应）作为固定效应，而把环境效应、QTL与环境互作效应、分子标记效应及其与环境的互作效应以及残差作为随机效应，把效应估计和定位分析结合起来，使多环境下的联合QTL定位分析成为可能，提高了作图效率。

上述所有的统计方法都无法通过人工计算完成，必须利用分析软件完成数据分析。目前常用的QTL分析软件有 MAPMAKER/QTL 1.1、QTLNetwork 2.0、WinQTL cartographer 2.5、QTLmapper 1.0、Ici Mapping 3.1、MapQTL6.0 等。

3.2.4 从QTL的初步定位到精细定位

目前人们所定位的QTL的位置和效应是通过抽样测量和统计估计获得的，绝大多数情况下并不是实际的基因，统计分析得出QTL位置并非其物理上的位置，而是概率意义上的位置。QTL初定位很难对单个QTL进行精确定位，并分析它们的遗传效应以及互作方式。而且QTL初定位只能证明在某个区间之中可能存在着控制目标性状的基因。但是其定位精度不高，95%置信区间一般达到了10~30cM（Kearsey & Farquhar, 1998），而重要农作物 1cM 的遗传距离中至少包含了几十万个碱基。为了更加明确地解析单个QTL的遗传基础，并从分子水平上探究它们的作用机制，需要在染色体的物理图谱上定位QTL的准确位置。QTL的精细定位需要通过分子标记辅助选择的方法开发与之紧密连锁的分子标记，提高重组率以及构建次级作图群体（章元明，2006）。提高重组率的方式有：一是通过多代的随机交配提高目标区间的重组事件，如构建高代的互交系和回交系；二是对含有目标区间的重组个体进行多代的回交并增大群体，进而增加重组事件，如轮回选择和回交。目前已研发出许多统计模型进行数量性状基因精细定位方法，随着标记技术和统计方法的发展，可以把一个QTL分解得更细，直至达到基因和核酸水平。

除统计方法外，制约定位精度的因素主要有QTL效应大小、染色体上的位置、目标性状的遗传力、标记密度以及定位的群体大小等因素。其中，对于特定的性状而言，QTL效应及其位置以及该性状的遗传力都是相对固定的，因此标记密度、群体大小以及统计方法成为制约定位精度的关键因素。一般来说，标记越密，QTL数目越少，效应越大，作图群体越大，性状的遗传率越高，则QTL作图精度越高。

3.2.5 关联分析

关联分析（association analysis），又称连锁不平衡作图或关联作图，是一种以群体结构非固定的自然群体（种内）为研究对象，以连锁不平衡为研究基础，鉴定某一群体内目标性状与遗传标记或候选基因关系的分析方法。但与QTL分析相比，关联分析有丰富的基因资源和紧密连锁的遗传标记。此外，关联分析不需要培育专门的作图群体，花费时间少，一般以自然群体为主。关联分析含有比少数人工作图群体更加丰富的基因位点和可供发掘的更多的等位基因，因此，在此基础上开发的分子标记辅助选择技术能在更广泛的遗传背景中应用。关联分析是利用自然群体在长期进化中所积累的重组信息来提高定位的精确度，可达到单基因的水平（Remington et al., 2001; Thornsberry et al., 2001）。但关联分析也存在一定的缺点，当选用的研究群体存在复杂的亚群体结构时，内部等位基因的不均衡会产生许多"伪关联"；对群体结构利用基于全基因组标记进行检测和校正时，当基因的多态性分布正好与群体的结构一致，关联分析则无法检测候选基因与表型的真实关联。

根据扫描的范围，关联分析可以分为全基因组关联分析（genome-wide association study, GWAS）和候选基因关联分析（candidate gene-based association study）。前者基于标记水平，通过对引起表型变异的突变位点进行全基因组扫描来实现。后者基于序列水平，通过统计分析在基因水平上将那些对目标性状有正向贡献的等位基因从种质资源中挖掘出来，一般涉及候选基因的功能预测（杨小红 等，2007）。近年来，随着许多植物全基因组测序和重测序的完成，大量SNP标记的开发以及生物信息学的迅猛发展，应用关联分析方法发掘植物数量性状基因已成为目前国际植物基因组学研究的热点。

3.3 园林植物数量性状及应用

3.3.1 园林植物数量遗传学研究概述

园林植物中许多性状，如产量、株高、花径、花瓣数量等都是典型的数量性状，其特点是由多个基因控制，且易受环境的影响。分子数量遗传学引入了DNA分子标记，通过数理统计分析方法，对分子标记数据和性状表型数据进行联合分析。目前园林植物数量性状定位常用的两种方法分别是基于遗传连锁图谱的基因连锁分析和基于连锁不平衡的全基因组关联分析。

遗传连锁图谱是经典的数量性状遗传解析及基因定位方法，自问世以来，在植物的遗传研究中广泛应用。相比农作物，园林植物遗传连锁图谱的研究起步较晚。Peltier等（1994）利用形态学标记和RAPD标记在矮牵牛中构建了第一张园林植物遗传连锁图谱，有7个连锁群，覆盖基因组长262.9cM，平均图距为8.2cM。之后，园林植物遗传图谱构建的研究取得了快速发展。Yagi等（2006，2012）利用RAPD和SSR标记构建了香石竹的遗传连锁图谱并对抗枯萎病进行QTL定位，结果显示香石竹的抗枯萎病与1个主效基因和2个微效基因相关。Chen等（2010）利用AFLP和ISSR分子标记对蜡梅进行遗传图谱构建，分别得到了12个和8个连锁群，共包含370个标记，覆盖基因组长度为2417.8cM和1184.2cM的两张遗传图谱。Shahin等（2011）利用AFLP、DArT和NBS标记构建了百合的遗传图谱，并对花色、花斑、茎的颜色、有无花药、抗镰刀菌等多个园艺性状进行了首次定位分析。Hsu等（2022）利用台湾白花蝴蝶兰（*Phalaenopsis aphrodite*）×小兰屿蝴蝶兰（*Phalaenopsis equestris*）的117株F_1群体进行作图，绘制了第一张蝴蝶兰高密度遗传图谱。该图谱包含113 517个SNP标记，分布于27个连锁群，总长度为15 192.05cM。于超（2015）利用AFLPs和SSRs构建了月季四倍体遗传连锁图谱，检测到7个与控制花瓣数量相关联的QTLs，能够解释表型变异率12.1%~68.7%。随着测序技术的发展，利用SNP标记构建高密度连锁图谱并进行QTL定位已广泛应用在向日葵（Bowers et al.，2012；Talukder et al.，2014）、非洲菊（Fu et al.，2017）、杜鹃花（De Keyser et al.，2012）等园林植物中。目前，园林植物遗传图谱构建及QTL定位研究取得了飞速的发展，极大地推动了其分子标记辅助育种研究。

园林植物分子标记辅助育种主要是利用与目标基因紧密连锁的分子标记，筛选具有特定基因型的个体，从而缩短育种年限，提高育种效率，减少育种过程中的盲目性和周期性。目前分子标记辅助育种在园林植物遗传改良的实践中已取得实质性进展。Qi等（2015）通过SSR标记分析，将向日葵抗锈病（R_2）基因定位到连锁群LG14上，2个SNPs可用于向日葵抗锈病基因的分子标记辅助选择育种及R_2基因的精细定位。Kumari等（2018）检测到野生和栽培百合品种中ITS列存在的SNPs，并开发出一个CAPS标记，与百合球茎基腐病有关，为百合的高效选育提供重要指导意义。总之，在园林植物育种过程中，开发与目标性状紧密连锁的功能标记可以显著提高育种群体目标性状的选择，因此分子标记辅助育种已成为当前育种的研究热点。

对于大部分园林植物，其遗传背景较为复杂，且缺少相关基因组信息，与农作物和园艺作物相比，园林植物的QTL定位研究起步较晚。随着测序技术的发展，近年来通过高通量测序技术开发SNP标记构建高密度遗传图谱已在许多园林植物中得到广泛应用。刘玉洋（2018）利用SLAF-seq技术构建了石斛高密度遗传图谱，并对茎中多糖含量进行精确定位，共鉴定到11个相关的QTLs。国内外的研究者基于遗传连锁图谱对月季的花色、花瓣数、皮刺、株型和抗性等进行了QTL定位（Vukosavljev et al.，2016；Hibrand et al.，2018；Yan et al.，2018；吴钰滢，2019），推动了月季分子标记辅助选择育种研究。此外，多个园林植物的高密度遗传图谱也被陆续报道，如香石竹（Yagi et al.，2017）、非洲菊（Fu et al.，2017）、蝴蝶兰（Chao et al.，2018）等，为今后重要性状的基因定位和克隆提供理论依据。园林植物重要性状的QTL定位研究虽取得一些突破，但也存在一些问题，如所构建的遗传作图群体数量较少，稳定性较差，难以精准定位数量性状；标记位点易出现偏分离且在连锁群上的分布不均等现象。在今后的研究中需要通过扩大群体数量、增加分子标记数目以及开发QTL定位的作图理论和模型，精准定位园林植物的复杂性状。

与模式作物拟南芥及水稻、玉米等农作物相比，全基因组关联分析在园林植物中的研究起步较晚。但随着测序技术的发展和成本的降低，全基因组关联分析在园林植物研究中得到了快速发展。Gawenda等（2012）利用AFLP标记进行关联分析，得到了与蝴蝶兰属花色、花型、叶型等性状的QTL位点。Schulz等（2016）利用SNP、AFLP、SSR标记对月季花瓣花青素和类胡萝卜素含量进行关联分析，鉴定了与花色素合成代谢途径相关的候选基因。Zhang等（2018）通过GWAS技术发现了梅花中重要的数量性状位点，鉴定了与花瓣颜色、柱头颜色、花萼颜色、芽颜色、雄蕊花丝颜色、花瓣数和分枝表型等显著关联的位点，研究结果为木本观赏植物驯化的遗传基础提供了理论依据。Nie等（2023）对312个樱花品种进行了与花色有关的全基因组关联分析，共鉴定了7个QTL，其中一个编码糖基化转移酶的基因被预测。总之，通过对园林植物自然群体的全基因组关联分析，定位了与其观赏性状相关的QTL和候选基因，为开展分子标记辅助育种工作奠定基础。

3.3.2　梅花数量性状遗传研究进展

梅花为蔷薇科李属的木本观赏植物，因其具有较长的童期，利用传统人工杂交育种培育新品种的时间长、效率低，因此梅花开展了高密度遗传图谱的构建并在此基础上进行了重要性状的QTL定位。

目前在梅花遗传图谱构建方面的研究均已开展。以梅花'雪梅'和'粉皮宫粉'杂交的遗传作图群体为试材，利用AFLP、SSR和RAPD标记分别构建了两张框架遗传图谱，在'雪梅'和'粉皮宫粉'图谱中分别有48个和42个标记，定位于抗寒性相关的3个QTL，贡献率分别是11.2%、9.2%和6.2%（黄翠娟 等，2007），但是该作图群体数量小、标记密度低和贡献率低，无法精准定位与抗寒性相关的候选基因。以梅花'粉瓣'和'扣子玉碟'杂交的190株子代为试材，通过RAD-tag测序策略构建含有1613个SNP标记的梅花高密度遗传图谱并覆盖基因组84.0%（Sun et al.，2013）（图3-1），利用复合区间作图法定位与株高、地径和叶长等性状相关的41个QTL（Sun et al.，2014），推导出定位影响发育的异时性数量性状位点算法（Sun et al.，2014），在该遗传图谱基础上定位了与梅花营养生长向生殖生长转变过程相关的

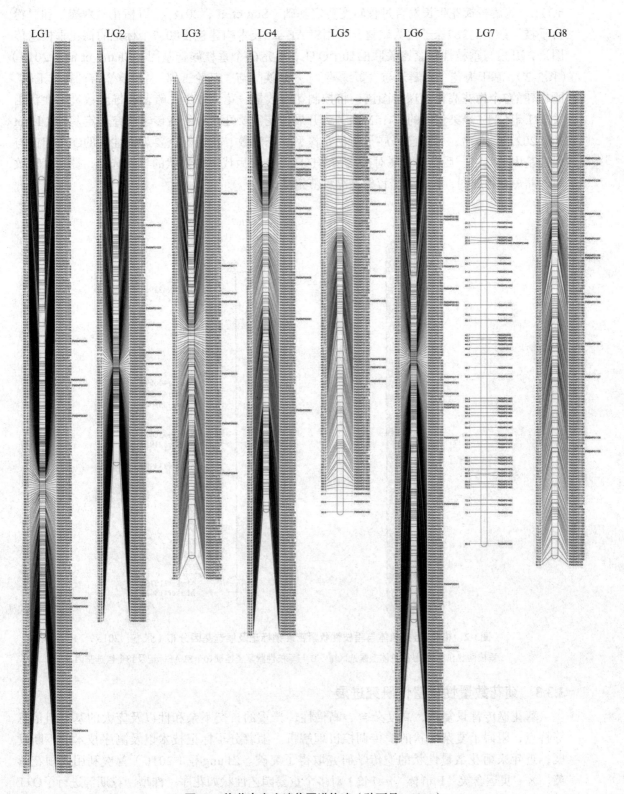

图3-1 梅花高密度遗传图谱构建（孙丽丹，2013）

hQTL，为解析梅花生长发育过程转变奠定基础（Sun et al., 2018）。以梅花'六瓣'和'粉台垂枝'杂交的387株子代为试材，利用SLAF-seq技术构建包含8007个标记的梅花垂枝遗传图谱，开发与垂枝性状紧密关联的10个QTL，鉴定69个垂枝候选基因（Zhang et al., 2015）（图3-2）。基于梅花'六瓣'与'黄绿萼''六瓣淡'与'三轮玉碟''粉瓣'与'扣子玉碟'所构建的3个梅花高密度遗传图谱，将控制花瓣数量、花芽数量、雌蕊和雄蕊数量等性状相关QTL定位于1号染色体的5~15M内，为开展梅花重要性状分子遗传学研究奠定基础（Li et al., 2022）。总之，目前已开展了与梅花株型、花瓣数、花径等重要观赏性状的QTL定位与候选基因的鉴定，后续将开展对杂交亲本选配和杂交后代重要性状的早期选择，提高育种效率，缩短育种周期，为高效培育梅花品种奠定基础。

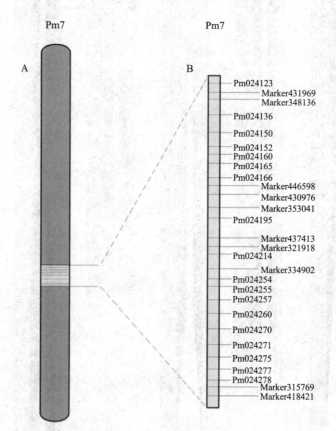

图3-2　梅花7号染色体与垂枝性状紧密连锁标记及候选基因分布（张杰，2015）

A.垂枝性状在梅花7号染色体上候选区域　B.与垂枝性状紧密连锁10个SLAF标记及18个候选基因

3.3.3　菊花数量性状遗传研究进展

菊花遗传背景复杂，高度杂合、高倍性、严重的自交不亲和性以及庞大的基因组信息等特点，阻碍了复杂性状的遗传调控机理解析。随着分子标记技术以及测序技术的不断发展，近年来菊花数量性状的遗传学研究取得了突破。Zhang等（2010）首次利用'雨花落英'בzhang运含笑'F_1群体（n=142）对多个重要园艺性状如花序、株型、花期等进行了QTL定位。随后，基于SSR、SRAP等分子标记技术构建了多张菊花遗传图谱，并对多个重要观赏性状，如抗性（Wang et al., 2014）、分枝性状（Peng et al., 2015）、耐寒性（马杰 等，2018）及耐涝性（Su et al., 2018）等进行了QTL定位。van Geest等（2017）使用SNP标记构建了菊花第一张超高密度遗传图谱，总长度为752.1cM，包括9个连锁群，平均每个连锁群覆盖3368个标记（图3-3）。Song等（2020）利用SLAF-seq技术，构建了一张平均图距为0.76cM的菊花高密度遗传连锁图谱，共得到123个与花型性状相关的QTLs，共检测到3个控制花冠筒融合度的主效QTL和4个支持舌状小花相对数的主效QTL，该研究为菊花花型改良的分子标记辅助育种、基因定位以及相关基因的图位克隆奠定了基础。目前对于菊花是同源六倍体还是异源六倍体、以何种方式构建图谱仍存在一定的争议。此外，菊花自交不结实，无法构建高世代自交系永久性作图群体以及NIL等作图群体，这些因素增加了菊花遗传连锁图谱的构建以及QTL定位的难度。因此，目前难以通过遗传连锁作图对菊花目标性状进行QTL精细定位。尽管如此，利用连锁分析可以解析菊花重要数量性状的遗传基础，获得控制目标性状的主效QTL，为菊花分子标记辅助育种及新品种培育奠定重要基础。

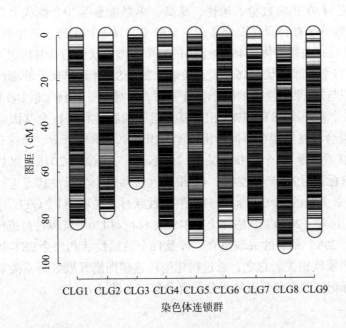

图3-3　分子标记在菊花9条连锁群上的分布（van Geest et al., 2017）

X轴代表菊花的9个连锁群，1×0标记（黑色）、其他标记类型（灰色）和CLG定义标记（红色）

关联分析在菊花数量性状研究中应用也较为广泛。Li等（2016）利用707个SRAP、SSR、SCoT标记对159个切花菊品种的11个观赏性状进行了关联分析，鉴定出与株高、叶色、花茎长度、头状花序等相关的QTL，可以解释表型变异的4.31%~21.8%。基于该群体研究者通过关联分析对菊花抗性（Fu et al., 2018）、抗旱性（Li et al., 2018）以及耐寒性（徐婷婷 等，2019）等进行了分析，并挖掘出与重要性状相关的优异等位变异位点。Chong等（2016）利用简化基因组SLAF-seq技术对199份菊花通过GWAS分析鉴定了188个与舌状花型等重要性状显著关联的QTL和6个候选基因，为菊花重要性状的遗传机制研究奠定基础。袁王俊（2017）利用SSR和SCoT标记对99个不同菊花品种进行表型性状检测，其中8个SSR位点与花序直径、花序高度、舌花宽度、叶柄长度、叶片长度等7个数量性状相关联，3个SCoT位点与花序直径相关联。Chong等（2019）通过SNP标记对107种菊花开展了全基因组关联研究，获得了81个与花序性状相关的SNPs，确定了3个目标性状的15个有效的SNP位点。

南京农业大学陈发棣研究团队成功破译了具有重要价值的六倍体栽培菊花基因组，对菊花的进化、花色和花型的多样性等方面展开了深入探究，探索了栽培菊花的起源和育种历史，该项研究开启了解析菊花重要园艺性状形成分子机制和定向育种的新篇章，将推动未来菊花的育种和改良（Song et al.，2022）。

3.3.4 牡丹数量性状遗传研究进展

在牡丹的杂交群体中已经开展了数量性状定位研究，并初步应用于育种。蔡长福（2015）以'凤丹白'M24×'红乔'杂交F_1群体为材料（n=195），采用SLAF-seq和SSR标记构建了第一张牡丹高密度遗传连锁图谱，总图距为1061.94cM，包含1261个标记（1189个SLAF标记和72个SSR标记），在花瓣数量、地径、株高、单果重量等20个性状上共检测到49个相关的QTLs，为牡丹的分子育种研究奠定基础。吴静（2016）利用转录组序列开发的138个EST-SSR标记，对紫斑牡丹关联群体的462个个体的25个表型性状进行全基因组关联分析，结果显示7个SSR标记与11个花部性状的46个显著关联，21个SSR标记与6个叶部性状的25个显著关联，28个SSR标记与7个果实性状的64个显著关联。崔虎亮（2016）以200个紫斑牡丹实生苗为材料，利用102个多态性EST-SSR标记对其产量和油脂性状进行全基因组关联分析，利用一般线性模型和混合线性模型在不同年份检测与出籽率、单株产量、单株有效果实数、百粒重、蓇葖长和亚麻酸含量等6个性状相关的17个标记。王佩佩（2018）以35个牡丹品种为材料，利用16个SSR标记对9个产量性状、4个果实性状和13个生长性状等进行关联分析，发现与6个产量性状显著关联的6个QTLs，与1个果实性状显著关联的1个QTL，与9个生长性状关联的9个QTLs。刘娜等（2020）利用58个EST-SSR标记对420个紫斑牡丹进行了产量性状的关联分析，共鉴定了208个显著的关联组合，涉及18个数量性状和55个EST-SSR，主要与$AP2$、MYB和NAC等基因家族相关。总之，通过构建遗传连锁图谱开展牡丹重要观赏性状的QTL定位，为利用分子标记辅助育种开展牡丹分子育种奠定基础。

（贾桂霞）

思考题

1. 举例说明质量性状与数量性状的区别。试想园林植物种有无既是质量性状，又是数量性状的观赏性状？有无居于质量型和数量型性状之间的性状（如质量型数量性状）？

2. 主基因和多基因是我们根据表型区分的。有没有分不清主次、少多的基因？

3. 遗传力无疑是数量性状的遗传规律，这些都是通过有性生殖（减数分裂）传递的。但园林植物很多都是无性系品种，需要通过营养繁殖（有丝分裂）来传递遗传规律，这种情形下，如何研究某一个数量性状的"遗传力"？

4. 如果形态标记和分子标记构建的遗传图谱有差异，你会如何处理（或更相信哪一个）？如果不同分子标记构建的遗传图谱也有差异，又该如何处理？

5.如何根据遗传图谱来分离基因，或改良品种？
6.改良数量性状的有效育种途径是什么？

推荐阅读书目

植物数量遗传学. 2006. 孔繁玲. 中国农业大学出版社.
植物群体遗传学. 2009. 徐刚标. 科学出版社.

第4章 群体遗传学概要

[本章提要] 野生植物和栽培植物都是以个体组成群体存在的，控制质量性状或数量性状的基因，在细胞核分子水平的遗传规律，最后都要在群体水平呈现出来。本章从群体遗传学的概念与简史和研究内容入手，首先探讨了植物群体变异来源及其检测标记，然后论述了理想群体的基因频率和基因型频率保持不变的遗传平衡定律，接着论述了自然选择与遗传漂变的遗传效应，最后简述了园林植物包括梅花、樱花的群体遗传学研究进展。

从细胞遗传学的染色体，到分子遗传学的DNA、RNA；从质量性状的主基因，到数量性状的多基因，都是对遗传物质及其所控制的性状的研究，基本上都是在植物个体及其以下的水平，除了数量性状有所涉及之外，都不涉及植物群体。我们研究的园林植物既不是只有一个单株，也不是只有一个基因型，而是不同基因型的多个个体构成的植物群体，本章所论述的就是植物群体的遗传规律。

4.1 群体遗传学概念与简史

4.1.1 群体遗传学概念

群体遗传学（population genetics）的研究对象是生物群体，内容分为群体遗传信息、群体间的遗传结构和遗传分化，并结合遗传学、数理统计的基本原理研究生物群体的基因频率、世代间的基因频率变化规律，以及环境选择效应、基因突变、迁移和遗传漂移对基因频率的影响，从而探索生物进化的机理（王云生 等，2007）。

群体遗传学的研究对象是孟德尔群体（Mendelian population），简称为群体（population），是指特定时间和空间能够自由交配、繁殖的同种生物个体的聚集群体。通过个体间相互交配，孟德尔遗传因素以不同方式从一代群体传递给下一代群体。因此，群体中生物个体是同一个物种的个体，通过相互交配而交流基因组成共同的基因库（gene pool）。

群体遗传学以能进行有性繁殖的二倍体或多倍体生物为研究对象，核心研究内容是遗传多样性和遗传结构。遗传多样性是指地球上所有生物携带的遗传信息的总和。但一般说来，遗传多样性是指种内遗传多样性，即物种内个体间或群体内不同个体间遗传变异的总和；遗传结构是群体间和群体内遗传多样性的时空分布模式，反映了群体的遗传特征。群体的遗传结构是由物种的进化史、生态因子、生活史特征和遗传系统决定的（徐刚标，2009）。

植物群体遗传学在理论研究和实际应用过程中，常涉及遗传学、植物学、生态学、分子生物学、细胞生物学、生物统计学等，与进化遗传学、生态遗传学、保育遗传学、数量遗传学彼此之间交叉重复的内容相当多，与一些基础理论学科和应用学科有着密切的联系。因此，没有遗传学、分子生物学、生物统计学的基础，没有相关学科的密切结合，植物群体遗传学不可能得到迅速发展。同时，植物群体遗传学又是植物起源及进化、野生植物资源保护与管理、植物育种的理论基础。

4.1.2 群体遗传学发展简史

群体遗传学的科学研究起始于1859年达尔文的《物种起源》。达尔文提出的自然选择理论，揭示了生物的进化规律，用进化理论成功地解释了物种间的相互关系。1900年，Correns和de Vries等对孟德尔遗传定律的重新发现，标志着遗传学的诞生，也为群体遗传学建立提供了理论基础。1903年，de Vries提出了突变学说，说明突变对生物进化的重要意义。1908年，英国数学家Hardy和德国内科医生Weinberg以遗传学理论为基础，再次从生物群体遗传角度分别证明了Hardy-Weinberg法则，标志着群体遗传学的诞生。1909年，Johannsan将生物变异明确区分为可遗传变异和不可遗传变异。20世纪二三十年代，是群体遗传学形成时期。其中，Wright、Fisher和Haldane为群体遗传学的理论框架构建作出了卓越贡献。之后的20年，群体遗传学理论的普及与应用研究得到进一步深入。20世纪60年代以后，随着分子生物学技术的迅速发展和成熟，通过检测生物群体中同源大分子序列变异，从数量上精确地推知群体的进化演变，并可检验以往关于长期进化或遗传系统稳定性推论的可靠程度。其中，随着无限等位基因突变模型、"分子钟"的概念、中性突变的随机漂移学说和无限位点突变模型等理论的提出，生物大分子的结构变化与群体遗传学理论紧密地结合起来，初步形成了分子群体遗传学理论体系。20世纪90年代，随着DNA分子标记技术、DNA测序技术的发展和各种计算机软件分析程序的开发，群体遗传学在应用上得到了迅速发展。同时，DNA第二代测序技术的快速发展使我们获得物种的大规模基因组信息成为可能，进一步推动了群体遗传学等学科的发展。

从20世纪60年代初到90年代初，国内先后翻译出版了《*Population Genetics*》（Li et al.，1995）、《*Molecular Populaton Genetics and Evolution*》（Nei et al.，1975）、《*The Neutral Theory of Molecular Evolution*》(Kimura et al., 1983)以及日文版《群体遗传》(大羽兹 等, 1978)等国外教材。1992年王喜忠和杨玉华编写了《群体遗传学原理》，1993年郭平仲编著了《群体遗传学导论》，1999年张芳和李玉奎合编了《群体遗传学概论》等。进入21世纪以来，我国植物群体遗传学已经发展到与国际接轨的崭新阶段。研究内容包括群体遗传结构与分化、植物多倍体群体遗传平衡定律的拓展、群体内基因进化方式与群体间遗传分化等。植物群体遗传理论与方法在植物育种方面也取得了重要的进展。

4.1.3 植物群体遗传学研究内容

植物群体遗传学的研究对象是植物。与动物相比，植物有自己固有属性，如不能移动，却可以通过花粉和种子传播产生基因流；二倍体植物体和单倍体植物体互作出现，形成了世代交替现象；种子植物的配子体寄生于孢子体上，使得植物性别决定比动物更复杂。对于植物本身固有的生物学特性，植物群体遗传学主要分为理想群体遗传特征、影响植物群体遗传结构的进化因子、植物适应性性状进化、分子进化与植物物种形成机制、植物群体遗传学研究的一些实用技术5个方面的内容。其中，理想群体遗传特征是植物群体遗传学研究的基础，包括单基因座上的复等位基因、性连锁基因、多基因座的群体连锁不平衡等；影响植物群体遗传结构的进化因子是植物群体遗传学研究的主要内容，包括植物交配系统、选择、遗传漂移、突变和迁移等；植物适应性性状包括植株的生存力、繁殖率、交配能力、寿命等，直接决定群体的进化潜力，这些数量性状的微效多基因遗传结构世代间变化规律复杂；分子进化与植物物种形成机制是植物群体遗传学研究的根本目标，主要包括构建分子进化树、探讨植物分子进化和物种形成等；植物群体遗传学研究的一些实用技术，包括检测植物群体遗传变异的遗传标记技术、群体遗传学中各种模型建立方法、群体遗传结构参数统计分析方法及其计算机模拟程序等。

4.2 植物群体变异来源及其检测

4.2.1 植物群体变异的来源

植物群体变异分为可遗传变异（heritable variation）和不可遗传变异。可遗传变异是指能够遗传下去，并在后代群体中表现出来的变异，是由基因重组突变以及表观遗传修饰（epigenetics modification）引起的。生物群体遗传变异，称为多态性（polymorphism）；反之，群体不存在遗传变异称之单态（monomorphism）。由于植物生长的环境条件引起的植物性状表现差异称为不可遗传变异，特点是只表现于当代。环境条件、基因重组、突变以及表观遗传修饰的作用方式均是植物群体的变异来源，导致植物群体表现出复杂的变异。

（1）环境条件

植物器官的生长和性状的表达会受到环境的影响，即基因型相同的植株在不同生境中生长，其表型（phenotype）不一定相同。因此，植物表型是基因型与环境共同作用的结果。这种基因型相同的个体，受不同环境的影响而产生不同性状表现的现象称为表型可塑性（phenotypic plasticity）。表型可塑性是生物对环境的一种适应，可增强植物体生存竞争能力，虽然它不直接有利于进化,但至少也是间接有利的。

(2)基因重组

通过有性生殖实现,是植物群体中已经存在的基因产生新的组合过程,是最直接也是最重要的遗传变异来源。基因重组虽然不改变基因本身,但可以导致新的基因型出现。

(3)突变

与基因重组不同的是,突变是基因组中导入新的遗传信息。突变包括染色体突变和基因突变。染色体突变又称染色体畸变,是指生物体内染色体数目和结构的改变。染色体数目变异分为两类:一类是染色体组数增加或减少,如单倍体与整倍体变异;另一类是染色体组中增加或减少一条或多条染色体,结果形成单体、三体、缺体等非整倍体变异。染色体结构变异包括缺失、重复、倒位和易位。这些结构变异不仅能建立新的基因连锁关系,并能将特定的基因组合传递下去,是生物遗传变异的重要来源之一。

基因突变,是指 DNA 序列在染色体复制过程中偶然地出现错误导致核酸顺序或数目发生改变,产生新的序列的过程。体细胞突变(somatic mutation)不能通过有性生殖传递给下代;如果突变的生殖细胞参与受精过程,那么突变基因就会传给下代。所以,群体遗传学中提及的突变只指参与受精过程的生殖细胞突变(germinalmutation)。一切基因突变都是生化突变型,究其来源都涉及DNA或RNA序列的改变。DNA序列改变有核苷酸替换(substitution)、缺失(deletion)、插入(insertion)及倒位(inversion)。核苷酸替换,是指一个核苷酸被另一个核苷酸替换,分为转换(transition)和颠换(transversion)两类。缺失,是指从DNA中移去1个或多个核苷酸。插入,是指向DNA序列中添加一个或多个核苷酸。倒位,是指DNA分子中含有两个或多个碱基对的双链DNA片转动180°。转座,是指DNA序列从一个染色体位置向另一个位置的运动。具有改变其在基因组中位置这种内在潜能的DNA序列称为转座子。它是核基因组中重要组成部分。根据转座机制,转座分为DNA转座和反转录转座(retrotransposition)两大类。DNA转座是通过DNA复制或直接切除的方式获得可移动片段,重新插入基因组中,引起基因突变。DNA转座分为保守型(conservative)和复制型(replicative)两种类型。

(4)表观遗传修饰

DNA序列不变而基因表达发生可遗传改变的生物现象。包括DNA甲基化(DNA methylation)、蛋白质共价修饰(protein modification)、副突变(paramutation)、RNA沉默(RNA silencing)、染色体重塑(chromosome remodeling)和基因组印迹(genomic imprinting)等,其中任一方面的异常都将影响染色体的正常结构和基因的正确表达。表观遗传主要在转录和转录后水平调控基因表达及转座子活性,在生物生长发育、逆境胁迫及基因组稳定性等方面发挥重要作用。

4.2.2 植物群体遗传变异的检测

遗传标记是指可以稳定遗传的、容易识别的、特殊的遗传多态性表现形式。根据遗传标记检测水平,遗传标记可分为形态标记(morphological marker)、细胞标记(cytological marker)、蛋白质标记(protein marker)和分子标记(molecular marker)四大类型。其中，前3种遗传标记都是以基因表达的结果（表型）为基础的，是对基因型的间接反映，而DNA分子标记则是DNA水平遗传变异的直接反映。

（1）形态标记

形态标记是利用植物的外部形态特征作为遗传标记，具有简单直观、经济方便的优点。但由于形态学标记数量有限，多态性较差，且表型易受环境的影响，结论可靠性低，因此有很大的局限性。

（2）细胞标记

细胞标记是指能明确显示遗传变异的细胞学特征。染色体数目的变化和染色体结构的变异常会引起某些表型性状的异常，从而表现出遗传变异。细胞学标记的优点是克服了形态学标记易受环境影响的缺点，但由于制片难度大，且相近种在染色体核型上无明显区别，这在很大程度上限制了园林植物的细胞学研究。

（3）蛋白质标记

蛋白质标记指通过电泳和组织化学染色法将酶的多种形式转变成肉眼可见的谱带带型进行比较。蛋白质标记结果不受环境因素影响，稳定可靠。但是标记数量有限，且酶的染色方法和电泳技术因酶而异，需逐个掌握与调整，使其应用上受到一定的限制。

（4）DNA分子标记

适合的DNA分子标记是群体遗传学研究的基础。与形态标记、细胞标记和蛋白质标记相比，具有不受自身和外界环境的影响、标记数量多、分布广泛、技术简单等优点。因此，DNA分子标记在群体遗传学中应用广泛。依据对DNA变异的检测手段，DNA分子标记可分为以下四大类别。

①以Southern杂交为基础的分子标记　这类标记是利用限制性内切酶酶切及凝胶电泳分离不同的生物体DNA分子，然后用经标记的特异性DNA探针与之杂交，通过放射自显影或非同位素显色技术来揭示DNA变异。其中，最常用的是限制性片段长度多态性（restricted fragments length polymorphism，RFIP）。

②以聚合酶链式反应（polymerase chain reaction，PCR）为基础的分子标记　这类标记根据所用引物的特点，又分为随机引物PCR标记和特异性引物PCR标记。前者应用最广泛的是随机扩增片段长度多态性标记（radomly amplified polymorphic DNA，RAPD），后者应用最多的是简单重复序列（simple sequence repeat，SSR）。

③基于PCR与限制性内切酶技术结合的分子标记　这类标记一种是通过对限制性内切酶片段的选择性扩增显示限制性片段长度的多态性，即扩增片段长度多态性（amplified fragment length polymorphism，AFLP）；另一种是通过对PCR扩增片段的限制性内切酶酶切来提示被扩增的多态性，即序列特征化扩增区域（sequence characterized amplified region，SCAR）。

④以单核酸多态性（single nucleotide polymorphism，SNP）为基础的分子标记　一般是通过DNA芯片或DNA测序来分析，测DNA序列中单个碱基的变异。

DNA分子标记虽然形式多样，但其基本原理是一样的，都是通过一定的方法手段揭示不同样本中DNA序列间差异。随着技术的发展，以Southern杂交为基础的分子标记，由于其可重复性较差且实验流程复杂，已经逐渐被淘汰。目前，群体遗传学研究中主要应用的是后两类分子标记，尤其是SSR和SNP。

4.3 理想群体与Hardy-Weinberg法则

所谓的理想群体（ideal population），满足以下条件：每个世代群体中所有个体都参与繁殖过程，并将基因传递给下一代群体，每个亲本仅产生一个后代，每对交配亲本产生两个后代，所有世代群体大小保持恒定。群体足够大，群体内某一性别的个体具有完全均等的机会与其相反性别中的任何一个个体进行随机交配（random mating）。群体内个体间不存在育性和生活力等方面的差异，不同群体间完全隔离，群体内个体没有基因突变发生，并满足无世代重叠（nonoverlapping generation）的情况（徐刚标，2009）。

等位基因频率（allele frequency）和基因型频率（genotypic frequency）是描述群体遗传结构最常用的遗传参数。等位基因频率，是指群体中特定基因座上某个等位基因数目占该基因座上所有等位基因总数的比例。基因型频率，是指群体中特定基因座的特定基因型数目占该基因座上所有基因型数目的比例。

4.3.1 Hardy-Weinberg法则

对于没有雌雄分化的理想二倍体生物群体，假定初始代（0世代）群体中特定基因座上仅有一对等位基因A和a，其频率分别为p和q，根据概率理论，各种雌雄配子随机结合产生的下一代（1世代）群体中基因型频率结果见表4-1所列，以下内容均引自徐刚标（2009）。

表4-1　配子随机交配产生子代群体中的基因型及其频率

雄配子类型（频率）	雌配子类型（频率）	
	$A(p)$	$a(q)$
$A(p)$	$AA(p^2)$	$Aa(pq)$
$a(q)$	$Aa(pq)$	$aa(q^2)$

由表4-1可知，1代群体中基因型频率分别为

$$D_1=p^2,\ R_1=q^2,\ H_1=1-(D_1+R_1)=1-p^2-q^2=2pq$$

1代群体中等位基因A和a频率分别为

$$p_1=D_1+\frac{1}{2}H_1=p^2+pq=p(p+q)=p$$

$$q_1=R_1+\frac{1}{2}H_1=q^2+pq=q(p+q)=q$$

由此可见，1代群体中等位基因频率与初始群体中等位基因频率相等。

1代群体中基因型AA、Aa和aa随机交配组合类型共有6种。按孟德尔分离规律，每种交配类型所产生的2代群体中基因型及其频率见表4-2所列。

表 4-2 随机交配群体中不同交配类型后代的基因型及其频率

亲代不同交配组合		子代群体中不同基因型及其频率		
类型	频率	AA	Aa	aa
AA × AA	D^2	D^2		
AA × Aa	$2DH$	DH	DH	
Aa × Aa	H^2	$H^2/4$	$H^2/2$	$H^2/4$
Aa × aa	$2HR$		HR	HR
AA × aa	$2DR$		$2DR$	
aa × aa	R^2			R^2

由表4-2可知，2代群体中基因型频率为

$$D_2 = D_1^2 + D_1H_1 + \frac{1}{4}H_1^2 = (D_1 + \frac{1}{2}H_1)^2 = p^2 = D_1$$

$$R_2 = R_1^2 + R_1H_1 + \frac{1}{4}H_1^2 = (R_1 + \frac{1}{2}H_1)^2 = q^2 = R_1$$

$$H_2 = D_1H_1 + \frac{1}{2}H_1^2 + H_1R_1 + 2D_1R_1 = (D_1 + \frac{1}{2}H_1)(H_1 + 2R_1) = 2pq = H_1$$

由此可见，随机交配形成的2代群体中基因型AA、Aa和aa频率仍为p^2、$2pq$和q^2。

根据上述方法得出，任何世代与前一世代相比，群体中等位基因频率和基因型频率保持不变。

在没有突变、选择和迁移等进化因子的干扰下，对于无限大的随机交配群体中，等位基因频率和基因型频率在世代间保持不变。这个法则于1908年分别被Hardy和Weinberg独立证明，称为Hardy-Weinberg法则（Hardy-Weinberg equilibrium，HWE，译为哈迪–温伯格平衡定律）。等位基因频率与基因型频率的关系满足Hardy-Weinberg法则的群体，称为平衡群体（equilibrium population）。该法则又称遗传学平衡定律，是群体遗传学中最重要的原理，是群体有性繁殖上下代之间基因频率与基因型频率是否保持平衡的检验尺度。Hardy-Weinberg法则是群体遗传和数量遗传理论的基石。实践中，它有助于对现实群体的遗传机制认识，对生物进化的理解，对动、植物育种作具有重要的理论指导意义。

4.3.2　理想二倍体群体平衡的性质

①理想二倍体群体中一对等位基因，无论初始群体中等位基因频率和基因型频率是多少，经过一代随机交配后，群体就达到平衡。对于雌雄异株植物，两性群体中基因型频率不等的情况下，经过二代随机交配群体达到平衡。

②理想二倍体平衡群体中基因型频率完全取决于等位基因频率，而与初始群体中基因型频率无关。或者说，凡是等位基因频率相同的群体，无论初始群体中基因型频率如何分布，达到平衡时，群体中基因型频率完全相同。

理想二倍体平衡群体中基因型频率是对应的等位基因频率的函数（图4-1）。在仅涉及一对等位基因时，这一函数关系可表达为

$$(\hat{D}+\hat{H}+\hat{R}) = (p+q)^2 = p^2+2pq+q^2 \tag{4-1}$$

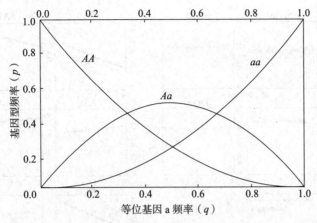

图4-1 平衡群体中等位基因频率与基因型频率之间的关系（Falconer，1996）

③如果仅考虑一对等位基因，二倍体生物群体中杂合体频率（$\hat{H}$）最大值为0.5。因为二倍体生物平衡群体中杂合体（Aa）频率为$H=2pq$，因此，杂合体极大值为

$$\frac{d\hat{H}}{dq} = \frac{d}{dq} 2q(1-q) = 2-4q = 0$$

当$q=0.5$时，$\hat{H}$值最大。这时，$\hat{H}=2pq=0.5$。

④对于一对等位基因，平衡二倍体群体中杂合体频率（数目）是两个纯合体频率（数目）的乘积平方根。

因为平衡群体中$\hat{H}=2pq$，$\hat{D}=p^2$，$\hat{R}=q^2$，因此

$$\hat{H}^2 = 2\hat{D}\hat{R} \text{ 或 } \hat{H} = 2\sqrt{DR} \tag{4-2}$$

4.3.3 Hardy-Weinberg法则在多倍体中的应用

在园林植物中，有许多多倍体植物如菊花、月季等，具有非常重要的观赏和经济价值。Hardy-Weinberg法则是研究群体遗传变异的重要方法，但如何利用Hardy-Weinberg法则检验研究多倍体种群的遗传变异和动态进化一直悬而未决，缺少多倍体Hardy-Weinberg法则推断的理论基础与高效的统计算法。

Wang等在2022年发表于《Horticulture Research》杂志的一文'*Asymptotic tests for Hardy-Weinberg equilibrium in hexaploids*'攻克了将Hardy-Weinberg法则引入多倍体群体遗传学研究的关键障碍。研究人员使用孟德尔遗传定律和群体遗传学理论相结合的方法，推导出一个简单的数学模型，发现多倍体不能准确达到平衡，而只能无限趋向平衡。研究人员把这个平衡定义为"渐近哈迪-温伯格平衡（asymptotic Hardy-Weinberg equilibrium）"。对同源多倍体而言，双减数分裂（double reduction）对多倍体达到渐近哈迪-温伯格平衡的影响很小，但会影响渐近哈迪-温伯格平衡下基因型频率的变化，这表明双减数分裂是多倍体物种进化的驱动因素。

研究人员在国际上首次推导出检验多倍体渐近哈迪-温伯格平衡的计算方法，并开发了一个相应R软件包，该方法不仅在标记信息量缺乏的情况下，能准确检验与发现遗传不平衡的存在，还能估算同源多倍体双减数分裂的大小，通过结合递归方程来检验双减数分裂的显

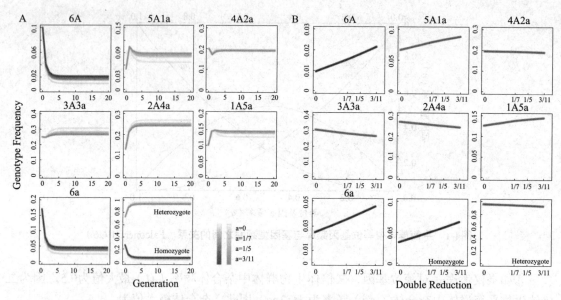

图4-2 六倍体菊花全同胞家族的基因型频率随世代变化规律（Wang et al., 2022）

著性及对基因型频率的影响，这对分析任何同源六倍体或异源六倍体物种的自然种群遗传数据具有直接意义（图4-2），包括甘薯、小麦、猕猴桃等。该程序不仅可以深入了解作用于六倍体基因组的进化力量，而且可用于检测标记数据中的基因分型错误。作为多倍体分子育种的第一步，全基因组关联研究（genome-wide association studies，GWAS）已越来越多地用作研究农业重要性状遗传结构的常规方法。渐近哈迪-温伯格平衡检测程序为标记的质量控制和从GWAS检测到的任何重要位点的进化推断提供了宝贵的帮助。程序将提供一个通用的工具来说明六倍体的基因组结构，以寻求推断其进化状态和设计复杂性状的关联研究。

4.4 自然选择与遗传漂变

4.4.1 选择的遗传学基础

自然界中，生物个体可能生存与繁殖的子代数目要比其产生的子代数目要多很多，有利基因型与有害基因型比较，具有更多的生存和通过繁殖传留后代的概率，这种生存繁殖（survive and reproduce）差异性是可遗传的，这就是自然选择（natural selection）。物种在持续进化中，总是倾向于保留有利于传宗接代的基因型，不利基因型被淘汰，定向地改变群体中基因型频率，使生物群体更能适应极端环境，不断地由低级向高级进化。这种适应性进化在植物中普遍存在。

自然选择是通过不同基因型的植物在各个生长阶段的存活力差异来实现的。影响植物存活力的因素很多，如基因型的相对频率、个体间竞争及环境的影响。植物成熟阶段，自然选择是通过基因型间有差异的成功交配而产生性选择（sexual selection）。另一种可能是配子选择（gametic selection）。配子选择，是指不同基因型花粉参与授精的成功率差别。减数分裂驱动和配子选择是植物单倍体配子阶段的选择。选择还可以通过不同交配类型产生不同子代

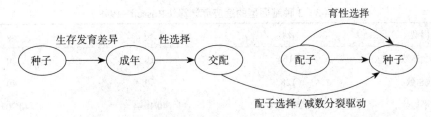

图4-3 植物生命周期中自然选择作用（Hartl & Clark，1997）

数目，这类选择称为育性选择（fecundity selection）。图4-3表示植物生命周期中自然选择作用（徐刚标，2009）。

根据选择后群体中等位基因频率变化情况，自然选择分为定向性选择（directional selection）、稳定性选择（stabilizing selection）和分裂性选择（disruptive selection）3种基本类型。

①定向性选择　是指群体中趋向于某一极端的变异类型被保留，淘汰另一极端的类型，从而使整个后代群体中，等位基因频率朝着某一个方向变化。其结果会使群体内个体变异范围逐渐缩小，基因型组成趋于纯合，群体平均数向一定的方向变化。

②稳定性选择　是指群体中趋于极端表现的变异类型被淘汰，而保留那些中间变异类型，选择的结果是后代群体中性状变异范围不断缩小，使生物性状更趋于稳定。稳定性选择大多出现在环境相对稳定的群体中，可能解释了在漫长的物种进化过程中，生物表型能够保持稳定的原因。

③分裂性选择　是指群体中极端变异类型按不同方向保留下来，而中间常态型大为减少。分裂性选择常在环境发生剧烈变化的情况下发生，选择的结果使变异向两个方向发展。当植物原来的生存环境分隔为若干个小生境，或者当植物向不同地区引种时，不同地区的环境条件引起的自然选择就会产生分裂性选择。

4.4.2　适应度和选择系数

①适应度（fitness）　是指生物个体存活并将其携带的基因传递到后代的相对能力，是分析估计生物所具有的各种特征的适应性，说明自然选择对基因型作用的大小。植物适应度由花粉数量、胚珠数量、交配成功率、种子数量、发芽率和生长率、抗性（抗病、虫、不良环境因子等）、竞争能力等进化性状组成。

适应度分绝对适应度（absolute fitness）和相对适应度（relative fitness）。绝对适应度，指的是群体中某种基因型所产生的平均后代个数。

群体中某种基因型的绝对适应度与最适基因型的绝对适应度比值，称为该基因型的相对适应度，简称适应度，用w表示。相对适应度表示群体中基因型的相对生殖健康能力。

②选择系数（selection coefficient）　是指在选择作用下群体中某种基因型产生的后代数目与最适基因型相比减少的比例，它反映某种基因型的相对淘汰率，常用s来表示。

很显然，选择系数与适应度之间的关系为$s=1-w$。如果知道植物群体中每种基因型产生的后代数目，很容易计算出各种基因型的适应度和选择系数。

表4-3说明了适应度的计算方法。

表 4-3　3种基因型的适应度计算（Russell，1998）

基因型	AA	Aa	aa
成熟个体数	16	10	20
子代总数	128	40	40
子代平均数	128/16=8	40/10=4	40/20=2
适应度（或选择系数）	8/8=1（1−1=0）	4/8=0.5（1−0.5=0.5）	2/8=0.25（1+0.25=0.75）

4.4.3　遗传漂移

自然界中任何植物后代群体中个体数目是有限的（称有限群体），虽然有些植物群体可以很大，但因受地域隔离和花粉传播距离的限制，也很难实现真正意义的随机交配大群体。有限群体中等位基因频率可能偏离理想群体的期望值，在世代间随机波动，这种现象称为遗传漂移。遗传漂移是由群体遗传学家Wright于20世纪30年代提出的并与Fisher进行开拓性地深入、系统研究。为了纪念这两位群体遗传学先驱，遗传漂移又称为Wright效应（徐刚标，2009）。

遗传漂移现象产生的实质是由于有限群体遗传信息在世代间传递过程中遗传抽样造成的。遗传抽样是如果不考虑选择、迁移、突变等进化因子的影响，群体中等位基因从一个世代传递到下一个世代，类似于从亲本群体形成的潜在无限大配子库中一次随机抽样。群体剖分、初始群体形成时过小或群体经历瓶颈均会导致遗传抽样现象。

遗传漂移有3个重要特征：①遗传漂移引起有限群体中等位基因频率在世代间随机变化，遗传漂移的后果是不能确定的；②遗传漂移将会导致有限群体中每个基因座上等位基因固定或丢失，减少有限群体中杂合体频率，加剧近交程度，最终结果是有限群体中所有个体都具有完全相同的基因型；③有限群体中等位基因频率在世代间变化是中性的，等位基因频率的增加或减少没有方向性趋势（徐刚标，2009）。

4.5　园林植物群体遗传学研究

4.5.1　园林植物群体遗传学意义

群体遗传学是当代生物学研究的支柱学科，也是遗传育种的基础理论学科。生物进化就是群体遗传结构持续变化和演变的过程，因此群体遗传学理论在生物进化机制特别是种内进化机制的研究中发挥着重要作用。群体遗传学是研究种内进化的一门学科，而种内微观进化是研究种间宏观进化的前提和基础，进而加深人们对物种形成、生命进化的认识。另外，连锁不平衡水平是群体遗传学研究的重要内容之一，深入了解连锁不平衡水平对于构建高通量的遗传图谱，以及利用自然群体进行复杂性状（QTLs）的定位和相关基因克隆具有重要的参考价值。

园林植物中存在很多珍稀植物资源，特别是孑遗植物，如珙桐、银杏等。虽然它们原产地在中国，由于环境变迁、自身生物学特性和人为因素的影响，园林植物野生群体的数目在下降，处于濒危状态，迫切需要在系统的种质资源调查的基础上对其进行有效的保护。由于历史遗留原因造成园林植物的种下分类不明确，也是对其种质资源进行保护时需优先解决的问题。孑遗植物进化历史悠久，经历了多次重大的地质历史事件，因此在物种分布区范围内进行全面的群体遗传学研究、揭示其遗传结构，具有重要的历史和现实意义。此外，群体遗传学可以用来探讨近缘种间或种内类群间的遗传多样性和分化，检测杂交是否存在，澄清杂交的特征。我国是很多重要园林植物的起源和驯化中心，深入了解栽培物种及其近缘野生种的DNA多态性及分布方式，可以为我国的物种保育、重要基因的挖掘、野生物种的驯化栽培、分子育种和植物资源的可持续利用等提供理论指导。

随着园林植物如梅花、樱花、杏等全基因组测序的完成，研究者对园林植物的DNA多态性、连锁不平衡水平、基因组或者个别基因的进化推动力量、物种内种群动态和迁移历史等群体遗传学所关注的问题有了初步的了解。为了推动园林植物群体遗传学的发展，应当：①借鉴动植物群体遗传学研究方法，如水稻、玉米和大豆等已经深入开展群体遗传学研究的农作物，注重对其分析方法、研究思路等学习和应用。②深入开展比较基因组学的研究，由于园林植物种类繁多，且遗传背景复杂，不可能对所有物种进行全基因组测序，只能选取部分模式植物进行测序，鉴定不同物种之间的同源基因；利用已测序完成的植物基因组可以推动其他物种的相关研究。③提高群体遗传学研究的重视度。群体遗传学从某种意义上讲是研究种内进化的一门学科，而种内微观进化是研究种间宏观进化的前提和基础，进而加深人们对物种形成、生命进化的认识。另外，连锁不平衡水平是分子群体遗传学研究的重要内容，深入了解连锁不平衡水平对于构建高通量的遗传图谱，以及利用自然群体进行复杂性状的QTL和候选基因定位具有重要作用。④深入开展我国特有的园林植物群体遗传学和系统地理学的研究，这对于了解我国园林植物的起源、演变和分布变迁历史具有重要的意义。总之，我国是许多重要园林植物的起源和驯化中心，深入了解栽培种及其近缘野生种的DNA多态性及分布方式，可为我国的园林植物保育、核心基因挖掘、野生物种的驯化栽培和分子育种的可持续利用等提供理论指导。

随着测序技术的发展和测序成本的降低，近年来许多园林植物的全基因组测序已经完成，如梅花、月季、樱花和睡莲等。基于全基因组测序完成，越来越多的研究者开展了园林植物群体遗传学的研究。群体结构分析对园林植物种质资源的利用和保护有一定的参考价值；种群历史分析有助于还原园林植物在进化过程中的群体演化过程；选择性清除分析有助于发现、利用园林植物中调控重要农艺性状的基因，推动园林植物的分子育种进程。

4.5.2 梅花群体遗传学研究

梅花为蔷薇科李属植物，主要集中分布于我国长江流域及整个江南地区。梅花在我国的品种种类多，变异幅度大，种质资源丰富，3000多年的引种栽培过程培育出了多姿多彩的园艺品种（包满珠，1993）。梅花为我国著名传统名花。中国野生梅花资源丰富，对其资源、分类与品种选育的研究具有重要的意义。梅花因其花色丰富、花型多样和花香独特，具有极高的园林生态应用价值，在园林应用中具有不可替代的地位。

随着DNA分子标记技术的发展，在梅花遗传多样性和品种鉴定方面的研究也在深入地开展。为了研究梅花的起源，以野梅及其近缘物种为材料，通过RAPD技术研究其亲缘关系，并用此标记对形态相似的42个宫粉型梅花品种进行鉴定和区分，还对梅花栽培品种间的遗传变异进行详细的分析（张俊卫 等，1998，2004，2007）。高志红等利用SCAR标记和RAPD标记对梅花不同品种进行筛选，找到了可能控制单瓣花类型的DNA片段。明军等（2002，2004）通过AFLP标记技术，通过分析扩增得到的多态性条带数据可知，'美人'梅与梅的亲缘关系最近。之后又以同样的方法，以梅花的朱砂型、美人梅型和宫粉型等9个品种为试材，证实3个朱砂型的品种具有较近的亲缘关系。Fang等（2006）通过767个AFLPs标记和103个SNPs标记对来自中国和日本50个果梅品种进行遗传多样性分析，认为日本的梅花起源于中国。黄翠娟（2007）利用RAPD和SSR标记对梅花F_1作图群体进行框架遗传图谱的构建。Hayashi等（2008）通过14对SSRs引物对127个梅花品种进行遗传多样性分析，将其与3个杏品种进行聚类，最终分为3类：杏和杏梅聚为一类，中国和日本的梅花品种聚为一类，泰国和中国台湾的梅花品种聚为一类。Yang等（2005，2008）探索了一套高效便捷的AFLP标记银染技术，然后以8对AFLPs引物对121个梅花品种进行遗传多样性分析，结果显示云南梅花种质的遗传多样性水平显著高于日本梅花种质遗传多样性水平。Li等（2010）以36个花梅品种和32个果梅品种，利用92个SNPs标记对其进行遗传多样性评价，结果发现共有72个SNPs标记在68个梅花品种中具有多样性，可将其聚为13个类群。吴根松等（2011）以12个梅花品种为材料，利用84对SSRs引物和23对EST-SSRs引物对其进行遗传多样性分析，结果显示'美人'梅与'黄金'梅之间亲缘关系较远，而'玉碟龙游'和'小玉碟'品种之间亲缘关系较近。总之，与蔷薇科李属的桃、杏、李和樱桃等植物相比，虽然近些年DNA分子标记技术普遍地应用于梅花遗传多样性分析和遗传图谱构建，但是由于所开发的标记类型和数量有限且梅花遗传作图群体的子代数目较少，梅花分子标记辅助育种工作的开展受到阻碍。

  为了解析梅花重要观赏性状的遗传机理，加快育种进程，提高育种效率，2009年北京林业大学梅花分子育种团队，启动了梅花全基因组学测序研究，利用二代测序技术和全基因组酶切图谱技术对西藏通麦野生梅花进行了全基因组测序，初步绘制了梅花全基因组精细图谱，解析了梅花"特征花香""傲雪开放"等分子生物学机制，构建了蔷薇科原始染色体，揭示了梅花基因组染色体的演变过程，该研究成果以亮点论文在 *Nature Communications* 在线发表（Zhang et al.，2012）。之后基于梅花基因组数据，对收集的野生梅花与栽培梅花品种及近缘物种开展全基因组重测序，进行群体遗传学分析，解析种群结构、等位基因频率及遗传多样性程度，鉴定在驯化或育种过程中重要性状的受选择区域，定位关键候选基因，为开展梅花分子育种奠定基础。

  在梅花全基因组关联分析中，主要以来自11个梅花品种群的333个梅花品种为试验材料（表4-4）。利用Illumina HiSeq 2000测序平台对每个样品进行测序，平均测序深度19.3x，共产生162.8亿个原始读长序列，过滤后获得137.1亿个读长序列。将过滤数据比对到梅花基因组，得到534万个SNP标记。挖掘到位于基因编码区的SNP标记1 298 196个，其中非同义变异733 292个（表4-5），非同义/同义变异的比例在梅花群体中为1.30，还检测到梅花群体中包含7313个缺失、1117个插入和623个结构变异（张启翔 等，2018）。

表4-4　333株梅花重测序品种取样信息（张启翔 等，2018）

品种群	品种数量	品种群	品种数量	品种群	品种数量
单瓣品种群	59	朱砂品种群	56	龙游品种群	1
玉碟品种群	14	洒金品种群	8	杏梅品种群	16
宫粉品种群	127	黄香品种群	4	美人梅品种群	4
绿萼品种群	15	垂枝品种群	29		

表 4-5　梅花重测序连锁群 SNP 统计和注释结果（张启翔 等，2018）

染色体	SNP总数	基因间区	基因区			
			内含子	编码序列		
				同义突变	非同义突变	
					错义	无义
Pa1	1 586 915	1 153 025	274 908	71 775	88 371	2 343
Pa2	1 405 115	1 733 652	484 303	111 109	132 973	3 389
Pa3	2 459 711	1 001 770	257 496	61 844	82 765	2 311
Pa4	1 411 588	1 002 139	262 282	65 997	81 187	2 078
Pa5	1 489 025	1 054 040	279 754	68 310	88 575	2 387
Pa6	1 227 443	860 831	237 857	56 467	74 938	2 028
Pa7	956 489	678 433	180 124	44 568	53 526	1 361
Pa8	1 040 788	744 457	188 244	48 788	59 702	1 459
Pa0	1 187 268	994 966	102 987	36 046	50 276	3 623
总计	12 764 342	9 223 313	2 267 955	564 904	712 313	20 979

注：1个SNP可能存在于多个基因上，因此统计的SNP总数小于基因注释的SNP总数

　　以梅花近缘物种山杏、山桃和李为外类群，利用高质量SNP鉴定了348个梅花品种及近缘物种的进化关系大致分为16个亚群（图4-4）。计算进化树中91.1%的节点bootstrap值>90，说明16个亚群分类具有很高的可信度（图4-5）。利用FastStructure（v1.0）软件对梅花群体结构进行分析，结果显示该群体包含8个亚群，并且亚群之间高度混合，与进化树结构以及主成分分析（PCA）结果高度一致（图4-5）（张启翔 等，2018）。

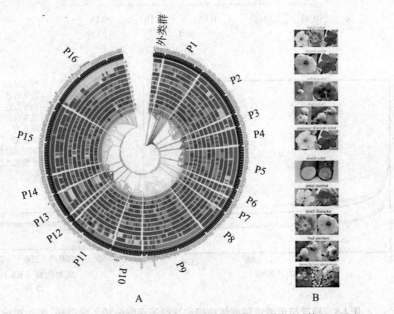

图4-4　348个梅花样品系统发育树和重要观赏性状（张启翔 等，2018）

A.系统发育树包含16个亚群和1个外类群，不同颜色代表不同亚群，中间圈从外向内（A-L）依次代表群体结构、品种群、花瓣颜色、柱头颜色、花萼颜色、花芽颜色、花丝颜色、木质部颜色、花瓣数、雌蕊有无、花苞孔和株型，每个圆圈中的颜色代表不同表型　B.梅花10种重要观赏性状

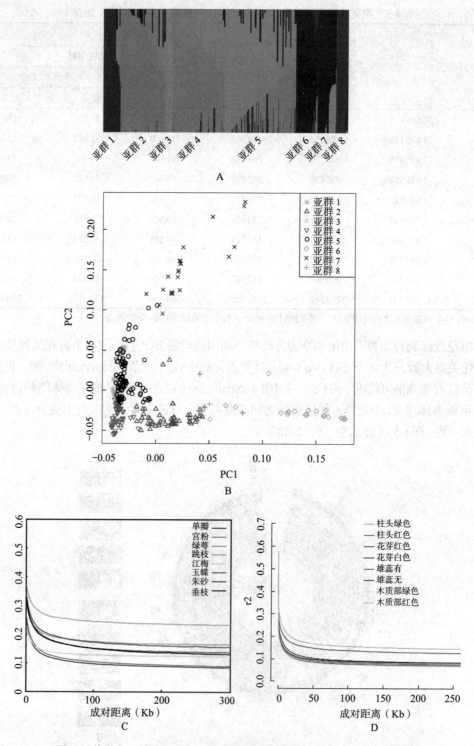

图4-5 梅花与近缘物种群体结构和连锁不平衡分析（张启翔 等，2018）

A. 基于模型的群体结构聚类分析（$k=8$） B. 348个梅花品种及近缘物种的主成分分析 C.梅花品种群及野生梅花的连锁不平衡分析 D.梅花不同性状的连锁不平衡分析

分析野生梅花和不同梅花品种群间的连锁不平衡（linkage disequilibrium，LD），结果表明，7个不同品种群中，5个品种群具有较高的LD，而单瓣品种群和宫粉品种群的LD较低，可能是由于其他物种大规模基因渗透所致（图4-5C）。野生梅花和梅花栽培品种中的遗传多样性（π）分别是$2.82×10^{-3}$和$2.01×10^{-3}$。针对花芽颜色和雄蕊特征2个性状，相对表型的品种分别具有相似的LD，而红色木质部和绿色柱头品种的LD分别高于绿色木质部和红色柱头品种的LD（图4-5D）（张启翔 等，2018）。

许多梅花品种都有来自李属物种的基因渗入。利用F3检验评估基因渗入程度（Li，2010），结果表明，杏梅品种群和美人品种群具有杏和李的基因渗入（图4-6），宫粉品种群和单瓣品种群表现出李属物种基因渗入现象（Z-score<-1.96）（图4-7），而垂枝品种群和朱砂品种群表现出较弱的种间渐渗特征（张启翔 等，2018）。

4.5.3 樱花群体遗传学研究

樱花为蔷薇科李属樱亚属植物，分布于北半球温暖地带，亚洲、欧洲至北美洲均有记录，集中分布于中国西部、西南部和东南部以及日本和朝鲜半岛。中国樱亚属植物种类多、分布广、变异幅度大，近年不断有新种（变种）报道，记载樱亚属植物约有60种（含变种）（王贤荣，2014，2016）。樱花为世界著名观赏花木。中国野生樱亚属资源非常丰富，但资源利用与品种选育起步较晚，对樱亚属植物资源、分类与品种选育的研究具有重要的现实意义。山樱花具有极高的观赏价值，为最重要的樱亚属种质资源，统计有31个樱亚属观赏品种亲本来源于此类群（王贤荣，2014），其在园林应用中具有不可替代的地位。

20世纪80年代，随着PCR技术的应用，PCR-RFLP分子标记技术在樱亚属得到较广泛的应用。Badenes等（1995）首次将PCR-RFLP技术运用甜樱桃育种中，并评估了其叶绿体DNA的多样性，樱亚属的叶绿体基因组的突变率较高。Gerlach（1997）、张胜利（2002）、王彩虹（2005）、陈晓流（2007）和黄晗达（2018）等利用RAPD标记分析甜樱桃、酸樱桃和樱桃等类群的遗传多样性及其变异，从分子水平揭示种及品种之间的种质资源亲缘关系的遗传分析。AFLP在樱亚属研究中报道较少。Ogawaa（2012）通过杂交和AFLP分析，揭示了'早花'樱品种（*Prunus* × *kanzakura*）的起源亲本。苏倩（2007）利用SSR标记技术对野生福建山樱花进行遗传多样性进行研究，并对其遗传改良策略提出了建议。陈娇（2013）利用13对SSR标记，对四川野生中国樱桃5个居群共133株的遗传多样性水平及居群的遗传结构进行了评价。李春侨等（2017）应用SSR标记技术对新疆天山樱桃4个居群44份种质的遗传多样性进行分析，结果表明天山樱桃遗传分化水平较低，各居群间基因交流频繁，遗传变异主要存在于居群内。伊贤贵（2018）根据Nei's遗传距离将18个山樱花群体的分类，可分为3组，结果表明西南部群体的遗传因子可能是山樱花群体的起源中心。

随着测序技术的发展，DNA序列标记在樱亚属分类、物种界定与系统进化研究报道较多。不少学者根据序列标记构建广义李属的分子系统树，探讨各亚属间的亲缘关系。由于拥有较快的进化速率和变异水平，具有双亲遗传的核基因组核糖体内转录间隔区（ITS）首先受到较多学者的关注。Lee & Wen（2001）利用核基因ITS构建了系统发育树，研究发现广义李属中典型樱亚属与稠李亚属与桂樱亚属构成姐妹群。刘艳玲等（2007）利用ITS数据构建了核果类果树桃、李、杏梅、樱的系统发育关系，结果为樱属构成一单系分支，且位于系统发育

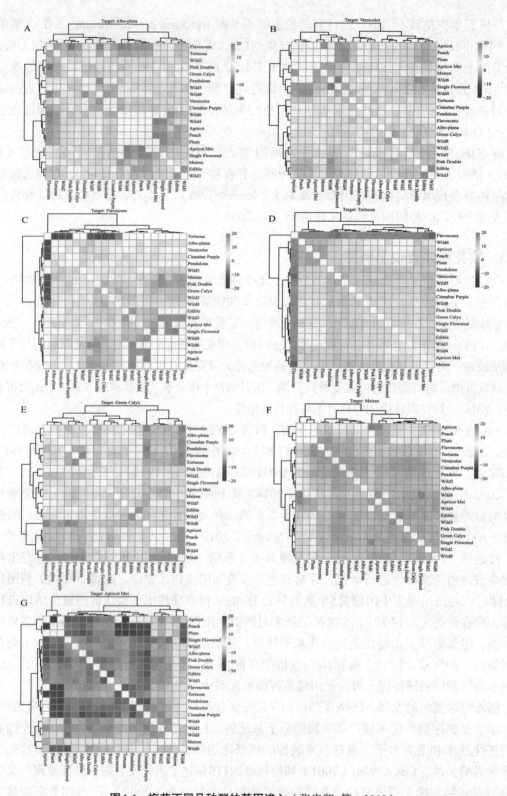

图4-6 梅花不同品种群的基因渗入（张启翔 等，2018）

A～G依次显示的是玉碟品种群、洒金品种群、黄香品种群、龙游品种群、绿萼品种群、美人梅品种群和杏梅品种群

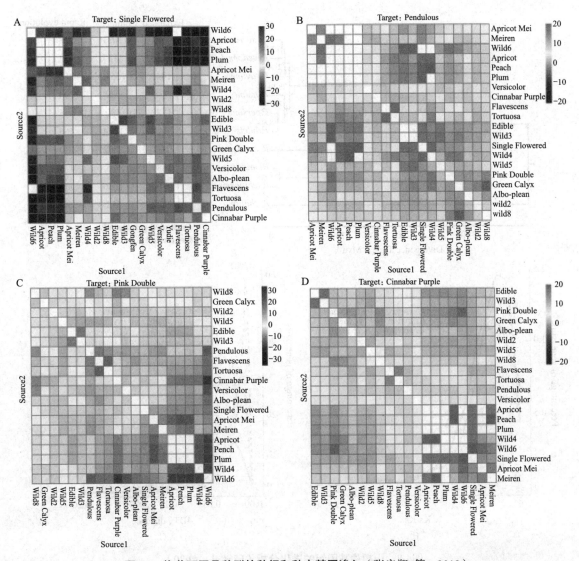

图4-7 梅花不同品种群的种间和种内基因渗入（张启翔 等，2018）

A~D分别代表为单瓣品种群、垂枝品种群、宫粉品种群和朱砂品种群的F3检验的热图，Z为负值表示显著渗入
（Z-score<－1.96，蓝色）

树的基部，但自展支持度不高。

近年来，随着测序技术的应用，从对单一基因的研究转入对整个基因组的研究也成为新的趋势。Baek等（2018）利用三代测序技术对高度杂合的李属植物染井吉野樱进行了全基因组测序和组装。结果表明染井吉野樱由母本江户彼岸和父本日本山樱杂交而成。

Li等（2020）基于Nanopore和Hi-C测序技术组装了山樱花染色体级别参考基因组。山樱花的基因组大小约为265.40Mb，共获得304个contigs（contig N50是1.56Mb），67个scaffolds（scaffold N50是31.12Mb）。通过656个单拷贝同源基因，Li等（2020）构建了包含10个物种的系统发育树发现，山樱花与日本樱花约在1734万年前分化，而山樱花与欧洲甜樱桃的分化时间约在2144万年前（图4-8）。Jiu等（2023）利用了ONT、Illumina和Hi-C测序数据，组装获得

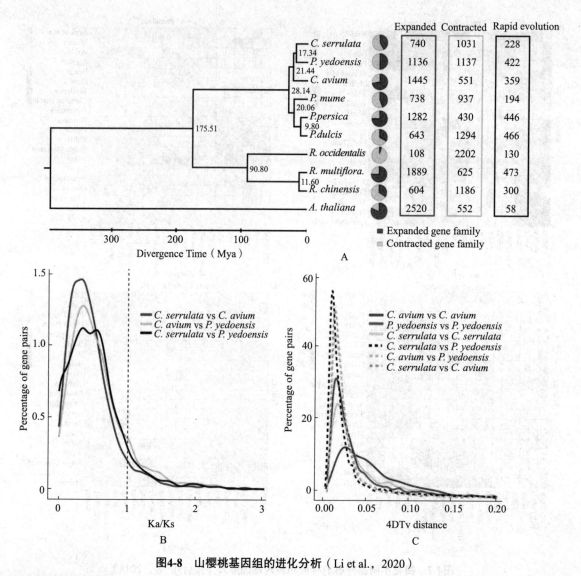

图4-8 山樱桃基因组的进化分析（Li et al., 2020）

A.系统发育树；起源时间；经历扩增的基因家族的概况；收缩；以及10种物种的快速进化　B.Ka/Ks的分布　C.4DTv距离分布

了细花樱桃染色体级别的参考基因组，基因组大小为309.62Mb，通过比较基因组分析发现，它与山樱花和东京樱花有较近的亲缘关系，大约在4180百万年前发生物种分化（图4-9），基于基因家族分析结合病理试验揭示了细花樱桃高抗病性潜在的遗传背景。Nie等（2023）对中国本土的优良樱花品种'八重寒绯'樱进行了染色体基因组组装，获得了高质量的樱花基因组，对收集到的312个樱花种质（160个品种、77个杂交F_1和75个野生个体）分析了种群结构和遗传关系，预测了樱花的两个起源：一个进化支中的樱花起源于中国南方；另一个分支则起源于中国东北，随后向南广泛种植于我国北方和东部区域。与此同时，东京樱花（Cho et al., 2015）、中国樱桃（Feng et al., 2017）、高盆樱桃（Xu et al., 2017）的叶绿体全基因组结

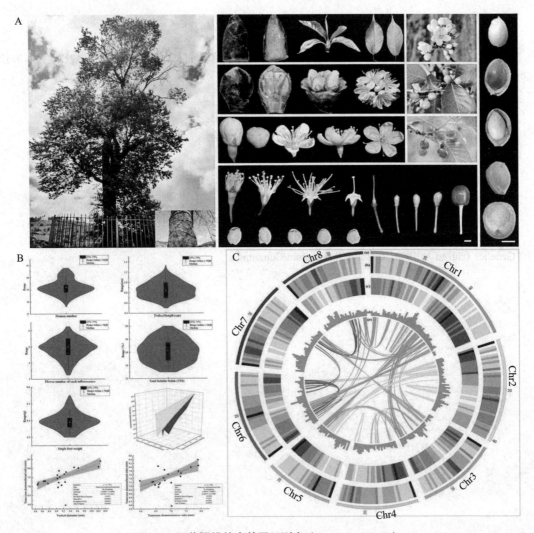

图4-9 细花樱桃的全基因组测序（Jiu et al., 2023）

A.细花樱桃的花、芽、叶、果和种子的表型特征 B.细花樱桃的花和果实器官的表型特征，雄蕊数目，花梗长度（cm）、花序上花的数量、总可溶物（%）、单果重（g） C.细花樱桃全基因组组装及测序分析

果相继公布，也可以采用多组学、简化基因组与重测序等方法，开发大量SSR、SNP、SRAP等分子标记，为樱属系统学研究奠定基础。

（孙丽丹　贾桂霞）

思考题

1. 控制各类质量或数量性状的主基因、多基因，从分析细胞个体水平，扩大到群体水平之后，其遗传规律有何异同或变化？
2. 自然的变异来源与人为创造的变异有何异同？
3. 检测变异的各种标记如何选择，它们之间有何联系？

4.理想群体可达到遗传平衡，非理想群体的基因频率和基因型频率是怎样的？

5.在育种实践中如何利用自然选择与遗传漂变的遗传效应？

6.多年生草本和木本花卉多为无性系品种，其群体遗传学的研究除了解释群体演化的规律之外，有没有实际的育种价值？

推荐阅读书目

植物群体遗传学. 2009. 徐刚标. 科学出版社.

梅花基因组学研究. 2018. 张启翔. 中国农业出版社.

Introduction to Quantitative Genetics（4th ed）. 1996. Falconer D S, Trudy F C, Mackay E. Longman.

Principles of Population Genetics（3rd ed）. 1997. Hartl D L, Clark A C. Sinauer Associates.

Genetics（5th ed）. 1998. Russell P J. Benjamin/Cummings.

第5章 花发育与重瓣性遗传

[本章提要] 植物花发育的结果主要是花期和花型（重瓣性）两个重要的观赏性状。成花诱导的实质是花序的发育，包括年龄（童期）、光周期、春化（低温）、适温（温敏）、自主（非春化、非光周期）和赤霉素6条途径。花的发端的实质是花分生组织特性基因的表达，还涉及开花整合子、开花抑制子，花期的早晚主要在此决定。花芽分化的实质是花器官特性基因的表达，包括A、B、C、D、E等功能基因的在花器官原基不同轮的表达。花型不仅包括花器官特性基因引起的同源异型突变（如重瓣性），也包括背腹特性基因决定的花朵的对称性。重瓣性不仅包括同源异型突变和台阁起源，还包括积累起源、重复起源和花序起源。多种多样的起源方式是由等位基因、多基因、细胞质基因等各类基因和多倍体分别控制的。此外，花期和重瓣性主要作为数量性状，还受营养、激素和光温等环境条件的明显影响。

花是园林植物的主要观赏器官，那千奇百怪、万紫千红的花是怎样发育来的呢？植物学告诉我们，植物的完全花是由花萼、花瓣、雄蕊、雌蕊4轮构成的生殖器官。植物生理学告诉我们，成年植物花的诱导需要一定的光、温周期，如二年生花卉大多需要经过低温的春化作用才能开花，多数菊花需要短日照处理才能开花。这些都是开花生理研究的结果，而且大多是关于外因对开花的影响。但外因是通过内因起作用的，植物在成花诱导至花器官形成的过程中到底发生了什么样的变化，这就是植物发育生物学研究的内容。植物发育生物学是以传统的植物胚胎学为基础，结合现代分子生物学，尤其是分子遗传学而形成的。以1990年

Yanofsky等人成功分离花器官发育基因 *AGAMOUS* 为标志，植物发育生物学的研究取得了突破性的进展，花发育的分子生物学研究迅速成为植物发育生物学研究的新热点。

重瓣性遗传指园林植物花朵花瓣数量的遗传变异规律。花瓣是观花植物的重要观赏部位，是决定观花植物观赏价值的重要因素之一，其数量和形状的变化对花型的发展和进化有重要意义。中国传统审美观注重高度重瓣的大花品种，因此重瓣性的产生及其遗传在园林植物育种中有重要的意义，尽管目前几乎所有园林植物都有重瓣花类型，但作为商业用途，如何选育和保持重瓣花性状仍是育种者和生产者十分关心的问题。

5.1 花发育与重瓣性概述

植物的发育是从胚开始的，地下部分是由根尖发育形成的，地上器官则是由茎尖发育而来的。分生组织是茎尖的主要部分，植物地上茎、叶、花的发育，实质上就是茎尖分生组织属性的不断改变。茎尖的顶端分生组织在不断向前生长、伸长的同时，一部分分生组织转化为各种器官原基，如叶芽原基、花芽原基。其中最重要的变化就是从营养生长向生殖生长的阶段转化；从分生组织的属性来讲，则是分生组织从营养型向生殖型的转化（图5-1）。其中，分生组织的发育最终停止在花器官原基的发育阶段，丧失不断形成新的次生分生组织和新的器官的能力，这就是花芽的决定性（determinacy）。

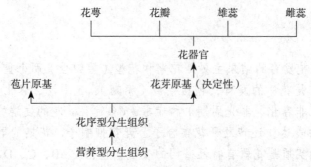

图5-1 分生组织属性的转化示意图

花发育中的主要问题是分生组织属性改变的遗传机理。常用的实验材料是两种模式植物——拟南芥（*Arabidopsis thaliana*）与金鱼草（*Antirrhinum majus*）。所谓模式植物就是普遍采用的试验材料，主要是因为其遗传组成比较清楚，生命周期比较短。其中拟南芥属十字花科一年生草本，莲座叶，圆锥花序，花程式 *C4 P4 A6 G（2）；金鱼草是玄参科二年生草本花卉，对生叶，穗状花序，花程式↑C5 P5 A5 G（2）。

花萼、花瓣、雄蕊、雌蕊等花器官是由花芽原基发育而来。花器官的发育由器官特性基因（organidentity genes）控制，该类基因又称同源异型基因（homeotis genes），其时空表达模式十分精确，在某一细胞中特定的基因组合即决定其发育形态。当同源异型基因发生突变时，花萼、雄蕊、雌蕊等器官可发生可遗传的变异，形成花瓣，进而导致重瓣花的产生。在花器官发育过程中，同源异型基因对植物内外环境十分敏感，而激素、营养、个体发育状况、环境因素等往往通过调控或刺激花器官同源异型基因来影响花朵重瓣花的发育。花朵的重瓣性还受到众多因素的影响，而这些因素导致花器官同源异型基因独立或相互作用，使得重瓣花的起源方式多变。

重瓣性是一个从感观角度出发的概念，有些表现为花瓣（离瓣花）或花冠（合瓣花）数量增加，如重瓣凤仙花；有些是由于花瓣极度褶皱形成类似的重瓣花状，如重瓣虞美人；也包括头状花序的筒状花被舌瓣花取代或本身面积加大，如菊花。重瓣花由于存在发育上的多样性，在遗传行为上也十分复杂。从进化的角度看，重瓣花的发生基本上是被子植物在人工选择下的产物。园林植物花瓣数从少到多的发展，便出现了从单瓣花（single flower）经复瓣花（半重瓣花，semi-double）至重瓣花（double），甚至高度重瓣花（fully double）的历程。随着花瓣数目的增加，又出现花型等的发展，即花型从简单到复杂的发展趋势。在此，要注意花形与花型的区别。花形是形状，花型是类型；花形是一朵花的形状，花型则是一类形状相似的花所属的类型，如单瓣花、重瓣花即为花型。

由于重瓣花起源方式的多样性及重瓣性遗传规律的复杂性，使得园林植物重瓣性问题的科学研究十分困难。从Sunders（1911）最早研究紫罗兰的瓣性遗传规律开始，到1983年Reynolds和Tampion编写了专著《Double Flowers，a Scientific Study》，他们主要用经典遗传学的方法对重瓣花的遗传规律进行探讨，对重瓣花进行了分类，并没有解释重瓣花的形成机理。随着研究的深入，特别是进入20世纪90年代以来，花朵重瓣性的研究工作取得了突破性的进展。从Yanofsky等（1990）成功地分离出拟南芥花发育的C功能基因*AGAMOUS*，到Coen和Meyerowitz（1991）提出的花发育ABC模型，我们能够在分子水平上研究重瓣花形成机理和遗传规律；而近年来发现的其他一些花器官及花型（对称性）相关基因，为揭示重瓣花形成的机理和遗传规律奠定了坚实的理论基础。

5.2 成花诱导（花序的发育）与童期

幼年期的植物经过一定的营养生长，营养型分生组织进入"感受态"；如遇合适的外界因子，营养型分生组织即转化为花序型分生组织，此即成花诱导（又称开花决定），表现为花序的发育，决定开花时间。如一年生草本植物与多年生木本植物的本质区别就是童期的长短。植物花序的发育受外界环境因子的诱导，更重要的是由内在的遗传基因决定的。这里包含了两个问题：第一，营养生长的植物如何进入感受态？第二，感受态的植物如何接受外界因子。显然，二者都是受基因控制的。

该阶段茎端分生组织尽管在形态上没有变化，但在基因表达和生理生化等方面却发生了明显的变化（雍伟东 等，2000）。不同植物在进化过程中演化出不同的生殖策略：一些植物的开花时间主要受光照、温度、水分、营养条件等环境因子的影响，以使植物能在最适条件下生殖结实；另一些植物则对环境变化不敏感，由营养生长的积累量等内部信号引起开花。缺乏营养、干旱、过分拥挤等胁迫条件也可引起开花结实。这一过程主要受光周期、春化、自主、赤霉素、年龄、温度等途径调控，最终整合到*FLOWERING LOCUS T*（*FT*）和*SUPPRESSOR OF OVEREXPRESSION CO1*（*SOC1*）等开花整合子上，形成植物开花诱导的复杂分子调控网络（图5-2）。

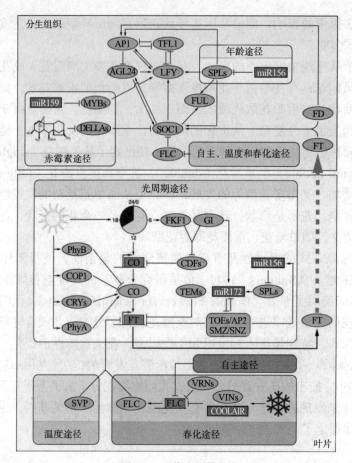

图5-2 开花途径模式

5.2.1 光周期途径

光周期是影响植物开花的关键环境因子之一。目前，植物主要有3类光受体，光敏色素（PHYA-PHYE）、隐花色素（CRY1/CRY2）、向光素（PHOT1-2）。其中，光敏色素主要感受红光和远红光；隐花色素和向光素感受蓝光和紫外光UV-B。光受体可以感受日长和夜长，产生昼夜节律。目前研究发现许多受昼夜节律影响的基因，如 *ELF3*（*EARLY FLOWERING3*）、*ELF4*、*LATE ELONGATED HYPOCOTYL*（*LHY*）、*CIRCADIAN CLOCK ASSOCIATED1*（*CCA1*）、*TIMING OF CAB EXPRESSION1*（*TOC1*）。昼夜节律引起这些基因表达量的变化，进而影响叶片中 *CONSTANS*（*CO*）基因的表达。*CO* 属于BBX家族基因，编码锌指蛋白转录因子，在光周期途径中起促进作用，是感受外界光与开花之间的桥梁。在拟南芥中，叶片感受昼夜节律的变化，在叶脉中高表达 *CO* 基因，激活 *FT* 的转录，并且转移至茎尖分生组织，促进植物开花。Wang等（2020）在夏菊中也发现CO/FT途径，*CmBBX8* 也可以促进 *CmFT1* 的表达；在长日照和短日照下，过表达 *CmBBX8* 均可以促进夏菊开花。

5.2.2 春化途径

春化作用是指植物需要经历一段时间的低温处理，才能开花的现象，其感受部位在茎端。十字花科越冬植物（如冬性拟南芥）的春化作用主要依赖于*FLOWERING LOCUS C*（*FLC*）和*FRIGIDA*（*FRI*）。其中*FLC*是抑制开花的转录因子，其转录水平与开花时间有负相关的量化关系，春化作用使其mRNA降低，从而促进开花。相反，FRI作为支架蛋白与多个激活性染色质修饰或重塑因子互作，促进*FLC*转录本的积累，抑制开花。春化作用VAL1和

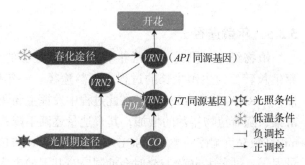

图5-3　禾亚科植物春化基因的调控网络

VAL2蛋白通过识别*FLC*位点的顺式"冷记忆"元件在*FLC*染色质富集，并招募组蛋白H3K27和三甲基转移酶复合体PRC2，引发H3K27me3沉积，抑制*FLC*的转录，从而促进开花。

与十字花科越冬植物不同，温带早熟禾亚科植物（如小麦、大麦等）的春化响应受到*VRN1*、*VRN2*和*VRN3*等基因调控。其中，*VRN1*受春化作用的诱导，编码类*FRUITULL*（*FUL*）MADS-box转录因子，促进开花；*VRN2*编码抑制开花的锌指蛋白，作为成花抑制子延迟植物开花；*VRN3*编码促进成花转变的成花素（Luo et al.，2020）（图5-3）。

5.2.3　自主途径

植物经过一段时间的营养生长，在不受外界环境干扰的条件下，也能开花，这就是自主途径。目前，已研究发现有多个基因与自主途径相关，如*FLOWERING LOCUS A*（*FCA*）、*FLOWERING LOCUS KH DOMAIN*（*FLK*）、*FLOWERING LOCUS PA*（*FPA*）等。其中一些基因的突变体在不同光周期条件下均表现为晚开花，并且对春化作用敏感，并且这种晚花表型可以通过低温处理来互补。自主途径与春化作用途径交叉的原因在于自主途径的组件能抑制*FLC*转录产物的积累。各基因通过RNA结合或者加工，或者染色质修饰等过程表现出对*FLC*的不同抑制程度，从而促进开花。自主途径主要是针对光周期和春化而言的。

5.2.4　赤霉素途径

赤霉素（GA）是除外界环境因素外，影响成花的关键因素之一，在植物的成花诱导中发挥重要作用。除GA外，细胞分裂素（CK）、脱落酸（ABA）、乙烯等植物生长调节剂也可能参与成花诱导。DELLA蛋白，如GA-insensitive（GAI）、REPRESSOR OF GA1-3（RGA）、RGA-LIKE 1（RGL1）、RGL2和RGL3，是GA信号途径中的抑制因子。外施GA可以激活花分生组织特性基因*LEAFY*（*LFY*）的表达来促进拟南芥开花。并且进一步研究发现*LFY*启动子序列包含一个能够响应GA信号的顺式作用元件，且DELLA蛋白参与此过程（Blazquez et al.，1998）。除此之外，开花整合子*SUPPRESSOR OF OVEREXPRESSION OF CO1*（*SOC1*）和*AGL24*也受GA的影响，外施GA可以激活*SOC1*和*AGL24*的高表达，促进成花转变。与拟南芥不同，GA抑制一次开花月季的开花，但是对连续开花月季的开花不起作用。Randoux等（2012）研究发现，GA可以调控*RoKSN*（*TERMINAL FLOWER1*）的转录水平。在*RoKSN*的启动子区包含响应GA信号的cis元件，外施GA促进*RoKSN*表达，从而抑制其他促花基因*RoFT*、*RoSOC1*和*RoAP1*的表达，进而使一季开花月季开花受限。

5.2.5 年龄途径

植物经过一段时间的营养生长，积累足够的生物生长量，能够感受外界的变化，由营养生长转变为生殖生长的过程是年龄途径。一年生植物的年龄途径与多年生植物的童期类似。miRNA156和miRNA172在此过程中发挥主要调节作用。在营养生长阶段，*miRNA156*高度富集，随着植物年龄的增加，其表达量逐渐下降；*miRNA172*则主要在生殖生长阶段高表达。miRNA156负调控一类编码SQUAMOSA PROMOTER BINDING PROTEIN-LIKEs（SPLs）的转录因子。过表达*miRNA156*时会抑制*SPLs*基因的表达，导致植物晚花。*miRNA172*的高表达可以促进*SPLs*基因的表达，同时激活光周期途径基因*CO*，促进*FT*的表达，从而促进植物开花。

5.2.6 温敏途径

环境温度是区别于春化作用影响植物开花的另一个重要因素，表现为在一定温度范围内，温度的变化影响成花，这一调控方式称为温敏途径。环境温度的高低对植物开花时间有显著影响，同一温度对不同植物的开花时间有不同的影响。当温度高于25℃时，水仙中表达*FT*同源基因从而促进开花；相反，当温度高于20℃时，菊花中*FT*同源基因*FTL13*的表达受到抑制，开花延迟。SHORT VEGETATIVE PHASE（*SVP*）是温敏途径中控制开花的关键因子。拟南芥中*SVP*过表达时，开花时间在23℃明显早于16℃条件，但是*svp*突变体在这两种生长条件下却没有显著差异。因此，SVP不仅对外界温度变化的过程中发挥重要作用，同时也是一个开花抑制子。SVP蛋白可以绑定*FT*基因的*CArG*位点，从而抑制其表达，导致开花时间延迟。

5.3 花的发端（花芽发育）与花期遗传

花序型分生组织在发育过程中，一部分产生花芽（决定性），另一部分继续生长、伸长，产生更多的、新的花芽（无限花序）。花的发端，即茎端分生组织（shoot apical meristem, SAM）向花分生组织（floral meristem, FM）的转变，这种决定花芽型分生组织特性的基因，就是花分生组织特性基因（floral meristem identity genes）。这种基因使侧芽分生组织的属性改变，变为花芽型分生组织，具有决定性，使其发育终止在花器官的第Ⅳ轮（雌蕊）；而不影响顶芽分生组织的特性，仍为花序型分生组织，具有非决定性。这类花分生组织特性基因在花的发端时被激活，又控制着下游花器官特性基因和级联（cadastral）基因的表达。影响花芽发育的花分生组织特性基因主要包括两对同源基因*LFY/FLO*和*AP1/SQUA*。

5.3.1 花分生组织特性基因

（1）*LFY / FLO*基因

金鱼草的*flo*（*floricaula*）突变体在本该形成花芽型分生组织的花序型分生组织的侧面，继续花序型分生组织，而形成重复的花序结构。*FLO*基因是用转座子标签法从*flo*突变体中分离出来的一种转录因子，含1.6 kb的mRNA。其表达具有特异的时间性、短暂性和区域性，即在花芽分生组织发育时期的托叶、花萼、花瓣和心皮等器官原基中短暂表达。

拟南芥的 *lfy*（*leafy*）突变体与 *flo* 突变体表型相似。*LFY* 基因是以 *FLO* 基因为探针，从 *lfy* 突变体中克隆出来的，与 *FLO* 基因的氨基酸残基有70%的同源性；二者为异种同源基因，这表明花发育基因的高度保守性。*LFY* 基因也是编码一种转录因子，该转录因子主要在细胞核，具有脯氨酸残基富集区和酸性氨基酸区域。前者是识别DNA的结合区，后者可能是功能区。*LFY* 是控制茎向花转变的一个主要基因，其强突变体基部花完全转变为叶芽，顶部花表现出部分花的特性；即使在 *LFY* 基因失活的情况下，最终还是会成花，表明还有其他基因促进花序向花的转变。*AP1* 的功能与 *LFY* 部分冗余，其表达时期晚于 *LFY*，二者具有叠加效应，能相互促进表达。组成型表达 *LFY* 或 *AP1* 能提早花期。

（2）*AP1/SQUA* 基因

拟南芥的 *ap1*（*apetal1*）突变体与金鱼草的 *squa*（*squamosa*）突变体也是花芽发育受阻，形成异常的重复花序结构，这与 *lfy/flo* 突变体相似，但在后期有少许花芽出现。从这一对突变体种分离出来的 *AP1/SQUA* 基因是一对异种同源基因，也是一种转录因子。由少数几个调控基因编码一些转录因子，在转录水平上调节下游目标基因活性，最终导致分生组织属性的转换。这种等级调控关系就是花发育基因的主要作用模式。

AG 基因除控制生殖器官的发育外，也参与花分生组织的发育，控制其终止性。*CAL*、*AP2*、*UFO* 等基因也属于花分生组织特性基因，辅助 *LFY*、*AP1* 促进花分生组织的形态建成。

5.3.2 开花整合子

开花整合子基因 *FT* 和 *SOC1* 可以整合来自不同开花途径的信号，从而调控植物开花时间及完成花的形态建成。*FT* 属于磷脂酰乙醇胺结合蛋白，具有保守的PEBP结构域。在拟南芥中，过表达 *FT* 能促进其开花，而 *ft* 突变体的开花时间相较于野生型显著推迟。Lifschitz等（2014）发现光周期不敏感的日中性番茄中，*SFT*（*FT* 同源基因）过表达可以恢复 *sft* 突变株的晚花表型，且转基因植物的开花时间明显提前。大多数植物中 *FT* 同源基因过表达均表现出早花现象，具有开花功能的保守性，但是也有一些植物的 *FT* 同源基因是抑制成花的。Li等（2022）发现蝴蝶兰中有6个 *FT* 同源基因，其中 *PhFT1*、*PhFT3* 和 *PhFT5* 可以促进植物开花，但是 *PhFT6* 抑制开花。

SOC1 属于MADS-box转录因子家族，可以调控开花时间和花器官的发育。*SOC1* 同源基因广泛存在于植物中，如草莓、大豆、菊花、玉米、小麦等。Shitsukawa等（2007）将小麦中的 *WSOC1* 在拟南芥中过表达，使得转基因植株的开花时间提前。GA可以促进 *SOC1* 的表达，进而使得SOC1蛋白结合 *LFY* 基因的启动子来影响植物开花。年龄途径中的SPL可以促进 *SOC1* 基因的转录，实现对植物开花时间的调控。*SOC1* 的表达还受到 *FLC* 和 *SVP* 基因的抑制。*FLC* 可以结合 *SOC1* 基因启动子，对其表达产生抑制作用；还可以与SVP相互作用形成阻遏复合体，进而抑制 *SOC1* 的表达。

5.3.3 双突变与基因互作

在单基因突变体中，另一个基因的表达不受影响；而 *lfy ap1* 或 *flo squa* 的双基因突变体，花芽的发育异常比单突变更严重。可见，花芽发育的起始受两个相对独立的遗传机制的控制，而在发育过程中，两个遗传机制协同作用，缺一不可。分生组织属性的变化，并不因位置而固定，而与遗传机制有关。转座子 *Tam* 插入引起 *flo* 突变的结果表明，*FLO* 基因的功能是非细胞自主性的，单一细胞层的表达，即可协调整个分生组织细胞的分裂与分化。可见其中存在信息传导的复杂机制。花分生组织特性基因既有较高的同源性，也有很强的保守性。对园林植物来说，引导花芽正常发育的 *FLO* 基因，与引导花芽正常发育并抑制茎叶发育的 *LFY* 基因功能的突变，是形成花序多样性的遗传基础。

5.4 花器官与花型发育

5.4.1 同源异型突变

花是节间极度缩短的变态枝条，花萼、花瓣、雄蕊、雌蕊实际上都是叶片的变态器官，是由花芽原基发育而来的。这种由同一来源、属性相同的分生组织形成的不同器官就是同源异型器官，花萼、花瓣、雄蕊、雌蕊即是同源异型器官。同源分生组织发生可遗传的变异，产生异位器官或组织就是同源异型突变（homeotic mutation）；控制同源异型突变的基因就是同源异型基因（homeotic gene）。同源异型基因的克隆是花发育研究的关键，而同源异型突变的产生则是基因克隆的基础。同源异型突变既有自发的，也有人工诱发的（如EMS诱发拟南芥突变）。花器官的发育由器官特性基因（organ identity genes）控制，该类基因又称同源异型基因（homeotic genes），决定一系列重复单位的特性，如花的轮、昆虫的节等。其时间和空间表达模式十分精确，在某一细胞中特定的基因组合即决定其发育形态。

5.4.2 ABC模型

如前文所述，完全花自外向内可分为花萼、花瓣、雄蕊、雌蕊（由心皮组成）4轮。通过对拟南芥和金鱼草花的同源异型突变的研究，Coen & Meyerowitz（1991）提出了花发育的ABC模型，是20世纪90年代植物发育生物学领域最重要的里程碑。该模型非常巧妙地说明了A、B、C三类花器官特性基因是如何控制4轮花器官发育的，它使人们能够通过改变三类功能基因的表达而控制花的结构。该模型认为，器官特性基因分为A、B、C三类功能，每类基因分别控制相邻两轮花器官的发育，其中A功能基因控制第Ⅰ轮花萼的发育，C功能基因控制第Ⅳ轮雌蕊的发育，B功能和A功能共同控制第Ⅱ轮花瓣的发育，B功能和C功能共同控制第Ⅲ轮雄蕊的发育。其中A和C相互拮抗，即A功能基因能够抑制C在第Ⅰ~Ⅱ轮的表达，C反过来也能抑制A在第Ⅲ~Ⅳ轮表达。B可与A、C重叠，如图5-4所示。

对ABC模型，不仅与原位杂交表明的表达区域与功能区域相吻合，而且有转基因的证据。ABC三类基因已从遗传学和分子生物学角度阐明，其空间表达特异性主要在转录水平上调节。

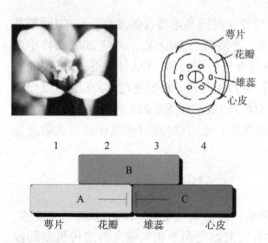

图5-4　花器官发育的ABC模型示意图

除 *AP2* 外，其余基因均在相邻两轮转录，与ABC模型预测的相吻合。*AP2*为转录后调控，在4轮花器官中均转录，但只在Ⅰ~Ⅱ轮中表达。

（1）A功能基因

A功能基因是从A功能突变体中克隆出来的。如果A类基因突变而失去功能，C类基因则从Ⅲ、Ⅳ轮扩充到Ⅰ、Ⅱ轮；而B功能基因的位置和功能不变。这样Ⅰ至Ⅳ轮分别由C、BC、BC、C类基因控制，而形成雌蕊、雄蕊、雄蕊、雌蕊的花器官（图5-5A）。如拟南芥的*ap2*突变体就如此，只不过雌蕊主要是花萼状的心皮。

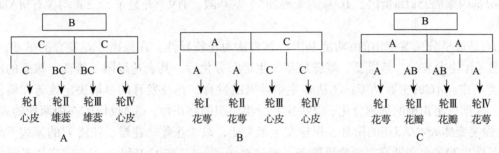

图5-5　花器官发育突变体表型示意图

A. A类突变体　B. B类突变体　C. C类突变体

*AP1*和*AP2*是两个A功能基因，控制花萼和花瓣的发育。*AP2*是ABC基因中唯一不属于MADS基因家族的基因，编码两个68个氨基酸的重复序列——AP2结构域，具备形成二聚体和结合DNA的功能。*AP2*在花器官各轮和营养器官中均有转录，转录过程不受花分生组织特性基因的调节，转录后调控使其表达局限于花的第Ⅰ~Ⅱ轮。此外，*AP2*还具有抑制*AG*基因在外两轮表达的功能。

*AP1*受*LFY*的激活，在花发育早期具有决定花分生组织特性的功能，其mRNA在整个花分生组织表达，后期受*AG*、*HUA1*、*HUA2*等基因的抑制而局限于花器官Ⅰ~Ⅱ轮，从而控制花萼、花瓣的发育，它对*AG*基因没有抑制作用。

（2）B功能基因

如果B功能基因突变，将产生由A、A、C、C控制的花萼、花萼、雌蕊、雌蕊花器官（图5-5B）。如金鱼草*def*（*deficiens*）突变体因B功能基因失活，而产生两轮花萼和两轮雌蕊（心皮）的异常花；相似的突变体还有金鱼草*glo*（*globosa*）。*DEF*基因编码25kDa蛋白，*GLO*基因也编码25kDa蛋白，均含有MADS盒。二者的蛋白产物形成一种异二聚体，与特异DNA结合，协调作用，B功能才起作用。

*AP3*和*PI*（*Pistillata*）是拟南芥中的两个B功能基因，它们的突变体表型相似，均为第Ⅱ轮变为花萼，第Ⅲ轮变为雌蕊。*AP3*和*PI*也必须结合成异二聚体才能结合到CArG盒上而行使功能。*PI*和*AP3*表达的维持均依赖于自主调控途径，但具体的调控机制有所不同。*AP3*的启动子区域含有CArG盒，PI-AP3二聚体直接与其结合；而*PI*的启动子则没有，推测AP3-PI对*PI*的调节还需要其他因子。拟南芥的*AP3*和*PI*的氨基酸残基有60%的同源性，其表达模式与金鱼草的同源基因相似。

B类基因的表达需要LFY、AP1、UFO等多个因子的作用。Lee等（1997）提出了UFO、LFY共调节B基因的模式，即LFY花特异性地激活B基因的转录，而UFO则使B基因局限于第Ⅱ~Ⅲ轮。此外，LUG、SUP等基因也能抑制B基因在第Ⅰ、Ⅳ轮中的表达。

（3）C功能基因

C功能基因突变失活后，A类基因即扩充到第Ⅲ、Ⅳ轮。这样在A、AB、AB、A控制下，分别形成花萼、花瓣、花瓣、花萼（图5-5C）。如拟南芥的ag（agamous）、金鱼草plena突变体，就像雄蕊变瓣产生的重瓣花；或者在第Ⅳ轮又产生一朵不完全花，而形成台阁花。PLENA基因编码25kDa蛋白，AG基因编码285个氨基酸，有9个外显子，二者均含有MADS盒保守区。

AG是最早分离鉴定出的C功能基因，其表达为花特异性。在拟南芥花发育的早期，AG在第Ⅲ~Ⅳ轮中表达，当雄蕊、雌蕊原基发生形态分化后，其表达局限于雄蕊、雌蕊的特定细胞类型中。AG的主要功能：①决定生殖器官的发育，在花发育的早期决定雄蕊和雌蕊的发育，后期决定正确的细胞分化；②决定花分生组织的终止性；③抑制AP2在内两轮的表达。AG的强突变体ag-1/2/3花的第Ⅲ、Ⅳ轮发生了突变，以（花萼、花瓣、花瓣）ⁿ的模式不断重复，可产生70多个花器官，变为重瓣花。通过对ag-4、AG-Met205和ag-3 3个突变体及组成型表达AG的研究发现，AG决定雄蕊发育、雌蕊发育和花分生组织终止性的3个功能相互独立，第三个功能比前两个需要更高的AG表达水平。

LFY能与AG第2个内含子内的增强子结合，从而直接激活AG的转录。B、C两类基因除需要LFY、AP1的激活外，其蛋白还需要与SEP1/2/3因子结合成多聚体后才能与下游基因的保守DNA结合域结合。

AG在第Ⅲ~Ⅳ轮的空间表达限制由多个功能部分冗余的基因调控。AP2是第Ⅰ~Ⅱ轮中最主要的AG抑制因子，在发育早期间接抑制AG在外两轮的表达，对AG后期在特定细胞中的表达则无调控作用。此外，LUG、SAP、FIL、SEU和LSN均具有抑制AG在第Ⅰ~Ⅱ轮表达的功能。

ANT参与胚珠的发育和花器官的分化与发育，功能与AP2部分冗余，能抑制AG在第Ⅱ轮的表达。BEL1与胚珠发育相关，并调控AG在胚珠的特定区域表达。此外，可能还存在其他因子在胚珠发育过程中调控AG的表达。

CLF和WLC均是营养器官中AG、AP3的负调节基因。CLF与果蝇的Pc-G家族基因同源，在花发育的晚期在茎叶中保持对AG的抑制作用。而WLC则可能通过甲基化作用来抑制AG和AP3基因的表达。

HUA1和HUA2为最近分离的两个C功能基因，不属于MADS box基因家族。二者的单突变体表型正常，双突变体的雌、雄蕊有轻微的器官突变，并能加重弱突变体ag-4的表现型。HUA1和HUA2的功能与AG的3个功能完全冗余，且表达特征互不干扰，因而认为这两个基因与AG平行或共同决定C功能。

（4）居间调节基因

在分生组织特性基因与花器官特性基因之间起中继作用的基因，称为居间调节基因或界标基因，如金鱼草FIM（Fimbriate）基因、拟南芥SUP（Superman）基因。在金鱼草的

*fim*缺失突变体中，B类（*DEF*）、C类（*PLENA*）基因失活；这表明花器官特性基因的表达需要居间调节*FIM*基因激活。拟南芥的*sup*突变体中B类基因扩展到第Ⅳ轮，雄蕊取代了心皮；这表明*SUP*基因的功能是标定B类基因的作用范围，防止它扩展到第Ⅳ轮。

5.4.3　ABCDE与四因子模型的发展——D功能基因与E功能基因

ABC模型在广泛接受的同时，也在补充、完善。如由心皮抱合而成的雌蕊里面，还有相对独立的一轮胚珠，针对胚珠的发育，有人提出了控制胚珠发育的D类基因，而且已从胚珠败育的突变体中，克隆了相关基因。此后的研究发现，*FBP7/11*控制着矮牵牛胚珠和胎座的发育，于是Angenent和Colombo（1996）提出将ABC模型延伸为ABCD模型，把控制胚珠发育的基因列为D功能基因。拟南芥中与*FBP11*同源的D类基因为*AG11*（后重新命名为*STK*），与C类基因*AG*亲缘关系较近，有相同的表达模式。后又在拟南芥中发现两个D类基因，*SHP1*和*SHP2*，与*AG*和*STK*互为冗余地控制胚珠的发育。

2000年，Pelaz等发现AG类基因*AGL2*、*AGL4*和*AGL9*与花器官特异性决定相关，突变任意1个或2个基因时，花器官发育没有明显变化；同时突变3个基因时只有花萼，即3个基因功能互相冗余。此3个基因重新命名为*SEP1*、*SEP2*和*SEP3*，是一类新的花器官特性基因，称为E功能基因，连同D类基因形成ABCDE模型。后又在拟南芥中发现*SEP4*基因，与前三者功能类似，决定着萼片的特性，并且在4轮花器官中均表达（图5-6）。

除*AP2*外，ABCDE模型中的所有基因均属于MADS-box家族的MIKC型基因。MADS-box家族基因编码的蛋白均具有MADS域、I域、K域和C域。MADS域非常保守，能够与DNA进行结合，也能与I域或者K域一起参与二聚体的形成。K域是蛋白二聚体聚合的关键结构域，能够独立与另一MIKC蛋白发生相互作用，是蛋白分子之间相互作用的区域。I域位于MADS域与K域的中间，也能够参与MADS-box转录因子的蛋白互作。C域位于K域下游，是最不保守的区域，可能参与转录激活或多聚体复合物的形成。

MADS-box转录因子通常会通过聚合作用形成同源或异源二聚体，进而组装成多聚复合体发挥作用。2001年，Theissen等结合MADS蛋白多聚体的研究，提出了花发育的"四因子"模型，认为花器官特性是由4种同源异型蛋白复合体决定的。2个同源或异源二聚体单位特异结合在同一条DNA上相邻的CArG（CC[A/T]6GG）motif上，该二聚体通过C末端结合形成四聚体（图5-6）。该蛋白复合体结合在目标基因启动子区，激活或抑制目标基因的表达，进而调控花器官发育。

5.4.4　ABC模式的变化

ABC模型不仅仅只适用于模式植物拟南芥上，也广泛存在于其他开花植物中，但可能在ABC模式上有些许变化（图5-7）。雏菊、蒲公英

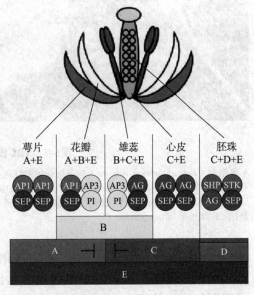

图5-6　花器官发育的ABCDE模型示意图

和向日葵的花序是由无数的小花朵组成的。最外层的边缘花是不对称的，有一个大花瓣，但是没有功能性雄蕊；内部花的花瓣数明显减少，但是拥有功能性雄蕊和心皮。虽然存在形态变异，但是每个雏菊的小花内鉴定出ABC基因，并且均有和拟南芥相似的功能。目前，月季栽培品种多是重瓣的，主要是C功能基因表达区域明显减少，但是A+B功能基因的表达区域显著增加，形成更多花瓣。在郁金香中则是B功能基因的表达向外转移，导致花瓣在第一轮就发育，没有明显的萼片。

图5-7 ABC模型的变化（Irish，2017）

A.牛眼菊（*Leucanthemum vulgare*）拥有边缘的射线花和中心的圆盘花　B.月季（*Rosa* spp.）由于A+B基因的扩展，花具有重瓣性　C.郁金香（*Tulipa gesneriana*）B类基因的扩展导致第一轮和第二轮萼片状器官的形成　D.耧斗菜（*Aquilegia formosa*）在雄蕊和心皮中间形成新的花器官　E.山茱萸（*Cornus florida*）具有绿色的小花，在其周围包围4个艳丽的花瓣状苞片　F.雌松果（*Pinus strobus*）

ABC模型还有更多的变化，在许多谱系中，基因重复导致ABC类基因的多个拷贝。相反，这些重复基因可以进一步进化，从而解析原始功能。这些功能变化可以更好地解释观测到的奇特的形态。例如，在耧斗菜中，一个重复的B功能基因导致形成新的花器官。

ABC类基因也可以是异位的，山茱萸的花瓣状苞片是由于B类基因的表达所影响的。

对于裸子植物，如松柏、苏铁和银杏等是可以形成球果，但是没有开花植物的典型心皮。花朵一般与雄蕊和心皮在同一轴上，球果是产生花粉雄花，或者是包含胚珠的雌花。裸子植物拥有B和C类基因的多个转录本。C类基因在雌、雄球果中均有表达，B类基因只在雄球果中表达。因此，无论是被子植物还是裸子植物，雌、雄性的特异性是保守的。相反，苔藓和石松类植物的基因组分析表明其缺乏ABC类基因。

5.4.5 花型的发育（花发育的对称性）

这里所谓的花型，主要是指两侧对称（仅有一个对称面的花）或辐射对称（有两个或者多个对称面的花）。两侧对称指沿着花的中心轴仅有一个面可以将萼片、花瓣、雄蕊数量等完全对等地分为两半；辐射对称是指花中萼片、花瓣等特征保持一致，均匀地排列于花托周边，形成两个或者多个对称面。金鱼草是两侧对称花，有关花型发育的初步结果是从金鱼草的反常对称花突变体$cyc:dich$得出的。金鱼草的两侧对称花是$dich$，由DICHOTOMA（DICH）基因控制，半反常对称花是cyc，由CYCLOIDEA（CYC）基因控制；反常对称花$cyc:dich$是两个基因双突变叠加而成的突变体。DICH与CYC为同源基因，具有叠加性和背特性功能（cycloidea）。两个基因都在花分生组织的背部表达，随后在背部花瓣和背部退化的雄蕊中表达。CYC基因在整个背部花瓣中均有表达，但是DICH基因只在退化的雄蕊周围和背部花瓣的一半区域表达。CYC、DICH的作用早于花器官发育的B功能基因，而且相互独立。另外，在双突变体的反常对称花中，花萼、花瓣、雄蕊均由5枚增至6枚，可见花型基因也能调节花器官的数目。CYC在背部双侧对称中发挥作用主要是由于其对雄蕊轮的CYCLIN D3B的负调控和花瓣轮RAD的正调控。RAD在花的背部和侧部区域负调控腹部同性蛋白DIVARICATA（DIV）（图5-8）。rad突变体的表型类似于$cyc:dich$。但是其背侧花瓣在背侧末端具有侧向同一性，背部退化雄蕊仅比野生型稍长。div突变体的腹侧花瓣具有侧向同一性。

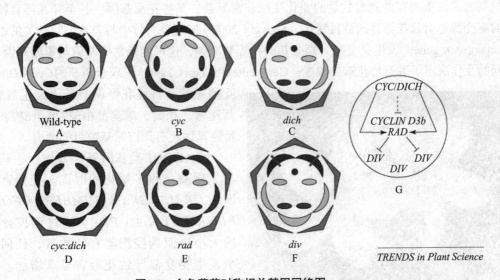

图5-8　金鱼草花对称相关基因网络图

颜色对应：背部（蓝色），侧部（黄色），腹侧部（红色），萼片（绿色）。内部花瓣不对称用粉色实线表示

5.5 重瓣花起源和形成机理

早期Reynolds和Tampion（1983）将重瓣花的类型分为5大类：

①多瓣花植物（polypetalous） 面积扩大，花瓣逐个增加，花瓣逐轮增加，多花心。

②合瓣花植物（sympetalous） 面积扩大，套筒（hose in hose）。

③花蕊变瓣 雄蕊部分瓣化，雄蕊全部瓣化，雄蕊全部瓣化而雌蕊部分瓣化，雌雄蕊全部变瓣。

④假重瓣 头状花序（菊花）。

⑤台阁（proligera） 如 *Rosa* 'Bloomfiled Abundance'。

如果将离瓣花与合瓣花合并，则可将重瓣花分为4大类：

5.5.1 积累（离瓣花）与重复（合瓣花）起源

通常这种起源的重瓣花，其原始单瓣花的花瓣数量一般是固定的，总在加减1~2个花瓣范围内变化。在自然选择或人工选择下，经过若干代后可使花瓣数目逐渐增加，直到形成重瓣花。这种类型在月季、梅花、茶花等常可见到。由于这类起源的重瓣花大多是花瓣多数，Reynolds（1983）将其归纳到多瓣花植物（polypetalous）类，特点是面积扩大、花瓣逐个增加、花瓣逐轮增加、多花心。Huether（1968）发现一年生植物考石竹（*Linanthus androsaceus*）花冠裂片以5为基数，偶尔有小于4%的植株花冠裂片数量发生增加现象（图5-9）；以这些变异株为基础，经过5个世代选择，最后所有植株花瓣都多于5个裂片，有些达8~9个裂片。代秉勋（1997）在红花油菜（*Brassica campestris* var.*oleifera*）单株后代发现了非4枚花瓣的重瓣花油菜类型；经多代培育和选择，成功地培育出可以遗传的5瓣、6瓣、7瓣的重瓣花油菜，雌雄蕊、萼片等花器官都十分正常，能正常结实。事实上，牡丹、芍药花瓣最先也是由外向内增多，在花托上整齐排列，内外花瓣相似，内花瓣小，经过长期的人工选育形成千层类花型。积累起源的重瓣花的花瓣数量的变化往往非常复杂，某些花型基因，甚至非花器官特异基因的突变都可引起花器官的数目变化。Scovel（2000）发现香石竹中与苞片形状相关的常绿基因（*evergreen* gene）发生突变时，每朵花的花瓣数减少，这可能是常绿基因与重瓣基因（*d*）之间的互作决定了香石竹花瓣的数量；Caropenter和Coen（1990）发现金鱼草的*Cyc*和*Dich* 2个相互独立的背特性花型调节基因发生双突变时，其花萼，花瓣，雄蕊都由5枚增至6枚，说明背特性基因还有调控原基数目的能力。

除ABCDE类基因外，其他一些基因也参与了重瓣花和多瓣花的形成。花器官数量基因*FLORAL OGRAN NUMBER1*（*FON1*）和*PLURIPETALA*（*PLP*）通过调控分生组织的大小进而调控花器官的数量，任何其中一个发生突变都导致花器官显著增加。拟南芥*ULTRAPETALA*基因不仅调控花分生组织大小，而且调控花器官数，突变体所有4轮花器官的

图5-9　考石竹五花瓣

数量都增加，其中主要是花瓣和花萼数量的增加（Fletcher，2001）。拟南芥 *PERIANTHIA* (*PAN*) 基因独立于其他花分生组织和花器官数量基因，对花器官数量进行调控，突变体的花萼、花瓣、雄蕊从4枚变成5枚（Chuang et al.，1999）。转录因子CUC1（*cup-shaped cotyledon1*）和CUC2（*cup-shaped cotyledon2*）对正常的花发育是必要的，双突变体导致花瓣和雄蕊的减少和缺失。而 *eep1*（*early extra petals1*）基因通过调控CUC1和CUC2的积累达到控制花器官的数量。

重复起源的重瓣花，Reynolds（1983）称为合瓣花植物（Sympetalous），包括面积扩大、套筒类（hose in hose），如重瓣曼陀罗（图5-10）、毛地黄、矮牵牛、套筒型映山红、重瓣丁香等。特点是2~3层合瓣花，内层完全重复外层的结构和裂片基数，而雌雄蕊、萼片均未发生变化。

5.5.2 同源异型突变

同源异型突变是指非观赏的花器官（包括萼片、雄蕊、雌蕊）变为花瓣。萼片瓣化是向心式，花萼或苞片在发育过程中发生一定的变化，形状与花瓣相似，呈重瓣花状。如'二层楼'紫茉莉下位的"花瓣"就是由苞片发育而来；一品红的"套筒"由苞片发育而来（图5-11）；仙人掌科鹿角掌属 *Echinocereus fendleri* 的最外层的"花瓣"就是由花萼发育而来，而蓼科及一些风媒传粉植物的花被是花萼状器官。

另外，花发育基因表达区域的变化，也是导致花器官发生同源异型变化的原因（Bowman JL，1997）。Jack（2001）用异位超表达拟南芥B类功能基因时发现，转基因拟南芥花器官4轮变成花瓣、花瓣、雄蕊、雄蕊，同时超表达C和B类基因时，拟南芥4轮变成花瓣状、雄蕊、雄蕊、雄蕊，表明B和C基因都能够扩展表达区域使得花器官发生变异。在自然界中，柳叶菜科植物（*Clarkia concincna*）的花有4枚萼片、4枚花瓣，而其自然变种（*Clarkia concincna* var. *bicalyx*）的花有8枚花萼，没有花瓣，这显然是花萼取代了花瓣（Ford VS. et al.，1992），并可能是B类基因的表达逐渐向中央收缩，使花瓣变成花萼（Bowman JL，1997）。

雌雄蕊起源，又称花蕊变瓣（petaloid stamens and carpels），包括雄蕊部分瓣化、雄蕊全部瓣化、雄蕊全部瓣化而雌蕊部分瓣化、雌雄蕊全部瓣化类型。这类起源方式在重瓣花的

图5-10　单瓣与重瓣曼陀罗

图5-11　一品红苞片瓣化

世界中占有非常重要的地位。雌雄蕊多数的牡丹（图5-12）、芍药、莲、木槿、蜀葵、茶花等上尤为常见。从形态方面看，表现为雌雄蕊从外向内减少或退化，花瓣数增加，花瓣由外向内逐渐变小，直到出现花瓣和雄蕊的过渡形态，有些还有花丝或花药的痕迹，仅仅花丝变成花瓣状；有些雄蕊瓣化则是由外向内，这类花朵中间露心，如牡丹的金心类花型。雌雄蕊在变瓣过程中，通常雄蕊先于雌蕊发生瓣化，有些仅瓣化到雄蕊，如某些单性花球根海棠，就可以见到雄花完全变瓣形成重瓣花，雌花原封不动。牡丹雄蕊原基的瓣化始于雄蕊原基伸长以后，圆柱形的雄蕊原基上部扁化、伸展而成花瓣；雌蕊原基瓣化从腹缝线开裂开始，心皮扩展成花瓣（王莲英，1986）。Zainol（1998）解剖观察发现，重瓣花烟草（*Nicotiana alata*）内瓣，即花瓣状突起（petal-like outgrowths）是由雄蕊的花药、花丝和连接物发育而来。Lehmann和Sattler（1996）研究重瓣和单瓣秋海棠花发育过程的差异时，发现两者发育前期是相同的，当雄蕊开始发育时，重瓣花的雄蕊在原基上形成小而圆的花瓣状物，随后变得宽大扁平，形成花瓣状（petaloid appendages）。Lehmann和Sattler（1994）对毛茛科类叶升麻属*Actaea rubra*花发育的研究发现，该种萼片原基发生后，相继形成4个与萼片互生和6个与萼片对生的二轮原基，此后形成多数雄蕊原基。其中萼片内方的二轮10个原基在此后的发育过程中均可发育成花瓣，也可以形成雄蕊，即花瓣和雄蕊可以互相取代。这证明了毛茛科的花瓣和雄蕊数目的变化实际上是同源异型变化的结果。

图5-12　牡丹单瓣与雌雄蕊瓣化

花器官发育基因的突变常常导致重瓣花的形成。其中C功能基因的突变，将产生雄蕊变瓣和台阁花等重瓣花型的突变体，拟南芥*AG*基因的强突变体*ag-1/2/3*花的第3、4轮均发生了突变，以（花萼，花瓣，花萼）的模式不断重复，共产生70多个花器官，变为重瓣花（Bowman et al., 1991）；金鱼草的*PLENIFLOA*基因（Braldey et al., 1993）、牵牛（*Ipomoea nil*）的*DUPLICATED*（*DP*）基因、拟南芥*HUA1*基因和*HUA2*基因（Chen et al., 1999；Li et al., 2001）都属于C功能基因，它们的突变都导致了雌雄蕊变瓣现象。

另外，在金露梅（*Potentilla fruticosa*）、扶桑（*Hibiscus rosa-sinensis*）、麝香百合中，由于C类基因向中央的收缩使外轮雄蕊变成花瓣，从而形成重瓣花（Bowman J, 1997；Benedito et al., 2004）。Webster等（2003）研究认为报春花的重瓣性与ABC功能基因也是有关的。Jack

（2001）用异位超表达E和B功能基因发现，转基因拟南芥的花萼、茎生叶瓣化、莲座叶轻微的瓣化，表明 *SEP* 基因在叶转变成花器官的过程中起了重要的作用。

5.5.3 台阁起源

台阁花（prolifera）实际是由于花枝极度压缩而成为花中花，如'台阁'梅（图5-13）、*Rosa* 'Bloomfiled Abundance'。通常是花开后又有一花开放，两花内外重叠，下位花发育充分，上位花退化或不发达；但也有上下位花都发育完全的花型。台阁类型是由同一花原基分化出的上下重叠的花器官，每个花器官的分化顺序与单花相同，当下位花分化到雌蕊原基并继续瓣化的同时，向内分化上位花的花瓣、雄蕊、雌蕊。赵梁军（2003）以单瓣的野蔷薇（*R. mulitiflora*）为母本，以重瓣的荷花蔷薇（*R. mulitiflora* f.carnea）为父本，杂交后代出现了下位为重瓣花，上位为一个或几个多花瓣、多花萼、多雄蕊的重瓣花的台阁花型。事实上，台阁起源的重瓣花也是由花器官特性基因调控。*AG*基因的突变，出现了雌雄蕊变瓣、表皮细胞的部分转变和台阁花（鸟巢花）等突变体（Mizukami Y & Ma H，1995）。*FBP2*强突变体花瓣变为绿色且较小，雄蕊被绿色花瓣代替，雌蕊也减少，没有胚珠和胎座，而在该部位形成花中花（Angenent et al., 1994）。

图5-13　单瓣梅花与台阁梅花

5.5.4 花序起源

花序起源又称假重瓣（pseudo-doubles）。花序起源的重瓣花最突出的是菊科植物，花序由许多单瓣小花组成。当最外一轮的小花（边花）延伸或扩展成舌状或管状花瓣，其余小花（心花）保持不变，称为单瓣花；心花的一部分或全部成为舌状花瓣，就成为重瓣花。八仙花科的伞房花序，通常又称重瓣花，其边沿的不孕花是观赏的重点，花中心是可育的两性花。在选择的压力下，外轮花瓣的数目可以跃变地增加，即大部分或全部的心花同时瓣化成球型或托桂型，这在菊花和翠菊中可以见到（图5-14）。

花器官特性基因、控制花分生组织大小和数量基因以及某些花发育相关基因发生突变时，常常导致重瓣花和多瓣花形成；表达区域收缩和扩展也可导致重

图5-14　菊花单瓣与重瓣

瓣花和多瓣花的形成；花分生组织相关基因 Leafy 对下游基因调控途径的改变，如ABCDE类基因相互间调控关系的改变，以及其他基因和ABCDE基因的相互作用的变化均可导致多瓣花和重瓣花的产生。另外，调控途径也是多方面的，如甲基化过程、转录后调控以及miRNA的调控变化等也可导致重瓣花和多瓣花的形成。

5.6 重瓣花遗传

各种类型的重瓣花都是植物系统发育和个体发育的结果，是通过自然选择，尤其是人工选择而获得，无疑都是由基因控制的。如上文所述，重瓣性的起源和重瓣花的类型有很大的差异，显然不可能是同一遗传模式。现有的研究报道表明，有些园林植物的重瓣性服从质量性状的遗传规律；但大多数情况下，重瓣性的遗传表现为明显的数量性状遗传规律。园林植物花朵的重瓣性，在一定程度上受植株本身生长势、营养条件、栽培状况和环境因素的影响，所有园林植物的重瓣性表现，实际上是遗传基础与环境之间相互作用的综合表现。

5.6.1 等位基因控制

（1）重瓣性为隐性

重瓣性由一对纯合的隐性基因控制，杂合或纯合的显性基因控制时表现为单瓣花。Saunder（1911）在研究紫罗兰（*Matthiola* spp.）株系的遗传规律时发现，某些常芽变的（ever-sporting）单瓣紫罗兰自交后代总是产生大约50%的重瓣花。研究表明紫罗兰的重瓣由一对纯合的隐性基因（ss）控制，且不可育；单瓣是由杂合的 Ss 或纯合的 SS 基因控制，可育。在可育的单瓣紫罗兰株系中，只有携带 s 基因的花粉具有活力，携带 S 基因的花粉失去活力，雌蕊中 s 和 S 两种基因各一半，这样当单瓣的 Ss 植物自交时，就产生了单重各半的后代。Zainol（2001）等人用重瓣花烟草（*Nicotiana alata*）自交，后代全部产生重瓣花；重瓣花烟草与基因型纯合的单瓣花烟草杂交 F_1 代为单瓣花，F_1 代自交产生的 F_2 代出现了单瓣：重瓣=3:1分离比例，与重瓣花回交产生分离比例单瓣：重瓣=1:1，与单瓣花回交全部为单瓣花。可见，花烟草的重瓣性是由核隐性基因 fw 控制，显性等位基因控制单瓣花，而重瓣花自交后代的重瓣化的程度不一样，表明一些次要基因对重瓣化的表达起了一定作用。Hitier（1950）研究了另外一个重瓣花烟草（*N. tabacum* 'Corolle Double X'）的瓣性遗传，发现它的重瓣性也受一个隐性基因决定。秋海棠与重瓣的球根秋海棠杂交，后代杂种中单瓣花占65.0%（张成敏等，2001）；梅花重瓣花与单瓣花的杂交后代多开单瓣花，也有个别开重瓣花，有些双亲均为重瓣种，而 F_1 都变成单瓣种类（陈俊愉和戴思兰，1996）。可见，秋海棠、梅花的重瓣性也可能受隐性基因控制。自然界中，重瓣性为隐性的园林植物较多，如罂粟花、报春花、古代稀、沟酸浆、飞燕草、黑种草等。

隐性上位 研究发现凤仙花单瓣对重瓣为显性，当单瓣凤仙与茶花型重瓣凤仙杂交后代分离比例为单瓣：重瓣：茶花型重瓣=9:3:4。这是两对等位基因控制的隐性上位遗传模式。

（2）重瓣性为部分显性

Norton（1905）发现，用香石竹单瓣品种与超重瓣品种杂交，F_1 植株多为普通重瓣型，在 F_2 则为单瓣、重瓣、超重瓣植株比例为1:2:1。普通重瓣种子繁殖后代出现单瓣、重瓣、超重瓣的分离。单瓣与单瓣杂交的子代100%单瓣；重瓣与单瓣杂交的分离比例为重瓣：单瓣=1：1。表明香石竹超重瓣对单瓣是一种不完全显性。

（3）重瓣性为显性

Scovel（998）发现香石竹的单瓣花仅在纯合体中表达，由一对隐性的等位基因控制，当发生突变时，花瓣数量增加。重瓣性为完全显性的物种在自然界并不常见。林功涛和李凤宜（2000）以早小菊（*Chrysanthemum morifolium*）和其他小菊为亲本，发现无论亲本的花型是球型、重瓣型、半重瓣型、单瓣型，杂交后代均可分离出以上花型，双亲都是重瓣，后代的重瓣率高；在单瓣与单瓣或单瓣与半重瓣的杂交组合中，重瓣率达到61.11%和84.78%，比其他组合后代的重瓣率都高，这表明重瓣性可能为显性。重瓣花烟草（*N. tabacum* 'Xanthi N C'）、重瓣矮牵牛（*Petunia* × *hybrida* 'Grandiflora'）、重瓣翠菊的重瓣性也受显性基因控制（Hitier, 1950；Sink, 1973；Raghava, 2001）。水杨梅、马齿苋重瓣与单瓣杂交，F_1代为重瓣。

5.6.2 多基因控制

（1）主基因+修饰基因

一对主要基因控制显隐性，而其他修饰基因影响重瓣花的花瓣数量。Nugent（1967）和Almouslem（1989）分别研究了某些重瓣品种的遗传规律，他们发现用半重瓣天竺葵与单瓣天竺葵品种杂交，后代分离比例半重瓣：单瓣=1：1；而用半重瓣天竺葵和另外一个单瓣天竺葵品种杂交，后代分离比例为单瓣：半重瓣：重瓣=4：3：1。半重瓣天竺葵自交后代的分离比例为半重瓣：重瓣：单瓣=9：3：4。他们发现*D/d*基因相对*M1*、*M2*、*M3*修饰基因是上位基因。基因型为*dd*表现为单瓣花（花瓣5、花萼5），基因型为*Dd*或*DD*时，表现为半重瓣（花瓣10、花萼10）或重瓣。有*D*基因存在时，纯合的隐性修饰基因*m1m1*、*m2m2*可以增加10个花被片，纯合隐性修饰基因*m3m3*可以增加20个花被片，有*M1*、*M2*、*M3*存在时，*m1*、*m2*、*m3*基因作用受抑制。他们推测单瓣天竺葵品种的基因型为*dd M1M1 M2M2 M3M3*或者*dd M1m1 M2M2 M3M3*，半重瓣天竺葵品种基因型为*D/d M1m1 M2M2 M3M3*。Lammerts（1941）研究发现观赏桃品种的单瓣（*D1*）对重瓣（*d1*）为完全显性，而花瓣的数量，则由具累加效应的两对基因*Dm1/dm1*、*Dm2/dm2*控制，*dm*基因越多，则重瓣花的花瓣数越多。

陈俊愉（1997）用基因纯合的菊属野生种及半野生种毛华菊（*Chrysanthemum. vestitum*）、甘野菊（*C. lavandulifolium*）、小红菊（*C. chanetii*）等与近重瓣的栽培种'美矮粉'杂交，后代为单瓣；F_1代品系之间杂交可以产生复瓣或近重瓣品种，表明野生种单瓣性对栽培品种的重瓣性是显性的，而后代出现花瓣数量不同的株系，表明是受其他因子的影响。Davidson等（1990）对金露梅（*Potentilla fruticosa*）的研究发现，增加的5枚花瓣受两个隐性的开关基因D_1和D_2控制，另有一个隐性修饰基因*Dm*控制另外1~5枚花瓣的产生。

（2）微效多基因

用8舌片的单瓣型大丽花与160~170个小花的重瓣型杂交，F_1出现广泛幅度的变异，表明花朵重瓣性遗传是受微效多基因控制；不过在F_1植株中，也常出现偏向单瓣或半重瓣的倾向（Reynolds & Tampion, 1983）。DeJong（1984）研究菊花的重瓣性遗传时发现重瓣、半重瓣、单瓣任两种花型杂交，后代花型主要与双亲花型一样，比例差不多，产生少数其他花型；但重瓣与单瓣杂交，后代中间类型的半重瓣花达58%、单瓣29%、重瓣12%；双亲花瓣越多，后代的重瓣花或半重瓣的比例越大。后代中重瓣花之间或半重瓣花之间的花瓣数量都有差异，这似乎表明菊花重瓣性是由多基因控制，而单瓣遗传性比重瓣强。重瓣性的遗传力一般较低，如非洲菊盘状花层数的狭义遗传力仅为0.16（Drennan，1986）。Serrato Cruz（1990）对万寿菊的研究表明，单瓣花的后代是单瓣或复瓣；重瓣花的后代中单瓣、复瓣和重瓣均有分布。佛手丁香（重瓣）与欧洲紫丁香（单瓣）杂交后代出现了重瓣、单瓣及超出双亲的重瓣；华北紫丁香（单瓣）与佛手丁香（重瓣）杂交后代得到同样结果。用单瓣洋丁香、单瓣白丁香和单瓣异叶洋丁香之间杂交，其杂种F_1代均呈单瓣型；以重瓣洋丁香为母本、以异叶洋丁香为父本的杂交后代重瓣、单瓣都有（刘玮，2000），表明重瓣丁香也是受微效多基因控制，多基因的累加，后代往往会出现超过亲代花瓣数量的品种。用美洲黄莲与单瓣荷花品种杂交，其种间杂种仍为单瓣，与重瓣品种杂交，其种间杂种为半重瓣或重瓣（黄秀强等，1992）。

5.6.3 倍性遗传

李懋学等（1983）和杜冰群等（1989）对中国栽培及部分野生菊进行核型分析，观察到野生菊为二倍体、四倍体、六倍体，栽培品种主要是6倍体及其他非整倍体，少量七倍体、八倍体及其亚倍体或超倍体。而野生种及原始种多为单瓣花，栽培种多为重瓣花。Ke等（1992）对猕猴桃属的种间杂种研究表明，中华猕猴桃（*Actinidia chinensis*）的花瓣数5~6枚，毛花猕猴桃（*A. eriantha*）的花瓣数6~7枚，两者都为二倍体；杂交后代中有8个植株花瓣数8~10枚，排成2~3轮，变为三倍体，表明花瓣数量与倍性有关。4倍体的重瓣天竺葵经花药培养产生的二倍体变成了单瓣花（Abo，1973），但黄燕文等（1995）指出梅花的瓣性与倍性无关，可见瓣性与倍性的关系因种而异。

5.6.4 细胞质（母性）遗传

Rousi（1968）发现来自重瓣耧斗菜（*Aquilegia vulgaris*）种子后代仅仅产生重瓣花，来自单瓣耧斗菜种子的后代仅产生单瓣花，重瓣与单瓣杂交后代有单瓣到重瓣一系列花型，表明耧斗菜的瓣性主要是细胞质遗传，一些核基因对瓣性有累加的效果。杜鹃花套筒花型品种与单瓣花型品种杂交后代为套筒，反交为单瓣，这也是细胞质遗传现象。

紫斑牡丹单瓣（品种）与重瓣（品种）杂交组合中，F_1代65%为单瓣，20%为半重瓣，15%为重瓣；反交后F_1代中单瓣约占30%，半重瓣占40%，重瓣30%。说明紫斑牡丹花型可能受母性遗传影响较大，而且单瓣遗传性较强（成仿云和陈德忠，1998）。

5.7 影响花发育的因素及其育种应用

5.7.1 影响花发育（重瓣花）因素

（1）环境因子对花期的综合调控

传统的花期调控技术主要通过调节环境条件进行，如温度、光照、生长调节物质、栽培措施等因素。对于一些夏季开花的木本花卉，花芽着生在当年生枝上，在高温下形成花芽而开花。此外，增加温度可以打破一些植物的冬季休眠，促进其成花。对于大部分越冬休眠的多年生草本花卉与木本花卉，低温处理可以延长休眠期，延迟开花。此外，对光周期敏感的植物可以经过不同的光照处理，如光周期、光照强度、光质等，影响植物成花。菊花是典型的短日照植物，对其进行一定时间的短日照处理可以延长或者提前花期。外源激素可以打破植物花芽的休眠，达到调控花期的作用。施用一定浓度的外源赤霉素可以使部分花卉的花期提前，除了环境条件的改良，在植物栽培过程中，对其进行摘心、修剪、摘蕾、拔芽、施肥等均可以调节植物花期。

（2）叶片

Tooke（2000）研究了凤仙花的叶在花发育进程中的作用，在正常的短日照条件下，ABC功能基因的表达开始和持续是一定的，花瓣的数目也相同。当摘除叶片后（留1片），花瓣的数量增加，形成重瓣花。研究表明花瓣数量的增加不是由于外界压力、原基选择、雄蕊取代的结果，而是当叶起源的信号受到限制后，B、C两类基因的表达时间因处理而被推迟；同时ABC三类基因的表达持续时间都有增加所致。对花器官发育，叶来源信号（leaf-derived signal）有一个持续、定量作用。叶来源信号的延迟以及激素、营养、环境等因素也能导致花瓣数量增加。

（3）激素

风信子的花没有花萼和花瓣的分化，而是由6片于基部相连形成花被筒。花被筒内着生6枚雄蕊和3枚雌蕊，这种模式十分恒定。将特定时期的花被片作为外植体培养，通过调节外源激素的浓度，可使再生的花芽不断形成花被片而不形成雄蕊和雌蕊，或者不断形成雄蕊而不形成雌蕊，甚至仅仅形成胚珠不形成雄蕊，因此，通过调节激素浓度和外植体生理年龄可以改变花器官形成模式（Lu，1999，2000）。经GA_3处理的凤仙花，从66.7%的重瓣变成100%重瓣（Weijie，1959），而用IAA和GA_3分别处理香石竹品种'White Sim'出现花瓣增多的现象（Garrod，1974）。Nomerov（1976）发现月季的某个品种在开花的第一年重瓣花很少而不稳定，而在2~3年后，重瓣花每轮花瓣增多，花轮增加而且更加稳定，这似乎是受到激素或营养条件的影响。赤霉素（GA）能够促进LFY基因的表达，到了花器官发育阶段，A功能基因中的AP1基因受LFY基因激活，它的表达在数量上依赖LFY基因，进而影响花萼和花瓣的发育（桂建芳和易梅生，2002）。

（4）温度

在花发育期间控制相对较短时间的低温，从紫罗兰花的中心长出花瓣和花萼，形成台阁花型（Reynolds，1983）。高温（27℃）和低温（13℃）都能导致石竹科的*Silene coeli-rosa*花器官的增加，雄蕊变得极不稳定（Lyndon，1979）。基因型为重瓣的香雪兰在高温下生长形成单瓣花（Baer，1971）。

5.7.2 花发育的调控及其育种应用

在植物的发育中，也存在着与果蝇一样的3个参数系统。第一个参数系统控制纵向的分化、发育，如花序特性基因、分生组织特性基因；第二个参数系统控制径向的分化发育，如花器官特性基因；第三个参数系统控制切向的分化、发育，如花型基因。在过去10多年中，随着现代遗传学和分子生物学技术的发展,一系列花发育相关基因被分离鉴定。但花发育的过程十分复杂,各阶段紧密联系,一个基因往往具有多个功能,基因间的互作现象普遍存在,调控机理多种多样,组成了一个错综复杂的网络系统(图5-15)。目前对于这个网络中基因间的相互关系很多还仅仅基于遗传学的假设,从分子生物学角度阐明调节基因对发育关键基因的调控机理将是一个艰巨的挑战。

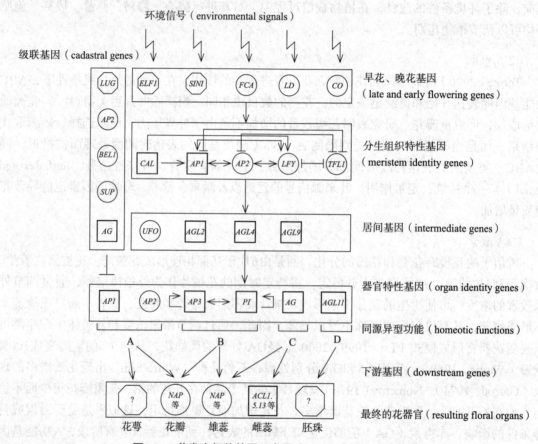

图5-15 花发育相关基因示意图(Theißen et al., 2000)

现已分离克隆的花发育的相关基因大多是通过研究突变体而得到的。而一些基因的功能与其他基因冗余,或在胚胎或苗期使植物致死,利用突变体的方法很难分离出这类基因。拟南芥、水稻等植物基因组测序的完成使我们可以应用反向遗传学的方法研究基因的功能,从而发现更多的花发育相关基因。

传统的花期调控技术局限于生产实践经验,并且存在周期长和不确定性等缺陷。利用转基因技术可以将花发育相关基因应用到植物花期改良上,并且取得较大进展。拟南芥中的 *AP1* 导入矮牵牛,在 Ro 代表现出花期提前且持续不断开花的特性。在菊花和热带兰中转化了拟南芥 *LFY* 基因,得到提前开花的转基因菊花和兰花。在柑橘、大岩桐等植物中过表达 *LFY* 及其同源基因,均能显著促进植物开花。苹果植株正常需要5年开花,但是转反义 *MdTFL* 基因后,嫁接8~15个月就可以开花,并且花器官正常发育。

花朵重瓣性的遗传十分复杂，研究重瓣性遗传规律是一个长期的工作，许多工作仅仅做了一个开头，往往很难归纳出它们的遗传规律。由于重瓣花起源方式的多样性，各物种重瓣花的遗传模式也不尽相同，即使是同一个种的不同品种都可能表现为不同的遗传模式。花朵的重瓣性部分服从质量性状遗传规律，但大多时候表现为数量性状的遗传规律，而相对原始的性状后代中往往表现为较强的遗传性。随着对重瓣花形成机理研究的不断深入，调控重瓣花发育过程的更多的同源异形基因被鉴定，人们可以成功地控制同源异型基因的表达，使得通过基因技术手段，按照人类的需要，设计新的重瓣花型已成为现实。

研究控制发育的主要基因的系统进化有助于理解生物的进化。以MADS盒基因家族为例，它在现存的植物、动物和真菌中均有发现，说明真核生物最近的共同祖先已经有了MADS盒。在进化过程中，MADS盒基因演化出不同的功能，在植物中主要在生殖器官中表达，其结构、功能的变化及与其他基因间相互关系的变化与生殖器官的起源与进化密切相关。最初对于花发育的机理研究主要集中在模式植物拟南芥上，现在从蕨类、裸子植物、被子植物的多个物种中均分离克隆到了MADS盒基因。研究花发育在不同物种间的共性与特性不仅能够揭示出花的起源与进化，还为遗传操作改变花的发育过程奠定了基础。在农业领域，花发育的基础研究具有广阔的应用前景，如创造无花粉或无果实的环境友好植物，简化育种程序，创造雄性不育系，丰富花型等。事实上，园林植物需要的花序（单头、多枝）、重瓣、台阁、花型等花器官的观赏特征，均有其遗传基础。随着分子生物学和植物生物技术的不断发展，这些性状都有可能按照人们的爱好和意志，进行遗传改良。

（刘青林　于蕊　赵印泉）

思考题

1. 花发育的完整过程包括哪些步骤？
2. 试述成花诱导与花序发育的关系，成花诱导的途径有哪些？
3. 哪些基因与花的发端有关？花的发端的标志是什么？
4. 控制花器官发育的基因有哪几类？它们的作用（功能）是如何被鉴定的？
5. 一般的花芽分化过程是花分生组织特性基因表达的结果，还是花器官特性基因表达的结果？
6. 举例说明如何利用花发育的遗传机理培育园林植物新品种。
7. 重瓣花的起源有哪些途径？各自的形成机理是什么？各种类型的重瓣花有什么区别或联系？
8. 重瓣性的遗传规律为何这么复杂？举例说明重瓣花遗传的基本规律。
9. 影响重瓣性遗传和形成的环境因素有哪些？

推荐阅读书目

植物分子遗传学（第二版）．2003．刘良式．科学出版社．
植物发育的分子机理．1998．许智宏，刘春明．科学出版社．
Double Flowers, A Scientific Study. 1983. Reynolds J., Tampion J. Pembridge Press.

第6章 花色与彩斑遗传

[本章提要]色彩比形状更具吸引力。形成花色的色素主要包括类胡萝卜素、类黄酮（主要是花色素）、生物碱类色素和叶绿素，其分子结构和生物合成是人们理解花色的物质基础。通过研究纯色花和变色花的成色机理，能更好理解花色是各种色素、其他物质、及其他条件综合作用的结果。控制花色的基因包括控制生物合成过程关键酶的结构基因，以及包括转录激活复合体和转录抑制子等的调节基因。花色的遗传表现出系列多基因的基本特点，即上游基因的上位性和同位基因的不完全显性（互补性）。花瓣和叶片都会有彩斑。规则性彩斑多表现在花瓣上，多由核基因控制的，符合孟德尔遗传定律。叶片上的不规则彩斑的成因和遗传比较复杂，可能是体细胞的核基因突变、染色体畸变，也可能是细胞质基因的突变，或是转座子的效应，甚至是病毒感染的结果。

狭义的花色是指花瓣的颜色，广义的花色是指花器官的颜色，包括花萼、正常花瓣、雄蕊、雌蕊、苞片及它们发育或退化而成的瓣化瓣的颜色。花萼发育成花瓣的花卉有鸢尾、百合、水仙、郁金香等；雄蕊、雌蕊发育成花瓣的有重瓣牡丹、重瓣月季等；苞片发育成花瓣的有一品红、紫茉莉等。

1856—1863年孟德尔连续8年的豌豆杂交试验，奠定了花色遗传的理论基础。1910—1930年德国学者威斯塔特（Willstatter）和瑞士学者凯勒（Karrer）从大量植物中分离出类胡萝卜素（carotenoid），并就其化学结构进行研究。至19世纪中期很多人从事植物色素化学的研究，其中迈卡特（Marquart）、莫里斯（Molish）、贝特·史密斯（Bate-Simith）及哈本（Harborne）等在花青素苷（anthocyanin）的化学结构鉴定方面作出了重要贡献。经过长期的努力，查明了包括花青素苷元（anthocyanidin）和花青素苷在内的大部分花青素（anthocyan）的主要化学结构。进入20世纪后，随着植物色素化学不断取得进展，用生物化学的方法研究和解释花色形成机理的研究兴起，初期活跃于这个领域的有翁斯洛斯科特·蒙克里费（Onslow Scott-Moncriff）等人，他们主要研究了花色素（flower pigment）中类黄酮（flavonoid）的遗传。这些研究成果不仅奠定了今天花色的生化遗传学的基础，而且也成为其后比德尔（Beadle）的基因-酶学说的基础。

花色是决定园林植物观赏价值的重要因素之一，人们对五彩缤纷的园林植物的渴望永无止境，越是市场上找不到的具有珍稀颜色的园林植物，人们的需求越是强烈。20世纪80年代后，不断发展的生物技术，尤其是基因工程技术为园林植物花色性状的改良提供了全新的思路，花色分子育种已成为园林植物基因工程研究的重点之一。

6.1 色素类群及其生物合成

花色是光线照射到花瓣上穿透色素层时部分被吸收，部分在海绵组织层反射折回，再通过色素层而进入人眼所产生的色彩。因此，它与花瓣内含有的色素种类、色素含量（包括多种色素的相对含量）、花瓣内部或表面构造引起的物理性状改变等多种因素有关，但是其中最主要的是花色素的种类和含量。从各种颜色的花瓣中提取色素，研究其主要成分，从19世纪中叶就开始了，在150多年的研究过程中，发现了很多种色素，但都可以归成类胡萝卜素、类黄酮、生物碱类色素（alkaloid）和叶绿素（chlorophyll）四大类色素。

6.1.1 类胡萝卜素

（1）类胡萝卜素的结构与种类

类胡萝卜素属于萜烯类化合物，是胡萝卜素（carotene）和胡萝卜醇（xanthophyll）的总称。广泛存在于植物的花、根、茎、叶和果实中，一般含于细胞质内的色素体上，几乎不溶于水，而溶于脂肪、类脂和一些非极性的有机溶剂中。包含红色、橙色及黄色，主要有α-胡萝卜素、β-胡萝卜素、γ-胡萝卜素、番茄红素等。其中β-胡萝卜素最有代表性，其结构两端有2个六角形的环，中间连接4个由5碳原子组成的异戊二烯（图6-1），由40个碳原子全部像锁链似的连接在一起，分子式为$C_{40}H_{56}$。

胡萝卜素特有的颜色是由这些双键共轭而形成的。双键位置不同，胡萝卜素的种类就不同，颜色也发生变化。胡萝卜醇是胡萝卜素的氧化物，属于高级醇。胡萝卜醇一般是在胡萝卜素3位上结合1个羟基或在3位及3′位上结合2个羟基。例如，隐黄质（crytoxanthin）是β-胡萝卜素的3位上连接1个羟基，叫作3-羟基-β-胡萝卜素；又如叶黄素（lutein）是α-胡萝卜素的3位及3′位上各结合1个羟基，叫作3,3′-二羟基-α-胡萝卜素（图6-2）。大多数花瓣中的胡萝卜醇存在于软脂酸中。

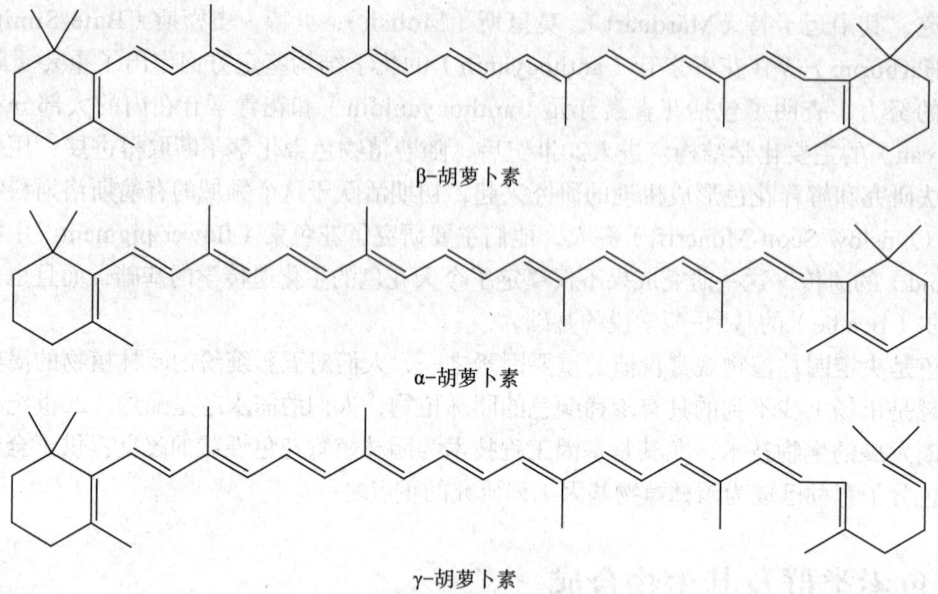

β-胡萝卜素

α-胡萝卜素

γ-胡萝卜素

图6-1　典型胡萝卜素的结构式

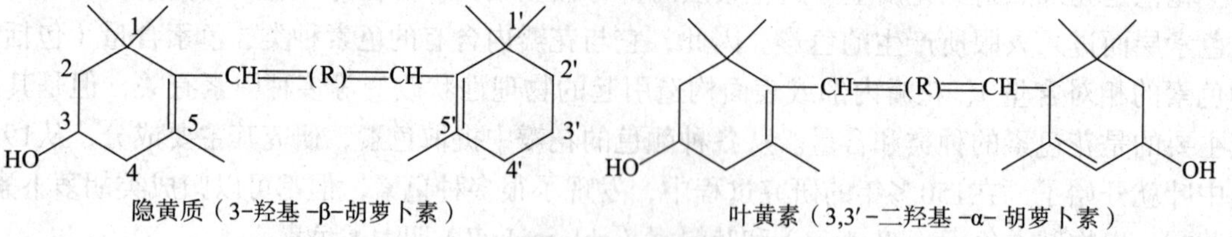

隐黄质（3-羟基-β-胡萝卜素）　　　　叶黄素（3,3'-二羟基-α-胡萝卜素）

图6-2　隐黄质与叶黄素的化学结构

（2）类胡萝卜素的生物合成途径

以类胡萝卜素为主要色素的花通常呈现黄色和橙色。类胡萝卜素生物合成在质体中进行。首先，异戊烯焦磷酸（IPP）在IPP异构酶（IPPI）作用下生成二甲基丙烯基二磷酸（DMAPP），然后DMAPP在牻牛儿基牻牛儿基焦磷酸合成酶（GGPS）作用下与3个IPP缩合，依次生成10碳的牻牛儿焦磷酸（GPP）、15碳的法尼基焦磷酸（FPP）、20碳的牻牛儿基牻牛儿基焦磷酸（GGPP）。从GGPP开始到新黄质的合成代谢途径如图6-3所示。第一步是八氢番茄红素合成酶（PSY）催化两个GGPP分子缩合产生无色的八氢番茄红素。八氢番茄红素在八氢番茄红素脱氢酶（PDS）和ζ-胡萝卜素脱氢酶（ZDS）的催化下生成粉红色的番茄红素。番茄红素的环化反应由LCYb和LCYe催化，一个分支生成γ-胡萝卜素、β-胡萝卜素和玉米黄质；另一个分支生成δ-胡萝卜素、α-胡萝卜素和叶黄素；玉米黄质可进一步生成紫黄质和新黄质（图6-3）。

6.1.2　类黄酮

6.1.2.1　类黄酮的结构和分类

类黄酮主要指基本母核为2-苯基色原酮（2-phenyl-chromone）类化合物，即由A、B两个苯环（C_6）和一个C环（C_3）连接而成C_6—C_3—C_6化合物（图6-4）。这类含氧杂环化合物多

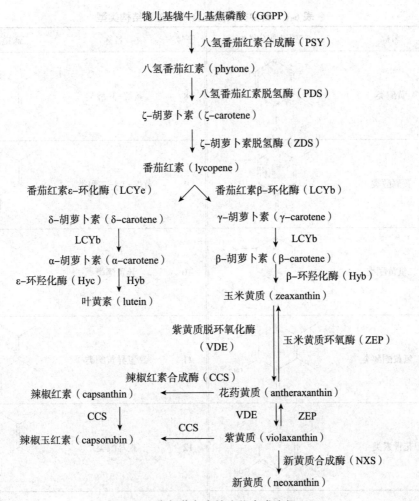

图6-3 类胡萝卜素的生物合成途径

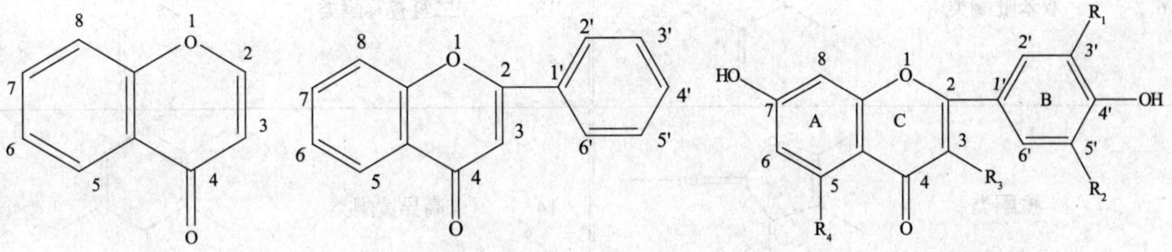

图6-4 色原酮、2-苯基色原酮、黄酮(黄酮醇)的结构及取代基的位置

存在于高等植物及羊齿类植物中。天然类黄酮多以糖苷形式存在于细胞内的液泡中。例如，我国传统名花牡丹、芍药、荷花的花瓣中含有的色素主要就是类黄酮化合物（Li et al., 2009; Jia et al., 2008; Yang et al., 2009）。

根据中央三碳链（C环）的氧化程度、B-环的连接位置（2′或3′位）以及三碳链是否形成环状等特点，可将主要的天然类黄酮分为以下14类（表6-1）。

表 6-1　各种类黄酮化合物的主要结构类型

序号	名称	三碳链部分结构	序号	名称	三碳链部分结构
1	黄酮类		8	黄烷-3-醇类	
2	黄酮醇类		9	黄烷-3,4-二醇类	
3	二氢黄酮类		10	异黄酮类	
4	二氢黄酮醇类		11	二氢异黄酮类	
5	花青素类		12	查耳酮类	
6	双苯吡酮类		13	二氢查耳酮类	
7	橙酮类		14	高异黄酮类	

　　类黄酮中除花青素苷外，其他多呈从浅至深的黄色。花青素苷是由花青苷元与糖结合形成的，糖苷的形成使花青素苷最大吸收光谱向紫外线端移动，因而增加一些浅蓝色调，花青素苷的存在使花表现为红、红紫、紫和蓝色。花青素苷以外的黄酮（flavone）、黄酮醇（flavonol）类色素则呈现由浅至深的黄色，二者统称为花黄素（anthoxanthin）。

　　①花青素　是2-苯基苯并吡喃黄锌盐的多羟基衍生物，三羟基黄锌盐（trihydroxyflavylium）为基本骨架（图6-5）。

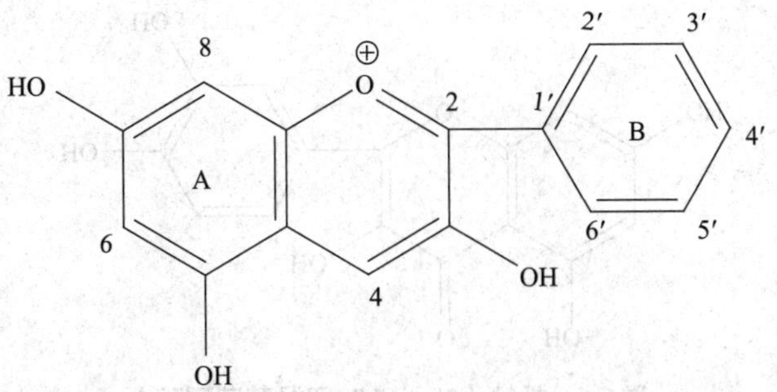

图6-5 3′,5′,7-三羟基-2-苯基苯并吡喃黄𬭩盐

整个花青素分子处于大的共轭体系中，而使花器官呈现各种鲜艳的颜色。母核苯环上取代基的种类（羟基、甲氧基）、数目及位置不同，花青素的种类就不同。

花青素的种类虽然很多，但现在发现的天然花青素苷元只有7种，即天竺葵素（pelargonidin，Pg）、矢车菊素（cyanidin，Cy）、飞燕草素（delphinidin，Dp）、芍药花素（peonidin，Pn）、碧冬茄素（petunidin，Pt）、锦葵素（malvidin，Mv）和报春花素（primulagenin，Pm）（表6-2）。常见的为前6种。

表6-2 花青素苷元的结构式

花青素苷元的结构通式	花青素苷元类型	R_1	R_2	R_3
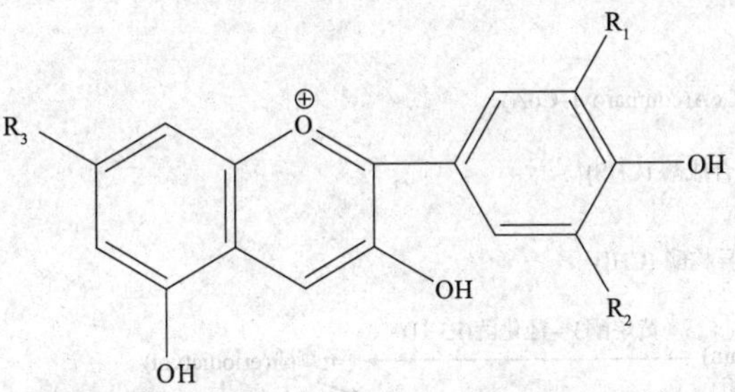	天竺葵素（Pg）	H	H	OH
	矢车菊素（Cy）	OH	H	OH
	飞燕草素（Dp）	OH	OH	OH
	芍药花素（Pn）	OCH_3	H	OH
	碧冬茄素（Pt）	OCH_3	OH	OH
	锦葵素（Mv）	OCH_3	OCH_3	OH
	报春花素（Pm）	OCH_3	OCH_3	OCH_3

从天竺葵素（砖红色）→矢车菊素（红色）→飞燕草素（蓝色），随着B环上羟基数目的增加由红变蓝；而从芍药花素→碧冬茄素→锦葵素→报春花素，随着B环3′位、5′位和A环的7位羟基被甲基取代程度增加，红色效应增大。此外，由于花青素苷元与糖的结合方式（糖的种类、数目、连接位置及连接方式）不同，花青苷的种类也各不相同，也引起花色发生一定程度的改变。

②花黄素　包括黄酮和黄酮醇两类化合物。花黄素在天然状态下主要以糖苷存在，也有在糖上结合有机酸形式存在。各种不同种类的黄酮、黄酮醇类色素在R_1、R_2、R_3或R_4位置上又可能进一步被修饰，如羟基化、甲氧基化、酰基化和糖苷化等，这样就产生了自然界种类繁多的类黄酮化合物。目前，已知化学结构的有5000多种，呈现白色至深黄的颜色。

黄酮醇是黄酮3位的氢原子被羟基取代的产物。典型的黄酮醇有栎精（quercetin）（3′,4′,5,7-四羟基黄酮醇）（图6-6），常见于山茶科植物中。

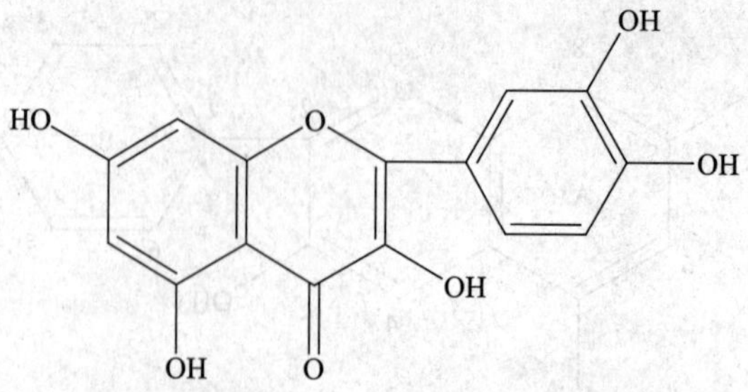

图6-6 栎精（3',4',5,7-四羟基黄酮醇）

③查耳酮和橙酮 查耳酮和橙酮又叫"花橙素"，均为水溶性色素，呈黄色，遇氨气变为橙色或红色，天然状态下均以糖苷形式存在。含有橙酮的园林植物有菊科、豆科、玄参科植物。

6.1.2.2 类黄酮的生物合成途径

在过去的50多年里，人们对类黄酮在遗传、生化和分子生物学方面都做了详细的研究，其合成途径已基本清楚，很多重要的合成酶基因和调节基因已被克隆。通过控制相关基因的表达来改变花色，已成为花卉分子育种的重要手段。

类黄酮生物合成途径是由3分子丙二酰CoA和1分子4-香豆酰CoA在查耳酮合成酶（CHS）催化下生成查耳酮开始的（图6-7）。香豆酰CoA是从苯丙氨酸经过三步酶催化反应形成的。

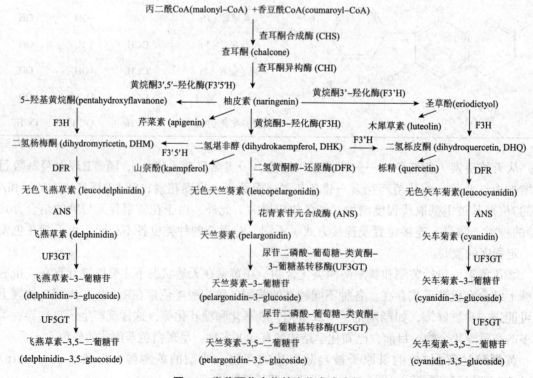

图6-7 类黄酮化合物的生物合成途径

丙二酰CoA来源于乙酰CoA的羧化，查耳酮生成后，由异构酶（CHI）催化生成黄烷酮（柚皮素）。以这个中间产物为中心，类黄酮合成途径产生了多条分支，以合成各种不同的类黄酮化合物。

6.1.3 生物碱类色素

6.1.3.1 生物碱类色素的结构和种类

生物碱类色素是指和生物碱结构相似的化合物，属水溶性，如甜菜素（betalain）、小檗碱（berberine）、罂粟碱（papaverine）等。甜菜素包括呈现红色或紫色的甜菜红素（betacyanin）和呈现黄色的甜菜黄素（betaxanthin），甜菜红素包括游离态的甜菜红苷元（betanidin）及与糖结合成糖苷的甜菜红苷（betanin）。甜菜红素中含有75%~95%的甜菜红苷，其余的色素为游离的甜菜红苷元、前甜菜红苷（prebetanin）及它们的异构体；而甜菜黄素包括甜菜黄素Ⅰ（vulgaxanthin-Ⅰ）和甜菜黄素Ⅱ（vulgaxanthin-Ⅱ）。甜菜红素在碱性条件下可转化为甜菜黄素（表6-3）。甜菜碱存在于藜目植物中，在含花青素苷的植物中未曾发现。罂粟碱使罂粟目的罂粟属和绿绒蒿属植物呈现黄色，小檗碱使毛茛目的小檗属植物呈现深橙色，它们都是生物碱类色素。

表 6-3　甜菜素的结构式

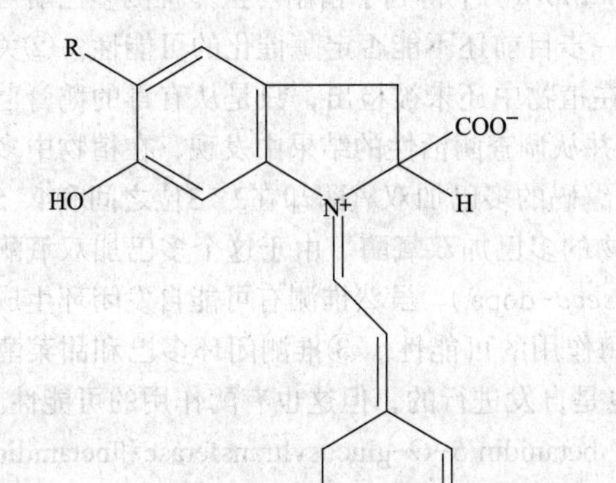 甜菜红苷元（betanidin）：R═OH	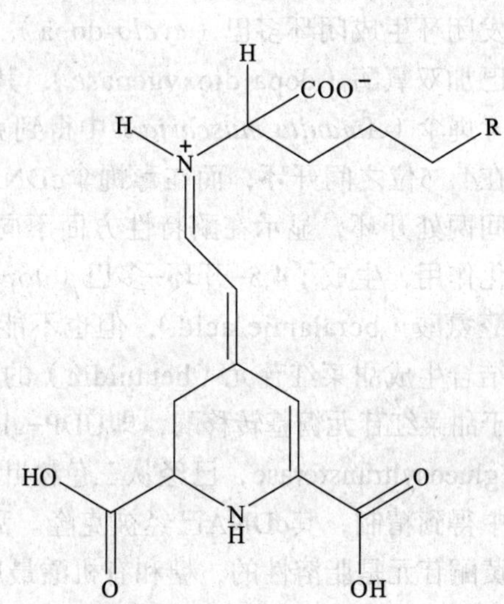 甜菜黄素（betaxanthin）：
甜菜红苷（betanin）：R═O-葡萄糖	甜菜黄素Ⅰ（vulgaxanthin-Ⅰ）：R═NH$_2$
前甜菜红苷（prebetanin）：R═O-6-硫酸葡萄糖	甜菜黄素Ⅱ（vulgaxanthin-Ⅱ）：R═OH

6.1.3.2 甜菜素的生物合成途径

甜菜红素（betacyanin）及甜菜黄素的生物合成途径如图6-8所示。①从酪氨酸（tyrosine）

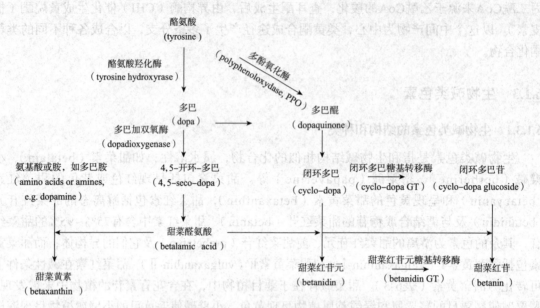

图6-8 甜菜素的生物合成途径（日本植物色素研究会，2004）

羟基化生成多巴（dopa），并进一步合成多巴醌（dopaquinone），其酪氨酸羟化酶（tyrosinase）已经从大花马齿苋（*Portulaca grandiflora*）中得到了精制。虽然推测多巴醌可能自发闭环生成闭环多巴（*cyclo*-dopa），但这一步目前还不能否定酶催化的可能性。②关于多巴加双氧酶（dopa dioxygenase），其活性在植物中还未被检出，只是从有毒的鹅膏菌属的毒蝇伞（*Amanita muscaria*）中得到克隆，并从调查酶活性的结果中发现，在植物中多巴只在4, 5位之间开环，而在毒蝇伞cDNA中被编码的多巴加双氧酶却在2, 3位之间和4, 5位之间两处开环，显示在酶特性方面不同于植物的多巴加双氧酶。由于这个多巴加双氧酶的催化作用，生成了4,5-开环-多巴（dopa 4,5-*seco*-dopa）。虽然推测有可能自发闭环生成甜菜醛氨酸（betalamic acid），但也不能否定酶作用的可能性。③推测闭环多巴和甜菜醛氨酸结合生成甜菜红苷元（betanidin）的反应也是自发进行的，但这也有酶作用的可能性。④关于甜菜红苷元糖基转移酶，即UDP-glucose：betanidin 5-*O*-glucosyltransferase和betanidin 6-*O*-glucosyltransferase，已经从三色松叶菊属的彩虹菊（*Dorotheanthus bellidiformis*）培养细胞中得到精制，其cDNA已经被克隆。甜菜红苷元的糖苷化过程，可能与类黄酮不同，由于类黄酮苷元是脂溶性的，糖和有机酸最后才被加上去变成水溶性分子，然后被输送到液泡内，由于失去了脂溶性，不能通过液泡膜，而存在于液泡内。与其相反的是，甜菜素苷元本身是水溶性的，在生成甜菜红苷元之前就已经被糖苷化的可能性很大，这一点还需要更多的科学证据。关于为什么同一植物中甜菜素和花青素不能同时合成，这还是一个未解之谜。

6.1.4 叶绿素

绿色花中含有的色素主要为叶绿素（图6-9）。开花后仍保持绿色的园林植物新品种不断增多，如牡丹、菊花、马蹄莲、月季、郁金香、百合等著名花卉都有绿色系品种。

由于叶绿素生物合成途径在植物生理学的教科书中多有详述，在此不再赘述。

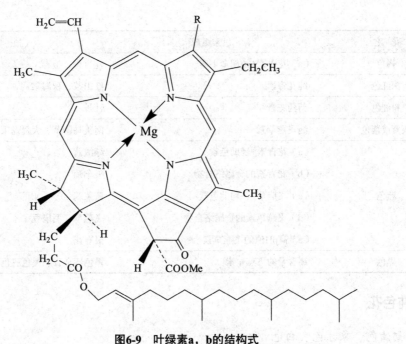

图6-9 叶绿素a，b的结构式

叶绿素a：R=CH₃　　叶绿素b：R=CHO

6.2 花色和色素

花色的种类很多，根据科学家们对4197种纯色花统计，其中白色花1193种，占28%；黄色花951种，占23%；红色花923种，占22%；蓝色花594种，占14%；紫色花307种，占7%；绿色花153种，占4%；橙色花50种，占1%；茶色花18种，占0.4%；黑色花8种，占0.2%。其中白色花和黄色花占51%；红、蓝、紫色花占43%。自人类开展花色育种以后，花色更五彩缤纷。现将主要花色与色素组成的关系分述如下（表6-4）。

表6-4　花色及色素组成（Harborne，1965）

花　色	色素组成	植　物
奶油色及象牙色	黄酮、黄酮醇	金鱼草、大丽花
黄色	（a）纯胡萝卜素	黄蔷薇
	（b）纯黄酮醇	樱草
	（c）橙酮	金鱼草
	（d）类胡萝卜素+黄酮或查耳酮	百脉根、荆豆
橙色	（a）纯类胡萝卜素	百合
	（b）天竺葵素+橙酮	金鱼草
绯红色	（a）纯天竺葵素	天竺葵、一串红
	（b）花青素+类胡萝卜素	郁金香
	（c）花青素+类黄酮	部分鸢尾属植物

（续）

花　色	色素组成	植　物
褐色	（a）花青素+类胡萝卜素	桂竹香、报春
深红色	纯花青素	红山茶、秋海棠
粉红色	芍药花素	牡丹
淡紫或紫色	纯飞燕草素	南美马鞭草、大鸳鸯茉莉
蓝色	（a）花青素+辅助色素	绿绒蒿
	（b）花青素的金属络合物	矢车菊
	（c）飞燕草素+辅助色素	蓝茉莉
	（d）飞燕草素的金属络合物	飞燕草、羽扇豆
	（e）高pH值的飞燕草素	报春花
黑色	高含量的飞燕草素	黑色郁金香、黑色三色堇

6.2.1　纯色花

（1）奶油色、象牙色、白色

大都含有无色或淡黄色的黄酮或黄酮醇。白色花实际上是非常淡的黄色花，人们所看到的白色是由于花瓣中含有大量的非常小的气泡，对入射光线多次折射产生白色；另外，淡黄色的类黄酮，能吸收紫外光靠近部分，人眼对它不能产生色感，而它对昆虫具有很大诱惑力，这可能是草原白花多的原因。据Harborne（1994）研究，所调查野生白色花植物中86%含有4′,5,7-三羟黄酮醇，17%含有栎精。有少数植物含有木樨草素（luteolin）和芹菜素（apigenin）。

（2）黄色

这类花中有的只含类胡萝卜素，如郁金香、百合花、蔷薇等；有的只含类黄酮（以黄酮醇或查耳酮为主），如杜鹃花、金鱼草、樱花、大丽花等；有的是类胡萝卜素和类黄酮两者兼而有之。多数黄色花属于后者，如万寿菊、酢浆草等，不胜枚举。查耳酮、橙酮呈深黄色。当黄酮醇的羟基被甲基化或糖苷化以后呈现深黄色。此外，含氮的甜菜素也使花色呈黄色。

（3）橙色、褐色

花瓣因含有锦葵素而显示橙色，以黄色为主的橙色多由类胡萝卜素引起，如百合花；以红色为主的橙色往往是由花青素引起的，如天竺葵；由红、黄两种颜色混在一起而产生的橙色，是由花青素与类黄酮在花瓣中组合而成的，如金鱼草，或者由花青素与类胡萝卜素组合而成的，如郁金香等。褐色是由花青素苷和类胡萝卜素共存而成的，如桂竹香、报春花。

（4）深红、粉红、紫、蓝、黑色等

这些花色基本上都产生于花青苷，其变异幅度宽的原因主要有：①花青苷B环的羟基数不同所致，羟基数越多，则花色越蓝；②花青苷被甲基化的程度不同所致，甲基化程度越高，则花色越红；③与花青苷的含量有关，含量低，则花呈粉红色；含量高，则呈红色；如浓度更高，则呈深紫红色、棕红色甚至黑色；④细胞内的辅助色素（黄酮、黄酮醇、鞣花酸等其他化合物）以及铁、铝、镁等金属离子也可能使花色发生改变；⑤花瓣表皮细胞的形状，如果表皮细胞又细又尖，对光线产生阴影，则呈紫黑色。

6.2.2 变色花

花从花蕾开放到凋谢，多数花色变浅或者褪色，其原因一是色素含量发生变化，随着花瓣的生长，单位花瓣面积花色素含量减少；原因二是花朵开放后，与日光、空气接触的面积增大，花色素在强烈阳光暴晒下，往往分解。但是，金银花初开时白色或者淡黄色，凋谢时呈黄色，是由于花黄素形成所致。

栽培品种中存在另一类极端变色的花，花初开时为白色，后变为红色，而花又不同时开放，产生红白二色相间；有的花蕾期为黄色，开放后变成红色，所以一株植物上花有黄色、粉红色、红色，美丽色彩令人赞叹；还有的花上午为奶油色，下午变成红色。这一类花从色素组成上看有一个共同的特点，即花蕾初开时，花中色素为黄酮、黄酮醇；花开放后形成花青素。这是由于色素在合成过程中，类黄酮化合物中的黄烷酮、黄烷醇等都为中间产物，在不同酶的催化作用下形成不同代谢分支产物，如二氢黄酮醇在DFR（二氢黄酮醇-还原酶）、ANS（花青素苷元合成酶）、UF3GT（尿苷二磷酸-葡萄糖-类黄酮-3-O-葡糖基转移酶）作用下形成锦葵素苷；在F3′H（黄烷酮羟化酶）作用下经二氢栎皮酮形成花青素苷，使花色呈现砖红色或红色。在F3′5′H、DFR、ANS、UF3GT酶作用下形成飞燕草素使花呈现蓝色。

6.2.3 影响花色变化的因素

一朵花呈现的花色不仅与色素种类有关，还受细胞内色素含量、色素理化性质及花瓣内部或外部物理结构等多种因素的影响。因此，花瓣的颜色与从花瓣中提取出来的色素的颜色并不完全相同。从微观上观察花色的差别，可以发现几乎所有的花瓣颜色与其色素颜色都有细微的差别。蓝色花瓣中提取出来的色素是洋红色的花青素，从黑蔷薇的花瓣中提取出来的色素类似红蔷薇中所提取的矢车菊素苷，而不是黑色的色素。

（1）色素的理化性质与花色

①花青素苷的结构　以花青素苷为主要色素的花从橙色到红、紫、蓝、黑色，显现出十分丰富的色彩，这在很大程度上是由于花青素苷化学结构上的微小差别；或者化学结构虽然相同，但由于细胞液泡内的物理或化学条件不同而产生色调的变化。花青素苷所带的羟基数、甲氧基数、连接位置及其与糖基相连的脂肪酸或芳香族有机酸的种类和数目等因素都会影响花色的表现。

②辅助着色效应　辅助着色效应是指黄酮、黄酮醇及其他化合物（称为辅助色素，copigment）与花青素苷一起呈现吸收峰强度变化和谱带位移现象。吸收峰强度变化包括增色效应（hyperchromic effect）和减色效应（hypochromic effect）。谱带位移包括红移（bathochromic shift or red shift）和蓝（紫）移（hypsochromic shift or blue shift）。红移指吸收峰向长波长移动，而蓝移（或紫移）指吸收峰向短波长移动。这种现象最早由Robinson G.M.和Robinson R.观察得到，并在鸭跖草苷等结构分析和显色反应中得到证实。某一色素会辅助其他色素着色，二者共同存在使花瓣呈现各种过渡色彩。某些花青素苷还能和香豆酸等

有机酸发生酰基化作用而明显改变颜色。

③络合作用　如果细胞液中存在Al^{3+}、Fe^{3+}、Mg^{2+}、Mo^{2+}等金属离子，则色素和金属离子常形成络合物，特别是花青素苷，络合后使花色发生改变，花色往往偏向紫色或蓝色，并使颜色更加稳定。

④pH值　细胞液泡内pH值发生变化，常引起花色变化，花青素苷受pH值影响很大，酸性时呈红色，中性时呈淡紫色，碱性时则呈蓝色。如月季多数品种的花瓣外表皮细胞pH值为3.56~5.36，而呈现紫色或淡蓝色的品种pH值则更高。

（2）花瓣表皮细胞形状及组织结构与花色

人们实际看到的花瓣颜色并不是细胞内色素的原色调，花瓣色素的颜色被具有各种结构的细胞及组织所包围，从而改变了入射光线，使细胞内色素本身的色调稍微改变后再反映到人们的视觉上来。

一般认为圆锥形可以增加入射光进入表皮细胞的光的比例，入射光碰到有角度的圆锥形细胞会进入表皮细胞内；若遇到没有角度的扁平细胞则完全反射回去。所以，具有圆锥形突起的花瓣细胞可以吸收较多的光线，而使色泽变深。如花菖蒲的紫色不仅与花色素的含量有关，还受到花被表皮细胞的长度和排列顺序的影响；利用Myb基因相关的转录因子控制细胞的形状，可能改变金鱼草着色的程度。

从黑色花花瓣中并未提取出黑色色素，而是花青素苷，这也与花瓣细胞形状有关。黑色系品种具有垂直花瓣表皮的圆锥形突起表皮细胞，能吸收较多光线且易产生自身阴影，因此，在视觉上就感觉花瓣是黑色的。随着花朵的开放，黑色花的表皮细胞的间隙变宽，阴影逐渐变淡，于是花朵逐渐呈现红色或红紫色。

海绵组织的厚度和细密程度，可以使花瓣呈现艳丽的颜色。如要使白色花瓣颜色更鲜明，就应使更多的光线在反射层折回，那么海绵组织反射层应该厚些并尽量致密，气泡的颗粒要小，否则，就会有一定百分比的光线透过整个花瓣，使白色效果减弱。

6.3　花色基因与遗传

花色的母体是花色素，花色素是在一系列酶的催化下形成的，酶是基因表达的产物。通过对花青素苷生物合成存在障碍的突变体的研究，已克隆到许多有关的基因。花色素的形成、在花瓣中的含量和分布等都受基因控制。辅助色素虽然本身无色或者呈淡黄色，却往往与花青素形成复合体而参与花色形成。辅助色素的生成与控制花青素种类的基因或决定色素含量的基因，都有密切的关系。花青素色调微小变化与花瓣酸性强弱有关，花瓣内部酸性的强弱也受控于基因。在园林植物中常常出现有镶嵌花纹的花朵，常是由易变基因和基因转座引起的。这些基因大致可分为结构基因、调节基因及其他相关基因7类：①控制不同类黄酮生物合成单个步骤的结构基因；②与类黄酮分子结构修饰有关的结构基因；③开关全部或部分合成途径的主效调节基因；④通过增强或减弱色素合成、酶促或化学褪色、阻止色素积累3条途径，来影响类黄酮浓度的调节基因；⑤控制色模式形成的调节基因，影响花瓣特定部位色素的产生与积累，嵌合体的形成，转座子引起的不稳定表达；⑥通过共着色、液泡pH

值、类黄酮与金属离子互作影响着色的相关基因；⑦控制花瓣毛、乳突、色素细胞的形状与分布、角质层类型等形态特征的相关基因。

6.3.1 结构基因

（1）花青素生物合成酶基因

结构基因是指不同植物共同具有的直接编码花青素代谢途径的生物合成酶的基因。第一个被分离得到的花青素合成相关酶的基因是 *CHS* 基因（查耳酮合成酶基因），该基因是用差异杂交法从欧芹（parsley）悬浮培养细胞中得到的。之后，利用转座子标签、PCR扩增、差异杂交、cDNA克隆等方法，分别从玉米、矮牵牛、金鱼草等材料中克隆了多个与花青素苷生物合成相关的结构基因，如 *CHI*、*F3H*、*Hf1* 和 *Hf2*、*DFR*、*ANS* 以及 *3GT* 等。如从矮牵牛中编码F3′5′H的基因 *Hf1* 和 *Hf2* 的表达均能使花青素苷生物合成途径趋向于产生蓝色的飞燕草素-3-葡萄糖苷，从而使花色趋于蓝色。

花青素代谢途径主要包括6个结构酶：查耳酮合成酶（chalcone synthase，CHS）、查耳酮异构酶（chalcone isomerase，CHI）、黄烷酮-3-羟化酶（flavanone-3-hydroxylase，F3H）、二氢黄酮醇还原酶（dihydroflavonol reductase，DFR）、花青素苷元合成酶（anthocyanidin synthase，ANS）和尿苷二磷酸-葡萄糖-类黄酮-3-葡萄糖基转移酶（UDP glucose flavonoid 3-glucosyltransferase，UF3GT）。依据基因被调控的方式，把花青素代谢途径中前3个酶基因称为上游基因，后3个酶基因称为游基因（黄金霞 等，2006）。

花青素代谢途径的第一个关键酶CHS催化3分子的丙二酰CoA与1分子的香豆酰CoA的结合，生成1分子的查耳酮。CHS属于一个大的基因家族，其中 *CHS-D* 与牵牛的花冠颜色有关，*CHS-E* 与花冠上维管束脉的着色有关。CHI催化查耳酮异构化，形成柚皮素（naringenin）。虽然体外试验表明，在它发生突变的情况下，异构化仍然可以进行，但CHI使查耳酮异构的环化反应更专一。F3H使柚皮素羟基化，在其C环3的位置上加了一个羟基，生成二氢黄烷醇（二氢堪非酮dihydrokaempferol，DHK）。DHK经下游酶的作用最终生成天竺葵素。有些物种的代谢途径上还存在另一个羟化酶F3′H，可使DHK的B环3′位置进一步羟基化，生成二氢栎精（dihydroquercetin，DHQ）。DHQ经下游酶的作用产生矢车菊素。在翠雀（*Delphinium grandiflorum*）、龙胆（*Gentiana scabra*）和瓜叶菊（*Senecio cruentus*）等植物中还存在F3′5′H（dihydroflavonol3′,5′-hydroxylase，二氢黄酮醇3′,5′-羟化酶），它使得DHK的B环上3′和5′位都发生羟基化生成二氢杨梅黄素（dihydromyricetin，DHM），最终导致蓝或紫色飞燕草素的生成。

形成下游途径的第一个酶就是DFR。它的功能是使二氢黄酮醇（即DHK、DHQ和DHM）还原为无色花青苷元（leucoanthocyanidin）。在矮牵牛中，DFR上一个氨基酸（N134L）的改变可导致其底物特异性的变化（由飞燕草素前体变为天竺葵素前体）。ANS的作用是将无色花青苷元氧化，产生有色的花青素苷元。花青素苷元在糖基转移酶3GT或5GT的作用下加上1个或2个糖基，生成稳定的花青苷。花青素代谢途径下游的3个酶基因最初都是在玉米中以转座子标签（transposon tagging）的方法分离得到的。

（2）决定花色素种类的基因

花青素合成的起动和终止完全由基因调控。例如，金鱼草的白化症基因呈显性N时，合成色素即开始；当基因呈隐性n时，色素合成便停止，出现白化症。有的植物花色合成由双基因控制，如香豌豆，花青素生成的各个阶段都与E和Sm两个基因有关，由基因的显性与隐性的各种组合来决定花青素的种类。如两个基因均隐性时（esm），则生成天竺葵素，呈砖红色；一个基因隐性一个基因显性时（eSm），则形成矢车菊素；而E基因呈显性，sm呈隐性（显性上位）或E、Sm两个基因均显性时，则生成飞燕草素，呈蓝色。主要显性基因E或Sm可控制B环上的羟基数目与位置（图6-10）。

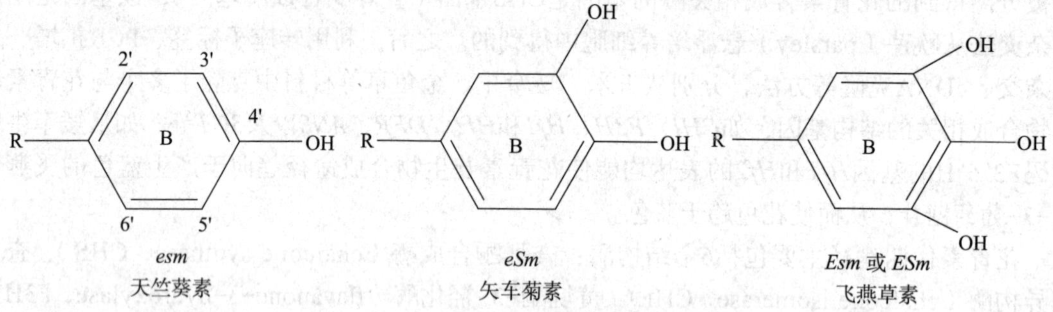

图6-10　香豌豆花青素羟基化的基因

Scott-Moncrieff（1936）研究了藏报春花色与基因的关系，发现K基因能使天竺葵素-3-糖苷变为锦葵素-3-糖苷（图6-11），K基因主要控制B环的氧化和甲基化。但藏报春花另外还有D基因，能抑制或基本抑制花青素苷的生成，使花色呈现白色或略带粉红色；双显性DD抑制作用较强，单显性Dd抑制作用较弱。

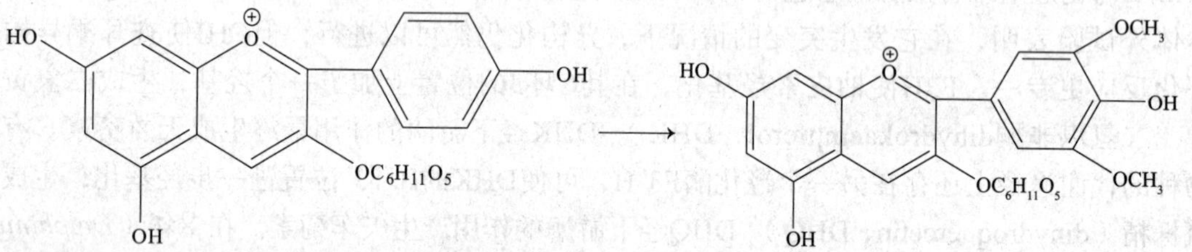

图6-11　藏报春K基因引起的B环氧化和甲基化

香石竹的花色由6个基因控制，其中3个基因决定花色的有无，另外3个基因决定花色的浓淡。大丽花遗传性极为复杂，花色丰富，有黄色、橙色、绯红、象牙色等，其颜色由多个基因控制，Y基因控制黄色类黄酮的生成，I是影响类黄酮生成的基因，H有抑制Y基因的作用，当和Y共存时，类黄酮的生成被抑制。当Y和I基因共存时，I的作用被抑制。另外有A、B基因，A、B均为产生花青苷的基因，A基因只生成少量花青苷，B基因能生成大量花青苷。当Y和A共存时，花青苷的生成受到抑制。因此，在这种类型中主要生成天竺葵（双）糖苷。花青素苷的生成和Y及H的抑制程度呈反比例增加。当I和A或B的任何一个共存时，天竺葵素类型的花青苷的生成受抑制。这些基因以四倍体形式发生作用。而且由于各基因数不同，能累加性地加强显现能力。因此，除了各种基因的组合之外，基因型中所具有的某种基因数的比例不同，其作用的表现方式也不同。例如，$BbbbIIii$ 基因型生成花青苷，而 $BbbbIIIi$ 基因型则生成天竺葵苷。

（3）决定辅助色素合成的基因

辅助色素单独存在于细胞中时几乎无色，但它与花青素同时存在细胞中时，就与花青素形成一种复合体。这种复合体与花青素本来的色调完全不同，是产生蓝色花的重要原因。鲁宾逊（1930）试验证明，从蓝色花瓣中提取色素，制成色素提取液，然后加入戊醇，除掉色素，蓝色提取液变成红色；当把辅助色素再加进去，又恢复蓝色。另一个试验即把蓝色提取液加热，则变成红色；冷却后又恢复成蓝色（图6-12）。

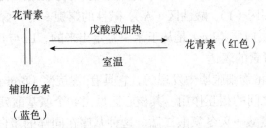

图6-12 花青素、辅助色素复合体生成与分解的可逆反应

在天然的花里，辅助色素多是类黄酮化合物，辅助色素的生成与控制色素种类的基因或决定色素含量的基因都有密切的关系。共同的原料物质是合成花青素还是合成辅助色素，是由基因决定的。基因 A 完全显性时，则合成花青素（红色）；隐性 a 时，则合成辅助色素（图6-13）。此时花呈红色或白色。如基因 A 不完全显性时，就会生成花青素和辅助色素，这两者可形成复合体，而使花瓣呈蓝色。例如，报春花 B 基因显性时，辅助色素（黄酮）生成旺盛，而使花青苷生成减弱，使花呈蓝色效应（bluing effect）。又如香豌豆，H 基因具有促进旗瓣辅助色素的生成，产生蓝色效应。如果花青素生成的量比辅助色素生成的量要多，则一部分花青素与辅助色素形成复合体，而使花瓣呈蓝色，多余的花青素仍保持红色不变，此时花瓣呈现紫色或紫红色。

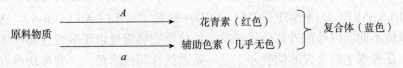

图6-13 花青素、辅助色素的合成途径

6.3.2 调节基因

（1）转录激活复合体

调节基因是指能够影响结构基因的表达方式和表达强度的基因，其编码的产物——转录因子可以调控结构基因的时空表达。花青素苷生物合成的每一步酶促反应均是调节基因作用的靶位点。现已利用转座子标签等技术分离出3类花青素合成的转录因子：R2R3-MYB蛋白、bHLH蛋白、WD40蛋白，它们以MBW蛋白复合体的形式转录激活花青素结构基因的表达。

①MYB蛋白 包含保守的Myb结构域，每个Myb结构域是一段51~52个氨基酸的肽段，包含有一系列高度保守的氨基酸残基和间隔序列。这些保守的氨基酸残基使得Myb结构域折叠成螺旋—螺旋—转角—螺旋（helix-helix-turn-helix，HHTH）结构。根据含有Myb结构域的数量，可将Myb类蛋白分为3类：含有1个Myb结构域的Myb蛋白（R1），含有2个Myb结构域的Myb蛋白（R2R3），以及含有3个Myb结构域的Myb蛋白（R1R2R3）。现已在许多植物中分离鉴定出花青素R2R3-MYB转录因子，包括玉米的Cl/P1、矮牵牛的AN2、金鱼草的Rosea、紫苏的Myb-p1和拟南芥的TT2等。

②bHLH蛋白 具有碱性的螺旋—环—螺旋（basic helix-loop-helix，bHLH）结构。有人比较多种单子叶植物和双子叶植物中bHLH类转录因子结构的结果表明，bHLH蛋白有4个保守功能区域，即交互作用区（I）、酸性区（A）、碱性的螺旋—环—螺旋区（bHLH）和C末端区域（C）。第1个bHLH蛋白质（Lc）是从玉米中鉴定出来的，Lc与其他Myb家族的转录因子共同作用激活玉米中花青素的表达。

③WD40蛋白 是在植物细胞质中发现的，它具有β螺旋桨（β propeller）蛋白组结构，其作用是促进蛋白与蛋白之间的相互作用。其核心区域由40个氨基酸残基组成，该区域包含甘氨酸—组氨酸二肽和色氨酸—天冬氨酸二肽。这种基序在同样的蛋白中一般可串联4~16次。最典型的WD40蛋白是Gβ亚基。Gβ亚单位是由7个桨叶组成的β螺旋桨结构，包含7个WD40基序。目前，已有多种WD40重复蛋白得到鉴定，如矮牵牛的AN11、拟南芥的TT1、紫苏的PFWD和玉米的PAC1等，它们都在转录水平上调控花青素的生物合成。

（2）转录抑制子

花色是一个复杂性状，主要包括色素的时空分布（色素在花瓣上的不均匀分布；依赖于发育阶段的变色性状）和色素含量，即色素产生的时间、地点、数量。这主要受到发育信号及相关激素的调控。另外，诸多环境因子（温度、光照、pH值等）及有关激素也影响着呈色过程。为了及时、准确地响应这些发育、环境、激素信号，植物在MBW复合体上游进化出多种调节因子，其中转录抑制子发挥着关键作用。

植物至少包含14类抑制子或抑制模块（如S4亚组的R2R3-MYB、S4亚组的R3-MYB、CPC类R3-MYB、SPL、miRNA、HD-ZIP、COP1-HY5、LBD、NAC、TCP、SCF^{COI1}-JAZ、SCF^{TIR1}-Aux/IAA-ARF、D14-SCF^{D3}-D53、GID1-SCF^{GID2}-DELLA）（表6-5），这些抑制子或抑制模块可以由不同的内部或外在信号触发，使植物能够避免由于多效性而产生不必要的花青素。然而，花青素生物合成的抑制并不是一系列线性调控途径，一些模块具有响应多个不同信号的能力，这使其成为更大调控网络的独立组件，如miR156-SPL模块可响应发育、干旱、高温等信号，调控花青素合成。

表6-5　植物中花青素合成的转录抑制子或抑制模块（LaFountain & Yuan，2021）

抑制子/模块	物　种	代表性基因
S4 R2R3-MYB	拟南芥、草莓、矮牵牛、葡萄、杨树、苹果	*AtMYB*、*FaMYB1*、*PhMYB27*、*VvMYB2-L1*、*PtMYB182*、*MdMYB16*
S4 R3-MYB	拟南芥、紫玲花、百合	*AtMYBL2*、*IlMYBL1*、*LhR3MYB1/2*

（续）

抑制子/模块	物 种	代表性基因
CPC类R3-MYB	拟南芥、矮牵牛、猴面花、番茄、小苍兰、葡萄风信子	*AtCPC*、*PhMYBx*、*MlROI1*、*MIRTO*、*SlMYBATV*、*FhMYBx*、*MaMYBx*
SPL	拟南芥	*AtSPL*
miRNA	拟南芥、番茄	*miR828*、*miR858*
HD-Zip	拟南芥、苹果	*AtGL2*、*MdHB1*、*AtHAT1*
COP1-HY5	拟南芥、茄子、番茄、苹果、梨	*AtCOP1-AtHY5*、*SmCOP1-SmHY5*、*SlHY5*、*MdHY5*、*MdCOP1*、*PpCOP1-PpHY5*
LBD	拟南芥、葡萄、苹果	*AtLBD37/38/39*、*VvLBD39*、*MdLBD13*、*MdLOB52*
NAC	拟南芥、甘蓝	*AtJUB1*、*BoNAC019*
TCP	拟南芥	*AtTCP15*
SCFCOI1-JAZ	拟南芥、苹果	*AtJAZ1*、*MdJAZ2*
SCFTIR1-Aux/IAA-ARF	苹果	*MdARF13*
D14-SCFD3-D53	拟南芥	*AtSMXL6*
GID1-SCFGID2-DELLA	拟南芥	*DELLA*

6.3.3 不同花色杂交的显隐性关系

不同花色杂交时，一般有色花是显性，白色花是隐性；在有色花杂交时，紫色花是显性，红色花是隐性；在紫色花与蓝色花杂交时，蓝色花是显性，紫色花是隐性（表6-6）。但也有例外，如金花茶与白色山茶或与白色茶梅杂交时，F_1多呈白色，而不显现黄色。有一些花色在杂交时表现无显性或呈不完全显性，如'红花'紫茉莉与'白花'紫茉莉杂交，其F_1表现为粉红色，即AA（红色）$\times aa$（白色）$\to F_1 Aa$（粉色）。又如圆叶牵牛，开红花的亲本与开白花亲本杂交，F_1也表现为双亲的中间性状粉红色。在这种不完全显性的情况下，控制开红花性状的基因与控制开白花性状的基因强度不一致，如A强则开出红色调占优势的粉红色，如a强则开出淡的粉红色。在某些花色杂交中，出现超显性现象，如白花香豌豆$CCrr$和另一种基因型的白花香豌豆$ccRR$杂交，其F_1表现为紫花$CcRr$，这是由于子代集中双亲的显性基因，通过基因互作（互作作用），出现超过亲本的性状。据推测，白花香豌豆的祖先可能是紫花，在进化过程中双基因中的一个基因产生隐性突变，即$R\to r$或$C\to c$，由于单显性基因都开白花，这样就分别形成2个开白花的不同基因型，杂交时又把2个不同基因型重新组合恢复了紫花。

表6-6 牵牛花不同花色杂交的显隐性

显 性	隐 性	显 性	隐 性
紫色	红色	花色均匀	花色雀斑状
彩色	灰色	花色雀斑状	白色
蓝色	紫色	筒部红色	筒部白色

6.4 彩斑遗传

植物的花、叶、果实、枝干等部位的异色斑点、条纹统称彩斑。彩斑能够大大提高植物的观赏价值，因而彩斑遗传很早以前就引起许多学者的研究。经过近50年的研究和育种实践的积累，现代栽培品种群拥有许多新奇彩斑品种。彩斑在园林植物群体中占有较大比重。花瓣彩斑多见于一、二年生草花及部分宿根花卉和木本观花植物；叶部彩斑多见于观叶为主的植物，调查发现观叶植物大多数属都有彩斑现象。这些丰富多彩的彩斑大大丰富了园林植物的观赏性状，是植物进化、自然选择和人工选择创新的综合结果，在现代花卉业中具有重要意义。

自然界野生的植物体上出现一些色彩或条纹，便具有了与众不同的观赏性状，被人从原生地迁入花园或保护地栽培进行观赏、繁殖，或用于育种。彩斑的大小、出现时间的先后与进化过程直接相关，园艺化程度越高的种类往往彩斑发生频率也越高。这是因为在栽培过程中，人们有意识地选择并保留较自然状态更多的具有彩斑的植物，人工选择的强度远比自然选择的力量为强。现代园林植物栽培群体中，观赏价值较大的彩斑主要分布在叶片、花瓣、果实和枝干上。彩斑可分为规则彩斑和不规则彩斑两大类。

6.4.1 规则性彩斑的遗传

（1）表现形式

根据规则性彩斑在花瓣上的位置分为花环、花眼、花肋和花边等多种形式。

①花环　指花瓣或花序（菊科）的中部分布异色花环，如大花萱草（*Hemerocallis* spp.）、石竹（*Dianthus chinensis*）、矮牵牛（*Petunia hybrida*）、三色旋花（*Convolvulus tricolor*）等。

②花眼　指花瓣基部有异色斑点，这些斑点在花瓣上组成界限分明或不分明的"眼"或"花心"，如报春花（*Primula acaulis*）、福禄考（*Phlox drummondii*）、紫斑牡丹（*Paenoia rockii*）、藏报春（*Primula sinensis*）等。

③花斑　指花瓣上的彩斑虽不呈现一定规则但是定型的图案，如三色堇（*Viola tricolor*）、金鱼草、天竺葵（*Pelargonium hortorum*）、鸢尾属（*Iris* spp.）、兰属（*Cymbidium* spp.）等。

④花肋　指有些花沿中脉方向具有放射性彩色条纹，如牵牛、铁线莲属（*Clematis* spp.）、矮牵牛、三色堇属（*Violia* spp.）、百合属（*Lilium* spp.）、萱草属等。

⑤花边　指花瓣的外缘具有或宽或窄的异色镶边，如石竹属（*Dianthus* spp.）、郁金香属（*Tulip* spp.）、矮牵牛、万寿菊（*Tagetes patula*）、福禄考、杜鹃花属（*Rhododendron* spp.）等的某些品种。

规则性的花瓣彩斑都是通过基因的稳定遗传而控制的，都能经由有性生殖过程按照遗传的基本规律进行传递。

（2）花斑的遗传

核内基因控制的彩斑一般遵守基本的遗传规律。对此种彩斑的认识是从车前草（*Plantago asiatica*）开始的，两对基因与彩斑有关，AABB为绿色，aabb为彩斑。AABB与aabb

杂交，$AaBb$为绿色；$AaBb$自交，1/16的为$aabb$，表现彩斑。核内基因控制的彩斑，亲本中任何一方具此基因，均可获得具彩斑后代个体。

以三色堇及其近缘种为例。该属中有的种具有中央圆斑，有的种则只有本色而不具花斑。阿温细斯堇菜（*Viola awensis*）通常无花斑，但也偶然出现花斑植株。这些少数的个体是研究花斑遗传的原始材料。克劳逊（1958）用带花斑的植株作母本，与不带花斑的植株杂交后，再统计F_1和F_2代中花斑的分离比率。他认为这种植物花斑的形成受控于基因S和K，同时还有两个抑制基因（inhibitor gene）I和H，负责抑制花斑的形成，不形成花斑的植株是由于这两个抑制基因在发挥作用。三色堇通常是有花斑的，它的花斑也是由S和K基因控制的，但没有任何抑制基因。三色堇花斑的遗传符合孟德尔两对基因分离的比率（9：3：3：1）。

（3）花眼（花心）的遗传

研究发现，樱草及其品种花眼的大小受复等位基因控制。复等位基因是指多于两个等位基因的基因群，它们的作用是可以累加的，类似于数量性状的遗传规律。例如A'基因抑制黄色花眼的形成，而A基因则仅仅限制它的直径，只有纯合隐性基因aa存在时，花眼才最大，A'和A对a都是显性；而二倍体报春花（*Primula acaulis*，*P. juliae*，*P. elatior*）花眼的颜色是由一对基因控制。杂交及F_1代的回交结果，都证明花眼色素的形成是受制于单因子。

棉（*Gossypium arboreum*）和草棉（*G. herbaceum*）均为二倍体，有些植株花部具花心，有些则无。这种差别至少受控于两个相邻的基因（G和S）。有花斑个体基因型为GS，无花斑个体基因型为gs。有花斑个体与无花斑个体杂交，F_1的基因型为GS/gs，由于GS为显性，因此F_1全有花斑；F_2中有花斑与无花斑的分离比为3：1。有花斑的植株中，1/3可真实遗传，2/3自交后发生分离，无花斑的植株全部可以真实遗传。这一结果表明有花斑与无花斑性状，是由1对显隐性基因决定的。2个无花斑植株的杂交，却可能出现有花斑的单株。这是由于G和S间发生交换的结果。交换导致Gs/Gs和gS/gS的形成，这2种基因型都是无花斑的，而2个无花斑的植株杂交形成互补的产物Gs/gs，是有花斑的。这个特例表明花斑的有无是由2个紧密连锁的基因决定的，2个基因处于同一条染色体上，控制着色素形成过程的2个相继步骤。尽管出现了特例，表明有基因交换的存在，但这符合基本遗传规律（连锁互换）。在人工选择及定向培育的育种实践中，在遗传规律的指导下，人们可以获得需要的具规则彩斑的单株，扩大繁殖即可供园林应用。

6.4.2 不规则性彩斑的遗传

6.4.2.1 表现器官

不规则彩斑是指花瓣上具有非固定图案的异色散点或条纹，形成"洒金"；有些花朵被划分为或大或小的异色部分，形成"二乔"或"跳枝"。具"洒金"性状的有半支莲属（*Portulaca* spp.）、香石竹（*Dianthus caryophyllus*）、百合属、月季属（*Rosa* spp.）、山茶属（*Camellia* spp.）、花烛属（*Anthruinum* spp.）等的部分品种。具"二乔"或"跳枝"性状的园林植物有：牡丹、桃花、鸡冠花、翠菊、梅花、杜鹃花的某些品种。

叶子具有彩斑的园林植物可分为花叶园林植物和变色叶园林植物。前者如花叶芋、'银边'吊兰、'五彩'铁、'金边'常春藤、花叶万年青等，这类植物常年保持有彩斑或条纹；

后者如雁来红、一品红等，这类植物只在特定的生长阶段由于季节、气候或生长条件的变化才出现色斑或条纹。这里仅讨论前者，即花叶园林植物。日本学者将叶部彩斑分为5大类（图6-14）：

① 覆轮斑　彩斑仅分布于叶片的周边。
② 条带斑　带状条斑较均匀地分布于叶片基部与叶尖间的组织。
③ 虎皮斑　彩斑以块状随机地分布在叶片上。
④ 扫迹斑　彩斑沿叶中脉向外分，直至叶缘。
⑤ 切块斑　彩斑分布在叶边中脉一侧，另一侧为正常色。

图6-14　叶部彩斑示意图

果实彩斑指果实上具有两种或多种色彩斑纹，多数分布于以观果为主的植物果实上，如代代（*Citrus aurantium* var. *amara*）、观赏西葫芦（*Cucurbita pepo*）等。仅西葫芦一类，其瓜皮即有20种彩斑。

茎干彩斑是指植物茎表皮上具有与众不同的色彩或彩斑，如白皮松（*Pinus bungeana*）、白桦（*Betula platyphylla*）、红瑞木（*Cornus alba*）、棣棠（*Kerria japonica*）、梧桐（*Firmiana simplex*）、黄金间碧竹（*Bambusa vulgaris* var. *vittata*）、黄槽竹（*Phyllostachys aureosulcata*）、金镶玉竹（*P. aureosuscata* f. *spectabilis*）、黄槽石绿竹（*P. arcana* f. *luteosulcata*）、黄金间碧玉竹（*P. bambusoides* var. *castilloni*）、花毛竹（*P. heterocycla* f. *nabeshimana*）、黄槽毛竹（*P. heterocycla* f. *luteosulcata*）、金竹（*P. sulphurea*）、碧玉镶黄金竹（*P. sulphurea* f. *houzeauana*）、斑玉竹（*P. bambusoids* f. *tanakae*）、'筠竹'（*P. glauca* 'Yunzhu'）、紫竹（*P. nigra*）等。

6.4.2.2　嵌合体

具有明显遗传差异的组织镶嵌而成的个体，称为嵌合体（chimera）。具有差异性的组织机械地共存于一个生长点，嵌合体是分生组织发生部分突变的结果，主要有周缘嵌合体、扇形嵌合体和周缘区分嵌合体3种类型。月季、山茶、桃花、牡丹等都存在扇形嵌合体，白斑叶天竺葵属于周缘嵌合体，金丝竹（*Phyllastaclhys sulphurea*）及其变种（碧玉镶黄金竹）、黄槽石绿竹、黄金间碧竹、花毛竹、黄槽毛竹等节间的黄绿相间条纹的色彩变化，均属周缘区分嵌合体，很不稳定。

具花瓣彩斑和茎、叶彩斑的观叶植物，多数为嵌合体，嵌合体全部不能真实遗传，但可以嫁接繁殖，即嫁接后通过伤口直接或通过愈伤组织形成不定芽。与诱变育种、芽变选种结合起来，可将获得的嵌合体通过嫁接繁殖开来，从而可以培育出更好的嵌合体。目前具有嵌合体现象的植物有：牵牛花、天竺葵、吊兰、石竹、麦冬、紫茉莉、彩叶草、凤仙花、鸡冠花、蜘蛛抱蛋（一叶兰）、石榴、山茶、杜鹃花、牡丹、桃花、海棠、朱蕉、富贵竹、橡皮树、榕树、贴梗海棠、六月雪及薹草属、凤梨属、龙舌兰属、玉簪属、常春藤属、景天属等的某些种与品种。除嫁接外，包含遗传上不同的两种组织或细胞个体可自然产生嵌合体。

不规则的彩斑可大致分成区分彩斑和混杂彩斑两大类。前者不同颜色的组织相对面积较大，只是比例不固定，或一多一少，或基本相当。紫茉莉、飞燕草、石竹的某些品种的花瓣及常春藤、橡皮树、花叶棕等品种的叶片即为区分彩斑。后者类似花瓣彩斑中的"洒金"类型，叶子上也有这种类型出现，很多小斑点或小条纹散布在另一种基调颜色上。美人蕉、花叶芋、洒金珊瑚、'洒金'一叶兰等品种的叶片为混杂彩斑。小片的混杂彩斑和区分彩斑的主要差异是变异的时间早晚，前者主要发生在花瓣发育的较晚阶段，其时这种变异在每一块小斑上仅能影响少数细胞的着色。而后者则发生在花瓣或叶片发育的较早阶段，由于变异的细胞有较长的分裂时间，因而形成较大面积的彩斑。

6.4.2.3 成因与遗传

彩斑的成因十分复杂，外观相似的彩斑也可能有不同的控制机理，仅从外部性状难以推测遗传机制，还需要辅以必要的试验手段。达林顿（Darlington）与格兰特（Grant）把导致花部彩斑与叶部彩斑的原因归结为以下几类：

（1）质体（叶绿体）的分离和缺失

核外基因控制的花斑，遗传比较复杂。叶绿体等的基因突变，叶绿素形成受阻，会导致白化。白化组织与绿色组织相间分布，呈现出嵌合体状态。在自然界中，这种质体的突变频率为0.02%~0.06%。紫茉莉、金鱼草、牵牛花、萝卜（*Raphanus sativus*）等的花斑均属此类。这类核外基因控制的花斑，其遗传一般表现为如下几种形式：一是母性遗传，紫茉莉即为此类。以此类花斑个体为母本，后代也表现花斑。二是双亲遗传，无论是以具白斑或白化性状的花为父本或母本，后代均表现花斑。天竺葵即为此类代表。三是杂种性，月见草（*Oenothera odorata*）种间杂种即为此类。种间杂交出现彩斑的概率为0.05%，雄性亲本的基因组与雌性亲本的质体基因之间不调和，导致质体异常而产生花斑现象。

这种原因导致的彩斑多数是叶部彩斑。在细胞进行有丝分裂时，由于生理及遗传的原因，一些细胞失去叶绿体或叶绿体机能受阻，最终导致非绿色组织分布于绿色组织中，或是斑点，或是条纹，图案不定、面积不定，变化较大，甚至还会出现纯白化叶片或白化体。天竺葵属（*Pelargonium*）、紫茉莉属（*Mirabilis*）、月见草属（*Oenothera*）、槭属（*Acer*）、常春藤属（*Hedera*）多出现这种叶部彩斑。这种彩斑的遗传，遵守叶绿体遗传的规律。

（2）易变基因的体细胞突变

花瓣上的不规则彩斑主要是这种原因引起的。控制色素形成的基因从等位基因的一种形式频繁地突变为另一种形式，花瓣上因此出现异色斑点条纹。紫茉莉的彩斑即是此种情形的一个典型代表。这种易变基因存在于细胞核内，服从孟德尔遗传规律。同时又受温度及其他环境条件的影响。

金鱼草中有一个花色基因（*pal*）是易变的。正常等位基因（*pal+*）形成红色花，易变的等位基因为*pal-rec*。基因型为*pal-rec/pal-rec*的植株花为象牙白色，但*pal-rec*很容易突变成*pal+*，从而在象牙底色上产生条状或区域状的红色组织花斑，这部分体细胞基因型为*pal+/pal-rec*。*pal-rec*基因的突变性随温度的升高而增加。

此外，飞燕草（*Delphinum ajacis*）、大花牵牛（*Pharbitis nil*）、半支莲属、烟草（*Nicotiana tabacum*）和藏报春（*Primula sinensis*）等的花部彩斑都是由易变基因引起的。

（3）染色体畸变与位置效应

①断裂-融合-桥的循环　当染色体从基因A末端的某一点断裂时，两个姐妹染色单体在断口处重新接合，这种接合在细胞分裂前期形成具有双着丝点的染色体，而在后期伸展开成为具有双着丝点的染色体桥，这时基因A处于双重状态。第二次断裂有可能形成两个只具有一个着丝点的染色体，并分别进入两子细胞，其中一个子细胞系具有双重的基因A，另一个子细胞系则完全丧失基因A，这一过程在玉米的胚乳中发生过。

②环形染色体　环形染色体在体细胞中可能严格复制，也可能不严格复制。小的环形染色体可能在细胞分裂时丢失，具有双着丝点的大染色体可以发生断裂和重新连接，并恢复只具有单着丝点染色体的子细胞。失去一个小的环形染色体的细胞在随后的发育中出现缺失某些基因的细胞系。这种缺失可使在环形染色体上的相应隐性基因得以表现。

③黏性染色体　在细胞分裂中，有些染色体有紧密黏在一起的倾向，从而在某些子细胞中排除了一条染色体或其中某个片段。位于这种染色体或片段上的花色控制基因也就同时被排斥在该细胞系之外。

由染色体畸变导致的彩斑，能解释玉米的籽粒花斑、植物叶部花斑、茎部花斑、胚乳花斑等表现型的变化。

④位置效应　一个位于常染色质区（euchromatic region）的基因，由于它处于正常位置上而具有正常功能，但一旦被易位到另一个靠近异染色质（heterochromatic）的新的位置上，其功能被抑制，可以形成彩斑，如月见草和玉米。这种易位基因可正常遗传，还可以通过回交再回到原位，产生的花斑具有可逆性。

月见草属的一个种*Oenothera blandina*的体细胞中有一个专门控制纯合条件下红—绿条纹花芽形成的基因*ps*，当它由正常位置第3号染色体易位到第11号染色体上时，花芽从绿色底色上的宽红条纹变成不均匀的浅红条纹，用回交法可得到非易位个体正常功能得到恢复，故可逆性可作为位置效应造成彩斑变异的有力证据。利用这种位置效应可人为地用X射线处理诱发变异。

6.4.3　病毒彩斑

有些彩斑是由于感染了病毒而表现出花部彩斑或花叶。早在1576年，将开碎色花的郁金香种球与正常球嫁接可诱使其产生条斑，证实碎色花是病毒而不是新品种特性。此后相继发现杂色锦麻、金心黄杨、金边与银边大叶黄杨、香石竹杂色花、虞美人杂色花都是病毒感染造成的。病毒侵入植物体内繁殖，叶、花都会表现花斑现象，以叶部花斑为甚。郁金香的花部碎色块即是此类花斑的一个典型代表。在亚热带和热带地区，具花叶性状的豆科和百合科植物居多，其中大部分是由病毒病引起的，昆虫越多的地方，症状表现越严重。这类花斑不能通过种子传递给后代，可用生长点培养获得无病的新生个体。

感染病毒的植物种类很多。具彩斑的植物，其中不少是由病毒侵染所致。形成花斑的病毒也很多，如槭树杂色病毒（Acer variegation virus）、桃叶珊瑚斑驳病毒（Aucuba mottle virus）、美人蕉花叶病毒（Canna mosaic virus）、菊绿花病毒（Chrysanthemum green flower virus）、菊花叶病毒（Chrysanthemum mosaic virus）、三叶草黄脉病毒（Clover yellow vein virus）、建兰花叶病毒（Cymbidium mosaic virus）、大丽花花叶病毒（Dahlia mosaic virus）、常春藤脉明病毒（Ivy vein clearing virus）、紫茉莉花叶病毒（Mirabilis mosaic virus）、南天竹花叶病毒（Nandina mosaic virus）、天竺葵线纹病毒（Pelargonium line pattern virus）、天竺葵环斑病毒（Pelargoninm ringspot virus）、天竺葵带斑病毒（Pelargorium zonate spot virus）、云杉花叶病毒（Spruce mosaic virus）、烟草花叶病毒（Tobacco mosaic virus）、郁金香碎色病毒（Tulip breaking virus）、郁金香碎花叶病毒（Tulip mosaic breaking virus）等。

这类病毒彩斑可以通过营养繁殖方式加以保存和扩大，也可以用人工接种感染的方法传递给相近品种。但其最终的表现结果仍然受控于受体的基因。有些植物即使感染了可致彩斑的病毒，也并不立即表现，也许根本不表现。这与其生长状态和发育阶段关系密切。

感染病毒的植物有如下多种外观表现：①花叶，叶片上形成浅绿与深绿相间的症状，色泽不匀；②环斑；③畸形生长；④变色，叶片的局部或全部颜色改变，如褪绿、变黄、变橙、变红、变紫及变成墨绿色等，有时也出现在花瓣及果实上；⑤坏死变质，初期表现为褪绿、变褐或变灰白色。

其中花叶症状和环斑（褪绿）与彩斑关系密切，是组成植物彩斑的一个重要的不可忽视的部分。花叶类型有7种表现：①明脉（vein-clearing），叶片的叶脉明亮，一般出现时间较短，多数为斑驳及花叶症的前期症状。②斑驳（mottle），在叶、花或果上出现不同颜色的块状斑，斑缘界限不明显，大多出现在双子叶植物上，少数单子叶植物也能见到，斑驳往往是花叶的前期症状。③花叶（mosaic），在叶面上显现深绿、浅绿、甚至黄绿相间的明显嵌纹。④沿脉变色（vein-banding），沿叶脉两侧平行地褪绿或增绿，好像给叶脉镶上两道边，又称镶脉。⑤块斑，在双子叶植物叶片上呈现局部大块褪色斑。⑥条纹（stripe）、浅条（streak）与条点（striate），多于单子叶植物的平行叶脉间出现浅绿、深绿或白色为主的花条纹、短条纹或点连成虚线状的长条。⑦褪绿斑（chlorotic spot），叶片或果实上出现褪绿斑点，多为圆形（或相近），大小不一，往往布满全叶。

环斑是指叶片、果实或茎的表面形成单线圆图纹或同心纹的环，或褪色或变色，主要有环斑（ring spot）、环纹（ring line）和线纹（line pattern）等几种表现形式。

由病毒产生的彩斑是否值得提倡呢？这些品种往往是其他园艺植物或农作物的病源携带者。如郁金香杂锦斑病毒能引起百合属（*Lilium*）病毒病。杂锦斑病毒造成甘蓝大面积减产。因此，在园林植物生产中，不应大量培育这类品种。在园林植物进出口贸易及长途运输中应严格检疫，区分是否为病毒彩斑，防止危险病毒的传播与扩散。

（王亮生　何恒斌）

思考题

1. 类胡萝卜素、类黄酮、甜菜素的分子结构有何异同?
2. 花青素、黄酮、黄酮醇的基本骨架是什么?其主要区别是什么?
3. 天然的花青素苷元有哪几种?绘出其化学结构式,比较其主要区别。
4. 类胡萝卜素、类黄酮的代谢途径包括哪些主要步骤?其主要结构基因和调节基因有哪些?
5. 试举例说明以花青素为主要色素的花色形成机理。
6. 花色变异的机理是什么? 请比较绣球花(八仙花)、金银花、牵牛花的变色机理。
7. 如何区分色素分布基因、易变基因?
8. 举例说明彩斑主要类型。规则性彩斑的遗传与花色遗传有何异同?
9. 不规则彩斑的成因有哪些? 请举例说明。
10. 如何识别病毒并处理病毒造成的复色花(如郁金香杂锦斑)?

推荐阅读书目

花色的生理生物化学. 1989. 安田齐著. 傅玉兰译. 中国林业出版社.
园林植物遗传学(第2版). 2010. 戴思兰. 中国林业出版社.
天然药物化学(第四版). 2003. 吴立军. 人民卫生出版社.
植物色素研究法. 2004. 植物色素研究会(足立泰二,吉玉国二郎). 大阪公立大学共同出版会.
 Introduction to Flavonoids. 1998. Bohm B A. Harwood Academic Publishers.
The Flavonoids: Advances in Research Since 1986 [eBook]. 2017. Harborne J B. Taylor &Francis Group.

第1章 花香遗传

[本章提要] 花香的物质基础是可挥发性的小分子化合物，主要包括萜烯类、苯丙酸类/苯环型、脂肪酸及其衍生物三类化合物。与色素一样，这些花香物质的分子结构及其代谢途径是理解花香的物质基础。目前的研究主要集中在各类花香物质生物合成途径关键酶基因的分离和鉴定上。香气物质的释放及其调控是花香呈现的关键，与空间（释放部位）、开花时间、昼夜节律、转录因子和环境因子有关。与显色一样，植物释香也是吸引传粉者的手段。在花香相关基因遗传图谱构建的基础上，无论是调控内源基因的表达，还是导入新的外源基因，花香物质代谢基因工程的途径应该与植物本身的繁殖策略相匹配。

大多数植物的花散发出一系列的低分子量、易挥发和亲脂性的化合物，这些挥发物混合在一起就形成花香。不同植物的花香包含的挥发物的种类不同、相对含量不同，导致香味也不同，各种芳香植物往往具有独特的香味。花香是园林植物的一种重要性状，不仅能够提高植物的观赏性，还在植物的生长和繁衍过程中发挥重要的作用。一般认为，花香主要是为了吸引授粉者授粉，并且花香的特性与吸引哪些昆虫授粉有很大的关系。例如，由蜜蜂和飞蛾授粉的物种一般都散发出清甜的香味，而由甲虫授粉的物种则散发出强烈的霉味或辛辣气味。另外，花香挥发物也可以作为信号来吸引草食动物的天敌，从而避免自己被伤害；或者是当植物遭遇生物胁迫或自然灾害后，花香挥发物可以作为信号激起免疫反应或非生物胁迫响应。从香花植物中提取的香料香精是化妆品及轻工业的重要原料，具有重要的商业价值。

与花型和花色等容易观察的性状相比，花香具有易变和不可见的特性，被人类嗅觉感知不能客观定义或定量，其遗传变化一直缺乏简单有效的方法，研究相对滞后。

多年来，植物花香方面的研究主要集中在对花香成分的鉴定上，已有700多种花香物质从60个科的植物中得以鉴定。近年来，对花香的生物合成途径、物质成分及其基因调控方面的研究逐渐深入，已成为植物分子生物学研究的热点。花香遗传的研究主要集中在花香化合物的主要成分和代谢途径，花香合成过程中关键酶的分离鉴定及其基因的克隆、花香产物的调控及其关键转录因子的功能分析，以及利用基因工程手段进行花香遗传改良等方面。

7.1 花香挥发物主要成分和代谢途径

花香挥发物是植物体主要是花朵释放的次生代谢产物，由许多低分子量化合物组成，它们可以形成亲脂性的液体，从花朵不同部位有规律地释放到环境中。花香挥发物具有不同的化学结构，主要由烯类、醇类、醛类、酮类、醚类、酯类、烷烃类和芳香族化合物等，按照其代谢途径可分为3类，即萜烯类化合物（terpenoids）、苯丙酸类化合物/苯环型化合物（phenylpropanoids/benzenoids）和脂肪酸衍生物（fatty acid derivatives）。

7.1.1 萜烯类化合物及其代谢途径

萜类化合物是花香挥发物中的主要成分物质，也是最大的一类，包括单萜（如芳樟醇、柠檬烯、月桂烯）和倍半萜（如法尼烯、石竹烯）。所有的萜烯类化合物均来自共同的前体异戊烯基焦磷酸（isopentenyl pyrophosphate，IPP），其是由异戊二烯单元在细胞质或质体中通过甲羟戊酸途径（mevalonic acid pathway，MVA）和甲基赤藓醇磷酸途径（methylerythritol 4-phosphate pathway，MEP）缩合而成。IPP异构化生成二甲丙烯焦磷酸（dimethylallyl diphosphate，DMAPP），IPP和DMAPP是所有萜烯类化合物的前体物体，一分子IPP与一分子DMAPP在牻牛儿基焦磷酸合成酶的催化下结合形成牻牛儿基焦磷酸（geranyl pyrophosphate，GPP，图7-1），是所有单萜的通用前体；若两分子IPP与一分子DMAPP经法尼基焦磷酸合成酶催化，则产生法尼基焦磷酸（farnesyl pyrophosphate，FPP，图7-1），是所有倍半萜的通用前体。

GPP经各种单萜合成酶催化就形成各种单萜类化合物，FPP经各种倍半萜烯合成酶催化就形成了各种倍半萜类化合物（图7-2）。最后在萜类合成酶（terpene synthase，TPS）的催化下，将GPP和FPP进一步转化成各种单萜（C10）、倍半萜（C15）、二萜（C20）等萜烯类化合物。

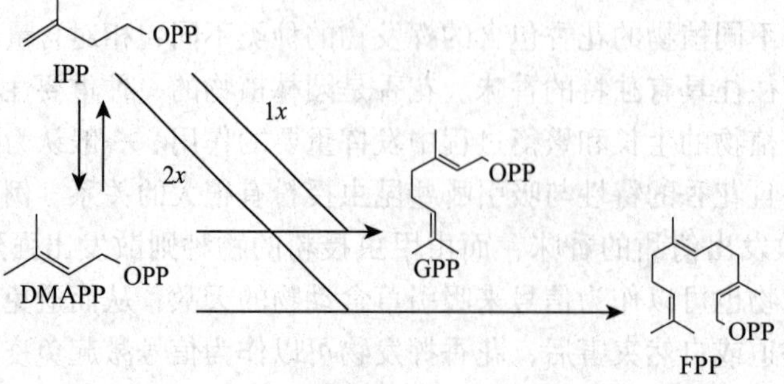

图7-1 牻牛儿基焦磷酸和法尼基焦磷酸的合成

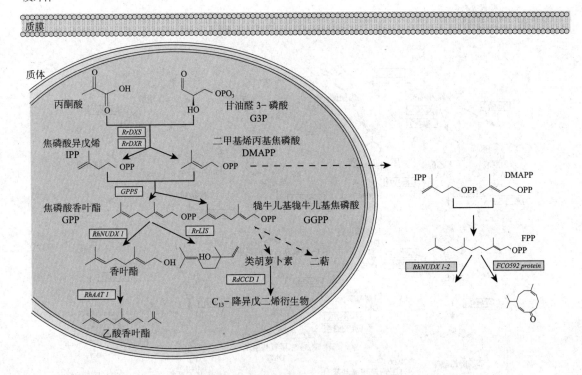

图7-2 月季中萜烯类挥发物的生物合成

7.1.2 苯丙酸类/苯环型化合物及其代谢途径

苯丙酸类物质/苯环型化合物起源于莽草酸途径（shikimic acid pathway）（图7-3），该途径是植物次生代谢的主要途径。和萜烯类代谢相比，苯丙酸类代谢途径更复杂。苯丙氨酸和酪氨酸是苯丙酸类化合物代谢的前体物质，通过苯丙氨酸解氨酶（phenylalaninammonialyase，PAL）、肉桂酸-4-羟基化酶（4-hydroxycinnamic acid，C4H）和4-香豆酰CoA-连接酶（4-coumarate coenzyme A ligase，4CL）等关键酶作用，最终合成具有芳香性的苯丙酸类挥发物。PAL催化苯丙氨酸脱氨生成肉桂酸（cinnamic acid，CA），是苯丙烷类代谢途径中的关键酶和限速酶，PAL催化苯丙氨酸途径的第1步反应。C4H羟化肉桂酸生成4-香豆酸盐，是苯丙氨酸途径的第2步反应。4CL催化香豆酸、肉桂酸的CoA酯合成，为木质素、类黄酮等次生代谢物提供底物，是苯丙氨酸途径的第3步反应和不同产物代谢的分支点。此外，该途径中还包括甲基转移酶如COMT和OOMT等，主要负责咖啡酸和阿魏酸的甲基转移。

7.1.3 脂肪酸衍生物及其代谢途径

脂肪酸衍生物是第三类挥发性化合物，主要包括醇类、醛类和酯类，起源于丙二酸途径（malonic acid pathway）。脂肪酸衍生物的生物合成途径中的关键酶是脂肪氧化酶（lipoxygenase，LOX），其以C16或C18不饱和脂肪酸（如亚麻酸和亚油酸）为底物进行异构过氧化反应，然后经过裂解酶或异构酶或脱氢酶形成芳香性的短链烃类小分子化合物（图7-4）。该途径在LOX代谢生成的氢过氧化物分为2个代谢分支，第一条途径为在氢过氧化

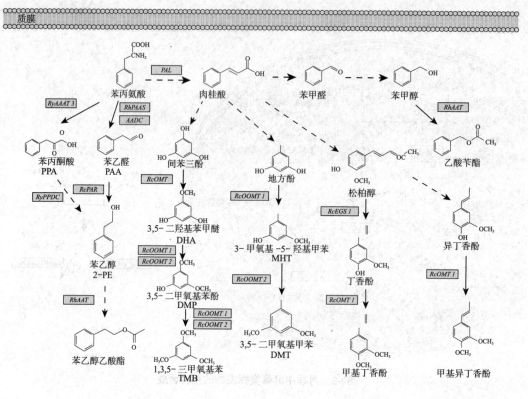

图7-3 月季中苯丙酸类化合物/苯环型化合物的生物合成

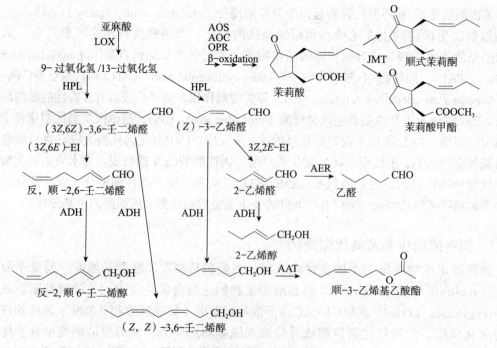

图7-4 脂肪酸衍生物的生物合成

物裂解酶（hydroperoxide lyase，HPL）作用下，形成C6和C9类挥发醛类物质，这些醛类物质在烯醛异构酶和乙醇脱氢酶（alcohol dehydrogenase，ADH）的作用下形成对应的醇类，这些挥发物对绿叶植物的防御性反应起到非常重要的作用；第二条途径为在丙二烯氧化物合酶（allege oxide synthase，AOS）、丙二烯氧化物环化酶（allene oxide cyclase，AOC）和12-氧-植物二烯酸还原酶（12-Oxo-phytodienoic acid reductase，OPR）等酶的作用下，通过环氧化物氧化还原反应，最终产生茉莉酸（jasmonic acid，JA），JA还可以通过茉莉酸甲基转移酶（jasmonic acid carboxyl methyltransferase，JMT）生成茉莉酸甲酯。

7.2 花香代谢关键酶分离及其基因克隆

花香挥发物的形成由不同代谢途径中的关键酶的催化而成，随着分子生物学和遗传学的逐步发展，3种不同代谢途径中的关键酶基因已被克隆并得到研究，花香的表达调控网络已有初步轮廓。其中萜烯类和苯丙酸类挥发物是花香的主要组成成分，有关两个代谢途径中的关键酶基因研究得比较多，针对脂肪酸类代谢途径中的关键酶基因的研究较少。

7.2.1 萜烯类代谢关键酶及其编码基因

萜烯类挥发物代谢途径已被详细解析，通路中的各种酶被分离和验证功能，包括参与萜烯代谢前体的各种异构酶（如DXS），后期合成各种萜烯类物质的芳樟醇合成酶（LIS）、萜烯合酶（如TPS）、吉马烷D合成酶（GDS）、单萜合成酶（NUDX）和醇乙酰转移酶（AAT）等。

（1）1-脱氧-D-木酮糖-5-磷酸还原异构酶（DXS）

DXS是萜烯类化合物MEP途径的限速酶，负责3,3-二甲基丙烯基焦磷酸（DMAPP）和异戊烯基焦磷酸（IPP）的合成，为植物体内单萜的合成提供前体物质。玫瑰中的RrDXS在挥发性单萜的合成中起着关键作用，随着玫瑰开花的过程表达量不断上升，盛花期最高，衰老期含量相对减少；且在花托中的表达量最高。百合中的*DXS*基因在浓香型品种的表达明显高于淡香型和无香型品种。茉莉花瓣和桂花中*DXS*的表达呈现出昼夜节律现象。

（2）芳樟醇合成酶（LIS）

芳樟醇合成酶（linalool synthase，LIS）是第一个分离得到的编码花香合成酶，该酶可将牻牛儿焦磷酸（GPP）进一步转换为S-芳樟醇（S-linalool）（见图7-2）。芳樟醇是广泛存在于植物中的花香挥发物，属于单萜类，具有清甜的香味。1995年，Pichersky等从仙女扇（*Clarkia breweri*）的花中分离纯化出LIS，该酶在开花的第1天和第2天活性最高，主要在柱头、花瓣和雄蕊中表达。1996年，Dudareva等根据获得的LIS蛋白序列筛选cDNA文库而得到完整的*LIS*基因。*LIS*编码区由870个氨基酸组成，具有典型的金属辅助因子捆绑区域DDXXD。异源转化该基因导入薰衣草或天竺葵中，能够提高转基因植株中的芳香物质含量。

（3）萜烯合成酶（terpene synthase，TPS）

萜烯合成酶是萜烯类挥发物合成的关键酶，数量众多，结构多样，根据功能可分为单萜合酶、倍半萜合酶和二萜合酶等；根据氨基酸序列的同源性可分为TPSa-g7个亚家族。其中TPS-a亚家族主要催化合成倍半萜；TPS-b亚家族的蛋白主要为单萜合酶和异戊二烯合酶，主要生成环状单萜；TPS-g主要催化生成非环状单萜，倍半萜及二萜；TPS-c只有一个萜类合成酶，为裸子植物和被子植物的古巴脂焦磷酸合成酶；TPS-d亚家组为裸子植物特有；TPS-e和TPS-f由裸子植物和被子植物的KS酶蛋白组成。β罗勒烯和月桂烯都是广泛存在于植物花香之中单萜类物质。β罗勒烯合成酶和月桂烯合成酶都以GPP为底物，分别控制β罗勒烯和月桂烯的合成（见图7-2）。2003年Dudareva等利用功能基因组学的方法从金鱼草的花瓣特异性cDNA文库中分离克隆了β罗勒烯合成酶基因和月桂烯合成酶基因的全长cDNA。β罗勒烯合成酶基因的氨基酸序列与月桂烯合成酶基因具有92%的同源性，共同属于萜烯合成酶家族的Tps-g亚家族。小苍兰中分离出的15个*TPS*基因，其中FhTPS1催化反应，参与芳樟醇的形成，TPS10控制β-石竹烯的合成，TPS14控制了橙花醇的合成，另外4个FhTPS蛋白参与多个酶促反应，其中FhTPS4、FhTPS6和FhTPS7能够同时识别GPP和FPP。此外，FhTPS的酶促产物十分匹配花的挥发性萜类物质，且VOC的释放与*FhTPS*基因的表达显著相关。

（4）吉马烷D合成酶（GDS）

吉马烷D也是广泛存在于植物中的花香挥发物，属于倍半萜烯类。2002年Guterman等利用功能基因组学的方法从现代月季（*Rosa hybrida*）中克隆出一个新的花香相关基因，即吉马烷D合成酶基因。吉马烷D合成酶以FPP为底物，控制吉马烷D的合成。

（5）核苷二磷酸水解酶（NUDX）

NUDX是一类广泛存在的水解酶超家族，它催化连接一个X基团的核苷二磷酸水解为单核苷酸和连接X基团的磷酸。在月季中，RhNUDX1定位于细胞质中，能够有效地合成香叶醇和香叶基糖苷（Gglyc），相当于同其他植物中发现的香叶醇合成酶（GES），可以催化香叶醇的生成，是一种不同于其他植物的新型的单萜合成酶。

（6）醇类乙酰基转移酶（AAT）

醇类乙酰转移酶（AAT）将单萜醇转化为相应的乙酸酯，该酶将乙酰基从乙酰基-CoA转移到底物醇上。2003年Shalit等从现代月季中克隆出*AAT*基因。该基因编码458个氨基酸，与仙女扇中的*BEAT*基因序列有较高的同源性。在现代月季中，*AAT*以乙酰辅酶A为乙酰基供体，主要以香叶醇和香茅醇为底物，催化乙酸香叶酯和乙酸香茅酯的合成，所以又称香叶醇/香茅醇乙酰基转移酶（见图7-3）。在体外具有广泛的底物特异性，也可以接受其他醇类作为底物，如橙花醇、1-辛醇、2-苯乙醇、苯甲醇和苯乙醇等。

7.2.2 苯丙酸类代谢关键酶及其编码基因

（1）苯丙氨酸解氨酶（PAL）

PAL催化氨基酸苯丙氨酸脱氨生成反式肉桂酸控制苯甲酸的合成，是苯丙酸类代谢途径中的关键酶和限速酶，参与植物花香的合成。通过构建'小绿萼'梅和'宫粉'梅花香形成关键阶段的转录组数据库，并结合花香化合物的差异分析，发现*PmPAL*基因和*PmMYB4*转录因子分别在调控梅花香气化合物关键前体底物的积累中发挥重要作用。

（2）苯甲酸羧基位甲基转移酶（BAMT）

BAMT以腺苷甲硫氨酸为甲基供体，以苯甲酸为前体，将甲基转移至苯甲酸的羧基上，形成苯甲酸甲酯。2000年Murfitt等从金鱼草（*Antirrhinum majus*）的花中分离纯化出BAMT酶。Dudareva等利用此前获得的蛋白序列筛选金鱼草花瓣特异性cDNA文库，得到*BAMT*基因的全长cDNA。该基因氨基酸序列除了与仙女扇中的SAMT相比具有40%的同源性以外，与基因库中其他基因没有明显的相似性。因此BAMT和SAMT是一类新的羧基位甲基转移酶，属于甲基转移酶-7家族（methyltransf-7）。

（3）水杨酸羧基位甲基转移酶（SAMT）

水杨酸甲酯是广泛存在于植物中苯环型酯类化合物。不但是重要的花香成分，而且在植物的防御机制中扮演着重要的角色。SAMT以腺苷甲硫氨酸为甲基供体，以水杨酸为前体，将甲基转移至水杨酸的羧基上，形成水杨酸甲酯。1999年Ross等从仙女扇的花中分离纯化出SAMT。但是该酶也能以苯甲酸为底物，产生少量苯甲酸甲酯。筛选cDNA文库得到*SAMT*基因的全长cDNA。该基因编码区由359个氨基酸组成，与基因库中的基因没有明显的相似性。另外，2002年Pott等用同源序列法从多花黑蔓藤（*Stephanotis floribunda*）克隆出*SAMT*基因。该基因编码的氨基酸序列与仙女扇中的SAMT相比，具有56%的同源性；同样地，多花黑蔓藤SAMT也能以苯甲酸为底物，产生少量的苯甲酸甲酯。

（4）苯甲酸/水杨酸羧基位甲基转移酶（BSMT）

水杨酸甲酯和苯甲酸甲酯都是广泛存在于植物中苯环型酯类化合物，两者在烟草（*Nicotiana suaveolens*）的花香中大量存在。BSMT以腺苷甲硫氨酸为甲基供体，以苯甲酸和水杨酸为前体，将甲基分别转移至苯甲酸和水杨酸的羧基上，形成苯甲酸甲酯和水杨酸甲酯。该酶对于苯甲酸和水杨酸具有同样的催化能力。2004年Pott等从烟草中克隆出*BSMT*基因。该基因氨基酸序列与仙女扇和多花黑蔓藤的*SAMT*基因以及金鱼草的*BAMT*基因都有一定的同源性，共同属于甲基转移酶-7家族。

（5）（异）丁子香酚-O-甲基转移酶（IEMT）

甲基丁子香酚和甲基异丁子香酚是许多植物中重要的花香成分。1997年，Wang等从仙女扇的花中分离纯化出IEMT，该酶以腺苷甲硫氨酸为甲基供体，以丁子香酚和异丁子香酚为前体，将甲基转移至丁子香酚和异丁子香酚苯环第4位的羟基上，形成甲基丁子香酚和甲基异丁子香酚。之后利用前面获得的蛋白序列筛选cDNA文库而得到完整的*IEMT*基因。

（6）间苯三酚氧位甲基转移酶（POMT）和地衣酚氧位甲基转移酶（OOMT）

1,3,5-三甲氧基苯是月季花香中含量最丰富的成分，需要经过3个酶的催化才能形成。2004年Wu等人从月季花（*Rosa chinensis*）中克隆出*POMT*基因。该基因与其他氧位甲基转移酶基因具有很大的同源性。POMT以间苯三酚为底物，以腺苷甲硫氨酸为甲基供体，控制合成地衣酚。2002年Lavid等人从现代月季中克隆出两个*OOMT*基因*OOMT1*和*OOMT2*。OOMT1以POMT的催化产物地衣酚为底物，控制合成3,5-二甲氧基苯酚，然后OOMT2以3,5-二甲氧基苯酚为底物，控制合成1,3,5-三甲氧基苯（见图7-3）。这个反应过程中，以间苯三酚为最初的底物，经POMT、OOMT1和OOMT2三个连续的催化步骤，形成最终的芳香产物1,3,5-三甲氧基苯。

（7）苯甲醇乙酰基转移酶（BEAT）

BEAT酶以乙酰CoA为乙酰基供体，以苯甲醇为前体，将乙酰基转移至苯甲醇上，形成乙酸苄酯。许多植物中，挥发性酯类对于吸引昆虫授粉具有重要作用。乙酸苄酯就是飞蛾授粉的花中最常见的花香物质。1998年Dudareva等从仙女扇的花中分离纯化出BEAT，筛选cDNA文库得到BEAT基因的全长cDNA。该基因编码区由433个氨基酸组成，属于酰基转移酶家族。

（8）苯甲醇苯甲酰基转移酶（BEBT）

2002年D'Auria等采用表达序列标签（EST）文库结合植物挥发性成分谱库，利用cDNA芯片技术从仙女扇中获得了BEBT基因cDNA的全长。该基因编码区由435个氨基酸组成，与植物酰基转移酶序列具有很大的同源性。BEBT以苯甲酰CoA为苯甲酰基供体，以苯甲醇为前体，将苯甲酰基转移至苯甲醇上，形成苯甲酸苄酯。

（9）苯甲醇/苯基乙醇苯甲酰转移酶（BPBT）

苯甲酸苄酯和苯甲酸苯乙酯在矮牵牛（*Petunia hybrida*）的花香成分中占有相对较高的含量。2003年Boatright等在对矮牵牛的研究中，运用功能基因组学的方法克隆出BPBT基因。该基因与烟草的BEBT基因和仙女扇的BEAT基因都具有较高的同源性。BPBT以苯甲酰辅酶A为苯甲酰基供体，以苯甲醇和苯基乙醇为前体，将苯甲酰基转移至苯甲醇和苯基乙醇上，形成苯甲酸苄酯和苯甲酸苯乙酯。

（10）松柏醇酰基转移酶（CFAT）

2007年Dexter等人从矮牵牛中分离克隆出控制乙酸松柏酯合成的CFAT基因。该基因编码的蛋白属于BAHD酰基转移酶家族，氨基酸序列与矮牵牛的BPBT、仙女扇的BEAT和现代月季中的AAT都有一定的同源性。CFAT以松柏醇为底物，以乙酰CoA为酰基供体，控制合成乙酸松柏酯，在丁子香酚合成酶的催化下合成芳香物质异丁子香酚。

7.2.3 脂肪酸衍生物代谢关键酶分离及其编码基因

脂肪酸及其衍生物在花香挥发性物质中所占的比例远不及萜烯类和苯丙烷类，其代谢途径中的关键酶类也被克隆挖掘出来。主要包括脂肪酸氧化酶和丙二烯氧化物合酶。脂氧合酶（lipoxygenase，LOX）是茉莉酸合成途径的关键酶，参与植物挥发性化合物己醛和己烯醛的合成。姜花中LOX的表达趋势与花香释放规律一致，在姜花盛开前期表达较低，盛开期达到高峰。使用脂氧合酶的抑制剂NDGA处理香瓜能够显著降低LOX的酶活，其香气成分如己醛、2E-壬烯醛和直链酯类的含量也下降明显，说明LOX参与植物的香气合成。AOS是植物体内JA合成途径的另一个关键酶。兰花中的*cfLOX*和*cfAOS*在盛花期表达，且在萼片、花瓣和唇瓣中大量表达，将茉莉酸代谢的另一个重要基因茉莉酸甲基转移酶基因*cfJMT*主要在花芽期表达，在萼片、花瓣和唇瓣中的表达也比较高；单独异源转化矮牵牛不能增加内源MeJA的含量，可能需要其他基因的协助。

7.3 花香产物调控

组成花香的挥发物多种多样，其形成都是合成途径中的相关酶的催化，但直到目前，人们只对部分花香挥发物的生物合成途径了解得比较清楚，如前文所述的萜烯类和苯丙酸类化合物。花香的产生除了受到代谢酶的调控外，还受到园林植物生长发育过程、不同组织结构和外界环境条件的调控，这些调控可能依赖于转录因子的参与，相关研究主要集中在对仙女扇、金鱼草、矮牵牛和月季等几种植物的研究上。

7.3.1 空间调控

大多数植物的花香都来自花瓣，同时花的其他器官如雌蕊、雄蕊等也能散发出少量的香味。上述那些控制花香产物合成的酶，如仙女扇中的LIS、IEMT、BEAT、BEBT和SAMT，月季中的POMT、OOMT、吉马烷D合成酶和AAT，矮牵牛中的BPBT和CAFT在各自的花瓣中都具有最大的活性。金鱼草BAMT、β罗勒烯合成酶和月桂烯合成酶也是在其花瓣的上裂片和下裂片有着最大的活性，在花粉管和花药上也有一些活性，但是在其他的诸如雌蕊、花萼和子房中则都没有这些酶活性。由此可见，仙女扇、金鱼草、月季和矮牵牛中的大多数花香产物都来自花瓣。然而，玫瑰中的酯类物质如香茅醇乙酸酯、香叶醇乙酸酯和橙花醇乙酸酯在雄蕊中有合成。百合中雄蕊和雌蕊中也有脂肪酸衍生物的合成。

原位杂交和免疫学方面的试验表明，*LIS*基因和*IEMT*基因在仙女扇花的表皮细胞中特异表达，*BAMT*基因则在金鱼草花的上裂片和下裂片表皮层的锥形细胞中特异表达，并且*BAMT*基因在下裂片锥形细胞中的表达量比在上裂片中的要高（图7-5）。这些结果说明，花香相关的酶在花器官的表皮细胞中催化合成相关的花香产物，便于这些花香产物以挥发的方式直接散播到空气中。

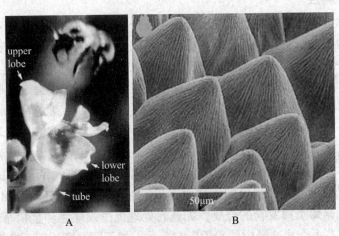

图7-5　BAMT蛋白在金鱼草花瓣中的定位

A. 金鱼草的花　B. 花瓣表皮层锥形细胞的电镜扫描结构

7.3.2 开花时间调控

花香物质的散发受到花发育过程的调控，一般都是在花开放后的一段时间内达到顶峰，然后逐渐下降。

对仙女扇的研究表明，LIS、IEMT、BEAT和SAMT的活动分为两种模式。LIS和SAMT属于第一种模式，它们的活性在成熟的花芽和初开的花中逐渐增加，到花开败时（开花的第5天）开始逐渐下降。此时尽管各自的产物芳樟醇和水杨酸甲酯已经停止产生，但它们依然有相当于最大活性时40%~50%的活性。第二种模式是以IEMT和BEAT为代表，即便它们各自的产物含量逐渐下降，但它们的活性在花的整个生长过程中几乎维持不变。金鱼草中的BAMT属于第一种模式，它的活性在开花后的第9~12天下降到最高活性时的46%左右，但此时并没有其产物苯甲酸甲酯的产生。之所以在花的开放后期，有酶的活性却没有相应的产物生成，是因为在花的开放后期花瓣中缺少相应的底物，所以不能产生花香产物。

同样地，*LIS*、*IEMT*和*BAMT*等基因的表达分析也表明，它们的表达水平与酶活性以及花香产物的散发具有一样的变化趋势。这说明花香相关酶的酶活性受相关基因转录水平的调控。

7.3.3　昼夜节律调控

生物钟在许多植物中调控花香释放的昼夜节律，如烟草、紫茉莉（Effmert et al., 2005）和百合（Shi et al., 2018）等。这种调控可能是为了与传粉昆虫的活动保持同步。大多数花香挥发物如香叶醇、乙酸香叶酯、苯丙烷类/苯类中的苯乙醇和脂肪酸衍生物中的乙酸己酯等在玫瑰中的释放具有昼夜节律现象。昼夜节律对不同花香成分的调控不同，月季中的有些花香成分如单萜醇类、反式石竹烯和紫罗兰酮的释放就不受昼夜节律的调控。百合的花香释放也具有昼夜节律现象，如'西伯利亚'百合花香中的香气成分主要为单萜罗勒烯和沉香醇，其释放具有昼高夜低的节律性，且在下午16：00时排放量最高。

7.3.4　外部因子调控

除了受到园林植物的发育进程和昼夜节律调控外，花香的组分及其相对含量对外界的自然环境因素也非常敏感，主要包括光照和温度。不同品种、同一栽培品种在不同的地方或栽培条件会导致花香挥发物的成分和含量也有所不同。例如，大马士革玫瑰品种'Noorjahan'在不同海拔的地方种植，提取出来的玫瑰精油主要成分含量差异很大。光照对花香的影响包括3个方面：光周期、光照强度和光质。花香释放的昼夜节律受到光周期的调控，例如，使用不同的光周期处理影响百合的花香释放节律，如持续黑暗处理能够打破苯甲酸甲酯的节律性，但不能打破萜烯类花香释放的昼夜节律，但明显缩小昼夜释放差异。光照强度也会影响花香的合成，如月季中的乙酸香叶酯的产生直接受到光强的调控。百合中的花香合成如单萜物质芳樟醇和罗勒烯随着光照强度的增加而逐步增加，这个过程还受到MYB转录因子的调控。光质能够影响萜烯类挥发物的合成，如蓝光处理促进蝴蝶兰和金鱼草释放更多的单萜。温度可能通过调控花香合成途径中的酶活影响花香。如不同温度处理下矮牵牛，随着温度的升高，其花香成分的内源性总量下降，外源释放量增加。对百合研究发现，随着温度的升高，西伯利亚花香物质的总数和含量呈现先升高后降低的趋势。

7.3.5　调控的关键转录因子

调控花香合成的基因除了直接参与的结构酶类之外，转录因子是另外一类重要因子，可能通过调控结构酶类基因的表达或其编码蛋白的活性参与花香的生物合成。迄今为止，发现参与花香调控的转录因子主要是MYB家族，还有ERF和WRKY等。

MYB家族是植物转录因子中最大的家族之一，是最先发现参与花香合成的转录因子。PhODO1是第1个被发现的促进苯丙氨酸类生物合成进而调控矮牵牛花香合成的MYB转录因子，其能激活莽草酸途径基因 *EPSPS* 的表达从而调节 L-苯丙氨酸的前体供应。后来发现 PhODO1 上游还存在两个 MYB 转录因子 EOBⅠ和 EOBⅡ，三者一起调控矮牵牛苯丙烷类生物合成途径，并且这 3 个 MYB 转录因子在矮牵牛中均表现出昼夜节律的表达模式。将拟南芥 MYB 转录因子基因 *PAP1* 转入月季中能够增强苯丙素和萜烯类花香化合物的增加。百合中 LiMYB1、LiMYB305 和 LiMYB330 直接结合百合萜类合酶基因 *LiTPS2* 的启动子，激活其表达，正向调控百合主要单萜类花香物质芳樟醇以及罗勒烯的合成。香雪兰中 FhMYB21 能够直接结合沉香醇合酶基因 *FhTPS1* 启动子，激活 FhTPS1 的表达，该结合受到 FhMYC2 的抑制调控。此外，FhMYB21 还调控黄酮醇合酶基因 *FhFLS1* 和 *FhFLS2* 的表达，说明花朵发育过程中挥发性萜类物质和黄酮醇合成的转录调控存在相互影响，植物花香、花色类物质合成之间存在协同调控机制。

AP2/ERF 家族是植物中的另一大类转录因子，也参与了花香的合成。桂花中 ERF2 转录因子调控单萜类 β-紫罗兰酮产生代谢途径的关键基因 *CCD4* 基因的表达，调控桂花花瓣精油的合成。菊花中 WRKY41 可以特异性结合 *HMGR2* 和 *FPPS2* 启动子调控倍半萜的合成。

7.4 花香遗传改良

多年来园林植物的遗传育种主要集中在花型、花色、抗病和延长瓶插寿命等方面，这常常导致花香的丢失，如市场上流行的切花月季大部分是缺少香味的。近年来随着花香分子生物学的研究不断深入，花香的遗传改良也逐渐发展出一些新方法，例如使用基因工程手段直接导入外源基因，或使用基因敲除方法调控内源基因的表达等。目前，在对矮牵牛、香石竹、烟草和月季的花香遗传改良上已经进行了一些研究（表 7-1）。

表 7-1 蔷薇花香图谱中的表型和基因特征

途径	香气相关基因或性状	连锁群	居群	蔷薇科名	文献
萜类	geraniol（QTL）	LG1	Linkage groups 94/1	R. mlifloru	[114]
	TPS-L（Terpene synthase-like）	LG1	Linkage groups 94/1	R. mftra	[46]
	RhCCD1	LG1	Linkage groups 94/1	R. wulifw	[46, 114]
	RhAAT1	LG2	Linkage groups 94/1+ Linkage groups 97/7	R. mulhiflwa	[46, 114]
	geTanylagar	LG2	Linkage groups 94/1	R. Rwa	[114]
	menel	LG3	Linkaige groups 94/1	R. Rulhf	[114]
	β-citromellol（QTL）	LG3	Linkaige groups 94/1	R. mnlf	[114]
	neryl acetate	LG4	Linkage groups 94/1	R. wulifwa	[114]
	TPS-L（Terpene synthase-like, Famesyltransferase）	LG4	Linkage groups 94/1	R. mulhilora	[46]
	GDS	LG5	Linkage groups 94/1+ Linkage groups 97/7	R. mutilcra	[46, 114]
	TPS-L（Terpene synthase-like）	LG5	Linkage groups94/1	R. mlifloru	[46]
	alcohel acetate	LG7	Linkage groups 94/1	R. mnilera	[114]

（续）

途径	香气相关基因或性状	连锁群	居群	蔷薇科名	文献
苯丙酸类	RhPAR	LG1	Linkage groups 94/1	*R. mlifloru*	[46, 114]
	RhOOMT1	LG2	Linkage groups 94/1	*R. muhrr*	[114]
	RhOOMT2	LG2	Linkage gpoups 94/1	*R. mmlilora*	[46]
	RcOMT3-1	LG2	Linkage groups94/1+ Linkage groups 97/7	*R. mulhiflwa*	[114]
	RcOMT3-265	LG2	Linkage groups 94/1	*R. mmf*	[46]
	BEAT-L	LG2	Linkage groups 94/1	*R. rwa*	[46]
	NMT-L（N-methyltrarsferase）	LG2	Linkage groups 97/7	*R. rulhf*	[46]
	BEAT-L	LG4	Linkage groups 97/7	*R. mulhilora*	[46]
	RcOMT3-2	LG4	Linkage groups 94/1+ Linkage groups 97/7	*R. ruHAR*	[114]
	RcOMT3-280	LG4	Linkage grouPs 97/7	*R. rwa*	[46]
	RcOMT1	LG4	Linkage grouPs 97/7	*R. mulif*	[46, 114]
	phenylethanol（QTL）	LG5	Linkage groups 94/1	*R. mnlf*	[114]
	RhAADC	LG5	Linkage groups 97/7	*R. wulifw*	[114]
	POMT	LG6	Linkage groups 94/1+ Linkage groups 97/7	*R. mulif*	[46, 114]

7.4.1 花香遗传图谱的构建

和花色、花型相比，花香在人工选育园林植物中经常被忽略，其遗传信息研究较少。但近年来育种学家也逐渐开始花香的遗传图谱的构建。例如，在月季的杂交后代的花香遗传图谱研究中，发现乙酸橙花酯、乙酸香叶酯和橙花醇可能是单基因控制，而2-苯乙醇、香叶醇和香茅醇是数量性状控制的，单基因的位置或6个数量性状位点（QTLs）已定位在该群体的染色体图谱上。与大牻牛儿烯D合成酶、醇乙酰基转移酶和多种氧甲基转移酶（OMTs）等相关的香气基因位置也被确定。迄今为止，定位到连锁群体的不同位置的与香气相关的基因或性状位点有几十个（见表7-1）。

7.4.2 导入新的外源基因

2001年，Lucker等将从仙女扇中克隆的*LIS*基因导入矮牵牛，在转基因植株的花瓣和叶片中有该酶的活动。然而在花中只产生少量的芳樟醇，反而非挥发性的芳樟醇的配糖在转基因植株中大量积累。2002年，Lavy等又将*LIS*基因导入香石竹中，在转化植株的叶和花中发现有芳樟醇以及其氧化物的产生。尽管有芳樟醇的产生，但是人类的嗅觉感觉不到芳香的改变。2007年，Aranovich等从仙女扇中克隆的*BEAT*基因导入洋桔梗（*Eustoma grandiflorum*），在加入外源底物苯甲醇的情况下转化植株的花和叶中都有乙酸苄酯的产生，但在没有外源底物的情况下却没有相应的产物的出现。

Lucker等和El Tamer等分别于2004年和2003年将从柠檬中获得的3个单萜合成酶基因导入烟草中，在转基因烟草植株的花和叶中，这些酶以GPP为底物，控制合成β-蒎烯、柠檬烯、γ-萜品烯以及其他的产物。更重要的是人类的嗅觉可以感觉到这些香味的存在。2006年，Guterman等人将从月季中克隆的*AAT*基因导入矮牵牛中，结果在转基因植株中产生乙酸苄酯和乙酸苯乙酯。

上述这些结果表明，转基因的方法改良花香品质是切实可行的，但是也存在一些问题需要注意：一是，从转化植株中产生的芳香挥发物可能被修饰成非挥发性的物质；二是，在转化植株中缺少合适的底物产生相应芳香挥发物；三是，即便在转化植株中产生挥发性物质，也可能不足以被嗅觉感觉出来。

7.4.3 调控植物内源基因的表达

通过阻断其他相关代谢途径，改变代谢物质组成，可以增加目的产物的合成，增强植物的香气。苯甲酸和花青素均来自苯丙烷类代谢途径，形成花青素的一个关键酶是黄酮3-羟化酶（F3H）。2002年，Zuker等将反义*F3H*序列转入香石竹，大大减弱了转基因植株中*F3H*基因的表达和酶活性，封锁了花青素合成途径，从而使苯甲酸大大增加。转基因植株不仅花色发生了变化，GC-MS分析表明，香味成分甲基苯甲酸合成量也有所增加，并且这种芳香的改变能被嗅觉所感知。

相反，通过消除一些花香挥发物的产生，也能改变整个芳香的类型。2005年，Underwood等利用RNA干涉技术沉默了矮牵牛中*BSMT*基因，导致转基因植株中缺少主要的花香产物苯甲酸甲酯。这种改变能轻易地被人类的嗅觉捕捉到。同样Kaminaga等2006年利用干涉技术沉默了苯乙醛合成酶基因（*PAAS*），结果不但导致了终产物苯乙醛的完全消失，而且也使它的底物2-苯乙醇消失了。Koeduka等人和Orlova等人分别于2006年和2007年利用干涉技术沉默了矮牵牛中前面提到的*BPBT*基因和*CAFT*基因，结果抑制了*BPBT*基因控制的苯甲酸苄酯和苯甲酸苯乙酯产生，以及*CAFT*基因控制的异丁子香酚的产生，而其他的挥发物都没有改变。

2005年，Verdonk等将新克隆的矮牵牛ODORANT1转录调控因子转入矮牵牛品种'Mitchell'中，期望能增加矮牵牛花香物质的释放量，但转基因植株的苯基/苯丙烷类芳香化合物释放量却明显下降，说明同源*ODORANT1*基因的导入产生了共抑制。转录调控子因的发现有望为花香遗传改良提供新的工具（表7-2）。

表 7-2　花香遗传改良的方法

方　法	植物种类	基因名称	结　果	嗅觉感观
导入单基因	矮牵牛	*CbLIS*	芳樟醇葡萄糖苷	无
	香石竹	*CbLIS*	芳樟醇氧化物	无
	矮牵牛	*RhAAT*	乙酸苄酯和乙酸苯乙酯	未检测
	洋桔梗	*CbBEAT*	乙酸苄酯	未检测
导入多个基因	烟草	*CITER*, *CILIM*, *CIPIN*	γ-萜品烯、柠檬烯、β-蒎烯和其他副产物	有
消除挥发物	矮牵牛	*PhBSMT RNAi*	苯甲酸甲酯消失	有
		PhBPBT RNAi	苯甲酸苄酯和苯甲酸苯乙酯消失	未检测
		PhPAAS RNAi	苯乙醛和苯乙醇消失	未检测
		PhCAFT RNAi	异丁子香酚消失	未检测
封锁竞争产物的合成途径	香石竹	*Anti-DcF3'H*	增加苯甲酸甲酯的散发	有
转录因子的下游调节	矮牵牛	*PhODO1*	减少苯环类挥发物的散发	未检测

注：CbLIS，仙女扇芳樟醇合成酶；RhAAT，矮牵牛醇类乙酰基转移酶；CbBEAT，仙女扇苯甲醇乙酰基转移酶；CITER，柠檬（*Citrus limon*）γ-萜品烯合成酶；CILIM，柠檬烯合成酶；CIPIN，柠檬β-蒎烯合成酶；PhBSMT，矮牵牛苯甲酸/水杨酸羧基位甲基转移酶；PhBPBT，苯甲醇/苯基乙醇苯甲酰基转移酶；PhPAAS，苯乙醛合成酶；PhCAFT，松柏醇酰基转移酶；DcF3'H，香石竹黄酮3-羟化酶；PhODO1，转录调控子

虽然花香代谢研究已经取得很大的进展，但由于代谢途径的复杂性和园林植物的特异性，花香代谢的遗传改良还存在很多问题。如萜烯类代谢途径中的部分基因除了调控花香物质外，还调控激素的合成，发生代谢紊乱；如苯丙酸代谢途径中的部分基因除了影响花香物质外，还调控花色的合成；如何寻找花香代谢的特异基因及其调控因子仍需要深入的研究。此外，花香现有的研究主要集中在花香浓郁方向，对无花香或花香淡雅的研究如国兰、荷花和菊花的研究还相对较少。利用分子育种培育花香满足国人需求的园林植物，增加植物的观赏价值，是花香研究未来的发展方向。

（何俊娜　陈龙清　向林）

思考题

1. 花香主要由哪几类物质组成？这几类物质的生物合成途径有没有联系？
2. 大致说来，茉莉、玫瑰、桂花等不同种类植物的花香类型有着明显差异。试从花香物质的种类和组成（相对含量）中，找找各种香型的异同点。
3. 一般来说，香花不艳，艳花不香，花香物质和花色物质均属于植物次生代谢产物，试从二者生物合成途径中探索其原因。
4. 花香物质释放的调控途径有哪些？植物为什么有这么多的调控释香途径？
5. 与花色类似，花香的类型是质量性状，同一类型香气的浓淡可能是数量性状。我们应该如何选配杂交亲本，才有可能得到理想的香花？
6. 通过基因工程来进行花香遗传改良有哪些途径？

推荐阅读书目

植物花香研究. 2014. 郝瑞杰. 中国林业出版社.

Biology of Plant Volatiles（2nd ed）. 2022. Pichersky E, Dudareva N. CRC Press.

第8章 茎发育与株型遗传

[本章提要] 花的色香形只能在花期展现,园林植物的株型,包括单干的乔木、丛生的灌木的植株的高矮,枝条的直、曲、垂和分枝角度,都是人们平时观赏的重要性状。本章首先从组织发生和突变体的角度,探讨了茎发育的内在机制。影响株型的主要因素是激素,包括生长素与细胞分裂素的相对比例,赤霉素和独脚金内酯等。株型主要是针对木本植物来说的,对其遗传规律的研究还处在等位基因的显隐性和多基因位点等细胞遗传学水平。但通过植物体细胞无性系变异、微生物来源的激素基因工程,或植物来源的光敏色素基因工程等生物技术途径,可以对株型加以修饰。

株型是植物非常重要的一个性状。园林植物的株型与花器官的观赏性状同等重要;在一些花形较小的植物上,株型性状甚至比花器官性状更重要。尽管人们对株型性状给予极大的关注,但对其遗传规律了解甚少,只有为数不多的几个例子。随着植物分子生物学与生物技术的发展,已知许多与植物激素合成相关的突变体,其株型发生了不同程度的变化。因此,可以从影响株型的主要因素——植物激素入手,通过对有关突变体的研究,来探讨株型发育的机理,了解株型遗传的一般规律。

8.1 茎发育与株型多样性

8.1.1 茎发生与演化

从系统发育上来说，茎的发生早于根和叶。有关茎的发生，"顶枝学说"被普遍接受。在个体发育中，每一个枝间开始时即为顶枝，由顶枝形成茎和叶。茎的起源是从等二叉分枝的植物（如莱尼蕨）开始，通过顶枝和枝间的越顶，形成不等二叉分枝，越顶的枝演化成茎，从属的侧枝演化成叶。

依据木质素多寡与茎干软硬，可将植物分为木本和草本。从乔木到灌木，从灌木到亚（半）灌木，从多年生草本植物到一年生草本植物，构成了茎的演化路线。木本植物茎的可塑性小，适应力差，生活周期长，结实相对少。而草本植物茎的生活周期短，生殖阶段发育早，营养生长少，生殖生长多，结实相对多，繁殖代数多，变异概率大。草本植物可能是由木本植物通过加速有性发育的速度进化而来，现存的草本植物远远多于木本植物。

8.1.2 茎端分生组织结构

茎是一种体节（phytomer）的结构重复发育而来的。体节由4部分构成，包括一个节、与节相连的叶（或叶状器官）、叶腋或叶柄下的侧生分生组织（芽）以及节间（图8-1）。茎的重复发育模式使人们只需要跟踪茎端分生组织的特点，就能了解茎发育的全貌。

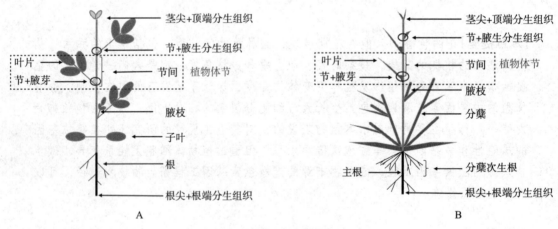

图8-1　植物体节示意图
A.乔木　B.灌木

①原套—原体模型　原套由一至多层细胞组成，进行严格的垂周分裂，以保持层状结构；下方的原体进行平周或垂周分裂。如拟南芥的原套有两层细胞，L1层和L2层，前者发育成叶表皮，后者发育成叶肉；原体（L3层）发育成叶的维管组织（图8-2）。

②分区化模型　茎端分生组织由中心区（CZ）、外周区（PZ）、肋状区（RZ）3个主要发育区域组成。其中中心区位于茎端分生组织的最远端，细胞核显著，细胞分裂活性低，是其他区细胞的发源地。外周区来源于中心区，围绕着中心区延伸，细胞分裂活跃，是侧端器官（叶原基

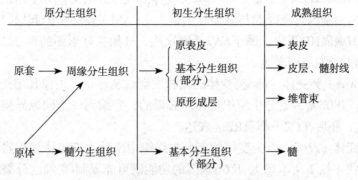

图8-2 植物茎端的原套—原体学说示意图

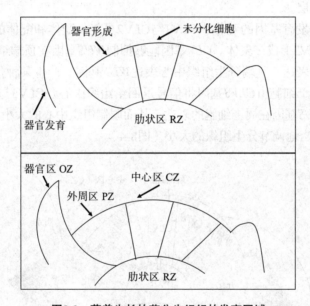

图8-3 营养生长的茎分生组织的发育区域

发生的区域。肋状区位于茎端分生组织的基部,是顶端分生组织和茎组织的过渡区。此外,环绕外周区的区域称为器官区(OZ),形成器官原基(图8-3)。

茎端分生组织是一种动态的结构。如CZ的细胞将产生CZ和PZ,PZ的细胞也将进入OZ。分生组织没有维管组织,其细胞之间的信号传导靠的是胞间连丝。从CZ到PZ,再到OZ,细胞发育的潜能逐渐降低。可见发育调节因子不在未分化的CZ细胞表达,而是随着分生组织PZ细胞的转化逐步表达,以指向特殊的发育途径,并且这种发育方向的改变是由位置信息控制的。

8.1.3 茎端分生组织发育突变体及基因互作

与探究花发育的遗传规律一样,认识茎发育的遗传控制也是从突变体开始的。目前已从拟南芥中分离到多种茎端分生组织的突变体。有的参与茎端分生组织的起始,如*stm*,有的则与茎端分生组织的保持有关,如*wus*、*clv*等。

①shoot meristemless (stm) 突变体 stm突变体的成熟胚缺失茎分生组织，极少数偶尔能形成少量叶片。STM基因可能既参与茎类分生组织（SAM）在胚中的起始，也维持SAM在胚后形成器官。STM编码HD蛋白，属于KN1基因家族，开始在球形胚的1~2个细胞表达，后来在整个SAM中超过CZ的范围表达。

②wuschel (wus) 突变体 wus突变体的植株发育成丛缩状，正像其德文本意，乱草一样杂乱无章的头发。WUS基因是分生组织特化所必需的，它编码一个同源异型框基因。胚发育中在SM基部表达，胚后在CZ下部及RZ区表达。

③clavata突变体（clv） clv突变体的茎分生组织中未分化细胞持续积累，茎端比野生型大得多，像棍棒状（拉丁文本意）。WUS基因的功能既可能限制CZ细胞分裂的速度，也可能促进PZ的细胞分化。CLV基因编码一个激酶，具有胞外区和胞内区，类似一个受体。只在CZ表达，而且局限在L3层。

④茎端分生组织发育基因的互作 CLV1与CLV2可能是受体和配体的关系，二者形成异源二聚体；然后与CLV3形成多聚体。CLV基因能够抑制WUS基因在顶端组织细胞层中的表达，并且限制在两侧区的表达。茎端分生组织中心表达WUS基因，产生某种信号来维持上方干细胞的特性；反过来，干细胞由CLV3基因将信号返回给组织中心。CLV3与CLV1结合，激活信号转导途径，抑制WUS基因在周围细胞的表达，从而限制组织中心的大小。如此，CLV与WUS的反馈作用，可以恰当地调节分生组织的大小（图8-4）。

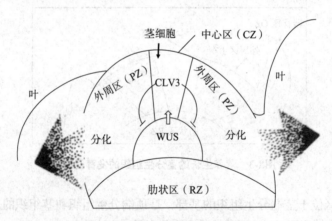

图8-4 维持茎分生组织大小的模型

组织中心产生信号（中空箭头）特化干细胞命运，干细胞通过CLV3信号转导途径限制WUS的表达范围。穿过边界区的细胞成为器官起始的奠基细胞

8.1.4 茎的发育

高等植物茎的发育经历幼年期、成年期、生殖期等几个不同的阶段，每一个阶段都由独立调控而又部分重叠的发育程序控制。茎的发育主要有以下两个特点：

①阶段性 茎的生长是在一个方向上，体节不断重复增加的结果，因此，最先发育的叶是最老的叶，在茎的幼年期；而最后发育的叶最嫩，在茎的成年期。这种在不同发育时间的变异，称为异时性（heterochton）变异；而在不同表达位置的变异，即为同源异型突变（homeosis），如花器官的变异。高等植物幼年期和成年期的差异很大，如常春藤（表8-1）。

表 8-1　常春藤茎发育不同阶段的特征

性　状	幼年期	成年期	性　状	幼年期	成年期
叶的形态	完整	有裂缝	生长习性	倾斜生长	垂直生长
叶的厚度	230μm	330μm	花色素苷	有	无
叶序	互生	螺旋状	气根	有	无
间隔期	1周	2周	生根能力	强	弱

②可塑性　温度、营养、光照等多种因素均能延长或缩短幼年期，使成熟期的茎又返回幼年期而表现一种可塑性，但这种可塑性是有限的。如试管中开花的组培苗，外植体一般都取自成熟期的茎，而幼年期的茎外植体是不能开花的。植物组织培养中茎端分生组织能力的恢复（也称"幼化"），其实就是植物激素的"驯化"，即不依赖于细胞分裂素的细胞分裂。

8.1.5　株型的多样性

无论木本或草本植物，其株型的发育和遗传规律都是一样的。对于植物的株型，可从以下3个方面来分析：

①分枝 {乔, 藤}　②株高 {乔化, 矮化}　③枝姿 {直枝, 垂枝, 曲枝}

如果将上述分枝、株高、枝姿等因子组合起来，就有18种株型。如寿星桃是乔木、矮化、直枝型的，龙游梅是乔木、矮化、曲枝型的，龙爪槐是乔木、乔化、垂枝结合曲枝型的。

植物的乔、灌之分，主要是顶端优势的作用。乔木具有明显的顶端优势，而灌木几乎没有顶端优势。顶端优势是植物体内激素平衡的组织形态学表现。在顶芽合成、通过韧皮部向下运输的生长素和赤霉素，抑制侧芽的生长；而在根部合成，经过木质部向上运输的细胞分裂素，能促进侧芽萌发。顶端优势能控制侧枝的直立生长，形成下延型而非贯顶型的树形。有许多人工合成的顶芽抑制剂或整形素等，如阻止生长素运输的物质三碘苯甲酸，能够调控植物的株型。植物的株高主要是受节间伸长的影响，与生长素和赤霉素的含量有关，CCC、PP333等生长延缓剂导致节间缩短和植株矮化。枝姿则是生长素和赤霉素在枝条横断面上的不均匀分布及其变化所致。

8.2　植物激素与株型发育

8.2.1　生长素和细胞分裂素与株型发育

生长素和细胞分裂素与株型发育的关系，主要是从部分激素突变体（不敏感型）和转基因植株的表型这两方面得出的。如拟南芥 *axr1* 突变体，对生长素、细胞分裂素和乙烯都不敏感，茎生长受抑制，顶端优势减弱；*axr2* 突变体对生长素、细胞分裂素和脱落酸均不敏感，但顶端优势增强；*dwf* 突变体对生长素不敏感，茎生长受抑制。这3种突变体都与株型发育有关，它们不仅有不敏感的激素种类，且表型的变化方向也不同。对高浓度激素不敏感，要么是激素受体或信号传递的突变体，要么是激素吸收、运输或代谢的突变体，均导致激素作用受阻。由此可见，茎的生长或顶端优势均是受生长素和细胞分裂素的平衡所控制。

从农杆菌中克隆的生长素和细胞分裂素代谢的基因，通过转基因可改变植物内源生长素和细胞分裂素的浓度及分布，从而导致植物的株型变化。如 *iaaM* 和 *iaaH* 基因的功能是合成生长素，增加生长素浓度；转基因植株的茎生长受抑制，顶端优势增强。*iaaL* 使生长素和赖氨酸结合而降低生长素浓度，*ipt* 合成并使细胞分裂素浓度提高；转基因植株的茎和根生长均受抑制，顶端优势减弱。从转基因植株的茎生长来看，生长素浓度无论升高或降低，茎的生长均受抑制；细胞分裂素浓度的增高也使茎生长受抑制。顶端优势与生长素/细胞分裂素的比例有关，比例高则顶端优势强；比例低则顶端优势弱。

8.2.2 赤霉素与株型发育

与植物株型有关的赤霉素突变体主要包括两类：一类是GA缺陷型变异，另一类是GA不敏感型变异。从玉米、豌豆、番茄及拟南芥等十几种植物中，已鉴定了近50个不同的GA缺陷型变异。这些突变体最显著的特点是导致植株矮化，而施加外源GA可使变异性状完全或部分恢复。如玉米 *d1*、*d2*、*d3*、*d5* 及 *an1*，拟南芥 *ga1*、*ga2*、*ga3*、*ga4* 及 *ga5*，豌豆 *le*、*lh*、*ls*、*na* 等GA缺陷型突变体，均表现矮化。另外，双突变（*ga1ga4*）比单突变（*ga1* 或 *ga4*）更矮小。这些同一种植物不同的突变体与赤霉素生物合成过程中不同的步骤有关。其中 *GA1*、*GA4*、*GA5* 已被克隆，其转基因植物很可能变矮变小。GA不敏感型变异的性状可分为两类：一类表现为矮化、顶端优势减弱等，如玉米 *D8*；另一类表现为植株异常细长、可育性降低，如拟南芥 *spy* 等。这些性状均不受外源GA的影响。可见，赤霉素与植株矮化的关系更为密切。

8.2.3 独脚金内酯与株型发育

独脚金内酯是新发现的一类重要的植物生长调节剂，能够抑制植物的分枝和侧芽的生长，参与调控植物分枝数量、分枝角度、株高、茎粗等株型指标。外施独角金内酯可明显地抑制植物地上部分的分枝，同时独角金内酯合成和信号途径的突变体表现出多分枝表型。如对独角金内酯信号不敏感的水稻变体 *dwarf53*（*d53*）具有矮化多分蘖的株型；独角金内酯合成缺陷型突变体 *d10* 以及独角金内酯不敏感型突变体 *d3* 和 *d14*，都表现出侧枝增加、植株矮化的表型。此外，研究发现，蔗糖能够拮抗独脚金内酯对水稻分蘖的抑制作用。蔗糖可以促进独脚金内酯关键负调节因子D53蛋白的积累，阻止独脚金内酯诱导的D14蛋白的降解，从而诱导分蘖。

8.3 株型遗传一般规律

株型是一种很重要的经济性状，但在园林植物上研究很少，仅见北京林学院陈耀华1981年对'龙桑'曲枝性的研究。龙桑是个美丽而有经济价值的树种，花农原本仅用嫁接法繁殖，繁殖系数很低。后知曲枝性为显性，而一般桑的直枝性为等位隐性基因，故可用简单的种子繁殖法获得50%的'龙桑'品系。

人们对果树株型比较重视。如苹果的乔化与矮化是一对数量性状，非加性效应大，遗传力较小。苹果的树型除普通型之外，还有紧凑型、短枝型、矮化型。其中紧凑型由完全显

性的 *Co* 基因控制。普通型与紧凑型杂交，后代中的紧凑型占43%~45%，接近1/2；紧凑型自交，后代的紧凑型占65%~72%，接近3/4。可见，普通型的基因型为 *coco*，紧凑型为 *CoCo* 或 *Coco*。另外，短枝型是多基因控制的数量性状，矮化型由3对基因控制。桃树的短枝型由完全显性的 *Dw* 基因控制，*Dw* 与 *dw* 之间有明显的互作，表现出超显性的杂种优势。桃的灌丛性由 *Bu1*、*Bu2* 等重复的独立基因控制，开张性与直立性由不完全显性的 *Sp* 基因控制。

8.4 应用生物技术修饰株型

如上文所述，株型主要与激素平衡有关，也受 *Co*、*Dw* 等单基因的控制。这样就有可能通过生物技术途径来修饰株型。激素平衡是植物组织培养过程中体细胞无性系形态变异的基础；单基因性状则是基因工程的前提。株型基因工程就是通过插入编码与激素调节有关蛋白的基因，来修饰激素变化而改变株型。如激素的过量表达、少量产生、互作，或组织对激素的敏感性的改变，均会引起株型的变化。

8.4.1 植物体细胞无性系的形态变异

在多次继代培养中，经常可以见到丛生状或扁平茎的变异。如组培快繁的秋海棠的丛生变异比对照多25%，矮化变异比对照多30%。此外，苹果的矮化品系能耐更高浓度的细胞分裂素。事实上，在组织培养中通过丛生芽方式扩繁时，即加大细胞分裂素浓度，抑制顶端优势，促发侧芽，使不定芽向丛生芽转化。

8.4.2 微生物来源的激素基因工程

iaaM、*iaaH*、*iaaL*、*ipt*、*rolA*、*rolB*、*rolC* 等均为微生物（以农杆菌为主）来源的激素基因。其中 *iaaM*、*iaaL* 的作用是IAA增加，转基因植物表现为顶端优势增加，分枝减少，节间缩短，次生木质部和木质素增加，叶片窄小，常上卷，不定根增加。*iaaL* 的作用是内源IAA减少，转基因植株的顶端优势减弱，分枝增加。这表明顶端优势与内源IAA密切关系。*Ipt* 的作用是细胞分裂素增加，转基因植株株高降低，顶端优势减弱，侧枝萌发，茎小，木质部减少，根系减少，无不定根，叶绿素增加，叶色变深，衰老延迟。*rol*（A、B、C）基因的作用是使生长素和细胞分裂素均过量表达，且植株对激素的敏感性增加，转基因植株的顶端优势降低，分枝增加，节间缩短，叶小而皱缩，花小，花粉、种子减少，根系常增强。转 *rol* 基因的金鱼草除矮化之外，花枝增加，每个植株花朵数增加了3倍。

8.4.3 植物来源的光敏色素基因工程

生长在光照下或黑暗中植物的株型不一样，这与细胞色素有关。光敏色素基因 *PhyA* 的过量表达，导致转基因植株的节间缩短，植株矮化，叶绿素增加，叶色变深，顶端优势减少，侧枝增加，叶片衰老延迟。这与生长抑制剂处理的效果类似，并且深入的研究发现 *phyA* 与GA合成有关。

综上所述，植物的株型是一个非常复杂的性状，既有激素平衡等生理因素，也有单基因控制的显、隐性性状，或多基因控制的数量性状。对于激素生理的影响，我们可以通过外施激素、修剪或矮化砧穗加以控制。对于单基因性状可通过基因工程加以修饰，而对多基因控制的数量性状，只有通过常规育种加以解决。

（周晓锋　刘青林）

思考题

1. 顶端优势与矮化是什么关系？主要的影响因素有哪些？
2. 针对植物茎端分生组织的原套—原体模型与分区化模型有何异同？
3. 株型是受基因和环境共同作用的数量性状。试比较乔灌的分枝、植株的高矮、枝条的直曲垂等各种相关性状的遗传力的大小。
4. 如何针对不同的株型变化机理，来选择适宜的株型改良途径？
5. 通过基因工程来修饰株型有哪些途径？如何将这些转基因的株型固定下来？

推荐阅读书目

植物发育生物学. 2016. 黄学林. 科学出版社.

植物发育的分子机理. 1998. 许智宏，刘春明. 科学出版社.

Biotechnology of Ornamental Plants . 1997. Geneve R L, Preece J E, Merkle S A. Oxford University Press.

第2篇 园林植物育种学总论

第9章　种质资源与引种驯化　/　170

第10章　杂交育种与杂种优势利用　/　195

第11章　诱变育种　/　227

第12章　倍性育种　/　246

第13章　分子育种　/　268

第14章　选择育种　/　282

第15章　品种登录、保护、审定与繁育　/　303

第9章 种质资源与引种驯化

[**本章提要**] 丰富多彩的种质资源是中国园林植物的最大优势。本章在种质资源概念、分类和意义的基础上,介绍了栽培植物和园林植物的起源中心与变异来源。中国园林植物种质资源具有种类繁多、分布集中、变异丰富和品质优良的特点,并分析了其成因。园林植物种质资源工作包括收集、保存、研究、评价、创新和利用,几十年来我国在以上各个方面都有长足的进展。引种驯化既是迁地保存的重要手段,也是直接利用的主要途径,本章最后从概念、意义、原理、规律、原则、方法,尤其是园林植物引种驯化成功的标准等方面论述了引种驯化的育种途径。

我国被世界园艺学家盛赞为"世界园林之母",这是因为我国有着丰富多彩而且极具特色的园林植物种质资源,我国的园林植物曾经为世界园林事业的发展作出了巨大贡献。但目前我国花卉业生产的主要品种多数仍来自国外,其中的主要原因是对我国的种质资源研究不够,利用不足。因此,我们要从当前花卉业的需要出发,积极、深入地开展种质资源的研究和利用。种质资源既是育种工作的基础,也是育种工作的成果,因为新的品种又是下一次育种的种质资源。整个育种工作就是对种质资源的不断创新和永续利用。

9.1 种质资源概念、分类和意义

9.1.1 种质资源概念

（1）种质

种质（germplasm）源于德国生物学家魏斯曼（A. Weissman）提出的种质连续学说（又称种质论或魏斯曼学说）。该学说认为，生物体是由专司生殖机能的"种质"和专司其他机能的"体质（soma）"所组成。种质世代相传，不受体质的影响；体质由种质分化而来，随着个体的死亡而消灭。

事实上，种质的内涵现在已经有了很大的发展。魏斯曼当时描述的"种质"只是一种可以世代相传的物质，并不清楚是什么物质。孟德尔用豌豆（*Lathyrus* sp.）杂交试验证明了这种物质（被其称为"因子"）是某种颗粒，在世代之间可以自由组合、独立分配。摩尔根的果蝇（*Drosophila*）试验证明这种因子（被其称为"基因"）位于染色体上，是染色体上的某一位点。现代分子生物学不仅证明了染色体中的DNA是基因的化学本质，而且将一段可以控制特定性状的DNA片段称为基因。可见，魏斯曼的种质、孟德尔的因子、摩尔根的基因，都是遗传物质，其本质就是基因。

（2）种质资源

种质资源（germplasm resources）是具有一定遗传物质，表现一定优良性状，并能将这种特定的遗传信息传递给后代的生物资源的总和。现在也称"遗传资源（genetic resources）"，或"品种资源"（农作物常用），园林植物研究上常用"种质资源"一词。

9.1.2 种质资源分类

园林植物种质资源种类繁多，来源广泛，其范围可以从多水平、多层次全面理解。可以描述为各类或者某一类园林植物在全球范围内的资源总和；也可以描述为某一地区园林植物资源总和；可以是某一类园林植物的群体，也可以是某一种特殊的变异材料；可以是一个单株、一种植物组织、一块离体培养的材料、一个细胞甚至是一段DNA。可以按照栽培状况、发生来源、地域来源和结构层次进行分类。

①按照种质资源的栽培状况　可以分为野生种质资源、品系和品种。野生种质资源是未受人为影响的、自然的、原始的野生植物种或变种。品系（strain，又称株系）是人工育种过程中产生的中间材料；在栽培植物中，常指由实生繁殖而产生的、区别不明显的变异体。品种则是人工培育的具有一定经济价值的栽培植物群体。可见，野生种质资源、品系、品种实际上是品种发展的不同阶段。

②按照发生来源　可以分为野生种质资源和人工种质资源。前者是在一定地区的自然条件下经过长期自然选择后保留的物种，因此具有高度的适应性和抗逆性，但部分种质资源观赏性状和经济性状较差，常作为抗性育种的材料。后者是经人工杂交、诱变等育种技术产生的变异类型，通常具有一些特殊观赏性状，有的可作为育种的中间材料，有的可作为品种加以推广。

③按照地域来源　可以分为本地种质资源和外地种质资源。前者是育种工作最基本的材料，是在当地自然和栽培条件下长期形成的，且在当地具有较高的适应性和抗逆性的植物材料，其中部分种质资源可以直接利用。后者是从其他地区引入的种质资源，它反映了引种地的自然和栽培特点，具有不同的遗传性状，其中有本地种质资源所不具备的优良性状，可作为改良本地种质资源的重要育种材料。

④按照结构层次　可以分为种群、种源、居群、植株、器官、花粉、组织（分生组织、愈伤组织）、细胞、原生质体、染色体组和染色体、基因组和基因等。实际上是育种工作的平台（或水平）。比如，引种驯化一般是植株或居群水平引进的，进一步可以从不同分布区引进同一种类的不同种源；研究种群水平的结构与变化，探讨种质资源的形成机制。

9.1.3　种质资源意义

"巧妇难为无米之炊"，种质资源就是整个园林植物生产，甚至是农业生产的"米"。种质资源的意义至少可以体现在以下3个方面：

（1）育种和栽培的物质基础

在整个植物生产体系中，各类生产资料几乎都可以人工制造；唯独种质资源是个例外。离开种质资源，育种和栽培就变成了"无本之木""无米之炊"。只有收集了育种对象所有的近缘种、野生种、变种（variety）、品系、品种等种质资源，尤其是现有品种资源，才可能育成更好的新品种。

（2）生物技术的基因资源

现代生物技术的发展，已经能够定向改变植物的单一性状；但迄今为止，还不能人工合成有生命的完整基因组。无论是引进外源基因，还是对自身某个基因功能的鉴定，都离不开种质资源（或基因资源）。尤其是重要经济性状的单基因突变体，对于园林植物分子生物学研究和开展分子育种至关重要。

（3）基础研究的试验材料

整个生物学的研究都是建立在种质资源（即试验材料）基础上的，尤其是对于园林植物的起源、演化、分类、生态等方面的研究，其研究水平的高低，很大程度上取决于拥有种质资源的多少。我们应该用丰富的园林植物种质资源为基础生物学研究提供大量的证据和思路，而不是仅用一两份园林植物材料来解释生物学问题。

9.2　起源中心与变异来源

9.2.1　栽培植物起源中心

（1）栽培植物起源中心的概念

栽培植物的起源中心是指栽培植物的种和品种多样性（以人工的遗传多样性为主）的集中地区；而野生植物的种、变种多样性（以自然的物种多样性为主）的集中地区，称为该属（类）植物的自然分布中心。起源中心常与自然分布中心相一致，如牡丹的自然分布中心在陕西、山西、甘肃、河南等地，它的起源中心也在西安、洛阳、临洮一带。也有起源中心与分布中心有一定距离的，如梅花的分布中心在四川、云南、西藏交界的横断山区，而其起源中心却在长江中、下游地区。起源中心与分布中心重合或相近的，可称为原生起源中心。有些植物还有次生的起源中心，如月季的分布中心和原生起源中心都在中国，但现代月季的形成却在法国等欧洲国家，欧洲可以称为月季的次生起源中心。

（2）栽培植物起源中心的研究简史

19世纪以来，许多学者考察、研究了栽培植物的起源中心，并有丰富著述，如德坎道尔（A. P. de Candolle）的《栽培植物起源》（1882年）、瓦维洛夫（N. I. Vavilov）的《栽培植物起源中心》（1926年）、勃基尔（I. H. Burkill）的《人的习惯与栽培植物起源》（1951年）和茹考夫斯基（P. M. Zhukovsky）的《植物育种的基因中心》（1970年）等。其中比较有影响的是瓦维洛夫的"栽培植物起源中心"学说和茹考夫斯基的"多样性中心"学说。

1935年瓦维洛夫提出八大起源中心，1968年茹考夫斯基又补充了4个地区，合称"栽培植物的起源和类型形成基因中心"。各起源中心（或多样性中心）都有代表性的园林植物（表9-1）。

表9-1 世界栽培植物起源和类型形成基因中心一览表（茹考夫斯基，1974）

序号	中心名称	地域	代表性园林植物
1	中国—日本	中国、日本	山茶、桃、梅、垂丝海棠、海棠花、西府海棠、贴梗海棠、金橘、香樟、部分竹类
2	印度尼西亚—印度中南半岛	中南半岛、印度尼西亚、马来群岛	虎尾兰、椰子
3	澳大利亚	澳大利亚	金合欢、桉树
4	印度	印度	香橼、慈竹属
5	中亚	阿富汗、塔吉克斯坦、乌兹别克斯坦、土库曼斯坦	杏、樱、李、樱桃类
6	西亚	土库曼斯坦、伊朗、外高加索地区、阿拉伯半岛	罂粟、石榴、番红花、无花果、蔷薇属部分种
7	地中海	地中海沿岸	月桂、羽扇豆、三叶草
8	非洲	埃塞俄比亚、南非等	唐菖蒲、芦荟、天竺葵
9	欧洲—西伯利亚	欧洲、俄罗斯	红三叶草、三色堇、夹竹桃
10	中南美洲	墨西哥、危地马拉、哥斯达黎加、洪都拉斯、巴拿马	仙人掌、凤梨、龙舌兰
11	南美洲	南美洲	西番莲、向日葵、粉美人蕉
12	北美洲	北美洲	糖槭、醋栗

9.2.2 园林植物的起源中心

南京中山植物园张宇和经过研究提出园林植物有以下3个起源中心：

（1）中国中心

中国是很多园林植物的起源中心。山茶、蜡梅（*Chimonanthus praecox*）、菊花、中国兰、银杏（*Ginkgo biloba*）、萱草类（*Hemerocallis* spp.）、扶桑（*Hibiscus rosa-chinensis*）、紫薇（*Lagerstroemia indica*）、木兰（*Magnolia liliflora*）、海棠类（*Malus* spp.）、荷花、桂花、芍药（次生中心在欧洲）、牡丹、报春类（*Primula* spp.）、梅花、杜鹃花类、月季（次生中心在欧洲）、丁香类（*Syringa* spp.）等著名花卉均起源于中国，可见中国无愧于"园林之母"的称号。

（2）西亚中心

番红花类（*Crocus* spp.）、鸢尾类、突厥蔷薇（*Rosa damascena*）、郁金香类等起源于该区，该区起源的园林植物随着十字军东征而对欧洲园林产生了较大的影响。

（3）中南美中心

大丽花（*Dahlia pinnata*）、朱顶红类（*Hippeastrum* spp.）、万寿菊（*Tagetes erecta*）、百日草类（*Zinnia* spp.）等起源于该区，这些园林植物随着新大陆的发现也对欧洲产生了较大的影响。

除此之外，随着南半球植物资源的开发与利用，南非和澳大利亚很可能成为另外两个起源中心。如天竺葵类（*Pelargonium* spp.）、帝王花类（*Protea* spp.）等起源于南非，银桦类（*Grevillea* spp.）、蜡花类（*Chamelaucium* spp.）等起源于澳大利亚。

9.2.3 园林植物品种的变异来源

园林植物的品种是在人工栽培条件下形成的栽培植物的特定类别，其产生和发展一方面是由于植物自身在长期的栽培过程中发生了可遗传变异，另一方面是由于人工的定向选择保留了一些特定变异。其变异来源的途径有3种：

（1）驯化渐变

驯化渐变主要是指野生园林植物在长期的人工栽培过程中，逐渐发生并积累的变异，这种变异多为数量性状的变异。人工栽培条件是一种富养条件，在这种条件下发生的园林植物变异无疑是自然界难以生存的类型。如花径的增大、花瓣数的增加、株型的矮化等。

（2）自发突变

自发突变是指自然发生的可遗传的变异，这些变异包括基因突变、染色体结构和数目的变异等。这些变异一旦发生在人类的花园中，则会被有意识地选择和保留下来，成为一些特殊的观赏植物进而被培育成品种。金叶突变体如'金叶'花柏（*Chamaecyparis pisifera* 'Aurea'）、'金叶'小檗（*Berberis thunbergii* 'Aurea'）；重瓣突变体如'重瓣'棣棠（*Kerria japonica* 'Pleniflora'）、'玉玲珑'中国水仙（*Narcissus tazetta* var. *chinensis* 'Florepleno'）、'重瓣'榆叶梅（*Prunus triloba* 'Plena'）、'重瓣黄'木香（*Rosa banksiae* 'Lutea'）等。

（3）杂交分离

品种丰富的名花多数是杂交起源的，如菊花、大丽花、杜鹃花类、蔷薇类等；而且多为种间杂交形成的远缘杂种，通过杂种后代的分离以及复合杂交，形成了千姿百态、万紫千红的品种。这些栽培品种的遗传组成多数都很复杂。如月季茶香的来源，就是欧洲的法国蔷薇（*Rosa gallica*）、腓尼基蔷薇（*R. phoenicia*）与中国的'月月粉'月季花（*R. chinensis* 'Old Blush'）和巨花蔷薇（*R. gigantea*）杂交的结果，其间随着由OOMT1（甲基间苯二酚-*O*-甲基转移酶）和OOMT2催化的3,5-二甲氧基甲苯（DMT）的生物合成（图9-1）。

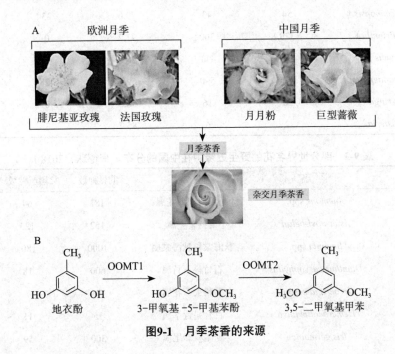

图9-1　月季茶香的来源

在上述变异产生的基础上，人工定向选择保留了那些符合特有文化背景下审美需求的园林植物品种。因此，各种类型的变异是园林植物品种产生的基础，人工定向选择和栽培为这些品种的存在和发展提供了条件。

9.3　中国园林植物种质资源特点及其成因

9.3.1　中国园林植物种质资源特点

（1）种类繁多

我国是园林植物资源大国，有维管束植物3万余种，特有属108个。我国西南山区是植物资源的巨大宝库，如云南有1.3万~1.5万种，四川有1万种。我国的木本植物有7500余种，尤以松柏类（conifers）和竹类（bamboos）居多。我国还是许多著名园林植物的世界分布中心与起源中心（表9-2）。

不仅如此，在许多世界名花和商品花卉所在的属中，中国原产的或近缘野生花卉种也有不少（表9-3）。

表 9-2　中国原产园林植物种数占世界总数的百分率（李德珠，2018）

属　名	世界种数	国产种数	百分率（%）	中国特有	百分率（%）
山茶属（Camellia）	120	97	80.8	76	78.4
兰属（Cymbidium）	50	30	60.0	0	
菊属（Chrysanthemum）	37	22	59.5	13	59.1
百合属（Lilium）	110	55	50.0	35	63.6
石蒜属（Lycoris）	24	15	62.5	10	66.7
绿绒蒿属（Meconopsis）	54	43	79.6	23	53.5
报春花属（Primula）	329	300	91.2	0	
李属（Prunus）	400	111	28.8	66	59.5
杜鹃花属（Rhododendron）	1000	590	59.0	428	72.5
丁香属（Syringa）	20	16	80.0	0	
紫藤属（Wisteria）	7	6	85.7	3	50.0

表 9-3　部分世界名花的野生近缘种在中国的分布（李德珠，2018）

名　称	学　名	科　属	世界种数	国产种数	特有种数
银莲花类	Anemone spp.	毛茛科银莲花属	183	64	23
荷兰菊	Aster novi-belgii	菊科紫菀属	152	123	82
秋海棠类	Begonia spp.	秋海棠科秋海棠属	1000	180	0
香石竹	Dianthus caryophyllus	石竹科石竹属	600	18	4
非洲菊	Gerbera jamesonii	菊科火石花属	30	7	4
萱草	Hemerocallis fulva	百合科萱草属	15	11	4
德国鸢尾	Iris germanica	鸢尾科鸢尾属	300	59	21
玉兰	Yuania denudata	木兰科玉兰属	25	18	0
花毛茛	Ranunculus asiaticus	毛茛科毛茛属	570	133	67
蔷薇类	Rosa spp.	蔷薇科蔷薇属	200	95	65
郁金香类	Tulipa spp.	百合科郁金香属	150	13	1

（2）分布集中

中国虽然地域广阔，但是园林植物种质资源主要分布在西南、华中和东北3个地区。在这些地区可以集中保存、集中研究、集中利用我国园林植物种质资源。

①西南地区　包括四川、云南、贵州、西藏、广西等地，即以横断山脉和云贵高原为主的整个西南地区。该地区种质资源的主要特点是珍稀、濒危植物种类多，分布广。如金花茶、大花黄牡丹（Paeonia ludlowii）、杏黄兜兰（Paphiopedilum armeniacum）、大树杜鹃（Rhododendron giganteum）等。

②华中地区　包括湖南、湖北、重庆、陕西南部等地，以中南丘陵山地和秦巴山区为主。该地区的种质资源有两个特点：其一，该地区是许多重要园林植物的起源中心，如桂花、牡

丹、梅花、月季等，这一地区保留了许多园林植物的近缘野生种及其栽培类型，这些种质可作为进一步改良品种的优良材料；其二，这一地区仍保留了不少珍稀、濒危植物，如珙桐、水杉、紫斑牡丹（Paeonia rockii）等。

③东北地区　包括黑龙江、吉林、辽宁及内蒙古东部，以大小兴安岭和长白山区为主。该地区具有丰富的林下地被植物资源，包括低矮的灌木和多年生宿根草本，这些种类一般都具有耐寒、耐阴的特点。这些植物对于在北方城市构建多样性丰富、生态效益良好的城市园林植物景观具有重要的潜在价值。如早春开花植物侧金盏花（Adonis amurensis）、矮生延胡索（Corydalis humilis）、兴安白头翁（Pulsatilla dahurica）等。

（3）变异丰富

从现有园林植物品种数来看，我国很多重要的花卉品种相当丰富，在世界上占有较大的比重。如我国有茶花品种近500个、菊花品种3000~4000个、芍药品种200个、牡丹品种1000个、梅花品种近400个、落叶杜鹃类品种500个、现代月季品种800个等。

变异丰富不仅体现在品种数量上，还体现在形态变异的多样性和生态适应的广泛性上。前者如臭椿（Ailanthus altissima）与其品种'千头'（'Qiantou'），桃（Prunus persica）与其品种'寿粉'（'Shou Fen'），直枝梅类（Upright Mei Group）、垂枝梅类（Pendulous Mei Group）与龙游梅类（Tortuous Dragon Group）的株型和枝姿的丰富变异，菊花、牡丹的花型和瓣型变异，杜鹃花类、现代月季的花色变异等；后者如菊花的耐寒性和耐旱性、鸢尾类的耐旱性和耐水性、杜鹃花类的耐寒性等。这些蕴藏在园林植物中的丰富变异，为人们选育新品种提供了宝贵的种质资源，也为不同用途的城市绿化提供了特殊的园林植物材料。

（4）品质优良

①早花性　我国原产的蜡梅、瑞香（Daphne odora）、梅花等在长江流域不仅多盛开在元旦及春节期间，而且多具有香味，给人们带来新年的喜庆和新春的生机。

②连续开花性　我国的花卉品种，如'大叶四季'桂（Osmanthus fragrans 'Daye Semperflorens'）、'月月红'月季（Rosa chinense 'Semperflorens'）等，具有连续开花（recurrent flowering）的特性，这对于商品花卉的周年供应或营造园林植物的四季景观具有重大意义。

③香花性　我国的香花种质资源异常丰富，如米兰（Aglaia odorata）、蜡梅、国兰、栀子（Gardenia jasminoides）、忍冬（Lonicera japonica）、桂花、梅花等，将在园艺疗愈（horticultural therapy）和国际花卉市场上发挥重要作用。

④特色优质的性状　在目前的花卉品种中，清新、淡雅的花色较少，其中黄色和蓝色尤为引人注目，我国的金花茶、大花黄牡丹、'黄山黄香'梅（Prunus mume 'Huangshan Huangxiang'）的黄花，蓝刺头（Echinops latifolius）、秦艽（Gentiana macrophylla）、绿绒蒿类（Meconopsis spp.）的蓝花等均为优良性状。此外，盆栽大菊千姿百态的各种花型等，也属突出的优良观赏性状。

⑤抗逆性多样　通常城市环境与植物原生境大不相同，因此培育抗逆性强的园林植物新品种是非常重要和必要的。原产中国的菊花在中华大地广泛分布，具有广泛的适应性和多样的抗逆性，至今已几乎开遍世界各个角落。另外，山茶的一些地理居群具有较强的耐寒性，

栀子和荷花的耐热性等，均有利于城市绿化中四季景观的形成。

9.3.2 中国园林植物种质资源丰富的成因

（1）地形复杂

众所周知，我国自西向东由3块不同海拔高度的台地组成，最高的青藏高原和横断山区还蕴藏着许多未知的植物，尚待我们进一步调查、开发、利用。中间的南方丘陵和"三北"地区是中华文明的发祥地，留下了许多具有乡土特色的园林植物品种，也有待我们去调查、收集和开发利用。海拔最低的平原和沿海地区，农业和经济发达，园林绿化的水平较高，对于新优品种的需求迫切，为园林植物育种提供了丰富的发展空间。

我国复杂的地形阻挡了第四纪冰川的南侵，在西南和中南地区保留了众多的孑遗植物。其中银杏、水杉已经推广利用，栽培地区几乎覆盖了历史上原有的分布区。

（2）气候多样

我国从北到南，温度逐渐升高；从东到西，降水逐渐减少。南北的温度轴和东西的降水轴交叉，在整个国土范围内产生了复杂多样的气候。同时，我国又是少有的同时受到太平洋、印度洋和北冰洋三股气流影响的国家，整个天气系统变化多端。另外，复杂的地形，尤其是纵横的山脉，还形成了多种多样的小气候。气候的多样性是形成园林植物种质资源多样性的基础。

（3）历史悠久

我国具有五千年的文明史，栽培利用园林植物的历史久远，由悠久的农业文化发展起来的完善的农耕技术，为各类奇花异草的生长繁育提供了条件，扦插、嫁接、分株、假植等栽培技术和水肥条件的控制技术使得各种变异类型得以保留。如我国是菊花、百合类、荷花、牡丹、月季等许多园林植物的自然分布中心和起源中心，其中包含了野生种、人工驯化的半野生种、育种的中间材料等，还有大量的地方品种、农家品种。

（4）文化灿烂

中国传统花文化内涵丰富，博大精深。在这些文化的孕育下，形成了具有不同审美情趣的花卉品种。如我国传统名花中，既有体现雍容华贵、富丽堂皇之美的牡丹，也有体现不畏严寒、傲霜斗雪的梅花，还有出淤泥而不染的荷花，体现平淡无华、朴实自然的菊花。总之，中国传统的花文化是祖先给我们留下的一笔巨大的精神财富，也是我国花卉业发展的根基所在。

9.4 种质资源工作主要内容

"广泛收集、妥善保存、深入评价、积极创新、共享利用"是我国种质资源工作的方针，也是种质资源工作的重要内容。具体地说，就是要在收集、保存种质资源，研究和掌握性状遗传变异的基本规律的基础上，采用适当的途径、方法和程序，从天然存在的或人工创造的变异类型中，筛选出性状优良，遗传力强，符合育种目标与要求的育种亲本或新品系、新类型，为园林植物育种提供可直接利用的种质资源。

9.4.1 种质资源收集

虽然在20世纪50年代，中国科学院植物研究所北京植物园曾经组织过全国主要地区野生园林植物的调查，但大规模的、全面的野生园林植物种质资源的调查活动是从20世纪80年代开始的。目前，在园林植物种质资源的调查、引种驯化等方面，我国开展了大量的工作。但就我国整个园林植物种质资源来说，这些工作还远远不够。目前存在的主要问题还是"家底不清"。在以往的工作中，重调查、轻收集的现象较为严重，致使许多种类还得重新收集。

（1）考察收集

考察收集是园林植物种质资源收集的主要方式。一方面野生园林植物是园林植物种质资源的重要组成部分；另一方面园林植物涵盖的范围广、种类多，记载的种类很不够，通过实地考察既有可能发现许多新奇的资源，还可以对种质资源的生态习性、利用现状等方面进行初步评价鉴定。

（2）函件收集

所谓函件收集主要是通过信函等方式收集种质资源。目前在园林植物资源收集中，同行之间互惠互利的交换较多，成为重要的资源收集方式。

（3）异地（国外）引种

异地引种有两个渠道：一是商业购买，即通过商业渠道获得；二是种质交换，如各个植物园之间的种子交换等。在从国外引种时，一定要隔离试种，并严格检疫，杜绝危险性病虫害的传入，同时还要进行引进品种的生物安全性评价，防止生物入侵。

9.4.2 种质资源保存

（1）离体保存

离体保存是将园林植物的种子和其他繁殖材料脱离母株保存起来的方法。广义的离体保存包括种子、无性繁殖体、组织3种保存方式。

①种子保存　种子保存的一般条件是低温、密封、干藏。根据温度和贮藏期的不同，可以将种质库分为以下3种类型：

短期库（1~2年）　10~20℃，相对湿度50%，种子含水量不限。

中期库（15年）　0~5℃，相对湿度40%~50%，种子含水量10%~20%。

长期库（>30年）　-20~-10℃，相对湿度30%~50%，种子含水量4%~7%。

种质资源保存的"种质库"与园林生产上的"种子库"是不同的，尽管贮藏的材料都是种子，但对材料选择和储藏的目的有着本质的区别：前者是通过一定的取样方式，用少量的种子，保存该种尽可能多的遗传多样性；后者则要保存尽可能纯净的种子，用于园林植物的生产。

种质库贮藏的种子应注意繁殖更新，尤其是短期库。保存种子的方法除干藏之外，还有液氮超低温（-196℃）（图9-2）保存，目前尚处于研究、试用阶段，园林植物上应用很少。

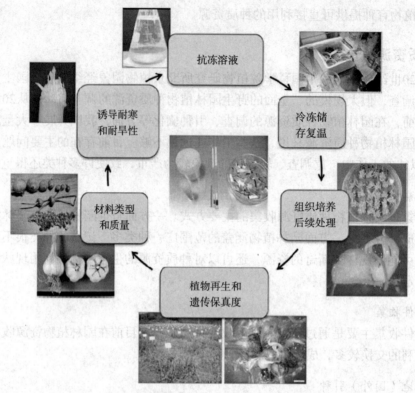

图9-2　无性繁殖材料超低温保存流程简图

②无性繁殖体的保存　园林植物营养繁殖所用的球茎、块茎、鳞茎、根茎等可用于短期贮藏。一般条件是通风干藏，也可以低温贮藏。

③组织保存　利用试管技术可以对离体培养的植物组织进行保存。如愈伤组织、丛生芽、试管苗等，可加生长抑制剂常温保存，也可加保护剂超低温保存。目前我国在中国科学院植物研究所等部门设有专门的植物离体保存种质库。

（2）就地保存

就地保存是指在自然保护区、森林公园等自然环境中保存野生园林植物种质资源，如广西弄岗自然保护区金花茶资源的保存、陕西太白山自然保护区紫斑牡丹的保存等。我国还在自然状态下建立了一系列大型自然保护区，如吉林长白山自然保护区、四川峨眉山自然保护区、湖北神农架自然保护区、福建武夷山自然保护区等。这种种质资源保存方式费用较低，可以最大限度地保护物种的多样性，但保护区内一些濒危物种仍然有流失的可能，而且容易遭受自然灾害。

（3）迁地保存

迁地保存是指将园林植物的植株引种栽培，在异地建立种质保存基地，这对于无性繁殖的园林植物种类尤其重要。我国已建立了广西金花茶基因库、中国荷花品种资源圃、洛阳牡丹基因库、中国梅花品种资源圃、中国菊花品种保存基地等。各地植物园的专类园也是园林植物迁地保存的重要基地，如国家植物园的芍药园、牡丹园、月季园等。很多园林植物景观可以在满足绿化设计要求的同时进行濒危植物保护性种植。这样一方面可以对濒危植物进行异地种植保存；另一方面也可以向广大群众进行科普教育，同时也增加了园林景观的内容。

中国花卉协会近几年开展了两批国家花卉种质资源库申报、评定工作，评定结果如表9-4，2023年进行第三批申报评定，结果还未公示。

表9-4　国家花卉种质资源库概况（国家林业和草原局、中国花卉协会批准）

植物种类	学名	花卉种质资源库名称	所在省、自治区、直辖市	批次
天南星科	Araceae	广州市花卉科学研究所国家天南星科种质资源库	广东	2
三角梅	Bougainvillea spectabilis	厦门市园林植物园国家三角梅种质资源库	福建	2
山茶	Camellia japonica	重庆市南山植物园国家山茶种质资源库	重庆	1
金花茶	Camellia petelotii	南宁市金花茶公园国家金花茶种质资源库	广西	1
木瓜	Chaenomeles spp.	亚特生态技术股份有限公司国家木瓜种质资源库	山东	1
蜡梅	Chimonanthus praecox	河南景缘园林绿化工程有限公司国家蜡梅种质资源库	河南	1
菊花	Chrysanthemum × morifolium	虹华园艺有限公司国家菊花种质资源库	上海	1
菊花	Chrysanthemum × morifolium	南京农业大学国家菊花种质资源库	江苏	1
菊花	Chrysanthemum × morifolium	开封园林菊花研究所国家菊花种质资源库	河南	1
铁线莲	Clematis spp.	浙江省亚热带作物研究所国家铁线莲种质资源库	浙江	2
国兰	Cymbidium spp.	连城兰花股份有限公司国家国兰种质资源库	福建	1
国兰	Cymbidium spp.	广东远东国兰股份有限公司国家国兰种质资源库	广东	1
兰属	Cymbidium spp.	云南野生兰收藏基地有限公司国家兰属种质资源库	云南	1
蕙兰	Cymbidium faberi	扬州市农业科学研究院国家春兰、蕙兰种质资源库（1/2）	江苏	1
蕙兰	Cymbidium faberi	湖南省园艺研究所国家蕙兰种质资源库	湖南	2
春兰	Cymbidium goeringii	扬州市农业科学研究院国家春兰、蕙兰种质资源库（1/2）	江苏	1
墨兰	Cymbidium sinense	广东省农业科学院国家蝴蝶兰、墨兰种质资源库（1/2）	广东	1
杓兰	Cypripedium spp.	吉林省长白山野生资源研究院国家杓兰属种质资源库	吉林	2
石斛	Dendrobium spp.	贵州省林业科学研究院国家石斛种质资源库	贵州	1
石斛	Dendrobium	广西壮族自治区林业科学研究院国家石斛属种质资源库	广西	1
非洲菊	Gerbera jamesonii	三明市农业科学研究院国家非洲菊种质资源库	福建	1
苦苣苔科	Gesneriaceae	中国科学院广西植物研究所国家苦苣苔科种质资源库	广西	2
萱草	Hemerocallis spp.	上海应用技术大学国家萱草种质资源库	上海	1
木芙蓉	Hibiscus mutabilis	成都市植物园国家芙蓉种质资源库	四川	2
朱顶红	Hippeastrum rutilum	上海市农业科学院国家朱顶红种质资源库	上海	2
玉簪	Hosta spp.	中国科学院北京植物研究所国家玉簪种质资源库	北京	1
冬青	Ilex spp.	江苏省林业科学研究院国家观赏冬青种质资源库	江苏	2
鸢尾	Iris spp.	中国科学院植物研究所国家鸢尾属种质资源库	江苏	1

（续）

植物种类	学 名	花卉种质资源库名称	所在省、自治区、直辖市	批次
紫薇	*Lagerstroemia indica*	金碩生物科技有限公司国家紫薇种质资源库	福建	1
百合	*Lilium* spp.	北京市农林科学院国家百合种质资源库	北京	2
百合	*Lilium* spp.	沈阳农业大学国家百合种质资源库	辽宁	1
石蒜	*Lycoris* spp.	江苏省中国科学院植物研究所国家石蒜属植物种质资源库	江苏	2
石蒜	*Lycoris* spp.	杭州植物园国家石蒜属种质资源库	浙江	1
玉兰	*Magnolia denudata*	南召县林业局国家玉兰种质资源库	河南	2
海棠	*Malus* spp.	国家植物园国家海棠种质资源库	北京	2
野牡丹科	Melastomataceae	广州市林业和园林科学研究院国家野牡丹科种质资源库	广东	2
水仙	*Narcissus tazetta* var. *chinensis*	漳州市水仙花研究所国家水仙花种质资源库	福建	2
荷花	*Nelumbo nucifera*	西南林业大学国家荷花种质资源库	云南	2
荷花	*Nelumbo nucifera*	上海辰山植物园国家荷花种质资源库	上海	1
荷花	*Nelumbo nucifera*	江苏省中国科学院植物研究所国家荷花种质资源库	江苏	1
睡莲	*Nymphaea tetragona*	上海辰山植物园国家睡莲种质资源库	上海	2
睡莲	*Nymphaea tetragona*	国家植物园国家睡莲种质资源库	北京	1
桂花	*Osmanthus fragrans*	南京林业大学国家桂花种质资源库	江苏	2
桂花	*Osmanthus fragrans*	杭州市园林绿化股份有限公司国家桂花种质资源库	浙江	1
牡丹芍药	*Paeonia*	洛阳市农林科学院国家牡丹芍药种质资源库	河南	2
牡丹芍药	*Paeonia*	菏泽瑞璞牡丹产业科技发展有限公司国家牡丹与芍药种质资源库	山东	1
芍药	*Paeonia lactiflora*	扬州大学国家芍药种质资源库	江苏	2
牡丹	*Paeonia suffruticosa*	国家植物园国家牡丹种质资源库	北京	1
兜兰	*Paphiopedilum* spp.	黔西南州绿缘动植物科技有限公司国家兜兰种质资源库	贵州	2
蝴蝶兰	*Phalaenopsis* spp.	广东省农业科学院国家蝴蝶兰、墨兰种质资源库（1/2）	广东	1
梅	*Prunus mume*	北京林业大学鹫峰国家森林公园国家梅种质资源库	北京	1
梅花	*Prunus mume*	武汉市东湖生态旅游风景区磨山管理处国家梅花种质资源库	湖北	2
榆叶梅	*Prunus triloba*	北京林业大学国家榆叶梅种质资源库	北京	1
樱花	*Prunus* × *yedoensis*	武汉市园林科学研究院国家樱花种质资源库	湖北	2
蕨类	Pteridophyta	深圳市中国科学院仙湖植物园国家蕨类种质资源库	广东	2
蕨类	Pteridophyta	国家植物园国家野生蕨类植物种质资源库	北京	1
蕨类	Pteridophyta	上海辰山植物园国家蕨类植物种质资源库	上海	1
杜鹃花	*Rhododendron* spp.	云南农业大学国家杜鹃花种质资源库	云南	2
杜鹃花	*Rhododendron* spp.	江苏省农业科学院国家杜鹃花种质资源库	江苏	1
杜鹃花	*Rhododendron* spp.	永根杜鹃花培育有限公司国家杜鹃花种质资源库	浙江	1

(续)

植物种类	学　名	花卉种质资源库名称	所在省、自治区、直辖市	批次
月　季	*Rosa* spp.	纳波湾园艺有限公司国家月季种质资源库	北京	1
丁　香	*Syringa* spp.	中国科学院植物研究所国家丁香种质资源库	北京	2
郁金香	*Tulipa gesneriana*	辽宁省农业科学院国家郁金香种质资源库	辽宁	1
荚蒾属	*Viburnum*	中国科学院武汉植物研究所国家荚蒾属种质资源库	湖北	2
一、二年生花卉	Annual and biennial flowers	酒泉市蓝翔园艺种苗有限责任公司国家一、二年生草本花卉种质资源库	甘肃	2
宿根花卉	Herbaceous flowers	陕西省西安植物园国家秦岭宿根花卉种质资源库	陕西	2
球根花卉	Bulbous flowers	苏州农业职业技术学院国家球根花卉种质资源库	江苏	1
热带兰花	Tropical orchids	三亚市林业科学研究院国家热带兰花种质资源库	海南	2
暖季型草坪草	Warm season turf grasses	江苏省中国科学院植物研究所国家主要暖季型草坪草种质资源库	江苏	1

美国农业部农业研究机构（USDA-ARS）在俄亥俄州立大学园艺和作物科学系（The Ohio State University's Department of Horticulture and Crop Science）设立了观赏植物种质资源种（OPGC, https://opgc.osu.edu/），进行多年生草本植物种质资源的管理，包括种子、球根、茎尖和其他活体。主要涉及紫菀（*Aster*），秋海棠（*Begonia*），菊花（*Chrysanthemum*），萱草（*Hemerocallis*），鸢尾（*Iris*），百合（*Lilium*），蝴蝶兰（*Phalaenopsis*），万寿菊（*Tagetes*），三色堇（*Viola*）等25个属。

9.4.3　种质资源研究与评价

园林植物种质资源研究的重要内容是对这些植物材料的园林利用价值进行评价。客观、科学地评价是合理利用的基础。园林植物种质资源评价主要包括如下内容：

（1）植物学、植物分类学研究与形态特征、观赏特性评价

植物学研究是园林植物种质资源研究的基础。植物学研究的主要目的并非解决植物学的基础理论问题，而是为了进一步了解种质资源的特性。也就是说，用植物学的方法来解决园林植物学的问题。比如，对同一物种、不同种源的种质资源，就可以采用实验分类学（或物种生物学）的方法，来研究环境条件对生态型的影响及其作用原理，为区域试验和推广应用提供依据。再如，对于引种栽培到同一环境中的不同物种，可以通过比较形态学的方法，研究物种之间的本质差异，探讨物种进化的规律，为人工选育新品种提供参考。另外，叶片的超微结构、花粉形态等也是园林植物种质资源学研究的重要内容。

应该按照植物学的一般方法，详细观测、记载茎、叶、花、果的形态特征。对于园林植物来说，还要注意观测这些形态特征的变化规律，如花色的日变化、随花期的变化，果色随果期的变化，叶色的季相变化等。这些都是园林植物利用价值的重要方面。

观赏特性包括两个方面：一是植物在园林应用中所表现的特征，如树形、枝姿、叶色、质地、花相、果相、冬态等；二是植物对栽培管理的反应，如萌蘖能力、发枝能力（耐修

剪）、顶端优势、耐践踏性等。

具体到某一种类，要参照现有的规范或标准。如对百合属观赏植物种质资源的描述，可参照李锡香、明军等著《农作物种质资源技术规范丛书：百合种质资源描述规范和数据标准》（2014年）；也可以参照中华人民共和国农业部2013年3月1日发布《植物新品种特异性、一致性和稳定性DUS测试指南 百合属》（NY/T 2229—2012）；还可以参考百合品种国际登录的申请表。这样可以一举三得。

（2）植物生理、生态学研究与生长发育、抗逆性的评价

种质资源生态学研究的主要内容是各类生态因子对植物生长发育的影响。生态因子包括气候、土壤及人类活动；生长发育既包括年生长规律（物候期、生长曲线等），也包括从幼年期、成熟期到衰老期的整个生命周期的阶段发育规律，如影响开花期的生态因素、影响绿色持久期的因素、植物天然更新的能力等。栽培管理是为植物提供最适宜的生态条件，种质资源生态学的研究实际上是园林植物栽培管理的基础。

首先要了解植物的繁殖特性，包括自然生殖方式和人工的繁殖方法。然后要观测物候期，了解植物生长的年度变化规律；同时辅以生长曲线的观测，包括株高和冠幅的生长动态。最后还要观测植物生长的整个生命周期，包括幼年期、青年期、壮年期、老年期，及自然更新的情况；对于木本植物还可以采用解析木的方法，了解整个生命周期的情况。

抗逆性是指植物对温度、光照、水分、盐分、气体等环境胁迫的抵抗能力。尤其要注意园林植物对城市环境，如汽车尾气、建筑弃地、污水、板结土壤等的适应能力。还要注意实验室鉴定与田间鉴定，器官、植株、种群与群体抗逆性的关系等。

（3）植物保护学研究与抗病性、抗虫性评价

这是指植物对真菌、细菌、病菌等各种病原菌和昆虫、线虫等有害生物的忍耐能力，尤其是对主要病虫害的抗性。要注意的是实验室接种鉴定与田间实际抗性之间的区别，以及各种有害生物和有益生物之间的相互作用等。

抗病虫性是指植物对真菌、细菌、病毒等各种病原菌和昆虫、线虫等有害生物的忍耐能力，尤其是对主要病虫害的抗性。要注意的是实验室接种鉴定与田间实际抗性之间的区别，以及各种有害生物和有益生物之间的相互作用等。

（4）遗传学研究与核心种质的建立

遗传学研究的主要方法是杂交分析，包括自交、测交、杂交和远缘杂交等。首先要观测植物的授粉生物学特性，如自交结实率和杂交亲和性，分清自花授粉、常异花授粉和异花授粉；各种经济性状的遗传规律研究，包括种子后代的性状分离比例、各种性状的显隐性关系和连锁规律，以及营养繁殖后代的稳定性等。这些都是育种工作的重要理论基础。

起源演化研究的内容主要有两个方面：一是栽培品种的起源，二是品种的演化。这一研究的核心是探讨人类活动对物种进化（或人工进化）的影响。可以综合采用考古学、历史学、植物学、细胞学等各种方法来研究。育种只能在一定程度上加快人工进化的速度，但并不能改变物种进化的方向。了解栽培植物品种演进的历史，有助于育种者掌握不同品种之间的亲缘关系，制定合理的育种策略，预测品种未来的发展方向。因此，栽培植物品种起源演进历史的研究是育种工作的指南针。

核心种质（core germplasm）就是以一个物种少量植株的遗传组成来代表该物种大量种质资源的遗传多样性。核心种质的研究重点是寻找那些可以分析物种遗传多样性的遗传标记，并通过这些标记找到那些能最大程度地代表该物种遗传多样性的个体。通常，一个物种的核心种质往往在其自然分布集中的区域，或者是该物种的起源中心。目前主要通过形态分析、电泳技术、分子标记、遗传图谱等各种手段，对大量的种质资源进行遗传多样性评价、性状的鉴别和划分，据此构建核心种质。核心种质虽然能够最大限度地代表该物种的种质资源，但不能取代完整的种质。有关园林植物核心种质的研究还在进行中，其中紫薇、梅花、桃花、牡丹等的核心种质已初步建立。

（5）分子生物学研究与基因挖掘

种质资源归根结底是基因资源，尤其是特殊观赏性状、特殊生态适应性、抗逆性、特殊生长发育规律的相关基因。在生命科学已经进入分子生物学时代的今天，各国科学家都极为重视对基因资源的研究。对园林植物基因资源的研究主要是目标性状基因功能的鉴定和重要目的基因的分离。基因分离的途径主要有两条：一是根据模式植物的研究结果，从园林植物中分离同源基因；二是通过分子标记、图位克隆、差异显示、基因文库等各种途径，直接从园林植物中分离具有重要经济价值的特殊基因。后者可以获得具有自主知识产权的基因，应该成为今后花卉分子生物学研究的主要方向。

9.4.4 种质资源创新与利用

种质资源的创新，简称种质创新（germplasm enhancement），是指对原有种质资源的扩展或改进。其采用的方法与育种方法一致。种质创新的结果是强化某一优良性状，创造"偏才"，将其作为育种的中间材料；育种则是将植物的优良性状综合于一身，培育各方面都不错的"全才"，作为品种推广应用。中国是"世界园林之母"，具有丰富的种质资源，但我们自育的品种较少，原因之一就是种质创新不够。

种质创新的主要方法包括杂交、诱变和基因工程等。种质创新的基本思路有两条：一条思路是种质改进，即对现有种质某一性状的强化，比如通过杂交、选择、再杂交、再选择等过程，将同属或同种该性状的所有优良基因集于一身，作为杂交育种的亲本；另一条思路是种质扩展，即通过聚合杂交，将各个物种或种源的所有性状聚合到同一个杂交后代中，这个"超级杂种"既能通过自交分离，表现出许多罕见的性状，还可以通过诱变等手段，产生特殊性状。种质改进的遗传基础主要是基因的剂量效应，种质扩展的遗传基础主要是基因互作，尤其是非等位基因或异源基因的互作。

园林植物种质资源的利用有两条途径：直接利用和间接利用。如白皮松（*Pinus bungeana*）、猬实（*Kolkwitzia amabilis*）、金银木（*Lonicera maackii*）、马蔺（*Iris lactea* var. *chinensis*）、二月蓝等野生种的引种栽培就是直接利用；从野生植物中选择优良单株并进行人工栽培，或利用植物原始材料制作干花等均是最直接的利用，因为对原种并未做实质性的改变。在种质资源的利用中要注意对现有种质资源的保护，尤其要杜绝对野生资源的过度开采。建立合理开发和利用机制，使种质资源可以永续利用。

将种质资源作为育种材料进行种质资源的创新则属于间接利用。显然，直接利用是初级的，间接利用是高级的；直接利用的是植株，间接利用的本质是植株的基因。目前急需大力加强的是园林植物种质资源的间接利用，利用野生种质资源与现有品种或其他材料杂交，培育出新品种、新类型，这也是培育具有自主知识产权和中国特色园林植物新品种的必由之路。

9.5 引种驯化概念与意义

9.5.1 引种驯化概念

引种驯化既是种质资源直接利用的必由之路，也是为其他育种途径收集、保存种质资源的重要基础。园林植物种类和品种在自然界都有其一定的分布区域。引种驯化（introduction and acclimatization）就是将一种植物从现有的分布区域（野生植物）或栽培区域（栽培植物）人为地迁移到其他地区种植的过程；也就是从外地引进本地尚未栽培的新的植物种类、类型和品种。在这种人为迁移的过程中，植物对新的生态环境的反应大致有两种类型：一种类型是由于植物本身的适应性广，以致不改变遗传性也能适应新的环境条件，或者是原分布区与引入地的自然条件差异较小，或引入地的生态条件更适合植物的生长，植物生长正常甚至更好，这就是所谓的"简单引种（introduction）"。另一种类型是植物本身的适应性很窄，或引入地的生态条件与原产地的差异太大，植物生长不正常直至死亡；但是，经过精细的栽培管理，或结合杂交、诱变、选择等改良植物的措施，逐步改变遗传性状以适应新的环境，使引进的植物正常生长，这就是"驯化引种"（acclimatization）。

引种与驯化概念的差异，主要在于后者要采取一定的措施，使所引植物由原来对引入地的不适应到适应的一个过程，在时间上相对前者也要长一些。引种驯化既包括简单引种，也包括驯化引种；既包括栽培植物的引种与驯化，也包括野生植物的引种与驯化。引种驯化有时也统（简）称为引种。

9.5.2 引种驯化意义

现今人们栽培的所有园林植物都是先民通过引种驯化而来的。当地栽培的品种，要么是从野生植物驯化的，要么是从外地直接引种或驯化的，要么是将已引种的、驯化的再经杂交、诱变等育种途径培育的新品种。引种驯化的意义主要体现在以下3个方面。

（1）引种驯化是栽培植物起源与演化的基础

人类的生产生活方式从游牧时代过渡到农耕时代，完全得益于可食的野生植物的驯化栽培。园艺植物是人类为了提高生活和生存质量而驯化的，是与整个作物同步起源并演化、发展的。将野生植物变为栽培植物，这是驯化；随着人类的迁徙与社会交往等，这些栽培植物从一地带到另一地，这是引种；引进的新的栽培植物为了适应新的生态环境而发生变异，经过选择使之适应新的环境，成为新的品种，这是驯化。这些就是栽培植物的演化与发展。随着人类社会的发展，栽培植物品种在不同地区之间的相互交换、引种，势必在更大程度上干预栽培植物的演化与发展。

（2）引种驯化是丰富并改变品种结构，提高环境质量的快速而有效的途径

尽管引种不是创造新品种，但却是增加当地品种的最快捷途径。事实上，对于大多数植

物种类及其品种来说，我们并不清楚它们对生态条件的综合反应，也就是说，我们并不知道它们的适应性到底有多广，引种的潜力到底有多大。只有通过引种试验，才能确认这种植物的适应性，其中也包括了不少只经简单引种，即可推广应用的植物种类或品种。

（3）引种驯化可为各种育种途径提供丰富多彩的种质资源

相对来说，除非基因克隆可不经驯化，从一地直接带到另一地，其他任何一种育种方法所需的原始材料或种质资源都要经过引种或驯化，才能得到或应用。它既是一种独立育种措施，也是其他育种技术的基础，一种植物材料只有引种栽培成功后，才能作为进一步育种的材料，为本地园林植物育种可持续发展提供帮助。如果说种质资源是育种工作的物质基础，那么引种驯化则是育种工作的开路先锋。

9.6 引种驯化原理与规律

9.6.1 引种驯化遗传学原理

遗传学告诉我们，表现型（phenotype，P）是基因型（genotype，G）与环境（environment，E）相互作用的结果，即$G+E=P$。在引种驯化中，P可以认为是引种的效果，是简单引种，还是驯化引种。G主要是指植物适应性的反应规范，即适应性的宽窄（大小）。E是指原产地与引种地生态环境的差异。可以说，地球上没有任何两地的环境条件完全相同，E肯定是一个变数；但又是一个定数，因为这种环境条件的差异是可以度量的，而且是比较容易度量的。如果把E作为定数，那G就成为决定引种效果P的关键因素。引种驯化的遗传学原理就在于植物对环境条件的适应性及其遗传能力。

植物在长期的进化过程中，接受了各种不同生态条件的考验，形成了对各种生态条件的反应规范，这就是植物的适应性。拉马克曾提出"获得性遗传"，但被达尔文主义否定了。现在看来，植物与生态条件的相互作用而获得的适应性是可以遗传的（图9-3），否则就不会有不同植物适应性的差异。但这种适应性是在长期的自然进化或人工进化（品种改良）过程

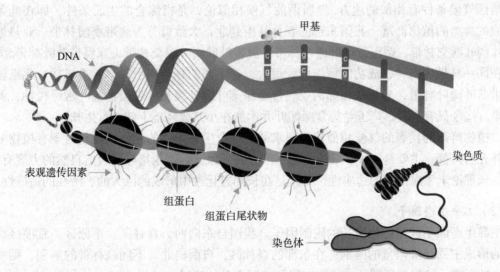

图9-3 染色质的结构，含表观遗传印记的组蛋白和DNA

中逐渐获得的，可能是先发少体细胞的变异，逐渐积累为性细胞的可遗传的变异而传递给后代的。在引种驯化过程中，引进种子后代适应性的变异只是已有性状的分离与选择；只有对引进植物在当地经过多代的繁殖，才有可能引起植物适应性积累及其可遗传的变异。

从引种驯化的遗传学原理来看，所谓"简单引种"与"驯化引种"的本质区别，就在于引进植物适应性的宽窄及其对环境条件差异大小的反应。如果引进植物的适应性较宽，环境条件的变化在植物适应性反应规范之内（适地适树），就是"简单引种"。反之，如果引进植物的适应性较窄，环境条件的变化超出了植物适应性的反应范围，需要通过栽培措施改变环境条件（改地适树），或者改良植物的适应性（改树适地），植物才能正常生长，就是"驯化引种"。可见，简单引种比驯化引种容易得多。不经引种试验，我们不知道植物的适应性到底有多大；某种植物现在生长的地区，也不见得就是最适宜的区域。因此，引种驯化与其说是改良品种的适应性，还不如说是充分发掘并利用植物自身固有的适应性，来为人们提供更多的园林景观。

9.6.2 引种驯化生态学原理

前文讨论了植物适应性的问题，即上述公式$G+E=P$中G的方面；下面要讨论环境条件对植物的影响，即公式中E的问题。其中许多内容与植物生态学、气象学、土壤学或地理学有关。在此只讨论与引种驯化密切相关的生态学原理，即几个主要的学说。从植物的生态条件来看，既有综合的生态条件，也有单个的生态因子；既有现存的生态条件，也有历史上曾经经历过的生态条件。引种驯化的生态学原理主要有气候相似论、主导生态因子和生态历史分析法。

（1）气候相似论

德国慕尼黑大学林学家迈依尔（H. M. Mayr）教授在《欧洲外地园林树木》（1906年）和《在自然历史基础上的林木培育》（1909年）两本专著中，论述了气候相似论（theory of climatic analogues）的观点。他指出："木本植物引种成功的最大可能性是在于树种原产地和新栽培区气候条件有相似的地方。"所谓的气候相似论，是指综合的生态条件，即在此条件下形成的典型的植物群落。我国东部的森林从南到北，大致可分为热带季雨林带、亚热带常绿落叶阔叶混交林带、暖温带落叶阔叶林带、温带针叶阔叶混交林带、寒温带针叶林带5大林带。在同一林带内引种，成功的可能性就很大；在不同的林带间引种，就难成功。北京位于暖温带落叶阔叶林带，要想从相邻的亚热带常绿落叶阔叶混交林带引种阔叶常绿树种，就非常困难。迄今只有女贞、广玉兰等常绿阔叶乔木能在小气候环境下栽培、生长。

以植物群落为代表的气候相似论，要求的是综合生态条件的相似性，是对现有植物分布区的补充与完善，主要是一种"顺应自然"的方式。以此为理论指导，改造自然的力度有限；同时，该理论未考虑植物的适应性，尤其是在长期进化过中形成的巨大的、潜在的适应性。

（2）主导生态因子

主导生态因子就是植物生长的限制因子。我国自东向西，森林区、草原区、荒漠区、沙漠区的形成主要是降雨量的区别；在东部的森林区，自南向北，不同森林带的区别，则主要是温度的影响。这就是所谓的主导生态因子。下文具体论述：

①温度　植物分布的限制因子。对植物生长影响较大的是最冷月（1月）平均气温、极端最低气温、有效积温和需冷量。在我国南北的地理分界线——秦岭、淮河一线，从植物景观来看，南方有柑橘、棕榈、茶树等常绿阔叶树种，北方没有；从1月平均气温来看，南方高于0℃，北方低于0℃，可见最冷月平均气温的巨大作用。有效积温也是某些植物生长的限制因子。一般来讲，10℃以上有效积温相差200~300℃的地区间引种，对生长发育的影响不大；超过此数，则引种的困难较大。需冷量是表示落叶果树进行正常的春化作用所需的冷温时数。例如，桃需要7℃以下的低温时数300~1000h，满足此条件才能正常开花结果。但不同品种之间差异较大，北桃南引时应注意选择需冷量较小的品种。

②光照　对植物生长发育的影响主要是光照时间、光照强度的作用。由于光照强度可以通过简单的遮阴来解决，因此影响植物引种驯化的主导因子就是光照时间。地球上不同纬度的地区，在不同的季节，所接受光照的时间是不同的。就北半球而言，夏至的日照最长，冬至时的日照最短，春分和秋分的昼夜相等。这种因季节变化的日照长短的差异，随着纬度的降低而逐渐减小，直至赤道附近一年昼夜相等。不同地区的植物在这种昼夜长短的四季变化中，形成了一定的反应模式，这就是光周期现象。典型的短日照植物有菊花，所谓"秋菊"即是在夏季长日照条件下营养生长，秋季短日照条件下开花结实。典型的长日照植物如唐菖蒲，春季短日照条件下生长，夏季长日照条件下开花。还有一些对日照长短不敏感的日照中性植物，如月季等。这样，长日照和短日照植物在南引或北移后的反应就不同（表9-5）。

表9-5　不同光周期的植物引种后的反应

植物类型	南引	北引
长日照植物	营养生长旺盛，生殖生长不良	营养生长不足，生殖生长受阻
短日照植物	营养生长不足，生殖生长受阻	营养生长旺盛，生殖生长不良

③水分　是植物生长必需的生态因子，尤其决定了我国在不同经度上植物群落的分布。水分有时可对温度条件进行重要的修正。例如，分布于青岛崂山的耐冬山茶花，已经远远超出了以纬度（主要是温度）划分的山茶属植物的北界（长江流域以南），这主要得益于青岛的海洋性气候，尤其是冬季较高的空气湿度。相反，北京引种的许多耐寒性较差的楝树、珙桐、无花果等树种，影响其正常生长的并非冬季的低温，而是早春的干旱。水分的热量系数较大，它可以在高温时吸收热量，而在低温时放出热量，这样就降低了温差，使气候变得更加柔和。这对于大多数植物生长都是有利的。

④土壤　对引种驯化的影响，主要是其pH值与含盐量。我国南方多为酸性土壤或微酸性土壤，而北方多为碱性土壤或微碱性土壤，在华北大平原还有较大的盐碱地。大多数植物能适应从微酸性到微碱性的土壤；但有些植物对土壤pH的要求较为严格。如在南方酸性土壤中生长的栀子花、杜鹃花引种到北方以后，主要问题是土壤的碱性太大，影响植物对铁离子的吸收而黄化；即使改为酸性土壤种植，也因灌水的pH较大又使土壤碱化。唯有浇灌用硫酸亚铁与麻渣沤制的矾肥水，才能保持土壤酸性，保证植物的正常生长。引种驯化时还可通过选择适宜的砧木来增强植物对土壤的适应性。如在黄河故道栽培苹果时，用湖北海棠作砧木就比东北山荆子更耐盐碱。

⑤生物　植物在长期生长、演化过程中，不仅适应了所在地的光、温、水、气、土壤等非生物的环境，也与周围的生物建立了协调或共生的关系。如兰花、松树的菌根，只引植物、不引菌根是难以成功的。另外，还要注意在引种的同时，引进授粉树和特殊的传粉昆虫。

（3）生态历史分析法

以上讨论的气候相似论和主导生态因子，都是基于现存的生态条件及植物的适应性。事实上，随着地球环境的变迁，尤其是第四纪冰川的影响，现有植物的分布区并非是其历史上分布区的全部，植物对现有生态环境的适应，也不能代表其适应性的全部。植物在进化长河中经历的每一步，都会在基因型上打下烙印并传递给后代。苏联学者据此将植物的驯化分为渐进型和潜在型两种类型。前者是指被驯化的植物开始获得对改变了的生态环境的适应性，后者是指在改变了的生态环境中发展其祖先长期积累下来的适应性潜力。显然，后者要比前者容易得多。分布在浙江天目山的银杏和分布在川、鄂交界处的水杉，在引种到世界各地后，均表现了很强、很广的适应性。这是因为这两种古老的孑遗植物在冰川时代以前，曾在北半球广泛分布。

9.6.3　主要园林植物引种规律

要掌握各类园林植物的引种规律，关键在于了解该植物的分布区、品种适应性及其生物学特性。其中分布区及其生物学特性是园林植物栽培学的内容。在此主要根据前人的引种实践，讨论各类园林植物的代表种类的适应性。园林植物种类繁多，习性各异，既有木本的观赏树木，又有草本花卉；既有温室栽培，也有露地栽培。园林植物的引种驯化主要是指露地栽培的园林植物，其中包括一、二年生花卉，宿根花卉，球根花卉和园林树木。

（1）一、二年生花卉

这类花卉实际的生长期只有半年，一年生花卉是春播秋花，二年生花卉是秋播春花。前者的生长期正值下半年，一般不存在问题；后者多为耐寒花卉；即使耐寒性不够强，也可在温室育苗，翌年春暖时移栽。所以，一、二年生花卉基本上不存在引种驯化的问题。

（2）宿根与球根花卉

宿根花卉如菊花，多在春季发芽，秋末倒苗，以宿根（变态根）越冬。一般适应性与耐寒性均较强；即使不够耐寒，也可覆土越冬。球根花卉分为春植和秋植两类。春植球根如唐菖蒲，早春植球，夏季开花，秋后起球，室内贮藏越冬。秋植球根如郁金香，晚秋植球，土壤越冬，翌春发芽、抽薹、开花，夏季倒苗、起球，冷藏越夏。可见球根花卉以球根度过不良季节，适应性较强，与宿根花卉相似，也基本上不存在引种驯化问题，或者说，均属简单引种。

（3）园林树木

园林树木是园林植物的主体，也是城市风貌的代表。一般是在发掘、驯化当地乡土树种的基础上，适当引进外来优良树种作为补充。因为一种植物只有在它最适宜的地区，才能表现出最美的形、枝、叶、花、果的观赏特征。从这种意义上来说，园林树木的引种，主要应该是潜在型的驯化，即最大限度地发挥植物自身的适应潜力。如果进行复杂的驯化引种，则不仅养护成本增加，而且观赏效果不佳。好在园林树木中，有许多这样适应性潜力巨大的树种，如悬铃木、柳树、银杏、水杉、雪松等。园林树木的引种驯化主要是在同一林带范围内进行的；而这正好代表了当地的自然景观，例如，北方的油松、杨树、槐所代表的北国风情；南方的香樟、桂花、棕榈体现的是南方春色。

9.7 引种驯化原则与方法

9.7.1 引种驯化原则

将一种植物引种到新的地区后，植物的生长表现有两种：或者生长正常；或者生长不正常，需采取人为措施，才能正常生长。前者可称"适地适树"，后者则需"改树适地"或"改地适树"。因此，引种驯化的原则可分为以下3种情况。

（1）适地适树

这里的"树"泛指各种植物。所谓适地适树，既指在适宜的地方栽培适宜的植物，也指将适宜的植物栽培在适宜的地方。既要充分发挥植物潜在的适应性，又要广泛利用当地的气候、土壤资源。其实这是生产区划的问题。可通过多品种（种源）的多地点试验，为每个品种找到最适宜的栽培地点，也为每个地点找到最适宜的品种，尤其是要注意品种与地点之间的交互作用。

（2）改树适地

改变植物以适应当地环境。改变植物大致有两种方式：一种是改变形体，改乔木为灌木，改多年生为一年生，改有性繁殖为无性繁殖。如无花果、女贞本为乔木，引种到北方以后多作灌木栽培，这也是植物自身的一种适应。桂花、山茶等不能正常结实的植物，改为嫁接繁殖。另一种是遗传改良，通过当地播种育苗、筛选突变体或芽变、与当地近缘种或品种杂交、人工诱变或基因工程等途径，改变或扩大植物的适应性，以适应当地生态环境。可见，改树适地是一个长期的育种过程。

（3）改地适树

通过农业措施，改变栽培地点的生态条件，为植物生长创造适宜的生态环境。在设施园艺和无土栽培比较发达的今天，生长条件都能创造出来，例如，国家植物园的大温室。问题的关键是考虑投入与产出比，即经济效益。一般来讲，植物在苗期适应性差，可塑性强，通过冬季覆盖、夏季遮阴、薄肥勤施、抚育修剪、光照处理、温度调节、化学控制等精细的农业措施，不仅可以保证幼苗的正常生长，还可改变植物的适应性。最后达到在生长期和成熟期不加保护，即可正常生长的目的；否则，会因入不敷出，或损坏景观而使引种失败。

9.7.2 引种驯化方法

（1）引种目标及其可行性分析

引种目标的确定要考虑很多因素，但最主要的是市场需求及其经济效益。除非自产商品与外来商品相比，在产量、质量、价格或上市期等方面具有一定的优势，才能进行生产性栽培。对于园林植物尤其是园林树木来说，主要考虑的应该是当地园林景观的需要。如在冬季的北京，除了针叶树和黄杨、冬青卫矛、麦冬等常绿灌、草之外，很少看到绿色。因此，常绿阔叶树种的引种驯化始终是北京园林绿化的重要课题。目前在广玉兰、女贞、棕榈、山茶等常绿树种上已经取得一定的进展。

确定引种目标时，还要考虑植物品种权。要尽可能地避开品种权在有效期内的品种；引进具有品种权的品种，一定要与品种权人达成繁殖协议。

引种可行性的分析就是根据引种驯化的原理，分析、预测某种植物在引种地生长表现。引种的可行性一般可从以下几点进行分析。

①植物的生活型　不同生活型植物的适应性大小不同。一般来讲，一年生植物强于多年生植物，草本植物强于木本植物，落叶植物强于常绿植物，藤本强于灌木，灌木强于乔木。

②植物的分布区　除非子遗植物，一般分布区越广泛的植物适应性越强。

③气候相似性　可以将原产地与引种地的温度、降水、光照等主要气象因子进行比较，相似性越大，引种成功的可能性越大。

④主导因子　一般来看，在植物的整个分布区中变化越小的因子，越有可能是主导因子或限制因子。因为该种植物对此因子的变化很敏感，或者说对此因子的要求很严格，这就是主导因子。

⑤当地农业经济技术条件　外来植物的引种、生产大多需要较大的经济投入和较高的农业技术，当地的农业发展水平不得不加以考虑。

（2）引种材料的搜集与检疫

确定引种目标并进行可行性分析之后，就可着手收集所要引种的植物繁殖材料。繁殖材料的类型很多，可以是有性繁殖的种子，可以是无性繁殖的接穗、插穗、球根、块根、块茎，也可以是完整的植株或试管苗。除了选用该种植物通用的繁殖材料，并考虑简单方便之外，还要根据引种的类型选材。一般简单引种可用营养繁殖材料，而驯化引种多选用具有复杂遗传基础并能产生丰富变异的种子作为引种材料。

收集引种材料时，还要严格遵守植物检疫的规定，尤其是从国外或检疫对象的疫区引种时，除了通过检疫部门检疫之外，还应隔离种植，仔细观测特殊病虫害的发生情况。引进植物带来病虫害的教训很多。如20世纪80年代初日本赠送我国的樱花苗，就带进了樱花根癌病。目前该病在我国许多樱花栽培区泛滥，既严重影响了苗木生产，又破坏了城市园林景观。

与引种材料检疫相关的另一个问题是，引种植物对当地生态系统的影响，即所谓"生物入侵"。引进植物遇到比原产地更加优越的生态条件，或者被解除了病、虫、草、天敌的制约，就会无节制地快速生长、大量蔓延，危害当地原有的生态平衡。如我国东南沿海引种的大米草，已经成为恶性杂草。

（3）引种试验、驯化与选择

这是引种驯化的中心环节，主要内容包括引种材料的品种（或种源）试验、生物学特性与生态习性的观测、适生优良品种的选择、配套栽培技术的试验与总结、引进材料的繁殖试验等，最后实现"引种—栽培—繁殖—栽培"的生产过程。引种试验的方法与一般的栽培试验相似,唯有三点需要高度重视:①引种试验的规模一定要从小到大、从少到多,先从小规模试验中得到经验,再扩大试验规模;不能一下子铺得规模很大,试验结果又不理想,造成不必要的浪费。②试验的进度要先易后难、由表及里、循序渐进。如遇驯化引种,应先保护越冬(夏),再逐渐减少保护,最后露地生长。或者先就近引种,再逐步推移,即逐步迁移驯化法。或者先改变播种时期、栽培方式、修剪方式等,再进行遗传改良。③要耐心细致、持之以恒。植物在新的生长环境中,需要精心照顾;稍有疏忽就会前功尽弃。同时,植物在长期进化过程中形成的适应性的改变,也绝非一两年的事。园林树木的引种,一代就需要10年左右;如果一代不行,需进行多代连续驯化法,就是几十年甚至一辈子的事业。

(4)引种材料的评价与应用

引种材料的评价一是根据引种成功的标准进行科学评价,二是根据生产成本和市场价格进行经济评价。园林植物引种驯化成功的标准:不加保护或稍加保护能正常生长,通行的繁殖方法能正常繁殖,产品质量或经济价值没有降低。引种材料的推广应用,还要经过区域试验。在此既要考虑试验年份的环境条件,更要注意尚未遇到的极端天气条件(低温、冰雹)的影响。

9.7.3 影响引种效果的因素

(1)品种的适应性

同种植物不同品种的适应性不同,品种适应性是决定引种成功与否的内因。首次引种时,一般先选择分布较广、适应性较强的品种做试验;取得经验后,再扩展到特有的、珍稀的品种进行引种试验。

(2)实际栽培季节的气候相似性

许多花卉,均为一、二年生或球根植物,实际栽培季节往往避开了严寒的冬季或酷热的夏季。因此,引种时可主要考虑栽培季节的气候相似性,这样能扩大植物的引种范围。如整个夏季我国各地的温度差异不大,而且高温与多雨同季,有利于大多数植物的生长。

(3)产品利用目的与消费习惯

园林植物产品利用的目的主要是观赏,经济部位有花、有果、有茎、有叶、有形。引种的效果应该主要看经济部位的生长发育情况,是否可以正常地观赏。如观花植物就不必考虑结果情况,这样以经济、实用为主,可在某种程度上降低引种驯化成功的标准。同时。还要考虑人们的消费习惯。对于园林植物来讲,人们习惯于标新立异,但也有一个欣赏习惯问题。如国外普遍畅销的微型月季,引入我国后一直未受青睐。

(4)人的主观能动性

人的主观能动性贯穿于引种驯化的各个环节。只有掌握了引种驯化的规律,才能主动地改造植物或改造环境。对于生长期较短的花卉,可人为地调整播种期,并改善栽培技术。这样不仅能引种成功,还能反季节生产。

(刘青林 周莉)

思考题

1. 园林植物的起源中心与栽培植物的起源中心有什么联系？
2. 举例说明中国园林植物种质资源的特点，并分析其成因。
3. 什么是核心种质？建立核心种质的目的何在？
4. 园林植物种质资源评价的主要指标有哪些？
5. 为什么要对种质资源进行研究？种质资源研究与一般的基础植物学研究有何区别？
6. 种质创新与育种有何异同？
7. 中国有丰富的种质资源，为什么自己培育的品种不多，推广应用的更少？
8. 试分析我国传统名花现有品种的现状、来源及野生（近缘）种的利用情况，并分析该名花的育种趋势。
9. 引种与驯化的含义有什么区别和联系？
10. 植物被引种到新的地区后，植物本身会产生哪些遗传、生理和形态上的变异？
11. 如何处理综合环境的气候相似性与主导因子的限制性作用？
12. 如何进行引种驯化的试验研究？怎样才算引种成功？
13. 引种驯化对我国的园林花卉生产产生了哪些影响？

推荐阅读书目

园艺作物种质资源学. 2009. 韩振海. 中国农业大学出版社.
育种的世界植物基因资源. 1974. 茹考夫斯基. 科学出版社.
观赏植物种质资源学. 2012. 宋希强. 中国建筑工业出版社.
主要栽培植物的世界起源中心. 1982. 瓦维洛夫. 农业出版社.
植物引种学. 1994. 谢孝福. 科学出版社.

第10章 杂交育种与杂种优势利用

[**本章提要**]杂交育种一直是园林植物育种的主要途径，占育成品种的90%以上。杂交育种包括依亲缘关系分类的近缘杂交和远缘杂交，以遗传效应分类的重组育种和杂种优势育种4个方面。本章首先简述了杂交育种的简史、概念、分类和意义。从育种目标、杂交亲本、杂交方式、开花生物学、花期调控和花粉检测等方面，简述了杂交前的准备工作。然后从母株和花朵的选择、去雄、套袋、授粉，及室内切枝杂交等步骤，介绍了人工杂交授粉技术。远缘杂交的主要特点是杂交的不亲和性、杂种的不育性和杂种分离的广泛性，克服前两个障碍是远缘杂交成功的关键。杂交后代的选育有特定的程序和方法，远缘杂种的后代更需要针对性。最后在杂种优势的概念、遗传机制和影响因素等的基础上，论述了从自交系选育、配合力测定，到配组、品种比较试验等杂种优势育种的程序，并描述了杂交制种的各种方法，重点是雄性不育系和自交不亲和系的利用。

杂交育种（cross breeding）是以基因型不同的园林植物种或品种进行交配或结合形成杂种，通过培育、选择，获得新品种的方法。它是培育新品种的主要途径，是近代育种工作最重要的方法之一。由于杂交引起基因重组，后代会出现组合双亲优良性状的基因型，产生加性效应；并利用某些基因互作，形成超亲新个体，为选择提供了物质基础。根据参与杂交亲本亲缘关系远近，杂交育种可分为近缘杂交和远缘杂交育种。近缘杂交育种是亲缘关系较近，分类上属于同一种的不同变种或品种之间的杂交。远缘杂交育种是不同种、属或亲缘关系更远的物种之间的杂交。按杂交性质不同，又可分为有性杂交和无性杂交育种；无性杂交育种是用现代生物技术将双亲体细胞融合而形成杂种的方法。

在有性杂交中，把接受花粉的植株，叫作母本，用符号"♀"表示；供给花粉的植株，叫作父本，用符号"♂"表示。父本和母本统称亲本。杂交用"×"号表示，一般母本写在前面，父本写在后面。杂交所得种子长出的植株，叫杂种第一代，用F_1表示；F_1自交产生的杂种第二代用F_2表示；依此类推。

10.1 概念与意义

10.1.1 杂交育种简史和原理

公元前800多年，第一次报道了亚述王朝刺椰子（*Phoenix dacttylifera*）人工授粉，这是人类进行植物杂交授粉的最早记录（Guillerme，2017）。18世纪，英国托马斯·费切特（Thomas Fairchild）用须苞石竹（*Dianthus barbatus*）与香石竹（*D. Caryophyllus*）进行杂交，获得了远缘杂种。1870年法国人又将石竹（*D. chinesis*）与香石竹杂交，培育出了四季开花、香气浓郁的现代香石竹。1835—1849年卡特内尔（Von Carttner）就80个属700个种的植物进行了1万多个杂交组合，发现了杂种一代有优势现象。1894年法国育种家用紫叶李（*Prunus ceracifera*）与'宫粉'梅杂交，培育出了叶常年呈紫色、重瓣大花的杂种樱李梅'美人梅'（*Prunus × blireana* 'Meiren Mei'）。1900年孟德尔遗传规律（分离和独立分配与自由组合定律）被重新发现以后，应用到科学育种的阶段，人工杂交培育新品种的方法广泛应用，并创造出大量园林植物的新类型和新品种。

我国是最早记载园林植物远缘杂交的国家。中国宋代范成大在他的专著《范村梅谱》（约1186年）中记载了'杏梅'品种，近些年来我国在梅花、玉兰、月季、山茶（含金花茶）、荷花、杜鹃花、兰花、牡丹、萱草等育种方面取得了可喜成果，在杂种优势利用方面，矮牵牛、瓜叶菊、羽衣甘蓝等少数一、二年生花卉也取得一定的进展，但与世界先进国家相比，还有相当大的差距，我们应发挥我们资源的优势，迎头赶上。

杂交之所以成为重要的育种方式，主要源于其后代产生丰富的变异，理论依据是孟德尔定律和摩尔根的连锁与交换规律。亲本在产生配子时，同源染色体及其上携带的基因彼此分开，非同源染色体及基因自由组合；而同源染色体非姊妹染色单体在减数分裂配对过程中会发生交换与重组，在这两方面因素的作用下，亲本的遗传物质通过分离与交换产生新的组合，因此形成丰富的配子类型。除此之外，雌雄配子经受精作用，后代产生大量的遗传重组，从而形成丰富的变异。后代的遗传学效应包括以下3个方面：①综合双亲的优良性状；②产生新的基因组合，从而出现新的性状；③出现杂种优势。

10.1.2 远缘杂交概念和分类

远缘杂交指不同种、属或亲缘关系更远的物种之间的杂交。在种间或种以上的分类单位，它们在形态、生理和遗传上存在着较大的差异，致使不同种个体一般不能自由交配。由于种间存在遗传隔离，从而保证了物种在遗传上的稳定性。而某些种或种以上的分类单位间存在不同程度的亲缘关系，也可能表现出交配的亲和性。在自然界里，也存在一些自然发生或人工获得的种属间杂种，如自然远缘杂种杏梅，又如人工远缘杂种樱李梅，防城金花茶与'红装素裹'山茶远缘杂种'新黄'，与'五宝'山茶远缘杂种'金背丹心'等。

近年来有人把远缘杂种分为精卵结合型和非精卵结合型两类。认为精卵结合的远缘杂种是通过受精过程，合子继承了精核和卵细胞的全部遗传信息，是真正的杂种，它具有父母本的整套染色体。非精卵结合的远缘杂种是卵细胞获得父本部分遗传信息发育成的，这部分遗传信息可能来源于父本配子细胞质内的DNA或mRNA等。那些在染色体数和形态方面与母本完全一样，而个体有明显父本性状的远缘杂交后代都属于非精卵结合的远缘杂种。但有人不同意这种观点，认为即使真正的远缘杂种也不一定都有染色体数或形态方面的变化，这个问题还有待于进一步的研究。远缘杂交还包括有性的和无性的两种方式，近年来正在发展的体细胞杂交（原生质体融合）为无性远缘杂交开辟崭新的途径。本章所介绍的是有性远缘杂交。

10.1.3 杂交育种意义

（1）杂交育种是创造新品种新类型的重要手段

目前世界上栽培的园林植物，很多是由两个或更多的物种杂交，经过长期选育而成的。如现代月季是由一季开花的法国蔷薇（*Rosa gallica*）、百叶蔷薇（*R. centifolia*）、突厥蔷薇（*R. damascena*）与原产中国四季开花的月季花（*R. chinensis*）、香水月季（*R. odorata*）等10余个种经反复杂交长期选育出来的，这些品种集中了多个亲本的优良性状，其类型丰富，有色有香，是世界主要切花之一，也是园林中栽培的重要花木。此外，在菊属（*Chrysanthemum*）、石竹属（*Dianthus*）、唐菖蒲属（*Gladiolus*）、大丽花属（*Dahlia*）、郁金香属（*Tulipa*）、木兰属（*Magnolia*）、莲属（*Nelumbo*）、杜鹃花属（*Rhododendron*）、李属（*Prunus*）、丁香属（*Syringa*）、铁线莲属（*Clematis*）等众多的栽培品种，大多是经过杂交选育而来的。现在国际登录的月季、山茶品种都在2万个以上，1986—2005年荷兰申请百合新品种权1747个，每年培育百合新品种100个以上。

（2）杂交是遗传学研究的重要方法之一

孟德尔连续8年的豌豆杂交试验，发现了遗传因子（即基因）独立分配和自由组合的规律——即著名的孟德尔定律。在香豌豆的杂交试验中发现了连锁遗传现象。在紫茉莉（*Mirabilis jalapa*）杂交中发现了细胞质遗传（母性遗传）。杂交亲和性还为分类提供了遗传依据。现代分子杂交技术可以用来检测不同生物有机体之间是否存在亲缘关系和确定核酸片段中某一特定基因的位置。

（3）可培育以杂交选育的新品种为龙头的产业

杂交育种与现代育种技术相比，它是一项投资少、易为群众接受的育种方法。不少国家已制定保护措施，它对花卉形成产业起着十分重要的作用。如荷兰，有几十家研究所和试验站专门从事花卉新品种的选育和研究，每年都推出一批新品种，形成自己的花卉出口优势。另外，选育抗病、抗寒、抗旱、耐粗放管理的新品种，大大节省劳力、肥料等管理费用，减少污染；选育产量高、品质好的杂种一代与其配套的设施农业、栽培基质、花芽分化、科学施肥、生长发育调控等组成的成熟的技术体系，已经形成巨大的现代农业产业。

10.1.4 远缘杂交意义

（1）提高园林植物的抗病性和抗逆性

野生植物在长期选择下，形成了高度抗病性以及免疫力，形成了对恶劣气候条件（如寒冷、干旱、热等）的抵抗能力。现在的许多栽培品种是经长期的人工选择形成的，在人类长期栽培下，许多园林植物对不良条件的抗性削弱了，为了大幅度提高现有品种的抗病性、抗逆性，通过与其野生的祖先进行远缘杂交是很有效的途径。如为提高栽培牡丹的抗病性同野生的黄牡丹进行杂交；又如为提高现代月季的抗寒性同东北的野生蔷薇进行杂交都是很好的例子。

（2）创造园林植物新类型

通过远缘杂交可以创造现有园林植物中所没有的特异的新类型。例如，米丘林用普通花楸与山楂进行杂交，创造了'石榴红'花楸。又如布尔班克用杏×李，创造了十几个远缘杂种。又如罗德1907年用古代杜鹃与云锦杜鹃杂交，创造了罗德杜鹃。近代用山茶与硫球连蕊茶杂交创造了具有淡香的山茶，用怒江山茶与山茶杂交创造了世界著名的花朵稠密的'威廉姆斯'山茶等。

（3）利用杂种优势

某些园林植物种间的远缘杂交具有强大的杂种优势，例如美国著名的育种学家布尔班克用英格兰的野生白雏菊和美国栽培的白雏菊进行杂交，以后又分别用德国、日本的白雏菊杂交，通过3个大陆来的4个类型之间的白雏菊经过杂交和选择，终于得到了可以和菊花媲美的具有强大杂种优势的、花径10~17.5cm的纯白的'沙斯塔'雏菊，闻名于全世界。

（4）植物系统发育研究的重要手段

通过远缘杂交产生新种和类型，有时需要经过某些中间杂种阶段，研究这些具有规律性的中间阶段，可以制定控制新种形成过程的方法，这就可能获得具有良好的综合性状的杂种。同时，在远缘杂种类型的形成过程中，可能出现一些自然界以前丧失了的种和类型，也可能产生一些以前所没有的新种和类型，所以远缘杂交是研究系统发育的重要手段。远缘杂交的研究，可以从不同种、属的交配性，杂种的部分结实性，杂种的细胞学和遗传学特征以及新物种的人工合成等方面，阐明一些种、属之间的亲缘关系和自然界物种形成的途径。

此外，用远缘杂交方法，创造出一些不寻常的广泛的新类型，通过有目的地进行回交，可使杂种向着育种者希望的方向发展，有可能得到一些能适应新生态条件的类型，这在解决引种驯化问题上也具有重要意义。

10.2 杂交育种计划制订和准备工作

制订杂交育种计划应包括育种目标的确定，杂交组合、杂交方式的选择，亲本开花授粉生物学特性的了解，花期调节的措施，亲本种源的选择，杂交数量和日程安排，克服杂交不孕性的措施和人力、物品、经费预算等。

10.2.1 确定育种目标

杂交育种以前，要首先确定育种目标。育种目标必须从生产和园林绿化的实际需要出发，目标要规定具体，有针对性，重点突出。使育种工作有的放矢。一般一次只要求解决一个重点问题，切勿面面俱到，否则一事无成。目前，世界上园林植物主要育种目标有花色、花型、香味、株型、观叶、抗病虫、抗除草剂、抗干旱、抗寒、耐热、耐盐碱、早花、晚花、四季开花；切花品种要求生长健壮、秆高且粗硬直挺、花瓣厚实、水养期长、丰产、易包装运输等；盆花要求生长充实、节间短而多分枝、株型紧凑、观赏性强等。例如，主要为了解决花色问题，或是主要为了解决花期问题，或是主要为了解决抗性问题（抗寒、抗旱、耐涝、耐污染、抗病虫等），或为了某种特殊的需要等。

10.2.2 选择亲本的原则

育种目标确定以后，要根据目标收集有关的原始材料。原始材料是育种工作的物质基础和生产资料，只有对原始材料进行全面、彻底的分析，才能如期达到育成优良品种的目的。在对原始材料全面、彻底分析的基础上，就要正确地选配杂交亲本。亲本选配的正确与否，关系到杂交育种的成败。

（1）选择的亲本应该具有育种所需要的优良性状和特性，而且两个亲本的优缺点要能互相弥补

选择亲本时要选优点多缺点少的。一方的优点应在很大程度上克服对方的缺点，达到取长补短之目的。如果双方的缺点多，又不能互补，就不易育成所期望的杂种。亲本双方可以有共同的优点，绝不可以有共同的缺点。例如，上海植物园为了育成在国庆节开花、品质优良的菊花品种，决定用花型大、色彩多、但花期晚的普通秋菊同花型小、花色单调、但花期早的五九菊杂交，结果综合了双方的优点，成功地育出了大批在国庆节开花的早菊新品种。

（2）两个亲本的来源在地理上较远的，生态类型不同的

应用这个原则选配亲本，可以丰富杂种的遗传性，增强杂种优势，获得分离较大的及超越双亲的类型。例如，南京林学院和江苏省中国科学院植物研究所从1963年开始，共同开展了马褂木和北美鹅掌楸的杂交试验。经过多年重复，这一对组合的亲和力很强，杂种优势显著，生长势比亲本旺盛、落叶迟、抗性强。据1966—1969年观察记载，杂种植株高生长比马褂木增长42.3%。

（3）亲本选择时要考虑两个亲本遗传传递能力的强弱

一般来说，野生种比栽培种，老的栽培品种比新的栽培品种，当地品种比外来品种，纯种比杂种，成年植株比幼年实生苗，自根植株比嫁接在其他种砧木上的植株，遗传传递能力要强。另外，母本对杂种后代的影响常比父本强，因此要尽可能选择优良性状较多植株的作母本。

（4）选择的亲本一般配合力要高

因为一般配合力是由基因的加性效应决定的，选用一般配合力高的品种杂交，杂交后代

可能出现超亲变异。

（5）要选择结实性强的种类作母本，而以花粉多而正常的作父本，以保证获得种子

园林植物中有一些是奇数多倍体（三倍体或五倍体），常花而不实，不能作为杂交亲本。

10.2.3 确定杂交方式

亲本选定以后，按照育种目标要求，合理选配组合。杂交时采用的方式有以下几种：

（1）成对杂交

成对杂交又称单杂交，即两个亲本一为母本一为父本配成一对杂交。以A×B表示。当两个亲本优缺点能互补，性状总体基本上能符合育种目标时，应尽可能采用单杂交，因单杂交只需杂交一次即可完成，杂交及后代选择的规模不需很大；方法简便，杂种后代的变异较为稳定。单杂交时，两个亲本可以互为父母本，即A×B或B×A，前者称为正交，后者则称反交。如有可能，正交、反交最好都做，以资比较。

（2）复合杂交

复合杂交即在两个以上亲本之间进行杂交，一般先配成单杂交，然后根据单杂交的缺点再选配另一单杂交组合或亲本，以使多个亲本优缺点能互相弥补。复合杂交的方式又因采用亲本数目及杂交方式不同而有以下几种：三交（A×B）×C，双交（A×B）×（C×D），四交[（A×B）×C]×D等，依此类推。复合杂交各亲本的次序究竟如何排列，这就需要全面衡量各个亲本的优缺点和相互弥补的可能性，一般将综合性好的或者具有主要目标性状的亲本放在最后一次杂交，这样后代出现具有主要目标性状个体的可能性就大些。对具有显性性状的亲本应先进行杂交，可减少以后杂交时选用亲本植株的数目。

复合杂交与单杂交相比所需年限较长、工作量大，所需试验地面积、人力、物力都较多，所以仅限于育种目标要求方面广，必须多个亲本性状综合起来才能达到育种要求时采用。例如，目前栽培广泛、优点很多的杂种香水月季（Hybrid Teas）就是一个突出的例子。首先用我国的月月红（*Rosa chinensis*）×大马士革蔷薇（*R. demascena*）得到波邦蔷薇（*R. bonrbobiana*），继而又同法国蔷薇（*R. gallica*）等杂交而得杂种波邦。然后再与月月红回交，育成了现今还在栽培的杂种长春月季（Hybrid Perpetuals）。这时它具备了很多形态上的优点，但仍一季或一季半开花，而不是四季开花。最后又同我国原产的、四季开花的香水月季（*R. odorata*）杂交，终于育成了现代杂种香水月季。杂种香水月季是综合了四季开花，花香浓郁，花蕾秀丽，花色、花型丰富，花梗长而坚韧等多种优点的月季新品种，它是现代月季的基础和主要品种群。

（3）回交

两亲本杂交后代F_1单株与原两亲本之一进行杂交，即（A×B）×B，称为回交。一般在第一次杂交时选具有优良特性的品种作母本，而在以后各次回交时作父本，这个亲本在回交时叫轮回亲本。回交的目的是使亲本的优良特性在杂种后代中慢慢加强，而把亲本的某一优点转移到杂种。回交的次数视实际需要而定，一般一年生花卉可回交3~4次，并使回交后代自交，从中选择。回交育种法近年主要用于培育抗性品种，或用于远缘杂交中恢复可孕性和

恢复栽培品种优点等。

在回交时，除注意选择轮回亲本外，对非轮回亲本也要注意选择。因为非轮回亲本只参加杂交一次，所以要求它的目标性状十分突出。遗传传递能力很强，这样才不致于在以后数次回交过程中被削弱，而不能实现育种目标。当需要转移的非轮回亲本的性状为显性时，可在回交的后代中选择具有非轮回亲本优良性状的个体与轮回亲本回交；而当非轮回亲本需要转移的优良性状为隐性时，需要将F_1及每次回交的子代分别自交一次，使非轮回亲本的优良性状表现出来，才能从后代选出具有该优良性状的个体继续回交。为了缩短育种年限，也可扩大回交规模，同时将回交株编号并在其上保留自交种子。第二年根据每株自交后代的表现验证各回交株是否具有所导入的目标性状。当回交终止后应该把具有综合双亲优良性状的个体自交一次，使源自非轮回亲本的优良性状达到纯合。通常在回交育种时，由于选用不同的轮回亲本和非轮回亲本而产生若干回交系，经过一代自交就形成了许多株系，这些株系可以进行品种比较试验，最优良的品系可能成为新品种。

（4）多父本混合授粉、自由授粉

以一个以上的父本品种花粉混合授给一个母本品种的方式，称为多父本混合授粉。去雄后任其自由授粉实质上也是多父本混合授粉。这种授粉方式虽然有时父本不清楚，但比较简单易行，而且后代分离类型比较丰富，有利于选择。关于多父本授粉的机制还需进一步研究，但目前从胚胎学上已看到有多精子进入胚囊的现象。

10.2.4 开花生物学

杂交亲本确定以后就要了解花部构造、开花习性和传粉特点等，以便采取有效措施，确保杂交成功。

花的构造形式很多，具体构造也不相同。模式花由花萼、花冠、雄蕊和雌蕊所组成。在一朵花里，雄蕊和雌蕊都有的，称为两性花，如月季、山茶等。在两性花中有雌雄蕊同时成熟的，如梅花；雄蕊早于雌蕊成熟的，如香石竹；雌蕊早于雄蕊成熟的，如银胶菊；也有柱头异长的，如百合属。有的虽是两性花，有自花不孕的，如油茶；也有自花能孕的，如翠菊。在一朵花里，只有雄蕊或只有雌蕊的，称为单性花。雌花和雄花生在同一植株上的叫作雌雄同株，如圆柏、柿。雌花和雄花不生在同一植株上的，叫作雌雄异株，如银杏、杨树、柳树。

花的传粉方式有虫媒和风媒两种。虫媒花一般有鲜艳的花瓣、香味、蜜腺等，以引诱昆虫，并且花粉粒大而少，有黏液。风媒花通常无鲜艳的花瓣、香味和蜜腺，但可能具有大的或羽毛状的柱头，以阻拦空气里的花粉；风媒花的花序紧密，产生相对大量的花粉；花粉粒小，它们能够在空中飘浮。所以在杂交中，风媒花必须用纸袋（牛皮纸、玻璃纸均可）隔离；而虫媒花要防止某种传粉昆虫进入花朵，可以用尼龙纱布作隔离袋，或者用铁纱制成育种笼、育种室。

异花授粉在园林植物中占的比例较大，常占90%以上。但也有少数园林植物是自花授粉的，如牵牛花、凤仙花、香豌豆、羽扇豆等。某些植物的自花授粉或异花授粉，可因光、温度、湿度和其他因子影响而有不同，如有些草类，在黑暗、潮湿、多云的气候里，几乎完全能自花授粉，而在温和、湿度低和阳光充足的干燥条件下，可以异花授粉。

10.2.5 花期调整与花粉处置

（1）花期调整

园林植物开花的时间因种（品种）及外界环境条件不同而异。在外界环境条件中，温度和光照影响最大，一般南方比北方开花早，低海拔比高海拔早，山的阳坡比阴坡早。根据我们对玫瑰的调查和观察，山东平阴比北京开花早15~20d，北京妙峰山的山脚北安河（海拔150m左右）比妙峰山上（海拔1200m左右）早开花30~40d，一般背风的阳坡比阴坡早开花3~5d。

开花时间的不一致，造成杂交工作的困难。如何使亲本花期相遇，首先要摸清亲本的生长发育规律及对温度、光照的要求。如菊花在少于10h的短日照条件下，可以提早开花；如给予多于10h的长日照条件，即可延迟开花。又如玫瑰对温度很敏感，如花前气温高开花就早；花前气温低，开花就晚，如快开花时，气温突然升高（24~35.7℃），促使不成熟的花蕾也迅速开放。所以找出影响开花的主导因子，就能有效地调整花期。对于种子小、成熟快的树木，如杨树、柳树可进行切枝水培。如把花枝放进温室可提前开花；如把花枝放在阴凉地方，就可延期开花。对于光周期不严格的园林植物可以进行分期播种，例如隔2周播一批，连播几批，就有可能花期相遇了。其他如摘心、修剪、环剥、嫁接等措施，也可提前或推后开花，如一串红、香石竹、万寿菊、大丽花及菊花利用摘心的方法，均可推迟花期。环剥、环切或嫁接可使实生苗提前开花。

（2）花粉的收集

在杂交时可采取已散粉的花朵，直接授于母本柱头上，但不能保证花粉的纯洁。最好预先套袋，以免掺杂其他花粉。也可摘取即将开放的花朵，在室内阴干，花药开裂后收取花粉。杨树、柳树等可预先剪取花枝，插于水中培养，散粉时轻轻敲击花枝，使花粉落于纸上，然后去杂收集。

（3）花粉的贮藏

花粉贮藏对某些园林植物杂交育种具有重要的意义。通过花粉贮藏，可以使一些迟开花的园林植物和早开花的园林植物进行杂交，或需到较远的地方给母本授粉，花粉的贮藏与运输可以打破杂交育种中双亲时间上和空间上的隔离，扩大了杂交育种的范围。

花粉贮藏的原理在于创造一定的条件，使花粉减低代谢强度，延长寿命。花粉寿命的长短，因植物种类不同而异。有的花粉寿命很长，如叶培忠通过试验，发现杉木的花粉可活17年之久；有的花粉寿命很短，如水稻的花粉，5min以后就大量死亡；大麦的花粉在取下2min以后即有死亡。一般在自然条件下，自花授粉植物花粉寿命比常异花、异花授粉植物短。花粉寿命的长短除了上述因种遗传性的差异以外，还与温度、湿度有密切的关系。通常高温高湿花粉呼吸旺盛，很快失去生命力；但在极干的条件下，花粉失去水分，也不利于保存。据亚达姆斯试验，苹果花粉在干燥状态下，可保存3个月；如置于2~8℃，湿度80%的条件下，经5周失去生活力。据维霍夫试验，丁香的花粉贮藏在干燥器中，15d以后发芽率降至50%；至20d时，仅有个别花粉发芽；到30d时，全部死亡。因此，暂时不用的花粉，应立即置于适宜的条件下贮藏，妥善保存。

贮藏的方法：收集花粉后，除去杂物，装在小瓶里，数量以小瓶容量的1/3~1/2为宜，瓶口扎以纱布，然后贴上标签，注明品种与采集花粉的时间。小瓶置于干燥器内，干燥器内底腔盛无水氯化钙。干燥器放于阴凉、黑暗的地方，最好放于冰箱内，冰箱温度保持在0~2℃。Duffield和Callaham（1959年）指出，在-23℃下贮藏的针叶树花粉，即使在下一个年度使用，仍然具有同新鲜花粉大致相同的发芽率。如果没有设备，可把装有花粉的小瓶放在盛有石灰的箱子里，保持在湿度25%以下，放在阴凉、干燥、黑暗的地方，也可起短期贮藏的效果。

（4）花粉生活力的测定

在使用远地寄来（或采来）的花粉，或经过一段时间贮藏的花粉之前，必须对花粉生活力进行鉴定，以便对杂交的成果进行分析与研究。鉴定花粉生活力的方法很多，概括起来，有下列4种：

①将待测花粉直接授粉，然后统计结实数和结子数 此法的缺点是需时间较长，并且试验的结果易受气候条件的影响，却是最接近真实的发芽率。

②将待测花粉授到柱头上 隔一定时间切下柱头，在显微镜下检查花粉萌发情况，根据萌发率的高低来鉴定花粉的生活力。

③在培养基上进行花粉的人工萌发，检查待测花粉萌发率的高低（图10-1） 一般园林植物的花粉，可在15~25℃，用5%~20%蔗糖琼脂薄片培育，也有的直接用15%的蔗糖溶液培养。通用培养基适合多数植物花粉萌发，其配方如下：蔗糖10%，加H_3BO_3 100mg/kg、$Ca(NO_3)_2$ 300mg/kg、$MgSO_4$ 200mg/kg、KNO_3 100mg/kg，也可配成母液，用时稀释，母液放在冰箱中保存。发芽所需要的时间因种而异，如牡丹的花粉用15%蔗糖溶液在室温条件下培养，1h后即开始萌发；金花茶花粉用10%~15%蔗糖琼脂薄片在15~20℃条件下培养，4h后即开始萌发，6h后花粉管伸长达花粉直径的10~20倍，24h后花粉管长达600μm左右。新鲜花粉萌发率很高，达99%以上，说明金花茶具有野生种特征。金花茶花粉萌发到花粉管破裂需70~80h，花粉管寿命3~4d。随着花粉贮藏时间的延长，花粉萌发时间推迟，花粉萌发率降低，经12d冰箱贮藏的花粉，萌发需6h，萌发率50%左右；贮藏30d的花粉，萌发需12h，萌发率为32%；经45d贮藏的花粉，萌发率几乎为零。贮藏12d的花粉，'红五宝'山茶萌发率为30%~38%；'香'茶梅为39%~49%；云南山茶'狮子头'为27%~29%，'玛瑙'为7%，'早桃红'和'大理茶'仅为1%。泡桐的花粉用10%蔗糖琼脂薄片在室温条件下培养，4d后才开始发芽。微量的硼可以刺激花粉萌发和花粉管生长，一般硼的浓度为0.001%~0.015%，超过0.015%则有抑制作用或成为毒害。

④用染色方法来鉴定花粉的生活力 染色的方法很多，有碘反应法、四氮唑反应法和选

图10-1 花粉离体萌发示意图

A.花粉悬滴培养 B.载玻片 C.琼脂块培养 D.琼脂薄片培养

择性染色等。碘反应法只适用于鉴定不含淀粉的不育花粉，不适用于含淀粉的不育花粉。四氮唑反应是一种鉴定去氢酶活性的组织化学反应，可育的新鲜花粉有去氢酶活性，不育的或衰老的花粉丧失去氢酶活性。所以利用这一反应，可以鉴别花粉育性与生活力。选择性染色法是利用某些极稀的染色液处理花粉，有生活力的花粉主动拒绝吸收染料，不被染色；丧失生活力的花粉则失去这种能力，染料迅速渗入花粉引起着色。染色法的优点是比较快捷，但比较间接。

10.3 杂交技术

10.3.1 母株和花朵选择

根据育种目标的要求，选择生长健壮、发育良好的植株作为母株。在母株数量较多时，一般不要选择路旁、人来往较多处的花粉，以确保杂交工作的安全。去雄的花朵以选择植株的中上部和向阳的花为好。每枝保留的花朵数一般以3~5朵为宜。种子和果实小的可适当地多留，多余的摘去，以保证杂种种子的营养。

10.3.2 去雄

凡是两性花，杂交之前需将花中的雄蕊去掉，以免自花授粉。去雄和套袋时间都应在雄雌蕊尚未成熟时（一般在花蕾开始变松软，花药呈绿或绿黄色时）进行。但又不要过早，以免影响花蕾的发育。去雄时，可先用手轻轻地剥开花蕾，然后用镊子或尖头小剪刀剔去花中的雄蕊。剔除时，注意不要把花药弄破。剔除要彻底，特别是重瓣花品种，要仔细检查每片花瓣的基部，有否零星散生的雄蕊。操作时要小心，切忌损伤雌蕊，花瓣也要尽量少伤。在去雄过程中，如工具被花粉污染，必须用乙醇（70%或以上）消毒。

10.3.3 套袋

为避免计划外植物花粉的干扰，去雄后立即套上袋子。为使被套的雌花有自然生长的条件，套袋的材料必须防水、透气、不易破损。一般可采用牛皮纸作套袋。虫媒花可用细纱布或亚麻布作袋子。袋子除缝纫机缝制外，还可采用与水不亲和的黏合剂，如用蕨粉制成的浆糊黏制，防止雨淋破裂。袋子的大小因种而异，一般以能套住花朵或花序并有适当的空间为宜。袋子两端开口，顶端向下卷折，用回形针夹住，下端应缚在老枝上，因为当年生枝脆易断。必要时在扎缚处裹以棉花，以免因风移动，受机械损伤，并防止昆虫（如蚂蚁）潜入。套袋后挂上纸牌，用铅笔写明去雄日期。

10.3.4 授粉

待柱头分泌黏液而发亮时，即可授粉。为确保授粉成功，最好连续授2~3次。授粉工具和方法应根据具体情况灵活掌握。一般用毛笔、棉花球授粉；特别稀少的花粉，用圆锥形橡皮头授粉；风媒花的花粉多而干燥，可用喷粉器喷粉，使用喷粉器时，可不解除套袋，而在套袋上方钻一小孔喷入。授完一种花粉后，必须对授粉工具消毒，才能授第二种花粉。近来有的国家用蜜蜂棍授粉，一种花粉一根蜜蜂棍，授粉方便，一次可授十余朵花。制作时，在蜂房四周寻找死的蜜蜂，除去头部和胸部，将其腹部用一根硬的牙签串起来，利用腹部的刚毛授粉，效果很好。授粉后应立即封好套袋。并在纸牌注明杂交组合、杂交日期、授粉数等。柱头萎蔫说明已经完成授粉；可除去套袋，以免妨碍果实生长。

10.3.5 杂交后管理

杂交后要细心管理，创造良好的有利于杂种种子发育的条件，有的花灌木要随时摘心、去蘖，以增加杂交种子的饱满度。并注意观察记载，及时防治病虫害和防止人为的破坏。

杂交种子成熟随种和品种而异；有的分批成熟，要分批采收。对于种子细小的树种，为防止种子飞散，成熟前要套上纱布袋。有的园林植物种子在幼果发育至成熟，为防止鸟兽危害，亦必须用纱布袋套上。采收时将种子或果实连同纸牌放入牛皮纸袋中，并注明收获日期，分别脱粒贮藏。

10.3.6 室内切枝杂交

种子小而成熟期短的某些园林植物，如杨树、柳树、榆树、野菊、小菊、杭菊等可剪下枝条，在室内水培杂交。

①枝条的采取和修剪　尽量选用粗壮枝条，大小长短视培养空间而定。采回来的枝条入室前要进行修剪，把无花芽的徒长枝或受病虫害危害的枝条剪掉。杨树雄花枝应尽量保留全部花芽，以收集大量花粉；雌花枝则每枝留1~2个叶芽和3~5个花芽，多余的去掉，以免过多消耗枝条养分，影响种子的发育。

②水培和管理　把修好的枝条，插在盛有清水的广口瓶或瓦罐中，每隔3~4d换水一次，天热时要勤换水，如发现枝条切口变色或黏液过多，必须修剪切口。室内应保持空气流通，防止病虫害发生。

③去雄、隔离和授粉　如果是两性花，开花前要去雄，方法同"10.3.2去雄"；如是单性花，为了防止自由传粉，可以在雌花上套袋；如室内条件容许，可把不同的组合或不同的父本分别放在不同的室内。由于同一花序各小花盛开的时间不同，通常是基部的先开，上端的后开，前后相差2~3d，所以授粉工作应在两三天内连续进行几次。

④果实发育期管理及种子采收　枝条上顶芽开放后，保留2~3片叶子。为了避免种子飞散，当果实即将成熟时，套上纸袋，成熟后连同袋子一起取下，注明杂交组合、授粉日期和采种期，然后按组合分别保存。

10.4　远缘杂交特点和育种技术

10.4.1　远缘杂交特点

（1）远缘杂交的不亲和性

植物由于亲缘关系较远，在长期的进化过程中，形成了各种隔离机制，受精过程很难进行，致使杂交不能正常结实和获得种子。例如，山茶属不同组间、种间杂交，结实率很低（表10-1）。

表10-1　山茶属不同组间种间杂交结实统计

组　合	杂交花数	结果数	结实率（%）
金花茶בא早桃红'	141	7	5
金花茶×大理茶	111	4	3.6
金花茶×华东山茶	98	2	2
茶梅×山茶	888	31	3
山茶×云南山茶	150	4	2.7

（2）远缘杂种的不育性

远缘杂交不仅限于杂交不亲和性，而且即使获得一些远缘杂交的种子，还常常表现出不育的特点。所谓不育，包括杂种种子不能成活，或杂种后代虽然成活但不能结实产生后代。例如，攸县油茶×金花茶，共杂交花数4054朵，获得杂交果105个，结实率为26%；得种子39枚，出苗11棵，出苗率为28%。

（3）远缘杂种后代分离的广泛性

由于远缘杂交亲本间的亲缘关系较远，遗传上存在较大差异，因此，它的后代分离较为广泛，特别在多父本混合授粉的情况下，分离更为广泛。例如，金花茶不同组合的远缘杂交，其F_1代植株叶形即表现差异（表10-2）。

表10-2　金花茶不同杂交组合 F_1 代植株叶形变异

组　合	种子数	存苗数	肖母	偏母	中间	偏父
小果金花茶×软枝油茶	8	4	2	1	1	—
防城金花茶×（'大贵妃'+防城金花茶γ处理）	8	3	1	1	1	—
防城金花茶×'白狮子'山茶	3	3			2	1
防城金花茶×（'五宝'+'星桃'+'防城'）	4	3	2	—	1	—

（4）远缘杂种的杂种优势

远缘杂种常常由于遗传上或生理上的不协调而表现生活力衰弱。但也有些远缘杂种却表现得生活力特别强，具有树势强健、抗性强等优良特性。例如，（二球）悬铃木（*Plantanus acerifolia*）系生长在美国东部的单球（1~2球）悬铃木（*P. occdemntalis*）和生长在地中海西部地区的多球（2~8球）悬铃木（又称法国梧桐，*P. orientalis*）的杂种，它生长迅速，适应性强，在欧洲、亚洲和美洲等都得到广泛栽培。在我国北至旅顺、大连，南至广东、广西，东至上海，西至昆明、成都都有分布，为我国长江流域城市主要的行道树。

10.4.2　远缘杂交不亲和及其原因

根据目前研究所知，影响远缘杂交亲和性的主要因素：

①由于花粉和柱头识别，柱头分泌物抑制不亲和花粉，致使花粉在异种植物的柱头上不能萌发。

②即使花粉在柱头上萌发,但连接柱头的传递组织抑制花粉管向柱头生长,使花粉管不能进入柱头(图10-2)。

③花粉管生长缓慢或花粉管太短,不能进入子房到达胚囊中。

④花粉管虽能进入子房,到达胚囊,但不能受精。

⑤受精后的幼胚不发育,或发育不正常,或发育中途停止。

⑥杂交种子的幼胚、胚乳和子房组织之间缺乏协调性,胚乳不能为杂种胚提供正常生长所需的营养,影响杂种胚的发育。

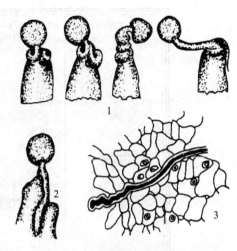

图10-2 不亲和传粉时花粉管的动态

这些影响远缘杂交亲和性的若干生理上和发育上的因素,都是物种间遗传差异的反应。据观察,在山茶远缘杂交中,花粉管生长的速度还与授粉时的气温密切有关,如10~11月上旬授粉,气温在0℃以上时,花粉管的生长需48h即可达到子房;如11月中旬授粉,气温在0℃左右时,花粉管的生长需76~96h方能达到子房;又如11月下旬授粉,气温在0℃以下时,花粉管生长需120h以上才能达到子房,花粉管过迟达到子房,也影响正常的受精。所以在远缘杂交时要提供授粉受精的适宜温度条件,以排除外界环境的干扰。

至于造成胚败育的现象,主要是由于双亲的遗传本质的差异较大,引起受精过程的不正常和幼胚细胞分裂的高度不规则,因而发育中途停顿死亡。

远缘杂交不亲和性的原因是极为复杂的,它的遗传机制并未完全揭开。为了进一步弄清这些原因,必须从遗传学、胚胎学、细胞学、生理学和生物化学等方面继续深入研究。近年来,我国科学家在阐释远缘杂交不亲和机制上作出了突出贡献。瞿礼嘉团队(2023年)在分子水平上解析了模式植物拟南芥柱头识别并接受自己花粉以及近缘花粉而不接受远缘花粉的机制,提出了柱头—花粉间识别与信号交流的"锁(受体)—钥(小肽)"模型,阐明了柱头处的种间/属间生殖障碍形成的机理,完美解释了"花粉蒙导效应"。远缘植物的花粉由于没有携带母本植物"钥匙",打不开柱头处的"锁",因而远缘植物的花粉管就无法穿入柱头,这就形成了不同植物种间/属间杂交的障碍。如果把同种花粉与远缘花粉混合授粉,由于同种花粉携带有"钥匙",可以打开"锁",远缘花粉管跟着同种花粉管一起穿入柱头,这就是"花粉蒙导效应"。而且通过突变去除柱头处组成这个"锁"的任一组分,"锁"的功能就会失效,远缘花粉管就可以穿入柱头,这个在柱头处的植物生殖障碍就会被打破。更为重要的是,将人工合成的同种花粉携带的"钥匙"(即同种花粉的小肽)施加到柱头上,可以替代"同种蒙导花粉",让远缘花粉有效地穿入柱头,成功克服柱头处的关键生殖障碍(图10-3)。应用这一成果,该团队成功地在十字花科两个不同属的植物种间实现了远缘杂交并获得了杂交胚。段巧红团队(2023年)揭示了大白菜等十字花科蔬菜通过调控柱头活性氧水平以维持种间生殖隔离的分子机理,并利用研发的清除柱头活性氧技术打破了十字花科蔬菜的远缘杂交生殖隔离,成功获得了大白菜的种间、属间杂交胚。

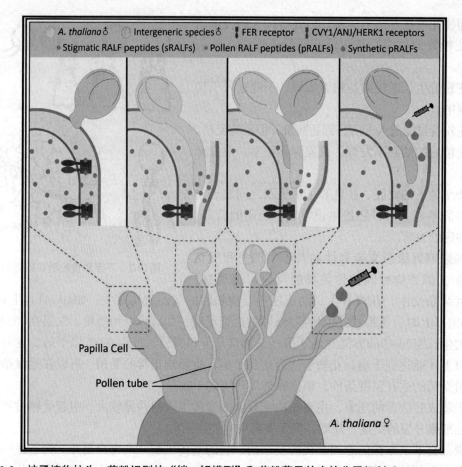

图10-3 被子植物柱头—花粉识别的"锁—钥模型"和花粉蒙导效应的分子机制（Lan et al., 2023）

注：A. thaliana，拟南芥；Intergeneric species，属间种；FER receptor FER受体；CVYI/ANJ/HERKI受体；Stigmatic RALF peptides，柱头RALF小肽；Pollen RALF peptides，花粉RALF小肽；synthenic pRALFs，合成的花粉RALF小肽

10.4.3 远缘杂交不亲和性克服方法

为了克服远缘杂交不亲和性，促进远缘杂交的成功，在实践上必须注意尽可能地缓和配子间的差异，削弱配子间受精的选择性，并创造有利于配子受精的外界条件。根据目前研究所揭示的一些原因，在不同情况下，可以分别采用如下一些方法。

（1）选择适当亲本并注意正反杂交

选择亲本时，除了根据育种目标，选择具有最多的优良性状的类型作杂交亲本外，还必须考虑到远缘杂交不亲和的特点，选配适当亲本，以提高远缘杂交的成功率。如在梅花与杏的杂交中，用江梅型品种比用朱砂型品种作母本能明显提高杂交结实率。远缘杂交实践证明，一物种的品种、类型，对于接受不同物种的雄配子或/和它的卵核、极核的融合能力有很大的遗传差异。例如，用防城金花茶作母本，不同的山茶作父本，其结实率有很大的差异（表10-3）。

远缘杂交还常常看到正反交结果不同的现象。例如，山茶和怒江山茶，连蕊山茶和山茶的正反交存在显著差异（表10-4）。

表 10-3　不同父本与金花茶杂交结果

组　合	授粉朵数（朵）	结果数（个）	结实率（%）
防城金花茶בˋ七星白ˊ	36	0	0
防城金花茶בˋ五宝ˊ	61	1	1.6
防城金花茶×连蕊茶	23	1	4.3
防城金花茶בˋ早桃红ˊ	18	1	5.5
防城金花茶בˋ狮子头ˊ	12	3	2.5

表 10-4　山茶正反交差异表

组　合	杂交花数（朵）	结实数（个）	结实率（%）
山茶×怒江山茶	41	12	29.3
怒江山茶×山茶	13	1	7.7
连蕊茶×山茶	49	1	2.5
山茶×连蕊茶	105	6	5.7

在选定的种属范围内，采用染色体数目较多或染色体倍性高的种作为母本进行杂交较易成功。例如，二倍体的华东山茶与六倍体的云南山茶进行杂交，一般用云南山茶作母本，结实率显著增加（表10-5）。对于这一现象有人从染色体比例上作出解释，认为在正常情况下，雄配子与其周围的花柱组成的染色体的比例为1∶2，当雄配子的染色体数目的比例超过1时，常使花粉管的生长遭受严重抑制。种子的形成情况也与此类似，当胚和胚乳间染色体数目的比例大于2∶3时，种子的形成也较困难。另有一种看法则认为以染色体数较多的物种作母本，能够以更多的营养物质供应种子的发育。

表 10-5　不同山茶作母本结实率比较表

组　合	杂交花数（朵）	结实数（个）	结实率（%）
山茶×云南山茶	150	4	2.7
云南山茶×山茶	69	6	8.7

（2）混合花粉和多次重复授粉

所谓混合花粉，即在选定的父本花粉内，掺入少量其他品种甚至包括母本的花粉，然后授于母本花朵柱头上。例如，金花茶远缘杂交中采用混合授粉坐果率比单杂交的高（表10-6）。

混合花粉（包括用高剂量射线或高温杀死的母本花粉）之所以能够产生良好的效果，是由于不同种类花粉间的相互影响改变了授粉的生理环境，解除了母本柱头上分泌物对异种花粉萌发的影响，同时也使受精选择性得到更大程度的满足。混合花粉成员间的相互影响，有助于花粉萌发和使花粉管迅速而顺利地穿过花柱组织。

表 10-6　用混合花粉授粉效果比较表

处理	组合	杂交花数（朵）	结实数（个）	结实率（%）
混合花粉	防城金花茶בˊ五宝ˊ+ˊ松子ˊ	25	3	12
混合花粉	防城金花茶בˊ五宝ˊ+ˊ早桃红ˊ	29	3	10.3
混合花粉	防城金花茶בˊ五宝ˊ+ˊ连蕊茶ˊ	45	3	6.6
对　照	防城金花茶×ˊ五宝ˊ	61	1	1.6
对　照	防城金花茶×ˊ松子ˊ	9	0	0
对　照	防城金花茶×ˊ早桃红ˊ	18	1	5.6
对　照	防城金花茶×连蕊茶	23	1	43

混合花粉有时还可能使杂种后代获得多父本的优良性状，并表现更为广泛的分离。但应注意避免盲目地增加混合花粉成员的数目，注意控制混合花粉的数量。因为混合的成员过多，以及混合花粉量过多会影响主要品种的花粉数量，这不但可能增加非目标性状杂交后代出现率，而且不同种类花粉间产生相互抑制的可能性也增大。因此，对于混合花粉的组成，最好能预先做萌发试验，以避免因混合后产生不良的后果。具体混合成员数，一般不超过3~5个。

重复授粉，即在同一母本花的蕾期、开放期进行多次重复授粉。由于雌蕊发育成熟度不同，它的生理状况有所差异，受精选择性也就有所不同，有可能促进受精率的提高。但是，这几个不同时期中，究竟以哪个时期授粉效果最好，文献中有不同报道。有的认为以蕾期柱头尚未完全成熟时进行授粉容易成功，有的则认为在花朵开始凋谢前、柱头处于衰老阶段，授粉结实率最高。这也可能是由于不同种类的生理特点不同而有所差异，或是试验所处的不同年份和不同的条件等产生了不同的效果，尚需进一步研究。

（3）选择第一次开花的幼龄杂种实生苗作母本

以第一次开花的幼龄杂种实生苗作母本，将有利于克服远缘杂交的不亲和性。这是米丘林长期从事果树育种工作的经验总结，他同时认为，如果双亲都是第一次开花的幼龄杂种，则更为有利。

（4）柱头移植、剪短法

将父本花粉先授予同种植物的柱头上，在花粉管尚未完全伸长之前，切下柱头，移植到异种的母本花朵的接头上或先进行异种柱头嫁接，待1~2d愈合后再行授粉。有的把母本雄蕊的花柱剪短再进行授粉。例如，百合类种间杂交时常因花粉管在花柱内停止伸长而不能受精，因此在子房上部1cm处切断花柱，然后授粉而获得成功。有的在柱头上置以父本柱头的碎块，或柱头组织提取液等再行授粉。但采用这些方法时，操作要求细致，通常在具有较大柱头的植物中使用。

（5）预先无性接近法

在进行远缘杂交前，预先将亲本互相嫁接在一起。使它们彼此的生理活动得到协调，或改变原来的生理状态，而后进行有性杂交，较易得到成功。例如，米丘林曾用梨和花楸杂交没有成功。后来，他将普通花楸与黑色花楸先行有性杂交，将杂种幼龄实生苗的芽条嫁接到成年梨树的树冠上，经6年时间接穗受砧木的影响，它们在生理上逐渐接近，当杂种花楸开花时，则授予梨的花粉。这样，便成功获得了梨与花楸的远缘杂种。

（6）媒介法

当甲与乙两种直接杂交不能成功时，可以用两亲之一先与第三类型丙进行杂交，将杂交得到的杂种再与另一亲本杂交，这种媒介的方法，有时较易获得成功。例如，米丘林为了获得抗寒性强的桃品种，曾用矮生扁桃（*Prunus nana*）与普通桃进行杂交，未能获得成功。于是，他又用矮生扁桃和山桃（*P. davidiana*）先行杂交，获得了媒介者扁桃，再利用媒介者扁桃与普通桃进行杂交，从而取得了成功。试验表明，在樱桃亚属与李亚属的远缘杂交中，沙樱桃可作为理想的媒介者。

（7）化学药剂的应用

应用赤霉素、萘乙酸、吲哚乙酸、吲哚丁酸、硼酸、活性氧去除剂等化学药剂处理，可克服某些远缘杂交不结实的缺点。例如，百合品种间杂交不结实，用0.1%~1.0%生长素羊毛酯，涂于剥去花瓣的子房基部，结果增加了结实率。又如在梅花远缘杂交中用GA 50~100mg/kg处理梅花柱头，显著地提高了杂交结实率3~10倍。

（8）组织培养技术的应用

随着组织培养研究的深入，已经开始研究应用人工培养基，从母本花朵中取出胎座或没有带胎座的胚珠，置于试管中进行人工授粉受精。这种方法在烟草和罂粟杂交中显示了它们的效能，值得进一步研究利用。对于杂种胚的早期败育问题的解决，利用组织培养技术来培养发育不良的胚，已在许多远缘杂交育种中广泛应用。

（9）应用温室或保护地杂交，改善授粉受精条件

杂交时的气候条件对授粉受精影响很大，例如，在金花茶与山茶的远缘杂交中，2月如温暖少雨，结实率显著提高，如低温多雨，结实下降，甚至不结实（表10-7）。在攸县油茶与金花茶的反交中，2月气温低，结实率仅0.3%；3月随着气温的升高结实率增加，达到10.7%。因此在深冬和早春的园林植物杂交中，宜在温室或保护地进行，从而改善授粉受精条件。

表 10-7　金花茶远缘杂交时的气候特点与结实率比较

年　份	杂交气候特点	杂交花数（朵）	结实数（个）	结实率（%）
1982	低温多雨	174	0	0
1983	温暖多雨	391	7	2
1984	温暖少雨	972	128	13

（10）花粉预先用低剂量辐射处理再行杂交

花粉用低剂量射线处理后，由于低剂量刺激效应使花粉活性增加，萌发率提高，花粉管生长迅速。例如，在泡桐种间杂交中，用γ射线处理的花粉，再行授粉，结果产果率和受精率都增加（表10-8）。

表 10-8 低剂量γ射线对泡桐花粉萌发率及坐果率的效应

名 称	对 照	0.5KR处理花粉	1KR处理花粉
花粉萌发率（%）	28.90	46.70	35.05
花粉管长度（u）	18.24	22.04	20.88
产果率（%）	15.00	22.40	21.40
受精率（%）	77.00	80.80	92.50

10.4.4 远缘杂种不育性及其克服

（1）远缘杂种不育性及其原因

远缘杂种的不育性包括杂种的成活性和结实性两个方面。所谓成活性，即杂种种子不发芽或虽然发芽生长，但幼苗生长衰弱或早期夭亡。所谓结实性，即杂种植株虽能成活，但结实性差，甚至完全不能结实。

造成远缘杂种的成活性差的原因，主要是由于远缘种间遗传上的差异大，造成生理上不协调，在胚胎发育过程中，产生了某些重要缺陷，因而影响了杂种的成苗成株。在金花茶与山茶、攸县油茶的远缘杂交中，有的杂种种子根本不发芽；有的发芽后开始生长正常，但不久逐渐枯死（表10-9）。

表 10-9 金花茶远缘杂交历年成苗数

年 份	授粉数（朵）	杂交果数（个）	种子数（粒）	杂种发芽苗数（株）	成苗数（株）
1981	660	14	49	7	3
1982	962	14	103	36	17
1983	2432	49	336	14	9
1984	3290	211	691	332	318

造成远缘杂种植株结实性差，或完全不能结实的原因，主要是由于染色体的不同源性和基因间的不和谐，在减数分裂时，常出现染色体的不联合以及随之产生的不规则分配，因而不能产生有生活力的配子，或配子虽有生活力，但不能进行正常受精过程，甚至受精后合子因发育不良而中途死亡。更有一些远缘杂种其生殖器官发育不全，完全不能形成雌雄配子。所以一些种属间染色体数虽然相同的远缘杂种，由于减数分裂不正常，以及基因的不和谐，仍然可能是高度不孕的。例如，美人茶经多次杂交都不能结实，检查其花粉粒发现，花粉粒完全是败育的。

（2）远缘杂种不育性的克服方法

① 杂种胚的离体培养　将杂交所得的不饱满种子或未成熟种子，或在其发育中期取出幼胚，置于一定的培养基中培养，由于适合的营养和优良的培养条件，其出苗率大为提高。例如，1985年南宁树木园提供金花茶杂种种子99粒，其中51粒种子用于胚离体培养，48粒按常

规播于干净蛭石内催芽。结果前者出苗17棵,出苗率达33%;后者出苗仅2棵,出苗率仅为4%。用这种方法,克服了种子不发芽或幼胚早期死亡,获得了较多的杂种苗。

② 杂种染色体的加倍 对于亲缘关系较远的二倍体杂种,可采用体细胞加倍的方法,获得异源四倍体(即双二倍体);双二倍体在形成配子的减数分裂过程中,每个染色体都有相应的同源染色体,因而可以正常进行联合配对,产生具有二个染色体组的有生活力的配子,从而大大提高结实率(详见倍性育种)。例如,温室花卉中邱园报春就是通过加倍染色体恢复可孕性的一个远缘杂种。

③ 回交法 在亲本染色体数不同和减数分裂不规则的情况下,杂交种产生的雌配子的染色体数一般是不平衡的,但仍有部分可能接受正常的雄配子而得到结实,并且通过连续的回交,其结实能力逐渐得到加强。

④ 改善营养条件 远缘杂种由于生理机能不协调,当提供优良的生长条件时,可能逐步恢复正常生长。因此,必须加强栽培管理,从幼苗开始的各个生育阶段,都应加以精心培育。如进行分株繁殖,扩大营养面积,初期多施氮肥,花期则多施磷、钾肥,还可用根外追肥方法,喷施某些具有高度活性的微量元素——硼、锰等,以促进杂种生理机能的逐渐恢复。

⑤ 人工辅助授粉 采用混合花粉的人工辅助授粉,将使杂种受精选择性得到更大满足,可以提高结实率。利用蜜蜂进行授粉,比人工强制授粉,将更有利于结实性的提高。

⑥ 延长培育世代、加强选择 远缘杂种的结实性往往随生育年龄而增高,也随着有性世代的增加而逐步提高。例如,米丘林曾用高加索百合(*Lilium szovitsianum*)和山牵牛百合(*L. thunbergianum*)杂交并获得了种间杂种——紫罗兰香百合,这个杂种在第一二年只开花而不结实,在第三四年得到了一些空瘪的种子,而在第七年则能产生部分发芽的种子。又如米丘林用红果花楸(*Sorbus aucuparia*)与黑果花楸(*S. melanocapa*)的杂种,在最初七八年只有1%~2%种子能发芽,但以后大多数种子均能发芽。

10.5 杂种后代选育

10.5.1 选育程序

园林植物杂种实生苗从播种到开花鉴定,需要较长的时间,也占有一定的面积。为加速育种进程,提高育种效率,使新品种尽快进入生产和市场,必须建立科学的育种程序和相应的育种制度。杂种选育程序包括下列2个阶段:

① 选育阶段 杂交获得的杂种苗经初选后入选种圃,并以亲本作为对照,开花后再经复选,选出目标性状优良的单株,经进一步繁殖,参加品种比较试验。

② 试验阶段 是评选品种优劣的决定性阶段,可弥补选种圃中观察结果的局限性,能对供试品种(系)或类型作出比较全面、客观的分析。它包括品种比较试验和品种区域试验。品种比较试验,将选出经繁殖的优株和对照品种一起种植,通常多以当地主栽品种作为对照,最后进行决选;品种区域试验,是在不同生态地区进行的品种比较试验,以明确新品种适应范围,确定推广地区。其程序:

种质资源→育种圃→选种圃→品种试验→新品种→繁殖推广

严格的程序能保证新品种有较高的水准，从整个育种程序看，育种周期较长，要在保证质量的前提下，尽可能缩短育种年限。为此，要掌握育种目标之性状遗传规律，正确选择、选配亲本，提高后代优选频率。进行早期相关选择，对有希望的优株要加速繁育，为品种比较试验及推广繁殖做好准备。品种比较试验与区域试验也可同步进行。另外，采用组培技术加速良种繁殖，节约繁殖材料，缩短繁殖周期，增加繁殖系数，也能使新品种迅速在生产中推广。

10.5.2 杂交后代选育

自花授粉植物或常异花授粉植物的亲本，基因型大多是纯合的，一般杂交第一代不分离，此时主要进行组合选择，播种时分别按组合播种，两旁播父母本便于比较，以淘汰假杂种。中选组合不必进行株选，须淘汰不良植株，再按组合采收种子。由于隐性优良性状和各种基因的重组类型在F_1代尚未出现，所以对组合的选择不能太严；杂种二代（F_2）性状强烈分离，为了使优良性状能在F_2及其后代表现出来，F_2群体要大，一般每一组合的F_2应种几百株，甚至千余株。F_2主要根据目标性状进行单株选择（参看株选）。

而异花授粉植物因亲本多为杂合的，故在杂种一代就发生分离，因此在第一代进行优良组合选择的同时就可进行优良单株选择。一般一、二年生的草花，杂交后往往在第一代就发生分离，所以在F_1代就可进行单株选择，如选出符合要求的优良单株，能无性繁殖的就建立无性系。如不能无性繁殖的，可选出几株优良单株，在它们之间进行授粉杂交。再从中选出优良单株。早花性和抗性一般分离比较早，可早期选择，并根据育种目标，淘汰不必要的组合。

对木本植物，杂种的优良性状要经过一段生长才能逐步表现出来。所以杂种植物淘汰要慎重。一般需经过3~5年观察比较，特别是初期生长缓慢的树种，时间更要放长一些。为了加速育种过程，尽快形成新品种、新品系，可结合胚培养、花粉培养等新技术措施；也可"南繁北育"，迅速增加繁殖系数；在有条件的地方，可利用温室，创造杂种生长发育所需要的条件，提高育种效率。

10.5.3 远缘杂种分离和选择

（1）远缘杂种的分离

远缘杂交的后代，比种内杂交的后代具有更为复杂的分离，而且分离的世代也更长。根据目前有关的试验报道，远缘杂种后代的分离，大致可以归纳如下几个类型。

① 综合（中间）性状类型　杂种具有两个杂交亲本综合的性状。但是，综合性状类型的杂种一般很不稳定，随着不断的繁殖，将继续产生分离，有的可能向两亲性状分化，也有的形成新种类型。

② 亲本性状类型　杂种的性状倾向于这个或那个原始种或亲本，甚至与母本完全一致。这可能与在远缘杂交过程中，由于受精过程的刺激，产生的无融合生殖类型有关。

③ 新物种类型　杂种发生了突变性质的变异，产生了新性状，成为另一新种植物。

远缘杂种的分离现象极为复杂，目前对分离规律性还不甚了解。深入研究远缘杂交的遗传机制，将对控制远缘杂种的分离，以及对远缘杂种的选择、培育等具有重要的实践意义。

（2）远缘杂种的选择

远缘杂交和种内杂交一样，对后代必须进行严格的选择，才能获得适合人类需要的、在性状上表现稳定的新类型。根据远缘杂种的若干特点，选择必须注意掌握如下几个原则。

①扩大杂种的群体数量　远缘杂种由于亲本的亲缘关系较远，分离更为广泛，就一般而言，杂种中具有优良的新性状组合所占的比例不会很多。如与野生亲本远缘杂交，常伴随产生一些野生的不利性状。因此，尽可能提供较大的杂种群体，以增加更多的选择机会。

②增加杂种的繁殖世代　远缘杂种往往分离世代甚长，有些杂种一代虽不出现变异，而在以后的世代中，仍然可能出现性状分离，因此，一般不宜过早淘汰。但是，对于那些经过鉴定，证明是由于无融合生殖的发生，长成的植株完全像母本的植株，就不能作为远缘杂种，而应加以淘汰。

③继续进行杂交选择　由于远缘杂种后代分离延续世代较长，因此，对于F_1代，除了一些比较优良类型的直接利用外，还可以进行杂种单株间的再杂交或回交，并对以后的世代继续进行选择。随着选择世代的增加，优良类型的出现率也将会提高。

④培育与选择相结合　对于远缘杂种应注意培育，给予杂种充分的营养和优越的生育条件，促进杂种优良性状的充分发育，再结合细胞学的鉴定方法，严格进行后代的选择，以便获得符合育种目标、具有较多优良性状的杂种后代。

10.6　杂种优势及其利用价值

10.6.1　杂种优势概念和表现形式

利用植物的杂交优势，选用适合的杂交亲本，通过特定的育种程序和制种技术培育超亲（正向或负向）的品种的育种方法。在异花授粉植物中，本身表现自交劣势的自交系之间的杂种F_1，其生活力比之亲本自交前还要旺盛的现象称为杂种优势（也叫杂交优势）。在无自交劣势的异花授粉植物以及自花授粉植物等自交系之间的杂种，现均已确认有杂种优势现象存在。产生杂种优势的个体，一般在生长势、株高、花径、成熟期、抗病虫、抗不良环境的能力等方面超过亲本。利用这种杂种优势的育种法称为优势育种或一代杂种育种法。

杂种优势的衡量通常采用的指标有：

①平均优势　以杂种一代某一性状超越双亲相应性状平均值的百分率：

平均优势（%）=（F_1-双亲平均值）/双亲平均值×100%

②超亲优势　指杂种一代某一性状超过较好亲本值的百分率：

超亲优势（%）=（F_1-较好亲本值）/较好亲本值×100%

③超标优势　为杂种一代某一性状超过对照品种值百分率：

超标优势（%）=（F_1-对照品种值）/对照品种值×100%

在园林植物中，也存在着负向杂种优势利用，即杂种一代某一性状负于双亲相应性状平均值的百分率。有些性状要求正向优势，如花径、抗逆性，有些性状要求负向效应如矮型、小花、早花等。当F_1等于双亲的平均值时（简称中亲值 Mp），杂种优势等于零；F_1大于中亲值时为正向优势；F_1小于中亲值时为负向优势。杂种优势的强度是随着杂种世代的前进而迅速降低的，不会固定，自交后优势便再度减弱，乃至消失变劣。因此杂种优势利用的主要是

F_1，即在大面积生产上应用的主要是杂种一代。

10.6.2　优势育种与重组育种的异同

优势育种与重组育种的相同点是都需要选择选配亲本，进行有性杂交。不同点是重组育种先进行亲本的杂交，然后使杂种后代纯化成为定型的（重要性状基本上不再分离的）品种用于生产；优势育种则先使亲本自交纯化，然后使纯化的自交系杂交获得杂种F_1用于生产。简单讲，重组育种是"先杂后纯"，优势育种是"先纯后杂"；再者，由于优势育种供生产上播种的每年都用一代杂种，不能用F_1留种，因而需要专设亲本繁殖区和制种田，每年生产 F_1 种子供生产播种用。

10.6.3　杂种优势育种简史

植物上的杂种优势是18世纪中期发现的。德国学者克尔罗伊特（J. G. Koelreuter）于1776年首先描述了烟草、石竹、紫茉莉、曼陀罗等属的不同种间的杂种优势。1849年加特纳（K. F. Gartner）在他研究的80个属700种植物中同样发现了杂种优势。孟德尔在1866年发表的"植物杂交试验"论文中，也指出植株高矮不同的豌豆品种间杂交，子一代表现了明显的杂种优势。1876年达尔文（C. Darwin）在所著《植物界异花授粉和自花授粉的效果》一书中总结了30个科52个属57个种及许多变种和品种间杂交、自交结果，提出了杂交有益和自交有害的结论。在农作物上研究杂种优势首推玉米，1880年贝尔（W. J. Beal）首先根据玉米的杂交效益提出生产上可利用品种间杂种一代。1914年沙尔（G. H. Shall）首先提出杂种优势术语，对推动杂种优势研究起了重要作用。1917年琼斯（D. F. Jones）建议在玉米上利用自交系间杂交的双交种。关于杂种优势的遗传解释，1910年布鲁斯（A. V. Bruce）首先提出显性假说，1918年伊斯特（E. M. East）提出超显性假说。现今，杂种优势利用已成为20世纪作物育种上较突出的成就之一。杂种优势的利用首先是从大田作物玉米开始的，现在玉米、高粱和水稻等作物已取得显著成就，在蔬菜方面也取得惊人的结果。园林植物杂种优势利用研究始于20世纪30年代，1930年日本利用杂种优势培育成矮牵牛杂种一代。到20世纪70年代园林植物杂种优势利用已较普遍，到80年代利用一代杂种的园林有矮牵牛、瓜叶菊、万寿菊、金鱼草、天竺葵、藿香蓟、秋海棠、蒲包花、仙客来、报春花、大花马齿苋、三色堇、百日菊、石竹、鸡冠花、羽衣甘蓝、紫罗兰等。日本、荷兰、意大利、美国等国家培育出大量一代杂种，并已普遍栽培应用，特别是在一、二年生花卉制种中。如金鱼草F_1，它比普通品种茎粗而长、健壮、花穗大、花数增加、色彩鲜艳，为切花的重要种类；矮牵牛F_1具有观赏价值很高的重瓣性，是一个很著名的成果。

中国20世纪20年代引种栽培一代杂种花卉，80年代开始在矮牵牛、瓜叶菊、羽衣甘蓝制种，90年代农业部农丰公司与日本畈田公司合作先后在山东崂山、河北香河、云南昆明、辽宁沈阳、大连等地建立三色堇、瓜叶菊、金鱼草、雏菊、矮牵牛等20多种园林植物的制种基地。

10.6.4　杂种优势遗传机理

产生杂种优势的遗传基础主要是基因的显性和超显性作用。布鲁斯和琼斯等人认为显性基因有利于个体生长发育，隐性基因不利于生长发育。杂种优势来源于等位基因间的显性效益，杂交使某些有利显性基因掩盖了等位的不利隐性基因。因而在杂种一代非等位基因间的显性效益累积起来，使杂种获得多于任何一个亲本的有利显性基因，而表现出杂种优势。例：

$$\frac{aBCdE}{aBCdE} \times \frac{AbcDe}{AbcDe} \to F_1 \frac{AbcDe}{aBCdE}$$

据此，由于有利显性基因和有害隐性基因难免相连锁，要把全部有利基因从纯合状态集中到一个个体中，在实际育种中几乎是不可能的。因而不可能获得一个同杂种生长势一样强的纯系。

沙尔和伊斯特等人提出超显性假说，认为处于杂合状态的等位基因，如A_1和A_2发生互作，有刺激生长的功能，因此杂合体比两种全部纯合体A_1A_1和A_2A_2显示出更大的优势。杂合基因位点上两个等位基因都表现出作用，在遗传上叫作共显性，如果不发生不均等交换，导致基因位点的重复，就不能得到优势纯合体。有人提出拟超显性，认为2个等位基因A_1和A_2不是真正的等位基因，而是在染色体上位置紧密连锁的基因，表现有相互的生理功能，可用A_1a_2/a_1A_2表示，交换值极小，只有在极大杂种后代群体中，才会出现A_1A_2/A_1A_2个体。此外，关于杂种优势的解释还有生活力假说和遗传平衡假说。

在杂种优势利用上，人们都选用遗传差异较大的，如在亲缘上、地理起源上、性状上差异较大的种、品种或品系进行杂交，作为选择优良杂交组合的基本原则。

10.6.5　影响一代杂种利用价值的因素

F_1代实用价值决定于它的实际经济效果和生产杂种种子成本之间的相对经济效益。F_1代实际增产效果在不同园林植物、不同杂交组合是不同的，问题主要在于杂种种子的生产成本、去雄和授粉所需劳力。自花授粉花卉不仅要去雄，而且要人工授粉，要花很多劳力，使F_1利用方面受到一定的限制。如果授粉一朵花可以获得数十粒至上百粒种子，这也相对地降低种子的生产成本。

异花授粉园林植物生产F_1可省去人工授粉过程，但去雄很费劳力，所以有些单花结子少的异花授粉的园林植物必须找到节省去雄人力的方法，才能使F_1应用于生产。另外，异花授粉在育种和保存杂种的亲本系方面比较费工，所以也不是任何异花授粉的园林植物都应用F_1。随着育种技术进步，节省人力的人工授粉方法和防止自交结实的方法在不断发展中。例如，雄性不育、自交不亲和等，所以F_1应用范围在不断扩大中。

10.7　选育一代杂种一般程序

10.7.1　选育优良自交系

自交系间一代杂种表现杂种优势明显、杂种优势稳定、杂种的株间一致。因此品种间一代杂种主要用于自花授粉植物，因为自花授粉植物一个品种近于一个自交系，而异花授粉植物选育一代杂种工作则从选育自交系开始。选育优良自交系的方法和步骤如下：

（1）选择优良的品种或杂交种作为育成品种内获得优良自交系的基础材料

一般从不是优良的品种内获得自交系大多是不适用的，因此为了增加成功的机会和节约人力、物力和时间，应该选用优良的品种或杂种作为分离自交系的基础材料。选择作为育成自交系基础材料的品种或杂种工作最好能在品种比较试验和已初步进行品种间配合力测验的基础上进行，这样可以把工作重点集中在几个有希望的品种内。选择作为育成自交系基础材料的品种或杂种数通常不超过10个。这是因为在自交过程中，后代分离出很多不同性状的个体需要分别自交，许多自交系在自交分离过程中会被淘汰，因此要获得优良一代杂种必须在开始时有大量的自交系；但是如果开始的品种数量太多，则后代的系统数太多，在一定的人力物力条件下难以处理。

（2）选择优良的单株进行自交

在选定的优良品种或杂种内选择优良的单株分别进行自交。每一品种或杂种内应选供自交的株数，和每一自交系应种植的后代株数，是随试材的具体情况而不同的，通常数株至数十株。一般是对品种应多选一些单株进行自交，而每一自交株的后代可种植相对较少的株数；对杂种则可相对少选一些植株自交，但每一自交株的后代应种植相对多的株数。对于株间一致性较强的品种可以相对少选一些单株自交，对于株间一致性较差的品种应该对各种有价值的类型都选育代表株。

（3）逐代系间淘汰选择和选株自交

根据选育目标淘汰一部分不良的自交系，随着自交系数量的减少而稍稍增多每一自交系的种植株数。杂合体通过自交使后代群体遗传组成迅速趋于纯合化；例如，一对基因杂合体Aa自交一代将分离为1/4AA：1/2Aa：1/4aa，群体中纯合体（AA和aa）和杂合体（Aa）各占1/2。如继续自交，纯合体的个体只产生纯合体的后代，而杂合的个体继续分离，连续自交时杂合体将按$(1/2)^r$而逐代减少（r为自交代数），而纯合体将按$1-(1/2)^r$逐代增多，当杂合基因位点为n时，其后代群体中纯合体的比率可用公式$[1-(1/2)^r]^n$来求得。因此，自交一般进行4~6代，直至获得纯度很高、主要性状不再分离、生活力不再明显衰退的自交系为止，以后可以各自交系为单位分别在各分离区播种繁殖，任其系内自由授粉，但严防系间杂交或其他花粉来源的影响。

10.7.2　进行配合力测验选出最好的杂交组合及其亲本自交系

自交系本身表现优良的，用作亲本时其F_1一般也表现较好；但也可能本身性状稍差的自交系配成的F_1，后代产生较强的杂种优势。由此自交系本身的表现与它作为亲本所产生的后代表现，并不总是一致的，因此必须对上述过程中初选出来的自交系，根据它们的配合力做进一步的选择，并从中选出最优良的组合。配合力又称组合力，是衡量亲本系在其所配的杂种F_1中某些性状（如产量或其他性状）的好坏或强弱的指标。通常将配合力分为一般配合力（general combining ability，GCA）和特殊配合力（specific combining ability，SCA）两种。一般配合力指一个亲本自交系在一系列的杂交组合中的产量（或其他经济性状）的平均表现，由基因的加性效应决定。特殊配合力指某特定杂交组合的某性状实测值与根据双亲一般配合力算得理论值的离差。特殊配合力体现了被测系与一特定的测验种（自交系或基因型纯合的品种即测验种）杂种F_1的产量（或其他经济性状）的表现，由基因的非加性效应决定。测验自交系的配合力有多种配组方法，下文只介绍两种。

（1）简单配组法（不规则配组法）

用得较多的、最省工的配合力测验法，就是把育成的自交系按育种目标、亲本选配的原则和育种工作者所掌握的性状遗传规律配成若干组合，进行人工交配取得各组合的杂种种子，例如1×2、1×3、1×4、1×5、1×6、2×5、3×2、3×5、5×6等。如果F_1中1×5表现最好，就选定这个组合1号与5号自交系作为制种亲本；也可多选几个组合，经过品种比较试验后再选定最优组合。这种方法简便易行。但有把最优组合漏配的风险，在可能配成的组合数与实际测配组合数相差越大时，漏配的风险性也越大。

（2）轮配法

这是既能测定普通配合力又能测定特殊配合力，从而能较准确地选出最优组合的方法。一般配合力是采用顶交法测定。顶交法是将所选出的品种与同一品种杂交，比较各组合F_1优势程度、选优去劣。在顶交法中要用符合要求的当地最优良的品种作顶交亲本。假定要创造杂种优势是花径大的，供试的品种有10个，分别编成1、2、3、4、5、6、7、8、9、10号，以当地主栽品种作为顶交亲本和这10个品种分别杂交。即可获得10个杂交组合，次年进行比较，按花径的大小做测定配合力的高低。花径大的谓之配合力强，再结合外表性状好的作为亲本材料。

特殊配合力测定多采用轮交法；它的做法是将各品种彼此全部加以配合，比较各杂交组合F_1代的花径，选出杂交配合力强和花径大的杂种一代。如遇到有几个杂种一代的花径都显著高于亲本品种，而组合之间花径又相差不大时，应一并入选。假如有1、2、3…10号品种，先用1号品种分别与其他2、3…10号9个品种杂交，然后再用2号品种分别与1、3…10号9个品种杂交。其组合总数为10×（10-1）=90。如果参加测定的品种数为n个，则其组合总数为$n(n-1)$（不包括自交）。这种方法用工较多，但每一个组合的正交和反交都有，不过在多数情况下，正交和反交没有区别，为了节省劳力可以只进行正交，以减少一半的组合。

10.7.3 自交系间配组方式的确定

经过配合力测验选得优良自交组合及其亲本自交系后，还需要进一步确定各自交系的最优组合方式，以期获得很好的杂种，根据配制一代杂种所用亲本自交系数，可分为单交种、双交种和三交种，这都是为了降低杂种种子的生产成本而采用的制种方式。

（1）单交种

即用两个自交系配成的一代杂种。单交种的优点是杂种优势强，株间一致性强，制种手续较简单；缺点是种子生产成本高，有时对环境条件的适应力较弱。在生产单交种时，每年需要3个隔离区，即2个自交繁殖区，1个单交区（制种区）。

（2）双交种

双交种是指由4个自交系先配成2个单交种，再由单交种配成用于生产的一代杂种。双交种的优点是可使亲本自交系的用种量显著节省，杂种种子的产量显著提高，从而降低制种成本。同时双交种的遗传组成不像单交种那样纯，适应性较强。缺点是制种程序比较复杂，杂种的一致性不如单交种。采用双交种配组方式应考虑交配顺序，如果亲本自交系间有明显质量性状差异，则配制顺序应保证一代杂种不分离，即选择质量性状相似的自交系两两配对产生两个单交种，再由这两个单交种配制双交种。如果亲本自交系间无明显性状差异，则应从获得最高配合力考虑配组顺序，按可能的全部配组顺序进行试配，然后比较优劣，从中选出最优配组方式。但这将延长育种年限和增加试验规模，为简化育种程序，也可不进行实际比较试验，根据亲本间亲缘关系确定配组顺序，把亲缘关系较远的交配放在单交系之间，即将亲缘关系相近的自交系两两配对产生单交种，再用这两个单交种配对就能得到优势较强的双交种。

（3）三交种

三交种是用两个自交系杂交作母本，与第三个自交系杂交产生一代杂种的方式。三交种生活力强，产量也相当高，性状的整齐性略低于单交种，与双交种相近。由于母本是单交种，其种子生产量大，质量也好。但要求父本自交系的花粉量要大。制种时因为有自交系参与，种子成本仍较高，但比单交种成本低。在生产三系杂种时，每年需要保持5个隔离区，即3个自交繁殖区，1个单交区和1个三交区，最少需要3个隔离区。

10.7.4 品种比较试验和生产试验

选出优良组合并确定配组方式，需要配制出选定组合的杂种种子，按一定育种程序进行品种比较试验、生产试验和多点试验。除观察观赏性状外，还要考虑综合经济性状优劣，为了加速选育过程，可以对初选的优良组合提前制种，在品种比较试验的同时进行生产试验。

10.8　杂种种子生产

经过一系列试验确定推广的优良杂交组合之后，便需每年生产一代杂种种子供生产上应用。杂种种子的生产，应本着获得杂交率高的杂种种子和节约劳力、降低种子生产成本的原则，根据各种不同花卉开花授粉习性，应用适当的制种技术，一般分为亲本繁殖保存和配制F_1杂种种子两部分。现将F_1杂种的制种方法分述如下。

10.8.1　天然杂交制种法

（1）混播法

将等量的父母本种子充分混合后播种，采得的种子正反交均有。此法省工，但只适用于正、反交增产效果和二亲本主要经济性状基本相似的组合。

（2）间行种植

父母本单行或数行相间种植，如正、反交增产效果和经济性状基本相似，父母本的行数可相同，父母本植株与种子可混收混用。如正、反交F_1都有优势而性状不一致，则应分别收种，分别使用；如正交F_1有优势而反交无优势，只能以正交F_1用于生产，则父本行数应较少，父母本比例一般为1∶2。最好选配正反交F_1都有显著优势的组合，以降低制种成本。

（3）间株种植

这种配置方式杂交百分率较高，但田间种植和种子采收很麻烦，而且容易错乱。对两亲本主要性状近似的组合，种子可混收的较适用。由于该制种法双亲都还有可能进行品种内授粉，杂种率较低，一般为50%~70%。

10.8.2 人工去雄制种法

对某些雌雄异株或同株异花授粉园林植物和两性花园林植物可将父母本按适当比例种植，利用人工拔除母本雄株，摘除母本雄花或人工去雄授粉等方法获得一代杂种种子。例如，由崂山三色堇制种基地在每一个大棚内，均有1行父本及7行母本，用人工仔细地掰掉母本花的雄蕊，然后把父本的花粉抹在母本的柱头上。

10.8.3 化学去雄制种法

利用化学去雄药剂，喷洒母本植株，破坏雄性配子的正常发育或改变植物的性分化倾向，达到去雄目的，再与相应父本按适当比例隔行种植生产一代杂种。由于雌雄配子对各种化学药剂的反应不同，因此不同植物可选择特定的杀雄剂，在适当的浓度与剂量下，抑制和杀死雄配子，而对雌蕊无害。在杂交制种中选用杀雄剂应注意：①处理母本后仅能杀伤雄配子，而不影响雌蕊的正常发育。②处理后不会引起遗传性变异。③价格便宜，处理方法简便，效果稳定。④对人畜无害。目前应用的化学杀雄剂有2,3-二氯异丁酸纳（FW450）、2-氯乙基膦酸（乙烯利）、二氯丙酸、顺丁烯二酸联胺（MH或青鲜素）、2,4-D、2,3-异丙醚、r-苯乙酸、二氯乙酸、三氯丙酸、核酸钠、萘乙酸（NAA）等。处理时间及浓度因品种、环境条件而异，如用乙烯利喷洒叶片，在苗期一般用250~350mg/kg，每隔4~5d喷1次，3~4次便可以达到去雄效果。经乙烯利处理后，有的雌花增多，要及时疏花疏果，以保证杂种子粒饱满。

10.8.4 利用苗期标志性状制种法

利用双亲和F_1杂种苗期所表现的某些植物学性状的差异，在苗期可以比较准确地鉴别出杂种苗或亲本苗（即假杂种苗），这种容易目测的植物学性状称为标志性状。标志性状应具备两个条件：

①这种植物学性状必须在苗期就表现明显差异，而且容易目测识别。

②这个性状的遗传表现必须稳定。

利用苗期标志性状的制种法，就是选用具有苗期隐性性状的品系作母本（如月季的扁刺）与具有相对应的显性性状的父本（如新疆蔷薇的弯钩刺）进行杂交，在杂种幼苗中淘汰那些表现隐性性状的假杂种。此法的优点是亲本繁殖和杂交制种简单易行，制种成本低，能在较短的时间内生产出大量的一代杂种。其缺点是间苗、定苗工作复杂，需要掌握苗期标志性状，熟练间苗、定苗技术。

10.8.5 利用雌性系制种法

选育雌株系作为母本生产杂种种子，可使摘除雄花的工作减至最低限度，因此降低了制种的成本。雌雄异株的石刁柏，一般雄株产量高，因此选育全是雄株一代杂种是有利的。石刁柏的雌株具有XX性染色体，雄株具有XY性染色体，近年来，国外在大量石刁柏幼苗中筛选出X和Y的单倍体或用石刁柏的花粉培养获得了X和Y的单倍体，再经过人工染色体加倍，从而获得了纯合的雌株XX和超雄株YY，利用它们杂交，即可获得具有相同基因型、性状很一致的全雄株一代杂种。

10.8.6 利用雄性不育系制种法

在两性花植物中,利用可遗传的雄性器官退化或丧失功能的纯系为母本,在隔离区内与相应父本按一定比例间隔种植。在不育系上采收杂种种子。雄性不育可分为雄蕊退化、花粉败育、功能不育3种类型。从遗传机制上又分为细胞质雄性不育、细胞核雄性不育和细胞核、细胞质互作雄性不育3种。核质互作不育型有雄性不育细胞质基因,细胞核内还有纯合不育隐性基因(ms),只有这两种基因同时存在发生互作,才能表现雄性不育性。20世纪80年代以来,许多学者研究发现现存全部雄性不育材料中没有一份属于胞质型不育材料。因此多数学者认为雄性不育材料只有核型和核质互作型两类。目前,花卉中存在不育性的有百日草、矮牵牛、金鱼草等。核质互作的不育类型一般需要三系两区配套制种,即获得不育系、保持系和恢复系,分别进行杂种种子的生产和亲本的繁殖。核基因控制的雄性不育类型需要筛选获得两用系用于制种。无论是哪种雄性不育类型,核心问题是需要选育雄性不育系。

雄性不育系选育首先需要获得雄性不育株。原始雄性不育株的获得可在自然群体或自交后代中寻找,也可通过远缘杂交等方法获得。如果是核质互作型不育材料,在获得原始雄性不育株后,一般用成对单株测交及连续回交法获得保持系。即把不育株作母本,用本品种或其他品种的优良可育单株作父本,配制一系列成对杂交,同时将各父本单株自交。下一世代观测各组合的育性表现,如有的组合后代全为不育株,则该父本即为保持系,如保持系还未纯化,可一方面对其进行自交,另一方面连续用它对不育材料进行回交,6~8代后即可获得性状相同的不育系和相应的保持系。如果保持系原已纯化,则只需回交5~6代即可。如果不育材料核内存在多对不育基因,则很难一次筛选即获得保持系。应选择不育株率较高组合中的不育株作母本,与该组合父本的自交后代继续回交筛选。测交和回交世代的组合数不能太少,各回交组合和父本自交种子要单收并分别编号。这样连续多代鉴定、选择、回交、自交,有可能选育出稳定的不育系和保持系。如果用测交、回交方法仍无法后代保持系,则应采用人工合成保持系的方法,即用不育株作母本,用几个优良可育材料作父本进行杂交,并将父本进行自交。第二代选择没有育性分离的F_1作父本,以原父本为母本去雄进行反回交。第三代在反回交后代中选出4~5株作父本,用不育株作母本进行测交,父本同时自交。第四代选择育性分离组合,从相应父本中筛选出10株进行测交和自交。如果每个分离世代保持足够的群体,第五代在各测交后代中即可选出不育株率为100%的组合即为不育系,其测交父本即为保持系。

对于核型雄性不育材料,当获得原始不育单株后,先用同系或同品种材料进行测交,测交第一代有可能出现育性分离,也可能全部恢复育性。如F_1恢复育性则进行自交;如F_1出现育性分离,则用不育株作母本,用系内可育株作父本进行姊妹交。测交组合数应大于4个,每一组合后代观察数应大于10株。以后各世代均按上述方式进行处理。连续两代出现育性分离,两用系的选育即告成功。连续两代不出现育性分离的组合应予以淘汰。

10.8.7 利用自交不亲和系制种法

利用某些两性花植物中,虽花器正常但自交结实严重不良的遗传特点,育成稳定的自交系,用其作亲本,双亲隔行种植,所得正反交种子均为一代杂种。自交不亲和性是广泛存在于显花植物中的一类种内生殖障碍,即正常可育的雌雄同花植物在自交授粉后不能产生合子的现象和机制。在真双子叶植物中，目前有4种自交不亲和类型的分子机制被报道，包括基于S-RNase的配子体自交不亲和型（gametophytic self-incompatibility，GSI）、在罂粟科虞美人中发现的GSI、十字花科的孢子体自交不亲和型（sporophytic self-incompatibility，SSI），以及以花柱异长为特征的异型自交不亲和型（heteromorphic self-incompatibility，HSI）。在目前研究最为深入的几种自交不亲和类型中，花粉—柱头的相互识别由单个高度多态性遗传位点控制，即包含紧密连锁的雄性和雌性身份基因的S-位点。当S-位点身份基因介导的花粉识别发生后，一系列信号转导和分子互作程序被迅速启动用来阻止相同基因型花粉的生长。在茄科中，存在两种S-RNase/SLF互作模型：即以矮牵牛为代表的协同降解（collaborative degradation）模型和以烟草为代表的空间隔离（compartmentalization）模型（图10-4）。前者

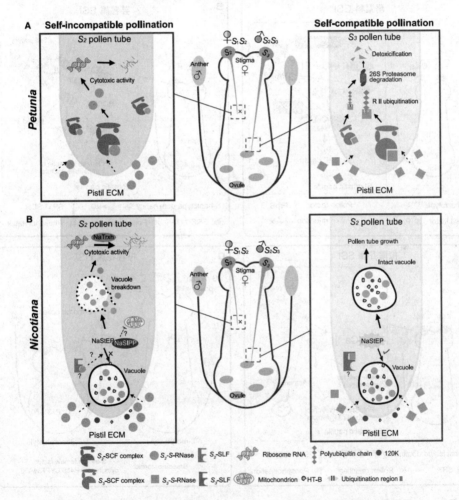

图10-4　矮牵牛属和烟草属的S-RNase/SLF互作模型（Zhong et al., 2023）

注：*Petunia*，矮牵牛属；*Nicotiana*，烟草属；self-incompatible pollination，自交不亲和授粉；self-compatible pollination，自交亲和授粉；pollen tube，花粉管；Cytotoxic activity，细胞毒性活性；pistil ECM（Extracellular matrix），雌蕊ECM（雌蕊细胞外基质）；Anther，花药；Stigma，柱头；Ovule，胚珠；Detoxicification，解毒代谢；26S Proteasome degradation，26S 蛋白酶体降解；RⅡ ubiquitination，RⅡ泛素化；Vacuole breakdown，液泡破坏；Pollen tube growth，花粉管生长；Intact vacuole，完整液泡；Ribosome RNA，核糖体RNA；Polyubiquitin chain，多聚泛素链；Mitochondrion，线粒体；Ubiquitination region Ⅱ，泛素化区域 Ⅱ

在异交授粉时，通过泛素化和26S蛋白酶体降解"异己"S-RNase，花粉管得以正常生长；而在自交授粉时，不能够被降解的"自己"S-核酸酶得以保持完整，其会导致花粉管生长的停滞。后者通过液泡组织空间隔离"异己"S-RNase，而"自己"S-RNase所在的液泡在多个修饰基因如*HT-B*、*NaStEP*、*NaSIPP*的互作下破裂，释放S-RNase抑制花粉管生长。在蔷薇科植物中，S-RNase诱导的信号因子包括MdPPa，ABF-LRX，茉莉酸-MdMYC2-MdD1通路和BZR1介导的油菜素甾醇通路。在罂粟科中，雌雄决定因子的配体和受体蛋白（receptor-ligand）的特异性识别触发了钙离子信号转导和蛋白磷酸化反应，最终导致花粉细胞程序性死亡（图10-5A）。与罂粟科类似，十字花科自交不亲和反应同样由配体和受体蛋白的特异性识

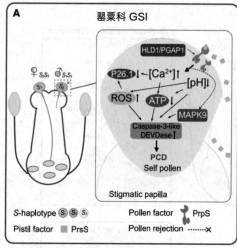
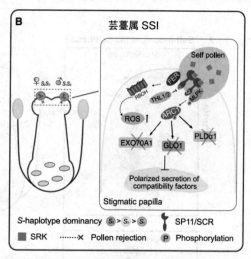
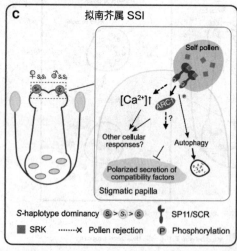
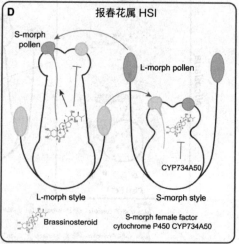

图10-5 罂粟科、芸薹属、拟南芥属和报春花属的自交不亲和机制（Zhong et al., 2023）

注：Papaveraceae GSI，罂粟科GIS；Self pollen，自花花粉；Stigmatic papilla，柱头乳突；SHaplotype，S-单倍型；Pistil factor，雌蕊因子；Pollen factor，花粉因子；Pollen rejection，花粉排斥；*Brassica* SSI，芸薹属SSI；S-haplotype dominanoy，S-单倍型优势；Phosphorylation，磷酸化；*Arabidopsis* SSI，拟南芥属SSI；Other cellular responses，其他细胞反应；Autophagy，自体吞噬；Polarized secretion of compatibility factors，相容因子的极化分泌；*Primula* HSI，报春花属HSI；S-morph pollen，S型花粉；L-morph pollen，L型花粉；L-morph style，L型；S-morph style，S型；Brassinosteroid，油菜素内酯；S-morph female factor，S型雌性因子；Cytochrome，细胞色素。

别引起,二者触发了下游一系列信号级联反应,导致花粉萌发和花粉管生长所需的物质被降解,造成花粉排斥反应(图10-5B、C)。在短柱头型报春花中,雌性决定因子为油菜素甾醇抑制因子Cytochrome P450 CYP734A50,其通过抑制油菜素甾醇来限制细胞伸长,使得花柱变短(图10-5D)。

自交不亲和系的选育,一般采用单株连续自交选择法。异花授粉植物多数单株是杂合基因型,选育自交不亲和系,就是从杂合群体中选育出具有较强自交不亲和性的纯合株系。在这些植物的自然群体中,自交不亲和株出现的频率较高。选育自交不亲和系的具体做法是:首先在配合力强的原始材料中选择若干优良单株进行花期套袋人工测定自交不亲和性。同时用另外的花枝套袋蕾期自交,以确保花期自交不亲和单株能保存后代。亲和或不亲和的标准以开花授粉时平均每花结子数即亲和指数表示。亲和指数=总结子数/授粉花朵数。对于初步获得的自交不亲和株,其自交后代的不亲和性和其他经济性状还会发生分离,需进一步自交分离选择。获得自交不亲和材料后,还要测定其系内异交亲和指数,测定方法有轮配法、混合授粉法、隔离区自然授粉法3种。为缩短鉴定时间,对于孢子体型不亲和材料,可利用荧光显微技术,在授粉后24h观察花柱内花粉管数量,判断是否不亲和。

制种主要分亲本的繁殖和一代杂种种子生产两部分。亲本的繁殖采用蕾期授粉法繁殖,即在自交不亲和系植株开花前2~4d的蕾期进行自交,此时柱头上抑制花粉管生长的物质还未形成,因此在蕾期对不亲和系植株进行自交,可获得自交种子。此外,也有人研究利用其他理化方法,如变温处理以及提高CO_2浓度等克服自交不亲和性。一代杂种种子生产主要采用单交种,将两个特殊配合力高的自交不亲和性系按1:1隔行定植,开花时任其自由授粉,即可获得杂种率高的正反交杂交种。为提高杂种种子产量,也可将结实多的亲本与结实少的亲本按2:1相间定植。由于纯合不亲和材料的杂交一代是自交不亲和性的,为降低原种子用量,也可采用双交或三交的杂交方式生产一代杂种。

10.8.8 制种管理及应注意事项

①制种区要选择土壤肥沃,地势平坦,肥力均匀,有排灌条件的地方,以便旱涝保收,获得数量多的杂种种子。制种区要安全隔离,严防非父本的花粉飞入制种区,干扰授粉杂交,影响杂种种子质量。如有可能,可分散给经过培训的专业农户制种,公司供给父母本,一般一个农户制一个种,以保证杂种种子的质量。

②制种区内,父母本要分行相间播种。父母本的行比因植物而不同,通常在保证有足够父本花粉前提下,应尽量增加母本行数,尽可能多采收杂种种子。

父母本播种的时间必须能使父、母本的开花期相遇,这是杂交制种成败的关键,尤其是花期短的植物。一般情况下,若父、母本花期相同或母本比父本早开花2~3d,父母本可同期播种;若母本开花过早或父本开花过晚,父母本应分期播种,先种开花晚的亲本,隔一定天数再种另一亲本。制种区要力求做到一次性播全苗,既便于去雄授粉,又可提高种子收获量。播种时必须严格把父本行和母本行区分开,不得错行并行、串行和漏行。

③制种区要采用先进的栽培管理措施。在出苗后要经常检查,根据两系生长状况,判断花期能否相遇。在花期不能良好相遇的情况下,要采用补救措施,如对生长缓慢的可采取早间苗、早定苗、留大苗、加强肥水等方法来促进生长;而对生长快的可采取晚间苗、晚定

苗、留小苗，控制肥水等办法来抑制生长。

④对制种区的父母本要认真去杂去劣，以获得纯正的杂种和保持父本的纯度与种性。

⑤根据植物特点和去雄授粉技术掌握情况，采用相应的去雄授粉方法，做到去雄及时、干净，授粉良好。对风媒花植物，辅以人工授粉，以提高结实率，增加种子产量。

⑥对不饱满的籽苞要及时掰掉，以便集中养分供应留下的种子。

⑦成熟种子要及时采收。父、母本必须分收、分藏，严防人为混杂。一般先收母本再收父本。采收杂种种子自然晾干，装种子的纸箱要码放整齐，并编上号码，纸箱内垫上2~3层纱布。种子晾干后要进行筛选，除去瘪子，然后将纯净饱满的杂种种子分装出口或内销。

（程金水　贾桂霞　何恒斌）

思考题

1. 杂交育种包括近缘杂交、远缘杂交、重组育种和优势育种4种类型，请从亲缘关系和遗传效应等方面分析它们之间的联系和区别。
2. 远缘杂交不亲和与远缘杂种不育的机理各是什么？如何克服？
3. 如何鉴别是真杂种还是假杂种？在育种实践中，杂种的鉴定和子代的选育，哪个更重要？
4. 试分析杂交育种的优势和局限，并阐述蓝色月季的育种计划。
5. 怎样减少杂种后代的分离，快速形成纯系？
6. 对于可营养繁殖的、多年生植物，如何从杂交后代中选育无性系品种？
7. 杂种优势有正向和负向吗？如何理解，请举例说明。
8. 产生杂种优势的主要机理是什么？
9. 园林植物杂交制种的一般程序和制种方法之间是何关系？
10. 在园林植物杂交制种中应注意哪些问题？
11. 与杂种一代相比，杂种二、三代会发生什么变异，有无利用价值？
12. 杂交育成的品种，包括了常规品种（纯系）、无性系品种和杂种一代（F_1）品种3类主要的品种类型。回过头来逆向思考，这3类不同类型品种在杂交育种过程中优先考虑的事项有何不同？

推荐阅读书目

植物育种学. 1983. 角田重三郎. 敖光明译. 湖南科学技术出版社.

植物育种的杂种优势. 1981. 扬若西·A. 北京农业大学农学系译. 农业出版社.

蔬菜优良一代杂种及其制种技术. 1982. 中国农科院蔬菜所. 农业出版社.

第11章 诱变育种

[**本章提要**] 诱变育种包括辐射诱变、化学诱变、空间诱变及离子注入等。本章首先介绍了诱变育种的意义、特点与成效,简述了辐射诱变相关的射线种类及其特点、辐射剂量和剂量单位、诱变机理、诱变材料的选择、合适剂量的确定和辐照方法的选择。然后介绍了化学诱变剂及其作用机理、化学诱变的方法及其影响因素。接着简述了空间诱变的原理、方法和成就,并简介了离子注入的诱变方法。最后根据种子繁殖和营养繁殖等不同繁殖方式,论述了诱变后代选育的程序及注意事项。

诱变育种是指人为地采用物理或化学的因素,诱发生物体产生遗传物质的突变,经分离、选择、培育成新品种的途径。与其他育种方法相比,诱变育种的特点在于通过基因的点突变和染色体结构的变异,诱发新的基因突变位点,突破原有基因库的限制,丰富种质资源并创造新品种。对于园林植物来说,诱变育种有特别重要的意义。因为园林植物的观赏(经济)性状是多方面的,花、叶、果、枝均可观赏,而且观赏性状在不同时期有不同的要求,因此不论是叶形、花型、花色、株型的突变都能构成观赏性状。同时性状的变异具有多方向性,花色可深可浅、花径可大可小、株型可高可矮、枝条可直可曲。这种观赏器官的多样性和变异的多方向性为开展诱变育种提供了很好的前提条件。

11.1 诱变育种概述

11.1.1 诱变育种意义

（1）丰富植物原有的基因库，创造新的基因型

人工诱发的突变有些是自然界中已经存在的，有些则是罕见的，个别是不存在的全新变异，从而可产生自发突变或应用有性杂交不易获得的稀有变异类型，使人们可以不完全依靠原有的基因库。诱变育种可诱发植物出现某些"新""奇"的变异性状，这对园林植物更具有特殊的价值。如四川核能研究所用γ射线处理菊花，选出每年开花两次的菊花新品种；荷兰和德国育成了能在低于2~4℃环境下开花的抗寒花卉品种。

（2）缩短育种年限

园林树木等多年生营养系品种，经诱变处理营养器官，获得的优良突变体经分离和繁殖，可较快地将优良性状固定下来而成为新品种，从而大大缩短育种年限。因此对某些木本花卉，诱变育种显得特别有利。当诱变发现某些优良性状时，即可进行嫁接繁殖，及早鉴定，就能把优良的突变迅速固定下来。

（3）克服远缘杂交不亲和性，改变自交亲和性

用适宜的剂量辐射花粉，可克服某些远缘杂交不亲和的困难，促进受精结实。辐射还可使某些异花授粉植物的自交不亲和变为自交亲和；反之，辐射也可以使某些正常可育的植物变成不育而获得雄性不育系或孤雌生殖等育种材料。

11.1.2 诱变育种特点

（1）提高突变频率

人工诱发突变可大幅度地提高突变频率。据研究，各种射线处理后，人工诱导的突变频率比自然突变频率高几百倍，甚至上千倍。植物高突变频率和广泛的变异，为选择提供了丰富的材料。Latap（1980年）利用人工诱变获得了当时自然界罕见的攀缘型月季变异。

（2）改良单一性状

现有优良品种往往还存在个别不良性状，正确选择亲本和剂量进行诱变处理，产生某种"点突变"，可以只改变品种的某一缺点，而不致损害或改变品种的其他优良性状，避免杂交育种中因基因重组而造成原有优良性状的解体，或因基因连锁遗传而带来的不良性状。在抗病育种中，可利用诱变育种方法，获得保持原品种优良性状基础上的抗性突变体，从而避免杂交育种中在获得野生种抗性基因的同时使观赏品质降低，以及进行多次回交以消除由野生亲本带来的不良性状。采用辐射诱变的方法，特别对园林植物，可以达到保持其他性状不变而只改变某一两个性状，如在原花色、花型的基础上诱变，就可获得一系列的花色、花型的突变体，这样可丰富植物的观赏类型。

（3）变异的不定向性

由于人们对诱变机制方面知道得很少，诱变后代多数是劣变，有利突变只是少数，变异

方向和性质很难进行有效的预测和控制。因此如何提高突变频率，定向改良品种特性，创造优良品种，还需要进行大量的深入研究。

总之，园林植物育种目标要求新颖和奇特，只要有突变而非致死即可；需要改良的往往是单一性状，如花色、花径、皮刺等；大多可无性繁殖，而与结实力无关。因此，诱变育种是园林植物育种的重要方法。

11.1.3　诱变育种成就

目前，大多数诱变育成的新品种是通过辐射诱变获得的。据不完全统计，在1966—1995年的30年中，我国通过诱变育成的作物品种总数为459个，其中园林植物66个，占14%，可见诱变育种对于园林植物育种的特殊性（表11-1）。

表 11-1　中国诱变育成的园林植物品种数（1966—1995）

中文名	学 名	品种数
叶子花	*Bougainvillea spectabilis*	2
美人蕉	*Canna generalis*	4
菊花	*Chrysanthemum morifolium*	22
大丽花	*Dahlia pinnata*	2
荷花	*Nelumbo nucifera*	1
现代月季	*Rosa* cvs.	35
小 计	—	66

联合国粮农组织和国际原子能机构联合建立的诱变植物品种数据库（FAO/IAEA，MVD），截至2000年，共收集了官方报道的诱变品种1700个，涉及175种。其中园林植物有40种552个品种，占12.5%（Maluszynski，2001）。

国际原子能机构（IAAE,）对1994年以前世界各国利用各种诱变因素育成的1251个品种，按诱变因素做了分析；王琳清也对1994年以前中国诱变育成的271个品种进行了分析（表11-2）。迄今，在IAAE的诱变品种数据库（Mutant Variety Database，https://nucleus.iaea.org/sites/mvd/SitePages/Home.aspx#）中，我国以817个高居榜首，其次为日本500个，印度345个，俄罗斯216个，荷兰176个。

表 11-2　各种诱变因素育成品种一览表

诱变因素育成品种	X射线	γ射线		β射线	中子	激光	电子	化学诱变	复合处理	合计
		急性	慢性							
世界总计	314	667	55		54	15		146	—	1251
百分比（%）	25.1	53.3	4.4	—	4.3	1.2		11.7		100.0
中国总计	8	216		2	18	14	1	—	12	271
百分比（%）	2.9	79.7		0.7	6.6	5.2	0.3		4.4	100.0
其中：果树林木		13						146	13	

从辐射诱变和化学诱变两种方法来看，辐射诱变占88.3%，远多于化学诱变，后者仅占11.7%。我国只有理化因素的复合处理，尚无单独通过化学诱变育成的品种。而在各种物理因素中，γ射线（57.7%）和X射线（25.1%）又遥遥领先于其他物理诱变因素，γ射线在我国的应用更是占绝对优势，达到79.7%。其他的诱变技术尚在探讨中，尚未大规模用于园林植物育种。

我国最早于1987年开始卫星搭载园林植物种子，迄今搭载过的种子有鸡冠花、菊花、国兰、银杏、麦秆菊（*Helichrysum bracteatum*）、百合类、牡丹、矮牵牛、油松、梅花、现代月季、一串红、万寿菊、孔雀草（*Tagetes patula*）、三色堇等27种。并获得不少在地面很难得到的变异类型，如荷花的多花类型、毛百合的增大鳞茎和种子、菊花的早花类型和超矮化类型等。

11.2 辐射诱变育种

11.2.1 射线种类及其特性

射线按其性质可以分为电磁波辐射和粒子辐射两大类。

（1）电磁波辐射

用电磁波辐射传递和转移能量常用的有紫外线、X射线、γ射线、激光等，这些射线能量较高，能引起照射物质的离子化，所以又称电离辐射（图11-1）。

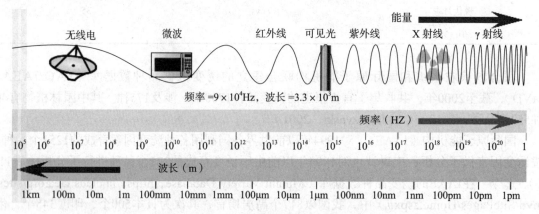

图11-1　电磁波辐射示意图

①紫外线　是波长为200~390nm的非电离射线，可由紫外灯产生。诱变育种采用的波长多为250~290nm，常用于花粉或微生物的照射。虽然紫外线的穿透能力很弱，但因与DNA的吸收光谱（260nm）吻合，容易被DNA吸收而引发变异。

②X射线　又称阴极射线，是一种电磁波辐射，它是不带电荷的中性射线。X射线按波长可分为软X射线（波长0.1~1nm）和硬X射线（波长0.01~0.001nm），前者穿透力较弱，后者穿透力较强。一般育种中，希望用硬X射线，因其穿透力强。产生X射线的装置为X光机，作为育种利用的多为工业用X光机。因为它发射强度大，较适合长时间照射。X射线在早期的诱变育种中广泛使用。

③γ射线　辐射源是钴60和铯137及核反应堆。γ射线也是一种不带电荷的中性射线，它的

波长为0.001~0.0001nm，比X射线更短，穿透力很强。应用于植物育种的γ射线照射装置有γ照射室和γ圃场，前者用于急性照射，后者用于较长时期的慢性照射。照射室和照射圃场四周均应按放射源的强度要求设置防护墙，以免人畜受伤。

④激光　是由激光器产生的光，目前使用较多的激光器有二氧化碳激光器、钇铝石榴石激光器、钕玻璃激光器、红宝石激光器、氦氖激光器、氩离子激光器和氮分子激光器，上述各种激光器产生的光波长从10.6μm的远红外线到0.3771μm的紫外线不等。激光具有方向性好，单色性好（波长完全一致）等特点。除光效应外，还伴有热效应、压力效应、电磁场效应，是一种新的诱变因素。在辐射诱变中主要利用波长为2000~10 000埃（1μm=10 000埃，0.2~1.0μm）的激光。因为这段波长较易被照射生物体吸收而发生激发作用。激光引起突变的机理目前还不是十分清楚，一般是从光效应、热效应、压力效应和电磁场效应几个方面解释。

（2）粒子辐射

粒子辐射是一种粒子流，可分带电的（如β射线）和不带电的（如中子）两类，它们也能引起照射物质的离子化（图11-2）。

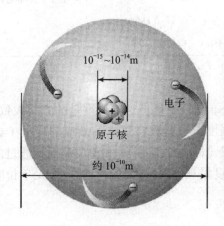

图11-2　原子核和电子示意图

①β射线（电子流）　原子由原子核[质子（＋）和中子]和电子（－）组成。β射线是一束电子流，每一个粒子就是一个电子，带一个负电荷，其穿透力低。辐射源为放射性同位素^{32}P和^{35}S。使用时通常将同位素药剂配成溶液对植物材料处理，直接深入到细胞核中发生作用，即施行内照射。由于这些同位素渗入细胞核中，作用部位比较集中，可获得具有某些特点的突变谱。

②中子　辐射源为核反应堆、加速器或中子发生器。中子是一种不带电荷的粒子流，在自然界中并不单独存在，只有在原子核受到外来粒子的攻击而产生核反应，才能从原子核里释放出来。根据其能量大小分为：超快中子，能量21MeV（百万电子伏）以上；快中子，能量1~20MeV；中能中子，能量0.1~1MeV；慢中子，能量0.1KeV（千电子伏）~0.1MeV；热中子，能量小于1eV（电子伏）。应用最多的是热中子和快中子。中子的诱变力比较强，在植物育种中应用日益增多。

在辐射育种中，目前应用比较多的是γ射线、X射线、中子（快中子和热中子），也有用α射线、β射线、紫外线、激光的。现将几种常用辐射种类的辐射源和性质归纳为表11-3。

表 11-3 常用辐射种类一览表

辐射种类	辐射源	亚类	波长或能量	性质
紫外线	紫外灯		200~390nm	
X射线	X光机	软X射线	0.1~1nm	电磁辐射，中性射线
		硬X射线	0.001~1nm	
γ射线	^{60}Co、^{37}Se、核反应堆		0.001~0.0001nm	中性射线，光子流，可穿透几厘米的铅板
激光	激光器		10 600nm（远红外线）~377nm（紫外线）	
β射线	^{32}P和^{35}S			电子流，带负电荷，可穿透几毫米的铝板
中子	核反应堆、加速器或中子发生器	超快中子	21MeV（百万电子伏）以上	粒子，不带电荷
		快中子	1~20MeV	
		中能中子	0.1~1MeV	
		慢中子	0.1keV（千电子伏）~0.1MeV	
		热中子	小于1eV（电子伏）	

11.2.2 辐射剂量和剂量单位

对于不同的辐射种类，需要用不同的剂量单位来度量。对辐射度量的方式大致有两类。一类是对辐射源本身的度量（如放射性单位强度）及其在空气中的效应的度量（如辐射剂量）；另一类是对被照射物质所吸收能量的度量（即吸收剂量），和单位截面积通过的粒子数（如粒子注量）。前者是度量辐射源的，后者是度量被照射物体的。剂量率则是单位时间所辐射或吸收的剂量。

（1）辐射剂量和辐射剂量率

辐射剂量是对辐射能的度量，符号为X，只适用于X射线和γ射线；是指X和γ射线在空气中任意一点处产生电离本领大小的一个物理量。辐射剂量的国际单位是c/kg（库伦/千克），与它暂时并用的单位是R（伦琴）。二者的换算关系是：$1R = 2.58 \times 10^{-4}$c/kg。

辐射剂量率是指单位时间内的辐射量，其单位是c/（kg·s）[库伦/（千克·秒）]、R/h（伦琴/小时）、R/min（伦琴/分）、R/s（伦琴/秒）等。

（2）放射性强度单位

放射性强度是以放射性物质在单位时间内发生的核衰变数目来表示，即放射性物质在单位时间内发生的核衰变数目越多，其放射强度就越大。辐射育种时将放射性同位素引入植物体内进行内照射，通常就以引入体内的放射性同位素的强度来表示剂量的大小。

放射性强度的国际单位是Bq（贝克雷尔），其定义是放射性核衰变每秒衰变一次为1Bq。与Bq暂时并用的原专用单位是Ci（居里），其定义是任何放射性同位素每秒钟有3.7×10^{10}Bq核衰变。由于这个单位太大，通常用mCi（毫居里）和μCi（微居里）来表示。Bq与Ci的换算关系是$1Bq = 2.7 \times 10^{-11}$Ci。

（3）吸收剂量和吸收剂量率

吸收剂量是指受照射物体某一点上单位质量中所吸收的能量值。符号为D，它适用于γ、β、中子等任何电离辐射。吸收剂量的国际单位是Gy（戈瑞），其定义为1kg任何物体吸收电离辐射1J（焦耳）的能量称为1Gy，1Gy=1J/kg。与国际单位暂时并用的是原专用单位rad（拉德），rad与Gy的换算关系是1rad=0.01Gy，即1Gy=100rad。

吸收剂量率P是指单位时间（t）内的吸收剂量D，$P=D/t$。其单位有Gy/hr、Gy/min、Gy/s，或rad/hr、rad/min、rad/s。

（4）粒子注量（积分流量）和注量率

采用中子照射植物材料时，有的用吸收剂量Gy、rad表示，有的则以在某一中子"注量"之下照射多少时间表示。所谓注量是单位截面积内所通过的中子数，通常以n/cm^2（中子数/平方厘米）表示。

注量率是指单位时间内进入单位截面积的中子数。

11.2.3 辐射诱变作用机理

辐射对生物体的效应包括直接效应和间接效应。直接效应是指射线直接击中生物大分子，使其产生电离或激发所引起的原发反应。间接效应是射线作用于水，引起水的解离，并进一步反应产生自由基、过氧化氢、过氧基等，再作用于生物大分子，从而导致突变的发生。无论是直接效应，还是间接效应，最后都是通过对细胞、染色体DNA的作用而实现诱变功能的。

（1）辐射生物学作用的时相阶段

①物理阶段　辐射能量使生物体内各种分子发生电离和激发。

②物理—化学阶段　通过电离的分子重排，并产生许多化学性质很活泼的自由基。

③生物化学阶段　自由基的继发作用与生物大分子发生反应，使DNA发生损伤性变化。

④生物学阶段　细胞内生物化学过程发生改变，从而导致各种细胞器的结构及其组成发生变化，包括染色体畸变和基因突变，产生遗传效应。

（2）辐射对细胞、染色体及DNA的作用

①辐射对细胞的作用　首先表现为细胞分裂活动受抑制或在分裂早期死亡，有机体生长缓慢。辐射引起细胞膜的破损，是细胞失去活力的一个重要因素。辐射会使细胞质结构、成分发生物理、化学性质的变化，使细胞新陈代谢所需的一些酶失活，从而引起细胞功能的丧失。辐射后细胞核显著增大，染色体成团，核仁和染色质出现空泡化，核质分解为染色质块，正在分裂的细胞中会出现染色质黏合、断裂和其他结构变异以及染色体桥、断片等，使正常的有丝分裂过程遭到破坏。

②辐射对染色体的作用　辐射的遗传效应主要是引起染色体畸变。辐射后在显微镜下可看到的染色体畸变有断裂、缺失、倒位、易位、重复等；辐射也可引起染色体数目的改变而出现非整倍体。细胞学研究证明，电离密度与染色体结构改变有关，能量小而电离密度大的辐射在引起染色体结构变异方面比较有效。各种电离辐射引起的染色体变化在有丝分裂中自我复制，并在以后的细胞分裂中保持下来。

③辐射对DNA的作用　DNA是重要的遗传物质。电离辐射的遗传效应，从分子水平来说是引起基因突变，即DNA分子在辐射作用下发生了变化，包括氢键的断裂、糖与磷酸基之间的断裂、在一个键上相邻的胸腺嘧啶碱基之间形成新键而构成二聚物以及各种交联现象。上述DNA结构上的变化、紊乱，使遗传信息贮存和补偿系统发生转录错误，最后导致生物体的突变。

（3）辐射生物学作用的特点

①生物分子的损伤是导致最终生物效应的关键　其中重要的是生物大分子，尤其是核酸的损伤。DNA双链的断裂是决定性的损伤类型。

②代谢是分子损伤发展到最终生物学效应的必由之路　生物体的代谢是有严格的时空顺序的，辐射只要使其中一个环节受损，整个代谢过程就会出现问题。代谢对辐射损伤起着放大作用。

③最终生物学效应是辐射损伤与修复的统一　修复在整个辐射生物学效应中起着重要作用，突变的产生实际上是对DNA损伤错误修复的结果。

（4）辐射敏感性

植物不同的种类、不同的品种，对辐射的敏感性不同。植物的辐射敏感性与分生组织细胞中间期染色体体积（interphase cell volume，ICV）有关，植物的间期染色体越大就越敏感。由于间期染色体与细胞内DNA含量呈正相关，所以染色体的DNA含量决定植物的敏感性，DNA含量越多就越敏感。DNA是辐射诱变的靶分子，靶分子越多，越容易被"击中"。

在同种不同倍数之间，辐射敏感性的一般表现是多倍体比二倍体更抗辐射，对此有不同的解释。小麦属（*Triticum*）中多余的遗传物质是多倍体更抗辐射的原因，而菊属多倍体的辐射抗性强是由于染色体体积（ICV）的减小。

植物组织器官、发育阶段和生理状态不同，对辐射的敏感性存在很大的差异。细胞辐射敏感性的定律说明，细胞对辐射的敏感性与它们的分裂能力呈正比，而与它们的分化程度呈反比。一般来说，根部比枝干敏感，枝条比种子敏感，性细胞比体细胞敏感，生长中的绿枝比休眠枝敏感，幼龄植株比老龄植株敏感等。

11.2.4　辐射诱变材料选择

（1）种子

种子是有性生殖植物辐射育种使用最普遍的照射材料。射线处理种子具有处理量大、便于运输、操作简单等优点。辐射用种子可采用干种子、湿种子和萌动种子。用射线处理种子可以引起生长点细胞的突变；但由于种胚具有多细胞的结构，辐射后会形成嵌合体。对于无性繁殖的园林植物，辐射处理种子实际上是将诱变育种与实生育种、杂交育种相结合，由于其基因型的高度杂合性，后代变异率高，M_1代选出的优良变异，即可通过无性繁殖将变异性状传递下去。但对于木本园林植物来说，处理种子的最大缺点是播种后有较长的幼年期，到达开花结果的时间长；和处理营养器官相比，大大延长了育种年限。经辐射处理的种子应及时播种，否则易产生贮存效应。如干燥种子照射后贮存在干燥有氧条件下，会使损伤加剧。

（2）离体培养材料

由于离体培养技术的发展，采用愈伤组织、单细胞、原生质体以及单倍体等离体培养材料进行辐射处理，已日益普遍，可以避免和减少嵌合体的形成。辐射单倍体诱发的突变，无论是显性或隐性突变，都能在细胞水平或个体水平表现出来，经加倍可获得二倍体纯系。

（3）营养繁殖器官和植株

用枝条、块茎、鳞茎、球茎等器官照射，是无性繁殖园林植物辐射育种常用的方法。多年生树木常用枝条进行射线处理，比照射花粉和种子具有结果早、鉴定快等特点。选用的枝条应组织充实、生长健壮、芽眼饱满，照射后易于成活。照射后作扦插用的枝条，照射时应用铅板防护基部（生根部位），减少其对射线的吸收，以利扦插后生根成活。此外，解剖学研究表明，受照射的芽原基所包含的细胞数越少，照射后可得到的突变体越多。

为使插条或接穗的不同部位能较均匀地接受剂量，照射时材料与辐射源必须保持一定的距离。按李世梅（1975年）的计算，当试验允许误差为1%时，20cm长的枝条与源的垂直距离应达到60cm；当枝条长40cm时，则需保持120cm距离。

小的生长植株可在$^{60}Co\ \gamma$照射室进行整株或局部急性照射，如对生根试管苗可同时进行较大群体的辐射处理。大的生长植株一般在$^{60}Co\ \gamma$圃场进行田间长期慢性照射。

（4）花粉和子房

辐射花粉和子房的最大优点是很少产生嵌合体，经辐射的花粉或子房一旦产生突变，与卵细胞或精细胞结合所产生的植株即是异质结合子。

照射处理花粉的方法有两种：一种是先将花粉收集于容器中进行照射，或采集带花序的枝条于始花时照射，收集处理过的花粉用于授粉，本法适用于花粉生活力强、寿命长的园林植物；另一种是直接照射植株上的花粉，可将开花期的植株移至照射室或照射圃进行照射，也可用手提式辐射装置进行田间照射。照射花粉的剂量一般较低，有人用γ射线对樱桃进行试验，确定发芽种子、休眠枝条、花粉的适宜剂量分别为4~6kR（千伦琴）、3~4kR、0.8~2.3kR。另有研究电离辐射对柑橘不同试验诱变效应，发现照射花粉、种子、枝条后诱发的突变率分别为29%~43%、23%~27%、6%~8%。

辐射处理子房不仅有可能诱发卵细胞突变，而且可能影响受精作用，诱发孤雌生殖。对自花授粉植物进行子房照射时，应先行人工去雄，辐射后用正常花粉授粉。自交不亲和或雄性不育材料照射子房时可不必去雄。

（5）辐射材料选择的原则

辐射材料的正确选择是辐射育种成功的基础。对此应考虑以下4条原则：

①首先必须根据育种目标选择亲本材料，为了实现不同的育种目标，应选用不同特点的亲本材料进行诱变处理，如在花色育种中，选粉色花辐照突变谱宽，突变率高。

②亲本材料必须是综合性状优良而只具有一两个需要改进的缺点，而不应该是缺点很多但具有少数突出优点的材料。因为辐射育种的主要特点之一就是它适宜于改善某一品种的个别不利特性（即产生单个突变基因的突变）。

③为了增加辐射育种成功的机会，选用的处理材料应避免单一化，因为不同的品种或类

型，其内在的遗传基础存在着差异，它们对辐射的敏感性也不同，因而诱变产生的突变频率、突变类型、优良变异出现的机会和优良程度也有很大差别。

④适当选用单倍体、多倍体作诱变材料，用单倍体作诱变材料，发生突变后易于识别和选择。突变一经选出，将染色体加倍即可固定和纯化突变，故可缩短育种年限。此外，也可适当选用多倍体物种作为诱变材料，因多倍体产生有利突变的频率较高，且适应性强。

11.2.5 适宜剂量（率）确定

在辐射育种中选用适宜剂量和剂量率是提高诱变效率的重要因素。在一定范围内增加剂量可提高突变率和突变谱，但当超过一定范围之后再增加剂量，就会降低成活率和增加不利突变率等后果。照射剂量相同而照射率不同时，其诱变效果也不一样。选用适宜剂量可根据"活、变、优"三原则灵活掌握。"活"是指后代有一定的成活率；"变"是指在成活个体中有较大的变异效应；"优"是指产生的变异中有较多的有利突变。

（1）常用参数

一般认为照射种子或枝条，最好的剂量应选择在临界剂量附近，即被照射材料的存活率为对照的40%的剂量值（Lethal Dose 60，LD_{60}）；或半致死剂量（Lethal Dose 50，LD_{50}），即辐照后存活率为对照的50%的剂量值。

照射种子时也可以采用活力指数（Vigor index dose，VID）。将VID_{50}值，即活力指数下降为50%的剂量值做测定指标较适宜，其优点是可以不需要等生长结束，而在生长期内可随时进行比较测定。

若辐照的材料为整株苗木，有人提出辐射剂量可选择半致矮剂量（GD_{50}），即辐射后生长量减少至对照的50%左右。

（2）确定辐射剂量的原则

高剂量不仅造成大量死亡，导致选择概率降低，而且造成染色体的较大损伤，导致较大比例的有害突变。对园林树木的休眠枝用较高剂量照射，嫁接成活后常会出现一部分盲枝，数年内无生长量而无法进行选择；剂量越大，盲枝率越高。采用$LD_{25} \sim LD_{40}$，即存活率60%~75%的中等剂量照射果树接穗，成活的接穗中盲枝比数低，能获得较多的有利突变。

在确定诱变剂量时，应在参考有关文献的基础上进行预备试验。各种园林植物常用剂量可参考有关文献，如《中国核农学》（2001年）。

11.2.6 辐照方法选择

（1）外照射

外照射是指应用某种辐射源发出的射线，对植物材料进行体外照射。外照射处理过的植物材料不含辐射源，对环境无放射性污染，是辐射育种首选的方法。

①急性照射、慢性照射 急性照射是指在短时间（几分钟或几小时）内将所要求的总照射剂量照射完毕；通常在照射室进行，如$^{60}Co\ \gamma$照射室，适用于各种植物材料的照射。慢性照射是指在较长时间（甚至整个生长期）内将所要求的总诱变剂量照射完毕；通常在照射圃场内进行，如$^{60}Co\ \gamma$圃场，适用于对植株照射。在总剂量相同的情况下，急性照射与慢性照射之间除照射的

时间长短不同外，还存在着照射量率高低的差异。根据辐射源的半衰期，可计算出某钴源在某一天的剂量率，并随离钴源的距离而减小。一般根据$t=D/P$求出照射时间。如需同时照射完毕，则应将照射材料放在不同的半径处。[单位时间(t)内的吸收剂量(D)为吸收剂量率(P)]

采用上述不同照射方法，其生物效应和突变频率都存在一定程度的差异。但可能由于修复作用、贮藏效应及其交互作用、射线种类、照射量、观察性状不同等原因，研究结果并不一致。

②重复照射 是指在植物几个世代（包括有性或营养世代）中连续照射。重复照射对积累和扩大突变效应具有一定的作用。一般认为重复照射对无性繁殖系作物，不仅能诱导出新的突变体，而且还可能在嵌合体内实现不同的组织重排，产生更有意义的突变体。也有研究表明重复照射有增高不利突变率的倾向，营养系在重复照射的情况下，应尽量采用低照射量，才不会降低有益突变的频率。

（2）内照射

内照射是把某种放射性同位素引入被处理的植物体内进行内部照射。内照射具有剂量低、持续时间长、多数植物可在生育阶段进行处理等优点。同时，引入植物体内的放射性元素，除本身的放射效应外，还具有由衰变产生的新元素的"蜕变效应"。例如，用^{32}P作内照射时，由于P是DNA的重要组成部分，可通过代谢渗入DNA的分子结构之中；当^{32}P作β衰变时（P衰变成S），在DNA主键上会产生核置换，使DNA上的磷酸核糖酯键发生破坏。同时反冲核硫和β粒子也会在DNA上引起各种结构破坏，进而引起突变。常用作内照射的放射性同位素，放射β射线的有^{32}P、^{35}S、^{45}Ca，放射γ射线的有^{65}Zn、^{60}Co、^{59}Fe等。内照射需要一定的防护条件。经处理的材料和用过的废弃溶液，都带有放射性，应妥善处理，否则易造成污染。内照射的处理方法有下述3种：

①浸泡法 将放射性同位素配制成溶液，浸泡种子或枝条，使放射性元素渗入材料内部。处理种子时浸种前先进行种子吸水量试验，以确定放射性溶液用量，使种子吸胀时能将溶液吸干。如用$KH_2^{32}PO_4$配制成10μCi/mL比强的溶液放于玻璃容器内，将长20cm、顶端有2~3个芽点的枝条基部插入溶液内处理7~10h，然后取出上部的芽进行芽接。

②注射或涂抹法 将放射性同位素溶液注射入枝、干、芽、花序内，或涂抹于枝、芽、叶片表面及枝、干刻伤处，由植物吸收而进入体内。

③饲喂法（施肥法） 将放射性同位素施入土壤中（或试管苗的培养基中），通过根系吸收而进入体内。或用叶片吸收$^{14}CO_2$，借助光合作用形成产物。内照射的药液应配加适当的湿润剂或展布剂或表面活性剂，如吐温。使用这种方法应该注意环保问题。

11.3 化学诱变育种

11.3.1 化学诱变育种概述

化学诱变育种是应用特殊的化学物质诱发基因突变和染色体变异，从而获得突变体，进而选择出符合育种目标的新品种的育种方法。除秋水仙碱能诱导多倍体之外，可诱发基因突变和染色体断裂效应，使生物产生遗传性变异的化学药剂种类还有烷化剂类、碱基类似物及其他诱变剂。

辐射诱变和化学诱变虽然均可诱发染色体断裂和基因点突变，但有很大差异（表11-4）。

辐射诱变中用于外照射的γ射线、X射线、中子等均具有较强的穿透力，可深入材料内部组织而击中靶分子，不受材料的组织类型或解剖结构的限制。而化学诱变通常是通过诱变剂溶液渗入、吸收，进入植物组织内部后才能产生作用；由于其穿透性差，对于有鳞片和茸毛包裹严密的芽，诱变效果往往不理想。

表11-4 辐射诱变和化学诱变的特点比较

项目	辐射诱变	化学诱变
作用方式	射线击中靶分子，不受材料限制	溶液渗入材料，有组织特异性
遗传机理	高能射线引起染色体结构变异	生化反应引起较多基因点突变
诱变效果	变异不定向，变异频率低	一定的专一性，变异频率高，有益突变多
投资费用	需要专门设施，投资较大	成本低廉，使用方便

辐射诱变是靠射线的高能量造成的，处理后出现较多的是染色体结构变异。化学诱变是靠诱变剂与遗传物质发生一系列生化反应造成的，能诱发更多的基因点突变。

辐射诱变造成的染色体断裂是随机的。而化学诱变研究发现，不同药剂对不同植物、组织或细胞甚至染色体节段或基因的诱变作用有一定的专一性。在同一条件下，某种化学诱变剂可优先获得一定位点的基因突变，如盐酸肼处理番茄（*Lycopersicon esculentum*）较盐酸羟胺能获得更多的矮生突变。还有报道，以种子为诱变材料，化学诱变的变异频率高于辐射诱变3~5倍，且能产生较多的有益突变。

辐射诱变一般均需一定的设施或专门装置，需较多的投资。化学诱变则具有使用方便和成本低廉的特点。

11.3.2　化学诱变剂种类及其作用机理

（1）烷化剂

烷化剂是作物诱发突变最重要的一类诱变剂。这类药剂都带有一个或多个活泼的烷基。通过烷基置换，取代其他分子的氢原子称为"烷化作用"，这类物质称为烷化剂。烷化剂又分为以下4类：

①烷基磺酸盐和烷基硫酸盐　属于这类的药剂较多，具有代表性的有甲基硫酸乙酯（EMS）和硫酸二乙酯（DES）。

②亚硝基烷基化合物　其代表性药剂种类有亚硝基乙脲（NEH）和N-亚硝基-N-乙基脲烷（NEU）。

③次乙亚胺和环氧乙烷　其代表性药剂种类有乙烯亚胺（EI）。

④芥子气类　这类药剂种类很多，包括氮芥类和硫芥类。

烷化剂的作用机制是烷化作用，烷化剂对生物系统作用的重点主要是核酸，有关在核酸上的作用点问题，研究表明DNA的磷酸基是烷化作用的最初反应位置。反应后形成不稳定的硫酸酯，水解形成磷酸和去氧核糖，导致DNA链断裂，从而使有机体发生变异。烷化作用最容易在鸟嘌呤的N7位置上发生，由于烷化使DNA的碱基更易受到水解，结果使碱基从DNA链上裂解下来，造成DNA的缺失及修补，导致遗传物质结构和功能的改变。

（2）核酸碱基类似物

这一类化学物质具有与DNA碱基类似的结构，常用的有胸腺嘧啶（T）的类似物5-溴尿嘧啶（BU）和5-溴去氧尿核苷（BudR）；腺嘌呤（A）的类似物2-氨基嘌呤（AP）；尿嘧啶（U）的异构体马来酰肼（MH）。

碱基类似物的作用机制与烷化剂不同，它们可以在不妨碍DNA复制的情况下，作为DNA的组分而渗入到DNA分子中去，使DNA复制时发生错配，从而引起有机体的变异。

（3）其他诱变剂

报道过的药剂种类很多，如亚硝酸（HNO_2）在pH<5的缓冲液中，能使DNA分子的嘌呤和嘧啶脱去氨基，使核酸碱基发生结构和性质改变，造成DNA复制紊乱。例如，A和C脱氨后分别生成H（次黄嘌呤）和U（尿嘧啶），这些生成物不再具有A和C的性质，复制时不能相应与T和G正常配对，遗传密码因此而改变，性状也随之突变。此外，羟胺（NH_2OH）、吖啶（氮蒽）、叠氮化钠（NaN_3）等物质，均能引起染色体畸变和基因突变。尤其是叠氮化物在一定条件下可获得较高的突变频率，而且相当安全、无残毒。

几类化学诱变剂的主要效应见表11-5所列。

表11-5　几类化学诱变剂的主要效应

诱变剂	对DNA的效应	遗传效应
烷化剂	烷化碱基（主要是G）	A-T→G-C（转换）
	烷化磷酸基团	A-T→T-A（颠换）
	脱烷化嘌呤	G-C→C-G（颠换）
	糖-磷酸骨架的断裂	
碱基类似物	渗入DNA，取代原来的碱基	A-T→G-C（转换）
亚硝酸	交联A、G、C的脱氨基作用	缺失。A-T→G-C（转换）
羟胺	同胞嘧啶反应	G-C→A-T（转换）
吖啶类	碱基之间插入	移码突变（+、-）

11.3.3 化学诱变方法

（1）药剂配制

通常先将药剂配制成一定浓度的溶液。有些药剂在水中不溶解，如硫酸二乙酯溶于70%的乙醇，可先用少量乙醇溶解后，再加水配成所需浓度。有些药剂如烷化剂类在水中很不稳定，能与水起水合作用，产生不具诱变作用的有毒化合物，应现配现用。最好将它们加入一定酸碱度的磷酸缓冲液中使用，几种诱变剂所需0.01mol/L磷酸缓冲液的pH值：EMS和DES为7，NEH为8。亚硝酸也不稳定，常采取在要使用前将亚硝酸钠加入pH=4.5的乙酸缓冲液中生成亚硝酸的方法。氮芥在使用时，先配制成一定浓度的氮芥盐水溶液和碳酸氢钠水溶液，然后将二者混合置于密闭瓶中，二者发生反应即放出芥子气。

（2）材料预处理

在化学诱变剂处理前，干种子需用水预先浸泡，使细胞代谢活跃，提高种子对诱变剂的敏感性；浸泡还可提高细胞膜的透性，加快对诱变剂的吸收速度。

试验表明，当细胞处于DNA合成阶段（S）时，对诱变剂最敏感，一般诱变剂处理应在S阶段之前进行。所以种子浸泡时间的长短决定于材料到达S阶段所需的时间，可通过采用同一诱变剂处理经不同时间浸泡种子来确定。浸泡时温度不宜过高，通常用低温把种子浸入流动的无离子水或蒸馏水中。对一些需经层积处理以打破休眠的种子，药剂处理前可用正常层积处理代替用水浸泡。

（3）诱变处理

根据诱变材料的特点和药剂的性质，处理方法有以下5种：

①浸渍法　将种子、枝条或块茎等浸入一定浓度的诱变剂溶液中，或将枝条基部插入溶液，通过吸收使药剂进入体内。

②涂抹或滴液法　将药剂溶液涂抹或缓慢滴在植株、枝条或块茎等处理材料的生长点或芽眼上。

③注入法　用注射器将药液注入材料内，或先将材料人工刻伤，再用浸有诱变剂溶液的棉团包裹切口，使药液通过切口进入材料内部。

④熏蒸法　在密闭的容器内使诱变剂产生蒸汽，对花粉等材料进行熏蒸处理。

⑤施入法　在培养基中加入低浓度诱变剂溶液，通过根部吸收进入植物体。

（4）药剂处理后的漂洗

经药剂处理后的材料必须用清水进行反复冲洗，使药剂残留量尽可能地降低以终止药剂的诱变作用，避免增加生理损伤。一般需冲洗10~30min甚至更长时间。有试验报道在处理后使用化学"清洗剂"，能显著降低种子重新干燥所引起的损伤。常用的清洗剂有硫代硫酸钠等。经漂洗后的材料应立即播种或嫁接；有些不能立即播种而需暂时贮藏的种子，应经干燥后贮藏在0℃左右低温条件下。

（5）安全问题

绝大多数化学诱变剂都有极强的毒性，或易燃易爆。如烷化剂中大部分属于致癌物质，氮芥类易造成皮肤溃烂，乙烯亚胺有强烈的腐蚀作用而且易燃，亚硝基甲基脲易爆炸等。因此，操作时必须注意安全。避免药剂接触皮肤、误入口内或熏蒸的气体进入呼吸道。同时要妥善处理残液，避免造成污染。

11.3.4　影响化学诱变效应因素

影响化学诱变效应的因素较多，除不同诱变剂本身的理化特性和被处理材料的遗传类型及生理状态外，还有以下3个方面。

（1）药剂浓度和处理时间

通常是高浓度处理时生理损伤相对增大，而在低温下以低浓度长时间处理，则M_1植株存活率高，产生的突变频率也高。适宜的处理时间，应是使被处理材料完全被诱变剂所浸透，并有足够药量进入生长点细胞。对于种皮渗透性差的某些果树和园林树木种子，则应适当延长处理时间。处理时间的长短，还应根据各种诱变剂的水解半衰期而定。对易分解的诱变剂，只能用一定浓度在短时间内处理。而在诱变剂中添加缓冲液和在低温下进行处理，均可延缓诱变剂的水解时间，使处理时间得以延长。在诱变剂分解1/4时更换一次新的溶液，可保持相对稳定的浓度。

（2）温度

温度对诱变剂的水解速度有很大的影响，在低温下化学物质能保持其一定的稳定性，从而能与被处理材料发生作用。但温度增高可促进诱变剂在材料体内的反应速度和作用能力。因此适宜的处理方式应是：先在低温（0~10℃）下把种子浸泡在诱变剂中足够的时间，使诱变剂进入胚细胞中，然后把处理的种子转移到新鲜诱变剂溶液内，在40℃下处理以提高诱变剂在种子内的反应速度。

（3）溶液pH值及缓冲液的作用

烷基磺酸酯和烷基硫酸酯等诱变剂水解后产生强酸，会显著提高植物的生理损伤，降低M_1植株存活率。也有一些诱变剂在不同的pH值中分解产物不同，从而产生不同的诱变效果。例如，亚硝基甲基脲在低pH值下分解产生亚硝酸，而在碱性条件下则产生重氮甲烷。所以，处理前和处理中都应校正溶液的pH值。使用一定pH值的磷酸缓冲液，可显著提高诱变剂在溶液中稳定性，但浓度不应超过0.1mol/L。

11.4 空间诱变及离子注入

11.4.1 空间诱变育种概述

（1）概念

空间诱变育种（简称空间育种，又称太空育种、航天育种）是利用卫星或飞船等返回式航天器将植物的种子、组织、器官或个体（如试管苗）搭载到宇宙空间，在太空诱变因子的作用下，使植物材料发生有益的遗传变异，经地面繁殖、栽培和测试，筛选新种质，培育新品种的育种技术（图11-3）。

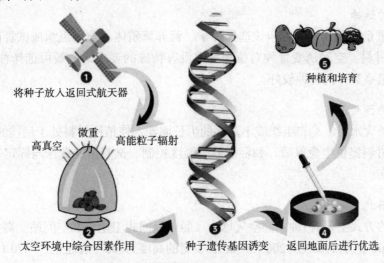

图11-3　空间诱变（航天育种）示意图

（2）特点

①变异幅度大，变异频率高，有益突变多。传统辐射诱变的有益变异率仅为0.1%~0.5%，而空间诱变的有益变异率高达1%~5%。

②生理损伤轻，致死变异少，诱变效率高。

③变异性状稳定较快，大多到SP_4代即可稳定，而常规辐射诱变则需要5~7代。

④可出现一些特殊的变异类型，如特殊的花色或花型等。

⑤与基因工程相比，由于没有外源基因的导入，不存在生物安全性的问题，容易被公众认可。

11.4.2 空间诱变原理

搭载的植物材料受到空间辐射、微重力、超真空、交变磁场和飞行器的机械运动等多种太空诱变因子的综合影响，但空间辐射和微重力是主要的诱变因素。

（1）空间辐射

高能粒子是空间的主要辐射源，包括银河宇宙射线、太阳粒子射线和地球辐射带等。植物材料被高能粒子击中后，可引起细胞内DNA分子的断裂和损伤，及其与蛋白质分子的交联；也可能引起染色体的畸变。

（2）微重力

空间搭载的种子即使未被高能粒子击中，幼苗也有染色体畸变现象；而且空间飞行时间越长，畸变率越高。这说明微重力与染色体畸变的相关性。微重力对植物的向重性、Ca^{2+}分布、激素分布和细胞结构等均有明显影响。微重力条件下，染色体畸变，细胞分裂紊乱，异染色体增加。微重力也可能增强植物材料对空间诱变的敏感性，或干扰DNA损伤修复系统的正常运转，来提高变异率。

11.4.3 空间诱变育种方法

（1）材料的选择

由于搭载重量的制约，一般应该选择种子、营养繁殖体、愈伤组织或试管苗等单位重量含个体数多的材料。空间诱变育种对植物种类没有特殊的要求，一般可选择种子千粒重小、发芽率高、繁殖系数大的物种较好。

（2）材料的预处理

①调整种子含水量、愈伤组织或不定芽的生长周期，使植物材料处于最佳的诱变状态。

②为植物材料提供生命保障，如种子的温湿度控制、试管苗的置床与固定等，减少植物材料的意外损伤。

（3）空间搭载

空间搭载的方式主要有3种：高空气球、飞船（返回式卫星）和空间站。高空气球的高度一般为30~40km，飞船的高度为200~300km，卫星的高度为200（近地点）~470（远地点）km。

（4）材料返回后的处理

一般应立即播种或转接。短期贮藏会增加辐射损伤，而对提高变异率无益。

11.4.4 我国航天育种成就

我国的航天技术取得了举世瞩目的发展。从1975年发射第一颗卫星开始，成功发射22颗返回式卫星。从1999年11月"神舟一号"飞船开始，2003年10月"神舟五号"飞船载人（杨利伟）航天成功，2012年6月"神舟九号"飞船与天宫一号空间站自动交会对接，2023年5月"神舟十六号"飞船在轨运行半年后归来。从2011年9月"天宫一号"发射成功，到2022年10月天宫空间站完成"三舱合一"的"T"字形构建，包括天和核心舱、以生命科学和生物技术研究为主的问天实验舱、主要面向微重力科学研究的梦天实验舱。

我国航天育种始于1987年8月5日，我国第九颗返回式卫星搭载着精挑细选的小麦、水稻、青椒等百余个品种的农作物种子，顺利完成了首次"太空之旅"，航天育种走过35年。我国先后利用各类航天器，搭载植物种子、菌种和试管苗等4000余种，培育的小麦、水稻、玉米、大豆、棉花和番茄、辣椒等园艺作物新品种，经过国审和省审的航天育种新品种超过200个，累计种植面积1.5亿亩（1亩≈666.7m^2），产业化推广创造经济效益2000亿元以上。在牧草、林木和园林植物等领域也有一定规模推广应用，还获得了一些对产量和品质有突破性影响的材料。

11.4.5 离子注入诱变育种概述

离子注入是中国科学院等离子体物理研究所余增亮于20世纪80年代最早应用于作物诱变育种的。主要利用N^+、C^+、Ag^+、Ar^+等低能离子注入生物体内，不仅通过能量传递引起生物组织或细胞的表面溅射，而且慢化离子最终植入生物体内，引起染色体结构的畸变、落后染色体的产生、DNA链的断裂以及碱基缺失，从而产生各种在自然条件下比较罕见的变异。

迄今已在鸡冠花、银杏、凤仙花、荷花、黑心菊（*Rudbeckia hirta*）和一串红等园林植物中进行过离子注入诱变，并取得了阶段性成果。

与其他诱变育种方法一样，空间环境和离子注入所诱发的变异是不定向的，诱变后代的稳定性较差，诱变植物的选择也有一定的盲目性。

11.5 诱变后代选育

11.5.1 有性繁殖植物

（1）M_1的种植和采种

诱变处理的种子长成的植株为M_1（Mutant$_1$）世代。经诱变处理的种子应及时播种，播种时分别将品种（系）和处理剂量播成小区，并播种未经处理的相同材料做对照。由于诱发突变大多数为隐性性状，纯合品种M_1代一般不表现突变性状；除有时出现少数显性突变可根据育种目标进行选择外，M_1代通常不进行选择淘汰，而应全部留种。此外，因诱变损伤，M_1代常出现一些形态畸变或生育迟缓，这些损伤效应一般随剂量增加而程度加重，但并不遗传，也不予选择。杂合种子M_1代会表现变异，应选择利用。

M_1植株应实行隔离使自花授粉，以免有利突变基因型因杂交而混杂。M_1以单株、单果采种，或按处理为单位混合采种，可根据植物的特点和M_2的种植方法而定。例如，在自花授粉作物的辐射育种中，M_1代常用的采种方法如下：

①以分蘖、分枝或植株为单位采种种子很多时，可在植株的初生分枝上采取足够的种子。

②一粒或少粒混收法，即M_1每一植株上取一粒或几粒种子，混合种植成M_2群体。因为由突变组织发育而来的果实中，其后代突变率要高于总的突变率。可节省土地和费用，但要求M_1有较大的群体，而且突变性状易于识别。

③混收法，即按群体混合收获种子，全部或取其部分种植成M_2代。采收的种子应分别编号。

（2）M_2代的种植和选择

将收获的M_1代种子，按M_1采种方式种植成相应的M_2代小区及对照品种。M_2代是各种突变性状显现的世代，是最重要的选择世代。自花授粉植物常采用单株选择法，按单株记录并采种留种；异花授粉植物一般采用混合选择法，按处理小区采种。

（3）M_3代的种植和选择

将M_2代当选的单株在M_3代分别播种成株系，并隔一定行数设对照。由M_2代入选单株播成的M_3株系，如株系性状优良而表现一致，可按株系采种，下一代进入品种比较试验和多点试验，进行特性及产量鉴定，决定取舍。如M_3株系中继续出现优良变异，应继续进行单株选择和采种留种，直至获得稳定株系。为获得多基因数量性状变异，有人建议延迟至$M_3 \sim M_5$代选择更有实用价值。

异花授粉植物M_3代是突变性状分离显现的世代，也是选择突变体的重要世代。M_3以后世代，优良突变系的筛选、评比试验、区域试验及繁育推广等程序，与杂交育种等相同。

11.5.2 营养繁殖植物

与种子诱变的后代相似，我们也将营养繁殖当代称为VM_0（Vegetative Mutanto）；营养繁殖的第一代称为VM_1，以此类推。无性繁殖植物在诱变育种中存在着如下问题：①嵌合体的干扰；②与种子繁殖的植物相比，处理群体小；③田间评选优良基因型需较长时间。因此，将优良突变体在早期从嵌合体状态中分离出来，是无性繁殖园林植物提高诱变育种效率的关键措施之一。一般园林树木休眠芽内基部叶原基中叶腋分生组织的细胞数目少，经诱变处理可产生较宽的扇形突变体；突变的细胞能否有机会通过萌芽而参与枝条形成，是突变体分离的关键。必须采取分离技术使突变体有机会显现、扩大或同型化。

（1）分离繁殖法

对诱变处理芽长成的初生枝，取突变频率较高的节位上的芽，通过重复繁殖分离出突变体。不同节位上芽的突变频率是不同的。

（2）短截修剪法

短截修剪可使剪口下的芽处于萌发的优势位置，使原基部难以萌发的突变芽有机会生长成枝。对于扇形嵌合体短截修剪和选择，可使处于扇面内的芽萌发转化为周缘嵌合体，即芽位转换。

（3）不定芽技术

不定芽由某层组织的一个或几个细胞发生，如果这些细胞发生突变，就容易得到同型突变体，在诱变育种中采用射线照射块茎、叶片、去芽枝条或小植株等，均可诱发不定芽。如 S. Broertjes 等用射线处理非洲紫罗兰属（*Saintpaulia*）植物的叶片，分化不定芽进而长成的植株，其中30%是同型突变体。

（4）组织培养法

组织培养可为不同变异的细胞提供增殖和发育的机会，从而显著提高诱变效率。事实上，组织培养技术已经与诱变育种相结合，形成了广泛应用的离体诱变技术。在诱变材料、诱变处理和突变体的分离等诱变育种的各个阶段，组织培养都可起到事半功倍的效果。

11.5.3 空间诱变后代

诱变处理的当代称为SP_0（Spaceo）代，播种或无性繁殖后为SP_1代。与传统的辐射诱变相似。SP_1代的生理损伤较多，部分隐性突变也表现不出来，一般不在SP_1代选择。选择的重点是SP_2代，SP_3代复选，SP_4代即可决选。对于园林植物来说，既要围绕既定的育种目标，也要密切关注新出现的性状。

（何俊娜）

思考题

1. 与芽变选种、实生选种和杂交育种等育种途径相比，辐射诱变育种有何优点和缺点？
2. 各种辐射源的剂量范围有很大不同，如何选择适宜植物的辐射剂量或剂量单位？
3. 辐射诱变、化学诱变与空间诱变的遗传效应有何异同？
4. 影响辐射诱变和化学诱变效果的因素各有哪些？有何不同？
5. 辐射诱变和化学诱变的方向能否确定？如何提高定向诱变的可能性？
6. 以百合类的鳞片为诱变材料，以^{60}Co-γ为辐射源，照射后进行鳞片扦插生根试验，以选择适宜的照射剂量。结果显示，对照、5Gy、10Gy、20Gy、40Gy照射后，鳞片的生根率分别为80%、90%、70%、50%、10%。请推算鳞片照射的半致死剂量。
7. 空间诱变（航天育种）有什么特点？育种成就如何？为什么我们比较推崇而欧美比较寡闻？
8. 如何区分和处理辐射、化学和空间诱变后代的死亡、可遗传变异（突变）、生理损伤和生长刺激？对适宜剂量（或处理强度）的选择有何意义？

推荐阅读书目

园艺植物育种学总论. 1999. 景士西. 中国农业出版社.
中国核农学. 2001. 温贤芳. 河南科学技术出版社.
植物诱变育种学. 1996. 徐冠仁. 中国农业出版社.

第12章 倍性育种

[本章提要] 倍性育种包括多倍体育种、单倍体育种和染色体工程。本章首先介绍了多倍体的意义、特点和种类，体细胞加倍和性细胞加倍（$2n$配子）两种不同的多倍体诱导方法，及多倍体的鉴定、选育和育种成就。接着从单倍体的特点、意义入手，从小孢子发育的途径、花粉（花药）离体培养的方法、染色体加倍到花粉植物的移植和培育，介绍了单倍体植株的获得方法。最后简介了非整倍体和染色体工程的潜力。需要说明的是，多倍化是植物进化的方向之一；单倍体植株也要通过加倍得到纯合二倍体或纯合多倍体，才能发挥育种价值。

染色体是基因的载体，染色体的基因定位和功能基因的研究是现代生命科学研究的重点。细胞染色体组倍数性的增加，使功能基因增多、细胞核变大、生物合成量提高、抗逆性增强，这是生物进化的主要方式。性细胞的染色体只有体细胞的一半，通过花粉培养形成单倍体，加倍后变成二倍体植株，避免了异质结合，可获得稳定纯系，缩短育种周期，为杂种优势利用奠定基础。在花药培养过程中，会出现染色体断裂、融合、重排等现象，在小黑麦培养中直接获得了异位系，培育了不少抗病品种。为此，本章重点介绍多倍体育种（polyploidy breeding）、单倍体育种（haploid breeding），简要介绍染色体工程（chromosome engineering）。前者是园林植物育种的重要途径，后两者也很值得园林植物育种借鉴。

12.1 多倍体概述

12.1.1 多倍体育种意义

选育具有3套以上染色体组培育优良新品种的方法称为多倍体育种。在任何植物体细胞的细胞核中，都有一定数目和形状的染色体。这些染色体的数目是由一定基数的倍数构成的。例如，牡丹2n=10、凤仙2n=14，其基数x分别为5和7，倍数是2，所以称为二倍体。又如有54条染色体的菊花，其基数是9，倍数是6，故称为六倍体。多倍体在自然界分布是比较普遍。据统计，在植物界里约有1/2的物种属于多倍体，被子植物中多倍体约占2/3；而禾本科的多倍体几乎占3/4。园林植物中的多倍体估计至少也占2/3。

早在达尔文时代就发现了植物的生殖细胞易受外界影响而发生变异。多倍性细胞在自然条件下产生的原因之一是温度骤变，日本松田秀雄发现撞羽矮牵牛（*Petunia violacea*）的花粉中，往往混杂有巨大的花粉粒，其染色体数目比普通的多1倍。尤其在夏季炎热时，这样巨大的花粉粒数量更多。农作物也出现类似的情况。例如，夏季在稻田里，往往发现有自然产生的单倍体、三倍体或四倍体的植株。其原因可能是温度的骤然升高，而使配子减数分裂受阻所致。我国西南部山区、黄河和长江的发源地带是世界上植物区系最丰富、最复杂的地方，许多不同种类的植物在那里产生了不少多倍体，通过杂交，形成各种类型的多倍体，经过自然选择，而保留下来那些花朵大、抗性强、经济价值高的植株。表12-1是自然界保存比较多的多倍体的原因。

表 12-1 常见园林植物多倍体系列表

属 名	基数x	2x	3x	4x	5x	6x	7x	8x	其他
蔷薇属（*Rosa*）	7	14	21	28	35	42	—	56	
菊属（*Chrysanthemum*）	9	18	27	36	45	54	63	72	90
大丽花属（*Dahlia*）	8	16		32				64	
金鱼草属（*Antirrhinum*）	8	16		32					
万寿菊属（*Tagetes*）	12	24	—	48					
石竹属（*Dianthus*）	15	30	—	60	75				
唐菖蒲属（*Gladiolus*）	15	30	45	60	75	90			
郁金香属（*Tulipa*）	12	24	36	48	60				
百合属（*Lilium*）	12	24	36	48					
萱草属（*Hemerocallis*）	11	22	33	44					
杜鹃花属（*Rhododendron*）	13	26		52					
天门冬属（*Asparagus*）	10	20		40		60			
龙舌兰属（*Agave*）	30	60	90	120	150	180			
芍药属（*Paeonia*）	5	10	15						
莲属（*Nelumbo*）	8	16		32					
罂粟属（*Papaver*）	6, 7, 11	12, 14, 22	—	28, 44				56	70

(续)

属　名	基数x	2x	3x	4x	5x	6x	7x	8x	其他
报春花属（*Primula*）	8, 9, 10, 11, 12, 13	16, 18, 20, 22, 24, 26	36	36, 40, 44, 48		54			72; 126
月见草属（*Oenothera*）	7	14	21	28					
锦葵科（*Malvaceae*）	5, 6, 7, 11, 13	10, 14, 22, 26	18	20, 24, 28, 44, 52	30	30, 36, 42, 66	42	56	50, 70, 78, 84, 112, 130
鸢尾属（*Iris*）	7, 8, 9, 10, 11	16, 18, 20, 22	24, 30	28, 32, 36, 40, 44	35, 40	42, 48, 54	72	54	34, 37, 38, 46, 84, 86, 108
凤仙花属（*Impatiens*）	7	14		28					
水仙花属（*Narcissus*）	12	24	36	48					
李属（*Prunus*）	8	16	24	32	—	48	—	64	176
木兰属（*Magnolia*）	19	38	—	76	95	114			
七叶树属（*Aesculus*）	20	40	60	80					
杨属（*Populus*）	19	38	57	76					
柳属（*Salix*）	19	38	57	76		114	—	152	
槭树属（*Acer*）	13	26	39	42		78	—	108	
珙桐属（*Davidia*）	11	22			55				
泡桐属（*Paulownia*）	10			40					
榆属（*Ulmus*）	14	28	—	56					
梣属（*Fraxinus*）	23	46	—	92	—	138			
椴树属（*Tilia*）	41	82		164					
柳杉属（*Cryptomeria*）	11	22		44					
金钱松属（*Pseudolarix*）	11			44					
刺柏属（*Juniperus*）	11	22	33	44					
山茶属（*Camellia*）	15	30	45	60	75	90	105	120	
溲疏属（*Deutzia*）	13	26	—	52					
八仙花属（*Hydrangea*）	18	36		72					
棣棠属（*Kerria*）	17	34		68					

　　从表12-1可以看出，多倍体在自然界是普遍存在的，而且染色体加倍后在形态、生理特性上都发生了巨大的改变，这说明多倍体在自然界是进化的一种方式，它使一个种在极短的时间里，以飞跃的方式产生新种。所以多倍体在植物进化上具有重要意义。

12.1.2 多倍体特点

(1) 巨大性

随着染色体加倍,细胞核和细胞变大,组织器官也多变大,一般茎粗、叶宽厚、色深、气孔大、花大、色艳、花粉大、果实大、种子大而少,如$3x$山杨比$2x$高,生长增加11%,直径粗生长增加10%;又如$4x$百合比$2x$大2/3,$4x$萱草比$2x$花大、花瓣厚、花色鲜艳等。但也有例外,如香雪球(*Lobularia*)、决明(*Cassia*)多倍体表现矮小。

(2) 可孕性低

三倍体的性细胞在减数分裂中染色体分配不均匀,以致形成非整倍的配子,所以表现无籽或植株皱缩,如无籽香蕉、无籽葡萄、无籽西瓜、无籽柑橘、无球悬铃木等。但也有少数例外,如风信子三倍体品种($2n=3x=24$)表现高度可孕性。根据达林顿等(1951)研究,在风信子的每一套染色体组($x=8$)中有5种形态类型,而同类染色体可以互相配对,在减数分裂中可产生正常的雌雄配子。

(3) 适应性强

多倍体由于核体积增大表现耐辐射、耐紫外光、耐寒、耐旱等特性,如多倍体杜鹃花及醉鱼草多分布在我国西南山区,而二倍体只分布在平原;$14x$的报春花在极地生长;$8x$的画眉草分布在极端干旱的沙漠地带等。

(4) 有机合成速率增加

由于多倍体染色体数量增多,有多套基因,新陈代谢旺盛,酶活性加倍,从而提高蛋白质、碳水化合物、维生素、植物碱、单宁等物质的合成速率。如多倍体甜菜产糖量提高等,多倍体花卉花大香味浓等。

(5) 可克服远缘杂交不育性

如英国的邱园报春(*Primula kewensis*)系多花报春(*P. floribunda*)与轮花报春(*P. werticillata*)的杂交种,后代不孕,检查染色体为$2n=18$。1950年在1株杂种花枝上结了饱满种子,检查染色体为四倍体$2n=4x=36$,恢复了可孕性,并且性状稳定。

原来,英国的邱园报春的不孕性是由于杂种细胞进行减数分裂时,来自父本的9个染色体与来自母本的9个染色体存在很大的差异,彼此难以配对,从而使性细胞不易正常发育成长。但染色体加倍的细胞在进行减数分裂时,在36个染色体中,18个来自父本的彼此配为9对,18个来自母本的也配为9对,减数分裂得以正常进行,从而获得了可孕的雌雄性细胞,使邱园报春可以连续播种繁殖,并保持相对稳定的性状。

12.1.3 多倍体种类

(1) 同源多倍体(autopolyploid)

同源多倍体即细胞中包含的染色体组来源相同,用大写字母表示:A代表1个染色体组,如同源三倍体AAA、同源四倍体AAAA,依此类推。同源多倍体形成的主要原因是细胞在有丝分裂或减数分裂过程中纺锤丝失陷造成的。在有丝分裂时,染色体分裂比子细胞壁发育快，造成染色体加倍，随后又能正常复制分裂。或一个不减数的配子（通常是卵）和一个正常单倍体配子结合产生同源三倍体，或两个不减数的配子受精产生同源四倍体。如美国育成的金鱼草、麝香百合等四倍体属于这类型。

（2）异源多倍体（allopolyploid）

异源多倍体指细胞中包含的染色体组来源不同，表示符号AABB，A、B各代表一个染色体组。其来源有两种：一是由不同种的亲本（至少一个是多倍体）杂交而来；二是由不同的种杂交，所获得的不孕性二倍体杂种染色体加倍而来，后者称双二倍体，如四倍体邱园报春，$2n=4x=36$。

（3）非整倍体（aneuploidy）

非整倍体指整倍性染色体中缺少或额外增加一条或若干条染色体。当减少一条染色体（$2n-1$）时，该个体在减数分裂时会形成单价体，故称为单体；如多一条染色体（$2n+1$）则称为三体。如栽培菊花大多为六倍体，$2n=6x=54$，$x=9$，但其中有不少是非整倍体，如染色体最少的品种为$5x+2=47$，染色体最多的品种$2n=8x-1=71$。产生非整倍体的原因：①减数分裂时，由于个别染色体不分开产生$n+1$或者$n-1$的配子，通过杂交产生非整倍体子代。②异源二倍体由于染色体组遗传组成的差异，在减数分裂时前期I，除部分染色体同源区段配对外，会产生单价体等，从而产生非整倍体配子。③三倍体或者奇倍数的个体减数分裂，会形成三价体、二价体和单价体等配对方式，从而产生染色体数目从$n\sim 2n$的配子；当作母本，可产生非整倍体的后代，如百合部分三倍体个体可产生不同数目的非整倍体后代。④着丝点增加或缺失，如地杨梅具有多着丝点染色体，个别染色体断裂，染色体数目增加；又如端着丝点染色体融合使染色体数目减少，如假酸浆草。⑤中间着丝点的染色体横裂产生两个端着丝点染色体，如桃叶风铃草、酢浆草、小花紫露草、吊竹梅等。非整倍体在遗传学研究和育种实践上均有很大的作用。

因单体失去一条染色体，单独存在的染色体上的一些等位基因就可以直接显现出来。但对于二倍体而言，单体大多无法正常生长；故对于单体的研究主要集中在多倍体上，如异源四倍体或异源六倍体；构建不同染色体的单体，结合各单体特定的性状，这样的单体系是研究多倍体植物基因定位的基础材料。

12.2　人工诱导多倍体方法

自然界创造的多倍体类型还不能完全符合人类的要求，而且数目少，随着人们对自然界形成多倍体机理认识的逐渐深入，开始设想能否人为地创造多倍体良种，把它应用于生产。具体人工诱导多倍体的方式主要有体细胞加倍和性细胞加倍，性细胞加倍又称为$2n$配子加倍，包括了花粉的加倍和雌配子的加倍。

从19世纪末，人们开始模拟植物外界环境条件的剧变，来诱导多倍体。有的用温度的异常变化来刺激，有的用人工嫁接的方法，有的用反复切伤植物组织、摘心，或用X射线、γ射线等方法来诱导多倍体。W. E. Demol（1923）曾将正常的风信子（*Hyacinthus*）的鳞茎，用低温处理而得到三倍体新种。J. Belling曾发现温度剧烈变化引起颚花属（*Uvularia*）染色体数目的变异；在1925年提出了用高温诱导的意见，使芽的染色体加倍。K. Sax（1963）将鸭跖草科的紫万年青（*Rhoeo discolor*）放在19℃左右的室温中2~3d，再置于36℃高温下处理1d，然后再放回普通室温中，检查花粉也发现一些二倍体花粉粒和少数四倍体花粉粒，原因是花粉母细胞不进行减数分裂，而仅有均等分裂，所以生成二分孢子。当此二分孢子形成二倍体花粉粒时，又仅有染色体分裂而核未随之分裂即形成四倍体花粉粒。后于1938年H. Dermen以同样的材料证明了Sax的试验。他将常温（18~28℃）下生长的紫万年青以不同的5种温度处理：①低温（5~10℃）；②高温（32~35℃）；③先低温后高温；④先高温后低温；⑤低温和高温反复交替。结果也发现染色体加倍的巨大花粉粒。但是，使用温度的剧变来诱导多倍体成功的频率是很低的。到1937年美国布勒克斯里（Blakeslee）与艾鸟芮（Avery）二人应用秋水仙碱处理植物的种子，一举获得了45%以上的同源多倍体。从此开创了多倍体育种的新时代。1980年，世界各地用实验方法获得多倍体植物共达1000多种，在兰、百合、金鱼草、萱草等园林植物中取得优良成果。

人工诱导多倍体主要有物理法、化学法和生物法3种。物理法包括高温处理、异常温度、各种射线、高速离心力等方法；化学法是用秋水仙碱等化学药剂进行处理。生物法主要是通过组织培养，可使胚乳细胞发育成三倍体植株，在猕猴桃、枸杞、枣等植物中已获成功。

12.2.1 体细胞加倍

体细胞加倍指使用抑制有丝分裂的化学诱导剂处理适宜的材料，经嵌合体的分离获得加倍的材料。体细胞染色体加倍的效率受到许多因素的影响，如外植体类型、外植体的生长条件、诱变剂种类、处理方法、浓度和时间等。

秋水仙碱是从百合科植物秋水仙（*Colchicum autumnale*）的鳞茎和种子中提炼出来的一种生物碱，性极毒，很早以前就在医药上应用。秋水仙原产欧洲地中海一带，少数种蔓延到非洲北部和印度，是一种球根花卉，提纯的秋水仙碱是一种极细的针状无色粉末，分子式为$C_{22}H_{25}O_6N$，融点为155℃，易溶于乙醇、氯仿和冷水中，在热水中反而不溶解。溶于水后，宜放黑暗处，如露置于日光下即变暗色。秋水仙碱对植物细胞的毒害作用不大。它能阻止正在分裂的细胞纺锤丝的形成，但对染色体的构造却无显著的影响。

处理时所用的秋水仙碱浓度是诱导多倍体成败的关键之一，如果所用的浓度太大，就会导致植物死亡；如果浓度太低，往往又不发生作用。一般有效浓度为0.0006%~1.6%。处理浓度大小随不同植物和同一植物不同组织而异，所以处理时要预先进行试验，找出某种植物或某种组织的最适浓度。但一般以0.2%~0.4%的水溶液浓度效果较好。

过去我国所用的秋水仙碱都依赖进口，现我国昆明制药厂也能从山茨菇（*Iphigenia indica*）中提取秋水仙碱。此外，还有萘嵌戊烷（acenophthene）和富民隆（对甲苯磺硫苯氨基苯汞）。萘嵌戊烷是一种无色结晶体，分子式$C_{10}H_6(CH_2)_2$，不溶于水，可溶于乙醇、氯仿、苯戊甲醛。富民隆，分子式$C_{19}H_{17}HgNO_2S$，一般是灰白色粉末，提纯呈白色，溶于丙酮。

目前，应用较多的还有氨磺乐灵（oryzalin）。橙黄色结晶。熔点141~142℃。25℃时在水中的溶解度为2.5mg/L，易溶于极性有机溶剂。与秋水仙碱一样，在细胞有丝分裂过程中可以与微管蛋白二聚体结合，从而阻止微管及纺锤丝的形成，是一种抗微管除草剂。诱导多倍体的常用浓度是为100~200μM/L。

（1）植物材料的选择

多倍体的遗传性是建立在二倍体的基础上的，只有综合性状优良、遗传基础较好的诱导材料，才能取得理想效果。一般原来已是多倍体的植物，要想再诱导染色体加倍就较困难，而染色体倍数较低的植物，是多倍体育种的最好对象。目前看来，在多倍体育种上最有希望的是下列一些植物：

① 染色体倍数较低的植物；

② 染色体数目较少的植物；

③ 异花授粉植物；

④ 通常能利用根、茎或叶进行无性繁殖的园林植物；

⑤ 从远缘杂交所得的不孕杂种；

⑥ 从不同品种间杂交所得的杂种或杂种后代。

（2）处理时间

处理时间的长短，随着植物种类的不同、生长的快慢以及使用的秋水仙碱浓度而异。一般发芽的种子或幼苗，生长快的、细胞分裂周期短的植物，处理时间可适当缩短；处理时秋水仙碱浓度越大，处理时间越短，相反则延长。多数试验指出，浓度大而处理时间短的效果大于浓度小而处理时间长的。但一般以不少于24h或处理细胞分裂1~2个周期为原则。如果处理时间过长，那么染色体增加可能不是一倍而是多倍。如1938年，德尔曼用0.5%秋水仙碱处理紫万年青的雄蕊组织细胞，结果随着处理时间的延长，出现各种多倍性，最高的连续增加5次，获得64倍染色体的细胞（表12-2）。

表12-2 紫万年青雄蕊组织细胞经秋水仙碱处理的结果（Dermen，1938）

染色体倍增次数	染色体数目	多倍体系（x）	染色体倍增次数	染色体数目	多倍体系（x）
0	12	2	3	96	16
1	24	4	4	192	32
2	48	8	5	384	64

（3）处理的方法（表12-3）

① 浸渍法　此法适合于处理种子、枝条、盆栽小苗的茎端生长点。

一般发芽种子处理数小时至3d，处理浓度0.2%~1.6%。经常检查，若培养皿溶液减少时即须添加稀释为原浓度1/2的溶液，但不宜将种子淹没。如曼陀罗、波斯菊等均获得很好的结果。浸渍的时间不能太长，以免影响根的生长。处理后用清水洗净再播种或沙培。百合类因用鳞片繁殖，可将鳞片浸于0.05%~0.1%的秋水仙碱水溶液中，经1~3h后进行扦插，可得四倍体球芽。唐菖蒲实生小球也可用浸渍法。

盆栽的幼苗，处理时将盆倒置，使幼苗顶端生长点浸入秋水仙碱溶液内，以生长点全部浸没为度。组织培养的试管苗也可照样浸渍，根部可用纱布或湿滤纸盖好，避免失水干燥。处理时间从数小时至数天不等，插条一般处理一两天即可。

此法与滴液法相比，优点是生长点与药液接触面大，药液浓度比较好控制，缺点是用药量较大，不太经济。

表 12-3 秋水仙碱诱导多倍体的方法和技术

种 类	浓度（%）	时间（h）	处理部位	备 注
波斯菊	0.05	1~24	子叶或幼苗	
波斯菊	1		植株生长点	渗入羊毛脂涂布获得40%四倍体部分枝条
金盏花	0.02~0.16	1~14	4片子叶幼苗	
矮牵牛	1		幼苗生长点	变成四倍体
百 合	0.6~1.0	2	植株生长点	很多变成四倍体
石刁柏	1.6	10min	发芽5d幼苗	在真空中处理
卷 丹	0.05	24	浸渍鳞片	
卷 丹	0.2	2~3	浸渍鳞片	
石竹属	2		滴入由对生叶在节部形成的杯状内幼苗	幼株去顶
金鱼草	0.2		生长点或叶腋	
凤仙花	0.5	24	2片子叶幼苗	
三叶草属	0.15~0.3	8~24	幼苗（4~15d）	在人工光照下每隔3h滴一次，然后用清水冲洗
曼陀罗	0.2 0.4 0.8 1.2	16d	浸渍种子	
柳穿鱼	0.1~0.2	5		
猩猩木属	1		4~6片叶幼苗	渗入羊毛脂涂布
桃	1	120	刚萌发的侧芽	每隔2d滴一次
葡萄	0.05~0.5	6~10d	主枝生长点	每天滴一次，药液中加10%甘油
凤 梨	0.2~0.4		幼苗生长点	

②滴液法 用滴管将秋水仙碱水溶液滴在幼苗顶芽或大苗的侧芽处，每日滴数次，一般6~8h滴一次，如气候干燥、蒸发快，中间可加滴蒸馏水，或滴加蒸馏水稀释1/2的浓度。反复处理一至数日，使溶液透过表皮渗入组织内起作用。如溶液在上面停不住而往下流时，则可搓成小脱脂棉球，放在子叶之间或用小片脱脂棉包裹幼芽，再滴秋水仙碱溶液，使棉花浸湿。同时尽可能保持室内的湿度，以免很快干燥。此法与种子浸渍法相比，药液比较节省。

③毛细管法 将植物的顶芽、腋芽用脱脂棉或纱布包裹后，脱脂棉或纱布的另一端浸在盛有秋水仙碱溶液的小瓶中，小瓶置于植株近旁，利用毛细管吸水作用逐渐把芽浸透。此法一般多用于大植株上芽的处理。

④涂抹法 把秋水仙碱乳剂涂抹在芽上或梢端，隔一段时间再将乳剂洗去。乳剂配制方法如下。

KT 硬脂酸1.5g，莫福林（morpholine，C_4H_9ON）0.5mL，羊毛脂8g（43℃），配成乳状液，再加0.1%~1.0%秋水仙碱。

琼脂乳剂　0.1%秋水仙碱+0.8%琼脂胶液。

甘油乳剂　甘油7.5mL+水2.5mL+10%湿润剂生托米尔（santomerse）6~8滴，再加1%秋水仙碱。

⑤套罩法　保留新梢顶芽，除去芽下数叶，套上一个胶囊，内盛0.6%的琼脂加适量秋水仙碱，经24h即可去掉胶囊。

⑥注射法　用医用注射器将秋水仙碱溶液徐徐注入芽中。

⑦复合处理　日本山川邦夫和山口彦子（1973）报道，将好望角苣苔属（*Streptocarpus*）中的一些种用秋水仙碱处理11d，又用X射线照射，剂量4~5Gy，结果60%染色体加倍，比单独处理加倍率提高1倍，其中2株获得八倍体。

（4）处理注意事项

①幼苗生长点的处理越早，获得全株四倍性细胞的数目就越多；处理时间越晚，则大多是混杂的嵌合体。幼苗生长点和地上部侧芽，处理后可能出现3种主要多倍体的类型：一是表皮多倍体，只有最外层加倍了（虽然由于表皮细胞染色体的加倍，气孔增大，但L_{II}和L_{III}层没有加倍）；二是内部多倍性，表皮不受影响，但L_{II}和L_{III}二层细胞加倍了或具有加倍部分；三是全部多倍性，全部组织，即L_I、L_{II}和L_{III}层细胞染色体都加倍。

②植物组织经秋水仙碱处理后，在生长上会受到一定影响，如果外界条件不适宜生长，也会使试验失败，所以要注意培育、管理。

③在处理期间，在一定限度内，温度越高，成功的可能性越大。温度较高，处理时所用的浓度要低一些，处理的时间短些；相反，温度较低时，处理的浓度要大些，处理的时间亦要长些。

④诱导多倍体时，处理的数量宜适当多些，以便选择有利变异。

⑤处理后须用清水冲洗，避免残留药迹。

⑥秋水仙碱的药效可以保持很久，尤其是干燥的粉末。配制和使用时，要注意安全，切勿让粉末在空气中飞扬，以免误入呼吸道；也不可触及皮肤，因为秋水仙碱性极毒。配成水溶液时，先配成原液，使用时稀释。水溶液用有色瓶贮存，放在黑暗处。

12.2.2　性细胞加倍（植物2n配子的诱导）

在自然或人工诱导处理下，植物小孢子母细胞或者大孢子母细胞在减数分裂时出现异常，产生未减数的配子（也称2n配子），通过传粉受精后产生多倍体。由于其产生遗传组成丰富的花粉，可使后代出现较多的变异，近年来在百合、毛白杨和橡胶树等植物的倍性育种中有广泛的应用。

性细胞加倍的诱导可以从雄配子和雌配子两方面入手，由于花药发育过程中花粉母细胞大多处于同一时期，通过显微观察容易确定其发育进程及合适的处理时间，同时也能通过染色及显微镜观察直接判断花粉是否加倍成功，所以对植物2n雄配子的诱导报道较多。诱导的方法主要包括高温处理、化学药剂和一氧化二氮（N_2O）在减数分裂发育时期进行处理。1992年张志毅等人尝试使用秋水仙碱诱导小孢子母细胞，获得了具有2n染色体数目的大花粉，并通过杂交授粉成功获得三倍体植株。

12.3 多倍体鉴定、选育及其成就

12.3.1 植物多倍体鉴定

植物组织经秋水仙碱处理以后，其染色体是否加倍需进行鉴定。鉴定有两种办法：第一种为直接鉴定，即取根尖或花粉母细胞，通过压片，检查其染色体数目，如染色体数目普遍地比原来的多，这就说明染色体已经加倍，这是鉴定染色体是否加倍最直接、可靠的方法。第二种为间接鉴定，如果被处理的材料很多，将每株进行显微镜观察是很费时间的。最好事先根据多倍体形态和生理特征加以判断，这就是间接鉴定。因为多倍体不仅细胞内染色体数目与二倍体有区别，就是在形态和生理上也有许多是与二倍体有区别的；其中以气孔的大小和花粉粒的体积最为可靠。例如，一种自然发生的四倍体金鱼草，无论是植株的高度，或其他器官如花序、叶片、花朵、花粉粒和气孔等均较二倍体大。又如凤仙花，根据陈俊愉（1950）实测结果（表12-4）表明，四倍体叶大而厚、花大、瓣多、色深、果大、种子大而数少，气孔较大（图12-1），都与二倍体有一定的差异。

表 12-4 凤仙花的四倍体枝条与二倍体枝条性状对比

比较器官	比较项目	$4x$（cm）	$2x$（cm）
叶	叶长	13.0	12.7
	叶宽	3.4	2.6
	叶厚	0.07	0.02
	气孔长	3.4	1.9
花	花径	4.7	4.1
	瓣数	13.0	8.3
	花色	较深	较浅
果	果长	2.57	2.47
	果宽	1.02	0.90
种子	每条种子数	4.7	8.3
	种子直径	0.46	0.37

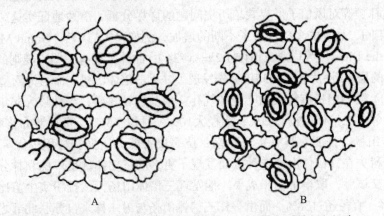

图12-1 凤仙花四倍体（A）和二倍体（B）叶片气孔的保卫细胞

气孔检查的方法为将叶背面剥下一层表皮，置于载玻片上，滴一滴清水或甘油，即可观察；或先将叶片浸入70%的乙醇中，去掉叶绿素就更容易识别。干燥的花粉容易在显微镜下看出；或将花粉先用45%的乙酸浸渍，加一小滴碘液，使颜色更加清楚。

此外，还可以用流式细胞仪（flow cytometer）通过对DNA相对含量的测定，来鉴定染色体的倍性。

12.3.2　多倍体后代选育

很多园林植物可用无性繁殖。如人工诱导多倍体成功以后，一旦出现人们所期望的多倍体植株，即可用无性繁殖如扦插、嫁接等直接利用，无须进一步选育，这一点对大多数用无性繁殖的园林植物来讲是非常有利的，而且对那些从来不结种子，无法通过有性杂交来改变遗传性的园林植物，多倍体育种则提供了有效的途径。对需用种子繁殖的一、二年生草花，诱导成功的多倍体后代中往往会出现分离，所以须用选择的方法，不断选优去劣。有的多倍体缺点还比较多，还要通过常规的育种手段，逐步加以克服，如要消除多倍体的不孕性，还必须进行品种间和品系间的杂交，从中选出可育的植株。因此在诱导多倍体时，至少要诱变两个或两个以上的品种成为多倍体。另外，还要注意诱导成功的四倍体与普通二倍体的隔离，如天然杂交后产生的三倍体往往是不结籽的，但这一点在果树上可以利用。一般多倍体类型往往需要较多的营养物质和较好的环境条件，所以须适当地稀植，使其性状得到充分发育，并注意培育管理。

12.3.3　多倍体育种成就

多倍体的园林植物，由于花大、重瓣性强、花色浓艳等特点，为人们所欢迎，通过无意识的选择而长期保留下来。例如，16世纪就开始栽培的一种开大型花的郁金香——'夏季美'品种，细胞学证明它是三倍体，这个品种至今还被栽培，仍出类拔萃。

由于多倍体园林植物有以上特点，加上科学的发展，育种家开始有目的地选择天然的多倍体，甚至人工创造多倍体。在选择自然多倍体方面，日本选出了抗寒的三倍体茶、四倍体的大叶种茶和三倍体的樱花。美国主要的苹果品种，约有1/4是三倍体。荷兰1885年以前栽培的水仙是以小型的二倍体为主，后来被三倍体代替，到1889年具有48个染色体的四倍体类型普遍地为人们所欢迎而大量推广栽培。风信子原产希腊、叙利亚至小亚细亚一带，欧洲自古栽培，根据达林顿等对风信子世界栽培历史问题的详尽分析，清楚地证实这一花卉在1550—1950年的400年间，品种的多倍性有了不断的增加，例如'大眉翠''Grand Maitre''蓝花之王''King of the Blues'等均系三倍体（$2n=3x=24$）；此外，还有一些不规则的三倍体和四倍体品种。瑞典的尼尔逊-危勒在1935年首先发现了一批三倍体山杨，命名为巨型山杨（*Populus tremulafgigas*）。巨型山杨有特大的叶子和气孔，生长也较旺盛，当林龄为56年或57年时，三倍体山杨较毗邻的二倍体山杨高11%，胸径大10%，材积多36%。苏联雅布洛科夫（1941）也发现了三倍体山杨，证明它具有生长旺盛、抗病虫害能力较强、材积较优等特点。1959—1961年伊万尼科夫在三倍体山杨选种方面发现了更多的三倍体优良单株和林分，还在这个基础上开展了杂交试验，取得了初步成果。他发现三倍体山杨天然授粉实生苗比一般二倍体苗高度超过100%，直径超过38%，而由一株三倍体山杨与另一株来自苏联北部之三倍体山杨杂交所得之杂种苗中，竟得到若干2年即高达137cm，以后每年可增高260cm之速生苗木。

在人工创造新的多倍体方面，苏联、美国、日本、丹麦等国诱导出多倍体金鱼草、百日菊、四季报春、葡萄、橡胶草等，并已投放生产。又如姆斯威勃等（Emsweller，1940—1951）发现若干四倍体的麝香百合，它比相应的二倍体花朵大2/3，花梗较厚实，耐贮运的能力特强，是一个比较突出的成果。大丽花（*Dahlia pinnata*）原产墨西哥，其祖先为二倍体$2n=16$，杂交以后，产生了若干杂种二倍体$2n=16$，许多杂种二倍体经过染色体加倍和性状分离，形成了两组杂种双二倍体，这两组双二倍体的染色体大多$2n=32$。一组以开洋红或象牙白为主，另一组以开朱红或橙红色花为主，两组之间再经杂交和染色体加倍，从而获得了花色花型均千变万化的异源八倍体——大丽花。据劳伦斯（Lawrence）的研究，推断其物种演化过程如图12-2所示。

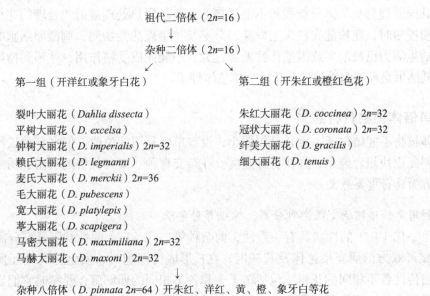

图12-2　关于大丽花物种演化过程的推断

12.4　单倍体概述

12.4.1　单倍体育种概述

单倍体育种是指利用植物仅有一套染色体组之配子体而形成纯系的育种技术。一般先形成单倍体植株，再经过染色体加倍形成二倍体植株。

单倍体植株在自然界很早就有发现，不过它们自然发生的频率很低。单倍体植物因为有一套完整的染色体，其基本性状与二倍体植株相似，只是发育程度较差，株高、叶片、花朵等都比二倍体稍小，生长稍弱，单倍体植株只能开花而不结实。所以单倍体植株不能传播后代。但是如果用药剂处理使染色体加倍（或自然加倍），就能成为纯合的二倍体，从而恢复正常的结实能力。很早以前就有人提出利用单倍体植株作为中间环节进行快速育种的设想，只是当时没有一种大量产生单倍体的方法，这一设想未能实现。

20世纪60年代有人用曼陀罗花药进行组织培养，首次培养出了大量的单倍体植株，这一技术上的突破，使多年来的设想成为现实，并立即引发广大育种工作者的极大重视。很多国家相继在烟草、矮牵牛、水稻、小麦、辣椒、油菜、杨树、三叶橡胶、茶树等几十种植物分别诱导出单倍体植株，有的单倍体植株又进一步培育成新品种，如水稻。我国花药培养开始于20世纪70年代，80年代发展迅速，并逐渐在国际上处于领先地位，其中以中国科学院植物研究所为代表，在多种农作物方面诱导获得单倍体植株上，为作物育种作出贡献。单倍体育种由于直接培养花药，所以又称花药培养，简称花培。花药和花粉都是从雄性器官产生的，这种不经过受精作用，直接从花粉培养成单倍体植株的过程，植物学上又称孤雄生殖。

此外，有人从雌性器官上想办法，使卵细胞不经过受精作用也直接分化成单倍体植株，这一过程，在植物学上叫作孤雌生殖。使卵细胞不经受精作用而长成单倍体的方法主要有两种，一是用异属花粉进行人工授粉；二是用弱化的、失去生活力的花粉进行人工授粉。这两种方法的共同原理都是掌握只能授粉不能受精的火候。用热处理或射线处理的花粉，或异属植物的花粉授粉时，花粉能在柱头上发芽，分泌某些生理活性物质，刺激卵细胞的分化。但因为花粉的生活力已被削弱或因遗传性差异过大，不能完成受精作用，达不到精卵细胞结合的程度。其结果是卵细胞单独地分化成为单倍体种子。

12.4.2 单倍体植物育种意义

单倍体植物不能结种子，生长又较弱小，没有单独利用的价值。但在育种工作中作为一个中间材料能很快培育纯系，加快育种速度。在杂交育种、杂种优势的利用、诱变育种、远缘杂交等方面具有重要意义。

（1）利用单倍体植物克服杂种分离，缩短育种年限

杂种第一代（F_1）的性状具有一致性，而杂种第二代（F_2）的性状则具有分离性，这是因为来自父母双方的两套染色体及其基因，在F_1形成性细胞时，发生分离、互换和重新组合，形成遗传性各不相同的花粉（包括精子）和各不相同的卵细胞；受精时它们以各种可能互相结合形成合子，产生基因型更加多样的各种类型的F_2。假如统计10对相对性状，那么各种组合性状出现的比例就应有$(3:1)^{10}$，这是个很巨大的数字。一般有经济意义的相对性状的数目远比10对还要多，杂种分离的情况比这还要复杂。理论计算和实践证明，F_2代以后还要分离，只是分离的个体在比例上逐渐减少罢了。一般在连年选择理想单株的条件下，经过5~6代，才可以基本上达到稳定成为纯系，再经过品种评比试验，才能应用于生产或绿化。因此，常规的杂交育种方法，要花费6~7年甚至8~9年时间，才能育出一个较稳定的新品种，如图12-3所示。异质配子的结合是不能形成纯系的原因，很明显，如果能从杂种后代的花粉培育成单倍体植物再使其加倍变成二倍体植物，就能避免异质配子结合，得到纯合的二倍体，一般3~5年即可获得稳定的新品种，大大缩短了育种年限。

（2）快速获得异花授粉植物的自交系

在异花授粉作物或园林植物杂交优势利用中，为了获得自交系，按照常规的自交方法，需要耗费大量时间和人力，进行连续多年的套袋去雄和人工杂交，过程十分烦琐。一般要5~6年时间，才能获得自交系，如果采用花药培养产生单倍体植物的方法，经过染色体加倍，只要1年时间，就可获得与多代自交效果相同的纯系，即标准的园林植物自交系，可以表现

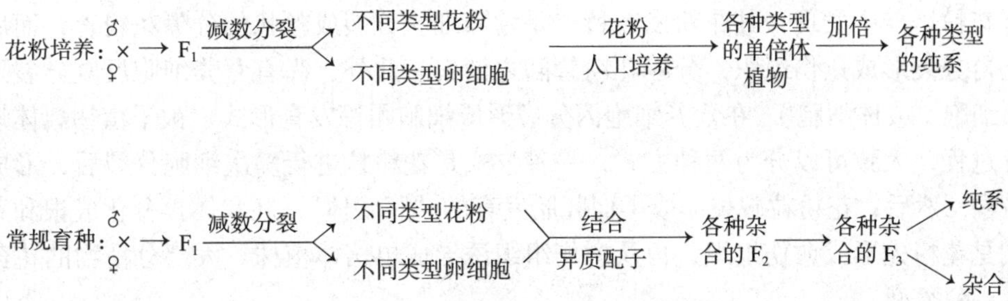

```
花粉培养: ♂× → F₁ → 减数分裂 → 不同类型花粉 → 花粉 → 各种类型 → 加倍 → 各种类型
         ♀                    不同类型卵细胞   人工培养   的单倍体         的纯系
                                                        植物

常规育种: ♂× → F₁ → 减数分裂 → 不同类型花粉 → 结合 → 各种杂 → 各种杂 → 纯系
         ♀                    不同类型卵细胞   异质配子  合的F₂   合的F₃  ╲ 杂合Ⅳa
```

图12-3 花粉培养与常规育种比较

整齐划一的特征，叶形、花型、花色、株高和开花期等性状完全一致，这可以大大提高园林植物的装饰效果。如百日菊、鸡冠花、万寿菊、波斯菊、金盏花、金鱼草、石竹等天然异花授粉植物都有培养自交系的必要。

（3）单倍体植株提高辐射诱变和化学诱变的效率

用人工诱变法培育一个新品种，一般也要4年以上时间。如采用辐射或化学药剂直接处理花粉或单倍体植株当代就可以表现出性状的变异，加速选育过程，没有所谓显性掩盖隐性的问题，好的单倍体突变植株一经选出，即可加倍处理，使之变成纯合的二倍体。因此人工诱变和单倍体育种相结合，可快速简便地获得新品种。

（4）克服远缘杂种不孕性与不易稳定的现象

远缘杂交，由于亲缘关系较远，后代不易结实。即使结实也极不易获得稳定的后代，分离代数比品种间杂种要长得多，这是阻碍远缘杂交成功的主要原因。在远缘杂种的花粉中，有少数花粉具有生活力，如果从这少数花粉中培养出单倍体植株，然后再使染色体加倍，变成二倍体植株，就可从中选出新类型，并获得稳定的后代。

（5）单倍体植株可用于新品种的培育

园林植物中有许多杂交起源的种类，如现代月季（杂种香水月季等）是经过多次人工杂交，包含了多种野生蔷薇血统复杂组合的后代。它们的遗传基础十分复杂，种子后代的分离现象突出，不能用种子保持品种特点；只能用扦插、嫁接、分株等方法推广繁殖。如果把含有丰富遗传基础的月季花粉，直接培养成单倍体植物，再加倍成纯合的二倍体植物，就可能涌现出丰富多彩的新的月季类型。杂种起源的菊花、杜鹃花、山茶、香石竹、牡丹、芍药、大丽菊，以及其他类似的种类，都同月季一样，直接取花药培养，可能获得新品种。同时，用这种方法获得的品种，不但可用营养繁殖而且可用种子繁殖来保持品种特性。

12.5 花药培养诱导单倍体植株方法

12.5.1 花粉培养发育途径

植物细胞的全能性有两方面的含义，一是植物的每个细胞都有潜在发育成完整植株的能力；二是植株的每个细胞都含有该物种的全部遗传信息。花粉虽然是一个配子体，但在离体培养条件下，它偏离正常发育方向，而转向孢子体发育的途径。图来克（W. Tulecke）在裸子植物银杏花粉培养中发现，其花粉发育特点是营养细胞分裂成丝状的分隔花粉管，而后在不同平面上再分裂形成愈伤组织，分隔花粉管随之消失。此外，尚有营养细胞反复分裂形成多核或生殖细胞（或体细胞）。在营养细胞内分裂形成细胞团等发育形式。被子植物离体培养的花粉发育过程，大致可以分为两种方式，一种方式是花粉粒进行多次细胞分裂后，形成多细胞的花粉粒，然后，花粉粒破裂形成类似胚胎发育的"胚状体"，胚状体再分化成根和芽；另一种方式是花粉先形成愈伤组织，再从愈伤组织诱导成单倍体植株。大部分植物的花药培养都属于后一种类型。

Sunderland（1974）将离体培养小孢子的发育途径归纳为A——"非均等分裂"、B——"均等分裂"和C共/等3条途径。北京林业大学在金花茶花药离体培养中观察到单核期的小孢子发生第一次有丝分裂，形成两个大小相等的核，它们细胞质丰富，与营养核类似，体积较大，染色质分散，随后发生了细胞的均等分裂，形成B途径。另一种方式是小孢子的第一次有丝分裂仍按配子体方式进行，发生不对称分裂，形成1个营养细胞和1个生殖细胞，而后营养细胞进一步分裂，形成2个营养核和1个生殖核，即A途径。通过大量观察，金花茶分化方式以A类型为主。一些植物如杨树、橡胶、油菜以B途径为主，烟草、曼陀罗以A为主。A、B两种类型的发生常与花粉接种时小孢子的发育时期有关。如B类型多发生在小孢子发育第二期（即四分体分开，单个小孢子继续发育的时期）的花药接种时；而A类型则在第二期或第三期（小孢子进行第一次分裂，并形成生殖细胞和营养细胞）的花药接种时均能发生，但以第三期接种的发生居多。在花药培养中获得的植株，除单倍体外，常见还有相当比例的二倍体、三倍体、四倍体，有自发加倍、融合重排的现象，并常常产生非整倍体。故又提出了C途径，其特点是生殖核和营养核共同参与花粉孢子体的形成。

12.5.2　花药采集与消毒

花药采集时期与培养成败有很大关系。一般讲，外观上从现蕾初期到开花初期的培养成功率较高。解剖上，处于四分体时期到单核期或单核靠边期为好，镜检之后还应从外形上找出形态特点（如花瓣、花萼长短等）作为标志。

用单核后期的花粉进行培养，较易取得成功。花粉发育时期，一般通过染色压片镜检确定。不同染色剂对不同植物种类的效果不一样，多数植物花粉可用碘化钾、卡宝品红、乙酸洋红染色；有些木本植物染色困难，可用PICCH（丙酮-铁-洋红-水合二氯乙醛）效果较好。关键是找出小孢子发育时期与花药外形的相关性，以便选取外植体。如金花茶（*Camellia nitidissma*）花药呈白色时，小孢子发育处在四分体以前；淡黄色时处于单核各个时期；黄色时为单核期至双核期；橙黄色时已为双核期。金花茶花药培养以淡黄色时为宜，此时花蕾横径为1.2~1.5cm。在一朵花中如花药多数，其发育程度也不一样，有的由内向外成熟，如金花茶；有的由外往内成熟，如牡丹。接种时应选择多数花药处于单核期。恶劣天气如高温、低温对花药发育带来影响，如炎热天气会引起橡胶小孢子死亡。所以取材时最好选择天气较好时进行。如接种材料需到外地采集或要经过长途运输，需注意保湿和材料的干净，避免污染，如不能马上接种，应密封放在4℃冰箱中保存，以抑制小孢子进一步发育。

材料在消毒之前，用石蜡封住花蕾柄断口，防止消毒时乙醇渗入杀死小孢子。具体做法：把石蜡放到小烧杯中，加热至120℃左右，石蜡全部熔解，把花蕾柄断口浸入石蜡中数秒钟，让石蜡封住花柄导管，然后用自来水冲洗4~5次，75%乙醇消毒30s，再用0.1%氯化汞（升汞）消毒处理5~6min，最后用无菌水冲洗4~5次，清除花蕾上残留的药剂。乙醇和升汞处理时间的长短，可根据材料不同而异，一般花蕾大、苞片多且厚，消毒处理时间可长一些；花蕾小、苞片少且薄的处理时间应短一些。对有些不能很好消毒的花蕾，开始可将花药接种在加入抗生素的培养基上，如氨苄西林对革兰氏阴阳细菌都有较好拮抗作用，使用浓度为100mg/L。

12.5.3 培养基

在花药培养已成功的树种中，脱分化培养基多用MS培养基，如金花茶；或经修改的MS培养基，如橡胶所用的MB培养基（MS大量元素和铁盐及Bourgin和Nitsch烟草培养基中的微量元素和有机物质）（陈正华 等，1979）。在花药培养常用的几种培养基中，MS培养基不仅铵离子浓度较高，而且无机盐的总量也较多，这对某些植物的花粉发育成胚可能是必需的。然而少数种如葡萄脱分化培养基宜用改良B_5培养基，柑橘用N_6培养基。但无论哪一种植物，花粉形成愈伤组织再进一步分化成胚状体，大多采用MS培养基。至小植株形成阶段，则需将胚状体转移到无机盐浓度低的成苗培养基中（表12-5）。下文对培养基中的一些成分做进一步具体分析。

表 12-5 不同植物的花药培养基及培养效果

种 类	培养基（mg/L）	培养结果	培养天数（d）
枸 杞	1. MS+KT 0.5~1, 2,4-D 0.2~2, 蔗糖3%~5% 或MS+KT 0.2~1, NAA 0.1, IAA 1, 蔗糖3%~5% 2. MS+IAA 0.1, GA_3 0.1~0.5, 蔗糖3% 3. MS+IAA 0.1%~0.5%, 蔗糖3%	$2n$=12, 愈伤组织 胚状体 分化芽 生根	30 30 20~30
杨 树	1. MS+KT 2, 2,4-D 2, 蔗糖3% 2. MS（大量元素1/2）+BA 1, NAA或IAA 0.2~0.5, 蔗糖2% 3. MS（大量元素1/2）+KT 1, NAA或IAA 0.2~0.5, 蔗糖2% 4. MS（大量元素1/2）+NAA 0.8, IAA 0.2, 蔗糖2%	$2n$=19, 愈伤组织 丛生芽 壮苗 生根	30~40 20~30 20
橡 胶	1. 改良MB+KT 1, 2,4-D 1, NAA 1, 椰乳5%, 蔗糖7% 2. 改良MB（微量元素×2），KT 0.5~1, NAA 0.2~0.5, GA_3 0.5, 蔗糖7%~8% 3. MS（大量元素4/5）, GA_3 1~4, IAA 1~2, 蔗糖4%~6%, 5-溴尿嘧啶1~2	$2n$=18, 愈伤组织化 胚状体 小植株	50 60~90 30~40
葡 萄	1. 改良B5+BA 1.5~2, 2,4-D 0.5, 蔗糖3% 2. 改良B5或MS+BA 0.5~4, Na 0.2, 蔗糖2%, LH 500 3. MS（大量元素1/2）+BA 0.1, NAA 0.1, 蔗糖2%, LH 500	an=19, 愈伤组织 胚状体 小植株	30 20 60
楸 树	1. MS+KT 2, 2,4-D 2, 蔗糖3%, LH 100 2. MS+BA 1, NAA 0.5, 生物素4, 胰岛素8, 蔗糖2% 3. MS（大量元素1/2）+IAA 1, IBA 0.2, 蔗糖2%	$2n$=17, 愈伤组织 小植株 小植株生根	25~50 约100 20
柑 橘	1. N_6+KT, BA 2, 2,4-D 0.5~2, 蔗糖8% 2. MS+BA 2, IAA 0.1, 蔗糖2%, LH 500 3. MS+IAA 0.1, GA 1~4, 蔗糖2%, LH 500	$2n$=9, 小胚状体 大胚状体 小植株	70 20

（续）

种 类	培养基（mg/L）	培养结果	培养天数（d）
枳 壳	1. MS+KT 0.2~2，IAA 0.2，蔗糖2% 2. MS+蔗糖2%	$2n=9$，胚状体 小植株	28
七叶树	1. 改良MS+KT 1，2,4-D 1，蔗糖2% 2. 改良MS+蔗糖2%	$2n=20$，胚状体 小植株	56
金花茶	1. MS+BA 1，KT 0.2，NAA 0.5，MS+BA 0.1，KT 0.2，2,4-D 0.5 2. MS+BA 1，NAA 0.5	愈伤组织 胚状体	20~30

注：① 改良 MB：KNO_3 950，KH_2PO_4 510，$MnSO_4 \cdot 4H_2O$ 10，H_3BO_3 12，叶酸 1，其余同 MB（即 MS 大量元素和铁盐及 H 培养基微量元素及有机物质）
② 改良 B_5：KNO_3 2500，$(NH_4)_2SO_4$ 150，$MgSO_4 \cdot 7H_2O$ 250，$CuSO_4 \cdot 5H_2O$ 0.25，$CoCl_2 \cdot 6H_2O$ 0.25，其余同 B_5 培养基
③ 改良 MS：MS 有机物质改变

①氮源　氮素是无机盐中较重要的一种成分，不同种的植物对培养基中氮素的浓度及化学状态要求可能是不同的。如从水稻筛选出的N_6培养基减少了培养基中铵离子浓度，同时提高了硝态氮含量，显著地提高了花粉愈伤组织的诱导率。在木本植物中这方面的报道还十分缺少，但对三叶橡胶的研究表明，为了使小孢子发育成胚状体，NH_4NO_3以保持MS培养基的水平为宜，而降低KNO_3的浓度有利于胚状体的发育，如KNO_3降至MS培养基的1/2含量，其他因子保持MS培养基的水平时，胚状体的诱导率由25%提高到40%（陈正华 等，1982；钱长发 等，1982）。试验表明，胚状体的诱导要求较高的总氮量（以708.1~840.7mg/L为宜），而花药体细胞愈伤组织的诱导却相反，在总氮量降至420.14mg/L时，花药愈伤组织诱导率达80%以上，但从这些愈伤组织化花药中仅能得到极少的花粉胚状体，甚至不能得到胚状体。

②其他无机成分　三叶橡胶分化培养基试验表明，KH_2PO_4含量的提高对小孢子发育成胚状体是有利的，当KH_2PO_4提高到MS培养基的3倍（510mg/L）时，胚状体诱导率可显著提高（钱长发 等，1981）。在微量元素中，$MnSO_4 \cdot 4H_2O$以较低水平为宜，可将MS培养基中的含量减少1/2即10mg/L，而H_3BO_3可增至MS培养基含量的1倍左右，这样可提高胚状体的诱导率。三叶橡胶分化培养基中的无机盐、大量元素可与脱分化的培养基相同，而微量元素增加1~2倍可提高胚状体的诱导率。

③有机成分　不同科、属、种的木本植物花粉植株诱导过程对培养基中有机成分有着特殊要求。有些种如在培养基中加入适当的有机成分，往往可使花粉胚状体及小植株诱导率显著提高。就加入有机成分的种类而分，大体有两类：一是除加入常规的有机物质外，还要加入水解乳蛋白（LH）或水解酪蛋白（CH）。如葡萄、柑橘等果树在花药培养的分化培养基中均需加入CH或LH，用量为200~500mg/L，这样才能形成花粉胚状体，或完整的小植株。二是加入较高浓度的维生素及其他有机物质的组合，如七叶树的花药培养脱分化培养基是用MS培养基的无机成分，同时加入盐酸硫胺素2mg/L、烟酸5mg/L、泛酸盐10mg/L、肌醇100mg/L、CH 200mg/L才能使花粉胚状体诱导成功（Radojevie，1978）。三叶橡胶的脱分化培养基中加入1mg/L的叶酸有利于花粉胚状体的形成（钱长发 等，1982）。加入椰子乳对三叶橡胶药壁体细胞愈伤组织有抑制作用，但适量（5%~10%）的椰子乳对花粉胚状体的形成有良好的作用（陈正华，1979）。

④蔗糖　除作为主要的碳素来源外，也是渗透压的调节剂，在花粉诱导中起着重要作

用。在花药培养已成功的木本植物中，脱分化培养基的蔗糖浓度大体可分为3种类型：第一种是蔗糖浓度在3%以下，如杨树、葡萄、七叶树等。第二种是蔗糖含量偏高，在5%以上的，如三叶橡胶、柑橘、枳壳等。金花茶试验表明，在低蔗糖浓度下，20d以内小孢子基本上全部死亡；在10%~15%蔗糖浓度，小孢子存活仅40d；在10%蔗糖浓度，可见由小孢子形成多细胞团和胚状体；在20%浓度时，90d仍有许多小孢子成活，但只发现细胞核的分裂而未见到多细胞团和愈伤组织的出现。高糖（15%以上）对花药愈伤组织的形成有强烈的抑制作用（程金水 等，1994）。第三种是一些适应范围较广的种，如苹果在蔗糖浓度2%~8%，三叶橡胶在蔗糖浓度2%~10%时都可脱分化形成愈伤组织。

⑤激素　在木本植物花药脱分化培养基中必须加入细胞分裂素与生长素，缺少其中之一均不能成功。由于树种不同，所用激素种类和浓度又有所区别。可分3种类型。第一种类型是脱分化培养基中的细胞分裂素仅用激动素KT，而不用6-BA，如三叶橡胶花药培养KT诱导花粉胚的作用优于6-BA，如加入2,4-D的同时补加NAA 1mg/L，有利于花粉多细胞球的形成。在楸子的培养中，加KT与2,4-D各1mg/L时可产生胚状体（Radojevie，1978）。而枳壳在加入KT 1mg/L同时仅加入IAA 0.4mg/L即可诱导出胚状体。第二种类型是脱分化培养基分裂素仅用6-BA而不用KT，如葡萄，6-BA 1mg/L与2,4-D配合，愈伤组织诱导率最高；在金花茶花药培养中，6-BA 1mg/L与NAA 0.5mg/L配合，观察到胚状体的形成。第三种类型是花药培养脱分化培养基中KT或6-BA与2,4-D配合使用均可产生花粉胚状体，如柑橘。

在分化培养基中，细胞分裂素对愈伤组织形成芽原基以及对胚状体苗的正常分化起着十分重要的作用。三叶橡胶在KT 0.5~1mg/L中同时加入GA_3 0.5mg/L与NAA配合使用，能显著提高胚状体的诱导率。杨树花粉植株的分化分两个步骤进行：第一步是在分化培养基中加入6-BA 1mg/L与NAA或IAA 0.2~0.5mg/L，分化芽较多但较细弱；第二步是将长满芽的愈伤组织转入KT 1mg/L与NAA或IAA 0.2~0.5mg/L配合使用，结果使一些壮芽长成了壮苗。成苗培养基激素含量因树种而异。在已报道的树种中，多以加入生长素为主。在三叶橡胶的成苗培养基中，GA_3 1~4mg/L与IAA 0.5~1mg/L配合使用，对胚状体生根有明显的促进作用，而5-溴尿嘧啶0.5~1 mg/L与GA_3、IAA配合使用有利于小植株的抽茎，并抑制胚状体愈伤组织化。杨树仅在成苗培养基中加入NAA与IAA即可诱导生根。楸树则需加入IAA与IBA才可生根，枳壳和七叶树转入不加任何激素的培养基中即形成完整的小植株。

12.5.4　花药培养操作技术

花药培养就是通过无菌操作，把花药接种在试管（或三角瓶）里的人工培养基上，依靠培养基里的各种营养物质，改变原来的分化方向（脱分化）并长成新的幼苗（再分化）。

①培养基配制　对各种微量成分应事先配成50倍或100倍的母液，对大量元素配成10倍或20倍母液，在冰箱中存放备用。每次用移液管吸取一定数量加入先溶化了琼脂和蔗糖的溶液中，煮沸后，分装入试管或三角瓶中，每支装20~30mL。

②灭菌　花药离体培养必须在无菌条件下进行。对培养基和所用一切器皿用具，如试管、三角瓶、培养皿、棉塞、蒸馏水等都要进行灭菌，琼脂培养基装进试管后，放高压灭菌锅中加压至0.5大气压（1标准大气压=1.01×10^5Pa）后放出冷空气，再加压至1.1大气压，保持20min，温度超过120℃时易破坏培养基成分；对玻璃器皿的灭菌可加压至2大气压，保持0.5h。

③接种花药　接种室或接种箱，先用紫外灯照射0.5h。在超净工作台上取出花药，迅速放入试管中，用接种针拨放至适当位置，然后封瓶。所用接种针、小刀等用具在酒精灯火焰上消毒。

④接种后的培养　培养室温度以16～25℃为宜，每日用日光灯照明9～11h。小麦在30d后，水稻在20d后，即可陆续看到愈伤组织从花药中生长出来。多数情况下，长出愈伤组织后，还要往分化培养基里转移一次，促使其分化出芽和根。

12.5.5　培养条件

①温度　在花药培养过程中，温度是一个十分重要的因子。目前已成功的几种木本植物花药培养适宜的温度多在20～28℃范围内，但不同树种在不同培养时期对温度要求又略有不同。如三叶橡胶、枸杞、七叶树及柑橘在25～28℃的范围内培养较为适宜，而苹果、葡萄则在25℃左右培养较为适宜。金花茶花药培养试验表明，花药体细胞在高温下生长很快，所以，在培养开始阶段以较低的温度20℃左右为宜；10d后适当提高温度至25℃左右，这样有利于小孢子的启动和分化。在高温（30℃左右）下进行花药培养对胚状体及愈伤组织的分化有明显不利影响。在三叶橡胶中发现30℃左右的高温会使较多的胚状体中途败育，导致胚状体的诱导率降低；存活的胚状体体积小，多为圆球形。解剖学观察表明，在激素的共同作用下，高温会使胚状体的胚根极与苗极发育失去平衡，胚根极细胞分裂较苗极旺盛，根原基体积大；而苗极发育受阻，甚至停滞，顶芽原基不能形成。这种胚状体转移到成苗培养基后，只能形成一条发达的主根；而苗极仅为一个分化不完全的绿色区，有些形成一个畸形的胚状体，不能形成完整的植株。而在25～27℃的恒温下，发育正常的胚状体比例大大增加。

②光照　木本植物花药培养要求的光照条件和其他草本植物一样，一般在培养中用日光灯补充光照，每日10～12h，夜间黑暗。但不同物种及其花药培养的不同阶段对光的反应是不同的。一般来说，较多的树种的花药接种在脱分化培养基上后并不需要强的光照。例如，金花茶花药培养表明，强光对愈伤组织的形成有强烈的抑制作用，在直射灯光下（1500～2000lx），接种在培养基上的花药生长缓慢，药壁逐渐变黄，最后变褐死亡，没有发现愈伤组织的形成。在散射灯光下（100～200lx）培养，25d以后花粉愈伤组织从药壁膨出，愈伤组织质地致密，呈淡黄色或浅绿色。有些树种在黑暗条件下进行培养，反而有利于花粉愈伤组织或胚状体的形成。据报道，葡萄、苹果及枸杞属的花药在黑暗条件下愈伤组织诱导率较光照下高。然而，在胚状体分化阶段，一般需放在有光条件下培养，但对光照强度要求又因树种而异，如杨树、三叶橡胶、枸杞等在这一阶段无须强光，用10～12h补充光照即可。而葡萄花粉胚状体的分化阶段则需加强光照，并延长光照时间，每日照明16h。在小植株形成阶段需较强的光照，如三叶橡胶的胚状体转入成苗培养基后，光照强度在2000lx以上，葡萄在这一时期，以日夜连续进行光照效果较好（邹昌杰 等，1981）。

12.5.6　染色体加倍

花粉植株染色体加倍可在两个阶段进行，一是在试管内的培养阶段进行；二是在花粉植株定植后进行。

在培养基中进行的染色体加倍也可分为两种方法，第一种方法是通过愈伤组织或下胚轴切段繁殖，使之在培养过程中自然加倍。枸杞的花粉植株就是用这种方法加倍的。即首先将子叶期的胚状体转移到含GA_3的培养基上，使子叶下胚轴伸长，然后将伸长的下胚轴切成1mm长的切段，再转移到含6-BA 0.5mg/L、NAA 0.8mg/L的培养基上培养，约10d，切段开始形成愈伤组织，约20d愈伤组织表面变为白色，呈绒毡状，即开始分化形成绿苗。经2个月即长成无根的绿苗，这时即有相当一些苗染色体加倍（樊映汉，1982）。第二种方法是在培养基中加入一定浓度的秋水仙碱，使愈伤组织或胚状体加倍，但这样做往往会影响胚状体的诱导率及小植株的分化率，因此，必须找出适宜的秋水仙碱处理浓度。据报道，杨树在分化培养基中加入20mg/kg秋水仙碱，愈伤组织分化率为对照的90.20%，而染色体加倍率提高36%（吴克贤 等，1981）。

在幼苗定植以后，随着树体的生长，染色体有自然加倍的趋势，但如果这些花粉植株在自然加倍的过程中辅之人工加倍的措施，有可能加速细胞二倍化的过程。加倍方法详见多倍体育种。如果培养所得小植株中有的来源于体细胞而不都是来源花粉，则最好不要在培养基中进行染色体加倍，在移栽成活后，用毛细管法进行人工加倍时，加倍率比对照高出23%，总加倍率可达67.39%（吴克贤 等，1981）。

单倍体的鉴定方法：①观察器官：单倍体植株一般矮小。②观察细胞：细胞及细胞核都较小。③检查气孔保卫细胞及叶绿体数目，一般单倍体叶片和气孔都较小，叶绿体较少。④观察染色体数：镜检根尖、茎尖分生组织染色体数。

12.5.7 小植株移栽与培育

在花粉植株已诱导成功的木本植物中，移栽成活的树种有杨树、三叶橡胶、楸树、苹果、枸杞和葡萄。

花粉植株的移栽往往不易成活，原因是花粉植株需要有一个由他养至自养的适应过程。苗从试管中移出时，缺少发达的根系，不能从土壤中大量吸收养分。特别是三叶橡胶这种自身有巨大胚乳的植物，其花粉植株和种子实生苗相比缺少胚乳，因而苗较衰弱。再者，试管苗从无菌状态移到田间后，易受病菌侵染，常常造成苗的死亡。为了使小植株移栽成活，需注意以下一些问题。

①培育花粉植株具有良好的根系。为了使苗在试管中长出新的侧根，在培养基中应加入NAA、IAA、IBA等生长素。例如，诱导三叶橡胶花粉植株的根系，培养基中应加入NAA 0.2mg/L或IBA 0.5mg/L。诱导杨树的根系可加入NAA 0.01~0.05mg/L。而对苹果可加入IAA 1mg/L及IBA 0.2mg/L可促进根系的发育。此外，三叶橡胶还需对花粉植株进行浸根处理，即在移栽前从培养基中取出苗，洗净琼脂后用IBA和IAA各20~35mg/kg的混合液浸根15~30min，浸根后在1~2min内即栽入土壤中。这一措施对移栽后根系发育有良好的作用。

②在试管中培育壮苗，杨树细弱的小苗很难移栽成活，因此要求苗在试管中长至4~5cm，且达到半木质化时再诱导发根。壮苗的标准是主茎明显，木质化程度高（陆志华 等，1978）。三叶橡胶是在第一蓬真叶充分生长达到"定型"并呈深绿色时才可移栽（许绪恩，1980）。为使木本植物花粉植株移植成功要特别注意栽前的"锻炼"，即在移栽前打开试管盖在日光下晒苗2d后再进行移栽，这在三叶橡胶中效果较好（陈正华 等，1981）。

③需将苗栽入结构良好的土壤中，且不可过湿。楸树花粉植株移栽是用沙培过渡的办

法，即在15~20℃田间下沙培20d，然后栽入土壤中（关锋云 等，1981）。三叶橡胶是用肥沃土壤与河沙（4:1）混合，放入筐中将花粉植株栽入（许绪恩 等，1980）。杨树花粉植株移栽时，用沙土、黄土及黑土各1份的混合土壤，并先用0.4%Fe_2SO_4处理12~24h（朱湘渝 等，1980）。

④移栽后的温度与湿度管理，各种树木花粉植株移栽时要求的温度不同。杨树花粉植株移栽时要求温度不可过高，室内温度以20℃左右为宜。而三叶橡胶则以温度在25℃为宜，并配合较强的光照。移栽后的花粉植株均需用玻璃罩罩好，以保持空气湿度，玻璃罩的时间长短，因不同树种而异。如杨树1周即可；三叶橡胶要经历1个月至1.5个月，每天要打开罩子换入新鲜空气，待发出新叶后，始可栽入苗圃中。

12.6 染色体工程概述

染色体工程是指按照设计，有计划削减、添加和代换同种或异种染色体的方法和技术。

12.6.1 单体与缺体

削减1条染色体即$2n-1$称为单体，削减2条的即$2n-2$称为缺体。以小麦为例，$2n=6x=42$，单体为41，其形成的配子分别为20和21。三倍体小麦与六倍体小麦杂交后，杂种中就会出现正常小麦和单体小麦。单体小麦自交后可产生$2n=40$的缺体小麦，其频率约占3%。用花粉培养方法诱导正常小麦产生三倍体，经过受精可以直接获得缺体和单体。单体系统和缺体系统是研究多倍体植物基因定位的基础材料，也是创造代换系统的基础材料。

12.6.2 三体

添加1条染色体，即$2n+1$称为三体，可能是由于减数分裂不规则或个别染色体断裂造成的。三体植物产生的配子中应有$n+1$染色体的类型（胡含，1991），与二倍体植物雄配子（n）授精，产生的合子数为$2n+1$，发育成三体植物。现在曼陀罗、玉米、大麦、黑麦、水稻、棉花、番茄、金鱼草都已得到三体系统。三体系统是二倍体植物基因定位的基础材料。

12.6.3 异附加系

细胞中添加异种染色体的系统统称异附加系。以小麦—黑麦附加系为例，首先将黑麦与小麦杂交，使染色体加倍，得到$8x$小黑麦（AABBDDRR，$2n=56$）。小黑麦与小麦AABBDD（$2n=42$）回交2次，可以获得异二体附加系AABBDD+$2r$（$2n=44$）和异一体附加系AABBDD+$1r$（$2n=43$）。如育成的小麦附加蓝天冰草的异附加系抗秆锈病和叶锈病。

12.6.4 异代换系

一种植物的一对染色体被他种植物的一对染色体所代换而成的新类型称为异代换系。创造异代换系的基本材料是缺体植物和异附加系。如育成的冰草染色体替代的小麦染色体3D的异代换系，能抗15种秆锈病生理小种，有黑麦6R的小麦代换系抗白粉病。

12.6.5 易位系

通过代换或异附加异源染色体,建立异源易位系可能将异源染色体上的有利基因转入栽培植物中,减少或避免不利基因的作用。如选用$8x$小黑麦与普通小麦杂交,通过花粉(花药)培养,获得单倍体植株,在此过程中常发生染色体断裂、融合和重排等现象,可直接获得易位系(郝水、胡含,1991)。如小偃6号具有两个堰麦染色体的小麦易位系,能抗各种锈病、耐干热风、丰产,已在生产上大面积推广应用。

(程金水　贾桂霞)

思考题

1. 多倍体有何特点?在生物进化中的意义何在?
2. 自然界多倍体是怎样形成的?人工诱导多倍体的方法能否借鉴?
3. 用什么植物材料诱导多倍体效果较好?
4. 体细胞多倍化与性细胞多倍化有何区别?
5. 自然界有单倍体吗?与多倍体的特点相比,单倍体育种有何独到的意义?
6. 花粉离体萌发的正常路径是花粉管(配子体);如何改变培养条件,使花粉产生愈伤组织,或发育成胚状体?
7. 影响花粉发育成胚状体的主要因素有哪些?
8. 多倍体在株型、气孔、花粉大小、染色体数等方面存在差异,如何选择合适的鉴别方法?
9. 试述从重要园林植物的遗传图谱和基因定位,来预测染色体工程(非整倍体)在园林植物育种上的潜力。

推荐阅读书目

木本植物组织培养及其应用. 1986. 陈正华. 高等教育出版社.
Advances in Haploid Production in Higher Plants. 2010. Touraev A. Springer
Plant Cell Culture Technology Vol. 23. 1986. Yeoman M. M. Botanical Monographs.

第13章 分子育种

[本章提要] 分子育种包括分子标记辅助选择和基因工程。前者是从质量性状或数量性状的表型选择,过渡到分子标记(位点)的选择,正在向基因选择迈进。后者包括从目的基因的分离与鉴定、与载体的连接、受体植物的遗传转化、转基因植物的再生与鉴定等一系列的过程。需要注意的,一是目的基因与载体的不同连接方式,会对内源或外源的目的基因的表达产生促进或抑制等完全不同的作用;二是有效的遗传转化体系依然限制着多数重要园林植物的基因工程;三是导入目的基因的转基因植物更像是一份种质资源,从转基因植株到商业化品种,还要经过法定的、严格的生物安全性检测。

自然条件下,植物变异频率小与人类需求量大相矛盾;人工诱变虽然提高了变异频率,但盲目性较大。杂交育种虽然能弥补两者的不足,却也存在远缘杂交不亲和、物种生殖隔离等问题,导致目前园林植物育种难以满足快速发展的社会需要。

分子育种是利用分子生物学技术和基因组学信息分析和改造植物基因组,从而获得产量高和品质优的植物新品种的一种现代育种方法,包括分子标记辅助选择育种和基因工程育种两部分。分子标记辅助选择育种是筛选与目的性状紧密连锁的分子标记,从性状选择过渡到标记选择,更接近于基因选择,从而提高选种效率。基因工程又称DNA重组技术,是指将目的基因或DNA片段通过载体导入受体细胞,使受体细胞遗传物质重新组合,经复制增殖,新的基因在受体细胞中表达,最后从转化细胞中筛选有价值的新类型,再生为新品种的一种定向育种技术。与常规育种方法相比，基因工程在基因水平上改造植物的遗传物质，更具有精确性，育种速度也大大加快；能定向改造植物的遗传性状，提高了育种的目的性与可操作性；打破了物种之间的生殖隔离障碍，实现了基因在生物界的共用性。传统育种与分子育种的有效结合，必将快速推动园林植物的育种进程，届时将培育出大批花色丰富、抗逆性强、形状各异的园林植物。

13.1 分子育种概述

园林植物在世界范围内具有重要的经济和文化价值，可以美化人们的生活环境。如今，分子育种被认为是改良物种的有效工具。分子标记辅助育种和基因工程育种作为分子育种的核心，克服了传统育种方法耗时长、可预测性差、选择效率低的缺点。然而，由于园林植物大多是复杂的多倍体，而且基因组很大，导致其基因组信息及与优良性状相关联的基因功能的研究长期落后于大型农作物。

第一个发表的植物基因组是2000年拟南芥的基因组。随着高通量测序的出现，测序技术不断进化，同时其成本不断降低，促进了许多植物的全基因组测序。目前，Oxford Nanopore MinION是一种公认的最新长读取序列技术，通常可实现超过50kb的读取长度和超过92%的单链读取准确率。这项技术的应用极大地加速了具有复杂基因组的园林植物的基因组测序。据不完全统计，现在约400种植物已完成全基因组测序，包括园林植物中的梅花、月季、菊花、香石竹、报春、马兰、矮牵牛、长寿花、桔梗等。随着这一进展，为园林植物多样性研究和分子育种提供了更丰富的遗传数据，使育种学家能够在遗传学、基因组学和分子育种领域进行全面的多维研究。这将为更多园林植物的育种带来新的发展机遇和动力。

经过近30年的发展，已成功从园林植物中克隆了许多重要的功能基因，采用农杆菌介导法和基因枪法进行了多种园林植物的遗传转化，获得了矮牵牛、香石竹、菊花、百合、石斛、月季、唐菖蒲、郁金香、仙客来、安祖花、草原龙胆、金鱼草等园林植物的转化体系和转化植株。在花色、采后保鲜、株型、香味等方面取得了重要进展。

在控制花色方面，可以通过影响花色素代谢的两类基因来改变花的颜色：一类是不同植物共同具有的结构基因，它直接编码花色素代谢生物合成酶；另一类是控制结构基因表达强度和方式的调节基因。其中参与花色素代谢的结构基因，如编码查耳酮合成酶（CHS）、查耳酮异构酶（CHI）、黄烷酮-3-羟基化酶（F3H）、类黄酮-3′,5′-羟基化酶（F3′5′H）、二氢黄酮醇-4-还原酶（DFR）、花青素合成酶（ANS）、类黄酮3-O-糖基转移酶（3GT）等的基因已被克隆。园林植物中蓝色花卉的品系很少，特别是一些重要的园林植物，如月季、百合、菊花、香石竹、郁金香等均缺乏蓝色的品种，因此，培育蓝色花卉成为育种的主攻目标之一。编码F3′5′H的基因（$Hf1$, $Hf2$）是培育稀有蓝色花卉的关键基因，人们将编码F3′5′H的基因引入香石竹和月季品种里，促使花色素苷的合成转向翠雀素糖苷的合成方向，从而使花变为蓝色。澳大利亚的Florigene公司从矮牵牛杂交品种中克隆到编码F3′5′H的基因，转化香石竹，在花瓣中高度表达，获得了开紫色花的香石竹。商品名为"Moondust™"的紫罗兰色香石竹已经在澳大利亚和日本市场上出售。该公司与日本Suntory公司合作，先用RNAi技术抑制内源DFR基因的表达，同时导入三色堇的$F3′5′H$和鸢尾的DFR基因，得到了花瓣中含有翠雀素的转基因蓝色月季,该品种于2009年11月在日本上市。2023年,Suntory公司继"Moon"系列蓝色香石竹和"Applause"系列蓝色月季后,再次推出蓝色菊花"BluOcean"系列,该系列同样是通过转基因增加了翠雀素的含量。这些蓝色的转基因园林植物充分地体现了分子育种给人们带来的奇迹(图13-1)。

图13-1　蓝色转基因花卉

A.蓝色转基因香石竹"Moon"系列　B.蓝色转基因月季"Applause"　C.蓝色转基因菊花"BluOcean"系列

新奇花色的开发是基因工程应用在园林植物上的成功案例,其他一些特性如花的寿命、形态、气味、抗病性等也都成了分子育种的目标。目前延缓花卉衰老的基因工程主要集中于控制乙烯的生成与释放。通过导入反义ACC合成酶基因及反义ACC氧化酶基因可阻止乙烯生化合成,延长花期和鲜切花的寿命,目前该基因已在香石竹、矮牵牛等植物中获得成功转化。同时,降低花卉对外源乙烯的敏感性比降低花瓣中乙烯的生物合成将更有意义。将拟南芥显性突变体etr1-1的等位基因转入野生型植株中,已得到对乙烯完全不敏感的转基因植株。目前已在香石竹、矮牵牛等花卉中转入该基因,研究表明在转入ETR1的转基因香石竹可以同时抑制其对外源与内源乙烯的敏感性。

园林植物株型也是重要的观赏性状之一,日本利用Ti质粒把rolC基因导入植株,育出株矮、花芽多的土耳其桔梗和牵牛花,在土耳其桔梗上效果特别明显,表现为节间缩短,株高矮化20%~60%。

花香研究起步虽晚但也越来越受到关注,2004年荷兰科学家从草莓和香蕉中克隆了香味形成的重要基因乙酰转移酶基因(AATs)并转化到矮牵牛中,检测到了该基因的稳定表达;此外,荷兰科学家还克隆了ODORANT1基因并研究了其对香味形成的重要作用。

13.2 分子标记辅助选择

传统育种是通过表现型对基因型进行间接选择的,分子标记为实现对基因型的直接选择提供了可能,因为分子标记的基因型是可以识别的。如果目标基因与某个分子标记紧密连锁,那么通过对分子标记基因型的检测,就能获知目标基因的基因型,这种方法称为分子标记辅助选择(marker assisted selection,MAS)。

13.2.1 分子标记

目前用于辅助育种选择和种质资源遗传多样性评价的分子标记主要有:RFLP(restriction fragment length polymorphism)、RAPD(random amplified polymorphic DNA)、AFLP(amplified fragment length polymorphism)、SSR(simple sequence repeat)、SNP(single nucleotide polymorphism)。尽管在过去20多年园林植物分子标记辅助选择的研究中,已经开发了很多关键园林植物的分子标记,但迄今为止应用较多的主要是SSR和SNP分子标记。比如,马蹄莲(*Zantedeschia rehmannii*)中使用Illumina® HiSeq™ 2000进行转录组分析,检测到近10 000个SSR标记和7000多个SNP标记,这些分子标记将会在马蹄莲的育种中辅助选择重要的性状。

13.2.2 质量性状的标记辅助选择

一般质量性状的表现型与基因型之间通常存在清晰的对应关系,无须借助分子标记。但对于一些表现型的测量技术难度较大,或测量进程有严格的时间限制(如对于种子进行选择),或除目标基因外,对基因组的其他部分进行选择时,以及有些质量性状受主基因控制,受微效基因的修饰作用,易受环境的影响,表现出类似数量性状的连续变异时,采用MAS可提高选择效率。

标记辅助选择可应用于前景选择(foreground selection)、背景选择(background selection)、基因聚合(gene pyramiding)、基因转移(gene transfer)或基因渗入4种不同的选择方式。

①前景选择 是对目标基因的选择,也是标记辅助选择的主要方面。其可靠性主要取决于标记与目标基因间连锁的紧密程度。若只用一个标记对目标基因进行选择,则标记与目标基因间的连锁必须非常紧密,才能达到较高的正确率。

②背景选择 是对基因组中除了目标基因外的其他部分(即遗传背景)的选择。它的对象包括了整个基因组,是一个全基因选择的问题。通常通过绘制一张完整的分子标记连锁图来进行选择。

③基因聚合 是将分散在不同品种中的有用基因聚合到同一个基因组中。多用于抗病育种中将抗不同生理小种的抗病基因聚合到一个品种中,使其具有多抗性。

④基因转移或基因渗入 是指将供体亲本(一般为地方品种、特异种质或育种中间材料等)中的目标基因转移或渗入到受体亲本(一般为优良品种或杂交品种亲本)的遗传背景中,从而达到改良受体亲本个别性状的目的。通常采用回交的方法,即将供体亲本与受体亲本杂交,然后以受体亲本为轮回亲本,进行多代回交,直到除了来自供体亲本的目标基因外,基

因组的其他部分全部来自受体亲本。在这一过程中，可同时进行前景选择和背景选择。

13.2.3 数量性状的标记辅助选择

植物的多数育种目标是数量性状，表现型与基因型之间缺乏明确的对应关系而造成传统育种效率不高。传统育种对数量性状选择的依据是个体的表型值（表型值选择）。数量性状的MAS通过标记值选择，或表型值与标记值构建的选择指数，以及个体的基因型值进行选择。目前对数量性状MAS的研究还主要局限在理论上，园林植物育种实际应用还不多。

基因工程包括目的基因的获得、目的基因与载体的连接、植物遗传转化、转基因植株再生与鉴定等，下文分别论述。

13.3 目的基因获得

13.3.1 PCR技术

聚合酶链式反应（polymerase chain reaction，PCR）是利用单链寡核苷酸引物对特异DNA片段进行体外快速扩增的一种方法。在模板DNA、引物和4种脱氧核糖核苷酸存在的条件下，通过在3个不同温度下所进行的变性（denaturation）、退火（annealing）、延伸（extension）等依赖性步骤完成的反复循环，利用DNA聚合酶进行酶促反应。利用PCR技术对特定条件下基因的表达进行检测，即通过mRNA差别显示（DDRT-PCR）可鉴定和分离出所需的目的基因，通过RT-PCR克隆到目的基因的cDNA区域构建cDNA文库，通过锚定PCR或反向PCR可快速克隆到cDNA末端未知区域、功能基因调控区等。可用于植物基因分离和克隆的主要有RT-PCR，以及用于cDNA末端快速克隆的RACE。

RT-PCR（reverse transcription PCR），是指以mRNA在反转录酶作用下合成的cDNA第一链为模板的PCR。合成cDNA第一链所用的反转录酶是一类依赖于RNA的DNA聚合酶。对已知cDNA序列的目的基因可通过RT-PCR技术得到所需片段。cDNA第一链的合成应根据mRNA序列的复杂性及所扩增区域的特性不同选取适宜的反转录酶和引物。当反转录完成后，以反转录所得的cDNA第一链为模板，特异序列的核苷酸进行特异性PCR扩增。

RACE（rapid amplification of cDNA ends）是一种通过PCR技术进行cDNA末端快速克隆的技术，是以mRNA为模板反转录成cDNA第一链后，用PCR技术扩增出某个特异位点到3′或5′端之间未知序列的方法。一方面，RACE是通过PCR实现的，无须建立cDNA文库，极大地节约了试验所花费的经费和时间；另一方面，RACE能产生大量的独立克隆用以测定核苷酸序列。

13.3.2 基因组文库或cDNA文库技术

基因文库（gene library）是指某一生物类型全部基因的集合。这种集合是以重组体形式出现。某生物DNA片段群落与载体分子重组，重组后转化宿主细胞，转化细胞在选择培养基上生长出的单个菌落（或噬菌斑、或成活细胞）即为一个DNA片段的克隆。全部DNA片段克隆的集合体即为该生物的基因文库。

在复杂的染色体DNA分子中，单个基因所占比例十分微小，要想从庞大的基因组中将其分离出来,一般需要先进行扩增,所以需要构建基因文库。基因文库构建包括以下基本程序:①植物DNA提取及片段化,或是cDNA的合成;②载体的选择及制备;③DNA片段或cDNA与载体连接;④重组体转化宿主细胞;⑤转化细胞的筛选。当获得了含重组体的宿主细胞时,即完成了基因文库的构建。

文库的构建只是分离目的基因的基础,接着从文库中用下述4种方法进行目的基因筛选:①核酸杂交法(southern blot),适用于大量群体的筛选,可同时快速筛选克隆数目极大的文库。不管文库中所含的序列是否是全长,也不管是否表达,均可被同时检出,因而核酸杂交法是常用的可靠方法。②PCR筛选法,遵从PCR反应的基本原理及反应条件,所不同的是通过混合克隆的PCR,以尽可能少的PCR反应次数从含有成千上万个克隆的基因文库中筛选出目的(阳性)克隆。具体做法是采用"反应池"策略,使用由8×12孔组成的96孔微反应板,横向阳性池与纵向阳性池交叉的孔为阳性单克隆。对选出的阳性克隆还需要进行一次高特异性的PCR反应,以排除假阳性的可能。③免疫学检测法,是使用抗体探针通过检测重组克隆表达出的蛋白质来筛选目的克隆。抗体探针只适用于表达文库的筛选,并只能筛选出表达了的克隆。④DNA同胞选择法,是按矩阵分置亚库,通过mRNA与cDNA杂交后释放出mRNA,使其在无细胞蛋白合成体系中翻译,然后对翻译产物进行免疫沉淀、PAGE电泳鉴定或活性分析等来筛选目的克隆,该方法要求全长cDNA,一般只是在无其他筛选方法可用或表达产物很小时才使用。

13.3.3　组学分析

目的基因的获得可以通过转录组(transcriptome)分析、蛋白组(proteome)分析和多组学(multi omics)联合分析。转录组是指某一生理条件下,细胞内所有转录产物的集合。不同样本之间(不同的组织或不同的处理方法等)表达差异的那部分基因与不同样本的特殊表型紧密相关,因此从差异表达基因中可以筛选获得目的基因。一方面可以直接通过差异基因的GO(gene ontology)和KEGG(kyoto encyclopedia of genes and genomes)富集分析找到关键的功能、通路以及相关基因;另一方面可以通过基因的表达量构建基因共表达模块(gene co-expression module),然后将共表达模块与性状关联,从关注的表达模块中筛选与性状相关的目的基因。最后根据转录组中目的基因的序列信息,利用PCR技术克隆目的基因。

蛋白组是指细胞内全部蛋白质的存在及活动方式,即基因组表达产生的总蛋白质统称蛋白组。由于基因功能最终是以蛋白质的形式表现,所以仅有转录水平的信息有时不足以揭示基因在细胞内的确切功能,因此细胞功能蛋白组的信息在基因功能鉴定上具有重要作用。其策略是从基因的功能信息出发,以生物某性状的基本生化过程及生化特征为依据,寻找产生该生化特征的蛋白质基础,然后分离纯化功能蛋白。获得了纯化的功能蛋白后,一方面可对目的蛋白一级结构的多肽链进行氨基酸序列分析,获得基本的氨基酸序列信息后,或者是合成PCR引物,通过PCR扩增分离此目的蛋白的基因;或者合成寡核苷酸探针,通过核酸分子杂交从基因文库中分离此目的蛋白的基因。另一方面是用纯化的目的蛋白为抗原,制备高特异性抗体,利用抗体探针通过免疫反应从表达型基因文库中分离此目的蛋白的基因。

多组学是相对于单一组学而言的,如将从基因组、转录组、蛋白质组、代谢组等不同分子层面大规模获取的组学数据进行整合分析。这些组学之间具有上下游的关系,DNA水平的基因组学处于最上游，决定了物种特定的相对保守的基因序列。但基因有时候不能完全决定对应的表型，因为表观遗传修饰、转录、翻译、环境的影响都会作用其中。所以单一组学的数据难以系统全面地解析复杂生理过程的调控机制，多组学联合分析可以更全面地探究各种生命活动的调控网络机制，一般将两个或两个以上的组学数据进行整合分析。例如，①转录组和代谢组的联合分析通常为一份材料同时送测两个组学，这样对于样本量准备会有更高的要求，普通转录组一般需要3个生物学重复，而代谢组的要求更高，需要单样本有6个生物学重复。转录组+代谢组联合分析是基于两个组学各自的标准分析结果，将差异基因和差异代谢物进行关联分析，可以在代谢通路上更好地解释转录调控机制。常规的联合分析内容主要包括转录组+代谢组KEGG富集分析、相关性分析、差异基因和差异代谢物趋势分析、典型相关性分析、限制性对应分析等内容。②转录组和蛋白质组是关系非常紧密的两个组学，可以分别从RNA水平和蛋白质水平对基因的表达进行衡量，从而获得基因表达更全面的模式图，发掘常规单个组学未能发现的新结果。转录组+蛋白质组的联合分析从差异基因和差异蛋白入手，使用GO/KEGG功能注释及富集分析对转录组和蛋白质组进行关联。③转录组、蛋白质组、代谢组三者的联合分析主要是对来源于相同样本的差异表达的mRNA、蛋白质、代谢物等多个数据集结合起来进行关联分析，可进一步挖掘目的基因、蛋白、代谢物之间的关系，系统描绘基因—蛋白—代谢的调控网络。此外，还有多种不同组合的多组学联合分析，这些都加速了人们对目的基因的获取。

13.3.4 化学合成法

化学合成法主要适用于已知核酸序列的、分子量较小的目的基因。采用DNA合成仪，对目的基因进行分段合成，并进行连接。化学合成法可以根据需要改变核苷酸序列，甚至可以合成自然界不存在的基因序列。化学合成法获得目的基因，具有合成速度快，定制性强（如创造点突变）等优势。

13.4 目的基因与载体连接

目的基因与载体连接即基因重组是基因工程的核心，也是目的基因在受体细胞中能够存在、表达和发挥作用的基础。一般根据目的基因的功能以及研究目标选择构建载体的种类。

13.4.1 基因过表达

基因过表达是指将一目标基因克隆到一个携带有强启动子和抗性筛选标记等元件的载体上，然后导入受体，这样受体细胞中目的基因的转录水平和蛋白质水平均会升高，通过表型等分析可以研究该基因的功能并得到该基因超表达的转基因植株，这种表达载体的构建主要适用于基因功能有冗余或基因敲除后致死的情况。过表达载体主要是将目的基因的编码区（CDS）构建到相应的质粒或者病毒载体中，达到目的基因过量表达的作用。过表达载体的主要元件：promoter—gene—抗性筛选gene。在双子叶植物中过量表达目的基因大多采用人工改造后的花椰菜花叶病毒（CaMV）35S启动子，在单子叶植物中常采用泛素启动子。CaMV 35S是一个组成型启动子，具有多种顺式作用元件，其转录起始位点上游-343~-46bp是转录增强区，-343~-208bp和-208~-90bp是转录激活区，-90~-46bp是进一步增强转录活性的区域。此外，还有很多其他高效表达的组成型启动子。

13.4.2　RNA干扰（RNA interference，RNAi）

RNAi是一种在进化过程中高度保守的，由内源性和外源性的双链RNA诱发的，同源mRNA高效特异性降解的现象。简要的作用过程是胞质中的核酸内切酶Dicer将这些内源和外源dsRNA切割成多个具有特定长度和结构的短双链RNA（21~25bp），即siRNA。

siRNA在RNA解旋酶的作用下解链成正义链和反义链，然后反义siRNA再与体内一些酶结合形成RNA诱导的沉默复合物（RISC）。RISC与外源基因的mRNA的同源区进行特异性结合，RISC具有核酸酶的功能，在结合部位切割mRNA，被切割后的断裂mRNA随即降解。siRNA不仅能引导RISC切割同源单链mRNA，而且可作为引物与靶RNA结合并在依赖RNA的RNA聚合酶（RNA dependent RNA polymerase，RdRP）作用下合成更多新的dsRNA，新合成的dsRNA再由Dicer切割产生大量的次级siRNA，从而使RNAi的作用进一步放大，最终将靶mRNA完全降解。RNAi载体的构建只需通过PCR扩增目的基因特异的300~600bp的cDNA序列，将其构建在强组成型启动子下游，然而连接的特殊之处是将两个相同的cDNA片段分别连接到载体间隔序列（spacer）的两端，使这两个片段头对头或尾对尾连接，形成发卡结构，产生自我互补的分子内dsRNA。这种在强组成型启动子下游插入重复片段的重组双元载体是导致RNA沉默的基本结构。

13.4.3　病毒诱导的基因沉默（virus induced gene silencing，VIGS）

VIGS是根据植物对RNA病毒防御机制发展起来的一种用以表征植物基因功能的基因瞬时沉默技术，其内在的分子基础是转录后基因沉默。当携带目的基因片段的病毒载体侵染植物后，携带的目的基因转录出的RNA与内源RNA形成双链RNA（double stranded RNA，dsRNA），与RNAi作用机制一样，核酸内切酶Dicer将这些dsRNA切割成多个siRNA，然后通过RISC沉默复合体将目的mRNA降解。与传统的基因功能分析方法相比，VIGS能够在侵染植物当代对目标基因进行沉默和功能分析，但沉默效果不能遗传给下一代。VIGS被视为研究植物基因功能的强有力工具，目前在园林植物中应用较为广泛，如月季、百合、唐菖蒲等。构建载体时，首先将目的基因特异的片段（~500 bp）插入病毒载体，再由农杆菌侵染的方法导入受体。

13.4.4　基于CRISPR/Cas的基因编辑

CRISPR/Cas（clustered regularly interspaced short palindromic repeats）是近年出现的一种强大的对基因进行精准定点编辑的技术，由sgRNA指导Cas核酸酶对靶向基因的目标位置进行剪切，产生双链断裂（double strand breaks，DSBs），DSBs可以通过非同源末端连接（NHEJ）和同源重组（HDR）两种方式进行修复，通过NHEJ的修复容易发生错误，使断裂位置产生小片段的缺失或插入，从而导致基因突变；在有供体DNA存在的情况下，有可能通过HDR进行断裂位置的修复，产生精准的基因插入或替换。利用该技术已经对月季和菊花基因组中的*PDS*进行编辑，创制了稳定靶向*PDS*的月季和菊花基因编辑植株（图13-2）。

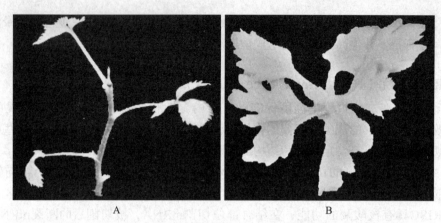

图13-2　CRISPR/Cas 编辑PDS基因的转基因花卉

CRISPR/Cas 编辑PDS基因的（A）月季植株和（B）菊花植株

13.5　植物遗传转化

13.5.1　植物基因转化的受体

植物基因转化受体系统是指用于转化的外植体，对抗生素选择敏感，能接受外源DNA整合，通过组织培养途径或其他非组织培养途径，能高效、稳定地再生无性系的再生系统。常见的植物基因转化受体有经外植体脱分化诱导培养出的愈伤组织，作为直接分化的外植体包括叶片、幼茎、子叶、胚轴等，以及原生质体和胚状体。

良好的受体系统应具备如下条件：①具有稳定的外植体来源。由于基因转化的频率很低，需要多次反复试验，所以需要大量的外植体材料。②对农杆菌侵染有敏感性。如果是利用农杆菌Ti质粒或Ri质粒为载体介导的植物基因转化，该受体材料应是农杆菌的天然宿主，这样才能接受外源基因。③对选择性抗生素敏感。由于在构建质粒时已经人为地嵌合抗生素的标记基因，成为筛选植株转化细胞的显性遗传标记，实现基因转化的细胞或植株能够对某些抗生素表现抗性的标志性状。④高效稳定的再生能力。用于植物基因转化的外植体必须易于再生，有很高的再生频率，并且具有良好的稳定性和重复性。⑤较高的遗传稳定性。植物基因转化是有目的地将外源基因导入植物并使之整合、表达和遗传，受体材料的原有性状及修饰的性状必须能稳定地遗传，这样才能达到改造不良性状的目的。

13.5.2　根癌农杆菌介导的转化

（1）叶盘转化法

叶盘转化法是由Horsch等（1985）发展起来的一种转化方法。首先是用打孔器从消毒叶片上取得叶圆片，在过夜培养的对数生长期的农杆菌的菌液中浸泡数秒钟后，置于培养基上共培养2~3d，待菌株在叶盘周围生长至肉眼可见菌落时再转移到含有抑菌剂的培养基中除去农杆菌，该培养基同时加入抗生素进行转化体选择，经过3~4周培养获得转化的植物再生株。其优点是适用性广，不仅操作简单，而且有很高的重复性。

叶盘法采用的主要依据叶片的再生能力。使用时要注意以下几点：进行看护培养可明显地提高转化率；采用其他组织器官为外植体时，要注意转化敏感细胞在外植体的部位，因为农杆菌难以侵入深层部位；在适合的培养基上培养时，叶盘的切口处转化细胞快速分裂产生愈伤组织；详细地观察、统计叶盘转化细胞形成愈伤组织的位点数量、大小、类型及与对照组的比较十分重要。

（2）原生质体共培养转化法

将农杆菌同刚刚再生新细胞壁的原生质体做短暂的共培养，使农杆菌与细胞之间发生遗传物质的转化。首先是从叶片分离原生质体，在26℃下暗培养24h，然后转移到2000lx下继续培养48h；在细胞即将分离，新的细胞壁物质已形成时，加入活化的农杆菌悬浮液。再加入选择标记的抗生素对转化体进行选择培养，3~4周后可产生肉眼可见的小块转化愈伤组织，转移到固体培养基上再生愈伤组织，再转入固体分化培养基获得转化再生植株。该法最大的优点是获得的转化植株是来自一个转化细胞，减少了嵌合体的发生；其次是可以获得许多来自一个细胞的克隆转化细胞。但是该法的成功率较低。

试验证明，原生质体的密度以10^5~10^6个/mL为宜。在农杆菌和原生质体共培养期间，农杆菌附着在原生质体，超过32h之后方可除菌洗涤，也就是要有一定的附着时间。原生质体出现新形成的细胞壁是农杆菌转化的基本条件，因为细胞壁与农杆菌的附着有关；在共培养过程中，某些二价阳离子（Mg^{2+}）为农杆菌的附着和转化所必需。共培养转化似乎是在单细胞或二细胞阶段发生，因此获得的转化愈伤组织大部分来自一个细胞。

13.5.3 病毒介导转化法

以VIGS载体TRV2为例，首先构建沉默目的基因的pTRV2-X载体，并将其与pTRV1分别转入农杆菌。然后用200 mL渗透培养基（MS，5%蔗糖，0.02% Silwet L-77）分别悬浮pTRV1和pTRV2-X农杆菌沉淀，使各个菌液的OD_{600}均为1.0，并置暗处静置3~6h再将pTRV2-X菌液和pTRV1菌液1∶1混合。选取发育良好的植株完全浸没于pTRV2-X/pTRV1菌液中，再真空抽至0.8atm后，保压5min，缓慢放气5min，重复抽吸2次。将抽真空过后的植株用清水冲洗3次，放置8℃培养箱培养2d，然后植于基质中，并用保鲜膜覆盖保湿，再放至培养室中培养。2周后穿破保鲜膜让植物逐渐适应外界培养环境，再经过1周就可以完全摘除保鲜膜，在培养间正常生长。

13.5.4 基因枪法

基因枪法又称微弹射击法，是由Klein（1987）等建立的。他们利用超声波使外源DNA液均匀地包裹钨弹（0.2~2.0μm），利用手枪的动力原理发射出微弹与DNA的复合体，击中靶细胞，穿透细胞壁和原生质体膜进入原生质体或细胞核，为进一步整合到基因组上提供机会，实现外源基因在完整组织中的表达。根据基因枪的动力原理，目前至少有6种不同类型的基因枪：火药基因枪、高压放电基因枪、压缩气体基因枪、粒子流基因枪、微靶点射基因枪和气枪基因枪。

基因枪转化包括以下6个步骤：①靶细胞或组织的预处理，主要是调节渗透压；②微粒子弹的制备，将外源DNA液包裹到金属颗粒上；③装备基因枪；④轰击；⑤过渡培养，在不加选择压的培养基上培养1~2周，以利于靶细胞的恢复和外源基因的充分表达；⑥筛选培养或直接分化再生植株。

基因枪法已成为继农杆菌介导法之后的第二大基因转化方法，曾成功地转化了小麦、玉米、水稻、兰花等单子叶植物，及云杉等裸子植物，也曾将外源DNA导入线粒体和叶绿体中。园林植物中采用基因枪法转化蝴蝶兰（*Phalaenopsis amabilis*），建立了高效、稳定的转化方法。用PDS1000/He型基因枪在650psi压力下轰击蝴蝶兰幼胚，3d后进行GUS活性分析，得到了约34%的暂时表现转化率。30d后Southern杂交分析表明，外源DNA已整合到蝴蝶兰细胞的染色体上。大花龙胆（*Eustoma grandiflorum*）的茎、根用金弹（直径1.1μm）以375m/s速率轰击，使编码PAT的目的基因得到稳定表达。目前存在的主要问题：一是转化效率普遍较低；二是基因枪的造价高，转化成本也较高。

13.5.5 发根农杆菌介导的无须组培转化

发根农杆菌（agrobacterium rhizogenes）是一种革兰氏阴性土壤细菌，可以感染大多数双子叶植物、少数单子叶植物和个别裸子植物，其含有Ri质粒，侵染植物后能够从植物外植体组织中快速诱导出大量毛状根。毛状根是具有多分枝、无向地性、生长速度快、遗传稳定、具有激素自养等特性的不定根。不同农杆菌的Ri质粒对不同植物、同一植物不同部位敏感性不同，此外侵染时间等对发根农杆菌诱导毛状根也有着重要影响。发根农杆菌介导的转化是极其简单的切—浸—萌芽（CDB）递送系统，使用发根农杆菌侵染切后的根茎交界处，上部分茎产生转化根，再由转化根产生转化的植株。目前已经利用CDB成功地实现了多个植物家族的植物物种的遗传转化，包括草本植物橡胶草和小冠花，块茎类根茎植物甘薯，木本植物臭椿、辽东楤木和重瓣臭茉莉等。CDB方法在非无菌条件下进行，无须组织培养，使用一个非常简单的外植体浸泡过程，就能在有发根能力的植物中进行有效的转化。

13.6 转基因植株再生与鉴定

13.6.1 转基因植株再生

转基因植株再生一般分为两种形式：一种是愈伤组织再生，转化后的外植体首先发生愈伤组织，然后在分化培养基上诱导出芽直至长成一个完整的植株，这是植株再生中最常用的一种方式。丝石竹幼茎中段、茎段切口、叶片和愈伤组织经发根农杆菌菌液注射器针刺接种后，移入无激素MS培养基上，25℃暗保温3~5d，随后转移到含500μg/L羧苄西林的MS基本培养基上，25℃暗培养诱发毛状根。将从接种位点长出的毛状根剪成1~1.5cm小段，置于无激素的1/2MS固体或液体培养基上，25℃暗培养，3~4周继代一次。在MS+2,4-D 1~2mg/L+BAP 0.1~0.5 mg/L培养基上，25℃保温培养，毛状根小段脱分化形成愈伤组织，在MS+2,4-D 0.2mg/L+ZT 2mg/L培养基上继代培养，在不含激素、蔗糖2%的培养基上可获得再生植株。

另一种是直接再生，从外植体直接诱导出芽而不经过愈伤组织的分化。二月蓝子叶在MS+BA 3mg/L+NAA 0.2mg/L培养基上光照培养，将分化出来的小苗从基部切下，插入生根培养基1/2MS+IBA 0.03mg/L中生根，建立了二月蓝组织培养高频再生体系，其再生率可达100%。采用根癌农杆菌转化子叶；在附加一定量的氨苄西林、头孢霉素和卡那霉素的相应培养基上进行筛选，进而培养出再生苗。转化子叶的芽再生率为51%，获得完整转基因植株的转化率为5.53%。

当带有目的基因的嵌合基因被转入某种受体系统（细胞或组织）后，必须对转基因植物材料进行分析与鉴定，以确定外源基因是否在转基因植物中正常表达。在建立植物遗传转化体系时，常采用报告基因作为标记，以便快速检测。对转基因植株中目的基因的表达主要采用分子生物学方法检测，包括PCR、Southern Blot、Northern Blot、Western Blot等方法，但根本的还是生物学检测目的基因所控制性状的表达。

13.6.2 抗生素筛选

可利用抗生素抗性基因（表13-1）在受体细胞内的表达和选择压力，从包含大量非转化克隆的受体细胞中选择出转化细胞系。

表 13-1 常见的报告基因

基因名称	作用	优点	缺点
新霉素磷酸转移酶（*NPT II*）基因	抗氨基环醇类抗生素	选择标记强	受体细胞非特异性磷酸转移酶本底较高，定量分析难
氯霉素乙酰转移酶（*CAT*）基因	抗氯霉素，常用于瞬间表达	灵敏、精确，10ng CAT酶也可以被检测，定量分析准确	选择标记较低
潮霉素磷酸转移酶（*HPT*）基因	抗潮霉素	可以克服假阳性	致癌物质，慎用

13.6.3 PCR

根据目的基因的序列或表达载体的特殊序列设计引物，通过转基因植株基因组的PCR结果，就可检验外源基因在转化植物中的导入情况。

13.6.4 Southern Blot（Southern 印迹杂交）

Southern Blot是指利用两条单链DNA碱基互补性，来检测外源DNA整合的结果。Southern Blot是验证转化基因是否存在于被检测植株的最常规手段，但不能得到基因是否表达的信息。具体操作步骤如下：

①提取转基因植株的DNA片段，用限制性内切酶消化后，进行琼脂糖凝胶电泳；

②将凝胶放入碱性溶液中使DNA解离为两条单链；

③在凝胶上贴盖硝酸纤维素膜，使凝胶上的单链DNA区带按原来的位置吸印到膜上；

④将此膜置于含有同位素标记的核酸探针的杂交液中反应，按照碱基配对原则，如果被检DNA片段与核酸探针具有互补序列，就能在被检的DNA区带部位结合成双链的杂交分子；

⑤通过放射自显影，可以观察到与探针DNA互补杂交的片段。

13.6.5 Northern Blot（Northern 印迹杂交）与RT_PCR

外源基因往往由于沉默而不能表达，要获得基因表达的信息，还要通过mRNA和蛋白质的检测以及表现型的鉴定。Northern Blot和RT-PCR可用于检测外源基因转录出来的mRNA。Northern Blot的原理是把变性的RNA转移和固定到特定的膜上，用特定的DNA探针来探测

RNA。在一定的离子强度和温度下，DNA分子可以和具有同源性的单链RNA互补而形成RNA-DNA异质双链；然后通过放射自显影显示出来。Northern Blot的步骤与Southern杂交基本相同，只是单链DNA换成了RNA，所以需要变性处理。RT-PCR以mRNA在反转录酶作用下合成的cDNA第一链为模板的PCR，操作比较简单。

13.6.6 Western Blot（蛋白质免疫印迹）

Western Blot的原理是蛋白质（抗原）可以和该蛋白质特异的抗体相结合。将外源基因转录并翻译的蛋白质，从聚丙烯酰胺（SDS）凝胶中转移至固相支持体硝酸纤维素膜或聚偏二氟乙烯（PVDF）膜上，然后用免疫检测的方法检测目的蛋白。免疫检测的方法可以是直接的和间接的。现在多用间接免疫酶标的方法，在用特异性的第一抗体杂交结合后，再用酶标的第二抗体［碱性磷酸酶（AP）或辣根过氧化物酶（HRP）标记的抗第一抗体的抗体］杂交结合，再加酶的底物显色或者通过膜上的颜色或X光底片上曝光的条带来显示抗原的存在。由于抗原-抗体的反应是特异性很强的反应，因此蛋白质免疫印迹技术现已成为分析基因在翻译蛋白质水平的表达及重组基因功能的一个重要手段。

13.6.7 生物学鉴定与生物安全性评价

外源基因是否可以正常地表达性状，并稳定地遗传给后代是基因工程的最终目的，也是生物学鉴定的主要目的。如转化抗病毒基因后，要对转基因植物进行病毒接种，以鉴定抗病毒能力。如果转化的是花色素合成酶基因，则凭肉眼就可直观鉴定花色变化。

不同于常规育种获得的品种，转基因植物因含有外源基因，必须经过生物安全性评价。对于非食用的园林植物来说，主要是评价对生态系统的安全性。如转基因植物是否会产生对其他生物（包括人类）有害的物质；转基因植物的花粉是否会传给野生近缘种而影响当地自然生态系统；转基因植物是否会从栽培条件逃逸到野生状态成为"入侵植物"；是否会变为人类无法控制的抗除草剂的"超级杂草"；此类问题在田间释放之前都需要有明确的答案。目前，如何建立高效的遗传转化体系仍是园林植物分子育种需要解决的主要问题，同时也需要对各基因功能进行更深入的研究，探究基因如何在细胞内、细胞间的代谢水平上进行调控以及多基因间的互作问题等。

（周晓锋）

思考题

1. 从表型选择、标记选择，到基因选择，分子标记辅助选择有什么意义？
2. 如何进行目的基因高效的分离、克隆与鉴定？基因组数据有何作用？
3. 植物遗传转化的主要方法有哪些？制约园林植物遗传转化的关键问题是什么？
4. 在进行转基因植物的分子生物学鉴定时，如何避免受体植物内源基因的影响？
5. 园林植物的哪些目的性状已通过基因工程进行了改良？目前上市的转基因园林植物有哪些？
6. 就功能而言，基因大致分为结构基因和调节基因。前者如各种色素、香气生物合成途径的关键酶基因，后者如各种转录因子。如何在二者之中选择基因工程的目的基因？

7. 基因工程的本质是将一个基因导入另一种植物，类似于种质渗入或遗传漂变。有没有可能绕过植物细胞和组织再生的障碍，获得更多的转基因植株？

8. 我们（尤其是高校和科研单位）在园林植物（花卉）的基因组、分子克隆和遗传转化方面投入了很大的力量，但杂交育种和实生选种依然是育成品种占比最大的两种途径，为什么？

推荐阅读书目

分子植物育种. 2014. 徐云碧著. 陈建国，华金平，闫双勇等译. 科学出版社.

植物生物技术. 2023. 张献龙. 科学出版社.

Plant Biotechnology in Ornamental Horticulture. 2014. Li Yi, Pei Yan. CRC Press.

第14章 选择育种

[**本章提要**] 选择贯穿于育种的全过程，既是创造变异的手段，也是其他各种创造变异的育种途径必经环节和育成品种的交汇点。无论什么变异，都要经过选择，才能成为品种。本章首先从选择育种和芽变选种的简史和贡献角度，阐述了选择的创造性作用。其次分实生变异和芽变，详细论述了变异的来源和选择的遗传效应，尤其是芽变的发生与转化、嵌合体的类型、芽变的遗传和特点等。接着论述了对各种变异材料的遗传性、观赏性状、经济（生产）性状、抗逆性和抗病性的鉴定方法，及选种目标的确定。并按不同的繁殖方式，论述了各自适宜的混合选择、单株选择和芽变选择，同时介绍了计分评选法和逐步淘汰法两种基本的选择方法。最后分初选、复选和决选，论述了选择育种的步骤。

生物进化主要依靠3种力量（三要素），即遗传、变异和自然选择，这3种力量是相互联系、缺一不可的。变异是进化的主要动力，生物体本身的可变性是进化的内因和根据。没有变异就没有可供选择的原料，在多变的环境条件面前，生物若失去了适应新环境的能力，就有灭种的危险。遗传是进化的基础，没有遗传，有利的变异不能传递给后代，便不能巩固那些有利的变异。选择决定进化的方向，生物的变异可以是多种多样的，有些是有利变异，有些是有害变异。自然界用"优胜劣汰，适者生存"的方法，淘汰有害变异，保留有利变异，使生物沿着与环境相适应，有利于自身种族繁衍的方向前进。这种选择称为"自然选择"。

自从农业生产活动开始，掌握各种动植物命运的自然选择就不再是独一无二的支配力量了，人们按照自己的需要，挑选那些有用的、生长较好的植物，淘汰那些较差的植物，这种选择称为"人工选择"。在人工选择的同时，自然选择也同时参加，因为栽培植物不可能完全摆脱自然条件的制约。人工选择应充分利用自然选择创造的条件，如选择对病虫害抗性强的园林植物，就应在受病害感染严重的地区，挑选未遭病害的或受害较轻的园林植物。如选择耐寒的个体，就应到受寒潮侵袭、大批树木受害的地区去挑选，因为在那种条件下，耐寒性最易判别。如果选择耐水涝的植物，就应在洪水过后去选择。

14.1 选择育种意义

14.1.1 选择育种简史与贡献

选择育种（selection）简称选种，即对园林植物的繁殖群体所产生的遗传变异，是通过选择、提纯以及比较鉴定等手段而获得新品种的一种育种方法。人工选择可以归纳为无意识选择和有意识选择两类。无意识选择是人类无预定目标地保存植物优良个体，淘汰没有价值的个体，在这个过程中完全没有考虑改变品种的遗传性。例如，人们把好看的花留种，这种做法并不是企图有目的地选育新品种，可是这种行为却长期地、无意识地改良了品种。虽然无意识选择在改良品种过程中的作用是缓慢的，而成就却是巨大的。从世界各国劳动人民从事植物育种的历史来看，选种活动是在漫长的岁月中进行的。选择方法随着生产的发展对品种的要求日益提高而不断改善，逐渐由无意识的选择过渡到有意识的选择。有意识的选择是指有计划、有明确目标，应用完善的鉴定方法，有系统地进行选种工作。

选种是人类应用最早的一种方法，我国丰富多彩的园林植物品种，就是我国劳动人民长期选择的结果。中国在1500多年以前就从实生藕莲中选出重瓣的荷花品种，在清代又选出了"小种"——碗莲。又如凤仙花通过长期精心选育，形成丰富多彩的大量优良品种，共计大红33个、桃红28个、淡红27个、紫30个、青莲11个、藕荷23个、白24个、绿6个、黄6个、杂色23个、五色22个，居于世界前列。菊、梅、兰、桃、竹类、牡丹、山茶、月季、石榴、紫藤等园林植物中，许多名花也是长期选种的杰出结果。

欧洲对植物进行有意识的选择，约始于16世纪，如从郁金香选出大花型的'夏季美'品种，如从凤仙花中选出'大眉翠'品种。日本选出三倍体樱花品种。1935年瑞典选出巨型山杨等。近年来，欧、美、日等国选育了大量的园林植物，包括花色、叶色、枝型、株型等变异，形成系列优良品种。

14.1.2 芽变选种简史与贡献

芽变是体细胞突变的一种，即突变发生在芽的分生组织细胞中，当芽萌发长成枝条，并在性状上表现与原来不同的类型，即为芽变。芽变包括由突变的芽发育成的枝条和繁育而成的单株变异。芽变是植物产生新变异的无限丰富的源泉，它既可为杂交育种提供新的种质资源，又可直接从中选出优良的新品种，是选育新品种的一种简易而有效的方法。

芽变很早为人们所注意，我国早在宋朝就有用芽变选种方法改进品种的记载。如欧阳修在《洛阳牡丹记》（1031）中记述了牡丹的多种芽变："潜溪绯者，千叶绯花。出于潜溪寺……本是紫花，忽于丛中特出绯者不过一两朵，明年移在他枝，洛人谓之转枝花，故其接头尤难得。"从以上情况可以看出，芽变的频率在园林植物中是相对高的，如注意观察，及时分离培育，即可产生新的品种。达尔文（1808—1882）在《家养状态下的变异》一书中列举了很多花卉的芽变，他在书中写道："菊花（*Chrysanthemum*）由侧枝偶尔由吸根常常发生芽变。沙尔特先生培育一株实生苗，曾经由芽变产生过6个不同的种类。蓝色矢车菊（*Centauria cyanus*）常常在同一株上开4种不同颜色的花，即蓝色的、白色的、深紫色的及杂色的。金鱼草（*Antirrhinum majus*）在同一株上开有白色的、桃红色及带有条纹的花。"如1965年杭州市园林局花圃在一株5年生的'粉后'月季（*Rosa* 'Queen Elizabeth'）植株上，发现开着半朵粉红色、半朵白色的花朵，当年11月把变异枝条剪下，进行芽接。1957年4月将接活的7株小苗移至露地栽植，5月有4株开白色花，定名为'东方欲晓'。其余3株与原来'粉后'相同。

芽变选种不仅在历史上起到品种改良的作用，而且现代在国内外都很受重视。我国园林植物栽培历史悠久，资源丰富，为开展芽变选种提供了可能。我们应当充分利用这一有利条件，采用专业研究机构与群众选种相结合的方法，持续深入地开展芽变选种工作，不断地选出更多更好的新品种。

14.1.3 选择育种创造性作用

选择虽然不能创造变异，但它的作用却不是单纯的、消极的过筛，而是有积极的创造性作用。生物具有连续变异的特性，即变异的物种（或品种）还有沿原来的方向继续变异的倾向，例如，人们在一朵花上发觉有一两个多余的花瓣，对此个体加以选择，经过若干代可培育出重瓣花。现在已知，许多园林植物如凤仙花、芍药、翠菊等重瓣品种都是这样培育出来的。另外，选择好的、淘汰坏的，排除了它们对优株的干扰，从而加速了有利变异的巩固和纯合化，最终创造出新的类型、品种，甚至新的种。这些就是选择的创造性作用。选择在自然进化中的作用是重要的，但在人工进化中的作用更加伟大，因为人工选择大大加速了生物进化的速度。

选择不仅是培育良种的独立手段，而且也是其他育种途径，如杂交育种、引种，以及其他非常规育种中不可缺少的环节之一。它贯穿于育种工作的始终，如原始材料的选择、杂交亲本的选择、杂种后代的选择等；它贯穿于植物生活的各个时期，如种子选择、花期选择。选择是育种的中心环节，其他育种措施都是为选择服务的。如原始材料的研究为选择亲本提供依据，人工创造变异为选择提供材料，培育是加强选择的创造性作用，鉴定是给选择提供客观标准，品种比较试验是为了更可靠、更科学的选择。正如美国著名的育种学家布尔班克（Luthe Burbank）所说，"关于在植物改良中任何理想的实现，第一因素是选择，最后一个因素还是选择。选择是理想本身的一部分，是实现理想的每一步骤的一部分，也是每株理想植物生产过程的一部分。"

14.2 选种原理（变异来源）

14.2.1 选择遗传效应

14.2.1.1 基因频率和基因型频率（遗传平衡定律）

在一个随机交配而又无限大的群体（也称孟德尔群体）内，假定没有突变，没有任何形式的选择作用,也无其他基因的掺入,那么该群体中基因频率和基因型频率在世代之间将保持不变。这是1908年英国数学家哈代和德国医生温伯格各自独立推导出来的,因此称为Hardy-Weinberg原则,或称遗传平衡原则。

但是在自然条件下,基因突变并不是稀有的现象,无论病毒、细菌、植物、动物都广泛存在突变的现象。无性繁殖植物的芽变就是基因突变的明显例证,各种园林植物的嵌合体、条斑叶,也都是来自基因突变。根据鲍尔(Baur)计算,金鱼草小突变约10%。1901年荷兰植物学家德弗里斯(H. Devries)发现月见草属种子的老化能使突变率大大增加。其他营养、高温、天然发生的辐射以及空气污染、化学物质、病毒等都能引起基因突变。在人工诱导下,可将突变频率提高上百倍甚至上千倍。

植物有机体的每个细胞都含有许多染色体,而每个染色体又有许多基因的位点,因此新的突变在有机体性细胞和体细胞中经常发生,在杂种或杂合状态下的植物突变率则更高,而自花授粉的植物则较低。异花授粉的园林植物,尤其是花卉,常常有其他基因的掺入,造成基因的重组和分离。因此在自然的花卉群体中,基因频率和基因型频率是经常会发生改变的。

在自然选择的作用下,致使种内群体的基因频率改变,定向地产生对自然高度适应的新类型,乃至新物种;在人工选择的作用下,产生合乎人类所需要的优良变异类型和新物种。选择的实质就是造成有差别的生殖率和成活率,使某些基因型的个体在群体内逐渐占优势,造成群体内基因频率和基因型频率的定向改变。基因的分离与重组,给某些有价值基因型的出现提供了条件。例如,半重瓣花,它往往在后代中产生单瓣花,单瓣花的结实率高,而半重瓣花结实率低。如不加选择,单瓣花越来越多,半重瓣花所占的比例越来越少;如通过人工选择,不断淘汰单瓣花,则半重瓣花的比例越来越高,甚至往重瓣的方向发展。

选择对隐性基因的作用较慢。在随机交配的群体中,若一对等位基因有差异,如Aa,它们可以组成3种基因型即AA、Aa、aa。显性完全时,选择可淘汰隐性个体,经过一代选择,a的频率即可减少;对于完全隐性的基因,其频率高时选择有作用,频率低时则作用甚微,这是因为大部分隐性基因存在于杂合体中,而杂合体具有与纯合体AA相同的适合度和表现型,选择只是对极少出现的纯合体aa起作用。因此,在一个随机交配的大群体中,隐性有害基因只有经过多代连续选择,才能从群体中逐步消除。

选择对显性等位基因的作用更为有效,因为具有显性基因的个体都可受到选择的作用。若含显性基因的个体是致死的,如白化,经一代选择其频率就等于零。

在特定的植物群体中,突变和选择这两种因素的作用常同时并存,具有复杂的相互作用。如有害等位基因,通过选择可使其淘汰;但由于突变,这种有害等位基因却仍可留在群体内;若是淘汰的有害等位基因数目与突变产生的数目相同,则此两个过程的效应就会抵消。因此,在发生隐性突变的情况下,即使选择不利于隐性个体,实际也不可能把隐性基因从自然群体中彻底消除。

自然选择是生物进化的一个极重要的因素,对于生物体所发生的遗传变异有着去劣存优的作用,并导致基因频率的变化,结果适应变异的频率累代增加,适应性较差的变异累代减少。在人工选择的条件下,也可以造成和自然选择相似的结果,而且大大加快了进程。例如,一个抗病性很强但观赏性较差的园林植物品种。如在自然选择的情况下,很难甚至要花很长时间才能达到人类要求;但在人工多次连续选择下,加上合理的农业栽培措施,就可能在较短的时间内选出既抗病又有观赏价值的新品种。

14.2.1.2 质量性状和数量性状

选择是在群体中选择最优良的个体或变异的个体。影响表型的因素除了基因型外，还有环境及人为的因素。基因型的变异来自基因的重组、分离、突变，基因的相互作用和基因的表达调控等。在自然选择压力下，生物体与自然建立了一套相适应的基因表达调控机制，使植物适应新环境。如新环境超过了植物的反应范围，则植物生长不良，甚至死亡，这说明基因表达调控是有一定条件的。在人工选择的压力下，除了基因型与环境相互作用和协调外，还要符合人类的经济要求。人类根据品种的生物学特性，采取相应的栽培措施，即良种良法相结合，使基因型得到充分的表达，达到人类预想的结果，是基因型在特有的气候环境和人工管理条件下的产物。

质量性状是不连续的性状，是受单基因或主基因控制的，受环境的影响比较小，如花色、分枝角、矮生、抗性等，遗传率（力）高，选择效果比较好，可根据表型一次选择或混合选择，选择时可在分离早期进行。

数量性状是连续的，受多基因控制的性状，受环境的影响比较大，多呈正态分布。数量性状的遗传不能追踪个别基因的作用，其效应不能用个体表型的数值来表示，而要用数理统计方法进行分析。如采用单株选择法宜在分离晚期进行选择，选择时宜在相同的环境条件下进行，现在的设施农业、基质栽培、自动控制等技术，可避免因环境差异而误选。

14.2.1.3 杂合型与纯合型

一般杂合型的、有性繁殖的，通过基因的重组，特别是远缘杂交的，F_2代分离大的选择效果好。目前很多的新品种是从专类园中播种天然授粉种子的实生苗选育出来的。选择的效果与被选群体的大小呈正比，一般群体越大，选择的效果越好。因为大的群体具有广泛选择新类型的可能性，可优中选优。但群体越大，工作量也就越大，所以选种前要做出充分估计。目前不少地方办花展，逐级评选，取得较好的效果。而纯系、组培苗、嫁接苗、扦插苗等无性系，选择的效果差；但芽变、嵌合体例外。

14.2.2 相关性状遗传与发育

相关选择法（即早期选择）指根据园林植物实生小苗与开花后某些性状的相关性进行早期选择的一种方法。一般从播种到开花都需较长的时间，成年植株营养面积较大，很多园林植物基因都是杂合的，后代分离广泛，常出现多种类型，一般杂种群体中选优率很低。如果早期阶段能根据某些特征、特性，预测开花后某些性状，可以预先淘汰无希望的不良类型，选择有希望的类型，能够减少杂种实生苗栽植的数量，节省人力、物力和土地；还能够深入研究，加速育种过程，提高育种效率。根据相关性状进行早期选择，虽然不能完全达到预期的目的，但可以比较可靠地淘汰那些低劣的无希望的类型，缩小选材范围，提高选种效率，从而进一步提高供最后直接选择的材料质量。

实生苗在遗传物质的控制和在环境条件的影响下，在一定时期表现出特有的性状和特性。因此，早期选择的理论基础就在于性状表现的遗传规律性，及早期和后期某些性状间的相关性。

14.2.2.1 遗传学基础

①基因的连锁关系　同一对染色体上不同等位基因间有连锁关系，由连锁基因控制的性状，有较高频率同时表现于同一杂种个体。因此，能由某一性状预测另一性状出现的可能性。例如，月季的一季开花习性与藤本性状是连锁的，均定位在3号染色体上。所以大多数藤本月季都是春季开花的。

②基因的多效性　一个位点的基因，能影响到几种性状而表现出相关性。例如，桃叶片上无腺体的品种，其叶有明显的可湿性，能影响叶表面的微环境，因此易染白粉病，即叶腺体的有无与白粉病抗性有关。又如山茶叶茸毛多，酚含量高，pH值高，一般抗病；叶角质与叶肉厚、叶硬的一般抗炭疽病；叶片小、色浓、质厚而脆一般抗寒；叶片大、色淡、叶薄质软的一般抗寒力弱。

14.2.2.2 发育学基础

①不同器官的同类性状　植物不同的器官和部位所表现的形状、色彩、香气等同类性状肯定是受相同基因控制的。例如，花瓣中含有类胡萝卜素，其根和叶中也含有这种色素。如月季幼枝深色，其花大多也是深色，如幼枝绿或浅颜色的其花大多也是浅颜色的。又如菊花种子颜色呈赭色，其花色大多是浅色的；如种子呈黑色，其花大多呈紫、黄色。

②相关性状的发育阶段　早期选择可以根据器官组织的形态特征和结构特点，来预测未来某些性状的相关表现。例如，菊花种子大而饱满的大多是单瓣花；如种子细长的大多是管状花；如种子小而细，大多是中细管状花；如种子呈橄榄形，大多是莲座型和舞莲座型花；如种子瘦、扁的大多是劣质花。如菊花苗期叶厚、不皱、有茸毛、不簇生、叶缘缺刻不明显、茎直立、叶柄长的大多是佳品；如叶薄、叶色浓绿、茸毛少、叶光滑、生长过快或缓慢的、茎细弱的大多是劣质花。又如月季子叶厚、叶色绿、枝细、叶片小、蕾尖高、花萼向下翻卷、刺少的大多是佳品。

为了取得更好的早期选择效果，需要从形态特征、组织结构和生理生化特性等多方面来进行鉴定。如果早期鉴定所依据的性状特性越多，相关性越显著，则早期选择的可靠性越大，其效果也越明显。形态特征早期鉴定，通常主要根据叶片和芽的大小、形状等；组织结构的早期鉴定，主要根据叶的气孔、表皮组织、栅栏组织以及导管和筛管等的数量和结构；生理生化特性的早期鉴定，主要根据干物质含量、细胞液浓度、渗透压、呼吸率以及糖、酸等化学成分的含量等。

14.2.3　芽变（嵌合体）原理

14.2.3.1　芽变的发生与转化

（1）芽变的发生与嵌合体的类型

被子植物顶端分生组织都有几个相互区分的细胞层，叫作组织发生层，用L_I，L_{II}，L_{III}表示。各个组织发生层按不同的方式进行细胞分裂，并且衍生为特定的组织（图14-1）。L_I的细胞在分裂时与生长锥呈直角，叫作垂周分裂，形成一层细胞，衍生为表皮。L_{II}的细胞在分裂时与生

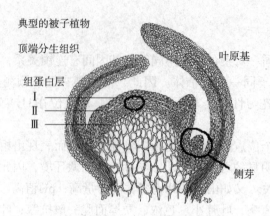

图14-1 茎尖组织发生层示意图

长锥垂直或平行,既有垂周分裂,又有平周分裂,形成多层细胞,衍生为皮层的外层及孢原组织。$L_{Ⅲ}$的细胞分裂与$L_{Ⅱ}$相似,也形成多层细胞,衍生为皮层的内层及中柱。

芽变是体细胞中遗传物质的突变,但是只有顶端组织发生层的细胞发生突变时,将来才有可能成为一个芽变。如果突变发生在$L_Ⅰ$,则表皮就会出现变异;发生在$L_Ⅱ$,皮层的外层及孢原组织就会出现变异;发生在$L_Ⅲ$,皮层的内层及中柱就会出现变异。在一般情况下,只有$L_Ⅰ$或$L_Ⅱ$或$L_Ⅲ$个别层中的个别细胞发生突变,3层同时发生同一突变的可能性几乎是不存在的,芽变开始发生时总是以嵌合体的形式出现。如果层间不同部分含有不同的遗传物质基础,叫作周缘嵌合体;如果层内不同部分含有不同的遗传物质基础,叫作扇形嵌合体(图14-2)。周缘嵌合体根据发生的部分又分内周、中周、外周和外中周、外中内周、中内周6种不同类型。扇形嵌合体又分外扇、中扇、内扇、外中扇、中内扇和外中内扇6种类型。嵌合体发育阶段越早,则扇形体越宽;发育阶段越晚,则扇形体越窄。

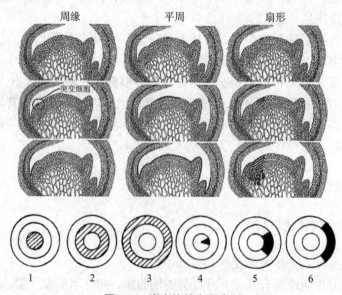

图14-2 嵌合体的主要类型

1.内周嵌合体 2.中周嵌合体 3.外周嵌合体 4.内扇嵌合体 5.中扇嵌合体 6.外扇嵌合体

（2）芽变的转化

一个扇形嵌合体在发生侧枝时，由于芽的部位不同，有些侧枝将成为比较稳定的周缘嵌合体，有些仍为扇形嵌合体，但是扇形的宽窄与原扇形不一定相同；还有一些侧枝是非突变体（图14-3）。因而通过短截控制发枝，可以改变扇形嵌合体的类型。例如，剪口芽是在扇形体内时，从此往上的新生枝条，都将是突变体；与此相反，剪口芽在扇形体以外时，则从此往上即不会再出现突变体；如果恰好在扇形边缘，则新生枝条，仍然是扇形嵌合体，当嵌合体受到自然伤害时，也可以发生嵌合体类型的改变，如正常枝芽受到冻害或其他伤害而死亡，不定芽由深层萌发出来，而该树原来是中周或内周嵌合体时，就可能表现为同质突变体。

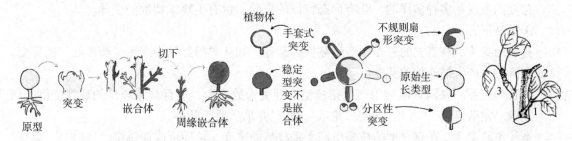

图14-3　嵌合体的自然转化示意图

14.2.3.2　芽变遗传

（1）芽变的遗传基础

①基因突变及核外突变　基因突变指染色体上的基因发生点突变。核外突变指细胞质中遗传物质发生突变。已知细胞质可控制的属性有雄性不育、性分化、叶绿素的形成等。

②染色体结构变异　包括易位、倒位、重复及缺失。由于染色体结构重排，而造成基因线性顺序的变化，从而使有关性状发生变异。这一类型的突变可在无性繁殖的园林植物中得到保存，而在有性繁殖的一、二年生草花中，常由于减数分裂而被消除掉。

③染色体数目变异　即染色体数目的改变，包括多倍性、单倍性及非整倍性，主要是多倍性的突变。

（2）正突变和逆突变

由显性突变成隐性（$A \to a$）叫作正突变；反之，由隐性突变成显性（$a \to A$）叫作逆突变。通常认为正突变是某种基因的功能和所控制性状的丧失，逆突变是基因功能和性状的恢复，且正突变多于逆突变。以一对基因为例，突变的发生不外下列4种情况：①$AA \to Aa$；②$Aa \to aa$；③$Aa \to AA$；④$aa \to Aa$。在完全显性的情况下，一般自交植物正突变的形式是$AA \to Aa$，这种突变在当代性状不发生改变，只能在下一代有性世代的分离中才能表现出来。在异花授粉的园林植物中，正突变形式包括$AA \to Aa$和$Aa \to aa$，前者性状不能表现，后者却可以表现出来。另外，$AA \to Aa$还可以在体细胞中被保存下来，成为发生$Aa \to aa$突变的基础；如采用无性繁殖，突变性状可得到固定。

（3）各组织发生层的遗传效应

由于不同的组织发生层衍生不同的组织，因而各层遗传效应是不同的。L_1主要与表皮相关的性状，如茸毛和针刺的有无。L_{II}产生孢原组织，是决定育种有性过程的关键。L_{III}是中柱的组织发生层，从中柱可长出不定芽和根，所以通过诱导不定芽和根插也可获得稳定的突变体。

14.2.3.3 芽变的特点

芽变是遗传物质的突变，它的表现多种多样。因此，要开展芽变选种，提高选种工作的水平，首先必须熟悉芽变的特点。

（1）芽变的多样性

芽变的表现是多种多样的，既有形态特征的变异，也有生物学特性的变异。

①植株形态

蔓性的变异　在直立的月季中产生蔓性的芽变，如从'墨红'中产生'藤墨红'的芽变，又如在圆柏中产生铺地柏的芽变。

扭枝的变异　在园林植物中产生扭枝型的芽变为数不少，而且具有较高的观赏价值，从而形成像'龙爪'槐、'龙爪'柳、'龙爪'梅、'龙爪'桑等品种。

垂枝型的变异　在直立型的枝条中产生垂枝型的突变，从而形成像垂柳、'线柏''垂枝'梅等品种，为园林丰富了种类，增添了景色。

刺的变异　在蔷薇属的植物中，经常发现枝条上刺的变异。

②色素的变异

叶绿素的突变　产生像'红叶'李、'红枫''红叶'槭等品种。部分叶绿素突变产生像金心或金边、银心或银边的黄杨、海桐、六月雪等品种。

花色素的突变　在大丽花、凤仙花、月季花、桃花中经常出现半朵红色半朵白色的突变，或一朵花中部分颜色发生改变，将这种植株进行嫁接或组织培养，即可分离出不同花色的植株。

③开花期　在园林植物中经常发现花期的变异，如花期提前或者错后，但要与光照、温度等环境条件的影响区别开来。

④能育性　雄蕊瓣化，能育性降低或雌雄蕊退化，失去生育能力等。

⑤抗逆性　出现低温开花的节能突变类型或冬天不变色的常绿类型，或抗旱或抗病虫等。

（2）芽变的局限性

芽变和有性后代的变异不同。芽变一般是少数性状发生变异，而有性后代则是多数性状的变异。因为有性后代是双亲遗传物质重组的结果，而芽变仅仅是原有遗传物质的突变，包括基因突变与染色体畸变，只引起少数性状变异，因此有局限性。尽管所有的性状和育种目标都有可能产生芽变，但主要的芽变还是发生于单基因或主基因控制的质量性状。

（3）芽变的重演性

同一品种相同类型的芽变可以在不同时期、不同地点、不同单株上重复发生，这就是芽变的重演性。例如，叶绿素的突变像'金心'海桐、'银边'黄杨等芽变，从它们发生的时间看，历史上有过，现在也有，将来还会有；从它们发生的地点看，中国有，外国也有。因此，不能把调查中发现的芽变一律当成新的类型，应该经过分析、比较、鉴定，才能确定是否为新的芽变类型。

（4）芽变的稳定性

少数芽变很稳定，性状一经改变，在其生命周期中可长期保持，并且无论采用何种繁殖方法，都能把变异的性状遗传下去。多数芽变只能在无性繁殖下保持稳定性，当采用有性繁殖时，或发生分离，或全部后代都又恢复成原有的类型。还有些芽变，虽未繁殖，但在其发育过程中，由于正常细胞对突变细胞的竞争优势，也可能失去已变异的性状，恢复到原有的类型，即所谓回复突变（逆突变）。如蔷薇曾经出现无刺的芽变。但从无刺枝上采种繁殖时，后代都全部是有刺的。芽变的稳定性和不稳定性的实质，一个是基因突变的可逆性，另一个与芽变的嵌合结构有关。

（5）芽变的多效性

芽变的多效性主要是一因多效的结果，也可能是同一性状不同发育阶段的关联，或同一性状在不同器官和部位的表达。如多倍性的芽变，虽然有许多性状发生变异，但这些变异也都局限于细胞的巨大性造成的，是一因多效的关系。

14.3 性状鉴定

14.3.1 遗传性鉴定

这里的遗传性是习惯用法，既包括有性或无性繁殖后特定性状的遗传规律（趋势），也包括遗传物质突变的位点和序列等。从进化论得知，遗传是相对的，变异是绝对的。世界就是由不断变异的植物和其他生物组成的。那在纷纭复杂的植物世界里，如何区分环境饰变和可遗传的变异（突变），芽变和重组变异，质量性状和数量性状，进而认识突变的遗传物质和遗传规律，就是遗传性鉴定的主要内容。

（1）环境饰变、基因突变（芽变）与基因重组（实生变异）

当发现一个变异时，首先要区别它是芽变还是环境条件的影响（环境饰变）。环境饰变很可能与某一个环境因子变化的方向一致。如株高的矮化，可能随光照的增强和水分的亏缺的方向，逐渐矮化。而芽变与环境条件无关。这是根据变异性状的表现，初步判断的直观方法。

鉴别的方法其实很简单，就是移植鉴定法（间接鉴定法）。可将变异类型通过嫁接或扦插等营养繁殖的方式，获得基因型相同的无性系，与对照（亲本）种植在相同的环境条件下进行比较鉴定，使突变的性状再次显现。如把不结果的悬铃木芽变枝条，高接在普通悬铃木的枝条上，视其是否结果。此法简便易行，但需时间较长，需要较多的人力和物力。对于容易移植的草本植物，也可以不经过繁殖，而是将变异植株移栽到环境条件不同的其他地方，以排除环境因素的影响。这样，通过无性繁殖或异位移植，如果变异的性状还会重现，就可以初步判定为芽变（可遗传的变异）。

芽变往往发生在单一植株上，会有芽变（叶芽或花芽）、枝变，很少见到同一地点、两株以上的植株，或整个植株，同时发生相同的芽变；基因重组是染色体分离、自由组合或连锁遗传的结果，变异的性状可能发生在几株或一部分植株上，而且不同性状的植株可能会有特定的比例关系（F_2代性状分离的比例）。

（2）质量性状与数量性状

如前所述，质量性状是单基因控制的、明显可断开的性状（多成对）；数量性状是多基因控制的、连续变化的性状。园林植物中还有一类多元性状，或称数量型质量性状。如花色，一种植物（如月季），可能包括从白色、粉色、红色、黄色、橙色、紫色、蓝色和复色、多色等各种花色，至少是由花色素合成的系列多基因控制的。还如蔷薇属的开花习性，包括一季开花、一季半开花、四季开花和连续开花4种表型，也是由多基因控制的。

控制质量性状的单基因可以在染色体位点或DNA序列上找到遗传物质的差异。控制数量性状的微效多基因不易分析，一般先对数量性状表型变异进行方差分析，以此把遗传成分（个体间基因型差异）和环境影响区分开来。把表型值（P）划分为基因型值（G）和环境差值（E）两部分，使$P=G+E$（假设遗传效应与环境效应彼此独立）；再把基因值（G）细分为加性效应（D）、显性差值（H）和上位差值（I），使$G=D+H+I$。用方差分析法，分别求出各种值的方差（V），使$V_P=V_G+V_E=V_D+V_H+V_I+V_E$（具体方法参见第3章）。这些遗传方差的大小，说明群体遗传的性质；环境方差的大小说明性状受到环境影响的大小。对于有性繁殖的植物，可以计算遗传力；对于无性繁殖的植物，也可以计算重复力。遗传力和重复力的大小说明该数量性状受基因控制的程度，决定了育种策略，也会影响选种效率。

（3）遗传物质的鉴定与遗传规律的研究

这是指直接检查遗传物质，包括细胞中染色体的数目、组型，以及DNA的序列或分子标记等，RNA的相对表达量等。例如，鉴定悬铃木无果实芽变，可检查染色体的数目，如果是奇数的多倍体，则其营养系多半不结果。

数量性状的微效多基因，不能像主基因那样容易在染色体上定位。目前可以采用数量性状基因座定位的方法。1968年美国学者布里顿（R. J. Britten）发现在真核细胞中存在着DNA重复序列，即重复出现的核苷酸序列。有的重复序列会影响到基因的生物功能。

重要性状遗传规律的研究是有计划、有目标育种的重要基础。孟德尔研究的豌豆是自花授粉的纯合体，而园林植物遗传学研究的主要障碍是异花授粉导致的杂合性，需要植物学家的长期、艰苦努力。只有经过自交接近纯化，或纯化的双单倍体，才能排除单一亲本（多指母本）的性状分离，而分析某一性状在双亲基因重组之后的遗传规律。严格地说，没有纯合体，没有有性生殖，就没有遗传规律。

所谓的遗传规律，一般包括单（成对）基因的显隐性（及不完全显性），多（二、三对）基因性状的分离比例，微效多基因的遗传力（或重复力），多倍体的剂量效应与育性、核外遗传与母性遗传等，这些都是制定育种策略的重要依据。如对单基因控制的性状，可用杂交育种、诱变育种，或基因工程进行定向育种；而对多基因控制的数量性状则采用长期的选择育种，逐渐积累有利的、微小的变异，其中遗传力的大小决定了选择次数和选择效率。

14.3.2 观赏性状鉴定

（1）株型与枝姿

株型包括乔化与矮化，冠型包括开张与紧凑，如桃花、'寿星'桃、'帚桃'等。其中矮化的袖珍型适合阳台摆放和家庭养花。鉴定乔化与矮化的主要指标是株高和节间长度。鉴定冠型的主要指标是冠幅和分枝角度。

枝姿主要包括直枝、垂枝、曲枝等，如'直枝'梅、'垂枝'梅和'龙游'梅，可根据形态直观判定。

（2）花色

随着人民生活水平和欣赏水平的提高，对园林植物要求不断推陈出新，如世界月季以蓝色、山茶以金黄色为主攻目标，我国菊花以绿色、兰花以素色、牡丹以金黄色为主攻目标。但不同时期对花色要求也不同，如一、二年生草花，过去以杂色为主，现以纯色为主。又如月季1955年以前以红色为主，现以粉红色为主等。

我们对花色的描述一般采用定性的语言。国际园艺界通用的是英国皇家园艺学会（Royal Horticultural Society，RHS）的比色卡（Colour Chart，图14-4）。还可根据CIE色空间，用CIELAB色彩空间分光色差仪测量样品色值L*a*b、L*c*h，及其与被测样品的色差ΔE以及ΔLab值，将样品之间的色差进行量化比较。

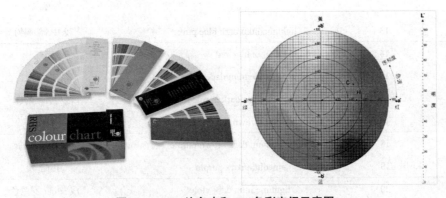

图14-4　RHS比色卡和CIE色彩空间示意图

根据国际植物新品种保护联盟（International Union for the Protection of New Varieties of Plants，UPOV）技术委员会制定的测试指南对颜色的要求，结合RHS比色卡的颜色用语，可以将园林植物的色彩的定性描述定义见表14-1所列。原标准有73种色彩名称，我们将light浅/medium中/dark暗（深）合并之后，共有34种颜色名称，归为12个色系。

（3）花型与着花相

园林植物的花型一般是指单瓣（single）、复瓣（半重瓣）（semi-double）、重瓣（double）、极重瓣（fully double）。瓣形可分为平瓣、皱瓣、卷瓣等，其中以菊花最为丰富，分为平、匙、管、桂、畸5种瓣形。

与花型相关的是着花密度。着花少而大，或小而多，是两种不同的风格，整体效果都不错。一般顶芽和和腋芽都能成花的植物，着花会很繁密，观赏效果很好。

与观花效果相关的是园林树木的花相，是指花或花序着生在树冠上表现出的整体状貌。从花叶顺序上，花相分为纯式（先花后叶）和衬式（先叶后花）两大类。从花朵着生位置上，可分为7种。

表 14-1 颜色定性描述中英文对照表

色 系	序 号	英 文	中 文
白	1	white	白
绿	2	light/medium/dark green	浅/中/暗 绿
	3	light/medium yellow green	浅/中 黄绿
	4	ligh/medium/dark grey green	浅/中/暗 灰绿
	5	light/medium/dark blue green	浅/中/暗 蓝绿
	6	light/medium/dark brown green	浅/中/暗 棕绿
黄	7	light/medium/dark yellow	浅/中/暗 黄
橙	8	light/medium/dark yellow orange	浅/中/暗 黄橙
	9	light/medium/dark orange	浅/中/暗 橙
粉	10	light/medium/dark orange pink	浅/中/暗 橙粉
	11	（light）red pink	（浅）红粉
	12	pink	粉
	13	light/medium/dark blue pink	浅/中/暗 蓝粉
红	14	orange red	橙红
	15	light/medium/dark red	浅/中/暗 红
	16	light/medium/dark purple red	浅/中/暗 紫红
	17	brown red	棕红
紫	18	light/medium/dark brown purple	浅/中/暗 棕紫
	19	medium/dark purple	中/暗 紫
罗兰	20	light/medium/dark violet	浅/中/暗 罗兰色
	21	light/medium blue violet	浅/中 蓝罗兰
蓝	22	light/medium/dark violet blue	浅/中/暗罗兰紫
	23	light/medium/dark blue	浅/中/暗 蓝
	24	light/medium/dark green blue	浅/中/暗 绿蓝
棕	25	light/medium/dark brown	浅/中/暗 棕
	26	medium yellow brown	黄棕
	27	orange brown	橙棕
	28	grey brown	灰棕
	29	light/medium/dark green brown	浅/中/暗 绿棕
灰	30	yellow grey	黄灰
	31	brown grey	棕灰
	32	purple grey	紫灰
	33	grey	灰
黑	34	black	黑

干生花相　花生于老茎干之上，又称"老茎生花"。如槟榔、木菠萝、可可、鱼尾葵、紫荆。

线条花相　纯式线条花相者有连翘、金钟花；呈衬式线条花相的有珍珠绣球、绣球等。

星散花相　衬式花相如鹅掌楸、白兰花等。

团簇花相　纯式团簇花相的有玉兰、木兰；衬式团簇花相的有木绣球。

覆被花相　纯式的有泡桐，衬式的有广玉兰、七叶树、合欢、珍珠梅、接骨木等。

密满花相　如樱花、榆叶梅、毛樱桃。

独生花相　花序一个，生于干顶。本类较少，形态奇特，如苏铁类。

（4）花香

任何一人接到鲜花或接近鲜香，第一个动作肯定是闻香，花香的重要性可见一斑！按照花香的浓淡，可以分为不香、淡香、香、浓香。月季的花香可以分为大马士革甜香、水果花香、酚类茶香、辛辣、没药5种主要香型。香型的划分因种而异。

对花香挥发性物质的测定常用顶空固相微萃取（HS-SPME）与气相色谱-质谱（GC-MS）联用技术。但要注意，花香不仅与挥发性物质的含量有关，也与花香的释放有关；不仅与某种主要成分的绝对含量有关，更与几种重要成分的相对含量有关。

（5）花期

培育"五一""十一"、元旦、春节、情人节、七夕节等重大节日或特定日期摆放和礼品园林植物，是花期育种的重点目标。花期有长短和早晚之别。对花期长短的描述有单朵花期、单株花期和群体花期的天数，也有显蕾、露色、初开、盛开、末花等物候的具体日期，还有将初开作为起点，往前以-1d、-2d计算，往后以1d、2d计算。对花期早晚的描述，有季节、月旬、月日，也有从播种、出苗或移栽，到显蕾（可上市）或开花的天数。所谓早花、晚花品种，一般将同种最早开花的1/4的品种定为早花品种，最晚的1/4定为晚花品种；也有以1/3为界的。即使单朵花期只有5~6d的植物，只要把早、中、晚花的品种搭配好，群体花期一般都能超过20d。

14.3.3　经济（商品）性状鉴定

这里的经济性状是指作为商品销售时，市场看重的某些指标，是商品的经济属性，相当于园林植物的产品质量标准。

（1）切花

鲜切花要求色彩鲜艳，花姿优美，有香气、花瓣厚、耐贮藏，花期长，并能周年供应。切花选择的主要指标一是切枝长度，二是瓶插寿命。切枝是花枝可以切下来的那部分，既要使原植株正常生长，又要尽量延长切枝长度。如牡丹的花枝（分枝点至花托）的长度较短，作切花没有芍药普遍。但对水培郁金香而言，整个植株（花莛）均可作切枝。瓶插寿命的观测要在标准的环境条件下进行，这样不同种类才有可比性。

干花要求花期集中，生长期短、自然干燥花瓣不褪色等。

(2) 盆花

对于观花植物要求花期长。像仙客来一样次第开放，总花期长达两个月以上。还要求株型圆满，着花繁密，花朵最好高于叶丛（叶上开花）。

对观叶植物要求色彩丰富，各色条纹、斑纹色彩比较稳定，耐阴或耐旱，适合室内环境，适合家庭养花。

(3) 种子、球根、幼苗

这是3类繁殖材料，最主要的要求是品种正确、表型稳定。种子后代性状的分离在可接受的范围之内；作为无性系的球根、幼苗的变异率，也在可控范围之内。如组培苗的体细胞变异率一般不超过5%。其次要求生活力，如种子的发芽率，球根的开花率，幼苗的成活率等。对此，不同类型、不同种类可能会有设置的具体的形态或生理指标。如种子的千粒重、球根的周径、幼苗的根系等。

14.3.4 抗逆性状鉴定

(1) 抗逆性

我国西北干旱少雨，有大面积沙漠，东部不少地方盐碱，西南有干热河谷，还有水质和空气的污染以及农药、除草剂的残留等。解决上述问题的途径，除了改善生产条件和控制环境污染外，选育抗逆性强的园林植物是当务之急。北京地区主要选择节水、节能、抗热、低温开花的品种和类型。各种抗逆性鉴定的常用方法见表14-2所列。

表 14-2 抗逆性鉴定的常用方法（中国科学院上海植物生理研究所，1999）

抗逆性	部位	测定方法	指标
渗透胁迫	叶片	丙二醛（MDA）	膜脂过氧化
渗透胁迫	叶片	电导率	细胞质膜透性
耐盐碱、耐旱	叶片	高效液相层析	甜菜碱醛脱氢酶（BADH）
生物胁迫	幼苗下胚轴	羟胺氧化	超氧阴离子自由基
抗盐性	愈伤组织	十二烷基硫酸钠-聚丙烯酰胺凝胶（SDS-PAGE）电泳	盐胁迫蛋白
耐渍水胁迫	受渍水或缺氧处理幼苗的根	醇脱氢酶酶活性及同工酶聚丙烯酰胺凝胶电泳	醇脱氢酶（ADH）活性、同工酶
抗病性	暗培养5d的幼苗	离心，盐析法	苯丙氨酸解氨酶（PAL）
抗冷性	浸泡1d的种子	5'-核苷酸酶活性的测定	无机磷含量

(2) 抗病性、抗虫性

提高植物的抗病（虫）性，是防止园林植物病虫害的主要方法之一，效果稳定，简单易行，成本低，能减轻或避免农药对环境的污染，有利于保持生态平衡。在病害流行时，通过感病率、病情指数等筛选抗病单株；也可以在无菌条件下，在圆片上人工接种某种病菌，计算感病率。检测时，既要注意病菌的生理小种和植物的不同株系的相关性，也要注意病菌和植物的协同变异。

14.3.5 选种目标确定

选种目标即为改良现有园林植物品种和创造新类型、新品种所要求达到的目的和指标。由于园林植物种类和品种繁多，栽培季节和栽培方法各异，园林绿化和花卉生产对品种有多方面不同的要求，因此选种目标制定时要充分了解当地生产的现状和发展趋势、消费习惯及市场的变化，明确选种的主要性状及所要达到的目标，并兼顾其他性状的合理配合，制订出可行的选种目标。

兼顾综合性状与重点目标。选择时既要考虑观赏价值或经济价值，又要考虑有关生物学性状，但也不是等量齐观，要有重点地进行选择。如果只根据单方面、个别性状特别突出的性状进行选择，有时难以选出满意的品种来。例如，只注意选择美丽的花朵，而忽视了植物本身的适应性、抗性等，也难以在生产实践中推广。换句话说，再好看的品种，如果在生产和销售之后没有经济效益，就不是好品种。

确定选种目标时，还要考虑园林植物观赏目标的多样性。俗称的"指哪打哪"与"打那指那"的区别。前者是指，先确定育种目标，再有计划地得到了符合目标性状的植株，这是常规的有计划、有目的的育种策略。如果没有得到预期目标性状的植株，而得到了其他变异植株，那就是后者，需要及时调整育种目标。这就得益于育种目标的多样性，不管色、香、形，只要新、奇、特。

14.4 不同繁殖方式选择方法

在自然授粉产生的种子播种形成的实生植株群体中，采用混合选择或单株选择得到新品种的方法叫作选择育种。选择的方法主要有两种，其一是通过逐代的混合选择，按照一定的目标来改进花卉群体的遗传组成，形成以实生繁殖为主的群体品种；其二是从实生群体中选择优株，通过营养繁殖以形成营养系（无性系）品种。

14.4.1 混合选择法（种子繁殖）

按照某些观赏特性和经济性状，从一个原始的混杂群体或品种中，选出彼此类似的优良植株，然后把它们的种子或繁殖材料（如鳞茎、插条等）混合起来种在同一块地里，翌年再与标准品种进行鉴定比较。如果对原始群体的选择只进行一次，就繁殖推广的，称为一次混合选择；如果对原始群体进行多次不断地选种之后，再用于繁殖推广的，称为多次混合选择（图14-5）。如对天然授粉草花百日草、鸡冠花等，就要实行多次混合选择法。如'矮生'非洲菊（*Gerbera jamesonii* 'Nana'）和'矮'文竹（*Asparagas setaceus* 'Nanua'），前者植株矮生而开多种色彩花朵，后者矮生，"叶"多而短，

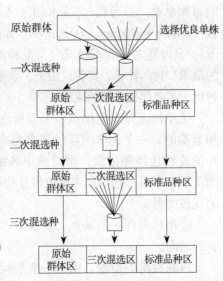

图14-5 多次混合选择

均可用混合选择留种法繁殖。对木本植物或自花授粉的草花，可采用一次混合选择。如中国广西1958年'岭溪软枝'油茶（*Camellia oleifera* 'Lingxi Ruanzhi'）枝软而垂，花多而繁，结果多，产油较一般油茶高出数倍，是个油用兼观赏的优良类型。

①混合选择的优点　手续简便，易于群众掌握，而且不需要很多土地与设备就能迅速从混杂的原始群体中分离出优良的类型；能获得较多的种子或遗传性较丰富，以维持和提高品种的种性。

②混合选择的缺点　在选择时由于将当选的优良单株的种子混合繁殖，因而就不能鉴别一个单株后代遗传性的真正优劣，这样就可能使仅在优良环境条件下外观表现良好而实际上遗传性并不优良的个体也被当选，因而降低了选择的效果。这种缺点在多次混合选择的情况下，会多少得到一定程度的克服。首先，那些外观良好而遗传性并不优良的植株后代，在以后的继续选择过程中会逐步被淘汰。其次，在开始进行混合选择时，由于原始群体比较复杂，容易得到显著的效果，但在以后各代环境条件相对不变的情况下，选择的效果就越来越不显著了，此时即可采用单株选择或其他育种措施。

14.4.2　单株选择法（种子或营养繁殖）

单株选择法就是把从原始群体中选出的优良单株的种子或种植材料分别收获、分别保存、分别繁殖的方法。在整个育种过程中如只进行一次以单株为对象的选择，而以后就以各家系为取舍单位的称为一次单株选择法（图14-6）。如先进行连续多次的，以单株为对象的选择，然后以各家系为取舍单位的，则称为多次单株选择法（图14-7）。

一次单株选择法又称株选法，通常在按一定任务和标准加以比较鉴定后，即可行营养繁殖，形成稳定的营养系，如中国水仙（*Narsissus tazetta* var. *Chinensis*）的重瓣品种'玉玲珑''真水仙'，以及从日本鹿子百合（*Lilium speciosum*）中选出的'赤鹿之子''岛鹿之子''凡叶鹿之子''峰之雪'等品种都是一次单株选择的结果。我国牡丹、梅花、山茶、紫薇等形形色色的品种绝大多数都是株选的成果。

①单株选择法的优点　由于所选优株是分别编号和繁殖的，一个优株的后代就成为一个家系，经过几年的连续选择和记载，可以确定各编号的真正优劣，淘汰不良家系，选出真正属遗传性变异（基因型变异）的优良类型。

②单株选择法的缺点　要求较多的土地设备和较长的时间。

自花授粉的植物，由于一般后代不分离，容易稳定，所以常用一次混合选择法。异花授粉植物，如百

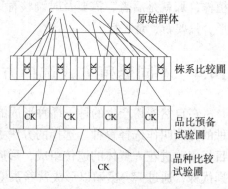

图14-6　一次单株选择法

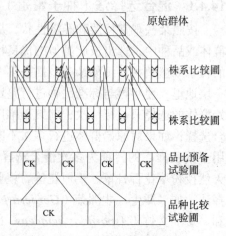

图14-7　多次单株选择法

日草、鸡冠花等，杂种后代由于一般多发生分离现象，必须用多次单株选择法或多次混合选择。营养繁殖的植物，一次单株选择即可。

14.4.3　芽变选种方法（营养繁殖）

（1）芽变选种的目标

芽变选种主要是从原有优良品种中进一步选择更优良的变异，要求在保持原品种优良性状的基础上，针对其存在的主要缺点（通常是单一性状），通过选择而得到改善。

（2）芽变选种的方法

事实上就是一次单株选择。芽变选种的重点是甄别真正的芽变（可遗传的变异）和环境饰变，并评估芽变性状的新颖性和经济价值。

（3）芽变选种的时期

芽变选种工作原则上应该在整个生长发育过程的各个时期进行细致的观察和选择。但是为提高芽变选种的效率，除经常性的观察选择外，还必须根据选种目标抓住最易发现芽变的有利时机，集中进行选择。例如，早花和晚花芽变的选择最好在花期前几周或后几周进行，以便发现早花或晚花的变异。抗病、抗旱、抗寒芽变的选择最好在自然灾害发生之后，由于原有正常枝芽受到损害，而使组织深层的潜伏变异表现出来，所以要注意从不定芽和萌蘖长成的枝条进行选择，或选择抗自然灾害能力特别强的变异类型。

14.5　选择基本方法

14.5.1　计分评选法

计分评选法又称百分制评分法，根据各性状的相对重要性分别给予一定的比分。岩菊及露地早菊株选的主要目标放在菊体和花朵上，给予其较高的比分。在菊体中以抗性，在花朵中主要以花繁密度和花色作为重要指标，并兼顾其他性状（表14-3）。综合加分减分及其他栏内，主要根据特殊的优缺点进行加分或减分，一般加减分的分数不超过10%~15%。各评委把各性状测定的分数相加即得该植株的总分，然后汇总评委的评分，求其平均分，根据平均分的高低，择优选拔。此法优点以主要性状为主，兼顾其他性状，较为科学，参加评选的人较多，可消除个人的偏见，一般评选结果较为可靠，但计算比较麻烦，也有的为简化，采用5级或3级记分。此法适用于一、二年生草花、宿根花卉、球根花卉、地被植物及园林树木的评选。

表 14-3　岩菊及露地早菊百分制记分评选表

品系编号及来源	菊体（40分）				花朵（40分）			花期（20分）		综合加减分及其他
	抗性	株姿	长势	茎叶	繁密度	花色	花容	早晚	长短	
	（20分）	（10分）	（5分）	（5分）	（15分）	（15分）	（10分）	（10分）	（10分）	

评选时间：　　　评选人：　　　工作单位：

显然，参加计分、评选的人员是关键。对此，习惯上邀请育种专业人士打分，国外特别强调非专业人士，即终端消费者。其实，应该请育种者、生产者、消费者都参与评分，这样的结果才更为全面和可靠。

《现代园林》编辑部与中国园艺学会命名登录委员会主持的2017年新品种评分标准（表14-4），反映了当时园林树木的市场需求。

表 14-4　现代园林新品种评分标准（2017 年）

类别	指标	说明	得分（分）
生产性	株型	优美或有特殊株型	15
	生长势/生长速度	生长势旺，生长速度快	15
观赏性	叶色及观叶期	叶色鲜艳，观叶期长	主要观赏器官30，次要观赏器官各5，满分40
	花色及花期	花色艳丽，着花繁密，花期长或补缺	
	果色及观果期	果色鲜艳，着果量大，挂果期长	
适应性	抗逆性	耐寒、耐旱、耐阴、耐瘠薄土壤	15
	抗病性	抗病性强，无毁灭性病虫害	15
合计			100

14.5.2　逐步淘汰法

计分评选法是综合评选的方法，将各项得分相加得到总分，留高去低。逐步淘汰法是单项选择法，首先根据育种目标，确定主要的、关键的筛选指标，这几个主要指标应该是等效的、非加权的；然后确定各个指标的最低值（门槛），筛选时，任何一个主要指标不达标，所属的个体（或群体）都会被淘汰；最后留下来的就是基本符合育种目标的。

显然，逐步淘汰法可以从大量的分离群体中选出少量的合格群体。最后的选种，还会采用积分评选法，即从合格群体中选择优秀个体。

其实，选择的方法很多，如加权法、层次分析法等，但无论什么方法，都要考虑中选率。从数理统计的差异显著性检验标准来说，中选率应该不超过5%，可适当放宽，但不宜超过30%的中选率，再宽泛的选择已无意义。

14.6　选种步骤

14.6.1　初选

一般目测预选，对符合要求的植株进行编号并做明显标记，然后专业人员对预选植株进行现场调查记载，并对记录材料进行整理，分析现场，确定初选单株。筛除有充分证据是环境影响的彷徨变异。对变异不明显或不稳定的，都要继续观察。如枝变异范围太小，不足以进行分析鉴定，可通过修剪或嫁接等措施，使变异部分迅速增大以后再进行分析鉴定。对变异性状十分优良，但不能证明是否为芽变，可先进入高接鉴定圃。对有充分证据可肯定为芽变，而且性状十分优良，但是还有些性状尚不十分了解，可不经高接鉴定圃直接入选种圃。对有充分证据说明变异是十分优良的芽变，并且没有相关的劣变，可不经高接鉴定及选种圃，直接参加复选。对嵌合体形式的芽变，可采用修剪、嫁接、组织培养等方法，使嵌合体分离、转化，变成稳定的突变体，达到纯化突变体的目的。

14.6.2 复选

复选主要对初选植株再次进行筛选，通过繁殖形成营养系，在选种圃里进行比较，也可结合进行生态试验和生产试验，复选出优良单株。高接鉴定圃一般比选种圃开花期早，特别是对于变异较小的枝变，通过高接可以在较短时期内为鉴定提供一定数量的花。它的作用主要是为深入鉴定变异性状及其稳定性提供依据，同时也为扩大繁殖准备接穗材料。为消除砧木的影响，必须把对照与变异高接在同一高接砧上。

选种圃的主要作用是全面而精确地对芽变进行综合鉴定。因为在选种初期往往只注意特别突出的优良性状，对一些数量性状的微小劣变，则常常不易发现或容易忽略。还有像株型这样的巨大突变，其表现有时与原类型有很大差异，对环境条件和栽培技术可能有不同的反应和要求，因而在投入生产之前，最好能有一个全面的鉴定材料，为繁殖推广提供可靠的依据。

选种圃地要求地力均匀整齐，每系不少于10株，可用单行小区，每行5株，重复二三次。圃地两端可设保护行。对照树用同品种的原普通型，砧木用当地习用类型，株行距应根据株型确定，选种圃内应逐株建立档案，进行观察记载。从开花的第1年开始，连续3年组织鉴评，对花、叶和其他重要性状进行全面鉴定。同时与其母树和对照树进行对比，将鉴定结果记入档案，根据不少于3年的鉴评结果，由负责选种的单位提出复选报告，将其中最优秀的一批，定为入选品系，组织决选。为了对不同单系进行环境条件适应性的鉴定，要尽快在不同地点进行多点试验。

14.6.3 决选

在选种单位提出复选报告之后，由主管部门（如良种审定委员会）组织有关人员，对入选品系进行评定决选。参加决选的品系，应由选种单位提供下列完整的资料和实物。

①该品系的选种历史评价和发展前途的综合报告。
②该品系在选种圃内连续不少于3年的鉴评结果。
③该品系在不同自然区内的生产试验结果和有关鉴定意见。
④该品系及对照的实物。

上述资料、数据和实物，经审查鉴定后各方面确认某一品系在生产上有前途，可由选种单位予以命名为新品种。在发表或登录新品种时，应提供该品种的详细说明书。如果申请新品种权，则向植物新品种保护办公室提交新品种权申请书。如果申请良种审定，则向良种审定委员会申报。发表、登录新品种权和良种可以同时进行。

（程金水　刘青林　周莉）

思考题

1. 为什么说选择是育种的中心环节？

2. 自然选择决定了进化的方向，试述人工选择的创造性作用。
3. 天然杂交的后代（实生群体）和人工杂交后代的遗传变异有何异同？
4. 芽变（嵌合体）的体细胞遗传与实生变异的遗传规律有何不同？
5. 芽变选种和实生选种的变异来源和选择方法有什么区别？
6. 如何在嵌合体的营养繁殖过程中，利用芽变的转化规律？
7. 在杂交后代的选育中，有人喜欢新的杂交组合的杂交后代，有人喜欢容易成功的老组合的大量子代。你喜欢哪一种？怎样提高选种的效果？
8. 除了计分评选法、逐步淘汰法外，还有大众参与及专家参与，田间选择与实验室测定，及各种数学选择的方法（如层次分析法、模糊数学法等）。如何合理利用不同的选择方法和参与人群，预先筛选出更受市场欢迎的新品种？

推荐阅读书目

植物育种的选择原理. 1990. Wricke G编. 张爱民等译. 北京农业大学出版社.

Selection Indices in Plant Breeding. 2021. Baker R J . CRC Press.

Seed Selection and Plant Breeding——With Information on Propagation，Heredity and Mendelism. 2011. Cromwell，Arthur D. Gilman Press.

Quantitative Genetics in Maize Breeding. 1981. Hallauer A. R. Iowa State University Press.

第15章 品种登录、保护、审定与繁育

[**本章提要**] 从各种变异后代中选择出来的单株或群体，在此之前都是品系；只有通过登录、保护或审定之后，才能成为品种，并繁育推广。品种登录（含新品种论文发表）包括国际登录和国内登录，是对品种名称的登记和发表，保证命名的优先权、名称的正确性（无重名）和国际通用性（如汉语拼音）。新品种保护是对育种人专有知识产权（主要是繁殖权）的保护，授权之前需经过特异性、一致性和稳定性的实质性审查（DUS测试）；以防止业余育种者对不想或无法获利的新品种经常共享。良种审定是通过品种比较试验和区域试验，对品种性状优劣性的法定审查；只有审定通过的才能称作良种，才能繁殖推广。繁育的关键是在防止品种混杂，保持优良种性，增强生活力的前提下，加速繁殖，扩大群体数量，应用于园林植物的生产。

品种登录、保护与审定是园林植物育种工作的延续，也是新品种投入繁育生产并面向市场的必须环节（图15-1）。其中品种登录是对品种名称及其优先权的确认，新品种保护是保护育种者的经济权益，良种审定是对新品种或引进品种各种性状优劣的鉴定。三者分别从存在、收益和优劣3个不同方面，对新品种及其育种者进行评价和保护。

通过审定（认定或鉴定）的品种，只有经过良种繁育，保证质量、扩大数量，才能推广应用于园林绿化或花卉生产。但对于已获得新品种权的品种，必须征得品种权人同意并授权，才能用于商业目的的扩大繁殖。

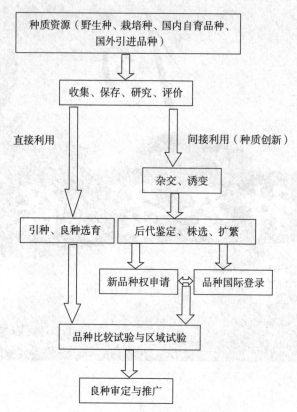

图15-1 园林植物育种的一般流程

15.1 品种国际登录

15.1.1 品种登录作用

品种登录有国内登录，也有国际登录，前者如中国花卉协会兰花分会和中国植物学会兰花分会对兰花（主要是兰属）品种的登录，后者是本节的主要内容。品种登录的作用主要体现在以下3个方面。

①对品种来说，保证名称的准确性、一致性和稳定性。就像身份证一样，使每一个品种都有据可查；当然，最基本的功能是避免重名。

②对育种者来说，品种登录就是确定了育种者对该品种命名的优先权。尽管品名称不署定名人，但从登录年报等文件中，完全可以确定育种者或命名者（作者）的知识产权。如果该品种的市场潜力大，具有品种保护的价值，则品种登录是确定知识产权的唯一途径。品种登录申请者对育成品种的名称及其性状的描述将被整个育种界和学术界公认。

③对育种界来说，品种登录是相关育种者培育新品种的前提。只有对已知品种或现有品种有全面和比较充分的了解，才能培育出崭新的品种。品种登录就是掌握现有品种的重要途径。如美国月季协会（American Rose Society，ARS）2007年出版的《Modern Roses 12》，对超过25 000个现代月季品种的来源和亲本都有记载，国际月季品种登录权威International Cultivar Registration Authority（ICRA）——Rosa 2009年出版的《International Cultivar Registry and Checklist ——Rosa》登录品种超过30 000个，这就是品种登录对月季育种的巨大贡献。

15.1.2 国际品种登录权威（ICRA）

品种是人工培育的一种活的生产资料，对于植物生产具有重大意义。园林植物品种虽有一定的区域性、民族性和时尚性；但因多行保护地栽培，并在世界花卉市场广泛流通，还具有较广泛的世界性。为了保证品种名称在世界范围的一致性、准确性和稳定性，国际园艺学会（International Society for Horticultural Science，ISHS，https://www.ishs.org）所属品种登录委员会（Commission Cultivar Registration）指定了各种栽培植物的国际品种登录权威（ICRA），建立了统一的栽培植物品种登录系统。品种登录是由国际品种登录权威（ICRA）根据现行的《国际栽培植物命名法规》（ICNCP，9th，2016），对栽培植物品种的名称进行审核、登记，并确认育种者的过程。

保证品种名称的专一性和通用性是非常重要的。园林植物是ICRA登录系统中的主要种类（表15-1，详见国际园艺学会https://www.ishs.org/sci/icralist/icralist.htm）。如郁金香（*Tulipa*）由荷兰的皇家球根种植者总会登录，唐菖蒲（*Gladiolus*）由美国的北美唐菖蒲理事会登录，百合（*Lilium*）由英国的皇家园艺学会登录。

表 15-1 国际栽培植物品种登录权威（ICRA）一览表

英文类群	中文类群	ICRA英文名称	ICRA中文名称
Australian plant genera	澳大利亚植物属	Australian Cultivar Registration Authority（ACRA）	澳大利亚品种登录权威
Bulbous, Cormous and Tuberous-rooted ornamental plants	球根观赏植物，不含大丽花属、百合属、水仙属、Nerine和其他澳大利亚属	Royal General Bulbgrowers' Association（KAVB）	皇家球根种植者总会（荷兰）
Hardy herbaceous perennials	耐寒多年生草本	International Stauden-Union（ISU）	国际多年生草本植物联盟（德国）
Woody plant genera	木本植物属	American Association of Botanical Gardens and Arboreta（AABGA）	美国植物园和树木园学会
Acacia	金合欢属	Australian Cultivar Registration Authority（ACRA）	澳大利亚品种登录权威
Actinidia	猕猴桃属	HortResearch	园艺研究所（新西兰）
Amelanchier	唐棣属	Department of Plant Sciences, University of Saskatchewan	（加拿大）
Andromeda		Heather Society	欧石南协会（英国）
Araceae	天南星科，不含美人蕉属和马蹄莲属	International Aroid Society（IAS）	国际天南星协会（美国）
Astilbe	落新妇属	Lakeland Horticultural Society	湖地园艺协会（英国）
Begonia	秋海棠属	American Begonia Society	美国秋海棠协会
Bougainvillea	叶子花属	Indian Agricultural Research Institute（IARI）	印度农业试验站
Bromeliaceae	凤梨科	Bromeliad Society International	国际凤梨协会（澳大利亚）

(续)

英文类群	中文类群	ICRA英文名称	ICRA中文名称
Brugmansia	曼陀罗木属	American brugmansia and Datura Society（ABADS）	美国曼陀罗（木）协会
Buxus	黄杨属	American Boxwood Society（ABS）	美国黄杨协会
Byblidaceae		International Carnivorous Plant Society，Inc（ICPS）	国际食虫植物协会（美国）
Cactaceae	仙人掌科	Epiphyllum Society of America（ESA）	美国昙花协会
Calluna		Heather Society	欧石楠协会（英国）
Camellia	山茶属	International Camellia Society	国际茶花学会（澳大利亚）
Castanea	栗属	Connecticut Agricultural Experimental Station（CAES）	康尼迪克农业试验站（美国）
Cephalotaceae		International Carnivorous Plant Society，Inc（ICPS）	国际食虫植物协会（美国）
Clematis	铁线莲属	Royal Horticultural Society	皇家园艺学会（英国）
Clivia	君子兰	Clivia Society	君子兰协会（澳大利亚）
Conifers	针叶树，含银杏属	Royal Horticultural Society	皇家园艺学会（英国）
Coprosma		Royal New Zealand Institute of Horticulture，Inc	新西兰皇家园艺研究所
Cuecuma		Singapore Botanical Gardens	新加坡植物园
Cyclamen	仙客来属，不含仙客来	Cyclamen Society	仙客来协会（英国）
Cyclamen persicum	仙客来	Vaste Keurings Commissie（VKC）	（荷兰）
Daboecia		Heather Society	欧石楠协会（英国）
Dahlia	大丽花属	Royal Horticultural Society	皇家园艺学会（英国）
Datura	曼陀罗属	American brugmansia and Datura Society（ABADS）	美国曼陀罗（木）协会
Delphinium	翠雀属	Royal Horticultural Society	皇家园艺学会（英国）
Dianthus	石竹属	Royal Horticultural Society	皇家园艺学会（英国）
Dioncophyllaceae		International Carnivorous Plant Society，Inc（ICPS）	国际食虫植物协会（美国）
Droseraceae		International Carnivorous Plant Society，Inc（ICPS）	国际食虫植物协会（美国）
Drosophyllaceae		International Carnivorous Plant Society，Inc（ICPS）	国际食虫植物协会（美国）
Erica	欧石南属	Heather Society	欧石南协会（英国）
Erodium	牻牛儿苗属	Geraniaceae Group of the British Pelargonium and Geranium Society	英国天竺葵协会牻牛儿苗科组
Eustoma	草原龙胆属	Vaste Keurings Commissie（VKC）	（荷兰）
Ficus	榕属	Vaste Keurings Commissie（VKC）	（荷兰）

（续）

英文类群	中文类群	ICRA英文名称	ICRA中文名称
Fuchsia	倒挂金钟属	American Fuchsia Society	美国倒挂金钟协会
Gentiana	龙胆属	Scottish Rock Garden Club	苏格兰岩石园俱乐部（英国）
Geranium	老鹳草属	Geraniaceae Group of the British Pelargonium and Geranium Society	英国天竺葵协会牻牛儿苗科组
Gerbera	大丁草属	Vaste Keurings Commissie（VKC）	（荷兰）
Gesneriaceae	苦苣苔科，不含非洲紫罗兰	American Gloxinia and Gesneriad Society, Inc.	美国苦苣苔科植物协会
Gladiolus	唐菖蒲属	North American Gladiolus Council	北美唐菖蒲协会（美国）
Hamamelis	金缕梅属	Arboretum Kalmthout Foundation	（比利时）
Hebe		Royal New Zealand Institute of Horticulture, Inc	新西兰皇家园艺研究所
Hedera	常春藤属	American Ivy Society（AIS）	美国常春藤协会
Hedychium	姜花属	Singapore Botanical Gardens	新加坡植物园
Hemerocallis	萱草属	American Hemerocallis Society	美国萱草协会
Hibiscus rosa-sinensis	扶桑	Australian Hibiscus Society, Inc.	澳大利亚扶桑协会
Hosta	玉簪属	American Hosta Society	美国玉簪协会
Hydrangea	八仙花属	Institut National D'Horticulture	国家园艺研究所（法国）
Hylocereeae		Epiphyllum Society of America（ESA）	美国昙花协会
Ilex	冬青属	Holly Society of America	美国冬青协会
Iris	鸢尾属，不含球根	American Iris Society	美国鸢尾协会
Juglans	核桃属	Hardwood tree Improvement and Registration Center（HTIRC）	（美国）
Kalmia	山月桂属	Highstead Arboretum	（美国）
Lagerstroemia	紫薇属	United States National Arboretum	美国国家树木园
Lentibulariaceae		International Carnivorous Plant Society, Inc（ICPS）	国际食虫植物协会（美国）
Leptospermum		Royal New Zealand Institute of Horticulture, Inc	新西兰皇家园艺研究所
Lilium	百合属	Royal Horticultural Society	皇家园艺学会（英国）
Lonicera	忍冬属	Blahnik, Ing. Zdenek	（捷克）
Magnoliaceae	木兰科	Magnolia Society, Inc.	木兰协会（美国）
Malus	海棠属，不含苹果	International Ornamental Crabapple Society	国际观赏海棠学会（美国）
Mangifera indica	杧果	Indian Agricultural Research Institute（IARI）	印度农业试验站
Martyniaceae		International Carnivorous Plant Society, Inc（ICPS）	国际食虫植物协会（美国）

（续）

英文类群	中文类群	ICRA英文名称	ICRA中文名称
Meconopsis	绿绒蒿属	Meconopsis Group	绿绒蒿组织（英国）
Narcissus	水仙属	Royal Horticultural Society	皇家园艺学会（英国）
Nelumbo	莲属	International Waterlily and Water Gardening Society	国际睡莲与水生园艺协会（美国）
Nepenthaceae		International Carnivorous Plant Society，Inc（ICPS）	国际食虫植物协会（美国）
Nerine	尼润属	Nerine and Amaryllid Society	尼润和朱顶红协会（英国）
Nymphaeaceae	睡莲科	International Waterlily and Water Gardening Society	国际睡莲与水生园艺协会（美国）
Orchidaceae grex	兰科集体杂种	Royal Horticultural Society	皇家园艺学会（英国）
Osmanthus	木樨属	Chinese Flower Association, Sweet Osmanthus Branch	中国花卉协会桂花分会
Paeonia	芍药属	American peony Society	美国芍药协会
Passiflora	西番莲属	Passiflora Society International	国际西番莲协会（英国）
Pelargonium	天竺葵属	British and Eoropean Geranium Society（BEGS）	英欧天竺葵协会
Penstemon	钓钟柳属	American Penstemon Society	美国钓钟柳协会
Phormium		Royal New Zealand Institute of Horticulture, Inc	新西兰皇家园艺研究所
Pittosporum	海桐属	Royal New Zealand Institute of Horticulture, Inc	新西兰皇家园艺研究所
Plumeria	鸡蛋花属	Plumeria Society of America, Inc.	美国鸡蛋花协会
Populus	杨属	International Poplar Commission of F. A. O.	联合国粮农组织国际杨树委员会（意大利）
Potentilla fruticosa	金露梅	Agriculture and Agri-Food Canada	加拿大农业与农业食品部
Proteaceae	山龙眼科，不含澳大利亚属	PCRA, National Department of agriculture（South Africa）	农业部山龙眼科登录权威（南非）
Prunus mume	梅	Chinese Mei Flower and Winter-sweet Association	中国花卉协会梅花蜡梅分会
Pyracantha	火棘属	United States National Arboretum	美国国家树木园
Quercus	栎属	International Oak Society（IOS）	国际橡树协会（英国）
Rhododendron	杜鹃花属	Royal Horticultural Society	皇家园艺学会（英国）
Roridulaceae		International Carnivorous Plant Society，Inc（ICPS）	国际食虫植物协会（美国）
Rosa	蔷薇属	American Rose Society	美国月季协会
Saintpaulia	非洲紫罗兰属	African Violet Society of American, INC.（AVSA）	美国非洲紫罗兰协会
Sarraceniaceae		International Carnivorous Plant Society，Inc（ICPS）	国际食虫植物协会（美国）
Saxifraga	虎耳草属	Saxifrage Society	虎耳草学会（英国）

（续）

英文类群	中文类群	ICRA英文名称	ICRA中文名称
Syringa	丁香属	Royal Botanical Gardens (Canada)	皇家植物园协会（加拿大）
Viburnum	荚蒾属	United States National Arboretum	美国国家树木园
Viola	堇菜属	American Violet Society	美国堇菜协会

国际品种登录权就是话语权，是行业或领域软实力的重要标志。在已故陈俊愉院士的大力推动下，作为世界"园林之母"的中国，目前已有10位国际品种登录权威（ICRA，表15-2）。

表 15-2 中国国际品种登录权威一览表（以授权时间为序）

分类群	学名	授权时间（年）	登录权威（机构）ICRA	登录人Registrar
梅花	*Prunus mume*	1998	中国花卉协会梅花蜡梅分会	张启翔教授（北京林业大学） 包满珠教授（华中农业大学）
木樨属	*Osmanthus*	2004	国际木樨属品种登录中心	向其柏教授（南京林业大学）
竹亚科	*Bambusoideae*	2013	国际竹亚科品种登录中心	史军义研究员（中国林业科学研究院资源昆虫研究所）
姜花属	*Hedychium*	2013	中国科学院华南植物园	夏念和教授
枣属	*Ziziphus*	2014	河北农业大学	刘孟军教授
蜡梅属	*Chimonanthus*	2013	中国花卉协会梅花蜡梅分会	陈龙清教授（西南林业大学）
苹果属（不含苹果）	*Malus*, excluding *M. domestica*	2014	中国国家植物园（北京植物园）	郭翎研究员（国家植物园）
茶花	*Camellia*	1962	国际山茶协会（ICA）	王仲郎高级工程师（中国科学院昆明植物研究所）
荷花	*Nelumbo*	1988	国际睡莲和水景园协会（IWGS）	田代科研究员（上海辰山植物园）
沙漠玫瑰属	*Adenium*	2020	厦门植物园	Dr. Mark Dimmitt

其中茶花和荷花是从外国人手中接过来的，登录机构（ICRA）不变。可见登录机构不变，登录人是可以接续的。

15.1.3　品种登录程序

尽管各种园林植物可能有不同的要求，但品种登录的一般程序如下：

①由育种者向品种登录权威提交品种登录申请表。表15-3是百合品种登录申请表，请下载并使用最新版本（https://www.rhs.org.uk/plants/pdfs/plant-register-supplements/lilies/lily-register-and-checklist），包括拟用名、育种亲本、育种过程、性状描述等有关材料，并提供图片或标本（命名标准）。一般情况下不缴纳申请费，只收取登录证书的工本费。

表 15-3　百合品种名称登录申请表

登录表格最终应该及时完整的寄到 The RHS International Lily Registrar Midtown of Inverasdale, Ross-shire IV 222 Lw, UK. 为了鼓励育种者和种植者登录，百合新品种的登录是免费的，而且可以获得免费的登录证书。登录表格包括：简单陈述叶片，尽可能地提供彩色照片或打印的照片，这张照片与申请表格放在一块作为以后的记录，保存在皇家园艺学会威斯利植物园的标本馆。

品种名称的第一选择……………………………（第二选择）……………………………………………；
是一个栽培品种还是品种群（cultivar-group）的名称…………类别…………………………………；
花朵朝向：（a）向上（b）水平（c）向下；
花朵类型（a）杯型（b）碗型（c）星型（d）反卷型。如果有些花朵具有以上多项特征请简单描述。
母本………；
父本………；
描述：颜色的参考可以根据皇家园艺学会的颜色图谱。
1 花朵内部颜色……………………………喉部颜色……………………外部颜色…………………；
花朵斑点分布和颜色、乳突……………………花密沟颜色……………………………………………；
花药颜色……………………………………柱头颜色……………………………………………………；
2 花朵直径…………………mm　花瓣长度…………………mm　花瓣宽度…………………mm
花朵瓣性（a）单瓣（b）重瓣花　　　　　花朵香味（a）没有（b）轻微（c）强烈
花朵边缘波状（a）没有（b）轻微（c）强烈　花朵顶端反卷（a）没有（b）轻微（c）强烈
3 叶片（a）轮生（b）互生　　　　　　　　叶片长度…………mm　宽度…………………mm
4 茎秆长度…………m（植株基部/地面）　茎秆颜色……………………………………………；
每个茎秆的花朵数量…………………朵　　花期…………………………………………………月
5 其他特性（珠芽、花序类型、叶扭曲等）……………………………………………………………；
品种名的词源进行必要的解释……………………………………………………………………………；
如果名称不是英文请翻译…………………………………………………………………………………；
如果申请登录的名字是最初品种名的语言文字形式，而不是拉丁文形式，需要同时提供最初的语言文字形式
……
杂交品种的育种者……………………时间（year）…………………地点…………………………；
种植者…………………………………时间（year）…………………地点…………………………；
品种命名人……………………………时间（year）…………………地点…………………………；
商业引种者……………………………时间（year）…………………地点…………………………；
登录的个人/苗圃/公司的名称………………………………地点……………………………………；
如果这个品种或品种群先前已经定名没有登录，请在登录时写出第一次发表的刊物时间地点，同时附上复印件
……
如果申请了商标、专利、植物新品种保护请出示相关记录和地点…………………………………；
提供可能的商业设计（商业象征）……………………商标…………………………………………；
登录证书是否需要……………………………………………………………………………………………

以下部分是给国际登录员使用：
收到的时间………………………………彩色打印或绘图是否收到………………………………；
这个百合的登录接受或者延迟及其原因…………………………………………………………………；
登录员签字………………………………………………日期…………………………………………；

②由ICRA根据申报材料和已登录品种，对拟登录品种的名称、育种过程、性状特征等进行书面审查。只有特殊情况下，才进行实物审查。

③对符合登录条件的品种，给申请者颁发登录证书，并将品种收录在登录年报中，同时在正式出版物上发表。如美国公园协会（American Public Gardens Association）登录的园林树木品种一般会在《HortScience》上发表。

15.1.4　新品种论文发表

我国的《园艺学报》《林业科学》，美国的《HortScience》等学术期刊发表"新品种"的论文。如《园艺学报》规定，凡通过保护、审定或专家鉴定的新品种，均可发表。新品种论文的主要内容包括品种亲本及选育过程，新品种的描述及其与近似品种的区别（特点），新

品种的鉴定、试验及推广情况。《园艺学报》发表了很多园林植物新品种（表15-4），而且不受种类限制。从2018年开始，每年还以增刊的形式，出版新品种专辑，其中大部分是园林植物。

可以说，新品种论文发表与国际登录的作用相近，都是在学术界和育种界宣告育种者的优先权。其实，新发现的野生种被公认的唯一形式就是有效发表。

表 15-4　观赏树木和花卉新品种一览表（《园艺学报》，2005—2016）

种　类	学　名	品种数（个）
红花槭	*Acer*	4
楸　树	*Catalpa bungei*	1
观赏海棠	*Malus*	3
含　笑	*Michelia figo*	5
桂　花	*Osmanthus fragrans*	2
牡　丹	*Paeonia suffruticosa*	3
桃　花	*Prunus persica*	1
樱　花	*Prunus yedoensis*	1
杜鹃花	*Rhododendron*	4
月　季	*Rosa*	18
白　榆	*Ulmus pumila*	2
红　掌	*Anthurium andraeanum*	1
秋海棠	*Begonia*	14
羽衣甘蓝	*Brassica oleracea* var. *acephala* f. *tricolor*	3
蒲包花	*Calceolaria crenatiflora*	1
菊　花	*Chrysanthemum morifolium*	21
兰　花	*Cymbidium*	3
萱　草	*Hemerocallis fulva*	11
鸢　尾	*Iris*	3
百　合	*Lilium*	17
芍药属	*Paeonia*	1
桔　梗	*Platycodon grandiflorus*	3
花毛茛	*Ranunculus asiaticus*	1
一串红	*Salvia splendens*	11
万寿菊	*Targetes eracta*	2
马蹄莲	*Zantedeschia aethiopica*	1

15.2 新品种保护

15.2.1 新品种保护概述

植物新品种保护也称"植物育种者权利",是授予植物新品种育种者利用其品种排他的独占权利,是知识产权的一种形式,属于品种的法定登录。《国际植物新品种保护公约》于1961年在巴黎签署,1968年生效,并于1972年、1978年和1991年3次修订。据此公约成立了国际植物新品种保护联盟(International Union Forthe Protection Of New Varieties Of Plants, UPOV, https://www.upov.int/portal/index.html.en)。为了保护植物新品种权,鼓励培育和使用植物新品种,促进农、林业的发展,我国已于1997年10月1日施行《植物新品种保护条例》;为了迎接1999年昆明世界园艺博览会,我国于1999年3月23日签署了《国际植物新品种保护公约》的1978年文本,成为UPOV的第39个成员国。目前UPOV共有78个成员(包括欧盟等区域组织)。

15.2.2 授予品种权的条件

(1)保护名录

申请品种权的植物新品种应属于国家植物新品种保护名录中列举的植物属或种。目前有兰属、菊属、唐菖蒲属、石竹属、草地早熟禾、蔷薇属、木兰属、梅、牡丹、山茶花等80多个属或种,以园林植物为主(表15-5)。其中草本花卉原则上由我国农业农村部管理,草本植物和木本植物原则上由国家林业和草原局管理。

授予品种权的植物新品种应该具备新颖性、特异性、一致性和稳定性,并具有适当的名称。

(2)新颖性

新颖性指在申请日前该品种材料未被销售,或经育种者许可,在中国境内销售未超过1年;在中国境外销售的藤本、林木、果树和观赏树木未超过6年,其他植物未超过4年。

(3)特异性(distinctness,D)

特异性指该品种应当明显区别于在递交申请以前已知的品种。可以理解为不同品种之间的差异显著性。有差异或差异显著即具有特异性。

(4)一致性(uniformity,U)

一致性指该品种经过繁殖,除可预见的变异外,其相关特征或特性一致。可以理解为同一品种不同植株之间的差异显著性。没有差异即具有一致性。

(5)稳定性(stability,S)

稳定性指该品种经过反复繁殖或在特定繁殖周期结束时,其相关特征或特性保持不变。可以理解为同一品种在不同年份或不同地点的差异显著性。没有差异即具有稳定性。

(6)适当名称

除与已知品种名称相区别外,以下名称不能用于品种命名。

表 15-5　中国植物新品种保护名录

序号	属或者种名	学名	序号	属或者种名	学名
1	春兰	Cymbidium goeringii	40	圆柏属	Sabina
2	菊属	Chrysanthemum	41	木瓜属	Chaenomeles
3	石竹属	Dianthus	42	金合欢属	Acacia
4	唐菖蒲属	Gladiolus	43	槐属	Sophora
5	草地早熟禾	Poa pratensis	44	刺槐属	Robinia
6	兰属	Cymbidium	45	丁香属	Syringa
7	百合属	Lilium	46	连翘属	Forsythia
8	鹤望兰属	Strelitzia	47	黄杨属	Buxus
9	补血草属	Limonium	48	大戟属	Euphorbia
10	桃	Prunus persica	49	槭属	Acer
11	李	Prunus salicina P. domestica P. cerasifera	50	臭椿属	Ailanthus
			51	箣竹属	Bambusa
			52	箬竹属	Indocalamus
12	茄子	Solanum melongena	53	刚竹属	Phyllostachys
13	非洲菊	Gerbera jamesonii	54	省藤属	Calamus
14	柱花草属	Stylosanthes	55	黄藤属	Daemonorops
15	花毛茛	Ranunculus asiaticus	56	苏铁属	Cycas
16	华北八宝	Hylotelephium tatarinowii	57	崖柏属	Thuja
17	雁来红	Amaranthus tricolor	58	罗汉松属	Podocarpus
18	泡桐属	Paulownia	59	桦木属	Betula
19	木兰属	Magnolia	60	榛属	Corylus
20	牡丹	Paeonia suffruticosa	61	栲属	Castanopsis
21	梅	Prunus mume	62	榆属	Ulmus
22	蔷薇属	Rosa	63	榉属	Zelkova
23	山茶属	Camellia	64	桑属	Morus
24	杨属	Populus	65	榕属	Ficus
25	柳属	Salix	66	芍药属	Paeonia
26	枣	Zizyphus jujuba	67	木莲属	Manglietia
27	柿	Diospyros kaki	68	含笑属	Michelia
28	杏	Prunus armeniaca	69	拟单性木兰属	Parakmeria
29	银杏	Ginkgo biloba	70	樟属	Cinnamomum
30	红豆杉属	Taxus	71	润楠属	Machilus
31	杜鹃花属	Rhododendron	72	檵木属	Loropetalum
32	桃花	Prunus persica	73	紫檀属	Pterocarpus
33	紫薇	Lagerstroemia indica	74	黄栌属	Cotinus
34	榆叶梅	Prunus triloba	75	卫矛属	Euonymus
35	蜡梅	Chimonanthus praecox	76	栾树属	Koelreuteria
36	桂花	Osmanthus fragrans	77	蛇葡萄属	Ampelopsis
37	松属	Pinus	78	爬山虎属	Parthenocissus
38	云杉属	Picea	79	石榴属	Punica
39	落羽杉属	Taxodium	80	常春藤属	Hedera

①仅以数字组成的；
②违反国家法律或社会公德或带有民族歧视性的；
③以国家名称、县级以上行政区划的地名或公众知晓的外国地名、同政府间国际组织或其他国内国际知名组织及标识名称相同或近似的；
④对植物新品种的特征、特性或育种者的身份等容易引起误解的；
⑤属于相同或相近植物属或者种的已知名称的；
⑥夸大宣传的。

15.2.3 品种权申请与批准程序

①申请者提交请求书、说明书和该品种照片，并缴纳申请费。
②审批机关对名录范围、新颖性和名称进行初步审查。合格者缴纳审查费。
③审批机关授权测试机构对特异性、一致性和稳定性（即DUS）进行实质审查。
④对实质审查合格的新品种，由审批机关公告，并颁发品种权证书（图15-2）。
⑤保护期限：自授权之日起，藤本植物、林木、果树和观赏树木为20年，其他植物为15年。品种权人应于授权当年开始缴纳年费。审批机关将对品种权依法予以保护。

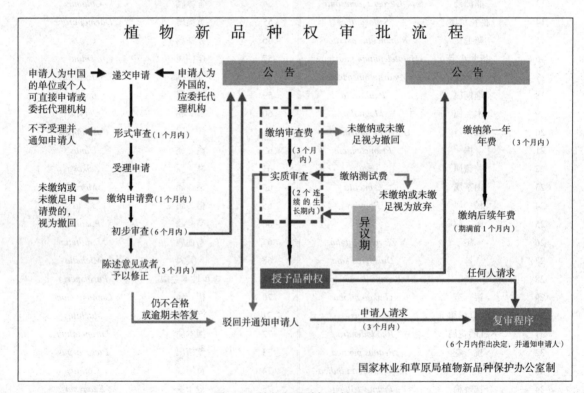

图15-2 植物新品种权审批程序

15.2.4 中国植物新品种权保护概况

截至2009年，我国已对17个属或种的园林植物授权87份（表15-6）。可以看出，我国植物新品种权的申请和授权者既有国内的机构和个人，也有国外的机构（公司）。其中国外机构

表 15-6　中国植物新品种申请与授权概况

植物名称	学　名	国内机构		国内个人		国外个人		合　计	
		申请	授权	申请	授权	申请	授权	申请	授权
菊　属	Chrysanthemum					35	4	35	4
非洲菊	Gerbera jamesonii	7	2			12		17	4
石竹属	Dianthus	8	5	1		4	1	17	6
百合属	Lilium			7		7	1	18	1
兰　属	Cymbidium					11		11	0
唐菖蒲属	Gladiolus					1		1	0
山茶花	Camellia japonica	2	2	6	3			8	5
一品红	Euphorbia pulcherrima					31	15	31	15
连　翘	Forsythia suspensa			2	2			2	2
玉　兰	Magnolia denudata			8	8			8	8
牡　丹	Paeonia suffruticosa	70		56	13			126	13
杜鹃花	Rhododendron simsii	7		1		3	1	11	1
蔷薇属	Rosa	19	5	30	10	91	11	140	26
丁　香	Syringa oblata	1						1	
白兰属	Michelia			1				1	
桃　花	Prunus persica	1	1					1	1
梅　花	Prunus mume	4						4	
合　计		119	16	112	36	194	33	432	87
		135		148		227		519	
不同申请者所占百分率（%）		26.01		28.51		43.74		100.00	

约占44%，国内约占56%，希望后者的比例能逐步扩大。国内的机构和个人各占1/2。目前鼓励个人和企业成为育种主力。

草本花卉的授权情况参见不定期出版的《农业植物新品种保护公报》。截至2018年，共有37个属/种列入保护名录，但只有23个属种有新品种申请并授权，主要是菊属、花烛属、非洲菊、蝴蝶兰属、石竹属、百合属、果子蔓属、兰属（表15-7）。

表 15-7　草本植物新品种保护名录及品种数（2018年）

序号	属/种名	学　名	新品种数（个）
1	雁来红	Amaranthus tricolor	0
2	凤梨属	Ananas	1
3	花烛属	Anthurium	494
4	秋海棠属	Begonia	30

（续）

序 号	属/种名	学 名	新品种数（个）
5	菊属	*Chrysanthemum*	939
6	铁线莲属	*Clematis*	0
7	仙客来	*Cyclamen persicum*	0
8	春兰	*Cymbidium goeringii*	0
9	兰属	*Cymbidium*	138
10	石斛属	*Dendrobium*	5
11	石竹属	*Dianthus*	337
12	灯盏花（短葶飞蓬）	*Erigeron breviscapus*	0
13	非洲菊	*Gerbera jamesonii*	482
14	唐菖蒲属	*Gladiolus*	8
15	果子蔓属	*Guzmania*	161
16	萱草属	*Hemerocallis*	16
17	华北八宝	*Hylotelephium tatarinowii*	0
18	凤仙花	*Impatiens balsamina*	8
19	新几内亚凤仙花	*Impatiens hawkeri*	42
20	非洲凤仙花	*Impatiens wallerana*	0
21	薰衣草属	*Lavandula*	0
22	百合属	*Lilium*	335
23	补血草属	*Limonium*	37
24	水仙属	*Narcissus*	0
25	莲	*Nelumbo nucifera*	27
26	矮牵牛（碧冬茄）	*Petunia hybrida*	5
27	蝴蝶兰属	*Phalaenopsis*	347
28	欧报春	*Primula vulgaris*	0
29	花毛茛	*Ranunculus asiaticus*	8
30	一串红	*Salvia splendens*	0
31	鹤望兰属	*Strelitzia*	0
32	柱花草属	*Stylosanthes*	3
33	万寿菊属	*Tagetes*	19
34	郁金香属	*Tulipa*	0
35	三色堇	*Viola tricolor*	0
36	马蹄莲属	*Zantedeschia*	2
37	结缕草	*Zoysia*	6

国家林业和草原局科技发展中心（新品种保护办公室）编写了《中国林业植物授权新品种》（1999—2016，共7册），收录了木本园林植物新品种，其中蔷薇、紫薇、山茶花、杜鹃花是主要属种（表15-8、图15-3）。

表15-8 木本观赏植物授权新品种属/种一览表

属/种	学名	年份						
		1999—2009	2010—2011	2012	2013	2014	2015	2016
槭属	*Acer*			1	1	4	1	3
臭椿属	*Alianthus*		1					
紫金牛属	*Ardisia*	2					1	
山茶属	*Camellia*	6	2	12	14	15	9	8
木瓜属	*Chaenomeles*		4	7	1		4	2
黄栌属	*Continous*	1						
苏铁属	*Cycas*	1						
卫矛属	*Euonymus*	4			3	4	1	
大戟属	*Euphobia*	22	1			1		
连翘属	*Forsythia*	2	1					
白蜡树属	*Fraxinus*					1		4
银杏	*Ginkgo biloba*	3	3			3		
栾树属	*Koelreuteria*	2			1	2	1	
紫薇	*Largestroemia indica*		2		1	2	2	9
鹅掌楸属	*Liriodendron*				1			
润楠属	*Machilus*					2		
木兰属	*Magnolia*	10	4		2	4		
含笑属	*Michelia*	1	5	6	2	7	10	3
桂花	*Osmanthus fragrance*	1			1	1	1	7
芍药属	*Paeonia*	10		8		22	11	2
牡丹	*Paeonia suffruticosa*	15						
爬墙虎属	*Parthenocissus*				2			
罗汉松属	*Podocarpus*			3				
梅	*Prunus mume*	2	4	9				
桃花	*Prunus persica*	1	2	1	1		1	1
榆叶梅	*Prunus triloba*				1			
杜鹃花属	*Rhododrendron*	9	12	10	22		1	8
蔷薇属	*Rosa*	106	7	17	59	36	31	29
圆柏属	*Sabina*	1				1		4
丁香属	*Syringa*	1					2	1

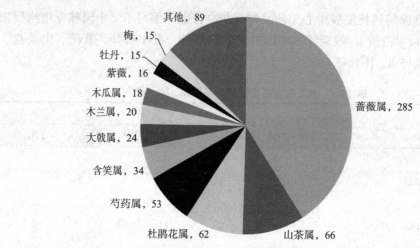

图15-3　木本观赏植物授权新品种属/种统计（1999—2016）

从木本植物的育种方法来看，杂交育种（59%）和实生选种（29%）是绝对的主要方法，芽变选种（11%）较少，辐射育种和倍性育种更是凤毛麟角（表15-9）。整体而言，木本植物的育种相对于草本植物比较落后。

表 15-9　木本观赏植物授权新品种育种方法一览表

方法	说明	1999—2009	2010—2011	2012	2013	2014	2015	2016	合计
芽变选育	枝变	48	8	9	8	2	2	7	84
实生选育	开放授粉、实生苗（株变）选育	43	19	25	22	64	15	35	223
杂交育育	父母本已知	106	24	42	80	57	69	70	448
辐射育种	X射线、γ射线	2		3		1			6
倍性育种	$3X$					1			1
合计									762

15.3　良种审定

15.3.1　良种审定概况

品种、种子是农林业生产的重要资料，是关系到国计民生的大事。世界各国都有对新品种进行审定的体系。我国农业农村部、国家林业和草原局分别设立了国家农作物品种审定委员会和林草品种审定委员会。良种审定是对园林植物新品种进行形态、观赏特性、生物学特性、抗性等的评价，经过品种比较试验后，选出表现优异的品种，并通过区域试验，测定其在不同地区的土壤、气候和栽培条件下的适应性和稳定性。在此基础上确定适应范围和推广地区后，进行生产试验。最后将供试材料的有关审定与试验结果及其对栽培管理技术的要求与反应等资料，呈报上级审查，经确认后，再交付种苗部门繁殖推广或交生产者使用。

1997年成立的第三届全国农作物品种审定委员会，增设了花卉专业委员会。2000年12月

1日《中华人民共和国种子法》施行。根据农业部2001年2月的界定,主要农作物包括水稻、小麦、玉米、棉花、大豆、油菜、马铃薯7大类,不含花卉。2007年8月,新成立的第二届国家农作物品种审定委员会只对上述7类主要农作物和转基因植物进行品种审定。但是各省(自治区、直辖市)农作物品种审定委员会可以在前5类主要农作物的基础上,再确定1~2类农作物作进行品种审定。如广东省当年即对花卉品种进行审定。

国家林业和草原局设有林草品种审定委员会。尽管从严格意义上来讲,园林树木不属于林木,但事实上,许多园林树木与林木不好区分,如杨、柳、松、栎、桦等。因此,园林树木和草本观赏植物新品种可以向国家或各省(自治区、直辖市)林草品种审定委员会提出申请。

可见,园林植物包括花卉和园林树木的新品种是不需要审定的。但如果需要审定证书等能够表明育种成果的文件,部分省(自治区、直辖市)农作物品种审定委员会和林木品种审定委员会也接受园林植物的品种审定。

15.3.2 申报条件和申报材料

(1)花卉(农作物之一)品种申报条件
符合下列条件之一的农作物品种,可申报品种审定:
①主要遗传性状稳定一致,经连续2~3年国家农作物品种区域试验和1~2年生产试验,并达到审定标准的品种;
②经两个或两个以上省级品审会通过的品种;
③有全国品审会授权单位进行的性状鉴定和多点品种比较试验结果,并具有一定应用价值的某些特用农作物品种。

(2)花卉(农作物)品种审定申请书
①育成(引进)单位或个人名称;
②作物种类、类型和品种名称;
③品种选育过程;
④品种农艺性状、抗逆性、品质和产量性状以及形态特征、生理特性的详细介绍;
⑤适用范围及栽培技术要点;
⑥保持品种种性和种子生产的技术要点。

(3)园林树木(林木)品种审定的条件
①经区域试验证实,在一定区域内生产上有较高使用价值、性状优良的品种;
②优良种源区内的优良林分或者种子生产基地生产的种子;
③有特殊使用价值的种源、家系或无性系;
④引种驯化成功的树种及其优良种源、家系和无性系。

(4)园林树木(林木)品种审定申报材料
①主要林木品种审定申请表;
②林木品种选育报告,内容应当包括:品种的亲本来源及特性、选育过程、区域试验规

模与结果、主要技术指标、经济指标、品种特性、繁殖栽培技术要点、主要缺陷、主要用途、抗性、适宜种植范围等，同时提出拟定的品种名称（以品质、特殊使用价值等作为主要申报理由的，应当对品质、特殊使用价值做出详细说明）；

③林木品种特征（叶、茎、根、花、果实、种子、整株植物、试验林分）的图像资料或者图谱。

15.3.3 品种试验及认定标准

（1）品种试验

品种试验是农作物品种审定的核心内容。包括区域试验和生产试验。

①区域试验 每一个品种的区域试验在同一生态类型区不少于5个试验点，试验重复不少于3次，试验时间不少于2个生产周期。区域试验应当对品种丰产性、适应性、抗逆性和品质等农艺性状进行鉴定。

②生产试验 每一个品种的生产试验在同一生态类型区不少于5个试验点，一个试验点的种植面积不少于300m^2，不大于3000m^2，试验时间为1个生产周期。生产试验是在接近大田生产的条件下，对品种的丰产性、适应性、抗逆性等进一步验证，同时总结配套栽培技术。

（2）认定标准

花卉新品种认定的标准大致包括以下3个方面：

①与同类品种相比，有明显的性状差异，并具有较好的观赏性。观花花卉以花型、花色、花朵大小、花姿、花期长短为主要指标，观叶植物以叶和茎的变化为主要特征。

②主要遗传性状稳定，具有连续2年或以上的观察资料。

③具有一定的抗病性和抗虫性，尤其是对主要病虫害有较强的抗性。

15.3.4 品种评比

良种审定对于园林植物来说，就相当于品种评选、评优，美国的All-American Selection就是例子。无论是一、二年生花卉、球宿根花卉，还是木本花卉，我们很需要类似的品种比较试验和区域试验。至今，我国已保护的园林植物新品种约3000个，但生产中推广应用的自育品种还是少数，花卉（切花、盆花）产业中更少。其中的原因，不外乎"新品种"与"良种"并不等同。只有从新中选优，才能真正推广应用。换句话说，花卉行业目前最需要的、最关键环节就是严格的、公认的良种审定。

品种的登录、保护与审定的目的和作用各不相同。对于育种者来说，就有三者的取舍或先后问题。我们认为，品种登录应该是最为优先考虑的，所有育成品种都应该让大家知晓。自育的新品种，如果想专享收益，而且预估生产表现不错，就可以先申请新品种权保护；如果对新品种的生产表现没有把握，或者不想专享收益，只要能掌控新品种的繁殖材料，就可以充分利用新颖性的宽限期，先进行良种审定。有品种权的新品种应该进行各种级别或形式的、包括品种比较和区域试验在内的良种审定；个别引进的审定良种，有可能是已经登录过的（不是自育的）；这并不矛盾，因为良种证书只对良种，不对育种者。

从三者的关系来看，品种登录（含发表）相当于出生登记，应该是最大的圈，所有新品种都应该登录。良种审定既包括自育品种，也包括引进品种，应该是中间的圈。只有自育的良种才有必要申请新品种权保护。在如下两种情况也没必要申请新品种：一是做社会公益；二是新品种的生产表现不好，保护了品种权，也不一定能大量繁殖、推广，收回育种成本，并有保护费的盈余。因此，新品种保护适用于有市场潜力的新品种，应该是最小的圈。

15.4 良种繁育方法

15.4.1 良种繁育任务

良种繁育（elite seed and plant production）是育种的继续和扩大，是优良品种能够继续存在和不断提高质量的保证。也是育种和生产之间的桥梁、良种推广的基础。良种繁育是对通过（或否）审定或已授权的园林植物品种，按照一定的繁育规程扩大繁殖良种群体，使生产的种苗保持一定的纯度和原有种性的一整套生产技术。

（1）在保证良种质量的情况下迅速扩大植株数量

新选育的优良品种一开始在数量上总是比较少的，远远不能满足园林绿化的需要。良种繁育的工作跟不上就会推迟良种投入生产的时间。所以良种繁育的首要任务就是大量繁殖选种机关或群众选育出的并且通过了品种比较试验的优良品种种苗。

（2）保持并不断提高良种的种性，恢复已退化的良种

所谓种性（遗传性），既包括遗传物质，也包括遗传行为（规律）。优良品种在投入生产以后，在一般的栽培管理条件下，常常发生优良种性逐步降低的现象，最后甚至完全丧失了栽培利用的价值。例如，北京林学院所栽培的三色堇品种，最初具有花大、色鲜而纯，花瓣质地厚且具金丝绒光泽等优良品质，但以后却逐步退化，表现出花小、色泽晦暗、花瓣变薄等不良性状。又如从上海引种的羽状鸡冠，在栽培的第一年，有着整齐的圆锥花序、鲜明的花色和羽毛般的光泽，同时株高整齐一致，但在以后几年中逐步表现出紊乱的花型、暗淡的花色并失去了光泽，以及高低参差不齐等退化性状。

以上两例说明：优良品种在缺乏良种繁育制度的栽培条件下，往往不能长时间地保持其优良的种性。所以良种繁育的第二个任务就是要经常保持并不断提高良种的优良种性，从而保证育种工作的成果在园林绿化事业中长时间地发挥作用。已经退化了的优良品种，通过一定的遗传改良措施使其重现光辉，也是良种繁育工作的任务之一。

（3）保持并不断提高良种的生活力

在缺乏良种繁育制度的栽培管理条件下，许多自花授粉和营养繁殖的良种经常出现生活力逐步降低的现象，表现为抗性和产量的降低。例如，北京林学院从荷兰引种的郁金香、风信子等球根花卉，在栽培的第一年表现出株高、花大、花序长、花序上小花多等优良种性，但在以后的几年中却逐步退化：植株变矮、花朵变小、花序变短、其上的花朵稀疏等。自花授粉的一、二年生草花，如牵牛、凤仙花、香豌豆、羽扇豆等，也有生活力降低并表现出切花产量降低、生长势削弱、花朵变少等退化现象。

因此良种繁育的第三个任务就是要经常保持并不断提高良种的生活力。对已经发生生活力衰退的优良品种采取一定措施使其复壮，也是良种繁育的重要任务之一。

15.4.2 品种退化原因

品种退化是指园林植物原有的优良种性削弱的过程与表现。狭义的品种退化是指原优良品种的基因和基因型的频率发生改变；广义的品种退化是指优良性状（形态学、细胞学、化学）变劣，表现为形态畸变、生长衰退、花色紊乱、花径变小、重瓣性降低、花期不一、抗逆性差等。

（1）生物学混杂

大多发生在用种子繁殖的一、二年生草花。由于采种、晒种、贮藏、包装、调运、播种、育苗、移栽、定植等过程中，混入了其他基因型，或距离不当，发生天然杂交，造成基因的重组和分离。这在种子或枝叶形态相似和蔓性很强的品种间最易发生。如香豌豆，由于植株间常缠绕在一起，而较难分清。生物学混杂在异交植物与常异交植物的品种间或种间最易发生。自花授粉的植物中也间有发生。例如，前文提到的羽状鸡冠的退化，主要就是生物学混杂所致。如北京林学院从外地引入的矮金鱼草品种，原种植株极矮，几乎平铺地面，是布置花坛、花境、花台的良好材料。但由于与其他高株的金鱼草隔离不够，发生了生物学混杂，表现了高低不齐、株形混乱的严重退化现象，原来宜作花坛材料的优良品质也完全丧失。

再如矮万寿菊与普通（高株的）万寿菊之间的生物学混杂使前者株矮、色鲜、花朵大小一致的优良品质完全消失。百日菊不同品种间（小球型与一般品种）的生物学混杂也造成严重的退化。在常异交的植物如翠菊中，也易发生生物学混杂，退化植株表现出重瓣性降低（露心）、花瓣小等特征。

生物学混杂的实质是天然杂交和基因重组，其结果往往导致返祖现象。因为优良性状与原始性状相比较，后者的遗传力一般都比较强。如大花对小花，重瓣对单瓣，深色花对浅色花等。

（2）表观遗传的劣变

对于营养繁殖的无性系良种来说，主要原因是表观遗传控制的性状发生劣变。当然，也不能排除基因突变。如鸡冠花的红色花冠由显性基因A控制，黄色由隐性基因a控制，当A→a时，花冠由红色变为黄色；相反的基因a→A时，则由黄色变为红色。如突变发生时间较晚，则出现红黄相嵌现象；有的出现返祖，失去硕大花冠而变成像青葙的花序等。

核基因和核外基因DNA控制的性状是遗传学的范畴；但中心法则告诉我们，从DNA到性状还有很长的距离。在DNA不发生突变的前提下，从染色体上组蛋白和非蛋白的调控、调节基因和转录因子对结构基因表达的调控、RNA的转录、翻译和氨基酸的组装、蛋白质的剪切和折叠，到结构蛋白和功能蛋白的表达，整个基因表达的过程都属于表观遗传的范畴。显然，期间发生变异的概率很大，这就是无性系良种劣变的主要原因。

（3）繁殖方法不当

主要是采种部位不佳，或营养繁殖材料不典型。如金鱼草、矮牵牛的蒴果重量由花序下部向上递减，波斯菊放射（小）花所结的种子大而重，中盘花种子轻而小，如采花序上部或用中盘花种子繁殖，则苗细弱，生长不良。又如'五色'鸡冠花、'绞纹'凤仙花，未在典型花序部位采种。二色观叶植物（如吊兰、变叶木、鸭跖草、'银边'天竺葵、'金心'黄杨、海桐等），剪取了没有代表性状的部位进行扦插，则往往失去其原有的典型性。又如悬铃木用修剪下来的高部位枝条扦插，结果发育过早，很快就衰退等。

（4）病毒侵染

病毒侵染植物是否引起园林植物性状退化，这是病毒基因组和花卉基因组在一定环境条件下相互作用的结果，可能出现轻症、重症或无症，对前者属于品种退化防止之列。病毒的侵染途径有：虹吸式口器昆虫，如蚜虫、蓟马、蝉等吸取植物汁液时传播；通过嫁接、摘心、打杈等伤口接触传染；土壤病毒从根部伤口入侵等。病毒引起品种退化的园林植物有郁金香、唐菖蒲、百合、菊花、大丽花、仙客来、香石竹、月季、泡桐等。如美人蕉感染黄瓜花叶病毒，初期叶片出现褪绿的小斑点，严重时叶片卷曲、畸形，花碎色，植株矮小，甚至枯死。又如百合花叶病毒，叶片向背卷曲，植株矮小，花畸形，甚至不能正常开花等。

（5）栽培环境不合适

基因表达要求一定的环境条件，如光、温度、水分、营养等，其中条件得不到满足，基因表达不充分，受抑制，甚至不表达，园林植物即失去原有的典型性。如大丽花、唐菖蒲喜冷凉环境，如栽培在南方湿热地区，往往生长不良，花序变短，花朵变小。又如耐阴花卉种植在光照过强的地方，花卉品质大大降低。

上述退化的原因是相互联系的，如混杂将造成遗传性变劣与分离，从而不能充分表现出品种的典型性；栽培条件不合适，不能给基因创造良好表达条件，优良性状也得不到发挥。所以防止退化措施的综合性显得特别重要。

15.4.3　防止品种退化技术措施

针对品种退化的原因，防止品种退化的针对性措施见表15-10所列。

表15-10　品种退化原因及其防止措施

退化原因	防止措施
机械混杂	防止机械混杂
生物学混杂	空间隔离、时间隔离
表观遗传劣变	提纯复壮，提高生活力
繁殖方法不当	选择典型繁殖材料
病毒侵染	脱毒
栽培环境不适	选择合适栽培环境，控制显性返祖

（1）防止机械混杂

严格遵守良种繁育的制度，防止机械混杂要注意以下各个环节。

①采种　由专人负责并及时采收，掉落地上的种子，宁可舍去以免混杂，先收最优良的品种，种子采收后必须及时标以品种名称，如发现无名称标签的种子应舍去，装种子的容器必须干净，保证其中没有旧种子，如用旧纸装应消除其上用过的旧名称。

②晒种　各品种应间隔一定距离，易被风吹动的种子更要注意。

③播种育苗　播种要选无风天气，相似品种最好不在同一畦内育苗，否则应以显著不同的品种间隔开，往畦中灌水时放慢速度以免冲走种子，播种地段必须当时插标牌并画下播种图，播种畦最好不与上年播种畦在同一地段。播种和定植地应该合理轮作，以免隔年种子萌发出来造成混杂。

④移苗　此过程最易混杂，必须严格注意去杂和插牌并画下移植定植图。留种田的施肥应保证肥料中没有混入相似品种的种子。

⑤去杂　在各不同时期从移苗开始分别进行若干去杂工作，是防止机械混杂的有效措施，最好在移苗时、定植时、初花期、盛花期和末花期分别进行一次。

（2）防止生物学混杂

防止生物学混杂的基本方法是隔离与选择，隔离不外乎空间隔离与时间隔离两种：

①空间隔离　生物学混杂的媒介主要是昆虫和风力传粉，因此隔离的方法和距离随风力大小，风向情况，花粉数量，花粉易飞散程度，重瓣程度以及播种面积等而不同。一般花粉量大的风媒花植物比花粉量少的隔离距离要大；重瓣程度小的比重瓣程度大的距离要大些；风力较大，及在同一风向的情况下也要大些；播种面积大的距离应较大；在缺乏障碍物的空旷地段距离应较大（因此可以有意识地利用高大建筑或种植高秆作物进行隔离）；在面积较小时，可以利用阳畦或隔离罩防止昆虫传粉。隔离也与天然杂交率的高低有关，以下种类天然杂交率较高，应有较大隔离：各种类型的鸡冠花品种间、各种三色堇品种间、金鱼草品种间、万寿菊品种间、金盏花品种间、百日菊品种间等。目前尚缺乏隔离距离的确切资料，不同作者指出的数字差异较大，归纳部分植物的最小隔离距离见表15-11所列。

如果限于土地面积不能达到上述要求时，有两个办法来解决：一是时间隔离；二是组织有关专业户分区播种，以分区保管品种资源。

表 15-11　部分植物的隔离距离

植物	最小距离（m）
三色堇	30
矮牵牛	200
波斯菊	400
金莲花	400
蜀葵	350
百日草	200
石竹属	350
飞燕草	30
金鱼草	200
万寿菊	400
香豌豆	几十米
桂竹香	350
金盏花	400

②时间隔离　是防止生物学混杂极为有效的方法，时间隔离可分为跨年度的与不跨年度的两种，后一种是在同一年内进行分月播种，分期定植，把开花期错开，这种方法对于某些光周期不敏感的植物适用。例如，翠菊品种可以秋播春季开花，也可以春播秋季开花，前一种即把全部品种分成2组或3组，每组内各品种间杂交率不高，每年只播种一组，将所生产的种子妥为储存，供两三年之用，这种方法对种子有效贮存期长的植物适用。

③木本植物的隔离　以空间为主，主要靠建立母树林时，规划出较大的空间和建立隔离林带（林带结构可参考防风林），以及利用地形（如山峰）进行隔离，木本植物在必要时可以进行人工辅助授粉以减少天然混杂。

（3）提纯复壮

良种退化以后，虽然在某些情况下可以恢复，但终究是一件复杂而困难的事，并且需时较长，有些品种发生退化，甚至难以恢复，所以应以预防为主，品种恢复一般可采用多次单株选择法和品种内杂交法，且需要在优良的栽培条件下进行。

在防止品种退化中应坚决贯彻"防杂重于去杂，保纯重于提纯"的方针。在园林植物生长发育的各个时期，进行观察比较，淘汰性状不良植株（选择方法见选择育种）。注意栽培管理，保持基因型（植株）的纯度，达到复壮目的。

（4）选择品种典型性高的种子或营养器官进行繁殖

在同一花序中不同位置的种子，它们后代的品种典型性也不同，莫斯科市政经济学院还把上述波斯菊第一批花盘的种子分成3组：①花盘边缘的大粒种子；②花序中间部位的中等种子；③花序正中央的小粒种子。结果发现，①组的种子最重，发芽率最高，它们的后代生长发育最迅速，而植株高度则较低（就波斯菊而言植株较低是个优良性状）。在翠菊、矢车菊、万寿菊等园林植物中，着生在花盘边缘的种子，也最能确切地遗传母本的花形和花色。无性繁殖的园林植物应选用典型的叶、花、枝部位进行扦插、嫁接或组织培养，并尽可能用年幼的脚芽进行繁殖。

（5）选择合适的栽培环境，加强田间管理

适地适树（花），有的可改季节栽培，如唐菖蒲，南方夏季湿热，可改秋季栽培，防止品种退化。拔除有病毒植株或用茎尖分生组织培养，进行脱毒处理；消灭害虫，避免连作，土壤消毒，除草施肥，创造性状发育的环境条件。通过上述措施，不断提高种子和种球品质。

15.4.4　提高良种繁殖系数的技术措施

提高良种的繁殖系数必须以保证良种的质量为前提，任何片面追求数量，忽视质量的繁育工作都将导致品种的退化。优良的品种在育种程序中就应该预先少量地加以繁殖，在提交良种繁育机构以前就应该具备一定数量。

（1）提高种子的繁殖系数

①适当扩大营养面积，尽量使植株营养体充分生长，这样就可以充分发挥每一粒种子的作用，生产出更多的种子。

②对植物摘心，促使侧枝生长，也能提高单株采种量。

③抗寒性较强的一年生植物，可以适当早播，以利于延长营养生长时期，提高单株产量，对于某些春化阶段要求条件严格的植物，如桂竹香等，可以控制延迟这个阶段的通过，在大大增加了营养生长以后，再使其通过春化阶段，这样就能从一粒种子的后代获得大量的种子。

④许多异交植物和常异交植物如核桃、瓜叶菊、蒲包花等进行人工授粉，能显著增加种子产量。

⑤对于落花、落果严重的植物如多种山茶及文冠果等，控制水肥避免落花落果也是提高繁殖系数的一个方面。

(2) 提高种球的繁殖系数

许多园林植物是用地下的变态器官——球茎、鳞茎、块茎、块根等进行繁殖的，因此提高良种繁殖系数，就要提高这些变态器官的产量。有的可通过打顶整枝增加球茎、鳞茎、块根产量，增加萌蘖。某些球茎花卉如唐菖蒲为了增加大球的数量，可以把栽种的一个母球切成三四块，让每块上都有一个芽，这样三四个芽就能萌发并形成较大的球，同时还可能增加花的产量；不经过这样处理的母球可能只有1~2个芽萌发。

上述许多植物扩大繁殖系数的主要途径是形成"小球"，在栽培时把球茎（如唐菖蒲）栽浅一些往往有利于增加小球的产量；当栽植深度加大时虽大球发育较好，但小球数量较少。

栽培中增施肥料，扩大株行距，都能增加小球的产量，如仍不能满足需要时还有一些人工增殖小球的方法。

①风信子小球的增殖方法　7~8月间掘起风信子的母球，用刀切割鳞茎的基部，然后埋于湿沙中，经过2周取出置于有木框的架子上，保持室温在20~22℃，注意通风和不见阳光，这样在9~10月可见伤口附近增殖大量小球，再将母球连同籽球一并栽植露地，培养一年后再行分栽，经3~4年的培养就可开花。

②百合类"珠芽"的增殖方法　对于天然在叶腋生有珠芽的百合类如卷丹、沙紫百合等，可在珠芽成熟时剥离另行栽殖，培养1~2年即可开花。对于在自然状态下不生珠芽的种类，可在春季或开花后将地下鳞茎上的鳞片剥离扦插，1个月后能生小珠芽，培养2~5年开花；也可在盛花期扭花茎，铲去表面10~15cm之土成一浅沟，填入粗沙，使花茎倾卧其中，经6~8周后，掘起花茎，可见其茎部密生珠芽。此外，打顶、埋土等措施也可促进珠芽形成。

(3) 提高营养繁殖器官的繁殖系数

①充分利用园林植物巨大的再生力　园林植物中除了上述一些用自然营养繁殖器官进行繁殖的植物外，其他大部分植物不具有这种特性，但它们的一般营养器官——根、茎、叶、腋芽、萌蘖等都具有较强的再生力，能够用来进行人工营养繁殖，如秋海棠类、大岩桐、菊花等植物的叶子都可以扦插成活，产生子株；对于再生力不强的植物利用生长调节物质处理增加再生力，在园林植物中也是常用的方法。

②延长繁殖时间　园林植物不仅再生力强而且适宜繁殖的时间也很长，在温室条件下，

几乎终年都可以扦插、嫁接、分株、埋条等。

③节约繁殖材料　在原种数量较少的情况下，可以利用单芽扦插或芽接，这样比一般扦插能更多地增加繁殖系数。

15.5　良种繁育组织与程序

15.5.1　组织及其制度

园林树木与花卉种苗的生产以前多由各城市的园林部门（局、处、科）及其所属的苗圃、花圃或花木公司进行。目前，私营的花卉企业，包括专业的苗圃、花木公司是园林植物种苗生产的主力。当前园林植物（尤其是花卉）品种相当混乱，因此进一步大力发展花卉种业，做好良种繁育工作，有着重要的意义。

随着人们生活水平的提高，花卉种植业已成为重要产业，各国都予以高度重视。在欧洲、美国、日本等国，新品种通过国家专利审批后，多由私营种子公司和苗圃或花圃、草圃进行良种繁育工作。各公司为推销产品都着力做好以下工作：①扩大宣传、建立信誉、抓质量检查。②建立"拳头产品"，突出特长，独树一帜。③在适宜地区建立良种繁育基地，做到"适地适树""适地适花"。草花种子基地多建立在气候偏旱、日照充足、昼夜温差大、病虫害少的地区，以降低成本，提高种子质量，如美国在加利福尼亚州建草花种子生产基地；南美哥伦比亚在安第斯山脉（海拔2000m）建立高原菊花、香石竹、月季、大丽花生产基地，75%销往美国；非洲肯尼亚、乌干达利用热带高原建立香石竹、百合、月季、六出花生产基地；马来西亚在金马伦高地（海拔1800m）建立温带切花生产基地。④良种繁育公司附设育种研究机构，不断推陈出新创造新品种、新技术。⑤加强协作，建立良种繁育网，尤其是特约农家繁育草花单一品种，既分工合作，又可减少人工隔离等费用。我国与外国公司合资分别在山东青岛崂山、河北香河、云南昆明、辽宁沈阳、大连、四川德阳建立了三色堇、瓜叶菊、金鱼草、雏菊、矮牵牛、月季、唐菖蒲、石竹、菊花育种和切花生产基地。

甘肃兰州、青海西宁利用其海拔1800~2200m的西北高原气候建立百合、郁金香的切花和种球生产基地；昆明呈贡等地利用海拔1800m以上的高原气候建立温带切花生产基地；台湾利用中央山脉两侧不同高度山地建立阿里山花卉农场生产百合、火鹤花以及热带观叶植物等。北京林业大学在北京、山东、四川建立花卉良种繁育中心；浙江农林大学在浙江高山建立唐菖蒲郁金香种球良种繁育基地等，对我国花卉良种繁育起到一定的推动作用。但全国应建立相应的机构和组织，统筹规划、建立完善的良种繁育推广体系，做到良种布局合理化、种苗繁育制度化、种苗生产专业化、种苗质量标准化，防止伪劣种子流入市场，发挥良种在生产中的最大作用。

15.5.2　良种繁育程序

良种繁育体系包括品种审定，制定繁育程序，保持和提高品种种性（品种提纯复壮），繁殖手段，种子检疫，种子质量检验，种子加工等环节。

繁育程序是指审定后品种进行扩大繁殖以达到生产上应用所必经的各个环节。一般包括原种（苗）生产和生产用种（苗）两方面的繁殖。繁殖原种所需的种苗叫作超级原种，超级原种是经审定的新品种，或原有良种经提纯复壮，符合品种标准，用作第一批繁殖的原种苗。原种（苗）生产是提供繁殖生产用种所需种苗的生产过程，要求较高的纯度、净度，防止种性退化，有的还需经脱毒处理。这批原种的种子应充实饱满，发芽率高，不含杂草种子、腐烂种子，无检疫性病虫害；花苗则要求健壮、充实。原种生产地应具备严格的保护和隔离条件，且要求肥力均匀，种植密度合理，并采用适用于品种特性的栽培技术。生产用种（苗）繁殖是以原种为繁殖材料，提供生产用种苗的繁殖过程。繁殖系数高且易天然杂交的花卉，一般采用良种种子圃繁育制度；反之，则需增加繁殖代数，方可保证足够的种子量。对于原苗生产，常须在初期应用组织培养技术，使新品种由少量迅速扩大数量。生产用花苗繁殖中则多用扦插、嫁接等营养繁殖方式，从而降低成本，扩大数量。

15.5.3　种子（苗）检疫

在良种区域试验，或推广、引进时，必须注意检疫工作，防止有害生物随寄主流通传入新区。检疫主要根据国家制定植物检疫法规，由专门机构和人员对调运植物活体以及附着物进行检疫。检疫分田间检查和室内检查。室内检验法即按规定比例取样，可目视直接检查或解剖镜检查，或用灯光透视法、X光、化学染色法检查某些特定害虫；对于种苗携带病原物的检验多用洗涤检验法，即将种子或苗木植物表面附着的病原菌的孢子洗下，将沉淀液滴入载玻片上，在显微镜下观察检验。对于潜伏在植物组织内部的病原物，可分别采用病组织切片法、分离培养法、萌芽检验法、直接试种检验法检验。对病毒感染毒有指示植物接种检验法、血清学检验法、电子显微镜检验法等，经检验证实健康，方准用作试验或扩大繁殖。

15.5.4　种子（苗）质量检验

这是良种繁育的重要组成部分，是实现种子质量标准化管理的关键措施。检验过程包括取样、检验（田间检验和室内检验）和签证3个步骤。

（1）取样

根据品种来源、收获年度与季节，以及贮藏条件相同随机取样，一般取样量为供检种子（苗）的1/50~1/10，少数样品可取1/5~1/2。

（2）田间检验

在种子试验田中进行，植株样本一般按单一对角线、交叉对角线或棋盘式多点法取得；主要检验品种真实性和纯度，对病虫害感染程度、杂草和异种植物混入程度，对需隔离的种子田和制种田，还要检查隔离和母本散粉情况。在品种真实性和隔离无问题的前提下，以检验品种纯度为主。纯度检验的时间应在品种特征特性表现最明显的时期进行，如显蕾期、开花期至种子成熟期等。检验是根据品种明显特征，如株高、株型、花型等特点，逐株鉴别，然后计算品种纯度。若出现有混杂和变异类型，应及时淘汰。

（3）室内检验

检验的项目如下：

①种子净度　以完好种子占供检样品的百分率表示。检验方法：取样品两份，除去杂质、异种植物种子和破损种子，计算净种子占试样重量的百分率。两份误差不超过0.4%，并求其平均数。

②千粒重　从净种子取样两份，称重后求其平均数。两份试样容许误差为5%。

③发芽力　通常用发芽率度量。发芽率是指一定数量的净种子有多少能够发芽，发芽势表示该批种子发芽的快慢和整齐度。以发芽试验初期和终期两个规定的时间内记录发芽成苗的种子数占总种子数的百分率表示。它是确定种子使用价值和估计田间出苗率的主要依据。发芽试验，需在适宜的条件下进行。除保证所需的水分、氧气和温度条件外，有些园林植物种子发芽，还对光有特殊的要求，有的需光，有的忌光，有的需光暗交替。试验设计时，凡幼根、幼芽发育畸形、残缺或腐烂、发育不正常者，均不做发芽计算，以保证检验结果的正确。发芽床选用吸水保水性好、无毒无病的材料，如滤纸、纱布、脱脂棉、毛巾、石英砂、蛭石或灭菌土等。常用的发芽箱有电热恒温或自动控温调湿发芽箱。对某些休眠种子或短期内难以完成发芽试验的种子，也可用化学测定的方法检验其生活力。目前四唑测定法已列入国际种子检验规程，其他如靛红染色法也被不少检验室采用。

④含水率　指种子水分占试样重量的百分率。它是种子安全贮运的重要内因。水分测定掌握的温度以把种子中水分全部排除，但不保留其他挥发性物质或不发生生物化学变化为准。通常采用130℃、40~60min的快速法，或105℃、12~16h的恒重法。常用检验设备有电热干燥箱、隧道式水分测定器、红外线快速水分测定器或电子水分测定仪等。两个试验测得结果容许误差不得超过0.4%，超过时重新测得。求其平均值，即为该品种的含水率。

（4）签证

报告检验结果的文书凭据，供作种子调拨、交易和使用的依据。签证由种子检验管理部门签发。

（刘青林　程金水）

思考题

1. 品种登录、新品种保护与良种审定的区别与联系何在？各有什么作用？作为育种者，你会作何选择？
2. 如何进行品种的国际或国内登录工作？
3. 中国有哪些国际品种登录权？这些植物种属有什么特点（共同点）？
4. 按照《国际栽培植物命名法规》（2016年第19版），各国品种可以采用本国文字的拼音形式（如汉语拼音）作为国际通用的品种名称，为何国人更愿意用英文命名？你会作何选择？
5. 新品种保护所需要的特异性、一致性和稳定性之间有什么内在联系？能否设定定量化的指标？
6. 只有经过品种比较试验、区域试验，才能通过良种审定。不同生活型的园林植物有明显的特殊性，如何既有实效，又能快速地通过良种审定？
7. 请区分种子繁殖和营养繁殖，论述各自品种退化的原因和机理，并提出针对性的解决方法。
8. 从新品种授权和国际登录来看，20多年来我国已经育成了5000个左右的园林植物新品种，但花卉生产上和园林应用上占比最多的还是从国外引进的品种？如何从如此众多的新品种中，选出真正的、可推广应用的、可赚钱的良种？

推荐阅读书目

国际植物新品种保护联盟文件术语汇编. 2019. 张川红, 郑勇奇, 黄平译. 中国林业出版社.
植物新品种保护概论. 2023. 郑勇奇, 张川红等. 中国农业出版社.
International Code of Nomenclature for Cultivated Plants（9th Edition）. 2016. Brickell C. ISHS Scripta Horticulturae No. 18.
International Cultivar Registry and Checklist-Rosa. 2009. ICRA--Rosa. Shreveport, LA, USA.

第3篇

一、二年生与多年生花卉育种

第16章　三色堇育种　/　332

第17章　万寿菊育种　/　341

第18章　菊花育种　/　357

第19章　兰花育种　/　394

第20章　香石竹育种　/　424

第21章　鸢尾育种　/　444

第22章　萱草育种　/　454

第23章　仙人掌类与多肉植物育种　/　469

第16章 三色堇育种

[**本章提要**] 三色堇既有复色（花斑）的，也有纯色的，花色艳丽，生长期较短，是三大花坛花卉之一，也是少数几种国内有研究的一、二年生花卉。本章从育种简史、种质资源、育种目标及其遗传、育种方法、杂种优势育种与制种五个方面，简述了三色堇育种的概况、原理、技术及主要进展。

野生三色堇（*Viola tricolor*）为堇菜科（Violaceae）堇菜属（*Viola*）的多年生草本植物，其杂交后代大花三色堇（*V.* × *wittrockiana*）和小花三色堇（*V.* × *williamsii*）品种繁多、色彩鲜艳、花期长且盛开于春寒料峭之际，深受人们青睐，有着"花坛皇后"的美誉。本章的三色堇采用广义的概念，包括上述野生三色堇等原始亲本及其杂交后代。三色堇在欧洲、美国及日本等发达国家十分流行，有所谓"英国的花姿，美国的花径，法国的色彩，德国的性状"的说法。三色堇育种成果丰硕，有多个品种或品系均获得了由全美选种组织（All-America Selections，AAS）设立的花坛植物奖、英国皇家园艺学会的花园显异奖（RHS Award of Garden Merit，AGM）、欧洲花卉新品种评选的金奖（The Fleuroselect Gold Medal，FGM）及植物新品种中国适应性评选（All China Selections，ACS）。目前，三色堇是我国重要的花坛和盆栽花卉，市场需求量大，然而其育种研究远远落后于其广泛大量的园林应用和家庭园艺市场。

16.1 育种简史

野生三色堇茎长而多分枝，株高15~25cm，全株光滑，常倾卧于地面。叶互生，基生叶圆心脏形，茎生叶较狭；托叶宿存，基部有羽状深裂。花腋生下垂，有总梗及2枚小苞片；萼片5，宿存。三色堇花色瑰丽，有花斑、纯色、斜纹3种色彩类型，每种类型又有红色、白色、蓝色及各种过渡色等十几种之多，深受人们喜爱。

三色堇原产于欧洲大陆，育种历史悠久，现在常见栽培的"三色堇"（pansy）或者"角堇"（viola）多为大花三色堇和小花三色堇，它们的栽培育种历史与其杂交亲本野生三色堇（wild pansy）、野生角堇（V. cornuta, horned violet）紧密相关。

公元前4世纪前期，人们发现了生长在高山草甸和岩石壁上的野生三色堇，1542年德国人 L. Fuchs 最早记载了其作为观赏花卉出现在花园中。1629年J. Parkinson记载和描述了英国花园里的野生三色堇，甚至有重瓣的类型。但直至1745年，从德国植物学家Johann Wilhelm Weinmann出版的植物木版画书籍《Phytanthoza Iconographia》中可见，在德英法等国常见栽培的野生三色堇仍与野生分布的三色堇在形态、色彩上没有差异。1810年，英国人Mary Elizabeth Bennet最早在其园丁William Richardson的指导下进行不同色型的三色堇品种之间的自然杂交，从而将野生三色堇引入花园栽培。紧随其后，英国人 Gambier及其园丁William Thompson在英格兰白金汉郡的Iver Grove庄园里开始对堇菜属植物进行种间杂交——通过野生三色堇、黄花的高山堇菜（V. lutea）和源于俄罗斯的蓝花阿尔泰堇菜（V. altaica）进行自然杂交，不断创造出花色特异与花朵明显增大的大花三色堇。1819年，大花三色堇以 V. grandiflora之名在Covent Garden出售。此后，三色堇在英国受到狂热追捧，与月季齐名。1841年和1845年英国相继成立了两个专门的三色堇协会——The Hammersmith Heartsease Society（后更名为London Pansy and Viola Society）以及位于爱丁堡的Scottish Pansy Society。英国的花卉育种家、爱好者们在协会的定向引导下不断致力于获得花朵更大、花形更圆整的展览三色堇（show pansy），形成了5种固定的评奖花色：黄底、白底、纯黄、纯白、纯深色。直至三色堇从英国流传至法国、比利时，因不受英国三色堇协会的禁锢，在18世纪40年代培育出带深色斑块的花哨三色堇（fancy pansy），1858—1860年形成了丰富的系列，终于受到英国民众的喜爱，被看作现代三色堇的诞生。而评奖必备、随处可见的"大眼睛"终于再次带来审美疲劳，三色堇的育种回归到更自然的审美目标，育种家们基于花哨三色堇，又培育出株型低矮、分枝多、小花、多花的花坛三色堇（bedding pansy），比如苏格兰勤奋的育种家James Grieve重新引入高山堇菜进行杂交，1859年选育出了一类花小而多的大花三色堇品种。在此期间培育出许多性状优良的品种，花径达6~7cm，并育成四倍体植株。

同时，大花三色堇也出现了另一些选育方向：19世纪中后期，重瓣品种'Good Gracious'和'Lord Waverley'在英法重新面市；19世纪末到20世纪初，德国侧重抗寒品种的选育，如'Negerfürst'品质上乘；20世纪初，苏格兰的Charles Stewart博士最先得到了纯净而艳丽的品种，这种纯色品种得到了北美园艺师的大力推崇，长期雄踞三色堇年销量榜首（张西西 等，2009）。

小花三色堇的育种较晚：1862年，北英格兰的William Dean引入原产比利牛斯山脉的野生角堇与展览三色堇进行人工杂交，花色主要选育黄色的品种；自1863年开始，则更多与深色的大花三色堇进行杂交。1867年，Dicksons & Co. 公司以野生角堇为母本，以深紫色的大花三色堇为父本，育成深紫、较大花径的小花三色堇。与此同时，B. S. Williams育成著名的'Perfection'以及芳香的'Sensation'；Laing's of Stanstead Park Nurseries选育出没有线纹的'Rayless Violas'品种；Charles Stuart博士培育出了著名的小花、无纹、芳香、丛生、多年生品种——'Violetta'，在苏格兰和英格兰的三色堇花展中甚为瞩目。在这一类品种中，已经很难看出原种角堇的影子。

自1860年，第一批大花三色堇种子由美国进入日本，花色绮丽颇具亚洲审美的品种开始被不断创造出来，开启了三色堇亚洲育种的新篇章。第二次世界大战后，以铃木章教授及其学生平塚弘子和早野雪枝为代表的个人育种家，开始以原生种为杂交亲本进行杂交选育。1980年江原伸开始摒弃了原生种作为杂交亲本，选择市面上贩售的"班比尼""可爱"等系列为杂交亲本，先后培育出不断纯化的杂交品系。2016年以皱瓣品种为杂交亲本进行改良选育的"德古拉"系列和"安托奈特的礼服"系列，颠覆了人们对传统三色堇的认知，褶皱程度异常复杂的花瓣聚集在一起如同绣球一般惹人喜爱。与江原伸先生的摒弃原生种作为杂交亲本不同，以川路越可先生为代表的个人育种家于1980年开始继承早野雪枝的杂交系统，依然采用原生种作为杂交亲本进行杂交选育，陆续发表了极小花型、小兔子花型、重瓣品系、青染花色、蓝染花色和烧花型等诸多具有鲜明个人特色的杂交品系。2000年左右选育出了当代重瓣品种和极小花型品种，其中丰富多彩的小型盆栽品种满足了当代居住空间越来越小的人们在窗台也可以栽植众多迷你盆栽的需求。

我国于20世纪20年代初从英国、美国引种栽培三色堇，国内的三色堇育种起步较晚，多依赖进口。80年代从欧美引种新品种后，我国三色堇的品质有了较大提升，一些地方品种表现良好，但许多杂交种因不结实而难于保存，仍需每年从国外进口。近几年来，国内的三色堇育种也有了一定进展，上海园林科学研究所、杭州花圃相继育出了自己的杂交品种。

16.2 种质资源

三色堇属于堇菜属的二年生或多年生草本植物，堇菜属是堇菜科中最大的属，广泛分布于热带、亚热带和温带地区，主要分布于北半球的温带。堇菜属是被子植物中较大的属。2022年以挪威Thomas Marcussen为首的五国科学家依据进化、形态、染色体计数、倍性的数据，及现代单系理论，对该属进行了全面的修订。新修订的堇菜属包含664个种，被划分为2个亚属31个组和20个亚组。其中三色堇属于堇菜亚属（subgen. *Viola*）有525个种，美丽堇菜组（sect. *Melanium*）有112个种，有苞亚组（subsect. *Bracteolatae*）有98个种。我国共有6种美丽堇菜组有苞亚组植物分布，其中4个野生种为塔城堇菜（*V. tarbagataica*）、阿尔泰堇菜、隐距堇菜（*V. occulta*）和深紫堇菜（*V. atroviolacea*），还有1个栽培种三色堇和1个归化种野生堇菜（*V. arvensis*）。此外，三色堇育种中的两个重要原种高山堇菜和角堇均隶属美丽堇菜组有苞亚组。

三色堇品种的分类方法很多。常见为按花径与按花色和花斑的分类。

（1）按照花径大小

三色堇可分为特大花型、大花型、中花型和小花型。

①特大花型　花径≥9cm，冠径20~25cm，常作盆花栽培。该类三色堇花朵特大，单株

观赏效果较好，品种主要有'超级宾哥''阿特拉斯'等。

②大花型　花径6~9cm，冠径20~25cm。品种主要有'德尔塔''皇冠'等。

③中花型　花径4~6cm，冠径为15~20cm。品种主要有'宾哥''荣誉''小康'等。

④小花型　花径≤4cm，冠径为15~20cm，品种有'紫雨''果汁冰糕'等。

（2）按照花色和花斑

将三色堇分为纯色花瓣、双色花瓣、条纹花斑和规则花斑。

①纯色花瓣　花瓣纯色无任何条纹及图案。

②双色花瓣　上面两个花瓣与下面3个花瓣颜色不同。

③条纹花斑　花瓣上分布有深浅不同的线条。

④规则花斑　在最里面的3个花瓣上分布有规则的圆形斑点。

16.3　育种目标及其遗传

16.3.1　花径

花径大小的改良自19世纪30年代开始，经历了190年左右。参与三色堇育种过程的野生种的花径一般小于3cm。早期出现的Show Pansy的花径为3.8~5cm。20世纪伊始，德国培育出许多优良三色堇品种，花径达到了6~7cm。从法国传到瑞士的大花品种，培育出"Swiss Giant"系列品种，花径达9cm。1966年日本坂田公司培育出花径达10cm的F_1品种系列"Majestic Giant"，目前最大花径已达12cm。

关于大花三色堇花径的遗传，F_1代花径值多数介于双亲之间，且母本的影响要大于父本，大花性状对于小花性状为不完全显性。显性效应为花径主要的遗传效应，花径与花数呈显著正相关，与分枝数呈遗传负相关（王健、包满珠，2007）。

16.3.2　花色

花色是衡量大花三色堇观赏价值的重要指标之一。三色堇花色繁多，且表现形式多样。其花色分布较宽，包括黄色系、紫色系、蓝紫色系、红色系和白色系5个色系，有红色、紫色、蓝色、青铜色、粉红色、黑色、黄色、白色、淡紫色、橙色、杏黄色和红褐色等；单朵花有纯色（花瓣只有1种颜色）和复色（花色2种或2种以上）两类。

张其生等（2010）发现三色堇不同自交系间F_1代的花色多呈亲本之间连续变化的花色，少数为两亲本之一的花色、亲本之间的某一种花色及亲本之外的花色。F_2代除两亲本花色一致的组合外，均发生分离。

花色的改良经历了漫长的历史。日本学者远藤从三色堇花瓣中分离出6种色素，提出了三色堇的花色演化途径（图16-1）。

一般认为控制花色的基因较多，花色固定较为困难。野生三色堇和野生堇菜中花色由11对基因控制。F_1代的花色表达可粗略地分为4类：①亲本之间的某一种花色；②亲本之间连续变化的花色；③与亲本之一的花色相同；④两亲本之外的花色，此种情况出现的机会比较少。F_2代和回交后代花色一般会出现分离。在花色的显隐性方面，Song等（2002）研究发现，仅黄色对其他颜色为显性。Endo（1959）推测了7种花色大致的显隐性关系（图16-2）。

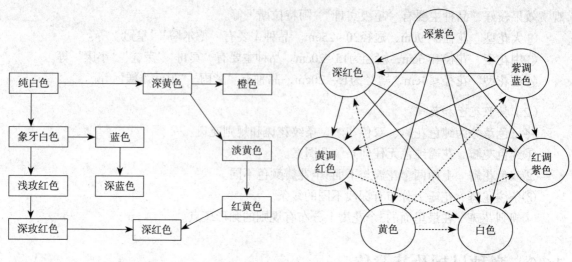

图16-1　三色堇花色演化模式（改绘自远藤，1934）

图16-2　三色堇F_1代花色的显隐性关系
（改绘自Endo，1959）

Song 等（2002）采用6个不同花色（白色、黄色、橙色、淡蓝色、紫红色及紫色）的三色堇自交系进行完全双列杂交，F_1代进行自交和回交来研究其花色遗传规律（图16-3）。在花色的表达位置上，紫、红和蓝等由花色素苷表现的花色倾向于在2个上瓣和2个侧瓣的边缘优先表达，而黄和白等由类黄酮或胡萝卜素表现的花色多在花朵中心部位优先表达。

花色素主要有类胡萝卜素和类黄酮两大类。关于大花三色堇色素的研究主要是类黄酮的分离和鉴定，其中三色堇黄苷和芸香苷是报道较多的黄酮类化合物。

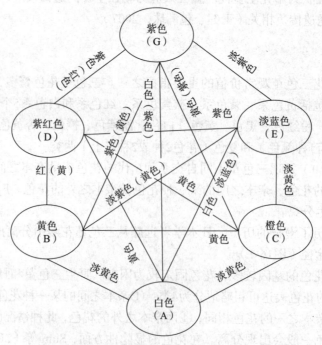

图16-3　三色堇花色的遗传（改绘自Song et al.，2002）

16.3.3 花斑

三色堇是典型的有规则性的花斑植物，其中大花三色堇是研究植物规则花斑的极好材料。其花斑的颜色分布较窄，主要分布在紫色系，亮度普遍比花色暗。1939年，Thompson获得了具花斑并可以稳定遗传的植株；20世纪初，Stewart培育出纯色品种。三色堇花斑的主要类型有3种：斑块、条纹和纯色。

Clausen（1958）认为大花三色堇的花斑性状由2对基因S和K控制，符合孟德尔2对基因分离比率9∶3∶3∶1的规律。Song等（2003）研究发现花斑和条纹对纯色显性；王健（2005）发现花斑对纯色有时表现出不完全显性而呈线状；张其生等（2010）发现花斑对条纹显性、条纹对纯色显性、花斑和条纹对纯色显性，斑块与纯色杂交的后代具条纹和斑块者均有。研究还发现，络氨酸及调控络氨酸基因的表达发生改变，都会影响花斑的形成。

16.4 育种方法

16.4.1 选择育种

发现并选择现有品种中的自然突变是得到新品种的一个重要途径。历史上早期的三色堇新品种都是通过天然杂交或自然突变，然后经人工选择培育得到的。

16.4.2 倍性育种

三色堇多倍体的化学诱导多采用秋水仙碱水溶液，萌动种子宜用0.5%的秋水仙碱水溶液浸泡21h，胚根宜用0.3%~0.9%的秋水仙碱水溶液浸泡12~24h，幼苗茎尖则用0.1%~0.5%的秋水仙碱水溶液处理3d为最佳。李春燕（2011）采用0.5%的秋水仙碱水溶液茎尖滴定处理3d后，变异率达到73.7%。经流式细胞仪检测鉴定得到6棵四倍体植株，其营养和生殖器官都发生了明显变异，株高、株幅、叶形指数明显降低，茎粗、叶宽、花径指标明显升高，且叶色深绿、叶片褶皱且质地粗糙、花朵褶皱、气孔变大、气孔密度变小、花粉粒变大。

此外，由于参与杂交的野生种的染色体数不一致，其中最主要的$V.\ tricolor$、$V.\ lutea$、$V.\ altica$和$V.\ cornuta$的染色体数分别为$2n=26$、48、26、22，因此，三色堇的倍性较为复杂。王梦叶等（2018）采用流式细胞术进行倍性鉴定，以$V.\ tricolor$或$V.\ altica$为参考，大花三色堇种内杂交后代均为四倍体，而大花三色堇与角堇（疑为小花三色堇自交系）的杂交F_1代均为三倍体。

由于三色堇自交系比较容易纯合，其单倍体育种技术要求高且成本高，因此单倍体的育种未见实践。

16.4.3 诱变育种

辐射诱变在花卉品种培育与改良中发挥出了极其重要的作用。傅巧娟等（2007）用300Gy ^{60}Co-γ 射线辐射处理不同品种三色堇，获得了开花期和花性状不同的育种材料。此外，中国科学院在三色堇航天诱变育种方面进行了尝试，得到了花色为浅黄色且花期更长的三色堇育种材料。在化学诱变方面，胡惠蓉等（2009）使用化学诱变剂甲基磺酸乙酯（EMS）处理三色堇，半数致死剂量为0.5ml/L，通过人工套袋和授粉能实现留种，M_4代获得纯合且表型较为稳定的金叶、细叶变异，有望创制观叶的新奇品种，填补冬春模纹花坛的空白。

16.4.4 生物技术育种

（1）分子标记

1998年，Ballard等利用ITS研究了堇菜属中美丽堇菜组内各物种的系统关系。于爱霞（2012）应用SRAP分子标记方法对19个三色堇自交系进行了多样性分析，发现花径和花色是影响聚类结果的重要因子。王虎等（2021）成功构建了大花三色堇和小花三色堇（原文分别记作三色堇、角堇）的种间分子遗传连锁图谱，为三色堇高密度遗传图谱构建和重要性状的基因定位及分子标记辅助选择育种奠定了基础。

（2）转基因

为建立稳定的三色堇遗传转化体系，据报道，自1991—2011年，国内外多家科研机构的众多科研人员不懈努力开展了三色堇再生体系的构建与优化（Babber & Kulbhushan, 1991；李春燕，2011）：从基因型筛选到各种外植体尝试，从培养基配方优化到环境因子调整，三色堇这种再生顽拗种的高效再生体系仍然无法建立。陈玥如（2013）优化三色堇再生体系后，尝试将CBF基因转入三色堇，最终只获得2个抗性植株，未得到阳性株系。2016年，杨迪（2016）采用种子浸泡和花粉管通道直接导入法，向三色堇中转入外源基因取得突破，获批国家专利（胡惠蓉 等，2016）。同年，曾媛从大花三色堇中分离VwMYB8基因并用基因枪轰击月季花瓣进行瞬时表达验证，结果表明转化细胞明显颜色加深，该基因能够提高月季花瓣中色素的含量。此后，通过同源克隆、荧光定量表达分析、转录组测序等多种手段，一批与三色堇花色发育相关、抗逆性相关的基因相继被克隆找到，为转基因创制新种质储备了良好的基因资源。崔峥（2019）利用VIGS技术，构建了花色相关基因的重组VIGS载体，通过农杆菌介导导入三色堇植株中，得到三色堇花瓣上的斑块变为条纹和花青素积累发生改变的表型，进一步推动了三色堇同源转基因的功能验证，为转基因育种奠定了良好的基础。

16.5 杂种优势育种与制种

16.5.1 配合力与杂种优势

杂交优势育种是三色堇最主要的育种方式。为了便于研究和利用杂种优势，需要对杂种优势的大小进行测定。杂种优势所涉及的性状大都为数量性状，通常以优势率表示，有中亲优势（超中优势、平均优势）、超亲优势等。

培育三色堇F_1代新优品种，需要有优良的亲本组合，而配合力是亲本选配和杂种优势利用的重要参考指标。同一亲本不同性状、同一性状不同亲本的一般配合力效应差异较大。因此，以一般配合力效应为参考指标，根据不同的育种目标，可以做到优势互补，有目的地筛选符合要求的优良亲本。特殊配合力可以反映出杂交组合是否具有杂种优势，从而为杂交亲本的选配提供参考。研究表明，一般配合力与特殊配合力并没有直接的关系，一般配合力高的亲本，其组合的特殊配合力并不一定高；但特殊配合力较高的杂交组合中，至少有1个亲本的一般配合力是比较高的。在进行组合配制时，应在选择一般配合力较高的基础上注重较高特殊配合力的选择，并根据总配合力有效预测杂交组合的表现。为了研究三色堇杂交F_1代优势的一般规律，齐鸣（2003）利用6个三色堇纯系亲本为材料进行双列杂交试验，结果表明，F_1代表现出花朵大、花期长、花量多、抗性强的优势。卢兴霞等（2007）利用大花三色堇自交系配制杂交组合，发现单果结子数与父母本的亲和力和母本的结实能力有关系，且70%的杂交后代具有杂种优势。李清斌（2010）则引入野生三色堇（原文误作角堇）与5个大花三色堇高代自交系作亲本进行正反交试验，通过蕾期授粉和多次授粉的方法克服种间杂交不亲和，成功得到全部10个组合的F_1代。结果分析表明这些种间杂交的F_1代在株幅、株高、分枝数、盛花期可观花数几个重要观赏性状上具有明显的超亲优势，始花期比其父母本平均值要小，具有良好中亲优势表现。该课题组利用三色堇与大花三色堇的杂交育成了早花丰花且较耐热的"繁星"系列品种'微笑''猫咪'和'冰紫'，通过了湖北省的品种审定，并在北京、上海、广州等地得到推广（杨迪 等，2015）。

16.5.2 杂交制种技术

（1）播种与定植

播种日期应根据当地气候条件，正常播种期在8月20日~9月10日。父本与母本要错期播种，父本比母本早1~2周为宜。播种前浸种12h左右。播种最好用过细筛的草炭土，以保证苗床疏松透气，保水肥性能良好，使种子尽快发芽出土，并保证出苗迅速整齐。播种前先进行床土消毒，可用药剂消毒和高温消毒。播种时先把畦面整平，浇透水，待水渗后播种，播种后覆土，使种子表面恰好被覆盖，播种后的苗床应扣小拱棚保持温湿度。棚内控温15~20℃，一般7~10d出苗。三色堇发芽阶段对高温敏感，必要时可遮阴避过高温。

播种后30d可分苗，用腐熟的有机肥和田园土配制营养土，装入10cm×10cm的营养钵中，浇透水。苗期注意浇水，保持温度白天10~20℃，夜间7~8℃。

定植前整好地，施足肥，亩施优质有机肥5000kg，锌硫磷0.5kg，撒在地面浅翻30cm左右搂平。大约播种后6周即可定植，父本与母本单独定植，1m一带，床宽60cm、沟宽40cm，父本可比母本密度大1/3；定植行距35cm。额外定植父母本株数的10%作为备用苗。

（2）去杂与整枝

去杂工作应坚持的基本原则：父本去杂一定要干净，去杂宁可去错，也不能漏掉，依本品种特征特性、株形和花色，可进行去杂，然后用备用苗补足。

定植后20d就可以整枝，小型花留10个枝，不再留侧枝；中型花留8~9个枝；大型花留8个枝。摘去母本花已经开放的花朵。

（3）杂交授粉

①去雄　将未开的母本花去雄，先将花苞下部的两个相邻萼片去除，然后彻底摘除母本花的雄蕊。注意去雄时不要选择过大母本花，否则会自交结实，影响种子纯度。去雄时动作要轻且去雄要干净，不要碰伤柱头。每天进行两次去雄，以确保母本无自交。

②摘父本花　于授粉当天进行，摘取完全开放、花粉新鲜的父本花。

③授粉　母本花授粉的最佳时间为柱头有黏液溢出最多的时候，一般前一天下午去雄的，第二天9：00~11：00授粉率高，授粉时用盛开的父本花，将有花粉的内侧小花瓣横向拉下，将花瓣基部的花粉轻轻地抹入母本花柱头的小孔内，然后把母本花的两片上瓣去掉，以作标记。

（4）采收

果实成熟因品种和气候条件而异，小果型授粉后4~5周成熟，中果型5~6周成熟，大果型7~8周成熟。采收时连同部分果柄摘下，果柄稍长为宜。采收标准：果梗挺直，果色斑驳，果萼枯萎。应避免高温及快速干燥，干燥太快会使种子发芽率降低，若干燥太慢会发霉。

16.5.3　化学杀雄剂

三色堇目前主要采用人工去雄制种的方式生产杂交F_1代种子，但人工去雄费时费工，育种制种效率低。于爱霞（2012）研究发现，0.3~0.6μg/mL苯磺隆能高效诱导三色堇花粉败育，且对三色堇雌蕊的正常发育影响较小，是一种优良的化学杀雄剂。苯磺隆发挥药效的时间为1~2周，即苯磺隆诱导的不育株约2周后恢复育性，因此至少需要喷施4次才能维持不育。为防止药害，除严格控制用药浓度，也要注意喷施时间间隔。该技术较为成熟，已经获批国家专利（胡惠蓉　等，2013）。

（胡惠蓉）

思考题

三色堇所在的堇菜属是个有着664种的大属；国产96种，均未参与现有三色堇的育种过程。试问有没有可能利用我国原产的堇菜属原种，育成有中国特色（如适应性）的三色堇品种群？

推荐阅读书目

三色堇种质资源研究与评价. 2020. 杜晓华. 中国农业出版社.

Hybrid Seed Production in Vegetables. 2020. Basra A S. Taylor & Francis.

第17章 万寿菊育种

[**本章提要**] 万寿菊是菊科万寿菊属的一年生花卉，花黄橙色，十分明亮、醒目，是国庆期间主要的花坛花卉，还可作色素花卉。本章从育种简史、种质资源、主要性状遗传及育种目标、杂交育种与杂种优势、倍性与分子育种、新品种保护与杂种一代种子生产6个方面，介绍了万寿菊育种的情况，重点是杂种一代种子的生产技术。

万寿菊（*Tagetes erecta*）为菊科向日葵亚科万寿菊属（Chen & Lin，1982）的一年生草本植物，是重要的花坛和切花植物材料。叶片对生，羽状全裂，裂片披针形，具有明显的油腺点。头状花序顶生，具有中空的长总梗。花期长，能适应各种气候条件，耐干旱和瘠薄，在美国、印度、中国以及欧洲和非洲的大部分地区是夏、秋季栽培的主要花坛花卉。根据高度、生长习性和花色的不同，广泛用作花坛、镶边材料、容器栽植等。其栽培品种极多，目前主要流行花径超过 7cm 的重瓣大花F_1代品种。

17.1 育种简史

万寿菊属植物原产于美洲，从阿根廷北部到新墨西哥和亚利桑那州都有分布（Robert Trostle Neher，1962）。万寿菊在世界各地得到了广泛的应用，也受到育种家和种子公司的重视，使得长期以来为万寿菊育种和种子生产技术的研究注入了大量的人力和物力。在过去的一个世纪里，大多数万寿菊的育种研究工作，新品种的选育和种子生产都是由美国的育种家和种子公司完成的。

美国伯比公司（Burpee）最早开始万寿菊育种研究工作，选育的新品种也最多，开创了育种的繁荣时代。万寿菊一直是最受伯比公司重视的花卉。早在1905—1915年，该公司就推出了一系列万寿菊新品种。1939年，伯比公司推出了第一个杂交万寿菊，直接命名为'Burpee Red'和'Gold'杂交万寿菊。后来又推出黄色的'Climax'（1958）和'Nugget'杂交万寿菊（1966）、'First Lady'杂交万寿菊（1968）、红色的'Nugget'杂交万寿菊（1976）。1954年，伯比公司以10 000美金发起了一场选育白色万寿菊的竞赛，在接下来的20年里，有80 000名参赛者送来种子检验，有些获得了100美元的奖金，直至1975年，艾奥瓦州的Alice Volk凭借当时花色最白的万寿菊'Snowbird'获得了这10 000美金的奖项，使'Snowbird'万寿菊成为当时最昂贵的花卉，也使万寿菊成为美国最流行的广泛种植的花卉（http://www.burpee.com）。

极具权威性和代表性的美国全美选种组织All America Selections（简称AAS），自1933年开始评选全美良种以来，迄今共评选推荐了877个园艺植物品种，仅万寿菊属品种就达54个。1977年继万寿菊'Primrose Lady'获奖之后，此后直到2010年，一个由先正达公司培育，观赏性良好、耐热和耐干旱的矮生型品种'Moonsong Deep Orange' F_1代获奖；2019年，'Big Duck' F_1代的黄、金黄和橙色3个系列品种获得奖项，该系列除了拥有优良的观赏性，黄色和橙色还有极强的耐热、耐雨、耐干旱能力和抗病性。2019年还有一个切花品种'Garuda Deep Gold' F_1代获得奖项，该品种花序饱满，瓶插期可达10d（http://all-americaselections.org）。

据欧洲花卉评选组织（Fleuroselect）网站显示，从开始评奖至2022年，一共4个万寿菊 F_1代品种获奖，2021年有3个品种，分别为早花（播种45d开花）矮生品种'Olleya'、中高型白色品种'White Gold Max'、矮生型白色品种'White Gold Mini'；2019年，'Little Duck Orange'获奖，该品种自然矮生，无须使用植物生长调节剂。

我国于20世纪90年代引进万寿菊的制种项目，因此，万寿菊育种工作多由在制种基地成长起来的公司和行业内科研院所和高校开展，如北京市园林科学研究所、辽宁省农业科学院花卉研究所、华中农业大学、青海大学、上海交通大学等。总体上，国产品种不够丰富，见报道的有'万寿菊7号''万寿菊9号''京越1号''美誉''金玉''橙玉'（辛海波 等，2017）、'雪域3号'（唐楠 等，2022）等品种；国内市场上销售的主要是来自制种基地的公司培育的多个系列品种。

在色素万寿菊育种方面，近年由于色素万寿菊的经济价值，研究色素万寿菊成为热点。泛美种子公司先后推出了'Orangeade''Deep Orangeade'和'Scarletade'3个品种的色素万寿菊，2005年又育出了第一个重瓣的两个自交系间的杂交色素品种'50011'，并申请美国专利（Blair Winner，2005）。

国内最开始应用的色素品种为'猩红1号'，是个自交品种；辽宁省农业科学院花卉研究所培育的色素用品种有'色素1号'（王平 等，2009）和'色素2号'（张玉静 等，2014），还有赤峰宏瑞园艺公司的'宏瑞8号'（吕悦志，2009）和通辽农业科学研究院培育的'通菊1号'（张春华，2010）。

17.2 种质资源

17.2.1 栽培种及近缘种

万寿菊属植物共有56种，其中27种为一年生草本，29种为多年生草本（Soule，1996）。在56种中，只有不到10种在园艺上得到了较为广泛的应用。世界各地广泛用于育种和园艺栽培的主要有3个种，即万寿菊、孔雀草（*Tagetes patula*）和细叶万寿菊（*T. tenuifolia*），现在出售的商业品种基本上就包括这3个种。近年来我国引入并广泛栽培的主要有万寿菊、孔雀草、细叶万寿菊、芳香万寿菊（*T. lemmonii*），香叶万寿菊（*T. lucida*）有少量栽培；印加孔雀草为入侵植物。

（1）万寿菊

一年生草本。原种通常高50~80cm，茎强健而直立。花色从奶油色到深橘红色，花径可达12.5cm。适合花坛种植，可在绿地中营造大面积色带，由于颜色鲜艳，多用于提亮花坛色彩。在混合花坛中，万寿菊矮生品种可作为其他低矮植物的背景使用，也可用来镶边；中高型品种可与秋季观叶的灌木或者乔木配置，经过适当密植后也可作为绿篱使用；高生型品种绿化少用，色素用万寿菊品种通常较高，地栽可达90~120cm，便于人工采摘花朵。

万寿菊为二倍体，染色体数目$2n=2x=24$，染色体大小1~2μm，核型公式$2n=6sm+16st$（2SAT）+2t，第3对染色体短臂上具随体（汪小兰 等，1987）。

（2）孔雀草

一年生草本，又名红黄草。株高20~60cm不等，无主茎，株型呈丛生状。该种花色亮丽，颜色众多，除了具有万寿菊的黄、橙色系外，还有红色和红黄复色、红橙复色品种。花型主要有单瓣型、银莲花型、重瓣型和鸡冠花型4种。单瓣型只有一层舌状花瓣；银莲花型为半重瓣，舌状花重瓣2~3轮，具花心，但通常花心较小；重瓣型则是花瓣层数更多，通常3~5轮，花显得更丰满；鸡冠花型是在整个花序中央的筒状花，花瓣较大，凸起构成花心，边缘为一至多层的舌状花。孔雀草品种繁多，每个系列有纯色和复色大约6个花色。孔雀草是非常优良的花坛花卉，由于植株低矮、紧凑，生长健壮，多花、花期长，是节日花坛摆花的常用种类，适合作为组合花坛的前景植物，尤其适合镶边用，或者与野花组合搭配，作为草地的点缀植物等。

（3）细叶万寿菊（*Tagetes tenuifolia*）

一年生草本，在欧洲很流行，称为Signet Marigold，是最矮小的种类，高仅20~25cm。叶片有柠檬味。像花边一样衬托着花径2~3cm的5瓣小花，很是纤秀；花单瓣，黄色、橘红色和红色，纯色或带复色花眼。可作地被植物，或种植于道路两侧、花坛镶边使用，也可以作庭院容器栽培。

（4）芳香万寿菊（*Tagetes lemmonii*）

多年生草本，原产于中美洲和南美洲，更耐寒。全株散发特殊的果香。除了观赏外，可以茶饮、烹调、驱蚊。在我国云南昆明郊野公园有成片栽植，花色灿烂，花香迷人，盛花期相隔10m可闻到花香。也可作庭院花卉栽培。

（5）香叶万寿菊（*Tagetes lucida*）

多年生草本，已经栽培了近千年，Aztec人把它作为药用植物和用于宗教仪式，法国和英国人则将其作为调味品。国内称为甜万寿菊，仅见一篇光周期促进其开花的相关研究论文。

（6）印加孔雀草（*Tagetes minuta*）

一年生草本，主要分布在巴西等国家，用于提取部分重要的次生代谢产物，如万寿菊油等。在南非等地则被视为杂草。国内被定性为入侵植物；我国台湾在2006年发现归化的印加孔雀草，近年来陆续在北京、河北、山东、山西、西藏等多地发生大面积危害。花瓣短小，几乎无观赏性。

17.2.2 万寿菊品种

按株高可以将万寿菊品种分为矮生型、中高型和高生型。一般商品品种同系列包括黄色、金黄色、橙色，还有罕见的白色品种。个别国产系列品种有奶油色和浅橙色（图17-1）。

图17-1 万寿菊新品种

'Big Duck'金色（http://all-americaselections.org）；（F_1）白色万寿菊品种'Vanilla'（甜脂）；变色孔雀草品种'Strawberry Blond''金发女郎'（张华丽摄）

（1）国外品种（系列）

①矮生型 "安提瓜"（Antigua）系列、"Atlantis"系列、"发现"（Discover）系列、"Moonsong"。

②中高型 "印卡"（Inca）系列、"泰山"（Taishan）系列、"奇迹"（Miracle）系列、"完美"（Perfection）系列。

③高生型 "Bali"系列，株高61～81cm，花径13cm，高产，抗病，花朵为结实的球形。"Chedi"，株高102～140cm，花径12cm，耐土壤传播病害。"Coco"系列，株高61～91cm，具有均匀的早熟性，茎长，完全重瓣。

④白色品种 '甜脂'Vanilla、'White Gold Max'和'White Gold Mini'。

⑤切花品种 前述高生型系列均可作切花使用，另外还有"Galore""Gold coin""Jubilee""Lady"系列。其中'Gold Coin''Jubilee'还可以作为树篱品种应用。

（2）国产品种（系列）

①矮生型 "超越"系列、"钻石"系列。

②中高型 "新纪元"系列，'京越1号''美誉''金玉''橙玉'。

17.2.3 孔雀草品种

孔雀草按株高也可以分为矮生型和中高型。一般春季用中高型品种，夏秋季用矮生型品种。其花色丰富，有浅黄色、黄色、金黄色、橙色、深橙色、红黄复色、红橙复色、黄色带红色火焰和变色品种。

（1）国外品种（系列）

①矮生型 "热点"（Hot Pak）系列、"珍妮"（Janie）系列、"金发女郎"（Strawberry Blond），花型全为鸡冠花型。其中"热点"和"珍妮"都是矮生系列，适合夏秋季应用，尤其"珍妮"黄色和橙色在国内夏秋季应用较多，非常受市场欢迎。'金发女郎'是市场上少见的变色品种，单株上同时开放红色、红黄复色和黄色的花序。

②中高型 "鸿运"（Bonanza）系列、"迪阿哥"（Durango）系列、"火球"（Fireball）系列、"弗拉明戈"（Flamenco）系列、"沙发瑞"（Safari）系列、"英雄"（Hero）系列。其中"迪阿哥"系列在国内春季"五一"应用较多，花朵为银莲花型，硕大，植株生长强健。

据AAS网站上显示，从1979年开始，共有5个孔雀草品种获奖，分别为'Queen Sophia'（1979）、'珍妮金黄'（'Janie Gold'）（1980）、'金门'（'Golden Gate'）（1989）、'鸿运火焰'（'Bonanza Bolero'）（1999）和'Super Hero Spry'（2018）。

据欧洲花卉评选组织（Fleuroselect）网站显示，1974—2018年，共有24个孔雀草常规品种获奖，其中7个单瓣品种，3个半重瓣品种，余下14个全为鸡冠花型孔雀草品种。

'Tomato Growing Secret'是一个与西红柿间作，可驱除白粉虱（white fly）的品种，该品种来自英国Thompson-morgan公司，可使西红柿植株长得更好，能结出更多的果实。

（2）国产品种（系列）

国内品种较少，包括华中农业大学培育的'云雀黄''晨韵橙'，青海大学培育的耐寒孔雀草'雪域'（梁顺祥 等，2007），均为单瓣型品种。

17.2.4 万寿菊和孔雀草种间杂交品种

该类品种为以万寿菊为母本、孔雀草为父本杂交而成，由于其表型类似孔雀草，因此称为三倍体孔雀草（triploid marigold）。该类品种结合了万寿菊和孔雀草的优点，而且早花、多花，比父本重瓣程度更高、花径更大，而且由于是三倍体而不结实，持续开花能力强。

（1）国外品种

'Show Boat Yellow'为第一个同时获得AAS奖和Fleuroselect奖的三倍体孔雀草品种（1974），花型高度重瓣，早花，多花，花期长。英国Floranova公司的"顶点"（Zenith）系列，有7个花色，至今仍在市场销售，性状较为优异，株高35cm，花径5~8cm，分枝多、花量大、耐热性和耐雨性更强，在整个夏天具有非凡的开花能力。

（2）国产品种

国内品种较少，有金太阳园艺公司培育的"彩云"和"花都"系列，还有北京市园林绿化科学研究院培育的浅橙色品种'橙韵'，观赏性状较为优异，为已经应用的品种；此外，青海大学培育的'雪域一号'（赵庆 等，2014），国内学者李福荣等（2005）、何燕红等（2010）、Zhang 等（2019，2022）曾先后选出了多个优良组合。

17.2.5 细叶万寿菊品种

该类市售品种较少，在国内应用不多，国外品种仅有'Golden gem'黄色和橙色以及'Lemon gem'。国内称为密花孔雀草，常见黄色、橙色和红色单瓣品种。

17.3 主要性状遗传及育种目标

17.3.1 雄性不育系及遗传

（1）雄性不育系的表型及生理

万寿菊雄性不育系为两用系，由不育株和可育株组成，两类植株的比例约为1∶1。可育株与不育株营养生长时期的农艺性状无明显差异，不育株在着花部位、花的颜色、数量、花期、植株生长势、分枝性、开花节位等都和可育株相同（田海燕，2007）；但是现蕾之后，二者的花序形态开始出现差异。可育株的花序为两性花，具舌状花瓣，花心有筒状花，能自花结实；不育株的花序无花瓣，只有呈现丝状的柱头，花径较小，为2~3cm，全为雌花。

两类植株的生理也有差异。通过对不同材料的生理研究表明，色素万寿菊W217在花蕾和开花时期，不育株中SOD、POD活性高于可育株，不育株中游离脯氨酸含量、可溶性糖含量低于可育株（李浦，2012）。不育株和可育株在发育各期的可溶性蛋白质含量差异不显著，但不育株可溶性蛋白质含量稍高于可育株，不育株的可溶性糖含量均高于可育株（伍亚平，2013）。

（2）雄性不育株的雄蕊退化类型

万寿菊雄性不育株的雄蕊退化类型属于花药退化型。不育株的花冠比正常花小，整个花序全部为雌花，由柱头和没有花药的花丝组成，看起来像一个绒球。仔细观察，不育花和可育花的对比非常明显。可育小花的5个聚药雄蕊紧抱着柱头；而不育小花雄蕊变成黄色丝状，无花药结构，花瓣退化成丝状，每个小花都由1个二裂柱头和5根呈线状的、没有花药的花丝组成（图17-2）。

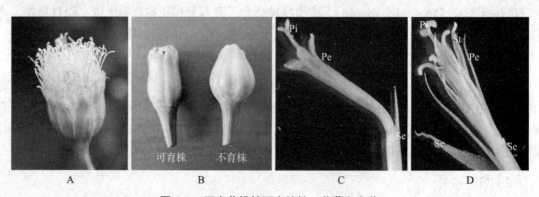

图17-2 万寿菊雄性不育植株、花蕾和小花

A.不育株花序（张华丽摄） B.花蕾识别特征（张华丽摄） C.万寿菊的可育小花 D.万寿菊的不育小花

Se.花萼 Pe.花瓣 St.雄蕊 Pi.雌蕊（何燕红，2010）

(3)雄性不育遗传模式

2000年3份不育株所结种子的可育株和不育株的比例约为1∶1,2001年可育株和不育株的比例约为3∶1(表17-1)。

表17-1　万寿菊不育株与可育株的比例

材料编号	不育株后代（2000年）			可育株后代（2001年）		
	不育株	可育株	比例	不育株	可育株	比例
C-S-01	713	764	约1∶1	7	19	约1∶3
C-S-02	90	91	约1∶1	26	73	约1∶3
C-S-03	240	246	约1∶1	23	74	约1∶3

雄性不育系中不育株的基因型是隐性纯合的，而可育株则是杂合的。不育系的繁殖中用可育株给不育株授粉，所产生的后代不育株和可育株各占50%，这样使不育性得以保持。

可育株自交后出现不育株和可育株2种表现型，比例约为1∶3(图17-3，Sp、sp分别表示显性可育基因和隐性不育基因)。可育株的自交后代存在3种基因型，即显性纯合型、杂合型、隐性纯合型，其中显性纯合型和杂合型都表现出可育性。在雄性不育系的选育过程中，每次应收获不育株所结的种子，因为不育株所结种子产生的后代只有2种基因型，后代比较整齐一致。

$$spsp（不育株）\times Spsp（可育株）$$
$$\downarrow$$
$$spsp（不育株）1：Spsp（可育株）1$$
$$\otimes\downarrow$$
$$SpSp（可育株）1：Spsp（可育株）2：spsp（不育株）1$$
$$可育株3：不育株1$$

图17-3　万寿菊雄性不育遗传模式示意图

万寿菊的雄性不育性是由一对基因控制的隐性核不育(Kumar et al.,2004;He et al.,2009)，遗传由质量性状控制，符合孟德尔遗传定律。

(4)雄性不育产生的机理

通过对比可育系和雄性不育系万寿菊的大、小孢子发生及雌、雄配子体发育过程，发现万寿菊雄性不育系特化小花在花芽分化时没有产生雄蕊原基，因而不具雄蕊结构，为结构型雄性不育(王莹 等,2009)。

雄性不育系的万寿菊所表现出的性状，与经典ABC模型中描述的B类基因功能缺失的性状非常相似，B类基因功能缺失，花器官的四轮结构变为萼片(A)—萼片(A)—心皮(C)—心皮(C)，雄性不育系的万寿菊萼片正常，花瓣特化为丝状(萼片、心皮状)，雄蕊缺失，雌蕊发育正常(王莹,2009)。He等(2010)在万寿菊M525A中分离到一个新的雄性不育性状基因(*Tems*)，并认为花器官的同源异形转化是万寿菊雄性不育性状产生的根本原因。因此在随后的研究中，从分子水平上确认该突变是否由B功能区的基因突变造成，是揭示万寿菊雄性不育成因的重要一步。

Ai等(2016)从不育和可育花蕾(直径1mm和4mm)分离的RNA的相等混合物中产生

cDNA文库,并以上述转录组为参考,检测到125个差异表达基因,根据组织学和细胞学观察,推测 *MADS-box* 基因与万寿菊的不育性高度相关,在可育和不育株4mm直径的花蕾中,12个基因呈现显著的差异表达水平;但是在1mm直径的花蕾中,只有1个基因表达呈现显著差异。Ai等(2017)随后鉴定了5个 *MADS-box* B类基因,并对其表达和功能推测进行了研究,结果发现,5种万寿菊B类基因在圆叶烟草中的过表达表明,与非转基因系相比,只有35S∷*TePI* 的转基因植株显示出改变的花形态。B类基因在万寿菊花发育中的作用有待于进一步揭示。而对万寿菊雄性不育产生的分子机理进行持续探索,则对于丰富菊科植物较复杂的花器官同源异型转换分子调控机制具有重要意义。

17.3.2 花色、花型性状及遗传

万寿菊的花瓣只含有类胡萝卜素,属于黄橙色系,花色显得单调。最浅的为奶油色(白色万寿菊),其次是柠檬黄色、黄色、金黄色、浅橘色、橘色、深橘色。用肉眼可辨颜色最浅的是乳白色品种;颜色最深的是色素用品种,呈深橘红色,或称猩红色。万寿菊品种的花色从白色到深橙色不等,这是因为类胡萝卜素水平相差100倍以上(Moehs CP,2001)。万寿菊花序的深色对浅色为显性或不完全显性。

从收集的万寿菊种质资源中共发现了8种花型,其中蜂窝型(高度重瓣)、平瓣型为F_1代的花型,完全重瓣,看不到花芯;单瓣型、重瓣型(半重瓣和高度重瓣)、菊花型、钟型、荷兰菊型为自交系的花型;绒毛型无花瓣、无花药,为雄性不育系内不育株的花型(图17-4)。

图17-4 万寿菊的花型(张华丽摄)
A.蜂窝型 B.平瓣型 C.绒毛型 D.荷兰菊型 E.单瓣型 F.重瓣型 G.钟型 H.菊花型

市场上出售的F_1代万寿菊花型几乎都是蜂窝型,其舌状花丰满重叠,掩盖了中心很少的管状花(花心),因此几乎不结实,花期较其父、母本长。蜂窝型最为流行,也最受欢迎;而平瓣型极少见。

目前收集到的不育系材料,可育株的花型又分为3种,重瓣型、单瓣型和钟型。将不同花型的自交系转育成雄性不育两用系,可获得不育株花型多样的雄性不育系。

F_1代具有的蜂窝状花型至少来源于父、母本一方具有的蜂窝状重瓣性状。在配制 F_1 代杂交组合的过程中发现，如果父、母本任何一方都不具有蜂窝状重瓣性状，其后代花型大概率露花心；父、母本都具有重瓣性状，并不一定产生具有蜂窝状重瓣性状的F_1代。因此，想要得到具有非常典型的蜂窝状的F_1代，还需谨慎选配亲本，多配制杂交组合来实现。

17.3.3 株高、花径与始花期性状及遗传

万寿菊育种材料的株高20~120cm。我们把株高20~40cm的归为矮型，把株高40~60cm的归为中型，把株高60cm以上的归为高型。F_1代的株高都介于父、母本的株高之间，表现出了居中遗传，或偏向高值亲本。在配制杂交组合的过程中，选育矮生型品种需要矮矮搭配，选育中高型需要高矮搭配。

花径属于数量性状，受多基因控制，遗传表现比较难以控制。万寿菊自交系按花型来分，钟形花花径最小，为3~4cm；其他花型的花径均在6cm以上。以花径为育种目标时，配制杂交组合时双亲至少有一方花径平均值要在6cm以上（母本花径指可育株的花径），最好双亲花径均在6cm以上。但在实践中，也有以花径较小的钟型花作为父本，以可育株蜂窝状重瓣的雄性不育系为母本，杂交获得大花径的F_1代的现象。

一般万寿菊始花期（20%植株开花）为90d，早花材料为65~85d，晚花材料为115d左右，如果想获得早开花的F_1代，必须有早开花的亲本。一般双亲杂交，始花期居中，并常偏向于早花亲本。早花性可以缩短养护期，对于生产者意义较大。

17.3.4 育种目标

①观赏万寿菊育种目标 选育矮型、中型、高型，大花（花径 7cm 以上），蜂窝状重瓣花型，抗逆性强，生长健壮、整齐一致的F_1代品种。

②提取色素用万寿菊育种目标 中高型或高型，花径8cm以上，蜂窝状花型、单株花量大、花序深橘红色，叶黄素含量高的F_1代品种。

17.4 杂交育种与杂种优势

采用杂交育种的方法培育万寿菊F_1代新品种。

母本为雄性不育两用系，系内不育株和可育株的比例约为1∶1，用于杂交时，待花蕾膨大，能分辨出可育株和不育株时，去掉可育株，只保留不育株作母本，用于杂交。

父本为自交系。父本花型多样，株高多样，花色从浅到深均有，两性花，能自花结实，各性状整齐一致。

依据各性状的遗传规律，选择适宜亲本进行杂交试验。

17.4.1 花粉活力及柱头可授性

万寿菊V-01适宜花粉萌发温度介于25~30℃；V-01花粉活力日变化趋势为先升高后降低，11∶00~13∶00时采集的花粉萌发率最高；4℃干燥贮存是最适宜的花粉贮存条件（赵剑颖 等，2012）。自交系间的花粉活力有差异。

万寿菊柱头较长，无分泌物，为干性柱头，万寿菊柱头形态呈"γ"状时有可授性，可授性可持续3d（赵剑颖 等，2012）。授粉后柱头呈缠绕状或者向下弯曲，颜色变暗时表示柱头已接受花粉或老化。万寿菊花粉授粉到柱头上1h内即可萌发，而且花粉只在柱头乳突处附着萌发，授粉后2h，花粉管穿入柱头，精细胞沿花粉管流入花柱内。授粉后1d，萌发花粉的花粉壁干瘪，向内凹陷。

在每年5~10月晴朗、干燥的天气条件下，10：00~15：00万寿菊花药容易开裂，是一天集中散粉时期，为采集花粉的关键时期。尤以每日11：00~14：00花粉散发量最多。小规模杂交可用小型吸尘器来吸取花粉，大规模制种可用改良的大吸尘器来吸取花粉，极大地提高吸粉效率。

17.4.2 人工授粉

不育株作为母本，保留20~30株，父本保留50~100株，个别花粉量少的材料应保留更多的数量。每个组合至少杂交15~30个花序，尽量在每株母本上都授粉。

在不育株花序外围开放2~3轮时可开始授粉，此时柱头呈"γ"状，具有可授性。选择晴朗天气采粉，10：30~14：00最适宜采粉，采用改良的键盘吸尘器吸取花粉，采后将花粉转到培养皿中，用自制小毛刷将花粉均匀涂抹在柱头上，之后套袋，挂上标签，写明杂交组合及日期。一个花序每隔1d授粉1次，天气不好时，第二次授粉可间隔2d，授粉3次即完成1个花序的授粉工作。

若杂交在温室内进行，父本无须隔离。大田、露地栽植需用纱网或套袋隔离，且母本需提前2d套袋。由于工作烦琐，因此首选将万寿菊亲本栽植在保护地，需具备遮雨、遮阴和防虫纱网隔离条件，这样授粉不会过于受天气影响，且省去隔离措施。

授粉20d以后，种子开始成熟，此时总苞为绿色，柱头为褐色，成熟种子为黑色，应及时采收。人工修剪掉多余的尾毛，分组合放入纱网袋中，放好标签，晾干后脱粒。饱满种子装入种子袋中，做好杂交组合编号，置于4~10℃条件贮存。可统计不同杂交组合单个花序的平均结实率，为以后评估杂交制种时的产量做参考。

17.4.3 杂交后代的选育

将各个杂交组合分别播种，以主栽品种作为对照，分盆栽和地栽两种栽培方式。在盛花期分别调查两种栽培方式条件下各组合的表型，包括株高、冠幅、花径、单株花量、叶长、叶宽、花色、花型和抗病虫性等性状。

以花型作为第一淘汰性状，淘汰非蜂窝状花型的组合，或蜂窝状花型90%以下的组合。筛选出与对照相比，各性状都优异，最符合育种目标的组合进一步开展多季节、多地点的品种对比试验和区域试验。

17.4.4 杂种优势的表现

11个组合的F_1代均表现了一定的超亲优势（表17-2）。在株高这个性状上，11个组合中超亲优势最高的是GF54，可达到140%，该组合父母本株高差距悬殊，其父本株高可达1m；而没有超亲优势的组合是GF27，其父母本株高几乎没有差别。从冠幅来看，11个组合中超亲优势最高的是GF23和GF26,达到了42.9%,而GF04和GF27则没有超亲优势。在每个组合中花径的超亲优势几乎都是最低的。11个组合中花径超亲优势最高的组合是GF02和GF11,达到30.8%,超亲优势最低的组合是GF04和GF54,只有5.9%。

表17-2 万寿菊 F_1 代株高、冠幅和花径的超亲优势

F_1代编号	花色	株高(cm)			冠幅(cm)			花径(cm)		
		P_h	F_1	$H(\%)$	P_h	F_1	$H(\%)$	P_h	F_1	$H(\%)$
GF01	橘红色	30	35	14.3	35	40	14.3	7	9	28.6
GF02	黄色	30	40	33.3	35	40	14.3	6.5	8.5	30.8
GF03	橘红色	25	40	60	30	40	33.3	8	9	12.5
GF04	黄色	40	50	25	60	60	0	8.5	9	5.9
GF05	黄色	25	40	60	30	40	33.3	6.5	7.5	15.4
GF09	黄色	30	40	33.3	30	35	16.7	7	7.5	7.1
GF11	黄色	25	40	60	30	40	33.3	6.5	8.5	30.8
GF23	乳白色	30	45	50	35	50	42.9	7	7.5	7.1
GF26	橘红色	35	60	71.4	35	50	42.9	7.5	9.5	26.7
GF27	黄色	40	40	0	40	40	0	8	8.5	6.3
GF54	黄色	25	60	140	90	55	39	8.5	9	5.9
平均	—	—	—	49.8	—	—	24.5	—	—	16.1

从3个性状超亲优势的平均值来看:株高的超亲优势最为明显,达到了47.6%;冠幅为24.5%;花径只有16.1%。根据育种目标,在万寿菊的育种中,并不要求株高出现过于明显的杂种优势;而对于花径而言,则希望其出现非常明显的杂种优势,而花径表现出了较低的杂种优势,因此育种工作中花径每增加1cm都是一项了不起的成就。但是,单纯从杂种优势的高低并不能直观地判断品种的优劣,因为对一个品种的评价是综合该品种植物学和农业生物学性状后选出的。

17.5 倍性与分子育种

17.5.1 单倍体育种

万寿菊自交系株高、花型性状多样,常规自交系选育纯合世代较长,至少4~5代,性状才开始趋于一致。而单倍体育种技术只需2个世代便可获得纯合的DH系,可有效缩短育种周期,因此,万寿菊自交系的选育若能与单倍体育种结合,将会在短期内获得大量性状各异的自交系。

为了获得单倍体植株,需进行花粉培养,接种材料时期的选择尤为重要,小孢子发育时期及其与花器形态的对应必须首先明确。

万寿菊小花长度介于2.3~3.0mm时,小孢子大多处于单核中晚期,是万寿菊花药培养的

最佳取材时期。花药培养以MS为基本培养基的愈伤组织诱导率、根分化率、苗分化率都极显著高于B5，并确定了最近诱导愈伤组织和分化的配方，获得了2株单倍体和3株非整倍体（李甫，2007）。

色素万寿菊小孢子发育时期与花蕾的外部形态特征和花药的颜色密切相关，花蕾长度范围在2.00~3.49cm，花蕾纵径/横径之比为2.27~2.44，花瓣长度/花萼长度之比为2/3~3/2，花药为黄色，单核中后期小孢子所占的比例达到最高。同一花蕾内的不同小花在生长上具有不连续性，同一单朵小花内的小孢子发育也存在渐续性（宋雪娇 等，2010）。Kumar等（2019）报道万寿菊的小花大小为3.0~3.5mm，在单核早期至双核早期小孢子含量最高。

符勇耀等（2020）发现了7株形态明显矮小、细弱的个体，经流式细胞仪检测确定其中的1株为单倍体。

17.5.2　三倍体育种

普通的万寿菊为二倍体，染色体数目$2n=2x=24$，通常植株较高，而且叶片有一股恶臭，盛夏枝干徒长，株高难以控制，开花不良；孔雀草为四倍体，$2n=4x=48$，大部分品种株型低矮、自由多花，在盛夏季节依然能够开花，开花早且受长日照影响较小，花色也较万寿菊丰富。因此，人们萌生了用万寿菊和孔雀草杂交产生新品种的想法。三倍体品种最先在美国育成，其外形类似父本孔雀草，花径具有超亲优势，遗传学上不育（由于不结种子而花期更长），使三倍体孔雀草具有双亲难以具有的优势。

三倍体孔雀草（*T. erecta* × *T. patula*）花径更大、花期更长，开花更早，重瓣性更强（Zhang et al., 2022），室外栽植更耐热，在花园中有出色的表现，是地栽试验中的明星品种（图17-5）。

但是，该类品种的缺点是发芽率比亲本低，由于制种困难，种子价格稍高，这一点限制了该类品种在市场上的应用（*Ball RedBook*）。据欧洲花卉评选组织（Fleuroselect）网站显示，'Show Boat Yellow'为第一个同时获得AAS奖和Fleuroselect奖的三倍体孔雀草品种（1974），其发芽率为73%，高于同类品种。而万寿菊F_1品种的发芽率可达94%左右，孔雀草常规品种的发芽率在85%以上。

市场上同类品种很少，相关研究也较少，何燕红等（2007）研究发现，远缘杂交结实率不高，部分组合甚至没有结实，但是5个万寿菊和孔雀草自交系K5杂交，结实率都比较高，有的结实率甚至达到42.3%；Zhang等（2019，2022）的研究中，杂交亲和指数在10.44~121.67，结实率在13.0%~49.0%，发芽率在48%~92%，普遍较低；万寿菊母本和单瓣孔雀草杂交后代的花型变为重瓣，提高了观赏性（Zhang et al., 2022）。

因此，为获得观赏性状优良、有推广价值的三倍体孔雀草品种，需合理选配亲本，配制大量杂交组合，筛选结实率高和发芽率高的组合，才有可能实现三倍体孔雀草的规模化杂交制种与品种应用。

图17-5　三倍体孔雀草'橙韵'（张华丽摄）

17.5.3 四倍体育种

理论上，多倍体植株具有巨大性。色素万寿菊主要采摘鲜花出售以获得经济效益；培育多倍体万寿菊，有可能获得鲜花数量和产量增加的新种质，进而培育成无性系新品种，对于色素万寿菊产业发展具有重要意义。

He等（2016）利用秋水仙碱处理万寿菊雄性不育系（M525AB）并获得四倍体万寿菊材料，其多倍体幼苗的产生频率从88.89%（施用0.05%w/v秋水仙碱3～6h）到最高100.00%（施用0.1%浓度处理3～6 h，或浓度0.2%处理3h）。另一项研究表明，以0.15%浓度的秋水仙碱处理露白的万寿菊'内蒙1号'的种子24h，幼苗变异率较佳，可达56%（符勇耀 等，2020）。

四倍体万寿菊植株茎粗，栅栏组织厚度，栅栏组织与海绵组织的比例和单朵花重量显著高于二倍体植株；总叶量、叶宽、叶长、叶长宽比、叶片气孔密度和单株花朵数量显著低于二倍体植株；单株花总重量比二倍体显著增加（符勇耀 等，2020）。四倍体万寿菊表现出矮化，生长更健壮，叶片更绿、更厚，花序更大，小花增多，种子也增大。叶背面气孔显著增大，与二倍体植株相比，四倍体插条的存活率（即38%）大大降低，四倍体植株的育性也降低（He et al.，2016）。

秋水仙碱诱导的雄性不育万寿菊系四倍体植株与自然四倍体完全可育的孔雀草之间的种间杂交产生了杂交后代。这些杂种中的大多数表现出矮小、紧凑、花朵较大，这是草本花卉的典型理想表型（He et al.，2016）。

17.5.4 分子育种

万寿菊最主要的育种方法仍然是杂交优势育种，利用万寿菊雄性不育两用系和自交系配制杂种一代，需要丰富的亲本种质资源，程序复杂且耗时长。而基因工程可定向改良万寿菊性状，弥补传统方法的不足，极大地缩短育种周期（王亚琴 等，2020；陈利文 等，2021）；而且，筛选与不育性状紧密联系的分子标记，则可以对不育系中一半的不育株进行早期选择，对万寿菊雄性不育系的选育和制种过程中雄性不育株的早期鉴定，均具有重要意义。

在万寿菊品系M525A中，雄性不育性状由隐性基因 *Tems* 控制，通过对38个ISSR引物和170个SRAP引物组合的调查，鉴定出一个与目标性状紧密相关的SRAP标记，并成功转化为距离 *Tems* 基因座2.4cM的SCAR标记SCS48（He et al.，2009）。

牟丹（2016）利用RAPD、ISSR、SRAP 3种分子标记筛选与万寿菊雄性不育基因相关的分子标记，筛选出3条在可育和不育之间扩增出差异条带的ISSR引物，从17对SCAR引物中筛选出1对引物（F13R13）在可育和不育之间扩增出差异条带，在不育株中的准确率达到了95.8%。马秀花等（2019）筛选到1个与万寿菊育性相关的SRAP标记S580，通过该标记可在苗期快速鉴别可育和不育植株。

Hou 等（2016）通过构建抑制消减杂交 cDNA 文库筛选得到 *AMS*、*PK5*、*ACOS5* 等15个育性相关基因，其中5个基因经实时定量PCR证实为 *CDKB2*；1个参与细胞分裂，*AMS* 参与花药壁绒毡层的发育，*LAP3* 在花粉外壁形成中起作用，*ACOS5* 和 *CYP703A2* 参与孢粉素生物合成过程。而对更多育性相关基因进行功能验证，有助于我们更加深入地了解万寿菊雄性不育的分子机制。

关于万寿菊基因工程的研究，首要的是建立一个高效稳定的遗传转化体系。

Gupta等（2015）利用根癌农杆菌（*Agrobacterium tumefaciens*）建立了一种有效的万寿菊直接再生和转化方案。王亚琴等（2020）从40个万寿菊基因型中筛选出最佳再生基因型为"里程碑"黄色，最佳再生培养基为MS+0.2mg/L TDZ+0.5mg/L IBA+8g/L琼脂+40g/L蔗糖，再生率达70%，玻璃化率降低至16%；最适再生的小叶部位为全小叶；最适伸长培养基为MS+8g/L琼脂+30g/L蔗糖，不定芽伸长率达91.3%。该研究建立了高效稳定的万寿菊再生体系，为万寿菊的遗传改良和基因功能研究奠定基础。

初步获得了万寿菊子叶的最佳诱导激素浓度组合，诱导率约为62.5%，并且认为在万寿菊子叶遗传转化过程中，200mg/L头孢霉素、利福平可作为农杆菌LBA4404的抑菌浓度，头孢霉素或利福平在200mg/L可作为万寿菊遗传转化的临界耐受浓度（陈利文 等，2021）。

17.6 新品种保护与杂种一代种子生产

17.6.1 新品种保护

万寿菊属被列入《中华人民共和国农业植物品种保护名录（第九批）》，NY/T 3432—2019《植物品种特异性、一致性和稳定性测试指南 万寿菊属》于2019年9月1日实施，包括36个性状，其中始花期为选测性状。

截至2022年，已授权的万寿菊属品种有11个，其中华中农业大学1个品种'华云1号'，赤峰宏瑞园艺有限责任公司10个品种。

17.6.2 播种

母本每年一般播种1次，赤峰当地于4月上旬播种。每亩地需母本种子20g左右（1亩≈666.7m^2）。

父本每年一般播种3次，一期父本比母本提前一周播种，二期父本与母本同期播种，三期父本比母本晚两周播种。每亩地需父本种子35g左右。其中一期父本占15%，约5.3g；二期父本占50%，约17.5g；三期父本占35%，约12.2g。

17.6.3 定植

由于母本需要拔除50%的可育株，因此一般等到能够完全分辨出不育株和可育株时再定植。定植时间一般在5月上中旬。拔除母本中的可育株后，父母本比例约为1∶4，也可以1∶（5~8）。

一般每亩地中，渠道占33.3m^2，作业道占158.4m^2，绿色面积占475m^2。绿色面积中父本占316m^2，母本占159m^2。父本行距25cm，株距25cm；母本行距45cm，株距40cm。定植深度3~4cm。

万寿菊品种间极易天然杂交，最小隔离距离应为400m。

17.6.4 除杂去劣

定植前需除掉两用系母本中的可育株，为了及早定植，可在花蕾期识别不育株和可育株。不育株花蕾顶端尖，而可育株花蕾顶端平。

父、母本都要严格去杂去劣，分苗期、定植期和花期三期进行（图17-6）。具备下列条件之一的即是杂株：①株型特殊的，尤其是植株较高的；②花色特殊的，花型特殊的；③叶色和叶型特殊的。杂株需在开花授粉前除净。花期鉴定时，制种田一级种子的杂株率不得超过1%，二级种子的杂株率不得超过2%（父、母本分别计算）。

图17-6　万寿菊制种田（张华丽摄）

17.6.5　采粉与授粉

利用改良的吸尘器吸粉。花粉采集一般在上午进行，花粉最好随采随用，这样可以使花粉保持足够的新鲜度，提高授粉率。为了预防连阴雨而无法采集到足够的花粉，也经常在冰箱中贮备一些花粉备用，但需要每天或者两天之内用完。

当母本柱头呈"γ"状时即可授粉，采用人工制作的小毛刷授粉。用小毛刷在柱头上轻涂，一般每朵花授粉3~5次。授粉后花蕾膨大，母本花顶端凸起，柱头接受花粉后先端膨大。未授粉的花蕾保持原样，柱头先端弯曲老化。

17.6.6　土壤水分管理

整个种子生产期间土壤湿度应保持在田间含水量的70%~80%，保证土壤湿润，且又不积水，以免干旱胁迫造成种子质量下降。

17.6.7　施肥

一般每亩施腐熟农家肥10~15kg，磷酸二胺15kg，尿素5kg，磷酸二氢钾5kg作为基肥。现蕾期进行第一次追肥，每亩追施尿素8kg，磷酸二胺2.5kg，打孔施肥，同时用0.2%的磷酸二氢钾进行叶面施肥。盛花期至结实期结合生长状况还要进行一两次追肥，一般每亩每次施尿素15kg，磷酸二胺8kg；同时用0.2%的磷酸二氢钾进行叶面施肥，每亩用药液150kg。

17.6.8　棚内温湿度管理

棚内大气湿度应保持在40%~65%，温度应保持在20~35℃。温度低于20℃时，花粉粒黏性增加而不易散出，温度超过35℃花粉活力下降很快。阴雨天湿度高时花药也不易开裂。

棚内每天上午要及时通风换气，调节棚内湿度和温度，促进花粉的散发和授粉。通过及时通风换气还可破坏病虫适宜的生存环境，预防病虫害产生。

17.6.9　病虫害防治

万寿菊苗期病害主要有猝倒病和立枯病两种，主要虫害有蓟马、蝼蛄、蚜虫；后期主要病害有晚疫病、灰霉病、根腐病、叶斑病等，主要虫害有蚜虫、红蜘蛛、斜纹夜蛾等。坚持"预防为主，综合防治"的原则，首先从防病入手，播前对种子进行杀菌处理，进行土壤消毒；中期搞好棚内空气和土壤温湿度的调控，消除发病条件。

17.6.10　种子采收和晾晒

万寿菊授粉后种子一般20d成熟，成熟的标准为柱头和总苞都变褐色。种子应随熟随采，采后用剪刀剪掉多余的冠毛，只留下1mm左右长度即可。种子在阴凉通风处阴干，禁止暴晒。

（张华丽）

思考题

1. 我国万寿菊属都是引进的。对于这种没有野生种质资源的园林植物，如何开展种质创新？
2. 请根据万寿菊生产需求，选择3个主要育种目标，并根据这些性状的遗传规律选配有效的育种方法。
3. 万寿菊的雄性不育系有什么遗传特点？如何保持和利用？
4. 多倍体的万寿菊或孔雀草有什么优势？
5. 比较万寿菊和三色堇在利用杂种优势生产F_1种子的原理和技术的异同点。
6. 万寿菊的观赏和色素两个方面的价值，能否在育种上统一或协调（一举两得）起来？

推荐阅读书目

孔雀草的研究与开发.2018.窦德强，王丽娜，蔡德成.辽宁科学技术出版社.
万寿菊种子生产技术规程（LY/T 1709—2007）.2007.国家林业局.中国标准出版社.

第18章 菊花育种

[**本章提要**] 菊花是我国的十大传统名花、花中"四君子"和三大切花之一，具有切花、盆花、花坛（境）、药用、饮食等多方面的价值。本章从育种简史、遗传资源、育种目标、杂交育种、突变育种、生物技术、育种进展与未来趋势7个方面，详细介绍了菊花育种的理论和技术。

菊花（*Chrysanthemum* × *morifolium*）（*Dendranthema grandiflora*）属于我国十大传统名花，具有极其深厚的文化底蕴，深受国人喜爱；菊花被誉为花中"四君子"，"一从陶令评章后，千古高风说到今"。菊花也是全球产值仅次于月季的切花，切花菊的国际市场预计到2028年将达到490亿元。无论是切花菊的商品化生产、盆栽大菊的展销，还是地栽小菊或地被菊的绿化应用，菊花在花卉生产和园林绿化中均占有非常重要的地位。国际园艺生产者协会（AIPH）2022年的统计数据显示，2020年我国切花菊种植面积已经达到8586hm^2；虽然少于印度2021/2020年的23952hm^2、2019/2020的2.5万hm^2、2018/2019的2.2万hm^{2}的种植面积，但比2019年日本的4490hm^{2}和墨西哥2021年的2777hm^{2}多。菊花还具有良好的保健功能，在药用、茶用、食用方面也具有非常重要的作用。我国在菊花的品种资源、栽培技艺、科学研究、园林绿化及经济利用等方面居世界先进水平。

18.1 育种简史

18.1.1 中国栽培菊花起源与演化

菊花原产中国，提起菊花，人们就会想到屈原的名句"夕餐秋菊之落英"和《礼记》"季秋之月，菊有黄华"。其实，这里的"菊"或"秋菊"指的是野菊，是菊花的重要祖先之一。

中国的菊花大抵始自晋代著名的田园诗人陶渊明（355—417年）。他在江西故里以艺菊自娱，曾"秋菊盈园"，并有赏菊名句"三径就荒，松菊犹存""采菊东篱下，悠然见南山""秋菊有佳色，裛露掇其英"等。既是"盈园""犹存"，可见应当是栽培之菊，且种植较多。

陶渊明在其诗集中有'九华菊'一品种名，据明代王象晋《群芳谱》考证，认为此菊具瓣两层，白瓣黄心，花头有大至二寸四分者（约合8cm）。当时，距今1600年前，在中华大地上似乎已首次出现了真正的菊花。但也有人认为"九华菊"即毛华菊，其证据是在宋代史铸的《百菊集谱》中考证其为1种拥有4名：九华菊（两层者）、一笑菊（单层者）、枇杷菊、栗叶菊。该谱所记特征与毛华菊极其相似，而且现在在安徽潜山和河南邓州等地仍分布有大量毛华菊，潜山距离陶渊明当年所在彭城（九江）等地也非常近，九江一带也有毛华菊分布。九华菊可能是因九月开花而故称九华；今毛华菊可能是因其叶面，尤其叶背密被柔毛而故称毛华。由此可见，当年九华菊很可能即今之毛华菊。目前仍未发现菊花野生种，由此进一步推断菊花可能是在我国古代的栽培过程中产生的。

唐代（618—907年）艺菊渐盛，变异益多，各色菊花品种陆续出现，诗人吟诵亦渐多。著名诗人还曾为白菊、紫菊等专写诗篇，白居易（772—846）的《赋白菊》："满园菊花郁金黄，中有孤丛色如霜。"不仅说明白菊是当时黄色以外的珍稀品种，从另一个侧面也反映野菊可能是菊花的最主要亲本。

宋代（960—1279年），艺菊之风大盛，出现了不少菊花专书和菊谱。最早周师厚《洛阳花木记》记载了菊花26个品种。刘蒙《菊谱》（1104年）记载品种35个，包括黄、白、紫、墨等色。除形色之外，还记载其产地，并论述了菊花在栽培条件下的多方变异，这是我国也是世界上第一部菊花专著。

南宋，艺菊中心转至江南的苏、杭一带。南宋都城临安（今杭州）是当时的艺菊中心，如菊花会、菊花山、大立菊及菊塔等，都是当时在临安开始出现的。而且相继出现了许多艺菊专著，如史正志《菊谱》记载了菊花品种28个。范成大的《范村菊谱》（1186年）记载了36个品种，其中已有重瓣细管状花形和夏菊品种；并且记载了当地花师傅善于对菊花进行整形、修剪，可做到一株上开数十朵菊花，足见当时技艺之高。沈竞的《菊名篇》（1212年）中有菊花90个品种。史铸的《百菊集谱》（1242年）列举了菊花品种160多个，系汇集各家专谱，加上本人新谱及有关故事、诗文等而成，搜罗广博、蔚为壮观，堪称集当时菊谱之大成。

现今广东省中山市小榄镇年年举办的菊花会，即创办于南宋末年，至今已有700多年的历史，是我国延续最久、规模较大、影响很广的菊花展览会。可见到了南宋晚期，艺菊、赏菊之风甚盛，已成为群众性爱好之一。这种盛况，至元代（1271—1368年）而未衰。

明代（1308—1644年）菊花品种更多，艺菊水平又有提高，且有更多的菊谱问世。如黄省曾在《艺菊书》中记载了菊花品种220个，且列专目论述菊花栽培的基本技艺，即贮土、留种、分秧、登盆、理辑、护养。高濂的《遵生八笺》（1591年）记录菊185个，并总结出种菊八法。王象晋的《群芳谱》（1621年）记录菊278个品种，分黄、红、粉、白、异品等类。乐休园《菊谱》记载有26个品种。

清代（1644—1911年）艺菊之风更盛，菊谱及艺菊专著更多，说明新品种不断增加、栽培技术陆续提高。在这段时期，还出现较为频繁的菊花品种交流。如陈淏子《花镜》（1688年）记载了153个品种，基本具备了现有的多数花型，且春夏秋冬花期者皆有，还有不少浓香品种。汪灏的《广群芳谱》是一部花卉百科全书，在菊花部分记载了192个品种，蔚为壮观。清代计楠的《菊说》（1803年）记有233个品种，其中有'金背大红''麻姑献瑞''绿牡丹'等。这一时期（乾隆年间）虽然已经开始有洋菊出现，但邹一桂在《洋菊谱》（1756年）中指出，很多洋菊品种并不一定是真正的洋菊品种，冒以洋名，实出中国。

到新中国成立前夕，南京金陵大学园艺系保存了良菊630个品种。1953年上海的菊花只存150多种，但后来艺菊事业迅速得到恢复，上海、北京和南京等地收集和整理菊花品种。其中南京农业大学对中国菊花品种资源进行了调查研究，1982年整理出3000多个品种。菊花是我国传统名花，栽培十分普遍，菊花的销售量也占据很重要的位置，盆菊和切花菊并肩发展，栽培品种上除保留传统品种以外，我国自己培育新品种和引种相结合，大大加速了我国菊花栽培应用的发展。目前，我国在北京北海公园、天津水上公园、江苏南通唐闸公园以及南京农业大学、北京林业大学、国家植物园、北京市农林科学院生物技术中心等地都保存有相当数量的菊花品种。

18.1.2　菊花向日、欧、美传播

菊花在（唐代）日本奈良时代晚期（710—794年）传到日本，但栽培非常有限；尽管在平安时代（794—1192年）和镰仓时代（1185—1333年）宫廷每年秋天都赏菊作画赋诗会，但菊花栽培依然有限，主要是贵族栽培；到了江户时代（1603—1868年），菊花在日本才开始普遍栽培，并通过实生改良选育出了莲座状内曲型Atsumono（incurve）、托桂型Chouji（anemone）、匙瓣型Higo（spoon）、悬崖型Kengai（cascade）、蜘蛛型（细钩管型）Kudamono（spider）、半重瓣型Mino（semi double）以及Ichimonji、Ise、Saga等类型品种，而且出现了菊花玩偶（菊人形），形成了一批具有特色的品种，如东京的江户菊、歧阜的美浓菊、东北的大捆菊、三重的伊势菊、京都的嵯峨菊、熊本的肥厚菊等，统称为和菊。

东方的菊花第一次踏上欧洲的土地，是在1688年（清代康熙年间），一位荷兰商人白里尼（Jucob Breynlus）由日本将2种花型、多种花色的菊花品种带回荷兰。1789年法国商人布朗查（M. Blancharb）又从中国将白、堇、紫3个花色的菊花品种带回法国，但只有开紫色、中大、复瓣花的一个品种'Old Purple'带到时还安然无恙。该品种翌年即在法国广为栽种并于1795年传至英国。英国人比法国人更喜爱菊花，因此在1798—1808年又引种了8个新品种，1816—1823年间又有另外17个品种从中国引入，到1826年时英国从东方引入品种已达87个。1825年皇家园艺学会（RHS）在Chiswick公园展出了700盆菊花，1826年RHS已经拥有48个

菊花品种。园艺师Donald Munro开始进行初步分类，他采用了简单描述的形式：白色缨络类型（Tasselled White）、淡紫色管状类型（Quilled Lilac）、金黄色类型（Golden Yellow）、红色卷曲类型（Curled Blush）等。最早引入欧洲的中国菊花品种为中菊内曲类型而且花型比较松散，甚至不如现在英国菊花学会分类的中间类型，花瓣多扭曲、较细，而且不整齐；尽管如此，由于瓶插寿命长，菊花很快就成了流行的切花。Isaac Wheeler可能是英国最早的菊花育种家，曾在1832年的RHS大会上因展出新优菊花品种而获得银奖。1838年英国的育种家John Salter因为巴黎气候更适宜菊花杂交而迁住巴黎附近，他收集了所有英国和法国当时最好的品种，从1843年开始选育了很多菊花优良品种，也因而赢得"菊花之父"的美誉。

1843年Robert Fortune从我国浙江舟山引入两个满天星菊（小菊类）'Pompon'和'Chusan Daisy'，这是目前矮球型菊花的原始亲本，但这两个品种与'Old Purple'的情况相反，这些品种没有受到英国人足够的重视，反而在法国非常流行并广泛用于杂交育种，法国的育种家Simon Delaux和Auguste Nonin在19世纪末期培育出了许多杂交良种。Robert Fortune第二次到东方，于1860年从日本引种了7个大菊品种，交给了Bagshot的Standish先生，1872年RHS展示了这7个品种。不过，英国人当初并不喜欢大菊品种，而偏爱小菊，尤其是中国的内曲型品种。直到1890年法国的Ernest Calvat等改良了中大菊，并于1892年在英国国家菊花学会展会上亮相后，英国种植者才开始喜爱上中大菊花。

20世纪50年代中期以前，大多欧洲切花菊都是通过抹芽形成一茎一花，1955年菊花周年栽培技术从美国引到英国后，一种新型的切花菊"多头菊"问世，该类型菊花是20年代在美国育成，通过光照处理加摘心而无须抹芽即可实现周年生产，而且每枝有花可达20朵。目前95%的切花菊为多头菊品种。

菊花于1798年传到美国。最早Prince苗圃出售了26个品种，1835年Hovey的美国《园林》杂志和登录手册记载了50个品种。美国菊花学会和英国的国家菊花学会一样，也为菊花的育种和普及作出了很大的贡献。美国最早的菊花育种家是宾夕法尼亚费城的Robert Kilvington，他在1841年宾夕法尼亚园艺学会年会上展出了'William Penn'，1846年该学会举办菊花展并大力宣传菊花是最有前景的花卉。稍后的温室菊花育种爱好者和私人育种家主要有新泽西麦迪逊的Charles Totty、宾夕法尼亚费城Dreer郡的Eugene H. Mitchel以及密执安Adrian郡的Elmer Smith等，E. Smith通过30年的育种努力，于1928年推出了445个品种。截至20世纪30年代，美国已经选育出了3000个菊花品种。

另外，光周期的发现也随着育出品种的增多大大推动了菊花的周年生产，美国劳芮（Laurie）首先应用长日照和短日照处理使菊花在温室里开花。1946年俄亥俄州Astabula郡的种植者Jim Mikkelsen已经能够每周产花，结合育苗，一栋温室每年能够从5批菊花。1962年周年栽培技术传到荷兰。在日本通过异地不同海拔、不同日期定植和摘心处理进行周年生产。美国西北部虽然周年生产菊花最早，但成本高，20世纪70年代就转移到了加利福尼亚和佛罗里达，紧接着又转移到哥斯达黎加和哥伦比亚，只剩下空运太重的盆栽矮菊还在美国本土生产。不言而喻，到赤道附近不需要遮光就能满足菊花短日照开花的要求。然而，为避免高温对开花的延迟，高海拔地区如安第斯山脉和马来群岛的喀麦隆高地，尽管运费高，依然成为首选之地。日本在20世纪70年代引进易于周年生产的美国、英国和荷兰培育的多头菊品种，成为世界菊花周年生产的重要地区。

18.2 遗传资源

18.2.1 系统分类与野生资源

日本Fukai按Harlan and de Wet的观点曾将菊花的遗传资源划分为3类：第一类为易与菊花杂交的种和品种，它包括20 000多个菊花品种和菊属中与菊花杂交亲和性好的种；第二类为与菊花杂交具有一定亲和性的近缘种，部分广义菊属中的植物属于此类；第三类为与菊花杂交不能亲和的一些相关的种，包括多数广义菊属中的种和菊科其他植物，如大籽蒿。

根据春黄菊族的系统进化关系，可以初步了解菊花第二类遗传资源的大致范围，广义菊属植物原来包括200个种，最早林奈曾把广义菊属划分为木春菊属、茼蒿属、滨菊属、菊蒿属和菊属5个主要属；后来划分为38个狭义属，主要有木春菊属、茼蒿属、滨菊属、菊蒿属、女蒿属、亚菊属、小滨菊属、线叶菊属、菊属等。菊花开始划分在春黄菊族菊亚族，后来又变更到春黄菊族蒿亚族。春黄菊族有12个亚族，111个属，1741个种。蒿亚族（Artemisiinae）约有18个属634个种，主要有 *Brachanthemum*（短舌菊属）、*Chrysanthemum*（*Dendranthema*，菊属）、*Arcanthemum*（地被菊属）、*Ajania*（亚菊属）、*Filifolium*（线叶菊属）、*Artemisia*（蒿属）等（Bremer & Humphries，1993）。

广义菊属不包括蒿亚族中的蒿属植物，但包括其他多个亚族的植物。我国目前广义菊属植物主要有木茼蒿属（*Argyranthemum*）、茼蒿属、小滨菊属、滨菊属、三肋果属、母菊属、匹菊属、菊蒿属、复芒菊属、扁芒菊属、画笔菊属、小甘菊属、女蒿属、线叶菊属、百花蒿属、紊蒿属、喀什菊属、芙蓉菊属，以及短舌菊属、北极菊属和亚菊属等。

根据杂交试验，可以了解第二类遗传资源的种类，日本Kondo等对广义菊属的33个种进行杂交研究，发现133个组合可以成功，其中包括亲缘关系很远的、我国岭南分布的芙蓉菊，我国东北沼泽有分布的小滨菊，以及菊蒿属的两个种，其中后两个属分别属于其他亚族。说明广义菊属也是菊属重要的遗传资源。

目前的研究初步表明绝大多数菊属植物与菊花杂交亲和，它们是菊花最重要的遗传资源。全球菊属植物约43种（表18-1）（Oberprieler et al.，2007），除紫花野菊向西延伸到东欧外，主要分布于东亚，我国原产约24种，俄罗斯约10种，日本约11种，朝鲜、韩国和蒙古有几种。近期日本东北大学的Ohashi和Yonekura（2004）鉴于菊属和亚菊属杂交种的增多，建议将亚菊属（*Ajania*）、菊属（*Dendranthema*）、*Arctanthemum*和*Phaeostigma*合并成为菊属并接受新命名法规，使用"*Chrysanthemum*"，这一研究从侧面反映了易于杂交利用的菊花遗传资源的增多。如果通过选择适当的亲本将亚菊属种和北极菊属种也都与菊属杂交成功（栎叶亚菊属*Phaeostigma*在《中国植物志》中并未从*Ajania*分出），那么菊花的第一类遗传资源就会大大增多。苏联北极菊属植物有4种：*Arctanthemum*组的*C. arcticum*、*C. kurilense*、*C. hultenii*，以及*Haplophylla*组的*C. integrifolium*。日本至少又多6种：亚菊组的*C. rupestre*、*C. pallasianum*、*C. pacificum*、*C. shiwogiku*与*C. pacificum*和*C. shiwogiku*的杂交种*C. kinokuniense*，以及被《日本植物志》列为菊属菊组但被其他文献列为北极菊属的*C. arcticum*。另外，还有很多杂交种。中国是亚菊属植物的分布中心，约有29种，包括矶菊（$2n=9x=81$）、柳叶亚菊、栎叶亚菊等。以上可以看出中国无论是原有的狭义菊属，还是新近划分的狭义菊属，都是世界上菊花遗传资源最为丰富的国家。对这些遗传资源，尤其是特有遗传资源的保护和利用，可能会成为保持我国园林小菊先进性，并改变切花菊品种落后现状，甚至是提高我国先进的盆栽大菊抗性的重要途径。

表 18-1　菊属植物主要种类一览表

序号	学名	中文名	分布
1	C. aphrodite*		日本
2	C. argyrophyllum	银背菊	中国
3	C. arisanense	阿里山菊	中国
4	C. chalchingolicum		蒙古
5	C. chanetii	小红菊	中国、俄罗斯、朝鲜、韩国
6	C. coreanum		朝鲜、韩国、俄罗斯
7	C. crassum*	大岛野菊	日本
8	C. dichrum	异色菊	中国
9	C. foliaceum	裂苞菊	中国
10	C. glabriusculum	拟亚菊	中国
11	C. ×moriforlium	菊花	许多国家广泛栽培
12	C. hypargyrum	黄花小山菊	中国
13	C. indicum	野菊	中国、朝鲜、韩国、日本、印度、俄罗斯
14	C. japonense	日本野菊	日本
15	C. japonicum		日本
16	C. lavandulifoium	甘菊	中国、朝鲜、日本、韩国
17	C. littorale*		俄罗斯远东、日本
18	C. longibracteatum	线苞菊	中国
19	C. horaimontana	蓬莱菊	中国
20	C. maximowiczii	细叶菊	中国、俄罗斯远东、朝鲜
21	C. miyatojimense		日本
22	C. mongolicum	蒙菊	中国、西伯利亚东部
23	C. morii*	台湾菊	中国
24	C. nankingense	菊花脑	中国
25	C. naktongense	楔叶菊	中国、俄罗斯远东、朝鲜
26	C. okiense*		日本
27	C. oreastrum	小山菊	中国、俄罗斯远东、朝鲜
28	C. ornatum		日本
29	C. potentiloides	委陵菊	中国
30	C. rhombifolium	菱叶菊	中国
31	C. sinchangense*		朝鲜

(续)

序号	学名	中文名	分布
32	C. sinuatum		亚洲中部、蒙古、俄罗斯
33	C. vestitum	毛华菊	中国
34	C. weyrichii*		俄罗斯远东、朝鲜
35	C. xeromorphum*		俄罗斯
36	C. yezoense		日本
37	C. yoshinaganthum		日本
38	C. zawadskii	紫花野菊	广布东欧、蒙古、中国、日本
39	C. yantaiense	铺地菊	山东烟台、青岛等沿海地区
40	C. bizarre	天门山菊	湖南张家界
41	C. zhuozishanense	桌子山菊	内蒙古乌海

注：*表示该种的系统位置不能肯定

除此之外，还有很多优良的野生菊花遗传资源，特别是中国西部的资源如短舌菊属等可以利用。基于近期分子系统学的最新成果，Oberprieler 等（2007）认为 Ajania、Ajaniopsis、Arctanthemum、Brachanthemum、Elachanthemum、Hulteniella、Phaeostigma 以及 Tridactylina 都是菊属的近缘属。

美国农业部农业研究服务中心在俄亥俄州立大学的观赏植物种质中心曾设有菊花遗传资源收集和保存研究组，收集过大量的菊花品种，同时还收集有部分近缘种和品种如 C. arcticum、C. arcticum 'Roseum'、C. arcticum 'Schwefelglanz'、C. indicum、C. zawadskii subsp. latilobum、C. zawadskii subsp. latilobum. 'Pink Procession'、Ajania pacifica 等。日本广岛大学不仅收集保存了很多日本野生种和近缘种，而且收集和保存了我国广义菊属的很多野生资源。荷兰瓦赫宁根大学收集和保存有部分野生种。南京农业大学和东北林业大学也都分别保存中、日部分野生资源。北京林业大学收集并保存了中国、日本、韩国、俄罗斯的部分野生遗传资源。主要有蒿亚族女蒿属的贺兰山女蒿、灰叶女蒿，小滨菊属的小滨菊，栎叶亚菊属的紫花亚菊、柳叶亚菊、宽叶亚菊等，短舌菊属的星毛短舌菊、蒙古短舌菊、戈壁短舌菊，亚菊属的亚菊、铺散亚菊、单头亚菊、蓍状亚菊、灌木亚菊、新疆亚菊，紊蒿属的紊蒿，百花蒿属的百花蒿，太行菊属的太行菊和长裂太行菊，芙蓉菊属的芙蓉菊以及菊属的黄花小山菊、小山菊、细叶菊、紫花野菊、楔叶菊、小红菊、蒙菊、银背菊、异色菊、拟亚菊、甘菊、委陵菊、野菊、菊花脑、神农香菊、菱叶菊、毛华菊等野生种；日本原产的矶菊（现发现我国台湾也有分布）和 C. occidentali-japonense、C. occidentali-japonense var. ashizuriense、C. ornatum 和 C. weyrichii；韩国原产的 C. coreanum 和紫花野菊、小红菊、野菊等；俄罗斯原产的 C. arctica（北极菊）、C. coreanum、C. maximoviczii（细叶菊）、C. sinuatum、Pyrethrum tianschanicum 以及欧洲的 Leucanthemopsis alpinum、Tridactylina argenteum canum、C. hosmariense 等。以及天山篙亚族的扁芒菊属的西藏扁芒菊、羽叶扁芒菊等，甘菊属的小甘菊、黄头小甘菊、灌木小甘菊、灰叶匹菊属的灰叶匹菊和其他亚族的匹菊属的除虫菊、川西小黄菊。

18.2.2 品种资源

(1) 原有品种资源

菊花栽培历史悠久,品种资源丰富。秦代以前只有黄色菊花。汉代有黄菊、白菊、筋菊。南北朝有黄菊、白菊、墨菊、紫菊。宋代刘蒙的菊花专著记载了35个品种,花色有黄、白、墨、紫、杂色(桃色、胭脂色)。史铸(1242年)记载了160多个品种。元代杨维桢(1279—1368年)记载了136个品种。明代王象晋(1621年)《群芳谱》记载了278个品种,其中黄菊92个、白菊73个、红菊35个、粉菊22个、其他22个,并有五月菊、五九菊、七月菊和寒菊记载。清代陈淏子(1688年)《花镜》记载了153个品种,主要有黄菊54个、白菊32个、红菊41个、紫菊27个。计楠《菊记》(1803年)记载了233个品种,其中黄菊54个、白菊32个、红菊31个、紫菊27个。

现代菊花品种虽然没有系统记载,但从各地历年菊展展出的品种可见一斑。如1958年杭州菊展展出品种900个,1963年上海菊展展出品种1200个,北京北海公园菊展曾展出品种1387个。南京农业大学李鸿渐教授对全国菊花品种资源进行了全面调查,共收集到6000多号,经系统整理后提出我国现有菊花品种3000多个,并在其编著的《中国菊花》(1993年)中发表2302个品种的图谱。这是目前为止对我国菊花品种最全面的记载。记载难免有遗漏,各地培育的新品种不断涌现,我国目前菊花品种数肯定会大大超过此数,这些构成了我国传统名花宝库中的千朵奇葩。

我国原有菊花品种资源主要有以下两个特点:①从应用类型上看,原有品种以盆栽大菊品种最多,绿化美化的地栽菊品种较少,切花菊品种更少。②从花期分布来看,以10~11月开花的秋菊为多,其他季节开花的春菊、夏菊、寒菊很少。每年国庆菊展都是从秋菊中选出一些早花类型,采用人工短日照处理促成栽培的。不仅费工、费事,观赏效果也不理想。

(2) 引进品种资源

乾隆年间邹一桂(1756年)在《洋菊谱》中记载的36个洋菊品种,是我国引进国外菊花品种的开始。王静在《明清以来北京菊花发展的研究》一文中引用邹一桂原文"近得洋菊,花事一变。锯叶圆瓣,为圆为扁,烁如星悬,簇如针钻,如轮如盖,如钵如盘,超挖如匙,排插如簪,如笠斯纤,如环无端,心管五出,色态多般。或曰蒿本,人力所接,谓以洋名,实出中国。余既绘图,赋以长篇,乃为兹谱,以备考焉"。另外,根据《洋菊谱》所记36个品种中,有14个与12年前秋明主人《菊谱》的菊名相同。根据这两条线索,当时所谓洋菊,实际上很可能是中国南方的品种。关于中国最早引进国外菊花品种的史实尚需进一步考证。

①盆栽大菊引种 近几十年来,我国引进了不少盆栽大菊,主要引自日本。最早引种的可能在广州,随后各地均有引种。较集中的如著名"菊花之乡"开封与日本户田市1997年结为友好城市后,户田市以菊花为礼品赠予开封市。目前已整理出日本菊花品种50个,花型有大球型、舞球型、勾环型、卷散型及丝发型等。其中最多的是"国华"系列(23个品种)、"兼六"系列(4个)、"泉乡"系列(6个)。日本和菊以其花大、秀丽为特点,大大丰富了我国盆栽大菊的品种,已成为我国盆菊的新热点。

②小菊引种 20世纪80年代初,北京市园林科学研究所引进美国小菊,花期较一般秋菊

为早，适合露地栽培。80年代中期，北京与日本东京结为友好城市后，北京市农林科学研究院引进日本矮小菊。同时又从加拿大引进小菊品种10余个。北京林业大学从波兰引进'朝鲜粉'。此外，也从美国引进少量小菊。这些引进小菊被直接应用于园林美化，同时也作为育种亲本，育成了许多小菊品种系列。我国加入世界贸易组织之后，大量的小菊品种引入，早先的是一些德国布蓝坎普（Brandkamp）育出的"Brand"系列品种，因其分枝密集、株型圆球状，故又称德国球菊，如'皇家黄''丁香紫'等。2006年起北京市花木有限公司对欧洲的花园小菊进行了大量引种。

③切花菊的引种　切花菊的引种，除了引自日本外，还有荷兰。20世纪80年代中期，日本赠送中国几十个品种，包括一枝独朵的标准菊和多枝多花的散射菊。虽已被各地先后引种，但当时并未公布品种名称。目前几乎世界上各类主栽的畅销品种基本都能在我国切花菊生产基地找得到。

18.3　育种目标

早在1939年Laurie-Poesch就提出菊花育种目标包括花色、花径、花型、重瓣性，叶片质地，花期，植物习性等；同年稍后Cumming增加了抗寒、抗热、抗虫、耐霜性等抗性以及花香、花期长、矮生或茎秆粗壮等特性。花色不褪变也是育种的一个重要目标，纯白或乳白无瑕（不带紫晕）也是目前育种的一个重要方向。

Anderson和Ascher（2001年）提出了选育日中性热不敏感菊花品种的育种模式。不同的育种目标，也决定了不同的育种模式。新奇且适应性强的切花品种一直是人们育种追求的目标，轻简栽培的盆花菊、抗逆性强的绿化用菊，高产优质适应性强便于栽培的茶用菊，甚至保健药用活性成分高的品种都是菊花育种者追求的育种目标。具体到某一类品种，如花园菊品种，虽然已经相当丰富，但也存在多个性状瓶颈，这些痛点通常源于菊花这一作物本身。开花受光周期、温度和水肥条件等综合控制，缺少真正的"日中性+高/低温不敏感型"的商业品种，花后期很难避免褪色现象，花期持续性不够，难以形成真正的多年生宿根等。

18.3.1　花期

美国自1920年发现光周期现象后，1930年实现了菊花周年生产，推动了菊花生产的飞速发展，1940年建立了现在仍在采用的菊花周年生产技术体系。欧美栽培的菊花多为短日照植物，在一定临界日长以下的短日照条件下才开花，即在日长13.5h以上进行营养生长，12h以下转入生殖生长。园林用菊通常需要6~8周的短日照时数，温室盆栽一般为6.5~11周，切花为8~15周。

美国在20世纪初开始花期育种，最初希望培育出北方早霜前开花的品种。1938年，Mulford发现了3个日中性的菊花类型，经过几十年的育种努力，育种了一批日中性的菊花品种（Anderson & Ascher，2001）。当满足光照强度时，真正日中性的菊花应该在正常的温度（夜温10~12℃）和各种光周期组合下都能正常开花，明尼苏达大学选育的'Dr. Longley'和'Mn. Sel'n. 83-267-3'在8~24h的日长下均能正常开花。

在花芽诱导和花芽发育期间夜温高于22℃，菊花通常延迟开花或开花不正常，如品种'Delano''Yellow Mandalay''Sunny Mandalay'等。日本选育出的'Jeongwoon'和'Mezame'以及其他一些品种和品系既是日中性植物，同时还对高温延迟花期不敏感。也有研究发现对高温延迟花期不敏感的品种会对低温（夜温低于10℃）延迟花期表现敏感。

有些菊花品种（多数是短日照处理10周开花）在控制的光、温条件下，一个品种即可实现周年生产。日本的切花菊最初引自美国，20世纪30年代后半期在温室中进行周年生产。随后利用本国菊花资源育成了"夏菊""八月"菊、"九月"菊和"寒菊"类型。菊花不同品种的花期主要受光周期和温度的控制（表18-2）。

表18-2 各类菊花开花特性

类型	自然花期	短日照至开花周数	日长要求		温度要求		用途
			花芽分化	花芽发育	花芽分化	花芽发育	
秋菊	10~11月	10~13周	短日照，临界日长上限12~14h，早花品种的更长	短日照，临界日长比花芽分化短	多数品种要求15℃以上夜温，低于15℃分化延迟，不同品种临界低温在7.6~16.5℃，临界温度低的开花早	稍低于花芽分化的温度	适于电照延迟开花，遮光提早开花
寒菊	12月，晚花品种在暖地2月开花	13~15周	短日照，临界日长比秋菊短	短日照	15℃以上；但过高则抑制分化，形成柳芽	低于秋菊	适于电照延迟开花（1~2月）
夏菊	5~7月		日长中性（量性短日）	日长中性	临界温度较低，多数要求10℃左右，个别品种可到5℃，临界温度低的开花早，高的开花迟，可到7~8月开花	高于花芽分化	临界温度低的可在保护地作春菊栽培，3~4月开花；临界温度高的可在高冷地区栽培，7~8月开花
八月菊	8月		日长中性，临界日长较长	日长中性			
九月菊	9月		日长中性	短日照			

不同花期是日长与温度变化的组合产物；日长与温度是量变的，菊花的花期也是量变的。因此，我们可利用日长与温度的不同组合，培育出不同花期的品种。育种实践也证明，杂交后代花期的变化是数量性状。大部分杂种后代的花期分布在双亲之间，并常出现超早或超晚的超亲变异。花期育种完全有可能实现自然花期的周年生产。对亲本光温特性的深入研究，是选配亲本的依据。如要选育8月开花品种，则应用临界日长长的秋菊与临界温度高的夏菊杂交，则成功的可能性更大。

中国农业大学从64个杂交组合的研究结果得知，无论母本花期早晚，后代花期多在父、母本花期之间；同时也出现了超亲早花与超亲晚花（表18-3）。利用切花性状良好的秋菊品种为母本，用花色艳丽的早花品种为父本，获得了所期望的早花、艳丽的后代。可见，利用夏菊、秋菊等花期相异的品种杂交，可得到各种花期的后代，至今已育成了8~11月开花的早秋菊和秋菊，以及4~5月在无加温温室开花的品种共30多个。

表 18-3　不同花期杂交后代的花期分布　　　　　　　　　　　　　　　　　　　　　%

母　本	父　本	8月中	9月上	9月中	9月下	10月上	10月中	10月下	11月后	株数
No.14（11月上）	夏白 （8月上）		11.7	14.3	53.6	10.7	10.7			28
No.19（11月上）			1.8	4.4	22.8	27.6	3.6	14.9	20.2	114
No.71（11月中）				16.7	66.7	0	16.7			
No.155（12月上）		10	0	30.0	23.3	16.7	6.7	10.6	3.3	30

南京农业大学试验得知，夏菊的杂交后代仍为夏菊型。夏菊秋菊的后代中，7/24为夏菊，9/24为国庆菊，8/24为早秋菊。秋菊的后代大多为秋菊，有少量国庆菊，没有夏菊。

菊花在长期的进化中，衍变出多种开花生态型，在北半球情况如下：①秋季开花的短日照依赖型-秋菊；②夏季至秋季开花的光周期欠敏感型——夏秋菊；③夏季开花的低温依赖型-夏菊。近年来随着分子生物学的发展，人们发现菊花同样存在光周期路径、春化路径、赤霉素路径、年龄路径和自主路径等与模式作物类似的5个经典花期调控路径。这些花期调控途径彼此独立而又相互联系，共同调控菊花在合适的时间开花（苏江硕 等，2022）。日本学者曾在神农香菊中克隆得到3个*FT*同源基因*CsFTL1*、*CsFTL2*、*CsFTL3*。短日照诱导条件下，*CsFTL3*在叶片中被诱导，并通过激活开花整合子基因或者花器官决定基因，引发茎尖分生组织中的一系列开花活动（Oda et al.，2012）。在菊花中过表达*CsFTL3*，即使在长日照条件下也可以诱导开花。近年又发现，在非诱导日长条件下，菊花中可诱导产生一种开花抑制因子*AFT*，可以保持茎尖分生组织的分生特性。*AFT*过表达菊花开花时间延迟，*AFT*可以和*FDL1*结合共同调控*FTL3*，在菊花中沉默*AFT*，可以在非诱导日长条件下开花（Higuchi et al.，2013）。

近年来中国农业大学高俊平和洪波教授团队在菊花开花机制的研究中取得了一系列进展，揭示在光周期途径中，光响应因子*CmBBX24*在长日照条件对菊花开花的抑制机制（Yang et al.，2014）；发现年龄发育途径中核因子（Nuclear Factor-Y）家族成员*NF-YB8*不受日照长短的影响，作为miRNA156上游调节因子通过调节*SPLs*进而调控菊花的成熟和开花（Wei et al.，2017）；提出夏季开花的菊花是受低温诱导，在长日照条件下完成成花转化的分子模式。鉴定到一个具有MADS-box结构域的*FLC*同源基因*CmMAF2*，该基因在低温下的表达被一个CCCH型锌指蛋白CmC3H1直接激活，并与GAs生物合成基因的启动子CmGA20ox1结合，在低温期间抑制GAs的合成，在温度转暖之后促进GAs的合成，通过调节活性GA1和GA4的含量，最终激活花分生相关基因*CmLFY*的表达，启动成花转变。

南京农业大学也发现开花整合因子CmFTL2可以通过光周期和蔗糖共同作用促进菊花成花（Sun et al.，2017）；*CmERF110*和拟南芥自主途径同源基因CmFLK蛋白互作模块通过生物钟共同参与秋菊花期调控（Huang et al.，2022b）；CmBBX8可以直接结合开花整合因子CmFTL1启动子的TSS近端CORE元件，激活其表达促进夏菊'优香'成花（Wang et al.，2020）。

18.3.2 花色

菊花花色极为多样，除了蓝色外其他色系均有，而且各色系中浓淡分布亦甚广泛。从花色的演化中可以看到最早出现的是黄菊，以后出现白菊，再后出现紫菊、墨菊、红菊。菊花的花色在有性杂交后代中分离很复杂（表18-4）。有的后代花色介于双亲之间，仅在浓度深浅上体现过渡色彩；有的后代出现大量双亲以外的色系。菊花花色遗传的规律可归纳如下：

①传统大花型秋菊以浅色品种居多，作父本与白色夏菊杂交，后代花色多为浅色，花色与亲本相似或介于亲本之间。

②双亲如有深色中型菊，则后代常出现超出亲本的色系，而且花色有深浅变化。

③双亲如有深色小菊，尤其是红色小菊时，则后代中出现超亲色系的机会更多。

表 18-4　菊花杂交后代花色分离株数及百分率

株系	母本×父本	白色			粉红		紫色			黄色			红色		
		白	乳白	粉白	浅	深	雪青	浅紫	深紫	浅黄	黄	橙黄	朱红	红	紫红
91009	'兼云香菊'（雪青）×'夏白一号'（白）	3 50%			1 32%	1	1 18%								
91010	'西厢待月'（浅粉）×'夏白一号'（白）		26 93%		2 7%										
91011	'大玉'（浅黄）×'夏白一号'（白）		74 65%		5 4%						33 29%	2 2%			
87007	'日本雪青'（雪青）×'台红'（红）						6 37%	3 19%	4 25%						3 19%
87086	'初凤'（浅粉）×'台红'（红）	3 8%			20 53%					1 3%	8 21%	1 3%		5 13%	
87085	'初凤'（浅粉）×'红单'（红）	2 5%			2 5%					2 5%	10 28%	15 42%		5 14%	
87091	'巨星'（白）×'红单'（红）				17 46%		13 35%						3 8%	4 11%	
87051	'泉乡诚心'（白）×'红单'（红）	3 11%			4 15%	3 11%	8 31%						4 15%	2 8%	
87050	'红单'（红）×'小桃红'（粉红）	3 4%	1 1%		6	17 25%					9 13%	18 26%			

花色形成主要由色素种类和含量决定，同时也受辅助色素效应、液泡pH以及光温等环境因子的影响。菊花不含甜菜红素等生物碱类色素，只含类胡萝卜素和类黄酮类化合物，目前色素生物合成的途径及其主要调控基因基本已经研究清楚。在菊花中也已经发现CmMYB6-CmbHLH2是调控花青素苷代谢的MBW蛋白复合体（Liu et al., 2015）；R3-MYB 转录抑制因子CmMYB7与 CmMYB6竞争结合CmbHLH2，破坏CmMYB6-CmbHLH2 复合体抑制花青素苷的积累（Xiang et al., 2019）。最近，Zhou 等（2022）研究发现*CmbHLH16*的转录可被高比

例红光和远红光诱导，其与CmTPL竞争性结合CmMYB4，从而破坏CmMYB4-CmTPL转录抑制复合体，促进*CmbHLH2*的表达和花青苷生物合成。Tang 等（2022）揭示了CmMYB6 的表观遗传甲基化修饰是决定菊花花色变异的重要原因。Zhou 等（2022）在菊花中发现了一个持续受高温诱导的非典型SG7亚家族的 CmMYB012，其可以直接抑制黄酮合酶基因*CmFNS*及花青素苷结构基因*CmCHS*、*CmDFR*、*CmANS*的表达，从而导致黄酮和花青素苷合成减少，引起高温下菊花植株萎蔫和花色变浅。Wang 等（2022）通过花色芽变材料的转录组学研究挖掘出两个 R2R3-MYB 转录因子，其中 CmMYB21 可以直接结合花青苷合成途径中重要基因 *CmDFR*的启动子抑制其转录表达，参与菊花在衰老过程中花色褪色的过程（Wang et al.，2022b）；CmMYB9a则在蕾期向初显色期转变过程中发挥作用（Wang et al.，2022c）。Huang 等（2022a）通过花色芽变突变体揭示了CmGATA4-CCD4a-5分子模块调控菊花由粉色转为黄色的新机制。东北林业大学最近发现*MYB6*启动子的甲基化水平调控花青素合成基因表达（Tang et al.，2022）。

18.3.3 花型、瓣型与花径

菊花花型复杂多样，是园林植物变异中的奇迹。我们希望既有鲜艳多彩的规整的切花菊，如盘型、半球型、小球型，也有非规整、飞舞的切花菊，如托桂型、贯珠型的品种。构成花型的主要因素都有演化进程。花径大小以小花径为原始类型，大花径则是进化类型。盘花以正常的二性筒状花为原始类型，而花冠筒发达的托桂花为进化类型。舌状花中平瓣为原始类型，而匙瓣与管瓣为进化类型。花瓣数量多少以单瓣、复瓣为原始类型，而半重瓣和重瓣则为进化类型。相对原始的性状在后代中往往表现为较强的遗传性，在进行杂交育种时重瓣与单瓣杂交，后代中单瓣、复瓣占优势；要获得重瓣性强的品种，必须选用高度重瓣的品种为亲本。

不同瓣型的亲本杂交，后代中较多的是演化程度低的瓣型占优势，在同一朵花内也可出现外轮花瓣为管瓣，中轮为匙瓣，内轮为平瓣。托桂型品种与非托桂型品种杂交后代中出现托桂型的概率并不少见，后代中托桂瓣本身有长短差异，瓣端形态有差异（如星状或龙爪状），其舌状花部分也可出现平瓣、匙瓣或管瓣，舌状花的轮数也有单轮、复轮的差别，从而可以获得较多新花型的机会。

花径大小也有类似表现，小花径与大花径杂交，后代出现各种大小花径，并以中小花径占优势。

菊科植物的花为头状花序，类似于单朵花，但为由多朵花组成的高度压缩结构。高度保守的花分生组织特性基因*LEAFY*的功能多样性在头状花序结构的进化中发挥了重要作用，非洲菊*leafy*基因RNAi抑制后花序结构异常，且舌状花增多；UFO过表达则导致头状花序转变成单朵花；*SEPALLATA*和*CYC*基因的复制以及随后的亚功能化和新功能化也已被证明与花序分生组织发育密切相关，花发育E类基因*SEP1/2/4*家族*GRCD2/7*极端缺失情况下甚至导致心皮或子房转变成新的花序；非洲菊中*CYC2*、*CYC3*、*CYC4*任一基因的过表达均可导致筒状花向舌状花的转变；但也有研究发现在瓜叶菊和菊花中过表达*CYC*基因并未改变筒状花的发育，也许在菊科植物不同类群中该基因功能会有所不同，也可能存在其他调控因子。中国园艺学会和中国花卉盆景协会将菊花分为5个瓣类，即平瓣、匙瓣、管瓣、桂瓣和畸瓣，但关于菊花花瓣发育的机理还不清楚。边界形成对成熟器官的功能至关重要，因为它允许其以正确的模式和不同活动相分离。这些边界由复杂的网络调控，包括转录因子、生长素以及油菜素内酯（BR）等。

近日，南京农业大学发现 *CmBES1* 超表达转基因菊花两个背侧花瓣原基不退化，与腹侧3个花瓣原基同时伸长，形成了融合程度增加的舌状花，同时增加了舌状花相对数量；结合 *CmBES1* 转基因株系的转录组数据分析，发现 *CUC2*、*CYC4* 等的表达受到抑制。同时还发现一个TIFY家族蛋白CmJAZ1-like通过与bHLH转录因子CmBPE2互作，抑制其对扩张蛋白基因 *CmEXPA7* 的促进作用，从而形成一个拮抗系统来调控菊花花瓣的大小。

基于甘菊头状花序发育的6个重要时期转录组有参分析发现，MADS-box、TCP、NAC和LOB基因家族可能参与管状花和舌状花的分化。值得注意的是，*NAM* 和 *LOB30* 高表达于舌管兼备型的头状花序中，而在全舌型和全管型的头状花序中表达量相对较低，这表明其可能是参与两类小花分化的关键基因。结合关键基因在全舌型、全管型以及舌管兼备型的头状花序中的表达模式和蛋白互作模式，初步推测并构建了不同类型头状花序发育可能的调控机制。在全管型头状花序中，CUC2与LFY和AG共同调控管状花原基的起始。而CUC2和CUC3的互作及协同表达则会促进全舌型头状花序中舌状花原基的起始。在舌管兼备型的头状花序中，NAM和LOB30的表达则参与调控了舌状花和管状花原基的分化。LOB30可以与LFY、TFL1、CUC2、CUC3和NAM互作，表明其在基因调控网络中的核心位置。总之，NAM和LOB不仅可以与花序分生组织相关基因如LFY等互作，也可以与两类小花身份决定基因如 *CYC2-LIKE* 等基因互作，这表明NAM和LOB30在头状花序上舌状花和管状花原基分化调控中的关键角色。

18.3.4 株型

菊花株型有高矮之别，高的可达1~2m，矮的只有20cm；有直立型、丛生型和匍匐型；分枝有高位性分枝与低位性分枝，分枝能力有强、有弱，这些性状的差异都会影响菊花的株型。不同应用目标要求各自适宜的株型。盆栽大菊要求植株高度适中，分枝点较低，枝干坚实。而切花菊对株高、叶型、叶片大小、叶片角度、叶柄长短及总花梗长度等要求严格；植株粗壮、高大，叶片中等大小，叶裂较浅，叶色浓绿，叶质肥厚，斜上生长，不下垂，叶柄与总花梗较短，是切花菊的理想株型。其中独头菊宜少分枝，而多头菊则分枝点宜较高。利用盆栽大菊作切花菊杂交亲本时，应注意至少一方应具有良好的切花株型。飞舞型、丝发型品种的花梗过长、叶柄长、叶片反卷下垂、节间长等均非切花的优良性状。造型用菊则要求植株高大，分枝性强，分枝较柔韧以利绑扎造形，开花整齐一致。花坛菊与地被菊则宜株型矮小，分枝低、均匀，开花整齐一致，花期长。

而对盆栽菊花或园林用菊来说，大致有5种栽培株型：独本菊、直立型、垫状类型、大立菊、波浪型（悬崖菊）。

20世纪40年代，英国萨顿种子公司（Sutton Seed Co.）以菊花和野菊杂交，育成了长势旺盛，适合作岩石植物或悬崖盆景的悬崖小菊。

美国早期栽培的绝大部分菊花为直立类型品种，直到1940年前后，美国的Weller Nurseries Company报道了一个分枝密集、花朵繁多的垫状品种'Pink Cushion'才改变这一局面。1955年，明尼苏达大学理查德·威德默博士（Dr. Richard Widmer）开始使用这个品种和其他原生菊进行种间杂交，直到1977年育出了一个全新的园林绿化和盆花兼用型品种——'Minngopher'。这类创新的株型一扫此前菊花只能在茎秆顶端开花的"直立"形态，几年间就成了世界范围内占重要地位的菊花类型。后来，明尼苏达大学Neil O. Anderson教授在此基础上进一步持续改良。

20世纪90年代中期，通过与C. weyrichii种间杂交，大灌木型垫状菊花品种问世，主要有两大系列品种（Maxi-Mum™, My Favorite™）。这类品种翌年可以达到最大冠幅，通常高1m，冠径1~2m，而且非常耐寒。

波浪型（又称匍匐型）与人为的悬崖型类似，因此也有人称为悬崖型，这类品种主要特点为顶芽和侧枝都水平生长，仅在花期直立生长；水平分枝并不生根。美国育出的品种主要是利用了匍匐型的C. weyrichii，通常冠幅中部还能露地越冬，但通常需要春化作用；我国匍匐型的地被菊品种最初主要来源于毛华菊的匍匐类型等，后期南京农业大学"雨花"系列匍匐型的地被菊多来自杂交育种，而北京林业大学匍匐型地被菊则主要来自野菊在海滨的一个葫芦岛野菊的生态型和烟台海滨等地分布的铺地菊。

目前切花菊主要有疏蕾菊（单头菊disbuds）、多头菊[Sprays & Santini（minisprays）]等类型。多头菊主要来源于20世纪20年代，美国为了便于周年栽培，利用日本部分菊花品种培育而成的品种；小花型多头菊则主要来源于20世纪90年代荷兰利用引自日本的矶菊培育而成的抗逆性更强的切花品种（Spaargaren, 2015）。

菊花株型主要由株高、分枝数、分枝角度、叶夹角等因素共同决定。在生产上，多头菊往往需要摘心，而单头菊则需要去除侧枝侧蕾达到株型要求。培育此理想株型的菊花一直是育种家的重要目标，植物地上株型由顶端、腋生、居间、次生和花序分生组织的布局与活动以及茎、叶、枝条和花序的后续发育所决定（Wang et al., 2020）。

在芽形成和生长期间，分枝可能被控制。通过研究侧枝或分蘖数改变的突变体促进了对其控制机制以及鉴定对育种可能有用的基因。其中一些突变体不能产生活性侧生分生组织或芽。在所鉴定的基因中最重要的是，番茄（*LATERAL SUPPRESSOR*）、其拟南芥同源基因*LAS*编码一种GRAS家族核蛋白。在营养生长阶段，番茄*lateral suppressor*突变体不能产生侧生分生组织，但在向生殖期过渡时，侧生分生组织出现在叶腋，可能诱导侧枝和花序。然而，与野生型植株相比，产生的花较少，且花器官具有缺陷。拟南芥*las*突变体在营养发育阶段不能形成侧枝，但在生殖阶段可形成侧芽。在营养生长阶段，AM在距离SAM一定位置处起始，需要*LAS*参与；在生殖阶段，AM在接近SAM处起始，则不需要*LAS*参与。

休眠或受抑制的腋芽的生长可以由若干因子诱导，包括光质（远红）、营养物质（如硝酸盐）和茎尖的损伤。经典的实验是对植物进行摘顶。侧芽生长成为次生枝条，表明茎尖抑制芽的生长，这种现象称为顶端优势。将生长素施用于摘顶的茎部抑制侧枝的生长，因此，研究人员推测生长素为顶端优势现象的主要信号物质。

近来，已对一些植物的芽生长进行了遗传研究。研究人员筛选了高度分枝的突变体，并对其功能进行了研究，包括拟南芥*more axillary growth*突变体、水稻*high tillering dwarf*突变体、豌豆*ramosus*突变体以及矮牵牛*decreased apical dominance*突变体。部分基因参与独脚金内酯的合成或感知，表明独脚金内酯可抑制芽的生长以调控枝条分枝。

天然生长素吲哚-3-乙酸（IAA）可促进独脚金内酯的合成，是抑制芽生长的一种潜在调控机制。相比之下，CK从根部运输到地上部，从而促进芽生长，BRC1、SL与ABA以及有限的养分抑制了侧芽的生长。

AM的发育命运控制着花序分枝。在发育转变过程中，营养型SAM首先转变为IM，其后产生AM，AM可转变为花枝或分化成花。在拟南芥中，WUS-CLV反馈调控回路定义了IM。*CLV1*、*CLV2*或*CLV3*的突变导致茎细胞过度增殖，导致IM和FM增大以及花与花器官数量的增加。一些花决定基因进一步决定花序形态，包括决定IM特征的*LEAFY*（*LFY*）、*APETALA1*（*AP1*）和*CAULIFLOWER*，以及调控花器官形态的*AP3*和*PISTILLATA*。

国际水稻研究所（International Rice Research Institute，IRRI）提出了一种"新株型"或"理想株型"，其特点为几乎不存在无效分蘖、每穗籽粒多以及茎较粗。这些复杂的农艺性状由多个QTL调控，包括*IPA1/WFP*、*Gn1a*、*Ghd7*、*DENSE AND ERECT PANICLE1*、*STRONG CULM2*和*SPIKELET NUMBER*。在这些基因中，IPA1/WFP对水稻株型具有深远影响，并大大影响水稻籽粒产量。

*IPA1*基因编码OsSPL14，一种SQUAMOSA启动子结合的蛋白结构域转录因子，受OsmiR156和OsmiR529的调控。IPA1以剂量依赖的方式对分蘖数与穗分枝具有相反作用。因此，微调IPA1的表达可产生最佳的高产作物株型。

研究发现，不同的miRNA和泛素化修饰在转录后和蛋白质水平上调控IPA1功能具有组织特异性。在茎尖中，IPA1转录本主要由OsmiR156靶向，而在幼穗中则主要由OsmiR529靶向。此外，环指E3连接酶IPA1 INTERACTING PROTEIN1通过K63连接的多聚泛素化作用来稳定茎尖的IPA1，但它通过K48连接的多聚泛素化作用促进了穗IPA1的降解。

地被菊匍匐特性是人们关注的一个重要性状。独脚金内酯（SL）、细胞分裂素（CK）、生长素（Auxin）等植物生长调节剂（Liang et al.，2010；Chen et al.，2013；Dierck et al.，2018）、光照（Yuan et al.，2018）、温度（邢晓娟，2019）、营养物质（刘伟鑫，2019）等因素均影响菊花植株形态建成。SL 合成基因*DgCCD7/8*参与缺磷对菊花腋芽伸长抑制过程（Xi et al.，2015）。果糖运输蛋白基因*CmSWEET17*可能通过调控生长素的运输来促进菊花侧芽的生长（刘伟鑫，2019）。Zhao 等（2022）发现*CmHLB*过表达转基因菊花植株变矮、茎秆增粗，推测CmHLB可能通过与CmKNAT7互作拮抗调控木质素的生物合成影响茎秆性状（苏江硕 等，2022）。

18.3.5 抗逆性

随着植物抗逆分子机制研究的进展，近年菊花非生物胁迫和生物胁迫抗性的分子机制研究也取得了较大进展。

菊花热激转录因子基因*CmHSFA4*可通过维持 Na^+/K^+ 和ROS稳态从而增强植株耐盐性（Li et al.，2018）。

温度诱导载脂蛋白DgTIL1的赖氨酸巴豆酰化修饰，通过抑制DgnsLTP泛素化降解，提高菊花的耐低温能力（Huang et al.，2021）。

菊花核因子CmNF-YB8通过调控丝/苏氨酸蛋白激酶基因*CmCIPK6*和角质生物合成调控因子*CmSHN3*的表达改变叶片表皮的气孔状态和角质层厚度，进而影响抗旱性（Wang et al., 2022a）。Xu等（2020）发现BBX19-ABF3分子模块通过ABA依赖途径参与菊花抗旱性的调控。

WRKY蛋白在植物抗病、抗虫方面起着重要作用。CmWRKY15 通过抑制 ABA 合成与信号路径相关基因的表达，从而正调控菊花黑斑病抗性（Fan et al., 2015）。CmWRKY48 可能通过JA 信号转导路径调控菊花抗蚜性（Li et al., 2015）。挥发物顺式-4-侧柏醇对菊小长管蚜具有显著驱避作用（zhong et al., 2022）。Cm4CL2是响应蚜虫取食差异表达的木质素合成路径中关键限速酶CmMYB15-like与*Cm4CL2*启动子直接结合调控木质素合成进而提高菊花抗蚜性的功能（Li et al., 2023）。

北方温带地区菊花的抗寒育种非常重要，早期的菊花品种均不抗寒；以至于在北纬40°地区菊花成了一年生花卉；20世纪初开始菊花抗寒育种；1932年Cheyenne园艺试验站的A. C. Hildreth博士从2000个品种中筛选出了20个能够露地越冬的类型，这些品种成了明尼苏达大学和内布拉斯加North Platte试验站等单位进行抗寒菊花育种的亲本，如培育出了'Red Chief'等很多品种，但杂交后发现抗寒性往往在第一代不能表现，因此，1955年Viehmeyer和Uhlinger发现似乎具有较深匍匐茎的品种更加抗寒。美国农业部1937年培育出12个抗寒菊花品种，1939年明尼苏达大学随着'Duluth'的推出又有很多抗寒品种不断问世；1949—1950年，Longley曾利用紫花野菊的品种'Deanna Durbin'来提高菊花的抗寒性和茎秆的强度；*C. coreanum*、*C. arcticum* 'Astrid'、*C. nipponicum*、*C. sibiricum*等也被广泛利用。四五十年代研究还发现菊花匍匐茎在-15~-10℃时会受到伤害；1991年，傅玉兰等研究发现过氧化物同功酶和酯酶同功酶活性与抗寒性及花期有关，寒菊品种中上述酶活性强的抗寒性强，开花较迟；酶活性弱的抗寒性弱，花期较早。1995年Yang也发现游离脯氨酸的含量和电解质的渗出与抗寒性相关。但目前明尼苏达大学常用两种简易方法进行抗寒性试验，一种是根据脚芽、根状茎和根系冠幅的越冬状况来判断其抗寒性；另一种是根据半致死温度，研究发现'Duluth'和'Mn. Sel'n. 98-89-7'的半致死温度是-12℃，中间类型为-10℃，而不抗寒品种的半致死温度是-6℃。

东北林业大学利用我国丰富的菊花野生遗传资源地被菊育成了'东林小'菊，使我国的菊花抗寒育种取得了重大的突破，菊花在我国的各个城市都能栽种。

18.4 杂交育种

18.4.1 自然授粉

多用于中、小型菊花，单瓣或复瓣品种。其心花发达，雌蕊可伸出筒状花管，易于接受外来花粉。有些平瓣花的雌蕊也可伸出花管接受花粉。如地被菊的'金不换''美矮黄''乳荷''紫荷'，分别为'美矮粉'和'铺地荷花'天然授粉后代选育的品种。北京小菊中'蜂窝粉''蜂窝白'分别为'日紫'和'蜂窝黄'的天然实生品种。南京农业大学育成的切花品种'橙红小菊''黄河船夫'分别为'七月红'和'台红2号'的实生品种。这种方法比较简单，尤其在多种类型的植株集中栽培时，花粉来源各异，可以在大量播种苗中优选所需性状的植株。但由于花粉来源无法控制，花粉自由竞争的结果，往往出现系统发育中较原始的性状，如花色单纯、花径变小、花瓣减少等。

18.4.2 人工杂交

菊花的基因型高度杂合，杂交后代性状分离广泛，从有利变异中选出新品种的机会多；如果有目的地选配亲本组合，实现育种目标的可能性更大。事实上，一些重瓣大、中花优良品种主要是采用人工杂交定向培育而成的。还可利用多父本混合授粉，提高结实率，扩大变异谱。另外，杂交种子播种后翌年就可开花，所获得的优良株系可通过无性繁殖扩繁后代，一般都能保持性状稳定。

（1）杂交亲本的选择

人工有性杂交成功的前提是根据育种目标，选择合适亲本。我国有丰富的野生资源和品种资源，亲本选择面宽。既可品种间杂交，也可种间远缘杂交；既可不同花色间杂交，也可不同花期杂交；既可不同花径间杂交，也可不同花型间杂交，创造新品种的前景广阔。

双亲亲和程度往往事先难以预测。戴思兰（1994）报道，染色体倍数相近的比较远的亲和性强。例如，二倍体与二倍体（如菊花脑、甘野菊）之间，四倍体与四倍体（如黄山野菊、尖叶野菊）之间亲和性强；二倍体与四倍体间，或与六倍体间则难以成功。栽培品种之间也存在不亲和现象。例如，中国农业大学在杂交授粉中发现'广东黄'作为母本或父本时与多数品种结实率极低或不结实，而以'初凤'为母本则与多数父本的结实率达20%。

根据育种目标、已掌握的遗传特性、双亲间的亲和性，以及双亲花期是否相遇等确定选择的亲本。盆栽大菊、切花的单头菊和多头菊，地栽的花坛菊或地被菊，其亲本性状显然不同。同是盆栽大菊，是要求改变花型，还是花色抑或花期；同是花坛用菊，改良重点是花型、花色、株型还是抗逆性，都是亲本选择的因素。

（2）杂交授粉技术

菊花的心花（筒状花）为两性花，舌状花为雌性花。杂交授粉时父本花粉来源于筒状花。筒状花与舌状花的雌蕊均可用作母本。重瓣大花品种的筒状花数量较少或缺少，故多以花序外围的舌状花作为母体接受花粉。

同一头状花序上，外轮舌状花首先成熟开放，由外轮推向内轮，此时筒状花亦告成熟，雄蕊先行散粉，是收集花粉的最佳时机。随后1~2d雌蕊亦展羽成熟并分泌黏液，是舌状花接受花粉的最佳时机。

由于多数品种舌状花的花冠筒较长，雌蕊不能伸出花粉管接受花粉，人工授粉时应于舌状花成熟前将花冠剪去大部，保留基部1~1.5cm，注意不可伤及雌蕊柱头，待1~2d后雌蕊成熟并伸出花冠筒展羽时，可将收集的父本花粉用毛笔蘸到雌蕊上。由于同一头状花序上舌状花先后成熟，剪瓣与授粉需多次进行，随小花开放先后依次由外轮到内轮每隔2~3d授粉一次，连续3~4次。每次授粉后套袋，最后一次授粉1周后将袋摘除。一天中授粉最佳时间是晴天10：00~12：00。未授粉柱头可持续展羽2~3d，一旦授粉，约在1d后变色萎缩。授粉后15~20d，当花头老熟时将多余花朵剪除，以减少营养消耗，增加阳光透入，有利于种子发育成熟。此外，还应注意防止花头折倒和沾水霉烂。经40~60d种子成熟后将花头剪下，晾干后采集种子，记载，收藏。

(3) 克服花期不遇的方法

不同菊花品种常在花期上有较大差异，而且高温对杂交授粉与结实有不利影响，因此调节花期使父母本花期相遇是菊花有性杂交时的重要问题。可以通过加光或遮光调节日长，进行促成或延迟栽培以调整花期。也可利用菊花本身的生育特性克服花期不遇，如侧枝比主枝开花晚。还可贮藏花枝或花粉备用。应注意避免在高温环境下进行杂交授粉，高温对杂交授粉与结实有不利影响。

(4) 杂交方法的改进——切枝瓶插授粉

菊花杂交一般在田间或温室进行，但常遇秋雨或早霜而影响结实率。采用切枝室内瓶插水养杂交授粉，同样可以取得很好的结果。选用生长健壮、叶片完整的菊花花枝，均匀分散水养在广口瓶中。如用保鲜液养护，则可延长花期和叶片绿色期。将花枝插在吸有保鲜液的花泥上，茎基部不易腐烂，花枝保鲜的时间更长；花枝位置固定，便于授粉。当母本花瓣即将开放，柱头成熟前，将舌状花瓣剪去一段，使柱头成熟时能伸出花瓣筒。剪瓣可在花头外围开始，分二三次进行。采集父本花粉，用毛笔蘸取涂在柱头上；随着柱头先后成熟，每隔1~2d分批授粉。授粉后约1个月，花枝上的叶片逐渐枯黄，小花仍为绿色；约2个月花茎与花头逐渐枯黄，待全部干枯后即可采集种子（瘦果）。

该法之所以能成功，是因为菊花花枝耐水养；授粉后种子成熟较快。人工授粉的全部过程在室内进行，环境条件稳定，且易于调控，如可通过光照或温度来调节雌蕊成熟的进程。对于亲本花期稍有差异的品种，还可贮藏花枝待用。室内无昆虫，不必套袋。操作从容，不易混乱。唯需注意经常换水（3~5d换水1次）；如用花泥养护则应避免缺水干枯。

Anderson（1988）虽然研究了菊花加代育种技术，甚至一年内可以完成三代菊花的栽培，但目前育种基本不采用。

18.4.3 远缘杂交

菊花在远缘杂交育种方面取得了很好的成绩。菊花种间杂交较易取得成功，目前利用的野生种包括紫花野菊、野菊、菊花脑、毛华菊、甘菊、小红菊等；菊花属间杂交进展良好，1978年，Tanaka等就曾发现春黄菊族（Anthemidinae）多数属间杂交亲和性很高。目前已经获得成功的有亚菊属的矶菊（*Ajania pacifica*）、*A. shiwogiku*（Douzono et al., 1998），以及亲缘关系较远的芙蓉菊（*Crossostephium chinense*）、*Nipponanthemum nipponicum*（*C. nipponicum*）、小滨菊（*Leucanthemella linearis*）、菊蒿（*Tanacetum vulgare*）、短舌匹菊（*T. parthenium*）、*Ismelia carinata*、木茼蒿（*Argyranthemum frutescens*）（Kondo et al., 2003; Anderson, 2006）。广义菊属倍性最高的*Leuchanthemum lacustre*（$2n=22x=198$）种间杂种通常不分离，如*C. japonese*（$2n=6x=54$）和*A. pacifica*（$2n=10x=90$）的杂种是八倍体。*C. makinoi*（$2n=2x=18$）和*C. decaisneanum*（$2n=8x=72$）的杂种也是八倍体，和*C. japonese*（$2n=6x=54$）的杂种是七倍体。已经获得的最高倍性的可育杂种是*C. marginatum*（$2n=10x=90$）和菊花的杂种（$2n=16x=144$）。

南京农业大学通过胚挽救技术成功获得了蒿亚族和菊蒿亚族的杂交种，并获得了三属间杂种；北京林业大学不仅通过胚挽救技术获得了芙蓉蒿属和菊属的属间杂种，而且还基于分子系统学成果通过常规的杂交获得了紊蒿属与太行菊属、菊属与小甘菊属（郑燕，2012）、太行菊属和菊属（胡枭，2008）、亚菊属和太行菊属（吴潇波，2014）、女蒿属和日本雏菊属（红歌，2014）等多数具有育性的远缘杂种，为多个属的共同利用建构一个良好的桥梁（bridges or intermediate vehicles）和基因库，并已获得部分多个属间杂种品种。

通过植物远缘杂交创造新物种、培育新品种，是人类不断追求的目标。瞿礼嘉教授利用"分子钥匙"精准打破植物有性生殖的杂交障碍，拓展不同种属间植物远缘杂交的范围，创制植物新种和新品种，为农作物和园艺植物育种提供全新的种质资源。

2023年1月，山东农业大学段巧红教授团队发现大白菜自交不亲和反应是柱头通过SRK受体识别进而抑制自花花粉生长的，甘蓝、欧洲山芥等远缘花粉也能通过柱头SRK受体，激活下游FERONIA受体激酶信号通路，升高柱头活性氧而抑制远缘花粉生长。而自交亲和植物的柱头缺乏有功能的SRK受体，远缘花粉虽然可以穿过柱头，但表现出"同种花粉优先"现象，这主要是由于种内花粉比远缘花粉更快更有效地降低柱头活性氧对花粉的抑制作用，进而维持了生殖隔离。

然而，对于菊科植物通常合子胚败育才是制约菊花远缘杂交的主要因素，南京农业大学滕年军教授团队发现菊花NF-YB类转录因子CmLEC1、AP2/ERF类转录因子CmERF12参与了胚胎发育调控（Zhang et al.）发现CmLEC1可通过与CCCH锌指蛋白CmC3H相互作用形成复合物，进而结合*CmLEA*启动子的CCAAT基序促进其转录；过表达*CmLEC1*转基因菊花能促进杂交胚胎的正常发育，显著提高远缘杂交结实率；而amiR-CmLEC1干扰下调转基因菊花的远缘杂交结实率则显著降低。同时还挖掘到CmLEC1的靶基因*CmLEA*，并进一步研究发现CmLEC1可通过与CCCH锌指蛋白CmC3H相互作用形成复合物，进而结合*CmLEA*启动子的CCAAT基序促进其转录。除此之外还发现在菊花中下调*CmERF12*的表达，菊花的杂交结实率则显著提高。进一步的研究发现，CmSUF4可以直接结合胚胎发育相关基因*CmEC1*的启动子激活其表达，而CmERF12-CmSUF4的相互作用显著降低了CmSUF4激活其靶基因*CmEC1*的能力，进而间接影响胚胎发育。

18.4.4　杂种苗选育

菊花种子无休眠期，杂交种子通常于2月前后播种。可穴盘或浅盘播种，实生苗初期生长缓慢，苗高4~6cm可上盆或定植于田间或温室，苗间距20~40cm。及时中耕除草并酌情灌溉施肥管理。栽培独朵大菊应及时摘除侧蕾及侧枝。按编号记载显蕾期、花期、花色、花型、瓣型、花径、花瓣数、内中外花瓣长度、株高、分枝性、叶形、叶大小、叶纵横径比、叶姿、叶柄长度、叶质地、叶色、生长势、抗病、抗逆性等性状，并进行初选。花后于秋末或冬季将菊株按编号挖起，剪除地上部茎秆，移入大棚或冷床越冬。随后两年需根据各实生苗开花期确定适宜的扦插繁殖期和种植期，按编号切取母株脚芽扦插繁殖。生根后分别栽于10cm盆中，当根长满盆时定植于田间或温室，按株系编号，根据育种目标进行栽培管理。开花期核实性状并进行复选。入选优株于花后入冬前做越冬保存。第三年再如法繁殖栽培，核实优良性状稳定性，确认决选株系，经认（鉴）定或审定成为新品种。

18.5 突变育种

18.5.1 芽变选种

由于菊花（$2n=54±7~9$）是一个整倍体或非整倍体的复合种，无论是自发突变率还是人工诱变率都很高（33%~56%）。因此有大量的商业品种来自突变育种。早在1918年时，Shamel发现约有400个品种来自突变。1956年时，Wasscher发现633个欧洲菊品种中有1/3来自体细胞突变。事实上，所有的菊花品种都有自发突变的潜能（Boase et al.，1997）。一般突变的结果是形成一个品系的各个花色的品种，这可能与菊花中的逆转录转座子有关，也发现染色体数目可能不同，在命名时通常也显示出其亲本的名称，如'Fred Shoesmith'（$2n=54~58$）的系列突变品种'Apricot Fred Shoesmith'（$2n=54~58$）、'Yellow Fred Shoesmith'（$2n=57~58$）、'Golden Fred Shoesmith'（$2n=56~58$）。

菊花易于发生芽变，芽变发生的部位可以在植株的个别枝上或某一枝段或某个脚芽。新育成的品种由于性状分离，或新引进品种由于环境改变而较易产生芽变现象。1993年天津水上公园定名的50个新品种中，有3个是芽变而来的。其中'金龙现血爪'是'苍龙爪'的芽变，'玉凤还巢'是'风流潇洒'的芽变，'银马红缰'是'天河洗马'的芽变。切花菊栽培中也发现过芽变，如白色品种'巨星'曾产生浅桃色芽变，雪青色的'日青'也产生过乳白色芽变。又如日本切花菊品种'黄秀芳'，即为白色品种'秀芳の力'的芽变。'乙女樱'本为桃色品种，产生了黄、白、红等色的芽变。'白天狗'为白色，有桃色芽变'樱天狗'。'初光の泉'为白色品种，有黄色与桃色芽变。这些芽变的株型、花型大多与原品种相似，只是花色不同，不失原有的观赏价值，是很好的新品种来源。

18.5.2 辐射育种

国外辐射育种始于20世纪60年代，育成菊花新品种十余个。70年代以后改进技术，到80年代育成品种百余个。如荷兰育成了'Miros'（'密洛斯'）切花品种群，苏联育成了'雅尔塔'复色新品种等。虽然辐射育种技术在菊花上应用成功的实例很多，从20世纪八九十年代以来，菊花辐射育种约占整个花卉辐射育种数量的1/2（齐孟文 等，1997），但总的看来辐射育种有利变异少，变异方向难以预测，部分性状遗传不稳定。最常用的辐射种类是X射线和γ射线。

四川省农业科学院原子能应用研究所自20世纪80年代初用^{60}Co的γ射线处理秋菊，得到了花期提前到6月、花朵大、花色与亲本相异的'辐橙早'新品种。随后他们又将辐射诱变与有性杂交相结合，从'辐橙早'天然授粉实生后代中选育新品种，育成了在4月开花、花径22cm的'紫泉'等新品种。辽宁省农业科学院应用菊花花瓣、叶片、花托进行组织培养，然后用^{60}Co辐射处理，育成切花新品种，并总结了菊花辐射诱变与组织培养复合育种技术。1994年，傅玉兰和郑路用^{60}Co对诱变材料进行处理，选育出了8个寒菊新品种，其自然花期为11月下旬到翌年1月上旬，在-5~-2℃下能正常开花，花型多为莲座型或芍药型，重瓣，花色丰富。

菊花为异花授粉植物，品种基因型高度杂合，辐射诱变较为有效。而且辐射材料选择上，无论种子、扦插生根苗、盆栽整株苗或枝条、组培苗、单细胞植株及愈伤组织均可诱导变异而取得成功。1991年，郭安熙指出辐射材料诱变效果从强到弱依次为愈伤组织、植株、脚芽、枝条，辐射有效剂量为0.8~1.6krad（愈伤组织）和2~3krad（植株、脚芽、枝条），照射方式中快照射比慢照射易引起材料的损伤，慢照射对菊花生长的影响与每日照射剂量有关。同年，沈守红等发现总剂量6krad、每日照射600rad的情况下，菊花苗的诱变率可达10.26%~13.5%。另外，李斌麒同年还指出不同品种对辐射诱变的敏感性有所不同，长管瓣型品种较为钝感，而平瓣、匙瓣型品种则较为敏感。1996年，王彭伟等用'上海黄'和'上海白'叶柄为外植体，对切花菊进行了单细胞突变育种，在试管中用γ射线照射，所得植株诱变率5%，包括花型、花色、花期变异，采用组织培养与辐射相结合的方法育成了11个新品种。

菊花的分生组织可以保证辐射诱变的稳定，而叶片不能，因为变异的叶片大多是周缘嵌合体，虽然叶型变异谱广，但随着新抽生的枝叶更替，整个植株逐渐恢复正常。花托作辐照材料好于幼芽和叶片。2000年，Mandal等对辐射处理的茎节进行组织培养获得了404株再生植株，其中纯合体为260株，纯合率为64%；而由辐射处理过的花序形成的再生植株全部为纯合体。辐射产生的各种变异中，花色变异一般大于花型和花瓣变异，就花色而言，粉红色菊花品种最容易变异，且变异谱宽；复色品种次之；纯色品种一般不易变异。在辐射诱变的材料中，使用频率由高到低依次为：扦插生根苗、枝条枝段、愈伤组织、试管苗和盆钵苗。齐孟文和王化国（1997）认为菊花辐射诱变的适宜剂量一般为2.54±1.04krad。1997年，Jerzy和Zalewska对菊花进行辐射突变研究发现，X射线适宜剂量是1.5krad。

微波辐射也是近期菊花诱变育种的有效途径。土耳其等园艺研究者曾通过微波处理获得了良好的新型菊花品种。

日本Ohmiya等2012年曾经获得过'神马'的芽变品种。随后开展重离子束辐射育种获得了淡黄色的芽变；随后再次开展诱变辐射就获得了深黄色的芽变品种，并发现4个*CmCCD4a*基因中仅1个基因可以促进类胡萝卜素的合成使菊花呈现深黄花色（Ohmiya，2018）。近些年荷兰提出的家系品种也多来自突变育种。

18.5.3 化学诱变

1941年Weddle曾将143株菊花幼苗倒置，浸入0.16%的秋水仙碱中，处理6h，得到2株108条染色体的菊花。1986年Datta等用0.0625%的秋水仙碱溶液处理'Shrada Baha'品种的生根插条5h，得到了花色突变株（Boase et al.，1997）。陈发棣等（2002）用秋水仙碱浸种菊花脑种子，获得了四倍体菊花脑和嵌合体。

18.5.4 空间育种

卫星搭载是近年采用的新诱变途径。东北林业大学用自然授粉的小菊种子搭载返回式卫星，在距地面200~300km的空间飞行近15d后返回地面，经搭载的种子发育成的SP_1代再经一两代繁殖的SP_2和SP_3代的植株出现矮化和超矮化变异，并有希望获得适用于在东北寒地露地栽培的绿化新品种。

北京林业大学利用卫星搭载进行地被菊育种，发现绝大多数后代都是植株变高，1g种子处理后仅得到2株低矮的类型，可见空间诱变方向的不确定性。

空间搭载具有一定的效果，但大多是植物变高，器官变大，近期南京农业大学和北京林业大学等单位都开展了菊花的卫星搭载育种，未来能否选育出理想的大品种还有待进一步研究。

18.6 生物技术

18.6.1 组织培养

组织培养是分离嵌合体的有效方法。上海市园林科学研究所曾以花瓣上红、下黄的菊花品种'金背大红'已显色的花瓣为外植体，再生植株开出了不同的花色，但所有植株的花瓣都变小、变少。这表明从上、下表皮愈伤组织中再生植株，使双色的嵌合体品种的花色得以分离。

组织培养再生的植株中存在广泛的变异，通过体细胞无性系变异也可培育出新品种。1978年，Miyazaki等在检查一个2周的愈伤组织时发现32%的细胞与其亲本相同。1989年，Khalid等以'Early Charm'的叶和花瓣为外植体，发现花瓣组织显示了较高的体细胞变异率（30%~60%），并选出了2个有价值的商品品种。1983年，裘文达和李曙轩利用菊花花瓣组织培养，培育出了3个新的类型。1994年，费水章和周维燕利用菊花花蕾培养，得到了具有变异的植株。单细胞对外界环境很敏感，一些外界因素（射线、激光和离子束、冷热处理以及盐胁迫等）很容易使遗传物质发生变异，并且单细胞一旦发生无性系变异之后，细胞团、愈伤组织和植株等各个阶段都会保持这一变异特性，从而保证再生植株的纯合性，在较短时间内获得有利用价值的突变体。此外，变异的细胞（植株）在不同的外界因子胁迫下将形成不同特性的无性系。

利用胚拯救技术可以解决菊属种间杂交不亲和的问题。1977年，Watannabe利用两个二倍体的野生菊 C. boreale 和 C. makinoi 与多倍体栽培菊花杂交，通过胚拯救获得了不同倍性的杂种，其外部形态性状相似于多倍体，同时还得到孤雄生殖的单倍体。王四清（1993）曾用胚拯救技术对菊花和亲缘关系相对很远的春黄菊属、匹菊属等属间进行了杂交育种的研究，并且获得了成功。Kondo等还通过远缘杂交和胚拯救等技术获得了与菊属亲缘关系相对远的一些远缘杂种，其中包括我国的单属种芙蓉菊（*Crossostephium chinense*）、菊蒿属、*Nipponanthemum*属、小滨菊属的一些种（Kondo et al., 2003）。

菊花的原生质体培养和体细胞杂交是育种的重要途径。原生质体分离过程中使用的酶主要有纤维素酶和果胶酶。聚乙烯吡咯烷酮（PVP）是一种非常有效的抗酚氧化物质，能够显著提高分离效果，并且所得的原生质体在培养过程中也好于对照。原生质体纯化方法有离心法、界面法和漂浮法。原生质体培养过程中的渗透压调节剂和糖源一般使用蔗糖、甘露醇或山梨醇。激素对于原生质体的分裂、细胞团的形成、愈伤组织的增殖以及植株再生等都有很大影响，尤其在原生质体培养的初期阶段，生长素和细胞分裂素是必需的，并需要两者的适当配比；同时在不同的发育阶段需要对激素的种类和浓度不断调节。培养基中添加一些有机物有利于菊花原生质体的分裂和培养物的生长。如在菊花原生质体形成细胞团后转入含有5%椰乳的愈伤组织增殖培养基中，有利于细胞团的生长。光照对菊花原生质体培养有一定的影响。一般培养温度25℃，pH=5.6~5.8。1990年，Sauvadet等从叶肉细胞的原生质体培养得到了再生植株。1993年，Lindsay等得到了朝鲜菊系一品种的再生苗（Boase，1997）。1996年，李名扬和陈薇利用花瓣愈伤组织直接酶解获得原生质体的方法实现了菊花植株再生。1997年，Lindsay 和 Leder利用酶解菊花茎尖和幼嫩叶片产生原生质体的方法也实现了植株再生。Furuta等（2004）通过原生质体融合得到了大籽蒿和菊花的体细胞杂种。

18.6.2 分子标记辅助育种（MAS）

菊花 MAS研究目前处于起步阶段。Su等（2019b）基于高通量SNP标记的GWAS 分析发掘出6个耐涝性关联位点，开发了一个与菊花耐涝性共分离的dCAPS功能标记。Chong等（2019）将GWAS分析检测到的关联SNP转化成与花径大小和开花时间相关的 dCAPS标记，并在其他品种群体里进行验证，选择效率分别可达87.2%和82.7%。Yang等（2019）利用集团分离分析法（bulked segregant analysis，BSA）在'南农雪峰'（托桂）×'QX096'（非托桂）F_1群体（$n=80$）中开发了一个可有效区分托桂和非托桂花型菊花的SCAR标记，并在另一144个F_1株系群体中进行验证，选择效率可达87.9%，为菊花托桂花型的早期选择提供了可能。但就目前来说，菊花 MAS 研究进入实际育种应用仍有距离。中国应充分利用现有基因资源和先进技术，开发"育种友好型"分子标记，并提高其在不同育种群体的适用性，促使菊花从传统育种到 MAS 定向精确育种的转变。

18.6.3 转基因育种

自Lemieux（1990）利用农杆菌介导法第一次成功获得第一株转基因菊花以来，到目前为止已在菊花遗传转化方面取得了许多成果。基因工程在菊花育种中的应用重点集中在花色、花香、花型、花期、株型、抗逆性和抗病性等的改良上。

（1）花色、花香

Courtney-Gutterson等（1994）用T-DNA作为载体将苯基苯乙烯酮合成酶基因（*CHS*）以有义和反义方向导入开粉红色花的菊花品种'Moneymaker'中，获得了133株有义植株和83株反义植株，其中各有3株开白花和浅粉色花，其余植株仍开粉红色花。在开白色和浅粉色花的植株中由于cDNA 与mRNA 结合，而使*CHS*表达降低，导致苯基苯乙烯酮前体咖啡酸含量提高。白花植株通过无性繁殖仍能稳定地遗传下去，但后代开白花的植株中有一些花仍为粉红色，这可能是反义*RNA*未能够完全抑制*CHS*基因表达的缘故。高亦珂等（2003）将*CHS*基因导入菊花中，获得了花色改变的转基因菊花植株。任永霞等（2005）利用农杆菌介导将类胡萝卜素合成酶基因*LycB*转化菊花，并进行了抗性愈伤组织的PCR 检测。

随着转基因育种技术的发展，目前已从单价基因转入逐渐过渡到双价或多价基因的聚合转基因育种，在菊花观赏和抗逆性状改良方面取得了许多重要突破。菊花因为缺少*F3'5'H*基因而不能合成飞燕草素故不能呈现蓝色。Huang等（2013）利用RNAi技术沉默菊花*F3'H*基因，并将外源瓜叶菊飞燕草素合成的关键性酶基因*F3'5'H*导入菊花，成功创制了亮红色菊花新种质。Brugliera等（2013）结合RNAi技术沉默菊花*F3'H*基因，通过选择合适启动子，成功将三色堇的飞燕草素合成的关键性酶基因$F3'5'H$导入菊花获得了浅蓝色的菊花。另外，Noda等（2013）还通过启动子加增强子驱动的过表达风铃草的$F3'5'H$产生蓝色/紫罗兰色的菊花。但真正完全意义上蓝色菊花的诞生则是在转风铃草$F3'5'H$的基础上，同时过表达蝶豆的花青素糖基化基因$CtA3'5'GT$（Noda et al., 2017）。Han等（2021）将蓝目菊$OhF3'5'H$和蝶豆花$CtA3'5'GT$双基因植物表达载体导入能将二氢杨梅素DHM催化生成飞燕草素的切花菊品种'南农粉翠'进行表达，使花瓣产生了蓝色花色苷而呈现紫罗兰色，为培育蓝色菊花奠定了重要基础。

在花香的转基因育种方面，似乎有一定效果的还只是瓦赫宁根大学2012年完成的转草莓$NES1$（Yang et al., 2013），使得无香菊花具备了一定的甜香。

（2）花型

在花型转基因育种方面，Aida等（2007）曾通过抑制AG基因的表达试图获得重瓣的菊花，但因菊花特殊的头状花序仅发现个别雌雄蕊发生瓣化。黄笛等发现即使过表达$CYC2c$也仅能少许增加甘菊的舌状花的长度和数量（Huang et al., 2016）；刘华等发现菊花存在$CmCYC2CL-1$和$CmCYC2CL-2$两个关键基因（Liu et al., 2021）；沈初泽等发现菊属植物舌状花向筒状花转变可能源自$CYC2g$基因功能的失调，降低甘菊的$CYC2g$导致舌状花向管状花转变（Shen et al., 2021）；后又发现在菊花中表达一个候选的远轴基因$CmYAB1$引起花瓣弯曲和花序形态的变化（Ding et al., 2019）。北京林业大学戴思兰教授团队开展了大量托桂类型菊花的分子机制研究（Song et al., 2018, 2020），南京农业大学菊花研究团队也成功开发出2个和头状花序以及花期相关的分子标记（Chong et al., 2019），为花型的转基因育种奠定了良好基础。

（3）花期

在菊花花期的分子育种中，邵寒霜等（1999）克隆了调控花分生组织启动的相关基因LFY同源基因cDNA，并转化菊花，转化后代有3株的花期分别提前65、67和70d；2株花期分别推迟78d和90d。Zheng等（2001）将$PHYB1$基因转入菊花，转基因植株LE31和LE32花芽分化分别延迟4d和5d，而开花分别延迟17d和20d，表明$PHYB1$基因主要影响花芽发育而不是影响花芽分化。张启翔等利用根癌农杆菌介导法将控制花发育的$AP1$基因成功转入菊花品种'玉人面'中，Southern blotting检测证明，$AP1$基因已整合到菊花基因组中，主要是单拷贝插入。转基因菊花苗的营养生长特性没有改变，株高、节间、花径、花色、着花数与对照没有显著差异，但其中有两株花期提前约15d（吕晋慧 等，2007）。Shulga等（2011）也发现转$AP1$基因可以将菊花花期提前14d。杨英杰等发现抑制部分依赖赤霉素路径基因$BBX24$可以导致花期提前，但也同时导致抗寒和抗旱性降低（Yang et al., 2014）；过表达$TFL1a$导致神马花期延迟（Haider et al., 2020）。王丽君等发现无论在长日照还是在短日照条件下$BBX8$转录因子的过表达均可以通过激活光周期途径相关基因的表达促进开花（Wang et al., 2020）。朱璐等通过过表达营养生长向生殖生长转变的R2R3类型的MYB转录因子$MYB2$提前开花，抑制则延迟开花（Zhu et al., 2020）。关云霄等将JA信号路径的负调节因子CmJAZ1-like同源转化菊花，发现超表达$CmJAZ1-like\Delta Jas$转基因菊花相比野生型花期推迟12d左右（Guang et al., 2021）。

（4）株型

株型是菊花的一个重要性状，如用于盆栽或地被用途的小菊，往往需要植株矮化、分枝性强并且着花数目多。Dolgov等（1997）将*rolC*基因导入菊花品种'White Snowdon'获得两个转化系，其中一个系丛生、矮化并且叶多分裂。Zheng等（2001）将烟草光敏色素基因（*phytochrome b1*）导入菊花品种'Kitau'中，获得的转基因植物株型明显矮化，而且分枝角度要比野生型大，从而导致茎缩短，多分枝；发现与人工喷施GA_3取得的效果相似。转*GAI*（Arabidopsis GA-insensitive）菊花也获得了类似的效果（Petty et al.，2003）。另外，Petty等（2000）也把光敏色素基因*PhyA*导入菊花，发现菊花的花梗变短，叶绿素增加，衰老延缓。Xie等（2015）也发现沉默*CPD*和*GA20ox*后转基因菊花也会矮化，同时会导致花期延迟。

韩国忠南大学的李永波实验室克隆了菊花的侧芽抑制基因*DgLsL*（Yang等，2005），韩国园艺研究所的韩朴熙等（2007）首次获得了'Shuho-no-chikara'的RNA干扰的转基因植株，发现在侧芽的抑制生长方面具有一定的效果。南京农业大学Jiang等也发现过表达*LsL*侧芽增多，但沉默*LsL*后虽然可以抑制侧芽的生长但并未改变侧芽的数量。随后Huh等人（2013）研究认为仅仅干扰*LsL*还不足以获得无侧枝的菊花，可能还需要温度相关基因的共同调控。目前在拟南芥等植物中知道侧芽的形成还与*MYB2*及*R2R3Myb*基因RAXs调控分支有关（Müller et al.，2006；Cao et al.，2020；Jia et al.，2020）。

目前虽然有不少与分枝相关的生长素代谢、芽休眠、独角金内酯代谢相关基因以及*PhyB*、*BRH1*、*CPC*和*bZIP16*等相关的报道，但对株型的转基因调控及理想株型的分子育种还需要进行更多的研究。

（5）抗逆性

在抗逆性状上，通过转基因手段有效提高了菊花对各种非生物胁迫以及病虫害的耐受性，并发现部分基因可同时调控多种抗性。菊花白色锈病是由堀氏菊柄锈菌引起的一种影响多种菊花生长发育的真菌病害（田秀玲等，1999）。毕蒙蒙（2020）证明了Cm *WRKY15-1*通过SA介导的抗病通路增强对菊花白锈病抗性，*NPR1*是SA介导的SAR过程中的重要调控因子。*CmWRKY15-1*作为正调控转录因子，通过调节SA信号途径相关基因参与对菊花白色锈病的响应（Bi et al.，2021）。

截至目前关于菊花非生物逆境转结构基因和转录因子的研究报道也较多，国内更是开展了大量研究。Chen等（2012）从菊花近缘种异色菊（*C. dichrum*）中克隆了*ICE1*的同源基因*CdICE1*，使其在菊花中超表达，转基因植株对低温、盐和干旱的耐受能力均得到提高。过表达*DREB1A*使得菊花大大提高了耐热性（2009），同时还可提高其抗寒性，抗盐碱能力及耐旱性（Hong et al.，2006）；敲除*CmCPL1*（RNAPII CTD phosphatase-like 1）导致菊花耐热性降低。过表达*MYB2*可以通过调节*GPX1*和降低ROS的积累提高菊花耐寒性（Yang et al.，2022）。过表达bZIP 转录因子*bZIP3*和*bZIP2*，可以通过对POD的调控同样降低ROS的积累提高菊花耐寒性（Bai et al.，2022）。

洪波等（2006）将以35S或rd29A启动子驱动的*AtDREB1A*基因转入地被菊的粉色品种'Fall color'中，大大提高了该品种的抗旱和抗盐性。徐彦杰等发现抑制*BBX19*可以通过ABA

信号通路基因来提高菊花的耐旱性（Xu et al., 2020）。翟立升和朱晓晨等发现菊花磷脂酶Dα基因 *PLDa*（phospholipase Da）组成型表达增强菊花耐旱性（Zhai et al., 2021）。

过表达 *DREBa* 可以提高菊花的耐盐性（Chen et al., 2011）；尽管 *WRKY17* 是菊花和拟南芥耐盐性的负调控因子（Li et al., 2015），过表达 *WRKY4* 和 *WRKY5* 却可以提高菊花幼苗和植株的耐盐性（Liang et al., 2017；Wang et al., 2017）；过表达 *NAC1*（Wang et al., 2017）、*CmHSF4*（Li et al., 2018）、水通道蛋白基因 *PIP1* 和 *PIP2*（Zhang et al., 2019）均可以提高菊花的耐盐性。

（6）抗病性

菊花黑斑病是危害菊花最普遍与最主要的病害之一，由链格孢菌的侵染而引起，尤其是高温高湿的环境条件下，危害尤为严重，脚芽夏插、露地重茬连作以及温室周年生产，病情更容易加重。辛静静和刘晔等（2021）对响应链格孢菌侵染的 *CmMLO17* 进行基因敲除研究发现，*CmMLO17* 转基因沉默菊花相比野生型提高了对链格孢菌的抗性。李菲和张一为等（2023）发掘出了响应蚜虫取食差异表达的木质素合成路径中关键限速酶编码候选基因 *Cm4CL2*，证实了调控木质素合成可以提高菊花抗蚜性的功能；使用 *Cm4CL2* 启动子序列区的关键顺式作用元件，挖掘出其上游转录调控因子 CmMYB15-like，并借助酵母单杂交、EMSA、ChIP-qPCR 及双荧光素酶试验验证 CmMYB15-like 与 Cm4CL2 启动子直接结合；揭示了菊花中 CmMYB15-like-Cm4CL2 分子模块调控菊花响应蚜虫取食从而促进木质素合成的分子机制。

菊花的抗病性非常重要。Dolgov 等（1995）将苏云金芽孢杆菌（Bt）中的 δ-内毒素基因导入再生能力很强的 'Bornholm' 和 'White Harricome' 品种中，获得转化植株，在不喷施化学药剂的情况下，植株表现出对扁虱（web tick）的抗性。Sherman 等（1998）将从大丽花中克隆到的番茄斑萎病毒（tomato spotted wilt virus, TSWV）外壳蛋白基因分别以有义全长片段、有义核心片段和反义全长片段形式导入菊花品种 'Polaris' 中，转入反义全长片段的植株对 TSWV 有明显抗性，没有发病症状，而且植株内没有病毒外壳蛋白的积累；转入有义全长片段和有义核心片段植株也表现对 TSWV 有一定的抗性，发病时间比对照推迟。Takatsu 等（1999）将水稻几丁质酶基因导入菊花品种 'Yamabiko' 中获得了抗灰霉病（Botrytis cinera）的转化植株。蒋细旺等（2005）将 Bt 毒蛋白 *Cry1Ac* 基因和雪莲花外源凝集素基因（*GNA*）导入切花菊品种 '日本黄' 中，得到的转基因植株对棉铃虫（*Heliothis armigera*）和菊姬（小）长管蚜（*Macrosiphoniella sanborni*）分别具有不同程度的抗性。何俊平等（2009）将石蒜凝集素基因 *LLA* 转入到切花菊 '神马' 中，获得了抗蚜新种质。辛静静发现在菊花中干扰 *CmMLO17* 则可同时增强菊花对黑斑病及干旱的抗性（Xin et al., 2021）。*WRKY15* 转基因菊花增加了对黑斑病的敏感性（范青青，2016）；许高娟利用 hrp 基因 *hpaGXOO* 转化菊花可以提高其抗黑斑病能力。于淼（2009）发现过表达梅花多聚半乳糖醛酸酶抑制蛋白基因 *PGIP*（polygalacturonase-inhibiting protein）后可以提高菊花对叶斑病的抗性。

转水稻几丁质酶基因 *chiII*（chitinase gene）提高了菊花品种 'Snow ball' 对叶斑病的抗性。过表达水稻几丁质酶基因 *RCC2* 的表达提高了对灰霉病的抗性转基因菊花中的灰霉病。对

'Shinba'过表达*CaXMT1*、*CaMXMT1*和*CaDXMT1*等N-甲基转移酶基因，转基因菊花可以延迟灰霉病的发生并提高其抗性。Bt的*Sarcophaga peregrina*（msar）和*Cry1Ab*基因增加抗白锈性和对棉铃虫的耐受性。过表达Bt的一个改良δ内毒素基因菊花可以提高其对棉铃虫的抗性。基于代谢组学分析发现绿原酸和阿魏酰奎宁酸等苯丙素类物质是菊花抗蓟马的有效成分。蚜虫是危害菊花的主要害虫，主要吸食韧皮部树液的营养物质，且是各种病毒的载体。Xia等人（2015）通过miRNA表达谱分析发现miR159a、miR160a和miR393a可能与菊花抗蚜虫有关。CmWRKY53转录因子是菊花抗蚜虫的负调控因子。

菊花容易感染TAV，TSWV，CNFV和CVB等许多病毒，过表达和沉默病毒核衣壳基因*N*（viral nucleocapsid）均可提高菊花对TSWV的抗性，且不会出现病症也不会出现病毒积累。外壳蛋白（CP）基因的过表达则可提高菊花对RNA病毒CMV的抗性。菊花转有义和双义CVB外壳蛋白（CP）基因可提高其对菊花B病毒的抗性。利用RNA正义和反义转基因技术可以提高菊花矮化病毒CSVd（Chrysanthemum stunt viroid）和菊花花叶病毒CChMVd（Chrysanthemum chlorotic mottle viroid）的抗性。

尽管目前除蓝色菊花外还未见其他转基因商品菊花的上市，但是我们深信随着菊花转基因育种的发展，将会出现很多的转基因菊花商品品种。

18.6.4 基因编辑育种

基因编辑技术是对目标基因进行稳定、精准修饰的现代育种技术。CRISPR/Cas9（规律成簇的间隔短回文重复/关联核酸内切酶9）系统作为第三代基因编辑技术，具有操作简单、高效、安全、可同时对多个基因进行编辑等优点，在植物育种领域具有广阔的应用前景（Gleim et al.，2020）。日本研究人员率先利用CRISPR/Cas9在过表达外源黄绿色荧光蛋白基因（*YGFP*）菊花植株中实现了对*YGFP*的编辑（Kishi-Kaboshi et al.，2017）；而且建立了菊花的TALEN技术，并敲除了*DMC1*获得了雌雄单性种质（Shinoyama et al.，2020）。

近年来，中国学者积极尝试构建菊花基因编辑体系。李翠等（2018）通过农杆菌介导叶片法，利用CRISPR/Cas9系统编辑了赤霉素合成关键酶GA20氧化酶基因*DgGA20ox*，成功获得了植株矮化、茎节间缩短的沉默*DgGA20ox*菊花突变体。四川农业大学刘庆林团队利用CRISPR/Cas9系统敲除了菊花*DgTCP1*基因，发现菊花*dgtcp1*突变体植株的耐寒性降低，而过表达*DgTCP1*菊花转基因植株的耐寒性提高（Li et al.，2022），为抗低温改良育种提供了重要参考。2023年中国农业大学马超团队发表野菊高效基因编缉技术体系（Liu et al.，2023），为菊花基因编辑奠定了良好基础。然而目前基因编辑技术在六倍体栽培菊花中的应用还不成熟，脱靶现象和基因编辑效率低等问题普遍存在。在后续研究中需要攻克该项技术难题，建立并优化可同时编辑多个基因拷贝的CRISPR/Cas9系统，打破菊花基因组复杂结构带来的育种困境（苏江硕 等，2022）。

18.6.5 多组学育种技术

随着基因组、表型组、转录组、蛋白组、代谢组以及表型组等各种组学技术的飞速发展与检测成本的大幅降低，开展多维度多组学的研究已成为当下植物育种领域的重点发展方向。下文将重点阐述菊花基因组学和表型组学的研究进展和应用现状。

18.6.5.1 基因组学

栽培菊花由于基因组大（>8Gb）、多倍性（六倍体或非整倍体）、高重复、高杂合等特点，其基因组测序和组装一直是世界级难题。2018年，中国中医科学院中药研究所和南京农业大学等发表二倍体菊花脑（*C. nankingense*）基因组论文（http://www.amwayabrc.com/）（Song et al.，2018），中国成为世界上首个完成菊属植物全基因组测序的国家。该基因组组装大小为2.53Gb，占预估基因组的82.4%，contig N50为130.7kb，注释了56 870个编码蛋白基因。该研究发现，菊花脑基因组的演化受到了重复序列爆发及近期基因组复制WGD事件（约5.8百万年前）的驱动。

最近，北京林业大学戴思兰团队采用PacBio三代和Illumina二代测序平台，结合Hi-C染色体构象捕获技术完成了二倍体甘菊（*C. lavandulifolium*）的全基因测序，将94.5%的序列锚定到9条染色体上，获得了2.60Gb染色体水平的参考基因组，contig N50为497kb。该研究结合3种不同类型菊科植物头状花序的转录组数据，初步解析了头状花序发育的分子调控机制（Wen et al.，2022）。

日本研究团队2019年发表了二倍体甘野菊（*C. seticuspe*）的基因组草图（Hirakawa et al.，2019），并利用PacBio和Hi-C技术对其进行了染色体挂载（Nakano et al.，2021）。

荷兰瓦格宁根大学完成了二倍体龙脑菊（*C. makinoi*）染色体水平的基因组组装（Van Lieshout et al.，2022）。

上述菊属植物基因组信息可为栽培菊花基因组的破译提供有效参考，同时为菊花重要性状遗传解析和分子育种提供了丰富的基因资源。

18.6.5.2 表型组学

植物表型组学是在基因组水平上系统研究植物在各种不同环境下所有表型的新兴学科。主要应用在品种识别和分类、品质评价、花期监测等领域。翟果等（2016）利用数字图像处理技术提取了20个传统大菊品种花序颜色、形状和纹理信息，采用K-近邻算法进行分类识别，平均正确识别率达92.2%。袁培森等（2018）开发了菊花花型和品种识别系统，并提出了一种基于迁移学习和双线性卷积神经网络的菊花图像表型分类框架（Yuan et al.，2022）。Liu等（2019）以103个传统大菊品种14 000幅花序图像为训练数据集，搭建了品种识别的深度学习模型，测试精度可达78.0%。伏静和戴思兰（2016）基于不同高光谱反射指数构建了无损测定舌状花花色素含量的方法。Qi等（2022）搭建了一种基于生成对抗网络（generative adversarial network，GAN）的田间茶用菊初花期花序识别的深度学习框架，为未来茶用菊机械化采摘提供了参考。

表型组学是未来菊花研究和应用的关键领域。与菊花生产自动化程度较高的荷兰等国家相比，中国采集分析的菊花表型信息还非常有限。利用表型组学技术实现种质资源的快速精准鉴定，同时将表型组、基因组以及其他组学技术有效结合，为中国菊花遗传育种提供大数据和决策支持，还任重道远。

18.7 育种进展与未来趋势

18.7.1 中国菊花育种进展

（1）切花菊育种

鉴于我国市场对切花菊的需求与严重缺乏自主品种的危机，20世纪80年代中期以来开展了切花菊的新品种选育工作。较早开展切花菊育种的是上海市园林科学研究所，1983年育成了14个早秋开花的切花菊新品种。随后上海花木公司1987—1991年向国内外引种的同时，也开展了杂交育种工作，育成了切花品种'荷花''秋思''晚霞''夏莲''艳青'等，花期9月中旬~11月中下旬，引种后适宜秋冬栽培的有13个品种、夏季栽培的17个品种。1986年开始，农业部在"七五"至"九五"计划中均安排了"切花菊新品种选育"课题，由北京农业大学、南京农业大学、西南农业大学及辽宁农业科学研究院等单位承担。这些单位培育了一批能在国庆节开花的早秋菊、10~11月开花的秋菊、12月~翌年1月开花的寒菊及4~5月开花的春菊等近100个品种。花色极为丰富，打破了原有切花菊多为黄、白的单调色彩，既有纯色，也有双色。花型上既有大菊、中菊、小菊，也增加了近似疏管型、飞舞型等花型，能在国庆节前后开放。其中不少品种深受社会欢迎。如南京农业大学的'美吟''橙红小菊''黄河船夫'3个夏菊品种，'国庆紫莲''国庆大红''国庆15号''国庆粉莲''纯真''雅夫'等10个国庆菊品种，及'朱红莲''白莲'等两个早秋菊品种，还有北京农业大学选育的'樱唇'等品种。上海农学院于1988—1991年育成了47个切花菊新品种，其中花期5~7月的12个品种，8~9月开花的10个，10~11月开花的25个，还有14个品种在保护地延迟栽培可于冬季开花，新品种的花色与花型都有改进。安徽农业大学在20世纪90年代中期育成了一批寒菊新品种。此外，可能还有许多育种者育成了不少未见公开报道的菊花新品种。

南京农业大学通过多年的努力，培育出了大量切花品种：'南农银山''南农雪峰''南农玉珠''南农玉蝶''南农月桂''南农赤峰''南农金蝶''南农金柠檬''南农金绒''南农墨桂''南农双艳''南农小丽''南农勋章''南农宫粉''南农红枫''南农红雀''南农紫冠'等许多品种。中国农业科学院蔬菜花卉研究所也培育出了'燕华姚黄''燕华飞火轮''燕华点褐'等切花品种。北京市农林科学院培育出了切花菊'京科芙妮''京科波斯''京科卡斯特''京科海霞''京科粉''京科雪莲粉''京科清心''京科精灵'等；北京林业大学也培育出了'粉贵人''雪山''雪神'；2021年还利用'神马'培育出了无侧蕾的切花突破品种'圣雪'。

（2）地栽小菊——地被菊与小菊育种

北京林业大学在20世纪60年代就利用早菊与几种野生或半野生菊花人工杂交，选育了一批抗逆性强、耐粗放管理、开花繁密、花色丰富，适于北京地栽的小菊新品种（'岩菊'）。1985年进一步明确了育种目标，利用从美国引入的播种苗选出的'美矮粉'为母本，与野生的毛华菊、野菊、紫花野菊等杂交，至1987年培育出植株低矮、适应范围广、抗逆性强、着花繁密、国庆开花的第一批地被菊新品种10个，如'铺地雪''铺地荷花'等。接着又强化了育种目标，从波兰引入'朝鲜粉'等品种资源，至1989年育成了第二批地被菊新品种

20个，并在北京示范栽培。1991年又推出第三批精选良种15个。随后又以改进观赏品质为目标，1993年育成了第四批地被菊新品种23个，如'金不换''美矮黄''乳燕''乳荷'等。在全国各地，尤其是华北、西北、东北"三北"地区推广应用。

北京市园林局绿化处东北旺苗圃从1986年开始，以美国早小菊、日本矮小菊及我国原有小菊为亲本，几年来分批推出了不同花期、不同花型的系列品种共76个。其中国庆节开花的19个，6~8月开花的8个，8~9月开花的10个，10月以后开花的14个；另有极小花型5个，球花型11个，形成了具有特色的品种群，特命名为"北京小菊"，受到全国南北各地的广泛欢迎，对园林绿化、美化起到了很好的作用。

随后，不少单位在引种地被菊与北京小菊的基础上，结合地方气候特点，利用地方种质资源，开展了露地小菊的育种工作。如上海育成了抗梅雨、耐湿热、耐瘠薄、抗蚜虫、抗病的"上海地被菊"共11个品种。江苏省农业科学研究院利用当地的菊花脑育成了抗热的地被菊。东北林业大学通过引种和自育，筛选出多个耐寒、早花小菊品种，在北纬45~47°的哈尔滨、大庆、佳木斯等地能成活、开花、越冬。目前又培育出了红色系的'向阳红''朱砂红''火焰''火玫瑰''十月红''红玉''玫瑰星'；黄色系的有'金樽''金秋''阳光''麦浪'；粉色系的有'粉蝶''繁星粉''晨霞''晨曦''珍粉''粉色浪漫''粉佳人''画中人''小荷清风'；紫色系的有'紫涛''紫玲珑''紫面人''紫云''紫葵''紫笙'；白色系的有'映雪''雪涛''雪海白帆'，以及复色系的'彩虹映雪''秋海棠'等"东林"和"冰城"两大系列100多个寒地菊品种；同时沈阳农业大学也培育出了的一些非常优良的、可以在沈阳露地越冬的"沈农"系列菊花品种。

近些年，南京农业大学在露地小菊育种领域也取得了丰硕成果，不仅培育出了多个夏季开花的品种，而且还培育出了三大系列的秋花小菊品种，如花期国庆时节的"金陵"系列品种'金陵月桂''金陵黄鹂''金陵皇冠''金陵丰收''金陵星光''金陵阳光''金陵秋色''金陵粉黛''金陵笑靥''金陵红星''金陵红莲''金陵紫袍''金陵春梦''金陵淡妆''金陵之光''金陵星空''金陵锦袍''金陵锦绣''金陵红日''金陵紫衫''金陵紫衣''金陵玉台''金陵宝霞''金陵蟹黄''金陵红豆''金陵红荷''金陵光辉''金陵星辉''金陵胭荷''金陵粉鸢'等；以及花期较晚"钟山"系列的盆栽秋菊品种'钟山银桂''钟山雪桂''钟山云桂''钟山金冠''钟山金山''钟山桂冠''钟山丹桂''钟山霞桂''钟山红枫''钟山紫玉''钟山紫荷'等和"雨花"系列地被'菊雨花织锦''雨花金华''雨花星辰''雨花金桂''雨花银桂''雨花金星''雨花金秋'与'天缀玉露'等。

中国农业大学通过常规杂交和分子标记辅助育种技术相结合，培育出了兼具观赏和食用的产业融合性强综合抗逆性好的'丹华''松华''花清漪''糖果粉''吉庆''夏妆''秋妆''粉妆''红妆''素妆''雀欢''杏芳''雪映霞光''水紫晶''粉芙蓉'等小菊新品种50余个；获批北京市良种8个，国家授权保护新品种15个。所育新品种'秋妆'获2019年北京世界园艺博览会特等奖；'吉庆''夏妆''粉妆'3个品种获得金奖。

中国农业科学院蔬菜花卉研究所经过多年努力培育出'京华怡莲''紫燕''粉冰晶''黄亮亮'等株型低矮、整齐、抗寒性、抗病虫性强地被小菊新品种和品系60余个，有13个品种获得农业农村部植物新品种权。

北京市农林科学院生物技术中心建立了国内一流的菊花资源保存中心，收集保存菊花特色资源2000多个（份）；24个菊花品种获得北京市良种审定，4个品种获得国家植物新品种保护权，34个品种得到鉴定；其中培育的绿化小菊主要有'燕山京粉''燕山京红''燕山京黄'等。

北京市花木有限公司在国内外小菊育种的基础上，开展较大规模连续育种，创建了花木小菊®商业化育种体系，筛选出了近千个优良株系，培育出"白露""绚秋""寒露""傲霜"四大系列'白露金华''白露紫嫣'，'绚秋莲华''绚秋星光''绚秋尽染''绚秋粉黛''绚秋织锦''绚秋缤纷''绚秋宫粉''绚秋冰粉''绚秋新颜''绚秋流光''绚秋新彩''绚秋翎红''绚秋花雨''绚秋凝霜''绚秋凝红'，'寒露竞辉''寒露紫光''寒露秋实''寒露秋霞''寒露红缨''寒露秋月'，'傲霜红颜''傲霜紫霞'等30多个市场化应用的优良品种，获得农业农村部新品种授权26个，2023年在审定新品种权的还有8个新品种，2023年又推出了"绚秋猫眼"系列复色品种：'荔枝''粉奶油''咖啡粉黛''草莓'等。花木小菊®新品种培育还先后获得2014年北京市园林绿化科技进步一等奖，2019年中国风景园林学会科技进步一等奖，2020年华夏建设科学技术奖三等奖等奖项，'绚秋星光''绚秋凝霜''绚秋翎红'等品种获2019年北京世界园艺博览会菊花国际竞赛新品培育竞赛（盆栽小菊）金奖；'寒露秋实'获第九届中国花卉博览会科技成果类（新品种）金奖。

北京刘文超夏菊育种科技研究所培育出了一系列奥运期间开花的北京夏菊系列品种'万代风光''北国之春''红珍珠''黄金时代''名流千秋''北金''北吉峰''白雪山''奥运之光''新世纪''黄金霸''矿金''大漠秋光''红运''早红''玫瑰红''太行覆云''长白霜叶''百年经典''百年酒红''草原花语'等，并在全国各地进行了广泛的推广应用，其中'早红'（'青帝之子'）曾获得2019年北京世界园艺博览会中国室内展特等奖；同时还合作培育出了全球最大冠幅的抗逆地被菊品种'太行龙湫'和'金色穹庐'，荣获第八届中国花博会、第十一届中国菊花展览会，2019世界园艺博览会新品种金奖；近期还培育出了突破性的匍匐生根的抗逆地被菊品种'大漠织锦'。

北京林业大学在陈俊愉院士野化育种培育地被菊的基础上，近些年又培育出了"东篱"系列露地小菊新品种'东篱艳红''东篱娇粉''东篱亮黄''东篱艳粉''东篱月光''东篱小太阳''东篱秋红''东篱艳红''东篱红匙''东篱红舞''东篱粉贵''东篱红云''东篱幻彩''东篱娇粉''东篱月新''东篱月白''东篱黄金''东篱黄兴''东篱望月''东篱蜜恋''东篱繁星''东篱斑斓''东篱晴雪''东篱卷黄''东篱玫粉''东篱积雪''东篱玲珑''东篱秋心''东篱勋章''东篱霞光''东篱粉荷''东篱黄舞'和"枫林"系列'枫林月桂''枫林耀黄''枫林黄星''枫林嫩黄''枫林红晕''枫林彩虹''枫林粉匙''枫林粉黛'等；以及'北林秋韵''黄金甲''微香粉团''红贵''恋宇''朝阳红''淡淡的黄''繁花似锦''骄阳红''金光万丈''金珠''旌旗''景天红''流光溢彩''绿蕊白''霓裳''浓粉''朝霞''旗袍''秋校方''毂方黄''柔情似水''洒金秋'等地被菊品种以及'紫韵沁芳''风华绝代'等香花型地被菊新品种。同时不仅培育出了'京林暮晓''京林锦嫣''京林悠粉''京林缃绮''京林秋歌''京林星辰'等"京林"系列和'伏看薄雾''伏看晚霞''伏看晴雪''伏看朱颜''伏看浓云''伏看晓月''伏看赤焰''伏看丹霞''伏看繁星''伏看红袖''伏看粉黛''卧看晨雪''卧听西风''卧听漱玉''卧听晨露''铺地淡粉''铺地粉黛'等20多个匍匐地被菊系列品种，除此之外还培育出了可兼作保健牧草的抗逆地被菊'太行银河''月落九天''月落金湫''（长白）晨曦''草原牧歌''晨雾木菊''阴山穹庐''大漠秋雪'"大漠异叶'"大漠细叶'"丝路花雨'"丝路华彩'"（昆仑）萤火'"高原探火'以及匍匐生根的'高原织练'等。

2007年花色改变的转 *CHS* （查耳酮合成酶基因）基因菊花'美矮黄'等5个株系获得我国首批花卉转基因中间试验行政许可。高亦珂、张启翔等首次利用花粉培养的方法获得菊花单倍体植株32株；2013年戴思兰等菊花品种及其近缘种间亲缘关系的遗传研究成果获教育部自然科学二等奖；2016年戴思兰教授主持的"菊花头状花序发育的遗传调控机理"获批国家自然科学基金重点项目。2017年'东篱月光'"东篱红云'"枫林黄星'"枫林红晕'4个小菊新品种通过北京市良种审定。2020年张启翔、袁存权等首次培育出无侧枝单头切花菊新品种；2022年戴思兰团队解析了高质量甘菊基因组，并发表系列高水平论文。

（3）传统盆栽大菊育种

全国各地园林、农业、林业部门及企事业单位的花圃都在进行传统盆栽大菊的育种。历年菊花展览中都有新品种不断涌现，如河北唐山园林处1988—1993年育成'白云缀宇'"滦凤飒爽'"再现重楼'"菊渊雅韵'"汴梁绿翠'"唐宇傲狮'"醉浴华清'等新品种。河南安阳洹水公园育出了'洹水明珠'等。天津水上公园近年连续育成的优良新品种有'玉竹嫩笋'"桃花春水'"黄鹤游天'"海河春晗'等10多个。浙江顾灿育出了200个新品种。青岛仇志有育出了'百鸟朝凤'等植株低矮的品种。四川原子核应用技术研究所等用^{60}Coγ射线育出了春花和秋花品种。每4年一次的全国菊展上都有中国菊花研究会主持的新品种评比，大大地推动了品种选育工作。虽然文字报道的较少，实际上这是蕴藏在民间的实力雄厚的菊花育种队伍。近些年来国内专注传统大菊育种除了一些菊花相关公司和菊花爱好者外，主要有南京农业大学和北京林业大学戴思兰团队。北京林业大学戴思兰团队先后培育的'东篱金辉'"东篱紫蛟'"东篱雅韵'"东篱雅致'"东篱知秋'等大菊已获得农业农村部新品种保护授权，合作培育的传统大菊品种'东篱碧波'（'碧目紫髯'）还获得了2022年北京菊花文化节北京第十三届菊花擂台赛"菊王"桂冠。另外，北京市农林科学研究院也培育出了获得北京市良种审定的观赏大菊'高山狮吼'"金凤还巢'等。

（4）食用茶用菊花育种

我国劳动人民在菊花食用茶用方面培育出了不少主栽的品种，如'婺源皇菊'等。除此之外，中国农业大学还选育出了获得农业农村部新品种保护授权的芳香茶用菊品种'小葵香'，南京农业大学也培育出了茶食兼用的'南农香菊'等，北京市农林科学院不仅培育出了茶菊'玉台1号'和'郦邑贡菊'而且还培育出了已经推广栽培的食用菊'白玉1号'"粉玳1号'"金黄1号'"燕山金黄'"燕山白玉'等品种。另外，北京刘文超夏菊育种科技研究所更是在日本食用菊花和山东农业大学茶用菊品种'贵妃菊'的基础上，培育出了大量的品种：如早花食用菊品种'丰香神韵'"丰香怡人'"丰香盈秋'"丰香秋茗'"丰香雪后'"丰香雪妃'"丰香雪姬'"丰香淡雪'"太阳玉露'"太阳蜜露'"太阳金露'"太阳晨露'"太阳羽露'"太阳丝露'以及早花茶用菊品种：'贵妃出浴'"贵妃倚栏'"贵妃拜月'"贵妃迎寿'"贵妃拜寿'"贵妃劳师'"贵妃问边'"贵妃折缨'"贵妃出征'"贵妃出关'"贵妃出塞'等以及耐寒芳香早花茶用菊品种'昆仑凝香'等。

18.7.2 日本菊花育种进展

日本切花菊开始栽培于明治时代（1868—1911年），主要选用日本本土品种，随着西方品种的引入和1920年光周期的发现，20世纪三四十年代日本菊花的商业栽培得到了很大的发展，1926年曾从美国引进"洋菊"品种283个，并用以与和菊杂交育成了夏、秋季开花的系列品种，又从法国引进散枝菊对菊花的花色进行改良，加上此后对光周期控制技术的应用，如1928年开始了遮光栽培，1937年开始了光照栽培，日本的菊花业迅速发展至高水平。

20世纪30年代K. Isoe开始了适宜日本气候的切花菊的育种工作，在昭和时代（1926—1988年）培育出了适宜日本气候的许多花期不同的切花品种。日本夏季湿热，秋菊夏季遮光往往表现不良，N. Koido开始了夏秋菊的育种。最初主要有两个品种：夏秋生产'Seiun'，秋天到春天栽培'Shuuhounochikara'。该类品种具有较长的严格的光照长度，夏季勿须遮光，仅夜间闪光可以有效抑制花芽形成，选用夏秋类型菊花结合秋菊进行栽培，已成为温暖地区菊花周年生产的主要模式。N. Koido还发现了一个无侧芽的突变类型，进而培育出了近期夏季生产的主栽品种'Iwanohakusen'，大大降低了人们抹芽的工作量。

日本1960年从美国引入盆栽菊花品种，1974年从荷兰和美国引进中等多头菊品种。受西方品种的鼓舞，日本开始中等多头菊的育种并很快选育出数百个品种。随着Edo时代对种质资源的保存利用，日本Seikoen推出的"Reagan"（日本名"Seirosa"）系列品种，世纪之交的10年间在欧洲市场曾占据40%份额。通过对菊花的大力引进与育种，目前日本已发展成为世界菊花生产和发展的领导国家。

除利用欧洲菊培育耐热品种外，日本还利用本土资源大量杂交育种，利用的野生菊包括*C. pacificum*（*Ajania pacifica*）、*C. shiwogiku*（*A. shiwogiku*）、*C. zawadskii*、*C. arcticum*（*Arctanthemum arcticum*）、*C. weyrichii*。柴田道夫（Shibata）等利用从荷兰、美国引来的多头型日中性品种与本国菊杂交，于1988年育成了耐热品种'Summer Queen'。他们还利用*C. pacificum*，于1988年同时育成了$2n=64$的品种'Moonlight'。近期Douzono等又利用*C. shiwogiku*培育抗病切花菊（Douzono et al., 1998）。

'神马'是日本最为畅销的切花品种，2009年曾通过RNA干扰技术（Ohmiya et al., 2012）获得了淡黄色的芽变品种；随后通过二次重离子辐射获得了黄色的品种，并发现可能是由于4个*CmCCD4a*中的一个基因失活导致类胡萝卜素含量增加而成（Ohmiya, 2018）。2017年还利用转基因技术育出了真正的蓝色菊花品种。

18.7.3 欧洲菊花育种进展

1827年法国人Captain Bernet首次开始菊花杂交育种。19世纪40年代，英国利用从浙江舟山引来的品种育成了著名的Pompons型品种。20世纪30年代，英国又育出了Charms型品种。40年代，英国萨顿种子公司（Sutton Seed Co.）以菊花和野菊杂交，育成了长势旺盛，适合作岩石植物或悬崖盆景的悬崖小菊。

在盆栽菊的育种和改良方面，英国的戈德斯托克（Goldstock）育种公司和克林格德（Cleangro）公司是世界著名的盆栽菊育种公司，每年推出全新的盆菊新品种。前者培育出了'Polaris'（1963）、'Snowdon''Pink Gin''Fresco''Snapper'和'lineker'等；后者1974年曾育出各色的'Fiji''Hawaii'等。

真正能够称得上适应荷兰气候的荷兰品种是1975年Fides公司培育出的蜘蛛花型的"Westland"系列的品种和L. A. Hoek培育出的"Horim"系列的品种。Leen Hoek是荷兰早期一位知名的菊花育种家，早期主要从事疏蕾菊育种，后期主要从事多头菊育种。其儿子Jan Hoek在2000年培育出的'Anastasia'是与Hoek Breeding B. V.合作的栽培育种公司Deliflor当时的主栽畅销品种。在1978年，曾一度和引自美国的"Spider"系列的品种占据拍卖市场很高的份额。'Spider White'和'Spider Yellow'占50%，'Horim'占20%，'Westland'占10%。不过随后"Spider"系列降低，'Horim'得到大幅度上升。"Spider"系列菊花1967年引自美国California Florida Plant Corporation，到1972年，很快取代了流行的蜘蛛花型的'Tokyo'。早在20世纪60~80年代适应荷兰周年栽培的菊花品种还是非常有限的，60年代早期以疏蕾菊为主，后期多以多头菊为主，特别是冬季更是以多头菊'Spride''Tokyo''Bonnie Jean White''Bonnie Jean Yellow'为主。80年代出现了托桂型的洁白的'Refour'（1982年的畅销品种）、'Snapper''Cassa''Regoltime''Accent''Delta'，并且1984年还出现了双色的'Penny Lane''Harlekijn'等。

De Jong和Rademaker于1989年利用*C. pacificum*育出了切花和盆栽的商品菊。在此基础上，Fides Holland B V 育出了"Santini"菊花系列品种，并很快风靡荷兰、德国等欧洲市场，在1990年推出时销量为50万枝，1992年时就已经上升到240万枝（Ball，1998）。

在1992—2004年，荷兰切花菊主要以CBA引进的日本Seikoen培育的"Reagan"系列的品种为主，随后是Dekker 培育的'Euro''Euro Sunny'，到了2011年又被Deliflor培育的白色的'Baltica'所取代。再后荷兰菊花切花市场的品种基本被Deliflor、Fides、Dekker、Royal Van Zanten 4家菊花育种和栽培公司所占据。

目前盆栽和园林用的密植多头菊（Multiflora），也称花园菊，在欧洲基本形成了以橙色多盟（Dummen Orange）、皇家范赞滕（Royal Van Zanten）、格迪芙拉（Gediflora）、喜乐达（Selecta One）、布蓝坎普（Brandkamp）等公司为首，众多育种公司参与的花园菊商业育种的格局。

欧洲企业率先提出花园菊家系品种（Family）的概念。家系内的诸多品种除了花色不同，其他性状具有高度一致性，最严格的家系品种来源于单一优良品种芽变，或通过对单一优良品种诱变育种得到如"Amiko"系列、"Jasoda"系列、"Sicardo"系列、"Staviski"系列、"Soul Sisters"系列，乃至'Nestoro'、'Oghana'、'Padre'、'Proxima'等家系品种，确保了花色丰富多样的同时其他性状高度一致，便于生产组织安排和混色组合产品的使用。

18.7.4　美国菊花育种进展

（1）温室菊花

在1850年前，美国所有的菊花都在室外栽培，而且商业温室菊花为8~14周的短日照植物，后来选育了一些需要更长时间短日照的植物。Hosea Waterer从日本引进50多个切花菊品种，大大促进了美国菊花育种事业的发展，昂贵的'Mrs. Alpheus Hardy'就是随后选育出来的。到1894年时，已经选育出163个温室菊花品种。1914年成立于印第安纳波利斯的Bauer Steinkamp公司在1938年培育出了粉色的'Indianapolis',到了60年代与'Bonnie Jean''Luyona''Tokyo'等多头菊成了英美切花菊的主栽品种。

(2)园林用菊

园林用菊多为6~8周的短日照植物。早期的欧美菊花育种家既选育温室菊花品种,也选育园林用菊品种;还有一些育种家如Alex Cumming、Jr.在20世纪早期主要选育园林用菊品种。这些品种成为俄亥俄州Barberton郡的Yoder Brothers有限公司的重要亲本,同时也被保存在纽约植物园。美国农业部和许多大学(内布拉斯加、堪萨斯、康涅狄格、明尼苏达)在20世纪初都开展了一些园林用小菊的育种,如20世纪20年代H. P. Kelsey育成了抗寒的"朝鲜"菊系列品种,但目前仅剩明尼苏达大学还在继续菊花育种工作。

另外,美国的约德兄弟(Yoder Brothers)公司和赫梅特(Hummert)国际公司曾经在盆菊的育种、繁殖和栽培上历史悠久,成就也很突出。

近期中化集团先正达花卉的菊花产品继承了美国Yoder Brothers公司的菊花育种。自1930年左右伊始,Yoder Brothers公司已经开始将重心从蔬菜逐渐转移到花卉上。Yoder Mums甚至一度成为园林用菊和盆菊的代名词。先正达花卉收购了多次易名的Yoder Brothers公司之后,并没有停止对花园菊的育种创新,进一步发展出了诸如Pamela™、Gigi™、Ursula™、Jacqueline™等不同系列品种以适应不同的容器大小和花期需求。尤其是"Gigi™"系列品种,其株型小巧而紧凑且耐阴程度有一定提高,契合现代城市迷你花园的潮流。

18.7.5 品种登录与新品种保护

原来负责菊花品种国际登录的机构是德国耐寒宿根花卉协会,自从退出后目前还没有单位负责。

目前我国保护的菊花新品种,无论是切花、茶用、盆栽、园林绿化还是生态修复已经很多,且已经开始出现普遍流行的品种,仅2018—2023年,我国菊花获得农业农村部授权品种就多达391个,希望未来能有更多更好的品种涌现。

(赵惠恩 孙自然)

思考题

1. 如何利用我国丰富的菊花种质资源解决菊花育种的主要问题?
2. 菊花品种的花型、花色、花期、株型等性状与野生种相比,已经发生了天翻地覆的变化,被誉为"花卉育种的奇迹",请比较品种与野生种的区别,并分析其中的原因。
3. 菊花育种的目标很多,请根据生产需要,选出3个主要的育种目标,并论述其相关性(如有)及其主要的遗传规律。
4. 不同花期的菊花类型是怎样形成的?菊花花期遗传有哪些规律?
5. 菊花育种常用的方法有哪些?它们各自比较容易实现的,或对应的育种目标是什么?
6. 如何克服菊花远缘杂交的不亲和性,并提高杂交结实率?
7. 查找文献,举例说明突变育种对菊花染色体和基因突变的遗传效应。

8. 如何在菊花育种实践中，处理好常规育种与突变和分子育种的关系？
9. 比较各国菊花育种的主要进展，并指出我国菊花育种的特点（已有的和应该有的）。
10. 菊花是无性系品种，如何有效地保护菊花的品种权？

推荐阅读书目

菊花起源. 2012. 陈俊愉. 安徽科学技术出版社.
中国菊花. 1993. 李鸿渐. 江苏科学技术出版社.
中国菊花文化活动集萃. 2017. 刘英. 中国建筑工业出版社.
中国菊花审美文化研究. 2011. 张荣东. 巴蜀书社.
中国菊花全书. 2013. 张树林，戴思兰. 中国林业出版社.
菊谱. 2015. 章宏伟. 中州古籍出版社.

第19章 兰花育种

[**本章提要**]兰花是包括国兰和洋兰、温带（亚热带）兰和热带兰、地生兰和附生兰等在内的整个兰科花卉的总称。兰花既是我国十大传统名花和花中"四君子"之一，也是世界花卉产业的支柱。本章从育种进展、种质资源、育种目标及其遗传、引种驯化、杂交育种、诱变与多倍体育种、生物技术在兰花育种上应用、良种繁育8个方面，详细介绍了兰花育种的理论和技术。

兰花（orchid）是兰科Orchidaceae植物的总称，为多年生常绿或落叶草本，除极地和极端干旱的沙漠外，世界各地均有兰花分布。兰花高贵神秘，形态多样，是进化程度最高、种类最丰富的植物之一，迄今被认可的兰花有29 199种，其中中国181属，1708种。在我国，传统意义上的兰花指的是兰科兰属（*Cymbidium*）植物，特别是其中的地生种类，这些兰花被称为国兰，而外国选育的花大色艳类兰花被称为洋兰。兰花不仅具有重要的观赏价值和文化价值，还具有重要的食用和药用价值。有些兰花如香荚兰属（*Vanilla*）是重要的香料植物，此外兰花还可以用于编织、制作染料和工业原料等。目前所有的野生兰花均受《野生动植物濒危物种国际贸易公约》保护，开展兰花育种对更好保护野生兰花资源、满足人们对兰花产品的需求具有重要作用。

19.1 育种进展

19.1.1 国兰育种进展

国兰是指兰属兰花中的地生种以及由其衍生的具有这类兰花特征特性的品种。国兰育种是伴随引种栽培进行的。在引种驯化的过程中，人们根据自己的审美观从中选出一些性状不同的兰株，培育出了许许多多古老的地方品种。南宋末年的《金漳兰谱》就记载了墨兰和建兰等兰花品种共40个，其中的'鱼鱿素兰'至今仍在栽培。到了清代，兰花品种数目增加了许多，《兰言述略》中记载了名贵兰蕙品种97个，其中春兰28个、蕙兰69个；而《芷兰新谱》则记录了兰蕙品种154个。这些品种是我国兰花引种、驯化和长期选择的结果，是我国兰花品种资源的宝贵财富。春兰的"老八种"和蕙兰的"老八种"都是这些古老地方品种中的代表。

中华人民共和国成立后，全国各地园林机构和植物园对兰花进行了大量的引种栽培，极大地丰富了兰花的种质资源，为开展兰花育种和研究工作奠定了物质基础。20世纪50年代，姚毓璆和诸友仁的《兰花》、四川成都园林局的《四川兰蕙》对兰花品种进行了详细的记载，严楚江（1964）发表了《厦门兰谱》，对厦门栽培的建兰和墨兰进行了系统的分类。随后国兰的育种和组织培养工作进展缓慢，华南植物园和北京植物园等单位进行兰花杂交和播种等工作，但很少见到有关国兰育种和组织培养的研究报道。改革开放以后，兰花开始作为商品进入市场，并逐渐形成了一种新的产业——兰花产业，兰花产业的兴起和发展极大地推动了我国兰花资源、育种和组织培养工作的发展。

在兰花资源的普查和品种分类上，各地纷纷组织人力对兰花资源的分布和种类进行了调查，初步摸清了我国兰花的分布和种类。吴应祥和陈心启（1980）对国产兰属兰花进行了分类研究，对之后兰花资源的收集、研究和利用起到了重要的推动作用。郎楷永（1988）对四川兰科植物资源进行了调查，发现四川兰花资源十分丰富，共有88个属、436个种及5个变种等。云南是我国兰科植物资源的宝库，有100多属约1000种。广西雅长兰科植物国家级自然保护区生长着兰科植物44属113种。陈心启和吉占和（1998）对中国兰花资源进行了较全面的总结，指出中国兰科植物共有173属约1200种。

在国兰育种上，段金玉和谢亚红（1982）对春兰、蕙兰、建兰和寒兰等种子萌发进行了研究，通过对种子进行剪切和0.1N（即1mol/L）氢氧化钠处理，提高了国兰种子萌发率；NAA和BA的配合使用以及种子处理对10种兰属植物种子萌发有促进作用；并找到了使难萌发的地生兰种子较快萌发的方法，可使个别种的地生兰种子在3个月内萌发率达到40%。陈光禄等（1983）对中国地生兰未成熟种子无菌发芽的研究发现，种子萌发率与成熟度有关，田梅生等（1985）对四季兰种子萌发和器官建成进行了研究，初步建立了四季兰种子离体萌发成苗的技术体系。吴汉珠等（1986）报道了兰花多途径综合育种，通过杂交、诱变和多倍体育种方法对兰花种子萌发和新品种选育进行研究，利用春兰和黄蝉兰杂交，于20世纪90年代培育出兰花新品种'寒春''醉妃''富丽红''海丹'等，其中'醉妃'于1998年在国际上登录。王熊（1981）采用建兰（*C. ensifolium*）'大一白'品种和'秋兰'为试验材料，切取茎尖或侧芽的分生组织，用W培养基，诱导原球茎形成，然后将原球茎培养在MS或W的液体培养基中，形成丛生型原球茎并能继续增殖生长，建立了建兰快速繁殖技术体系。张志胜和欧秀娟（1995）建立了墨兰快速繁殖技术体系。

21世纪，国兰育种研究进入了快车道。在兰花种质资源收集、分类和资源库建设上，刘仲健等（2006）对我国兰属兰花资源进行了系统研究和总结，指出我国兰属植物共有49种，占世界兰属植物2/3以上。条形码技术的应用加速了资源遗传多样性研究和新种发现，自2006年迄今共发表兰属兰花新种15个。2011年，陈心启编著的《国兰及其品种全书》中收录8大类国兰共1953个品种，其中建兰181个，墨兰285个，寒兰157个，春兰199个，豆瓣兰118个，莲瓣兰174个，春剑171个和蕙兰668个。我国海南三亚、广东广州和澄海、湖南长沙、江苏扬州和云南昆明等地先后建立了多个国家兰花（国兰类）种质资源库。

引种驯化和系统选育依然是中国兰花新品种选育的主要方法。近年来，利用该方法培育出大量兰花新品种，出版了许多介绍兰花新品种的书籍。这些品种既包括传统的正格花，又有符合现代人欣赏习惯的变异花类型。除注意传统的素心兰花选育外，红色和复色等兰花品种的选育受到了重视，育成了红花系、黄绿花系、紫花系、素心花系、复轮花系、中透花系、复色花系等兰花系列品种。奇叶、线艺、水晶艺和矮种兰花的品种选育也取得了重大的成就。据不完全统计，已经正式命名的国兰品种在4000个以上，培育集香味、叶艺、花艺和抗性于一身的国兰新品种是今后国兰育种的重要发展方向。

国兰杂交育种取得突破性进展。采用品种间杂交、种间杂交、种间杂交后再回交等技术选育出一批优异国兰新品种。如采用寒兰（*C. kanran*）和建兰（*C. ensifolium*）杂交育成了国兰新品种'寒香梅'（吴森源，2006），春兰（*C. goeringii*）'大富贵'和'宋梅'杂交培育出春兰新品种'福娃梅'（孙崇波 等，2012），春兰'大富贵'和'瑞梅'杂交培育出春兰新品种'杨红梅'（孙叶 等，2018），莲瓣兰（*C. lianpan*）和建兰杂交培育出新品种'玉女丹心'（李秀娟 等，2018），春兰和豆瓣兰（*C. serratum*）杂交培育出国兰新品种'香公主'（卜朝阳 等，2019），墨兰（*C. sinense*）和兔耳兰杂交培育出玉兔系列国兰新品种，其中'玉叶兰'和'摩耶紫晶兰'（图19-1）在2019年北京世界园艺博览会上分获特等奖和金奖。用墨兰和大花蕙兰杂交再与墨兰回交培育的国兰新品种'小风兰'，其株形与传统墨兰'企剑白墨'相近，但与传统墨兰相比，其花更大、观赏期更长，组培快繁效率更高（曾瑞珍 等，2016）。国兰从种子播种到开花一般至少需要4~5年时间，为了进一步缩短国兰育种周期，将传统杂交育种和组培快繁技术相结合，建立了兰花快速育种技术体系，利用该技术体系，国兰杂交育种周期已缩短至6年（张志胜 等，2016）。试管花诱导对降低国兰育种成本、提早对花部性状选择具有重要作用，目前已建立了春兰、建兰、寒兰、大根兰，以及建兰或兔耳兰远缘杂交后代试管花诱导技术体系。试管花诱导技术日趋成熟，不仅有利于优良后代的提早选择，也为国兰试管育种奠定了基础。

图19-1　国兰新品种'摩耶紫晶兰'

国兰多倍体育种取得新进展。采用组织培养和秋水仙碱处理相结合获得了墨兰、春兰、寒兰和蕙兰多倍体,但这些无性多倍体生长缓慢,移栽后难成活。采用2n配子途径获得了一批国兰有性多倍体,其中一些多倍体和二倍体生长速度差异不明显,可在3~5年内开花,兰花新品种'玉蝉兰'等就是用这种方法育成的(Zeng et al., 2020)。

分子育种为国兰育种提供了新方法。墨兰、建兰、春兰已完成基因组测序,结合转录组测序已对国兰的花型、花色、香气、叶艺、花期等主要育种目标性状的分子遗传机理进行了解析,找出一批候选基因,已初步建立墨兰、建兰和春兰等国兰转基因技术体系。已建立分子标记辅助国兰纯黄绿色花选择技术体系,并应用到建兰的育种工作中。

国兰种苗工厂化繁殖取得巨大进展。一方面春兰、墨兰、建兰、莲瓣兰等国兰组织培养快繁效率有了明显提高,传统名贵品种如'宋梅''企剑白墨''达摩'等实现了种苗工厂化生产;另一方面国兰组培快繁效率低的分子机理研究,促进了国兰组培快繁效率的提高以及国兰组培快繁特性的遗传改良。通过远缘杂交、远缘杂交后连续回交已培育出一批种苗工厂化繁殖效率高的国兰新品种(系),从根本上解决国兰工厂化生产效率低的难题,为国兰大众化、产业化和国际化发展奠定了基础。

19.1.2 洋兰育种新进展

洋兰是一直受到西方人喜欢的花大色艳类兰花,主要商业化洋兰包括卡特兰、蝴蝶兰、大花蕙兰、石斛兰、万代兰、兜兰、文心兰等。洋兰的栽培历史虽然只有200多年,但同国兰相比,洋兰的育种成就更大。1856年以前,洋兰和国兰一样是通过引种驯化选育而成的,当时选育的兰花多数都是野生原种,同一个种内兰花品种很少。到1813年,英国已引进39属84种兰花,但由于当时的温室栽培技术尚未完善,引进的兰花逐渐死掉。直到1880年,大部分热带兰才可以安全地在欧洲的温室中安家,引种驯化和新品种选育工作得以顺利进行。目前全世界引种栽培的兰花已达300属3000个种以上,引种选育仍是洋兰育种的重要方法之一。

1856年英国Veitcht & Son公司的兰花种植者John Dominy成功地将三褶虾脊兰(*Calanthe triplicata*)×长距虾脊兰(*Calanthe sylvatica*)的杂交植株培养开花,揭开了兰花育种新篇章。从此,兰花的杂交育种成为选育洋兰新品种的主要方法。1863年John Dominy又成功地将摩斯卡特兰(*Cattleya mossiae*)和蕾丽亚兰(*Laelia crispa*)杂交,获得了第一个属间杂交种。1892年,三属兰花杂交种植株开花,表明兰花杂交育种不仅能在种间进行,而且能在属间开展,大大扩大了杂交亲本的利用范围。目前已培育出了由9个属杂交产生的兰花杂种。

兰花种子很小,没有胚乳,在自然条件下萌发率很低,这是限制杂交育种的主要因素之一。1903—1909年,Bernard分离出兰花的根菌,并用其感染兰花种子进行萌发试验,创立了兰花种子共生萌发的方法,推动了洋兰育种和繁殖工作的进步。1921年,Knudson发现兰菌的主要作用是将碳水化合物转化成简单的糖类,如果糖、葡萄糖,提供给兰花使用。据此他配制了简单培养基用于兰花种子萌发试验,获得了巨大的成功,建立了兰花种子非共生萌发方法。该方法的创立提高了种子萌发率,极大地推动了洋兰育种工作的开展。目前地生兰类的育种工作落后于附生兰,在某种程度上是因为地生兰的种子比附生兰的种子难萌发。

随着兰花种子非共生萌发技术体系的建立和不断优化,兰花杂交育种速度明显加快。以集体杂种(grex)为例,从1856年第一个杂交种开花到1976年,登录的兰花集体杂种共有

45 000个,平均每年登录375个;1970—1990年,登录的集体杂种加到84 000个,这期间平均每年登录约2800个;1990—1995年,共登录兰花集体杂种16 000个,平均每年登录3200个,2000年10月~2007年9月共登录兰花集体杂种26 439个,平均每年登录3777个。截至2022年11月9日,共登录兰花集体杂种超过15万个,其中蝴蝶兰39 022个,卡特兰34 290个,兜兰28 923个,兰属兰花17 556个、石斛兰15 787个,文心兰9592个。

多倍性育种是洋兰育种的主要方法之一,不同倍性品种杂交是目前选育多倍体洋兰新品种的常用途径。近年来,研究结果表明,蝴蝶兰、大花蕙兰、石斛兰、卡特兰、万代兰等兰花的商业化品种多数是多倍体。虽然通过秋水仙碱等化学物质处理可以获得兰花多倍体,但这些多倍体一般生长十分缓慢,组培快繁效率低,不符合商业化生产的要求,很难直接育成商业化品种。而通过未减数配子途径($2n$配子途径)获得的有性多倍体集杂交优势和倍性优势于一身,不仅具有植株粗壮、叶片宽厚、叶色深、花大、花型圆整,花质厚、抗性适应性强等优良性状,而且在生长速度、组培快繁效率等性状上与同组合二倍体没有明显差异,是培育商业化品种的有效途径。在兰花上存在多精入卵形成多倍体的报道,但发生概率低。兰花有性多倍体育种途径的建立有力促进了兰花多倍体育种的开展,特别是对那些尚无多倍体资源的兰花。

为什么有些兰花多倍体特别是三倍体育性高,可作为亲本使用?Li等(2022)以有性三倍体'玉蝉兰'和'黄荷兰'为材料进行了研究,发现'玉蝉兰'花粉育性为67.88%,有性三倍体兰花可以产生$1x$、$1x\sim2x$、$2x$、$2x\sim3x$和$3x$花粉,由此提出来$2n$配子统一行动假说,即$2n$配子在减数分裂过程中统一行动,倾向于进入同一个配子。$2n$配子以多高的比例进入同一个配子主要取决于多倍体中$2n$配子和其余染色体组的亲缘关系远近,亲缘关系远时,$2n$配子进入同一个配子的比例高,花粉育性高。

组织培养和诱变处理相结合是快速培育洋兰新品种的有效方法。采用组织培养中的无性系变异或和常规诱变技术相结合的方法已培育许多优良洋兰品种,而重离子辐照、空间诱变等诱变新技术的应用进一步提高无性系变异率,特别是处理当代再生植株的性状突变率。空间诱变显著提高后代群体的遗传变异度和诱变当代的性状突变率,采用空间诱变和组织培养相结合的方法已从诱变当代选育出'航蝴1号'和'航蝴2号'蝴蝶兰新品种。重离子辐照也能明显提高兰花诱变当代的性状突变率。采用$^{12}C^{6+}$重离子辐照'小凤兰'根状茎,再生植株中出现银边覆轮艺、中透艺和鹤艺等多种叶艺类型;辐照'君豪兰'根状茎除产生不同叶艺外,还产生多倍体、易开花、新花色等多种变异;辐照'玉女兰'类原球茎,从再生植株获得了抗茎腐病突变体;辐照石斛兰类原球茎,可以产生花葶长、花大、抗螨虫变异;辐照兜兰原球茎,产生叶色变异、叶变大。

近年来,洋兰的分子育种取得了重大进展。蝴蝶兰、石斛兰、纹瓣兰、香荚兰、白及等10多种兰花完成了基因组测序。通过组学技术,一批主要育种目标性状基因如花型(*AGL6*、*AG*、*DOAG1*、*DOAG2*等)、花色(*FLS*、*F3'5'H*、*ZDS*、*R2R3 MYB*、*AGL6*等)、香气(*PbGDPS*、*AACT*、*LIS*、*MeJA*等)、花期(*FT1*、*SVP*、*LFY*、*COL*等)、叶艺(*VARIEGATA2*、*CLH2*、*RCCR*、*PsbP*等)等被鉴定和克隆。蝴蝶兰、石斛兰、文心兰等兰花转基因技术日渐成熟,利用基因枪和农杆菌介导的遗传转化获得了一批转基因植株。Liu等(2012)以铁皮石斛和钩状石斛140个杂交后代为作图群体,构建了石斛兰分子遗传图谱。陈起馨(2016)以

'玉女兰'ב黄叶红花墨兰'F_1群体中的94个子代为作图群体，利用从墨兰、大花蕙兰转录组中获得的SSR标记，构建了第1张兰属兰花SSR分子标记遗传图谱（平均图距为32.15cM）。Xu和Liao（2017）利用88个蝴蝶兰杂交后代构建了蝴蝶兰AFLP分子遗传图谱；Hsu等（2022）利用源自 HinplⅠ/ HaeⅢ的1191 SNPs和23SSR标记构建包含19个连锁群的蝴蝶兰高密度分子遗传图谱，在2、3和9号染色体上发现10个与4种花色高度关联的QTLs。李晓红（2020）建立了利用SSR标记辅助纯黄绿色选择技术体系，最高选择准确率为100%。基因编辑是兰花育种未来发展方向。Kui等（2016）建立了石斛兰基因编辑技术体系，利用该技术体系编辑木质纤维素生物合成途径中的*C3H*、*C4H*、*4CL*、*CCR*和*IRX*基因的效率为10%~100%。Tong等（2020）建立了蝴蝶兰*MADS*基因编辑技术体系，在47个转化体中，46个在3个*MADS*基因上均产生了突变。

我国洋兰育种始于20世纪80年代。近年来，在资源库建设、育种方法研究和品种选育等方面均取得了巨大进展，在资源收集、分类和保存，基因组测序和关键基因挖掘，分子育种技术研究上已走在世界前列。深圳市梧桐山苗圃总场建立了"全国野生动植物保护及自然保护区建设工程——兰科植物种质资源保护中心"，收集和保存兰科植物原生种500多种。三亚市林业科学研究院建立的国家热带兰花种质资源库收集保存兰花种质资源共4032种，其中原生种2512种，栽培种1520种。广东省农业科学院环境园艺所建立了国家蝴蝶兰、墨兰种质资源库，保存资源1264份。广西壮族自治区林业科学研究院建立了国家石斛属种质资源库，保存资源150个种。在英国皇家园艺学会登录了一批卡特兰、蝴蝶兰、大花蕙兰、石斛兰、兜兰等兰花杂交属和集体杂种，培育出一大批新品种，有些新品种获得了新品种权，有的已在生产上推广应用。

19.2 种质资源

19.2.1 类型及其特点

（1）野生种质资源

兰花野生种质资源是指生长于自然条件下的所有兰花种质资源，包括所有的野生种、变种及其类型。据不完全统计，兰花的野生种有25 000~30 000种，目前野生种类仍不断发现，数量仍在增加。如1999年，我国兰科植物资源约有173属1247种；到现在我国发现的野生兰科植物资源共181属1708种，23年间新增8个属461种。兰花的野生资源是长期自然选择的结果，在观赏特性、生育期等方面也许不尽人意，但往往拥有许多栽培品种所不具有的性状，如抗寒、抗病、花型、颜色等，有时还会出现一些稀有的变异。这些种质的发现及其在育种上的利用往往会产生突破性的育种成就。例如，1982年由陈心启和刘方媛定名的拖鞋兰新种杏黄兜兰（*Paphiopedilum armeniacum*），是我国植物学家张敖罗于1979年在云南采集的，花杏黄色，唇瓣为椭圆卵形的兜，在目前流行的兜兰品种中还没有这种类型。杏黄兜兰本身具有极高的观赏价值，在世界兰展中多次获奖，同时也是良好的杂交亲本，用作亲本目前已培育出'中国月亮'（*Paph.* 'China Moon'）、'金钻石'（*Paph.* 'Golden Diamond'）、'金元'（*Paph.* 'Golden Dollar'）等优秀的杂种后代。

（2）人工驯化的原始兰花种

人工驯化的原始兰花种是兰花杂交育种的最重要的亲本材料，所有的现代兰花品种都是从这些原始种中选育出来的。例如，原产云南的'云引1号'兔耳兰叶片短圆，一年多次开花，抗病性强，花白色，将其引入墨兰育种，培育出倒披针形叶、抗病性强、多次开花、花色新颖的墨兰新品种。又如现在最受欢迎的大花蝴蝶兰就是用原种经过多代交配选育所产生的，白色蝴蝶兰系列品种的选育归功于对蝴蝶兰（*Phal. amabilis*）的利用；现代卡特兰的红花系列品种的出现离不开朱色兰（*Sophronitis coccinea*）。五唇兰（*Doritis pulcherima*）花色多为红色，具有非常好的抗寒性、抗病性，特别是红色为显性遗传，使蝴蝶兰的红色品种的发展大大提升。目前，已被人类驯化栽培的兰花超过300属3000种，这些兰花已脱离了野生状态，在适应性等方面符合人们需要，并且有一定的观赏价值。随着人们对其性状研究的深入，就能够更好地利用这些资源，培育出更多新品种。

（3）人工培育的兰花新品种

人工培育的兰花新品种是兰花种质资源的重要组成部分，也是极好的杂交亲本。这些品种包括：①通过系统育种的方法从原始种中育出的常规种；②用杂交的方法培育出的各种杂交种（属间杂交种、种间杂交种和品种间杂交种）；③用诱变方法和外源基因导入等方法培育的新品种及育种材料。人工培育的兰花品种具有遗传上的稳定性，本身具有重要的观赏价值，许多性状均符合人类的观赏要求。如1921年Charlesworth用*C. marathon*和*C. dominiana*杂交育出了一个非常美丽的卡特兰新品种*C. aanzac* 'Orchidhurst'，该品种曾获FCC奖（一级证书）。*C. anzac*不仅具有极高的观赏价值，同时还是一个优秀的亲本，在杂交中不论是作母本还是作父本均能培育出优良的后代。又如1995年台湾兄弟兰园育出并登录的蝴蝶兰品种*Phal.* 'Brother Purple'，是兰花育种史上短期内育出得奖品种最多的亲本，在16个月内，其子代拿到了40个美国兰花协会（American orchid society）大奖。再如'玉女兰'是采用'金作家'大花蕙兰和'企剑白墨'墨兰杂交选育的杂交兰新品种，该品种观赏性状优良，一直深受消费者喜爱，同时也是有性多倍体育种的优良杂交亲本，以其为亲本已获得多个有性多倍体后代品种。

19.2.2 保护、收集和保存

（1）兰花资源的保护

兰花是有花植物中最大的科之一，但也是受到威胁最严重的一个科，这是由兰花资源的脆弱性所决定的。兰花资源的脆弱性来源于两个方面，一是由于兰花对生存的环境要求很苛刻，一些兰花只要光、水、遮阴、营养物质等稍有改变就难以生存；二是由于兰花具有重要的观赏和经济价值，常常成为人们的猎获对象。近二三十年来，由于土地的开发、森林的砍伐、环境污染和人类的过分采集，世界兰花资源受到了严重破坏。目前超过600种兰花被列入世界自然保护联盟濒危物种红色名录（IUCN Red List）（Wraith et al., 2020）。因此，保护兰花资源显得十分重要。为了保护地球上的生物资源，各国政府于1973年3月在美国华盛顿签署了《濒危野生动植物种国际贸易公约》（CITES），目前共有166个缔约国，中国于1981年1月8日加入该公约，并成立中华人民共和国濒危物种进出口管理办公室和中华人民共和国濒危物种科学委员会分别作为履行公约的管理机构和科学机构。根据物种濒危程度的高低，CITES的附录物种分附录一、附录二和附录三。云南火焰兰、大花万代兰和兜兰属所有种位列于附录一，是绝对禁止自由买卖的兰花。其余所有的兰花都属于附录二。

我国是一个兰花资源较丰富的国家，目前原产我国的兰科植物共有181属，约1708种，新种、新属仍在不断发现之中。过去由于我国对兰花资源缺乏有效的保护，曾造成兰花资源的严重破坏和大量流失。如1986年我国特有的杏黄拖鞋兰和硬叶拖鞋兰共有6万株被走私到香港，几乎将云南的这两种兰花资源挖光。近年来，我国对兰花资源保护越来越重视，2001年，野生兰科植物作为重点保护物种列入由国家林业局编制的《全国野生动植物保护及自然保护区建设工程总体规划》（2001—2030年）保护范围。以自然保护区、国家公园为主要形式的就地保护已成为我国兰科植物保护的主要方式，目前我国约有70%的兰科种类以这种方式获得保护。此外，有超过800种中国原生兰科植物在植物园、国家种质资源库、迁地保护中心等地保存并生长良好。

（2）兰花资源的收集

兰花资源是育种的物质基础，而兰花新品种的选育是推动兰花产业发展的重要动力，因此，谁拥有更多的兰花资源，谁就能拥有未来的兰花市场。正因为如此，目前各国（地区）在重视保护本国兰花资源的同时，积极收集外国的兰花资源，建立种质资源圃。英国的邱园已建立一个兰花资源圃，收集了5000种，分8套保存在8个不同的生态条件下，其中许多种类来自所罗门群岛、东非、东南亚等国家。日本筑波国立植物园保存约2000份兰花资源。我国兰花资源收集保存取得重要进展，国家兰科植物保护中心（深圳梧桐山兰谷）收集和保存兰花原生种500种，包括兜兰和兰属所有种。近年来建立国家兰花种质资源库8个，共保存兰花资源10 000份以上。其中三亚市林业科学研究院国家热带兰花种质资源库收集保存兰花种质资源共4032种，其中原生种2512种，栽培种1520种。我国台湾糖业研究所从20世纪80年代开始收集蝴蝶兰的种质资源，迄今共收集了42个种和1883个优良杂交种（陈玉水，2005），对这些种质资源的研究和利用推动了台湾蝴蝶兰育种和产业的发展，蝴蝶兰育种和生产已在国际上占有一席之地。兰花种质资源的收集方法有到原产地采集、交换、购买等方式。

（3）兰花资源的保存

对收集到的兰花资源只有有效地保存才能加以研究和利用，目前兰花资源迁地保存的方法主要有如下几种：①建立兰花种质资源圃。如新加坡、英国、荷兰、日本、中国、巴西等国家都建立了兰花种质资源圃，这是兰花保存的基本方法。②建立种质库。将收集到的兰花种子进行干燥处理，而后在低温干燥的条件下进行长期保存。这种方法是目前兰花种质资源保存的重要方法。③利用组织培养的方法保存。将各种兰花的根状茎、胚或原球茎用低温冷冻的方法进行保存，或在常温条件下继代保存。如华南农业大学广东省植物分子育种重点实验室从1994年开始继代保存的墨兰根状茎迄今仍保持正常的分化能力。④建立基因文库。即从兰花提取DNA，用限制性内切酶酶切，再把酶切后的DNA片段与载体相连转移到大肠杆菌中进行克隆，产生大量的兰花单拷贝基因，从而建成兰花的基因文库。

19.3 育种目标及其遗传

兰花育种目标随兰花的种类、不同时期及各国的欣赏习惯而异。例如，同样是兰属兰花，中国人喜欢色彩淡雅、有香气的地生兰；而国外则喜欢花大、色艳的附生兰。

19.3.1 国兰育种目标及其遗传

兰花在中国有1000多年的栽培历史，传统的国兰欣赏对芳香、花瓣、色彩、壳、箨、捧心、舌、肩、苔、鼻、点、梗、叶等都有一定的标准。随着时间的推移和时代的变迁，人们对国兰的欣赏经历了从闻香到花艺、从花艺到线艺、从线艺到型艺的变化过程，国兰的育种目标也随之变化。特别是近年来，随着我国国际地位的提升和人们生活水平的提高，普通百姓成为国兰消费的主体，产业化、大众化和国际化已成为国兰发展的大趋势，因此多艺、大花、观赏期长、抗性强、适应性好等已经成为国兰育种的重要目标。

①香气　国兰无香则不可取，国兰的香味贵在纯正、幽远、温和，不能太浓也不可太淡，主要香气物质为醇类、萜烯类和酯类。关于花香的遗传一般认为是显性，目前已鉴定克隆 $CfJMT$、$CeAOC$、$CeLOX$、$DXS3$、$CgTPS2-5$、$CgbHLH1$、$CgERF2$、$CgNAC5$、$GDPS$、$FDPS$、LIS 和 $CeJMT$ 等多个香气基因，但具体是哪个基因控制香气尚不清楚。花香和花色有一定的相关性，花色越淡，香味越浓。

②花色　国兰的花色以淡雅为贵、素心为上。近年来，绿色和红色花系也颇受欢迎。目前在绿色花系中，以嫩素为上，浓绿次之，红绿混杂最次；红色花系中，深桃红为上，桃红次之，黄红再次。素心兰花皆为好花，如'绿脂素''黄脂素''白脂素''桃腮素'和近年来选育的'红素'均为兰花中精品。在花色的遗传上，素心（无色）由隐性基因控制，可用有色亲本进行杂交选育。李文建等（2018）推测建兰红色花的形成与 CHS、DFR、ANS 基因在花瓣中表达显著上调有关。

③花型　国兰的花型要端庄。以荷瓣为上，梅瓣次之，水仙瓣再次。近年来，奇花种类不断涌现，越来越受育种家的重视。奇花种类主要包括多瓣或少瓣、多舌或多鼻、花瓣鼻化或舌化等。奇花不一定会成新名兰，首先奇花要奇得好看，其次性状稳定，且能够遗传，这样的奇花才有希望成为名贵兰品。分子遗传研究表明，梅瓣可能是由 PI 基因控制，建兰'翠玉牡丹'树丫花型花朵瓣型变异是由MADS-box基因家族中E类基因（如 $SEP-like$、$AGL6-like$）的缺失和A类基因（如 $AP1-like$）表达区域的扩张所引起。

④株型　传统的国兰株型是中等株高、半直立型，近年来矮种兰花也颇受欢迎。

⑤叶　历来是国兰观赏的重要目标之一。传统审美观认为叶须下收渐向叶尾阔散，叶片光彩润泽而厚重，短阔垂软。近年来叶艺育种受到重视，主要包括：一是奇形叶类兰花。叶片厚重，色泽较深，叶上有直的或横的皱褶（俗称直龙或横龙），整个叶型如虬龙蜿蜒，叶呈匙型、鱼肚型、瓢型等。二是叶艺类，指叶片上有白色或黄色的斑块及花纹，分子遗传结果表明，国兰叶艺的形成可能与 $CsERF2$、$CH1$ 和 $GL02557$ 等基因有关。目前可分成鸟嘴、金边、中透、玳瑁纹等。三是水晶艺类，指兰叶上嵌着晶莹玉润的斑点和条纹组织，且叶姿畸变行龙，苍劲奇美。水晶艺类是20世纪90年以后才逐渐从线艺中分离开来的新的兰花类型。

四是图斑艺,这是指以斑纹的形式在兰叶上表现出各种类型图画,是集线艺、型艺、水晶艺于一身的新兰艺,目前尚在争论中。

⑥肩　指左右两萼片的相对位置。一般以一字肩为上品,飞肩次之,落肩最次。

⑦捧心　指植物学的花瓣。以柔软、光洁、形状似蚕蛾之皮肤为上品,阔观音兜和僧鞋菊次之,挖耳捧、硬蚕蛾捧再次,豆荚、蟹钳捧等为下品。

⑧舌　即唇瓣。一般要求圆而短,以大意舌、刘海舌、大圆铺舌为上,小如意舌、方胜舌、方版舌等次之,微缺舌、尖如意舌再次之,吊舌、狭兰舌最次。

⑨壳　指植物学上的薄鞘。兰花之壳有绿、白绿、红紫、淡紫、赤绿等各种颜色,都有可能出名种,凡壳纹理直流而筋肌粗糙、色彩昏暗者则选育不出好品种。

⑩衣　即鞘,要求衣长且大。

⑪兰筋　指壳和衣上的筋纹。要求纹理细软光润,从根底透顶鲜艳夺目。

⑫苔　指唇瓣上的颗粒状突起物。要求颗粒细致柔润明亮,颜色要求绿色、嫩绿色或白色。

⑬点　即兰舌上色彩斑点,要求颜色清澈鲜亮、分布规则。

⑭鼻　即蕊柱,育种目标为鼻小而平整,内有蜜腺。

⑮花梗　育种目标为细长,春兰在10cm以上,蕙兰在20cm以上。

⑯抗性　国兰由于长期用分株繁殖,许多品种带有病毒,包括一些名贵品种,因而抗病毒、抗茎腐病等已成为国兰育种的重要目标。

⑰花期　应节是我国花卉消费的显著特点,培育在春节期间开花和开花时间长的国兰品种是今后育种的重要目标。分子遗传结果表明,转*FT*基因,可以使转基因植株提早开花,*CsCOL1*和*CeCOL*促进转基因拟南芥提早开花,*CgCOL*则相反。

19.3.2　洋兰育种目标及其遗传

洋兰种类繁多,用途各异,总的育种目标:花枝多、花大、花多、花质厚、花型好、观花期长、花期易调控,花色富于变化,有香味,株型适中,抗性强,易栽培等。作为切花品种,则要求花多,花朵大小适中,花质厚,有香味,开花性好,花梗支持力强,易栽培,抗病,耐插,花期不同。洋兰以观花为主,提高花的观赏价值是洋兰育种最主要的目标。早期兰花育种主要集中在花的大小和花色上,目前,花期长、花型好、小花多、花有香味、抗病毒病和真菌性病害已成为育种的重要目标。近年来,对主要育种目标性状基因进行了鉴定克隆,获得一批育种目标性状关键基因(图19-2)。

①花大　洋兰一般要求花大,但作为切花,大小适中即可,如切花蝴蝶兰的花朵直径以6~7cm为佳。花朵大小是数量性状,用大花亲本和小花亲本杂交,杂种一代的花朵大小介于双亲之间,是双亲的算术平均数。但地旺兰(*Cymbidium devonianum*)的杂种后代的花朵趋向亲本,一些兰花杂种后代的花朵大小可产生超亲分离。兰花花朵大小和倍性有密切关系。蝴蝶兰倍性越高,花朵直径越大(表19-1)。

②花多　花多是培育兰花新品种的共同要求。许多具有重要观赏价值的兰花都有一些多花的原始亲本,如兰属中的多花兰和台兰,卡特兰中红花卡特兰(*C. auranfiaca*)和红斑卡特兰(*C. amethystogllossa*)等。蝴蝶兰中*Phal. stuartiana* 'Tookie'曾一次开花650朵,这些亲

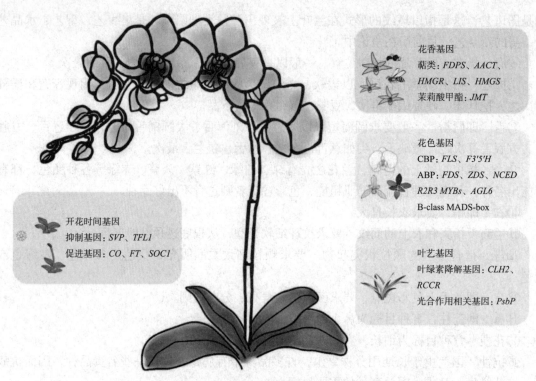

图19-2　兰花主要育种目标性状相关基因（Zhang et al., 2022）

表 19-1　不同倍性蝴蝶兰的花朵数和花朵直径（谢利 等，2014）

倍 性	花朵数（朵）			花朵直径（cm）		
	最小值	最大值	平均值	最小值	最大值	平均值
二倍体	6	28	13.30 ± 2.21a	3.98	6.00	4.58 ± 1.08a
三倍体	4	44	15.02 ± 1.28ab	3.80	8.80	5.56 ± 0.51ab
四倍体	2	26	7.31 ± 0.47c	4.70	20.86	8.28 ± 0.19c

本的多花特性均可以遗传给后代。多花和倍性具有明显的相关性，在蝴蝶兰中，三倍体的花朵数最多，其次是二倍体，四倍体的花朵数最少（表19-1）。

③花色　白花育种是传统花色育种目标之一，但花色育种随着兰花种类、时间和国家而异，红色是洋兰中最受欢迎的颜色。在拖鞋兰中，红色、黄色等越来越受人们欢迎。在卡特兰中，蓝色花的选育是重要目标。目前洋兰花色育种向着纯色系列和多变的方向发展。一般认为白色花受隐性基因控制。在石斛兰中，紫色是由2对互补基因C和R通过重复隐性上位性作用控制，基因型为ccRR和CCrr的植株自交产生白色的后代，但白色之间杂交或和其他基因型杂交产生非白色后代。在卡特兰中，紫色对黄色显性，当用紫色的C. warcewiczii和黄色的C. dowiana杂交时，其F₁代都是紫色的；但蕾丽亚兰属（Laelia）的黄色对卡特兰C. warcewiczii的紫色是显性。在万代兰中Vanda. coerulea的蓝色对V. sanderana的喷点是显性，用红色的V. coerulea作亲本时，后代呈粉红色。在蝴蝶兰中喷点花的遗传受所采用的亲本影响很大，如当用Phal. frisson和西德大红花杂交时，后代的喷点不整齐，当和Phal. 'Dai Fang's

Queen'杂交时，其后代以白底喷点居多。

④花型　洋兰之所以深受人们的喜爱，原因之一是它具有美妙的花型。文心兰花似"舞女"，蝴蝶兰状如蝴蝶，拖鞋兰的花朵则宛如一双双形态各异的拖鞋。花型育种随着兰花种类和市场需要而不断变化。目前，卡特兰以楔形花较受欢迎，蝴蝶兰、拖鞋兰等兰花的花型育种也已突破原来标准型，向着多样化的方向发展。一般而言，四倍体的花型比二倍体对称、平整、厚实。*Brassavola digbyana*的花萼、花瓣大小和宽唇瓣对*C. labiata*的铲型唇呈显性，石斛兰的三色堇型唇瓣是由1对隐性基因控制的（Amore & Kanenoto，1997）。

⑤香味　洋兰的原生种多数没有香味，因而培育有香气的洋兰品种是今后洋兰育种的主要目标之一。在遗传上，香气是由显性基因控制的。用*Brassavola digbyana*和*Cattleya domiana*杂交，杂种后代具有两个亲本的芳香味道。芳香型大花蕙兰是用有香气的国兰品种和附生的大花蕙兰杂交育成的，但不同兰花香气的遗传模式不完全相同。

⑥株型　株型育种的目标是紧凑，株高中等到半矮，叶片优美。迷你型兰花的株高在15cm以下。在蝴蝶兰中，*Phal. gigantea*株型巨大，并且能将这一性状遗传给后代。在卡特兰中，双叶类的株型对单叶类株型为显性。

⑦抗寒育种　重要的观赏兰花，如卡特兰、蝴蝶兰、石斛兰、万代兰等都分布于热带亚热带地区，为了扩大这些兰花的适应范围，降低切花生产成本，抗寒品种的选育应成为今后兰花育种的重要目标之一。

⑧抗病毒育种　兰花的病虫害是影响兰花生产的重要因素。病虫害的发生轻则降低兰花的观赏价值，重则造成整株枯死，给养兰者造成不可弥补的损失，特别是兰花的病毒病，目前还没有有效的防治方法，因而应加强抗病毒的遗传研究和新品种的选育工作。柯南靖（1989）报道，感染兰花的病毒已命名的有17种，目前已分离鉴定出的共有8种。Kobayashi & Kamenoto（1989）以石斛兰为材料对国兰花叶病毒的遗传进行了研究，结果表明，抗性亲本杂交产生的杂种是抗病毒的，而感病毒的亲本不论是和抗性亲本还是和感病亲本杂交，其后代一般都是感病毒的，因此感病是由显性基因控制的。Chang等（2005）克隆了兰花花叶病毒外壳蛋白基因*CymMV-CS CP*，为今后转基因育种奠定了基础。

19.4　引种驯化

19.4.1　意义

兰花的引种驯化包含两方面的含义，其一是指将野生兰花驯化成栽培兰花的过程；其二是指将外地的兰花品种引种到本地栽培种植的过程。引种是兰花育种的重要方法之一，传统的兰花品种都是通过引种驯化选育而来，我国目前绝大多数兰花新品种也都是通过引种选育而来。新的兰属、兰种的不断发现和引种栽培是兰花引种驯化工作的继续。兰花引种不仅是培育新品种的重要方法，而且通过引种栽培能够有效地保护兰花资源，丰富各国兰花的种质资源，推动兰花育种工作的开展。

19.4.2　引种方法

兰花的引种从获得"生草"开始。生草是指处于野生状态的兰花。获得生草的方法有两种，一是上山采集；二是从农民手中直接购买。上山采集是获得兰草最常用、最基本的方法。在上山采集兰草前应实地调查研究，摸清采集地的兰花种类、贮量、分布情况，最好有当地人作向导。采集兰草过程中应仔细分辨，确定是兰草再挖。采集时应注意兰花资源的保护，不能见兰就挖，竭泽而渔。遵守《中华人民共和国野生植物保护条例》和当地林业部门关于野生植物保护的规定。采挖的植株数量不宜超过居群的1/3，不影响原居群的正常生长、发育、繁衍和传播，以保证来年此地还有兰可采。挖取兰花时应连根挖起，减少断根。在采兰草的同时还要做好兰花生境的记载，如海拔高度、植被、气候等，为日后兰花驯化工作提供依据。为了更好地保护野生兰花，今后可以采集野外兰花的果实，经无菌播种培养形成后代群体进行实生苗育种。

为了方便种植和选育新品种，对刚采回或买回的生草应及时进行整理、分类、筛选。首先将采集到的生草放在阴凉处晾干，剪去枯枝败叶和断根；其次根据兰草的株型、叶片和种类做初步分类，如果生草已有花芽，应根据花芽的形状、颜色和脉纹来分类。分类好的兰花应及时栽培，根据数量采用盆栽或地栽，以疏松而不肥沃的培养土做基质。为了提高生草的成活率，管理上还应做到：①通风和遮阴，遮阴度80%左右；②忌湿免肥，以促进发根；③及时摘除花芽或花枝，减少营养损耗；④做好病虫害的防治；⑤将兰花的引种驯化和新品种选育结合起来，做到边驯化、边选育。

19.4.3 注意问题

随着兰花业的繁荣和育种工作的广泛开展，不同国家和地区间兰花引种工作越来越频繁。为了达到引种目的，在引种过程中应注意以下几个问题：①引种工作应遵循引种规律，对那些适应性窄的兰花地方种少引或不引；②以选育新品种为目的的引种，应引入一些新近育出的、有市场前景的兰花新品种，并获得育种者同意；③以引进杂交亲本为目的，在注意亲本观赏性状的基础上，应当特别注意亲本的遗传组成和育性；④引种过程中应严格做好检疫工作。

19.5 杂交育种

杂交育种是选育兰花新品种最重要的方法，包括杂种优势利用、远缘杂交、常规品种间杂交和回交4种方法。迄今，通过杂交方法育成的兰花集体杂种（grex）超过15万个，目前平均每年登录的集体杂种在3000个以上。兰花杂交育种始于19世纪50年代，是较早运用杂交方法选育新品种的花卉之一。170多年来，兰花的杂交育种取得了巨大成就，目前广为人们栽培的洋兰品种几乎全是采用杂交育种选育的，这些品种包括了品种间杂交种、种间杂交种和属间杂交种，还有4属甚至5属兰花杂交种，这些远缘杂交种在兰花产业中发挥了重大作用，如新加坡目前所用的切花万代兰大多数就是种间或属间杂交种。兰花杂交育种的程序如图19-3所示。

19.5.1 杂交育种方式

①单交　单交是指用两个兰花亲本进行杂交，将杂交种子播种，从实生苗中选育新品种

的方法，这种方法育成的品种一般称为第一代杂交种。如早期的兰花品种、杂交墨兰新品种'玉香兰'等都是用这种方法选育而成的。

②单交后回交　指用两个亲本杂交，从其一代杂种中选择优良单株和亲本之一回交，再从回交后代中选育新品种的方法。这种方法培育出的杂交种称为二代杂交种或高代杂交种。如'小凤兰'、石斛兰品种'Kooichoo'和大白花蝴蝶兰（*Phal. doris*）等就是用该方法育成的。

③单交后自交或姊妹交　指用两个亲本杂交后，从一代杂种中选择单株自交或进行姊妹交，而后从这些自交或姊妹交的后代中选育出新品种。

④自交后杂交　指对两亲本先进行系统育种，然后选株杂交，从杂交后代中选育新品种的方法。

⑤复合杂交　指3个或3个以上的亲本参与的杂交。复交是洋兰育种的常用方式，如兰属杂交兰品种'玉女兰'、蝴蝶兰品种'金美人'（*Phal.* 'Golden Beauty'）等都是用复交育成的。

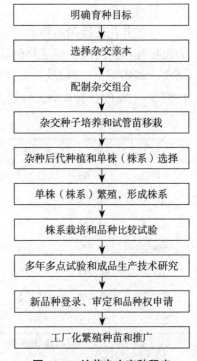

图 19-3　兰花杂交育种程序

19.5.2　亲本选配

切实可行的育种目标是兰花育种成功的基础。兰花育种目标的制定既要考虑市场的需求，又要根据已有资源。

亲本选配是兰花杂交育种的最重要环节之一。除了遵循园林植物育种亲本选配的一般规律外，还应注意以下几点：①选择种子易于萌发的品种作亲本，特别是对那些种子萌发比较困难的兰花（如拖鞋兰），尤其需要注意。②亲本应落实到具体的品种，而不是集体杂种。③栽培兰花品种倍性复杂，很多为三倍体和四倍体，也有非整倍体。在选择亲本时，应弄清亲本的来源及其遗传组成，选择可育的兰花作杂交亲本。④选用健壮无病虫害的植株作亲本，避免选用第一次开花的兰株作亲本。在兰花育种的先进国家和地区，许多兰花的信息都已输入计算机，兰花的亲本选配通常由计算机执行。我国目前还没有这样的软件系统，为了解亲本的性状及其遗传可向英国皇家园艺学会索取 Sanden's List of Orchid Hybrids 做参考。

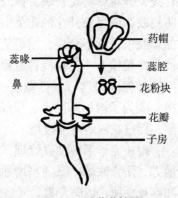

图19-4　兰花蕊柱图

19.5.3　人工授粉及果实发育

兰花的花朵是由苞片、萼片、花瓣、蕊柱和子房5部分组成。蕊柱俗称鼻，顶端是药腔，内有花粉块，外面盖有药帽（图19-4）。花药之下近蕊柱顶端处有一腔穴，称为蕊腔，是兰花接受花粉的地方。在花药和蕊腔之间有蕊喙，既可以防止兰花自花授粉，又可以协助兰花进行异花授粉。兰花子房下位，1室，有3侧膜胎座，每一胎座上着生许多胚珠，受精后发育成种子。

兰花开花习性随品种和气候条件的不同而异。墨兰、建兰的花朵开放多在早晨，柱头活力可持续很长时间，用成熟的花粉块给幼嫩、尚未开放及开放后半个月的花朵授粉均能正常结实。蝴蝶兰花后24d授粉，挂果率仍达100%；花后30d授粉，挂果率为44.4%（余美智 等，1987）。兰花的花粉块活力较强（表19-2），墨兰的花粉块在室温条件下放置24h仍有活力。

表19-2 常见兰花开花及结果情况一览表

兰花种类	花期（d）	花粉块数（个）	授粉最佳时间（花后天数）（d）	果实成熟时间（授粉后天数）（d）
卡特兰	40~60	4	3~4	180
蝴蝶兰	30~120	2	4~6	120~200
兰 属	15~90	4	8~12	270
石斛兰	1~55	4	3~4	100~240
万代兰	60~90	2或4	8~12	150
拖鞋兰	90~120	2	5~10	180~360（随种类不同而异）
文心兰	26~60	2	3~5	180

注：表中资料来自 Helmut Bechtel 等，1986；张尚仁，1992；Joseph Arditti，1982 等

选择健壮无病的植株作母本，于刚开花时去掉唇瓣和花粉块，不套袋，或于临近开花时套袋，开花后将花粉块去掉。选择健壮无病的植株作父本，开花前在花梗基部涂上樟脑丸以防蚂蚁，取当天开花的花朵中的花粉块放入干净的酒杯或白纸上。将父本的花粉块放入母本的蕊腔中，可不套袋。用铅笔在塑料纸牌上写明杂交组合名称、杂交时间，挂在授粉的花朵或母本植株上。兰花授粉过程中应注意：①防止串粉，做完一个组合后，必须换授粉用具或用乙醇擦洗用具后方可做下一个组合。②授粉的花粉块应为淡黄色，若变褐、变黑，应更换。③为了增加不同种、属间杂交成功的机会，可在母本的蕊腔中涂一点2,4,5-氧化苯磺乙酸，促进花粉萌发和授精。

授粉完毕后应加强管理，促进大孢子发育和受精，要求做到：①将母本置于温暖通风的地方，防止寒潮。②适当增加浇水量。③南方墨兰、洋兰授粉后正值雨季，授粉后应将花瓣和萼片去掉，以防发霉。④防病、防虫、防蚁。

授粉后2~3d，建兰、墨兰等国兰蕊柱的前端膨大并开始下卷，10d后将蕊腔盖住；卡特兰、蝴蝶兰授粉后2d花瓣开始萎凋；用蝴蝶兰的花粉给文心兰授粉，4d后蕊腔两边的组织内卷，将蕊腔盖住，与此同时，子房开始膨大，这些是授粉成功的最初标志。兰花从授粉到受精所需的时间随兰花种类不同差异很大。赤箭兰授粉后3~4d即开始受精，拖鞋兰需要1个月，蝴蝶兰、卡特兰需要2个月，建兰需要4个月，而万代兰则需要6~10个月才能受精。蒴果的成熟期也受品种、杂交双亲亲缘关系的远近、授粉花朵数和果实发育期间的气候情况等多种因素影响。兰花授粉后挂果率随品种差异很大，Shing（1996）报道指出石斛兰的挂果率最高，万代兰、蝴蝶兰、卡特兰、兰属兰花次之。张志胜等（2001）研究表明建兰和墨兰不论是自交还是品种间杂交，挂果率都很高，不同种间授粉，大花蕙兰和墨兰、建兰和寒兰之间杂交易结实，但产生的杂交种子的数量同自交相比明显减少。

19.5.4 种子萌发

兰花杂交技术简单，种间、属间杂交相对容易，兰花杂交后能获得大量的杂交种子。但由于兰花种子小，没有胚乳，在自然条件下很难萌发。因此，种子萌发就成为兰花杂交育种最关键的环节之一。兰花种子萌发从吸水开始。在种子萌发过程中，胚先吸水膨大，接着细胞分裂、增大，最后突破种皮。由于兰花种子中没有贮藏物质，此时若不是在人工培养基上或无兰菌共生，则无法继续发育；若有，胚进一步发育形成原球茎，接着长出茎、叶和根。大多数的兰花如卡特兰、蝴蝶兰、万代兰等种子萌发和小苗生长过程都是如此，但建兰、墨兰等国兰种子萌发则先形成根状茎，待根状茎发育到一定程度后才分化出茎叶。

兰花种子萌发常用的方法有两种，一种是共生萌发，另一种是非共生萌发。共生萌发是指将兰花的种子和共生菌混合后播种于基质中的萌发方式，该方法成本低，使用方便，兰苗生长速率高，在兰花杂交育种初期发挥过重要作用。但自从Knudson建立非共生萌发以来，除了一些兰花种子（如澳大利亚的地生兰）无法用非共生萌发外，已很少人使用该方法。非共生萌发也叫无菌播种，它是将无菌的兰花种子接到人工配制的培养基上，由培养基提供种子萌发所需要的营养，促进兰花种子萌发的方法。非共生萌发操作程序和兰花快繁相似，具体过程参见兰花快繁相关内容。兰花种子萌发常用的培养基有Knudson、MS、VW、Thomale GD等，其中Thomale GD培养基不含钙，适合于拖鞋兰种子的萌发。种子萌发使用的糖浓度为2%~3%，在培养基中加入适当浓度的激素能促进萌发。有机附加物对兰花种子萌发有重要的促进作用，如香蕉汁和土豆汁能够促进蝴蝶兰种子萌发和幼苗生长，活性炭和椰子汁对国兰种子萌发也有很大的促进作用。

影响兰花种子萌发的因素很多，兰花种类是重要的因素。一般而言，附生兰的种子比地生兰种子易萌发，地生兰中又以国兰和拖鞋兰较难。种子的发育程度也影响种子萌发率和萌发速度，如春兰种子受精后30d萌发率最高，40d萌发最快。墨兰授粉后137~152d，种子萌发快，且萌发率高（表19-3）。素心四季兰授粉后240d萌发率高，凤兰则以完全成熟的种子萌发最好。蝴蝶兰授粉后110d发芽好。一般认为暗培养对兰花种子萌发有利，但卡特兰和蝴蝶兰的种子在有光的条件下也能很好地萌发。不同兰花种子萌发对温度要求差别不大，以22~28℃比较适宜。有些兰花种子的种皮坚硬或种皮内含有抑制萌发的物质，对兰花种子进行预处理能够有效地促进种子萌发。田梅生等（1985）用眼科小剪刀将四季兰种子的种皮剪破，使子的萌发率提高了5倍。杨应华等（1994）用0.1mol/L NaOH处理拖鞋兰种子，不仅可以提高萌发率，而且能加快萌发速度。

表 19-3 种子发育期对'小香' × '金嘴'种子萌发的影响

发育时间（d）	从播种到萌发的天数（d）	萌发状况	萌发率（%）
107	—	未萌发	0.0
122	—	未萌发	0.0
137	40	萌发整齐，为根状茎	99.9
152	40	萌发整齐，为根状茎	95.0
207	120	萌发不整齐，为原球茎	10.0

19.5.5 杂种后代选择

①试管苗的移栽和管理　兰花杂交种子在试管中萌发，经转管培养长成小植株，当植株高度达5~8cm，具有2~3片叶和2~3条根时即可移栽。试管苗的移栽和初期管理是一件细致的工作，其方法和兰花快速繁殖试管苗移栽相似。选种对这一工作的要求更加严格，以便使具有各种基因型的试管苗都能顺利成活。移栽的试管苗应按组合种植，利于选种工作的进行。要创造最适的生长条件，使试管苗能够正常发育、苗壮成长，充分发挥各植株的遗传潜力，增加选择的可靠性，并尽量使所有杂种后代处于同样栽培条件下，减少人为误差。

②杂种后代的选择　绝大多数兰花是异花授粉作物，杂种一代性状就开始分离，产生各种变异植株；根据育种目标进行单株选择，对当选单株进行无性繁殖就可以培育出新的品种。兰花杂种后代的选择，可在整个生育期进行，在苗期应对抗病性、抗逆性、株型、叶艺等性状进行选择。对抗逆性选择应在逆境下进行，在花期则着重对花部性状如花色、花型、香味等进行选择。兰花杂种后代选择同其他花卉一样要遵循"优中选优"的原则，即选择优良的组合，再从优良的组合中选优良的单株。对杂种后代具体性状的选择，一般的方法是对目标性状直接进行选择；但亦可以根据性状相关性进行间接选择，如在国兰中常可先根据花芽的颜色对花的颜色进行初步选择。此外，也可以利用分子标记在试管苗生产和营养生长阶段进行早期选择，等到植株开花时，再对这些植株进行详细的观察和选择。

杂种后代的单株选择是兰花育种的核心环节之一，需要细心、耐心和经验。一般可分为初选和决选。初选可在杂种后代第一次开花时进行，而决选要等到植株达到成品植株大小时进行，而最终确定作为商品化生产的品系还应当考虑其快繁和栽培特性。

19.5.6 杂交种命名、登录、审定和保护

从杂种后代中选到符合育种目标的植株后，按国际惯例，要进行两年以上的栽培试验，如果当选植株目标性状稳定，并能稳定地遗传给后代，就可进行大量繁殖，达到一定数量后就可以向有关机构申请登录。

（1）兰花杂交种的命名

用不同属的兰花进行杂交而形成的新属称为杂交属。杂交属的命名应遵循《国际植物命名法规》。两个兰花属间杂交形成的杂交属的名称来自两个属名的缩写，如 *Brassocattleya* 是 *Brassavola* 和 *Cattleya* 两属间的杂交种，*Aranda* 是 *Arachnis* 和 *Vanda* 的杂交种。对3属或多属兰花形成的杂交种由第一个育种者名称或其他名称加上后缀"ara"构成，如 *Mokara* 是 *Arachnis*、*Vanda* 和 *Renanthera* 的3属杂交种，它是由C. Y. mok育成的；*Dotinara* 是由 *Brassavola*、*Cattleya*、*Laelia* 和 *Sorphronitis* 4属形成的杂交种。

集体杂种（grex）是指相同亲本杂交出来直接后代的全部个体。集体杂种的命名应遵循《兰花命名与登录手册》中的有关条款：①可以用各国现代语言中任意想象的名称，但汉语最好用拼音，便于世界交流；②名称一般由1~2个字（词）构成，最多不得超过3个字（词）；③避免使用数字和符号；④避免使用太长的字（词）、夸大其词或含混不清的字（词），一般情况下不得使用冠词、缩写字和称呼；⑤避免使用常见植物的名称；⑥同一个种内的两个集体杂种不得取相同或相近的名称；⑦不得使用亲本（不论属间或属内杂交）的附加词；⑧集

体杂种下的品种不得使用集体杂种亲本名称（附加词）合并的字作名称；⑨集体杂种名称中不得出现"变种"或"变型"的字样。

（2）杂交种的登录

兰花杂交种的登录应向认可的登录机构申请。集体杂种和杂交属的国际登录机构是国际兰花登录权威机构（International Registration Authority for Orchids Hybrids），栽培品种的登录由各国兰花权威机构负责。向国际兰花登录权威机构申请登录集体杂种时应提供以下资料：①培育者、引种者或委托人的姓名、地址；②该名称发表的完整资料（文献名称、命名人、发表日期、描述等）；③已知的亲本；④授粉日期和首次开花时期；⑤主要特征和进行品种比较试验的结果。兰花杂交种一经同意登录，将定期在兰花评论（The Orchid Review）中公布，目前两个月公布一次。

我国兰花品种登录由中国兰花协会和兰花学会联合组成的中国兰花品种登录注册审查委员会负责实施，其程序如下：①由品种持有人提出申请，填写申请表；②申请登录的品种应先通过省、自治区、直辖市委员会审定；③每个品种需提供5芽以上植株，植株性状一致，奇花品种要2张以上的彩色照片；④经审查批准的每个品种需交纳登记注册费，未通过登录者不收费；⑤申请登录的品种经审查合格后予以注册并发给证书，定期通过《中国花卉报》向国内外公布。中国兰花品种登录从1992年开始，办公地点设在广东省农业科学院内的中国兰花协会办公室，目前已登录的品种数超过600个。兰花品种登录后，由审批单位颁发证书，得到国内外认可，登录后的品种即可进行繁殖和推广。

（3）品种审定

除了进行品种登录外，兰花新品种还可进行品种审定、评定或登记，不同省份负责机构和要求不同。广东省花卉新品种评定工作由广东省作物品种审定委员会负责。虽然花卉品种评定不需要进行统一品种比较试验，但需要自行开展品种比较试验和多年多点试验，报审前需向品种审定委员会提出申请和提交品种选育报告以及品种比较试验和多年多点试验结果，由品种审定委员会组织相关专家进行现场鉴定，然后再报请品种审定委员会审批。

（4）新品种的保护

为了保护育种者权益，目前我国已将春兰、兰属、蝴蝶兰属、石斛兰属兰花列入植物新品种保护名录，申请者可以向农业农村部植物新品种保护办公室提出新品种权申请，也可以向产品销售地的其他国家和地区的相关机构提出申请，截至2018年12月31日，我国农业农村部受理的兰花、蝴蝶兰和石斛兰申请量分别为85个、314个和27个，授权数分别为21个、75个和0个。

19.6　诱变与多倍体育种

19.6.1　物理诱变与化学诱变

诱变育种是快速选育兰花新品种的有效方法，将诱变处理、组织培养快速繁殖和分子标记辅助选择技术相结合能快速高效地选育兰花新品种，显著缩短育种周期、提高育种效率。研究表明，诱变处理在改变兰花株型、花色、花朵数量、叶色叶艺、叶片扭曲度、抗病性、早开花、抗病性、抗虫性等性状的效果好。常用的物理诱变方法有γ射线、紫外线、重离子、空间诱变等，一般采用外照射。γ射线是兰花诱变育种常有的诱变剂，但近年来采用重离子辐照逐渐增多，不同兰花种类适宜的诱变剂量不同，诱变效率和变异性状也不一样（表19-4）。采用诱变育种方法已培育出'航蝴1号'蝴蝶兰、小兰屿蝴蝶兰'飞兰'等兰花新品种。

表19-4　兰花诱变处理一览表

兰花种类	处理材料	诱变剂	参考剂量	资料来源
蝴蝶兰	类原球茎	空间诱变	—	陈晓英等，2011
寒兰	根状茎	EMS	0.119%~0.607%	王昭雯，2012
兜兰	原球茎	$^{12}C^{+6}$重离子	1krad	Le et al.，2012
春剑隆昌素	根状茎	^{60}Co-γ	20Gy	蒋彧等，2013
石斛兰	类原球茎	NaN_3	0~5mM	Wannajindaporn et al.，2014
石斛兰	类原球茎	$^{12}C^{+6}$重离子	—	Ahmad et al.，2015
石斛兰	组培苗	^{60}Co-γ	20Gy	任羽等，2016
大花蕙兰	类原球茎	^{60}Co-γ	40~200Gy	Lee et al.，2016
石斛兰	类原球茎	叠氮化钠	0.1 and 0.5mM	Wannajindaporn et al.，2016
树兰	蒴果	^{60}Co-γ	70.08Gy	周亚倩等，2017
指甲兰	原球茎	EMS	0.025%~0.03%	Srivastava et al.，2018
墨兰和春兰杂交品种	根状茎	^{60}Co-γ+光/暗处理	LD_{50}=50和30Gy	Kim et al.，2020
杂交兰	类原球茎	$^{12}C^{+6}$重离子	50Gy	郭和蓉等，2021
小屿蝴蝶兰	实生苗	^{60}Co-γ	15~20GY	李威，2022
石斛兰	类原球茎	NaN_3		Hualsawat et al.，2022
石斛兰	类原球茎	EMS	1.4%~1.8%	Khairum et al.，2022
石斛兰	类原球茎	^{60}Co-γ	10~25Gy	Sherpa et al.，2022

Le等（2012）采用^{60}Coγ射线和$^{12}C^{+6}$重离子辐照兜兰原球茎，结果表明，采用20~40.4Gy ^{60}Coγ射线辐照没有获得变异体，而采用3Gy $^{12}C^{+6}$重离子辐照获得了24个变异体。同样Lee等（2016）采用^{60}Coγ射线辐照大花蕙兰类原球茎也没有获得突变体。但Sherpa等（2022）采用^{60}Coγ射线辐照石斛兰类原球茎，结果发现，40Gy辐照表型变异率最高（51.6%），突变谱最广，其次为20Gy和10Gy，表型变异率分别为9.5%和7.0%。突变类型包括叶扭曲、叶变宽、叶色变深、花期提早等。Kim等（2020）将墨兰和春兰2个杂交品种根状茎分别暗培养60d和75d再转入光下培养10d后，分别用50、30Gy ^{60}Coγ射线辐照24h。结果发现，叶绿素相关叶色突变率比未进行光暗处理的根状茎高1.4倍和2倍。

兰花化学诱变处理一般以原球茎等中间繁殖体为材料，处理的化学诱变剂有EMS、叠氮化钠（NaN_3）、二甲基亚砜等。处理的方法有浸泡法、注射法、悬浮法等，也常采用复合处理。Wannajindaporn等（2016）采用叠氮化钠处理石斛兰类原球茎1h，共获得24个候选突变体，一些突变体表现为株高变矮、节数变多、节间变短、叶变短变厚、根变少变短。ISSR分析结果表明，20个候选突变体在DNA水平发生了变化。Khairum等（2022）用EMS处理石斛兰类原球茎4h，经棕榈疫霉菌培养滤液的筛选，共获得55个抗黑腐病突变体，其中44个经接种鉴定，有13个对黑腐病表现出抗性，4个表现为高抗，经形态学观测，编号SUT13E18305突变体观赏性状优良，可进行商业化推广。

目前对诱变处理材料的筛选可以在试管内进行，主要采用形态观测、试管花诱导和标记辅助选择等方法进行。也可以采用传统的方法进行，即将处理后的材料接种到分化培养基上进行植株的再生，对再生的试管苗进行移栽，在诱变后代开花时进行单株选择。具体方法与杂交后代选择方法相似。

19.6.2 多倍体育种

兰花多倍体形成主要途径有组织培养、未减数配子、化学诱变、多精入卵等。同二倍体相比，多倍体兰花通常具有花大、花朵更加对称、丰满、花质厚、观赏期长、适应性强等特点。研究表明，目前商业化的蝴蝶兰、石斛兰、大花蕙兰等兰花品种多数都是多倍体，多倍体育种已经成为兰花育种的主要方法之一，特别是利用未减数配子途径选育的有性多倍体集杂交优势和倍性优势于一身，是选育突破性兰花新品种的有效方法。兰花新品种'玉蝉兰'就是用这种方法选育的。

①利用秋水仙碱进行人工加倍　秋水仙碱处理中间繁殖体或种子是获得兰花多倍体最常用和有效的方法。可以将秋水仙碱加到固体培养基中，将培养材料接种到培养基上培养一个继代周期，然后进行恢复培养和植株再生，最后从再生植株中鉴定多倍体；也可以将中间繁殖体放入秋水仙碱溶液中处理一段时间，然后培养处理材料，最后从再生植株中鉴定多倍体。秋水仙碱处理浓度一般为0.05%~1.0%，处理时间1~14d，低浓度长时间处理有利于兰花多倍体诱导。Vilcherrez-Atoche等（2023）采用秋水仙碱对卡特兰属间杂种种子和原球茎进行处理，结果表明，种子多倍体诱导率为3.21%，而原球茎多倍体诱导率为16.43%。Xie等（2017）以二三混倍体大花蕙兰类原球茎为材料，0.1%秋水仙碱处理3d的多倍体诱导率为27.59%，从再生植株中鉴定出三倍体、四倍体、六倍体和四六八混倍体等不同倍性材料。除秋水仙碱外，还可以用oryzalin诱导多倍体。Miguel和Leonhardt（2011）用oryzalin处理兰花类原球茎，获得了石斛兰、蝴蝶兰、树兰和花猫兰（*Odontioda*）多倍体。

②从组织培养中获得多倍体　在兰花的组织培养中由于激素等作用，常常会产生一些多倍体。Vajrabhaya（1977）对石斛兰的205株再生植株进行检查，发现有5株是四倍体。Xie等（2017）对大花蕙兰二三混倍体进行组织培养，在再生植株中有三倍体、三四混倍体。

③从兰花的杂交和自交F_1代中选择多倍体　在有多倍体资源的情况下，采用二倍体和多倍体、多倍体和多倍体杂交是兰花多倍体育种的常用方法。如用三倍体和四倍体蝴蝶兰杂交，杂种后中可产生三倍体、四倍体、五倍体等不同倍性的蝴蝶兰。用四倍体的万代兰（*V.* 'Dawn Nishimura'）和二倍体的*Aranda*杂种杂交，育成了一些有重要商业价值的四倍体*Aranda*品种，这些品种花比二倍体大，在许多性状上更像万代兰。在蝴蝶兰上用六倍体的*Phal.* 'Golden Sauds'和四倍体的白花亲本回交，杂种后代在花色、花型、大小等方面都得到了很大的改善，并育成了五倍体的兰花新品种*Phal.* 'Meadous Lark'。

三倍体兰花通常表现出一定的杂种优势，是兰花育种的重要目标。如三倍体的*Aranda*在观赏特性上超过二倍体和四倍体，它的花型优美，大小介于二倍体和四倍体之间，适合作切花用，同时其营养生长健壮，花也比二倍体多；虽然四倍体 Aranda 品种的营养体长得比三倍体大，但其生长速度慢、发育迟缓、花序产量低。再如与同组合二倍体相比，有性三倍体'玉蝉兰'和'黄荷兰'花型更圆整，花瓣和唇瓣更宽（图19-5），其营养生长期和开花期与二倍体相近，组培快繁效率与二倍体相近甚至更高。

图19-5　有性三倍体和同组合二倍体比较（Zeng et al.，2020）

A. 开花植株二倍体（左）和'黄荷兰'（右）　B. 花朵二倍体（左）和'黄荷兰'（右）　C. 萼片花瓣唇瓣二倍体（上）和'黄荷兰'（下）　D. 开花植株二倍体（左）和'玉蝉兰'（右）　E. 花朵二倍体（左）和'玉蝉兰'（右）　F. 萼片花瓣唇瓣二倍体（上）和'玉蝉兰'（下）

三倍体不仅是优良的品种，同时也可能是优良的亲本，特别是通过 $2n$ 配子途径获得的有性三倍体。以有性三倍体'玉蝉兰''黄荷兰'等配制杂交组合，结果表明，二倍体和三倍体杂交后代出现三倍体和四倍体，三倍体和三倍体杂交后代中有三倍体、四倍体和五倍体（表19-5）。Storey（1956）发现用三倍体 Cattleya 和四倍体 Laeliocattleya 杂交，其后代是五倍体。用奇倍数兰花作亲本，常可以选育出稀奇的兰花品种。

表 19-5　兰花有性三倍体杂交后代的倍性（Li et al.，2022）

杂交组合（♀×♂）	鉴定植株数	不同倍性植株数						
		$2x$	$2x\sim3x$	$3x$	$3x\sim4x$	$4x$	$4x\sim5x$	$5x$
'玉蝉兰'（$3x$）×'小凤兰'（$2x$）	10	9		1				
'小凤兰'（$2x$）×'玉蝉兰'（$3x$）	48	1	34	12		1		
'玉蝉兰'（$3x$）×'黄荷兰'（$3x$）	40		3		9	21	6	1

在没有多倍体资源的情况下，通过筛选高效发生2n配子资源作亲本或人工诱导亲本产生2n配子，然后再进行杂交，在杂种后代中就可以鉴定出多倍体后代，进而培育出多倍体兰花新品种。

19.7 生物技术在兰花育种上应用

在兰花育种上应用最早、成效最大的是细胞工程技术。20世纪90年代，兰花育种者开始探索应用外源基因导入的方法进行品种改良，取得了一定的进展。在这期间建立起来的分子标记技术也已开始应用到兰花育种的各个环节。近年来基因编辑技术的发展及其在育种上的应用为兰花育种提供了新思路。

19.7.1 细胞工程

（1）兰花种子萌发和快速繁殖技术

兰花种子萌发即兰花胚培养，是兰花杂交育种的重要环节，也是兰花繁殖的重要方法。1922年，法国Knudson建立的非共生萌发技术，使得兰花种子在人工配制的培养基上高效萌发，大大地促进了兰花杂交育种工作的开展，是植物组织培养技术在植物育种中应用最早也是最成功的范例。1960年Morel进行了兰花的茎尖培养并获得了巨大成功，从此兰花快繁技术成为兰花繁殖和新品种繁育最重要的方法，并形成了举世闻名的兰花工业。

（2）兰花原生质体培养和体细胞杂交

原生质体是"裸露"的单细胞，既可以作为外源基因导入的受体，也可以将不同种的兰花原生质体进行融合，克服某些优良亲本的杂交不亲和性和不育性，培育兰花新品种。兰花原生质体最初是用机械的方法分离，Meyer（1977）用酶解的方法分离得到卡特兰等兰花的原生质体。随后有关兰花原生质体的分离的方法逐渐增多，兰花原生质体的分离和培养也取得了一些进展。Sagise等（1990）对蝴蝶兰的原生质体进行培养，获得了再生植株。Kuehble和Nan（1991）从石斛兰的黄化试管苗茎尖分离出原生质体，用改良MS包埋培养2~4周后形成小的克隆。Purbaningsih和Coumans（1991）用文心兰和蝴蝶兰的原球茎进行原生质体分离，并用MS、KM8p等多种培养基培养，但只有文心兰的原生质体开始分裂。Oshiro和Steinhart（1991）以新鲜的花瓣、萼片、叶、根为材料，用纤维素酶和离析酶进行酶解分离，得到了兰属兰花、卡特兰、树兰、Ascocentrum和万代兰的原生质体，以花瓣和萼片分离得到的原生质体产量最高。Chen等（1995）用E4酶对蝴蝶兰的叶、花瓣和根尖进行酶解都获得原生质体，以试管苗幼叶为材料，可以获得数量多的外植体，活体染料染色显示有活力的原生质体约90%，用Km8p对原生质体培养，5d后开始第一次分裂，21d后只有少量的细胞团形成，没有获得愈伤组织。刘欣佳和杨跃生（2005）采用酶解法高效地分离出金线莲叶肉原生质体，从1g鲜质量的嫩叶材料可以得到820万个以上的原生质体。陈泽雄等（2007）研究卡特兰叶片原生质体分离条件，获得的原生质体存活率为91.2%。Xu等（2016）对金钗石斛原生质体进行培养，但未获得愈伤组织。Lin等（2018）从蝴蝶兰花瓣中分离出原生质体，并建立基因瞬时表达系统。Ren等（2020）从兰属兰花花瓣中分离出原生质体，并建立基因瞬时表达系统。此外，还从血叶兰（*Ludisia discolor*）、香荚兰（*Vanilla*）等兰花中成功分离出原生质体。

体细胞杂交是培育远缘杂种的重要手段。Teo和Neumann（1978）首次将不同兰花的原生质体进行融合。Price和Earle（1984）以原球茎、根、叶和花为材料分离出*D.* 'Beach Girl' × *D.* 'Takami Kodama'、*D.* 'Lowis Bleriot'等兰花的原生质体，并对*D.* 'Lowis Bleriot'的叶片原生质体和*D.* 'Beach Girl' × *D.* 'Takami Kodama'的花瓣原生质体进行了融合。Chen等（1990）用电融合法将不同种蝴蝶兰的原生质体进行融合，得到了杂种细胞。Issirep Sumard等（1991）以PEG为融合剂成功地将蝴蝶兰和石斛兰的原生质体进行了融合。Divakaran等（2008）以PEG为融合剂成功地将*V. andamanica*和*V. planifolia*原生质体进行了融合。

19.7.2　基因工程

基因工程为兰花的品种改良提供了广阔的前景。自2000年以来，兰花基因工程取得了很大进展。目前进行遗传转化研究的兰花涉及蝴蝶兰属、石斛兰属、文心兰属、兰属、万代兰属、五唇兰属、卡特兰属、长萼兰属等，转化的方法主要是农杆菌介导转化法和基因枪转化法，转化的目的基因主要有建兰花叶病毒外壳蛋白基因*CymMV CP*、甜椒铁氧还原蛋白基因*pflp*、同源异型基因*DOH1*、抗虫基因、抗病基因、组培快繁特性基因、花发育调控基因*Lfy*等，受体材料主要为原球茎、类原球茎、根状茎、愈伤组织等（表19-6）。Yu等（2001）采用农杆菌介导法将*DOH1*导入蝴蝶兰。结果发现，*DOH1*基因能在试管苗中表达，形成不正常的多茎植物。Liau等（2003）采用微粒轰击法将含有编码甜椒蛋白的*pSPFLP*基因和椰菜花叶病毒导入文心兰原球茎，PCR分析表明，基因序列得到改变。You等（2003）将花发育调控基因*Lfy*导入兰花后发现，兰花植株对胡萝卜欧氏杆菌（*Erwinia carotovora*）有较高的抗性。Chang等（2005）采用基因枪法进行石斛兰遗传转化研究。经过PCR、Southern bolt、Northern bolt和Western bolt分析发现*CymMV-CS CP*基因被成功转入石斛兰中，转基因植株的症状比对照植株轻。Chan等（2005）利用基因堆积技术将*CymMV CP*基因的cDNA和甜椒类铁氧化还原蛋白（plant ferredoxin-like protein）的cDNA共同转化蝴蝶兰的原球茎，获得抗CymMV和欧文氏杆菌双抗性转基因植株。Rinaldi等（2006）以CaMV35S为启动子，用农杆菌HA101（pEKH-WT）介导将抗病*Wasabi*基因导入蝴蝶兰愈伤组织中，获得了抗软腐病等多种细菌性病害的蝴蝶兰植株。潘才博（2007）采用根癌农杆菌介导的方法将ACS反义基因导入蝴蝶兰。曹颖等（2007）用农杆菌介导法对石斛兰和蝴蝶兰杂交后代进行了遗传转化研究，获得22株再生植株。对其中9株PCR阳性的再生植株进行Northern bolt分析，检测到较强的*GUS*基因表达。Liu等（2019）采用RNAi干涉的方法获得开白色花的文心兰。Sornchai等（2020）采用农杆菌介导法将反义*CpACO*基因导入石斛兰，导致花型改变，花脱落、衰老延迟。虽然近年来兰花转基因研究逐渐增多，但主要集中在蝴蝶兰、石斛兰、文心兰上，兰花的转基因效率依然偏低。此外，获得主要育种目标性状基因是有效开展兰花转基因育种的关键，近年来随着组学技术的发展和应用，已鉴定克隆了一大批兰花基因，但多数基因的功能并未在兰花上得到验证，因此获得有育种价值的基因仍是今后一项重要工作。迄今尚未见到通过转基因育成兰花新品种的报道。

基因编辑技术是一种简单有效的定向育种技术。目前已建立了蝴蝶兰（Tong et al., 2020; Semiarti et al., 2020）和石斛兰（Kui et al., 2017）基因编辑技术体系，为兰花基因编辑育种

表 19-6　兰花遗传转化

兰花种类	受体	转化方法	基因	结果	作者、时间
石斛兰	类原球茎	基因枪	*DOH1*	过表达抑制芽分化发育	Yu et al., 2000
文心兰	类原球茎	农杆菌介导	*pflp*	提高抗病性	Liau et al., 2003
石斛兰	类原球茎	农杆菌介导	*DSCKX1*	改变组培快繁特性	Yang et al., 2003
蝴蝶兰	类原球茎	基因枪	*CymMV CP*	提高对建兰花叶病毒抗性	Liao et al., 2004
蝴蝶兰	类原球茎	基因枪和农杆菌介导	*CymMV CP*	提高抗病性	Chan et al., 2005
石斛兰	类原球茎	农杆菌介导	*CymMV-CS CP*	获得转基因植株	Chang et al., 2005
蝴蝶兰	类原球茎	农杆菌介导	*Wasabi*	获得转基因植株	Sjahrill et al., 2006
蝴蝶兰	类原球茎	农杆菌介导	*BP/KNAT1*	多芽、不正常叶	Semiarti et al., 2007
文心兰	类原球茎	农杆菌介导	*etr1-1*	获得转基因植株	Raffeiner et al., 2009
卡特兰	类原球茎	农杆菌介导	*ORSV* replicase gene	获得转基因植株	Zhang et al., 2010
文心兰	类原球茎	农杆菌介导	*OMADS1*	开花早、花多	Thiruvengadam et al., 2012
石斛兰	愈伤组织	基因枪	*DOSOC1*	过表达促进开花	Ding et al., 2013
扇叶文心兰	类原球茎	农杆菌介导	*MSRB7*	提高抗逆性	Lee et al., 2015
Burrageara	类原球茎	农杆菌介导	*etr1-1*	花寿命延长	Winkelmann et al., 2016
石斛兰	类原球茎	农杆菌介导	*AcF3H*	改变花色	Khumkarjorn et al., 2017
石斛兰	愈伤组织	农杆菌介导	*DOAP1*	过表达提早开花	Sawettalake et al., 2017
石斛兰	愈伤组织	农杆菌介导 基因枪	*DOFT* *DOFTIP1*	过表达提早开花 影响假鳞茎形成和花发育	Wang et al., 2017
石斛兰	原球茎	农杆菌介导	*DcObgC-RNAi*	获得转基因植株	Chen et al., 2018
文心兰	类原球茎	农杆菌介导	*PSY-RNAi*	改变花色	Liu et al., 2019
蝴蝶兰	类原球茎	农杆菌介导	*OsGA2ox6*	降低株高	Hsieh et al., 2020
石斛兰	类原球茎	农杆菌介导	*CpACO antisense*	改变花型、延缓花衰老	Sornchai et al., 2020
石斛兰	愈伤组织	农杆菌介导	*DOAG1* *DOAG2*	敲除影响花发育	Wang et al., 2020
石斛兰	愈伤组织	农杆菌介导	*DOTFL1*	敲除使花期提早	Li et al., 2021
蝴蝶兰	原球茎	农杆菌介导	*PaSTM*	过表达促进植株再生	Fang et al., 2022

奠定了技术基础。Xia等（2022）以蝴蝶兰原生质体为受体，建立基因编辑技术体系，为蝴蝶兰基因功能研究提供了新手段。

19.7.3　分子标记

分子标记是DNA水平上的一种遗传标记。分子标记种类很多，在育种上常用的分子标记有RFLP（限制性片段长度多态性）、RAPD（扩增片段长度多态性）、AFLP（随机扩增片段长度多态性）、SSR（简单重复序列）、InDel（插入缺失）、SNP（单核苷酸多态性）、DAF

（DNA扩增指纹技术）和原位杂交等，这些标记已开始应用于兰花育种上的各个方面。

(1) 分子标记辅助选择

分子标记辅助选择育种是通过对与目标性状紧密连锁的分子标记进行选择、鉴定，从而选出具有目标性状个体的育种方法。由于分子标记具有以下特点：①直接以DNA形式表现，不受发育时期、季节、环境条件的限制，不存在表达问题；②数量多，遍布整个基因组；③多态性高；④不影响目标性状表达；⑤许多分子标记表现为共显性，能够鉴别出纯合基因型和杂合基因型。因此，分子标记辅助选择越来越受到育种工作者的重视。兰花育种最重要的目标是花朵。从试管苗移栽到开花，少则1~2年，多则5~6年。如果用与花的性状（如花型、花色、香味等）紧密连锁的分子标记进行选择，就可以在试管苗，甚至在中间繁殖体阶段进行选择，从而大大缩短育种年限。此外，兰花一些育种目标性状常表现为数量性状，运用分子标记选择能提高选择的效率。王键等（2006）对兰花香味相关基因进行了RAPD分子标记分析。结果表明，引物BA0088对9株香春兰和7株无香春兰扩增得到6条很明显的共有谱带，但9株香春兰都比7株无香春兰多出一条分子量370bp左右的特征条带，且带型较清晰，重复性较好。李晓红（2020）利用'小凤兰'和'吴字翠墨兰'及其杂交群体后代在362个SSR标记中筛选到8个能良好区分纯色花和杂色花的后代，其中CQX31辅助黄绿色花选择效率达100%。

(2) 分子标记品种鉴定

兰花的集体杂种已超过15万个，许多杂交品种在外观、形态上相似，如何区分这些品种，保护育种者权利，促进兰花业的健康发展日显重要。20世纪90年代发展起来的分子标记可以用于新品种的鉴定。Chen等（1995）用360个引物对红色和白色的*Phal. equestris*和*Doritis pulcherrina*及其杂种F_1代进行DAF分析，结果8个引物在*Phal. equestris*、7个引物在*Doritis pulcherrina*的红花亲本和F_1代植株产生明显的多态性。Chen等（1996）用20个随机引物分析比较5个属、同一属的5个种及同一种的5个品种的DAF带型，结果表明，无论遗传背景怎样相似，只要引物合适，在各品种都具有DAF的特征带。梁红健等（1996）用RAPD技术对19个中国兰花品种进行分析，共产生83个扩增带，其中80条具有多态性，每个兰花品种都有特异扩增带，可与其他品种区别开来。高丽和杨波（2006）采用ISSR对春兰品种的亲缘关系进行了分析。李季鸿（2018）利用有代表性的10个兰属品种从85对SSR引物中筛选出17对条带清晰、通用性好的引物，这17对引物共扩增出85个不同的条带，平均每一对引物扩增出5个条带，利用17对SSR引物对6个申请品种权品种及其近似品种的进行分子距离聚类分析，结果显示，申请品种权品种与其近似品种基本归为同一类，表明利用分子标记可以区分品种。

19.8 良种繁育

兰花良种繁育就是对培育出的兰花新品种用适宜的方法生产出大量质优价廉的兰花种苗，使新品种得以推广，尽早在生产上发挥作用。目前兰花新品种的繁育主要有3种方法，即分株繁殖、扦插繁殖和利用组织培养进行快速繁殖。其中，分株繁殖和扦插繁殖是兰花良种繁育的传统方法。随着Morel（1960）开创的兰花茎尖培养体系的建立，利用组织培养手段进行快速繁殖已成为兰花良种繁育的主要方法。目前，全世界已有100多个属、数百种和更多的品种实现了快速繁殖。

19.8.1　分株繁殖

分株繁殖又称分盆或分蔸，即分割丛生的假磷茎，独立栽培，以达到良种繁育的目的。分株繁殖速度慢，但该方法简单、易行、可靠，能够保持新品种的优良种性，且分株后的兰株生长快，因此分株繁殖是兰花良种繁育最常用的方法。国兰新品种繁育目前仍以分株繁殖为主，洋兰新品种繁育亦可以用该法进行。

一般来说，兰花分株繁殖在休眠期进行，最好是在新芽已经形成但尚未出土前。具体是在每年的2~4月前和9~10月以后进行。随着地理位置的不同，分株繁殖的时间稍有差异。在广东分株繁殖在秋季较好，而在较寒冷的北方，一般在每年的3~4月为宜。兰花分株的方法，不同种类稍有差别。春兰、墨兰等国兰属于合轴类兰花，分株时用一只手按住植株茎部的盆土，另一只手将盆翻倒出来，轻轻摇动使基质和盆壁分离，然后将兰丛取出，轻轻将基质破碎，使之和兰根分离，然后从间隙较大处下刀，用利刀将兰丛按2~3株一蔸切开、洗净，去掉老根、枯叶，用杀菌剂喷施后放置1d左右，等兰根返白时即可上盆。

卡特兰等散发型兰花，各假鳞茎或苗间有一定的距离，分株时用利刀将兰丛分成若干部分，要求每个部分都有活的芽眼，将有叶的假鳞茎栽于盆中，而将无叶的假鳞茎置于润湿的水苔中，放入一个塑料袋中，将口封紧，放在暖和而又不太热的地方，待到新芽开始生长时，即可移入盆中。为了加快新品种的繁殖，可以将兰花以株为单位进行分株，栽于盆中小心养护，提高新品种的繁殖速度。

兰花分株繁殖后根系活力相对较弱，此时应注意保温、保湿，细心管理。为了防止病害感染，应对分株使用的工具和兰株的伤口进行消毒，分株后通常要待植株晾干后再行定植，操作时勿碰伤幼芽。只要分株时间适宜，分株方法得当，管理细心，兰花的分株繁殖就容易成功。

19.8.2　扦插繁殖

万代兰、蝴蝶兰、火焰兰等单轴类兰花不产生根茎，其单茎往往都是无限生长的，在这些茎的节位常有很多的气生根，随着兰花的生长，新根不断产生。扦插繁殖时只要在具有较多新根的地方将兰株的上部茎切下，将它单独种植就可以达到繁殖的目的。有些单轴生长的兰花的茎部有小苗产生，可以采用分株繁殖的方式进行新品种的繁育，而对像石斛兰这样合轴生长的兰花，其茎上有许多节，除分株繁殖外，亦可采用扦插方式进行繁殖。扦插繁殖和分株繁殖一样，是一种简单、可靠、易行的良种繁育方法，能够保持优良品种的种性，但该方法繁殖很慢，很难适应现代生产对新品种繁殖的要求。

19.8.3　组织培养快速繁殖

用组织培养手段进行兰花快速繁殖（图19-6）是目前兰花新品种繁育的最主要的方法，特别在洋兰上应用得最成功，也最广泛。在国兰上，一些名贵传统品种如'隆昌素'春剑、'达摩'墨兰和'宋梅'春兰等和杂交国兰类新品种如'小凤兰''玉缘兰''摩耶紫晶兰'等

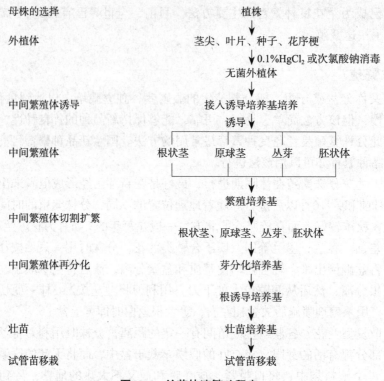

图19-6 兰花快速繁殖程序

也已采用组织培养快速繁殖生产种苗。

用组织培养的方法进行兰花良种繁育有以下优点：①速度快。理论上计算，一个外植体在一年内可以繁殖出400万个植株；实际快繁过程中，繁殖速度随种类不同差异很大，一般而言，从一个外植体一年内可繁殖出成千上万个植株，但仍比用传统的方法快得多。②不受季节限制。常规的兰花繁殖需要在一定的季节进行，但用组织培养的方法进行试管苗生产，则不受季节限制，可以周年进行。③兰花快繁结合脱毒脱菌技术可以进行兰花脱毒脱菌种苗生产，提高种苗质量。④兰花组织培养进行良种繁育可以节省土地、节余劳力，在一个100m²的培养室内一年可以生产出几十万株的兰花试管苗。⑤兰花试管苗干净，不带病虫害，有利于国际间进行贸易和交流。但兰花用组织培养的方法进行快繁也有不足之处：①需要较大的投入和较高的技术。②生产出的兰花试管苗需要较长的时间才开花，洋兰一般需2~3年，而国兰需要3~5年。③兰花快繁过程中会产生一些无性系变异，不利于品种种性的保持。

（1）无菌材料的获得

兰花的快速繁殖是从获得无菌的外植体开始的。目前作为兰花外植体的种类有茎尖、叶、种子、营养芽、花芽、花梗、假鳞茎、根等，但以茎尖和幼叶较为常用。而当进行兰花杂种后代的培养、杂种优势利用和种质资源保存时，一般以种子作为培养材料。合轴类兰花如墨兰、卡特兰等茎尖一般取自正在生长的芽。芽的大小随兰花种类不同而有所差异，如墨兰为2~3cm，卡特兰3~6cm，以叶子尚未展开的芽为好。单轴类兰花如万带兰、树兰等茎尖取自生长旺盛植株的顶部。但两者都要求母株生长健壮无病虫害。将切取的芽用利刀除去根、脏物和外层苞叶，流水冲洗干净，在0.1%HgCl$_2$中消毒10min，无菌水冲洗2次，剥去外面苞叶数层，留1~2层苞叶包住茎尖，再用10%次氯酸钠消毒5~10min，无菌水冲洗数次，再放到灭菌的滤纸上吸干，然后在解剖镜下剥取无菌茎尖和腋芽。如果以脱毒为目的，切取的茎尖分生组织大小为0.1mm^3；否则，茎尖可稍大些，带有1~2个叶原茎的茎尖易于成活。以种子为外植体时，应选用尚未爆裂的蒴果，用75%乙醇消毒8min，无菌水冲洗2次，切开蒴果，取出种子即可接种。

对蝴蝶兰而言，为了不破坏母株，常用幼叶作为外植体。幼叶一般来自花梗上的休眠芽。其方法是将尚未见花苞的花梗切下，用洗洁精轻轻洗刷，流水冲洗干净后，用0.1%HgCl$_2$消毒10min，无菌水冲洗5次，然后将花梗切成若干段，每段含有一个苞片，接入MS+BA0.5~1mg/L的培养基后，放在培养室中培养，温度30℃左右，20d后花梗上便长出营养芽，将营养芽上的叶片取下，切成小块接入诱导培养基中诱导原球茎，即可进行试管苗生产，也可以将营养芽切下通过丛芽方式繁殖试管苗，或以幼叶为外植体诱导原球茎，进行试管苗生产。

（2）中间繁殖体的诱导

将上述各种无菌外植体接种到诱导培养基上，培养一段时间后，茎尖等外植体开始膨大并形成各种中间繁殖体。中间繁殖体的类型随兰花种类和培养基的不同而异，洋兰如卡特兰、蝴蝶兰、石斛兰等种子萌发形成的桑葚状中间繁殖体，称为原球茎，而茎尖培养形成的桑果状中间繁殖体，则称为类原球茎，卡特兰、石斛兰等合轴类洋兰也可以形成丛芽，而国兰如建兰、墨兰等稳定的中间繁殖体形态为根状茎。Chang和Chang（1998）报道建兰用不同的培养基可以诱导出三种中间繁殖体形态，即根状茎、丛芽和胚状体，认为可以通过根状茎和胚状体途径进行大规模繁殖。李娟（2013）发现墨兰除用根状茎作中间繁殖体外，以丛芽为中间繁殖体也可能是一种有效的快繁途径。

中间繁殖体的诱导率随品种、培养基、培养方式和培养条件的不同而差异很大。就种而言，洋兰如卡特兰、蝴蝶兰、大花蕙兰、石斛兰、万代兰等诱导比较容易，墨兰、建兰、春兰、蕙兰、寒兰次之，拖鞋兰最难。不同研究者采用的培养基不同、所选用的品种不同而差异较大。春兰类以White+6-BA 1mg/L+NAA 5mg/L+8.5%CM（椰子汁）和6-BA 1mg/L+NAA 2mg/L为好，而夏蕙、秋素等则以MS+6-BA 0.5mg/L+NAA 1mg/L+0.5%AC（活性炭）为佳，墨兰以MS+NAA 5mg/L+10%CM为好，大花蕙兰可用1/2MS+6-BA 0.2mg/L+NAA 0.5mg/L+10%CM，卡特兰等洋兰用MS、KC等培养基效果都很好。Chen等（2004）以菲律宾兜兰的叶片为外植体，在1/2MS+2,4-D 1mg/L+TDZ 0.1~1mg/L的培养基上诱导出不定芽和带根小苗。对卡特兰、蝴蝶兰等特别容易褐变的兰花来说，中间繁殖体诱导用液体培养优于固体培养。中间繁殖体诱导的培养温度一般为25℃左右，在黑暗条件下进行，而洋兰可以在光照或散射光下进行，使用暗培养对拖鞋兰的茎尖增殖有刺激作用。

（3）中间繁殖体的繁殖

将丛芽、根状茎、原球茎切割，接到继代培养基上就可以对中间繁殖体进行大量扩繁。中间繁殖体的繁殖速度随品种、培养基、培养方法、继代时间、培养条件、继代次数、中间繁殖体大小等不同而异。洋兰的繁殖率一般比国兰高。就培养方法而言，振荡培养快于静置液体培养，固体培养最慢。在一定的时间范围内，继代时间越长，繁殖速度越快。不同来源的中间繁殖体的繁殖速度不太一样，张志胜（1995）等研究发现墨兰从茎尖诱导出的根状茎比种子萌发获得的根状茎繁殖速度慢。兰花中间繁殖体增殖可以在无外源激素的培养基上进行，培养基中添加适量的植物生长调节剂可提高增殖系数。不同兰花种中间繁殖体适宜的培养基不同，虎头兰用KC+10%CM作液体培养70d后生长速度可达20倍，卡特兰的原球茎在MS+NAA 1mg/L+6-BA 5mg/L的固体培养基上培养60d繁殖系数可达6.0，蝴蝶兰可用MS+6-BA 1~3mg/L+NAA 0.5mg/L+10%CM进行原球茎增殖，用狩野（1963）培养基+蛋白胨2g/L+NAA 1mg/L+KT 1mg/L效果也较好，石斛兰的原球茎繁殖以MS+6-BA 0.2mg/L+NAA 1mg/L效果好，文心兰可采用KC+6-BA 6mg/L，对国兰类以MS+NAA 1~2mg/L+6-BA 0.2mg/L+AC 1~2g/L效果佳。中间繁殖体的繁殖一般以25℃左右为宜，散射光或采用光强1000lx，每天光照12h。对于易于褐变的兰花培养基中减少或不加BA有利于增殖。

（4）中间繁殖体的再生和生根

当中间繁殖体扩繁到一定数量后，就可以转移到分化培养基上进行芽的分化和根的诱导。以丛芽为中间繁殖体时则不用进行芽再生。对墨兰、建兰等国兰，芽的诱导可采用MS+6-BA 2~5mg/L+NAA 0.2~0.5mg/L。芽再生的过程中会产生酚污染，可采用低浓度AC、Vc等防褐变剂控制。培养基中只要加0.5g/L的AC，就基本上抑制了芽的分化。适合于卡特兰分化的培养基为MS+6-BA 0.1~1mg/L+NAA 0.5~1mg/L，石斛兰的分化培养基为MS+6-BA 1mg/L+NAA 0.2mg/L，蝴蝶兰的分化培养基为改良KC+6-BA 0.4mg/L。

芽分化后，及时转移到生根培养基上诱导生根。墨兰等国兰以1/2MS+NAA 0.5~2.5mg/L+6-BA 0.1~0.2mg/L为好。洋兰类兰花的再分化可以一步完成，直接将原球茎转移到壮苗培养基中，促进幼苗生长和生根。卡特兰以花宝1号3g/L+蔗糖35g/L+琼脂15g/L为宜，石斛兰、蝴蝶兰、万代兰可用花宝2号3g/L+蔗糖35g/L+10%~20%苹果汁+琼脂10g/L，拖鞋兰可用花宝1号3g/L+蔗糖30g/L+琼脂25g/L，虎头兰用White+10%香蕉汁，培养基的pH以5.0为宜。中间繁殖体再生一般在有光的条件下进行，光强2000lx左右，光照时间12h左右。培养温度以25~30℃为宜。

（5）试管苗移栽和苗期管理

试管苗的移栽是兰花快速繁殖的最后阶段，也是十分重要的阶段。当试管苗苗高5~8cm，具有2~3片叶和2~3条根时即可出瓶。为了提高试管苗移栽的成活率，试管苗出瓶前两周可接受稍强的光源照射。试管苗应及时进行移栽，其方法是将待出苗的培养瓶的瓶盖打开，炼苗1~2d后，用镊子小心取出试管苗，如果培养基很硬，可加入少量水，然后用镊子轻轻将培养基破碎，取苗时不可硬拉，尽量勿使试管苗受伤，减少感染的机会。取出的试管苗置于清水中，轻轻地把根部的培养基冲洗干净，然后再用清水漂洗，直到整个小苗没有培养基附着为止。洗好的试管苗放入新洁尔灭和0.1%的高锰酸钾等消毒液中浸泡5~10min，捞起晾干，分成大、中、小苗，分别移栽到育苗杯中。试管苗移栽的基质应是无菌、通气、透水，具有一定保水能力的材料。目前常用的有水草、小树皮和粗泥炭混合基质、蕨根、珍珠岩等；但无论用什么作基质，在同一个温室内最好使用同一种材料，以方便统一管理。刚出瓶的兰花试管苗对环境适应性较差，在移栽1周内，应将试管苗置于低温、高湿、弱光的条件下，以利于苗的成活。兰花试管苗成活后，进入苗期管理阶段。在最初的6~9个月中，小苗所需要的光照为各成株的50%，如卡特兰需要遮光50%，蝴蝶兰需遮光70%，国兰试管苗在90%遮阴网下生长良好。温度视兰花种类而定，一般在20~32℃，热带兰花需要的温度要高些，地生兰需要的温度稍低。为加快幼苗的生长，可以每半个月喷施营养液一次，同时加强病害的防治工作。

近年来，兰花的工厂化繁殖获得了很大的发展（Chugh et al.，2009；Pradhan et al.，2016；Liu，2017；Yeung et al.，2017；Cardoso et al.，2020；Poniewozik et al.，2021；Balilashaki et al.，2022）。主要表现在：①工厂化繁殖的种类不断增加，种苗质量不断提高；②工厂化繁殖的自动化和标准化程度不断提高，一些兰花如蝴蝶兰、杂交兰、大花蕙兰等工厂化繁殖技术规程和种苗质量标准已经颁布实施；③国兰和拖鞋兰快速繁殖有新突破，国内一些单位开始工厂化繁殖国兰和拖鞋兰种苗；④兰花的脱毒脱菌苗生产有新进展；⑤兰花组织培养快繁特性的分子机理得到初步阐明。兰花的工厂化繁殖正向着规模化、自动化、标准化和智能化的方向发展。

（张志胜）

思考题

1. 兰花原本就是大自然的杰作，举例说明人工选育对兰花品种的贡献。
2. 兰花种质资源工作的主要问题是保护与利用的矛盾，如何协调妥善保护和充分利用的关系？
3. 兰花育种的目标既有观赏性的，也有生产性（或经济性）的。如何协调这两类目标，培育既好看、又赚钱的良种？
4. 兰花花器官的变异很丰富，请选择3个属（种）的兰花，比较其花器官的形态变化。
5. 兰花杂交与其他园林植物的杂交方法有何异同？
6. 多倍体兰花有何特点？实现了哪些重要的育种目标？
7. 诱变和基因工程都是改良单一性状的，二者有何不同之处？选择某一个育种目标，匹配二选一的方法，试着做出育种计划（方案）。
8. 从基因型和表现型上来看，兰花的品种与其他园林植物的品种有何不同？
9. 试比较兰花野生苗、栽培（分株）苗与试管苗三者的特点。
10. 兰花新品种的种苗都很珍贵，物以稀为贵。如何处理品质与数量的关系，进行珍贵品种的良种繁育？

推荐阅读书目

中国兰花全书. 1998. 陈心启，吉占和. 中国林业出版社.
中国兰花名品珍品鉴赏图典（第三版）. 2020. 刘清涌. 福建科学技术出版社.
中国兰属植物. 2006. 刘仲健，陈心启，茹正忠. 科学出版社.
世界栽培兰花百科图鉴. 2014. 卢思聪，张毓，石雷等. 中国农业大学出版社.

第20章 香石竹育种

[**本章提要**] 香石竹是四大切花之一,还有盆栽和花坛品种,栽培简单、用途广泛,在花卉产业中经久不衰。本章从育种简史、种质资源、育种目标及其遗传、选择育种、杂交育种、诱变与多倍体育种、分子育种、育种进展与良种繁育8个方面,介绍了香石竹育种的原理和技术。

香石竹(*Dianthus caryophyllus*),又名康乃馨,石竹科石竹属植物,是世界四大切花之一,原产南欧及西亚,其栽培历史可追溯到2000多年以前。约公元前300年,希腊诗人狄奥弗拉斯图(Theophrastus)写下了希腊语"Dianthus",意指"天赐的极好的花"或"神圣之花"(Divine flower),这主要得益于其赏心的香气。其英文名Carnation(康乃馨)一词可能来自"Coronation(花冠)",最早出现在莎士比亚的作品中,称为"Carnation flower",意为加冕所戴的花冠,因为希腊人喜欢将香石竹的花插在皇冠上取美。目前各种花卉在产地之间、种类之间存在着激烈的竞争。如果品种改良和新品种培育工作滞后,就会使消费停滞,生产下滑。育种是一个高风险的工作,一方面投资回报期长;另一方面新品种的市场寿命短,推陈出新速度快。因此在香石竹的新品种培育中,想尽快取得成效,必须立足于世界现代成果和技术的前沿,集中力量重点突破,培育的新品种只有达到与当今国际流行品种媲美的目标,才可能具有市场前景。育种者在育种之前必须对香石竹的习性、分类、育种目标、发展情况有所了解。

20.1 育种简史

香石竹原产地中海地区，野生种只在春季开花。现今在非洲西北山区还能发现部分野生香石竹，开深桃红色花。人们对野生香石竹的改良始于16世纪，当时波斯陶器瓦片上常绘有重瓣香石竹类花朵，花瓣上有异色条纹或斑痕。香石竹品种改良的基本途径是杂交选育，参与杂交的亲本可能包括纳普石竹（*D. knappii*）、石竹（*D. chinensis*）等。1750年法国育成的'理门丹'（'Remontant'），具有高秆，一年多次开花，无休眠期的特点。1840年法国人Dalmais利用中国石竹育成常青香石竹类型（Perpetual carnation）'Ativn'。到1846年，各种花色的香石竹品种均具有四季开花性。1866年，法国人Alegatiere育成了树状香石竹（Tree carnation），具有茎秆刚直的优点。上述四季开花和茎秆刚直的特点，奠定了香石竹的基本品质。这一期间，香石竹品种改良的中心在法国。

1852年香石竹引入美国，许多公司和个人培育了数以百计的商用香石竹品种，成为香石竹品种改良的次生中心。如1895年育成的'劳森夫人'（'Mrs. Laoson'），茎秆挺直，花萼坚实，花瓣持久，温室中四季开花且产花量多，成为切花香石竹育种的主要亲本。在美国众多的育种公司和个人中，缅因州北陂威克（North Berwick, Maine）的威廉姆·西姆（William Sim）居榜首。他于1938年（或1939年）育成'William Sim'品种，该品种对现代香石竹产业作出了突出贡献。从这个红花植株中，产生了白色、粉色、橙色和几种彩斑类型的突变，如今"西姆"系（"sim"）的香石竹品种已遍植全世界。至此，香石竹已远超祖先，可周年开花，花茎挺直且长，花朵更大更饱满，花色也更丰富。

国内香石竹育种起步较晚，中国市场以荷兰、以色列、德国、意大利等国家育种公司推出的新品种为主。这些公司在品种类型上各有优势，每年都推出一定数量的新品种，以增强市场竞争力；同时也给香石竹鲜切花的持续发展注入活力。香石竹新品种不仅需要具备花色独特等观赏性状，同时也要有较强的抗病性，尤其是抗镰刀菌枯萎病、叶斑病、锈病等。对于品种特性，各公司都以生长速度、产量、抗性3项主要指标来衡量，也有公司加上了质量、瓶插寿命、植株高度等性状指标。

20.2 种质资源

20.2.1 野生资源

石竹属（*Dianthus*）是石竹科一、二年生或多年生草本植物，约300种，广泛分布于亚欧大陆及地中海地区，我国有16种。主要育种亲本和栽培种介绍如下：

①针叶石竹（*D. acicularis*） 多年生草本，高15~30cm。茎多数，直立，不分枝或上部分枝。花芳香，单生或2~3朵生于茎顶；花梗长1~3cm；花萼圆筒形，萼齿披针形，锐尖；花瓣白色，瓣片椭圆或倒卵形；花期6~8月。产于新疆北部，生于海拔550~1300m石质山坡、荒漠、河滩。

②须苞石竹（*D. barbatus*） 多年生草本。株高30~60cm。茎直立，光滑，微有四棱，分枝少。叶片披针形至卵状披针形，具平行脉。花小而多，密集成头状二歧聚伞花序，花序径

达10cm以上；花的苞片先端须状；花色有白、粉、红等深浅不一，单色或环纹状复色；稍有香气，花期5月上旬，为石竹属早花种。原产英国。

③香石竹（*D. caryophyllus*） 多年生草本植物，原产地中海地区。株高30~90cm，多分枝，被蜡状白粉，呈灰蓝绿色。茎圆筒形，质厚，呈龙骨状，先端常向背微弯或反卷。花单生或2~6朵聚生枝顶，有短柄，芳香；萼片5，相连成筒状；花瓣5，具不规则缺刻，原种花深桃红色；花径约2.5cm；原产地花期为7~8月。经长期培育，花径增大，雄蕊瓣化率高，花色有白、桃红、玫瑰红、大红、深红至紫、乳黄至黄、橙、绿等色，并有多种间色、镶边的变化，但某些品种香气减弱。

④石竹（*D. chinensis*） 多年生草本。株高30~50cm，茎直立或基部稍呈匍匐状。单叶对生，线状披针形，基部抱茎。花单生或数朵组成聚伞花序；苞片4~6；萼筒上有条纹；花瓣5，先端有锯齿，白色至粉红色，稍有香气；花期5~9月。通常栽培的均为其变种。如锦团石竹（var. *heddewigii*）：株高20~30cm；茎叶被白粉；花大，径4~6cm，色彩变化丰富，有重瓣品种。原产亚洲东部山区。

⑤多分枝石竹（*D. ramosissimus*） 多年生草本。高20~50cm，茎丛生，直立，较细，多分枝。叶片线形，顶端尖，边缘稍后卷。花单生枝端；花梗长1~2cm；花萼圆筒形，萼齿三角形，边缘膜质；花瓣白色，瓣片倒卵形，顶端具不整齐小齿，喉部有疏毛，花果期9月。产于新疆阿尔泰山区，生于海拔1100~1900m较干旱的草坡。

⑥日本石竹（*D. japonicus*） 多年生草本。高20~60cm，茎直立。叶片卵形至椭圆形。花簇生成头状；花萼筒状，顶端齿裂；瓣片红紫色或白色，倒钝三角形，顶端具齿，爪与萼筒近等长；花果期6~9月。

⑦瞿麦（*D. superbus*） 多年生草本。高50~60cm，茎丛生，直立，上部分枝。叶片线状披针形。花萼圆筒形，常染紫红色晕，萼齿披针形；瓣片宽倒卵圆形，喉部具丝毛状鳞片雄蕊；花柱微外露；花期6~9月。原产欧洲及亚洲温带，我国秦岭有野生。

⑧少女石竹（*D. deltoides*） 多年生草本。全株灰绿，植株低矮，高15~40cm，具匍匐生长特性。根状茎扩展很快。单叶对生，基部联合，叶鞘包茎，全缘，具平行脉，条形至线形，叶缘具柔毛。花茎直立，少被柔毛；花色多，深粉、白、淡紫；花有香味，径1.8~2.5cm，规则对称；萼管长1.8cm，被短柔毛，5裂；花瓣5，边缘爪裂，中间有一暗色眼；花期从5月末至6月末。原产西欧及亚洲东部。花美味香，叶色迷人，曾经在欧美园林中辉煌一时，常用于花坛镶边及观花地被，同时还是一种良好的切花材料。

⑨常夏石竹（*D. plumarius*） 一种低矮的簇生多年生草本，植株灰绿色，无毛，高30~40cm。茎单生或有分枝。叶厚，对生，全缘，叶脉平行。花非常香，径3.5~4cm，规则对称；花序顶生，花1~3朵，花莛高45cm；花萼紫色，管状，2.5cm长，5齿裂，多脉，具4个短、宽、多刺副萼；花玫瑰红、紫、白或混色；花期5~7月。原产欧洲，后引入美国。

20.2.2 品种分类

香石竹的品种分类有各种标准，如用途、着花方式、花径、花色、起源等。按用途可分为盆花（花坛）香石竹和切花香石竹两大类。前者在20世纪中叶风靡一时，目前仅有少数品种，但已呈现出不断增长的势头，后者是目前主要栽培和应用的品种。按着花方式（花序）

可将香石竹分为大花香石竹（standard carnation），即一茎一花单生，以及多头香石竹（spray carnation），一茎多花，伞房花序，花较小。按花径可分为大花（10cm以上）、中花（6~10cm）、小花（4~6cm）和微花（2.5~4cm）4类。按花色（组合）分纯色香石竹（Clove），花瓣无杂色，主要有白色、桃红、玫瑰红、大红、深红至紫色、乳黄至黄色及橙色等，是目前栽培较多的品种；复色香石竹（Bizarre），在一种底色上有2种以上不同的色彩，自瓣基直接向边缘散布斑点或条痕；双色香石竹（Flake），在一种底色上只有一种异色自瓣基向边缘散布；斑纹香石竹（Picotee），花瓣边缘有一圈很窄的异色，其余为纯色。按起源分主要有地中海系和西姆系两大类（表20-1）。

表 20-1 地中海系香石竹与西姆系香石竹的比较

项 目	地中海系	西姆系
花 色	单色至复色，多样	单色至条纹
花瓣缺刻	少至多（圆瓣）	少（圆瓣）
花 形	花瓣反卷	花瓣直立，盛开向上
香 气	有	无
萼片数	5~6枚	5枚
萼 裂	无至少	多
茎	刚直，易折断	柔软，易弯曲
叶	多样	有蜡质
萌芽数	无至多	少
镰刀菌抗性	强	弱

日本著名花卉园艺家塚本洋太郎（1993）将用途和着花方式作为一级标准，花径和繁殖方式作为二级标准，来源作为三级标准。这个系统，尤其是一、二级分类简明实用，充分体现了香石竹品种的多样性。

20.2.2.1 单花香石竹（Standard Carnation）

（1）大花型（Large Flower Type）

①西姆系（Sim serious） 1939年美国育成'William Sim'（红色）至今，已产生了300个以上的芽变品种。该品系1950年引入日本，1965年迅速普及，1970年至今一直是切花香石竹的主要类型。我国香石竹切花的主栽品种也属西姆系。西姆系株高90~120cm；节数15~20对；花径8~9cm，花瓣55~70枚，萼筒5裂，易裂萼，外层花瓣平展，花形优雅；早生、丰产、较抗病；也有花径较小的中花型。

②地中海系（非西姆系） 意大利、法国、澳大利亚、英国等1960年前育成，利用了西姆系品种作亲本。与西姆系相比，地中海系株高、花径相差不大；茎挺直；花瓣强烈展开伸长，有光泽感；花瓣有缺刻，但圆瓣多样，花色也比西姆系丰富；萼5~6裂，裂萼较少；抗病性较弱。

（2）中花型（Middle Flower Type）

西姆系及地中海系的品种均有。株高比大花型要低；花径7~8cm，花瓣30~35枚，裂萼少，花茎较细而直立，花朵直立，丰产。

20.2.2.2　多头香石竹（Spray Carnation）

（1）中花型

多花香石竹是'William Sim'的芽变，也有"Ministar"等系的芽变。20世纪60年代美国育成，杂交品种很多，花色丰富，早生至晚生变幅大，有许多抗凋萎病的品种。株高80~100cm；节数18~23；花径5~7cm，花瓣25~40枚，一枝着花3~7朵，着花好；用途广，产量高。早生系生育早，产量高，茎较弱；晚生系有光泽感，茎挺直，切花品质好。栽培温度比大花型要高。

（2）小花型（Small Flower Type）

①Chinese系　由意大利利用香石竹以外的石竹属原种育成。株高60~70cm；茎直立，下部分枝，上部侧芽不伸长；花径5~6cm，一茎7~10花，极早生，着花良好，摘心后75~90d开花。耐寒性强，可不加温栽培。

②Midey系　意大利育成，亲本除香石竹外，还有纳普石竹。株高70~90cm；节数17~20；株型好，茎直立，侧芽发生少；花径5~6cm，花瓣约40枚，花色多彩，着花好，一茎3~4花。生育旺盛，开花早且丰产，耐热性、耐寒性与抗凋萎病都强。

③Minue系　意大利育成，亲本除香石竹外，也利用了纳普石竹。株高60~80cm；节数12~15；株型好，茎直立，侧芽发生少；花径4~5cm，花瓣约25枚，一茎5~6花，花色多彩，着花好。生育旺盛，开花早且丰产。耐热性、耐寒性与抗凋萎病都强。

④Mureteiflora系　1981年澳大利亚育成。亲本除香石竹外，还利用了纳普石竹。株高70~80cm；花径4~5cm，花瓣20~30枚，一茎7~10花，花色多彩。株型、着花良好，分枝多。对日照长度敏感，短日照下花芽分化延迟，对凋萎病抗性强。

（3）微花型（Mini Flower Type）

①Angel系　日本1964年芽变选育而成。株高90~100cm；节数15~18；花径3cm，花瓣数16~20枚。分枝多，着花好，早生，丰产，抗病。

②Micro系　意大利1989年育成。株高40~60cm；花径2.5~3cm，花瓣30~35枚，一茎4~10花。有许多芽变品种，基部分枝，茎强壮，着花良好。受日照影响，低温也能开花，可不加温栽培。

③Deian Tiny系　意大利与澳大利亚共同选育，1983年问世。利用了石竹科其他种作为亲本。

20.2.2.3　盆花香石竹（Pot Carnation）

（1）营养繁殖类（Vegetative Propagation Type）

①四季花型　无低温要求。

②一季花型　有低温要求。7月中扦插苗当年分枝10余个，翌年4~5月开花。

（2）种子繁殖类（Seed Propagation Type）

①四季花型　矮生型F_1代杂种，长势强，四季开花，但多在4~5月母亲节期间作一次开花用。低温并非必需，但低温后分枝性、生长势、株型、着花均良好。

②一季花型　必需低温，大株越冬，翌春开花。

20.3　育种目标及其遗传

20.3.1　育种目标

香石竹育种的目标除观赏性状之外，园艺性状是长期的目标。抗病育种和生态育种是降低生产成本、获取高品质花卉产品的保障（图20-1）。

①观赏性状　要求花朵大，花型圆正，花色鲜明，外花瓣不下垂，不见雌蕊，有香气；花瓣全开并能同时开花，花瓣厚；花萼不开裂，花萼上花青苷不显色，呈深绿色。

②园艺性状　花朵易开放，保鲜期长，持久性好；花茎不能过长，花梗挺直，杆硬，柔韧，不易折断，不用张网；叶片厚、直立，附着蜡层，不卷曲，不干枯；花枝匀称，腋芽发芽节位低，不用抹花蕾，二次花早且产量高；根系好。

③抗病育种　欧洲以镰刀菌属（*Fusarium*）引起的立枯病危害严重，日本则以假单胞菌属（*Pseudomonas*）引起的细菌性斑点病问题较大；我国除此之外，目前还有以链格孢属

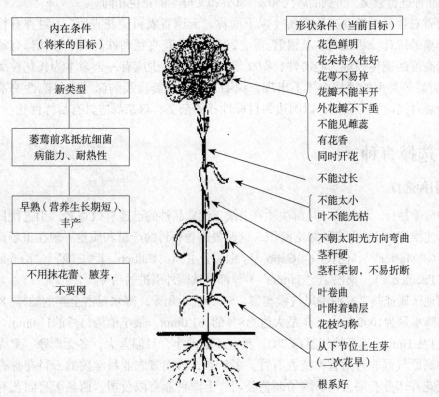

图20-1　育种目标示意图

（*Alternaria*）引起的叶斑病、单孢锈属（*Uromyces*）引起的锈病等比较普遍且严重。不同品种对病害的抗性有明显差异（王继华 等，2005）。

④生态育种　欧洲以冬季弱光照下能生长开花为目标，日本以培育夏季高温下生长品质不降低的耐热性品种为主，我国则是两者兼需。另外，耐冷性、早熟性、丰产性也是香石竹育种的目标。

20.3.2　遗传规律

现代切花香石竹栽培品种的基因型高度杂合，不论是自交还是杂交，后代群体的性状高度分离，这给香石竹的杂交选择提供了较大的余地，同时也给已有优良品种个别性状的改良带来困难。为了提高杂交亲本选择与选配的效率，结合实生苗选种，加强对香石竹主要性状（花色、花型和重瓣性等）遗传分离规律的研究，可为定向培育品种提供理论基础。

1905年诺尔顿发现单瓣×单瓣的子代100%为单瓣；用单瓣品种与超重瓣品种杂交，F_1植株均为普通重瓣型。在F_2中则单瓣、普通重瓣与超重瓣植株的比例为1∶2∶1。因此，超重瓣对单瓣来说是一种不完全显性，当普通重瓣用播种法繁殖时，必将出现单瓣、普通重瓣和超重瓣植株的分离。

1935年麦尔奎斯研究了香石竹的花色遗传，认为有6个独立遗传因子控制香石竹的单色，其中3个决定有色与否，3个决定色彩浓淡。香石竹花色的遗传很有规律，紫色对于粉色和红色是显性，粉色对红色是显性。由于紫色个体的胚轴也呈紫色，很容易与其他个体区别。如果是相同花色的品种进行杂交，得到的后代50%~80%和父母本的花色相同。

云南省农业科学院花卉研究所（以下简称"云南省农科院花卉所"）对香石竹杂种群体的性状分离的统计分析发现（莫锡君 等，2003），花苞直径和株高两个性状都有超亲个体出现，植株高度的遗传表现为趋矮性，杂交组合的选配至少应有一个亲本为长花枝品种。平边（近于无齿裂）类型的植株个体不出现，说明香石竹花瓣齿裂的深浅有显隐性关系，即花瓣边缘深齿裂对浅齿裂为显性，以圆边为目标性状的杂交，双亲都应具有目标性状。

20.4　选择育种

20.4.1　引种选育

引种简单易行，收效快，是解决生产上缺乏优良品种的迅速有效途径。引进优良品种在生产中的迅速推广，可扩大良种栽培面积，迅速提高香石竹的产量和质量。现在市场流行品种如'马斯特'（'Master'）、'佳农'（'Cano'）、'白雪公主'（'Baltico'）、'安静'（'Komachi'）、'太平洋'（'Pacifico'）、'桑巴'（'Samba'）等都是从国外引进的品种。

昆明地区属亚热带高原季风气候类型，5~10月为雨季，降水量占全年的83%~87%，区内多年平均降水量为1000.5mm，年最大值为8月的161.0mm，最小值为11月的11.0mm。多年日平均蒸发量175.1mm，年平均气温14.7℃，具有年温差小，日温差大，冬无严寒，夏无酷热的特点。这种高原气候非常适宜种植香石竹。多年来，云南省农业科学院的云科花卉有限责任公司、英茂花卉产业有限公司、缤纷园艺公司、上海种业有限公司、西昌天喜园艺有限责任公司5家公司，遵循国际惯例，在支付引进品种繁殖权费的前提下，与西班牙的巴伯特布兰卡种苗公司签订繁殖许可合同，年年引进该公司香石竹新优品种，经过品种比较试验和适应性栽培试验，筛选出适宜当地气候条件、产量高、品质优、抗性强、适销对路的优良品种。利用保持品种优良特性的生产程序，为香石竹鲜花生产提供优质种苗。产出的鲜花90%以上的花枝花梗硬直，花色纯正艳丽，花苞长，多头及大花香石竹的花朵直径分别超过4cm和8cm。花梗长度达60cm以上，达到了进入国际花卉市场的标准。而且昆明地区冬季不需进行增温、加光等处理，从而大幅度减少了能源消耗，降低了生产成本，使产品更具有市场竞争力。

国外新品种的引进，对我国香石竹鲜切花生产起到了重要作用。所引进的品种不仅直接用于生产，更重要的是还引入了优良种质资源，丰富了香石竹育种的基因库，促进了我国香石竹育种工作的开展。

20.4.2 芽变选种

芽变选种是利用自然突变体培育出的新品种，往往与原品种在许多性状上相似，既保持原品种的绝大部分优点，又在花色、花型或其他性状方面有所改变，育种周期短，简便易行，是成本较低的新品种选育方法。在日常栽培管理过程中，凭借敏锐的观察和丰富的经验，可从大面积栽培的主栽品种中找到并选拔出花色、早生、丰产等各种优良单株。在田间一旦发现特异植株，或花色新奇，或生长势强、抗性好、花型饱满、花朵大的优势植株，应马上做好标记，并取基部侧芽繁殖成系，进行开花比较试验及鉴定。通过反复筛选和市场评价，对性状稳定、优良特性明显的选择系做进一步繁殖并适当命名，得到受保护的香石竹新品种。芽变品种的选育为世界知名香石竹种苗公司新品种开发的重点之一。

香石竹的群体植株较容易发生变异，在现代切花香石竹栽培品种中多见芽变品种，其中最有名的西姆系列，就是从红色的'William Sim'中突变产生了白、粉、橙等各种花色的突变体，组成了庞大的"Sim"系列香石竹品种群。又如多头品种'红巴巴拉''粉巴巴拉'均是'巴巴拉'（橙红色）的芽变品种。云南省农业科学院花卉研究所的科技人员，在实践中观察到桃红品种'Dallas'产生过大红和粉红的自然芽变，并从同一植株不同花枝上两朵开深粉色花的自然芽变枝上，取芽进行组培扩繁，形成株系后进行栽培比较试验，芽变系花苞平均变小0.15cm，其他性状保持原品种株型紧凑的优点（枝条长、直且硬，叶片窄、短并斜向上伸展），命名为'粉达拉斯'向市场进行了大量推广。近年较流行的绿毛球石竹，其最早的品种'Temarisuo'就是从'普罗旺斯'（'プロバンス'）的变异株选育而来。

20.5 杂交育种

品种间杂交育种是目前国内外香石竹品种改良的主要途径（图20-2）。每年世界上有100余个香石竹新品种获得授权保护，其中90%以上是由品种间杂交后代选育而成的。近年来，云南省农科院花卉所利用传统的杂交选育技术，培育了具有自主知识产权的新品种'云红1号''云红2号''云凤蝶'和10余个优良的新品系。香石竹'Liberty'与中国石竹'SK11-1'杂交后代产生了6种新基因型，基因型D1具有株高、茎粗和适合作为切花香石竹的花径的组合特征，而基因型D5具有株高、一次开数花、花径、花新鲜度适合作为园林香石竹或盆栽香石竹的特征（M.DeWanti et al.，2019）。杂交育种主要操作流程为：亲本选配→人工授粉杂

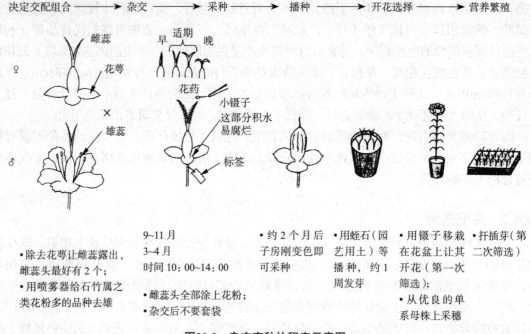

图20-2 杂交育种的程序示意图

交→采种→播种→实生苗栽培→优良单株选择→营养繁殖（扦插）→株系比较选择→组培繁殖→新品系比较选择→生产试种→区域性试种→新品种申报。

20.5.1 亲本选配

香石竹为天然异花授粉植物，雄蕊通常较雌蕊先成熟。在重瓣品种中，有的雌、雄蕊发生很大的畸变，有雄蕊全部瓣化、雌蕊不育的，或雌、雄蕊全部细小退化。若发现这种情况，则可选早期开放、雌雄蕊较正常的花朵供授粉用。

香石竹是雄蕊瓣化而成的重瓣花，花粉不易采集。多头香石竹的花粉较多，西姆系的大花品种往往无花粉，因此花粉是选择父本的重要条件。雌蕊正常的品种，理论上可作为杂交育种的母本。应结合育种目标选择合适的亲本，亲本应具有目标性状，并尽可能做到双亲优势互补。

香石竹品种间杂交育种的亲本材料皆来自商业品种，这些品种的花瓣重瓣性很高，多数品种在55~90枚，甚至达180枚，许多品种的雄蕊瓣化，雌蕊发育也不正常，造成有性繁殖困难，可育性极低。云南省农科院花卉所的育种者在对杂交亲本的育性研究中发现，以香石竹栽培品种作亲本的杂交组合，繁殖系数较低，平均值为1（即平均杂交授粉1朵花，只能结1粒种子），仅有个别组合达到11.6，多数品种和组合为0，表现杂交不育；同一品种的不同组合结子率差异很大。因此，对新收集到的品种应采取广泛配组，确定可育程度及配组特性，才能更好进行亲本选择与选配，从而提高杂交育种效率。

进行花色配组杂交时，双亲的花色最好一致，如用红色品种与红色品种杂交，黄色品种与黄色品种杂交等。要想获得彩边型（花边复色型）新品种时，也必须是两个彩边型新品种作亲本。

20.5.2　人工授粉与采种育苗

通常要在母本花朵发育到花朵开放前，小心去掉部分花瓣和全部雄蕊，然后套上纸袋隔离，以防止非目的杂交；在空气干燥、气温18~25℃的天气，10:00~14:00是收集花粉和授粉的适宜时间。雌蕊接受花粉的最佳适期是开花的中后期，在柱头分叉、发亮、有黏液时授粉；雄蕊开裂四五成时花粉量多、效果好。授粉时将花粉轻轻涂在母本柱头上，授粉完毕后，授粉工具（镊子或毛笔）必须用75%的乙醇消毒，并及时套袋，挂上标牌，写明杂交组合名称、杂交日期等。一般杂交后10d左右可去袋，有利于子房发育。对杂交后的植株要加强肥水管理和病虫害控制，特别是增施钾、硼肥，有利于种子的成熟。

通常40~50d后，膨大的子房顶部由绿变褐时，说明种子已成熟，应及时采收。采收下来的种子随标牌一起按组合保存，防止混杂，种子置于干燥器中保存。早春在温室内，将处理过的种子播种在穴盘上，采用消毒基质，保持室温20~25℃。播种后通常7~10d出苗。待苗长出2~3对真叶时，移苗1次，移苗后每周叶面喷营养液1次。待苗长至8~10cm时，可定植到实生苗选种圃的栽培床上。定植后的小苗需要精细管理，对实生苗中生长不良、长势不旺的个体宜及早拔除。

20.5.3　优株选择

由于香石竹遗传组成上的杂合性，其杂交后代的分离十分丰富，会得到与双亲不同的子代个体。对优良单株进行标记和仔细比较，待全部枝条开花时，进行第一次选择。对花色、花型优良的中选单株进行扦插繁殖，然后再进行品系选择（无性系选种），最后获得综合指标优良的新品种，申报植物新品种保护，并组培、扦插、生产、示范及推广。

此过程中，有必要选留一些有特异性的实生单株进行保种和扩系，作为育种的中间材料，进行杂交或回交。不断进行杂交与选育的工作，就能不断地培育出新品种。

20.5.4　种间杂交

现代香石竹切花品种主要育成于欧洲和美国，在育种过程中导入了野生石竹属植物血缘，形成西姆系和地中海系，经过几十年的人工选育，其遗传物质较为狭窄，利用这些栽培品种作为亲本进行杂交育种，其后代的变异范围也相对较小。而石竹属有100多个种，仅原产于中国的就有16个种（含变种），其中具有许多切花香石竹栽培品种所缺乏的优良性状，如抗旱、抗病、抗虫、抗盐性等，将其导入栽培品种进行香石竹种质创新和品种改良在切花香石竹育种中极其重要。胚培养技术可以挽救将要败育的胚，克服种间杂交的障碍，获得种间杂种，引进野生资源，缩短育种周期。

种间杂交是香石竹重要的遗传变异来源，可形成广泛的株型、株色、花型、花色等的变异。可利用现有品种的形态基础，与石竹属原种的抗病性进行种间杂交。有用的原种如大石竹（*D. giganteus*）、深红石竹（*D. cruentus*）、丹麦石竹（*D. carthusianarum*）的花枝较长，株型紧凑；石竹、纳普石竹的产量较大，花色丰富；石竹、须苞石竹、瞿麦的营养生长期短，开花早。这些野生种都对镰刀菌有抗性。还可采用纳普石竹作亲本得到不需要摘蕾的独头切花品种。在进行种间远缘杂交时，选择杂交实生苗作亲本有助于杂交成功。

Umeil等（1987）以香石竹为中心的石竹属种间杂交中，得到了许多新的花色类型，表现在基斑的形状、花瓣中心的斑点及不同色彩和亮度的组合等，目前已选育出许多新型的香石竹品种。自1998年以来，我国上海市花卉育种中心引进中国石竹、须苞石竹、长夏石竹及野生的石竹属花卉，对其中的部分品种进行DNA标记测定，以明确野生种、原始种和香石竹栽培品种的遗传背景。

种间远缘杂交时，有的在授粉后不久，幼胚便停止发育；有的形成了成熟的种子，但生活力很弱，常在个体发育的早期夭亡。针对这类现象，及时将杂种幼胚取出，移植在人工培养基上，使幼胚微弱的分化力得到恢复而成苗。其方法是在香石竹子房出现皱缩而未脱落之前采下，进行常规的表面消毒后，除去子房壁，取出未成熟的种子再进行消毒，然后在超净工作台上借助双目解剖镜剥胚培养或直接用幼嫩种子培养。采用不加外源激素的MS培养基，培养室的光照强度2500lx，光照时间每天12h，室温25±1℃，一般培养7~10d开始萌发（苏艳 等，2005）。种间远缘杂交后代优良株系的选育程序同品种间杂交选育。

20.5.5 杂交选择以定向改良香石竹切花瓶插寿命

日本国立蔬菜花卉研究所（National Institute of Vegetable and Floricultural Science，NIVFS）于1992年开展了一项研究育种计划，通过常规育种技术改善香石竹切花的瓶插寿命。为了提高瓶插寿命，他们采用常规杂交技术，在1992—2008年，以瓶插寿命差异较大的6个商业单头品种作为初始育种材料（图20-3A）：4个地中海系品种（'Pallas'、'Sandrosa'、'Candy'、'Tanga'）和2个西姆系品种（'White Sim'和'Scania'）（Onozaki et al., 2001），连续7代多次杂交，选择了每一代瓶插寿命长的品系作为下一代的亲本（Onozaki et al., 2001, 2006b, 2011b）。杂交和选择使每一代的瓶插寿命显著改善（Onozaki et al., 2001, 2006b, 2011b）。各代瓶插寿命均呈连续正态分布（图20-3B），瓶插寿命从第一代的7.4d增至第七代的15.9d，净增8.5d（图20-3B）。杂交和选择的效果并没有保持不变，即改进程度因代而异。最显著的遗传改良效应发生在第四代和第五代之间，增加了4.2d。第七代品系532-6（图20-3C）具有最长的瓶插寿命（Onozaki et al., 2011b），2007年为32.7d，2008年为27.8d，分别相当于'White Sim'的5.4倍和4.6倍（图20-3A）。期间，还从第四代和第三代中选育了两个品种'Miracle Rouge'和'Miracle Symphony'（图20-3C），在23℃、70%相对湿度和12h光周期的标准条件下，瓶插寿命为17.7~20.7d（是'White Sim'的3.2~3.6倍）（Onozaki et al., 2006a）。两个品种都显示出较高的切花品质和商业生产所需的切花产量水平，且具有很长的瓶插寿命。

20.6 诱变与多倍体育种

20.6.1 辐射诱变育种

用6krad的射线照射香石竹插穗或生根试管苗，可诱发变异。如'Nora'、'Scarlet bell'、'Haras Orange'等日本品种均为辐射诱变而来。日本核动力研究所和麒麟啤酒公司利用离子照射技术培育出香石竹新品种，花瓣的形状和颜色均可以改变，其中3个品种已获得专利。云南省农科院花卉所桂敏等（2006）、莫锡君等（2006）用4000R γ射线照射单头栽

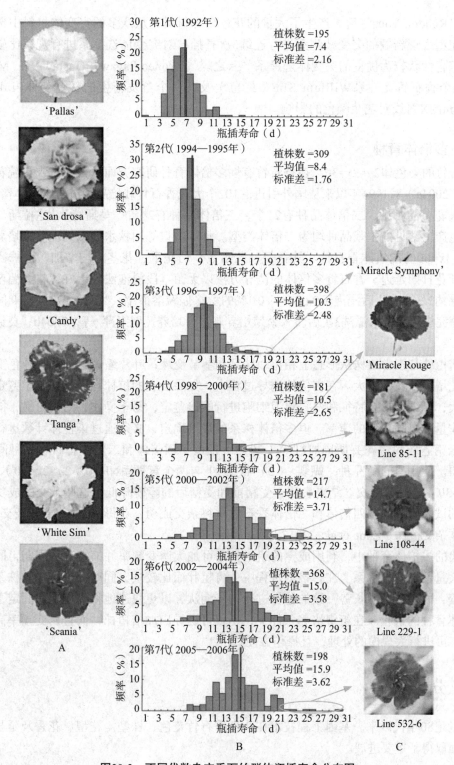

图20-3 不同代数杂交香石竹群体瓶插寿命分布图

A. 6个亲本品种用作初始育种材料　B. 第一代至第七代的花朵瓶插寿命的频率分布，竖线表示平均值　C. 'Miracle Symphony'、'Miracle Rouge' 以及品系85-11、108-44、229-1和532-6的选育

培品种'Rendez-Vous'后，产生了大量的花色变异材料，从众多的突变体材料中选出10个花色、花型表现新颖的突变枝侧芽进行连续3次扦插，对突变体选择系进行观察比较，从中筛选出综合性状较为优良的突变体选择系'云之蝶'。Yoneo Sagaw和Gustav A. L. Mehlquist研究了3个香石竹无性系William Sim（红色）及其两个自发衍生的颜色变体Pink Sim和White Sim的X射线对花朵颜色的影响。

20.6.2　多倍体育种

香石竹的染色体$2n=2x=30$。在香石竹有性多倍体育种研究方面，云南省农科院花卉所瞿素萍等（2004a）对1994年以来从国外引进的102个大花香石竹栽培品种进行染色体倍性鉴定，在23个大花苞品种中，二倍体品种有21个，三倍体品种有2个，'马斯特''达拉斯'和'卡曼'等生产上常见的主栽品种均为二倍体类型。日本山口等用秋水仙碱处理茎尖培养苗，得到了$2n=4x=60$的四倍体香石竹。其花径、花瓣数、切花重、花茎粗均增加，但株高、产量减少，开花日期延迟。香石竹多倍体的诱导方法以无菌茎段浸泡法效果好，将无菌苗按节切下，去除约2/3的叶片后浸泡于0.025%~0.1%的秋水仙碱溶液中，处理5~72 h，期间摇动多次，处理完毕用无菌水漂洗3次后转入繁殖培养基进行培养（瞿素萍 等，2004b；莫锡君 等，2005）。

加倍植株与正常植株从形态上相比，株高和茎节变矮；叶片缩短并加宽，叶色变深，叶片的气孔增大；花苞较大。在多倍体诱导过程中，如果所有的植株均进行细胞学鉴定，工作量非常大，可结合形态特征和气孔保卫细胞进行间接鉴定，易于操作，结果可靠，能大大地减少工作量和提高育种的速率。但多倍体株系的最终确定，必须通过染色体计数进行细胞学鉴定。云南省农科院花卉所周旭红等（2013）报道了四倍体和二倍体香石竹品种间杂交的生殖障碍。使用香石竹品种'蝴蝶'（$2n=4x=60$）与两个育种系NH10（$2n=2x=30$）和NH14（$2n=2x=30$）进行了杂交。结果表明，受精前和受精后的障碍降低了这些杂交的成功率。在进一步的试验研究中，四倍体和二倍体香石竹材料杂交成功，获得了5个三倍体杂交植株和7个四倍体杂交植株（Zhou et al., 2017）。

现代的多倍体育种中，利用成熟的组培技术可加大诱变频率并缩短育种周期，同时可通过组培大量繁殖变异株系。在转接的过程中，将粗壮而比较矮，同时叶色更绿的株系保存并进行扩繁，而把与对照长势一致的植株进行初步淘汰，以更快速地将优良性状固定下来，加速多倍体育种的进程。在组织培养条件下，不仅可诱导出加倍植株，而且诱变频率高，占用空间小，可进行大规模的处理，且操作方便。

20.7　分子育种

20世纪80年代以来，基因工程技术在改良香石竹花色、株型、花型、花香及延长瓶插寿命等方面取得了重要进展。

20.7.1　分子标记辅助筛选（MAS）

细菌性枯萎病是香石竹最重要和最具破坏性的疾病之一。其病原菌香石竹假单胞杆菌

（*Pseudomans caryphylli*）一旦侵入作物，就很难控制。培育抗病品种是克服该病的最佳策略之一。因此，日本蔬菜与花卉科学研究所于1988年启动了一项育种计划，以提高香石竹对细菌性枯萎病的抗性。在其研究中，先是用切根浸泡法筛选了277个栽培品种和70个石竹属野生材料对细菌性枯萎病的抗性，仅得到一个高抗的绒石竹的野生亚种 *Dianthus capitatus* ssp. 与*rzejowskianus*（Onozaki et al.，1999b）。再通过种间杂交将这个种的抗性引入栽培的香石竹中（Onozaki et al.，1998a），并开发了新的抗性品系'Carnation Nou No. 1'（Onozaki et al.，2002）。该系优点是能持续开花，产量高，可育。缺点是花径小、半重瓣、切花品质较低。因此，有必要通过回交做进一步的改良。

鉴于切根浸泡鉴定方法耗时长（3个多月），用工量大，DNA标记成为筛选抗性的有力工具。以高抗的'Carnation Nou No. 1'与感病的'Pretty Favvare'杂交产生的134个单株后代作为分离群体，开发细菌性枯萎病抗病基因的相关RAPD标记，这些杂交后代的抗性程度不同，平均发病率显示连续分布，其值范围为5.1%～100%，整个群体的总体平均发病率为60.4%±25.3%。'Carnation Nou No. 1'的平均发病率是14.0%，'Pretty Favvare'的平均发病率是100%。Onozaki共筛选了505个引物，获得了有助于筛选抗枯萎病品系的RAPD标记。通过大量的分离分析，他们鉴定了8个与主要抗性基因相关的标记，其中*WG44-1050*与抗性的相关性最大（Onozaki et al.，2004b）。通过数量性状位点（QTL）分析，在*WG44-1050*附近定位了一个对抗性影响较大的位点。RAPD标记*WG44-1050*成功地转化为适合标记辅助筛选的STS标记（STS-WG44）（Onozaki et al.，2004b）。使用高抗的绒石竹和抗性品系（"Carnation Nou No. 1"）作为育种材料，该STS标记在抗细菌性枯萎病育种是有用而可靠的选择标记。因此，在日本，STS-WG44目前被用作提高细菌性枯萎病抗性的实用育种方案中的选择标记。

20.7.2　花色改良

应用植物基因工程，可以从两方面来改变花的颜色。①利用反义RNA和共抑制技术抑制基因的活性，造成无色底物的积累，使花的颜色变浅或变成无色。②通过引入外源基因来补充某些品种缺乏合成某些色素的能力。Ovadis等（2001）将编码黄烷酮-3-羟化酶的*FHT*基因以反义形式导入花瓣为深橘黄色边缘带有深红色条纹的香石竹'Eilat'品种中，获得的14株转基因植株中有6株花色发生改变，其中2株的花瓣边缘红色条纹变浅，出现不连贯纹带；另2株的花瓣边缘红色条纹消失，花色也变成浅橘黄色；最后2株花色变成浅黄和白色。可能是反义*FHT*基因在不同程度上抑制*FHT*基因表达的结果。转基因紫色香石竹品种'Moondust'已在澳大利亚和日本上市。Flohgene公司将矮牵牛的*F3'5'H*基因和*DFR*基因导入白花的香石竹中，转化株积累了大量的花青素，花色也因而发生了改变，改变程度与导入基因的表达强度相关。

20.7.3　花朵香味

香味是香石竹品质的一个重要组成。花瓣表皮具有独特的乳头状突起称为腺毛。薄壁组织含有许多油细胞，油细胞能分泌易挥发的芳香油，通过腺毛扩散到空气里，使花产生香味。单萜和倍半萜为植物挥发油的主要成分，赋予水果、蔬菜和鲜花以香味。为了解决花朵香味的遗传转化问题，近期人们的工作主要集中于单萜（一类重要的花香物质）的合成过程。芳樟醇合酶（*Lis*）基因可编码S-萜烯醇合成酶，该酶可将牻牛儿焦磷酸（GPP，类萜合成的共同成分）一步转化成S-萜烯醇。由于包括香石竹在内的多数切花品种没有浓郁的芳香气味，该酶对培育带有新型香味的转基因花卉具有潜在价值。Lavy等（2002）将来源于伯惠绣衣（*Clarkia breweri*）的芳樟醇合酶基因转入香石竹品种'Eilat'中，转基因植株的叶片与花都产生了芳樟醇及其氧化物。

20.7.4　形态改良

花卉形态改良包括花器官结构、花枝着生状态、花序类型、植株形态等，通过基因工程对植物形态和结构的修饰将极大推动花卉业的发展。在形态改良中应用最广的基因是*Rolc*基因。转*Rolc*基因的香石竹与对照相比，侧芽成枝率高而且发育好，植株高度降低，插条数量比对照植株多，插条生根能力强（Zuker et al., 2001）。商用生根粉处理插条后，转基因插条生根所需时间短而且发根的数目多，鲜重也高于对照植株；商用生根粉对非转基因插条进行扦插时是必需的，而转基因插条即使不用生根粉也能正常生根。

20.7.5　瓶插寿命改良

鲜切花从采收、分级、包装、储运到销售等一系列过程，需要很长时间，而且会损伤切花，切花保鲜在鲜切花产业中显得很重要，尤其是乙烯敏感型的花卉，如香石竹、月季等。乙烯能够促进花瓣衰老过程中乙烯的释放，进一步加速切花衰老。ACC合成酶是乙烯合成反应的限速酶，编码该酶的基因是一多基因家族，各成员的表达具有组织特异性。在香石竹花器官中，该基因家族的3个成员分别在花柱（DCACS2、DCACS3）和花瓣（DCACS1）中特异表达（Michelle et al., 1999）。Savin等（1995）将反义ACC氧化酶（ACC oxidase，ACO）基因cDNA导入香石竹，内源ACO mRNA的表达受到抑制，乙烯积累不足对照的10%，使瓶插寿命延长了近1倍。白色西姆系转基因植株保持了原型，但是红色西姆系转基因植株花瓣数减少，花色略变暗淡。我国华中农业大学余义勋、包满珠等（2004）利用ACC合成酶共抑制延缓香石竹衰老也已获得成功。此外，还可以通过修饰乙烯信号传导途径，改变香石竹的乙烯敏感性。如Bovy等（1999）将拟南芥*Etr-1*（ethylene receptor-1）等位基因导入香石竹中，约1/2再生转化植株花的瓶插寿命比对照延长了6~16d，是对照瓶插寿命的3倍左右。Kiss等（2000）把反义的ACC合成酶基因转入香石竹中，经NTPⅡ的Southern杂交以及RT-PCR检测，证实外源基因已转入香石竹中。Kosugi等（2002）将正义*ACO*基因cDNA导入香石竹，延缓了花瓣衰老。张树珍等（2003）通过农杆菌介导法将花特异表达启动子驱动的ACC氧化酶的反义基因转入香石竹中，经多重PCR及PCR-Southern杂交检测，证实ACC氧化酶的反义基因已整合进香石竹的基因组中。日本研究人员已成功开发出了花期相当于普通品种约3倍的香石竹。普通香石竹完全开放5~7d后就开始枯萎，而新开发的香石竹'筑波1号'开放19.5d后还没有枯萎。华中农业大学张帆课题组阐明了DcWRKY33转录因子通过正向调节乙烯、脱落酸的生物合成和活性氧的积累来促进香石竹花瓣衰老的分子机制，拓展了人们对香石竹花瓣衰老分子调控网络的认识。

20.7.6　抗病毒

烟草花叶病毒外壳蛋白基因的导入可以增强植物对烟草花叶病毒、黄瓜花叶病毒和苜蓿花叶病毒的抗性。Yu和Bae（2002）将香石竹斑驳病毒（CarMV）外壳蛋白（CP）基因转化到香石竹3个品种中，经PCR和Southern杂交分析，CP基因整合到香石竹基因组中，染病后多数转基因植株可正常生长。1995年澳大利亚的研究人员将黄斑病毒的CP基因导入香石竹，获得抗病的转基因植株。我国的园林植物育种工作者也成功地获得了香石竹叶脉斑驳病毒CP基因cDNA，并测定了序列，为利用生物技术培育抗病毒香石竹奠定了基础。

20.8 育种进展与良种繁育

20.8.1 我国自育品种

国内开展新品种选育的单位有上海市园林科学规划研究院、云南省农科院花卉所、上海市花卉育种中心。目前选育出的主要品种有：

① '云红1号' 云南省农科院花卉所1998年夏季采用以色列谢米公司赠送的单头香石竹选择系 'R9711' 作母本与西班牙的单头香石竹品种 '马斯特'（'Master'）杂交，从实生苗群体中选出的一个优良单株。经过多代无性繁殖及开花栽培试验，性状表现稳定，优点突出。于2005年获国家新品种权保护。该品种为单头类型。花红色，花径大于8cm，花苞直径3.2cm，花苞萼片外表面无花青苷显色，花朵有轻微香气，重瓣，株高84.6cm。香石竹尖镰孢枯萎病抗性为中感，同 '马斯特'。主要优点是花苞大、枝条长、花萼绿色。

② '云红2号' 云南省农科院花卉所1999年夏季采用以色列谢米公司的单头香石竹栽培品种 '橄榄树'（'Olivia'）作母本与西班牙的单头香石竹栽培品种 '马斯特'（'Master'）杂交的实生苗群体中的一个优良单株。经过多代无性繁殖及开花栽培试验，性状表现稳定，其优良性状（花亮红色、大花苞和长枝条）表现突出。2005年获国家新品种权保护。该品种为单头类型。花亮红色，直径9.46cm，花瓣边缘为锯齿状，缺刻深度中等；株高86.9cm；花萼浅裂片无花青苷显色，有轻微香气。对香石竹尖镰孢枯萎病抗性为中抗。

③ '云凤蝶' 云南省农科院花卉所1999年夏季采用单头香石竹栽培品种 'Rendiz-vors' 作母本和 'Tundra' 杂交的实生苗群体中的一个优良单株。经过多代无性繁殖及开花栽培试验，主要性状表现稳定。其优良性状（大花苞和长而粗的枝条）表现突出。2004年1月申请新品种权保护。单头类型。花径9.97cm，花有轻微香气；无花青苷显色，花瓣边缘接近全缘，花瓣上有2种颜色，分布为花边条纹有斑点类型，第一主要颜色为灰黄色，第二主要颜色为石榴红色。对香石竹尖镰孢枯萎病抗性为中抗。

④ '云之蝶' 云南省农科院花卉所1999年秋季用γ射线照射 'Rendiz-vors' 后产生花色变异的突变体材料。经扦插繁殖成系，通过株系比较试验和品种比较试验，表现为花大，花型圆正，颜色搭配新颖，切花枝条直而粗壮，采花期较为集中，除花瓣边缘颜色不同外，其他性状与原品种无差异。该突变体选择经历3.5年，4个无性世代的扦插繁殖，性状表现稳定，系内个体间无明显差异。2004年1月申请新品种权保护。单花类型。无花青苷显色，花有轻微香气；花瓣边缘接近全缘，白底石榴红，对香石竹尖镰孢枯萎病抗性为中抗。

另外，云南省农业科学院花卉所还选育出一些未申请保护而在生产中直接应用的新品系，如 '云香紫' '云黄1号' 和 '粉达拉斯' 等。

⑤ '林隆2号' 上海市花卉育种中心1998年开始选育的新品种，利用引进品种 'Mable'

作母本，'Red Corso'为父本进行杂交，在F₁后代中选育优良单株，通过组培扩繁培育而成。该品种属大花型切花，花茎高度68~86cm，花色为桃红，与国外著名品种'Dallas'相似，花蕾卵形，紧实，开放前裂口呈五星形，花朵较大，盛开时花径可达8~10cm；并有淡雅的香味；花朵重瓣程度高，花瓣在50~60片，花瓣边缘呈锯齿形，花朵整齐美观。生长势较强，苗期叶片宽大肥厚，对叶斑病的抗性较强。

⑥ '洪福' 1992年缤纷园艺公司开始在昆明生产香石竹切花。1997年开始繁殖供应香石竹种苗。2003年开始香石竹育种，坚持每年种植3.5万株亲本，授粉3万对，第一年采种约15万粒种子；第二年培育10万株实生苗；第三年（2008）选出500个品种进行初选测试；第四年选100个品种商业测试；第五年选20个品种生产测试；第六年选10个品种市场推广，如此年复一年，坚持不懈。'洪福'花色艳丽、花苞大、枝条直壮，具良好的抗病性、抗逆性，栽培育成率高，切花A级比率极高。经反复试种与市场推广，历经8年之久，品种优势才渐为广大农户青睐，被批发商和出口商认可，被花店与消费者喜爱。栽培面积达7000亩，2022年产鲜切花8亿枝，产值5亿元人民币，最终占据了40%的中国香石竹鲜切花市场。

20.8.2　国外育种概况

20.8.2.1　大花香石竹（Standard Carnation）

① 红色系　各公司推出的红色系品种共34个，法国巴伯特布兰卡公司的品种'马斯特'（'Master'），以花苞大、色彩艳、枝条直、产量高、花期较集中、长势强而占有优势。自1996年问世以来，'马斯特'一直占据国内香石竹品种榜单头名，在国内红色系品种当中，其种植面积占比高达90%以上。直到2015年以后，逐渐被国内育成的'洪福'所取代。

② 黄色系　各公司推出的黄色系品种共26个。以抗性强，花色纯正、鲜艳、花型圆正的品种更受欢迎，代表品种有荷兰彼克公司的'自由'（'Liberty'）和法国巴伯特布兰卡公司的'佳农'（'Cano'）。黄色带红丝的品种苞型普遍较纯黄色品种大，如'Exotica''Isabe'等，但市场销量明显少于纯黄色品种。

③ 粉红色系　各公司推出的粉红色系品种共45个，以荷兰彼克公司品种最多，花型大而美，颜色深浅系列全，抗性强，目前国内流行的粉红色系品种主要有彼克公司的'卡曼'（'Charmant'），因花苞大、颜色纯正、产量高、枝条好而成为目前的主栽品种；其次是桑得玛莉亚公司的'粉戴'（'Bigmuma'）、'粉佳人'（'Damina'），希莱克塔公司的'粉佛朗'（'Pink Francesco'）。随着'粉戴'市场占有率的上升，'卡曼'的市场份额在下降。在国际花卉市场上粉色香石竹销售量最大，各公司推出的品种也较多。

④ 桃红色系　各公司推出的桃红色系品种共13个，目前生产中的主栽品种仍然是原以色列谢米（Shemi）公司的品种'达拉斯'（'Dallas'），该品种表现出枝条极佳、产量高、花苞大、抗性强、开花整齐一致、瓶插寿命长等优势，国内目前无可与之竞争的品种。桑得玛莉亚公司的'红色恋人'表现较好，20世纪90年代也开始流行。

⑤ 紫色系　各公司推出的紫色系品种共16个。其中'紫罗兰'（'Arevalo'）品种有较好的市场。

⑥ 橙黄、橘红色系　各公司推出橙黄、橘红色系品种共28个，此系列品种普遍表现出花

型大、产量高、生长快等优势，以'火星'（'Star'）、'Diva'为好，但国内市场对此色系需求量较少。

⑦绿色系　各公司推出的绿色系品种共14个，市场流行的品种是'绿夫人'（'Lady Green'），作为特殊类型，市场也有一定销量，但占比例极少。

⑧白色系　各公司共推出白色系列品种29个，多数白色品种生长势、产量、抗性等表现较好。以洁白纯正的品种受市场欢迎，如'白雪公主'（'Baltico'）。但国内市场需求量较少。

⑨复色系　复色系以中苞为主，近年来品种增加很多，目前各公司共推出74个品种，成为最流行的色系之一，各品种累计鲜花生产量，已接近红色系品种。主要有两种着色类型：一是白底带红边、红丝或紫边、紫丝系列，受市场欢迎的品种如'兰贵人'（'Rendez-vous'）、'小白菜'（'Bright rendez-vous'）、'安静'（'Komachi'）、'阿特利斯'（'Atlbtic Schubert'）等；二是黄底带红边、紫边或红丝、粉边系列，仍然以两色分明，带宽边的品种更流行。'太平洋'（'Pacifica'）、'大太阳'（'Malaga'）、'俏新娘'（'Tundra'）等在市场中十分畅销。

⑩覆轮系　各公司共推出16个品种，以内轮桃红或红色，外轮白色，且两色分明的品种为好，如'莫扎特'（'Mozart'）、'笑颜'（'Donatello'）等。

20.8.2.2　多头石竹（Spray Carnation）

多头石竹主要以微型为主，有数百个切花品种，也有少量盆花品种，具有红、黄、粉、桃、橙、紫、白、绿及多种多样的复色花型。各种苗公司每年生产销售30~50个品种，其中希维达、巴伯特布兰卡两个公司的品种多而有特色，希维达公司的"芭芭拉"系列和"太子"系列占主导地位。多头石竹的品种多、色系全，具有花型优雅、生长势强、质量好、产量高、易栽培等优势，在国际市场尤其是欧洲市场中，产销量占香石竹的50%以上，在中国市场所占比例在逐年增加。

20.8.2.3　其他类型

①蝴蝶石竹Butterfly　属中国石竹，2005年希莱克塔公司有4个品种出售。中国石竹的变种锦团石竹也有品种投入生产。石竹多行露地栽培，也有切花品种，近年有一定市场。

②绿毛球石竹　大约在2014年，昆明切花市场上出现了来自国外的圆球状、毛茸茸的绿色须苞石竹产品，引起了很大的市场轰动，种植者趋之若鹜。该石竹属于须苞石竹种（$D.$ $barbatus$），该种石竹为二歧聚伞花序，常见品种的花器官发育完善，有完整的花瓣、雄蕊、雌蕊。而绿毛球石竹的花瓣、雄蕊和雌蕊均呈针状叶片化，使整个头状花序呈绿色的绒球状。最早培育出绿毛球石竹品种为'Temarisou'，是由日本和歌山县的私人育种家古田襄治（Jyoji Furuta）于2006年育成的。后由荷兰的希维达佛罗瑞公司引去，并以'Green Ball''Greendream'和'Green Trick'等多个商业名称在世界多地推广。此后，巴伯特布兰卡、希莱克塔和一些私人公司也陆续推出多个绿毛球石竹品种，综合性状更趋完善，其中，以'超级奇异'（'Kiwi Mellow'）较为热销。

20.8.3 良种繁育

茎尖培养与脱毒苗的生产已成为香石竹品种种苗繁殖的常规技术（张丕方，1989；周丽华 等，1994）。采用优良品种、热处理、茎尖分生组织培养、病毒抑制剂脱毒、严格病虫害控制、病原快速检测、合理肥水等技术措施，已建立了无菌组培环境、原原种、原种、繁殖用种的种苗生产及检测体系，无病毒体系的保持和无病毒植株的栽培管理技术体系，保证自育品种优良性状的保持及推广应用。上海地区查明了香石竹的病毒种类并分离确定了香石竹斑驳病毒和香石竹潜隐病毒是危害上海地区香石竹的主要病毒，分别制备了抗血清和单克隆抗体，建立了一整套香石竹脱毒种苗商品基地的配套生产技术规程，包括茎尖培养及脱毒技术、脱毒苗病毒检测技术、脱毒苗快速繁殖技术、脱毒试管苗生根培养技术、脱毒苗无土栽培技术、脱毒苗复壮技术、脱毒苗采穗圃管理技术以及生产苗的包装运输等，可以保证有效地生产种苗。应用生产技术规程（见图20-4、图20-5）建立的香石竹脱毒种苗商品基地，每年可生产大量种苗以满足国内生产的需要。

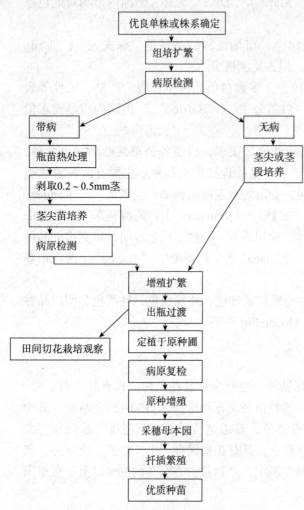

图20-4　脱病技术体系和检测体系

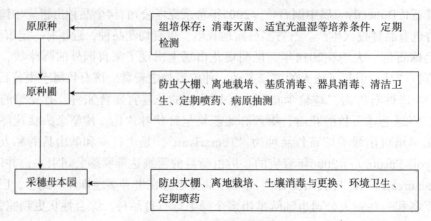

图20-5　无病体系的保持流程

（莫锡君　傅小鹏）

思考题

1. 石竹属全世界有600种，国产16种。请比较国产石竹与香石竹的主要区别，探讨国产石竹育种的潜力。
2. 切花、盆栽、花坛3种用途对香石竹的要求不同，请比较不同用途香石竹的主要育种目标。
3. 请根据生产需要，选出3个主要的育种目标，并根据其遗传规律，匹配适宜的育种方法。
4. 请比较诱变与多倍体育种对香石竹品种的贡献，哪个更有潜力或成效？
5. 香石竹是很早出现商业化的转基因花卉种类，请比较杂交育种和分子育种对性状改良和育成品种数量的贡献，并分析其进一步利用的潜力。
6. 香石竹的良种繁育和种苗生产是商品化的主要环节，育种工作能在此发挥什么作用？

推荐阅读书目

香石竹. 2003. 熊丽，刘青林. 中国农业出版社.
康乃馨茎尖培养工厂化生产. 1989. 张丕方. 高等教育出版社.
香石竹遗传育种理论与实践. 2023. 周旭红. 上海科学技术出版社.

第21章 鸢尾育种

[**本章提要**] "鸢尾"实指叶丛成单列且挺直,英语"彩虹之花"指花色丰富,中西合璧,花叶俱美。鸢尾有水生与旱生、喜温与耐寒、根茎与鳞茎等广泛的多样性和适应性,号称"三大宿根花卉"之一。本章从种质资源、育种目标、杂交育种、倍性与分子育种及各类鸢尾的育种进展5个方面,介绍了鸢尾育种的原理与技术。

鸢尾通常是对鸢尾科(Iridaceae)鸢尾属(*Iris*)植物的统称。目前,鸢尾新品种的获得主要依赖人工杂交选育。鸢尾常规育种方法简单易行,从杂交到开花一般只需要两年时间,之后即可进行优良个体的筛选、繁殖与登录,因此鸢尾是一类适合育种专家和普通园艺爱好者来改良的植物。但是通过杂交育种获得的变异相对有限,这也是常规育种方法的局限,发展倍性育种、诱变育种和分子育种等非常规育种方法是鸢尾未来发展趋势。

21.1 种质资源

鸢尾属是鸢尾科最大的一个属,该属植物由于观赏价值高、生态类型多样,广泛应用于世界各地园林中。全世界共计有鸢尾属植物约281种,主要分布在北半球的欧洲、亚洲和北美洲的温带地区,中国是其分布中心之一。中国分布鸢尾属植物约60种、13个变种和5个变型,主要分布在西南、西北和东北地区。Mathew(1981)有关鸢尾属分类系统广受认可,该系统将鸢尾属分为5个亚属。鸢尾属园艺学分类系统以Mathew(1981)为基础,首先根据地下茎特征分为根茎类鸢尾和球根类鸢尾，根茎鸢尾依据外轮花被片是否具有髯毛状附属物分为有髯鸢尾和无髯鸢尾。据2012年美国鸢尾协会统计，鸢尾属已有园艺品种超过7万个，近年来每年仍然在以千数递增，主要的园艺类群见表21-1所列。

表21-1 鸢尾属主要园艺类群对应的经典分类单元

园艺类群	经典分类单元
根茎鸢尾（Rhizomatic Irises）	
有髯鸢尾（Bearded Irises）	有髯鸢尾亚属Subgenus *Iris*
有髯鸢尾（Bearded Irises）	有髯鸢尾组Section *Iris*
假种皮鸢尾（Aril Irises）	假种皮鸢尾组Section *Oncocyclus*
无髯鸢尾（Beardless Irises）	无髯鸢尾亚属Subgenus *Limniris*
西伯利亚鸢尾（Siberian Irises）	西伯利亚鸢尾系Series *Sibiricae*
花菖蒲（Japanese Irises）	燕子花系Series *Laevigata*
路易斯安那鸢尾（Louisiana Irises）	路易斯安那鸢尾系Series *Hexagonae*
琴瓣鸢尾（Spuria Irises）	琴瓣鸢尾系Series *Spuriae*
加利佛尼亚鸢尾（Californica Irises）	加利佛尼亚鸢尾系Series *Californicae*
冠饰鸢尾（Crested Irises）	冠饰鸢尾组Section *Lophiris*
球根鸢尾（Bulbous Irises）	
网脉鸢尾（Reticular Irises）	网脉鸢尾亚属Subgenus *Hermodactyloides*
朱诺鸢尾（Juno Irises）	朱诺鸢尾亚属Subgenus *Scorpiris*
西班牙鸢尾（Xiphium Irises）	西班牙鸢尾亚属Subgenus *Xiphium*

注：本表参考 Mathew B.（1981）的鸢尾经典分类系统，括号里内容表示类群的英文名

国际园艺学会指定的国际鸢尾品种登录机构有两家：荷兰皇家球根种植者总会负责球根鸢尾登录，美国鸢尾协会（https://www.irises.org/）负责非球根鸢尾登录。后者再按株高将鸢尾分为20个品种群，与上述分类有别。

21.2 育种目标

鸢尾育种的主要目标是提高其观赏性或抗性，具体育种目标大致有以下几个方面：

①新的花色　对鸢尾现有花色进行改良，或者为鸢尾增添某种新的花色。鸢尾与其他园林植物育种相同，花色改良一直是核心育种目标。尽管育种学家们培育的鸢尾品种已经具有彩虹的各种颜色，但就已有的红色品系来说，仅有酒红色、红褐色或砖红色等接近红色的品种，因此"培育出真正的红色鸢尾"一直是鸢尾育种学家力求实现的重要目标之一。此外，日本鸢尾和西伯利亚鸢尾中的蓝色、粉色和红色品系的纯度还有待提升。

②分枝数量　针对日本鸢尾和西伯利亚鸢尾等分枝数相对较少的鸢尾类群，培育分枝数更多、开花量更大且分枝角度和谐、比例协调的品种。

③花瓣干物质含量和花瓣质地　培育花瓣质地光滑、富有光泽的品种。花大的鸢尾其花

瓣质地较薄、易变型、易褪色和易卷曲，改良此类品种的干物质含量显得尤为重要，这一目标通常可以通过四倍体育种提高花瓣淀粉含量得以实现。

④整体花期　提高单朵花花期和分枝数，培育整体花期更长的鸢尾。

⑤香气　培育有香气的鸢尾。无髯鸢尾的花一般没有香气，但以路易斯安那鸢尾为首的现代无髯鸢尾中也开始逐渐出现具有香气的品种。

⑥矮型品种　培育花大小与植株高度比例协调、株型紧凑的矮型鸢尾，以适应特定园林应用的需求。

⑦叶色、花葶颜色变异的品种　培育叶片黄绿色、花叶及花葶颜色不同于以往的鸢尾品种。

⑧花和植株的抗逆性　培育花朵不易褪色，不易变型，不易枯萎，抗热、抗风、抗雨能力较强等抗逆性更强的鸢尾。培育适应高温高湿、盐碱含量高或极度干旱等特殊生态环境的鸢尾品种。

21.3　杂交育种

21.3.1　繁殖生物学特征

每朵鸢尾花具有3个传粉单元（传粉通道），每个传粉单元由1枚雄蕊、1枚雌蕊（柱头位于顶端）、1枚外轮花被片和1枚内轮花被片组成（图21-1）。雄蕊隐藏于反卷的雌蕊下方，这样可保护花粉免受雨水淋湿。鸢尾属植物通常具有雌雄蕊异熟的特性：花粉在花开放时即开始散出，而柱头在开花第一天并无可授性，直到第二天柱头才向外打开、可接受花粉。

鸢尾自然授粉过程如下：外轮花被片基部的须毛状附属物或黄色花斑、斑纹等相当于"花蜜指示器"，指引传粉昆虫前来访花。为了吸取位于传粉通道底部的花蜜，传粉昆虫会钻入传粉通道底部。采蜜活动结束后，传粉昆虫倒退出传粉通道。在此过程中传粉者会沾染上大量花粉，这些花粉在下次访花中会被搬运至另一朵花的柱头上而完成授粉。

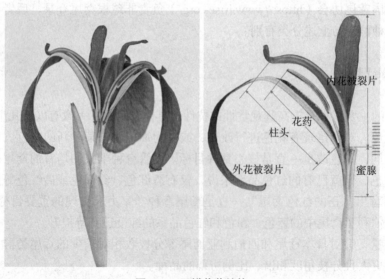

图21-1　玉蝉花花结构

而人工杂交育种原理就是人为替代传粉者将父本花粉授至母本柱头上。在确定育种目标后开始选择合适的亲本开展杂交，因此必须对父母本的性状非常了解。通常遵循以下基本原则：有髯鸢尾与无髯鸢尾不能进行杂交，成功率极低；不同染色体数目的鸢尾不能杂交，杂交后代不可育；对于有髯鸢尾，大多数现代杂交品种不能与一些原种杂交，而无髯鸢尾却可以进行多次回交。

部分鸢尾种类在自然状态下就能结实，这意味着利用自然结实的种子即可进行品种改良。相比自然虫媒授粉方式，人工授粉不受场地和时间的限制。同时，在选择亲本时还需注意区分显性遗传性状和隐性遗传性状，如单瓣和花期较早为显性遗传，而粉色花则为隐性遗传。

21.3.2 杂交方法

花粉保存是打破品种间花期不遇的有效方法。如果花粉只需保存1~2d，可以将花药直接放置于胶囊壳（内含硅胶）或信封袋中。当保存时间较长时，则需要更为精细的保存方法。Yabuya（1983）将花菖蒲花粉分别放置于丙酮或经丙酮处理后的$CaCl_2$中进行保存，结果表明在-20℃条件下经12个月后，两种处理下的花粉活力仍与新鲜花粉活力相同；而保存于$CaCl_2$中的花粉放置于0℃和25℃下分别经6个月和3个月后花粉活性就完全丧失。McEwen（1990）建议先将花药放置于干燥的环境中几小时，之后转移至刺有小孔的胶囊壳或信封中，再将这些胶囊壳放置于铺有2.5cm厚度无水$CaCl_2$或其他干燥剂的容器中。最后将这些容器置于低温条件下，花粉活力可保持数周；如果保存于超低温条件下，花粉则可保存数月之久。孟令辉等（2012）研究发现干燥有利于玉蝉花花粉保存，低温有利于减缓玉蝉花花粉活力下降，在-196℃下保存270d后花粉萌发率仍与新鲜花粉萌发率无异。

获得花粉后即可进行人工授粉。在开花前将外轮花瓣摘除，这样传粉者因无法寻找到目标就会大大降低传粉概率，这种方法的优点是不用套袋。如果无须取得完全准确的杂交种子，也可在开花第一天柱头未完全张开时就进行授粉，这样大部分胚珠都会与人工所授花粉完成受精。后一种方法对花无损害，也会提高授粉成功率。人工授粉的具体方法是用镊子夹住父本的花药，将花粉涂抹在母本的柱头，也可以用棉签蘸取适量父本的花粉涂抹母本柱头。如果在开花第一天进行授粉，注意要将柱头撑开以推入花粉。授粉完成后，在花茎上挂上标签，其上注明授粉日期、父母本信息。

大部分鸢尾属植物的种子在人工授粉后50~60d即具备一定的发芽能力，而在授粉80~90d后即完全成熟。接近果实成熟时要经常观察，以防止种子被风吹落或经雨水淋湿后直接在果实中发芽。可在成熟前套上网袋，果实一旦成熟就将果实与标签、网袋一同采收。秋季采收后即可进行播种，也可将种子低温层积至翌春进行播种。秋播的种子发芽不整齐、发芽率不高，新萌发的幼苗易遭遇低温，但秋播方式延长了植株生长期从而能使花期提前。如果采用春播则会延迟植株开花。因此，较好的办法是在温室或塑料大棚中进行秋播。播种介质可采用没有肥力的椰糠或草炭，覆土深度以刚好盖住种子为宜。在种子萌发前要注意保持介质湿润。

待小苗长到真叶3~5枚、株高5~10cm后移栽至口径约5cm的小盆中。根系长满后就可进行定植。定植后参照普通的养护管理，等待翌年开花。当实生苗开花时，开始对生长势和观赏性等性状开展调查。筛选新的抗性优良、花色、花型新颖的株系作为新品种登录的备选，也可用作下一轮杂交的亲本。

21.4 倍性与分子育种

21.4.1 倍性育种

目前，四倍体育种仍然是鸢尾倍性育种的主要方式。与二倍体鸢尾相比，四倍体鸢尾的叶片更大、花茎更高大，叶片颜色也更深，通常为墨绿色。四倍体的花物质含量较二倍体高，因此四倍体的花更大，对刮风、下雨等恶劣天气的抵抗力更强。育种家在鸢尾四倍体育种上付出了不懈努力。鸢尾四倍体育种方法有生长点滴液法与露白种子浸润法两种，可以参考胡永红和肖月娥（2012）中的具体操作流程。

倍性育种在一定程度上克服种间杂交不亲和性。早在19世纪七八十年代，日本学者利用胚培养方法成功获得燕子花与花菖蒲的杂交后代（Yabuya et al., 1975, 1980b; Yabuya et al., 1983）。Yabuya（1984）研究发现这些杂交后代并不可育，但是将这些杂交后代的染色体加倍可获得双二倍体。双二倍体再与四倍体花菖蒲正反交可获得异源四倍体，异源四倍体可用作花菖蒲品种选育的桥梁（Yabuya, 1991）。Yabuya等（1989）发现三体花菖蒲（$2n=25$）的3条独立染色体部分同源，而正常二倍体花菖蒲（$2n=24$）所有染色体同源。Yabuya等（1992）采用非整倍体品种'Ochibagoromo'与正常二倍体品种'Shishinden'进行杂交，检验了花菖蒲的非整倍性是可传递的。不同倍性的花菖蒲品种之间存在变异，并且染色体间的变异是由于易位造成的（Yabuya et al., 1997）。三体花菖蒲常出现于伊势系中，观赏性状优良，长期以来一直用作亲本，已选育获得多个非整倍体品种（清水宏，2007）。这些双二倍体、异源四倍体和非整倍体在花菖蒲育种的应用仍待挖掘。

21.4.2 分子育种

鸢尾花色主要由两条生化途径决定：类胡萝卜素途径主要调控黄色、橙色和粉色；花青素途径调控蓝色、紫色和栗色（Jeknić et al., 2014）。

自然界缺乏红色系的鸢尾，获得红色系的鸢尾一直是育种家们努力实现的育种目标之一，但通过常规育种方法难以实现。近年来育种学家借助基因工程育种方法对鸢尾花色进行了改良，并取得了初步成功。

Yabuya（1994）首次在花菖蒲中发现了芍药花色苷（peonidin 3RGac5G）与矢车菊花色苷（cyanidin 3RGac5G）两种新的花色素苷，而这两种花色素苷可用于培育红色和洋红色品种。Yabuya等（1997）通过研究发现，蓝紫色花菖蒲品种主要花色素包括矮牵牛色素（petunidin 3RGac5G）、飞燕草色素（delphinidin 3RGac5G）和锦葵色素（malvidin 3RGac5G）以及助色素异牡荆碱（isovitexin）。并且0.1mM锦葵色素、0.07mM牵牛花色素和0.7mM异牡荆碱混合液的吸收光谱值与直接测定蓝紫色花菖蒲品种外轮花被的吸收光谱值一致，证实花菖蒲的蓝紫色是由这些花色素与助色素共同作用而成的（Yabuya et al., 1997a）。他们还发现飞燕草色素中异牡荆碱的含量更高。因此，提高助色素异牡荆碱的含量或找到更为有效的飞燕草色素与其他黄酮类物质的组合，可能获得真蓝色系花菖蒲以及其他蓝色系花。在开花进程中，花菖蒲中蓝紫色品种褪色较红紫色品种慢，其原因是蓝紫色品种花被片中的异牡荆碱提高了花色素苷的稳定性（Yabuya et al., 1997b）。此外，同源四倍体花菖蒲品种（Yabuya, 1991）的花色与其亲本相似，但锦葵色素和矮牵牛色素在异源四倍体和亲本花菖蒲中的含量比分别为2:1和1:1（Yabuya et al., 1998）。Yabuya（2001）通过研究发现了几种新的花色素苷，并将花菖蒲所有花色素分为16类。之后，他们又开始探讨花色素苷生物合成途径与相关功能基因的研究（Yabuya et al., 2002）。

Jeknić等（2014）在卷丹辣椒红黄素-辣椒红素基因（capsanthin-capsorubin synthase from *Lilium lancifolium*, Llccs）转座子调控下，将成团泛菌（*Pantoea agglomerans*）的茄红素合成基因（phytoene synthase gene, crtB）转入开粉花的有髯鸢尾*Iris* 'Fire Bride'中。最后所获得的转基因植株的子房（绿色转为橘色）、花茎（绿色转为橘色）和花柱颜色（白色转为粉色）均发生了改变，但其花色却无明显变化（Jeknić et al., 2014）。在有髯鸢尾中取得的初步成功将推动人们对花菖蒲及其他鸢尾属植物开展分子育种。

此外，通过对鸢尾花色素组成成分和合成路线的研究，可能能为鸢尾花色改良或其他园林植物育种提供依据。

21.5 育种进展

21.5.1 有髯鸢尾

有髯鸢尾（Bearded Irises）名字来源于其垂瓣基部厚重的髯毛，这些髯毛可吸引昆虫进行授粉。有髯鸢尾由有髯鸢尾亚属（subgenus *Iris*）有髯鸢尾组（section *Iris*）的香根鸢尾（*I. pallida*）、德国鸢尾（*I. germanica*）、黄褐鸢尾（*I. variegata*）和喀什米亚鸢尾（*I. kashmeriana*）等原种杂交获得，是鸢尾属中品种最为丰富的园艺类群。有髯鸢尾原种花宽大，花葶较硬，浅绿色叶片宽大、呈剑形，主要分布于地中海沿岸至南亚、阿拉伯半岛至南俄罗斯的区域范围内，通常生产在土壤相对贫瘠、排水良好的坡地。

早在16世纪末期，不同原产地有髯鸢尾种类被引种栽培后，形成了一系列天然杂交品种。法国和英国是有髯鸢尾育种工作的先驱。在19世纪90年代以前，有髯鸢尾主要来源于香根鸢尾（*I. pallida*）和黄褐鸢尾（*I. variegata*）两个种，尤其是原产于地中海北部沿海岸地区的香根鸢尾是现代高型有髯鸢尾的重要亲本。19世纪初，自然杂种开始被命名，并且法国商人M. G. Bure开始将它们作为商品进行销售，并开始有髯鸢尾的培育。1840年，法国育种者M. Lémon继续对有髯鸢尾开展杂交育种，他也是推动鸢尾成为著名花园植物的第一人。1889年开始，原产于地中海沿岸的3个高型大花种塞浦路斯鸢尾（*I. cyprianan*）、特洛伊鸢尾（*I. trojana*）、美索不达米亚鸢尾（*I. mesopotamica*）及其变种等四倍体开始被引种，并被用于有髯鸢尾育种。20世纪初，美国育种者开始对有髯鸢尾进行大规模的品种间杂交选育，使其园艺观赏性状得到了极大的提升。有髯鸢尾育种第一个里程碑事件发生在1900年，M. Foster选育了第一个四倍体鸢尾品种——'阿玛斯'鸢尾（*I.* 'Amas'），该品种广泛应用于早期四倍体鸢尾品种选育。1904年，Foster又培育出四倍体品种*I.* 'Caterina'，该品种是用于培育蓝色系有髯鸢尾的重要亲本。到1940年，通过不断地杂交选育，高型有髯鸢尾品种大多是四倍体（Nicholas, 1956）。有髯鸢尾第二个里程碑是W. R. Dykes获得了开黄色花的鸢尾品种*I.* 'W. R.

Dykes'，该品种是培育有髯鸢尾黄色系品种最为重要的亲本。1920—1926年，美国W. Mohr和S. Mitchell利用假种皮鸢尾 *I. gatesii* 与有髯鸢尾杂交成功，此举为有髯鸢尾带来了新的基因。20世纪50年代开始培育出花型极大的两季花品种，到20世纪70年代末有500余个两季花鸢尾品种被登记注册，目前已登记双季开花的鸢尾品种已有上千个，有效地延长了鸢尾的整体观赏期。在20世纪五六十年代，有髯鸢尾开始涌现新的花色及其式样，比如D. Hall培育的粉色系品种、K. D. Smith培育的纯蓝色系品种和P. Cook培育的蓝白复色系品种等。

通常，鸢尾属内不同亚属之间的杂交为远缘杂交，较难成功。但是在1930年，就已经将有髯鸢尾类的香根鸢尾和隶属于冠饰鸢尾类的鸢尾（*I. tectorum*）杂交成功，获得跨亚属间杂种 *I.* 'Paltec'。后来又分别获得了 *I.* 'Flying Dragon'、*I.* 'Dragonscrest'，为未来有髯鸢尾的远缘杂交提供了新的路径。目前，有髯鸢尾的育种集中在对花色、花型、花香、株型和抗性等方面的改良。

21.5.2　无髯鸢尾

无髯鸢尾是指垂瓣上无须毛状附属物的一类鸢尾种和园艺品种。相比有髯鸢尾类群，西伯利亚鸢尾（Siberian Irises）、路易斯安那鸢尾（Louisiana Irises）、日本鸢尾（Japanese Irises）、琴瓣鸢尾（Spuria Irises）等无髯鸢尾类群花期较晚，耐湿热，适应范围更广。但无髯鸢尾类群起步较晚，所能获得的品种仍然较有限。

英国育种家是无髯鸢尾种间杂交的开拓者。20世纪20年代，伟大的育种学家A. Perry开始将其收集到的鸢尾进行了种间杂交，他首创了金脉鸢尾（*I. chrysographes*）× *I. hartwegii*、西南鸢尾（*I. bulleyana*）× 金脉鸢尾、长葶鸢尾（*I. delavayi*）× 云南鸢尾（*I. forrestii*）等种间组合。20世纪70年代，在美国的一些花园中开始出现由自然杂交获得的种间杂种，并逐渐获得加利福尼亚鸢尾 × 西伯利亚鸢尾杂交品系（Calsibe hybrids）。20世纪中期，美国育种者L. Reid和法国的M. Simonet都开始开展远缘杂交育种。20世纪70年代，德国育种家T. Tamberg夫妇开始大规模的鸢尾育种工作，他通常采用秋水仙碱对不育后代加倍成四倍体恢复育性，获得了变异丰富的杂交品种。在Tamberg夫妇的引领下，人们将无髯鸢尾进行种间杂交，获得了大量的种间杂交品种，直接采用父、母本的种名作为这些种间杂交的品种名。

西伯利亚鸢尾（Siberian Irises）是西伯利亚鸢尾系种和品种的总称，以株型优美、花型雅致著称。西伯利亚鸢尾系原种总计11个，原产中欧和亚洲，生长于草甸、湿地、山坡或林下，是所有鸢尾中适应性最广和抗病虫害能力最强的一个类群。

Lenz根据染色体数目将西伯利亚鸢尾分为两个亚系：西伯利亚鸢尾亚系（2*n*=28）和金脉鸢尾亚系（2*n*=40）。亚系间由于染色体数量差异较大，杂交成功率极低。20世纪30年代，开始将西伯利亚鸢尾和其他种鸢尾进行杂交，如西伯利亚鸢尾分别和溪荪（*I. sanguinea*）、变色鸢尾（*I. versicolor*）杂交获得的杂种（高亦珂 等，2018）。1957年，*I.* 'White Swirl' 的出现使得西伯利亚鸢尾的花型发生了真正巨大的变化，该品种具有开张花型、垂瓣宽大，成为后来常用的优良育种亲本（McEwen，1996）。

21.5.2.1　西伯利亚鸢尾亚系

西伯利亚鸢尾亚系的栽培品种基本上是西伯利亚鸢尾（*I. sibirica*）和溪荪的杂交种。此外，西伯利亚鸢尾和山鸢尾（*I. setosa*）等杂交都得到了一些杂种（Lech，2012）。目前获得的杂种如下：

①西伯利亚鸢尾（4x=56）和变色鸢尾（2n=72~108）杂交获得西伯利亚-变色鸢尾杂交品系（Sibcolor hybrids）。20世纪80年代在花园里发现了西伯利亚鸢尾和变色鸢尾的自然杂交种。1985年，德国育种家A. Winkelmann登录了第一个Sibcolor杂交品系的品种*I.* 'Neidenstein'，其可育性低，生长势强，春季叶子淡黄色，后变为绿色，之后育种家用杂种和亲本回交获得了一些杂种。

②西伯利亚鸢尾和山鸢尾杂交获得西伯利亚-山鸢尾杂交品系（Sibtosa hybrids）。这是一个很有吸引力的杂种群，20世纪20年代Perry首次进行了该类杂交，80年代Tamberg开始大规模培育该类杂种，其生长势强，易长成丛状。同时，通过染色体加倍获得可育的四倍体后，再与四倍体西伯利亚鸢尾、山鸢尾回交，得到颜色更加丰富的园艺品种。获得的四倍体'Sibtosa'再与变色鸢尾杂交获得杂交品系Sibtocolor，是一个新的远缘杂交类群，结合了3个系不同种类的优势，植株高达130cm，花大，花色从深红色到深绿色。

21.5.2.2 金脉鸢尾亚系

19世纪初至20世纪末，中国产金脉鸢尾亚系被大量引种至国外，对无髯鸢尾的育种起到了很大的推动作用。该亚系作为亲本与其他类别无髯鸢尾进行杂交，获得大量的杂交种。L. Komarnicki总结了其杂种如下：1912年，W. R. Dykes首次报道了金脉鸢尾和加利福尼亚鸢尾（Californica Irises）杂交，获得杂交品系"Chrysofornica"，该系列杂种继承了父母本的特性，花色更丰富，叶子较宽，耐寒性强，观赏价值高。金脉鸢尾亚系和马蔺（*I. lactea*）杂交获得杂交品系"Chrysata"，虽然父母本染色体数目相同，但获得的杂种却不可育，抗旱性强，花有香气。金脉鸢尾亚系和山鸢尾杂交获得杂交品系"Chrytosa"，两者之间存在明显的杂交障碍，杂种不易得，易长成丛状。美国育种家S. Norris首次采用金脉鸢尾和三棱鸢尾（*I. prismatica*）杂交，获得杂交品系"Chrysmatica"，该杂种易获得，但难养护，花小，花茎细弱。金脉鸢尾亚系和紫苞鸢尾（*I. ruthenica*）杂交获得杂交品系"Chrythenica"，该杂种易得，但开花后垂瓣严重反折，观赏价值不高。

21.5.3 花菖蒲（日本鸢尾）

花菖蒲是由无髯鸢尾亚属（subgenus *Limniris*）无髯鸢尾组（section *Limniris*）燕子花系（series Laviagatae）的玉蝉花（*I. ensata*）种内选育获得。该类群多数品种在日本选育获得，因此国际上又称日本鸢尾。花菖蒲历经300多年的发展已演化出"江户系""肥后系""伊势系""长井系"等7大品系、5000多个品种。花菖蒲花色以紫、蓝、粉和白等色系为主，有纯色、复色、覆轮、砂子纹和绞纹等不同花色样式。

为了更多更大变异，育种家又利用花菖蒲与其所在的燕子花系其他种进行杂交，包括燕子花（*I. laevigata*）、黄菖蒲（*I. pseudocorus*）、变色鸢尾和维吉尼亚鸢尾（*I. virginica*）。日本在此育种方面做了大量的工作。1978年，Yabuya等用燕子花与溪荪杂交，由于杂种败育未获得杂种。之后，Yabuya等又用燕子花与玉蝉花杂交，找到了杂种败育的原因是胚乳退化，因此采用胚培养的方法获得杂种，杂种的形态学特征也已被证明。但是杂种不育阻碍了花菖蒲种间杂交育种进程。为了克服杂种的不育性，1985年Yabuya用秋水仙碱处理杂种获得双二倍体，双二倍体表现出了较高的花粉活性和种子活力，在花菖蒲育种中起到了很大的作用。之后Yabuya用四倍体花菖蒲和双二倍体杂交获得杂种植株，通过染色体数量观察证明是真杂种，在花菖蒲种间杂交育种中起到桥梁作用。1999年，Shimizu用体细胞杂交的方法获得了花菖蒲与德国鸢尾（*I. germanica*）的杂种。2006年，Inoue等获得了燕子花和路易斯安那鸢尾类群的*I. fulva*的远缘杂种。

"燕子花系"其他种之间的杂交也获得了一些种间杂种，山鸢尾和燕子花杂交障碍明显，Tamberg获得了该类型的一个杂种'Berlin Sevigata'。变色鸢尾和燕子花杂交获得杂交品系"Versilaev"，抗旱性更强，花色较为丰富，经秋水仙碱处理得到的四倍体是可育的，再与维吉尼亚鸢尾四倍体杂交获得杂交品系"Verganica"。"Vergenica"杂种结合了3个种的特性，植株高大健壮，耐水湿。变色鸢尾和山鸢尾杂交，获得杂交品系"Versitosa"，杂种植株生长良好，旗瓣较短，开花量大。变色鸢尾和玉蝉花杂交获得杂交品系"Versata"，花较大，杂交困难，杂种部分可育，和父母本回交可以获得丰富的变异类型。

黄菖蒲育性较高，常用作远缘杂交的材料。日本育种学家Osugi用黄菖蒲和花菖蒲杂交，试图将黄色花基因引入花菖蒲中，这类杂交品种系称为"Pseudata"，即指由黄菖蒲和花菖蒲杂交获得的一类鸢尾。1962年，Osugi获得了第一个Pseudata品种'Aichi no Kagayaki'，为Pseudata育种打下了基础。之后，大量黄菖蒲和花菖蒲杂交种开始出现，其中最为著名的是Shimizu培育的眼影鸢尾（Eyeshadow hybrids），是以黄菖蒲品种'Gubijin'为母本，混合花菖蒲多个品种的花粉授粉获得的，花瓣具有突出的眼斑，大大提高了花菖蒲的观赏价值。

21.5.4 加利福尼亚鸢尾

加利福尼亚鸢尾（Pacific Coast Irises）是加利福尼亚鸢尾系原种和杂交品种的统称。加利福尼亚鸢尾适应范围狭窄，因此在园林中不如其他鸢尾类群常见。这个类群鸢尾不同种之间杂交产生了丰富的园艺品种，也与其他类群鸢尾种类进行了杂交，如S. S. Berry在1931年采用隶属于加利福尼亚鸢尾系的道格拉斯鸢尾（*I. douglasiana*）和马蔺杂交首次获得杂交品系"Calsata"，其花小但美丽，深紫罗兰色，生长迅速，花量大。L. Lenz首次将加利福尼亚鸢尾与西伯利亚鸢尾亚系杂交获得杂交品系"Calsibe"，由于西伯利亚鸢尾花期晚，亲本花期不遇，杂交困难，目前获得杂种后代仍然很少。加利福尼亚鸢尾系的种类染色体数为$2n=40$，可以与金脉鸢尾亚系杂交，获得杂交品系"Caligraphes"，A. Perry最早获得并登录了一个品种*I.* 'Dougraphes'，1927年，他用金脉鸢尾和道格拉斯鸢尾杂交培育的品种*I.* 'Margot Holmes'获得了首个Dykes奖章。后来，波兰育种家Komarnicki也开展了类似工作，获得了抗性良好、分枝多、耐严寒的杂交种。

21.5.5 琴瓣鸢尾

琴瓣鸢尾原种约有20个，起源于欧洲地中海地区，在丹麦、俄罗斯、阿富汗及中国西部均有分布。现在琴瓣鸢尾的应用与育种主要集中在美国加利福尼亚州、田纳西州和密苏里州的东海岸地区和澳大利亚东部地区。琴瓣鸢尾一般按照株高分为高型琴瓣鸢尾和矮型琴瓣鸢尾。19世纪末，英国的鸢尾育种者M. Foster用琴瓣鸢尾（*I. spuria*）和*I. monnieri*作亲本培育出杂交品种*I.* 'Monspur'。A. Ferguson、B.R. Hager、O.D. Niswonger等人利用*I. crocea*、*I. orientalis*和*I. monnieri* 3个原种进行杂交获得了一些高型琴瓣鸢尾。琴瓣鸢尾育种工作起步较晚，登录的品种数量较少，很少与其他鸢尾之间开展杂交。

21.5.6 糖果鸢尾

糖果鸢尾是由野鸢尾（*I. dichotoma*）与射干（*I. domestica*）杂交获得，因花被裂片（俗称花瓣）枯萎时卷起且连着子房形如糖果而得名。射干的分类学地位发生了多次变化，2005年，基于分子系统学方面的证据，Peter和David建议将射干属降级为种，将之命名为*I. domestica*。基于分子系统发育学研究结果显示，糖果鸢尾的亲本野鸢尾和射干均隶属于无髯鸢尾亚属（Wilson, 2011）。因此，笔者将糖果鸢尾归于无髯鸢尾大类。

1936年，R. Pearce从日本收集了开金黄色花的射干植株，并将之与射干杂交，其杂交后代为Avalon Hybrids。1960年，美国育种家S. Norris将Avalon Hybrids与野鸢尾杂交，获得了丰富的杂交后代。1970年，Norris将其杂交所获得的后代赠予了L. Lenz，Lenz继续开展了糖果鸢尾育种工作。

糖果鸢尾花色新颖且富于变化，引人注目，耐盐碱、耐寒、耐旱，可以用于花境景观营造。单枝开花量大，还可以用于切花生产。自2010年开始，上海植物园、沈阳农业大学、北京林业大学等单位都在积极开展糖果鸢尾的育种工作，目前已获得这类鸢尾新品种超过50个。

（肖月娥　胡永红）

思考题

1. 鸢尾属有300种，中国产58种，有遍布全国的、丰富的种质资源。如何充分利用我国的种质资源，培育具有中国特色的鸢尾新品种？
2. 我国常见的有德国鸢尾、花菖蒲、水生鸢尾等，请比较各自主要的育种目标有何侧重。
3. 亲缘关系对鸢尾属的杂交亲和性有何影响？换言之，目前的分类体系（亲缘关系）是否反映了种间的杂交亲和性？
4. 我国常见的是鸢尾（*I. tectorum*）和蝴蝶花（*I. japonica*），但品种很少。能否将其育成类似德国鸢尾那样的丰富品种？
5. 鸢尾的叶丛是很好的地被植物，能否育成常绿的品种为温带的冬季增添绿色？
6. 哪些育种目标需要采用诱变或分子育种的方法？其潜力或前景如何？
7. 比较各类鸢尾育种的成就和特色，尝试找出其共同的规律。

推荐阅读书目

湿生鸢尾——品种赏析、栽培及应用. 2012. 胡永红，肖月娥. 科学出版社.
花菖蒲——资源保护与品种赏析. 2018. 肖月娥，胡永红. 科学出版社.
中国迁地栽培植物志·鸢尾科. 2021. 肖月娥，胡永红. 中国林业出版社.

第22章 萱草育种

[本章提要] 萱草是中国原产、久经栽培的宿根花卉，既可观赏，又能食用，尤其耐热，盛夏开花，是"三大宿根花卉"之一。本章从育种历史、种质资源、育种目标、杂交育种、倍性育种、分子育种6个方面，介绍了萱草育种的原理和技术。

萱草在中国有丰富的野生资源和悠久的栽培历史，最早的文字记载是在《诗经》中的"焉得谖草，言树之背"。19世纪末，欧美开始萱草的育种工作，美国萱草协会（https://daylilies.org/）承担国际品种登录工作，已有超10万个品种登录。四倍体的出现使萱草的变化出现了更多的可能，不断变化的花型，越来越多的褶边，鲜艳的彩斑，超长的花瓣，丰富了萱草的多样性。

22.1 育种历史

22.1.1 早期[斯托特（Stout）之前]育种

19世纪初期，传入西方的萱草已得到了引种驯化，19世纪末欧美培育萱草新品种的工作就已兴起。1877年，英国中学教师兼业余园丁乔治·耶尔德（George Yeld）最早进行了萱草的杂交。他的品种'Apricot' 1892年推出，并引起关注。'Apricot'由 *Hemerocallis flava* × *H. middendorffii* 杂交而来，内外花被均为橙黄色，但深浅不同，芳香且能二次开花。耶尔德在近50年的萱草育种过程中推出了一系列受欢迎的品种如：'Gayner''Radiant''Sovereign''Tangerine'和'Winsome'。英国苗圃工人佩里（Amos Perry），1885年杂交萱草，1900年左右培育出品种'Amos Perry'。1920年佩里将一株很有前途的幼苗命名为'George Yeld'，以表达对乔治·耶尔德的敬意。1925年开始出售这个品种，到目前为止该品种仍然在一些花园中种植。佩里进一步培育出'Byng of Vimy''Cissy Giuseppe''Margaret Perry'和'Viscountess Byng'等品种。其他欧洲萱草育种先驱包括意大利人Karl L. Sprenger和他的侄子Willy Mueller。他们从亚洲进口了不同的萱草，包括黄花菜，1903年开始育种，培育出不同的新品种。英国华莱士父子有限公司于1895年从日本采集了 $H.$ $aurantiaca$。该公司也是萱草新杂交品种的早期培育者。其他一些欧洲公司也参加了萱草的引种、栽培，如英国的彼得巴尔父子、荷兰的 CG van Tubergen、法国的 V. Lemoine和Son以及德国的 H. Ghrist。

A. Herrington（新泽西州）于1899年注册了第一个已知美国培育的萱草品种'Florham'。是 $H.$ $auantiaca \times H.$ $thunbergi$ 的杂交后代。Luther Burbank（加利福尼亚州）于1914—1924年培育了包括'Caypso'在内的4个品种。目前尚不清楚它们是人工杂交的，还是天然杂交的。宾夕法尼亚州的Betrand H. Farr于1924年培育出广受欢迎的品种'Ophir'，并为纽约植物园的育种提供了全套栽培萱草。后来，他的公司推广了纽约植物园培育的所有萱草品种。自1924年开始黄花菜育种以来，Paul H. Cook（印第安纳州）引进了许多重要的品种。淡黄色的'Hyperio'萱草是广为人知和广泛种植的品种。它由 Franklin B. Mead（印第安纳州）大约在1925年培育，1928年投放市场。'Carl Betscher'是一位俄亥俄州的育种人培育出来的品种，他从1928年开始培育出许多精美的品种，其中包括'Earlianna''J. A. Crawford''Mrs'等古老的广受欢迎的品种。W. H. Wyman 和著名的杂交者Hans P. Sass（内布拉斯加州）在20世纪初就对萱草产生了兴趣，但直到1933年才开始育种。他培育了众多杰出品种，如'Golden West''Gretchen''Hesperus''Midwest Maj Esty''Orange Beauty'和'Revolute'。Thomas J. Nesmith夫人（马萨诸塞州）也是杰出的萱草育种者之一，于1933年培育出她的第一个品种。

早期的杂交工作进展很缓慢。从1893—1934年41年间，共有23位育种者从事萱草育种工作，总共培育了174个新品种，平均一年有4个新品种产生，而且这些新品种在花色上都没有显著的变化，仍在黄色和橙黄色之间（Pride，1977）。

22.1.2 斯托特（Stout）时代育种

纽约植物园的斯托特（Stout）博士对现代黄花菜的发展作出的贡献最大。从1916年开始，作为纽约植物园实验室主任，他收集了西半球所有已知的黄花菜，并在亚洲寻找新的资源。斯托特博士对该属的兴趣和研究甚至在年轻时已开始，他母亲喜欢萱草，并在庭院中种植了大量的萱草。作为受过培训的遗传学家，斯托特进行了多次受控杂交并仔细观察了杂交后代，完整的记录让他能够确定许多后代的遗传特点。斯托特的方法为萱草育种设定了高标准，并开创了萱草育种的新时代。他的文章和书提供了关于萱草研究各方面的丰富信息。斯托特的品种在推出前经过全面测试，并且始终可靠。他培育出如'Caballero''Dauntless''Dominion''Mikado''Rajah'和'Viking'等知名品种。1939年，美国植物生物协会授予斯托特·威廉赫伯特奖章，以表彰他在萱草方面的杰出贡献。斯托特以分类学为依据创造出大量的红色、晚花品种，使萱草育种有了突破性的进展，'Theron'是第一个深红色的萱草品种（McGarty，2008）。这一点特别值得注意，因为在原始物种中，只有 *H. fulva* 和 *H. aurantiaca* 显示出红色或粉红色着色。

斯托特开始了现代萱草的育种。他对萱草育种的贡献不计其数，但最杰出的是：①建立对萱草属植物生物学的科学认识，特别是开花的特点、花序的结构、自交育性的种类和不育的原因；②为萱草未来育种提供了潜力。斯托特巧妙而耐心地设计了种间杂交组合，系统完整地记录了育种的系谱，成功证明了人类可以从萱草的基因库中提取改变红色色素沉着质量和强度以及分布模式的遗传因素，并产生自然中不存在的新花色组合。他利用Steward从中国送来的萱草资源进行杂交，获得变异丰富的F_1和F_2代群体，但他仅从中选最好的后代命名，从种间杂交后代中仅选出6个新品种。

1940—1950年，通过众多育种者的努力，萱草开始出现了新的颜色和花型，Nesmith培育出了粉色系列的萱草'Pink Prelude'和'Sweetbriar'。Taylor培育了常绿萱草'Prima Donna'。1950年以后，越来越多的人开始杂交萱草，萱草育种进入了快速发展时期。萱草品种大幅度增加，新的花色和花型不断出现。据Munson（1989）统计，1950—1975年这段时期有15 000多个新的品种注册。育种家Macmillan利用'President Giles''Chetco''Dorcas''Dream Mist'和'Satin Glass'5个萱草品种开展杂交育种工作，成功地培育出了粉色花色和有彩斑的萱草品种，他培育的圆形有褶皱花边的花型后来被称为"Mecmillan"花型。Frank和Childs培育出了花色为略带桃红色的淡紫色，花心为绿色的新品种'Catherine Woodbery'（Callaway，2000）。

22.2　种质资源

萱草为多年生宿根草本植物，主要分布在东亚，延及俄罗斯西伯利亚地区，个别类群也出现在欧洲。其分布区北起俄罗斯北纬50°~60°，南至缅甸、印度、孟加拉国，西缘为俄罗斯境乌拉尔山脉以东的西伯利亚平原，东至日本（陈心启，1987；倪志诚，1990）。

中国有丰富的萱草属种质资源，陈心启教授根据已有资料和野外调查对国产萱草属种类进行了详细的描述和考订，确定为11种，分别是黄花菜（*Hemerocallis citrina*）、小萱草（*H. dumortieri*）、北萱草（*H. esculenta*）、西南萱草（*H. forrestii*）、萱草（*H. fulva*）、北黄花菜（*H. lilioasphodelus*）、大苞萱草（*H. middendorfii*）、小黄花菜（*H. minor*）、多花萱草（*H. multiflora*）、折叶萱草（*H. plicata*）、矮萱草（*H. nana*）（陈心启，1980）。

目前世界共有萱草资源14种。萱草单花期常不超过12h，因花型类似百合，只开花1d，因此英文称为daylily（直译为一日百合）。根据花朵开放的时间，可以分成白天开花和夜晚开花两大类。

萱草染色体组基数为11，野生萱草染色体多为二倍体$2n=2x=22$。萱草（*H. fulva*）主要是三倍体，染色体数为33。现代萱草品种多为四倍体，也存在六倍体和八倍体类型。

Erhardt（1992）建立了一个更细致的分类系统，将萱草属分为5个组：fulva、citrina、middendorfli、nana和multiflora。属内种的数量减少到20个。后来的萱草分类，也均采用了5个组的分类方式，目前随着研究者对萱草属认识的增加，萱草属内种的数量不断减少，合并了一些种后，该属的种确定在14个种左右。在APG分类系统中，归属于阿福花科或称黄脂木科。

中国是世界萱草属种质的分布中心，《中国植物志》记载有萱草11个种（表22-1）。分属5个组，黄花菜组（citrina）、大苞萱草组（middendorfli）、西南萱草组（nana）、萱草组（fulva）和多花萱草组（multiflor）。黄花菜组包括黄花菜（*H. citrina*）、北黄花菜（*H. lilioasphodelus*）、小黄花菜（*H. minor*）3个夜间开花类群，花色为柠檬黄色，花具香味。大苞萱草组包括小萱草（*H. dumortieri*）、北萱草（*H. esculenta*）、大苞萱草（*H. middendorfii*），白天开花，花色镉黄色。西南萱草组包括矮萱草（*H. nana*）、西南萱草（*H. forrestii*）、折叶萱草（*H. plicata*），3个种分布区在中国西南部，植株较矮，花色同大苞组相似。萱草组和多花萱草组各有1种，萱草组的萱草（*H. fulva*），是唯一一个花瓣具有"V"字斑的种，花色不同于其他萱草，为橘红色；多花萱草组的多花萱草（*H. multiflora*）特殊之处在于分布区很窄，仅存于河南鸡公山，多花萱草的特点是花量大。

表 22-1　中国萱草属植物主要特征及分布

种　名	主要特征	分布范围
黄花菜	根近肉质中下部纺锤状膨大；苞片披针形，花淡黄色，花被管3~5cm	河北、山西、山东和秦岭以南各省份（不包括云南）。生于海拔2000m以下的山坡、山谷、荒地或林缘
北黄花菜	根肉质中下部有纺锤状膨大；苞片披针形，花被淡黄色，花被管1.5~2.5cm	东北、华北、山东、陕西、甘肃。生于海拔500~2300m的草甸、湿草地、荒山坡或灌丛下，也分布于欧洲
小黄花菜	根细绳索状；花通常1~2朵，淡黄色，花被管1~2.5cm	东北、华北、陕西、甘肃。生于海拔2300m以下的草地、山坡或林下
多花萱草	根无纺锤状膨大；花暗金黄色，花被管1.5~5cm	河南鸡公山
萱　草	根近肉质中下部纺锤状膨大；花橘红色或橘黄色，内花被裂片下部一般有"V"形彩斑	秦岭以南各地野生，全国栽培
西南萱草	根稍肉质中下部纺锤状膨大；苞片披针形，花金黄色或橘黄色，花被管约1cm	云南、四川。生于海拔2300~3200m的松林下或草坡上
折叶萱草	叶较窄、常对折；花被管1.5~2cm	云南、四川。生于海拔1800~2900m的草地、山坡或松林下
矮萱草	根稍肉质中下部纺锤状膨大；顶生单花，少为2花，花被金黄色或橘黄色，外面稍带紫色，花被管0.5~1.3cm	云南西北部（中甸、丽江）。生于高山近雪线边缘或松林内
大苞萱草	根多少呈绳索状；苞片宽阔，花数朵近簇生，花被暗金黄色或橘黄色，花被管1~1.7cm	东北。生于海拔较低的林下、湿地、草甸或草地上
小萱草	根多少肉质；苞片卵状披针形，花蕾上部带红褐色	吉林；主要产于朝鲜、日本和俄罗斯
北萱草	根稍肉质，中下部纺锤状膨大；苞片卵状披针形，先端长尾尖，花被橘黄色，花被管1~2.5cm	河北、山西、河南、甘肃。生于海拔500~2500m的山坡、山谷或草地上；也分布于日本和俄罗斯

22.3 育种目标

萱草适应性强、栽培管理容易掌握，因此现代萱草的育种目标主要集中在观赏性状的改良上，即改善萱草的花色、花型和花径等，而萱草的开花时间、香味和花葶颜色等同样也是育种者感兴趣的性状。

22.3.1 花色

野生萱草的花色单一，主要为黄色和橙色。通过不断的杂交选育，现代萱草的花色已经得到了极大的丰富。如今，除了蓝色、绿色、棕色和黑色外，现代萱草几乎涵盖了色谱上的全部颜色。

尽管已经有一些白色的新品种出现，但育种家仍在追求更为纯净的白色萱草。二倍体品种'Joan Senior''Gentle Shephard'以及四倍体品种'Wedding Band''White Crinoline'和'Winter in Eden'等是选育白色萱草品种的优良亲本。

蓝色的萱草最近才开始出现，最初蓝色出现在花眼部分。花眼区域成了育种者关注的焦点。Elizabeth Salter在她的微型二倍体萱草系列中培育出了花眼最接近纯蓝色的萱草'In the Navy'。这样的蓝色在二倍体萱草中几乎没有出现过，而最接近这种颜色的四倍体萱草有'Douglas Lycett''Hiding the Blue''Rhapsody in Time'。育种家正在尝试将蓝色花眼的二倍体萱草转化为四倍体，从而得到花朵更大的蓝色花眼萱草。

萱草花朵上颜色分布的变化也是萱草育种的一个选择方向。现代杂种萱草有许多不同的颜色分布形式（图22-1）。主要的颜色分布形式有以下5种：

①纯色（self） 花瓣和花萼具有同样的颜色和明暗。

②混色（blend） 花瓣和花萼都具有两种不同的颜色，但花瓣和花萼之间没有区别，例如，花瓣和花萼都具有红黄两色，而不是花瓣红色，花萼黄色或花瓣黄色，花萼红色。

③多色（polychrome） 两种以上的颜色同时分布在花瓣和花萼上，与混色类似，只是颜色更多。

④复色（bitone） 花瓣和花萼颜色色相相同，但是颜色的明度和深浅不同，花萼颜色较浅。

⑤双色（bicolor） 花瓣和花萼的颜色完全不同，花萼颜色浅；在反双色花（reverse bicolor）中，花瓣颜色较浅。

除了花色分布，花朵上各种颜色也能形成丰富多彩的组合，构成各种花斑，这也成了育种者所追求的目标之一。萱草花部颜色图案主要有以下5种：

①简单花（simple） 是指花瓣和花萼上没有图案的花。

②花眼（eye zone） 环绕在花瓣和花萼底部，与其主色形成对比的斑纹。其中，在花瓣而不是在花萼上颜色更深的为花环（band）在花瓣和花萼上颜色都较深的为花眼（eye），在花瓣或花萼上颜色较浅或模糊的色环为花晕（halo），在花瓣喉部上部浅于花瓣颜色的区域为水印（watermark）。

具有明显花眼的萱草品种十分受人欢迎，比如四倍体的'Always Afternoon''Daring

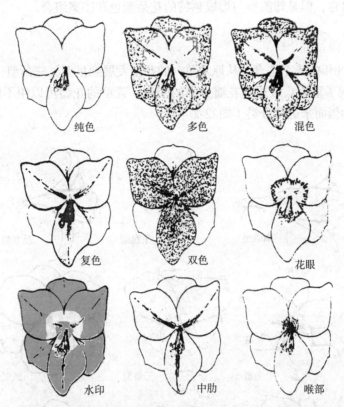

图22-1　萱草花色分布和图案示意图（改编自Erhardt，1992）

'Dilemma''Pirate's Patch'和'Strawberry Candy'，二倍体的'Dragon's Eye''Janice Brown'和'Siloam Virginia Henson'等。经过不断的选育，萱草的花眼也出现了很多变化，比如多层花眼，还有一些带有其他图案的复合花眼。带有复合花眼的二倍体品种有'Child of Fortune''Enchanter's Spell''Little Print'和'Siloam David Kirchhoff'等。尽管复合花眼这一性状近年来已经成为萱草杂交育种的焦点，但四倍体的复合花眼品种仍然很少见，比如'Chinese Cloisonne''Etched Eyes'和'Paper Butterfly'。

③花边（edge）　花被片边缘具有一种不同的颜色或色度。如果花边只存在花瓣的尖端，就叫作尖端花（tipped）；线状花（wire edging）的花瓣和萼片的边缘有一条狭窄的与背景颜色完全不同的线状区域。金色花边品种的出现在四倍体萱草中是一个新突破，育种者还利用金色花边品种和其他花边品种进行杂交，获得了双重花边的萱草，比如'Creative Edge''Mardi Gras Ball'和'Uppermost Edge'。

④中肋（midrib）　指花瓣中部由花心向外呈放射状延伸的与背景色颜色不同的细线。萱草花被片的中间常常会有一条中肋。中肋的颜色通常深于或者浅于花瓣本身的颜色，有些中肋还会凸起，十分醒目。

⑤喉部（throat）　花被片基部与花被管连接处，颜色与花被片不同。很多萱草喉部的颜色与花朵本身的颜色不同，这个特性也是杂种的变异来源之一。喉部的颜色通常为黄色、绿色或者橙色。与之类似，花药的颜色一般从黄色到橙色再到红黑色过渡。尽管喉部和花药的

颜色很难一眼就察觉，但是却能参与形成独特的花朵颜色和图案组合。

22.3.2 花型

萱草经过逾100年的人工选育，从原来单一的花型发展到星型、三角型、圆型、蜘蛛型等多种花型，并出现了重瓣、皱边等花瓣方面的变化。萱草的花型可以用不同方法进行分类，花朵可以从正面和侧面来进行分类（图22-2）。

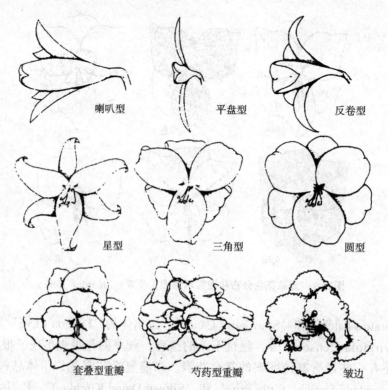

图22-2　萱草花型示意图（改编自Erhardt，1992）

（1）按花朵的正面形状，可以分为5种类型

①圆型花（circular）　花瓣和花萼尖端较钝，短而宽，且花瓣部分重叠，形成一个圆形。

②三角型花（triangular）　花瓣比圆型花狭窄（没有蜘蛛型窄），花萼向后翻卷，形成一个三角形。

③星型花（star）　花瓣和花萼狭窄，呈长条形（但还没有达到蜘蛛型的程度），形成一个六角星形。

④蜘蛛型花（spider）　花瓣和花萼更为狭窄，没有重叠，花瓣长宽比至少为4∶1。

⑤非正常花（informal）　那些不符合以上花型中的任何一种或者缺乏一致性的花。

非正常花还可以分为以下几类：

①收紧皱边（pinched crispate）　花被片锋利折叠，形成一个收缩或折叠的效果。

②扭曲皱边（twisted crispate）　花被片形成一种螺旋形或风车形的效果。

③硬毛状皱边（quilled crispate）　花被片沿其长度卷成管状。

④层叠状（cascade）　花被片具有明显的卷曲或折叠，像木材被刨过一样的旋转。

⑤片状（spatulate）　花被片后部较宽，像一把厨房用的抹刀。

（2）按花朵侧面形状进行分类，可以分为3种类型

①反卷型（recurved）　花瓣尖端向后翻转到喉部区域。

②喇叭型（chalice-，cup-，trumpet-shaped）　花瓣从喉部区域向外伸展，开张角度较小，呈喇叭状，像水仙的花瓣。

③平盘型（flat）　花瓣平展展开，开张角度很大，呈平坦状。

（3）花型还包括单瓣花（single）和重瓣花（double）

重瓣花分两种类型：芍药型重瓣（peony），花朵中间伸出额外的花瓣和瓣状附属物，形成像芍药一样的花朵；套叠型重瓣（hose-in-hose，layered），在一层花瓣上又多了一层花瓣或者瓣状附属物。重瓣花朵的外形经常随着开放的进程而改变，因此一个品种可能每天开放的花朵形状都不同，更普遍的情况是随着开放季节的不同而改变。

重瓣和蜘蛛型是萱草花型杂交育种的热点。二倍体'Betty Warren Woods''Francis Joiner'和'Siloam Double Class'都是很受欢迎的重瓣品种。四倍体的重瓣品种最近才出现，因此十分稀有，如'Gladys Campbell''Highland Lord'。蜘蛛型的育种也是近期才发展起来的，一些比较流行的二倍体蜘蛛型品种有'De Colores''Yabba Dabba Doo'，而四倍体的蜘蛛型仍十分罕见。

22.3.3　花期

萱草单朵花只开放一天。一些萱草并不是白天开放，而是夜间开始开放，这个特性的存在给延长萱草单朵花的寿命提供了可能。根据萱草的开花习性，可以将其分为3种类型。

①昼开型（diurnal，简称diu.）　花朵仅在白天开放。

②夜开型（nocturnal，简称noc.）　花朵在下午晚些时候或傍晚开放，整夜保持开放，第二天闭合。夜间开花的特性通常表现在黄花菜类群中，比如北黄花菜、黄花菜及其品种'四月花'等，它们一般在黄昏时分开放，第二天的中午凋谢。

③延长型（extended，简称ext.）　花朵持续开放16h以上，昼开型和夜开型都有此种类型。

白天开花和夜间开花萱草杂交可以延长萱草花朵开放时间，使单朵花的开花时间延长到16h或者更长。通过对白天开花和夜间开花萱草杂交的研究表明，萱草花朵开放和闭合是受不同基因控制的。花朵开放受一个主基因控制，夜间开花是显性性状，白天开花则为隐性性状。控制开花时间的基因属于核基因，而萱草花朵闭合时间则表现复杂，可能受多基因调控。因此不同开花时间类型萱草间杂交有可能延长单朵花开放时间，但是开放时间仍然不会超过24h。如何进一步延长萱草单朵花的开放时间还是一个需要深入探索的领域。

萱草群体花期的延长也是育种目标之一。根据地理位置和气候特点的不同，萱草的盛花期从5月到7月中旬不等。由于萱草在不同的地理位置花期差异很大，因此以当地萱草开花高峰期为基础来对萱草花期进行描述。根据每个品种开花的相对早晚来划分花期早晚，可以将萱草花期划分为以下7个类型。

①极早花（extra early，简称EE） 花期早于开花高峰期超过2~4周。
②早花（early，简称E） 花期早于开花高峰期2~4周。
③较早花（early midseason，简称EM） 花期早于开花高峰期1~2周。
④中花（midseason，简称M） 花期处于当地萱草开花高峰期。
⑤较晚花（late midseason，简称LM） 花期晚于开花高峰期1~2周。
⑥晚花（late，简称L） 花期晚于开花高峰期2~4周。
⑦极晚花（very late，简称VL） 花期晚于开花高峰期超过1个月。

萱草的盛花期集中在盛夏，早花和晚花的品种较少且观赏性不高，利用早花、晚花种类和观赏性强的品种杂交有希望培育出更多优良的早花、晚花品种。另外，二次开花、连续性开花的萱草也是育种的热点。一些杂交品种的花期已经得到了很大的延长，花期很早并且能连续不断开花，如'金娃娃''Stella de Oro'等。长花期的萱草需要有良好的分枝、大量的花蕾和不断产生的新花莛。目前，已经有许多现代萱草品种已经接近了这个目标，主要的代表品种有'My Darling Clementine''Ferengi Gold'。

22.3.4 香味

大部分现代萱草品种都没有香味或只有很淡的芳香，而萱草野生种中存在着开柠檬黄色花且香味浓郁的类群，包括黄花菜、北黄花菜和小黄花菜，这3个种正是萱草属香味育种的重要原始材料。有研究表明萱草的花香和花色呈一定的相关性，柠檬黄色的花朵香味最为浓郁，而花色越深香味越淡。根据花朵香味的有无，可以将萱草花朵分为3种类型：

①无香型（no fragrance，简称none） 花朵没有任何香味。
②香型（fragrant，简称fr.） 花朵具有香味。
③浓香型（very fragrant，简称v.fr.） 花朵香味浓郁。

经过100多年的杂交选育，芳香的性状在现代萱草品种中已经逐渐丢失。现在，一部分育种者已经开始尝试培育具有浓香的萱草，希望通过和香味浓郁的品种杂交来增加后代的香味。花香育种已经成为育种家感兴趣的又一个领域。

22.3.5 花朵大小

现代萱草育种主要集中在大花品种上，根据萱草花朵开放时的自然伸展时的花径大小，可以将其分为以下4个类型。

①微型花（miniature） 自然花径小于7.6cm。
②小型花（small） 自然花径在7.6~11.4cm。
③大型花（large） 自然花径超过11.4cm。
④超大型花（extra-large） 自然花径超过17.8cm。

尽管大多数育种者对大花品种比较感兴趣，但像"Siloma"系列的小型花品种在育种者中也是非常流行的，同样还有小型花和微型花品种'Elizabeth Salter'（'In the Navy'和'Little Print'）和'Grace Stamile'（'Broadway Gal'和'Broadway Imp'）。尽管一些蜘蛛型萱草品种花径非常大，但却不够丰满，花径大且花朵丰满的萱草品种很少。如今，育种者们正在努力进一步增加萱草花朵的大小，期望培育出特大型萱草品种。

22.3.6 花莛高度和分枝

花朵的大小和花莛的高度应该有一个合适的比例，植株看起来才不会比例失调，比如短花莛开小花，长花莛开大花。具有这种比例的萱草品种可以应用于整个花境，小型花品种在花境前面，大型花品种在中间，高大型品种在后面。然而，有一些萱草品种矮生花大或高生花小，花莛极大仍然很美观。虽然大多数人更喜欢花朵大小和花莛高度相当的品种，但我们不应该被这些惯例所限制。

花莛分枝也是一个很重要的性状，因为具有较多分枝的花莛能比没有分枝的花莛产生更多的花，花量更大。根据花莛的分枝情况，可以将其分为以下4个类型。

①顶部分枝型（top-branched） 花莛顶部分枝数较少。

②多分枝型（well-branched） 整个花莛分枝数多。

③低分枝型（low-branched） 主要存在于一些微型花中，花莛与叶片高度相当，在叶丛中分枝。

④多重分枝型（multiple-branched） 花莛分枝上还具有分枝。

此外，分枝角度也是另一个需要考虑的因素，它决定着花朵的紧密程度。花朵不能太拥挤，否则会降低每朵花的表现。

22.4 杂交育种

萱草育种方法包括杂交育种、倍性育种和分子育种。常规杂交育种是萱草育种最常采用的一种方法，无须特殊的仪器设备，但育种周期长，获得的变异有限。

杂交育种是培育萱草新品种的主要途径，也是现在国内外应用最普遍、成效最显著的育种方法之一。育种者们通过杂交育种已经培育了10万多个萱草新品种。萱草最初杂交育种工作进展缓慢，直到斯托特通过收集到更多的中国和日本萱草资源，大量杂交培育出众多新品种，杂交工作开始取得突破性进展。有人尝试将多种花粉混合作为父本授粉，这种方式也快速获得了大量具有较高观赏价值的品种。二倍体和四倍体萱草杂交结实困难，但利用胚拯救可获得35d以上的胚囊18.6%的存活率，而这些三倍体杂种苗绝大多数来自一个特定的杂交组合，这说明三倍体合子的存活受遗传因素的影响（Toru Arisumi，1973）。

克服杂交不亲和性也是萱草杂交育种的重要问题。二倍体萱草可通过秋水仙碱加倍成四倍体。二倍体和四倍体萱草常规下结实率极低，可以通过胚拯救获得三倍体植株，花粉贮藏则是克服早、晚花花期不遇的主要方法，比如萱草品种'金娃娃'的花粉活力和贮藏试验表明，在-80℃超低温条件下贮藏效果最好，活力可保持30d以上。

萱草不同倍性间的杂交是获得萱草非整倍体和多倍体、增加遗传变异的途径之一。二倍体和四倍体杂交，结实率十分低，果实败育问题严重，Zhiwu Li和Pinkham对通过杂交获得的三倍体种子进行了胚拯救的研究，他们用6个二倍体品种和25个四倍体品种进行杂交，授粉10~12d后采收膨大的果实，将其中不成熟的种子接种到含有不同浓度蔗糖（1%、2%、3%、4%、5%）的MS培养基上进行6周的暗培养，之后继代培养，4~6周后转接到1/2MS培养基上。结果表明，添加3%蔗糖的培养基为胚拯救的最优培养基，能获得3.17%的胚拯救率。Arisumi

在1607个二倍体-四倍体萱草杂交苗中发现只有29个三倍体。四倍体作母本时，成功率会加倍。许多业余育种者在杂交中获得三倍体，但这些三倍体往往被证实为二倍体。Peck将二倍体诱变成四倍体后然后再进行杂交工作，他在培育不同颜色、不同花型和褶皱花边的工作上取得了重大进展，他培育的'Dance Ballerina Dance'因显著的花瓣褶边在后来的萱草杂交中大量应用。

萱草三倍体可做母本，不能做父本。但Jim Brennan认为，极少的三倍体可以产生单倍体和二倍体的生殖细胞，但在自然情况下很难恢复形成后代。另外，历史上也有一些证据。斯托特用二倍体花粉在三倍体*H. fulva* 'Europa'中做了7135个杂交，得到70个种子，即有1%的成功率。Erling记录斯托特用*H. fulva* 'Europa'作父本与二倍体杂交时，得到1200个种子，成功率为15%。事实上，Walter Erhardt在他的*Hemerocallis-Daylilies*书中写道："尽管它（*H. fulva* 'Europa'）自交不育，但它会产生可育的花粉，所以它作父本时是有后代产生的。"

22.5 倍性育种

20世纪40年代，人们开始尝试用秋水仙碱处理培育四倍体萱草。之后陆续有四倍体萱草新品种出现。20世纪50年代，Orville Fay和Robert Griesbach成功创造了四倍体萱草品种系列（Griesbach，1963）。之后，越来越多的育种者开始转向四倍体萱草育种。但是起初四倍体萱草还比不上二倍体萱草，直到20世纪60年代末，才逐渐展示出它花朵大型、色彩丰富的优势（Callaway，2000）。随着四倍体萱草的加入，现代萱草品种得到了极大的丰富。萱草育种进入了繁荣期。现在，美国萱草协会每年都有近万个萱草新品种注册登记。萱草已经成为品种最丰富的宿根花卉之一。

22.5.1 多倍体萱草育种的过程

1932年斯托特在萱草记录中描述了染色体数量，大部分萱草都有22条染色体，但他发现一些种具有33条染色体，说明萱草野生种存在三倍体。

1940年代，秋水仙碱技术应用于萱草育种中。对二倍体加倍成为四倍体以获得更加优良的性状。四倍体萱草育种的先驱者是Robert Schreiner、W. Quinn Buck和Hamilton P. Traub。1947年，Schreiner培育出四倍体萱草品种，包括'Cressida'，后来叫作'Brilliant Glow'。1949年，加利福尼亚大学的Quinn Buck在1948年育出的四倍体'Soudan'和'Kanapaha'。1951年，Traub对秋水仙碱处理培育四倍体萱草的工作做了详细的描述，包括他在1949年育出的四倍体品种'Tetra Starzynski'。

此后，四倍体萱草育种工作的进程得以快速发展。20世纪五六十年代，通过对萱草植株不同生长阶段的秋水仙碱处理，诱导出多倍体。早期的萱草四倍体育种家Traub、Buck和Schreiner培育出了一系列的萱草四倍体品种，但是当时那些四倍体萱草品种在外观形态上并不如二倍体品种。

1950年代，Robert Griesbach和Orville Fay用种子加倍培育了许多幼苗，1959年，他们筛选出100多个四倍体。Crestwood Ann（1961）从最早的四倍体获得了一个果实，内含4粒可萌发的种子。

1960年后，四倍体萱草的育种材料更加多样，越来越多的育种家对萱草四倍体育种产生了兴趣。利用秋水仙碱诱导四倍体萱草成功，还有一些四倍体品种已经应用到了商业生产当中。由于四倍体萱草品种表现出花大色艳等更加具有观赏性的性状，但直到60年代末四倍体育种才有了一定的进展，四倍体萱草开始表现出器官肥大、花色变异丰富的特征（Petit，2008）。

1973年，Arisumi用82个二倍体萱草品种和75个四倍体萱草品种进行杂交，设置了400个杂交组合，一共授粉1607朵。其中二倍体作母本，四倍体作父本的组合共授粉1085朵；四倍体作母本，二倍体作父本的组合授粉522朵。结果在1周内，有50%的杂交果实败育脱落，而且果实的脱落仍在不断发生。最后，只有18.6%的果实成熟。他共采收到1218粒种子，其中只有155粒种子外观形态正常。他选择了其中100粒种子，在2.2℃低温层积处理后播种，经过6周只有23粒种子萌发。另外，他还对其余的55粒种子进行了胚拯救，得到了12株杂种苗。经过染色体计数研究表明，这些杂种后代均为三倍体。

随着70年代通过组织培养对萱草愈伤组织进行秋水仙碱处理，加快了多倍体的育种效率。

20世纪70年代是四倍体育种的高峰，R.W.Munson，还有他母亲，是四倍体育种的重要人物，培育的品种'Betty Warren Woods'（1987），'Ida's Magic'（1988）是广泛地用于20世纪90年代晚期的四倍体育种，是非常优秀的亲本。

Apps也是一个非常重要的多倍体育种家。但是他的连续开花萱草育种更为具有影响力。

四倍体萱草育种的发展更加迅速，但仍然有潜力，因为仍有许多四倍体育种材料有待开发，许多工作者在为此努力。现在有5000多个四倍体品种已经登录，而且预期会有更多的萱草四倍体品种产生。

22.5.2 多倍体萱草的优势

多倍体植株在形态和生理上都发生了巨大的改变。在形态上，多倍体花卉会产生叶片增厚增大、花大、重瓣性强、花色浓艳等性状；在生理上，由于核体积增大可表现出耐辐射、耐寒、耐旱等特性，这些特性无疑提升了园林植物的观赏性和商业价值。

四倍体萱草在培育具有目标性状新品种的工作中已经占据了主导的地位，比如生长更快速，花色更艳丽，比二倍体更深更丰富，花更大，脉络更明显，花蕾和花葶在直径上都更粗壮，也更强壮坚挺，花、叶的生长量增加，叶绿素含量增加，气孔更少，但增大1/3等。其器官巨型化，组成各器官的组织细胞也普遍随之增大，且其根尖分生细胞的核仁数，茎、叶和花瓣中的维管束数目也均增多。四倍体花粉粒明显大于二倍体，并常有异常花粉粒的产生，从而使多倍体结构达到一个新的平衡来与其功能相适应。

在M. Podwyszynska等早期的研究中，以不同的抗有丝分裂药剂（秋水仙碱、黄草消、氟乐灵及甲基胺草磷）处理，培育出几个四倍体萱草品种'Blink of an Eye'和'Berlin Multi'。他们发现，在体外培养的第一年，四倍体的长势弱于相对应的二倍体；但在第二年，四倍体便远远好过二倍体。在'Blink of an Eye'和'Berlin Multi'的四倍体中，相比于二倍体开花率都有降低，开花时间分别推迟8d和1个月，每葶的花蕾量分别低20%和40%。但两个四倍体品种的叶和花都有显著增大；叶绿素浓度约增加了40%；气孔变得更长，约长35%。在'Berlin Multi'中，花序缩短了20%；在'Blink of an Eye'中，花色、花型和雄蕊的变异更加明显。在DNA含量上，四倍体和二倍体也有不同。这些变化的范围与亲本基因型和药剂有关，但还需要进一步的研究。

四倍体萱草生育力低，在自然情况下通常只有10%能产生种子。另外，遗传学材料的限制性也是一个障碍，现在许多育种中的遗传学体系都是应用在二倍体基础上的。

起初园艺家们对于四倍体是否更具优势有很大的争议，但目前大多数萱草育种家都认为作为观赏花卉，四倍体萱草是进步的。一些育种家更是抛弃了二倍体，专一地进行四倍体萱草的育种工作。

22.5.3 多倍体萱草育种方法

人工诱导多倍体可使用的化学药剂有秋水仙碱、吲哚乙酸、奈啶乙烷、芫荽脑、富民农、咖啡碱、萘嵌戊烷、水合三氯乙醛等。有抑制微管生成作用的除草剂如二苯基胺、磷酰胺、苯基酰胺等也可使植物的染色体加倍，其对微管蛋白有很高的亲和力，在较低浓度时对微管蛋白的解聚能力更强，对植物的毒害作用也小，是近年来应用逐渐增多的多倍体诱变剂。

秋水仙碱是应用最广泛的化学诱变剂之一。它主要是通过抑制细胞分裂时纺锤丝的形成，使正常分离的染色体不能拉向两级；同时秋水仙碱又抑制细胞板的形成，从而造成染色体数目加倍而成为多倍体。处理过后用清水洗净秋水仙碱的残液，细胞分裂可恢复正常。

在秋水仙碱诱变处理中，通常使用浸泡法、注射法、点滴法、混培法。秋水仙碱浸泡法是多倍体诱导的常用方法，它操作简单，处理效果好。有研究表明对不同阶段萱草材料的多倍体诱变方法还有待于进一步的探索。

国外关于秋水仙碱诱导多倍体的报道较多，Arisumi将二倍体品种用生长点浸泡法进行了诱导，并做研究。萱草为单子叶植物，叶二列生长，茎尖生长点位于根茎处。试验中当植株进入快速生长期之后，在第4~5周，剪去植株基部的叶子，用利刀将根茎中心生长点周围的组织挖去形成一个深0.25英寸[*]、直径为0.25~0.5英寸的杯状小洞，然后将0.2%的秋水仙碱浓液倒入洞中，每隔1d处理1次，共处理3次。结果表明，在处理的24个品种中有16个成功诱导出四倍体或者是嵌合体，其中少部分是四倍体，大部分是嵌合体。另外，他还对秋水仙碱诱导的四倍体和嵌合体的稳定性进行了研究，结果表明嵌合体的稳定性取决于嵌合体的类型以及第二年生长点的起源中心，区分嵌合体和周缘嵌合体都不稳定，且在第一代就容易被取代，而诱导出来的完全四倍体在第二代会恢复生长，且保持稳定多年。

1979年C.H. Chen 和Yvonnec. Goeden-kallemern将秋水仙碱掺入了二倍体萱草组织培养的培养基中进行混培，对其愈伤组织进行了四倍体诱导。他们的试验材料为二倍体萱草愈伤组织，将获得的愈伤组织转接到添加了不同浓度秋水仙碱溶液的培养基上。首先在12℃、黑暗的环境条件下处理3d，然后转接到不含秋水仙碱的培养基上，在同样的条件下恢复生长1周，之后再转到正常光照温度环境条件下培养。他们对根尖进行了染色体计数，并对气孔和花粉进行了测定。结果表明，秋水仙碱处理过的愈伤组织超过50%都为四倍体，其中诱导效果最好的是添加20mg/L秋水仙碱浓度处理的培养基。

---

[*] 1 英寸 =2.54cm。

国内方面，周朴华以黄花菜品种'长嘴子花'的愈伤组织为材料，用秋水仙碱处理带芽状突起的球状体，以0.02%秋水仙碱浓度液体处理，附加2%二甲基亚砜。结果表明，诱变率最高为65.2%，并在此基础上选育出了黄花菜四倍体"HAC-大花长嘴子花"新品系。

当幼芽浸泡在秋水仙碱液体时，正在分裂的细胞就发生了加倍，变成四倍体细胞；而此期间该组织中一直处于间期的细胞没有发生分裂，继续保持着原来的二倍体形式；一旦解除了秋水仙碱的抑制作用，诱导后的芽中各种倍性的细胞（包括尚未加倍的二倍体细胞）就保持竞争性分裂状态。多倍体育种的目标是得到纯合的多倍体，所以嵌合体的分离就成为多倍体育种中的一个关键环节。由于嵌合体中同时存在着二倍体和更高倍性的细胞，倍性高的细胞自身复制和蛋白质合成速度不及二倍体细胞快，所以若不及时分离，就会使组织中的多倍体细胞逐渐被二倍体细胞排挤或"淹没"。目前应用最多的方法是通过组织培养技术不断切割继代转接来分离和得到纯合多倍体。

然而，许多名贵的园林植物也是嵌合体。嵌合体一般不能通过有性繁殖保种，但可以采用组织培养技术等无性繁殖技术保种和繁殖，因此可以保留部分嵌合体，观察其是否有育种价值。

萱草的三倍体是获得非整倍体的重要材料。利用三倍体杂交可以获得二倍体、三倍体、四倍体和非整倍体。三倍体和二倍体、四倍体杂交，可能产生非整倍体。

22.6　分子育种

萱草的分子育种尚处于起步阶段，相关报道不多。Takashi Miyake（2006）对萱草和黄花菜的微卫星坐标多态性的隔离进行了观察，并设计筛选了20对引物，为进一步的分子标记育种奠定了基础。

Tadas Panavas（1999）定位了萱草花瓣中的衰老基因。A. N. Aziz（2003）通过基因枪法对萱草品种'金娃娃'进行了遗传转化，证明了基因枪法在萱草转基因育种中的可行性。贾贺燕（2013）克隆出了萱草 *HTFL1*（Hemerocallis Terminal Flower1）基因，通过实时荧光定量PCR发现，该基因在连续开花萱草的各个时期（萌芽期、蕾期、花期和花后）表达量均低，而在单次花萱草中的花期和花后表达量均高，证明该基因与萱草连续开花性状有密切关系，为连续开花萱草育种开辟了一条新的道路。

目前，萱草育种还是以常规杂交育种为主，与倍性育种相结合，虽然已经开展分子育种和基因编辑育种，但尚处于起步阶段，没有通过新技术得到优良的新品种。如果将现代育种技术如转基因育种、分子标记育种、原生质体融合等与传统的育种方法相结合，将加速育种进程，更快地培育观赏价值高、抗性强的萱草品种。我国是世界萱草野生资源分布中心，并有悠久的萱草栽培历史，利用丰富的种质资源，采用常规育种和现代分子育种的手段相结合，有望打破萱草育种的瓶颈，创造出很多具有优良品质的萱草新品种。

（高亦珂）

思考题

1. 试比较萱草品种与萱草属原种的形态变化,揭示人工选育对萱草品种的贡献。
2. 请选择3个主要的育种目标,分析它们之间的相关性。能否选择一种育种方法,争取实现"一石三鸟"?
3. 萱草属种间杂交的亲和性怎样?如何培育更多的新品种?
4. 多倍体萱草品种有何优点?如何高效地获得多倍体萱草?
5. 分子育种是改良单一性状的育种方法。请设计一个分子育种计划,分析改良单一目标性状的可能性。
6. 负责萱草品种国际登录的权威是美国萱草协会。请从近期登录品种(https://daylilies.org/resources/),分析国际萱草育种的趋势。

推荐阅读书目

萱草. 2014. 王雪芹,高亦珂. 中国林业出版社.
Hemerocallis, The Daylily. 1989. Munson Jr R W. Timber Press.
The Daylily: A Guide for Gardeners. 2004. Peat J P, Petit T L. Timber Press.
The New Encyclopedia of Daylilies: More Than 1700 Outstanding Selections. 2008. Peat J P, Petit T L. Timber Press.

第23章 仙人掌类与多肉植物育种

[**本章提要**] 仙人掌类与多肉植物因品种丰富多彩，适应性（尤其是耐旱性）很强，栽培养护简便而深受广大花卉爱好者欢迎，在花卉生产和家庭养花中始终占有较大比重。本章结合仙人掌类和多肉植物引种和研究的实践，从种质资源与起源演化，育种目标及生殖生物学基础，引种驯化，杂交育种，自发变异与诱变育种，品种选择、登录、保护与良种繁育，仙人掌科育种进展，其他多肉植物育种进展8个方面，全面介绍了仙人掌类与多肉植物育种的基本情况。

多肉植物（succulents）又名多浆植物，大部分生长在干旱或一年中有一段时间干旱的地区，具有肥厚多汁的肉质茎、叶或根。全世界多肉植物1万余种，大多为多年生草本和木本植物，少数为一、二年生草本植物。广义的多肉植物通常包括仙人掌科和番杏科的全部种类，景天科、大戟科、阿福花科、天门冬科相当数量的种类，菊科、夹竹桃科、凤梨科、酢浆草科、葡萄科、鸭趾草科、马齿苋科、牻牛儿苗科、薯蓣科、西番莲科、苦苣苔科、旋花科等几十个科中的部分种类。在园艺学上，由于仙人掌科种类比较多，且具有刺座（areole）这一特有器官，常从多肉植物中单列出来，称为仙人掌类植物（cacti），而将其他科的多肉植物仍称为多肉植物（狭义概念）。多肉植物的应用价值很高，全球育种专家和植物爱好者对野生资源进行了广泛的收集和保存，并通过选育和杂交，产生了种类繁多的品种和杂交品种，极大地丰富了多肉植物的观赏种类和经济种类。

23.1 种质资源与起源演化

23.1.1 种质资源搜集概况

15世纪，随着大航海时代美洲新大陆的探索和西欧国家的殖民扩张，使得全球物种进行了广泛的交流，此后形态奇异的仙人掌类及多肉植物逐渐被引入欧洲及其世界范围内的殖民地，作为园林植物和经济作物被广泛种植。其中花座球属（*Melocactus*）被认为是带回欧洲的第一种仙人掌科植物。仙人掌类植物作为异域植物受到欧洲人的追捧，早期主要由欧洲宫廷、贵族阶层和植物园种植。此后欧洲各国对美洲的各类仙人掌科植物以及多肉植物的探索越发狂热，并于19~20世纪达到顶峰，这一时期英德等国的贵族与富裕阶层大量资助探险家或者亲自前往美洲各地收集植物。时至今日，有很多植物园收藏种植了由那个时期遗留下来的古老植物（图23-1）。

尽管大量的仙人掌科植物被引入欧洲，但由于缺乏种植经验，带回的植物大量死亡。据记载，德国直到19世纪才较成功地培育了部分仙人掌科植物。1891年，德国发行了仙人掌相关的专题期刊（图23-2），1892年成立了仙人掌协会Deutsche Kakteen Gesellschaft，并一直活跃至今。西方发达国家在早期的资源搜集和分类学研究的基础上，开始了筛选和育种工作。育种的开端可追溯到20世纪初叶，最初是对具有特殊性状的野生资源及其特殊变异植株进行偏好性的收集和筛选，逐步发展到人为进行目的性状的强化筛选和杂交组合设计；一些人工杂交的工作源自自然杂交物种的验证和种、属间亲缘关系远近的研究。欧洲代表了植物分类学研究、产地探索和栽培技术的最高水平，涌现了许多植物学家、栽培学家和育种家，同时也拥有大批高水平的爱好者从事仙人掌类植物及多肉植物的收集和选育。

仙人掌类植物和多肉植物是在地球环境气候变迁历史中逐渐演化形成的一类适应旱生生境的高等植物，也是一类物种仍然在渐进演化中的特殊类群，"物种是一个复杂的变量系统"的观点在仙人掌类植物和多肉植物的分类学研究中被充分验证。丰富的遗传多样性和性状表

图23-1　德国莱比锡植物园仙人掌温室内约120年生金琥　　图23-2　德国1891年发行的仙人掌专刊

达，为分类研究带来困难和迷惑的同时，也为这类肉质植物的新品种的选育提供了多种可能性。如芦荟属（*Aloe*）、十二卷属（*Haworthia*）的一些物种，在不同产地形态具有明显可遗传的差异，这些不同生态型的样本常被归入同一物种。人们在引种收集过程中，常偏重收集保存那些观赏性状突出的样本作为观赏植物进行扩繁，或作为育种的亲本材料。如非洲南部广布种查波芦荟（*Aloe chabaudii*）（图23-3A）的总状花序一般较松散，花序轴较长，而分布于南非东北部靠近边境地区的一个生态型样本则花序更为紧凑，花序轴极度短缩，呈近头状。这个样本在国内俗称为菊花芦荟（图23-3B），园林观赏性状非常优秀，丛植可形成红色花海景观，已被筛选扩繁作为花境的材料或作为育种的亲本。还有一个例子，同样原产自非洲南部的皮刺芦荟（*Aloe aculeata*）（图23-4），不同产地的样本，皮刺的大小、稀疏程度差异很大，有的样本甚至几乎不具有皮刺。产自南非索特潘斯山脉以北地区的一个样本，皮刺非常的美丽，皮刺基部具有白色圆丘状的疣状突起，在园林观赏中非常受欢迎。十二卷属的龙城（*Haworthia viscosa*），叶片的排列呈现非常有趣的变化，有的样本叶片呈三列状排列，而有的样本的叶片呈现螺旋扭转的三列状排列。

欧洲的植物学家及栽培者十分注重特殊性状样本的收集，对于不同产地性状具有差异的样本，都会编号记录并采集，如著名的生石花分类学家科尔（Desmond T. Cole），多次深入原产地采集并对400多份形态特征有明显差异的样本进行了编号记录，他的样本编号就是著名的Cole编号。国际知名的裸萼球属爱好者沃尔克·谢德利希（Volker Schädlich）和路德维希·贝

图23-3　查波芦荟及其生态型菊花芦荟

A.查波芦荟（花序轴较长的样本）　B.菊花芦荟（花序轴短缩的样本）

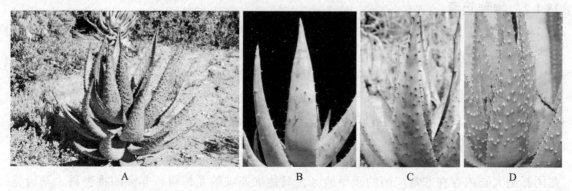

图23-4　皮刺芦荟

A.植株　B.皮刺稀疏　C.皮刺密集　D.皮刺具白色圆丘形疣突

希特（Ludwig Bercht），也采集了大量的编号样本。肋骨牡丹（*Gymnocalycium friedrichii*）包含很多不同产地的有一定形态差异的样本型，例如LB2178和VoS1241，两者之间最大的差异在于皮色（图23-5）。野生资源性状的差异和遗传多样性，是园艺品种的筛选和杂交育种的基础。

新品种的选育首先要对野生样本进行筛选，保留具特殊性状的样本并对其进行园艺选拔，再通过栽培和育种手段固定或强化目标性状。'猫爪春秋壶'（*Gymnocalycium ochoterenae* 'Unguispinum'）是捷克育种者推出的园艺优选，刺短而美观。猫爪天平（*G. spegazzinii* var. *unguispinum*，图23-6）是普通天平丸（*G. spegazzinii*）的一个野外短刺变异样本，只有一个野外种群，分布在很小的区域；鲁道夫·斯拉巴（Rudolf Slaba）发现了这个样本，赋予编号SL44，并引入栽培。猫爪天平一经出现，便风靡爱好者群体。这种偶然的变异并不是十分稳定，在播种繁殖过程中，会有一定比例的返祖现象，一些爱好者通过不断筛选，逐步强化弯曲短刺的性状。

自然界中，存在着许多自然杂交种，多肉植物也不例外，在分类学研究中，常发现在相邻植物之间存在着性状介于两物种之间的样本居群，被认为是自然杂交种。除了属内杂交种，亦有很多属间杂交种。如1977年巴拉德（G.S. Barad）和拉夫拉诺斯（J. Lavranos）在纳米比亚的Sargdeckel山东北2km处，发现了*Stapelia ruschiana*与*Trichocaulon delaetianum*的属间杂交种。

图23-5　肋骨牡丹不同产地编号的样本

图23-6　猫爪天平

23.1.2　物种起源

仙人掌类及多肉植物均为高等植物，属于比较进化的类群，大多位于演化关系图中不同分支的末端。仙人掌类植物和多肉植物的起源和演化与地理、气候变迁息息相关。

一些科学家认为，仙人掌类植物的起源晚于白垩纪或白垩纪后期。大约6500万年前，由于大陆板块的漂移，非洲板块和南美洲板块发生分离，为两大陆物种的独立演化提供了条件。另一些科学家认为，石竹目的一些科的植物演化在非洲大陆和南美大陆分离之前，DNA的研究提供了一些证据。一些科逐渐在非洲演化，另一些科在南美洲演化。DNA的研究数据表明，仙人掌科与马齿苋科的植物亲缘关系很近。Raven和Axelrod（1974）认为，在冈瓦纳大陆内存在非常广阔的干旱地区，马达加斯加的龙树科、非洲的番杏科、马齿苋科的一些种类，以及南美洲的仙人掌科和马齿苋科的其他种均起源于这个区域。仙人掌科植物起源于南美洲，可能在第三纪早期就已到达了北美洲。在南、北美洲陆地还没有连接在一起的时期，它们可能是通过火山带形成的"岛桥"，漂流传播到北美洲。大约6500万年前，安第斯山脉开始隆起；到1700万年前，安第斯山脉的高度可以形成阴雨荒漠带，在南纬30°形成特有的荒漠地区。巴西和玻利维亚是仙人掌科物种形成的重要区域，在仙人掌科植物演化和扩散的早期，玻利维亚、巴西南部正位于这个纬度地区，而后向北、向南扩张，形成了仙人掌科植物今天的分布格局。

23.1.3 演化

仙人掌类及多肉植物在形态上与其他高等植物区别很大，由于生境长期干旱，营养器官往往发生特化或退化，表现为茎膨大、茎干膨大、叶退化或叶肉质化、须根发达、根系膨大等。多具有发达的薄壁组织以贮藏水分和养分，表皮角质发达或被蜡层、毛或刺，表皮气孔少且经常关闭，以减少水分蒸发。这类植物具有不同的休眠习性，如夏季休眠、冬季休眠，以及夏季和冬季均休眠。它们通过不同的休眠方式，度过严酷的旱季和低温环境。多肉植物的代谢方式与一般植物不同，大多数种类为景天酸代谢，通过这种代谢途径，可避免在气候干热时开放气孔而散失水分，从而使它们能在极端干旱的条件下保证光合作用的顺利进行。

营养器官的演化是一个漫长的过程，以仙人掌类植物为例，植物学家普遍认为，具有扁平叶片的仙人掌是比较原始的类型，而球形的种类则是比较进化的类型。球形的植物贮水量最大而表面积相对较小，蒸腾水分少，因而最利于在干旱环境中生存。如叶仙人掌（*Pereskia aculeate*）具有扁平叶片，是原始类型；而金琥（*Echinocactus grusonii*）植株球形，为较进化的种类。仙人掌类植物的演化是一个逐渐的发展过程，叶片从扁平非肉质，逐渐退化为筒状，直至叶子高度退化并早期脱落。腋芽逐渐演变为仙人掌类植物的特殊器官——刺座，刺座实际上为一极度缩短的枝。叶基逐步演化为疣状突起。茎逐渐肉质化，表皮层和内层有了贮水组织，体积膨大，绿色的茎代替叶片进行光合作用。根系由主根发达逐渐演化为侧根发达，侧根分布在土表浅层，分布范围很大，可以在短暂的降水季节迅速吸收土壤表层的大量水分并储存在体内（图23-7）。

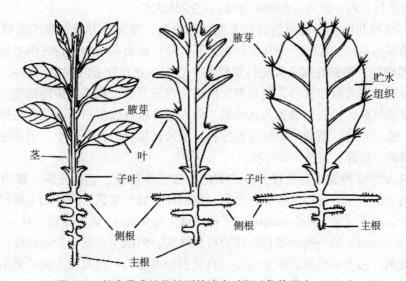

图23-7 仙人掌类植物株型的演变过程（仿徐民生，1981）

23.1.4 特化

营养器官的特化有3种类型：①叶多肉，叶片高度肉质化，茎肉质化程度低，如景天科、番杏科、芦荟科的多肉植物；②茎多肉，茎高度肉质化，叶退化或不退化，一般早落，如大戟科、萝藦科的一些多肉植物；③茎干多肉，茎的基部膨大肉质化，呈球状或肉质块状，有叶或叶早落，如薯蓣科、葫芦科、防己科的一些植物。

23.2 育种目标及生殖生物学基础

23.2.1 育种目标

园林植物育种的目标是选育出花色更为丰富、株型更为奇特美观的品种，对花型、花的大小、色彩、香味、株型及抗逆性都有要求。对仙人掌科植物来说，筛选目标还包括刺粗色艳、毛长色纯、株型圆整、棱的变异、棱数变化等。仙人掌类植物和多肉植物的斑锦变异与畸形变异的品种也是新品种筛选的重要方向，在园艺栽培上，仙人掌类植物的色彩变化和畸形变异的类型比其他植物更为丰富，这些变异品种的观赏价值极高。对于观赏多肉植物，斑锦变异和畸形变异同样是育种的重要方向，要求斑锦变异色彩鲜明，畸形变异奇特，具白粉的要求尽量纯白，叶端有窗的尽量透明显著，有花纹和齿的要求醒目突出，叶缘叶尖有齿和芒的要求粗和长，株型要求紧凑等。在全球温暖干燥的地区，仙人掌类植物和多肉植物已被广泛应用于园林造景，主景植物的选育注重株形美观、花或花序大而繁茂、花色艳丽、花期长；在对花境、地被多肉植物的筛选中，人们希望选育出观赏价值高、抗性强、耐贫瘠、覆盖性强的多肉植物。

23.2.2 授粉生物学

仙人掌类植物和多肉植物多为异花授粉植物，但绝大多数不依靠风媒传粉，它们主要依靠动物和昆虫进行传粉，也有一些种类能够自花授粉结实。

仙人掌类植物和许多多肉植物的花大而色彩艳丽，常成片开放，吸引蜜蜂、黄蜂、蝇类、蛾类、蝶类等昆虫和蝙蝠、蜂鸟等动物为其传粉。蝙蝠和一些夜行的蛾类为夜晚开花的仙人掌科植物授粉，如昙花属、天轮柱属植物，它们的花往往香气四溢，花朵较大，白色，在夜晚十分显眼。番杏科植物的花色彩极为鲜艳，白天开放，靠蝶类传粉结实。萝藦科植物的花散发出特殊气味，可吸引蝇类为其传粉。仙人掌类植物大多白天开花，花色丰富，有金属般的色泽，吸引蜜蜂、黄蜂、蝴蝶为其传粉。景天科植物的花朵虽小，但花序较大，颜色鲜艳，吸引蝴蝶、蜜蜂、黄蜂为其传粉。

仙人掌科大部分种类是自花授粉不结实的，如子孙球属、鹿角柱属、锦绣玉属、星球属、裸萼球属、仙人指属等属的种类。也有一些例外，如士童属（*Frailea*）的种类能够闭花受精产生种子。花座球属（*Melocactus*）、子孙球属（*Rebutia*）、乳突球属（*Mammillana*）、乌羽玉属（*Lophophora*）的一些种类自花授粉可以结实，但结实率低于异花授粉。转向自花授粉往往与环境条件恶劣及授粉者匮乏有关，自花授粉可以在一定程度上保证繁衍的进行。番杏科的许多属能够自花授粉结实，萝藦科和景天科的一些种类也能自花授粉结实。大戟科的许多种类雌雄异株，只有少数种类可以自花授粉，如钩状大戟（*Euphorbia uncinatus*）和棒状大戟（*E. clava*）。自花授粉不能结实的种类则需要人工异株授粉才能得到种子，在仙人掌类植物和多肉植物育种过程中，人工授粉结实是非常重要的手段和方法。

23.2.3 种子后熟与寿命

仙人掌科有相当多种类的种子具有后熟期，大多后熟期是半年左右。种子是否具有后熟期，与该物种产地的关系比较大，尤其是分布于特别干旱地区的种类。锦绣玉属（*Parodia*）的种类基本上都有后熟期，强刺球属的非冬型种类多数有后熟期。有时同一个属不同产地的不同种类，种子是否具有后熟期的情况不同，裸萼球属（*Gymnocalycium*）和乳突球属（*Mammillaria*）的物种，就有的有后熟期，有的没有。如分布于高原的裸萼球属植物，很多种类具有后熟期，而其他一些分布区的种类就没有后熟期。少数仙人掌科植物具有"隐果"的特性（果实成熟后包裹在体内），如乳突球属及从该属分离出去的龙珠属（*Cochemiea*）的一些种类，松针牡丹（*Mammillaria luethyi*）、黛丝疣（*Cochemiea theresae*）、沙堡疣（*Cochemiea saboae*）等，还有斧突球属（*Pelecyphora*）的植物，花受精成功后，为避免种子体内发芽，种子含有萌发抑制物质，这类"隐果"种类的种子都具有后熟期。具有后熟期的种类，采收种子后，可保存半年后进行播种。

没有明显后熟期的种子、一些特别细小的种子，如星球属（*Astrophytum*）、裸萼球属、乳突球属、乌羽玉属（*Lophophora*）、菊水（*Strombocactus disciformis*）等，种子采收后可尽快播种。裸萼球属某些种类，种子外观类似星球属植物种子结构有凹陷的，可以采收后马上播种。

一般的种子收集完低温保存半年，出芽率最高、出苗最整齐。多数仙人掌类植物的种子可低温保存2年左右，但常温下保存1年后种子萌发率大大降低。也有例外，岩牡丹属（*Ariocarpus*）植物的种子，不耐低温保存。

多肉植物的种子一般没有后熟期，寿命比较短，只要条件合适，采收后应尽快播种，也可低温保存一段时间。

23.3 引种驯化

23.3.1 引种驯化的意义

仙人掌类植物和多肉植物的主要原产地不在我国，绝大多数种类均直接从国外引入。据粗略统计，目前国内栽培的仙人掌类植物和多肉植物品种为2000~2500种，大多通过植物园和商业途径收集，还有相当多的品种是由个人爱好者从各种渠道引入。引种驯化为仙人掌类植物及多肉植物提供了规模巨大的基因库，使得新品种的培育具有广泛的遗传基础。

目前，在我国四川、福建、广西、广东、海南、贵州等地，有引入的仙人掌科植物归化、逸为野生。如仙人掌属的仙人掌（*Opuntia stricta* var. *dillenii*），该种原产于墨西哥东海岸、美国南部及东南部沿海地区、西印度群岛、百慕大群岛和南美洲北部，我国于明末引种，在广东、广西南部和海南沿海地区逸为野生。梨果仙人掌（*Opuntia ficus-indica*）原产于墨西哥，在我国四川西南部、云南北部及东部、广西西部、贵州西南部和西藏东南部，海拔

600~2900m的干热河谷逸为野生。单刺仙人掌（*Opuntia monacantha*）原产于巴西、巴拉圭、乌拉圭及阿根廷，在我国云南南部及西南部、广西、福建南部和台湾沿海地区归化。胭脂掌（*Opuntia cochinellifera*）原产于墨西哥，在我国广东南部、海南、广西西部和南部归化。量天尺（*Hylocereus undatus*），分布于中美洲至南美洲，我国于1645年引种，在福建南部、广东南部、海南、台湾及广西西南部逸为野生。昙花（*Epiphyllum oxypetalum*）原产墨西哥、危地马拉、洪都拉斯、尼加拉瓜、苏里南和哥斯达黎加，在我国云南南部逸为野生。

仙人掌类植物及多肉植物为了适应非常特殊的生境，形态上极其"特化"，这种"特化"意味着适应生境的狭窄。人为的过度挖掘和原产地生境的破坏，使得许多种类成为稀有或濒危种。在原产地一些人类活动频繁的地区，一些种类甚至已经绝迹。20世纪70年代国际上签订了《濒危野生动植物物种国际贸易公约》，将仙人掌科列为重点保护对象之一。国际多肉植物研究组织为了保护野生资源，制订了《行为守则》。20世纪80年代初，美国政府将21种仙人掌类植物列入受威胁和濒危植物名单。南非有1500种植物受到威胁，750种为濒危种，其中许多是多肉植物。由于人为破坏严重，原产地国家纷纷制定法规限制出口。目前许多种类被禁止或限制出口，因此引种工作比以往更加困难。

23.3.2　引种驯化的程序

仙人掌类及多肉植物除少数遗传性状有分离倾向的杂交种和一些结实困难的种外，一般以引入种子为宜。仙人掌类植物和多肉植物的种子较小、质量轻、萌发率高，可贮藏一段时间，寄送花费少，通过交换或购买的方法引种非常经济简便。在国际上，植物园和园艺机构之间经常互寄交换名录，采用这种国际种子交换的方式，可以获得许多种，但数量较少。如果需要大量繁殖，则可通过商业途径购买种子，通过信誉较好的种苗公司购买的种子，质量会比较好。引入的种子要进行检疫和消毒处理，避免病原物及害虫、杂草种子传入。

引入的种子在播种之前，要进行引种登记工作，将引入的种子进行统一编号，并登录入引种数据库中，数据库可包含引种编号、学名、俗名、科名、材料类型、来源、引种日期等相关信息。一般来说种子播前要进行预处理，多肉种子因为萌发比较容易，所以大多数无须特殊处理。较大粒的种子经过浸种后，可提高萌发率。在播种时书写名牌插入盆中，标牌在今后的分盆、定植和翻盆更新中注意保存。播种前要对播种用盆和基质进行消毒，防止杂草滋生和苗期各类病虫害。

播种时要进行繁殖库的登记，包含繁殖的相关信息，如繁殖方法、基质类型、萌发率等。幼苗萌发后，随着生长发育，根据植物的大小，进行分盆、定植。当植株达到一定大小的时候，就可以登记入收集名录。引种编号是植物唯一的编号，不可重复，因此每一种引入的植物，均有一个唯一编号。通过这一编号，我们可以很方便地在登记数据库中提取所需信息。

亦可引入植株、枝条、根、块茎、鳞茎等材料，成活率较高。当这些材料引入后，登记入引种库，然后再根据材料类型选择栽植或扦插。扦插的引种材料也登记入繁殖库，并记录相关繁殖信息。引种材料栽植或繁殖成功后，待生长到一定株型大小，即可分株、分球或剪取插穗进行繁殖。待扩繁到一定规模后，可登记入保存物种名录中。进行物候期、生长发育习性的观察和研究，进行适应性试验和栽培技术试验，选育优良类型与单株，给以总结评价，推广应用并建立齐全的技术档案。

23.4 杂交育种

23.4.1 杂交育种的意义

杂交是不同生物个体相互授粉产生新物种（杂交种和品种）的过程，是仙人掌育种中获得新品种最常见的手段之一，其意义主要有以下多个方面。

①通过杂交，改良物种优良性状，获得杂种优势，创造新变异和新物种等。种内杂交仅能改变某一性状，如改变花的颜色等，如令箭荷花和蟹爪兰的许多品种就是种内杂交产生的。远缘杂交往往产生新的物种，甚至在分类上建立新的属，如元宝掌属（×*Gastrolea*）就是芦荟属和鲨鱼掌属的某些种类杂交而成的，而*Haworthia*与*Aloe*的杂交种非常罕见。属间杂交品种在仙人掌科、景天科、芦荟科比较多见，在萝藦科和番杏科也有一些例子。仙人掌类及多肉植物在进化上具有高度的特异性，但花结构的差异要明显小于植物体，较易发生远缘杂交。大多数远缘杂交种是不育的，也有一些杂交种可育，但其长势、繁殖力远低于其亲本。

仙人掌科和番杏科，其远缘杂交的范围十分广泛，有时杂交属常常在同一亚科下。不同亚科的属之间发生杂交的可能性很小，不同亚科的异属花粉常常有很好的隔离机制。一些外形相差很远的远缘种之间也可杂交，如吉尔·特格尔伯格（Gil Tegelberg）用附生类的红杯（*Disocactus speciosus*）和柱形的*Pilosocereus parmeri*杂交获得了令人惊奇的杂交种。另外，用光山属（*Leuchtenbergia*）与强刺球属（*Ferocactus*）和瘤玉属（*Thelocactus*）杂交获得的杂交种，形态非常奇特。Hammer（1995）通过远缘杂交获得了20个番杏科杂交新属，如×*Dinterops*（*Dinteranthus vanzijlii* × *Lithops lesliei*）等。

杂交属的花往往介于两亲本属之间，有时不能结实。如杂交属×*Gasterhaworthia*的亲本之一*Gasteria*属植物的花是弯曲、管状、红色或黄色的，是典型的鸟媒花；而另一亲本*Haworthia*的花则较小、不弯曲、白色、由蜜蜂传粉。杂交后，花的特征介于两者之间，已不能适应原来各自的传粉者。

一些人为的远缘杂交仅仅是为了新奇，如宇宙殿（*Echinocereus knippelianus*）与月童（*Sclerocactus papyracanthus*）的杂交种具有多种多样从针状到扁平的刺，疣突的排列古怪而混乱，花发育不全。另一些远缘杂交种更有观赏价值，更容易繁殖，如*Pachypodium* 'Arid Lands'（*P. namaquanum* × *P. succulentum*）。

仙人掌类及多肉植物具有大量的杂交品种，有些是自然杂交形成的，而有些是人工杂交而成的；有些属于属内杂交品种，而有些属于属间杂交品种。

②杂交不仅可以创造新物种，还是分类学研究中揭示物种及属之间亲缘关系远近的一种手段，也可以作为验证杂交物种起源的一种手段。1968年，克莱夫·英尼斯（Cilve Innes）（1968）通过将月兔*Epiphyllum crenatum*和大花蛇鞭柱*Selenicereus grandifloras*进行杂交，验证了白花的×*Seleniphyllum* 'Cooperi'的祖先。1970年，戈登·D·罗利（Gordon D. Rowley）通过红杯（*Heliocereus speciosus*）和赤柱昙花（*Epiphyllum phyllanthoides*）的杂交，验证了自然杂交种×*Heliochia* 'Ackermannii'的亲本来源。

③通过杂交获得的具有商业和生产价值的新杂交种或品种，推广后可获得巨大的经济价值、生态价值和社会价值。

根据杂交的来源和方式方法的不同，多肉植物的杂交可分为自然杂交和人工杂交，人工杂交又可分为有性杂交和无性杂交等。

23.4.2　自然杂交

在自然条件下，花的大小、花筒的长度常常能避免远缘杂交发生，是因为不同物种的传粉媒介不同。长花筒的仙人球属和昙花属常由蛾类传粉，花筒较短的常由鸟类传粉，花筒最短的漏斗型花则由蜜蜂传粉。在原产地自然杂交多发生于授粉过程中，自然界产生杂交种的植物往往接受多种传粉者的授粉。不同的昆虫和其他动物无意中将不同种属的花粉带到其他物种的花的柱头上，发生杂交，偶尔会产生有意义的杂交种。如Rowley发现在自然杂交的29个仙人掌杂交种中，大约有1/3可接受蜜蜂、蝙蝠、鸟类和蛾类多种不同传粉者的传粉。

仙人掌类植物和多肉植物大多为虫媒花，在原产地分布较为集中，常常在一定的范围内有很多种类分布。如在墨西哥，仙人掌科植物有1000种左右；在南非开普省，多肉植物也在1000种以上。这样丰富的物种多样性，为自然杂交产生新物种提供了很好的条件。如乔治·S·辛顿（George S. Hinton）1991年发现，分布于墨西哥新莱昂州Madre山脉石灰岩峭壁上的薄叶花笼（*Geohintonia mexicana*）是一个古老的自然杂交种，亲本之一是常与其伴生的辛顿花笼（*Aztekium hintonii*）。

一些有名的仙人掌有可能就是自然杂交种，英国学者约翰·博格（John Borg）推测般若（*Astrophytum ornatum*）有可能是鸾凤玉（*Astrophytum myriostigma*）与王冠龙（*Ferocactus glaucescens*）的杂交种；瑞凤玉（*Astrophytum capricorne*）有可能是鸾凤玉和龙剑球（*Echinofossulocactus coptonogonus*）的杂交种；马氏鼠尾掌（*Aporocactus mallisonii*）很显然是鼠尾掌（*Aporocactus flagelliformis*）和红杯（*Heliocereus speciosus*）的杂交种；而一种开红花的令箭荷花可能是昙花属的某种和红杯的杂交种。这些杂交种都能产生后代并将其性状遗传下去，因此被分类学家确定为自然种归入分类系统中。国外已用人工杂交的方法得到了上述属间杂交种，充分证明了上述自然杂交种是可能产生的。

许多野生分布的多肉植物也被认为是自然杂交种，这在野外考察中十分常见，如在南非东北部马氏芦荟和栗褐芦荟（*Aloe castanea*）共同分布的地区，能见到这两种芦荟的杂交种（图23-8），芦荟属在其他分布地区也有类似的现象。

景天科长生草属（*Sempervivum*）在自然状态下极易杂交，杂交品种繁多，有200个以上。19世纪中期（1853—1870年）的大量研究，发现了卷绢（*S. arachnoideum*）、夕山樱（*S. montanum*）和吴氏生长草（*S. wulfenii*）3种之间自然杂交种的关系，及其与绫绢（*S. tectorum*）、大花绫绢（*S. grandiflorum*）之间的杂交关系。番杏科肉锥花属的冉空（*Conophytum marnierianum*）就是自然杂交种，现在人工杂交也得到许多杂交品种。萝藦科×*Hoodiapelia beukmannii*是一个属间自然杂交种，亲本为Hoodia属和Stapelia属植物。

23.4.3　人工远缘杂交

欧美开展仙人掌类植物的有性杂交工作比较早，在异属之间的远缘杂交上取得了一系列的成功（图23-9），据报道有50属以上，罗利（1980）在其专著中列出了23个杂交属，伊藤芳夫（1981）在专著中列出了30多个杂交属。如鼠尾掌属（*Aporocactus*）与仙人球属、昙花

图23-8 芦荟的自然杂交

A.马氏芦荟（亲本） B.栗褐芦荟（亲本） C.马氏芦荟和栗褐芦荟的自然杂交种

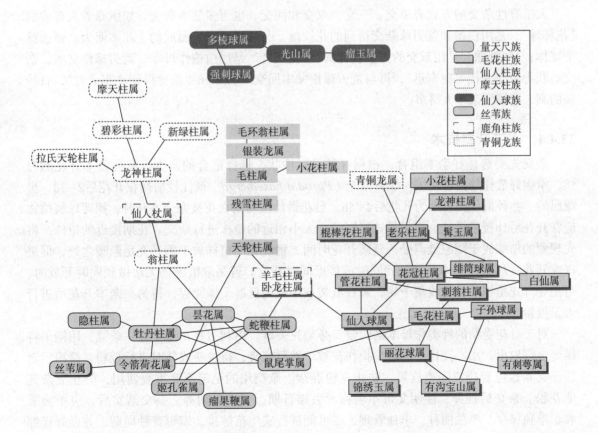

图23-9 仙人掌科属间杂交（艾里希·葛茨 等，2007）

属（*Epiphyllum*）、令箭荷花属（*Nopalxochia*）（现归并入姬孔雀属）、姬孔雀属（*Disocactus*）、蛇鞭柱属（*Selenicereus*）等属间的杂交，牡丹柱属（*Heliocereus*）（现归并入姬孔雀属）与鼠尾掌属、令箭荷花属、昙花属、翁柱属（*Cephalocereus*）、蛇鞭柱属等属间的杂交，仙人掌属与花冠柱属（*Borzicactus*）、丽花球属等属间的杂交，强刺球属与光山属、多棱球属（*Stenocactus*）等属间的杂交，龙神柱属（*Myrtillocactus*）与金灿柱属（*Bergerocactus*）、新绿柱属（*Stenocereus*）等属间的杂交，昙花属与令箭荷花属、蛇鞭柱属等属间的杂交，瘤玉属与光山属间的杂交。仙人掌的属内杂交品种则更多。除×*Pachgerocereus*是原产地自然杂交产生的，×*Ferofossulocactus*是栽培中自然产生之外，其余新属均为人工杂交产生的，有的杂交成功已有很长的历史，有一系列的杂交种。仙人掌科种内杂交也获得了大量的品种，如昙花种内的品种和杂交种，通过人工杂交已获得大量园艺品种。

  多肉植物的杂交属集中在阿福花科、景天科、番杏科和夹竹桃科等科中。如阿福花科的×*Gasteraloe*（*Aloe*×*Gasteria*）等，景天科的×*Graptoveria*（*Graptopetalum*×*Echeveria*）、×*Graptosedum*（*Graptopetalum*×*Sedum*）、×*Cremnosedum*（*Cremnophila*×*Sedum*）、×*Pachyveria*（*Pachyphytum*×*Echeveria*）等，萝藦科的×*Dernia*（*Duvalia*×*Huernia*）、×*Duvaliaranthus*（*Duvalia*×*Piaranthus*）、×*Huernelia*（*Huernia*×*Stapelia*）、×*Huernianthus*（*Huernia*×*Stapelianthus*）等。远缘杂交不仅发生于2个不同属间，有时还可能发生于3个属之间，如×*Algastoloba*（*Aloe*×*Astroloba*×*Gasteria*）、×*Maysara*（*Astroloba*×*Gasteria*×*Haworthia*）等。

  人工有性杂交的方式有单交、三交、双交和回交，也可多父本杂交。如伊藤芳夫育成的'花杯球'，是用白檀和荒刃球杂交得到的花纹球，与红笠球三交而成的，花多而大，覆盖整个球体；'鲑雅球'是用双交的方法获得的；'花武者'是用白檀作母本，荒刃球作父本，杂交后获得杂交一代'花奋迅'，再与荒刃球作父本回交2次，经6年选育得到'花武者'，有较强的刺，花较两亲本大得多。

23.4.4　人工杂交技术

  杂交先要选择好亲本组合，根据育种目标性状，选择适合的亲本，掌握亲本开花的习性，掌握好最佳的授粉时机。如黄雪光（*Parodia haselbergii*）最佳授粉期在开花后2~3d，星球属的一些种最佳授粉期为开花后4~5h，昙花最佳授粉期在花被完全展开时，裸萼球属植物应在开花后1h授粉最佳。应尽量选择同龄、大小相近的植株进行杂交。花期接近的植株，将先现蕾的植株放于阴凉低温处，延缓开花时间，稍晚花的植株放于阳光充足温暖之处，促进提前开花，尽量使亲本花期达到同时或接近同时开放。若采取措施仍无法做到同时开放时，可把先开花植株的花粉收集干燥，装在纸袋或小瓶内低温干燥储存，待另一亲本开花后进行人工授粉。

  对于自花受精的种类作母本的时候，必须先去雄。用利刃在花蕾上开一条缝，用镊子将雄蕊全部取出。小心操作，尽量少损伤花被。然后套袋，待柱头成熟时进行授粉，授粉后套袋。父本也应套袋或隔离放置，防止花粉混杂。杂交用的毛笔不要重复使用，防止混杂其他花粉。杂交后挂牌，注明父母本名称、去雄日期、授粉日期等。杂交结实后，应单独采收、单独保存、单独播种、单独管理，尽可能进行实生苗嫁接，缩短育种周期，并做好详细记录。

可采用一些措施克服两亲本杂交不亲和。如采用嫁接法，通过蒙导作用改善两亲本不易杂交的属性，然后再进行杂交。或以第三者为杂交媒介，先与第三者杂交获得杂交种开花后，再与另一亲本杂交。还可以采用同种多株花粉混合授粉，或尝试同种不同来源的花粉混合授粉。或在母本花柱头上涂抹父本花柱头液体，刺激柱头后再进行授粉。另外，若两亲本正交不成功，可尝试反交等。

23.5 自发变异与诱变育种

23.5.1 斑锦变异

23.5.1.1 斑锦的类型

斑锦变异是指植物体的茎、叶甚至子房等部位发生颜色上的改变。仙人掌的斑锦变异是植物界中最丰富多彩的，有白、粉、黄、橙、红、紫等颜色，其中黄色最多，白色最名贵，红色较少，紫色为过渡色彩（图23-10）。根据颜色可分为黄色锦化，红色锦化、白色锦化等。按色斑的形状可分为块状斑、条纹斑、鸳鸯斑和全斑。块状斑即斑纹呈现块状分布；条纹斑指斑纹呈现条形；鸳鸯斑指植株的一半是正常的绿色，另一半为变异色；全斑是指整个植株通体都呈现白、粉、黄、红、紫等颜色。斑锦变异的色彩常常呈现过渡状，除白、黄、红外，还有浅红、橙红、洋红、深红、粉红、紫红等渐变色。多肉植物的斑锦变异以阿福花科、天门冬科为多，景天科、大戟科、番杏科、马齿苋科等科也有一些品种。多肉植物的斑锦类型多呈条纹状分布于叶片上，黄、白色为主，也有一些茎黄化白化的情况出现。有些多肉植物的品种在某些季节出现艳丽斑锦，其他季节斑锦褪去的现象，称为"季节锦"，如景天科莲花掌属的'三色夕映'（*Aeonium decorum* 'Tricolor'）等品种（图23-11），此现象与光照和季节性温度条件有关。

图23-10　斑锦变异的丰富色彩

图23-11 季节锦

斑锦变异可以分为完全锦化和不完全锦化两种类型（图23-12）。完全锦化就是全部细胞发生锦化，不完全锦化就是以嵌合体为代表的锦化细胞和正常细胞共存的锦化类型。不完全锦化常常呈现局部锦化或过渡色的状态，有时是仅仅一个或者几个细胞发生了变异，这些变异细胞不断地分裂，并且和正常细胞共存而形成了嵌合体（chimaera）。例如，常见的斑块、条纹斑等。变异细胞的根源是基因突变，所以这种变异是具有遗传性的，为核基因受损的双系遗传或叶绿体基因受损的细胞质遗传。

不完全锦化当中有的品种锦化色彩分明，有些不很明显，甚至生长了很长时间斑锦和正常的绿色融合到一起，甚至消失。我们将前者称为"鲜明锦化"，后者称为"暗锦化"。"鲜明锦化"植株是由锦化细胞和正常细胞形成的嵌合体，称为"非融合性不完全锦化"。"暗锦化"的植株是由嵌合细胞组成的，称为"融合性不完全锦化"。人们用细胞融合机制来解释"暗锦化"现象：由于锦化突变细胞具有高度不稳定性，细胞膜钙离子含量往往较高，容易造成细胞膜穿孔，使两个细胞的原生质体发生融合，甚至细胞核融合。当这种融合发生在锦化细胞和正常细胞之间时，即形成嵌合细胞。这种嵌合细胞形成的植物体就表现为"暗锦化"，颜色不分明，杂合在一起。

23.5.1.2 锦化的机理

仙人掌科、百合科、龙舌兰科等包含多肉植物的科内发生斑锦变异的概率相当高，具体的种、属的变异情况各异，表现出相当复杂的园艺性状，如星球属的变异类型就相当多，各种锦化类型之间也相互融合。

图23-12 完全锦化（全斑）和不完全锦化（嵌合体）

仙人掌类植物和多肉植物的斑锦变异的数目和类型在植物界中是绝无仅有的，尤其仙人掌科植物，与其特殊的生理生化特点密切相关。仙人掌科植物体内除含有一般植物都有的类胡萝卜素、花青素外，还含有甜菜色素（betalain，甜菜拉因、甜菜碱）。甜菜色素是一类水溶性的色素，包含甜菜黄素（betaxanthins）和β-花青素（betacyanins），与花色甙的分布互相排斥，为石竹目特有的色素。该目包括仙人掌科、番杏科、马齿苋科等包含多肉植物的科。β-花青素表现为红色到紫色，甜菜黄素表现为黄色。当受到环境胁迫的情况下或是发生变异的情况下，一旦叶绿体不正常导致叶绿素缺乏，这些色素就呈现出极为丰富的色彩。

锦化的根源在于基因突变和异常调控。一些物理（射线、环境骤变）、化学（诱变剂）以及生物因素（病毒）使基因发生突变。在进行一系列复杂的生物化学反应之后，某些调控色素生成的基因发生了突变，或者启动了相关色素基因的封闭基因，或者使色素生成基因的启动子失活，最终导致该基因调控的色素合成受阻，表观上就表现为斑锦变异。锦化是叶绿素基因缺陷和其他色素基因高度表达的结果，这些色素基因间接受核基因调控，保持一定的半自主遗传性，属细胞质遗传。这种遗传方式和锦化细胞的分裂密切相关，造成了斑锦变异遗传的高度不稳定性和不确定性，这虽然给定向育种带来了困难，但极大丰富了斑锦变异的类型。

23.5.1.3 锦化的特点

（1）自养紊乱性

部分锦化细胞的突变基因恰好是叶绿素基因，那么这样的细胞就不具有自养能力，不能进行光合作用，称为叶绿素缺陷型细胞。其他色素缺陷也会对自养产生一定的影响，这样的细胞统称为自养紊乱细胞。

（2）遗传性

遗传性是锦化的园艺学价值的重要方面。不同的锦化基因存在着优势差异，表现为杂交后代锦化概率有很大差异，或者称为"锦化种性"的强弱。由于部分锦化细胞的优势性强，只要这个细胞存在于胚中，在适宜的条件下，就可以抑制其他细胞（包括绿色细胞）的生长，最终表现为锦化。同样在后期育苗和正常生长中，适宜的环境条件，可促进优势细胞占据主导地位，如在正常养护的绿色植株生长点出现了锦化。合理利用这些不同锦化细胞的不同特性，会给杂交育种带来意想不到的收获。另外，对可能发生锦化的植株进行嫁接，也是扩大锦化斑块和提高锦化细胞优势的很好措施。一般来说，从带斑锦的种荚、花序轴或果实采收得到的种子，后代出锦率大于不带锦的种荚、花序轴或果实。

（3）分离性

嵌合体的子一代会形成极端体，这就是典型的遗传性状分离。在组织培养中，当环境条件适宜的时候，嵌合体也会发生分离。例如，在一些多肉植物锦化品种的继代培养中就可以观察到极端体（全绿和全黄植株）的形成。锦化变异植株是高度不稳定的，在长期的养护、杂交、嫁接等人工干预过程中，斑锦变异植株会不停地发生变化。

利用细胞平衡机制，可以在栽培中促进斑锦品种的生长。人为的遮光可促进不完全锦化植株的非绿色斑锦部分的生长，抑制绿色部分的生长；对于全斑锦化的植株，遮光可促进快速生长和萌生籽球。非绿色细胞或锦化细胞（叶绿素基因封闭细胞）对于光能的需求是有限的，在一定范围内它们需要光能；但是当光线过强时，则抑制锦化细胞的生长。遮光后，锦化细胞的生长具有更强的吸收砧木营养的能力，这种能力超过绿色细胞的摄取，结果表现为锦化细胞的旺盛生长。同时，由于光照强度不够，茎尖生长素合成大大降低，下部合成的细胞分裂素水平提高，结果使得锦化球体大量萌生籽球。正常细胞或绿色细胞最喜光照，在光线充足的时候，它们大量合成有机物，对砧木的有机物摄取就会相对减低，久而久之对砧木供给的营养产生了耐受；一旦缺乏光照，它们不能及时从砧木获得有效的养分，从而在短时间内抑制生长。这个机会正好为锦化细胞提供了很好的环境，它们的生长就会超过正常细胞。另外，在遮光一段时间后，锦化细胞虽然由砧木提供养分，但有些特殊的有机物还是要求自身来合成，故而会发生转绿现象，但是比较少见。

不同的锦化细胞对光能的反应是不同的，一般认为它们对光能的利用为：绿色>黑色或褐色>红色>黄色>白色。所以这也决定了多锦化杂合时候的特点，如增大光照时，全斑兜锦会发红，杂合兜锦的绿色部分会更加浓重等。对于黑色和褐色的情况则不尽相同，这两种颜色对光的反应情况要看叶绿素占的比例。

环境和一些人为因素的影响，如高温高湿、强光和嫁接等，使得锦化植株发生改变。如用砧木嫁接兜锦的小苗，锦化部分往往比实生苗的锦化部分多得多。在高温和强光的温室中，兜锦往往是黄里透红，杂合的兜锦一般都是绿色越来越强等。这和环境因素相关，都是由于锦化细胞和正常细胞，或者锦化细胞间的"细胞平衡"所造成的。某些细胞对光能和温度具有高敏感性或反应性，这些细胞的生长优势就比较强。不同反应性的细胞存在于同一植物体中，不同环境下就会产生一定的细胞平衡。

斑锦变异的植株有的在苗期就可以看出，有的要等2~3年才能看出，有些已经成型的植株也会出现块斑、条斑的变异。通体无绿色的斑锦植株切顶后产生的籽球一般也是无绿色的。块斑、条斑的植株在斑锦部位上滋生的籽球常无绿色或色斑面积较母株大，在绿色部位上产生的籽球常常全为绿色或色斑面积较小。全斑的斑锦植株无叶绿素，无法自根生长，需要嫁接繁殖和保存。少数品种能自根生长，如'山吹'等，一旦自根生长，植株色彩将变成偏黄绿色。

（4）可逆性

这一现象并非经常出现，但相当一部分基因封闭型锦化具有这种可能。已经发生锦化的植株，在培养一段时间以后，或者经历了几代的无性繁殖后，会发生锦化细胞复位现象，表现为锦化消失。在斑锦品种育种技术中，常通过组织培养的方法获得玻璃化的组培苗，组培苗出瓶后可以形成融合性不完全锦化的植株，将这种植株培养一段时间，可发现锦化越发鲜明，经过2~3次的无性或者有性繁殖可以得到非融合性不完全锦化（鲜明锦化）植株，这一点又体现了锦化的可逆性和遗传性。

23.5.2　畸形变异

23.5.2.1　畸形的类型

畸形变异是仙人掌类和多肉植物栽培中常见的现象，它使植株变得更加奇特美丽，是专类收集中的精品。畸形变异品种非常常见，在原产地的野生生境中偶尔也可见到。畸形变异主要有两大类。

①带化（crest） 又称缀化和鸡冠状变异，是仙人掌中最为常见的畸形变异。无论是球形、扁平茎节还是柱形种类，均可发生带化。带化后的植株，生长锥不断增生而形成许多生长点，横向发展连成一条线，整个植株长成一个扁平、扇形的带状体，栽培多年的带化植株可以形成扭曲卷叠、呈现波浪状或螺旋状的奇异外观（图23-13）。仙人掌科几乎所有的属都有带化变异的品种产生，在乳突球属（*Mammillaria*）、仙人球属、子孙球属（*Rebutia*）、丽花球属及星球属中最为常见。大戟科大戟属，景天科莲花掌属、石莲花属也常有带化畸形变异发生。

图23-13　带化畸形变异品种

②石化（monstrous） 又称岩石状或山峦状畸形变异。发生石化的植株顶部的生长锥分生不规则，使得整个植株肋棱错乱，不规则增殖生长，形成参差不齐、类似岩石状的株型（图23-14）。石化变异常常发现于天轮柱属、乳突球属、裸萼球属、金琥属、强刺球属、岩牡丹属等属中。

图23-14　石化畸形变异品种

除带化和石化外，仙人掌类植物还有一些其他类型的畸形变异，如双头两歧分化、棱螺旋状、复棱、龟甲、变棱等（图23-15）。双头两歧分化俗称双头，在变化的初期也是生长点分生混乱，最初看起来像带化变异，最后形成2个明显的生长点，下部仍是一个植株，如白王球（*Mammillaria parkinsonii*）萌生的籽球常出现双头。一些种类棱呈现螺旋状排列，如螺旋蓝云、螺旋兜等。复棱现象是指在正常的棱之间生出不完整的棱状物，常在星球属植物中见到。复棱有时不稳定，在幼体出现，随着植株生长，有时会消失。龟甲变异是刺座上下方呈现横向沟槽，植株被棱之间纵向和刺座间横向的沟槽分成块状，整个植株看似龟甲。变棱是指植株的棱变得特别多或者特别少，如密棱日之初的棱数远远多于日之初，三角鸾凤玉仅3个棱，而鸾凤玉一般为5棱。

图23-15　其他类型的畸形变异

A.复棱斑锦变异　B.复棱　C.角疣变异　D.螺旋棱　E.龟甲变异　F.鸾凤玉（5棱）　G.三角鸾凤玉（3棱）

23.5.2.2　畸形变异的机理

畸形变异产生的原因至今尚未搞清，很多人认为是植物的生长锥受到机械损伤所致。在栽培中，畸形变异多和后期栽培有关。野外生长中，鸟类或野兽在取食过程中，破坏了生长锥，可能是导致自然发生畸形变异的原因。在栽培中，人们用多种方法损伤生长锥，希望通过人工诱变的方法获得带化、石化的变异，但没有成功的报道。目前畸形变异的品种多在栽培中偶然发现，通过嫁接或单独培养的方式保存下来并繁殖。

事实上，带化与石化变异具有一定的遗传性，英国的罗利对11种带化与石化植物大量实生苗的观察的结果表明，冲天柱等3种没有一株变异的小苗，而锐棱柱（*Cereus horribarbis*）的小苗中有66.7%的变异植株，山影拳实生苗也得到了34.3%的变异植株。这说明带化和石化的植株的产生可能不是由简单的机械损伤引起的，而有内在的遗传变异因素。如将开花的畸形变异的植株和同属其他正常植株杂交，从正常植株和畸变植株的杂种小苗中都有可能产生畸形变异植株。栽培的种类越多、植株越多、栽培的历史越长，产生变异的可能性越大。在正常植株的实生苗或蘖生籽球中，有时可发现少量带化或石化的小苗或籽球，及时筛选可保存下来。

23.5.3 属间嫁接与嵌合体

体细胞融合的方式可以克服物种之间常见的杂交障碍，在梨果仙人掌育种研究中已有原生质体融合再生的相关报道（Llamoca-Zárate et al., 2006；Rosiles-Ortega et al., 2015）。

属间嫁接也可产生无性杂种，称为属间嫁接嵌合体。嫁接接穗和砧木愈合后，接穗和砧木的部分物质发生交流，生理上互相影响，使双方在习性和形态上发生变异。偶然的情况下，可产生新的园艺品种，这种嫁接嵌合体表现出砧木和接穗的共同特征。如龙凤牡丹（*Hylocalycium singulare*），是'绯牡丹'嫁接在量天尺上偶然产生的嵌合体。伊藤芳夫还介绍了另一种裸萼球属的牡丹玉嫁接在仙人球上产生的属间嵌合体。

属间嫁接嵌合体的形成是由细胞融合造成的。通过诱发产生嫁接嵌合体，也是丰富仙人掌及多肉植物的一条途径。嫁接也可诱变斑锦品种的产生。20世纪六七十年代，我国厦门一些仙人掌类植物爱好者，用'世界图''大锦'等斑锦品种嫁接到量天尺上，等接穗长到一定大小，将其作中间砧木，再嫁接其他无斑锦种类的籽球，利用中间斑锦砧木引导诱变新斑锦品种的产生，取得了一定成功。

常见的'兜锦'（多锦化）、'龙凤牡丹'等都是嵌合体。'龙凤牡丹'是日本园艺家在'绯牡丹'和量天尺的嫁接中发现的，表型具有绯牡丹和量天尺两者的性状。由于封闭基因的存在，导致二者母本的遗传基因随机表达，形成了"游龙戏凤"的独特表型。嵌合细胞极易发生分离，形成极端体，即成为仅具单色的植株，失去原来的杂合性状。如在组织培养'兜锦'过程中，形成了单色植株。这说明嵌合细胞属于不稳定遗传体系，很难稳定遗传。该杂合细胞启动基因属于隐性遗传，故常规进行'兜锦'杂交产生锦化的杂合子数量极少。

23.5.4 诱变育种

有人在组织培养过程中，用秋水仙碱诱导库拉索芦荟产生多倍体获得成功，获得的多倍体新品种较二倍体叶片肥厚、叶色深绿、生长快、产量高，无性繁殖容易。还有人用秋水仙碱诱导光棍树四倍体以增加其抗寒性。一些育种工作者，用诱变剂处理多肉植物的种子和幼苗，产生一些变异体，通过嫁接的方式可保存下来。

如一些爱好者用X射线辐射处理星球属植物种子，得到一些斑锦变异幼苗，通过嫁接，获得了一些斑锦新品种，用^{60}Co辐射诱变成功获得了一些斑锦品种。

23.6 品种选择、登录、保护与良种繁育

23.6.1 优良品种的筛选

仙人掌类和多肉植物因遗传的多样性和变异性，使得新品种出现的频度很高。长期生活于不同的生境条件下，同一物种在形态上往往有所差异。自然杂交和自然变异为人们提供了广阔的筛选空间。

杂交类型的选择是引种驯化的重要方法，因遗传性不稳定，在人工栽培的条件下，容易发生分化。同时，杂交类型由于遗传基因来自不同亲本，容易适应不同的环境条件，从中可以筛选出抗性较强的材料。杂交育种往往是在广泛收集物种的基础上进行的，通过引种驯化过程，发现优良性状，选择优良亲本进行杂交育种。也可有目的地直接引入杂交亲本，进行栽培驯化。

对自然原种的筛选应选择最符合该原种性状的植株作为繁殖材料。对杂交种应尽量选择符合育种目标的植株，并设法将这些优良性状固定、遗传到后代；如果一时没有符合理想性状的植株，也应选择最接近理想性状的植株作为进一步育种的材料，用回交和其他办法继续选育。

人们在引入野生植物的时候，有意识地筛选、保留、扩繁那些有意义的变异性状，得到了大量的优良品种。在人工繁殖栽培的过程中，由于栽培条件和技术的原因，亦可导致变异的出现。一旦发现有畸形变异和斑锦变异倾向的植株或幼苗，应尽快通过扦插、嫁接等无性繁殖方式保留下来，可以筛选出很多新品种。如仙人柱属在自然条件下可产生带化的畸形变异，人为筛选和保留后，则成为具有很高观赏价值的带化品种。由于强光辐射等原因造成的一些自然斑锦变异，被人们嫁接繁殖保留下来成为品种。人工栽培条件下也会产生许多变异性状，如播种的时候，幼苗中有时会出现白化苗，经嫁接可保存下来，筛选后成为斑锦品种。人工栽培条件也容易产生畸形变异的品种，有时仅是很小的片段发生变异，将变异部分切下、嫁接可保存下来。目前畸形变异的品种筛选主要还是在栽培中留心观察，及时选出变异植株单独培养或嫁接。

23.6.2 品种登录、保护

仙人掌类及多肉植物野生物种包含的濒危物种很多，很多被列入IUCN红色名录之内，如仙人掌科，全科2000多种植物，有621种被收录入IUCN红色名录网站，其中99种被列为极度濒危种（CR），178种被列为濒危种（EN），140种被列为易危种（VU），75种被列为近危种（NT）。阿福花科有332种被收录入IUCN红色名录网站，其中1种野外灭绝，39种被列为极度濒危种（CR），83种被列为濒危种（EN），390种被列为易危种（VU），19种被列为近危种（NT）。相当多的物种被列入濒危野生动植物物种国际贸易公约（CITES）附录，如仙人掌科全科、龙树科全部物种、大戟属全属、芦荟属除库拉索芦荟外全部物种、夹竹桃棒锤树属（*Pachypodium*）和丽杯角属（*Hoodia*）全属植物、番杏科肉锥花属（*Conophytum*）全部物种、回欢草属（*Anacampseros*）所有物种，以及其他一些多肉科属的珍稀物种，这些物种在国际贸易中受到保护。

我国仙人掌类和多肉植物的新品种保护工作还十分落后。截至目前，农业农村部、国家林业和草原局公布的新品种保护名单里，跟仙人掌和多肉植物有关的属、种只有大戟属（*Euphorbia*）（林业第三批），景天科八宝属的华北八宝（*Hylotelephium tatarinowii*）（农业第六批），景天属（*Sedum*）（林业第七批），马齿苋属（*Portulaca*）（林业第七批），仙人掌科量天尺属（*Hylocereus*）、蟹爪兰属（*Zygocactus*）（农业第十一批）。被列入名单的种类可以向相关部门的植物新品种保护办公室提交相关新品种的申报材料。

国际园艺学会所属命名与登录委员会指定了各种栽培植物品种登录权威机构，其中涉及多肉植物的登录机构有日本十二卷协会（Haworthia Society of Japan）、美国昙花协会（Epiphyllum Society of Amencan）、厦门市园林植物园等。目前十二卷属植物、附生类仙人掌科植物以及沙漠玫瑰属植物新品种的登录，可以向上述机构递交申报材料申请。

23.6.3 良种繁育

仙人掌类及多肉植物筛选出的新优品种，需要通过进一步的繁殖培育，才能应用于商品生产。采用适宜的良种繁育方式，可以保持目标性状不退化和进一步稳定。常见的方法如下。

（1）播种繁殖

仙人掌类及多肉植物筛选和杂交植株的后代多以种子形式繁殖和保存。一般来说，许多仙人掌类植物的种子有后熟期，采收种子后，冷藏保存半年后出苗最整齐、萌发率最高，一般保存期不超过1年为好。对于没有后熟期或短寿命的种子，成熟采收后应尽快播种。

播种前需对种子和土壤进行消毒处理。一般来讲，种子无须特意进行消毒处理，播种时土壤用稀释的杀菌剂溶液浸透然后播种即可。但对于一些较大粒、贮储时间过长或本身带菌的种子，需提前进行消毒处理，可有效提高播种的出苗率。以百岁兰播种为例，百岁兰种子的种皮本身带菌，播种前若不进行杀菌处理，种子萌发率极低（<10%），有时会全军覆灭，如用高锰酸钾稀溶液提前浸泡种子进行消毒，则可将种子萌发率提高到40%左右。猴面包树属（Adansonia）植物的种子，种皮很厚，不易萌发，播种前需要经过沸煮或热水浸泡，才能很好地萌发。

一般多肉植物种子萌发的适宜温度为21~27℃，多数种子在24℃时萌发率最高。冬季寒冷、夏季高温高湿的地区播种可在春季和秋季进行；冬型种秋季播种较好；气候适宜的地区，或在可调控温度、光照、湿度等条件的温室中栽培，全年都可播种。对于萌发力降低的种子，可加大昼夜温差刺激种子发芽，白天温度控制在30~35℃，夜间控制在15℃左右。

土壤消毒可用熏蒸、土壤消毒剂、杀菌剂等方式处理。播种基质可分3层，底层是较大粒的火山岩、砾石或陶粒作沥水层；中间层为颗粒中等的腐殖土、粗沙、木炭、赤玉土、火山岩配成的混合基质，或用腐殖土、沙子配成的混合基质，可适当混入缓释肥或腐熟消毒的有机肥；表层为细粒赤玉土（极小颗粒）或细沙。小粒种子直播即可，一些较大粒、种皮坚硬的种子播前可进行浸种或催芽，萌发效果较好。如仙人掌属（Opuntia）、叶仙人掌属（Pereskia）植物的种子。仙人掌类植物和多肉植物的萌发时间差别很大，出苗快的仅2~3d，一般在7d左右，也有逾20d，几个月甚至一年才发芽的。同一批种子有时成熟度不同，萌发时间也有先后。种子播后并覆膜（扎孔通风）保持湿度，置于温暖湿润的地方，用浸盆的方式浇水，待小苗萌发一段时间后，可改用喷雾的方法浇水。苗期管理应注意控制环境的温度和湿度，温度维持在15~20℃较好，不可低于10℃，光照要适宜，经常通风，定期施用杀菌剂稀溶液，盆土保持稍湿润。可在盆边投放颗粒农药，防止害虫啃食幼苗。小苗生长至过分拥挤时，可分苗移植，分苗移植春秋进行较好。

在播种、萌发、分苗的过程中，要注意做好相关记录。种子萌发后，要观察目标性状和变异性状的出现情况，及时筛选，及时进行嫁接、组织培养等措施促进生长和保存优异种苗。

（2）扦插繁殖

扦插在仙人掌类植物和多肉植物的营养繁殖中占有很大比重，也是良种扩繁的重要手段之一。对于一些育种材料和新品种，扦插可以很好地保持原有种株的优良性状，尤其是具绿色组织的自养型植株。选取插穗时，要选择能体现品种目标性状的籽球、侧芽、枝条、叶片等。另外，选育新品种的嫁接苗可通过扦插的方法落箭生根栽植。

仙人掌类植物和多肉植物用茎作插穗比较多。仙人掌科的一些种类容易萌生籽球，可以掰下籽球进行扦插。一些阿福花科、景天科的种类会在植株基部生成小的侧芽，可将侧芽切下进行扦插。乳突球属、大戟属的种类切下籽球后会流白浆，应用清水洗净后晾干再扦插，切口涂抹木炭粉或硫黄粉以防感染。肉质茎呈现节状的，可在节处剪取插穗，这样伤口会比较小。茎节过长的也可剪为几段，晾干切口后扦插，如仙人掌属、蟹爪兰属（*Schlumbergera*）、丝苇属（*Rhipsalis*）植物以及量天尺（*Selenicereus undatus*）、青紫葛（*Cissus quadrangularis*）等。蟹爪兰属的插穗须3节以上。一些不分节但分枝的种类，可结合修剪整形剪取饱满枝条，将枝条剪为10~15cm长的插穗，晾干后扦插。如菊科、昙花属、天轮柱属、令箭荷花属、大戟科的种类。不易萌生籽球的球形种类，可在生长季节开始的时候切顶，上段植株可晾干扦插，下段植株晾干切口后精心管理，可滋生籽球或分枝。

嫁接植株在砧木无法支撑长大接穗的时候，可切下接穗进行"落箭"扦插。量天尺嫁接的一些球体下半部表皮老化，不宜生根，可留一段量天尺的茎的木芯，扦插后较容易生根。也可采用控水的方法快速促生过渡根系。石化植株大多自根生长良好，变异性稳定，采用扦插的方法很容易繁殖。

一些叶多肉植物可采用叶插的方法进行繁殖，如景天科植物等。叶片切下后插入素沙，经过一段时间可生根。伽蓝菜属一些种类叶缘可产生珠芽，可取下直接种在盆中，很快可生根长成新植株。某些根粗大的种类，可采用根插的方法进行繁殖，如翅子掌属（*Pterocactus*）的部分种类。

切取插穗要注意刀的消毒，尤其是在病株切取插穗后要用乙醇消毒。插穗切取后一定要晾干切口，然后再扦插，扦插不宜过深。扦插基质一般选用透气性好、排水良好、能保持湿润为好。一般可选用素沙、珍珠岩、蛭石等。扦插后适当遮光，经过一定的时间，插穗生出不定根。在扦插时避免阳光直射，插穗不可过密。生根最适宜温度为20~25℃，但部分热带种类20~30℃更好，如扦插基质较气温高3~5℃生根更快。扦插基质要保持湿润，不可过湿。北方地区温室一般春、秋季扦插。

（3）嫁接繁殖

嫁接是非常重要和有效的繁殖手段，仙人掌科嫁接繁殖的应用比较多，多肉植物仅用在大戟科和萝藦科的繁殖中。一些斑锦品种（尤其是全斑品种）、畸形变异品种就是通过嫁接的方法繁育和保持下来的。有些带化的品种变异性状不稳定，自根生长时很容易"复原"，必须嫁接繁殖才能保存变异性状。对于带化性状稳定、自根生长良好的植株，为了更快地繁殖，也常将其切成小块嫁接繁殖。斑锦品种多用嫁接的方法进行繁殖和保存，尤其是对于全斑品种和色斑面积较大的品种；对于一些斑锦变异不稳定的植株，嫁接可较好地保存性状。在育种过程中，为了缩短育种和育苗周期，通过实生苗进行早期嫁接。尤其是对育种过程中诱导出现的原本无法生存下来的斑锦突变和畸形突变苗，可通过嫁接有效地保存下来，为进一步筛选奠定基础。在组织培养过程中，会出现一些玻璃化苗，将其嫁接可筛选获得一些斑锦变异的品种。嫁接可使接穗生长快，生长势旺，繁殖效率高，促进开花，提高实生苗成活率，嫁接后管理方便简单。

嫁接时间各地不同，一般在3~10月。当气温达到20~25℃时，嫁接成活率最高。春季到初夏嫁接效果最好，夏季高温多雨，切口容易感染腐烂。秋季虽然容易成活，但接穗生长季节短。嫁接最好在晴天进行，避开接穗和砧木的休眠季节。砧木要选择与接穗亲和、饱满、生长势旺盛、繁殖容易、切面有一定大小而髓不太大、刺少的种类。常见的砧木类型很多，主要的有量天尺、仙人掌属（*Opuntia*）、仙人球（*Echinopsis tubiflora*）、秘鲁天轮柱（*Cereus repandus*）、卧龙柱（*Harrisia pomanensis*）、袖浦柱（*Harrisia jusbertii*）、龙神木（*Myrtillocactus geometrizans*）、叶仙人掌（*Pereskia aculeata*）等。大戟科的接穗主要用霸王鞭，生长快，但耐寒性差。嫁接萝藦科的球形种类和带化品种，主要用大花犀角。嫁接的方法有平接和劈接，根据砧木和接穗的情况来选择嫁接的方法。平接的方法适合柱状和球形种类。劈接又名楔接，常用于嫁接蟹爪、仙人指等扁平茎节的种类和以叶仙人掌为砧木的嫁接中。嫁接中动作要迅速，嫁接刀要注意消毒，避免感染。嫁接后要保持适当的空气湿度，不可过湿或过干。北方地区气候干燥，可设支架覆盖棚膜保湿。浇水不要溅到切口上。一般4~5d后可解压松绑，大接穗可再过几天松绑。松绑后接穗和砧木切面结合很好，并保持光泽，是成活的征兆。嫁接完要适当遮光，松绑后可逐渐见光。注意剪除砧木生长出的蘖芽和籽球。

（4）组培快繁

组培快繁也是新品种生产繁育的重要手段，传统的方法繁殖系数低、速度慢，无法满足市场要求，人们在快速繁殖方面进行了大量的研究。目前广泛应用于生产中的主要有长寿花、蟹爪兰、十二卷、芦荟等植物。

王毕等人（2019）探讨了不同激素浓度配比对长寿花快繁体系建立的影响。长寿花愈伤组织适宜的诱导培养基为MS+2,4-D 2mg/L+6-BA 0.5mg/L，诱导率达95.8%，丛生芽诱导增殖培养基为MS+IBA 0.1mg/L+6-BA 2mg/L，诱导率为283.3%，适宜的生根培养基为1/2 MS+IBA 0.1mg/L，生根率为94%。

十二卷属植物的组织培养研究已很深入，Ogihara（1979）首先采用花蕾作为外植体愈伤组织诱导成功，后国外研究人员用叶片作为外植体也获得成功。国内许继勇（2006）、王泉（2008）等人以花葶、子房部位作为外植体诱导成功。十二卷属植物组培的基本培养基以MS和1/2MS为佳。郭虎生等人（2016）的研究表明，玉露以花序为外植体，最适合的诱导与分化的基本培养基为MS培养基，生根最佳的培养基为1/2 MS培养基；何佳越等人（2016）、宋毅豪等人（2019）的研究也验证了这一点。目前在十二卷属组织培养中常用的激素有KT、6-BA、NAA、IAA、IBA等，国内有很多这方面的研究。细胞分裂素（6-BA）浓度较高时，容易出现玻璃化，通过调整激素浓度，可以基本解决这个问题。

组织培养是大量繁殖芦荟种苗的重要方法。芦荟的组织培养一般取茎段和吸芽作为外植体，并通过侧芽进行扩大繁殖。MS培养基是芦荟初代培养理想的诱导侧芽培养基，初代培养基：MS+6-BA 3mg/L+NAA（萘乙酸）0.2mg/L+蔗糖3%+琼脂0.7%。培养温度控制在26℃±3℃，日光灯照明10~12h，光照强度1200~1500lx。经25~40d，茎段腋芽生长成不定芽，切面边缘也产生不定芽。20d后，当每个芽周围又长出4~6个芽时，进行继代培养。生根培养使用KC培养基：KC+IBA 2.5mg/L+蔗糖3%+琼脂0.7%+活性炭0.3%。为了提高移栽后的成活率，生根后的种苗可转移至1/2MS+IBA 2mg/L+活性炭0.3%+蔗糖3%+琼脂0.7%上进行壮苗生长，光照强度可增至2000lx。经20d培养，当植株叶色浓绿，并有4~5条粗壮根的时候即可移栽。

23.7 仙人掌科育种进展

仙人掌科植物的杂交种类繁多，根据英国多肉植物专家罗利的分类系统，仙人掌科有19个新属是人工杂交而成的，欧美国家和日本开展仙人掌和多肉植物的杂交工作比较早，但杂交侧重不同。

23.7.1 欧美国家仙人掌科育种进展

欧美国家主要偏重附生类杂交种和彩草类杂交种的选育。附生类杂交种的选育目标是丰富花型、花色和将夜晚开花种类的习性通过杂交变为白天开花。经过长年不断的努力，在令箭荷花、仙人指、蟹爪兰等种类中育成大量优异的园艺品种。目前令箭荷花已育成上千个品种，有大红、洋红、紫、黄、白等几大系列。仙人指和蟹爪兰原来只有洋红一种颜色，现在有红、洋红、紫、黄、白等颜色，还有杂色品种。近年来，英国、法国、德国、美国、日本和丹麦等国的园林植物育种家，都做了大量的杂交育种，选育出200个蟹爪兰（*Schlumbergera truncata*）品种，常见的有白花的'圣诞白'（'White Christmas'）、'多塞'（'Dorthe'）、'吉纳'（'Gina'）、'雪花'（'Snowflake'），黄花的'金媚'（'Gold Charm'）、'圣诞火焰'（'Christmas Flame'）、'金幻'（'Gold Fantasy'）、'剑桥'（'Cambridge'），橙花的'安特'（'Anette'）、'弗里多'（'Frida'），紫色的'马多加'（'Madonga'），粉花的'卡米拉'（'Camilla'）、'麦迪斯托'（'Madisto'）和'伊娃'（'Eva'）等。

"彩草"是当今比较流行的杂交仙人掌科植物，为仙人球属（*Echinopsis*）与丽花属（*Lobivia*）、毛花柱属（*Trichocereus*）等其他属种植物进行杂交获得的一系列杂交品种的统称，获得了更加丰富的花型、花色基因。20世纪30年代中期，哈里·约翰逊（Harry Johnson）开始对仙人掌科的杂交育种产生兴趣，将夜间开花、白色花为主的仙人球属种类和丽花球属（*Lobivia*）种类杂交，得到了花大、生长强健、白天开花、花色丰富艳丽的杂交种。1951年他首次使用'Paramount'（'派拉蒙'）来命名这两个属的杂交种。20世纪50年代，罗伯特·格拉瑟（Robert Gräser）用毛花柱属白花的种类和鼠尾掌（*Aporocactus flagelliformis*）进行杂交，获得了花色红艳的大花杂交品种。1977开始，美国人鲍勃·席克（Bob Schick）在"派拉蒙"系杂交品种的基础上选拔培育了一系列杂交品种，持续花期长，多次开花，花色丰富，20年间有200多种，被命名为"席克氏彩草"，是最为著名的品系，也是最早传入中国的彩草品系；除此之外，还有莱茵哈德·里斯克（Reinhard Liske）的"RL"系列、施威格尔的"US"系列等（图23-16）。

23.7.2 日本仙人掌科育种进展

早在20世纪30年代，日本盛行星球属（*Astrophytum*）种类间的杂交，育成了大量的观赏

图23-16 色彩花型丰富的彩草品种

品种，星点、斑纹、棱数和形状、疣体发生了变化，如'超兜'（*A. asterias* 'Super'）、'奇迹兜'（*A. asterias* 'Mirakuru'）、'琉璃兜'（*A. asterias* 'nudum'）、'连星兜'（*A. asterias* 'rensei'）、'花园兜'（*A. asterias* 'Hanazono'）、'龟甲兜'（*A. asterias* 'Kitsukow'）、'恩塚'鸾凤玉（*A. myriostigma* 'Onzuka'）等。后来又进行裸萼球属（*Gymnocalycium*）种类间的杂交，育成了许多品种，如绯花玉（*G. baldianum*）和海王球（*G. paraguayense*）杂交育成了'红花'海王球，花大而美丽、开花多、球体大、生长势强，结合了两亲本的优良性状，提高了观赏价值。日本园艺学家伊藤芳夫经过13年的努力，对南美原产的一些属、种进行了杂交选育，育成了一系列优良品种，如白檀属（*Chamaecereus*）和丽花球属种类间的杂交及丽花球属内种间杂交。日本虽然育成了许多优秀园艺品种，但由于不加控制，造成一些无价值的杂交种大量繁殖，而优良的种类反而没有得到发展，这给园艺分类和育种工作造成了很大影响。

23.7.3 中国仙人掌科育种进展

我国在仙人掌科植物育种方面落后于西方发达国家，起步较晚。仙人掌科植物大批量引入我国是在20世纪五六十年代，厦门市园林植物园是国内最先大批量引入仙人掌科植物的植物园。通过植物园体系，仙人掌科植物的栽培逐渐在爱好者群体中发展起来，逐渐形成了大量的私人苗圃和种植户，选育工作主要在民间自发进行。爱好者根据自己的偏好，筛选保留了大量的突变植株，包含斑锦、缀化、石化等变异。国内也有一些爱好者进行彩草的杂交，也不乏精品，如"WEX"系列的种类。近10年，一些较大的私人苗圃，开始注重育种工作，培育了大量观赏效果俱佳的杂交品种。如福建龙海地区的乡下人园艺有限公司2006年杂交获得的多花色的'美花'黑金刚（图23-17），2018年在丽花球属园艺优选种Bit（荷花）基础上育成杂交品种——"荷花"系列杂交品种（图23-18），2022年育成美刺的杂交白星（图23-19）

图23-17 花色丰富的'美花'黑金刚品种（亲本为山吹和黑金刚）

图23-18 "荷花"系列杂交品种

图23-19　刺毛变化丰富的白星杂交优选品种（母本白星，父本白刺羽毛明星）

等。福建省仙游爱好者吴叶候2015年用鹿角柱属品种'桃太郎'和'草木角'作为亲本，杂交育成了无刺大花品种'水仙情郎'（图23-20）。仙人掌科植物美刺品种也是国内育种爱好者的重点选育方向，如宁夏的郭廷新在2015—2018年，对裸萼球属、金琥属的一些种类进行了优选，选育出刺更强壮更优美的优选品种，如'白花粗刺'海王（图23-21）、'豪刺红花'海王（图23-22）、'赤花'魔天龙（图23-23）、'宽刺凌波'（图23-24）等。

图23-20　杂交品种'水仙情郎'

A.'桃太郎'（父本）　B、C.'水仙情郎'

图23-21　'白花粗刺'海王球选育

A.白花海王球　B~D.优选的'白花粗刺'海王品种

图23-22 '豪刺红花'海王球选育
A.红花海王球 B、C.优选的'红花豪刺'海王品种

图23-23 '赤花'魔天龙选育
A.白花魔天龙（亲本） B、C.杂交品种红色花的'赤花'魔天龙

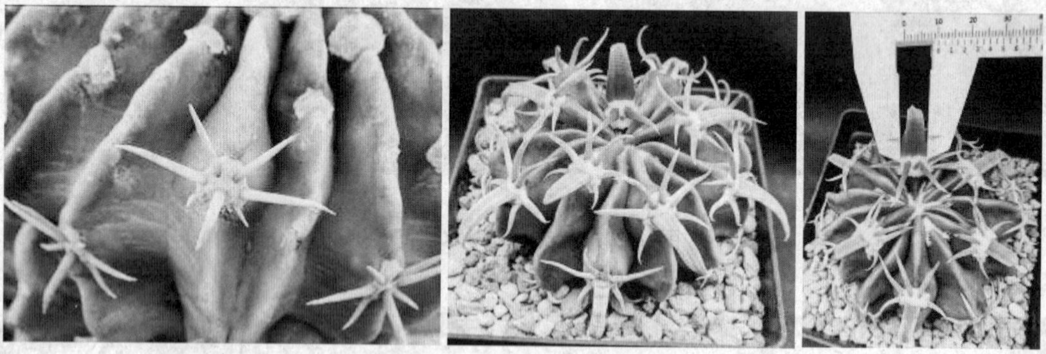

图23-24 '宽刺凌波'的选育
A.凌波 B、C.优选的'宽刺凌波'品种

仙人掌类植物拥有大量的杂交品种，除改善观赏价值外，一些杂交品种还通过生产性状的改良，创造了巨大的经济效益。20世纪初期，美国的园艺学家路得·布尔班克（Luther Burbank）杂交培育出了大量梨果仙人掌品种，培养出了可食用、饲用的无刺仙人掌，并加以推广。不同品种果实的色彩丰富，风味和大小十分不同。20世纪90年代，Wang等人（1996，1997）逐步开展了围绕高产量、高糖分、抗寒性强的育种目标的杂交选育工作。

23.8 其他多肉植物育种进展

多肉植物的杂交工作在欧美国家开展得很早但发展不快。1955年德国学者雅格布森（H. Jacobsen）在其三卷本的《多肉植物手册》中仅列出了百合科元宝掌属等4个杂交属，不涉及其他科。20世纪60年代以后，杂交工作发展迅速，属间杂交育种工作受到人们广泛重视。到了1981年，雅格布森在他的《多肉植物词典》中列出了萝藦科（现归并入夹竹桃科）、景天科、百合科、番杏科的几十个杂交属。1983年，据罗利统计，全世界仙人掌及多肉植物属间杂交产生的新属有120个以上，其中百合科、景天科、萝藦科的属间杂交产生的新属就逾80个。一些杂交种记载非常早，如1842年，Salm Dyck首次记录了属间杂交种 × *Gasterhaworthia bayfieldii*。杂交属 × *Gasteraloe*可追溯到1896年，× *Gasteraloe lapaixii*来自*Gasteria bicolor* 和绫锦芦荟（*Aloe aristata*）的杂交（图23-25）。

A B

图23-25　属间杂交种

A. '奇迹'元宝掌（× *Gastealoe* 'Wonder'）　B. × *Aloloba* 'Tyson'

23.8.1　芦荟属（*Aloe*，阿福花科）

随着分子生物学技术的应用，多肉植物的分类系统发生了巨大的变化，原归属于广义百合科内的芦荟属、十二卷属、鲨鱼掌属等属，目前被置入阿福花科。原芦荟属、十二卷属也分别被拆分成若干属重新进行分类，至今阿福花科各属的杂交育种工作进行得较为深入。

南非的科勒曼（Koeleman）是芦荟杂交育种的先驱者，20世纪50~90年代，他获得了许多杂交品种，并创立了芦荟育种者协会，登录了大量品种，激发了许多育种爱好者和企业投身到新品种的培育之中，促进了芦荟杂交品种的园林应用和商品化。一些中型和大型的杂交品种被广泛应用于园林美化，这些园艺杂交品种常见的亲本包括好望角芦荟（*Aloe ferox*）、非洲芦荟（*A. africana*）、木立芦荟（*A. arborescens*）、马氏芦荟（*A. marlothii*）、艳丽芦荟（*A. speciosa*）、斑点芦荟（*A. maculata*）等。我国国内常见的杂交种和品种有海虎兰（*A.* × *delaetii*）、青鬼城（*A.* × *spinosissima*）、不夜城（*A.* × *nobilis*）、*A.* 'Charles'等（图23-26）。

图23-26 芦荟属多肉植物
A. *A. ferox* × *speciosa*　B.青鬼城　C.海虎兰　D.不夜城

　　小型矮生杂交芦荟的育种始于20世纪80年代，约翰·布莱克（John Bleck）用第可芦荟（*A. descoingsii*）和琉璃姬孔雀芦荟（*A. haworthioides*）杂交获得了著名的小型品种'拍拍'（*A.* 'Pepe'），但在当时并未引起人们的广泛注意。进入21世纪初期，凯利·格里芬（Kelly Griffin）、凯伦·齐默尔曼（Karen Zimmerman）、迪克·赖特（Dick Wright）、约翰·布莱克、拉里·维塞尔（Larry Weisel）和内森·黄（Nathan Wong）等育成了大量色彩丰富的小型杂交品种，引起了收集者们的疯狂追捧并逐渐商业化。这些小型芦荟杂交品种，选择马达加斯加和南部非洲原产的一些小型种类作为亲本，如第可芦荟、琉璃姬孔雀芦荟、劳氏芦荟（*A. rauhii*）、喜岩芦荟（*A. calcairophila*）、美丽芦荟（*A. bellatula*）等，经过反复杂交或利用其杂交后代再进行杂交获得了一系列株型矮小，叶缘刺、叶面疣突和皮刺色彩鲜艳的杂交品种。著名的品种有格里芬的'圣诞'芦荟（*A.* 'Christmas Carol'）、*A.* 'Pink Blush'、*A.* 'Delta Lights'、*A.* 'Christmas Sleigh'和*A.* 'Coral Fire'，齐默尔曼的*A.* 'DZ'、*A.* 'Dragon'，布莱克的'蜥嘴'芦荟（*A.* 'Lizard Lips'）、*A.* 'Delta Lights'，以及赖特的*A.* 'Doran Black'等（图23-27）。

23.8.2　十二卷属（*Haworthia*，阿福花科）

　　十二卷属植物的育种受到日本的影响最为深远。有资料记载，日本明治时期就引入了十二卷类的植物，最早记录的品种出现在20世纪60年代。20世纪80年代，日本大量从南非、欧洲引入十二卷属植物，育种工作迅速发展；至2000年达到繁荣，20年的育种大爆发期间产生了众多的优秀品种。2015年日本十二卷协会记录的已发表的十二卷品种已超过1400个。欧洲栽培十二卷的历史虽然十分悠久，但育种发展远落后于日本这一时期。在此期间日本涌现了一批知名的育种人，如金子公信、海野吉正、佐野宽、大久保正作、青木典子、永冈淳英、福屋崇、实方一雄、塚原铁荣、崛川一熊等。日本人对十二卷属植物的育种偏重于斑锦类和万象（*Haworthia truncata* var. *maughanii*）、玉扇（*H. truncata*）等的优选和杂交，玉露类、寿类也培育了大量的新品种。十二卷品种主要分为：寿、玉露、万象、玉扇、硬叶、斑锦几个大类；寿类又细分为几个系列，包括克里克特、白银、青蟹、磨面、史扑、康平、美吉、莫迪卡（*mutica*）、巴迪亚（*badia*）等。日本十二卷"铭品"文化源自十二卷爱好者的圈

图23-27 小型矮生芦荟种和品种

A. 第可芦荟 B. 琉璃姬孔雀芦荟 C. '拍拍' D. '圣诞'芦荟 E. '蜥嘴'芦荟 F. *A.* 'Doran Black'

内文化，爱好者聚集举办展会进行评奖，逐渐形成了众多的铭品。

十二卷类植物的育种方向与审美倾向关系密切，植株形态、叶面纹路、色彩、窗的大小和透度都是育种者追求的目标。玉扇类的育种主要强调叶子厚度和宽度的协调性，窗面质感、纹路、透度变化和锦化都是玉扇类选育的主要方向。知名品种有 '写乐' 玉扇（*H. truncata* 'Sharaku'）、'葵系' 玉扇（*H. truncata* 'Aoi Gyokusen' Gp）、'荒矶' 玉扇（*H. truncata* 'Araiso'）、'歌麿' 玉扇（*H. truncata* 'Utamaro'）、'白亚' 玉扇（*H. truncata* 'Hakua'）、'猛犸' 玉扇（*H. truncata* 'Mammoth'）、'白熊' 玉扇（*H. truncata* 'Shirokuma'）等（图23-28）。

万象类的育种以株形矮而紧凑、窗大而圆、纹路密集复杂，具紫纹和绿纹，具纯净糯窗或云窗为育种方向。知名品种有 '天照' 万象（*H. maughanii* 'Amaterasu'）、'稻妻' 万象（*H. maughanii* 'Inazuma'）、'雪国' 万象（*H. maughanii* 'Yukiguni'）、'白妙' 万象（*H. maughanii* 'Shirotae'）、'欧若拉'（*H. maughanii* 'Aurora'）等（图23-29）。

图23-28 玉扇类品种

A. '猛犸' 玉扇 B. '白熊' 玉扇 C. '白亚' 玉扇

图23-29 万象类品种

A. '白妙'万象 B. '天照'万象 C. '欧若拉'

杂交寿的育种则注重株形、叶形、叶纹、质感和色泽等，如白银和青蟹常追求窗面白、瓷度高、疣点大而密、光胁迫下易变紫等。知名品种包括'酒吞童子'（*H. badia* 'Shuten-dōji'）、'大久保白银'（*H. emelyae* [selected]）、'魔界'（*H. springbokvlakensis* 'Makai'）、'阿房宫'（*H.* 'Aboukyuu'）、'月影'（*H. emelyae* var. *comptoniana* 'Tsukikage'）、'特网康平'（*H. emelyae* var. *comptoniana* [hybrid]）、'水晶101'（*H. emelyae* var. *comptoniana* 'Crystal 101'）、'白鲸'（*H. emelyae* var. *comptoniana* 'Hakugei'）、'铁道'白银（*H.* 'Hakugin Testudou'）、'冰砂糖'（*H.* 'Kōrizatō'）、'白帝城'（*H.* 'Hakuteijō'）等（图23-30）。

图23-30 杂交寿品种

A. '丸叶粉银白'（'White Pink' [selected]） B. '铁道'白银 C. 白帝城 D. '皇妃合之宫'（'Michelle'） E. '魔界' F. '月影' G. '实方克'（*H. bayeri* [selected]） H. '阿房宫'（'Aboukyuu'） I. '京之恋'（'Kyo-no-Koi'）

玉露类是近些年的新宠，育种倾向叶窗圆润通透、色泽美观、株形紧凑。比较知名的品种有'水晶'玉露（*H. cymbiformis* var. *obtuse* 'Suishou'）、'OB-1冰灯'（*H. cymbiformis* var. *obtusa* 'OB-1'）、'霓虹灯'（*H. cymbiformis* var. *obtuse* 'Yamada Black' [Variegated]）等（图23-31）。

斑锦类主要包含克锦、康平锦、玉露锦、万象锦、白银锦、美吉系锦、磨面锦、大久保寿锦、硬叶类斑锦、史扑系锦、青蟹锦等类别（图23-32）。在各类十二卷属植物杂交过程中，如出现锦化变异，则为精品。

图23-31 玉露类品种
A.'OB-1冰灯' B.'水晶'玉露 C.'霓虹灯'

图23-32 斑锦类品种
A.克锦 B.玉扇锦 C.大久保寿锦 D.万象锦 E.白银锦 F.玉露锦

硬叶类十二卷的杂交育种倾向于叶片花纹密集突出，疣突、环纹、条纹密集复杂，最具代表性的杂交品种是'天使之泪'（*H.* 'Tears of Angel'）。'天使之泪'因叶面上的白色疣突如流动的泪珠而得名，分为日系和美系品种，美系'天使之泪'是最早出现的，它的出现有两种说法，一种是由美国的Steven Hammer杂交得到，另一种说法是第一株'天使之泪'更早在一个叫作Bob Kent的种植者的种植圃里自然杂交出现，其母本是有着松塔掌属（*Astroloba*）血统的冬之星座（*Haworthia pumila*），而父本被猜测为瑞鹤（*H. marginata*）。美系的'天使之泪'叶色浅绿，瓷疣粗大洁白光滑，叶片宽大。日系的'天使之泪'则是在'天使之泪'从美国引入日本后，栽培环境发生变化，经多代繁殖，形态发生了一系列变化，随着生长，一些疣突颜色会偏绿色（图23-33）。

图23-33　硬叶类品种
A. '天使之泪'　B. '皇帝'

我国目前流通的十二卷品种多为从日本引进的品种，近年来爱好者在引进品种的基础上，进行了优选和杂交，也获得了一些优秀的新品种。国内爱好者喜欢的筛选、杂交亲本的常见组合有：瑞鹤×冬之星座、克里克特（*Haworthia bayeri*）优选株自交或与其他寿杂交、青蟹×白银（锦）、玉扇×万象、宝草锦×玉露等。'孙氏冰灯'（*H. cymbiformis* var. *obtuse* 'Sun Shi Bing Deng'）和'潘氏冰灯'（*H. cymbiformis* var. *obtuse* 'Pan Shi Bing Deng'）是分别由天津的孙卫东和上海的潘师傅培育而成，窗体较玉露更为明亮。'潘氏冰灯'流传到日本后，西雅基对其进行了进一步的选育，优选出了窗体更为圆润明亮的优选品种，命名为'OB-1冰灯'（*H. cymbiformis* var. *obtusa* 'OB-1'）。北京的爱好者蒋海清用十二卷品种'古都姬'（*H.* 'Kotohime'）和银星寿（*H. pygmaea* var. *argenteomaculosa*）进行杂交，获得了非常优秀的品种'铜雀台'。他用青蟹原种杂交铜雀台的姊妹株进行选育，获得品种'白牡丹'，通过杂交选育获得白度、瓷度提高的青蟹类新品种'玉蛟'和纹理发生变化的新品种'玉尘'。在硬叶系杂交方面，国内不乏佳作，北京的爱好者刘志用瑞鹤和冬之星座作为亲本，反复杂交获得了几乎植株全白的优秀品种'皇帝'（*H.* 'Koutei'）。

随着十二卷类在国内逐步的商品化，人们采用组织培养的方法进行大规模繁殖。在组织培养的过程中发生了一些芽变，产生了很多新品种，如'糯玉露'（*H. cymbiformis* var. *obtusa* 'Nuo Yu Lu'）、'西瓜寿'（*H. magnifica* var. *atrofusca* 'Mutant'）、'冰城'（*H. pygmaea* 'Ice City'）、'裏般若'（*H. emelyae* var. *comptoniana* 'Urahannya'）等（图23-34）。

23.8.3　肉锥花属（*Conophytum*，番杏科）

番杏科的杂交历史很长，布朗（Brown）最早于1920年提到了一些属间杂交种，他认为*Imitaria muirii*是肉锥花属（*Conophytum*）和藻铃玉属（*Gibbaeum*）植物杂交获得的（1928）。与此同时，赫尔（Herre）也发现了一些野生杂交种。

图23-34 十二卷属组培芽变品种
A. '糯玉露' B. '西瓜寿' C. '裹般若'

到了1956年，蒂舍尔（Tischer）记录了两种自然杂交种 Conophytum cupreiflorum、丹空（C. marnierianum）。2002年，史蒂文·哈默（Steven Hammer）在其著作中记述了他从事肉锥花属育种工作25年来培育的几十个番杏科肉锥花属的杂交品种。我国天津的爱好者吕长波从20世纪六七十年代开始培育肉锥花属新品种，他用风铃玉和其他肉锥花品种作为亲本进行杂交，1987—1988年育成了优秀的杂交品种'朝霞'和'晚霞'（图23-35）。

图23-35 肉锥花属新品种
A. '朝霞' B. '晚霞'

23.8.4　生石花属（*Lithops*，番杏科）

1999年，史蒂文·哈默在其生石花专著中记述了该属植物及其筛选培育的许多园艺品种。他提到，生石花属育种目标都是倾向于固定一些不稳定的变异特征，如绿体、紫体、红体变异，黄花种类分布区域的白花变异体等，在红花、粉花以及更为复杂的图案方面，还有很大的育种空间。哈默培育出的'红菊水'（*Lithops meyeri* 'Hammeruby'），植株体色非常艳丽。他还培育了很多著名的品种，如'热唇'（*L. julii* 'Hotlips'）（1995）、'拿铁'（*L. gracilidelineata* 'Café au Lait'）（1995）、'红橄榄玉'（*L. olivacea* 'Red Olive'）（1995）、'酒红紫勋'（*L. lesliei* 'Fred's Redhead'）（1999）、'冰橙'（*L. karasmontana* var. *aiaisensis* 'Orange Ice'）（2004）等。番杏科属间杂交也有一些成功的例子，如 × *Dinterops* 'Stonesthrow'（*Lithops lesliei* 'Albiflora' × *Dinteranthus vanzylii*）、*Argyroderma deleatii* × *Lithops divergens* var. *amethystine* 或 *L. meyeri* 等，他的杂交工作使得番杏科的远缘杂交迈上了新的台阶。

日本育种者培育了大量变异种类,其中有一些是优秀的品种,如'紫李夫人'(*L. salicola* 'Bacchus')。"菊"系列是非常著名的系列品种,1990年,佐藤发表了园艺品种'菊纹章'(*L. julii* 'Kikusiyo Giyoku')和'菊红窗'(*L. julii* 'Kosogyoku'),这两个品种都异常美丽。'菊纹章'窗面具有树叶叶脉一样连续不断的红色纹路,而'菊红窗'的红色纹路下的窗面全部是红色。2004年,岛田发布了新品种'菊化石'(*Lithops julii* 'Kikukaseki'),窗底素面,具红色的闪电状红纹。他还培育了其他新品种,如'红网纹寿丽'(*L. julii* 'Red Reticulata')(2004)、'红花轮玉'(*L. gesinae* var. *annae* 'Hanawared')(2005)等。国际上其他知名的生石花育种人也选育了很多优秀品种。2003年,朱塞佩·玛利亚·皮乔内发现了一株绿体日轮玉,用普通阳月玉(*L. aucampiae* var. *euniceae*)(C48)进行杂交,选拔绿色流水纹好的植株进行回交,反复回交,获得流水纹好的绿体植株,命名为'绿光阳玉'(*L. aucampiae* var. *euniceae* 'Bellaketty')。欧版'绿光阳玉'强光下不变色,岛田版的强光下变黄。德国的贝恩德·施洛瑟2008年选育了'粉碧琉璃'(*L. terricolor* 'Pinky'),植株呈现粉紫色(图23-36)。

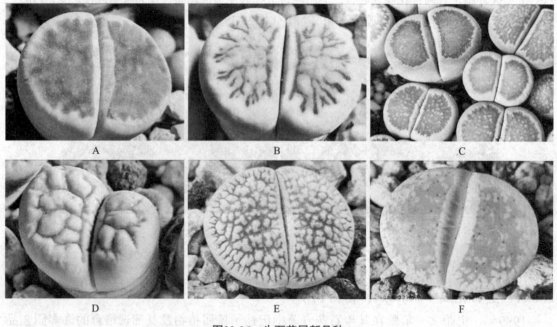

图23-36 生石花属新品种
A. '冰橙' B. '菊纹章' C. '菊红窗' D. '菊化石' E. 阳月玉 F. '绿光阳玉'

23.8.5 伽蓝菜属(*Kalanchoe*,景天科)

景天科植物的园艺品种繁多,主要集中在伽蓝菜属(*Kalanchoe*)、石莲花属(*Echeveria*)、青锁龙属(*Crassula*)、莲花掌属(*Aeonium*)等常见属。

伽蓝菜属主要原产于马达加斯加、南非和东非,观赏植物的杂交育种主要集中于长寿花(*Kalanchoe blossfeliana*)这个种。该种1924年由佩里耶·德·拉·巴蒂(Perrier de la Bâthie)发现于马达加斯加中北部,1934年定名为独立的物种,以首次将其作为盆栽植物的一位苗圃主布洛斯费尔德(Blossfeld)的名字命名。长寿花的育种开始于20世纪30年代,1939年通过*K.*

*blossfeliana*和*K. glacescens*杂交获得了第一个种间杂交种。早期品种多为二倍体（2*n*=34），后杂交选择倾向于多倍体品种，通常四倍体（2*n*=68），也存在2*n*=72、75、85和96的品种。杂交种的性状一般介于亲本性状之间，但也有例外，如红花的*K. blossfeliana*和黄花的*K. nyikae*杂交获得的后代里有一个后代开粉色花，而其余后代则开出红橙色花，花色介于亲本花色之间。长寿花的品种繁多，根据CPVO（2015）的记录，全世界已有超过700个长寿花的品种。其花色丰富，花序紧凑，花期长，栽培容易，运输方便，成为世界各地最受欢迎的盆栽多肉植物。长寿花的育种和改良主要是通过种内杂交和基因工程实现的，育种目标除了观赏性状外，还包括观赏周期、抗性等特性（图23-37）。

图23-37　色彩、花形丰富的长寿花品种

23.8.6　青锁龙属（*Crassula*，景天科）

青锁龙属的芽变筛选和杂交育种产生了很多美丽的杂交品种，如'筒叶花月'（*Crassula ovata* 'Gollum'）、'火祭'（*C. capitella* 'Campfire'）、'串钱'景天（*C.* 'Jade Necklace'）等。自20世纪30年代之后涌现了一批育种人，新品种频出。米伦·金纳赫（Myron Kimnach）是著名的青锁龙属植物育种人，育成了很多著名的品种，如'方塔'（*C.* 'Buddha's Temple'）（1959）、'象牙塔'（*C.* 'Ivory Pagoda'）（1962）、'丛珊瑚'（*C.* 'Coralita'）（1981）、'Jade Tower'（1982）、'Ivory Tower'（1988）、'小串钱'景天（'Baby's necklace'）（1962）等。迪克·赖特（Dick Wright）也做了大量的工作，育成了'新娘捧花'（*C.* 'Bride's Bouquet'）、'西莉亚'（'Celia'）等优秀品种。还有一些知名育种人，如澳大利亚的舒尔茨（R. Schulz），育成了'Dimples'（1995）、'Frosty'（1993）等品种。多萝西·邓恩（Dorothy Dunn）育成了'Emerald'等品种。吉约曼（Guillaumin）育种较早，育成了品种'Gracilis'（1937）。青锁龙属也有一些斑锦品种，如'三色花月'锦（*C. ovata* 'Variegata'）、'尖刀'锦（*C. perforata* 'Variegata'）、'红玉缘'景天（*C. pellucida* subsp. *marginalis* 'Variegata'）等，在

图23-38　青锁龙属新品种

A. '火祭'　B. '筒叶花月'　C. '串钱'景天　D. '新娘捧花'　E. '神丽'（'Shinrei'）　F. '方塔'　G. '象牙塔'　H. '尖刀'锦　I. 绒针的枝条及其缀化芽变枝

栽培中有时可以看到一些缀化芽变，如绒针（*C. mesembryanthemoides* subsp. *hispida*）的缀化枝条，叶片呈带状连生于茎一侧（图23-38）。

23.8.7　莲花掌属（*Aeonium*，景天科）

莲花掌属在原产地常有自然杂交种产生，一些杂交种在世界各地的庭园里快速生长，有时比野生原种还要普及。本属常见的变异包含色彩变异和缀化变异。广泛栽培的园艺品种'黑法师'（*Aeonium* 'Atropurpureum'），这一色彩变异要追溯至1820年之前，可能来源大加纳利岛的自然变异，后引入欧洲广泛栽培。而'墨法师'（*A.* 'Zwartkop'）被认为来自'黑法师'的变异，来源不确定。20世纪70年代，布拉姆韦尔（Bramwell）和罗利命名了大量自然杂交种，大多数仅可见于收集和栽培中。美国的杰克·卡特林（Jack Catlin）自1972年开始致力于莲花掌属植物的杂交育种，多使用明镜（*A. tabuliforme*）、艳姿（*A. undulatum*）、'墨法师''黑法师'等作为亲本，获得了一些杂交品种，如'Blushing Beauty''Cyclops''Garnet'

'Voodoo''Velour'等。21世纪初,意大利的吉塞佩·塔沃米纳(Guiseppe Tavormina)培育了很多新品种,如'Etna''Menfi''Roma'等。这些品种广泛应用于欧洲、美洲温暖干燥地区的庭园中,与其他植物搭配营造美丽的园林景观。斑锦变异在莲花掌属也十分常见,最早的斑锦变种 *A. arboretum* 'Luteovariegatum'出现在1770年前后,另一个著名的品种是'三色映夕'(*A.* 'tricolor'),在美国被称为 *A.* 'Kiwi',在欧洲被称为 *A.* 'Kiwionium',可能出现于20世纪50年代。缀化变异在莲花掌属植物栽培中十分常见,但在自然状态下变异发生很稀少。缀化变异经常发生在明镜、莲花掌(*Aeonium arboreum*)等几个种内,有时会与斑锦色彩变异同时发生(图23-39)。

图23-39 莲花掌属新品种
A.'黑法师' B.'墨法师' C.'明镜' D.'灿烂'('Sunburst') E.'三色映夕' F.灿烂缀化品种

23.8.8 石莲花属（*Echeveria*，景天科）

景天科石莲花属的杂交最早出现于18世纪晚期。1870年，法国人德勒伊（M. Deleuil）用'粉彩莲'（*Echeveria gibbiflora* 'Metallica'）和玉蝶（*E. glauca*）（=*E. secunda*）进行杂交，获得了最早的杂交种'玉凤'（*E.* 'Imbricata'）。19世纪70年代是该属植物在欧洲盛行的时期，一些杂交种输出到美洲的加利福尼亚，并作为温室和园林植物进行栽培。到了20世纪，随着大量有吸引力的新物种的发现，促进了杂交育种的发展，一些优秀的杂交种创造了巨大的商业价值，同时推动了更多的人投身到杂交育种之中。迪克·赖特（Dick Wright）、弗兰克·雷奈尔特（Frank Reinelt）、哈里·巴特菲尔德（Harry Butterfield）等人筛选、杂交培育了大量的园艺品种。杂交常见亲本有玉蝶、东云（*E. agavoides*）、大和锦（*E. purpusorum*）、锦司晃（*E. setosa*）、月影（*E. elegans*）、沙维娜（*E. shaviana*）、广寒宫（*E. cante*）等。常见杂交品种有，'黑王子'（*E.* 'Black Prince'）、'纽伦堡珍珠'（*E.* 'Perle Von Nurnberg'）、'邸园之舞'（*E.* 'Pink Frills'）等。亦有许多属间杂交，产生了一些杂交属，如风车石莲属（×*Graptoveria*）、景天石莲属（×*Sedeveria*）等，常见属间杂交品种有'黛比'（×*Graptoveria* 'Debbi'）、'奥普琳娜'（×*G.* 'Opalina'）、'白牡丹'（×*G.* 'Titubans'）、'银星'（×*G.* 'Silver Star'）、'葡萄'（×*G.* 'Amethorum'）、'蒂亚'（×*Sedeveria* 'Letijia'）、'树冰'（×*S.* 'Silver Frost'）等。斑锦变异、缀化变异、芽变变异很常见，有时多种变异同时出现。常见斑锦品种有'玉蝶锦'（*E. secunda* 'Variegata'）、'花月夜锦'（*E. pulidonis* 'Variegata'）、'福祥锦'（*E. atropurpurea* 'Variegata'）等；常见缀化品种有'军旗'缀化（*E.* 'Funkii' [Cristata]）、'东云'缀化（*E. agavoides* 'Cristata'）、'特玉莲'缀化（*E. runyonii* 'Topsy Turvy' [Cristata]）等。一些品种的着色与季节、温度、光照有关，光照充足、凉爽、昼夜温差大，色彩就比较艳丽；反之，则颜色变浅，植株偏绿色。如'粉色回忆'（*E.* 'Rezry'）、'红宝石'（*E.* 'Pink Rubby'）等。一些特殊的自发芽变导致石莲花属植物的叶片发生畸形变化，常反曲或扭曲成特殊的形态，如'特玉莲'（*E. runyonii* 'Topsy Turvy'）是著名的芽变品种，叶片反卷，十分奇特。石莲花属有一些园艺品种叶缘具有裙边状褶皱，形状类似卷心菜，如'女王花笠'（*E.* 'Meridian'）、'红舞笠'（*E.* 'Arlie Wright'），或叶片表面具有瘤状突起物，如'雨滴'（*E.* 'Raindrops'）、*E.* 'Etna'、'乙女梦'（*E.* 'Culibra'）等（图23-40）。

在我国，地域跨越不同气候带，生产地域的选择可以加速良种繁育植株的生长速度，提高品质，并有效降低成本。目前国内已初步形成一些产业生产的区域，如景天类多肉植物的生产主要集中在云南地区，当地昼夜温差大、光照充足，产品着色好，生长状态优秀。仙人掌类植物的生产传统上主要集中在福建地区，该地区属海洋性气候，气候温暖，空气湿度大，阳光充足，生产的仙人掌科植物，生长迅速、发刺状态好，颜色鲜艳。上海、江苏各地，该地区冬季不冷，夏季较南部省份凉爽，加温降温耗能较小，栽培种植番杏科、阿福花科肉质植物的生产商较多。

（邢全 石雷 成雅京 王文能 姚晓斌 姜雨舟 王文鹏 蒋海清 刘志）

图23-40 石莲花属植物和品种

A.玉蝶 B.东云 C.大和锦 D.沙维娜 E.广寒宫 F.广寒宫和沙维娜杂交种 G.'黑王子' H.'纽伦堡珍珠' I.'邸园之舞' J.'黛比' K.'银星' L.'蒂亚' M.'玉蝶锦' N.花月夜锦 O.'福祥锦' P.'粉色回忆' Q.'红宝石' R.军旗缀化 S.东云品种 '虎鲸'('Maria')缀化 T.特玉莲缀化 U.'特玉莲' V.'女王花笠' W.'女王花笠'叶缘波状 X.'红舞笠' Y.'红舞笠'叶缘波状 Z.雨滴 A1.'Etna' B1.'乙女梦' C1.'Embossed Gem' D1.叶面不规则瘤状物

思考题

1. 目前栽培的仙人掌科与多肉植物品种与其野生种的形态有什么差异？请举例说明。
2. 引种驯化在我国仙人掌科与多肉植物的生产中发挥了巨大作用，如何通过引进品种，继续引领产业的可持续发展？

3. 仙人掌科和多肉植物的开花生物学很有特点，如何有针对性地、高效地开展杂交育种工作？

4. 仙人掌科和多肉植物的自发变异非常丰富。请举例说明变异的丰富性，并试着分析其丰富变异的原因（遗传机理）。

5. 对变异的分离和固定（纯化）是诱变育种的关键。仙人掌科与多肉植物在这些方面有什么特殊性或妙招？

6. 举例说明不同育种方法对各类多肉植物品种的贡献。

7. 仙人掌科与多肉植物实际包括十几个科，总而言之，应是共性大于个性。请比较其他多年生花卉，分析各类多肉植物育种的共同特点。

推荐阅读书目

仙人掌大全分类、栽培、繁殖及养护. 2007. 艾里希·葛茨，格哈德·格律纳等著，丛明才等译. 辽宁科学技术出版社.

奇趣的仙人掌类变异. 2003. 黄献盛，黄以琳等. 中国农业出版社.

仙人掌科植物资源与利用. 2011. 田国行，赵天榜. 科学出版社.

多浆花卉. 1999. 谢维逊，徐民生. 中国林业出版社.

仙人掌类及多肉植物. 1991. 徐民生，谢维逊. 中国经济出版社.

The Cactus Family. 2004. Anderson E F. Timber Press.

Illustrated Handbook of Succulent Plants: Monocotyledons. 2001. Eggli U. Springer-Verlag.

A History of Succulent Plants. 1997. Rowley G D. Strawberry Press.

第4篇
球根花卉育种

第24章　百合育种　/　512

第25章　荷花育种　/　550

第26章　郁金香育种　/　562

第27章　朱顶红育种　/　595

第28章　石蒜育种　/　611

第29章　大丽花育种　/　627

第30章　睡莲育种　/　641

第24章 百合育种

[**本章提要**]百合寓意美好,花大色艳、赏食兼用,是我国的传统名花;既用于园林地栽(花境)和盆栽,也是销售额最大的切花。百合国产55种,接近总数的1/2,育种潜力无穷。本章从育种历史、种质资源、育种目标及其遗传、杂交育种及细胞遗传学应用、倍性与辐射育种、分子育种、品种登录与保护、良种繁育8个方面,全面论述了百合育种的原理和技术。

百合是百合科(Liliaceae)百合属(*Lilium*)植物的总称,为多年生鳞茎草本植物。百合花大,色彩丰富,花姿优美,既能作切花、盆花,又能在园林绿地中应用;既能观赏,又能食用和药用,深受人们的喜爱。切花百合是世界著名切花之一,销售额一直稳居国内切花的前两位,是继月季、香石竹、菊花、唐菖蒲、非洲菊之后发展起来的一支新秀,具有广阔的市场前景。在我国,百合因其鳞片抱合而成,而取"百年好合""百事合意"之意,自古以来深受广大民众的喜爱,在重大节日和婚庆活动中都要用百合表达心意。百合作为药用和食用经济作物在我国已有千余年的历史。1765年,我国已经建立大面积的百合栽培产区,并成为药用和食用百合鳞茎的主要来源。如今江苏宜兴建立卷丹(*L. lancifolium*)的生产基地,甘肃兰州建立兰州百合(*L. davidii* var. *willmottiae*)的生产基地,湖南和江西等建立龙牙百合(*L. brownii* var. *viridulum*)生产基地,四川和云南等地也有川百合(*L. davidii*)生产基地。目前药用和食用百合生产面积还在不断增长,有40万~50万亩及以上,为我国农村经济获得丰厚的效益,我国在国际药用和食用百合研究领域处于领先地位。

24.1 育种历史

24.1.1 世界百合育种历史

百合的栽培历史悠久，早在2000年前国内外就有百合种植记载。然而，百合的育种历史只100余年。16世纪末，英国植物学家开始用科学植物分类法来鉴别大多数原产欧洲的百合种。17世纪初，美国原产百合传入欧洲。18世纪，中国原产多姿多彩的亚洲百合传入欧洲后，在英国皇家园艺学会引起轰动，并形成百合研究热潮。19世纪，日本率先开展百合育种研究，成为复活节百合种球大宗生产国，供销美国市场。此后，百合逐渐成为欧美的重要庭院观赏花卉。19世纪后期，由于病毒病的蔓延，欧美百合品种几乎处于濒临灭绝的境地。20世纪初，欧美引进我国原产的岷江百合（王百合，$L.\ regale$）和湖北百合（$L.\ henryi$）作育种亲本材料，培育出来许多抗病毒的百合新品种，才使百合在欧洲园林中重放异彩。第二次世界大战后，欧美各国相继掀起了百合育种的新高潮，为百合学术研究与产业发展奠定了基础。当时美国农业部及十多所大学投入复活节百合和切花百合育种研究。20世纪10年代，美国和日本利用卷瓣组的百合，如透百合（$L.\ maculatum$）、川百合、毛百合（$L.\ pensylvanicum$）、卷丹及珠芽百合（$L.\ bulbiferum$）等作为亲本杂交，培育出一系列杂种百合。如普莱斯顿杂种系Preston hybrids、中世纪杂种系Mid-Century hybrids和哈蕾群杂种系Harlequin hybrids（McRae，1998），此时是百合育种的初期阶段，即所谓的亚洲百合杂种系产生阶段。据统计，世界上早期栽培的百合共44个杂种系，其中24个杂种系利用了原产中国的百合资源作为杂交亲本，说明中国百合对世界百合育种的重大贡献。

20世纪70年代百合的育种工作转移到荷兰后，育种工作全面展开。每年荷兰育种公司能培育80~100个百合新品种，这些新品种对百合产业有着积极的推动作用。在近50年时间中，荷兰育种家主要通过种间杂交等方法培育品种。第一阶段（1970年开始）以培育亚洲百合杂种系的品种为主，1972—1987年亚洲百合品种种植面积大约从264hm^{2}扩大到1627hm^2。在此期间，东方百合杂种系开始出现。第二阶段（1990年开始）以培育东方百合杂种系为主，1987—2017年亚洲百合种植面积回落至247hm^2，而东方百合杂种系的种植面积逾4000hm^2。第三阶段（2010年开始）以培育组间杂交种和多倍体百合为主，如麝亚百合杂种（LA），东亚百合杂种（OA）、麝东百合杂种（LO）和东喇百合杂种（OT）等。组间杂交种逐渐取代老品种，在于它们多为三倍体或四倍体，具有超强的生活力和抗性。近年来，荷兰又开始培育重瓣花东方百合品种，重瓣百合正成为当前市场的新宠。

百合的育种历史较短，除上述提到的在市场上应用的杂交种外，还有许多未列入商业用途的杂交种，如白花百合（圣母百合，$L.\ candidum$）与湖北百合、麝香百合（$L.\ longiflorum$）杂交，白花百合与高加索百合（$L.\ monadelphum$）杂交，欧洲百合（$L.\ martagon$）与滇百合（$L.\ bakerianum$）杂交等，都认为是具有育种潜力的杂交组合。百合还没有参考基因组，目前只是开发了许多分子标记，构建了花色遗传、抗尖孢镰刀菌（$Fusarium\ oxysporum$）和百合斑驳病毒（Lily mottle virus，LMoV）等研究相关的低密度标记图谱，但还未用到实际育种中。这些是今后百合分子育种的研究重点。国际百合界专家认为目前杂交的重点应该优化或突出更具体的百合性状，而非大量进行种间杂交。

24.1.2 中国百合育种历史

我国是百合属植物的故乡，占世界百合属植物逾半。我国百合不仅种类多，而且生态习性各异，在全国27个省份均有百合的分布，这为培育我国自主知识产权的百合品种奠定了良好的种质资源基础。目前我国百合育种工作还处在起步阶段，20世纪80年代上海园林科研所黄济明率先开始，用岷江百合与玫红百合（$L.\ amoenum$）进行种间杂交，培育出花浅玫瑰红色、具有鲜红斑点的杂交种；岷江百合与兰州百合种间杂交，培育出生长旺盛，花橙红色的杂交种；麝香百合与兰州百合种间杂交，培育出花色淡橙，适应性强的杂交种（$L.\times longidavii$）等。后因工作中断，百合育种研究停顿下来。20世纪末大家都认识到百合育种工作的重要性，科研单位和大专院校开始百合资源收集工作，主要使用传统的杂交育种，陆续培育出一些百合新品种。

如云南省农科院花卉所百合科研团队，经过多年努力，获得大量百合新种质和中间材料，已选育出200多个新品种，包括东方百合、亚洲百合、铁炮百合、OT、LA、OA类型杂种百合。成功筛选出'铂金''春色''豆蔻年华''海星''玫瑰糖''美宝莲''俏新娘''晚礼服''信念''雪梅''火凤凰''金龙'等品种。其中切花品种'琉璃''红磨坊''龙珠''橙色辉煌'等表现突出，深受市场欢迎。

北京农学院团队，经过30余年的努力，以培育景观百合为主要育种目标，通过有性杂交、胚胎抢救等技术，获得大量杂交株系，优选登录新品种40个，其中，'粉佳人''文雅王子''云景红'和'云丹宝贝'通过北京市良种审定并获北京市良种证书；参加第7~10届中国花卉博览会，累计获奖22个；2019年北京世园会百合新材料展示获奖共17个。

北京林业大学贾桂霞团队培育国际登录百合新品种近30个，获国内植物新品种权3个，联合北京市农林科学院百合团队、北京大东流苗圃等使用新铁炮百合远缘杂交共同培育出当年开花、花色丰富的高抗性百合新品种，获得北京市科学技术进步奖二等奖。仲恺农业工程学院周厚高团队培育的'白玉'麝香百合于2006年通过广东省农作物品种审定，为新铁炮百合和麝香百合的杂交后代，具有扦插苗直接生产切花的特点。

北京市农林科学院百合团队建立百合国家种质资源圃，使用常规杂交育种、诱变育种和分子育种等，选育百合优系300余个，国际登录百合新品种12个，获得品种权1个，选育品种获得2019年世界园艺博览会特等奖和金奖。中国农业科学院明军培育了4个赏食兼用的百合新品种。

辽宁省农业科学院2003年至今选育出观赏性好、抗性强的百合新品种50余个，其中'无粉白'为花药退化性雄性不育品种，2008年获辽宁省种子管理局审定。东北农业大学樊金萍团队选育的'冰粉皇后''冰纯皇后'和'冰白纯'等12个无花粉百合新品种于2021—2022年完成国际登录。

浙江永康江南百合育种公司选育出'喜来临''团圆''龙袍''甜蜜''皇家''彩妆'6个百合新品种于2008年获得国际登录，其中'喜来临'为国内首个盆栽百合，获得英国皇家园艺学会登录证书。湖南株洲农科所选育了'贵阳红''株洲红''罗娜''喜羊羊'等抗茎腐病的东方百合新品种获得国际登录，通过芽变育种培育'龙牙红'食用型龙牙百合新品种，具有早熟、高产、抗倒伏和抗茎腐病等特点。

食用百合'兰州百合1号''兰州百合2号'获甘肃省农作物品种审定。长江师范学院从卷丹百合选育的'白鳞'获品种登录证书。

南京林业大学培育的'初夏'和'雨荷'等通过江苏省农作物品种审定，均为三倍体百合，生长健壮，抗逆性强。江西农业大学周树军团队，培育出'柠檬''白玉'和'双色玉兰'等10余个三倍体新品种获得国际登录。

此外，还有许多单位和育种者在不断地为我国百合育种事业作出贡献，如南京农业大学滕年军团队用自主培育百合品种，开发出百合护肤系列产品。据不完全统计，截至2019年，我国国际百合新品种登录数量已达269个，相信今后我国也会用自己培育的百合品种生产百合切花、盆花和庭院栽培应用。如何保护、研究、开发和利用我国宝贵的百合种质资源和借鉴国外百合新品种选育的先进经验，培育适合市场需求的不同类型的百合新品种仍是今后我国花卉育种者努力的方向。

24.2 种质资源

24.2.1 世界百合属自然分布

全世界百合有100多种，主要分布在北半球的温带和寒带地区（东经8°~160°，北纬10°~60°），少数种类分布在热带高海拔山区。主要集中在亚洲、欧洲和北美洲，青海—西藏高原喜马拉雅和横断山脉之间被认为是百合科植物的起源中心（Li J et al., 2022）。Lighty（1968）、De Jong P C（1974）、Van Tuyl J M（2011）等基于细胞学和杂交育种实践的认识，以及叶绿体基因组和核基因组DNA多态性，在Comber的基础上对百合属分组重新进行了修订，目前为国际上普遍认可，根据其形态特征及杂交亲和性分组：轮叶组（Sect. *Martagon*）、根茎组（Sect. *Pseudolirium*, Sect. *Americangroup*北美百合组）、百合组（Sect. *Lilium*）、具叶柄组（Sect. *Archelirion*）、卷瓣组（Sect. *Sinomartagon*）、喇叭花组（Sect. *Leucolirion*）和斑瓣百合组（Sect. *Oxypetalum*）（表24-1）。

24.2.1.1 亚洲

分布在亚洲的百合，分布区的范围，北界从北纬约56°堪察加半岛和西伯利亚中部到北纬约68°叶尼河下游；南界从北纬约17°的吕宋岛和北纬约11°的印度南部。由于自然条件复杂多样，百合资源具有极其丰富的生物多样性。

（1）中国原产百合

据《中国植物志》（英文版）（Liang & Tamura, 2000）记载，我国分布百合属55个种18个变种，加上近年新发现的新种——凤凰百合（*L. floridum*）（马吉龙、李艳君，2000），目前共有56个种18个变种，其中特有种为36种。因此中国是百合种类分布最多的国家，也是世界百合起源中心。

据1982—1990年赵祥云等人当时调查，中国百合约有47种18个变种，占世界百合总数的一半以上，其中有36种15个变种为中国特有种。中国大部分百合原种仍处在野生状态，多生长在人烟稀少、交通不便的山区，根据野生百合生境分布可分为5个生态类型（图24-1）。

表 24-1　世界百合属植物分布

分　组	分布区	代表种图
轮叶组（Sect. *Martagon*）	主要分布于欧洲、亚洲北部和东亚地区	
根茎组（Sect. *Pseudolirium*）	全部分布于北美洲	
百合组（Sect. *Lilium*）	欧洲和亚洲西部	
具叶柄组（Sect. *Archelirion*）	中国和日本	
卷瓣组（Sect. *Sinomartagon*）	东亚	
喇叭花组（Sect. *Leucolirion*）	东亚	
斑瓣百合组（Sect. *Oxypetalum*）	东亚，青藏高原等地区	

注：根茎组、百合组图片引自 https://eol.org/.

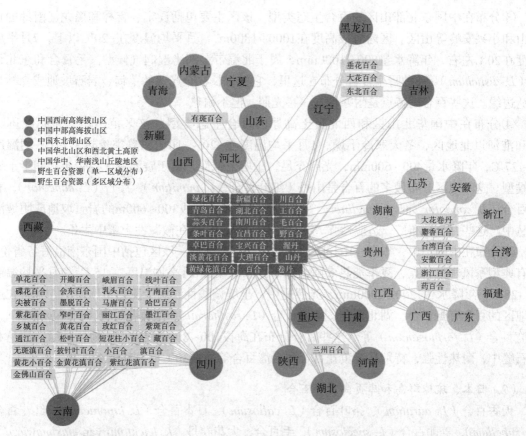

图24-1 中国百合属植物分布（根据1982—1990年北京农学院百合团队调研数据绘制）

①分布在中国西南高海拔山区的百合生态类型　中国西南高海拔山区主要包括西藏东南部，喜马拉雅山区和云南、四川横断山脉地区。该分布范围内，1月平均气温2~8℃，7月平均气温12~18℃，年降水量1000mm，周年气候温暖湿润，光照条件适中，土壤微酸性，加之地形复杂，从而形成百合种间花期隔离，为百合的分化和种的多样性增加提供良好条件，因此形成亚洲百合种类最为集中的分布区，约有36种野生百合生长在这里。代表种有玫红百合（*L. amoenum*）、尖被百合（*L. lophophorum*）、乳头百合（*L. papilliferum*）及单花百合（*L. stewartianum*）等。这些百合对低温、阴湿和短日照环境有一定适应性，但也有例外，如岷江百合和通江百合（*L. sargentiae*）的适应性较强，抗逆性好。

②分布在中国中部高海拔山区的百合生态类型　中国中部高海拔山区包括陕西秦岭、巴山山区、甘肃岷山、湖北神农架和河南伏牛山区。该区海拔高度一般在800~2500m。该分布范围内，1月平均温度-3~3℃，7月平均温度24~27℃，年降水量600~1000mm，夏天较热，冬天较冷，属于亚热带向暖温带、湿润向半湿润过渡的气候型，土壤微酸性或中性。该地区是中国南北气候和植物区的分界线，也是中国温带和亚热带植物交汇集中分布区，该区分布十几种野生百合，如宜昌百合（*L. leucanthum*）、川百合、宝兴百合（*L. duchartrei*）、绿花百合（*L. fargesii*）、野百合（*L. brownii*）等。这些百合喜在空气湿度大、土壤排水良好、凉爽和半阴的环境下生长。

③分布在中国东北部山区的百合生态类型　该区主要包括辽宁、吉林和黑龙江南部的长白山和小兴安岭等山区。区内海拔高度在1000~1800m，1月平均温度在-20℃以下，7月平均温度在20℃左右，年降水量800~1000mm，属于北温带湿润半湿润气候型。毛百合和东北百合（*L. distichum*）等8种野生百合分布在这里，它们生长在全光照的草甸、岩石坡地或森林与灌丛边缘。这些百合的特点是耐寒性强，喜光照，但不耐热。

④分布在中国华北山区和西北黄土高原的百合生态类型　该区范围广，包括我国秦岭和淮河以北地区，冬天寒冷干燥，1月平均温度在-20~-10℃，夏季炎热，7月平均温度18~27℃，年降水量400~600mm，光照充足，土壤偏碱性，属于暖温带，温带半湿润半干旱气候型。这一地区分布最多的百合是山丹（细叶百合，*L. pumilum*）、渥丹（*L. concolor*）、有斑百合（*L. concolor* var. *pulchellum*）等，它们多分布在海拔300~600m的岩石坡地或阴坡灌木丛中。这些百合分布广，适应性强，喜光，耐干旱，并能在微碱性土壤中生长。

⑤分布在中国华中、华南浅山丘陵地区的百合生态类型　该区包括中国东南沿海各省份，具有典型季风气候特点，夏季炎热多雨，冬季冷凉干燥，1月平均温度7~15℃，7月平均温度27~28℃，年降水量1200~2000mm，光照适中，土壤偏酸性，属于亚热带气候型。分布在这一地区的百合有野百合、湖北百合、南川百合（*L. rosthornii*）、淡黄花百合（*L. sulphureum*）、台湾百合（*L. formosanum*）等。这些百合分布在海拔100~800m浅山丘陵地区林缘、灌丛和岩石缝中，耐热性强，特别是淡黄花百合和台湾百合等能在30℃以上气温下正常生长。

（2）日本、琉球群岛和库页岛原产百合

天香百合（*L. auratum*）、条叶百合（*L. callosum*）、日本百合（*L. japonicum*）、红花百合（*L. rubellum*）、美丽百合（*L. speciosum*）、毛百合、大花卷丹（*L. leichtlinii* var. *maximowiczii*）、麝香百合、浙江百合（*L. medeoloides*）及卷丹等约15种，其中9种为日本特有种，与中国和俄罗斯共有6种百合。

（3）朝鲜半岛原产百合

秀丽百合（朝鲜百合，*L. amabile*）、条叶百合（*L. callosum*）、垂花百合（*L. cernuum*）、渥丹（*L. concolor*）、毛百合、东北百合、汉森百合（*L. hansonii*）及浙江百合等有11种，其中3种为朝鲜半岛特有种，与中国、日本共有种8个、1个变种。

（4）印度原产百合

紫斑百合（*L. nepalense*）、多叶百合（*L. polyphyllum*）、沃利夏百合（*L. wallichianum*）、尼尔基里百合（*L. wallichianum* var. *neilgherrense*）等。

（5）缅甸原产百合

滇百合（*L. bakerianum*）、淡黄花百合、川滇百合（*L. primulinum* var. *ochraceum*）、曼尼浦耳百合（*L. mackliniae*）等。

（6）泰国和越南原产百合

波兰尼百合（*L. poilanei*）、川滇百合（披针叶百合，syn. *L. ochraceum*、*L. nepalense* var. *ochraceum*、*L. majoense*、*L. tenii*）。

（7）菲律宾原产百合

菲律宾百合（L. philippinense）。

（8）俄罗斯远东原产百合

山丹、毛百合、浙江百合等。

24.2.1.2 欧洲和西亚

欧洲和西亚原产百合如下：珠芽百合（L. bulbiferum）、白花百合、金苹果百合（L. carniolicum）、加尔西顿百合（L. chalcedonicum）、欧洲百合、绒球百合（L. pomponium）、比利牛斯百合（L. pyrenaicum）、凯瑟琳百合（L. kesselringianum）、高加索百合、庞提百合（L. ponticum）、红药百合（L. szovitsianum）及多叶百合等共约22种。

24.2.1.3 北美洲

北美洲原产百合如下：加拿大百合（L. canadense）、格雷百合（L. grayi）、金瓶百合（L. iridollae）、米氏百合（L. michauxii）、密歇根百合（L. michiganense）、费城百合（L. philadelphicum）、沼泽百合（L. superbum）、博兰德百合（L. bolanderi）、哥伦比亚百合（L. columbianum）、汉博百合（L. humboldtii）、凯洛基百合（L. kelloggii）、滨百合（L. maritimum）、豹纹百合[L. pardalinum（syn. L. nevadense）]、希望百合（L. occideutale）、柠檬百合（L. parryi）、小豹纹百合（L. parvum）、红杉百合（L. rubescens）、孚尔墨百合[L. pardalinum subsp. vollmeri（syn. L. roezlii）]和华盛顿百合（L. washingtonianum）等约24种。

24.2.2 品种分类及其演化

据不完全统计，截至2020年2月在百合国际登录机构英国皇家园艺协会（RHS）记录的百合品种名共计15 800多个。为了便于百合品种的展示、销售和登录，国际上依据亲本的产地和亲缘关系等特征将百合品种分为9类（群）；国内根据使用用途，将百合品种分为4个大类。根据园艺品种的分类方法如下：

24.2.2.1 依据亲本的产地和亲缘关系等特征分类

1982年北美百合协会（North American Lily Society, NALS）在英国皇家园艺学会（Royal Horticultural Society, RHS）1963年分类系统的基础上，提出了目前普遍认可的分类系统。该系统主要依据亲本的产地、亲缘关系、花色和花型姿态等特征进行分类，将百合品种划分为9类（群），包括亚洲百合杂种系（Asiatic Hybrids）、轮叶百合杂种系（Martagon Hybrids）、欧洲-高加索百合杂种系/白花百合杂种系（Euro-Caucasian Hybrids/Candidum Hybrids）、美洲百合杂种系（American Hybrids）、麝香百合杂种系（Longiflorum Hybrids）、喇叭和奥瑞莲杂种系（Trumpet and Aurelian Hybrids）、东方百合杂种系（Oriental Hybrids）、其他杂种系（Other Hybrids）、原种和来源于原种的品种（Species and cultivars of species）。荷兰瓦赫宁根大学植物育种中心基于现有的杂交品种数据，总结了目前主要百合杂交品种亲本来源，建立了百合属植物组种间杂交系谱图（图24-2），为百合育种提供了重要指导。按照亲本的来源可

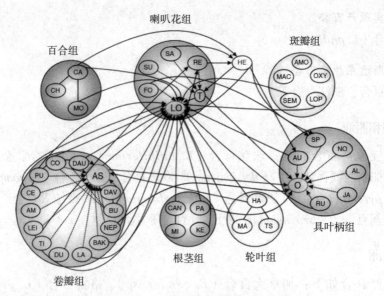

图24-2 百合属不同组来源的种间杂交系谱图

注：AS.亚洲百合，LO.铁炮百合，O.东方百合，T.喇叭百合。不同颜色的大圆圈表示百合属内的不同组，不同颜色内的小圆圈表示不同组内的不同百合种；字母为该种种加词第一个音节拉丁字母；实线箭头指向的为母本，另一端为父本；虚线表示铁炮百合、喇叭百合、亚洲百合、东方百合组内杂交组合，箭头指向的为母本，另一端为父本

以分为组内杂交品系和组间杂交品系。组内杂交品系指亲本来源于百合属同一分组的百合种（或杂交种）的种间杂交产生，较容易实现，通常可通过常规授粉获得，如喇叭百合、亚洲百合、东方百合和铁炮百合等杂种系；组间杂交指源于不同百合属分组的种（或杂交种）的种间杂交产生，较难实现，通常需要特殊的生物技术手段辅助，如OT、LA、LO、OA百合杂种系等。

（1）亚洲百合杂种系（Asiatic Hybrids，A）

亲本来源于卷瓣组（Sect. *Sinomartagon*），主要为分布于亚洲地区的以下百合种（或杂交种）经种间杂交产生：秀丽百合、珠芽百合、条叶百合、垂花百合、渥丹、毛百合、川百合、荷兰百合（*L.* × *hollandicum*）、卷丹、匍茎百合、柠檬色百合（*L. leichtlinii*）、透百合、山丹、卓巴百合（*L. wardii*）和威尔逊百合（*L. wilsonii*）等。

主要特征：球茎较小；叶散生；花通常中等大小，花柄较短，花型多样碗状、平盘状或花被翻卷，花色丰富，有或无斑点，乳突无或不明显，有时会出现明显的刷痕，花被边缘通常平滑或稍皱褶，具相对不明显的蜜腺，通常无香味，有时花序具二次分枝。低温催花时间短，花期易调控，栽培时需光量大，可以实现周年生产；耐寒冷，耐贮藏，不耐高温，具有较好的抗镰刀菌和病毒的能力。是目前百合杂种系中品种最多的一类，可用作切花、盆栽花卉和庭院花卉。根据花型姿态又进一步划分为3类：①花朵向上，单生或形成花序，花期早，常见的品种有'Apeldoorn'和'Enchantment'等；②花朵朝外，常见的品种有'Brandwine'和'Corsage'等；③花朵下垂，常见的品种有'Black Butterfly'和'Connecticut Yankee'等。

（2）轮叶百合杂种系（Martagon Hybrids，Ma）

亲本来源于轮叶组（Sect. *Martagon*），主要为以下种和种间杂交产生：*L.* × *dalhansonii*（由汉森百合 × 欧洲百合人工杂交得到）、汉森百合、欧洲百合、浙江百合和青岛百合。

主要特征：鳞茎淡紫色或橙黄色；叶轮生，较宽；花较小，花朵多，花头多数朝下，少数侧向，花被一般强烈翻卷，通常具很多斑点，花被片边缘平滑，花有淡淡的不愉快气味，花蕾常有毛；开花较早。常见品种有'Marhan''Achievement''Gray Lights''Ballerina''Brocade'和'Dairy Maid'等。

（3）欧洲-高加索百合杂种系/纯白百合杂种系（Euro-Caucasian Hybrids/Candidum Hybrids，Ca）

亲本来源于百合组（Sect. *Lilium*），主要为以下种和种间杂交产生：白花百合、加尔西顿百合、凯瑟琳百合、高加索百合、绒球百合、比利牛斯百合和 *L.* × *testaceum* 等。

主要特征：叶散生；花径小到中等大小，花很少到相当多，花钟形到翻卷状，花头通常朝下，花序相对短，花的颜色通常是淡色调，多数品种无斑点，没有刷痕，花被片边缘平滑，常略反折，花有香味；花序无二次分枝。许多品种对土壤酸碱度要求不严。这是百合杂种系统中数量最少的一类。常见品种有'Beerensii''Frank Jones''Hughes Apricot''White Night等。

（4）美洲百合杂种系（American Hybrids，Am）

亲本起源于根茎组（Sect. *Pseudolirium*），主要为原产于美洲的以下种和种间杂交而来：博兰德百合、加拿大百合、哥伦比亚百合、格雷百合、汉博百合、凯莉百合（*L. kelleyanum*）、凯洛基百合、滨百合、米氏百合、密歇根百合、希望百合、豹纹百合、柠檬百合、小豹纹百合、费城百合、皮特金百合（*L. pardalinum* subsp. *pitkinense*）、沼泽百合、孚尔墨百合、华盛顿百合、威金斯百合（*L. pardalinum* subsp. *wigginsii*）、*L.* × *burbankii*和 *L.* × *pardaboldtii* 等。

主要特征：叶轮生（或至少部分轮生）；花小到中等大小，圆锥状花序，多数花头朝下，花色多为黄色、橙色或橙红色，花被中心和花被片尖端色彩不一，斑点非常明显，分布在每枚花被片的1/2以上，圆形，并且常被白色的光晕包围，乳突无或不明显，没有刷痕，花被片相当狭窄，边缘平滑，稍微外翻到明显反折，花通常无香味，花梗通常细长，花蕾无毛。常见品种有'Shuksan'和'Bellingham'等。

（5）麝香百合杂种系（又名铁炮百合或复活节百合，Longiflorum Hybrids，L）

亲本起源于喇叭花组6b（Sect. *Leucolirion* 6b），主要为以下种和种间杂交产生：台湾百合、麝香百合、菲律宾百合和沃利夏百合。多为原产于中国的台湾百合与麝香百合杂交衍生出的杂种或品种组成，其中还包括这两个种的种间杂种新铁炮百合杂种（*L.* × *formolongo*）。

主要特征：叶散生，窄至中等宽度；花喇叭形，平伸，花的颜色通常内部均匀（白色），无斑点、乳突和刷痕，花被片边缘平滑，有香味，花序无二次分枝。抗寒性较差，易被病毒侵染。常见品种有'White fox'和'White heaven'等。

（6）喇叭和奥瑞莲杂种系（Trumpet and Aurelian Hybrids，T and Aur）

亲本起源于喇叭花组6a（Sect. *Leucolirion* 6a），主要为以下种和种间杂交产生：野百合、湖北百合、宜昌百合、岷江百合、南川百合、泸定百合（L. sargentiae）、淡黄花百合、L. × sulphurgale、L. × centigale、L. × imperiale、L. × kewense 和 L. × aurelianense（但不包括湖北百合与所有东方百合杂种系的杂交种）。其中奥瑞莲杂种系由湖北百合和喇叭百合杂交衍生而来。

主要特征：叶散生，窄到中等宽度；花中等或较大，花型多样，从长喇叭形到基部短的漏斗形，花白色、奶油色、黄色到橙色或粉红色，喉部与花被片色差大，呈星形状，花被片边缘平滑、扭曲具不规则皱褶，花被片尖端通常反折；有时花序具二次分枝。根据花型姿态，又进一步划分为：①喇叭花型，常见的品种有'African Queen''Black Dragon'等；②碗花型，常见的品种有'First Love''Heart's Desire''New Era'等；③花朵下垂，或仅瓣端反曲，常见的品种有'Christmas Day''Golden Showers'等；④旭日型，花瓣明显反卷。喇叭花形的品种通常有香味，没有斑点、乳突或刷痕；其他类型的花通常有斑点、小条纹、有时有明显的乳突。常见品种有'Bright Star''Golden Sunburst'等。

（7）东方百合杂种系（Oriental Hybrids，O）

亲本起源于具叶柄组（Sect. Archelirion），主要为以下种和种间杂交产生：天香百合、日本百合、红花百合和美丽百合、L. × parkmanii（但不包括所有这些种和湖北百合的杂交种）。

主要特征：球径较大；株高差别大；叶散生，具叶柄，叶宽；花中等到非常大，少数到多数，花形碗状，具有平或下弯的花被片；内花被片非常宽，边缘皱折或扭曲，在基部重叠；花色主要为白色、黄白色、粉色、红色等；具乳突，蜜腺通常大而明显，花香浓郁。需低温催化时间长，开花晚，抗寒性差，多数抗灰霉病。根据花型姿态，将其划分为4类：①喇叭花型，目前尚未有此类品种出售或登录；②碗花型，常见的品种有'Bonfire''Casa Blanca'等；③花朵平伸型，常见的品种有'Imperial Pink''Spectre'等；④花瓣反卷型，该种系品种较多，是目前重要的栽培品系之一，主要用于切花类生产，常见品种有'Siberia''Sorbonne''Jamboree''Journeys End'等。

（8）其他杂种系（Other Hybrids）

上述7类品种主要为组内种间杂交得到，1996年的"亚洲及太平洋地区国际百合研讨会"提出，将不同品系间的杂交种（图24-2）归入其他杂种系。目前这类品种发展迅速，每年有很多新品种登录。例如，亚洲/喇叭百合杂种系Asiatic/Trumpet（AT），麝香/亚洲百合杂种系Longiflorum/Asiatic（LA），麝香/东方百合杂种系Longiflorum/Oriental（LO），东方/亚洲百合杂种系Oriental/Asiatic（OA），东方/喇叭百合杂种系Oriental/Trumpet（OT）。还包括前面7个杂种系中未涵盖的杂种，如湖北百合和天香百合、日本百合、红花百合、美丽百合、L. × parkmanii 的杂交品种（不包括在喇叭和奥瑞莲杂种系和东方百合杂种系中的）也在本系。

主要特征：株型、花色、花型多样，许多品种抗逆性强。

①LA杂种系　麝亚百合杂种系主要由麝香百合杂种系和亚洲百合杂种系远缘杂交而来，主要来源于二倍体F_1-LA与亚洲杂种回交获得的三倍体，其染色体组多数由两个亚洲品种和一个麝香的基因组组成。结合了麝香百合花的大小以及亚洲百合花的颜色和形状，减轻了麝香百合过于浓郁的香气，具有香气淡雅或无香味，花量大，茎秆粗壮抗倒伏，花径增大，生长迅速，抗病性较强等优良园艺特性，在市场上深受欢迎。

②LO杂种系　麝东百合杂种系由麝香百合杂种系和东方百合杂种系远缘杂交而来，由两个麝香和一个东方基因组组成的LO杂种也是三倍体。部分保留了铁炮百合的喇叭花形状，部分呈现出东方百合的花朵形状，且花朵都较大，普遍高于其他品种；花型优美，气味芬芳，单株花朵常开3~5个，易繁殖。主要品种有'White Triumph'。

③OA杂种系　东方百合杂种系和亚洲百合杂种系远缘杂交而来。首个品种于1995年选育出来，成功结合了东方百合花大和亚洲百合颜色丰富的亲本优良性状。

④OT杂种系　东喇百合杂种由东方百合杂种系和喇叭百合杂种系远缘杂交而来，是最新的种间杂种系，通常也是三倍体，包含两个东方基因组和一个喇叭基因组。保留了东方百合花大、茎秆粗壮、花色丰富、切花保鲜时间长等优良性状，同时与东方百合相比，生长期短，耐寒和耐热性强。20世纪40年代，Woodriff 利用橙色的湖北百合（T）和粉色的鹿子百合（O）杂交，在1957年培育出首个OT百合品种'Black Beauty'（紫红色/白色）。近10年来这一品种群发展非常迅速，如'Conca dór''Robina'和'Zambesi'等。

为了整合更多杂种系来源的优良性状，创造出具有更多优良园艺性状的百合品种，育种工作者用从组间杂交得来的子代作母本获得的回交一代中又选出了众多良种，形成了LAA、OOT、LLO等新品种系。近年来，组间杂交品种在市场上所占的比例逐年上升。无论是从获得的种间杂交种的数量还是其杂交后代的性状上来看，目前最成功的百合种群的杂交育种是麝香百合和亚洲百合品种群之间的杂交。

（9）原种和来源于原种的品种（Species and cultivars of species）

包括所有原生种及其亚种、变种和变型，以及从中选育出的品种（不包括台湾百合、麝香百合、菲律宾百合和沃利夏百合的品种，它们被归入麝香百合杂种系）。常见品种如 *L. auratum* var. *rubrovittatum* 'Crimson Beauty'。

24.2.2.2　依据用途分类

百合根据用途可分为食用药用百合、切花百合、盆栽百合和庭院（景观）百合4类。

（1）食用药用百合

这是指可用于药用或食用的百合。中国是百合属植物的故乡，是栽培百合最早的国家之一，药用、食用和观赏百合的栽培历史十分悠久。距今2000多年的《神农本草经》记载，百合有清肺润燥、滋阴清热的功效，并作为贡品进献朝廷。明代李时珍的《本草纲目》对百合的药性做了更详细的记载，指出药用百合有3种，即野百合、卷丹和山丹。现代医药科学进一步证明百合有许多医药功效，是药膳食疗的佳品。百合鳞茎含有淀粉、蛋白质、钙、磷等营养成分；所含秋水仙碱能抑制有丝分裂而起到抗癌和提高免疫力的作用；所含百合多糖能恢复和促进胰岛细胞的增生，进而促进胰岛素的分泌而降糖。百合有很强的抗细胞氧化作用，能抗哮喘，有改善睡眠、治痛风及止血通便、美容益寿等功效。

我国有食用百合三大产区，首先是甘肃兰州百合产区，明万历三十三年（1605年）《临洮府志》记载，距今有400多年栽培历史。其次是江西龙牙百合产区，为江西宜春市万载，距今有500多年的种植和加工历史。最后是江苏宜兴百合产区，明万历十八年（1590年）《宜兴县志》上有百合记载，距今400多年栽培历史。

（2）切花百合

这是指用于切花生产的百合。百合有很深的文化内涵，有"百事合意""百事合心"之寓意，象征团圆、和谐、幸福纯洁、发达顺利，深受世界各国人民的喜爱，在祭祀、节日和日常生活中常用。尤其白色百合花象征纯洁无瑕，具有"百年好合""白头偕老""花好月圆"等美好寓意，是婚庆活动中不可缺少的重要花材，如新娘捧花、新娘发饰插花以及新婚艺术插花、婚礼花车等均离不开百合切花，是切花中的佼佼者。切花百合以有香味的东方百合和OT百合为主要品种，植株高大，花头朝上，花序紧凑，一致性好，瓶插期长，易包装，耐运输，但栽培技术要求高。中国从20世纪90年代才开始百合切花生产，距今不到40年历史，但发展十分迅速。目前常用品种有'Siberia''Sorbonne'等。目前流行的重瓣品种有'ciara''Isabella''Salvo''Aisha'等。

（3）盆栽百合

指适合于盆栽的百合品种，以东方百合、OT百合和亚洲百合中的早花品种为主要品种。生长周期短，株型矮化紧凑，一致性强，容易包装运输，多用于盆栽。中国生产盆栽百合最多有10年历史，作为年宵盆花在花卉市场销售，有较好的前景。

（4）庭院（景观）百合

这是指适合地栽或盆栽，能在庭院和园林绿地中应用的百合，宜片植于疏林、草地或布置花境、花丛等，是城市园林植物新材料。其特点是抗逆性强，能自然越冬，花头向上、向下、向侧面，花形奇特、花色丰富、花朵繁茂，花期长，植株高度差异很大，生长健壮，养护管理简单。可多年观赏，管理成本较低，养护过程节能降耗、绿色低碳，符合现代节约型园林发展的要求。庭院百合在欧美等发达国家的栽培应用十分普遍，已经成为与切花百合并驾齐驱的栽培类型。在我国，虽然庭院百合的栽培应用才刚刚起步，但发展势头与市场需求都非常强劲，特别是"回归自然，建设美丽中国，加强生态文明建设"已成为当前全国人民共同的呼声与迫切愿望的当今。建造生态城镇，发展休闲农业，以及开发绿色旅游业，举办各种花展与花艺表演已成为当前社会热点，多姿多彩的百合在其中发挥着重要的作用（赵祥云 等，2016）。

24.3 育种目标及其遗传

24.3.1 抗性育种

24.3.1.1 抗病性

百合培育周期长，鳞茎无外膜保护，主要易受真菌病、细菌病和病毒病危害。真菌或病毒会导致百合鳞茎腐烂，茎和根系发育受阻、腐烂，叶片、花朵畸形和枯死等症状，严重影响百合大面积生产，因此抗病育种一直是百合育种的一大热点。

（1）抗真菌病

百合真菌病主要包括：①灰霉病（又称叶枯病），主要为叶片出现病斑，茎干、花蕾、鳞茎也可能受到侵害发生腐烂，病原菌为椭圆葡萄孢菌（*Botryeis elliptica*）等；②茎腐病，鳞茎腐烂，向上延伸使茎秆腐烂、叶片枯萎，主要病原菌为尖孢镰刀菌（*Fusarium oxysporum*）、柱盘孢菌（*Cylindrocar pon*）、终极腐霉（*Pythium ultinum*）等；③疫病，全株均可染病，发病器官枯萎、腐败，病原菌为立枯丝核菌（*Rhizoctonia solani*）、寄生疫霉菌（*Phytophthora* spp.）和腐霉（*Pythium*）等，其中镰刀菌造成的危害最严重。

有研究发现亚洲百合对镰刀菌抗性最强（尤其是毛百合），然后是麝香百合，毛百合与麝香百合的部分杂交后代继承了这一抗性，证明了抗镰刀菌育种的可行性；和亚洲百合相比，东方百合抗性最差，但具叶柄组包括东方百合品种对灰霉病也有一定的抗性（王偲琪，2018；周艳萍，2020）。目前在世界百合育种中，主要原产于我国华中、华南低山丘陵地区的湖北百合，因为具有抗病、耐盐碱等特性，一直被作为抗病育种的重要亲本，Myodo和Asano（1977）用湖北百合和其他品种杂交，目的是将湖北百合的生活力和抗病性转入其他品种中。Van Tuyl（1980）开发了一种抗茎腐病（*Cylindrocar pon* spp. 和 *Fusarium oxysporum*）的种间杂交筛选技术。龙雅宜等（1998）试验发现山丹对镰刀菌和叶枯病抗性很强，将其与欧洲百合杂交，培育出了新品种'金橙花'。谢松林（2010）以对镰刀菌易感的麝香百合品种'White Fox'为母本，抗性较强的亚洲百合品种'Connecticut King'为父本杂交，发现F_1代镰刀菌抗性基因表达率达70.1%。张艺萍等（2019）通过建立百合细胞无性系和将病原菌加入培养基中筛选抗病新种质，开展百合抗尖孢镰刀菌细胞工程育种。分子水平上的研究也逐渐深入，杜运鹏（2014）开展了百合灰霉病抗病基因的同源序列克隆和表达分析等；何祥凤等（2019）利用转录组测序探讨了百合对尖孢镰刀菌的反应。

（2）抗病毒病

百合易受6种主要病毒的危害，分别为黄瓜花叶病毒（CMV）、百合无症病毒（LSV）、郁金香碎色病毒（TBV）、百合斑驳病毒（LMoV）、百合X病毒（LXV）、百合丛簇病毒（LRV），其中以百合无症病毒发生最为普遍，可高达70%~80%，严重时造成病斑和组织坏死。赵祥云等（1993）利用珠芽组织培养开展了百合脱毒技术研究。Lipsky等（2002）将缺失复制酶基因的黄瓜花叶病毒导入麝香百合愈伤组织获得转基因再生植株，证明转基因可以进行百合抗病毒育种。徐品三等（2015）对侵染百合的主要病毒的基因结构、编码蛋白及抗病性进行了研究，发现百合病毒基因结构与编码蛋白有关联，并认为不同编码蛋白之间进化是高度保守的。

24.3.1.2 抗逆性

（1）抗寒

培育抗寒的百合品种，对百合庭院种植应用和促成栽培具有重要意义。在高纬度地区，冬季在设施里种植抗寒品种，可以节约能源，降低生产成本。俄罗斯育种家十分重视抗寒育种，Jost和Mestec利用西伯利亚生长的卷丹、垂花百合和山丹等所具有的抗寒性状，培育抗寒品种。Zavadskaya在一项亚洲百合育种试验中，产生了68个变异，这些变异抗寒性强、花繁，甚至于在积温100~160℃时就开始生长。冬季的寒冷气候，是制约我国东北百合产业的一大因素。杨利平等针对这一特殊环境，利用我国抗寒较强的13种百合原生种，如秀丽百合、条叶百合、垂花百合、有斑百合、渥丹、毛百合、东北百合、卷丹、大花卷丹、川百合、兰州百合、山丹等，开展抗寒育种。

（2）抗热

国外有关百合抗热育种研究还未见报道，对我国来说这是重要的育种目标之一。我国大部分平原地区夏季炎热，对亚洲百合杂种系和东方百合杂种系的生长十分不利。越夏的百合经常出现生长缓慢，植株低矮，病虫害严重，花朵小，茎秆软等现象，严重影响切花质量，并造成百合种球退化。通过抗热育种，培育耐高温品种是解决夏季百合生产困难的主要途径。赵祥云等（2000）发现我国原产的淡黄花百合和台湾百合耐热性能强，在30℃以上气温下还能正常生长。此外，岷江百合和泸定百合耐热性能也较强，用它们作亲本和亚洲百合及东方百合杂种系杂交，能获得抗热、适应夏季高温和庭院栽培的百合新品种。张施君等（2004）对新铁炮百合高温胁迫时的生理变化进行研究，结果表明相对含水量、脯氨酸含量和细胞膜热稳定性等指标可用于新铁炮百合的抗热性鉴定。麝香百合的耐热性略高于亚洲百合和东方百合，也可以作为抗热品种选育的种质资源（屈云慧 等，2004）。义鸣放和何俊娜课题组长期致力于麝香百合高温胁迫抗性的分子机制研究，克隆系列热激转录因子基因，通过分子育种手段改良百合的抗热性。

（3）抗叶烧病

百合叶烧病，又称焦枯（leaf scorch）。主要表现为幼叶稍向内卷曲，数天后叶片上出现黄绿色至白色的斑点，随后白色斑点转变为褐色，叶片逐渐萎缩，严重时白斑转呈棕色，感染叶片脱落、顶芽干枯，植株停止生长，俗称顶烧。叶烧病发生后很难治愈，一直以来是困扰百合生产者的生理性病害，目前已经成为影响全世界百合切花和盆花质量的主要因素之一。引起叶烧病的原因很多，主要有：①矿质营养，如钙离子缺失或失衡、硼离子缺失等；②种球情况，种球大小一致时，种球储存越久，越易发生叶烧，周长较大规格（16~18 cm）的种球比较小规格的发生叶烧病的概率高；③环境条件，环境条件剧变（如长时间阴天突然转晴，温湿度剧烈变化）、光线不足、低温冷害、相对湿度过高等，尤其是在温室栽培条件下容易发生。不同品种百合叶烧病抗性差异很大，较其他系列相比，东方百合系列叶烧病的概率更高，如'Star Gazer''Acapulco''Tahiti'等（杨爽，2012；贾蕊，2017）。荷兰培育的许多抗叶烧病百合新品种已逐渐推向市场，如'罗纳'（Leona）（O）、'凡斯塔拉'（Vestaro）（OT）等（若惜，2015）。

（4）耐低光照

在温室的促成栽培中，百合经常出现两个主要问题：一是花蕾脱落；二是植株高度降低。这些生长异常现象与光照不足有关。采用人工补光措施又会加大生产成本，因此育种家想培育耐低光照的品种来解决生产上的问题。Van Tuyl和Groeneseign（1982）发现'Connecticut King''Enchantmeat'和'Nutmgger'等品种对低光照特别敏感，在弱光下花蕾脱落严重，1986年他们对上述品种的鳞片进行辐射，选育耐低光照的品种。Van Tuyl（1988）用麝香百合与白色亚洲百合'Mont Blanc'杂交，培育出耐低光照、白色花、向上开放的杂交种，并证明了麝香百合有一定耐低光照的特性。

24.3.1.3 抗虫性

栽培过程中，百合容易受到蚜虫、螨虫、红蜘蛛等危害，尤其是螨虫和蚜虫。螨虫蚕食百合鳞茎，不仅会导致鳞茎缺损，伤口也容易被一些真菌或病毒所侵染，导致种球腐烂。螨虫虫卵的生命力很强，很难用杀虫剂杀死，目前还没有十分有效的防治办法。蚜虫刺吸百合茎、叶、花、果，除了影响百合生长外还会传播多种百合易感染的病毒，如百合无症病毒、黄瓜花叶病毒和百合斑驳病毒等，导致百合植株矮缩、花器官畸形、叶片失绿，影响观赏价值。林敬晶等（2008）尝试将外源植物凝集素基因导入百合基因组中，然后进行抗蚜虫对照试验，发现转基因植株抗虫性明显好于对照植株。可见以转基因的方式培育百合抗虫的品种在理论和实践上均是可行的。目前，植物抗虫基因工程中广泛应用的抗虫基因主要有：植物外源凝集素基因、苏云金芽孢杆菌基因、淀粉酶抑制剂基因和植物蛋白酶抑制剂基因4类，可将这些抗虫基因转入百合中提高百合的抗虫性，进而提高百合观赏价值。

24.3.2 品质育种

24.3.2.1 改良花色、花型和香味

花色、花型、花香是百合重要的园艺观赏性状，改良花色、花型和香味一直是育种家追求的目标。

（1）花色

花色是决定花卉商业价值的重要特征，人们对花色、色调和图案新颖的花卉品种非常感兴趣，因此花色育种一直是园林植物育种的主流方向。王静等（2022）按照着色类型、所属色系、斑点类型与斑线有无等特征将百合花色为2组（纯色与复色），8系（白色系、黄色系、粉色系、橙色系、橙红色系、玫红色系、红色系和暗红色系）及6型（无斑点无斑线、凸起型圆斑无斑线、凸起型圆斑有斑线、凸起型刷状斑无斑线、非凸起型圆斑无斑线和非凸起型溅泼斑无斑线）。花色的形成机理复杂，主要由花瓣中花色素的种类、分布和含量决定，如粉红色是由花青素引起的，黄色和橙色主要是由类胡萝卜素决定，红色是由花青素和类胡萝卜素的混合作用产生的。双色变化，是由时空上不连续的花色苷沉积导致的，如典型的双色花如亚洲百合品种'Lollipop'和'Grand Cru'。百合花斑形成机理研究相对较少，Abe等（2002）以亚洲百合杂种F_1代为材料，绘制了两个花色苷色素沉着性状的基因座图谱，构建了连锁图谱。Yamagishi等（2013）分析了百合中凸起的斑点和喷溅状斑点的形态，认为这两种类型的斑点具有独特的形态特征，在遗传上是独立的，凸起的斑点主要是由于花青素色素积聚在花被膜表面隆起的区域，这类斑点通常表现为红色或暗红色。除此之外，液泡的pH值、金属离子络合、花瓣表皮细胞的形状都可能影响百合的花色。

亚洲百合杂种系花色尤为丰富，具有橙、白、红、黄、紫及这些颜色的过渡色，是培育商业彩色百合的主要基因库。传统的种间杂交是一种有效的育种方法。百合花商业品种中缺少绿色和蓝色，原产于中国的单花百合、绿花百合及黄绿花滇百合花被片都是绿色的，可作为培育绿花百合的亲本；蓝色是很多商品花卉中缺乏的颜色，目前百合属植物中还未发现具有蓝色花瓣的种类，只在近缘属假百合属中发现了花瓣为蓝紫色的假百合（*Notholirion bulbuliferum*），如果能够运用属间远缘杂交使假百合的蓝色转移到百合的花瓣上，那么将会是百合育种行业的一项巨大突破。基因工程技术也是花色育种的重要手段，如反义RNA技术和CRISPR技术，将决定花色的重要基因干扰或编辑突变掉，改变花色素的含量和分布，培育杂交育种不易得到的花色百合新品种等。余鹏程等（2021）对OT百合杂交育种历程中的花色演变进行了分析，总结了不同色系的主要起源亲本，发现在杂交育种中出现花朵色块嵌合现象，色素合成途径的互作和染色体变异的演变模式是形成OT百合丰富花色的原因。

（2）花型

"新奇特"和"重瓣化"一直是园林植物花型育种的两大发展趋势。百合花型变化很大，按花头形状有：喇叭形、漏斗形、钟形和卷瓣形等。按开花方向有：向上开、向外开和向下开等。按花瓣数可分为：单瓣型，共6个花被片，排成两轮，雌雄蕊发育完全；半重瓣型，多于6个花被片（7~9片），花瓣排列多于两轮，雄蕊全部或部分瓣化，雌蕊正常或畸形；重瓣型，大于9个花被片，雄蕊全部瓣化，雌蕊正常或畸形。我国野生百合中常见的台湾百合、野百合和岷江百合等是培育喇叭形百合重要亲本。对于切花百合，为方便包装和运输，需培育花头向上、花朵紧凑的品种。重瓣的野生种质资源较少，我国已经发现的重瓣卷丹是育种的良好亲本。除常规杂交育种外，转基因技术和辐射诱变也是重瓣育种的重要手段。目前国际市场上的重瓣品种主要为荷兰推出的玫瑰百合系列。

（3）花香

百合的花香改良是目前育种工作中的薄弱环节。按花香浓度的高低，可将百合品种分为：墨香型百合，具有墨香味，如'Pink Perfection'；浓香型百合，具有浓烈香味，如东方百合大部分品种；淡香型百合，具有淡淡清香，如麝香百合品种；无香型百合，没有香味，主要是亚洲百合和麝亚杂交种。香气育种长期以来没有受到重视，许多种类在杂交过程中丧失了香气。亚洲百合没有香气，而东方百合和麝香百合香气太浓，因此，增加亚洲百合香气，降低东方百合和麝香百合香气是花香育种的重要目标。LA百合香气清淡，性状优良，荷兰百合育种专家Schenk认为LA百合将会是今后国际市场上最流行的百合商业品系。日本千叶大学的Asano试图将天香百合等的香气融入亚洲百合中，除此之外白花百合、麝香百合等均为花香育种的重要材料。应用分子手段分析花香物质的成分及形成途径，定向培育带有香味的百合是未来育种的一个重要方向。麝香和东方百合杂种系都有香味，其中麝香百合、天香百合和鹿子百合是培育香味百合的重要亲本。此外，有些种类有特殊的香气，如玫红百合有玫瑰香味，紫红花滇百合具有橙香味，可以利用这些资源培育迎合市场喜好的特色新品种。

育种家利用麝香百合'Nellie White'和 *L.* × *elegans* 进行种间杂交育种。母本的花白色、喇叭形、有香味，而父本花无香味、不具喇叭形，但花色艳丽，结果产生了具有香味、彩色及喇叭形花的后代。增加亚洲百合的香味，降低东方百合的香味，也是育种家试图实现的目标。育种家Myodo和Asano（1977）尝试将麝香百合、天香百合和鹿子百合的香味融入亚洲百合杂种系中。

24.3.2.2 控制植株高度

百合的株高要求与生产和应用密切相关，可分为：矮型，植株高度20~50cm，如盆栽品种，特别是亚洲百合盆栽品种；中型，植株高度50~80cm，如大部分庭院百合品种；高型，植株高度逾80cm，如大部分切花百合品种，或园林绿地应用的树状百合。根据用途，百合的株型分为切花和盆栽两种，切花品种要求植株高大，一般要求第一朵花显色时茎高大于60cm，现已发现与麝香百合、岷江百合、泸定百合、野百合等杂交可以改良植株生长势，增加植株高度。而对于盆栽百合而言，株型矮、茎秆粗、枝叶花朵繁多的品种较受欢迎。亚洲系百合的一些矮化百合品种通常称为'Pixie Series'，适用于盆栽。这些品种在遗传组成方面有所不同，花芽形成的时间、花期长短、花芽数量和鳞茎贮藏寿命等方面存在明显的差异。育种者在研究这些种质资源的园艺特性、遗传规律的基础上，选择亲本，培育出第一朵花显色时茎高为30~45cm的盆栽品种。逆温差可以有效抑制花卉生长，从而形成矮小紧凑的株型，不过仅在麝香百合等少数种类中起作用。一些百合近交会出现衰退等现象，致使后代植株的叶片变少、高度降低、节间缩短，这是培育矮化百合的一条可行途径。

24.3.2.3 减少百合花粉

百合花药大，花粉量多，尤其是东方百合，花粉容易污染花被及人的衣物，因此一般在花开后要人工摘掉花药，费时费工，而雄性不育植株能解决这一难题。无花粉育种已成为当前百合育种的热点之一。Van Tuyl（1985）发现花芽败育的低发生率与雄性不育之间有密切的遗传连锁关系。Yamagishi（2003）首次建立了一套百合无花粉性状遗传模式，认为控制无花粉性状的基因是由细胞器基因组编码的，百合无花粉性状是一种细胞质雄性不育。目前最常用的方法是常规杂交育种，Grassotti等（1996）将不育株和可育株系进行杂交，得到了无花粉和少花粉的百合植株，丰富了无花粉育种种质资源。辽宁农业科学院2008年申请鉴定的'无粉白'为花药退化性雄性不育

图24-3 我国自育无花粉亚洲百合新品种

品种，东北农业大学樊金萍团队选育的'冰粉皇后''冰纯皇后'和'冰白纯'等12个无花粉百合新品种于2021—2022年完成国际登录。北京农学院王文和等（2022）利用杂交育种以无花粉的亚洲百合品种'Easy Dance'和有花粉的'Pearl Carolina'杂交成功选育出亚洲百合新品种'Xiren'（图24-3）；中国农业科学院通过辐射育种获得雄性不育突变体植株，对无花粉百合新品种选育进行了探索。

24.3.2.4 改变生育期

百合培育周期较长，东方百合和亚洲百合品种由鳞片扦插获得籽球再到开花球通常要2~3年；天香百合、药百合和红花百合等野生种，从播种到开花需要4~5年。希望缩短培育周期，育成早花、生长迅速和需冷时间短的品种，这样的品种在15~16℃夜温温室中短于70d即可成花。育种实践发现，用红花百合作父（母）本能培育出早开花的东方百合系，用山丹作父（母）本能培育出早开花的亚洲百合系。新铁炮百合是麝香百合与台湾百合杂交得到

的，继承了台湾百合"早熟开花"特性，播种一年内即可开花，是百合属中较罕见的可以用种子繁殖的品种，因此成为百合缩短生育期育种的良好亲本。Fukai等（2005）以新铁炮百合为母本与喇叭百合杂种系品种进行远缘杂交，获得的远缘杂种F_1代在第二年即可开花；将台湾百合×东方百合杂种F_1代体细胞加倍，开花后用其四倍体花粉与新铁炮百合进行杂交，杂种后代一年内即可开花。贾桂霞等（2016）通过新铁炮百合与东方百合杂种系、亚洲百合杂种系品种进行远缘杂交，获得了花色丰富的F_1代早花新品种，如'回归''粉黛'和'骄阳'（曹钦政，2019）。

24.3.2.5 改良采后特性

切花百合采后应能保持较长的寿命，即单花瓶插寿命大于7d（20℃），这也是育种家追求的目标，但目前在这方面的研究报道较少。有几个性状和采后的寿命相关，凡花瓣质地硬和厚实的百合寿命相对要长；植株生长健壮、花茎坚实、成熟度好的寿命也相对较长；枝叶上茸毛多的寿命相对要长。

24.3.2.6 适合机械化

随着百合的大面积生产和机械化的实现，培育适合机械化定植、采收和分级的新品种也是一个重要的育种方向。

24.3.3 性状遗传

百合性状的遗传是通过双亲的基因控制的。有些性状仅仅由一对单基因控制，即所谓的等位基因。如亚洲百合的斑点由单基因控制，一个等位基因决定斑点，另一个等位基因决定无斑点，决定斑点的基因为显性基因，而控制无斑点的为隐性基因。所以百合花多出现斑点，而只有携带两个隐性等位基因的植株，才开出无斑点的花。除斑点外，还有许多性状，也是由一对等位基因控制的（表24-2）。

表24-2　一对等位基因控制的百合性状

类群	显性等位基因效应	隐性等位基因效应
亚洲百合	斑点	无斑点
亚洲百合	乳突上的斑点	无斑点（无乳突）
亚洲百合	刷状标记	无刷状标记
亚洲百合	深橙色	黄色
亚洲百合	深黄色或橙色	淡黄色或橙色
亚洲百合	金色	无金色
亚洲百合	整个花瓣为金色	金色条斑
亚洲百合	有花药	无花药
亚洲百合	无珠芽	具珠芽
东方百合	粉色或红色	白色
东方百合	无条带	金色条带

（续）

类　群	显性等位基因效应	隐性等位基因效应
东方百合	斑点	无斑点
东方百合	正常高度	低矮
Aurelians品系	喉部为黄色或橙色	喉部色彩扩散到整个花瓣
北美品种	金色条斑	扩散到整个花瓣的金色
轮叶百合和部分亚洲百合	种子正常的色彩	白色种子

24.4　杂交育种及细胞遗传学应用

24.4.1　百合开花习性

百合花两性，很少为单性异株或杂性，开于茎顶，单生或排成总状花序，少有近伞形或伞房状排列；花被片6（重瓣品种为多数），2轮，离生；雄蕊6，花药丁字状；子房圆柱形，柱头膨大，不裂或3浅裂。蒴果矩圆形，室背开裂。种子多数，扁平，周围有翅（图24-4）。

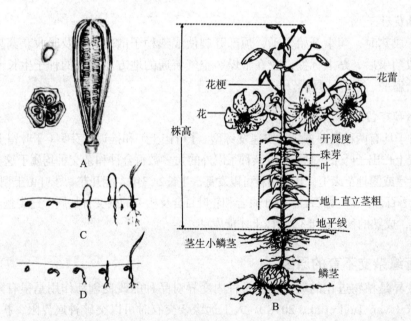

图24-4　百合器官结构与繁殖过程简图（徐跃进 等，2015；李锡香 等，2014）
A.百合成熟蒴果的横、纵切与种子　B.百合的器官结构　C.子叶出土型　D.子叶留土型

百合按花期可分为：①早花类：从种球种植到开花需要60~80d，这类品种主要为亚洲百合杂种系，常见的有'Kinks''Lotus''Sanco''Lavocado''Orange Mountain'等；②中花类：从种植到开花需要85~100d，这类品种主要为亚洲百合杂种系，还有一部分东方百合杂种系和麝香百合杂种系品种，常见的有'Avignon''Enchantment'等；③晚花类：从种植到开花需要105~120d，这类品种主要为东方百合杂种系和麝香百合杂种系品种，常见的有'Olmvpic Star''Star Gazer'等；④极晚花类：从种植到开花需要120~140d，这类品种

主要为东方百合杂种系和麝香百合杂种系品种，常见的有'Diablanca''Comtesse''Casa Blanca'等。

百合花通常在清晨开放，单花花期可持续2~14d。

一般两个百合种类亲缘关系越近，杂交就容易成功。有些种类自交完全可育，但大多数百合是自交不育或部分可育。现代百合品种主要源于百合属的组内种间杂交以及组间种间杂交（图24-2），大量育种实践表明，百合组内的种间杂交较易成功且杂交后代育性较好，而组间的种间杂交较难成功且杂交后代育性差。

24.4.2 杂交方法

（1）去雄授粉

选定母本后，在母本植物株开花前后花药未开裂散粉之前去掉花药，然后套袋来保护柱头；待柱头分泌黏性物质，将父本的花粉授到柱头上。然后再套袋以防风或昆虫带入外部的花粉。每个杂交组合授粉的花朵数要3朵以上，以便增加成功的概率。授粉后立即给花朵挂标签。待子房膨大后去袋，并保护蒴果生长数周，至蒴果成熟。

（2）收获种子

当种子成熟时，蒴果开始变干，顶部开裂使成熟种子散落。要及时收获蒴果，防止种子撒落。采收蒴果后，贴上标签，放在干燥、空气流通的地方。百合的种子生长于三室的蒴果中，褐色、扁平、很薄、具膜。

（3）播种育苗

百合种子具有两种发芽方式，快速发芽型（子叶出土）和推迟发芽型（子叶留土）。子叶出土型即在地表上长出子叶来，除了东方杂种系以外的大多数百合种和杂交种均属于这类型。早春将种子播到温室或露地苗床上，几周内就可以发芽，生长2~3年才能开花。子叶留土型即子叶不露出地面，如天香百合、博兰德百合、鹿子百合和轮叶百合及相关的杂交种均属于这类型。一般发芽较慢，较困难，成熟的种子需要3个月以上才能发芽。

24.4.3 远缘杂交不育的原因

遗传变异是植物进化的动力，但是种内变异对品种的改良创新作用是很有限的，无法满足育种要求（Van Tuyl et al., 2018）。人工远缘杂交有时可以突破种属界限，扩大遗传变异，产生新的种质资源，但也正由于远缘杂交亲本之间亲缘关系较远，遗传变异较大，容易产生生理上不协调及雌雄配子难以结合等现象。根据受精情况的不同，远缘杂交不育可分为受精前障碍和受精后障碍。

（1）受精前障碍

百合远缘杂交受精前障碍是指雌、雄配子无法结合完成受精的异常现象。Hogenboom等（1973）认为受精前障碍主要原因为两个亲本的不亲和性和生理不协调性。对于种间杂交不亲和性，Van Tuyl（1992）认为是由于亲本之间遗传信息差异较大，杂交的一方缺乏另一方的遗传信息所致。最近的研究表明受精前障碍主要有以下几种表现：①花粉萌发受阻，即花粉无法在柱头上萌发或较少萌发；②花粉管生长异常，即花粉虽然萌发，但花粉管再不能进入柱头内部；③花粉管虽然能进入柱头，但其生长缓慢、变粗、前端分叉甚至破裂；④花粉管正常生长，但不能正常到达子房，或不能释放雄配子；⑤花粉管到达子房，但雌、雄配子不能正常完成双受精作用（谭欣，2013）。

（2）受精后障碍

百合远缘杂交受精后障碍是指雌、雄配子结合受精后不能发育为正常种子的异常现象。具体表现为：受精后的幼胚不发育、发育不正常或中途停止；杂种幼胚、胚乳和子房组织之间缺乏协调性，特别是胚乳发育不正常，影响胚的正常发育，致使杂种胚部分或全部坏死；虽能得到包含杂种胚的种子，但种子不能发芽，或虽能发芽，但幼苗夭折；杂种植株不能开花、结实或雌雄配子不育等。百合远缘杂交受精后障碍的原因是复杂的，主要是由于亲本的遗传信息差异大，致使杂种后代和母体间生理的不协调，激素的不平衡，以及新的胚乳和胚之间的不协调导致杂种胚早亡；至于杂种植株不育的主要原因，可能是其基因间的不和谐或染色体的不同源性，使在形成雌雄配子的减数分裂过程中出现染色体不联会，分裂不正常，不能产生有功能的配子。与多数属于单孢八核胚囊的植物不同，百合属于四孢八核胚囊，对于用一些三倍体百合作母本，其胚囊中含有非整倍体的卵细胞和六倍体的极核，双受精后，发育的整倍体的胚乳为一些非整倍体胚乳的存活提供了保障（周树军，2012）。基于此，周树军提出百合杂交中当胚乳中含有5个或5个以上相同的染色体组时，胚乳发育较好，杂交容易成功；反之，胚乳很难发育，杂交也难以成功。

24.4.4 克服远缘杂交不育的方法

24.4.4.1 克服受精前障碍的方法

（1）蒙导授粉

育种家把一些辐射过的花粉授在母本的柱头上，先打开"侵入警报系统"，但辐射的花粉不能使胚珠受精；当警报关闭（约24h）后授上目的花粉，可达到受精的目的。另外，放极少量已知和母本亲和的花粉于柱头上，引导排斥机制关闭，之后授以目的花粉，使目的花粉可在24h或48h间自由进入子房授精。

（2）蕾期授粉和延迟授粉

一般认为雌蕊最佳授粉时期除了由柱头可授性的最佳水平决定外，还受多种因素的影响。蕾期的雌蕊还未产生不亲和的物质，即使有，量也极少，因此，这时的雌蕊基本不能区别自花和异源花粉的差异，故蕾期杂交授粉能提高可育性。

延迟授粉是对开过花的老龄雌蕊而言，即开花后3~7d给雌蕊授粉仍然能结实。远缘杂交可通过延迟授粉来提高育种的成功率。这种现象也许与雌蕊内部亲和的物质浓度、排异强度或柱头识别细胞的解体等有关。

（3）混合花粉授粉

混合花粉就是将亲和的与不亲和的花粉按照一定比例混合授粉。理论上认为杂交授粉过程中，亲和花粉在柱头上很容易萌发，花粉管生长到花柱内部，创造了有利于不亲和花粉花粉管生长的特殊环境，在一定程度上克服杂交的受精前障碍。混合花粉之间相互影响的情况比较复杂，它们可能相互促进，也可能相互抑制。但混合授粉在百合育种实践中是比较有效且能提高育种效率的好方法，尤其在母本材料较少的情况下优势明显。其缺点是杂交后代需要做"亲子鉴定"。具体的混合花粉种类一般认为3~5种为宜。

（4）重复授粉

重复授粉是指在母本同一朵花的花蕾期、开放期和花朵即将凋谢期等不同时期，多次重复授于雌蕊柱头目标花粉。因为，雌蕊发育成熟度不同，它的生理状况亦有所差异，受精选择性也就有所不同，多次重复授粉有可能遇到有利于受精过程正常进行的条件，从而提高亲和性。

（5）柱头碎片授粉

将父本柱头的碎片或组织提取液与父本的花粉混合，然后再进行授粉，以促进花粉的萌发。

（6）药剂刺激授粉和结实

用一定浓度的激素处理母本的花朵或柱头，有助于花粉管的伸长。常用激素有萘乙酸、吲哚乙酸、赤霉素等；同时用0.1%~1.0%的生长素羊毛酯涂于去除花瓣的子房基部，对提高远缘杂交结实率有一定的作用。

（7）离体授粉

离体授粉是在无菌的条件下进行的。通常包括离体花朵授粉、离体雌蕊授粉、离体子房授粉和离体胚珠授粉等，各种方法在百合中均有人尝试过，效果也不尽相同。其中离体胚珠授粉应用较为广泛。

（8）切柱头授粉

对于不亲和性障碍存在于柱头和花柱的杂交组合，其花粉管伸长的最大长度不能够到达胚珠，那么切割花柱授粉是有效的方法。为了缩短花柱的长度，在授粉前用刀片切除部分花柱，保留1cm长的花柱。留下的花柱当然不会再有良好、肥大的柱头接收花粉。为了解决这个问题，可在残留的花柱上切开小口授粉，再纵向切一刀，深度3~5mm，之后在花柱切口处涂抹父本花粉，用粗细合适、一端封闭的锡箔纸管套合。这种"切割花柱"或者"花柱内授粉"技术已经在百合远缘杂交育种中普遍应用，且取得了良好的效果。

（9）柱头嫁接

一是将父本的花粉先授到亲和性较好的柱头上，在花粉管尚未完全伸长前，切下柱头，嫁接到远缘杂交母本的花柱上；二是先将异种柱头进行嫁接，待一两天愈合后再进行授粉。

除上述技术方法以外，为克服受精前障碍，在百合杂交组配中还尽量考虑以下因素：注意正反交效果不同；在温室或保护地杂交，创造最佳授粉受精条件；采用染色体数目较多或染色体倍性高的种作父本；选择氧化酶活性强、花粉渗透压大的种作父本。

24.4.4.2 克服受精后障碍的方法

（1）胚培养

通过各种途径克服杂交不亲和性获得较低概率杂种胚，但可能又由于胚乳没发育、胚乳发育不良不能为幼胚提供营养，或杂种胚和胚乳生理不协调等导致幼胚发育中途衰败、停止甚至夭折，因此非常有必要在蒴果还是绿色，幼胚发育停滞前及时将胚取出进行人工抢救培养。由于受剥胚技术、培养基成分和培养条件的限制，综合各因素，我们认为最佳剥胚抢救培养时期是授粉后30~50d，胚龄低于30d一般剥胚操作极其困难；授粉超过50d，杂种胚要么已衰退，要么由于胚乳细胞化和灌浆脱水变顽拗也难以剥取。在无菌条件下将胚剥取，放在特制的培养基上培养，直到长出幼苗，然后转入生长基质中培养。自从Emsweller（1962）首次在东方百合系应用胚培养技术成功以来，许多百合新品种都是采用切柱头授粉加上胚培养技术获得成功的，这是克服远缘杂交不育的最好方法。离体胚培养的培养基中除了常规营养成分和激素外，有的还添加椰乳汁、香蕉泥等，对幼胚成活有益处。Asano等（1977）创造性地使用非杂交的正常胚乳与去掉胚乳的杂种胚紧贴在一起的"看护"培养，使大部分杂种幼胚都能正常生长，明显降低杂交受精后的生殖障碍。胚的熟度越高，培养成苗越容易，幼胚剥取难度也降低。一般30~70d胚龄的幼胚都能在实验室无菌条件下顺利剥取出来。

（2）胚珠培养和子房培养

胚珠培养是将授粉后膨大的子房在无菌条件下剥取胚珠，在培养基上培养。为了加大培养的成功率，有时也采用类似于"胚乳看护培养"的方法，将胚珠连同胎座一起取下来培养。子房培养是将杂交后的子房表面消毒，整体离体培养或将子房横切成2~3mm的切片做离体培养。例如，Van Tuyl等（1991）通过子房及子房切片培养技术也能达到胚培养的效果。

（3）试管受精技术

据Van Tuyl等（1990）报道，试管授粉、受精、胚形成技术已在百合育种中得以应用。通过切割花柱、嫁接柱头以克服受精前的障碍，试管培养以克服受精后障碍，都在完全可控制的条件下进行，培育出了许多麝香百合系与亚洲百合系，以及麝香百合系与东方百合系的种间杂交种。

（4）延长培育世代

随着植株生育年龄和有性世代的增加，远缘杂种的结实性也会提高。米丘林曾经用红药百合（*L. szovitsianum*）与山牵牛百合（*L. thunbergianum*）杂交，得到了紫罗兰香百合，其母体在前两年杂交后不结实，但在第3~4年出现了一些空瘪的种子，至第7年产生了部分可发芽的种子。

24.4.5 细胞遗传学在百合育种中应用

百合属植物的基因组庞大，其中单倍体DNA含量（1C）在32.75pg（*L. pyrenaiceum*）（Bennett, 1972）~46.92pg（加拿大百合）（Zonneveld et al., 2005），为在分子水平上开展遗传规律研究造成了极大困难。但百合染色体较大，是理想的细胞学研究模式植物，可用于减数分裂各个方面的研究。因此，细胞遗传学对百合遗传育种规律的探索起着至关重要的作用。

24.4.5.1 原位杂交技术在百合中的应用

原位杂交技术（ISH，in situ hybridization）是20世纪60年代发展起来的一种分子细胞遗传学技术，是分子生物学、组织化学以及细胞学相结合的一门新兴的技术，可以说是过去60年来染色体研究史上的一个重要里程碑（De Jong，2003）。常用的主要为荧光原位杂交（fluorescence in situ hybridization，FISH）和基因组原位杂交（genomic in situ hybridization，GISH），广泛应用于百合杂交后代真实性鉴定和杂交育种过程中染色体行为研究。

图24-5　基于荧光原位杂交的核型多样性分析

（1）荧光原位杂交（FISH）

采用特异的重复核酸序列作为探针，将结合的dUTP荧光物质标记到探针中，杂交到植物的染色体上，再用和荧光素分子结合的抗体与探针标记物反应，来确定探针在染色体上的位置。主要用于定位基因组中rRNA基因位点和特定的DNA序列，如5S rDNA、45S rDNA、端粒重复序列、着丝粒重复序列等。王文波 等（2017）以45S rDNA为探针，对7个亚洲杂交品种进行核型多样性分析，并对21个不同倍性水平的亚洲百合杂交后代进行杂种真实性鉴定（图24-5）。

（2）基因组原位杂交（GISH）

与荧光原位杂交以5S、45S rDNA序列为探针不同，GISH以全基因组特异DNA为探针，使用地高辛或生物素进行荧光标记，区分种间杂交种的亲本基因组，提供关于基因组起源、染色体重组等方面的信息。可以识别远缘杂交中亲本的不同基因组染色体，广泛应用于百合的杂交后代鉴定和种属间杂交的基因组研究。王偲琪（2018）利用该技术对LA杂种系和亚洲百合杂种系的一些品种杂交后代真实性鉴定（图24-6）。有学者在对LA和OA杂种进行基因组鉴定的同时也追踪LA和OA杂种的后代的基因组重组位点，发现百合种间杂种的同（近）源染色体在减数分裂过程中大部分会发生部分配对。这些细胞学证据，都是基于GISH技术而发现的。

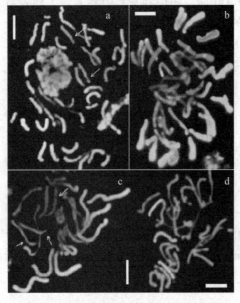

图24-6　杂种后代基因组原位杂交分析

24.4.5.2 种间杂种的减数分裂

植物减数分裂的研究一直与育种有着密切关系，减数分裂中染色体行为研究，特别是减数分裂中基因重组的规律，可以用于育种特点和种内或种间杂交的育性分析，从而指导性状改良步骤，提高育种效率。百合中大多数种间F_1代杂种是不育的，这阻碍了进一步杂交。百合远缘杂种的育性与减数分裂过程中染色体联会的成功与否有关。利用GISH技术，结合常规细胞学方法观察种间杂种小孢子的发生过程，发现OT百合减数分裂染色体行为存在较多异常：在中期Ⅰ，除了近源染色体形成的二价体外，还形成了包括单价体、非同源二价体、三价体、四价体和环八价体在内的多种染色体异常联会；在后期—末期阶段，观察到大量的滞后染色体和不同类型的染色体桥。谢松林（2012）在百合种间杂种减数分裂过程中发现了染色体断裂和融合等异常现象，导致染色体片段的产生。周权挥等（2008）分析了LA（*L. longiflorum × L. asiatic*）杂种F_1代的近源染色体行为和交叉重组特点，观察到不同基因型间染色体联会存在一定的差异。崔罗敏（2021）观察了三倍体百合'Triumphator'（LLO）的减数分裂行为，发现两个L基因组联会正常，而一个O基因组则形成单价体，通过杂交后代也进一步证实了L和O基因组减数分裂过程不发生联会的现象。

24.5 倍性与辐射育种

24.5.1 单倍体育种

百合基因组大，染色体基数$x=12$，杂合性高，品种倍性复杂。利用单倍体技术获得百合单倍体，然后将单倍体植株加倍能够获得基因纯合的双单倍体（DH群体），可以大大简化遗传背景，有利于隐性突变体的筛选和重要性状的遗传分析，提高育种效率。花药、花蕾、胚珠及未授粉子房的离体培养是获得百合单倍体植株的主要手段。Sharp等（1971）培养麝香百合的花药获得了单倍体植株，谷祝平和郑国锠（1983）通过组织培养兰州百合未授粉的子房获得了单倍体植株，Han等（2000）通过离体培养亚洲百合品种的花药获得了单倍体愈伤组织，使用秋水仙碱处理后获得双单倍体。韩秀丽等（2010）以花蕾和花药为材料诱导培养了新铁炮百合'雷山1号'的单倍体植株（徐顺超，2014）。

24.5.2 多倍体育种

百合正常的染色体数$2n=2x=24$，但自然条件下会形成三倍体即$2n=3x=36$，或四倍体（$2n=4x=48$），如卷丹和日本百合为自然三倍体（$2n=3x=36$）。多倍体百合优点是植株生长强健，茎秆粗壮和叶片肥大，花大、花瓣宽、质地厚，抗病，花期长；缺点是花朵的姿态变差，花蕾变脆等。目前育种者主要通过人工诱导提高产生多倍体的频率，主要途径有：有丝分裂多倍化（无性多倍化）、减数分裂多倍化（有性多倍化）、多倍体间杂交、体细胞融合、胚乳培养等。

（1）有丝分裂多倍化

又称无性多倍体化（asexual polyploidy）。指在有丝分裂过程中，由自然因素或人为通过物理或化学的方法使体细胞染色体加倍的方法。物理诱导的方法有：电离辐射、变温处理、机械损伤等胁迫处理；但由于其诱导率低、定向性差、嵌合体严重、危害性大（射线）等特点，逐步被淘汰。目前应用的比较广泛的是化学诱导，主要试剂为秋水仙碱、安磺灵、氟乐灵和甲基胺草磷等。无性多倍化虽然恢复了种间杂种的育性，但是亲本基因组之间减数分裂过程中同源染色体进行配对，无法实现基因组间的重组，只产生单一类型的配子，因此形成双二倍体杂种，其杂合度是一定的，也称为永久杂交，创造遗传变异的可能性很小，不利于进一步育种（Van Tuyl et al., 2018）。

（2）减数分裂多倍化

又称有性多倍化（Sexual polyploidy）。指利用未减数配子（主要指2n配子）实现多倍化。减数分裂是一个多基因协调控制的复杂精细过程，其中任何一点失调都会导致减数分裂异常。研究发现导致2n配子的形成机制很多，包括减数分裂前染色体加倍、减数分裂异常、异常纺锤体、细胞质分裂异常、减数分裂后染色体加倍、细胞融合等。Van Tuyl等（2018）认为2n配子主要是由于植物小孢子或大孢子发生过程中减数分裂异常产生的，这一过程称为减数分裂核重组（meiotic nuclear restitution），通过单向多倍化（双亲之一产生2n配子）或双向多倍化（双亲均产生2n配子）均能提高杂交后代的倍型水平。根据遗传效果，2n配子大致可以分为3种类型（图24-7）：①减数第一次分裂重组（FDR, first division restitution），同源染色体在第一次减数分裂过程中无法进行正常的联会和分离（形成单价体），形成的配子具有每一对同源染色体的各一个染色单体，能够传递亲本杂合性；②减数第二次分裂重组（SDR, second division restitution），在第二次减数分裂过程中虽然姐妹染色单体能够正常分离，但细胞质不分离，形成的2n配子其实仅具亲本染色体遗传信息的1/2；③不确定的减数重组（IMR, indeterminate meiotic restitution），指在第一次减数分裂中期Ⅰ，同源染色体部分发生联会，产生单价体和二价体，在后期Ⅰ二价体分离、单价体的着丝粒分离，在第二次减数分

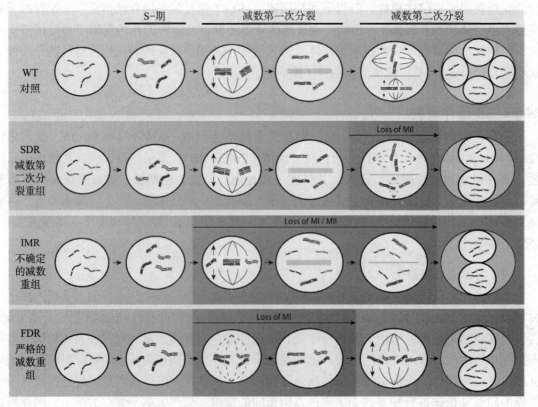

图24-7　被子植物未减数配子形成机制（Diego Hojsgaard，2018）

裂过程中形成二分体。IMR型配子是在百合属的种间杂种中发现的（张锡庆，2017），基因变异更复杂，后代具有更高的杂合性，在育种上具有重要的意义。

Harlan和De Wet（1975）认为自然界的天然多倍体都是通过$2n$配子产生的，几乎所有植物物种都能产生$2n$配子，这也是天然多倍体来源的重要途径。$2n$配子的产生和产量与物种基因型相关，但也明显受环境的影响，如极端温度、干旱、日照长度等。植物的年龄、种植季节、使用肥料等也影响$2n$配子的产量。此外，其他生物如病毒、瘿螨的侵染也可导致$2n$配子的产生。但自然条件下$2n$配子产量低、随机性大，难以检测，尤其是$2n$雌配子。人工诱导是提高$2n$配子产量的重要手段，利用诱变剂可以使植物或某个不产生$2n$配子的特定基因型发生基因突变，在后代中选择产生$2n$配子的减数分裂突变体。诱导减数分裂基因突变的有效诱变剂有甲基磺酸乙酯（EMS）、N-亚硝基-N-甲基-脲烷、γ-射线、280nm紫外线。由于$2n$配子的产生和产量受环境的影响明显，所以利用环境胁迫或诱变剂使植物直接产生$2n$配子是可行的。高温、低温、氯仿、秋水仙碱、赤霉素、氟乐灵、N_2O气体等对诱导植物未成熟花芽当代产生$2n$配子都有效果。

多数用于杂交的百合资源在遗传上是高度杂合的，所以用传统的育种方法很容易失去亲本的优良性状，$2n$配子对百合育种有着重要的意义：①多倍化后可以克服植物远缘杂交F_1代杂种不育的问题；②促进外来染色体之间的同源重组，亲本基因组之间的重组留存在有性多倍体后代中，染色体片段的交叉互换而实现渐渗育种，即使将它们进行回交，渐渗的片段仍会保留在后代中；③除了细胞学上的差异外，不同类型的$2n$配子在遗传学上也有很大的不同，因此由不同类型的$2n$配子产生的有性多倍体后代也将有很大的不同，配子的杂合性是不固定的，为育种提供了更多的可能。

（3）多倍体间杂交

百合远缘杂交F_1代通常不育，主要是由于减数分裂期间染色体不能正常联会配对或配对频率低造成的，还有许多其他异常现象，如染色体畸变、染色体分离不平衡、染色体桥、滞后染色体等。所有这些变异都是致命的，会导致后代不育，阻碍了进一步的育种。通过多倍化可以使F_1代恢复育性，主要途径为上文中所述的无性多倍化和有性多倍化。多倍体间杂交指利用已获得的多倍体作为亲本进行杂交育种，包括相同倍性多倍体亲本杂交和不同倍性间亲本的杂交。父母本染色体倍性一致，杂交成活率更高。LAAA×AAAA比LAAA×AA的亲和性更高，主要原因是功能性卵细胞的差异及胚乳基因组印记效应（周树军 等，2011；肖孔钟，2019）。如果用不同染色体数目的百合杂交获得多倍体，应该用倍数高的百合作父本。育种家Schenk发现四倍体，特别是正常遗传的四倍体，通常植株较大，具有更多的开花遗传物质，用'Shikayama'×湖北百合、鹿子百合与东方百合杂交种'Allegra'和'Jourheys End'之间的杂交，已经产生三倍体杂交种。

（4）体细胞融合

体细胞融合又叫原生质体融合或体细胞杂交，指两个或两个以上的细胞通过生物、化学或物理方法融合在一起，产生兼备亲本遗传性状杂合细胞的细胞工程技术。方法主要包括电融合、化学融合和病毒介导的融合方法等。从同一株植物的体细胞或从两个基因不同的植物中获得的植物原生质体的体外融合称为体细胞杂交（somatic hybridization），在克服远缘杂交障碍、扩大杂种优势、创新雄性不育材料等方面都有一定优势。

Sugiura（1993）首次获得了*L. speciorube*和*L. elegance*的原生质体再生植株，次年Mill（1994）以麝香百合原生质体为材料，获得了首个可育再生植株。Horita等（2013）利用电融合技术将东方百合'Acapulco'和'Shirotae'与新铁炮'Hakucho'进行体细胞杂交，获得了4株开花的杂交植株，并通过CAPS分子标记和流式细胞仪验证为真实杂种，提出原生质体融合后的高效再生体系的建立是体细胞杂种获得成功的关键。目前，由于细胞核之间的融合类似于受精卵的结合，而细胞质的融合则要复杂得多，细胞质之间、细胞质与细胞核之间的互作，通常会导致不相融；再加上操作精细、技术难度高、融合随机性大等原因，真正成功应用体细胞融合途径进行百合育种成功的案例非常少。但作为一种新的育种途径，随着方法和技术的逐步完善，未来也有创造新种质的可能。

（5）胚乳培养

一般双子叶植物胚乳细胞含有3个染色体组，而正常二倍体百合其双受精后胚乳细胞具有5个染色体组，这是由于百合胚囊为四孢型胚囊，发育成的极核是二倍体。2个极核和1个单倍体的精细胞融合后发育成的胚乳细胞含有5个染色体组。若胚乳细胞具全能性，就可直接通过组织培养获得多倍体后代，实现多倍化育种。

其实，胚乳细胞培养从20世纪30年代开始就有人不断探索，胚乳细胞在离体条件产生了可连续增殖的愈伤组织。1975年，从水稻未成熟胚乳中分化出植株，证实了水稻胚乳细胞的全能性。之后在禾本科植物的许多作物中均通过胚乳培养分化出植株。

从文献中得知，胚乳发育阶段即授粉后天数（days after pollination，DAP）是胚乳培养的关键因素之一，范围在4~14d；未成熟胚乳启动细胞分裂与胚是否存在无关，熊晗仙等2021年报道，胚乳发育是独立于胚胎发生的事件；其次培养基、生长调节剂和环境因素对于胚乳三倍体的形成也起着重要作用。

以组织培养为技术基础，胚乳培养虽然并未成为主流的三倍体合成方式，二倍体由$2x/4x$（或$4x/2x$）途径也能获得三倍体，但需要跨越多重障碍。①二倍体加倍为四倍体；②四倍体能生殖生长且雌、雄配子至少一种部分可育；③四倍体与二倍体花期相遇且杂交结实；④三倍体种子能萌芽、幼苗幸存。故此途径通常成功率低且周期较长。尽管百合胚乳培养没有成功的报道，但通过对已有胚乳培养成功案例的回顾，可以尝试百合胚乳培养获得多倍体这一新方法。

24.5.3 辐射育种

辐射对百合染色体、DNA和RNA的影响极大，这些遗传物质受辐射后产生的异构现象都会导致有机体的性状变异。百合鳞茎、种子、花粉、子房、珠芽等都可作为诱变材料，但辐射的剂量应进一步选择。张克中和赵祥云（2003）选低温储藏过的岷江百合鳞茎作诱变材料，送进钴照射室进行外照射，^{60}Co-γ射线处理的剂量为2~3Gy，照射部位为鳞茎盘。经过处理的鳞茎分别采用鳞片扦插和组织培养方法繁殖，从中选出了17个表型突变体，其中13个为雄性不育突变。

1995年，东北林业大学花卉研究所利用"940703"科学返回式卫星搭载毛百合开展太空试验，发现SP$_1$代3年生鳞茎，其可溶性糖、可溶性蛋白质含量及过氧化物酶活性增大；SP$_1$和SP$_2$过氧化物同工酶的带谱、Rf 值、SP$_2$种子形态、千粒重、发芽率等均有所增加，证明空间条件导致毛百合产生了一些有益的变异，为百合的杂交育种获得更好的抗性亲本提供了新的可能（杨利平 等，1999；洪波 等，2001）。

24.6 分子育种

24.6.1 百合转基因育种技术

尽管目前多数百合新品种是通过常规杂交育种获得的，但随着生物技术的不断发展，分子育种可弥补传统育种技术的缺陷，甚至可创造出天然物种所不具备的新性状，能够在较短时期内培育出稳定遗传的新品种、新类型，成为传统育种的重要补充。将不同性状的外源基因整合到百合基因组上，如抗衰老基因、花色调控基因、抗病基因、抗虫基因和抗病毒基因等，能够延长百合的观赏期，加快其繁殖速度，改善抗病能力，改良其品质，提高其观赏价值和经济效益。分子育种主要包括以下步骤：基因克隆、再生体系建立、遗传转化等。

（1）百合相关基因克隆

随着分子生物学的飞速发展，许多百合相关基因已被分离克隆，部分进行了功能验证，主要涉及减数分裂、花发育、花粉发育、花色、花香及抗性等相关的基因。其中，百合花发育相关的分子生物学研究进展较为迅速，已分离克隆了多个相关的基因。除此之外，王爱菊等（2008）从麝香百合花芽中克隆LILFY1基因，该基因与控制花期相关。张云、刘青林等（2004）从百合雌蕊中分离克隆了*LfMADS1*、*LfMADS2*、*LfMADS3*三个近全长的百合花发育相关基因。王瑞、王文和等（2022）克隆得到百合花色代谢关键基因*TTG1*，并进行其编码蛋白与MYB和bHLH的互作分析。

（2）再生体系建立

受体系统是实现基因转化的先决条件。自1957年Robb离体培养百合鳞茎成功以来，百合的组织培养技术已取得显著进展。百合的再生能力强，再生方式多样，外植体可选择百合的鳞片、叶片、茎尖、茎段、珠芽、花梗、花药、花丝、花瓣、子房、种子和胚胎等。但目前百合组织培养多以快速繁殖为主，以遗传转化为目的的再生体系建立研究较少，且体系基因依赖性强，不同品种资源间效果差异较大。主要包括：①不定芽再生系统，通常具备再生时间短、转化再生植株育性好、外植体来源广等优势，缺点为容易出现嵌合体、不同基因型再生频率存在较大差异大等，目前主要以东方百合、亚洲百合、麝香百合及新铁炮百合鳞片和叶片外植体进行再生。②愈伤组织再生系统，愈伤组织要达到一定的增殖率才能满足转基因需求，目前在龙牙百合、麝香百合、东方百合上有相关体系建立的报道。③原生质体再生和体细胞胚再生系统，相关报道较少，Godo等（1998）用百合茎尖诱导的愈伤组织建立的细胞原生质体悬浮培养系统，继代4年后，原生质体仍保持较高的再生能力，再生的植株也未发生遗传变异；Haensch（1996）将百合接种在含2,4-D和Picloram（氨氯砒啶酸）的MS培养基上，获得4个体细胞胚状体。

（3）遗传转化

①农杆菌介导法　已经通过农杆菌介导法建立了百合转基因体系。通过感染将农杆菌携带的经过或未经过改造的T-DNA导入植物细胞，引起相应的植物细胞产生了可遗传变异。不

同的农杆菌菌株对百合的侵染能力不同，而不同的百合品种对农杆菌侵染的敏感性也不同。具体菌株以及再生体系的选择参考相关文献。外植体与农杆菌共培养一定时间后通常使用羧苄西林、头孢霉素、卡那霉素等抗生素，来抑制农杆菌的污染。和双子叶植物不同的是，百合植物需加入外源乙酰丁香酮（acetosyringone，AS）才能诱导激活Vir区的基因。百合遗传转化中采用的报告基因有GUS基因、NPTII基因、CAT基因、GFP基因、UidA基因、PAT基因等，其中GUS基因应用最多。

Hoshi（2003）建立了农杆菌介导法转化体系，向花丝愈伤组织中成功导入了NPTII（'Snow Queen'）标记基因。Mercuri等（2003）用农杆菌介导法将T-DNA限制片段EcoRI 15转入'雪后'中。唐东芹等（2004）也向百合中导入了半夏凝集素基因（PBIXPTA），得到了抗蚜虫的百合。王爱菊等（2006）通过根癌农杆菌介导，建立了'凝望星空'（'Star Gazer'）愈伤组织和'西伯利亚'（'Siberia'）叶片的遗传转化体系，其转化频率分别可达1.0%和0.8%。以愈伤组织和叶片为受体，均能取得较理想的转化效果；根癌农杆菌OD_{600}值介于0.5~1.0时，都能获得较高的转化率。

②基因枪法　又称微弹射击法，是一种将载有外源DNA的金属（钨或金）微粒经驱动后，通过真空小室进入靶组织的一种遗传转化技术。Van der Leede-Plegt（1992）就通过基因枪法向百合花粉中导入了NTPII标记基因，并通过杂交授粉得到了F_1代抗性植株。Lipsky（2002）用基因枪法将抗黄瓜花叶病毒（CMV）的基因成功转入铁炮百合中。

③电激法　利用高压电脉冲作用，使外植体穿孔而摄取外源DNA。由于百合原生质体再生体系不完善，植株再生困难，该方法在百合中的成功的报道很少。Miyoshi（1995）以百合原生质体为受体，用电激法导入GUS基因，得到瞬时表达，但未获得转化的原生质体再生植株。

24.6.2　百合的基因编辑研究

沈阳农业大学孙红梅团队，通过体细胞胚和再生不定芽在山丹和麝香百合品种（'White Heaven'）中建立了稳定遗传转化体系，转化效率分别达到29.17%和4.00%。进一步CRISPR/Cas9，系统地对2种百合的八氢番茄红素合成酶基因（PDS）进行了敲除，在获得的再生植株中观察到完全白化、淡黄色和白绿色嵌合的表型。在此研究中，山丹获得具有抗性和明显表型改变的较高编辑效率（转化率），建立了百合分子设计育种技术体系，培育了童期短、花期早的百合新材料。

24.6.3　分子标记辅助育种

开展分子标记辅助育种，挖掘与重要性状显著关联的分子标记，可以加速杂种后代的选择，同时便于育种家选择适宜的杂交亲本。虽然百合是种间杂交研究的模式作物，但分子育种尚未在实际育种中实施（Van Tuyl J M et al.，2018）。主要由于百合基因组太大（约36Gb），具有非常多的反转录因子和其他具有双重效应的基因组重复序列，需要大量的标记，且使用无向标记系统时，很容易偏离均匀分布。

目前已发表的百合遗传图谱很少，且大多是相对低密度的标记图谱，标记的性状主要包括百合花色着色、斑点性状、茎秆颜色、花药败育、花朵朝向、尖孢镰刀菌病害和百合斑驳病等。Abe等（2002）利用RAPD和ISSR标记构建了亚洲百合'Montreux'和'Connecticut

King'亲本连锁图，对花色着色、斑点性状的遗传规律进行了阐述。Van Heusden等（2002）利用AFLP标记在亚洲百合回交群体（AA群体，'Connecticut King'ב Orlito'）中定位了两种重要的病害：尖孢镰刀菌和百合斑驳病毒；Shahin等（2010）在其基础上，对先前使用的标记进行了增补，提高了图谱密度，并对种间杂交得到的LA群体（L系列'White Fox'×亚百系列'Connecticut King'）F_2代进行了溴代琥珀酰亚胺（NBS）及多样性陈列技术（DArT）标记的图谱绘制。随着新一代测序技术的发展，人们对百合的遗传图谱进行了改进和排列：最新的LA群体遗传图谱有565个标记，包括NBS、DArT和SNP，覆盖2438cM，标记密度为每4.3cM/个；AA遗传图谱有409个标记（AFLP、NBS、DArT和SNP），覆盖2035cM，标记密度为每5.2cM/个。百合的基因组大小估计为2740cM，可见LA和AA群体的图谱已分别覆盖了百合基因组的89%和74%（Shahin，2012；Van Tuyl et al.，2018）（图24-8）。

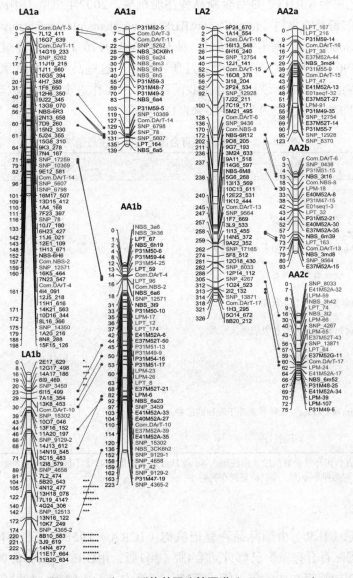

图24-8 LA和AA群体基因连锁图谱（Shahin，2012）

虽然百合分子育种已有一定进展，但整体来看百合基因工程育种仍处于起步阶段，已取得阶段性进展，但百合转基因性状的遗传稳定性较差，转化百合成功的基因还仅限于改善百合抗逆性方面，且尚未真正用于商业生产。对于人们更加关心的改变百合花期、花香、花色等基因工程核心内容的研究还有很长的路要走。

24.7 品种登录与保护

24.7.1 品种登录

24.7.1.1 新品种登录情况

英国皇家园艺协会（RHS）是百合新品种注册机构，2007年出版了国际百合登录名录。截至2018年又出了7份补充材料（https://www.RHS.org.uk/plants/plantsmanship/plant registration/Lily cular registration/Lily）。据不完全统计，截至2023年1月10日在国际登录机构有记录的百合品种名共计16 290个，其中登录8331个，注册7959个。这些品种仍按照北美百合协会分类系统划分，统计数量见表24-3所列。近年来我国百合育种工作进步较快，截至2023年1月10日已在国际百合登录机构登录了269个，主要来自11个单位。

表 24-3　不同杂种系百合国际登录及注册情况

品种分类	登录数	注册数
Ⅰ（Asiatic hybrids）亚洲百合杂种系	4178	2804
Ⅱ（Martagon Hybrids）轮叶百合杂种系	256	234
Ⅲ（Euro-Caucasian hybrids）欧洲-高加索百合杂种系	3	50
Ⅳ（American Hybrids）美洲百合杂种系	49	121
Ⅴ（Longiflorum Hybrids）麝香百合杂种系	87	304
Ⅵ（Trumpet & Aurelian hybrids）喇叭和奥瑞莲杂种系	626	820
Ⅶ（Oriental hybrids）东方百合杂种系	1741	872
Ⅷ（Other hybrids）其他杂种系	1336	357
Ⅸ（Speceis and cultivars of species）原种和来源于原种的品种	34	1300
Total总计	8310	6862

注：①数据来源于百合国际登录数据库（由注册人 Sarah Holme 女士提供）；②不同杂种系品种数量之和不等于登录和注册总数，主要由于有些品种未分类、等级信息尚在完善中

24.7.1.2 登录方法

国际百合登录（ILR）由国际品种登记机构（ICRA）1958年任命英国皇家园艺协会（RHS）执行。《国际百合登录》已修订到第4版（第1版，由G.E. Peterso负责，1960年出版；第2版，由J.W.O.Platt编辑，1969年出版；第3版，由A.C.Leslie编辑，1982年出版。在第3版

之后，每年出版一期补刊，补刊1-21仍是由A.C.Leslie编辑，补刊22-24由V.A. Matthews编写，他于2003年接替A. C. Leslie博士成为注册人，2019年8月Sarah Holme女士成为新的注册人）。

注册登录是一个自愿的过程，对植物的销售、繁殖或使用注册的名称没有任何法律保护。法律保护只能通过授予植物育种者权利或植物专利获得。然而，百合在世界范围内出口和交换，因此稳定和唯一的品种名仍然是有价值和非常必要的。

只要由百合培育者和引种者提交的品种名称，其符合最新版《国际栽培植物命名法》（ICNCP）规则，并提交登录表格（详见表15-3）和相关照片材料等，经国际品种登录组织委托的机构确认，即被接受注册、保存和适时公布。ICRA没有责任决定一个品种是否比其他品种更好或更有价值，也没有责任判断品种的特异性和进行试验。

24.7.2　新品种保护

24.7.2.1　我国百合新品种保护情况

知识产权作为国家、地区、行业发展的战略性资源和国际竞争力的核心要素，已成为提升自主创新能力的重要支撑。植物新品种保护是国家知识产权保护的重要组成部分，随着《中华人民共和国植物新品种保护条例》发布和进一步修订，以及新品种保护纳入《中华人民共和国种子法》，保护的力度、强度、范围和内容进一步加强，能更好地维护如百合等主要以营养繁殖的球根花卉品种权人的合法权益，有效促进品种创新。

截至2022年年底，我国百合育种工作者培育出的百合新品种向我国农业农村部提出申请保护的有150个，其中获得植物新品种权证书的有41个。国外育种公司在我国境内申请保护的有39个品种，其中得到保护的有28个，这些公司全部来自荷兰。关于百合良种审定，现行种子法对非主要作物品种管理没有规定，北京、江苏、福建等十余个省份种子管理部门出台《非主要农作物管理办法》，具体办法咨询相关省份种子管理部门。

24.7.2.2　申请方法

2001年2月26日农业部令第46号发布第三批中华人民共和国农业植物新品种保护名录中包括百合属植物。农业农村部植物新品种保护办公室（以下简称农业农村部品种保护办公室），承担百合品种权申请的受理、审查等事务，负责百合新品种测试和繁殖材料保藏的组织工作。

中国的单位和个人申请品种权，可以直接或者委托代理机构向农业农村部品种保护办公室提出申请。品种权申请审查流程可到品种保护办公室官网上了解。

百合品种申请保护要求必须经过DUS测试。国标百合属植物品种特异性、一致性和稳定性测试指南（GB/T 19557.10—2018）2018年12月开始实施。

根据百合新品种申请文件信息、已测试的数据、国际植物新品种保护联盟（UPOV）信息数据库、文献等筛选近似对照测试品种。

申请人依据通知要求在指定的时间期限内提供测试新品种和对照品种的种球。种球需经冷藏打破休眠，外观健康、无病虫侵害，并达到一定周径要求，分别选送30个以上。测试员依据百合属新品种测试指南进行田间试验设计与测试。测试周期为1个生长期。

24.8 良种繁育

24.8.1 百合品种退化原因

（1）生态环境条件不适应

目前从国外引进的百合品种多数喜欢冷凉湿润的气候，白天生长适温20~25℃，夜间为10~15℃，属于长日照植物，喜光，但略有荫庇的环境更适合百合生长；要求肥沃、腐殖质含量高、排水性能良好的砂质壤土，pH值5.5~7.0，忌盐碱土。我国除东北、西北、西南部分高海拔地区适合百合生长外，大部分地区在百合生长季是高温炎热的天气，还有许多地方夏季干旱，土壤pH值偏高，对百合生长十分不利。在这些地方种植从国外引进的百合品种，经常出现退化，即第一年表现出的植株高大、花序长、花朵多、色彩鲜艳等优良性状，到第二年退化为植株变矮、花序变小、花朵小、色彩淡，特别是地下鳞茎严重缩小；种植到第三年几乎完全失去商品价值。这些退化现象在百合生产中是普遍存在的，也是阻碍百合发展的最大问题。

（2）生活力衰退

长期采用无性繁殖导致百合得不到有性复壮的机会，造成生活力降低，生长势减弱，抗性下降等。

（3）病毒危害

百合病毒病十分严重，长期用带病毒的鳞茎繁殖，还会导致病毒积累，造成百合植株畸形，花色出现斑纹，花瓣扭曲等。

24.8.2 防止退化和保持优良种性的措施

（1）选土地面积大，可以轮作倒茬的高海拔冷凉山区或新疆、内蒙古牧场等地方做百合良种繁殖基地

气候条件　选择气候冷凉、昼夜温差较大地区，最适昼夜温度为5℃/25℃，最热月份平均气温≤20℃；光照充足，通风良好，生长期降水充足。

栽培条件　交通便利，道路畅通，有水源，土壤肥沃、砂质壤土，空气清新无污染。

（2）建立科学的百合良种繁育体系

①利用组织培养生产的脱毒种苗或种球建立百合原种圃　可以用茎尖组织培养获得无病毒苗，原因在于植物生长点（0.1~0.5mm）由于无维管束，病毒无法输入，几乎不含或含很少病毒。或将感染病毒的百合鳞片接种到含病毒唑或二硫脲嘧啶的培养基上，随培养时间的延长，病毒浓度降低，约40%再生的小鳞茎可脱除病毒；如果鳞片接种后，放在35℃高温下保持4周，脱毒效果比单独使用化学试剂效果好。

原种圃必须有温室和网室设施。无病毒种球培育期间，温室和网室要封闭严密，禁止闲人出入，严格防止昆虫和人畜入室传播病毒。及时防治蚜虫，原种圃周围禁种黄瓜、烟草等易患与百合相同病毒的植物。

②建立无病毒种球繁殖圃　无病毒种球繁殖圃是将原种圃生产的无病毒种球通过鳞片扦插扩大繁殖系数。鳞片扦插40~60d后，在鳞片基部伤口处产生带根的小鳞茎。一般每枚鳞片可产生1~5个小鳞茎，小鳞茎直径0.3~1.0cm，长出1~5条幼根。待小鳞茎长大时，原扦插鳞片开始萎缩，即可掰下小鳞茎移植到露地栽培。

③商品种球（开花种球）生产　百合切花要在靠近城市、离花卉市场近的地方生产，便于鲜花尽早供应客户；切花生产用的商品种球，周径要求12cm以上，必须保证是未开过花的种球。百合切花生产可以周年进行。百合商品种球繁殖，应在冷凉山区露地栽培。一般用鳞片扦插和组织培养繁殖的籽球来生产商品种球，为了保证种球长大，植株显蕾时要及时摘除花蕾，保证养分供应种球生长。不仅有商品种球产出，还要进行籽球繁殖，以保证每年有一定量的商品种球供应切花生产。

④商品种球的采收与清洗、分级、消毒及包装。

采收　采收前检查新芽长度，一般1cm最适，1~1.5cm应尽快采收，过长不可冷冻贮藏；另应分析新芽糖分含量。采前1周停止浇水，防止在采收时损伤种球鳞茎，做好工具、容器和车辆准备。充分成熟时再采收，通常地上部分完全枯萎，茎秆容易从鳞茎中拔出为宜，一般我国北方地区9月中旬至10月中旬、南方地区10月中旬至12月中旬采收。国外采挖、清洗、消毒和包装是机械化生产的，国内大多人工挖取。应注意不要损伤鳞茎，以免伤口感染病害。挖出的种球要防止阳光直晒。

清洗　为消除虫卵和防止土传病害，分为喷淋、清洗箱转动清洗、种球分级机高压水两面清洗。

分级　百合种球大小与开花数有关，应进行分级包装，以便于后期栽植和管理，通常根据鳞茎的周径大小进行分级。通常亚洲百合分为5个规格，分别为9~10cm、10~12cm、12~14cm、14~16cm、16cm以上；东方百合也分为5个规格，分别为12~14cm、14~16cm、16~18cm、18~20cm、20cm以上；麝香百合和LA百合分为4个规格，分别为10~12cm、12~14cm、14~16cm、16cm以上，其他可参照执行。周径不足9cm的可分为3~6cm、6~9cm两个规格。国内多手工分级，较大的基地已实现机械化分级，分级过程中应去除不合格鳞茎。

消毒　种球进入冷库前，应进行种球消毒。国外一般进行两次消毒：第一次，由种植户将种球连带分级箱浸入50%多菌灵可湿性粉剂600倍液和扑海因800倍液的消毒池20min；第二次，种球浸泡在50%克菌丹500倍液+50%甲基托布津500倍液+50%甲基嘧啶磷600倍液30min。也有经销商采用机械消毒，先用杀菌剂然后热水处理杀虫。

包装　可以泥炭、碎木屑等为基质。用国产泥炭要用70%甲基托布津500倍液+40%辛硫磷500倍液进行消毒，按药液∶基质=1∶5拌匀，薄膜覆盖3d，过筛1次，水分含量约50%为宜。用塑料薄膜做成袋子，底部孔眼70个，铺在框内，包装规格见表24-4所列。将鳞茎与填充材料混装在袋中，箱上贴标签，写明品种、数量、鳞茎规格及存放日期等（赵祥云 等，2016）。

表24-4　百合鳞茎包装规格

周径（cm）	>18	16~18	14~16	12~14
粒/箱	150	200	300	400

⑤百合种球贮藏与保鲜技术

打破休眠 百合鳞茎必须经过低温打破休眠才能促进其花芽分化,应循序渐进地由室内温度降到冷藏温度,以防种球冻坏。先在13~15℃下预冷1周,然后2~5℃下再处理4~8周,不同品种休眠期不同(表24-5)。相同品种,低温处理的时间越长则从定植到开花时间越短,但贮藏时间过长会减少花芽数量。在此期间鳞茎保持着生命活动,可根据鳞茎新芽中糖分含量变化来判断打破休眠时间,当糖分达最高时休眠结束,应转入冷冻贮藏;糖分含量下降时才冷冻容易造成冻害。装箱后应在冷库里一层一层叠加,并在上面覆盖薄膜保温;底层不能紧挨地面,可先用木块垫起来,以便于空气流通;不同品种、不同规格分别集中放置,商品球和小球分开。

冷冻贮藏 要较长时间贮藏的百合鳞茎则需冷冻处理,不同品种冷冻贮藏条件不同(表24-5)。冷冻贮藏时冷库条件要达标,叠起的箱子高度不能超过冷风机,温度要恒定,若由于温度过高而使鳞茎解冻,就不能再将其冷藏,否则容易产生冻害。这种冻害程度取决于品种类型、解冻的季节和解冻时间的长短。百合鳞茎低温贮藏期超过临界,则会减少将来种植后花蕾的数量和开发的质量,且从定植到开花的天数也会缩短。

运输保鲜 刚采收的百合预冷装箱后,直接装入卡车运输,20d内上市出售即可。贮藏过程中的百合,贮藏前期可直接从冷库取出运输;后期耐贮性下降,需冷链运输。目前多采用真空包装运输,运输温度保持在-2~1℃(赵祥云 等,2016)。

表 24-5 百合鳞茎休眠与冷藏情况

品 种	休眠温度(℃)	低温打破休眠时间(d)	打破休眠时鳞茎含糖量(%)	冷冻贮藏温度(℃)	最长冷藏时间(月)
麝香百合杂种系	2~5	30('雪皇后')	15~20	-1.5	7
亚洲百合杂种系	2~5	45('歌德琳娜')	25~30	-2.0	12
东方百合杂种系	2~5	60('索邦')	20~25	-1.5~-0.6	7

(3)加强百合育种工作,培育有自主知识产权的百合新品种,实现百合种球国产化,才能促进我国百合产业飞速发展

只有培育我国自主知识产权的抗性和特性优良百合新种质,来进行品种的选育和商品种球的供应,不再依赖国外进口,才能从根本上解决所面临的供需不平衡的问题。近年来我国在食用百合、鲜切花百合、庭院百合和盆栽百合育种方面都取得了可喜的成绩,培育出许多新品种(赵祥云 等,2017),为我国百合种球国产化奠定了基础。

(王聪 王文和 何俊娜 赵祥云)

思考题

1. 我国有哪些野生百合种质资源,各有何利用价值?目前利用效果如何?

2. 植物学上对百合属的分类，与园艺学上对百合品种的分类（杂种群）有何关联？

3. 百合品种分类的标准（依据）是什么？各类百合有何特点？如何从形态上加以区分？

4. 百合育种的主要目标是什么？能否根据其相关性（遗传性）进行归类，并匹配适宜的育种方法？

5. 杂交育种有两种策略：一是做容易的组合，出大量子代；二是做困难（新）的组合，只有少量子代。请分析各自的优缺点，并做出自己的选择。

6. 百合远缘杂交不亲和的原因有哪些？应如何克服？

7. 多倍体百合有何特点？如何诱导、分离多倍体？

8. 需要改变单一性状时，你会选择诱变育种，还是分子育种？结合具体的性状，给出自己的理由。

9. 百合种球退化的主要原因是什么？如何防止退化？

10. 目前我国自己培育的百合新品种已经有160多个，但切花、盆花、园林主栽的仍是国外的品种和进口的种球。你觉得其中的瓶颈在哪里？如何攻克？

推荐阅读书目

百合种质资源描述规范和数据标准. 2014. 李锡香，明军. 中国农业科学技术出版社.

切花百合生理及栽培保鲜技术. 2020. 吴中军，夏晶晖. 西南交通大学出版社.

中国百合资源利用研究. 2018. 杨利平，符勇耀. 东北林业大学出版社.

百合抗病细胞工程育种与实践. 2019. 张艺萍，王继华，何秋月. 科学出版社.

百合. 1999. 赵祥云，王树栋，陈新露. 中国农业出版社.

鲜切花百合生产原理及实用技术. 2005. 赵祥云，王树栋，刘建斌. 中国林业出版社.

庭院百合实用技术. 2016. 赵祥云，王树栋，王文和等. 中国农业出版社.

Flower Breeding and Genetics. 2007. Lim K, Van Tuyl J M. Springe.

Lilies: A Guide for Growers and Collectors. 1998. Macrae E A. Timber Press.

Wild Crop Relatives: Genomic and Breeding Resources. 2011. Plantation and Ornamental Crops. Van Tuyl J M, Arens P, Ramanna M. S. et al. Springer.

第25章 荷花育种

[**本章提要**] 荷花是我国十大名花中唯一的水生花卉,出淤泥而顶烈日,盛夏开花,花叶俱大、绿叶艳花,且"留得残荷听雨声"常年可赏;莲籽、莲藕可食,深受国人喜爱。本章从育种简况、种质资源与育种目标、杂交育种、倍性与诱变育种、新品种筛选与登录5个方面,简述了荷花育种的原理与技术。

荷花种质资源非常丰富,在花型、花色、株型等方面表现出广泛的变异,为品种改良以提高观赏价值、适应园林应用提供了方便。

25.1 育种简况

25.1.1 中国育种概况

中国汉朝以前栽培的荷花,属大株型单瓣型红莲。流传至今的古老品种资源,是经长期人工栽培,不断选育的结果。明代《群芳谱》记载荷花品种26个,清代《巩荷谱》为我国第一部荷花专著,记载了33个品种,花色有白、粉、红之分,花型有单瓣、重瓣、重台之变化,植株也有大小之分,包括'红千叶''白千叶''重台莲''千瓣莲''大洒锦'等。中国现代观赏荷花种质资源收集工作起步于20世纪60年代,当时武汉有关单位开展荷花品种资源的收集,他们向各地收集传统的荷花品种,经整理开花者33个,其中子莲7个、藕莲6个、花莲20个。当时他们还克服重重困难,从荷花产业、科研、文化等方面不遗余力地推动荷花事业的发展，后来由于种种原因，工作停顿。20世纪80年代初期，重新向北京、杭州、当阳等市县收集整理荷花品种41个，其中18个品种与60年代收集的相同。另通过中国科学院武汉植物园引进日本品种16个，美洲黄莲（*Nelumbo lutea*）也是当时引进，共收集了57个品种，作为育种的原始材料。

20世纪80年代，武汉地区部分科研单位开展了荷花育种工作，武汉市园林科研所和武汉东湖风景区花卉盆景研究所协作，一举选育荷花新品种88个，其中大株型品种16个、中株型36个、小株型36个；同时引进中国科学院武汉植物园培育的17个新品种，新品种总计达到105个，荷花育种取得较大的突破。当时新老荷花品种共162个，新育品种占全部品种的64.81%。这162个品种载入了《中国荷花品种图志》（1989，以下简称《荷志》）。

20世纪90年代，中国荷花研究中心、杭州曲院风荷、中国科学院北京植物园、湖南省农业科学院蔬菜研究所、江西广昌白莲研究所等单位先后开展荷花育种工作，均取得较好的效果。仅中国荷花研究中心便培育出荷花新品种108个，加上其他单位培育的新品种、收集的各地传统品种，载入《中国荷花品种图志·续志》（1999）共170个。与前文《荷志》所载162个荷品种，均纳入中国荷花研究中心荷花品种资源圃，其中新品种244个，占全部荷花品种的70%。该荷花品种资源圃成为20世纪末世界上拥有荷花品种资源最多的资源圃。

21世纪初（2001—2005年）中国荷花育种工作突飞猛进，一些企业单位，特别是民营企业积极投身荷花育种行列，如南京艺莲苑花卉有限公司、重庆大足雅美佳水生花卉有限公司、青岛中华睡莲世界、广东三水荷花世界等，仅几年时间育种成绩卓著，共培育新品种200多个。2005年出版的《中国荷花品种图志》记载了608个荷花品种，可谓集中国乃至世界荷花品种之大成。

近20年来（2005—2023年），我国观赏荷花育种成就超过了历史上任何一个时期，品种数量也在快速增长。2011年《中国荷花新品种图志Ⅰ》出版，记载新品种203个，加上原图志记载的品种，共计811个品种，品种之多，已是世所罕见。2022年出版的《观赏荷花新品种选育》一书，记载了65个观赏荷花新品种。据不完全统计，2011年后，由我国育种者选育的品种数估计已逾1200个，全球选育荷花品种数量估计有近2000个。自2008年第一个荷花品种 *Nelumbo* 'Pink Lips' 完成国际登录以来，至今已有169个荷花品种进行了登录，其中2018年登录品种数最多，达到41个。现已登录的绝大多数品种来自中国，国外有泰国、越南、新加坡和印度进行了登录。登录品种中几乎均为观赏荷花，子莲品种只有4个，藕莲登录还是空白；老品种登录仅4个，其余都是新培育或发现的品种。

25.1.2 日本育种概况

日本重视荷花育种工作，1951年大贺博士在千叶县发现的2000年前的古莲子，经他培育成'大贺'莲，日本植物界为之震惊。以后几十年间，陆陆续续培育出一些新品种，但多是大株型、少瓣品种，这可能与日本民族的文化背景有关。如1960年日本皇太子夫妇访美，旅美日人小川一郎献美洲黄莲莲子，后从这批莲子中选育出近似美国莲的'王子莲'（'Ohjibasu'）；1969年捷治从美国纽约带回中美杂交莲子，选育出单瓣白花品种'America Byakuren'；1966年版本佑二用♀美国莲×♂'大贺莲'杂交，育成'舞妃莲'。1970年版本佑二用'舞妃莲'自交育成单瓣、大红花品种'红舞妃莲'（'Renimaihiren'）；1986年名古屋园艺场将'金轮莲'与'白君子莲'杂交育成'白光莲'('Byakkohren')。据渡边达三《魅惑の花莲》(1990)记载,20世纪80年代日本的荷花品种为71个。1998年前,日本千叶县佐原市市立水生植物园以栽培花菖蒲闻名于世,自1992年从中国南京玄武湖引进90粒莲子后开始发展荷花,至1998年先后从日本引进1081份种质资源,经香取正人整理为450个荷花品种。1999年7月香取氏发表在《莲の话》上的花莲品种为275个,内含日本品种106个,其他绝大部分引自中国。佐原水生植物园用6年时间建成当时日本拥有荷花品种资源最多的水生植物园,颇受日本莲界赞许。2004年夏,王其超应邀赴日本考察荷花,得知日本现有荷花品种资源500个左右。日本的荷花育种,除东京大学有研究课题外,多系民间爱莲人自发培育,偶得一二佳种,只在亲友间报喜,互相馈赠,未闻作商品者,数量极少。榎本辉彦在1997—2009年,共培育了荷花新品种302个,是目前日本有记载的育种者中培育新品种最多的人。目前日本的荷花品种很多,很多荷花品种由日本农林水产省和"日本花莲协会"分别进行登录。据不完全统计,截至2009年,两个机构登录过的品种就有800余个。

25.1.3 美国等育种概况

美国人对荷花的爱好远不及睡莲,多由私人水生园或植物园,与世界各国广泛交流。他们很早就从中国引进荷花品种,与本国特有种美洲黄莲(*Nelumbo lutea*)进行杂交,获得不少优良新品种。特别是1962年Slocum水生园园主用美洲黄莲与中国莲中的'红千叶'杂交,获得大花、重瓣、浅橙黄色、瓣边深粉红的'Mrs. Perry D. Slocum',此新荷花品种在美国轰动一时,引起不少美国园林植物育种者的兴趣。据美籍华人园艺家沈荫椿介绍,1984年美国人育成青色莲'Charles Thomas'和白色'Angle Wings',均于1986年率先获美国植物专利。1987年又育成重瓣、深粉红色、瓣基黄色、瓣脉粉红色的'Sharon'。1988年育成'Nikki Gibson''Patricia Garrett''Perry's Supers'等新荷品种。而较有规模的育种工作,还是1984年美籍华人朱太龙偕夫人在加州牡丹市(Modesto)创建莲园,邀请中国科学院武汉植物园黄国振从武汉携去200个杂交组合的1000多粒莲子。从中选育出120多个优良单株,继而培育成新品种。后来黄先生又将中国莲与'Mrs. Perry D.Slow'杂交,培养出重瓣大型黄色的稀世珍品——'友谊牡丹'莲。以上育种成就,为宣传中国名花作出了积极贡献。后加州莲园放松管理,受水老鼠危害严重,至21世纪初保存荷花品种减至50个左右。

朝鲜半岛、澳大利亚、印度和东南亚诸国,虽有荷花栽培,但育种方面的报道较少。仅有泰国2008年登录了'Chandrakomen',越南2017年登录了'Tay Ho''Mat Bang';2020年印度登录了'Twinkle',新加坡登录了'Meidi Yongrong'。

25.2 种质资源与育种目标

25.2.1 种质资源

莲属在经历了第四纪冰期后,仅幸存中国莲(荷花)和美洲黄莲两大类。中国莲产于我国南北各地,自生或栽培在池塘或水田内。在朝鲜、日本、印度、东南亚及南亚诸国、澳大利亚均有分布,俄罗斯远东地区也有分布。美洲黄莲主要分布在美国、墨西哥和加勒比海岛国。相对中国莲来说,美洲黄莲资源的多样性较低,多为野生资源。

根据荷花品种的血统，可将荷花分为中国莲系、美洲黄莲系、中美杂种莲系三大系。建立荷花种质资源库（圃）最主要的工作是广泛收集和调查荷花种质资源，并对收集的种质资源进行详细记载和评价，同时开展种质资源提纯复壮与综合利用。1991年，中国荷花研究中心在武汉成立。1996年，王其超和张行言建立了中国第一个观赏荷花种质资源库，目前该资源圃收集并保存了1000余个荷花种质资源。目前，国家林业和草原局及中国花卉协会批准建立的国家荷花种质资源库有3个，即上海辰山植物园国家荷花种质资源库，保存荷花种质资源700份；江苏省中国科学院植物研究所和南京艺莲苑花卉有限公司联合建立的国家荷花种质资源库，保存荷花种质资源531份；西南林业大学国家荷花种质资源圃，保存荷花种质资源500余份。

中国野生莲属于中国莲，分布于寒温带、温带和亚热带，东北、华北和华中的野生莲资源存在明显的分化，东北野生莲引种到北京以南往往开花少甚至不开花、不长立叶。目前我国野生莲资源包括分布于黑龙江和辽宁省的东北野莲，内蒙古的内蒙古野莲，河北省的白洋淀红莲，山东省的微山红莲，江苏省的洪泽红莲、江苏野莲和太湖红莲，安徽省的安徽野莲，江西省的江西野莲，湖北省的湖北野莲，湖南省的湖南野莲和湖南疑似野莲，四川省的四川野莲，广东省的江溪红莲，以及海南省发现的海南疑似野莲。

子莲资源相对集中分布于越南和我国的中南部，如'百叶莲''太空莲36号''O4-R-31''O4-R-07'等，还有福建的'建选17号''建选31号'。藕莲资源主要集中分布于中国，有武汉市蔬菜科学研究所培育的鄂莲系列品种，如'鄂莲5号''鄂莲6号''鄂莲9号''鄂莲10号'等，还有'苏州漂花藕''杭州白花藕'等。其他国家很少有藕莲，但越南南部发现的一种藕莲，资源很纯，与我国的藕莲明显不同。

25.2.2 育种目标

荷花育种目标必须与市场经济需要相适应。

①选育耐深水、开花繁茂的大株型荷花新品种，以满足莲园建设池塘种植的需要。现有大株型荷花品种中，大部分开花不多，而且花柄与叶柄的高差小，湖塘植荷，荷叶密度大，将花遮盖，显得开花稀疏。故应选育耐水深2.0m以上、开花多、花柄大大高于叶柄的新品种。中株型品种一般开花较繁，可塑性大，既宜植于浅水池塘，又适缸栽，部分还可盆栽。在荷花展览中，缸栽或盆栽荷花布置时移动方便，在展品中占重要地位。故应选育花繁、群体花期长、花色亮丽、花型新颖的中株型荷花新品种。同时选育小巧玲珑，适于盆栽，能进入千家万户美化阳台的碗莲新品种。

②荷花单株开花是一朵朵顺次开放，单朵花期除千瓣莲外，仅3~4d。特别是碗莲，由于容器小，营养面积有限，单盆开花少，群体花期甚短。选育开花繁密的品种，可延长群体花期，提高观赏价值。此外，荷花切花的需求越来越大，培育单朵花期长（哪怕延长1d）、花柄吸水力强不容易弯折的品种，可为市场提供良好的切花花材。

③荷花花型甚丰，但长期以来千瓣型只含1个品种，即'千瓣莲'，应培育更多的各色千瓣型品种。还有，并蒂莲象征吉利、幸福、美满、祥和，但它并非品种性状，而是自然界偶尔出现的"双胞胎"现象，其发生的机理，尚未探明，在生物科学发达的21世纪，运用高科技手段揭示其遗传奥秘，培养并蒂莲品种，不是不可能的。

④具有中国莲血统的栽培品种中,花色变化幅度较小,仅在红、白之间。通过品种间自然授粉或人工杂交育种,F_1代在色泽上很难突破。而美洲黄莲独具黄色基因,20世纪后期引进,将二者进行种间远缘杂交,已培育出许多黄色系、复色系品种,而蓝色系品种迄今未突破,若使用转基因等技术,应可成为现实。

⑤培育生长期对光照和低温要求较低的荷花品种。21世纪,人们才揭示由于纬度的差别,长期在不同生态环境下繁衍生息的荷花,分属两大自然生态型,即温带型荷花品种群和热带型荷花品种群。中国、日本、俄罗斯、朝鲜及美国等国所栽培的荷花属前者,东南亚诸国所栽培的荷花属后者。热带型荷花一年四季可在南粤、海南露地生长,花期长达9个月。引种至长江流域及以北地区栽培,花期仍可从暑天延至10月,而温带型荷花无论在南方、北方,其花期仅限于夏季。目前将这两种不同生态型的荷花进行杂交,已经培育了很多花期长的品种,甚至秋天开花的秋荷,将来培育"五一""十一"都能开花的品种,应该可以变成现实。

⑥专用型品种和兼用型品种的选育。专用品种如盆栽荷花,需高矮合适、丰花;切花品种主要要求花瓣不易脱落、花梗通直不易弯折,耐贮存运输。兼用品种的选育近年来已取得一些成果:花莲与藕莲兼用的品种'宋城夏韵'和'瑶池之星';花莲与子莲兼用的'甜滋滋';观赏与切花兼用的品种'如润''草原之梦''至尊千瓣''至高无上'等。利用泰国热带型荷花与亚热带型子莲杂交,有望选育出能在海南和云南10月以后上市的鲜食莲蓬品种。这些资源为解决我国荷花的花期短、过于集中等问题提供了新的种质资源,而且泰国莲结实率高,莲蓬大,为优良的观赏与食用的兼用品种。这为培育荷花的三季开花、在"十一"甚至在(长江流域)初冬(11月上中旬)能生长开花的荷花新品种提供了重要的遗传基础材料。

必须指出,人们在荷花育种中,不应忽视培育观赏、食用兼用的品种,以全面发挥荷花的功能。还可以培养适应冷凉型气候的荷花品种,为向欧洲推广做准备。

25.3 杂交育种

25.3.1 杂交方式

(1)品种间杂交

可培养出亲本性状互补的优良品种。武汉东湖风景区最早选'古代'莲(少瓣型、粉红色)为母本,'白千叶'(重瓣型、白色)为父本进行杂交,从一个花托里收取7粒莲子,翌年播种后6粒莲子萌发成苗,分栽6缸,其中3缸当年开花,F_1代分离成3个姿色各异的单株,均有别于亲本。分别为单瓣型淡粉白色;复瓣型粉红色;重瓣型白色,外瓣微绿色,瓣尖红色。表明荷花人工选择的多样性,有效地推动了遗传多样性的发展。而荷花品种潜在的遗传多样性,又促使它们发生变异而重新组合产生新品种。如1981年以'红千叶'(大株型、重瓣型、红色花)为母本,'厦门碗莲'(小株型、少瓣型、白色花)为父本进行杂交,培育的'杏花春雨'(中株型、重瓣型、粉红色)兼具亲本的优良性状。目前荷花的很多品种均是通过品种间杂交培育获得。

(2)种间远缘杂交

莲属仅2种,一是中国莲(*N. nuncifera*),二是美洲黄莲(*N. lutea*)。它们只存在地理隔离，不存在生殖隔离。将两者进行远缘杂交，可获得优于亲本性状的杂种荷花新品种。如早在1962年由中国莲'红千叶'与美洲黄莲杂交育成的'伯里夫人'；南京艺莲苑花卉有限公司再以'伯里夫人'为亲本自花授粉，育成的重瓣大型黄色品种'友谊牡丹'莲与美洲黄莲回交，育成了'金太阳'。中国科学院武汉植物园用♀'红碗'莲（小株型重瓣红色品种）×♂美洲黄莲，从F_1代中选育成'龙飞'，是中株型、半重瓣、白色品种，花型呈飞舞状。中国科学院北京植物园用♀'粉碗'莲（小株型半重瓣粉色品种）×美洲黄莲，育成小株型、半重瓣、红色品种'春山拂翠'。湖北荆州技工学校用♀美洲黄莲×♂'玉楼台'（小株型重瓣白色品种），从F_1中培育成中株型、重瓣、淡橙黄色'霸王袍'，其花型、花态似父本，而花色极为罕见。中国荷花研究中心用♀'锦边'莲（小株型重瓣爪红色）×♂美洲黄莲，从中育成中株型、半重瓣、淡黄色的品种'黄鹂'，其花型介于两亲本之间，花色接近父本，多花性胜过母本。

通过种间杂交，因基因重组的幅度扩大，能表现出惊人的多样性。中国莲加入黄色荷花血统所产生的后代，诸多性状及观赏价值超过了亲本，姿色均有独到之处。如中国科学院武汉植物园用♀'红碗'莲×♂'舞妃'莲，育成'佛手'莲，别具风姿；中国荷花研究中心用♀'黄鹂'×♂'玉碗'，育成的'玉鹂'是小花、重瓣的橙黄色莲，可谓碗莲中绝品。亲本亲缘关系越远，杂交后代突变概率越大。因此，利用亲缘关系远、性状差异较大的亲本进行杂交，能提高杂种异质结合程度，丰富遗传基础，杂交后代常常能表现出强大的杂种优势。

25.3.2 自然杂交选育

（1）母本选择

培育观赏莲，首先要开花多、易开花，培育碗莲尤其如此。因此要选择当年播种着花率高的品种作母本，播种当年着花率的高低与母本开花多的遗传性状有关。例如，1988年武汉东湖花卉盆景研究所选取34个中、小株型品种的自然杂交莲子播种后，分别植于花盆中，有27个品种的实生苗当年开花，占母本品种数的79%，其中有15个品种的植株开花率达50%以上。1995年播种自然杂交莲子，其中'小醉仙'后代4盆，有3盆开花，当年开花率为75%；'喜上眉梢'后代5盆，有4盆开花，当年开花率达80%，内有1盆竟着花8朵。小盆播种苗着花如此繁密，实属罕见。选用杂种F_1代作母本，实生苗当年着花率更高，如'东湖春晓'当年开花率为50%，'晓霞'为79%，播种的'娃娃'莲，当年着花最多的一盆为4朵，而1996年从'娃娃'莲F_1代选育的'小天使'，播种当年着花8朵。

（2）选育方法

荷花品种的遗传基础具有杂合性，各品种本身属多基因型的杂合体，在名品荟萃的资源圃里，由于自然传粉的结果，从自然杂交实生苗中都能选出具有优良性状的单株，通过无性繁殖，这种半同胞无性系后代获得的优良遗传性状基本不变。在育种实践中，此育种手段虽古老，盲目性大，仍不失为有效途径。20世纪80年代以来，中国荷花研究中心在常规育种时，除少数品种从混合苗中选得外，从自然杂交后代中选育荷花新品种128个，占杂交育种所得荷花新品种的89.51%。例如，从中株型、重瓣、白花的'白碗'莲实生苗中选育的小株型、重台型、白花'玉碗'，植株变小，开花增多；从'玉碗'F_1代中选育出的'玉碟托翠'，亦为小株型、重台型、白花品种，其最大特点是能在雨天正常开花。美洲黄莲的自然杂种后代中也出现一些优良无性系，如'小舞妃''美中红''金莲花''金雀'等。

在池、缸、盆栽中，有时发现与母株花态不同的花朵，为莲实落在泥中萌发而产生的变异单株，也属自然杂种后代。一旦发现，可去劣留优，取出另栽观察。如中国荷花研究中心曾从淡黄色的'小金凤'品种池中，分离出红色花的'红灯'，它的每一花瓣的基部有同色更深的小斑块。

25.3.3 人工杂交方法

（1）亲本选择

母本必须是雌蕊发育正常、开花多、结实率高的品种。所选亲本以综合性状较好、优缺点互补者为佳。如中国荷花研究中心用'白雪公主'作母本，与美洲黄莲杂交，其目的是培育小株型的黄色碗莲，结果如愿以偿，育成的'莺莺'兼具亲本的优良性状。中美杂种莲后代'佛手观音''小舞妃'等比一般品种始花期早15d左右，若要培育早花品种，它们应是亲本的首选对象。一般花莲品种耐深水性差，黑龙江野生荷花多能耐水深1.8m左右，承德避暑山庄钦池中的'奥汉莲'，叶柄长达2.4m。2002年在云南丘北县普者黑荷荡，发现有耐水深3.2m的荷花。无疑，它们是培育耐深水供湖塘观赏品种的最佳亲本材料。

花莲、子莲开花均多，但二者的藕细小，产量低，品质差；前者的结实率低。藕莲开花稀少，有的甚至不开花。选用子莲与花莲，或藕莲与花莲中性状优异者杂交，取长补短，培育兼用品种已初见成效。如湖北省水产研究所叶奕佑等用♀'白建莲'×♂'红千叶'，培育出'子莲13号'，生长势强，耐深水，开花多，结蓬率和结实率均高，既能增加莲子产量，又为美化水景添色。武汉蔬菜研究所傅新法等用♀'81-56'（白花、藕优、花少）×♂'长征泡子'（爪红、藕品质一般，花多），育成'鄂莲4号'，其花色近父本，开花多，结实率中等，藕高产，每亩产藕可达2500kg，品质可与母本媲美，花时菡萏满塘，观赏价值亦高，为较好的兼用品种。将来利用各类种质资源育成观赏价值高、莲子和藕丰产的三用品种，或有可能。

（2）开花习性

了解荷花的开花习性，采取相应的技术措施，才能取得育种实效。荷花单朵开花全过程为松蕾、露孔、开放和花谢4阶段。

①松蕾 当花蕾发育至开放的前2d，花瓣由层层紧贴到逐渐松动，手触有柔软感。初开的前1d，剥开花瓣，当发现柱头上附有黏液时，表明可进行人工授粉。

②露孔 膨松的花蕾由封闭状从蕾尖开启一小孔，雌蕊柱头呈黄色，充满黏液，已达成熟。雄蕊紧附花托，花粉尚待成熟。此时是去雄、授粉的最佳时机。

③开放 花瓣舒展，露出雌雄蕊，由微开逐渐张开。随之柱头上黏液干黑，雄蕊散离花托，花粉陆续散落，表明雄蕊比雌蕊晚熟1d。此刻应抓紧收集花粉备用，若进行授粉则为时已晚。

④花谢 单朵花开合3d后花瓣陆续凋落（花萼先已脱落），雄蕊花药萎缩，附属物倾倒，随之枯落。

荷花雌蕊早熟的习性决定了荷花为异花授粉植物，主要靠昆虫传粉。自花授粉亦可孕，但概率极低。

（3）授粉

荷花杂交授粉和其他花卉杂交授粉一样，授粉前将工具备妥。杂交应在初开前1~2d进行。授粉应选取在晴天早8：00以前；雨天花粉易受潮，丧失萌发力，不适合做杂交。授粉前将收集的花粉置于培养皿内，写明品种。授粉时用毛笔蘸花粉反复涂抹母本花托的柱头。简单的做法是将当即采得的成束雄蕊，用镊子夹住直接堆放在母本花托顶部，任花粉自然散落在柱头上完成授粉。如果进行正反交，可结合去雄同时进行。单交的去雄工作不可免，应在授粉前1d操作。授粉后将花瓣束拢，用绳或回纹针将瓣端扎住，无须套袋，同样可防止昆虫闯进捣乱。然后系标牌，注明亲本名称、杂交日期、杂交组合、编号等。据黄国振等（1982）显微观察，初开的花朵，清晨授粉3h后，花粉管已伸到子房腔内。6h后，花粉管进入胚囊，授粉后6~8h完成双受精过程。故清晨8：00前后授粉的花朵，16：00后便可取消捆扎物，这样可减轻花梗负担，也可避免花被因呼吸热而发霉腐烂。

（4）杂交莲子的采收

莲子成熟所需时间因授粉时间不同和气温高低不同而异。一般在授粉后25d左右心皮即开始转色；杂交后1个月，种子表皮褐色，轻轻摇晃莲子可从莲房脱落，此时莲子完全成熟可以进行采收。于晴天中午剪取莲蓬，将每个花托中的莲子分别收拾，连同标牌，一并装入纸袋，袋上注明编号、父母本、采收日期，然后将袋封存于干燥通风处备用，以防霉烂。莲子没有后熟和休眠期，收下的种子可当即浸种催芽，进行播种。在一些花莲品种间的杂交新鲜种子，7月上、中旬播种，到8月中旬即可现蕾开花，当年即可选择。杂交种种植时，应将其父母本相邻种植作为对照，以便甄别性状。

25.3.4　自交纯系育种

荷花主要为异花授粉植物，本身又为杂合体，自然杂种的后代，均产生分离，保持纯系很难。中国科学院武汉植物园从'红碗'莲的连续自交后代中选育出碗莲新品种'满江红'，从'白海莲'自交后代中选取育成'小碧台'，从'小舞妃'自交后代中选取育成'出水黄鹂'。由于遗传基础趋于同质化，自交纯系个体形状整齐，能结实，进行有性繁殖，需建立隔离栽培区，通过姐妹交，生产大量商品化的纯系种子。此法尚可深入试验、探索。

25.4　倍性与诱变育种

25.4.1　倍性育种

一般荷花品种均为二倍体，即$2n=2x=16$。大湖荷花中可能存在着天然三倍体，只是未被发现而已。1981年王其超在武汉东湖荷圃，从'东湖春晓'的自然杂种F_1代中发现一个单株，花硕大猩红，亮丽矫健，叶和柄挺拔坚硬，不结实。经镜检，其染色体为$2n=3x=24$，证明为天然三倍体，后命名为'艳阳天'。1983年王其超从几盆'艳阳天'中，发现一盆开红色重瓣型花，植株变小，心皮瓣化，花色较'艳阳天'稍深，显然是'艳阳天'的芽变单株，培养两年后取名为'紫玉莲'。1994年又从盆栽'艳阳天'中发现一芽变单株，植株更小，花重瓣，花色近似'紫玉莲'，雌蕊的变化同'艳阳天'，不结实，栽培3年性状稳定，命名为'大紫玉'。'紫玉莲'与'大紫玉'的花态与资源圃的所有品种比较无一雷同，说明确系由'艳阳天'芽变而来。这为不能结实的重台莲型、千瓣莲型从芽变中产生新品种寄托了希望。只要平时留意观察，或许会有奇迹出现。

改变荷花染色体倍性，无论是单倍体还是多倍体，都可获得新的品种。如中国科学院武汉植物园曾取来自福建建宁的建莲莲子破头浸种，待第二片叶长出后，用0.05%秋水仙碱溶液浸泡48~72h，培养成四倍体建莲，其株型较高大，叶片肥厚，花瓣宽而直硬挺立，雌蕊发育正常，能结实。1983年武汉市东湖风景区从该园获得建莲四倍体莲子，播种后选育出开红色花的'建乡壮士'和开白色花的'建乡玉女'，其株型、花型、花态、雌雄蕊发育情况均接近母本，唯开花繁茂，观赏价值较建莲高。

现有荷花品种中三倍体极少，单靠芽变选育三倍体的概率极低；如果有计划、有目的地用二倍体品种与四倍体品种杂交，人工培育三倍体荷花大有希望。

25.4.2　辐射育种

20世纪80年代以来，辐射诱变在荷花品种改良上取得较好成效。武汉市东湖风景区于1981年将湘莲莲子用1000γ射线处理，育成'点额妆'，与母本比较，变异幅度小，仅花瓣的尖端红色部分格外耀眼，单盆开花数较母本多1倍。湖南省农业科学院蔬菜研究所于1986年从'湘白莲06号'经^{60}Co辐射处理的苗中选育出'丹顶玉阁'，花色变化虽小，但由少瓣型跃至重瓣型，花瓣数平均达123枚，将子莲诱变成花莲类型，大大提高了观赏价值。近几年，南京艺莲苑用3年时间先后以不同剂量^{60}Co处理多个品种的莲子，从子代中选获50多个颇有观赏价值的花莲品种，有的已批量生产，投入市场，颇受青睐。

25.4.3　太空育种

江西省广昌县白莲研究所在子莲太空育种上取得可喜成绩。1994年该所将13个品种的442粒白莲莲子搭载"940703"科学实验返回式卫星，经太空诱变的莲子，在地面种植后，第一代产生广谱分离，变幅大，优劣性状并存。经过1996年、1997年两年对比试验，留优去劣，又经1998年大面积试种，终于育成'太空莲1号''太空莲2号''太空莲3号'及'太空莲36号'等优良子莲新品种。其中'太空莲36号'花单瓣，白色，瓣尖红色；莲蓬碗形，蓬面平凹；莲子椭圆形；花柄高于叶柄10cm以上，明显为叶上花，有利于授粉，从而将结实率提高到85%以上，而且观赏效果倍增。新生地下茎（即"莲鞭"）节间距为25.5~29.0cm，比对照短。节间短的品种着花密，每亩可着花8000朵以上，有效莲蓬6000~7000个。莲子采摘期长达120d，而一般子莲为90d。莲子粒大，百粒重106~108g，每亩产子125kg左右。太空莲F_1代中，有的单株在一个藕节上出现双立叶，有的一株上出现红、白二花色及少瓣、重瓣两种花型。表明太空育种为培育珍稀花莲新品种开辟了新途径。

25.5　新品种筛选与登录

一般采用单株选择法，从自然杂交或诱变的实生苗中选优良单株；或从人工杂交的后代中选择亲本性状互补的优良单株。将每个单株进行无性繁殖，再按育种目标和新品种评选标准对各无性系分3年进行筛选。实生播种和无性扩繁均按常规育苗技术在盆缸中栽种。

25.5.1 观察记载项目、内容与方法

从第一年播种开始，保留实生苗中当年开花者，无花植株的株型、叶片差异显著者，逐盆记载，其他淘汰。以后各年对筛选过程中中选的各无性系逐盆记载。记载应在统一的观察项目、内容和方法下进行。

①株型　分大、中、小。大株型的立叶高50cm以上，叶径30cm以上，花径18cm以上。小株型的立叶高33cm以下，叶径24cm以下，花径12cm以下。中株型介于二者之间。

②花期与开花数　记载始花期和最后一朵花的凋谢期，统计单盆开花朵数。

③花型、花色　单朵花瓣数在20枚以内者，为少瓣型；21~50枚者为半重瓣型；50枚以上者为重瓣型；心皮绝大部分呈泡状或瓣化者为重台型；雌雄蕊全瓣化、花托消失、花瓣数逾800枚者为千瓣型。记载花型时可查对英国皇家园艺学会色谱附记花色。

④花态、花径　按花盛开时花冠自然舒展时的最佳姿态，分为碟状、碗状、杯状、叠球状和飞舞状，并测定花径。

⑤花蕊　按雄蕊完整或瓣化程度描述为"雄蕊多数""少数瓣化"和"多数瓣化"。不同品种雄蕊附属物有大小之分，颜色有白、乳白、淡黄、黄、红诸色。

⑥雌蕊与结实　雌蕊心皮大多数发育成果实者，为"正常结实"；有的心皮呈"泡状"或"部分瓣化"，其他正常为"部分结实"；有的心皮"多瓣化"为"少数结实"或"不结实"。

在筛选过程中应拍摄各无性系盛开花朵的特写彩片，整理原始记录，为筛选提供数据。

25.5.2 筛选过程与标准

分预选、初选、复选和选定（决选）4步。预选指播种后开花的单株，编号挂牌，只记载开花朵数、花型、花色等主要性状。第二年将预选的单株分栽在较大的盆中，如果此单株长的种藕有2支以上，便观察彼此形态区别。分栽后绘制圃地图，管理中不得搬动盆位，出现死苗应保留缺盆位，以减免错乱。花期观察形态特征和开花习性，拍摄照片，花后整理原始记录，将那些有别于原有品种性状且达良好以上者都筛选出来，这个过程即为初选。复选是将初选出来的各单株，翌年除分别栽于原盆外，还分别栽在小号盆和荷缸中，以便观察同一无性系在不同容器中株型的稳定性。第4年才进入选定，即将复选的各无性系单株记录整理后，填入统计表内，按量化的各性状数据，逐一逐项评分（表25-1），按得分高低评定等级。凡60分以下者淘汰，60~69分为丙级，70~79分为乙级，80分以上者为甲级。将中选的各无性系，初步给以名称供鉴定用。

在预选、初选、复选、选定过程中，凡不合格者，除保留其中极少数某一性状特别突出或值得继续观察者外，其余一律淘汰，以减轻工作量。

25.5.3 荷花品种国际登录

栽培植物品种登录是给一个品种合法名称的注册、登记、发表的过程，以保证植物品种名称的合法、唯一和稳定。国际园艺协会（International Society for Horticulture Science,

表 25-1　荷花新品种评选标准（王其超、张行言，1985）

项目	大株型（容器为缸）			中株型（容器为缸）			小株型即碗莲（容器为盆）			
	分值	标准	得分	分值	标准	得分	分值	要求	标准	得分
开花朵数	30	每朵	3	30	每朵	2	30		每朵	3
花径	10	20cm以上	10	10	15cm以上	10	20	≤12cm	8cm以下	20
		17~19cm	8		13~14cm	8			每小1cm	加3
		16cm以下	6		12cm以下	6			12cm	8
立叶高度		50~150cm			≥33		10	≤33cm	15~16cm	10
									每高1~2cm	减1
花、叶高差比	10	花柄明显高于叶柄	10		同大株型			同大株型		
		花柄与叶柄等高	5							
		花柄低于叶柄	0							
叶径		30cm			≥24cm		10	≤24cm	15cm	10
									每加大1cm	减1
花色	30	黄、复色或特异花色	30		同大株型	10			鲜艳、复色或特异或素雅	10
		鲜艳或素雅	20						较鲜艳	6
		一般	10						一般	3
花型、花态	20	雌雄蕊瓣化程度高或姿态潇洒	20		同大株型	10			雌雄蕊瓣化程度高，或花型特殊，或潇洒优美	10
		一般	10						一般	5
合计	100			100			100			

ISHS）栽培植物品种登录委员会负责世界栽培植物品种的登录，按目前ISHS官网公布，截至2022年6月30日，负责栽培植物国际登录权威的组织或单位（International Cultivar Registration Authority system，ICRAs）有165个，且每年还有新的权威机构和植物类群加入国际登录。

ICRAs有三大基本职能：

①对栽培品种和品种群进行登录，一般在一个属内一个品种名只允许使用一次，严格审查登录品种标准，只有符合标准的才可以登录。

②全面记录、发表同一属内所有品种名，无论是现在使用的还是过去的历史记录，都要全部收录，出版国际性、权威性的品种名录。

③尽量全面、详尽地记载某一种类植物品种和品种群的起源、特性和历史。

ICRAs通过发行权威性的品种名录和登录薄，其中收录了所有已知的及已经使用的品种名，来实现提高对植物栽培品种和品种群名称稳定唯一性的目的。

自从2008年中国的 *Nelumbo nucifera* 'Pink Lips'（'粉唇'）和泰国的 *Nelumbo nucifera* 'Chandrakomen' 两个荷花品种首次完成登录以来，截至2021年年底共有212个荷花品种登录，目前国际登录的荷花品种大部分来自中国，仅有少数来自泰国、越南、印度和新加坡。

（陈龙清　王其超　张行言）

思考题

1. 目前荷花育种的主要目标是什么？与野生荷花相比，荷花育种取得了哪些进展，还有哪些潜力？
2. 你知道花莲与藕莲的主要区别吗？能否育成花藕兼用的品种？
3. 简述荷花杂交育种的过程。其关键环节是什么？
4. 莲属的分类体系与种间杂交不亲和性有无关系？如何证实？
5. 如何结合自发突变开展荷花的诱变育种？
6. 简述荷花新品种选择的标准和过程。荷花专家如何选出大众喜爱的新品种？

推荐阅读书目

观赏荷花新品种选育. 2022. 丁跃生，姚东瑞. 江苏凤凰科学技术出版社.
荷花切花生产与应用. 2023. 丁跃生，滕清，章志远. 江苏凤凰科学技术出版社.
中国荷花品种图志. 1989. 王其超，张行言. 中国建筑工业出版社.
中国荷花品种图志·续志. 1999. 王其超，张行言. 中国建筑工业出版社.
中国荷花品种图志. 2005. 王其超，张行言. 中国林业出版社.
中国荷花新品种图志Ⅰ. 2011. 张行言，陈龙清，王其超. 中国林业出版社.
中国莲. 1987. 中国科学院武汉植物研究所. 科学出版社.
魅惑の花莲. 1990. 渡边达三. 日本公园绿地协会.

第26章 郁金香育种

[**本章提要**] 我国新疆最早引种栽培郁金香，经由西亚、土耳其，传到荷兰，发扬光大之后再成为风靡欧美各国的世界名花。郁金香花色纯净、艳丽，花型高脚杯形，花瓣天鹅绒质地；加之商品化程度高，栽培容易，开花整齐，深受世界各国人民喜爱。本章从育种简史，种质资源，育种目标及其遗传基础，杂交育种，突变、多倍体与生物技术育种，良种繁育与产业发展6个方面，论述了郁金香育种的理论和技术。

郁金香在荷兰已有430年的栽培历史，这大多可归功于荷兰莱顿大学的植物学教授卡罗卢斯·克卢修斯（Carolus Clusius，1526—1609年）。1593年他将从土耳其引种到维也纳的郁金香带到了荷兰，此后传遍荷兰、欧洲，乃至整个世界。19世纪末，我国上海已有郁金香栽培；20世纪初，南京、庐山等地也有引种，但鳞茎退化严重（只能种1~2年）。1980年北京植物园引种后，分发给有关单位试种。西安植物园张莹等人经多年研究，鳞茎退化问题已基本解决，并于1988年在全国率先举办郁金香花展。北京植物园王雪洁等人（1982）曾将郁金香栽培品种与我国原产的野生种进行杂交，选育出一批优良后代，并进行了组培快繁技术的研究。目前国内已有大量郁金香生长发育与种球复壮、采后生理与技术等方面的研究报道。近年来，遗传育种的报道也逐渐增多。我国是郁金香野生资源的重要分布地，有超过10%的野生郁金香资源分布在中国，这些野生资源是选育"中华郁金香新品种群"的珍贵育种材料。

26.1 育种简史

郁金香是百合科郁金香属（*Tulipa*）的多年生鳞茎植物，约150种，主要分布在北半球北纬33°~48°欧亚大陆的广大地区，我国新疆是野生郁金香资源的重要分布地。郁金香从天山山脉和帕米尔高原地区，沿着丝绸之路，经土耳其传到维也纳，随后再传播到荷兰（产祝龙，2017）。公元10~11世纪，土耳其突厥人在天山山谷里发现了野生的郁金香，带回国后开始在花园里大量种植，因此，土耳其突厥人最先在花园里大量种植野生郁金香。随着奥斯曼帝国的创建，奥斯曼人将郁金香提升到了一个前所未有的地位。1550年，以土耳其的港口城市君士坦丁堡（现称伊斯坦布尔）为中心的郁金香贸易市场开始出现。塞利姆二世（SelimⅡ）1574年曾令Sherriff of Aziz为皇家花园准备5万个种球。最早将庭院郁金香引入欧洲栽培的是布斯拜克（Ogier Ghiselain De Busbecq，1522—1592年），一位罗马帝国出使奥斯曼帝国的大使。后来形成了荷兰的"郁金香狂热"（Tulipmania）和奥斯曼历史上的"郁金香时代"。

荷兰的郁金香栽培，大多可归功于"郁金香之父"卡罗卢斯·克劳修斯。他于1568年前后移居比利时梅切伦市，开始种植郁金香。1573年，罗马帝国皇帝马克西米利安二世（MaximilianⅡ，1527—1576年）邀请克劳修斯在维也纳建立皇家植物园，克劳修斯在罗马帝国种下了郁金香。1592年，克劳修斯到荷兰新成立的莱顿大学（University of Leiden）任职。1593年，克劳修斯在莱顿大学植物园种下了郁金香种球。1594年春天，郁金香第一次在荷兰的大地上开放，成为莱顿大学植物园的亮点。众多游客和商人纷至沓来，并向克劳修斯求购。由于求购不成功，1596年和1598年，莱顿大学植物园的大量郁金香种球被盗。郁金香被盗事件从客观上促进了郁金香在荷兰的种植和发展，并逐渐开启了"郁金香狂热"时代。当时在丰厚利润的驱使下，不仅富有的商人不想错过这个机会，中产阶级和小商人也抵御不了郁金香暴利的诱惑，被卷入郁金香的炒作贸易中。在这种形势下，整个荷兰被郁金香和郁金香种球贸易的魔力所支配，全境掀起了郁金香狂潮。单个郁金香种球的价格被推高到了匪夷所思的地步，是当时黄金价格的上百倍。并进一步升高到每个种球4000荷兰盾，相当于当时木工技师年薪的10倍。郁金香种球的贸易不仅可以以现金的形式支付，也可以"以物易物"的形式进行。人们为了获得一个垂涎欲滴的郁金香种球，经常拿出他们的所有财产进行交换。郁金香种球到手之后再把它卖掉，从而获得巨额的利润。1637年初，郁金香价格达到顶峰，'Semper Augustus'郁金香品种的1个鳞茎，售价高达13 000荷兰盾，当时这个价格能够在最繁华的阿姆斯特丹运河地段买一栋最为豪华的别墅。"郁金香泡沫"破灭后，郁金香的价格才能够被普通的人们所承受，郁金香迅速开遍了荷兰的大街小巷。

在奥斯曼帝国艾哈迈德三世（AhmadⅢ，1673—1736年）时代（1702—1720年），土耳其的郁金香栽培也出现了像荷兰1634—1637年的"郁金香狂热"。历史学家将1718—1730年称为奥斯曼历史上的"郁金香时代"。当时Sheik Mohamed Lalizare曾在其著作中列举了1323个品种，另外还附有一个很长的土耳其郁金香品种表。并指出花瓣带斑点、形如杏花的郁金香品种是土耳其的理想品种；但在欧洲却不受欢迎，欧洲人喜欢花瓣圆形的品种。"郁金香时代"人们对郁金香花园产生了浓厚的兴趣，这不仅仅是一个审美趣味高涨的时期，也是在激烈的战争年代，难得的一个和平繁荣的时期。

随着时间的推移，郁金香品种出现了各种各样的花型与花色，与早先引种的大不相同。为了满足国际上对郁金香球根的大量需要，英格兰的Spladting、林肯郡，美国西部和哥伦比亚都曾大面积种植。现存的野生郁金香无一能被证明是栽培品种的原始种，但是根据染色体行为和种间不育性特征，可以证明现代郁金香栽培品种可能起源于单一种而非杂种。Danil Hall在《郁金香属志》（1940）中指出，除不能与栽培郁金香杂交的Clusiana-Stellata组外的所生野生种，其他均具有黄色花心。栽培郁金香可能起源于黄色花心的野生种在栽培条件下发生的白色花心突变；这些突变种的相互杂交产生了现代栽培郁金香的祖先——土耳其郁金香。有人认为矮生的Duc van Tol郁金香（现归单瓣早花型）起源于南俄罗斯的*Tulipa armena*，但无直接证据。荷兰和英国的育种者 选育的'卡特芝'（'Cattage'）郁金香（现归单瓣晚花型）是从土耳其郁金香选择而来的，其形态为处于早期的土耳其郁金香与荷兰郁金香的过渡类型。

了解过去品种分类的依据，对现有品种的分类具有重要的指导作用。达尔文郁金香以健壮挺拔的花梗、方形厚实的花冠而著称。1899年，达尔文郁金香与福斯特郁金香*T. fosteriana*杂交，产生了流行的达尔文杂种系。1923年瑞金斯堡（Rijinsburg）的Messrs Zandbergen引种了由哈勒姆的Messrs Zocher和Co培育的，可能是单瓣早花品种与达尔文郁金香杂交的一类郁金香杂种，他将其命名为喇叭郁金香，随后进行了许多类似的杂交。1958年百合花型分化出来，其亲本可能是*T. retroflexa*与'卡特芝'郁金香。1981年，皱边型和绿花型被分别列入品种名录。

26.2 种质资源

26.2.1 野生资源

种质资源系统分类的研究是育种的基础。郁金香属到底有多少种，说法不一。一说150多种（《中国植物志》，14卷），一说100多种（《RHS Dictionary of Gardening》），还有一说是55种（Raamsdona，1997）。现有的种尚未彻底弄清，还有新种问世，如*T. heweri*（Raamsdona，1998）。Raamsdona（1997）通过对34个形态性状的主成分和典型变量分析，结合杂交试验和染色体观测，将现有55种之中的50种分为2亚属：郁金香亚属（Subgenus *Tulipa*）和毛蕊亚属（Subgenus *Eriostemones*），分别含有5组和3组。另外还有利用同工酶的多态性研究种间、种内遗传分化的报道（Protopapadakis，1995）。我国是郁金香属植物重要的分布地区，《中国植物志》出版后，陆续有10余个新种及近缘种被发现和报道，随着我国科研人员调查研究的继续深入，将会有更多的新种被发现。目前，已经报道的野生郁金香及近缘种有24种（含1变种）。分为4组，有苞组（已单列老鸦瓣属，为近缘属）包含9种，主要分布在东北和长江中下游各省份；毛蕊组包含3种；长柱组包含3种；无毛组包含9种（含1变种），均分布在我国新疆。我国分布的15种野生郁金香资源具体如下文（谭敦炎，2005；屈连伟，2018；崔玥晗 等，2020；杨宗宗 等，2021；产祝龙 等，2022）。

26.2.1.1 郁金香属（Tulipa）

（1）无毛组（Sect. *Leiostomones*）

无苞片；花丝无毛；近无花柱；鳞茎皮内近无毛或有伏毛（上部或全部）或密生柔毛。本组已报道9种（包含1变种）。

①伊犁郁金香（*T. iliensis*） 花单朵顶生，黄色；外花被片背面有绿紫红色、紫绿色或黄绿色条纹，内花被片黄色，花凋谢时颜色变深。株高、叶形和花径随生态环境不同而差异较大。产于新疆沙湾、新源、尼勒克、巩留、伊宁、奎屯、奇台、阜康、乌鲁木齐、呼图壁、玛纳斯、精河等地，生于海拔400~1100m的山前平原、低山坡地、干旱山坡、碎石草地，常大片生长。

②天山郁金香（*T. tianschanica*） 本种与伊犁郁金香相似，但植株矮小，外花被片外侧具红绿色条纹，茎无毛。产于新疆西部的巩留、察布查尔、昭苏等地，生于海拔1000~1800m的山地草原或河边草地。

③阿尔泰郁金香（*T. altaica*） 鳞茎较大，直径2~3.5cm；鳞茎皮纸质，内面全部有伏毛或中部无毛，上部上延。茎上部有柔毛。花单朵顶生，黄色；外花被片背面具橘红色条纹，内花被片有时也带淡红色彩，萎凋时变深。产于新疆西北部塔城、额敏、裕民、托里等地，生于海拔1300~2600m的阳坡和灌丛下。

④新疆郁金香（*T. sinkiangensis*） 鳞茎皮纸质，上延，内面有密伏毛，中部毛少或无。茎无毛，偶上部有短柔毛。叶片3，反曲，边缘多少皱波状，上面有毛；下面的1枚叶长披针形或长卵形；上面的2枚较小，先端卷曲或弯曲。花1至多数，顶生；花被片先端急尖或钝，黄色或暗红色，外花被片矩圆状宽倒披针形，背面紫绿色、暗紫色或黄绿色，内花被片倒卵形，有深色条纹；雄蕊等长，花丝无毛，从基部向上逐渐扩大，中上部突然变窄，顶端几成针形；子房狭倒卵状矩圆形。花果期4月。产于富蕴、沙湾、伊宁、奎屯、乌鲁木齐、昌吉、呼图壁等地，生于海拔1000~1300m的平原荒漠、石质山坡。为新疆特有种。

⑤准噶尔郁金香（*T. schrenkii*） 鳞茎皮薄革质，内面上部有伏毛，少数基部有毛。茎长25~35cm，通常1/2埋于地下，无毛。叶片3~4，疏离，披针形或条状披针形；最下部1枚较宽。花单朵顶生；内外花被片均黄色，先端有的具尖凸或渐尖，外花被片椭圆形，内花被片长倒卵形；雄蕊等长，花丝无毛，从基部向上逐渐变窄；几无花柱；花期5月。产于新疆裕民、托里、新源、伊宁、温泉等地，生于海拔900~1200m的平原荒地、草原。

⑥塔城郁金香（*T. tarbagataica*） 鳞茎皮褐色，革质，上端不上延，内侧基部和顶部有伏毛。茎高10~15cm，有毛。叶片3枚，边缘皱波状，无毛，基生叶宽披针形，宽度超过茎生叶宽的2倍，茎生叶线状披针形。花单朵顶生，钟形；外花被片椭圆状卵形，略锐尖，深黄色，背面青绿色或淡红色，内花被片椭圆形深黄色；雄蕊6枚，等长；花丝深黄色，无毛，从基部向上逐渐变窄；子房卵状圆筒形，花柱退化，不明显。蒴果矩圆状，长4~6cm，顶端稍钝且有喙，喙粗壮。产于新疆塔城，生于海拔1200~1600m的灌丛、草甸或砾石山坡。为新疆特有种。

⑦赛里木湖郁金香（*T. thianschanica* var. *sailimuensis*） 本种为天山郁金香的变种，不同在于赛里木湖郁金香植株高大，高15~25cm；鳞茎大，直径2~4cm；叶排列疏离，长不超过花梗；花朵大，直径6~8cm；蒴果较小，长1.5~2.5cm，宽1.5~2.5cm。花期5月。产于新疆

博乐（赛里木湖地区），生于海拔2100m左右的湖边草地。为新疆特有种。

⑧四叶郁金香（*T. tetraphylla*）　鳞茎皮薄革质，红棕色，内面上部被伏毛。茎长可达20cm，无毛。叶（3~）5或7枚，在基部排列紧密，边缘皱波状。花1~4朵；花被片黄色，长圆形至长圆状菱形，在花初期时伸展，后反折，外轮花被片微具紫色，背面带绿色；内轮花被片背面暗绿色；花丝无毛，中部稍扩大，向两端逐渐变窄；几无花柱。蒴果卵圆形。花期4月。产于新疆新源、巩留等地，生于海拔600~1000m的干旱山坡、碎石坡地。

⑨迟花郁金香（*T. kolpakowskiana*）　据《中国植物志》（1980）记载，本种也产于我国新疆，与伊犁郁金香（*T. iliensis*）相近，区别是：本种花丝从基部向上逐渐变窄（后者花丝中部稍扩大，向两端变窄）；茎无毛；开花较晚，花期短。还未采到标本。

(2) 毛蕊组（Sect. *Eriostemones*）

无苞片；花丝有毛；有较短的花柱；鳞茎皮内无毛、有伏毛或有柔毛。本组已报道的有3个种。

①柔毛郁金香（*T. buhseana*）　花单朵顶生，较少2朵；花被片鲜时乳白色，干后淡黄色，基部内侧鲜黄色，花药顶端有黑色或棕色小尖头。产于新疆北部和西部，生于平原、荒漠或低山草坡。

②垂蕾郁金香（*T. patens*）　花单朵顶生，蕾期和凋萎时下垂；花被片白色，干后乳白或淡黄，基部内侧黄色或淡黄色。产于新疆西北部海拔1400~2000m的阴坡或灌丛下。

③毛蕊郁金香（*T. dasystemon*）　花单朵顶生，乳白色或淡黄色，干后颜色变深，花药顶端有紫黑色或黄色小尖头。产于新疆西部海拔1800~3200m的山坡阳地。

(3) 长柱组（Sect. *Orithyia*）

无苞片；花丝无毛；有较长的花柱；鳞茎皮内无毛或有伏毛（上部或全部）。本组已报道的有3个种。

①异叶郁金香（*T. heterophylla*）　叶2枚对生，宽窄不等。花单朵顶生，黄色；外花被片背面紫绿色，内花被片背面中央有紫绿色宽纵条纹。产于新疆天山北坡海拔2100~3100m的砾石坡地或山坡阳地。

②异瓣郁金香（*T. heteropetala*）　茎无毛。叶片2~3，条形，开展，边缘平展。花单朵顶生，黄色；花被片先端渐尖或钝，外花被片背面绿紫色，内花被片基部渐窄成近柄状，背面有紫绿色纵条纹；雄蕊3长3短，花丝中下部扩大，向两端逐渐变窄，无毛，花药先端有紫黑色短尖头；花柱长约4mm；花期5月。产于新疆北部、东北部和内蒙古锡林郭勒盟，生于海拔1200~2400m的灌丛下。

③单花郁金香（*T. uniflora*）　鳞茎皮呈微黑的褐色，纸质，内面上部具毛。茎长10~20cm，无毛。叶2（或3）枚，线状披针形，通常比花高，无毛，绿色，有时在基部、顶端和边缘染有红色。花单朵顶生；花被片黄色，外轮花被片的背面微带紫色、绿色或暗紫色，倒披针形至倒卵形或披针形至长圆形，内轮花被背面具纵向略带紫色的条纹，中心部分为绿色，略宽于外轮；内轮雄蕊稍长于外轮；花丝基部膨大，先端逐渐狭窄，无毛；花柱长约4mm；花期5月。产于新疆乌鲁木齐、阿勒泰和内蒙古等地，生于海拔1200~2400m的灌丛及开阔陡崖。

26.2.1.2 老鸦瓣属（*Amana*）（近缘属）

最新的被子植物分类系统APG Ⅳ（2016）将《中国植物志》中郁金香属下的有苞组划分为单独的老鸦瓣属，iPlant也已单列为老鸦瓣属。其特点为：靠近花基部具2~4枚对生或轮生的苞片；花丝无毛；有较长的花柱；鳞茎皮内面全部有长柔毛或无毛。本属已报道的有9个种（Wang et al., 2020; Wang et al., 2022a, 2022b; Wu et al., 2022）。

①老鸦瓣（*A. edulis*）　鳞茎皮纸质，内面密被长柔毛。茎长10~25cm，通常不分枝，无毛。叶2枚，长条形，长10~25cm，远比花长，无毛。花单朵顶生，靠近花的基部具2枚对生（较少3枚轮生）的苞片，苞片狭条形，长2~3cm；花被片狭椭圆状披针形，长20~30mm，宽4~7mm，白色，背面有紫红色纵条纹；雄蕊3长3短，花丝无毛，中部稍扩大，向两端逐渐变窄或从基部向上逐渐变窄；子房长椭圆形，花柱长约4mm。蒴果近球形，有长喙，长5~7mm。花期3~4月，果期4~5月。$2n=2x=24$，$2n=4x=48$。原产辽宁、山东、江苏、浙江、安徽、江西、湖北、湖南和陕西等地，生于海拔400~1000m的山坡草地及路旁。

②二叶老鸦瓣（*A. erythronioides*）　本种与老鸦瓣相近，但本种的2枚叶片较宽而短，比花稍长，而且此2枚叶片近等长，通常长7~15cm，不等宽，宽者常15~22mm，窄者9~15mm；本种有苞片3~4枚，轮生；花期4月。$2n=2x=24$。产于浙江、安徽，生于120~860m的草地、竹林下及灌丛中。

1939年报道的日本老鸦瓣（*A. latifolia*）　在我国浙江也有分布，很可能就是本种。英国皇家植物园邱园（The Royal Botanic Gardens, Kew）认为日本老鸦瓣和二叶老鸦瓣是同种异名，Wu等（2022）研究认为在我国分布的日本老鸦瓣与二叶老鸦瓣是分别独立的种。二者是否为同一种，还有待以后作进一步研究。

③安徽老鸦瓣（*A. anhuiensis*）　株高7.5~15.0cm。鳞茎椭球形，鳞茎皮黄褐色，薄纸质，内侧被绵毛，多少上延。茎光滑。叶2枚，对生，倒披针形，灰绿色，第1叶自基部向上3/4处最宽。苞片3枚（少有2枚或4枚），轮生，狭披针形。花单朵顶生，直立，漏斗状；花被片6，粉红色或淡粉色，内侧基部具黄绿色斑块；雄蕊6枚，3长3短，内轮3枚雄蕊比外轮3枚长，花粉黄色，雌蕊花柱与子房近等长。蒴果近球形，果喙长10mm左右。花期3~4月，果期4~5月。$2n=2x=24$。产于安徽潜山县天柱山，生于海拔700~1250m的落叶阔叶林下、溪沟边或灌木丛中阴湿环境。

④括苍山老鸦瓣（*A. kuocangshanica*）　该种与二叶老鸦瓣近缘，区别在于本种株高18~20cm，鳞茎皮内侧多数光滑无毛，少有被长柔毛。叶为倒披针形，第一叶长10.4~25.0cm，自基部向上约2/3处最宽。花药边缘有一紫色条纹。花期2月下旬至3月上旬，果实成熟在4月中旬至下旬。$2n=2x=24$。产于浙江临海市括苍山，生长在海拔400~1380m的竹林下或灌丛中。

⑤皖浙老鸦瓣（*A. wanzhensis*）　鳞茎卵球形，直径1.5~2.5cm，被皮棕色，纸质，内具柔毛。茎无毛，高15~30cm。叶2枚，对生，披针形，长15~30cm，宽1~3cm，脉明显。苞片通常3个，不轮生，长0.1~0.5cm。花单生，漏斗状，花被片6，白色，基部有绿色斑点，背面有棕色条纹；雄蕊3长3短，内轮略长，花药长0.4~0.6cm，黄色，花丝长0.5~0.7cm，白色；卵形子房，黄绿色，长0.6cm，花柱长1cm。果三瓣，长1~2cm，宽0.5~1cm。花期2~3

月，果期3~4月。本种与二叶老鸦瓣亲缘关系较近，但苞片更短，花药黄色，花被片枯萎后脱落。2n=2x=24。产于安徽宁国市仙霞镇，生于海拔300~1130m的潮湿竹林或草地。

⑥宝华老鸦瓣（A. baohuaensis） 鳞茎卵形，直径0.4~1.2cm，鳞茎皮褐色，纸质，内侧具密绒毛。茎长15~40cm，纤细，无毛。叶2枚，对生，线形，绿色，近中脉灰白色，15~45cm，宽0.4~1cm。苞片通常有3个，生于花下1~1.5cm，轮生，线形，绿色或紫色，长1.4~3.2cm。花单朵顶生，漏斗形；花被片6，白色，内部最基部有深绿色或黄绿色斑点，背面紫红色条纹，外花被片长1.5~3.5cm，宽0.3~0.6cm，内花被片稍小；雄蕊3长3短，内轮略长，花药紫褐色，长0.4~0.6cm；花丝黄绿色，长0.5~0.7cm。果实三瓣椭圆形，黄绿色。花期2~3月，果期4~5月。2n=2x=24。产于江苏宝华山和安徽狼牙山，生于海拔70~350m的潮湿的落叶阔叶林中。

⑦南岳老鸦瓣（A. nanyueensis） 鳞茎卵形，直径1.0~1.5cm，磷茎皮棕色，纸质，内侧具密绒毛。茎通常单枝，少有2分枝，长5.5~15cm，无毛。叶2枚，对生，倒披针形，绿色，中脉灰白色，长9.8~18.5cm，宽0.5~1.9cm。苞片2个，对生，狭窄的披针形，长1.5~6cm。花1~2朵，花被片6，淡粉色，背面紫红色条纹，花被片长1.5~6cm；雄蕊3长3短，内轮略长，花药淡紫色，花丝淡绿色，长0.3~0.5cm。果实三瓣椭圆形，黄绿色，直径0.9~1.5cm，具喙，喙长0.5~1cm。花期2~3月，果期4~5月。2n=2x=24。产于湖南衡阳市，生于900~1200m的山坡湿润的落叶阔叶林下。

⑧天目老鸦瓣（A. tianmuensis） 鳞茎球状卵形，直径0.7~1.8cm，磷茎皮黄褐色，薄纸质，内部无毛，有时具稀疏绒毛。茎通常单枝，少有2分枝，长6~13.2cm，纤细，无毛。叶通常为2片，灰绿色，倒披针形，无毛，下叶长11.2~22.8cm，上叶长9.5~23.4cm。苞片通常为3，垂直状，线形，绿色，1.5~3.5cm。花单生，有时2朵，漏斗形；花被片6，白色，最基部有绿色或黄绿色斑点，背部有紫红色条纹，外花被片披针形，长1.8~3.4cm，内花被片披针形，长1.8~3.2cm；雄蕊3长3短，内轮略长，花丝无毛，黄绿色，长3~10mm，基部扩大，向顶端逐渐变窄，花药6，黄色，长2~10mm，花柱长0.3~0.7cm。果实三棱状球形，直径0.6~1.2cm，先端具喙，长0.5~1.2cm。花期2~3月，果期4~5月。2n=2x=24，2n=3x=36。产于安徽和浙江，生于500~1700m的山坡上的常绿落叶阔叶混交林或湿润落叶阔叶林下。

⑨大别老鸦瓣（A. hejiaqingii） 鳞茎球状卵圆形，直径0.9~2.3cm，磷茎皮黄褐色，薄纸质，无毛，有时内部具很少的绒毛。茎单枝，高5.1~14.2cm，无毛。叶通常为2片，对生，绿色，近中脉灰白色，倒披针形，无毛，长7.7~26.6cm，叶在结果期可达34cm长。苞片通常3个，垂直状，线形，绿色，1.2~4.2cm，苞片在结果期扁平和轻微弯曲。花单朵顶生，漏斗形；花被片6，粉红色，基部有黄绿色斑点，背面有黄绿色或紫红色条纹；外花被片披针形，长2.4~4.4cm，内花被片窄椭圆形，长2.1~3.9cm，雄蕊3长3短，内层比外层稍长，花丝黄绿色，长3~13mm，基部膨大，向顶端逐渐变窄，无毛，花药黄色，长5~15mm。果实三棱状球形，直径0.7~1.4cm，先端具喙，长0.5~1.2cm。花期1~3月，果期3~5月。产于河南和湖北，生于70~530m山坡的潮湿落叶阔叶林下。大别老鸦瓣的种加词"hejiaqingii"是为了纪念何家庆教授。

26.2.2 品种资源及分类

郁金香（T. gesneriana）是现代郁金香杂种的主要始祖，但已经无法找到野生种群，目前是一个现代栽培品种的集合名词。1753年，林奈将庭院栽培的郁金香都归属于此种名下，也是现在所有栽培郁金香的总称。郁金香具有极强的抗逆性和自然条件适应能力，目前，尚无该种的野生种分布记载。该类型通常鳞茎较大，鳞茎皮无毛或具较少的茸毛。株高20~50cm。叶片3~4枚，卵形或披针形，顶部逐渐变尖。花瓣长5~10cm；雄蕊6枚等长，花丝无毛；无花柱，柱头增大呈鸡冠状。花期4~5月。花型丰富，我国引种栽培广泛。

郁金香品种分类的基本框架早在1601年就由荷兰莱顿大学的Clusius教授确立，一直沿用至今，其以早、中、晚花期作为一级标准。但在1913年以前，郁金香的品种命名十分混乱。后经英国皇家园艺学会的郁金香命名委员会和荷兰球根种植者协会的共同努力，先后于1917年、1929年、1930年发表了不断增补和完善的品种名录，该名录在1935年召开的国际园艺学大会上得到确认，作为郁金香品种命名与分类的依据。该名录几经修订，最新版次是由荷兰皇家球根种植者总会1987年出版的《郁金香品种分类名录和国际登录》（*Classified List and International Register of Tulip Names*）。该名录包括2300个品种名称（表26-1），其中125个同名、125个种名，另有600个无商业价值的历史品名。

郁金香的品种首先按花期分为早花型、中花型、晚花型及其他原种和杂种。这里用于分类的花期是以荷兰的花期为准的，各地的花期不尽相同。然后再按品种起源及其发展分为不同的型（或系），通常分为3类11型，另有4系（原种）。除重瓣及某些特别品种之外，均为典型的杯状花。2019年，荷兰皇家球根种植者总会又发布了一个新的类型，叫作皇冠郁金香（Coronet Group），因此，目前郁金香栽培品种分为3类12型4系（原种）。

表26-1 截至1987年历年育成各型郁金香的品种数

类型		1900以前	1901–1910	1911–1920	1921–1930	1931–1940	1941–1950	1951–1960	1961–1970	1971–1980	1981–1986	合计
早花	SE	65	5	3	5	2	13	22	14	14	7	101
	DE	4	1		4	8	26	47	12		5	116
中花	T			2	7	10	52	113	98	156	157	595
	DH					12		31	35	8	11	97
晚花	SL	14	1	3	4	12	57	117	107	49	52	416
	L	2				14	10	15	10	4		55
	Fr						4	2	20	21	4	51
	V	1			1		8	13	8		1	32
	R					1					1	2
	P	4	1		2	4	8	17	16	13	12	79
	DL	1				4	12	29	3	8	8	72
原种	K			1		4	14	16	7	1	4	47
	F					1	11	20	14	7	4	57
	G						74	73	41	26		218
	S	20		1	2	3	2	13	5	10	1	57
总计		62	8	16	25	49	237	520	432	351	295	1995

（1）早花类 Early Tulips

①单瓣早花型（Single Early，SE） 该类型郁金香又称孟德尔早花型，是促成栽培的主要类型。植株相对较矮，平均株高15~40cm。花单朵顶生，花瓣6枚，高脚杯形，花瓣顶端较尖，花朵高5~7cm，花径8~14cm。花色丰富，有白、粉、红、橙、紫等色。花期3月下旬至4月上旬。适用于园林绿化栽培、盆栽，也可以作切花。

②重瓣早花型（Double Early，DE） 该类型郁金香花朵似重瓣芍药，植株比单瓣早花型矮小，平均株高15~35cm。花重瓣（12枚或更多），花径8~10cm，花色以暖色居多，有白、洋红、玫瑰红、鲜红等色。花期4月上中旬。该类型茎短而粗壮，适合作盆栽和花坛、花境栽培。

（2）中花类 Mid-season

①凯旋型（Triumph，T） 凯旋型又名胜利型或喇叭型，最早可追溯到1923年，主要是单瓣早花型与各种晚花郁金香杂交的结果。平均株高45~50cm。花单瓣（6枚），高脚杯型，大而艳丽；花色丰富，从白色、黄色、粉色、红色至深紫色的品种都有。花期4月下旬至5月上旬。凯旋型郁金香生长势强，茎秆粗壮，对天气的适应能力强，多数品种适合作切花，可促成栽培，也可作花海展示。

②达尔文杂种型（Darwin Hybrid，DH） 主要是达尔文郁金香与福氏郁金香（*T. fosteriana*）和其他栽培郁金香及野生郁金香杂交的后代。植株健壮，平均株高60~70cm。花单瓣（6枚），花朵较大，花朵高10cm以上，即将开放的花蕾呈金字塔状；花色为鲜橙色、黄色至亮红色。花期5月上旬。该类型生长势强、适应性强、繁殖力强，适合作切花，也适于花坛布置，但应避开风大的区域。

（3）晚花类 Late Tulips

①单瓣晚花型（Single Late，SL） 该类型郁金香群体庞大。茎秆粗壮，植株高度跨度较大，30~70cm。花单瓣（6枚），花型多，多以大花型为主；花色极其丰富，红、黄色为基调，粉色、白色、紫黑色及双色品种均有。自然花期较晚，辽宁地区为5月上、中旬。有些品种具有分枝性，即具有多花性状。适合作园林绿化应用，也是优良的切花类型。

②百合花型（Lily-flowered，L） 茎秆较细弱，平均株高35~60cm。花单瓣（6枚），花细长，扭曲，尖端反卷，类似百合花的花瓣；花色丰富，从白色至深蓝紫色品种都有，有彩缘。是良好的切花类型，也适合园林绿化应用，但应避开风大的区域。

③流苏型（Fringed，Fr） 也称皱边型或边饰型。早期的流苏型郁金香来源于品种芽变，到20世纪60~70年代，才通过人工杂交的方法选育流苏型郁金香。茎秆较壮，平均株高35~60cm。花单瓣（6枚），花瓣边缘具有不规则的流苏状的褶皱装饰，呈毛刺状、针状或水晶状；花色以红、黄暖色为主。花期中晚，在辽宁地区为5月上、中旬。适合作切花和园林绿化应用，部分品种也适合作盆花。

④绿花型（Viridiflora，V） 栽培历史悠久，早在1700年就有栽培，但此类型品种不多，仅有20多个。平均株高30~50cm。叶片较短。花单瓣（6枚）或重瓣（12枚或更多），碗型，通常瓣脊中肋部为绿色或带绿色条纹，呈火焰状。花期较长，花期在辽宁地区为5月上、中旬。适用于园林绿化、切花和盆花。

⑤伦勃朗型（Rembrandt，R）　是古老且历史悠久的郁金香，花朵有条带或羽状花纹，呈火焰状，由Clusius于1576年首次记载。伦勃朗型郁金香可在白、黄或红色底色上出现棕、青铜、黑、红、粉、紫色斑纹，早期得到了爱好者的青睐，并成为荷兰花卉画家的主要素材。现在我们已知这种不同色彩条纹的花瓣，是由郁金香碎色病毒（TBV）导致，并可由蚜虫传播到其他植株。该类型的茎秆较弱，花朵较大，因此不适合露地栽培。目前，中国市场上无该类型郁金香的销售。

⑥鹦鹉型（Parrot，P）　来源于各个类型品种的花被片芽变。在花蕾期，花被片深裂，互相盘结如鹦鹉嘴；在花期，花被片流苏型、卷曲扭转、向外伸展，形状似鹦鹉羽毛的形状，因此而得名。该类型植株茎秆粗壮，平均株高30~60cm。花色较为丰富，从白色、黄色、红色到紫色的品种都有，常双色。花期在辽宁地区为5月中旬。适宜作盆栽，在作园林绿化栽培时，应配备遮蔽风雨设施，或在花期无大风、少雨水的地域栽植。

⑦重瓣晚花（Double Late，DL）　又称牡丹花型。平均株高30~40cm。具有许多花被片组成大如牡丹的花朵，花朵直径达10cm以上。由于该类型花朵较大，在水分不足时常花蕾下垂，在风、雨等恶劣天气常出现花茎折断现象。该类型需要较长的春季凉爽期，花期在辽宁地区为5月中旬。适用于花坛和盆花。由于花型较大，如果花朵被雨淋湿，植株容易倒伏。

⑧皇冠型（Coronet Group，CG）　该类型是于2019年由荷兰皇家球根种植者总会（KAVB）发布命名的一个新类型。最早在1949年，荷兰皇家球根种植者总会登录注册了一个郁金香新品种'Picture'。该品种的花朵形状不是常见的高脚杯形或碗形，所有的花瓣横向压缩，在花瓣的尖端形成褶皱的口状，看起来像皇冠，因此得名。该类型植株粗壮，质地结实，叶片向上生长，边缘略微内弯。目前，全部为芽变品种，花色有白色、粉色、红色、黄色和紫色。适合切花、盆花生产和促成栽培，也可用于园林绿化。

（4）原种（植物学郁金香）Species（Botanical Tulips）

①考夫曼系（Kaufmanniana，K）　生长状态类似原生郁金香，株高10~25cm。叶片平展，常有暗绿紫色斑驳或条纹。阳光充足时，花瓣平展，花朵开放较大，花色丰富，有白、黄、红、紫红、橙红等；花瓣外侧常带有明亮的深红色。花期很早，且花期较长；花期在辽宁地区为4月中旬。该类型繁殖能力弱，抗病能力强，适合作盆花栽培。

②斯特系（Fosteriana，F）　又称福氏郁金香，包括福斯特型及与其他原种和其他类型杂交的后代品种。株高20~65cm。叶片苹果绿至暗绿色，有时带紫色条纹或斑点。花朵大，花瓣较长，花瓣卵形至长方形；花色较丰富，白色经黄色至粉色或暗红色的品种都有。花期较早，在辽宁地区花期为4月下旬。适用于园林绿化。

③格里系（Greigii，G）　又称格里克型。包括所有与格里郁金香的杂交种、亚种、变种，性状都与格里型郁金香相似。植株高20~30cm。多数叶片宽大，并向地面弯曲，通常带棕紫色条纹或斑纹。花黄色、杏黄至红色，花瓣背面通常具有红色斑块。花期非常早，在辽宁地区为4月下旬。适合园林绿化和盆栽。

④其他（Other Species，S）　上述分类方法中没有包括的原种、变种及由它们演变而来的品种。这些品种植株高度差异很大，高低均有。花型不一、花色丰富。花期较早或偏中，多数品种花期在辽宁地区为4月下旬。该类型品种可作切花、盆花、园林绿化应用。适合冷

室盆栽或岩石园的有以下种：*T. batalinii*、*T. clusiana*、*T. praestans*和*T. sprengeri*。该类型品种的种植数量较少，但具有独一无二的特征，如辽宁省农业科学院选育的'丰收季节'具有多花性状，'和平时代'（'Peace Time'）具有很强的综合抗性，'幸运之星'（'Lucky Star'）具有非常好的适应性。

26.2.3 倍性与核型研究

26.2.3.1 倍性基础

掌握郁金香种质资源的倍性水平，是进行倍性育种的先决条件，是指导杂交组合配制的重要信息。早在20世纪60年代就对约600个郁金香资源进行了倍性水平调查，结果发现绝大多数为二倍体（$2n=2x=24$），仅有81个三倍体（$2n=3x=36$）和4个四倍体（$2n=4x=48$）。屈连伟（2018）对42个郁金香栽培品种进行了倍性分析，结果发现有24个二倍体（$2n=2x=24$），约占样本总数的57.14%；有17个三倍体（$2n=3x=36$），约占样本总数的40.48%；只有品种'朱迪斯'为四倍体（$2n=4x=48$）（图26-1），仅约占2.38%。达尔文杂种群的14个品种中有12个为三倍体，约占85.71%，只有品种'纯白'和'哈库'为二倍体，约占所有选用的达尔文杂种群的14.29%。在凯旋类的14个品种中，'粉玫瑰'为三倍体，'朱迪斯'为四倍体，其余12个品种都是二倍体，约占85.71%。剩下的其他种类的14个品种中，'荷兰角''波兰的心''红牡丹'和'水晶星'是三倍体，其余是二倍体。8个野生种都为二倍体（$2n=2x=24$）（表26-2）。

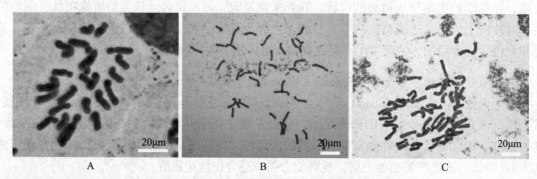

图26-1 不同倍性郁金香品种的染色体数目（比例尺=20μm）（屈连伟，2018）
A. '春绿'（$2n=2x=24$） B. '范依克'（$2n=3x=36$） C. '朱迪斯'（$2n=4x=48$）

表 26-2 供试郁金香材料的染色体数目、倍性和体细胞核直径

序 号	英文名*	中文名**	染色体数	倍 性	体细胞核直径（μm）
1	Golden Parade	金检阅	36	$3x$	34.05 ± 3.81
2	Wit White	纯白	24	$2x$	21.43 ± 1.65
3	Van Eijk	范依克	36	$3x$	24.94 ± 3.03
4	Banja Luka	斑雅	36	$3x$	24.11 ± 1.26
5	Golden Apeldoorn	金阿波罗	36	$3x$	24.42 ± 0.43
6	Oxford's Elite	牛津精华	36	$3x$	27.58 ± 2.27

（续）

序　号	英文名*	中文名**	染色体数	倍　性	体细胞核直径（μm）
7	Pink Impression	粉色印象	36	3x	28.63 ± 2.33
8	Apeldoorn	阿波罗	36	3x	28.37 ± 3.30
9	Parade	检阅	36	3x	26.18 ± 1.69
10	Words Favorite	世界真爱	36	3x	27.64 ± 2.27
11	Ad rem	阿迪瑞母	36	3x	29.04 ± 5.94
12	Hakuun	哈库	24	2x	22.49 ± 2.19
13	Red Impression	红色印象	36	3x	30.83 ± 2.44
14	Darwi Design	达维设计	36	3x	34.51 ± 3.94
15	Rose Pink	粉玫瑰	36	3x	30.44 ± 4.28
16	White Dream	白色的梦	24	2x	20.21 ± 3.15
17	Synaeda Amor	西内德阿莫	24	2x	20.65 ± 3.13
18	Judith Leyster	朱迪斯	48	4x	31.82 ± 3.13
19	Carnaval de Rio	里约嘉年华	24	2x	20.37 ± 2.43
20	Escape	逃离	24	2x	18.75 ± 1.40
21	Cheers	干杯	24	2x	18.73 ± 1.38
22	Dow Jones	道琼斯	24	2x	21.58 ± 2.68
23	Jumbo Pink	硕大粉红	24	2x	17.95 ± 1.46
24	First Class	一级品	24	2x	17.62 ± 2.05
25	Eskimo Chief	爱斯基摩首领	24	2x	23.33 ± 1.07
26	Leen van der Mark	琳玛克	24	2x	20.57 ± 2.59
27	Salmon Dynasty	萨蒙王朝	24	2x	23.79 ± 2.49
28	New Design	新设计	24	2x	21.95 ± 1.20
29	Royal Gift	皇家礼物	24	2x	18.56 ± 2.67
30	Purissima	普瑞斯玛	24	2x	24.65 ± 2.37
31	Chanson d Amour	爱之歌	24	2x	26.08 ± 0.70
32	Spring Green	春绿	24	2x	19.22 ± 1.57
33	Aafke	阿芙可	24	2x	20.21 ± 1.91
34	Ile de France	法国之光	24	2x	20.19 ± 1.42
35	Queen of Night	夜皇后	24	2x	29.53 ± 1.81
36	Cape Holland	荷兰角	36	3x	29.95 ± 2.98
37	Heart of Poland	波兰的心	36	3x	32.23 ± 1.48
38	Peony Red	红牡丹	36	3x	25.98 ± 2.39
39	Frozen Night	冰夜	24	2x	17.58 ± 1.25
40	Black Parrot	黑鹦鹉	24	2x	24.72 ± 1.45

（续）

序　号	英文名*	中文名**	染色体数	倍　性	体细胞核直径（μm）
41	Crystal Star	水晶星	36	$3x$	24.28 ± 1.10
42	Crispa Fabio	法比奥	24	$2x$	22.80 ± 1.87
43	T. edulis	老鸦瓣	24	$2x$	15.04 ± 1.89
44	T. schrenkii	准噶尔郁金香	24	$2x$	15.24 ± 1.57
45	T. iliensis	伊犁郁金香	24	$2x$	20.34 ± 3.93
46	T. thianschanica	天山郁金香	24	$2x$	16.76 ± 2.12
47	T. altaica	阿尔泰郁金香	24	$2x$	18.91 ± 5.43
48	T. sinkiangensis	新疆郁金香	24	$2x$	18.00 ± 5.43
49	T. heterophylla	异叶郁金香	24	$2x$	14.78 ± 2.06
50	T. buhseana	柔毛郁金香	24	$2x$	16.97 ± 1.81

注：*、** 表格中品种名称未加单引号。序号1~42为品种，中英文名未加单引号

26.2.3.2　核型基础

研究表明郁金香四倍体和三倍体栽培品种的体细胞核直径总体上较大，二倍体和野生种较小（图26-2）。但不同的品种间差异较大，三倍体体细胞核直径的变化范围为24.11~34.51μm，二倍体变化范围为17.58~26.08μm，野生种的变化范围为14.78~20.34μm（表26-2）。

方差分析表明，郁金香野生种的平均体细胞核直径最小，为17.01μm，显著小于栽培品种；栽培品种中，四倍体和三倍体品种的体细胞核直径显著大于二倍体品种，平均体细胞核直径分别为31.82μm、28.52μm和21.21μm，而四倍体和三倍体品种之间差异不显著（图26-2）。

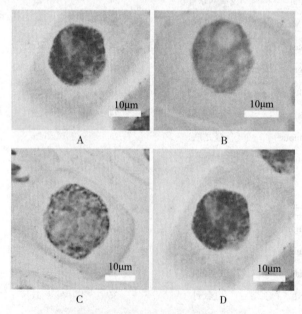

图26-2　不同倍性郁金香材料的体细胞核（比例尺=10μm）（屈连伟，2018）
A. '道琼斯'（$2n=2x=24$）　B. '粉色印象'（$2n=3x=36$）　C. '朱迪斯'（$2n=4x=48$）　D. 天山郁金香（$2n=2x=24$）

郁金香属植物的体细胞染色体较大，更适合进行核型分析（Upcott & Philp，1939）。在世界范围内，郁金香属植物的核型研究已经广泛报道。Masoud等（2002）、Abedi等（2015）对分布在伊朗的郁金香野生种进行了核型分析，结果表明：大多数种是二倍体（2n=2x=24），有m、sm和st 3种类型的染色体，分布在我国的野生郁金香染色体构成有3种，即中部着丝粒染色体（m）、亚中部着丝粒染色体（sm）和亚端部着丝粒染色体（st），但是，不同种之间详细的核型参数有所差异。他们发现种内染色体和染色体组大小的差异性大于种间，还在一个野生种（*T. humilis*）中发现了异形染色体。Marasek等（2006）研究发现福氏郁金香（*T. fosteriana*）和郁金香（*T. gesneriana*）的中染色体（median，m）的大小存在显著差异，并且证明了达尔文郁金香（Darwin hybrid tulips）中两个较大的m染色体和一个较小的染色体分别来源于郁金香（*T. gesneriana*）和福氏郁金香（*T. fosteriana*），这揭示了郁金香染色体重组的过程。

有研究比较分析了分布我国7个野生种及老鸦瓣共计24个居群的核型（屈连伟，2018），均没有发现带有随体的染色体（satellite chromosomes），但不同种之间的核型参数和核不对称参数存在显著差异。方差分析表明，种内不同居群的染色体参数差异较小，而种间的染色体参数存在显著的差异。

阿尔泰郁金香的染色体变异系数和最长与最短染色体的比值的平均值最大，而新疆郁金香的着丝粒不对称系数和核型不对称系数最高，表明阿尔泰郁金香和新疆郁金香的具有较高的核型不对称性。准噶尔郁金香和伊犁郁金香的核型不对称系数平均值与新疆郁金香没有显著差异，与天山郁金香、异叶郁金香和柔毛郁金香也没有显著差异，但显著大于老鸦瓣。

部分居群缺失中部着丝粒染色体（m）。根据Stebbins（1971）提出的核型分类方法，24个野生郁金香居群的核型对称性可分为4种类型：3A、3B、4A和4B。且大多数的居群都属于3A（10个居群）或3B（9个居群），只有3个居群（S2P1、S3P3和S6P2）属于4A，2个居群（S3P2和S6P1）属于4B。

26.2.3.3 荧光原位杂交技术（FISH）

郁金香属植物有2~3对染色体形状相似，不容易区分和辨别，因此鉴别工作存在很大的困难。为了对它们之间的核型差异或演化进行更深入的研究，需要依靠分子定位等手段。自20世纪80年代以来，荧光原位杂交技术（fluorescence in *situ* hybridization，FISH）一直是染色体标记的重要手段，用以分析回交后代中重组或互换的染色体，同时可以避免杂交工作的盲目性（戴思兰，2013）。Booy（2000）运用FISH技术对*T. gesneriana*、*T. clusiaha*、*T. australis*和*T. kaufmanniana*的rDNA位点的发生和数量进行了定位，揭示了种间位点数目的差异，证明了郁金香属中ITS序列异质性的发生，初步开始了郁金香荧光原位杂交技术方面的研究。Mizuoehi等（2007）以5S rDNA、45S rDNA为探针对*T. gesneriana*和*T. fosteriana*的中期染色体加以区分，并探讨了它们的亲缘关系。Marasek和Okazaki（2008）分析了栽培品种'Purissima'（2n=2x=24）及其杂交后代的5S rDNA、45S rDNA位点分布状况，可以对杂交后代的真实性进行鉴定。

徐萍（2014）选取了10个郁金香品种进行原位杂交试验，结果发现45S rDNA位点均位于染色体长臂末端且数量较少。尤淳宁（2018）运用FISH技术对10个郁金香品种进行了分析，结果表明5S rDNA位点在绝大部分染色体和染色体着丝点附近均有分布，45S rDNA位点均位于染色体长臂末端且数量较少，二倍体和三倍体的45S rDNA位点数量差异不大。中国是郁金香属植物的分布中心，分布大量野生资源。弄清野生种与栽培品种之间的亲缘关系，对郁金香育种具有重要意义。辽宁省农业科学院团队和南京林业大学团队联合对中国分布的8个郁金香野生种和4个栽培品种进行了rDNA oligo-FISH、核型分析和rDNA测序（Liu et al., 2022）。结果表明，45S rDNA在郁金香不同组的分布呈现出典型的种间进化趋势。5S rDNA的差异主要表现在基因座数量上，从2个到几十个不等。让人出乎意料的是，在3个野生种和3个栽培品种的5S rDNA编码区出现了11个碱基缺失。试验使用的探针清晰地显示，每个种中都包含了完整编码区的5S rDNA序列，不管它们是否能用通用引物进行PCR检测出来。对比表型和分子标记的数据显示野生种和栽培品种之间的亲缘关系，研究结果为郁金香属植物的分类提供了更清晰、更稳定的证据。

26.2.4　种质资源收集与评价

种质资源是花卉产业发展的基础性和战略性资源。遗传资源的收集与保存是实现育种目标多样化的物质基础。号称"郁金香王国"的荷兰其实并无原产的野生郁金香，所有原种都是早期引进的。日本也不产郁金香，他们为了培育耐热、耐旱的品种，适应日本初夏升温较快的气候特点，曾于1990年、1994两次派人到中亚收集郁金香属遗传资源。我国栽培郁金香的主要问题与日本相似，也是初夏气温急剧上升，使花后生长期缩短，营养物质积累减少，引起鳞茎退化（夏宜平，2005）。我国新疆原产的野生郁金香，部分种类具有较强的耐旱、耐热性状。当务之急是收集、保存这些野生种，进行遗传资源的系统研究，为选配杂交亲本提供依据。为此，2016年，国家林业局和中国花卉协会在充分调查研究、制定技术规范、进行科学评定的基础上，在全国确认了首批37处国家花卉种质资源库。辽宁省农业科学院"国家郁金香种质资源库"是首批认定的37处国家花卉种质资源库之一，也是目前国内唯一的一个国家级郁金香种质资源库。

辽宁省农业科学院郁金香团队主要开展郁金香种质资源收集、遗传育种和产业开发研究。收集保存了郁金香种质资源500多份，包括中国分布的所有野生资源，以及国外重要的野生种和栽培品种。在世界上首次对原产于中国的野生郁金香资源开展了系统评价研究；首次开展基于rDNA精准定位的中国野生郁金香资源核型分析；突破郁金香育种关键技术，在国内首次建立了远缘杂交、有性多倍化和体细胞染色体加倍3套郁金香高效育种技术体系；率先选育出系列郁金香新品种19个，填补了中国无自主知识产权郁金香品种的空白；研发了配套栽培技术，制定省级地方标准5项，国家郁金香标准编制工作已经立项。首次在国内开创了郁金香室内水培的新模式。

我国拥有丰富的郁金香野生资源，陆续报道的已达到24种（包含近缘属*Amana* 9个），这些资源是郁金香新品种选育的珍贵材料。野生郁金香资源具有很强的抗病性、抗逆性和广泛适应性，蕴含很多栽培品种没有的优良性状基因。天山郁金香还含有丰富的营养物质，蛋白质含量是梨的47倍，苹果的94倍；钙含量是梨的40倍，苹果的110倍（张艳秋，2022）。因此要充分利用野生郁金香资源，与栽培品种开展种间杂交，促进郁金香品种资源的创新。国外已经利用栽培品种与郁金香属的野生种进行了广泛的远缘杂交，获得了大量杂交后代，目前已经成为市场上的主要商业品种。而对原产于我国的郁金香野生资源的研究较少，进一步加强郁金香种质资源的收集、保存和利用十分必要，尤其是针对我国的优异郁金香野生种开展相关研究，势在必行。我国的郁金香野生资源，如阿尔泰郁金香（*T. altaica*）、天山郁金香（*T. thianschanica*）、新疆郁金香（*T. sinkiangensis*）等，其花色亮丽、花型优美，具有很强的抗病性、抗寒性和抗旱性，可作为培育郁金香新品种的新型亲本。只有扬长避短，充分收集、保护、评价和挖掘中国分布的野生郁金香资源优良基因，开展中、西种间远缘杂交来育成适宜我国的"中华郁金香新品种群"。这是相对一劳永逸的上上之策（陈俊愉，2015）。

为了获得广泛的遗传特性，国内育种单位应该大量收集具有不同优良特性的郁金香属材料。不仅要收集花卉发达国家已育成的优良品种，更要收集郁金香的野生资源。如具有高抗病能力的 *T. forsteriana* 类和具有突出园艺性状的 *T. gesneriana* 类；具有不同花朵形状的郁金香，如百合花型郁金香、重瓣型郁金香、边缘着色型郁金香、鹦鹉系列郁金香和达尔文系列郁金香等；以及具有不同颜色的郁金香种质资源。通过种质资源的收集，并借鉴荷兰郁金香杂交经验进行广泛的杂交组合设计，从而快速地获得F_1代材料，缩小在资源方面与国际先进国家的差距。

26.3 育种目标及其遗传基础

26.3.1 育种目标

针对种球生产、栽培方式及消费爱好，郁金香的育种目标体现在多个方面。传统的育种目标是以观赏特征（主要是形态特征）为主，综合抗性与采后品质已成为目前郁金香育种的主要目标。

（1）观赏特征

①花色　郁金香花色丰富，现有品种中，白、红、粉、紫、绿、橙、黄等花色都有，目前产业上还缺少蓝色、纯黑色郁金香品种。另外，花色与重瓣的组合、花色的变化（复色、彩斑）等仍是花色育种的目标。

②花型　郁金香花瓣维持闭合的杯状时，亭亭玉立，观赏性状最佳。郁金香花瓣的开闭受温度和光照影响较大，选育开张不太大的圆筒型、卵型、球型较好。另外，虽有单瓣、重瓣等瓣型，但百合花型、皇冠型、鹦鹉型、流苏型等特殊花型较少，仍是重要的育种目标。

③花香　多数郁金香品种没有香味，很少品种具很淡的香味，如'红色力量'（'Red Power'）、'纯金'（'Strong Gold'）等。因此，培育真正带有香味的郁金香新品种，是未来的育种方向之一。

④株型　花坛、盆栽、切花等不同用途对株型的要求不同，育种目标也不同。如切花要求选育花梗较长、坚挺、叶片较小、直立生长的品种；花坛要求选育花梗强壮，高度一致，能耐风雨的品种；盆栽则要求选育植株较矮、株型紧凑、叶片较大的品种。

⑤叶色与茎色　郁金香的叶片颜色也是观赏性状之一。有的品种叶片边缘金黄色，有的银白色，有的品种叶片具有紫色斑纹或条带，有的郁金香品种的茎具有不同色彩，这些性状也是重要的育种目标。

（2）有利种球繁育，并适应机械化

培育籽球繁殖能力相对较强的品种，可加快新品种的种球生产和商品化进程。如主球肥大，籽球较多，裂皮少，萌芽早，收获期避开梅雨季节等。为了适应种球繁育作业的机械化，要选育外皮厚，球形一致，残皮、枯茎和枯根容易脱离的品种。

（3）花期和瓶插期

选育极早花（如4月5日以前）或极晚花（5月6日以后）的品种，通过不同花期品种的合理搭配，延长郁金香的观赏期。还应增加花梗强度，防止折断或倒伏，延长观赏期在花坛、花海栽培展览时尤为重要。不同郁金香品种的盛花期长度差异很大，培育长花期的品种及长瓶插期的品种是重要的育种目标。Meulen-Muisers（1997）对32个郁金香群体采后品质调查的结果表明，花朵花期为6~22d，这为长花期品种选育提供了较丰富的遗传资源。研究表明，最后一个节间越长，花期越短；采后对水分的吸收能力越强，花期越长。此外，需要较长时间低温处理的品种，其瓶插期通常较长。

（4）综合抗性

综合抗性是郁金香品种的重要优良特性，可减少种球退化和生产成本，是重要的育种目标。

①抗病性　包括对郁金香腐烂病（*Penicillium corymbiferum*）、郁金香疫病（*Botrytis tulipae*）、郁金香病毒病（Tulip Breaking Virus，TBV）的抗性。如Straathofth（1997）通过不完全双列杂交对郁金香和福斯特郁金香的不同品种的抗碎色病毒（Tulip breaking Virus，TBV）筛选的结果表明，前者的所有品种均感病，后者仅部分感病或绝对抗病。近几年也选育出了抗镰刀霉（*Fusarium*）、郁金香斑驳花叶病毒（Tulip Mild Mosaic Mottle Virus，TMMMV）和碎色病毒（Tulip Breaking Virus，TVB）的新品种（Urashima et al.，2000a，2000b；Tsuji et al.，2005）。

②抗虫性　包括选育抗鳞茎螨、蚜虫等的品种，也是重要的育种目标。

③耐热性　中国很多地区春季较短，升温较快。目前郁金香品种不耐热，25℃以上植株和花瓣衰老非常快，花瓣失去运动能力，花朵迅速凋谢（孟琳，2022；李禹昊，2022）。同时郁金香种球贮藏在28℃以上环境中，会导致花芽分化畸形。因此，选育具有耐热性状的郁金香新品种，将更加适合春季低温时间较短的气候条件。

（5）适宜促成或抑制栽培

培育具有短的休眠特性和少需冷量的郁金香新品种，有利于实现11~12月和1月开花的早期促成栽培。选育2~3月开花的半促成品种，以及6~10月开花的抑制栽培品种也是重要的育种目标，有助于丰富新品种的类型，创造四季均可欣赏郁金香花的条件。

26.3.2　遗传基础

（1）花色遗传

郁金香以其优美多变的外形和丰富的花色而闻名世界。郁金香不仅种源复杂，而且以鳞茎进行无性繁殖，基因组极大，性状遗传规律的研究比较困难，至今阐明的规律不多。郁金香花色是由花朵中不同的色素组成和它们之间的比例来决定的。目前已知的郁金香中色素达500多种。研究表明黄色品种花瓣中只含有类胡萝卜素，橙色品种花瓣中至少含有类胡萝卜素和花青素，红色品种花瓣中含有花青素和花葵素，紫色品种花瓣中含有花青素和花翠素。粉色品种中含有多种色素，但色素含量要低一些，而白色品种花朵中几乎不含任何色素。袁媛（2017）对栽培品种'Albert Heijn'（红紫色）以及它的芽变品种'上农早霞'（红色）和'上农09'（橙红）的花瓣中总花色苷和黄酮醇类物质遗传变异进行了研究，结果显示'上农早霞'花瓣总花色苷含量显著高于'Albert Heijn'，但'上农09'花瓣总花色苷含量与'Albert heijn'无显著差异，'上农早霞'和'上农09'总黄酮醇类物质含量显著高于'Albert heijn'中相应含量。黄玲（2022）研究表明郁金香 $Tg\ ANS$ 参与了花青素苷的合成，$Tg\ ANS$ 基因表达水平在不同花期存在显著差异，其随着花发育逐渐升高，表达趋势与花青素苷的积累趋势基本一致。

为了对色素遗传规律进行研究，科研人员做了大量试验。Anderson等（2007）对大量郁金香品种进行杂交，获得了1000株实生苗。经过栽培后，得到21个颜色群体。在这些群体中包含了单颜色群体和复色群体。然后对不同群体的色素进行比对和遗传背景分析，结果表明具有相同颜色的花朵，其色素组成和比例不完全相同；而2个色素组成和比例几乎相同的花朵，其颜色却不相同。另外，在杂交后代中发现了其父母本都不含有的新色素。这表明通过父母本的颜色来预测杂交后代的花朵颜色是不可行的。也有研究表明白色的郁金香和白色的郁金香杂交，后代可能不是白色的，而是红色的或其他颜色（Nieuwhof et al., 1988, 1990）。

（2）花型遗传

为了研究郁金香花朵形状的遗传规律，研究人员同样配制了大量的不同花型的杂交组合，包括百合花型郁金香、重瓣郁金香、达尔文系列郁金香及各种颜色郁金香。结果与花色遗传类似，杂交后代出现广泛分离，很难根据父母亲本的花朵形状来预测后代花朵形状。

（3）早花性状遗传

对于鲜切花来说，早花性是其重要的特点之一。具有早花性的花卉品种不仅能够进行促成栽培，在正常栽培条件下也能够比其他品种提前上市，卖上较好的价格。以切花为目的的郁金香品种也不例外。据资料统计，荷兰切花郁金香生产面积的72%栽种的是具有早花性状的约20个郁金香品种，其中最重要的10个品种占整个荷兰郁金香切花产量的1/2。一般来说，从郁金香籽球萌发到叶片枯萎需要的时间较短的材料，其成年球具有早花性，能够进行促成栽培。在育种过程中，注意筛选较早枯萎的单株，能够选育出具有早花性状的新品种。

（4）种球繁育性状遗传

在郁金香种球扩繁过程中，不仅每年可获得更大直径的籽球，而且小籽球的数量也逐年增加。不同的郁金香品种或杂交组合的繁殖特性是不同的，有的杂交后代小籽球的直径会增长很快，但小籽球的数量增加缓慢；有的杂交后代小籽球的数量增加很快，但小籽球的直径增长相对较慢。

通过郁金香的这一繁殖特性，当实生苗的量很大时，前3年只收获和栽种1个群体中长势健壮、直径较大或较重的主球，其他小籽球舍弃。在第4年收获郁金香球时，选择生长有2个或2个以上的新籽球的种球，进行消毒处理和贮藏，舍弃只有1个新籽球或无新籽球的种球。此种筛选方法，能够选育出种球扩繁效率较高的新品种。

26.4 杂交育种

26.4.1 育种技术研究

杂交技术研究仍是郁金香育种的主要育种途径和研究趋势。在进行杂交育种时，应该以种间杂交为主，结合现代分子生物技术，选育具有自主产权的郁金香新品种，最终解决制约我国郁金香产业发展的瓶颈问题，促进我国郁金香产业的可持续发展。在郁金香抗性育种、多倍体育种和突变育种方面，由于技术要求相对简单，我国有巨大的发展潜力和短期赶超能力。

在现代育种技术应用方向，应集中在以下几个方面。①郁金香组织培养技术。胚抢救技术、胚乳培养技术和子房培养技术是解决种间杂交障碍的最有效方法；另外，世界范围内实验室大规模的郁金香组培快繁仍然没有解决，虽然关于郁金香组培繁殖的成功报道很多，但繁殖系数明显低于露地繁殖，且成本也高于露地繁殖。如何提高组培繁殖的繁殖系数是将来科研攻关的关键。②在转基因育种方面，也有很大空间。目前有很多转基因方法可以选择，如基因枪介导法、花粉管通道法等。而很多具有优良性状的基因已经被研究和报道，只要加以筛选，就可以直接用于郁金香育种实践。③分子标记辅助育种技术是近年发展最活跃的育种技术之一。基于蛋白质标记技术，可以在郁金香贮藏状态下鉴定不同郁金香品种，这对郁金香的分类研究和进口郁金香种球的鉴定有重要意义。而使用DNA水平的分子标记技术，可以对亲本育种目标性状进行标记，再对郁金香杂交后代进行检测，筛选出具有目的基因的后代籽球，淘汰与目的性状无关的后代籽球，进行早期鉴定。

26.4.2 品种间杂交

杂交育种是培育郁金香新品种的主要方法。根据亲本亲缘关系大致可分为品种间杂交和种间杂交两类。品种间杂交主要是对构成观赏价值的各种性状，如花色、花型、花期、株型、抗病性、适应性等，通过遗传重组而育成新品种。品种间杂交的亲和性一般较强，杂交结实率较高，育成新品种较易，但获得新的性状概率较低。另外，经过400多年的杂交，已经育成了8000多个品种，所有优良的性状组合可能均已包含其中，再出现新品种的潜力不会很大。

26.4.3 种间杂交

种间杂交是指栽培的各型、各系郁金香与其他郁金香野生原种的杂交。种间杂交是可以将两个种的优良性状统一到杂交后代的重要方法，结合胚挽救技术（embryo rescue techniques），是郁金香新品种培育的重要途径（Marasek-Ciolakowska, 2018）。栽培品种大部分是从郁金香突变、杂交、选育而来的，构成了早、中、晚不同花期的12个型的品种群。从考夫曼郁金香、福斯特郁金香、格里格郁金香等原种演化出了各系郁金香。种间杂交不仅可重组性状，还可通过异源基因的互作产生新的性状。如著名的郁金香品种'阿普多美'就是达尔文系郁金香与福斯特系杂交产生的。

近40年盛行种间杂交，至今仍是郁金香育种研究的主要内容。Creij（1997）在郁金香与其他8种郁金香种间杂交的研究中发现：①授粉12d后用0.1% BAP（苯并芘：一种常见的高活性、间接致癌物和突变原）处理子房，获得了郁金香×*T. agenensis*杂种，而1%BAP有副作用，1%NAA无作用。②切割花柱对郁金香与其他5种郁金香杂交时花粉管的进入无作用，并未克服种间障碍；对子房嫁接也无作用。③胎座授粉与柱头授粉花粉管进入相似，但大部分胎座授粉子房的杂种胚能萌发。远缘杂交的主要障碍是杂交不亲和性，与亲缘关系即系统分类有关（Raamsdona，1995）。秋屋（1972）对一些原种与栽培类型杂交亲和性的研究（表26-3），可作为杂交育种时选配亲本的参考。

我国郁金香育种工作起步较晚，近几年才开始利用原产于我国的野生郁金香进行杂交研究。辽宁省农业科学院郁金香育种团队一直致力于中国原产郁金香资源的收集、保存和利用，开展了郁金香栽培品种和中国原产的野生种的种间杂交亲和性研究（邢桂梅，2017；Xing et al.，2020）。发现在25个杂交组合中，有15个组合得到了果实，坐果率介于15.23%~76.54%。但25个杂交组合中只有6个组合的种子萌发并获得了籽球。多数的种间杂交组合有严重的杂交障碍，其中新疆郁金香和柔毛郁金香为父本的10个杂交组合都没有得到可萌发的种子，表明它们与栽培品种之间存在着非常严重的生殖隔离。以天山郁金香为父本的5个杂交组合，只有1个组合获得了可萌发的种子并收获小籽球；以准噶尔郁金香为父本的5个杂交组合，有2个组合获得了可萌发的种子并收获到小籽球；以阿尔泰郁金香为父本的5个杂交组合，有3个组合获得了可萌发的种子并收获到小籽球，这表明这3个野生种和栽培品种的杂交亲和性由高到低为：阿尔泰郁金香>准噶尔郁金香>天山郁金香。

母本的倍性水平对种间杂交是否成功有一定影响。试验中，当四倍体品种'朱迪斯'（'Judith Leyster'）为母本时，5个野生种分别为父本，均未获得成熟的果实，也未获得种子和籽球。当三倍体品种'波兰心'（'Heart of Poland'）为母本时，5个野生种分别为父本，杂交组合'波兰心'（3x）×天山郁金香（2x）收获到143粒杂交种子，'波兰心'（3x）×阿尔泰郁金香（2x）收获了385粒杂交种子。当二倍体品种为母本时，5个野生种分别为父本，4个种间杂交组合表现出亲和性。杂交组合'法比奥'（'Crispa Fabio'，2x）×阿尔泰郁金香（2x）收获到168粒杂交种子；'法比奥'（'Crispa Fabio'，2x）×准噶尔郁金香（2x）收获到56粒杂交种子；'巨粉'（'Jumbo Pink'，2x）×阿尔泰郁金香（2x）收获到208粒杂交种子；'巨粉'（'Jumbo Pink'，2x）×准噶尔郁金香（2x）收获到106粒杂交种子。有趣的是，郁金香的三倍体品种可以作为母本，成功获得杂交后代，这可能与郁金香的贝母型胚囊有关。

另一项研究也得出相似的结论，以分布在新疆的野生种阿尔泰郁金香（*T. altaica*）为父本，以郁金香二倍体栽培品种为母本时，配制的4个杂交组合都获得了种间杂交种子；当郁金香三倍体栽培品种为母本时，配制的4个杂交组合只有1个获得了种间杂交种子；而当郁金香四倍体栽培品种为母本时，没有获得种间杂交种子（Qu et al.，2018）。

26.4.4　加速育种进程的方法

缩短育种周期一直是所有育种家的追求。郁金香的年平均繁殖率只有2~3个（即一个郁金香种球经过一个生长季后，可以收获2~3个新种球），所以对郁金香育种来说，缩短育种周

表 26-3 郁金香种间杂交的亲和性

父本 种名	染色体数	Single Early	Double Early	Mendel	Triumph	Darwin	Darwin Hybrid	Breeder	Lily Flowered	Cottage	Rembrandt	Parrot	Double Late	Kaufmanniana	Greigii	Eichleri	Fosteriana
T.acuminata		4	0	4	4	4	0		4	4		4	4	0	0	0	0
T.aitchisonii		0		0	0									0			0
T.armena	24			2	2	4				2				0			
T.aucheriana	24			0	0									0			
T.australis	24																
T.batalinii	24	2		1		2				2		0		0	0		0
T.biflora	24			0	0	0						0		2			
T.celsiana																	
T.chrysantha	24,36,48			0	0	0				0		1	0				
克氏郁金香						0						0					
T.cretica	24			2	2	0				0		0	0	2			
T.eichleri	24	2	2	2	3	0			2			0	0	2	2	4	4
福斯特郁金香	24	3	3	3	3	3			3	3		3	0	0	2	3	4
T.galatica	24	1		0	0							0					
郁金香	24,36,48	4	0	4	4	4	0	4	4	4	4	4	0	0	0	0	2
格里格郁金香	24	0		0	2				2		4	3	0	4	4	0	3
T.hageri	24	0		0	0							0		2			
T.humilis	24	0	2	0	0							0		2	2		
T.ingens	24	1	1	1	1							2					
考夫曼郁金香	24		0	2	0						2	2		4	3	2	4
迟花郁金香	24	0		0	0							0		2	0	0	0
T.linifolia	24				0							0		2	1	0	0

（续）

父　本		母　本															
种　名	染色体数	Single Early	Double Early	Mendel	Triumph	Darwin	Darwin Hybrid	Breeder	Lily Flowered	Cottage	Rembrandt	Parrot	Double Late	Kaufmanniana	Greigii	Eichleri	Fosteriana
T.marijolettii		4	0	4	4	4	0			4		0	0	2	0	2	0
T.maximowiczii		0		0	0	0				0		0		2	0	0	0
T.micheliana	24	1		1	1	3				0		3		0	3	0	0
T.oculus-solis	24	0		2	0	0				0		0		0	0	0	0
T.orphanidea	24			2	2	2			2	2	0	0	2	0	0	2	2
T.ostrowskiana	24			3	3	2			0	2		0		0	0	0	0
T.polychroma	24																
T.praecox	36	1		0	2	2			2	2		0		3	0	0	0
T.praestans	24	0		2	2	1	0		2	2		1		0	0	0	0
T.primulina	24			0	0	0			0					2	0		
T.pulchella	24	0		2	1	0			0	0		0		2	2	0	0
T.saxatilis	36, 48																
T.stellata	48	0		0	2	2				0		0		0	0	0	0
香郁金香		4	0	4	4	4											
T.sylvestris	48	0		0	1	3			0					0	0	0	0
T.tarda	24	0		0	0	0	0		0	1		0		0	0	0	0
T.tubergeniana	24	3		4	4	4	3		4	3		4		0	2	0	4
T.turkestanica	48	0		2	0	0			0	3		0		0	0	2	0
T.turumiensis	24	0		0	0	0			0			0			0		0
T.whittallii	48				0	0			0	0		0		0	0	0	0

注：表中 4 指无论正、反交都能获得大量可育的杂交种子；3 指仅限于特定的杂交组合可获得育性的种子；2 指因杂交组合不同而异，有的组合能得到极少量的种子；1 指无论哪种杂交组合，仅蒴果膨大而均未得到蒴果和种子；0 指无论哪种杂交组合均未得到蒴果和种子。从 4 到 0 杂交亲和性依次降低

期就显得更为重要。从人工杂交、播种育苗、开花选择、增殖、鉴定，到品种登录，育成一个郁金香品种需要20年左右，如日本育成的'红辉'郁金香从1965年杂交到1988年登录，共经历23年。因此，加速育种进程，提高育种效率就成为郁金香杂交育种的主要问题。一般可从以下3个方面着手。

（1）缩短营养生长阶段

在正常栽培条件下，郁金香杂交种子从播种到初花约需要5年。期间养球要花费大量的人力、财力和土地。除了精心管理，促进发育之外，还可考虑一年多作。而通过使用温室和冷藏库技术，可以把这一周期缩至3~4年。第1年播种的种子，在7月上旬收获籽球，经过12周的低温处理后，10月下旬在温室内进行播种。这样反复操作，能够实现2年内获得3次生长循环，从而缩短育种周期。

（2）早期选择

并非所有育种目标都要到开花才能选择。花期的早晚、种球的繁殖能力、种球与叶片的性状、促成适应性、抗病性等均可在苗期进行初步筛选。同时可通过大量选种实践，或借助分子标记进行相关选择。

（3）快速繁殖

在增殖阶段除分球增殖之外，还可利用组织培养快速繁殖，以缩短育种年限。黄钦华（2022）对郁金香组织培养技术优化，使伊犁郁金香胚轴在2.0mg/L 2,4-D+0.5mg/L 6-BA+0.1mg/L KT培养基上可以诱导出愈伤组织，诱导率为64.58%；'范兰迪'的胚轴在9.0mg/L PIC（Pictoram毒莠定：一种激素型除草剂）+0.5mg/L 6-BA+0.1 mg/L KT培养基上愈伤组织诱导率最高，为37.50%。栽培品种'友谊''纯金'和'范兰迪'胚轴在0.1 mg/L NAA+1.0 mg/L 6-BA培养基上可以诱导出不定芽，增殖系数分别为2.70、3.29和2.22。但总体上郁金香的组培快繁体系尚不健全，在增殖阶段常出现死亡现象，导致增殖效率不高，还有待进一步研究。

26.5 突变、多倍体与生物技术育种

26.5.1 突变育种

突变是获得花卉新品种的一个重要途径，尤其是郁金香，其发生自然芽变的概率明显高于其他园林植物。当然，不同的郁金香品种的突变敏感性是不同的。突变能够改变郁金香的颜色和花型，如单一纯色的颜色可以突变为边缘着色或杂色，花朵形状可以变成鹦鹉型、流苏型或重瓣郁金香。许多受欢迎的郁金香品种是通过突变的方法选育出来的，如'Murillo''William Copland'和'Bartigon'等。

采用自然芽变育种，首先要广泛收集郁金香品种资源，然后进行大规模的栽培。目前我国栽培的郁金香绝大多数引自荷兰，少数引自日本。据估计，我国栽培的郁金香品种有200多个，常见栽培的有70多个。郁金香的突变比较普遍，在荷兰1987年发布的2400个品种名录中，利用芽变育成的品种约占20%。如早花'Mouliro'曾产生了108个芽变品种，达尔文型

的'Bartigon'产生了49个芽变品种，'William Copliand'产生了12个芽变品种，'阿普多美精华'就是'阿普多美'的芽变品种，重瓣郁金香也是芽变产生的。在大量栽培的郁金香群体中，花色、花型、彩斑、株型等观赏性状都会发生芽变，应留意观察，精心培育。采用芽变育种方法，最重要的是要弄清、弄准品种名称。现在不同经销商提供的品种名称就有同物异名现象，这主要是品种名称的翻译问题。如'Apeldoom'有的译为'阿普多美'，有的译为'阿普多尔'，有的译为'阿普顿'，有时就会被认为是3个不同品种。

人工诱变是郁金香突变育种的重要方法之一，可用X射线或γ射线照射郁金香主球或幼龄球，进行突变诱导。辐射量应界于350~550rad。如果辐射处理的是三倍体品种或四倍体品种，则需要适当增加辐射剂量。辐射处理时间分为早期处理和晚期处理。早期处理应在7~9月，播种后于第1个春季就可对辐射结果进行调查，可以发现大量的死亡植株，在一些没有死亡的植株上某些突变会被发现。晚期处理应在11~12月，如果采用晚期处理，第1个春季郁金香的生长不会出现任何变化，只有等到第2年春季时突变性状才能表现出来。与早期辐射处理不同，晚期辐射处理不会有大量的植株死亡，但会有很多的植株不会开花。在一般情况下，人工诱导突变育种材料，需经过3~4年的栽培，才能够开始筛选。人工诱导突变不仅能改变郁金香花朵的颜色和形状，也有可能改变叶片边缘颜色、植株高度和籽球产量等。

26.5.2 体细胞染色体加倍育种

通常多倍体植株具有生长势强、抗性强和巨大性等特点，多倍体育种是提高园艺作物生长势和抗逆性的主要途径之一，已经得到广泛应用（Yahata et al., 2005；段九菊 等，2016）。郁金香的多倍体品种较少，大多数品种是二倍体（$2n=2x=24$），一些是三倍体（主要是达尔文杂种），如'阿普多美'为三倍体（$2n=3x=36$）；极少数是四倍体，如'朱迪斯'为四倍体（$2n=4x=48$）。二倍体间的杂交一般都能成功，但二倍体和四倍体间的杂交却成功率不高，这是扩大其遗传基础的主要障碍。郁金香属植物主要有2种获得多倍体的方法，即无性多倍化（有丝分裂过程多倍化）和有性多倍化（减数分裂过程多倍化）（Lim & Van Tuyl, 2006；Marasek et al., 2012）。无性多倍化主要通过使用秋水仙碱、氨磺乐灵等药剂处理使二倍体植株的染色体加倍，从而获得同源四倍体（Thao, 2003；Van Tuyl et al., 2015）。在实验室条件下，已经有使用秋水仙碱或氨磺乐灵处理二倍体郁金香种球内的嫩茎成功获得四倍体植株的报道（Van Truyl et al., 1992；Eikelboom et al., 2001），但是，使用药剂使郁金香的染色体加倍是非常困难的，因为生殖细胞中期分裂是在种球内部进行的药剂很难到达（Van Truyl et al., 1992）。

（1）种子浸泡法

用秋水仙碱浸泡植物的种子能够使植物体细胞染色体加倍，这种方法已经广泛应用于多种植物的多倍体诱导，而秋水仙碱浓度和处理时间是诱导成功的关键（马新才 等，2003；张焕玲 等，2008；宋平 等，2009；He et al., 2016）。邓文等（2015）采用秋水仙碱浸泡法处理香樟种子，成功诱导出了香樟多倍体植株，并得出了秋水仙碱浓度越高，处理时间越长，对植株毒害作用越大，植株死亡率越高的结论。陈发棣等（2002）使用菊花脑种子为材料，采用秋水仙碱浸泡法开展了多倍体诱导研究，结果表明，秋水仙碱浓度为0.50g/L，处理48h条件下，诱导率达到83.10%。

使用药剂处理郁金香的种子，是一种效率较高的诱导加倍方法（屈连伟，2018）。用秋水仙碱浸泡处理的新疆郁金香和伊犁郁金香的种子，发芽数和成球数均明显低于对照，并且随着秋水仙碱的浓度和浸泡时间的增加，种子的发芽数和成球数明显下降。秋水仙碱浸泡法处理过程中，当浓度在0.05～2.00g/L变化时，低浓度、长时间处理和高浓度、短时间处理，死亡率都较高。适合诱导新疆郁金香种子的最佳组合是秋水仙碱浓度为1.00g/L，浸泡时间为24h，形态变异率可达到30.00%。适合诱导伊犁郁金香种子的最佳组合是秋水仙碱浓度为0.50g/L，浸泡时间为12h，形态变异率为16.67%。

（2）种子组培法

将不同的诱导剂添加到培养基中，培养目标材料一段时间后，转入正常的培养基中，使其继续生长、分化成苗，进而获得多倍体植株，这种方法被广泛使用（唐志强，2006；Noori et al.，2017；Wei et al.，2017）。王鸿鹤等（1999）将0.02g/L秋水仙碱添加到培养基中，处理重瓣大岩桐叶片1周，诱变效果最好，诱变率可达62.5%。Sarathum等（2010）在含有0.075%的秋水仙碱培养基上处理石斛兰的种子14d后，转移到不含秋水仙碱的培养基继续培养，最终种苗成活率达到36.8%，其中43.1%为四倍体。有研究表明新疆郁金香种子在添加0.05g/L的氨磺乐灵培养基上培养10d后，转到正常培养基培养，形态变异率最高，为10.0%；在添加0.10g/L的秋水仙碱的培养基上培养30d后，转到正常培养基培养，形态变异率最高，为16.67%。使用组培法诱导新疆郁金香种子多倍化的最适条件为：4℃条件下，MS+3.50g/L琼脂+30.00g/L蔗糖+0.05g/L氨磺乐灵的培养基培养10d后，转到不含诱变剂培养基继续培养，或MS+3.50g/L琼脂+30.00g/L蔗糖+0.10g/L秋水仙碱的培养基上培养30d后，转到不含诱变剂培养基继续培养。伊犁郁金香种子在添加不同浓度的秋水仙碱和氨磺乐灵的培养基上培养时，诱导效果都较差，18个处理中，最高的形态变异率仅为6.67%。对郁金香种子来说，组培法诱导多倍体效率不如浸泡法，诱导率较低，且不易成活，诱导出的四倍体植株长势明显弱于浸泡法（屈连伟，2018）。此外，除处理浓度和处理时间等因数外，不同的郁金香材料对不同诱导剂的敏感程度也存在差异，郁金香多倍化诱导系统还有待进一步完善。

26.5.3 有性多倍化育种

有性多倍化是获得郁金香多倍体的重要方法。例如，通过两个四倍体亲本互相杂交，'Judish Leyster'就是通过这种方法选育出来的优良品种（Zeilinga & Schouten，1968）。但四倍体郁金香品种非常缺乏，采用四倍体品种之间进行广泛的杂交来获得多倍体品种是不现实的，而利用2n配子进行多倍体种植资源的创新是可行的。很多学者对2n配子的自然产生、人工诱导和杂交利用进行了大量的研究（Van Tuyl，1997；Okazaki，2005；Okazaki et al.，2005）。Marasek & Okazaki（2008）通过两个二倍体亲本的杂交组合'Golden Melody'בPurissima'成功创造出四倍体郁金香种质资源，证明了两个二倍体郁金香品种都提供了2n配子。Okazaki等（2005）用6个大气压的N_2O气体处理郁金香二倍体栽培品种'Christmas Marvel'和'Purissima'的种球24～48h，结果诱导出了大量的2n花粉。用这些经过N_2O气体处理产生的花粉与二倍体品种杂交，结果多数杂交组合的后代出现了三倍体，少数出现了四倍体。

国内专家已经尝试利用2n配子进行郁金香多倍体种质资源的创新。Qu等（2019）使用

N_2O在6个大气压条件下处理二倍体品种'西内德阿莫'和'里约嘉年华',成功诱导出两个品种的$2n$花粉,诱导率分别达到16.00%和26.67%。用这些花粉作父本与二倍体品种杂交,在后代中检测到三倍体,多倍化率介于4%~18%,证实了有性多倍化育种是一个获得郁金香高倍体新种质的有效手段。

在自然界中,经常会出现花粉未减数现象,未减数的花粉也叫$2n$雄配子。$2n$配子在百合属植物上也有较多的研究,但国内外在郁金香属植物上的研究报道较少。在自然界中多倍体的产生主要是由于亲本之一提供$2n$的配子。Kroon & Eijk(1977)对属于 T. fosteriana 种群的栽培种'Madama Lefeber'($2n=2x=24$)进行了研究,结果表明当'Madama Lefeber'作父本时,总是能够提供$2n$配子,并且$2n$配子产生的频率明显高于其他品种,而'Korneforos'和'Brilliant Star'不仅能产生$2n$雄配子,而且能产生$2n$雌配子。三倍体郁金香资源理论上可以通过二倍体和四倍体杂交获得,但四倍体材料极少,在这种情况下,通过二倍体和能够产生$2n$配子的二倍体进行杂交,是获得三倍体的一种方法(Zeilinga & Schouten, 1968; Kroon & Eijk, 1977)。

虽然在自然条件下,很多植物都能够产生未减数的$2n$花粉,但$2n$花粉的产生受到环境因子的制约,效率较低(Van Tuyl & Stekelenburg, 1988; Sheidai et al., 2009),而人工诱导是获得$2n$花粉的重要方法。Qu等(2019)以在自然条件下不能产生$2n$配子的二倍体郁金香品种'西内德阿莫'('Synaeda Amor')和'里约嘉年华'('Carnaval de Rio')为材料,进行$2n$花粉人工诱导。2015年6月,种球收获后放入20℃气调库中储藏。每隔5d解剖观察花药发育情况,当花药长至0.8~1.0cm时,多数花粉母细胞处于减数分裂中期I阶段。此时,挑选饱满的种球20粒,放入高压容器内,缓慢输入N_2O气体,等压力达到6个大气压时,停止输气,关闭所有气阀,维持气压24h。然后稍微拧开放气阀,让N_2O气体缓慢流出,大约4h后容器内气压恢复正常,然后将种球再次放入20℃气调库中,并于2015年10月,将经过高压处理的和未经过高压处理的对照种球一起栽植到辽宁省农业科学院花卉研究所试验基地温室。

二倍体栽培品种'西内德阿莫'经过高压N_2O气体处理后,平均花粉粒直径显著增加,达到71μm,平均比对照增加约10μm。正常花粉粒直径与未经过N_2O处理的花粉粒直径差异不大,分别为53.90μm和54.65μm,但最大花粉粒直径比未经过N_2O处理的平均增加约22μm。经过高压N_2O气体处理后最大与正常花粉直径比值为1.65,而未经过N_2O处理的最大与正常花粉直径比值为1.22。

用经N_2O气体诱导产生的花粉与二倍体栽培品种杂交,后代出现了三倍体,表明$2n$花粉参与了杂交过程。因此,多倍体育种是一个获得郁金香高倍体新种质的有效手段,尤其是$2n$配子的人工诱导和应用,是多倍体郁金香种质创新的一种重要途径。但是要获得观赏性状优良、抗性强、花期长的多倍体郁金香新种质,仍然需要很多的时间和努力。

26.5.4 生物技术育种

近些年,分子标记技术在植物育种中得到广泛应用,但在球根花卉上的应用还处于起步阶段,这是因为球根花卉的基因组较大。郁金香的基因组DNA约为30G,是人类基因组的10倍,是拟南芥基因组DNA的200倍以上,这导致分子标记、遗传图谱构建等新技术的应用存在一定的困难(邢桂梅,2017)。据《中国花卉报》报道,荷兰团队于2017年开展了郁金香全基因组DNA序列测序（苏颖，2017），但至今尚未有郁金香全基因组DNA序列公布或发表，可能是组装过程难度太大。Shoji等（2007）通过将与铁离子转运和贮藏相关的基因*Tg Vit1*和*Tg FER1*过表达，使郁金香（*T. gesneriana*）细胞中铁离子含量明显升高，成功地将紫色郁金香转变为深蓝色。郁金香幼年期很长，分子标记辅助育种技术使早期选择成为可能。在郁金香中已经采用AFLP标记进行标记辅助育种（Van Heusden et al., 2002）。在整个染色体组（12个连锁群）中找到了AFLP标记，一些AFLP标记与TBV抗性基因连在一起。将来，不同性状PCR标记的应用定能加速郁金香的育种进程。孟琳（2022）、李禹昊（2022）对郁金香花瓣衰老和节律性运动进行了研究，解析了*TgWRKY75*、*TgNAC29*、*TgHSP70*和*TgSWEET4*等基因对郁金香花瓣衰老的调控机制。

生物技术在郁金香育种上的应用主要在快速繁殖、胚培养、试管授精、细胞融合和基因工程等方面。不定芽发生（Wilmink, 1995）、微繁（Hulscher, 1995）、愈伤组织诱导与植株再生（Famelaer, 1996; Cadic, 2000）、胚状体发生（Gude, 1997）、胚培养（Custers, 1995）、花粉培养（Custers, 1997）等细胞工程技术在郁金香的快速繁殖、远缘杂交或倍性育种等方面均有应用。以鳞片、花茎切片为外植体，均得到了组培植株。1993年，荷兰已建立郁金香球根组织培养的公司。该公司可将5个球根在4年之内增殖到10 000粒。胚培养是拯救杂种胚败育的重要方法，在授粉后60~70d，取0.5~2mm的幼胚，在1/2MS培养基上可以培养成功。对于远缘杂交中花粉管在花柱内停止伸长的情形，可在离体培养的未受精胚珠上撒无菌花粉进行试管受精。如在MS+胰蛋白500mg/L+NAA 4mmol+蔗糖4%培养基上对0.5mm的胚培养，成功地获得了郁金香×考夫曼郁金香的杂交种（Custers, 1995）。采用子房切片培养或胚珠培养，可以从郁金香×*T. agenensis*和郁金香×*T. praestans*的杂交中获得杂交种（Van Creij et al., 1999）。Van Tuyi等（1990）、Custers等（1992, 1995）和Van Creij等（1999, 2000）还报道了郁金香育种中胚拯救技术的应用。利用基因枪和农杆菌介导法可将*GUS*基因（Wilmink, 1992）或离体合成的mRNA（Tanaka, 1995）转入郁金香，这为通过基因工程将目的基因转入郁金香奠定了基础。

26.6 良种繁育与产业发展

我国郁金香新品种选育现状严重落后于国外，也严重滞后于国内其他园林植物，处于刚起步或探索阶段。我国自主知识产权的郁金香新品种还没有大面积应用于生产，远远不能满足国内市场的需求。中国科学院北京植物园于20世纪50年代和80年代两次开展郁金香新品种选育工作，也取得了很多进展。

26.6.1 优良品种选育与知识产权保护

优良品种的国产化是郁金香产业发展的基础，是根本大计。没有自主知识产权的品种，产业发展再大，也是受制于人，被别人"卡脖子"。充分利用我国野生郁金香资源有望育成观赏价值高、抗逆性能强的中国郁金香品种群。第一个中国自主选育的郁金香新品种'紫玉'于2015年育成，填补了中国无自主知识产权郁金香的空白（Qu et al., 2017）。目前，辽宁省农业科学院花卉研究所和上海交通大学已经选育出21个郁金香品种（表26-4）。

表 26-4 中国自主选育的郁金香品种

序号	类 型	类型（中文）	中文名*	英文名**	颜 色	选育单位	选育方法
1	T	凯旋型	紫玉	Purple Jade	紫色	辽宁省农业科学院花卉研究所	人工杂交
2	DH	达尔文杂种型	黄玉	Yellow Jade	黄色	辽宁省农业科学院花卉研究所	芽变
3	V	绿花型	金丹玉露	Jindanyulu	黄色外侧有绿斑	辽宁省农业科学院花卉研究所	人工杂交
4	L/Fr	百合花型/流苏型	月亮女神	Moon Angel	白色	辽宁省农业科学院花卉研究所	人工杂交
5	SP	新疆郁金香（T. sinkiangensis）	丰收季节	Harvest Time	黄色	辽宁省农业科学院花卉研究所	野生种人工驯化
6	SP	阿尔泰郁金香（T. altaica）	和平时代	Peacetime	黄棕绿色条纹	辽宁省农业科学院花卉研究所	野生种人工驯化
7	SP	天山郁金香（T. thianschanice）	天山之星	Star of Tianshan Mountain	黄紫红色条纹	辽宁省农业科学院花卉研究所	野生种人工驯化
8	SP	伊犁郁金香（T. iliensis）	伊犁之春	Spring of Ili	黄粉红色条纹	辽宁省农业科学院花卉研究所	野生种人工驯化
9	SP	准噶尔郁金香（T. schrenkii）	金色童年	Golden Childhood	黄色	辽宁省农业科学院花卉研究所	野生种人工驯化
10	SP	柔毛郁金香（T. buhseana）	心之梦	Hearts Dream	白色黄心	辽宁省农业科学院花卉研究所	野生种人工驯化
11	SP	垂蕾郁金香（T. patens）	银星	Silver Star	白色黄心	辽宁省农业科学院花卉研究所	野生种人工驯化
12	DE	重瓣早花型	丹素	Dan Su	粉白色	辽宁省农业科学院花卉研究所	人工杂交
13	T	凯旋型	红颜	Hong Yan	粉红	辽宁省农业科学院花卉研究所	人工杂交
14	T	凯旋型	粉霞	FenXia	粉色	辽宁省农业科学院花卉研究所	人工杂交
15	T	凯旋型	贵妃红	Gui Fei Hon	粉红	辽宁省农业科学院花卉研究所	人工杂交
16	T	凯旋型	红妆	Hong Zhuang	黄红	辽宁省农业科学院花卉研究所	人工杂交
17	TR	凯旋型	紫霞仙子	Zi Xia Xian Zi	紫色	辽宁省农业科学院花卉研究所	人工杂交
18	TR	凯旋型	雪域湘妃	XueYuXiangFei	白红	辽宁省农业科学院花卉研究所	人工杂交
19	DE	重瓣早花型	黄牡丹	Huang Mu Dan	黄色	辽宁省农业科学院花卉研究所	人工杂交
20	Fr	流苏型	上农早霞	ShangnongZaoxia	红色	上海交通大学	芽变
21	Fr	流苏型	上农粉霞	ShangnongFenxia	粉红色	上海交通大学	芽变

注：*、** 表格中的品种名未加单引号

在持续加大优良新品种选育力度的同时，还要加强郁金香种质资源保护与综合开发利用，加强优良品种的国际登录、新品种权申报和保护。郁金香新品种的国际登录机构是荷兰皇家球根种植者总会（KAVB，https://www.kavb.nl），国内郁金香新品权的申报机构是农业农村部植物新品种保护办公室（http://zwfw.moa.gov.cn）。辽宁省农业科学院已经申请郁金香植物新品种权保护2项。

26.6.2　种球扩繁技术

郁金香种球繁殖方法主要有鳞茎繁殖、种子繁殖、组织培养等，其中商业种球生产主要采用鳞茎分球繁殖。郁金香的繁殖效率较低，一般一个开花鳞茎一年只能产出2~3个籽鳞茎。由于着生部位、生长环境等原因，郁金香新鳞茎会形成外籽球、内籽球、成花球和下垂球。内籽球一般通过第二年的继续培养，可成为商品种球，而外籽球因受营养条件的限制，往往生长较差。成花球的直径最大，质量通常可达到商品球要求。作为郁金香鳞茎发育中的一种奇特形态，下垂球不是着生在母球的鳞茎盘上，而是侧芽向下延伸，最后在侧芽顶端发育成一个新球。下垂球现象通常在种子繁殖的前3年普遍存在，另外在播种鳞茎个体过小、鳞茎栽培过浅、土质含盐量过高等情况下也可发生。影响种球发育的因素主要有温度、光照、病害、营养等。其中温度对郁金香种球的生长发育非常重要，如果在生长期温度迅速升高，会导致生长周期大幅缩短，进一步导致更新球质量和数量的下降。光照对郁金香种球的生长影响较大，适宜的光照有利于郁金香种球的生长，使种球更丰满，直径也更大。

品种是产业的基础，而种球扩繁是将新品种推向市场的关键，没有规模化的扩繁，就没有新品种的产业化应用。新品种的扩繁，主要采用分球繁殖的方法。在国内实现从新品种到扩繁到栽培到繁育复壮再到栽培的良性循环，需要不断探索最适于郁金香生产的繁育与复壮方法，最终实现郁金香种球国产化。因此，郁金香的种球繁育复壮技术研究工作无论从理论上还是从实际需求上，都具有重要意义。

与荷兰等先进技术国家相比，我国郁金香产业机械化程度较低，一些关键技术和瓶颈问题并没有得到突破，严重制约了郁金香种球扩繁规模化发展。将来主要应该加速种球繁育技术创新，促进产业标准化发展（屈连伟，2016）。

科技创新改变了世界，科学技术是任何产业发展的原动力，郁金香种球繁育产业也是如此。荷兰人之所以把郁金香产业发扬光大，并把郁金香推广到世界各国，是与其雄厚的科研基础分不开的。瓦赫宁根大学具有丰富的郁金香育种经验和世界领先的科研方法，这些技术的创新为荷兰郁金香产业的标准化发展提供了强有力的支撑。

相比之下，我国郁金香种球繁育研究起步较晚，但已经取得了很多成绩。我国新疆、西藏、青海、甘肃、东北部分地区以及南部高海拔地区，4~5月最高气温不超过25℃、雨水少，非常适合郁金香种球生产，退化鳞茎经过2~3年的复壮有望达到商品种球的周径要求。韩继龙（2008）开展了北方地区郁金香籽球复壮技术研究，阐述了郁金香籽球处理、栽植、养护和病虫害防治的具体方法。谭国华研究团队取得"一种郁金香种球繁育复壮生产方法"的发明专利，可使苏南苏中地区的郁金香花期较荷兰郁金香自然球提前15d左右，同时能够使种球生长避开花后高温期，在生产实践过程中能有效控制镰刀菌危害和防止病毒病蔓延（韩益，2017a）。屈连伟团队针对郁金香的种球栽培及扩繁等配套技术进行了深入研究，形成了一整套技术体系，相关技术已取得4项国家专利，撰写并颁布实施郁金香盆花、切花生产技术规程、郁金香种球扩繁技术规程、郁金香种球采后处理及储藏技术规程和绿化郁金香栽培生产技术规程4项辽宁省地方标准（韩益，2017b）。华中农业大学球宿根研究团队摸索出了一套适用于我国国产郁金香种球的处理方法，使国产郁金香种球的开花效果媲美荷兰进口种球；而且使国产郁金香种球从9月到翌夏次第开放，满足国内教师节、圣诞节、元旦以及春节的年宵花市场，实现四季开花（产祝龙，2022）。

众多学者对郁金香种球繁育研究的成果，为我国进一步进行种球繁育技术创新提供了宝贵经验，但这些研究还不够系统，还不够全面。郁金香种球国产化的核心是种球繁育技术标准化。要继续加大种球繁育技术创新力度，并与现有研究成果有机整合，形成一套或几套适合我国不同地区的标准化繁育技术规程，从根本上解决我国种球严重依赖国外进口，国产种球质量参差不齐等问题。目前，辽宁省农业科学院正在牵头制定"郁金香生产技术规程"的国家标准，许多省份也正在制定或已经制定了郁金香种球生产相关的技术标准，标准体系的建立和完善，可为郁金香种球规模化生产提供技术支撑。

26.6.3 产业发展战略

（1）重点扶持龙头企业（合作社），促进产业规模化、机械化发展

借鉴国外的发展经验，龙头企业具有强大的示范性、辐射性和带动性，是农业产业化发展的主导力量。目前郁金香产业的困境在于缺乏协调组织机制。科研人员有完整的技术方法，但没有人力物力财力去扩大规模。企业的需求是投入即有产出。在目前国内市场对于国产郁金香种球质量疑虑重重、不敢使用的现状下，有魄力进军郁金香种球扩繁生产的企业少之又少。而全国各地的花海景区，动辄花费数百万上千万元进口荷兰郁金香种球。这是一种恶性循环，对郁金香国产化非常不利。

郁金香种球繁育产业的规模化关键是扶持和培育具有技术创新能力、掌握标准化生产技术，并能够提供系列化指导服务，能够带动普通农户发展种球生产并具有市场开拓能力的龙头企业或合作社。而规模化是促进种球繁育机械化的前提条件。大规模的种球生产，需要大量劳动力，这大大增加了生产者的劳动力成本，从客观上迫使生产者不得不创新生产工艺，研发高效率的技术装备以降低生产成本。反过来，只有形成一定的种球繁育规模，大型设备才有用武之地，生产的机械化才有可能。只有龙头企业先发展起来，才能够对周边农户和生产基地起到正向的示范和带动作用，从而形成规模效应。因此，必须加大对龙头企业的培育力度，制定适宜的郁金香产业龙头企业的标准和产学研结合扶持政策，并重视提高龙头企业的营销管理水平，从多方面促进龙头企业种球质量的提高、生产规模的扩大和管理水平的提升，为实现标准化、规模化和机械化提供保障，为最终实现郁金香产业可持续发展创造条件。

（2）用现代市场营销理念指导龙头企业产业化经营

产业化能够增强市场竞争能力和抗御市场风险能力，是一种有效的生产经营方式和经营组织形式。龙头企业在产业化经营过程中必须抛弃以"产品生产为中心"的传统观念，树立"以需定产"的现代市场营销观念。要细分市场，并高度重视各类市场信息的收集和处理，充分分析不同类型的潜在顾客对郁金香种球的不同需求，来安排种球生产的品种、数量、采后

处理方式、包装和储藏形式以及销售方案等。例如，为了满足广大普通家庭室内栽植郁金香的需求，可以安排生产盆栽品种和适合水培的品种。盆栽品种应具有生长势旺盛、盲花率低、植株高度适中的特点，一般植株高度在50cm以下，种球收获后需要进行5℃低温处理，满足全部的需冷量，然后进行小规格包装，每袋3~5个球。水培品种除了满足盆栽品种的全部条件外，还需要品种能够适应水培条件，包装时还需加入配套的水培花盆，以方便客户的使用。针对从事切花生产的花农或企业，则要选择植株高大品种，一般植株高度在50cm以上，并且要求叶片不能过大，以利于密植，提高单位面积的产量。种球收获后也要经过5℃的低温处理，达到需要的冷量后，进行包装。切花郁金香种球包装应采用较大的容器，如荷兰进口种球采用长宽高分别为 60cm×40cm×23cm的塑料网箱，每箱装500粒或600粒。针对园林绿化或公园花海用种球，也要采用与切花种球相同的较大包装方式，但种球采后不需要低温处理，株高和叶片也不像切花品种那样有严格要求。

在进口种球占据大部分市场的条件下，国内龙头企业必须重视市场信息和市场营销的作用，通过加强信息网络建设，强化信息的收集和科学分析，对生产进行科学决策。而营销能力能够决定产品的市场地位和市场份额，直接体现产品竞争力的大小，龙头企业必须高度重视市场营销理念，坚持生产行为以市场为导向，以消费者需求为中心，仔细划分不同市场需求，根据市场规律和不同市场需求指导种球产业化生产，在满足市场多样化需求的同时去获取利润。

(3) 树立企业形象，实施名牌战略

创立品牌，树立企业良好形象，能够促进龙头企业良性发展，是推进国产郁金香种球产业化进程的重要手段，符合农业农村部"三品一标"的发展战略。农业部印发的《农业部关于推进"三品一标"持续健康发展的意见》中明确了以标准化生产和基地创建为载体，通过规模化和产业化，推行全程控制和品牌发展战略，促进"三品一标"持续健康发展。目前国内企业对国产郁金香种球的采后处理不重视，对郁金香的花芽发育规律不了解，一些商贩盲目收购花海景区开花后的郁金香种球，不经过采后标准化处理就低价出售，这些种球由于在贮藏期间花芽发育不充分，低温处理不科学，种植以后盲花率高，开花不整齐，景观效果差。人为因素造成的国产郁金香种球质量问题，极大影响了国产种球的口碑，最终形成了郁金香种球必须每年从荷兰进口的观念误区，限制了国产郁金香种球的生产和应用。

品牌的价值主要体现在品牌意识，也就是消费者对品牌的态度，它是消费者与产品相联系的纽带。通过创立国产郁金香种球的品牌，树立品牌形象，发挥品牌效应，促进国产种球的销售，进而促进国产种球产业的发展。在种球繁育产业发展的初期，必然会出现种球质量良莠不齐的现象。从事标准化生产的大型企业和合作社，其生产的种球品质较高，而技术落后的小企业和众多农户生产的种球品质难以保障。在这种鱼龙混杂的情况下，如果消费者购买了低品质的种球而导致经济损失，必定损害国产种球在消费者心中的形象，这给高品质国产种球的销售造成了负面影响。如果国产高品质的种球和低品质的种球不能明确区分，大型郁金香花海项目、花展项目和切花生产单位为了保障收益，不会冒险使用国产种球，转而购买价格更高的进口种球。

因此，龙头企业要提高国产种球在市场上的竞争力，必须实行品牌战略，将高品质的种球和低品质的种球加以区分，以增加消费者对国产种球的信心。品牌战略应以较高的种球品质为前提，这就要求必须加大科技创新力度，逐步实现种球生产的标准化，建立标准的质量体系。其次，企业还要高度重视服务意识，建立售后服务体系和技术服务体系，这也是国外进口企业很难做到的，是我们的优势。一个高效的服务体系不仅及时向消费者通报相关的信息，更注重与消费者建立一对一的相互信赖的关系。对一个龙头企业来说，能够与客户保持这种关系，就等同于成功。这种关系保障了客户能够顺利应用该企业销售的种球进行生产，即使出现问题也能够及时解决。龙头企业在遇到问题时也要勇于承担责任，有利于巩固和发展这种相互信赖的关系，在这些方面国内龙头企业具有明显的区位优势。

（4）灵活定价，合理促销

价格是影响消费者购买的重要因素，种球生产企业要以生产成本为基础，进行合理定价。目前，国产郁金香种球在规模化和机械化方面落后于国外，生产成本较高，但在物流方面，国产种球具有明显的距离优势。因此，总体来说品质相当的国产种球的价格应略低于进口种球。但应用在水培郁金香、盆栽郁金香等方面的小包装产品，其价格可以高于进口种球。原因是郁金香进口商为了降低成本，一般通过集装箱大批量运输种球，市场上很少有小包装产品销售。我国自主选育的郁金香品种具有相对稀缺性，前期销售时可适当提高价格。也可利用种球上市的季节差价、区域差价和消费者求新求异求廉等不同消费心理，进行灵活定价，使国产种球具有较好的市场吸引力和价格竞争力。

合理的促销策略，也是国产种球打开市场的重要环节。龙头企业在产业化经营过程中必须制定适合国产郁金香种球的促销策略，充分利用网络、电视、报纸等媒体以及各级政府推广部门，扩大国产种球的影响，提高知名度，创造良好的营销环境。尤其要重视网络营销手段，改革开放以来，中国互联网产业高速发展，截至2014年12月，网络购物用户规模已经超过了3.6亿，且城市和农村用户规模同比年增长率分别达到16.9%和40.6%，因此要积极建设种球网络营销平台，积极开展网络营销活动。

（5）多方合作，共谋发展

我国可以利用广阔的地域和丰富的气候优势，充分利用和挖掘郁金香野生资源开展本土郁金香新品种选育工作，建立育种技术体系和种球生产技术体系。国内各研究机构应广泛开展紧密合作协同攻关，在气候适宜地区建立种球自繁基地，扩大自产种球推广应用，促进产业提升。可通过技术引进、消化、吸收、再创新的方法，提高我国郁金香产业的技术水平，也是推动我国郁金香产业升级的迫切需要。

全社会都意识到郁金香种球依赖进口的问题，但是如何破局，从20世纪80年代就开始讨论。郁金香产业的健康发展和解决种球供应的瓶颈问题，需要多方合作，破解目前研究人员有技术无产地和产量，企业、景区不敢投入、不敢应用，地方上重视程度不够、缺少长期规划的困局。

（屈连伟　杨宗宗　邢桂梅）

思考题

1. 从郁金香的育种历史中,得到了哪些启发?
2. 郁金香主要分布在何处?我国和荷兰各有几种?
3. 郁金香(*T. gesneriana*)栽培种是怎么起源的?
4. 郁金香属的杂交亲和性有什么规律?
5. 杂交育种对郁金香的品种改良作出了哪些贡献?
6. 生物技术在郁金香的哪些育种目标上可能有突破?
7. 比较国产郁金香原种和栽培郁金香的品种,人工选育的贡献是什么?培育"中国郁金香"品种群的突破口在哪里?
8. 如何发展我国的郁金香产业?

推荐阅读书目

郁金香. 2001. 张俭,秦官属. 中国林业出版社.

Tulips: Beautiful Varieties for Home and Garden. 2019. Eastoe J, Warne R.Gibbs Smith.

The Tulip: Twentieth Anniversary Edition. 2019. Pavord A.Bloomsbury Publishing.

第27章 朱顶红育种

[本章提要] 朱顶红花大色艳,可在元旦春节开花,且适应性强,种球很少退化;我国虽无原产,但引种后已成为民众喜爱的"大众花卉"。本章从育种简史、种质资源、育种目标、杂交与倍性育种、分子育种探索、育种进展6个方面,论述了朱顶红育种的理论与技术。

朱顶红是石蒜科(Amaryllidaceae)朱顶红属(*Hippeastrum*)的多年生鳞茎类球根花卉。其属名*Hippeastrum*来自希腊语hippe-(horse骑士)与aster(star星)。英文名称为Amaryllis(孤挺花)、Knight's Star Lily(骑士之星百合)。中文别名有孤挺花、对红、对角兰、华胄兰等。朱顶红原产于南美洲热带和亚热带,同属植物近90种。1633年传入欧洲,现在世界各国普遍栽培。其叶姿丰润,花朵硕大,花色艳丽,是一种重要的高档花卉品种。大花型朱顶红近年来在国际市场异军突起且发展迅速,成为盆栽、切花和庭院、花境等广泛应用的重要球根花卉。近年来全球各地的生产和应用数量逐年增长,成为重要的新兴切花种类之一。

我国1912—1949年在南京、上海等地已有朱顶红的盆栽观赏,20世纪70年代开始在我国露地栽植,作为庭院景观欣赏,也成为重要的年宵花之一。近些年我国逐渐从国外引进了新兴的园艺杂交型大花杂种朱顶红,目前常用栽培品种有100多个。这些品种花型多样,颜色丰富艳丽,花葶粗壮,花朵硕大,大规格种球可以顺序开2~3葶花,每葶又有4~6朵花,生长适应性强,退化速度相对较慢,在切花和盆栽应用中逐渐占据重要市场地位。

27.1 育种简史

朱顶红原生种主要分布在中南美洲两大区域：一是巴西东部；二是秘鲁、玻利维亚、阿根廷安第斯山脉中、南段山丘，部分原生种分布地延伸至墨西哥及西印度群岛。朱顶红育种历史逾200年，主要是属内杂交，原生种内又分许多居群，大部分原生种皆为二倍体且可轻易杂交，早期的杂交种多源自于以下这些花较小的种：*H. aulicum*、*H. psittacinum*、*H. puniceum*、*H. reginae*、*H. reticulatum*、*H. striatum*、*H. vittatum*等。目前已知的属间杂交只有和燕子水仙（或称阿兹特克百合，*Sprekelia formosissima*，Aztec lily）的杂交后代（燕子水仙的花形和*H. angustifolium*及*H. cybister*类似）。

①18世纪末期至19世纪初期　最早被记录的朱顶红杂交种是*H. ×johnsonii*，出现在1799年的英国，是由*H. vittatum*与*H. reginae*杂交而来的。

②19世纪中期　在众多育种家的努力下，陆续产生许多新的品种，并形成了Reginae group、Leopodii group、Vittatum group和Riticulatum group 4个杂交种群，其中前两个对现代朱顶红育种的发展有重要的影响。

Reginae group　出现在19世纪中期，主要由荷兰育种者利用*H. reginae*、*H. vittatum*、*H. striatum*、*H. psittacinum*等当时在欧洲种植较广泛的原种杂交而来。

Leopodii group　19世纪70年代英国探险家在秘鲁和阿根廷发现*H. leopoii*与*H. pardinum*两个新种，具有花大、花瓣开张、花型对称等特性，经与荷兰的Jan de Graaf所育出的品种'Reginae'杂交后产生的后代，花朵大且花瓣平展，颜色丰富，对朱顶红育种有深远影响，并奠定了后来的朱顶红商业生产标准。

Vittatum group　由*H. vittatum*与其他原生种或杂交品种再杂交而来，主要源自法国及英国。

Riticulatum group　植株较一般朱顶红小，常绿性，叶中肋有白或黄色条带，夏末至秋天开花，如*H. riticulatun* var. *striatifolium*（白肋朱顶红）。

③19世纪末期至20世纪初期　19世纪末期在美国育出许多朱顶红品种，主要集中在得克萨斯州、加利福尼亚州和佛罗里达州，品种多为以Reginae group及Leopodii group为主选育的系列杂交后代，其花朵大小、花梗数虽比不上欧洲当时的品种，但在当地气候下生长势也很强健，后来因为病害、商业竞争导致品质下降、生产减少，许多品种流失。

④20世纪初期　因为两次世界大战，朱顶红育种工作逐渐停顿，只有荷兰坚持育种并逐渐成为国际朱顶红育种及生产中心，并育出许多知名品种。南半球的南非也逐渐成为朱顶红育种及外销重要地区。

荷兰育成的品种包括：Ludwig group（大花品种群），代表性品种有'Apple Blossom''Dazzler''White Christmas'；Gracilis group（矮生多花品种群），主要品种有'Fire fly''Scarlet baby'等，是用*H. striatum*与大花品种杂交而来，表现为矮化、多花。

南非育成的Hadeco group（哈迪可品种群）包括4个系列："Symphony"系列，花朵直径16.5cm以上，如'My Favourite''Vegas'等品种；"Sonatini"系列，花朵直径10~16.5cm，如'Little Star''Trentino'等品种；"Sonata"系列，花朵直径6~10cm，如'Zombie''Lemon Sorbet'等品种；"Solo"系列，花朵直径小于6cm，如'LaPaz'。

⑤20世纪中后期　20世纪末期，专业育种家与业余育种者又开始育种与栽培，美国、澳大利亚、日本、印度、巴西、荷兰、南非等国都选育了系列品种，如重瓣或小花品种，目前世界上主要的球茎生产国家是荷兰（栽培最多）、南非和以色列等。

目前栽培的朱顶红品种颜色以红色、粉色、白色和黄色为主色，形成众多复色及带红白条纹的品种群，花型多样，单瓣、重瓣及单重瓣复合品种较丰富，在全球各地广泛栽培。

27.2　种质资源

27.2.1　形态特征

朱顶红具有鳞茎，卵状球形。叶4~8枚，二列状着生，扁平带形或条形，与花同时或花后抽出。花葶自叶丛外侧抽生，粗壮而中空，扁圆柱形，花茎中空；伞形花序有花2至多朵，稀1朵，下有佛焰苞状总苞片2枚；每花之下具有小苞片1枚；花大，漏斗状，单瓣或重瓣；花姿斜上、水平开展或稍下垂；花被管短，稀较长，喉部常有小鳞片，花被裂片几相等或内轮较狭，红、粉、橙、黄绿、白等纯色或复色带条纹（图27-1）；雄蕊着生于花被管喉部，稍下弯，花丝丝状，花药线形或线状长圆形，"丁"字形着生；花柱较长，下弯，柱头头状或3裂，子房3室，每室具多数胚珠。蒴果球形，室背3瓣开裂。种子通常扁平，翅状（图27-2）。

图27-1　朱顶红单瓣、重瓣花形态和主要花色

图27-2 朱顶红主要器官的形态
A.开花期整株形态 B.单花分解图 C.鳞茎 D.蒴果 E.种子

27.2.2 野生（原）种

朱顶红原产南美洲，以热带中南美洲的巴西和秘鲁为主要分布地区，根据邱园等主办的《The Plant List》，目前朱顶红属全球被接受的有91种（http://www.theplantlist.org/tpl/search?q=Hippeastrum）。其中常见栽培的种如下：

①美丽朱顶红（*H. aulicum*） 发现时间为1819年，原产巴西中部、巴拉圭。株高30~50cm。叶中等绿色。花葶着花2~4朵，花径可达15cm，花深红色，具亮绿色花喉，花瓣略细，花朵朝上。

②凤蝶（*H. papilio*） 发现时间为1967年，原产巴西。叶中等绿色。株高30~50cm。花葶着花2~4朵，花径8~12cm，黄绿色花瓣上带红紫色斑纹，花朵水平或略下垂。

③短筒朱顶红（*H. reginae*） 发现时间为1728年，原产玻利维亚、巴西、墨西哥、秘鲁以及西印度群岛。株高可达60cm。花葶着花2~4朵，花艳红色，喉部有星状白色条纹。花被裂片倒卵形，花朵稍微下垂。

④网纹朱顶红（*H. reticulatum*） 发现时间为1777年，原产巴西南部。株高20~40cm。叶深绿色，叶面无白色条纹。花葶着花3~6朵，花径8~10cm，花鲜红紫色，有网状条纹，具浓香，花朵稍微下垂。其变种 *H. reticulatum* var. *striatifolium* 因叶色墨绿且叶脉为亮白色而广为栽培。

27.2.3 园艺品种

现今栽培的园艺品种大都是由朱顶红属中 *H. aulicum*、*H. reginae*、*H. reticulatum*、*H.*

solandriflorum、*H. vittatum* 和 *H. leopoldii* 等经过多年种间杂交而成。国际园艺学会指定的朱顶红品种登录权威是荷兰皇家球根种植者总会（https://www.kavb.nl/english/registration）。目前国际上已登录的品种近 600 多个（https://www.kavb.nl/databases/kavb-publicaties），常用栽培品种 100 多个，又可分为切花品种和盆花品种（表 27-1）。

表 27-1 朱顶红常用栽培品种花部性状

序号	英文名称*	中译名**	花葶长度（cm）	花朵数/葶	瓣型	花主色（RHS）	花朵姿态	花正面形状
1	Adele	阿黛尔	56.6	6.3	单瓣	粉色（55A）	近水平	圆形
2	Alfresco	阿弗雷	63.5	6.5	重瓣	白色（155C）	近水平	圆形
3	Ambiance	氛围	51.7	4.0	单瓣	浅绿色（150D）	近水平	三角形
4	Aphrodite	爱神	30.8	4.6	重瓣	绿白色（155D）	近水平	星形
5	Apple Blossom	苹果花	47.7	4.7	单瓣	粉色（38B）	近水平	三角形
6	Apricot Parfait	杏巴菲	42.8	4.0	单瓣	橙色（33C）	近水平	三角形
7	Benfica	本菲卡	46.2	4.0	单瓣	红色（46A）	近水平	三角形
8	Benito	贝尼托	24.7	3.5	重瓣	橙红色（33B）	斜上	圆形
9	Blossom Peacock	花孔雀	37.5	4.4	重瓣	红色（43B）	斜上	圆形
10	Bogota	波哥大	54.8	4.0	单瓣	红色（45A）	近水平	星形
11	Celebration	庆祝	34.9	4.8	单瓣	橙红色（N30A）	近水平	三角形
12	Celica	丁克	29.5	3.9	重瓣	红色（44B）	斜上	星形
13	Charisma	魅力四射	40.6	4.0	单瓣	红色（44A）	近水平	三角形
14	Cherry Nymph	樱桃妮芙	37.3	3.5	重瓣	红色（44A）	斜上	圆形
15	Chico	奇科	38.5	4.7	单瓣	红色（55B）	近水平	星形
16	Christmas Gift	圣诞礼物	49.9	3.0	单瓣	白色（155C）	近水平	三角形
17	Clown	小丑	41.1	4.0	单瓣	绿白色（155D）	近水平	三角形
18	Dancing Queen	舞后	34.6	3.2	重瓣	白色（155C）	斜上	圆形
19	Desire	欲望	50.5	4.4	单瓣	橙色（34A）	近水平	三角形
20	Double Dragon	双龙	27.3	4.8	重瓣	红色（45A）	斜上	圆形
21	Double Dream	双梦	29.5	5.6	重瓣	粉色（52B）	斜上	圆形
22	Double King	天皇	37.8	2.2	重瓣	红色（44A）	斜上	圆形
23	Elvas	精灵	41.8	3.8	重瓣	白色（155C）	斜上	圆形
24	Evergreen	恒绿	37.6	7.6	单瓣	绿色（145D）	斜上	星形
25	Exotic Peacock	异域孔雀	23.7	4.0	重瓣	红色（43A）	斜上	圆形

（续）

序 号	英文名称*	中译名**	花葶长度（cm）	花朵数/葶	瓣 型	花主色（RHS）	花朵姿态	花正面形状
26	Exotic Star	异域之星	44.2	3.3	单瓣	红色（46A）	近水平	三角形
27	Exotica	新奇	23.4	3.7	单瓣	粉色（144D）	近水平	三角形
28	Exposure	曝光	45.8	4.0	单瓣	粉色（52A）	近水平	圆形
29	Fairytale	童话	53.0	4.7	单瓣	白色（155C）	近水平	三角形
30	Faro	法罗	49.4	4.8	单瓣	白色（155C）	近水平	三角形
31	Flamenco Queen	佛朗明哥皇后	53.0	4.6	单瓣	红色（46A）	近水平	三角形
32	Flaming Peacock	火焰孔雀	49.8	4.4	重瓣	红色（44A）	近水平	圆形
33	Gervase	花瓶	41.2	4.0	单瓣	粉色（49C）	近水平	三角形
34	Green Goddess	绿色女神	26.6	3.8	单瓣	白色（N155C）	近水平	三角形
35	Jewel	宝石	22.1	3.8	重瓣	白色（155C）	斜上	星形
36	La Paz	拉巴斯	60.0	4.0	单瓣	红色（59A）	近水平	星形
37	Lady Jane	珍妮小姐	34.4	4.0	重瓣	粉色（48D）	近水平	星形
38	Limona	苹果绿	32.6	3.4	单瓣	绿色（145C）	近水平	三角形
39	Luna	月神	42.5	4.0	单瓣	浅绿色（150D）	近水平	三角形
40	Marilyn	玛里琳	26.1	3.3	重瓣	绿白色（157D）	斜上	圆形
41	Matterhorn	马特霍恩峰	53.4	4.2	单瓣	白色（155C）	近水平	三角形
42	Merry Christmas	圣诞快乐	31.6	3.8	单瓣	红色（45A）	近水平	三角形
43	Minerva	米纳瓦	46.9	3.7	单瓣	橙色（N30A）	近水平	三角形
44	Nagano	纳加诺	25.8	5.3	重瓣	红色（44A）	斜上	圆形
45	Naranja	娜佳	46.9	4.4	单瓣	橙色（N30A）	近水平	三角形
46	Neon	霓虹灯	32.9	6.8	单瓣	粉色（54A）	近水平	三角形
47	Olaf	奥拉夫	40.9	4.9	单瓣	红色（44A）	近水平	三角形
48	Papillio	派比奥	21.5	2.5	单瓣	绿色（144D）	近水平	三角形
49	Pasadena	帕萨迪纳	12.0	4.0	重瓣	红色（44A）	斜上	星形
50	Picotee	花边石竹	41.0	5.0	单瓣	白色（155B）	近水平	三角形
51	Pink Rival	粉色敌手	16.2	5.6	单瓣	红色（52A）	近水平	圆形
52	Fensi Jingqi	粉色惊奇	43.7	4.0	单瓣	深粉色（54A）	近水平	三角形
53	Purple Rain	紫雨	46.0	4.0	单瓣	粉色（55B）	近水平	圆形

（续）

序 号	英文名称*	中译名**	花莛长度（cm）	花朵数/莛	瓣 型	花主色（RHS）	花朵姿态	花正面形状
54	Rapido	快车	30.4	6.5	单瓣	红色（45A）	近水平	星形
55	Rilona	雷洛纳	36.8	3.0	单瓣	橙色（32B）	近水平	三角形
56	Rosalie	罗莎丽	37.8	4.6	单瓣	粉红色（39B）	近水平	三角形
57	Royal Velvet	黑天鹅	60.8	4.5	单瓣	红色（46A）	近水平	圆形
58	Samba	桑巴舞	27.8	3.9	单瓣	红色（44A）	近水平	圆形
59	Showmaster	展示大师	42.0	4.0	单瓣	橙红色（N34B）	近水平	三角形
60	Splash	双重漩涡	20.0	4.0	重瓣	红色（46B）	斜上	星形
61	Spotlight	焦点	44.4	5.3	单瓣	白色（155C）	近水平	三角形
62	Summertime	夏日时光	35.6	4.0	单瓣	橙红色（N30A）	近水平	三角形
63	Susan	苏珊	38.0	4.0	单瓣	粉色（52B）	近水平	圆形
64	Sweet Nymph	甜蜜妮芙	21.2	4.0	重瓣	粉色（52C）	斜上	圆形
65	Temptation	诱惑	58.1	4.0	单瓣	红色（43A）	近水平	三角形
66	Tosca	托斯卡	27.3	5.0	单瓣	红色（53A）	近水平	三角形
67	Tres Chique	红唇	23.1	6.0	单瓣	红色（46A）	近水平	圆形
68	Vera	维拉	43.3	3.8	单瓣	粉色（52C）	近水平	圆形

注：*、** 表格中品种名称不加单引号

朱顶红的现代品种根据消费习惯划分为大花型、中花型和小花型三大类，其中大花型又包括单瓣和重瓣两个类型。自然花期4~5月，促成栽培的花期根据需求和调控技术可周年开花。

商业应用上朱顶红通常分为3个类型：

①大花型（Large Flowering） 目前最受欢迎的栽培品种群，平均株高50cm以上；花色鲜艳，花径在30cm以上，每个鳞茎可抽生2~3个花莛，每莛可开4~6朵花；花期长达6~8周。常用品种有'Apple blossom''Picotee''Desire'等。

②重瓣型（Double Flowering） 是在大花型品种基础上选育而成，其花径大小、株高等与大花型品种相似，主要是花重瓣。常用品种有'Red Peacock''Dancing Queen''Nymph'等。

③奇异型（Exotic Varieties） 包括矮化、小花多花、蜘蛛花型等特异品种，是重要的盆栽与庭院应用类群，常用品种有'Chico''Papillio Butterfly''Santiago'等。

27.3 育种目标

当前主要栽培的园艺品种多重视大花型等目标，亲本主要源自 *H. leopoldii* 及 *H. pardinum* 等少数几个原种，花的开放角度较大，花型变化较少，除Gracilis group（小花品种群）之外，众多原生种资源的优良性状没有很好地利用，如香味、黄色系等，育种一直没有取得突破。当前主要的育种目标有：花色、香味、重瓣、常绿、重复开花及抗病性。

（1）花色

当前原种及品种缺少蓝色和紫色系，黄色系的品种还是比较少，株高、花色及花形等重要性状的遗传规律尚不清楚，复色花及条纹的表现规律还有待探究。

（2）香味

大多数朱顶红园艺品种没有香味，但在原生种资源中具有这一重要性状。有报道朱顶红的香味似乎是一种隐性性状，一般白色或浅色系的品种多具有香味，目前缺少针对香味基因的遗传分析。

（3）重瓣

重瓣花品种最初在古巴被发现，是 *H. puniceum* 的一个野生型。常见的商业品种有'Double Picotee''Lady Jane''Pasadena'。关于朱顶红重瓣花育种的最早报道是1937年，由McCann进行的，花瓣数量的增多来自雌雄蕊瓣化。重瓣花不一定具有功能正常的花器官，但有时在瓣化雄蕊的末端也会产生花粉，可用于杂交育种，且为显性性状。

（4）抗病性

朱顶红有两大病害：病毒病（*Amaryllis mosaic virus*）及真菌（*Stagonospora curtisii*）引起的红斑病（red scorch）。这两种病害导致的损失越来越大，多数园艺品种都不具备抗性，朱顶红抗病育种非常迫切。野生品种出现感染毒素病的较少，如 *H. papilio*、*H. reticulatum*，但在栽培过程中也会感染。

27.4 杂交与倍性育种

27.4.1 重要育种亲本

①凤蝶（*H. papilio*）　是在1970年发现的，也是20世纪出现的最重要新种朱顶红。其植株为常绿性；叶形优美；花期为冬末、早春，有时秋天也会开花；花朵两边较扁，两侧萼片宽大，白绿色底带红紫色斑纹，花朵寿命约1周。抗病毒病及红斑病能力较强。自交亲和，杂交后代则会表现其红紫色色调，又可遗传叶片质地及常绿性。*H. papilio* 的 F_1 后代生长势极佳，老球每年甚至可抽4~5葶花。

②喇叭形白花原生种　这类型的原种有好几种，长久以来一直被商业育种家所忽视，其中最有利用价值的是 *H. brasilianum* 和 *H. fragrantissimum*。两者外形类似，每梗有2~4朵花，花型类似铁炮百合，为长筒状，花朵寿命比其他白色筒状花原种长。*H. brasilianum* 原产巴西，适合热带地区；*H. fragrantissimum* 原产玻利维亚，休眠期长，需低温打破休眠。其他白色筒状花原生种有 *H. candidum*，每梗可开6朵小花，但花朵寿命短；*H. solandriflorum*，广泛分布于中南美洲。

③白肋朱顶红（*H. reticulatum* var. *striatifolium*）　原产于巴西，特点是其花期自夏末至秋天。为少数可以自交的朱顶红原生种，叶片中肋有白色条纹。自交后代叶片斑纹会以3:1的

比例分离，若与其他原生种杂交亦种株形紧密，可用来育小型种。因原生地为热带雨林的下层，需光性较其他朱顶红原生种低。

④黄色花亲本 尽管近年来市场上已经有'Yellow Pioneer''Lemon Lime''Germa'等黄花品种上市，但不是真正的纯黄色大花品种。朱顶红有3个原种可用来培育黄花朱顶红：*H. evansiae*（原产波利维亚）、*H. parodii*（原产阿根廷）和*H. aglaiae*（原产阿根廷），其中以*H. evansiae*最耐湿热的气候。进行黄色花育种时只能与绿或白色花的品种杂交。

⑤蜘蛛形（或称兰花形）亲本 朱顶红有两个原生种具有细长花瓣且花形不对称的花朵，即*H. cybister*（原产波利维亚，花色绿+暗紫红色）和*H. angustifolium*（原产巴西、阿根廷，花红色）。与二倍体杂交可遗传花瓣形态，若与四倍体杂交则此性状消失。

⑥多花原生种 *H. angustifolium*、*H. breviflorum*、*H. cybister*、*H. foster*、*H. reticulatum*等原生种一般一梗具有4朵以上的花朵，有些更多达6~9朵花，是多花育种的重要材料。

⑦小型（迷你）种Gracilis group 是小型品种群，主要源自原生种中的*H. striatum*（4*x*），很容易与大花品种杂交；另有小型种*H. petiolatum*（4*x*）与*H. striatum*亲缘关系接近；其他小型种还有*H. reticulatum*和*H. espiritense*。

27.4.2 杂交技术

①花粉收集及贮藏 在雄蕊释出花粉时柱头尚未成熟，无法接受花粉，对野生种而言，是一种避免自花授粉的机制。因此在花粉囊开裂花药收缩后立即使用或低温（4~10℃）、干燥（相对湿度低于50%）环境下贮藏。

②授粉 朱顶红柱头形态有两种，常见的柱头呈三裂，少数种类柱头呈圆形或三角形。最佳的授粉时期是在柱头完全朝上、柱头裂片完全展开、柱头表面茸毛清晰可见且朝上伸直时，一般而言在花药释出花粉后2~3d柱头才会到达最适当授粉时机，但品种间略有差异。当花朵开始老化时，柱头会出现黏液，当黏液出现时一般已过授粉最佳时期。

③除雄及套袋 即使授粉品种具自交不亲和性，进行杂交授粉时最好先行除去雄蕊以免不小心沾染自身花粉，除雄后授粉前可以纸袋套住柱头避免沾染外来花粉。

④授粉 授粉时若花粉量少，可用棉花棒进行授粉，避免将不同品种花粉混淆；或是将贮藏的花粉倒于小纸片上再以柱头去沾花粉；也可直接将花丝拔下授粉至柱头上。

⑤种子采收 授粉2d后花朵开始凋谢，若子房在授粉后3周内未萎缩，则表示果荚内一般已正常受精且发育成熟。果荚开始转黄时种子已经完全成熟，在极短的时间内会开裂，可及时将果荚采下自然干燥，并防止种子从果荚遗漏（图27-3）。

⑥播种 一般在种子采收干燥1d后立即播种，播种温度24~30℃，遮阴50%，覆土不超过3mm，介质保持潮湿。播种后2周内发芽，但真叶要播种4~6周后才会长出，发芽不整齐，可能持续数周之久。播种至开花时间，二倍体（尤其是两原生种间）少于18个月，一般而言平均约需2年；四倍体品种则需2~3年才发育成开花球。

27.4.3 倍性育种

朱顶红大部分原生种为二倍体，$2n=2x=22$，少数为四倍体，$2n=4x=44$，但大多数园艺品种都是四倍体。四倍体主要来源于花朵及植株较大的四倍体原生种（如*H. striatum*）。这一现

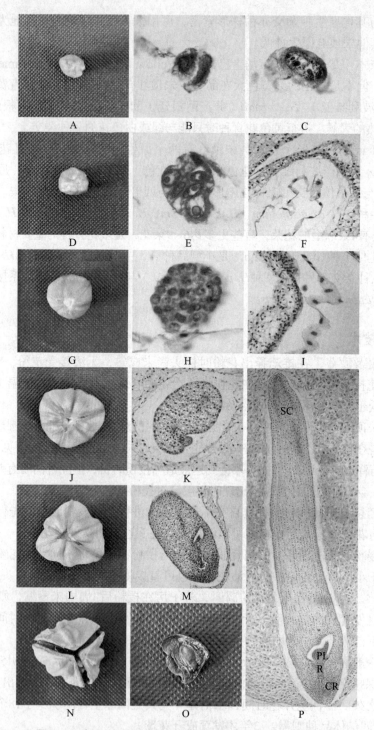

图27-3 朱顶红'Red Lion'结实子房形态与胚胎发育过程

A. 授粉后4d的子房形态　B. 二细胞原胚时期（授粉后4d）　C. 多核胚乳细胞（授粉后4d）　D. 授粉后6d的子房形态　E. 多细胞原胚时期（授粉后6d）　F. 游离核胚乳时期（授粉后6d）　G. 授粉后12d的子房形态；H. 球形胚时期（授粉后12d）　I. 游离核胚乳（授粉后12d）　J. 授粉后18d的子房形态　K. 器官分化期胚（授粉后18d）　L. 授粉后24d的子房形态　M. 器官分化完成期胚（授粉后24d）　N. 授粉后34d的子房形态　O. 授粉后34d的种子形态　P. 成熟期胚（授粉后34d），显示成熟胚器官包括盾片（SC）、胚芽（PL）、胚根（R）、胚根鞘（CR）

象的原因主要为大花、多花、生长势强等主要性状已经稳定在现有的四倍体品种上，且自交亲和性强，与二倍体杂交后容易获得三倍体。但二倍体原生种间性状丰富，容易进行杂交，且二倍体的杂交后代自播种到开花只需18个月，二倍体的一代杂种（F_1）常表现出杂种优势，花梗较长，花朵数也较多。

以朱顶红二倍体原种凤蝶（*H. papilio*）为试材，选用流式细胞术对朱顶红的基因组大小进行了测定，并结合染色体制片鉴定了60个朱顶红品种倍性。结果表明：朱顶红基因组大小约为15.823Gbp；60个朱顶红品种中鉴定为1个二倍体、8个三倍体、51个四倍体（李心，2018）（图27-4）。

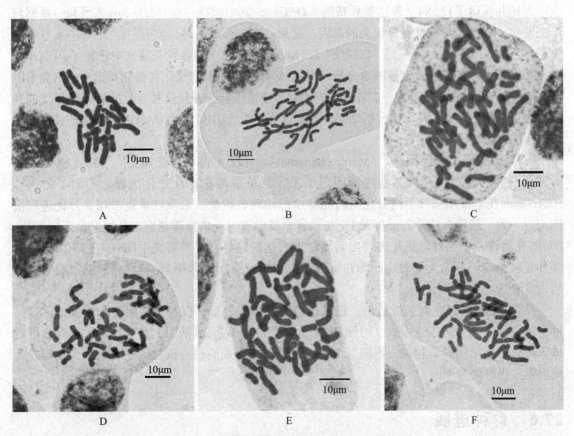

图27-4 不同朱顶红种和品种的染色体形态

A.凤蝶（*H. papilio*） B.'特伦蒂诺''Trentino' C.'粉色惊奇''Pink Surprise' D.'快车''Rapido' E.'苹果花''Apple Blossom' F.'樱桃妮芙''Cherry Nymph'

27.5 分子育种探索

27.5.1 重要分子标记开发与辅助选择

基于NCBI数据库中2个朱顶红转录组数据开展EST-SSR标记发掘和分析，利用MISA工具进行SSR位点鉴别，从朱顶红178 646条Unigenes中鉴定出31 690个SSR位点，单核苷酸、三核苷酸和二核苷酸为优势重复类型，其数量和占比分别为20 763（65.52%）、5693（17.96%）和

4774（15.06%）。随机选择40对SSR引物，通过普通PCR和毛细管电泳筛选出了14对扩增效率高、稳定性好的多态性SSR引物，并用于89份亲本及其杂交后代的遗传多样性和亲缘关系分析，表明可以作为杂交后代早期鉴定。

27.5.2 花型形成关键基因挖掘

转录组分析表明朱顶红雄蕊瓣化现象与B、C类*MADS*基因表达水平相关。以朱顶红品种'宝石'（'Jewel'）第3轮花器官的3种类型（正常雄蕊、部分瓣化雄蕊、完全瓣化雄蕊）为试验材料进行转录组测序，以鉴定雄蕊瓣化相关联的候选基因。正常雄蕊与瓣化雄蕊转录组测序对比共获得了12 584个表达差异基因（*DEGs*），其中包括一些*MADS-box*基因和一系列与形态发生、着色、细胞壁发育相关的基因。之后，在朱顶红品种'宝石'（'Jewel'）、'圣诞快乐'（'Merry Christmas'）、'红妮芙'（'Red Nymph'）的各轮花器官中进行了9个ABCE类*MADS*基因的实时荧光定量PCR分析，结果表明相比正常雄蕊，在瓣化雄蕊中，B类基因*HhAP3.2*和*HhPI1*表达量升高，C类基因*HhAG1*表达量降低，并且这种变化随着瓣化程度的升高而增强，这一现象与转录组分析结果一致。这些结果表明B、C类*MADS-box*基因的表达水平与朱顶红雄蕊瓣化现象相关。

以单瓣品种'圣诞快乐'（'Merry charismas'）和重瓣品种'红妮芙'（'Red Nymph'）为试验材料，通过解剖和显微观测确定了朱顶红单重瓣花花芽分化进程，明确了朱顶红*HhAG*基因在单重瓣品种不同分化阶段花芽中的相对表达量。朱顶红单重瓣花芽分化进程前期相对一致，后期在花芽2mm即第3轮花器官原基形成时，单重瓣花形态开始发生不同变化；*HhAG*在重瓣花中相对单瓣花表现出明显延迟表达的趋势，在单瓣花中*HhAG*在花芽0.5mm，即外花被形成时开始大量表达，而在重瓣花中则在花芽2mm即第3轮花器官原基形成时才开始大量表达。

结合*HhAG*基因序列分析结果、超表达拟南芥植株表型，以及该基因在朱顶红单重瓣品种不同大小花芽中的表达模式，可知*HhAG*为朱顶红中*AG*同源基因，其表达水平与朱顶红雌雄蕊瓣化形成呈明显负相关，推测其为朱顶红重瓣花形成的核心调控因子之一，为重瓣花育种提供了很好的参考。

27.6 育种进展

朱顶红品种选择的主要性状见表27-2所列。包括叶丛、花期、花葶、花朵和花被片等器官或部位。

依据《植物新品种特异性、一致性和稳定性测试指南 朱顶红属》进行朱顶红新品种DUS测试数量性状筛选与分级，通过对70个朱顶红品种、12个数量性状进行了筛选及分级研究，并对5个数量性状的测量部位进行了研究。所有性状均满足DUS测试要求，性状2由于区分能力弱不适于作为DUS测试性状。12个数量性状可进行3~9个连续分布的分级。花茎从下往上逐渐变细，但不同品种变细程度略有差异，在测量花茎中部的最大宽度时要求严格测量花茎的1/2处；不同茎上各数量性状测量值略有差异，除花茎长度和花梗长度外的性状差异不

表 27-2　朱顶红主要性状观测表

器官/部位	性状指标	表达状态
叶丛	高度	矮（　）中（　）高（　）
花期	始花期	
	盛花期	
	末花期	
花葶	花葶长度（cm）	
	花葶粗度（cm）	
	花葶数量（枝）	
	每花葶花朵数（朵）	
花朵	花姿态	斜上（　）近水平（　）斜下（　）
	花型	单瓣（　）重瓣（　）
	瓣化雄蕊形状（重瓣品种）	规则（　）不规则（　）
	直径（cm）	
	花冠正面形状	圆形（　）三角形（　）星形（　）
花被片	外花被片形状	倒卵形（　）椭圆形（　）卵圆形（　）
	花被片交叠程度	弱（　）中（　）强（　）
	外花被片长度（cm）	
	外花被片宽度（cm）	
	内侧主色（RHS比色卡）	
	颜色分布	单色（　）脉纹（　）火焰状（　）镶边（　）条斑状（　）星状纹（　）

显著；同一花茎不同花间数量性状差异较小；同品种的花外花被片长度、宽度不存在显著差异；种球大小对数量性状有显著影响。

近年来我国朱顶红研究人员通过多年努力，育成了系列朱顶红品种（表27-3、图27-5），为我国朱顶红种球高效繁育和产业高质量发展提供了品种保障。

表 27-3　近年来选育的部分朱顶红品种

序号	品种名称	选育时间（年）	选育单位
1	'红运' 'Hongyun'	2020	广东省农科院环境园艺研究所
2	'红玉' 'Hongyu'	2020	广东省农科院环境园艺研究所

（续）

序号	品种名称	选育时间（年）	选育单位
3	'红唇' 'Hongchun'	2020	广东省农科院环境园艺研究所
4	'祥云' 'Xiangyun'	2020	广东省农科院环境园艺研究所
5	'童年' 'Tongnian'	2021	广东省农科院环境园艺研究所
6	'虎啸' 'Huxiao'	2021	广东省农科院环境园艺研究所
7	'绿裙' 'Lvqun'	2021	广东省农科院环境园艺研究所
8	'芳菲' 'Fangfei'	2022	广东省农科院环境园艺研究所
9	'粉裙' 'Fenqun'	2022	广东省农科院环境园艺研究所
10	'喜洋洋' 'Xiyangyang'	2022	广东省农科院环境园艺研究所
11	'风车' 'FengChe'	2001	苏州农业职业技术学院
12	'苏红' 'SuHong'	2001	苏州农业职业技术学院
13	'群星' 'QunXing'	2001	苏州农业职业技术学院
14	'苏农红舞' 'SuNongHongWu'	2010	苏州农业职业技术学院
15	'宫粉' 'Gong Fen'	2012	上海市农业科学院
16	'红韵' 'Hong Yun'	2015	上海市农业科学院
17	'红星' 'Hong Xing'	2015	上海市农业科学院
18	'火焰' 'Huo Yan'	2017	上海市农业科学院
19	'粉色惊奇' 'Fense Jingqi'	2017	上海市农业科学院
20	'舞曲' 'Wu Qu'	2018	上海市农业科学院
21	'飞燕轻舞' 'Feiyan Qingwu'	2020	上海市农业科学院
22	'娇红牡丹' 'Jioahong Mudan'	2020	上海市农业科学院
23	'幸运星' 'Xingyun Xing'	2022	上海市农业科学院
24	'华锦' 'Hua Jin'	2023	广州华苑园林股份有限公司
25	'双艳' 'Shuangyan'	2020	华南农业大学
26	'圣茵1号' 'Shengyin 1'	2018	广东圣茵花卉园艺有限公司 中国科学院华南植物园
27	'圣茵2号' 'Shengyin 2'	2018	广东圣茵花卉园艺有限公司 中国科学院华南植物园
28	'圣茵3号' 'Shengyin 3'	2018	广东圣茵花卉园艺有限公司 中国科学院华南植物园
29	'圣茵4号' 'Shengyin 4'	2023	广东圣茵花卉园艺有限公司 中国科学院华南植物园
30	'中科香妃' 'ZhongKe XiangFei'	2023	中国科学院华南植物园

图27-5 我国部分自育朱顶红新品种

A. '红运' 'Hongyun' B. '红玉' 'Hongyu' C. '粉裙' 'Fenqun' D. '芳菲' 'Fangfei' E. '红唇' 'Hongchun' F. '喜洋洋' 'Xiyangyang' G. '祥云' 'Xiangyun' H. '虎啸' 'Huxiao' I. '风车' 'FengChe' J. '绿裙' 'Lvqun' K. '童年' 'Tongnian' L. '苏红' 'SuHong' M. '群星' 'QunXing' N. '苏农红舞' 'SuNongHongWu' O. '红韵' 'Hong Yun' P. '火焰' 'Huo Yan' Q. '粉色惊奇' 'Fense Jingqi' R. '舞曲' 'Wu Qu'

(杨柳燕　李心　周琳　张永春)

思考题

1. 朱顶红属有91种，原产中南美洲。对于这类我国没有野生种质资源的种类，如何培育超越现有品种的、崭新的品种？
2. 如何为朱顶红的各种育种目标匹配适宜的育种方法？
3. 朱顶红属种间的杂交亲和性与分类体系有关联吗？
4. 试着设计一个育种计划，用于改良某个单一性状。
5. 种球的退化是普遍问题，但朱顶红的种球几乎不退化，这也给商品化生产带来了问题。你知道是什么问题吗？如何才能解决？

推荐阅读书目

朱顶红. 2004. 吕英民，王有江. 中国林业出版社.
The Gardener's Amaryllis. 2004.Rea V.M. Timber Press.

第28章 石蒜育种

[本章提要] 石蒜又名金灯花，是我国主产（占世界生产面积的2/3）的传统名花，花形奇特，花色艳丽，花期很长，深受国人喜爱。本章从栽培与育种简史、种质资源、育种目标与亲本选配、杂交育种、良种繁育5个方面，简述了石蒜育种的原理与技术。

石蒜是石蒜科（Amaryllidaceae）石蒜属（*Lycoris*）植物的总称，为多年生鳞茎类草本植物。石蒜属植物的野外生境多为暖湿坡地，喜阴湿环境，对土质要求不高，具极强的抗逆性，属于广生态幅植物。该属植物花形独特、花色丰富，花期正值夏末秋初的少花季节，生长适应性与抗逆性强，尤其耐夏季高温多湿气候。由于适应性强、观赏价值高，广泛用于林下地被、花带、花境、庭院栽植和鲜切花生产。

同时，石蒜属植物具有重要的药用价值，如加兰他敏、力可他敏等石蒜碱成分在抗病毒、抗肿瘤、治疗中枢神经系统疾病等方面有药理价值。随着提取工艺与技术的不断更新优化，石蒜产品的深加工和应用前景广阔。

28.1 栽培与育种简史

28.1.1 栽培简史

关于石蒜最早的记载见于南北朝时期江淹所作《金灯草赋》："山华绮错，陆叶锦名。金灯丽草，铸气含英。……故植君玉台，生君椒室。炎萼耀天，朱英乱日。永绪恨于君前，不遗风霜之萧瑟。"文中指出金灯草（石蒜）原本是"山华（花）"，因其花色艳丽，开花如炬，象征温暖与光明，所以希望将金灯花种植在皇宫里，伴君王左右，表达文人士大夫希望君王贤明的愿望。

唐代，金灯花还未被广泛认识，但是在文人雅士中开始流传。薛涛的《金灯花》中有："阑边不见囊囊叶，砌下惟翻艳艳丛。细视欲将何物比，晓霞初叠赤城宫。"描述了石蒜开花不见叶的习性。而段成式在《酉阳杂俎》中较为准确地描绘了金灯花的特征。

宋代，石蒜逐渐走入寻常百姓家，为人们所熟知。歌颂金灯花的诗文大量出现。宋时男女皆爱戴花，吴自牧在《梦粱录·诸色杂货》中记载："夏扑金灯花、茉莉、葵花、榴花、栀子花。……四时小枝花朵，沿街市吟叫扑卖。"时人已将石蒜花作为簪花沿街售卖。

明代至清代，由于受李时珍《本草纲目》的影响，石蒜的名称逐渐流传开来。石蒜作为药物的属性逐渐被认识。清代，人们对石蒜属植物的栽植已经比较熟悉，陈淏子在《花镜》中记载："……俗称呼为忽地笑。花后发叶似水仙，皆蒲生，须分种。性喜阴肥，即栽于屋脚墙根处亦活。"并认识到石蒜属植物有丰富的花色。

28.1.2 国际传播

18世纪，欧美国家开始引进和栽培石蒜，先是英国，然后是美国。迄今为止，大多数的种类都可以栽培成功。石蒜是夏季和秋季开花的植物，非常美丽，在中国、日本和美国的花园中很常见。与其他著名的球根花卉，如水仙和百合相比，石蒜有自己的特点和优点。石蒜在少有球茎植物活跃的时候开花，花色柔和丰富，花形美丽多样。石蒜属植物耐旱、耐涝、耐虫害，即使在贫瘠的土地上也能生长旺盛，具有良好的园林景观应用前景。

鹿葱（*Lycoris squamigera*）应是最早在国际传播的石蒜属植物。韩国和日本无野生鹿葱分布，最早栽培在寺庙附近，即随着佛教的传播从中国引入。日韩有悠久的石蒜栽培历史，但是时间已经很难考证。

L'Hér于1788年留下了石蒜传到欧洲最早的记录，但是他将石蒜错误鉴定为南非原产的*Amaryllis*属。Herb于1821年正式建立了石蒜属，并以海中女神莉可蕊爱丝Lycorias的名字命名为*Lycoris*；以忽地笑（*Lycoris aurea*）为模式种，种名aurea是金色的意思，意指忽地笑黄色的花瓣像女神金色的头发。1854年美国海军舰长罗伯茨（William Roberts）在日本得到来自中国的3个石蒜球根，他将球根带回老家北卡罗来纳州的新伯尔尼，作为礼物送给了他的侄女。之后，这些石蒜球根在美国南部生长繁殖并扩散开来。2011年，为了纪念罗伯茨对美国花园的贡献，新伯尔尼制作了大型金属石蒜雕塑。20世纪初，威尔逊在中国湖北宜昌植物考察时发现当地分布有石蒜和忽地笑，并记录于名著《China, Mother of Gardens》。威尔逊在中国采集的标本、种子、球根，当时均运回其工作的哈佛大学阿诺德植物园，并出版了《威尔逊植物志》。

28.1.3 育种简史

第二次世界大战后，特别是20世纪六七十年代以后，日本、美国扩大了石蒜的引种范围，逐步开展杂交育种工作。目前已有了一批自育品种，并开始小规模生产。日美所生产的商品种球除了满足国内消费外还出口,将石蒜属植物传播至欧洲、东南亚和大洋洲的很多国家。

在过去的50年里,杂交育种的工作主要是由美国、日本和中国的育种者完成的。在20世纪40年代早期,Wood(1976)将红花石蒜(*L. radiata*)与钟馗石蒜(*L. traubii*)杂交,创造了*L.* × *woodii*。Creech(1952)报道了*L. aurea*对*L. radiata*授粉,得到的杂交种2n=19。Takemura(1961;1962a,b)在*L. sprengeri*、*L. straminea*(可能不是真的)、*L. radiata*、*L. radiata* var. *pumila*、*L. sanguinea*及*L. aurea*之间进行了一系列人工杂交,并对这些杂交种的形态和细胞学进行了研究。

Caldwell自1954年开始做了很多人工杂交。其中一个漂亮的杂交种是*L. jacksoniana*(Traub,1964),其亲本是*L. sprengeri*和*L. radiata*。Koyama(1962)观察到该杂种的减数分裂行为。Adams(1976)做了大量的杂交,大部分是重复以前做过的杂交组合。林巾箴等(1990)成功地培育出了新的杂交品种,并证明*L. rosea*和*L. haywardii*都是*L. radiata* var. *pumila*(母本)× *L. sprengeri*(父本)的杂交后代分离株,而*L. squamigera*是*L. chinensis*(母本)× *L. sprengeri*(父本)的杂交后代。

一种由*L. sprengeri*(母本)× *L. chinensis*(父本)所产生的新杂交种,被命名为*L.* × *elegans*,该杂交种在总体外观上与*L. albiflora*相似。尽管存在明显的形态差异和生理差异,但二倍体种通常很容易实现杂交,并且这些杂交种的育性很高。杂交种的性状可以通过无性繁殖的方式保持,这可能是杂交种在自然界和栽培中经常出现的原因。相反,三倍体石蒜之间的杂交通常是不成功的。徐炳声等(1986)通过广泛的种间杂交试验获得的结果表明,杂交后的花粉活力和结实率都与倍性水平相关。

南京中山植物园1965年起开始石蒜的相关研究,筛选高含量加兰他敏的种质资源;杭州植物园自20世纪70年代末开始石蒜属杂交育种,林巾箴、徐炳声等以海滨石蒜与中国石蒜杂交,从杂交后代中获得了一些优异材料。

20世纪八九十年代以后,随着国内花卉产业的迅速发展,挖掘中国原产花卉种质资源,开发"新花卉",培育具有自主知识产权的花卉新品种成为一种潮流。依然是以植物园与高校为主体的石蒜科研单位,开始了比较系统的石蒜种质资源收集、鉴定和育种工作。南京中山植物园、杭州植物园、浙江农林大学、浙江大学等先后建立了石蒜专类园和种质资源圃,石蒜育种工作有了较大起色,培育了'秀丽''绣球''桃红''苏堤春晓''花港观鱼''小卷''柠檬黄''粉蓝'等石蒜新品种。另有上海植物园、合肥植物园、湖南省植物园等也开始了石蒜类的种质资源收集、景观营造与育种工作。

目前我国共建立石蒜属植物国家级花卉种质资源库2个,即杭州植物园和南京中山植物园,保存石蒜种质资源200~300份,共有近20个新品种获得国际登录。在遗传多样性丰富的中国石蒜、长筒石蒜、海滨石蒜、换锦花、秀丽石蒜、稻草石蒜、秦岭石蒜、忽地笑等几个种中,估计有100个以上的个体被保存、观察并扩繁,在未来的5~10年将陆续有新品种发表。

近20年来,国内一大批石蒜爱好者开始了石蒜引种、选种和育种工作。如江苏盐城潘春屏、四川南充胡松、浙江嘉兴李泽国、浙江象山高缪、安徽滁州张思宇、湖北秭归向彪等民间育种家收集了大量的品种资源,尤其是在石蒜、石蒜×忽地笑、重瓣石蒜、秀丽石蒜、长筒石蒜、玫瑰石蒜、红蓝石蒜、湖北石蒜等种类上有较多的特异资源,杂交育种工作也进行了多年，一批全新的石蒜新品种将涌现。

28.2 种质资源

28.2.1 我国野生资源及其分布

石蒜属在全世界有24种，《Flora of China》，中国植物志记载我国有15种，其中10种为我国特有。中国植物学家徐垠与范广进等（1974）和徐垠等（1982）先后发表了中国石蒜属的4个新种：长筒石蒜（*L. longituba*）、安徽石蒜（*L. anhuiensis*）、广西石蒜（*L. guangxiensis*）、陕西石蒜（*L. shaansiensis*）（1982）。他们对中国石蒜属植物进行了修订，其中包括15种，发表在《中国植物志》（1985）。主要野生资源及其分布如下。

①石蒜（*L. radiata*）　秋季出叶。鳞茎近球形。叶狭带状，顶端钝，深绿色，中间有粉绿色带。花茎高30~50cm，伞形花序有花4~8朵；花鲜红色，花被裂片狭倒披针形，雄蕊显著伸出于花被外，比花被长1倍左右。花期8~9月，果期10月。分布于山东、河南、安徽、江苏、浙江、江西、福建、湖北、湖南、广东、广西、陕西、四川、贵州、云南、海南。野生于阴湿的山坡和溪沟边。

②稻草石蒜（*L. straminea*）　秋季出叶。鳞茎近球形。叶带状，顶端钝，绿色，中间淡色带明显。花茎高约35cm，伞形花序有花5~7朵；花稻草色，花被裂片倒披针形，强烈反卷和皱缩；雄蕊明显伸出于花被外，比花被长1/3。花期8月。分布于安徽、河南、陕西、湖北、江苏、浙江。生于阴湿的山坡。

③忽地笑（*L. aurea*）　秋季出叶。鳞茎卵形。叶剑形，顶端渐尖，中间淡色带明显。花茎高约60cm，伞形花序有花4~8朵；花黄色，花被裂片背面具淡绿色中肋；雄蕊略伸出于花被外，比花被长1/6左右，花丝黄色；花柱上部玫瑰红色。花期8~9月，果期10月。分布于江西、湖南、湖北、四川、贵州、云南、福建、台湾、广东、广西、重庆。生于阴湿的山坡。

④江苏石蒜（*L. houdyshelii*）　秋季出叶。鳞茎近球形。叶带状，顶端钝圆，深绿色，中间淡色带明显。花茎高约30cm，伞形花序有花4~7朵，花白色；花被裂片背面具绿色中肋，倒披针形，高度反卷和皱缩；雄蕊明显伸出花被外，比花被长1/3，花丝乳白色；花柱上端为粉红色。花期9月。分布于江苏、浙江。生于阴湿的山坡。

⑤中国石蒜（*L. chinensis*）　春季出叶。鳞茎卵球形。叶带状，顶端圆，绿色，中间淡色带明显。花茎高约60cm，伞形花序有花5~6朵，花黄色；花被裂片背面具淡黄色中肋，倒披针形，高度反卷和皱缩；雄蕊与花被近等长或略伸出花被外，花丝黄色；花柱上端玫瑰红色。花期7~8月，果期9月。分布于浙江、江苏、安徽、湖北、河南、山西、陕西、甘肃、四川、贵州、广西。野生于山坡的阴湿处。

⑥长筒石蒜（*L. longituba*）　早春出叶。鳞茎卵球形。叶披针形，顶端渐狭、圆头，绿色，中间淡色带明显。花茎高60~80cm，伞形花序有花5~7朵；花白色、黄色、粉红色等；花被裂片腹面稍有淡红色条纹，长椭圆形，顶端稍反卷，边缘不皱缩；雄蕊略短于花被；花柱伸出花被外。花期7~8月。

⑦换锦花（*L. sprengeri*）　早春出叶。鳞茎卵形。叶带状，绿色，顶端钝。花茎高约60cm，伞形花序有花4~6朵，花淡紫红色；花被裂片顶端常带蓝色，倒披针形，边缘不皱

缩；雄蕊与花被近等长；花柱略伸出于花被外。花期8~9月。分布于安徽、江苏、浙江、湖北。

⑧鹿葱（*L. squamigera*） 秋季出叶，立即枯萎，翌年早春再抽叶。鳞茎卵形，叶带状，顶端钝圆，绿色。花茎高约60cm，伞形花序有花4~8朵，花淡紫红色；花被裂片倒披针形，边缘基部微皱缩；雄蕊与花被裂片近等长；花柱略伸出花被外。花期8月。

⑨玫瑰石蒜（*L. rosea*） 秋季出叶。鳞茎近球形。叶带状，顶端圆，淡绿色，中间淡色带明显。花茎高约30cm，淡玫瑰红色；伞形花序有花5朵，花玫瑰红色；花被裂片倒披针形，中度反卷和皱缩；雄蕊伸出于花被外，比花被长1/6。花期9月。产于江苏、浙江、上海和湖北。生于阴湿山坡或石缝中。分布于江苏、浙江。

⑩乳白石蒜（*L. albiflora*） 春季出叶。鳞茎卵球形。叶带状，绿色，顶端钝圆，中间淡色带不明显。花茎高约60cm，伞形花序有花6~8朵，花蕾桃红色，开放时奶黄色，渐变为乳白色；花被裂片倒披针形，腹面散生少数粉红色条纹，背面具红色中肋，中度反卷和皱缩；雄蕊与花被近等长或略伸出，花丝上端淡红色；雌蕊略比花被长，柱头玫瑰红色。花期8~9月。分布于江苏。

⑪香石蒜（*L. incarnata*） 早春出叶。鳞茎卵球形。叶带状，绿色，顶端渐狭、钝圆，中间淡色带不明显。花蕾白色，具红色中肋，初开时白色，渐变肉红色；花被裂片腹面散生红色条纹，背面具紫红色中肋，倒披针形；雄蕊与花被近等长，花丝紫红色；雌蕊略伸出花被外，花柱紫红色，上端较深。花期9月。分布于湖北、云南。

⑫安徽石蒜（*L. anhuiensis*） 早春出叶。鳞茎卵形或卵状椭圆形。叶带状，向顶端渐狭、钝头，中间淡色带明显。花茎高约60cm，伞形花序有花4~6朵，花黄色。花被裂片倒卵状披针形，较反卷而开展；雄蕊与花被近等长，雌蕊略伸出于花被外。花期8月。分布于安徽、江苏。

⑬短蕊石蒜（*L. caldwellii*） 早春出叶。鳞茎近球形，直径约4cm。叶带状，长约30cm，宽约1.5cm、顶端钝圆，中间淡色带不明显。伞形花序有花6~7朵；花蕾桃红色，开放时乳黄色，渐变成乳白色，花被裂片倒卵状披针形，长约7cm，最宽处达1.2cm，向基部渐狭，微皱缩，花被筒长约2cm；雄蕊短于花被，花丝白色；雌蕊与花被近等长，花柱上端淡玫瑰红色。花期9月。分布于江苏、浙江、江西。

⑭陕西石蒜（*L. shaanxiensis*） 早春出叶。鳞茎近球形、直径约5cm。叶带状，长约50cm，中部最宽处达1.8cm，基部宽约0.8cm，顶端钝圆，中间淡色带不明显。花茎高约50cm；总苞片2枚，淡粉红色，阔披针形或披针形，长5~7cm，基部最宽处达1.2cm；伞形花序有花5~8朵；花白色，花被裂片腹面散生少数淡红色条纹，背面具红色中肋，反卷并微皱缩，花被筒长约2cm；雄蕊短于花被，花丝淡紫红色。花期8~9月。分布于陕西、四川。

⑮广西石蒜（*L. Suangxiensis*） 早春出叶。鳞茎卵圆形，直径约3cm。叶狭带状，中部最宽处达1.2cm，深绿色，顶端钝，中间淡色带明显。花茎高约50cm；总苞片2枚，淡棕色，披针形或卵状披针形，长约4cm，基部最宽处达1.5cm；伞形花序有花3~6朵；花蕾黄色，具红色条纹，倒卵状披针形或倒披针形，中部最宽处达1.5cm，顶端急尖，边缘微皱缩，花被筒长1.5~2cm；雄蕊与花被近等长；雌蕊伸出花被外。花期7~8月。分布于广西。

28.2.2 国外野生资源

据资料记载，朝鲜半岛产石蒜7种，即石蒜（*L. radiata*）、血红石蒜（*L. sanguinea*）、新罗石蒜（*L. chinensis* var. *sinulata*）、济州石蒜（*Lycoris* × *chejuensis*）、猬岛石蒜（*L. uydoensis*）、淡黄石蒜（*L. flavescens*）和鹿葱（*L. squamigera*）。其中新罗石蒜是中国石蒜（*L. chinensis*）的变种，济州石蒜、猬岛石蒜、淡黄石蒜为韩国特有，鹿葱由中国传入。1991年，M.Kim和S.Lee在对韩国石蒜的研究过程中发现了一个新种，即*L. flavescens*。

据《牧野日本植物图鉴》记载，日本产石蒜5种，即血红石蒜、乳白石蒜（*L. albiflora*）、忽地笑（*L. aurea*）、石蒜（*L. radiata*）和鹿葱。其中鹿葱应由中国传入。在20世纪上半叶，3个来自日本的新种被加入：*L. albifora*（1924），*L. koreana*（1930）和*L. kiusiana*（1948）。

石蒜属是由Herbert于1821年发现的，*L. aurea*就是由他命名。在19世纪中期到20世纪初，欧洲发表了9个新种：*L. africana*（1847）、*L. straminea*（1848）、*L. sewerzowii*（1868）、*L. squamigera*和*L. sanguinea*（1885）、*L. terraccianii*（1889）、*L. sprengeri*（1902）、*L. incarnata*（1906）、*L. argentea*（1928）。

此后，美国植物学家Hamilton P. Traub发表了10个主要从中国和日本引进并在美国园林中栽培的石蒜属新种（其中2个同Moldenke一起引种）：分别为*L. rosea*（1949）、*L. haywardii*、*L. caldwellii*、*L. houdyshelii*、*L.* × *woodii*（1957）、*L. chinensis*、*L. elsiae*（1958）、*L.* × *lajolla*（1963）、*L.* × *jacksoniana*（1964）、*L. josephinae*（1965）。两位美国园艺学家Hayward和Caldwell在石蒜的引种和栽培方面做了大量工作。Hayward（1957）发表了一个新种*L. traubii*。

届时，已经发表了29个石蒜属物种。然而，其中一些为同种异名、亚种，还有一些是栽培种或杂交种。

28.2.3 品种分类概述

传统分类学往往根据1~2个形态特征作为石蒜属亚属或组的分类依据。如Traub等根据花型和雄蕊长度，将石蒜属分为整齐花亚属（*Symmanthus*）和石蒜亚属（*Lycoris*）；或根据出叶时期的不同分为春出叶类型和秋出叶类型。然而因为这些性状的区分度不高，往往有中间类型造成区分困难，而石蒜属植物又容易杂交产生形态上的变异类型。建议按照陈俊愉院士提倡的二元分类法，即以品种演化为主兼顾实际应用的原则，建立石蒜属品种分类体系。

28.3 育种目标与亲本选配

28.3.1 花色育种

石蒜属花色非常丰富，通常分为红色系、黄色系、白色系、复色系4个色系。但随着品种资源的不断发现与创新，石蒜的花色可以细分为朱红色系、黄色系、白色系、玫红色系、粉色系、蓝色系、绿色系、紫色系、墨色系、橙色系、复色系11个色系。

（1）朱红色系

石蒜属的朱红色系非常鲜艳，是石蒜属最具代表性的花色，如同鲜血般的艳红，甚至被贬称为妖艳。但红花类石蒜的花期通常偏晚，而开花早的矮小石蒜的花色又比较暗淡。因此培育早开、艳红色的石蒜新品种，是朱红色系育种的一个重要目标。

朱红色系石蒜的株高一般较矮，为35~45cm，如果培育朱红色系切花品种，需要注意选育株高超过50cm的品种。

朱红色系石蒜的花型一般为龙爪型，培育百合型品种也是一个育种方向。

（2）黄色系

开黄花的石蒜有很多种，如忽地笑、中国石蒜、安徽石蒜、黄长筒石蒜、广西石蒜、稻草石蒜、淡黄石蒜等，但极早与极晚开花的石蒜中都缺乏黄色品种。石蒜属黄色花，也比较丰富，有橙黄、金黄、明黄、土黄、淡黄等一系列的颜色，但橙黄、明黄等特别明艳的黄色不多。黄花的石蒜通常分球能力较差，从栽植到盛花的时间也较长，通常需要4~5年及以上，培育分球能力强的品种，在种球生产与景观营造上也很有必要。极早花品种可以用早开的黄长筒石蒜、中国石蒜与极早花的秦岭石蒜、白色长筒石蒜、矮小石蒜、陕西石蒜、稻草石蒜、换锦花进行杂交；极晚花品种可以用晚开的忽地笑、中国石蒜、淡黄石蒜与极晚花的石蒜、矮小石蒜、中国石蒜、淡黄石蒜进行杂交。橙黄、明黄等花色可以在自交与种间杂交的后代中选择。

（3）白色系

开白花的石蒜也有很多种，如原种的长筒石蒜；基因突变的白花换锦花、白花石蒜、白花矮小石蒜；还有杂交起源的接近于或渐变于白色的江苏石蒜、乳白石蒜、短蕊石蒜、陕西石蒜、稻草石蒜等。白色石蒜目前在园林中应用很少，但作为在夏秋季节开花的冷色系花色，尤其是在林下与红色、玫红色相搭配时，视觉冲击力是非常强烈的；与粉色、黄色等配置时，则可营造柔美的视觉感受。白花品种的选育，可以用长筒石蒜、白花换锦花、白花矮小石蒜等作母本，乳白石蒜、短蕊石蒜、陕西石蒜、稻草石蒜、淡黄石蒜、猬岛石蒜作父本。

（4）玫红色系

石蒜属的玫红花色通常来源于玫瑰石蒜，它是矮小石蒜与海滨石蒜的杂交种。由于亲本的花色深浅与花期差异，玫瑰石蒜也表现出一系列花色的深浅变化与花期早晚变化。

（5）粉色系

石蒜属的粉色通常来源于鹿葱、粉花长筒石蒜、海滨石蒜、换锦花、香石蒜、忽地笑与石蒜的杂交后代、湖北石蒜等，在秀丽石蒜、短蕊石蒜、陕西石蒜中也有一些偏粉色的个体。粉色代表着可爱、甜美、温柔和纯真，粉色石蒜在园林应用中可以与红色、蓝色、紫色、黄色等形成温馨柔美的配色；粉色也代表了娇柔可爱，代表了青春、爱情，所以在石蒜鲜切花中，粉色品种的选育显得更为重要。

（6）蓝色系

海滨石蒜、换锦花、红蓝石蒜、鹿葱等种类都有蓝色的成分，但培育真正纯净的蓝色并不容易。就一般的育种手段而言，海滨石蒜、换锦花的偏蓝个体的自交、姊妹交与种间自交，或许能选出更为蓝色的后代。

（7）绿色系

长筒石蒜、中国石蒜、忽地笑中都有绿色花心的品种；重瓣石蒜中有接近纯绿色的，可能是忽地笑与石蒜的杂交种或杂交后代的变异。可用姊妹交或种间自交的方法选育绿色的新品种。

（8）紫色系

石蒜的紫色系来源于深色的海滨石蒜或深色的换锦花，用深色海滨石蒜与深色换锦花、玫瑰石蒜、红蓝石蒜、深色矮小石蒜等杂交，后代中选出紫色品种的可能性较大。

（9）墨色系

墨色对于很多园林植物的花色育种都是神秘或神圣的目标。日本园艺家已经育成了非常深色的石蒜属新品种，甚至有深红色的重瓣品种。用深色换锦花、深色矮小石蒜×（深色换锦花、玫瑰石蒜、红蓝石蒜、深色矮小石蒜、石蒜、春晓石蒜等），或许能得到一些初步的材料。

（10）橙色系

石蒜属的橙色尤其是橙红色，主要来源于日韩的血红石蒜及其变种，秦岭石蒜中也有红黄混色后的橙色，但二者有很大的区别。日本选育的橙色、橙红品种非常独特，很容易就能看出血红石蒜的基因。用（血红石蒜、秦岭石蒜）×（中国石蒜、忽地笑、黄长筒石蒜、血石蒜、秦岭石蒜等），相信一定会获得包括但不限于橙色的优良品种。

（11）复色系

石蒜的复色系比较复杂，有异色花心、条纹、斑点、晕染、渐变、异变、镶边、嵌合体等。能出现复色的石蒜种类有海滨石蒜、换锦花、红蓝石蒜、中国石蒜、长筒石蒜、鹿葱、春晓石蒜、血红石蒜、秦岭石蒜等。利用其中的可育种作母本杂交，可在其后代中选择优良的复色单株。有一些复色是不稳定的，需要多年的筛选。

28.3.2 花期育种

（1）早花品种

6月下旬开花即为早花品种。石蒜的花期从6月末开始，但在8月中旬前很难形成壮丽的景观，因为早花的品种与种球数量都不足，而且淡色的品种多，深色的品种少，尤其缺少红色、玫红、黄色等花色。以下杂交组合有希望培育早花品种：

长筒×（鹿葱、陕西、血石蒜、早开中国、早开换锦）；

鹿葱×（长筒、早开中国）；

早开换锦花、海滨石蒜×（鹿葱、陕西、长筒、早开浅玫红、早开红花、早开长筒）；

早开秦岭×（鹿葱、陕西、长筒、早开浅玫红、早开红花、早开长筒）；

早开中国×（鹿葱、陕西、长筒、早开浅玫红、早开红花、早开长筒）；

早开矮小×（鹿葱、长筒、陕西、早开浅玫红、早开长筒杂交、早开玫瑰）。

（2）晚花品种

选育晚花品种的意义主要是满足国庆期间的石蒜景观需求。红花石蒜的花期在9月中下旬。10月开花的石蒜除红色以外的花色极少，而且可育的种类不多，初霜以后的种子成熟也受低温的影响。晚花种质资源有：红花石蒜国庆开花及国庆后开花品系，晚开中国石蒜、晚开换锦花，晚花矮小石蒜品系，日本品种'迟笑''红萨摩'等，以及日本'小森谷'的晚花系列等。

28.3.3　花型育种

石蒜的花型一般按花朵形状分为喇叭型（百合花型）和龙爪型（灯笼型），以及介于两者之间的中间型（萱草花型），共3类。按瓣化程度分为单瓣、复瓣、重瓣3类。目前国内石蒜品种的花型以龙爪型和中间型为多，喇叭型与重瓣类品种的选育尚待加强。

（1）喇叭型

母本：鹿葱、长筒石蒜、换锦花、血红石蒜、'新娘''红萨摩''暮色''狐狸剃刀''杨贵妃'。

父本：石蒜、中国石蒜、香石蒜、粉色香石蒜、陕西石蒜、乳白石蒜、玫瑰石蒜。

（2）重瓣类

目前已发现或引进的重瓣类石蒜有绿色、红色、深红色、橙红、黄色、淡黄色等花色，涉及的石蒜种类有红忽杂交石蒜、忽地笑、中国石蒜、长筒石蒜、石蒜(红花)等。重瓣石蒜目前缺乏粉色、玫红色、纯白色、橙色、血红色、蓝色等花色。

母本：现有的单瓣类石蒜，或瓣化不完全、雄蕊雌蕊发育基本正常的复瓣类石蒜。

父本：现有的重瓣类石蒜（有少量花粉）、鹿葱、长筒石蒜、换锦花、'红萨摩'、血红石蒜、玫瑰石蒜、红蓝石蒜等。

或采用诱变等方法育种。

28.3.4　长花期与长绿叶期育种

（1）长花期

石蒜属植物的花期一般只有7~10d。花期短暂，是影响石蒜推广应用的重要因素。据观察，某些长筒石蒜个体的花期可长达12~17d；某些玫瑰石蒜的第一批和第二批花葶抽生的时间间隔较大，可以形成二次开花的效果。以长花期个体为母本做杂交，能否选出长花期新品种，值得探索。

（2）长绿叶期

在秋出叶的石蒜种类中，矮小石蒜、红花石蒜、稻草石蒜、红忽杂交石蒜、忽地笑，都有出叶早、休眠晚的个体，其绿叶期最长可达6个月以上。春出叶的石蒜种类，如海滨石蒜、长筒石蒜、中国石蒜等的绿叶期也存在明显的个体间差异，最长可逾30d。利用这些个体进行杂交，可选育长叶绿期的石蒜新品种，一方面可提高种球生产效率，另一方面具有更好的园林景观效果。

28.3.5　抗性育种

（1）抗病性

石蒜的主要病害有炭疽病、病毒病、细菌性软腐病等，以危害叶片的炭疽病为主。根据观察，石蒜的抗病性强弱为：所有春出叶种类强于所有秋出叶种类；玫瑰石蒜、血红石蒜、红花石蒜等抗病性较强，香石蒜、陕西石蒜、中国石蒜、长筒石蒜、鹿葱等次之，湖北石蒜、稻草石蒜及某种易感病的红花石蒜抗病性较弱。以血红石蒜、抗病红花石蒜、中国石蒜、长筒石蒜、换锦花等为母本，以玫瑰石蒜、香石蒜、陕西石蒜、鹿葱为父本做杂交，杂交后代与稻草石蒜、易感病红花石蒜相邻种植，可从中选出抗病性强、观赏性好的单株。

（2）抗寒性

据观察，大多数石蒜的叶片可以耐受-12℃的低温。最不耐寒的忽地笑，-6℃左右的低温就会造成叶片冻害。石蒜鳞茎的耐寒程度似乎不如叶片，-12℃的低温下，盆栽状态与栽植很浅的忽地笑、稻草石蒜、换锦花、玫瑰石蒜、石蒜等都发生冻害死亡。温暖的小气候与缓慢的解冻，有助石蒜对冻害的防御。在同样的低温下，林下的或有树叶等简单覆盖的，甚至在更冷的背阴林下，冻害会大大减轻。石蒜如果要在更广泛的北方地区应用，或抵御南方地区偶尔的强寒流危害，需要考虑抗寒性育种。

根据观察，石蒜的耐寒性强弱为：所有春出叶种类＞所有秋出叶种类；在春出叶种类中，鹿葱、血红石蒜、乳白石蒜等分布偏北的种类其耐寒性可能更强一些；在秋出叶种类中，耐寒性较强的为玫瑰石蒜、石蒜等，稻草石蒜、忽地笑等耐寒性较差。

选择耐寒性好的可育种类如血红石蒜及其变种、石蒜、中国石蒜、红蓝石蒜、秦岭石蒜等作母本，以鹿葱、乳白石蒜、玫瑰石蒜、陕西石蒜、长筒石蒜、红蓝石蒜等为父本做杂交，杂交后代在盆栽状态下做耐寒性测试，可以选育出适应北京以南、河北南部、山东境内为主要区域的耐寒石蒜品种群。

28.3.6 专用品种育种

（1）切花品种

石蒜属有丰富艳丽的花色和特殊的花型，在诸多球根类切花中几乎无与伦比。石蒜花序单支状，无分枝、无叶片，采收包装运输方便，耐储运性较好，石蒜各种类与品种的自然花期，可以从6月末持续到10月底，将近4个月中都可以有产品上市；如果采用花期调节技术，可以有更长的供应期。夏秋的毕业季、暑假、升学季、旅游季等，是年轻人的用花高峰时期，而年轻人是最有潜力的石蒜切花消费群体。

石蒜鲜切花品种需要花葶粗壮高大、小花梗粗短、花色纯净或奇特、有较长的瓶插寿命、抗病性好、耐储运、复水性好、瓶插时花梗末端不明显开裂等。

适宜生产切花的石蒜种类比较多。主要有鹿葱、陕西石蒜、长筒石蒜、忽地笑、中国石蒜、香石蒜、湖北石蒜、玫瑰石蒜、红蓝石蒜、换锦花、稻草石蒜、石蒜等。但切花生产，石蒜多数品种的花葶高度还不够，花葶粗度偏细。淡粉色、粉红色、亮玫红、纯白色、明黄色等花色可能更为畅销。切花育种父母亲本选择如下：

母本：忽地笑、中国石蒜、长筒石蒜、换锦花、鹿葱；

父本：玫瑰石蒜、湖北石蒜、红花石蒜、鹿葱、换锦花、短蕊、乳白石蒜等。

在后代中选择高大、花色纯正鲜艳、花瓣较厚、小花梗较短、花期长的单株。建议切花石蒜的最低株高定为55cm、最短瓶插寿命7d。在石蒜育种过程中，发现一种类似超亲遗传的现象，即超级石蒜，其株型特别高大（80cm以上）、长势特别强，更适宜作切花品种。

（2）药用品种

石蒜中的加兰他敏、力可拉敏、石蒜碱等具有多种药理活性作用，可用于小儿麻痹后遗症和外伤性截瘫、中轻度老年痴呆症等疾病的治疗。

石蒜属种间的生物碱成分存在较大差异。加兰他敏的含量差异最大，达26倍；其次是力可拉敏，为14.5倍；石蒜碱差异较小，约4倍。石蒜碱的含量最高的是香石蒜，其次是忽地笑，鹿葱第三，长筒石蒜含量最低。力可拉敏的含量排前3位的依次是：玫瑰石蒜、换锦花、安徽石蒜。加兰他敏含量以南京江宁的长筒石蒜最高，其次是乳白石蒜、安徽石蒜，而秋天出叶的石蒜、矮小石蒜、稻草石蒜、江苏石蒜等含量很低。

筛选药用品种需要专业的仪器与操作，杂交育种后代药物含量的遗传规律也需要探索，规模化生产对环境的选择、水肥管理与采收储运都有专业要求，所以育种的难度更大，周期也更长。

28.4 杂交育种

28.4.1 杂交亲和性

通常两个种类的亲缘关系越近，杂交越容易成功。但是由于石蒜属大部分的种类为杂交起源，染色体核型为非整倍体，高度不育，不结实或结实率极低。石蒜杂交后代有偏母遗传现象，所以从杂交结实与后代性状考虑，母本的选择十分重要。

适宜作母本的石蒜种类有忽地笑、二倍体的红花石蒜、海滨石蒜、换锦花、红蓝石蒜、中国石蒜、长筒石蒜、武陵石蒜、秦岭石蒜等。

试验发现所有种类的石蒜花粉都有一定的萌发率，尽管萌发率差异很大。所以根据育种的目标，父本的选择可以相对宽泛一些。

上述的父母本，如果选用一些优良品种或优良个体作亲本，一般会获得更优良的后代。

28.4.2 杂交授粉

杂交时间的选择。在母本的花序抽出总苞的第3~5天，伞形花序中多数小花含苞待放，或者刚开放但花药还未开裂；父本选择开放第2天花药刚刚开裂的小花。在晴朗天气的9：00~10：00点采集花粉，并立即授粉。或采用4℃低温、干燥的方法对花粉进行保存，可使用至整个石蒜花期结束。

杂交授粉的步骤：①将要进行授粉的母本植株花序中未发育膨大的、花粉已经开裂的小花摘除。②将要进行授粉小花的雄蕊去除。③将父本的花粉在母本的柱头上反复碰触，使尽可能多的花粉黏附在柱头上；根据育种需要，可以做切割柱头与重复授粉处理。④挂牌、标记并做好相关记录。业余育种时，可以只做授粉而忽略其他步骤，并且无须重复授粉，只做一次即可。

果实发育阶段还需防止蓟马、葱兰夜蛾和斜纹夜蛾的危害，保证种子顺利发育成熟。

石蒜属在自然和人工培育的条件下十分容易自然杂交。采用人工配组、临近种植或混植、自然授粉的方法，可以大量获得有相当杂交率的种子，节约杂交育种的成本。

28.4.3　种子采收与播种育苗

石蒜属授粉至果实成熟需要40~60d的时间。应根据开花授粉的时间及时观察，在果皮发黄、发皱或果实刚刚开裂、种子未散落之前及时采收。采收的果实须放置于阴凉干燥处，让其自行散出，或人工剥出。

石蒜种子的播种应尽量做到随采随播、随剥随播。如延迟处理，干燥至开始皱皮的种子，会失去发芽的活性。

地床育苗时，苗床应选择地势较高、排水良好、土壤肥沃、有一定树荫或防西晒的地方。根据种子大小，播种深度为1~2cm。播种密度为种子平均间距2cm×2cm左右。

容器育苗时，基质可用田园土与营养土或泥炭土1∶1混合。播种容器的高度应高于20cm，以利于种子向下生长形成小鳞茎。

有条件时可以在温室内播种育苗。从播种到开花，可以缩短1年左右的营养生长期。

种子萌发期间需要及时补水，防止种子失水干瘪死亡。出苗后需及时清理杂草，加强肥水管理，防治病虫害。

一般经过2个生长季，小种球膨大至0.8~1.5cm时进行第一次移栽，株行距5~10cm。第二次移栽在2个生长季后，株行距8~15cm。此后大部分种球已经开花，可开始进行选种。

28.4.4　选种

在正常管理条件下，石蒜属的播种球，最早的3年就有初花单株出现，但基本都是矮小石蒜的后代。4年生种球约有半数开花，5年生基本全部开花。

选种的时间从6月末到10月下旬，至少7~10d观察一次。选中的单株通常移至另地栽植，进一步观察并同时开始种球繁育。按开花早晚，每10d选挖一批另地栽植。将其中极高、极矮，花径极大、极小，花色、花型特殊的，香味明显的，单独种植并编号、插牌标记、拍照、登记。

经历3年的挑选，优良单株基本已经挑选完毕。但不要将选种圃抛弃，应重新栽植，留待以后继续观察；通常还会有新需求、新思路、新变异下的新发现。

对入选单株，每年花期观察群体与单株的开花期、花期长短与育性，出叶期观察叶片的长短、宽窄、截面特征与叶色深浅，还有叶绿期长短、抗病性、耐寒性等。对可用作切花品种者，可开始进行瓶插、储运等测试。

选出的单株经过3~5年观察，比对现有品种，每年对综合性状优异者初步命名、完善观测记载，并适时（3~4年一次）分球扩繁。

对比各分球扩繁后的优株群体，主要以群体表现决定进入测试的品种。

从杂交到进入测试，整个过程一般要经历10~12年。测试通过后的品种，还需要5年左右的生产性扩繁，才能进入市场并实际应用。

28.5　良种繁育

目前国内广泛栽培的石蒜属植物以原生种为主，2020年列入了农业农村部新品种保护名录。因此，国内尚未有授权的石蒜新品种。

石蒜属植物在自然条件下一般以鳞茎分球和种子繁殖为主，自然繁殖能力弱。由于鳞茎中心生长点的存在，顶端优势作用显著，腋芽形成受到抑制，只有当成熟鳞茎进入生殖生长期，分化形成的花芽抑制了顶端优势作用时，鳞茎才具有分球能力，从而萌发形成腋芽。石蒜属植物繁殖系数较低，自然分球率仅有1.8倍。根据种类的不同，每年分生1~2个子鳞茎不等，子鳞茎生长为成熟开花鳞茎还需要经历3~4年。若种子繁殖则历时更长，需要进行5~6年的营养生长。石蒜属植物自然繁殖系数低、子鳞茎营养生长周期长等特性极大地限制了该属植物的推广应用，加之大量的采挖野生鳞茎已经对其自然资源造成了破坏，鳞茎繁育问题也因此成为石蒜属植物生产发展中亟待解决的问题。

28.5.1 鳞茎块扦插繁殖

石蒜属植物生长缓慢，自然繁殖率也很低，许多种类种子不易结实，有的种类实生苗需要6~7年生长才能开花，生产上扩繁主要以切割繁殖为主。鳞茎块繁殖过程中，切割方式、扦插条件等均会对子鳞茎繁殖系数、直径及质量有着较为重要的影响；同时繁殖能力也表现出显著的种间差异。目前，对于扦插繁殖方式的研究包括扦插条件优化、扦插过程中母鳞片及小鳞茎生理生化分析、小鳞茎发生分子机理探究等。

（1）切割方法

常见的石蒜属植物鳞茎切割繁殖方法有茎盘沟切法和切片扦插法，以及少量应用的双鳞片法、茎基盘刳取法和伤心法。这些方式都是通过破坏顶芽，打破顶端优势，刺激鳞茎盘以促进腋芽萌发形成新的小鳞茎。吕美丽等（1995）以忽地笑的鳞茎为材料，采用双鳞片法、四分法、六分法、八分法、"米"字形法进行切割，发现用双鳞片法的繁殖系数普遍高于其他切割方法，其次为八分法。张露等（2002）对4种石蒜属植物的鳞茎使用四分法、六分法和双鳞片法进行切割，发现采用双鳞片法的繁殖系数最高，但获得的籽球质量较差，而其他切割方法繁殖所获得的籽球质量较高。姚青菊等（2004）指出鳞茎块八分法比四分法获得的子鳞茎数目更多，但子鳞茎质量减小，并指出鳞茎块繁殖系数与单个子鳞茎重量间存在一定的负相关性；并且，经由切割方法进行鳞茎繁殖时，伤口要深达基盘才能获得较高的子鳞茎发生率。李玉萍等（2005）的研究表明人工切割繁殖可显著提高籽球的繁殖系数，其中切片扦插法可获得较多数量的籽球，但球茎较小，而茎基盘刳取法正好相反，茎盘沟切法和伤心法获得的籽球数量和质量都较高。鲍淳松等（2010），研究比较了切1刀、切2刀、切3刀和切4刀对长筒石蒜繁殖的影响，结果表明，不同切割次数处理间的繁殖系数有显著差异，籽球数量以切4刀和3刀最多，繁殖系数最高。

（2）扦插时间

目前，关于石蒜属植物的适宜扦插时间的研究主要集中在秋出叶类。黄雪方（2009）对春出叶类的中国石蒜、长筒石蒜、换锦花和秋出叶类的石蒜进行了扦插繁殖研究，结果表明，不同种石蒜属植物的繁殖生理不同，扦插繁殖结果差异显著；王燕等（2007）的研究结果表明，4月为石蒜最佳繁殖季节；杨志玲等（2008）对不同生长发育期的红花石蒜的繁殖系数进行了研究，提出休眠期（6月、7月）、旺盛生长初期（9月）及生长后期（4月）是红花石蒜无性繁殖的适宜时期；常乐等（2022）通过多次比较红花石蒜和忽地笑在4月、6月、7月、10月的扦插试验结果，认为4月（平均气温度16~21℃）是杭州地区石蒜属植物扦插繁殖的最适合时期。

（3）消毒方法

由于扦插繁殖过程中切割产生的伤口大且深，加上石蒜属植物鳞茎本身含有大量水分，扦插繁殖时极易腐烂，因此，切割后常采用浸种或拌种的消毒方式来减少腐烂。姚青菊等（2004）指出，使用0.7%甲基托布津溶液浸种和用含0.7%甲基托布津溶液的草木灰拌种两种不同消毒方式均能大幅降低腐烂率，而用含杀菌剂的草木灰拌种（腐烂率为5.0%）的效果明显好于用杀菌剂浸种（腐烂率为22.5%）。杨志玲等（2008）用0.3%高锰酸钾溶液对切割后的红花石蒜母鳞茎进行消毒，待表面水分干后备用，可降低腐烂率。鲍淳松等（2010）在扦插前用0.3%高锰酸钾溶液消毒扦插基质，然后进行鳞茎扦插，待根系长成、籽球形成后，未发生腐烂现象。此外，也有对扦插基质、扦插鳞茎、切片均进行消毒的研究，如李玉萍等（2005）利用50%多菌灵消毒液对扦插基质和切片均进行消毒处理；王远等利用1∶800多菌灵溶液消毒河沙，利用1∶1000多菌灵消毒切割后的鳞茎30min，扦插后，每隔15~20d再用多菌灵溶液消毒1次，均可以有效控制腐烂率。

（4）基质

石蒜属植物对土壤要求不高，但在疏松、透气、肥沃的砂壤土、黏壤土和石灰壤土中生长得更好。蔡军火等（2009）进行了8种不同施肥处理对石蒜种球繁殖能力影响的研究，结果表明，经施肥处理的石蒜的繁殖系数均高于不施肥的对照，这与章丹峰等（2013）的观点一致，即适当施肥可提高石蒜的繁殖系数。腐殖土对石蒜繁殖有重要作用，将沙和腐殖土按照1∶2混合作为石蒜鳞片扦插的基质效果更好。

（5）植物生长调节剂

在石蒜属植物扦插繁殖中，常用NAA、IBA和GA_3处理鳞茎，另外，关于2,4-D、6-BA的使用也有少量报道。研究表明，植物生长调节剂在一定浓度范围可显著提高石蒜属植物的繁殖系数，但也有一些植物生长调节剂会抑制石蒜属植物的子鳞茎萌发。李玉萍等（2005）研究发现，不同植物生长调节剂对石蒜籽球的繁殖效果不同，木质素酸钠（ASL）、吲哚丁酸（IBA）和萘乙酸（NAA）的混合液对石蒜籽球数量的增加有促进作用。王燕等（2007）研究发现，IBA能有效提高石蒜的扦插繁殖率。谢菊英等（2006）以石蒜为材料，分别用赤霉素（GA）、萘乙酸（NAA）、2,4-D、6-BA对其进行浸泡处理，发现高浓度的GA_3对种球的繁殖具有抑制作用，而低浓度的GA_3对种球的繁殖具有促进作用，建议GA_3使用浓度不应超过150mg/L；NAA能明显促进石蒜繁殖，其适宜浓度为150mg/L；6-BA也能促进石蒜繁殖，其适宜浓度为50mg/L；而2,4-D对石蒜繁殖起抑制作用。谷海燕等（2010，2011）对长筒石蒜和忽地笑无性繁殖研究表明，植物生长调节剂及浓度对繁殖率有极显著影响。王远等（2011）发现不同浓度及组合配置的NAA与IBA对换锦花、石蒜小鳞茎增殖系数、鳞茎均重量有一定的影响，以浓度为25~50mg/L为宜，NAA对石蒜扦插生根影响显著，但对换锦花扦插生根影响不显著。

28.5.2 组培快繁

我国对石蒜属植物的组织培养研究有近40年的历史，自1986年研究者成功通过忽地笑未成熟胚的离体培养获得完整再生植株以来，大量学者从外植体选择与处理、消毒方法改良、培养基优化等方面构建了石蒜属植物多个种的组织培养体系，并取得了一定进展，主要集中在石蒜、忽地笑、换锦花、中国石蒜、乳白石蒜、长筒石蒜等。因此，以不损耗野生资源为出发点，选择适宜的外植体构建高效组培扩繁体系在石蒜属植物资源保存与扩繁中具有重要的现实意义。

（1）外殖体选择与消毒

外植体的选择对诱导效果具有显著的影响，也是提高诱导率的关键因素之一，外植体的类型、取材部位、生理状况及生长时期都会影响诱导效果。石蒜属植物组织培养外植体的选择主要包括成熟鳞茎块、双鳞片、花器官、嫩叶、种胚及茎尖等，然而由于成熟鳞茎常年生长于土壤中，带有数量及种类众多的微生物，很难彻底灭菌，同时由于鳞茎组织的高糖、高淀粉含量等特性，其作为外植体时极易组织褐化，组培污染率居高不下。此外，鳞茎类外植体不同部位的带菌数量差异较大，通常为内层鳞片<中层鳞片<外层鳞片，灭菌效果也从强至弱；稍嫩的叶片和花器官等外植体带菌率相对较低，无菌化处理比较容易。

污染是石蒜属植物组织培养中的常见问题，通常在消毒前应将外植体彻底清洗后再用流水冲洗（2~4h）；常用的外植体消毒剂有乙醇、升汞、过氧化氢和次氯酸钠等，与吐温吸附剂联合使用可以提高消毒剂的渗透率，效果更佳。在具体选择时需要根据外植体幼嫩程度和带菌情况确定消毒剂的种类及消毒时间。此外，使用热处理和低温冷藏对外植体进行预处理在减少或控制污染率方面也具有一定效果。

（2）愈伤组织诱导

植物组织培养中诱导愈伤组织最常用的植物生长调节剂是2,4-D。研究表明，以黄花石蒜种胚为外植体，培养于MS+2,4-D 2.0mg/L培养基中，愈伤组织诱导率可达80%；如果以鳞茎为外植体，使用相同的培养基进行培养，其诱导率仅为66.6%，暗示鳞茎对单一施用2,4-D的响应较弱。因此，以鳞茎为外植体进行愈伤组织诱导时，通常不同植物生长调节剂的联合使用比单一植物生长调节剂的使用效果更好。6-BA和2,4-D的复合效应对不同的外植体诱导愈伤组织也具有较大的差异。研究表明，6-BA和2,4-D联合使用愈伤组织诱导率以种胚最高，鳞茎次之，而叶片诱导率较低。此外，花器官（花梗、子房、花被、花丝）作为外植体也有成功诱导出愈伤组织的报道，其中花梗和子房的愈伤组织诱导率相对更高。在石蒜属植物愈伤组织诱导过程中，较高的愈伤组织诱导率与愈伤组织质量同等重要，其中胚性愈伤组织的比例和颗粒性对其分化再生植株具有较大的影响。在获得良好的愈伤组织后应及时转接分化，否则会严重影响质量，导致其失去胚性而降低分化率。具体可以通过筛选植物生长调节剂种类浓度及配比、增加微量元素含量、提高培养基糖浓度等途径改善愈伤组织状态，提高胚性愈伤组织的比例和颗粒性，从而提高植株再生率。

（3）不定芽或小鳞茎形成诱导

石蒜属植物不定芽的形成主要有两种途径，即外植体直接诱导产生或通过愈伤组织分化形成。不定芽诱导主要以MS作基本培养基，常见的植物生长调节剂组合为6-BA和NAA，其中6-BA常用质量浓度范围为1.0~5.0mg/L，NAA常用质量浓度范围是0.1~2.0mg/L。外植体种类不同，所需的植物生长调节剂最适浓度与配比也不同，一般认为，幼嫩组织对于外源激素的敏感性强于成熟组织。除常用的6-BA和NAA外,还有少量采用2,4-D、IAA及KT等其他植物生长调节剂诱导石蒜属植物不定芽发生。总之,石蒜属植物不定芽培养适宜的植物生长调节剂种类和浓度配比因基因型和外植体种类不同而异,一般宜联合应用6-BA和NAA。

(4) 增殖培养

增殖系数是体现植物组织培养效率的关键指标之一,在石蒜属植物继代增殖过程中,在一定浓度范围内,其增殖系数随着植物生长调节剂浓度增加而提高,但浓度过高容易形成玻璃苗或发生变异。石蒜属植物继代增殖培养常用的基本培养基为MS,常见植物生长调节剂组合是6-BA+NAA或6-BA+2,4-D;也有少数报道用其他植物生长调节剂如KT、IAA和TDZ。通常石蒜属植物不同组织的增殖培养需要的生长调节剂浓度具有较大差异,复合应用植物生长调节剂的效果优于单一使用,在石蒜增殖培养时,使用TDZ(一种苯基脲类细胞分裂素)等其他植物生长调节剂与6-BA、2,4-D和NAA相比,没有表现出显著优势。

(5) 生根培养

石蒜属植物的生根培养一般以MS或1/2MS为基本培养基,应用的植物生长调节剂为NAA或IBA,或两者联合应用,还有复合应用NAA或IBA添加低浓度6-BA的情况。石蒜属植物对生长调节物质的联合使用较为敏感;当与NAA同时使用时,较高浓度的IBA会降低石蒜小鳞茎根系诱导率,因此需要控制生长调节物质用量。石蒜属植物对NAA的响应一般高于IBA,使用的NAA浓度一般较低便可诱导生根,使用质量浓度以0.5~2.0 mg/L为多。此外,较低质量浓度(0.5mg/L)的细胞分裂素类(KT或6-BA)与生长素类(NAA)联合应用,也可用于部分石蒜属植物的生长及诱导生根,效果良好。

(夏宜平 潘春屏 任梓铭)

思考题

1. 石蒜种质资源工作的主要问题是保护和利用的关系,如何协调并永续利用?
2. 请比较石蒜品种与野生种的区别,明确人工选育的贡献或育种目标。
3. 石蒜种球生产和花卉产业上的主要问题是什么?哪些问题是育种能够解决的?
4. 试着分析石蒜各种育种目标的遗传规律,讨论应用所列亲本组合实现育种目标的可能性。
5. 石蒜种球生产上如何做到优质优价以保证产业可持续发展?

推荐阅读书目

石蒜属植物栽培技术. 2016. 鲍淳松, 张鹏翀. 中国林业出版社.
中国迁地栽培植物志——石蒜科. 2020. 贾敏, 秦路平, 张鹏翀. 中国林业出版社.
东亚特有植物石蒜属的种间关系与物种形成. 2017. 史树德, 贺俊英. 中国林业出版社.

第29章 大丽花育种

[**本章提要**] 大丽花原产墨西哥,我国引进后成为大众花卉。主要原因是其适应性强、栽培广泛、管理简易,且花大色艳、花期长、性价比高,不仅可作切花、盆栽,还用于美丽乡村建设。本章从育种简史、种质资源、育种目标及花色遗传、引种与杂交育种、诱变与分子育种、育种进展及育成品种6个方面,论述了大丽花育种的原理与技术。

大丽花为菊科(Compositae)大丽花属(*Dahlia*)多年生球根草本花卉,又名天竺牡丹、大理花、地瓜花等,属名*Dahlia*是在1789年大丽花被引入西班牙的马德里植物园后,由西班牙植物学家阿贝·卡瓦尼尔(Abbe Cavanilles)命名的,以纪念瑞典科学家安德烈亚斯·达尔(Andreas Dahl)。在瑞典语里,它表示"来自山谷"的意思。传到中国后,就音译成既谐音又达意的"大丽",包含"大吉大利"之意。大丽花品种繁多、花姿优美、花色娇艳、花期长久,被誉为花中"宠儿"。虽来自异国,却可与我国的牡丹、芍药相媲美。它具有极高的观赏价值,应用范围广泛,花坛、花境或庭院丛栽皆宜,也可作盆花、切花等。此外,大丽花还能入药,具有清热解毒、消肿的作用,其块根内含有的菊糖,功效与葡萄糖相似。大丽花是集观赏、食用、药用于一身的植物。

29.1 育种简史

大丽花属原产于美洲，尤其是墨西哥，是墨西哥的国花。大丽花在墨西哥被命名为"Cocoxoehitl"，作为观赏、药用和食用植物栽培，是阿兹特克人的花园植物；甚至在美洲被发现之前，就被驯化和种植。大丽花的记录可以追溯到1552年胡安·巴迪亚努斯（Juannes Badianus）手稿《阿兹特克草药》一书中，记录最早的大丽花插图；由马丁努斯·德拉克鲁兹（Martinus de la Cruz）首先用那瓦特尔语写成，然后由胡安·巴迪亚努斯翻译成拉丁语。西班牙征服墨西哥后，西班牙国王菲利普二世委托他的私人医生弗朗西斯科·埃尔南德斯（Francisco Hernandez）前往新西班牙，为该地的自然历史撰写一份报告。埃尔南德斯在1570—1577年访问了墨西哥和中美洲，在此他注意到了3种壮观的大丽花。他在1615年出版的名为《新西班牙的植物和动物》（*Rerum Medicarum Novae Hispaniae Thesaurus seu Plantarum, Animalium, Mineralium Mexicanorum Historia*）一书中提到了3种大丽花，并绘制了草图。为法国国王服务的法国植物学家尼古拉斯·约瑟夫·蒂埃里·德·梅农维尔（Nicolas Joseph Thiery de Menonville）在墨西哥瓦哈卡市附近收集胭脂仙人掌时，看到一株重瓣紫罗兰色的大丽花（*D. tenuicaulis*），他称之为生长在灌木上的"重瓣紫罗兰紫菀"。

1789年，墨西哥植物园的文森特·塞万提斯（Vincente Cervantes）将包括大丽花在内的各种墨西哥植物的种子寄给了马德里植物园的安东尼奥·何塞·卡瓦尼莱斯（Antonio Jose Cavanilles）。同年10月，这些植物种子在马德里植物园首次开花，安东尼奥分别将它们记录在1791年、1795年出版的《植物图标与描述》（*Icones et Descriptiones Plantarum*）的上、下卷中。第一种是重瓣的*D. pinnata*，另两种是单瓣的*D. coccinea*和*D. rosea*。1802年，安东尼奥将这些大丽花赠予了法国、英国，以及欧洲其他国家的科学家。在运往荷兰的大丽花块根中存活了一株，开出了带有尖尖花瓣的壮观红花，这就是*D. juarezii*。1804年，威尔德诺夫（Willdenow）认为安东尼奥·何塞·卡瓦尼莱斯的命名不合理，他重新命名了这3种植物，将*D. pinnata*和*D. rosea*合并命名为*Georgina variabilis*，*D. coccinea*改为*Georgina coccinea*，而且他指出早期的物种自交不亲和，需要通过异交产生种子，后代从而产生了相当大的变异，因此称为*variabilis*。1809年，威尔德诺夫重新修订了包括*Georgina variabilis*在内的物种描述，并在1810年将属名*Georgina*改回*Dahlia*。尽管这些大丽花的命名存在诸多争议，但它们很可能是现代大丽花杂交种的祖先。

19世纪初期，大丽花品种改良工作在欧洲蓬勃发展，欧洲的园艺学家们利用*D. pinnata*作亲本培育了装饰型重瓣大丽花。1805年，博纳尤蒂（Buonaiuti）获得了两株重瓣大丽花，奥托（Otto）从斯图加特（Stuttgart）获得了一株重瓣大丽花，且在1809年培育了重瓣品种。比利时卢万植物园园长唐克拉尔（Donckelaar）选择半重瓣的植物，每年播种大量的种子，几年之内就获得了3株完全重瓣的大丽花。1816年，英国的哈默史密斯苗圃培育出了一株紫色重瓣的大丽花，命名为*D. purpurea* 'Superba'。荷兰莱顿的阿伦茨（C. Arentz）在1819年培育了72个不同的重瓣品种，到1821年培育出第一批重瓣白色大丽花。1821年，埃登（A. C. Eeden）和哈勒姆·荷兰（Haarlem Holland）的儿子以'Waverly'的名字将其引入商业。1826年，仅德国的装饰型重瓣大丽花品种就超过了100个。该年爱尔兰科克市区的德拉蒙德

（Drummond）首次报道了银莲花型大丽花，深红色，被命名为'Bella Donna'。1829年，《花农指南和栽培名录》（*The Florist's Guide and Cultivator's Directory*）中展示了一幅深红色的球型大丽花照片，这是首株球型大丽花，生长在英国的哈默史密斯苗圃，并被报道为 *Georgina variabilis* var. *sphaerocephala*。1831年，英国又有一种新型的双色大丽花，深红色，尖端白色，命名为'Levick's Incomparable'。1832年，出现了一种单瓣型双色花，即栗色的猩红色小花被白色镶边，名为'The Paragon'。据估计，1834年，仅在英格兰每年就种有逾20 000株大丽花幼苗。1836年又出现了由较短的内曲筒状花瓣组成的绒球型大丽花，而且开始以花色进行分类；一直到1840年，育种家们都致力于丰富球型大丽花的花色。但是很快他们就认为不太可能有新的组合出现，因此大丽花的育种研究逐渐衰减。直到1872年，荷兰的贝尔克（M. J. T. Van den Berg）从墨西哥进口了一批植物，这批植物损毁严重，他将仅存的一株植物精心种植后获得了鲜红的管状花瓣大丽花，随后，人们利用这个新种质与其他种类不断杂交，培育出了大量管状大丽花品种。1879年在英国皇家园艺协会举办的展览会上首次展出仙人掌型大丽花，成为现代仙人掌型大丽花品种的基础。之后英国育种家又相继杂交育出小装饰型、矮生型以及小仙人掌型、牡丹型等类型。

20世纪二三十年代，是欧美地区的大丽花育种黄金时代，培育了颜色丰富多彩的大丽花新品种。1900年，Gerard在法国培育了首个领饰型大丽花，并于1901年首次展出。1903年，单株巨型大丽花从荷兰引入法国，有的直径超过了9英寸（22.86cm）。兰花型大丽花起源于法国，1919年，马丁（Martin）和儿子们推出了兰花型大丽花。1925年，美国大丽花协会在其公报中正式接受了兰花型大丽花分类。而银莲花型早在1917年就由荷兰莱顿的伍特斯（Wouters）推出，直到1940年才被确定为一个独立类别。1952年，荷兰希勒霍姆的范·奥斯坦斯花园引进银莲花型大丽花模式植物，并命名为'Comet'。这种鲜红色的花，有2~3排辐射状的花瓣，围绕着一个巨大的中心圆盘，几乎完全是刺状的小花，在过去的50年里，它在世界各地的海葵花类中占据了主导地位。'Comet'的特征表明，这种类型的现代银莲花型大丽花极有可能是从 *D. pinnata*、*D. crocea*、*D. coronata*和*D. juarezii*的变种发展而来的。同时，星型等其他类型也在这一时期出现，大丽花表现出了广泛的变异特点。

从20世纪下半叶至21世纪初，大丽花的选种育种工作在世界各地广泛开展，园艺品种层出不穷，仅美国、英国、德国、荷兰、日本等国就拥有数千种。据报道，大丽花品种超过5.7万个，成为园艺品种数量最多的园林植物种类之一。目前的育种主要围绕各种园艺性状进行改良，在原有类型的基础上进行更加细致的划分。

29.2　种质资源

29.2.1　野生资源及其分布

大丽花野生种仅在中美洲的哥伦比亚、墨西哥和危地马拉分布。墨西哥是其多样化的中心，有35个特有种，约占该属种数的83%。其中26个州（占81%）分布有大丽花野生资源，其中伊达尔戈州和瓦哈卡州的种类最多，其次是格雷罗州。大丽花的生境主要是针栎林、热带落叶林和旱生灌丛，海拔范围24~3810m，其中海拔2000~2500m分布的种类最多，主要分布于热带高原。近缘种相对接近的地理分布会增加种间杂交的机会，导致高度相似的形态进化。

大丽花种质资源的系统分类相当复杂，超过100个物种的名称归入了大丽花属，导致物种命名相当混乱。在过去的半个世纪中，为了将野生种与杂交种区分开来，植物学家们开展了一系列分类学和系统学研究。目前，被认可的大丽花野生资源有42种，其中 *D. pinnata*、*D. coccinea* 是参与现代大丽花培育的主要物种。Paul Sorensen（1969）将大丽花属植物分为4个组：*Pseudodendron*组、*Entemophyllon*组、*Epiphytum*组和组*Dahlia*（表29-1）。

表 29-1　大丽花属野生资源

序号	学名	株高（m）	花色	分布地
			Sect. *Pseudodendron*	
1	D. campanulata	2.4	白色至粉红色，中心猩红色	墨西哥瓦哈卡州
2	D. excelsa	>4	淡紫色	墨西哥州至格雷罗州
3	D. imperialis	>4.5	白色至淡紫色	墨西哥瓦哈卡州、恰帕斯州海拔700~2800m地区
4	D. tenuicaulis	4.5	淡紫色或粉红色	墨西哥瓦哈卡州、哈利斯科州、米却肯州海拔2500~3100m的地区
			Sect. *Epiphytum*	
5	D. macdougallii	7~8 附生	白色	墨西哥瓦哈卡州
			Sect. *Entemophyllon*	
6	D. congestifolia	0.6	紫色或淡紫色	伊达尔戈州海拔2500m的地区
7	D. dissecta	0.3~0.8	白色至淡紫色	墨西哥中部、塔毛利帕斯州，圣路易斯波托斯州海拔1900~2500m的地区
8	D. foeniculifolia	1.2	淡紫色	墨西哥新莱昂州、塔毛利帕斯州海拔1800m的地区
9	D. linearis	1.2	紫色，中心为黄色	墨西哥瓜纳华托州、克雷塔罗州海拔1800m的地区
10	D. rupicola	1.5	淡紫色	墨西哥北部杜兰戈州海拔1800m的地区
11	D. scapigeroides	1.8	淡紫色	墨西哥瓜纳华托州、伊达尔戈州、克雷塔罗州
12	D. sublignosa			
			Sect. *Dahlia*	
13	D. apiculata	2.4	淡紫色	墨西哥瓦哈卡州、普埃布拉州，海拔2100m的地区
14	D. atropurpurea	1.8~2.1	深红色	墨西哥中部、格雷罗州海拔2600m的地区
15	D. australis	0.6~1.2	紫色	墨西哥恰帕斯州、瓦哈卡州、米却肯州（隔离亚种）以及危地马拉
16	D. barkeriae	0.6	紫色	墨西哥哈利斯科州、米却肯州
17	D. brevis	0.6	淡紫色，具紫色条纹	墨西哥米却肯州
18	D. calzadana			墨西哥瓦哈卡州
19	D. coccinea	1.5	橙红色	墨西哥400~1600m的山坡和云雾林
20	D. cordifolia	0.6	深红色	墨西哥格雷罗州和西部各州
21	D. cuspidata	0.9	淡紫色	墨西哥瓜纳华托州、伊达尔戈州、克雷塔罗州，海拔2400m的西向山坡

(续)

序号	学名	株高（m）	花色	分布地
22	D. hintonii	1.2	深粉色至紫色	格雷罗州海拔1800m的森林中
23	D. hjertingii	1.2	浅紫色	墨西哥伊达尔戈州
24	D. mixtecana			
25	D. merckii	0.6~0.9	淡紫色到粉红色	墨西哥蒙特雷市、普埃布拉州、新莱昂州和瓦哈卡州，海拔1800~3000m的地区
26	D. mollis	1.5	浅紫色	墨西哥克雷塔罗州、伊达尔戈州、瓜纳华托州，海拔2400m的地区
27	D. moorei	0.6	紫色，带紫褐色射线	墨西哥伊达尔戈州和克雷塔罗州
28	D. neglecta	1.5	浅紫色，中心有黄色斑点	墨西哥伊达尔戈州、瓜纳华托州、克雷塔罗州、韦拉克鲁斯州，海拔1800~2200m的地区
29	D. parvibracteata	1.2	浅紫色	墨西哥格雷罗州，海拔1800m的地区
30	D. pinnata	1.5~2.0	绯红色	
31	D. pteropoda	0.9	淡紫色到紫色	墨西哥普埃布拉州和瓦哈卡州
32	D. pugana	0.6	淡紫色	墨西哥哈利斯科州，海拔2100m的地区
33	D. purpusii	0.6	紫色	墨西哥恰帕斯州
34	D. rudis	2.4	淡紫色或浅紫色	墨西哥联邦区、墨西哥州、米却肯州，海拔2600~3100m的地区
35	D. sherffii	1.5	粉红色到淡紫色，中心黄色	墨西哥奇瓦瓦州、杜兰戈州、锡那罗亚州和哈利斯科州
36	D. scapigera	0.6~0.9	浅紫色，有的中心具黄色斑点	墨西哥米却肯州、瓜纳华托州和伊达尔戈州
37	D. sorensenii	1.2	淡紫色	墨西哥联邦区、米却肯州和伊达尔戈州
38	D. spectabilis	2.1~2.4	淡紫色	墨西哥圣路易斯波托西州
39	D. tamaulipana	0.9~1.8	淡紫色	墨西哥塔毛利帕斯州，海拔400~1000m的地区
40	D. tenuis	0.6	黄色	墨西哥瓦哈卡州，海拔1500~2600m的岩石坡地上
41	D. tubulata	1.8	浅紫色至浅粉色	墨西哥新莱昂州、塔毛利帕斯州和科阿韦拉州，海拔2200~3100m的地区
42	D. wixarika	0.9~1.8	白色到浅紫色	墨西哥杜兰戈州和哈利斯科州，海拔1800~2500m的阳光直射的贫瘠陡坡上

29.2.2 品种资源及分类

大丽花品种繁多，截至2015年大丽花品种超过了5.7万个，是世界上品种数量最多的物种之一。因此，对其品种进行科学分类非常重要，以便使园艺工作者正确地认识和区别不同的品种资源，为保存、研究、评价和利用大丽花品种资源提供依据，也有利于品种的识别和推广交流。

大丽花经过长期选育，其花型、花色、植株富于变化，至今国内外尚无统一的大丽花分类方案。国际上有多个大丽花的分类体系，美国、英国、俄罗斯、日本都各有千秋，总体上是以花型为主要分类依据，此外植株高度、花径大小、花瓣颜色、开花期等也作为次级分类标准。

英国大丽花协会（The National Dahlia Society，NDS，https://www.dahlia-nds.co.uk/）、英国皇家园艺学会（The Royal Horticultural Society，RHS，https://www.rhs.org.uk/）、美国大丽花协会（American Dahlia Society，ADS，https://www.dahlia.org/）与美国中部州大丽花协会（Central States Dahlia Society，CSDS，https://www.centralstatesdahliasociety.com/）都提出过较为系统的大丽花花型分类方法，但在称谓、标准细化程度等方面存在差异。常见的花型分类如下（图29-1）：

图29-1 大丽花的花型分类

A.单瓣型 B.托桂型（银莲花型）C.领饰型 D.睡莲型 E.装饰型 F.球型 G.绒球型 H.仙人掌型 I.半仙人掌型 J.牡丹型 K.星型

①单瓣型（Single flowered） 主要来自 D. coccinea。株高45~75cm。花朵直径最大可达10cm，只有一轮舌状花，花心明显。适合花坛种植。如'Bambino''Little Dorrit''Inflammation''Margaret''Geerling''Yellow Hammer''Pinnochio'等。

②托桂型、银莲花型（Anemone flowered） 由 D. pinnata、D. crocea、D. coronata 和 D. juarezii 发展而来。花朵完全重瓣，由细长密集的管状花盘组成一个圆顶，周围排列了一轮或多轮舌状花，给中心部分镶边，适合插花。如'Guinea''Honey''Lucy''Scarlet Comet''Stillwater pearl'等。

③领饰型（Collarette） 单轮平展的或略呈杯状的花瓣排列在一个平面上，带有一个围绕中心形成的花瓣状"衣领"，其长度约为外轮舌状花的1/2，通常在颜色上形成对比。重要的品种有'Comet''Lilian Alice''Magic Night''Nonsense''Starsister'等。

④睡莲型（Water lily） 又称重瓣山茶花型。花朵完全重瓣，花瓣呈杯状，顶端圆，侧面呈茶碟状，不露心但朝上开放，外观精美。如'Gelena''Peace Pact''Pearl of Heemstede'等。

⑤装饰型（Decorative） 这是最受欢迎的花型之一，完全重瓣，没有中央花盘，涵盖的花色和大小范围广，舌状花稍平或卷曲，花瓣尖端圆或尖。如'African Queen''Arthur Godfrey''Avalanche''Bhola Baba''Black Out''Chinese Lantern''Dutch triumph''Kelvin Rose'等是深受欢迎的装饰型品种。云南省农业科学院花卉研究所选育的'团聚''丰收''红颜''小清新''萤火'以及'粉黛'也都属于装饰型品种。

⑥球型（Ball） 完全重瓣，花朵呈球形或略扁平，花瓣尖端钝或圆形，且沿着花瓣长度方向卷曲。许多球型看起来与绒球型非常相似，但是尺寸比后者更大，细分为小球型（10~15cm）和微球型（5~10cm）。小球型有'Alltamy Cherry''Crichton Honey''Nijinsky''Risca Miner'等。微球型有'Connisscur's Choice''Nettie''Rothsay Superb'等。

⑦绒球型（Pompon） 完全重瓣，外观呈球状，花瓣与球型差不多，单个花瓣看起来有些像蜂窝状的细胞，直径不超过50mm。这是插花最受欢迎和瓶插寿命最长的大丽花类型。如'Albino''Barbara''Deepest''Diana Gregory''Small World''Yellow Baby'等。

⑧仙人掌型（Cactus） 完全重瓣，无中心花盘，舌状花长而尖，沿其长度方向向内弯曲，趋于狭窄而尖，使花呈星形外观，有的品种花瓣尖端呈锯齿状或裂开。如'Annapurna''Cardinal''Carnival''Happy Boy''Royal Highness''White Pearl'。

⑨半仙人掌型（Semi-cactus） 花完全重瓣，类似于仙人掌型，花瓣基部宽、平直或弯曲，并且均匀地向茎反射排列。品种有'Autumn Fire''Latest Flame''Yellow Mood'等。

⑩牡丹型（Paeony） 起源于 D. coccinea。2~5轮花瓣围绕中心开放，有一个明显的中心花盘，花瓣宽，稍杯状，平整。

⑪星型（Star flowered/Stellar） 有1或2排尖尖的花瓣，花瓣轻微重叠，边缘外弯，围绕中心花盘形成浅杯状花。如'Tahoma Hope'。

⑫其他类型（Miscellaneous） 不能包含在上述花型的类型，如'Akita''Fasciation'。

⑬攀缘型（Climbing dahlia） 大丽花唯一的攀缘种是 D. macdougallii，可攀爬约10m。这个方向的育种工作可能会培育出一系列美丽的攀缘大丽花。

29.3 育种目标及花色遗传

29.3.1 育种目标

大丽花育种目标旨在提高观赏价值，包括花色、花朵大小、花型，以及产量等性状指标。具体包括：

①早熟和较长的花期，发育中等和强壮的茎，大小适中的叶。
②头状花序厚而紧凑，大型花朵，理想（约45°角）的花朵角度。
③选育绿色、黑色、蓝色品种，使花色更加丰富；花色不褪色。
④增添香味。
⑤瓶插期长。
⑥抗逆性强，生根能力强，抗病性强。

29.3.2 花色遗传

大丽花的花色色素主要是黄酮类化合物，主要是花青素、紫铆花素（紫铆查耳酮，Butein）和黄酮衍生物。大丽花野生资源可分为两组明显不同的色系类群，即Group I——象牙色、品红色或紫色；Group II——黄色、橙色或猩红色。目前栽培的变异大丽花（D. variabilis）结合了两个色系，花色非常丰富，除了蓝色外，其他颜色均有；每个色系又具有很多深浅不同的颜色变化。大丽花花色产生如此广泛的变异的原因是，变异大丽花是一个染色体数目为$2n=8x=64$的异源八倍体，来源于两个四倍体物种的杂交，其中一种属于Group I，另一种属于Group II，杂交伴随着染色体数目的加倍。而四倍体大丽花可能是由现已灭绝的二倍体祖先种群演变而来的。在这演变过程中，发生了分化；除其他差异外，还产生了两种花色的群体。从图29-2可以看出，变异大丽花将特定分化的产物与高度多倍化结合在一起。

对栽培大丽花的遗传研究表明，大丽花花色主要由4个遗传因子控制，即产生象牙色黄酮的I、黄色黄酮的Y，以及浅花青素A和深花青素B。这4个遗传因子的隐性等位基因不产生色素。第5个遗传因子称为H，抑制黄色黄酮的产生。大多数花色以四倍体形式出现：Y和B在单显性组合情况下完全显性，A在单显性、双显性、三显性和四显性组合中均表现出累加效应，而I只在部分显性组合中表现出累加效应。此外，H会抑制黄色的产生，Y对I具有上位作用（表29-2）。

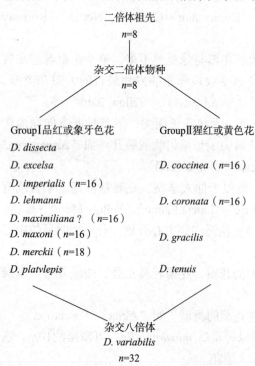

图29-2 变异大丽花（*D. variabilis*）起源

表 29-2　大丽花花色遗传因子组合产生的主要颜色

组合	花色	组合	花色
bayi	白色	*BayI*	蓝紫色
bayI	象牙色	*BaYi*	猩红色
baYi	黄色	*baYih*	黄色
baYI	黄色	*baYIh*	黄色
bAyI	蓝洋红	*baYiH*	奶油色至淡黄色
bAyi	玫瑰红	*bAYih*	杏黄色
bAYi	杏黄色	*BaYih*	猩红色
Bayi	玫瑰紫	*BaYiH*	深红色

29.4　引种与杂交育种

29.4.1　引种

引种是快速丰富本地植物多样性的一条重要途径，也是快速推广良种的良好手段。在大丽花发展史上，引种起到了重要作用。大丽花野生种仅在哥伦比亚、墨西哥和危地马拉的中美洲地区分布，墨西哥人将野生大丽花从山地移至庭园后又传到欧洲，在欧洲得到蓬勃发展；之后美国、日本也相继参与引种栽培，不断选育扩繁出大量新品种，从而使大丽花成为世界名贵花卉之一。我国从19世纪末开始引种大丽花，最初在上海引种栽培较多，随后扩大到东北、华北、西北地区，现全国各地都有引种栽培，而且引种品种和数量逐年增长。

由于大丽花品种繁多，具有盆栽、庭园栽植、切花等不同的应用类型。在引种时，首先要根据自身用途需求确定品种类型。盆栽用途要选择株型矮小，花朵紧凑，一致性强，容易包装运输，生长周期短的品种。庭园用途要选择能自然越冬，花型奇特，花色丰富，花朵繁茂，花期长，生长健壮，养护管理简单的品种。切花用途要选择植株生长健壮，株型直立挺拔，花头直立向上，花朵大小适中，一致性好，瓶插期长，易包装，耐运输，生长周期较长的品种。其次是做好引进品种的资源评价。品种的原产地与引种地的自然气候和栽培条件不同，可先少量多品种做引进试验，对比品种的观赏性状、抗逆性、产量等指标，综合评价该品种是否为优良品种，再择优推广应用。还要尊重并保护大丽花的新品种权。

29.4.2　杂交育种

现代大丽花是由原生种经过多代杂交而来。杂交可以包括不同物种之间的杂交（种间杂交），或一个物种内不同基因型的个体之间（选种系、育种系或栽培品种）的杂交（种内杂交）。杂交之所以具有重要意义，主要有两个原因：一是将基因及其控制的性状从一种植物转移到另一种植物；二是利用遗传上不同的植物杂交创造出亲本原来所不具备的特性，并提高后代的生活力。因此，杂交育种是经典的育种方法，也是大丽花新品种选育最主要、最有效和最简便易行的途径（表29-3）。

表 29-3 杂交亲本及其 F_1 代杂种（Patil Karale，2017）

亲本花型组合	F_1 杂种	特　点
Croydon monarch × Croydon Masterpiece	Swami Vinayananda	花型为巨大装饰型，花色为琥珀黄/象牙色双色花，茎直立健壮，花期长，瓶插期长，抗性强
Shirly Wright × Croydon Masterpiece	Trio	花为深红色与白色双色花，可开出深红色、深红色与白色双色以及深红色带白色尖端3种类型的花
Television × Terry	Disco	小型双色花，非规整装饰型，衰老后变成半仙人掌状，淡红色，尖端白色。花瓣狭长，适合展览、花园展示和切花
Pompon × Decorative	Julita、Krynica、Lucilla、Violetta、Orietta、Melba	早熟，花期丰富，花色多样，半矮化或迷你型，花序6~7cm，适合花坛和切花
Cactus × Decorative	Aida、Kiker、Aga、Etna、Dafnis、Kaprys、Ozyrys、Korona、Wrzos	半仙人掌和仙人掌类型，株高中等，适合切花
Dwarf × Dwarf	Piko、Pepi、Noris、Syria	矮小，适合花坛种植

　　杂交亲本选择得当是育种成功的关键，主要根据育种目标、已掌握的遗传特性、双亲间的亲和性，以及双亲花期是否相遇等来确定。亲本选择既困难又重要，一个优质的品种可能不是一个好的亲本，但是一个中等的品种可能是一个优秀的亲本。可以通过后代检验哪些是优良亲本，用于后续的杂交组合。此外，育种者自身的经验对亲本选择也很重要。

　　大丽花的舌状花为雌性花，筒状花为两性花。因雌、雄蕊成熟期不同，小花呈自花不孕状态，但在一个花序中各小花之间仍能相互授粉形成种子。杂交授粉时父本花粉来源于筒状花，筒状花与舌状花的雌蕊均可用作母本。重瓣品种的筒状花数量较少或缺少，故多以花序外围的舌状花作为母本接受花粉。同一头状花序，小花由外缘向内逐步开放，小花开放的时间由第一朵成熟至盘心内最后一朵成熟，需要很长时间。在气温较低时最长逾50d。由于成熟的时间不同，需要授粉的时间也各不相同。授粉时间应依据小花开放的时间与成熟度而决定。雌蕊开裂并分泌黏液，是授粉的最佳时机。由于多数品种舌状花的花冠筒较长，雌蕊不能伸出花管接受花粉，人工授粉时应于舌状花成熟前剪去花冠上部分，仅保留基部，注意不可伤及雌蕊柱头。用干净的毛笔或脱脂棉签蘸取父本花粉，涂抹于母本成熟柱头上。同一头状花序的小花先后成熟，剪瓣与授粉需多次进行。每次授粉后套袋，最后一次授粉1周后将袋摘除。最佳的授粉时间为晴天10：00~16：00，授粉15~20d后，当花朵老熟时将多余花朵剪除，以减少营养消耗，增加阳光透入，有利于种子发育成熟。此外，还应注意防止花头折倒和沾水霉烂。大丽花授粉后30~50d种子成熟，需及时采收、晾干、去杂、贮藏。

29.5　诱变与分子育种

29.5.1　诱变育种

　　诱变是细胞内所含遗传信息的自然或人为引起的变化。该方法是大丽花的一种有效的育种途径（表29-4）。由于其杂合性与多倍体混合在一起，可以在不干扰其他基因型的情况下操纵一个或两个基因。Broertjes和Bellego（1967）用不同剂量的X射线照射（最佳剂量范围为2~3kRad）一批庭院大丽花品种，在'Salmon Rays''Arthur Godfrey'和'Eldorado'中观察到大量的花朵颜色和形状突变。Dube等（1980）报道了突变频率随剂量和品种的不同而不同，在2kRad剂量时突变体数量最多。'Master'品种的突变体显示出花瓣尖端的流苏状，这是第一例流苏状的巨型装饰型大丽花。Das等（1978）采用8Krad的γ射线照射大丽花块茎，分离出19个突变体，其中18个为花色突变体，1个为花型突变体。

表 29-4 辐射诱变亲本及突变体（Ranjan Srivastava & Himanshu Trivedi, 2021）

亲 本*	突变体**	特 征
Kenya	Pride of Sindri	花淡黄色，紧凑，花径35cm
	Bichitra	花含羞草黄，花径30cm，舌状花窄、排列紧凑
	Jyoti	花紫色，花径37cm，花型和习性良好
	Twilight	花紫红色，花径35cm
	Jubilee	花橘黄色具粉红色条纹，花径35cm
Eagle Stone	Netaji	花淡黄色，花径15cm
	Pearl	花珍珠白，花径15cm
Black Out	Black beauty	花深红色，具玫瑰色条纹，非常迷人，花径28cm，花朵大小与亲本一样
The Master	Vivekanand	花红色，舌状花花瓣顶端分裂，花径28cm
Croydon Monarch	Happiness	花与亲本一样的深宝石红色，花径30cm
Croydon Apricot	Jayaprakash	花夹竹桃粉色、外形紧凑、美观，花径25cm
Arthur Godfrey	Autumn Harmony	花镉黄，中心猩红色，花径大小与亲本相似
	Holland Jubilee	整个花序浅橙色，花比亲本繁茂
	Progression	整个花序砖红色，大小与亲本相似
	Rosy Mist	花玫瑰红色，大小与亲本相似
Salmon Rays	Selection	花鲜艳的橙红色，中心带轻微的黄色，花梗比亲本长
	Ornament	花鲜明的杏黄色，花径12cm
	Rotonde	花颜色较深、鲜艳、真正的粉红色，花径12cm，花梗较长
	Gracieuse	花紫罗兰色，花径12cm

注：* 亲本的品种名称未加单引号；** 突变体的品种名称也未加单引号

29.5.2 分子育种展望

应用传统的育种方法，即引种、杂交、复合杂交、多系和回交育种，已经培育了各种理想的特性。但大丽花的经典育种方法既昂贵又耗时。此外，还存在许多局限性，如由于大丽花中常见的不亲和反应和倍性水平的差异而导致的远缘杂交的限制，生长不一致，花期不同步等，此外，还有病毒感染也是威胁大丽花品种改良的一个重要因素。有必要使用替代育种方法，通过利用定向突变、基因组学和重组DNA技术等植物生物技术的最新发展，提供更快的改良和培育新型品种的方法。

29.6 育种进展及育成品种

英国、荷兰、美国是主要的大丽花育种国家，其中美国和英国在大丽花的育种和生产上尤为突出，荷兰在盆栽大丽花的育种和生产领先于世界。我国大丽花育种时间很短，19世纪末才开始引种大丽花，20世纪70年代末甘肃省临洮县培育出适宜盆栽的品种，如'墨狮子''粉鹦嘴''黄鸥''墨魁''冰清玉洁''白牡丹''紫环银勾'等临洮大丽花品种40多个，形成了具有鲜明特色的大丽花优良品种群。辽宁省辽阳地区的育种者进行定向授粉、组合杂交、从外引种，配合扦插和栽培技术、矮化技术等方法，已选育出优秀、重瓣、大花品种300多种，其中以'桃花冠''帅旗''荷菊'为最佳。云南省农业科学院花卉研究所于2012年开始引种，围绕植株生长健壮、株型直立挺拔、花头直立向上、花朵大小适中、一致性好、瓶插期长、耐运输等育种目标进行切花品种定向育种，设计杂交组合200余组，收获杂交种子3万余粒，选育优良株系50余个。

2020年12月8日国家林业和草原局发布的第七批《中华人民共和国植物新品种保护名录（林草部分）》将大丽花属（*Dahlia*）纳入了保护名录，云南省农业科学院花卉研究所率先申报了8个大丽花新品种，系国内首批获得国家授权的大丽花新品种，它们是从人工杂交后代群体中筛选出来的优良单株，通过无性繁殖培育而成的切花新品种（表29-5、图29-3）。

表 29-5 国家林业和草原局授权的大丽花新品种

新品种	品种权号	亲本	主要特征
'团聚'	20220630	'Petra's Wedding' × 'Stolze von Europa'	株高126cm，茎秆呈绿色。头状花序直立向上，花径7~8cm，花重瓣，舌状花排列紧凑，花瓣边缘弱内卷，顶端圆，纵向姿态平直，舌状花内侧主色为白色，次要颜色呈淡粉色，基部为黄色。适宜用作切花或庭院种植
'丰收'	20220632	'Sunny Boy' × 'Mystery Day'	株高125cm以上，茎秆呈绿色。头状花序直立向上，花径9~13cm，花重瓣，花瓣边缘不卷，顶端尖，纵向姿态外翻，舌状花内侧颜色为黄色。适宜用作切花或庭院种植
'火花'	20220634	'Seatle' × 'Onesta'	株高136cm，茎秆呈绿色，略带棕红色或紫色。头状花序斜向上，花径11~14cm，花重瓣，舌状花排列紧凑、边缘弱内卷、顶端圆，舌状花内侧主要颜色为橙黄色，次要颜色分布于基部1/2为黄色，边缘为红色，呈连续分布。适宜用作切花或庭院种植
'赤玉'	20220635	'Bonesta' × 'Fire Pot'	株高136cm，茎秆呈棕紫色。头状花序直立向上，花径8~10cm，花重瓣，舌状花排列紧凑，花瓣平直，顶端圆舌状花内侧主要颜色为粉色，次要颜色为橙黄色。适宜用作切花或庭院种植
'红颜'	20220636	'Heat Wave' × 'Bonesta'	株高96cm，茎秆呈紫色。头状花序斜向上，花径7~9cm，舌状花颜色为红色，花瓣边缘弱内卷，顶端圆，纵向姿态平直；适宜用作切花或庭院种植
'小清新'	20220637	'Snowdrop' × 'Bonesta'	株高100cm以上，茎秆呈绿色。头状花序直立向上或略倾斜，花序直径6~9cm，花重瓣，舌状花数量疏，花瓣顶端圆，边缘弱内卷，纵向姿态平直，舌状花内侧主要颜色为粉色，颜色深浅会随光照强度而变化。适宜用作切花或庭院种植

（续）

新品种	品种权号	亲本	主要特征
'萤火'	20220639	'Garden Wonder' × 'Onesta'	株高115cm以上，茎秆为绿色。略带棕红色或紫色；头状花序直立向上或稍斜，花径9~11cm，花重瓣，舌状花内侧主要颜色为红色，次要颜色为黄色，边缘中内卷，顶端圆。适宜用作切花或庭院种植
'粉黛'	20220641	'Petra's Wedding' × 'Sandra'	株高85cm以上，茎秆呈绿色。头状花序斜向上，花径6~9cm，花重瓣，花瓣排列紧凑规整，舌状花内侧主要颜色为淡粉色。边缘中内卷，顶端圆。适宜用作切花或庭院种植

图29-3 国家林业和草原局授权的大丽花新品种

A '团聚' B '丰收' C '火花' D '赤玉' E '红颜' F '小清新' G '萤火' H '粉黛'

（段青）

思考题

1. 请比较大丽花的原种与品种的形态和其他性状的差异，指出人工选育的贡献。
2. 大丽花品种分类的依据是什么？与植物学分类的依据有何异同？
3. 大丽花的育种目标是什么？请分析各个目标的遗传规律，并根据遗传规律适当分组。
4. 大丽花花色遗传有什么规律？推测一下各个因子（位点，细胞遗传学的）可能是什么功能基因（分子遗传学的）。
5. 从我国各地大丽花育种的实践和育成品种中，你能总结出几点共性的经验吗？
6. 我国大丽花产业发展的主要问题是什么？这些问题应该通过什么途径解决？

推荐阅读书目

大丽花新优品种高效栽培技术.2021. 段青，王继华，杜文文等.中国农业出版社.

大丽花.2004. 文艺，何进荣，姜浩.中国林业出版社.

大丽花.1986. 姚梅国，池玉文.中国建筑工业出版社.

大丽花Discovering Dahlia.2021. 艾琳·本泽肯.科学技术文献出版社.

Encyclopedia of Dahlias.2009. McClaren B. Timber Press.

第30章 睡莲育种

[**本章提要**] 早在古埃及时代，睡莲就已闻名于世；在我国睡莲与荷花双莲齐发，称雄于夏季的水面。主要是因为睡莲丰富的多样性，生长势旺盛、观赏（花）期长，物超所值。本章从育种简史，种质资源，育种目标与花色遗传，杂交育种，倍性、诱变与分子育种，新品种筛选，新品种登录、保护与审定7个方面，论述了睡莲育种的原理与技术。

睡莲（*Nymphaea* spp.）为多年生水生浮叶植物，品种繁多，花色丰富，或素雅或艳丽，被誉为"池塘调色板""水中皇后"。其应用历史长达5000年，在西方文明中，被认为是"圣洁纯美"的化身，类似于荷花（*Nelumbo nucifera*）在中华文明中的地位。睡莲的根、茎和叶对水中富营养物和有害物质具有极强的吸附能力，是优良的水质净化材料，因而，睡莲广泛应用于水景园中。

30.1 育种简史

睡莲的育种研究起源于19世纪中叶的欧洲，第一位从事睡莲杂交育种的是英国人Joseph Paxton；但最具成就的是被誉为"世界耐寒睡莲之父"的法国人Joseph Bory Lartour-Marliac，他先后培育出了100多个耐寒睡莲品种，很多品种现在仍广泛应用，如'诱惑'（'Attraction'）、'克罗马蒂拉'（'Chromatella'）、'亚克'（'Arc-en-ciel'）等。20世纪，睡莲的育种中心逐渐转移到美国，George L. Thomas、Martin E. Randig、George Pring、Perry D. Slocum等先后培育出数以百计的品种。21世纪以来，泰国的睡莲育种飞速发展，以Nopchai N. Chansilpa为代表，培育出'Wanvisa''Siam Blue Hardy'等一批优秀品种。

由于原生种分布地域较偏远和花色相对单一，以及国际交流和文化差异等方面的影响，中国的睡莲育种研究起步较晚。随着国际交流的增多和中国生态文明建设的开展，水景园林如雨后春笋般涌现，大量睡莲品种被引进并广泛应用，激发了国人对睡莲的高度兴趣。特别是武汉植物园的黄国振先生，1999年从美国带回一批杂交种子，2000年初选出一批优良株系，2001年应邀与青岛畅绿科技发展有限公司合作建立了中华睡莲世界。2002年育成5个热带品种，2003年育成10个耐寒睡莲品种。这些品种由青岛市科技局组织鉴定验收，成为中国有自主知识产权的品种，填补了我国这一领域的空白。他们在10年间培育出100多个睡莲品种，并与国际睡莲及水景园协会（International Waterlily & Water Gardening Society，IWGS）建立了良好的合作关系。2011年国际睡莲及水景园协会在青岛举办年度学术研讨会，并授予黄国振先生IWGS最高荣誉——名人堂奖（IWGS Hall of Fame），以表彰他有力地推动了中国睡莲育种事业的发展。

2010年前，中国睡莲育种刚刚起步，以花色丰富和性状特异为目标。之后，特别是受第一个蓝色系耐寒睡莲新品种'Siam Blue Hardy'诞生的影响，中国睡莲育种紧跟国际睡莲育种方向，如跨亚属杂交、蓝色耐寒睡莲品种和澳洲睡莲新品种的选育等。经过10余年的发展，目前每年国际登录的睡莲新品种中，平均有一半都是中国培育的。

30.2 种质资源

30.2.1 睡莲属概况

睡莲是睡莲科（Nymphaeaceae）睡莲属（*Nymphaea*）植物的通称，该属有50多个种（含变种），遍布全球除南极洲外的所有大陆，园艺品种多达1000余种。1905年，Henry S. Conard博士依据心皮间分离或融合分为2个大类群，即离生心皮类（Group apocarpiae）和聚合心皮类（Group syncarpiae），再依其他形态特征进一步分为5个亚属。离生心皮类分为缺柱亚属（Subgen. *Anecphya*）和短柱亚属（Subgen. *Brachyceras*），聚合心皮类分为南美睡莲亚属（Subgen. *Castalia*或*Nymphaea*）、棒柱亚属（Subgen. *Lotos*）和带柱亚属（Subgen. *Hydrocallis*）；与分布区域相对应的分别俗称为澳洲睡莲亚属、广热带睡莲亚属、耐寒睡莲亚属（广温带睡莲亚属）、古热带睡莲亚属和新热带睡莲亚属。其中耐寒睡莲亚属分布或适宜于亚热带到暖温带地区，其余均分布或适宜于热带地区，耐寒性较差。澳洲睡莲亚属、广热带睡莲亚属和耐寒睡莲亚属为白天开花型，古热带睡莲亚属和新热带睡莲亚属为夜间开花型。

据最新修订的《Flora of China》（第6卷）记载，我国分布的睡莲属原生种（含变种）有5个，约占世界总资源的10%。耐寒睡莲亚属3种，白睡莲（*N. alba*）、雪白睡莲（*N. candida*）和睡莲（子午莲，*N. tetragona*）；古热带睡莲亚属1种，柔毛齿叶睡莲（*N. lotus* var. *pubescens*）；广热带睡莲亚属1种，延药睡莲（*N. nouchali*）。其中以睡莲（*N. tetragona*）的分布最为广泛。除了白睡莲和雪白睡莲外，其他3个种在分类上仍存在一些疑问。分布于中国的睡莲（*N. tetragona*）形态多变，叶片下表面或暗绿色或微带红色，叶背脉纹凸起或下陷，柱头盘黄色或微红色，其中是否存在一些变种或变型；柔毛齿叶睡莲与印度红睡莲（*N. rubra*）的关系尚不十分清楚；延药睡莲与星形睡莲（*N. stellata*）的关系也比较模糊，以上问题均有待进一步的研究。

相对于全球睡莲种质资源，在亚属方面，我国缺乏澳洲亚属和新热带亚属。在花色方面，缺乏黄色种质。3个耐寒睡莲花均为白色，白睡莲和雪白睡莲花较大，但都分布于人烟稀少的区域；子午莲分布较广，但花朵只有3~6cm；携带红、蓝、紫色基因的2个热带睡莲种（柔毛齿叶睡莲和延药睡莲）仅分布于我国海南和云南两省。原生种花色单一，自然杂交受地域限制，是制约睡莲园林应用和育种的主要因素。

30.2.2 原生种的收集与保存（育）

自20世纪80年代开始，特别是21世纪以来，国际交流变得便利和频繁，科研院所和业余爱好者通过交换、赠予和购买等形式收集了不少睡莲种质资源。据不完全统计，中国目前收集保存的睡莲属原生种或变种30种（表30-1），已占全球总数的1/2以上，涵盖睡莲属的所有

表30-1 中国保存的睡莲原生种或变种

亚属名	拉丁名	中文名	生态型	花色	原产地
耐寒亚属 Castalia (or Nymphaea)	N. alba	白睡莲	耐寒型	白色	希腊
	N. alba var. rubra	红睡莲	耐寒型	红	瑞典
	N. candida	雪白睡莲	耐寒型	白色	欧洲、亚洲
	N. Mexicana	墨西哥黄睡莲	耐寒型	黄色	中美洲
	N. odorata var. alba	白香睡莲	耐寒型	白色	北美洲
	N. odorata var. odorata	粉红香睡莲	耐寒型	粉色	北美洲
	N. odorata var. tetragona	块茎睡莲	耐寒型	白色	北美洲
	N. tetragona	睡莲子午莲	耐寒型	白色	北美洲、东欧、亚洲
广热带亚属 Brachyceras	N. ampla	美洲大花白睡莲	热带型	白色	中美洲
	N. caerulea	埃及蓝睡莲	热带型	淡蓝色	非洲
	N. caerulea var. albida	埃及蓝睡莲（白）	热带型	白色	非洲
	N. capensis	海角睡莲	热带型	蓝色	南部和东部非洲
	N. colorata	蓝星睡莲	热带型	蓝色	非洲
	N. colorata	蓝星睡莲（白）	热带型	白色	非洲
	N. dimorpha	袖珍睡莲（曾用名：米奴塔）	热带型	白色	南亚
	N. elegans	秀丽睡莲	热带型	白色	非洲
	N. micrantha	小花睡莲	热带型	蓝色	非洲
	N. micrantha	小花睡莲（白）	热带型	白色	非洲
	N. nouchali	延药睡莲	热带型	淡蓝色	海南及南亚
	N. thermarum	卢旺达睡莲	热带型	白色	非洲

(续)

亚属名	拉丁名	中文名	生态型	花 色	原产地
澳大利亚睡莲亚属 Anecphya	*N. atrans*	变色睡莲	热带型	白渐变为玫红色	澳洲
	N. carpentariae	卡本塔利亚睡莲	热带型	堇色	澳洲
	N. gigantea	巨花睡莲	热带型	蓝色	澳洲
	N. gigantea var. *alba*	巨花白睡莲	热带型	白色	澳洲
	N. gigantea var. *neorosea*	粉花巨花睡莲	热带型	粉色	澳洲
	N. gigantea var. *violacea*	紫花巨花睡莲	热带型	紫色	澳洲
	N. gigantea f. *light blue*	淡蓝巨花睡莲	热带型	淡蓝	澳洲
	N. immutablilis	永恒睡莲	热带型	复色	澳洲
	N. violacea	堇色睡莲	热带型	堇色	澳洲
古热带亚属 Lotos	*N. lotus*	埃及白睡莲	热带型	白色	非洲
	N. rubra	印度红睡莲	热带型	红色	南亚
	N. lotus var. *pubescens*	柔毛齿叶睡莲	热带型	红色	南亚
新热带亚属 Hydrocallis	*N. prolifera*	增殖睡莲	热带型	白色	南美洲
	N. potamophila	河溪睡莲	热带型	白色	南美洲
	N. tenerinervia	泰勒英勒睡莲	热带型	白色	南美洲
	N. rudgeana	腊季氏睡莲	热带型	白色	南美洲

亚属、所有生态类型（耐寒型和热带型）和所有色系。主要保存在青岛睡莲世界、浙江人文园林水生植物研究院、上海辰山植物园、中国科学院武汉植物园、国家植物园、中国科学院华南植物园、陕西省西安植物园及一些睡莲爱好者手中，为我国睡莲育种提供了丰富的种质资源基础。目前，睡莲种质资源的收集仍在以各种形式进行，如2016年，一位援非人员陈汉雄先生，在安哥拉的一处水塘中发现了野生的睡莲，收集了成熟的种子带回中国。

30.2.3 品种的引进

由于我国原生睡莲分布及花色等方面的限制，历史上鲜见应用，更不会有园艺品种。20世纪，可能是传教士或商人将睡莲园艺品种红色的'诱惑'和黄色的'克罗马蒂拉'带入中国，鲜艳的花色很快得到人们的喜爱；这2个品种目前仍在园林广泛应用。我国主动引进睡莲最早的是中国科学院北京植物园，仅1973—1994年，就引进19种、4变种和5个品种。20世纪80年代初江苏省中国科学院植物研究所（南京中山植物园）从美国华盛顿树木园引进耐寒品种17个。20世纪90年代末中国科学院武汉植物所也搜集到热带及耐寒品种50多个。1999年黄国振从美国引进约100个睡莲品种。到20世纪末，中国睡莲品种约150种，主要为耐寒睡莲品种。如红色的'玛丽姑娘'（'Martha'）、'红仙子'（'Rose Arey'）、'红蕾克'（'Laydekeri Fulgens'）等；粉色的'粉日出'（'Pink Sunrise'）、'粉牡丹'（'Pink Peony'）、'粉宝石'（'Pink Opal'）、'彼得'（'Peter Slocum'）、'荷兰粉'（'Darwin'或'Hollandia'）等；黄色的'得克萨斯'（'Texas Dawn'）、'日出'（'Sulphurea Grandiflora'）、'海尔芙拉'或'姬睡莲'('Pygmaea Helvola')等；白色的'怀特'('Perfield White')、'白仙子'('Gonnère')等；复色的'科罗拉多'('Colorado')、'佛罗里达'('Florida Sunset')、'渴望者'('Comanche')等；花叶的'虹'('Arc-en-ciel')。热带睡莲相对较少，主要有紫红色的'鲁比'('Ruby')，蓝紫色的'蓝鸟'('Blue Bird')、'查尔斯·托马斯'('Charles Thomas')，粉色的'甘娜·瓦尔斯卡'('Madame Canna Walska')等。

21世纪以来，青岛中华睡莲世界、南京艺莲苑、北京天水园艺公司、上海辰山植物园、杭州天景水生植物园、陕西省西安植物园和上海古猗园等单位先后从美国、泰国、日本等国家引进数百个品种，极大地丰富了中国睡莲品种资源。近10年来，一批睡莲爱好者加入了睡莲原生种和品种引进的行列，以各种方式引进近年来国际上新育成的品种。据不完全统计，目前，我国保藏的睡莲品种已超过500个，囊括了睡莲属所有的亚属。

30.2.4 开花生物学特征

睡莲属植物花在开放过程中有数次开合，或昼开夜合或夜开昼合；雌蕊先熟，均为常异花授粉植物。雌蕊在花第1次开放时即已成熟，柱头盘中柱头液充盈；但雄蕊未成熟，直立向上或向内弯曲（澳洲亚属和新热带亚属），形成上部开口的圆筒状或灯笼状。除广热带亚属部分种及品种外，雄蕊均从花开第2天起逐渐成熟，同时柱头液消失，失去接受花粉的能力。花朵最后一次闭合后沉入水中，果实在水中成熟。

①耐寒亚属　白天开花型，每朵花开合4次，即开放4d。第1天开放时，雌蕊成熟；第2天，内层雄蕊先熟散出花粉，并向内弯曲覆盖柱头盘（个别品种开放第2天时，所有花粉囊都开始散粉）；第3~4天，雄蕊逐渐从内向外层成熟，直至全部花粉散出。墨西哥黄睡莲是个个例，其花朵只开放2d。

②广热带亚属　白天开花型，每朵花亦开合4次。第1天雌蕊成熟，绝大多数种和品种雄蕊未成熟，但个别种和品种最外层雄蕊成熟开裂，有少量花粉散出；第2天，雄蕊呈向中心收拢的圆锥状，外层雄蕊开始成熟散粉；此后3d自外层向内层逐渐成熟，散粉的雄蕊呈曲指状离开中心圆锥状雄蕊群。

③澳洲睡莲亚属　白天开花型，单花花期5~8d，气温较低时可达10d以上。第1天雌蕊先熟；第2天起雄蕊自外层向内层逐渐成熟，散粉雄蕊向外弯曲或伸展；花朵每晚的闭合程度随着开放天数逐渐减弱，直至无法闭合。

④古热带亚属　夜间开花型，每朵花可开合4次。第1次开放，雌蕊成熟；第2次开放时所有雄蕊上部向中心靠拢且同时成熟，但花粉囊是缓慢开裂的。

⑤新热带亚属　夜间开花型，每朵花可开合2次。第1次开放，雌蕊成熟；第2次开放所有雄蕊同时成熟，且花粉尽数散出，雄蕊姿态同广热带亚属。

30.3　育种目标与花色遗传

30.3.1　育种目标

睡莲的育种目标，随着时代和各国文化不同而有所变化，但总体而言，目前有以下几个方面：

①株型　矮小型（微型）和大株型（巨大型）。
②花型　小花型（迷你型）、巨花型、重瓣型、异瓣型（瓣形不同于睡莲的自然形态，如线型或扭曲等）。
③花色　独特花色、复色、变色、蓝色耐寒品种等。
④芳香　花香独特或宜人。
⑤叶　花叶、叶胎生等。

30.3.2　睡莲色素组成

迄今为止，睡莲花瓣中共检测到类黄酮117种，包括20种花青苷、9种查耳酮苷、2种黄烷酮、3种黄烷酮苷、4种黄酮、5种黄酮苷（其中碳苷黄酮1个）、6种黄酮醇和68种黄酮醇苷。白色睡莲和黄色睡莲花瓣中不含有花青素，白色睡莲中异鼠李素衍生物和槲皮素衍生物含量较高，而黄色睡莲中以查耳酮衍生物为主，其次是槲皮素衍生物和山奈酚衍生物；而红、蓝色花的花青素种类主要是飞燕草素。

糖苷化的位置及其种类都会影响显色。柚皮素查耳酮-2′-O-半乳糖苷含量的增加，使热带睡莲花色更加鲜黄，同时明度有一定程度的增加；2′，3′，4′，6′-四羟基查耳酮-2′-O-双没食子酰-葡萄糖苷含量的有效积累可使耐寒睡莲花瓣红色减退形成更鲜艳的黄色。飞燕草素糖苷化取代位置对睡莲花色影响较大。粉色、红色和紫红色睡莲中花青素主要是飞燕草素3位糖苷化衍生物和矢车菊素3位糖苷化衍生物；蓝色睡莲和蓝紫色睡莲中，花青素主要是飞燕草素3′位糖苷化衍生物，其次是飞燕草素3位糖苷化衍生物。飞燕草素-3-O-（2″-O-没食子酰-半乳糖苷）的含量与红色浓郁程度呈正相关，而与明度呈负相关，即增加其含量，睡莲花瓣的红色程度会增加，并在一定程度上降低花瓣的明度。

30.3.3　花色遗传趋势

受雌雄异熟特性的影响，睡莲属种质资源杂合率较高，故其遗传规律至今缺乏系统研究。

George Pring曾于20世纪中期用开黄色花的斯图睡莲（*N. stuhlmannii*）和开紫红色花的睡莲品种'独立'（*N.* 'Independence'）杂交，产生的F_1代中花色淡红色和蓝色为显性，而黄色为隐性；再将F_1后代中开淡蓝色花的植株进行自交，F_2代中黄色表现为显性；若再以F_2代中黄色子代与其他深蓝和淡红色花的品种进行杂交，黄色性状则又转为隐性。反交之，当以'独立'为母本，斯图睡莲为父本进行杂交时，F_1代花色呈现淡蓝色，F_2代以黄色为显性。当以斯图睡莲为母本，开白花的睡莲为父本时，子代花色中黄色为显性，其他花色表现为隐性。李淑娟等于21世纪初观察了柔毛齿叶睡莲×埃及白睡莲后代的颜色性状分离情况。花瓣、萼片近轴及远轴、花丝、心皮附属物、叶片及花梗颜色，均表现为两亲本及其之间的过渡色。墨西哥黄睡莲（*N. mexicana*）的后代多表现为黄色和橙色花，但利用不同花色的亲本与其杂交后，也可以得到白色、粉色等后代。可见，无论正、反交，还是回交，深色的浅红、紫红、浅蓝或深蓝，对浅色的黄白色是显性的；但因前者自交后代均呈黄白色，说明这种显性是不完全的，即红紫对黄白不完全显性，这也是花色遗传的一般趋势。

30.4 杂交育种

30.4.1 亲本选择及其育性

植物杂交育种中，亲本的选择是十分重要的一步。既要具有目标性状，还要具备可育性，如母本，首先要考虑的是其能否结实，其次才是优良性状；而父本，花粉必须有较高活性，同时考虑其优良性状，如果不做反交，可以不考虑其结实能力。

（1）耐寒亚属

①适合作母本的种及品种　白色系，白睡莲、香睡莲（*N. odorata*）、睡莲（*N. tetragona*）、雪白睡莲、'Virginalis''Richardsoni'等。红色系，红睡莲（*N. alba* var. *rubra*）、红香睡莲（*N. odorata* var. *tuberosa*）、'Celebration''Charles de Meurille''Esarboucle''Gloire du Temple Surlot''Hollandia''Mayla''Perry's Pink''Peter Slocum''Pink Starlet''Pink Opal''Rosa Arey''Pink Peony'	'红宝'	'贵妃'	'荷瓣睡莲'	'素馨'	'大唐倾城'	'大唐荣耀'	'彩虹'	'彩云'等。黄色系，墨西哥黄睡莲（*N. mexicana*）（表30-2）。

②适合作父本的种及品种　睡莲种及品种众多，目前尚未掌握所有种质的花粉活力状况。但编者育种用到的大多数种及品种的花粉是可育的，除了'海尔芙拉'（'Helvola'），其花粉外形饱满，但授粉后无一结实，在人工条件下也未萌发，有无活力有待进一步确认。睡莲正常花粉呈现饱满的圆形（其上可能有均匀的纹路或突起），不育花粉极少为圆形，多为扁形或不规则形，可在显微镜下观察并对其活性做初步判断。

表 30-2　适合作母本的耐寒亚属种及品种

花　色	种及品种名
白色系	白睡莲、香睡莲（*N. odorata*）、睡莲（*N. tetragona*）、雪白睡莲、维吉尼亚 'Virginalis'、里查兹 'Richardsoni' 等
红色系	红睡莲（*N. alba* var. *rubra*）、粉红香睡莲（*N. odorata* var. *odorata*）、'喜庆'（'Celebration'）、'查尔斯'（'Charles de Meurville'）、'格劳瑞德'（'Gloire du Temple Surlot'）、'荷兰粉'（'Hollandia'）、'玛伊拉'（'Mayla'）、'佩里粉'（'Perry's Pink'）、'彼得'（'Peter Slocum'）、'粉小星'（'Pink Starlet'）、'粉蛋白石'（'Pink Opal'）、'粉仙子'（'Rosa Arey'）、'粉牡丹'（'Pink Peony'）、'红宝' '贵妃' '荷瓣睡莲' '素馨' '大唐倾城' '大唐荣耀' '彩虹' '彩云' 等
黄色系	墨西哥黄睡莲（*N. mexicana*）

（2）广热带亚属

①适合作母本的种及品种　蓝星睡莲（*N. colorata*）、美洲白睡莲（*N. ampla*）、蓝睡莲（*N. caerulea*）、小花睡莲（*N. micrantha*）、米奴塔睡莲（*N. minuta*）、卢旺达睡莲（*N. thermarum*）、秀丽睡莲（*N. gracilis*）、延药睡莲（*N. nouchali*）、卵叶睡莲（*N. ovalifolia*）、斯图曼尼睡莲（*N. stuhlmannii*）、硫黄睡莲（*N. sulphurea*）、'Judge Hitchcock''Blue Beauty''Castali ora''Pink platter''Elegans''Sulfurea''祖修蓝''蓝孔雀''蓝缎''惠勤蓝'等。部分杂交品种不结实。

②适合作父本的种及品种　大多数种的花粉是可育的。但部分杂交品种雄性不育，如完全瓣化品种、'Wood's Goddess'、'促科尼'（'Jongkolnee'）等。美洲白睡莲（*N. ampla*）花

粉活力较强，但杂交后代均为雌雄不育。

（3）澳洲亚属

原生种均可结实，花粉也可育。多数杂交品种也雌雄可育。

（4）古热带亚属

原生种均可结实，花粉活力最强。多数杂交品种也雌雄可育。

（5）新热带亚属

原生种均可结实，花粉也可育。目前该亚属仅有一个栽培品种，即由我国韦家隆培育的'新热带礼物'（'Neotropical Gift'）。

30.4.2 杂交方法与果实发育

本文推荐黄国振首创的免去雄杂交方法。

（1）套袋

在花朵开放前一天，用透明的纱网袋（可以观察花蕾的开放状态）把花蕾套住，将袋口封于花梗上。

（2）授粉

在母本花朵第1次开放时（柱头盘中柱头液可见），采下父本第2次（第3次或第4次）开放花朵中花粉囊已经开裂的雄蕊5枚以上，直接放入母本柱头盘中的柱头液中，略加摇动，使雄蕊浸入柱头液中，即完成授粉过程。再次套上套袋。

（3）贴标签

在标签上注明亲本品种名称和授粉日期；切一小块塑料泡沫，再取一段绳线，一头扎在塑料泡沫上，做成浮标，另一段与标签一起捆扎在花梗上。此操作的目的是，当果实沉水成熟后，方便利用浮标找到套袋及种子。

（4）杂交结果检查

耐寒睡莲受孕成功后，花梗开始扭曲呈螺旋状将子房拉入水下，进入成熟阶段；若未受孕，约10d后，子房开始腐烂。热带睡莲受孕成功后，花梗整体保持伸直状态，但其末端（与花朵相连的一端）向上弯曲，使果实向上直立，故末端呈横"J"形。

（5）果实成熟时间

果实成熟时间，即从完成授粉到果实成熟、种子散出所需时间随季节（外界温度）有所差异。7~8月高温季节，一般需要20~25d；9~11月，气温下降，果实成熟时间会逐渐加长，最长可达50~60d。

30.4.3 种子采收与保存

（1）种子采收

自然状态下，睡莲种子完全成熟后，果皮会自行开裂，带有膜状假种子的种子散出，漂浮水面1~2d，期间会随水体波动而向远处漂移。当假种皮腐烂后，种子会下沉到水下泥土表面，条件适宜时萌发。当杂交套袋后，在预计果实成熟时间，找到漂标，顺着绳线，勤查果实状态，如果种子已散出，就及时采下果实和套袋。每个果实单独放入一个容器中，加水存放；待假种皮完全腐烂后，反复漂洗，去除杂物。

睡莲种子的贮存可采用水藏、湿藏和干藏的方式，在贮存期间均需定期检查，换水或处理霉变种子。

(2) 水藏

水藏是最常用的方式。把洗净的种子装入瓶子或自封袋中，加入干净水，水淹没种子即可，之后封好瓶口或袋口。室温或3~10℃低温保存。水藏优点为保湿性好；缺点为水容易变色变质，需定期更换。

(3) 湿藏

湿藏是水藏的另一种形式。把洗净的种子沥干水分，种子表面仍附有水分，将种子装入瓶或自封袋中，室温或3~10℃低温保存。湿藏优点为保湿性好，需要空间少；缺点为易霉变质，需定期漂洗。

(4) 干藏

适用于古热带亚属和永恒睡莲（*N. immutablilis*）。洗净的种子用吸水物吸干表面水分，置于通风处阴干，种子表面不带水分并不再产生水汽时（切忌不可使种子失水过多），将种子装入瓶或自封袋中，室温或3~10℃低温保存。干藏优点为不易霉变，需要空间少。缺点为种子含水量不易掌握，过干则种子保存时间短，过湿则易霉变。

30.4.4 杂交后代培育

(1) 播种时间

热带睡莲种子一般没有休眠期，夏秋季收获的种子，很快就会萌发，且萌发率极高；耐寒睡莲种子采收后，温室下，当年也会有部分种子萌发，但经过低温的种子萌发更整齐。种子萌发温度为20~35℃，播种时间取决于各地自然条件。亚热带和热带地区，一年四季均可播种；其他地区可根据立地条件适当推迟播种时间，或在人工条件下播种。秦淮线以南，热带睡莲的实生苗，当年可以开花；而耐寒睡莲一般需2年生时才能开花。

(2) 播种基质

播种睡莲的基质，一般采用肥力不大的黏土和河沙等。种子中的营养足够萌发至3~4片沉水叶期间所需，添加肥料反而会滋生藻类。藻类是睡莲小苗的大敌，若控制不好，甚至会使睡莲小苗全军覆没。因此，黏土或河沙需提前去除杂物并灭菌处理。种植前将黏土加水，搅拌成中等软度的泥状物；河沙加水浸湿，装入育苗盘或育苗盆中。

(3) 直接播种

直接播种睡莲一般采用浅盘播种，先在育苗容器中填充基质，厚度2~5cm；再将种子点播于穴盘中，每穴1~3粒，或散播于育苗盘或盆中；再缓慢加水3~5cm。完成后，置于25℃

或以上有明亮光线处等待萌发。

(4) 催芽移栽

播种睡莲时，可直接播于基质上，也可先在有水的容器中催芽。

根据种子量选用不同大小的容器，放入种子，加水至种子上方3~5cm；置于25℃或以上明亮的环境中；待种子萌发后，长出1~2条根系（有2~4片沉水叶）时，将小苗种植于育苗盘或育苗盆中。

(5) 分栽与管理

小苗生长期，需密切关注藻类，如果出现，要及时去除；否则，藻类特别是附着类藻布满沉水叶，小苗会因无法接受光照而慢慢死亡。

睡莲萌发后，一般15~30d进行沉水叶生长，之后陆续产生第一片浮叶。第一片浮叶出现的早晚因品种而异，一些品种处于浮水叶期长达几个月甚至一二年。有人曾经做过一个以墨西哥黄睡莲为亲本的杂交组合的小苗，在第4片沉水叶之后就开始形成浮叶；而其他杂交组合则需要更长的时间。

当小苗出现1~2片浮叶时，应及时进行分栽；如果再大，根系相互交织，分栽时容易伤根。一般采用穴盘种植，分栽时，很容易将小苗与泥土一起起出，再加新基质种植，种植后不需缓苗。如果撒播，分栽时，要尽可能少伤根系。分栽后，将其置于水体中培养，生长点上水位保持10~30cm。之后，随着小苗的生长，依次为小苗更换更大的容器，逐渐增加水位，直至开花。

移栽小苗及之后的种植基质不同于播种基质，应该选择肥沃的塘泥，或加入适量肥料。产生浮叶的小苗对藻类有一定抵抗能力，肥沃的泥土有利于快速生长。

30.5 倍性、诱变与分子育种

30.5.1 倍性育种

睡莲的染色体基数为$x=14$，但原生种中二倍体即$2n=2x=28$却不多，多数种为多倍体。如蓝星睡莲为二倍体；小花睡莲为四倍体，即$2n=4x=56$；香睡莲为六倍体，即$2n=6x=84$；巨花睡莲为16倍体，即$2n=16x=224$。

睡莲的倍性育种开展较少。刘鹏等（2018）用0.25%秋水仙碱处理二倍体'蓝美人'（'Blue Bueaty'）的种子，萌发后，针状叶宽厚，色泽浓绿，根短而粗，细胞学研究证明为四倍体，但这种萌发小苗很难顺利生长。

30.5.2 辐射育种

辐射诱变在睡莲育种中仅仅处于摸索阶段。张启明等（2015）对睡莲品种'科罗拉多'（'Colorado'）植株进行了不同剂量（5~10Gy）的电子束辐射处理，发现电子束辐射后的所有植株均存活，辐射可引起睡莲花量减少、花色改变（但不稳定）、并诱发DNA产生变异。史明伟等（2020）对2个睡莲品种'弗吉尼亚'（'Virginia'）和'奥毛斯特'（'Almost Black'）的块茎进行不同剂量的^{60}Co-γ射线辐射处理。结果表明，2个睡莲品种的存活率均随辐射剂量的增加而下降，半致死剂量分别为24.342Gy和27.671Gy。剂量为5~10Gy时睡莲叶面积和浮叶数显著增加，20~40Gy时叶面积和浮叶数显著减少；10~40Gy剂量的辐射显著降低了睡莲花径，但对睡莲开花率无显著影响。辐射处理导致2个品种的叶片均出现红棕色斑块、锯齿、皱缩、小孔、卷曲、黄化等变异，且红棕色斑块的面积随着辐射剂量的增加而增大。辐射处理使'奥毛斯特'出现普遍的褪色现象，而白色花品种'弗吉尼亚'的花色未发生变异。此外，辐射处理后2个睡莲品种均出现了花型变异的现象。

30.5.3　分子育种

分子育种在睡莲育种中的应用同样处于起步阶段。余翠薇等（2018）采用花粉管通道法将耐寒基因导入热带睡莲中，提高了热带睡莲的耐寒能力，将热带睡莲的露天种植北界向北推进了6个纬度。选育出6个耐寒能力较强的热带睡莲品种，并陆续进行了国际登录。

30.6　新品种筛选

睡莲属为多年生植物，且绝大多数种及品种可无性繁殖，故一般采用单株选择法，从人工或自然杂交或诱变的后代中选择优良单株。这种筛选不一定要等到植株开花才开始，比如编者（2013）曾做过的一个以彩叶为育种目标的杂交组合，是以有名的彩叶耐寒品种'虹'（'Arc-en-ciel'）为亲本的，F_1性状并不出彩，但F_1的自交种子萌发后，一些F_2小苗在沉水叶期即呈现彩叶性状。因此，筛选从沉水叶期已开始，仅保留了彩叶个体，大大减少了选育的工作量。优良单株可以采用无性繁殖方式扩繁，再按育种目标及优良品种评价标准对各无性系进行评价筛选。

30.6.1　性状采集

育种后代的性状信息采集应该从种子或处理器官萌发开始，记录其整个生长进程，特别是与目标性状相关的项目。每个后代都编号挂牌，最少观察3个生长周期。一般应观察记载以下项目，细节内容可参照睡莲新品种国际登录申请表及我国睡莲新品种DUS标准，所有颜色性状均需用皇家园艺学会色卡（RHS Colour Chart）描述。

①地下茎类型　分马利耶克型（Marliac-type）、香睡莲型（Odorata-type）、结节型（Tuberosa-type）、菠萝型（Pineapple-type）、指型（Finger-type）和走茎型（Mexicana-type）。

②株型大小（叶展幅）　从小到大分为9个类型。90cm以下为小株型，100~160cm为中株型，180cm以上为大株型。实际记录为实测冠幅。

③叶片　与叶片相关的所有项目，如叶型、叶径、叶缘形态、叶基裂片离合程度、裂片尖形状、叶色（叶表面主色及次色、叶背面主色及次色）、叶面质地等。

④叶柄　叶柄颜色、叶柄附着物（毛）。

⑤花蕾　花蕾形状。

⑥萼片　质地、数量、形状、内外侧颜色。

⑦丰花程度　单株同时开花数量。

⑧花型　花朵开放时的外部形态，如星状、碗状、盘状、牡丹状或狮子头状。

⑨开花习性　白天开花型或夜间开花型（仅适用于热带睡莲）。
⑩花朵挺水状态　花朵开放时挺水或浮水。
⑪花梗　花梗颜色及附着物（毛）。
⑫花瓣数量　萼片以内，雄蕊之外的花被片数量。
⑬花瓣形状　一般指最外轮花瓣的形状，如披针形、卵形等，瓣尖的形态，尖或圆等；如内外轮花瓣形状有明显变化，也应说明。
⑭花瓣颜色　包括是否多色（若是，各色如何分布）、花瓣内侧颜色、外侧颜色。
⑮花香　花朵是否有香味。
⑯雄蕊　形态类型（孢片状、二体状或三体状）、是否瓣化、附属物颜色、花丝颜色及花粉颜色。说明：孢片状、二体状或三体状，是睡莲属不同亚属睡莲雄蕊的类型（图30-1）。
⑰雌蕊　柱头盘颜色、中轴突起颜色及形状、心皮附属物颜色。说明："中轴突起"为睡莲花的特殊结构，位于柱头盘的正中心。
⑱果实　心皮间离合状态，是否结实；若是，则描述果实颜色、形状。
⑲种子　若结实，则描述种子大小、形状和颜色。
⑳其他　其他特异性显著的性状，如耐水深度、抗病性、抗寒性等。
在观察筛选过程中，应适时拍摄整株、地下茎、叶片正反面、单花开放期每天形态的图片，特别是反映品种特异性的图片。

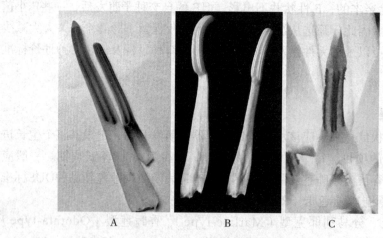

图30-1　不同亚属睡莲雄蕊的类型
A.孢片状　B.二体状　C.三体状

30.6.2　优株筛选

（1）初选

一般经过一年观察记录，对育种后代的各性状有了一定了解，根据育种目标，即可将特异性显著的单株挑选出来，予以特别关注。需要说明的是，特异性不仅指株型大小、叶色、花色、花型等，还包括各性、抗逆性等，如丰花性、耐寒性、抗病能力、耐阴性、株型可塑性等。同时在已知品种中挑选性状最相似的作为对照品种。

随着单株无性系数量的增加，可将其分植于各种不同生境（光照、温度、营养状况等），使其充分展示性状，以便进一步选择。

（2）对照观察

对已经筛选出的优良单株，进行扩繁。

将优良单株与对照品种并列种植，根据国际登录和国家新品种权的要求进一步采集相关信息，补充更新性状登记表。着重就与对照品种的特异性状进行观察，并拍摄二者同框的照片。如花色相异，就将二者花朵置于同一背景下拍照，其他性状类推。

（3）繁殖栽培技术研究

睡莲的繁殖栽培技术取决于品种的地下茎类型；目前，各类地下茎的繁殖栽培技术相对成熟。此时，需要重点关注并研究的是各优良单株在繁殖栽培中的一些特殊要求，最终形成该优良单株的繁殖栽培技术。

30.6.3　区域试验

当特异性显著的优良单株的相关信息采集和繁殖栽培技术完成后，即可选择不同气候条件区域进行种植，以观察其气候适应性及在各地的性状表现。最少连续观察3年。

区域性试验每年需要观察的项目主要有以下内容：种植区域生境条件（光照、水位、基质及肥力等）、种植数量、种植时间、种植方式（盆栽或塘植）、株距、物候期（萌发时间、第一片浮叶出现期、始花期、末花期、枯叶期）、冠幅、花径、叶径、花色、叶色、单株开花数量、栽培措施及病虫害等。同时注意拍摄收集相关照片。

30.7　新品种登录、保护与审定

睡莲新品种鉴定目前有3种渠道，一为国际登录，二为新品种权申请，三为良种审定。审定过的良种不能再申请新品种权，因为审定过的良种将被推广，失去新颖性，而无法保护。因此，育种者需注意，应先申请新品种权，得到知识产权保护后，再申请良种。

30.7.1　国际登录

睡莲新品种国际登录由国际睡莲及水景园协会（International Waterlily & Water Gardening Society）负责，目前登录权威为丹佛植物园的Tamara Kilbane博士。从2023年起，将采取网上申请方式，申报材料要求见网址https://iwgs.org/nymphaea-and-nelumbo-registration/。睡莲新品种国际登录对数量没有要求，重点审查申请品种的特异性与名称的合法性。

30.7.2　新品种权申请

我国睡莲新品种权审查测试由农业农村部植物新品种保护办公室负责。睡莲属于2019年才加入保护名录，申请受理工作刚刚开始。网上申请平台https://zwfw.moa.gov.cn。新品种权申请目前要求最少提交繁殖材料15个，重点审查申请品种的新颖性、特异性、稳定性和一致性。DUS测试一般为集中测试。当然也可以申请其他国家的植物新品种专利，各国的申请程序可能会有所不同。

30.7.3 良种审定

良种审定分为国家级和省级，各省分管机构不同，有的由农业农村厅负责，有的由林业部门负责。良种审定要求必须有3个不同气候区域（国家级要求不同省份，省级要求省内不同气候区域）最少3年的区域性试验证明。除审查申请品种的特异性、稳定性和一致性外，也审查其适应性、生态安全性及经济性状。审定通过后，准予在一定区域推广应用。

（李淑娟）

思考题

1. 睡莲属分为哪些亚属，其主要特点是什么？亚属间、种间的杂交亲和性与分类体系相关吗？
2. 对比荷花的杂交方法，睡莲的杂交育种与荷花有何异同？
3. 睡莲杂交一定要去雄吗？请说明原因。
4. 请设计一个改良单一性状的育种计划。
5. 睡莲新品种发表（公布）有哪几个渠道？各有什么优缺点？
6. 请比较人工选育对荷花与睡莲的贡献，哪种的变化最大，原因何在？

推荐阅读书目

睡莲. 2008. 黄国振，邓惠琴，李祖修等. 中国林业出版社.
Water Gardening, Water Lilies and Lotuses. 1996. Slocum P D, Robinson P. Timber Press.
Waterlilies and Lotuses: Species, Cultivars, and New Hybrids. 2005. Slocum P D. Timber Press.
Waterlilies. 1983. Swindells P. Timber Press.

第5篇
木本花卉育种

第31章　梅花育种　/　656

第32章　牡丹与芍药育种　/　671

第33章　月季育种　/　707

第34章　杜鹃花育种　/　727

第35章　茶花育种　/　740

第36章　桂花育种　/　757

第37章　玉兰育种　/　765

第38章　丁香育种　/　782

第31章 梅花育种

[**本章提要**] 梅花是我国十大名花、"岁寒三友""四君子""五清"之一，在国人的精神和文化生活中独占鳌头，被誉为"花魁""国魂"。本章从起源演化，遗传资源与引种保存，育种目标，杂交与诱变育种，分子生物学研究与分子育种，品种登录、保护与区域试验6个方面，论述了梅花育种的原理与技术。

梅花是我国的传统名花，已有2000多年的栽培历史。若以曾勉教授1942年发表英文专刊《梅花，中国的国花》作为梅花近代科学研究的发端，研究历史至今已逾80年。其间的主要工作是梅花品种的调查、搜集、保存、培育和分类，梅花分子生物学的研究，梅花桩景、写意盆景的创作，梅园的规划与建设等。我国台湾将梅花作为"梅花精神"的文化载体，从文化入手进行了深入的研究，而对梅花的园艺方面的科学研究不多。梅花于公元710—784年传入日本，后演化出果梅，之后果梅成了日本研究的重点；日本对梅花的研究多涉及品种整理及梅园建设等领域。我国的梅花研究工作，尤其是品种改良研究居国际领先地位，代表了世界梅花育种和研究的方向。

31.1 起源演化

陈俊愉等（1990）、陈平平（1995）均有专文论述梅花的起源、演化。刘青林（1996）综合了前人在形态、花粉、染色体、同工酶、DNA等各方面的研究结果，对梅花起源与品种演化问题进行了初步探讨。他认为梅是原始杏的一个分支，在梅的进化过程中，又渗入了杏、李、桃、山桃等近缘种的种质。刘连森等（1993）对48个果梅品种和实生优树的41个描述性指标和69个数量性状及3个经济性状，与桃、李、杏的特征进行了详细的比较，认为湖南省果梅种质资源中渗入了较多的杏、桃种质和少量的李种质。包满珠等（1997）对梅孢粉学的研究表明，不同类型间花粉有明显差异，充分说明梅起源的多元性；梅与杏亲缘最近，桃次之，李较远，支持将梅和杏归为一亚属，李、桃各归一亚属的做法。刘青林等（1999）对梅花近缘种亲缘关系RAPD研究的初步结果也表明，梅与杏的亲缘关系最近，与李较近，与山桃、毛樱桃较远。Hagen等（2000）采用AFLP技术对杏、梅等李属其他种类及其栽培品种进行了亲缘关系分析。高志红等（2001）采用10个随机引物对桃、李、梅、杏4种核果类果树的代表品种进行RAPD扩增，结果表明，应用单一引物可区别核果类果树的不同种乃至品种；10个引物的扩增产物聚类结果能很好地反映种间亲缘关系，梅和杏的亲缘关系最近，桃次之，李最远，从而在基因水平上支持梅和杏为同一亚属，李、桃各为一亚属的分类方案。以上研究结果都表明梅与杏的亲缘关系最近，与桃的关系较近，与李的关系较远的观点占多数（图31-1）。

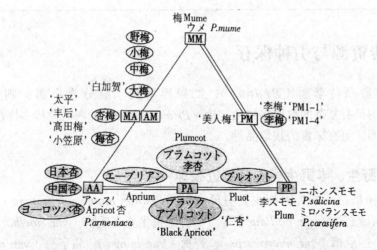

图31-1 梅、杏、李亲缘关系示意图（吉田雅夫，2003）

津村等（1987）在梅花品种系统发育的研究中，分析了'米良'等9个品种叶片的12种同工酶。6种重复性良好的同工酶聚类结果虽未反映三系之区别，却基本上与重瓣性一致。包满珠等（1999）分析了野梅、果梅、花梅品种的过氧化物酶、超氧化物歧化酶、淀粉酶及脂酶的同工酶，均有基本相似的特征酶谱。野生酶、半野生梅，'单粉垂枝'和'淡晕宫粉'均较原始，'白须朱砂'和'送春'较为进化，'大羽'最为进化。方从兵等（2002）采用光镜和扫描电镜观察了35个果梅品种和10个花梅品种的花粉形态特征，结果表明，绝大多数梅品种花粉的大小（P、E）和形状（P/E）非常近似，但花粉外部纹饰特征有较显著的差异；根据纹饰特征将供试品种划分为6类，并结合植物学形态特征阐述了供试品种的亲缘关系和演化趋势。明军（2002）采用AFLP技术对梅花的多个品种进行了分析。

花梅是野梅经果梅演化而来的，但也存在着逆向演化。梅花的垂枝与曲枝是直枝两个不同的演化方向。花瓣从单瓣→复瓣→重瓣，其重瓣化的主要途径是雄蕊瓣化。花色有两系，即有两个演化方向：①浅粉→粉红→红→肉红→深红；②白→乳黄→黄→淡黄。绿萼可能是梅花的原始性状，由此演化出淡绛紫、酱紫色。不同朝代梅花类型出现的顺序也可以证明上述演化的趋势（表31-1）。张永春等（1999）对114个梅花品种过氧化物酶等6种同工酶分析的结果表明，梅花品种在同工酶水平表现了很好的多态性，与形态分类有较好的相似性，但也有一定的差异性。

表 31-1　梅花品种演化史

朝代	最早出现的梅花类型	朝代	最早出现的梅花类型
汉	江梅型、宫粉型	元	台阁梅
南北朝	"梅始以花闻天下"	清	照水梅
唐	朱砂型	近代	洒金型、垂枝梅类、龙游梅类、美人梅
宋	玉蝶型、绿萼型、早梅、黄香型、杏梅系		

31.2　遗传资源与引种保存

梅花属于蔷薇科李属（*Prunus*）；如果再将大李属分成小属，则梅花属于杏属（*Ameniaca*），均具有复杂的物种多样性。梅（*Prunus mume*）种内的遗传多样性更丰富，既有野生的变异类型，更有丰富的栽培品种。

31.2.1　种内野生、半野生类型及其近缘种

自然的梅树群落中的纯野梅主要有原变种（*Prunus mume* var. *mume*）、厚叶梅（var. *pallescens*）、西藏野梅（var. *pallidus*）等。半野生梅主要有毛梅（var. *goethartiana*）、长梗梅（var. *cernua*）、炒豆梅（var. *microcarpa*）、杏梅（var. *bungo*）、品字梅（var. *pleiocarpa*）、常绿梅（f. *sempervirens*）等。这些野生和半野生类型分布在我国南方的15个省份。

大李属有200多种，小杏属也有近10种，其中大多数是梅的近缘种。梅是杂种起源的，涉及杏、桃、李等多个种；它们均分布在不同的小属。梅与毛樱桃杂交也有一定的亲和性，经过处理能获得杂种苗。这说明梅与整个核果类即大李属均有较近的亲缘关系，梅的种质基础比较宽泛。

31.2.2　中国品种资源

我国现有梅花品种323个，分属3种系、5类、18型。其中249个品种（占77%）是通过种质资源调查从国内各地搜集得到的，这是先辈长期引种栽培和选择育种（以实生选种为主）留下的宝贵财富；另外75个品种（占23%）是20世纪（主要是中华人民共和国成立以来）人工选育的（表31-2）。

表 31-2 梅花新品种一览表

序号	品种*	来源	注	序号	品种*	来源	注
1	品字梅	1985引自日本	1	39	新绿萼	新品种	122
2	北京小梅	1958实生选种	2	40	荷花玉蝶	实生选种	128
3	道知边	引自日本大阪	4	41	北京玉蝶	实生选种	85*
4	江蝶	野梅变异植株	18	42	华农玉蝶	实生选种	87*
5	多萼单粉	1955实生选种	7*	43	大轮绯梅	日本引进	135
6	六瓣江梅	实生选种	19	44	乌羽玉	日本引进	96*
7	长须宫粉	实生选种	35	45	华农朱砂	透骨红实生选种	101*
8	早凝馨	引种选育	27*	46	单轮朱砂	'小宫粉'×'江南朱砂'	137
9	多萼宫粉	1955实生选种	50*	47	骨红照水	实生选种	140
10	乙女	日本引进	72*	48	红千鸟	日本引进	141
11	大阁宫粉	实生选种	40	49	几夜寝觉	日本引进	142
12	淡云	实生选种	43	50	磨山朱砂	实生选种	144
13	大羽照水	实生选种	45	51	晕单朱砂	实生选种	156
14	大晕照水	实生选种	46	52	鸢宿	日本引进	161
15	多被宫粉	实生选种	47	53	淡黄金	日本引进	163
16	粉羽	实生选种	51	54	黄金梅	日本引进	164
17	华农宫粉	1965实生选种	83	55	华农跳枝	实生选种	165
18	华农晚粉	实生选种	64	56	单红垂枝	实生选种	168
19	江南宫粉	'小宫粉'×'江南宫粉'	68	57	粉单垂枝	实生选种	169
20	江砂宫粉	'小宫粉'×'江南宫粉'	69	58	江粉垂枝	实生选种	170
21	莲湖粉	实生苗	77	59	汉羽垂枝	实生选种	171
22	莲湖深粉	实生苗	78	60	磨山垂枝	实生选种	172
23	菱红台阁	实生选种	79	61	粉皮垂枝	实生选种	173
24	珞珈台阁	实生选种	80	62	残雪	日本引进	130*
25	磨山大红	实生选种	84	63	锦红垂枝	嫁接选种	174
26	磨山宫粉	'残雪'×'小宫粉'+'江南朱砂'	85	64	锦生垂枝	日本引进	175
27	硕羽	实生选种	95	65	跳雪垂枝	实生选种	176
28	小白宫粉	实生选种	103	66	粉红杏梅	'粉红梅'×杏	178
29	雪羽	实生选种	107	67	红晕杏梅	辽梅山杏×'大羽'	179
30	雪海宫粉	实生选种	108	68	丰后	日本引进	134*
31	艳红照水	实生选种	109	69	淡丰后	日本引进	135*
32	友谊宫粉	实生选种	110	70	小粉杏梅	粉朱梅×杏	185
33	晕碗宫粉	实生选种	111	71	俏美人梅	实生选种	188
34	中山宫粉	新品种	112	72	小美人梅	实生选种	189
35	早粉台阁	实生选种	114	73	山桃白梅	'小绿萼'×山桃	190
36	紫羽	实生选种	115	74	美人梅	美国引进	137*
37	长蕊绿萼照水	新品种	117	75	玉台照水	实生选种	131
38	多萼绿	新品种	119				

注:"注"栏的数字指《中国梅花品种图志》带*和《中国梅花》记载品种的序号。*表格中的品种未加单引号

我国还有果梅品种100多个。日本号称有梅花品种400多个，果梅品种100多个。近年登录了部分传统品种，也登录了新选育的品种（表31-3）。如此众多的品种从株型、枝姿、叶色、花色、花型、花瓣、花期、果型、果色、抗性等方面均有很广泛的变异，表现了丰富多彩的性状。梅栽培品种的变异谱在同属植物中名列前茅。

表31-3 国际登录新品种（2001—2002）

登录号	品种名称*	类型	来源	登录者
11	长农十七梅	江梅型果梅		浙江省农业科学院园艺所夏起洲、长兴县农业局吴建华
17	大叶青	江梅型果梅		浙江省萧山市进化镇农业办张国春
27	东青梅	江梅型果梅	芽变选种	浙江省上虞市丰惠镇农业站
45	宫粉二度	宫粉型		云南省大理州果木站汪长进
53	红顶	江梅型果梅		浙江省萧山市进化镇农业办张国春
81	绿蕊红梅	宫粉型花果兼用梅		云南省林业科学院王锡全、孙茂实
94	青丰梅	江梅型果梅		浙江省萧山市进化镇农业办张国春
99	山连梅	江梅型果梅		台湾农业试验所园艺系欧锡坤
105	台湾桃形梅	江梅型果梅		台湾农业试验所园艺系欧锡坤
108	万山种梅	江梅型果梅		台湾农业试验所园艺系欧锡坤
113	细叶青	江梅型果梅		浙江省萧山市进化镇农业办张国春
120	盐梅	江梅型果梅		云南省林业科学院王锡全、孙茂实
130	云南红梅	宫粉型花果兼用梅		云南省林业科学院王锡全、孙茂实
131	云南杏梅	江梅型果梅		云南省林业科学院王锡全、孙茂实
132	云南鸳鸯梅	宫粉型花果兼用梅		云南省林业科学院王锡全、孙茂实

注：* 该栏品种名称未加单引号

31.2.3 日本品种资源与引种保存

无锡梅园、南京中山陵梅园、中国梅花研究中心（武汉）引进与保存了较多的日本梅花品种资源（表31-4）。

表31-4 引进日本梅花品种

品种名称	日文名称	日本分型	中文译名	中国分型	引入年代	保存地点
'Yae-matsushima'	'やえまつしま'	野梅性	'八重松岛'	宫粉型		无锡
'Yae-tobai'	'やえとうばい'	红梅性八重	'八重唐梅'	朱砂型	1985	南京
'Yae-ageha'	'やえめげは'	丰后性八重	'八重杨羽'	春后型	1985	南京
'Zansetsu'	'ざんせつ'	野梅性	'残雪'	残雪垂枝型	1940s	武汉

品种名称	日文名称	日本分型	中文译名	中国分型	引入年代	保存地点
'Someinotsuki'	'そうめいのつき'	丰后性一重	'沧溟之月'	春后型	1985	南京
'Soshibai'	'そうしばい'	野梅性八重	'草思梅'	玉蝶型	1985	南京
'Osakazuki'	'おおさかずき'	红梅性一重	'大盃'	朱砂型	1985	南京
'Ominato'	'おおみなと'	丰后性一重	'大凑'	江梅型	1985	南京
'Dairin-hibai'	'だいりんひばい'	红梅性一重	'大轮绯梅'	朱砂型		武汉
'Shinonome'	'しののめ'	红梅性一重	'东云'	朱砂型	1985	南京
'Miyakonishiki'	'みやこにしき'	野梅性一重	'都锦'	洒金型		无锡
'Horyukaku'	'ほうりゅうかく'	野梅性一重	'芳流阁'	玉蝶型		武汉
'Hinotsukasa-shidare'	'ひのつかさしだれ'	枝垂	'绯之司垂枝'	骨红垂枝型	1985	南京
'Bungo'	'ぶんご'	果梅	'丰后'	春后型		武汉
	'ふくじゅぼい'		'福寿玉蝶'	玉蝶型		无锡
'Fukujubai'	'ふくじゅばい'	野梅性一重	'福寿梅'	江梅型		无锡
'Kokinran'	'こきんらん'	红笔性	'古今栏'	江梅型	1985	南京
	'鬼桂花'		'鬼桂花'	洒金型	1985	南京
'Benifude'	'べにふで'	红笔性	'红笔'	江梅型	1985	南京
'Kotoji'	'こうとうじ'	野梅性一重	'红冬至'	江梅型	1985	南京
	'こうろばい'		'红露梅'	朱砂型		无锡
'Beni-chidori'	'べにちどり'	红梅性一重	'红千鸟'	朱砂型		无锡
'Koganetsuru'	'こがねつる'	野梅性一重	'黄金鹤'	黄香型	1985	南京
'Ogonbai'	'おうごんばい'	野梅性一重	'黄金梅'	小细梅型	1986	武汉
'Ikuyonezame'	'いくよねざめ'	红梅性八重	'几夜寝觉'	朱砂型	1985	南京
'Kenkyo'	'けんきょう'	野梅性一重	'见惊'	宫粉型	1985	南京
'Kinko'	'きんこう'		'锦光'	朱砂型		无锡
			'筋入茶萼'	江梅型	1985	南京
'Sujiiri-kasugano'	'筋入春日野'		'筋入春日野'	洒金型	1985	南京
'Sujiiri-toji'	'すじいりとうじ'	野梅性	'筋入冬至'	江梅型		无锡
'Kaiun-shidare'	'かいうん'	枝垂	'开运垂枝'	杏梅种系	1993	南京
		枝垂	'锦生垂枝'	骨红垂枝型	1994	武汉
'Renkyu'	'ねんきゅう'	红梅性八重	'莲久'	朱砂型		无锡
'Rekkobai'	'れっこうばい'	野梅性一重	'烈公梅'	江梅型	1985	南京

（续）

品种名称	日文名称	日本分型	中文译名	中国分型	引入年代	保存地点
'Kusudama'	'くすだま'	红梅性八重	'楠玉'	朱砂型	1985	南京
'Dairi'	'だいり'	红笔性	'内裏'	宫粉型	1985	南京
'Oshukubai'	'おうしゅく'	野梅性一重	'莺宿(梅)'	玉蝶型		武汉
'Hagino'	'はぎの'	红梅性一重	'萩野'	朱砂型		无锡
'Eikan'	'えいかん'	红梅性八重	'荣冠'	宫粉型		武汉
'Eizanhaku'	'えいざんはく'	丰后性八重	'睿山白'	玉蝶型	1985	南京
'Toyadenonishiki'	'とやでのにしさ'	野梅性八重	'塪出锦'	宫粉型	1985	南京
'Kotobuki'	'ことふき(寿)'	红梅性八重	'寿'	朱砂型		无锡
'Murui-shibori'	'むゐいしぼり'	野梅性一重	'无类绞（り）'	洒金型	1985	南京
			'乌羽玉'	朱砂型	1970s	武汉
'Kureha-shidare'	'くれはしだれ'	枝垂	'吴服垂枝'	粉花垂枝型		武汉
'Natsuukoromo'	'なつころも'	红梅性一重	'夏衣'	朱砂型	1985	南京
'Shin-heike'	'しんへいけ'	红梅性八重	'新平家'	朱砂型		无锡
'Yukidoro'	'ゆきどうろう'	红梅性一重	'雪灯笼'	朱砂型	1985	南京
'Tamagaki'	'たまがき'	野梅性八重	'玉恒'	宫粉型		无锡
'Gyokuorihime'	'ぎょくおりひめ'	野梅性	'玉织姬'	朱砂型		无锡
'Eno'	'えんおう'	红梅性八重	'鸳鸯'	朱砂型	1985	南京
'Tsukinohikari'	'げっこう'	野梅性	'月光'	宫粉型		无锡
	'ひなくもり'	红梅性一重	'皱云（昙）'	朱砂型		无锡
'Tsukushiko'	'つくしこう'	野梅性一重	'筑紫红'	宫粉型		无锡
'Sabashiko'	'さばしこう'	红梅性一重	'佐桥红'	朱砂型	1985	南京
		丰后性	'淡丰后'	春后型		武汉
		枝垂	'单碧垂枝'	白碧垂枝型	1949前	武汉
			'粉寒红'	江梅型		武汉
		枝垂	'骨红垂枝'	骨红垂枝型	1940s	武汉

注：保存地点分别指无锡梅园、南京中山陵梅园、中国梅花研究中心（武汉）

31.3 育种目标

梅花的育种目标集中在品质、株型和抗寒3个方面，这也是梅花品种改良的前景所在。

（1）花色

一方面现有的黄香型和小细梅型部分品种的黄色还比较浅，有待于进一步加深；另一方面宫粉型的粉色较多，而朱砂型中的深红色和绿萼型的白色重瓣较少。

在梅花花色研究方面，赵昶灵等（2006），对梅花特征颜色反应和紫外可见光谱分析表明，梅花色素属于黄酮类化合物，不含查耳酮、噢呀、儿茶素、二氢黄酮、二氢黄酮醇等，而可能含黄酮、花色苷及其花色素等；红、白花色梅花的色素均含相同的非红色的黄酮类化合物；梅花的红色源于花色素或（和）其苷，且红的程度与花色苷含量呈正相关；梅花花色差异与总黄酮含量间似乎无明显规律性。他们还采用体外试验研究了理化因素对梅花'南京红须'花色色素颜色呈现的影响。结果表明，梅花'南京红须'花色色素在体积分数为1%浓盐酸的甲醇中呈现浓艳紫红色，在pH=0~3时颜色稳定，因对光、热、氧化剂、还原剂、螯合剂敏感而呈现无色、墨绿色或黄绿色，因不同金属离子及离子的不同浓度而呈现程度不同的红色、紫色、黑黄色、红中带黑或微蓝绿色；葡萄糖和低浓度苯甲酸钠几乎不影响色泽，蔗糖有减色作用，柠檬酸有增色作用。

（2）花径和重瓣性

超过4.5cm的超大轮，或84瓣以上的高重瓣梅花有待于进一步选育。

（3）花香

只有真梅系的品种有香气，尽管香气有浓淡之分。杏梅系和樱李梅系均无香气，无香不梅。杏梅系和樱李梅系与真梅系的回交，可能是增加前者香气的有效途径。近年在梅花花香研究方面，江南大学王利平等（2003）采用顶空固相微萃取和气质联用技术分析了6个梅花品种的香气，结果表明梅花香气的主要成分有异戊醇、丙酸丙酯、2-己烯醛（E）、莰烯、己醇、苯甲醛、苯甲酸甲酯、苯甲醇、苯甲酸乙酯、乙酸苯甲酯、丁子香酚、甲基丁香酚等。其中苯甲醛占整个色谱峰面积的75%左右，可能是梅花香气的主体成分，与其他成分一起，构成梅花的不同香气。

（4）花期

应选育超早花或超晚花的品种，以延长群体花期；对于抗寒品种，尤其要选育能在低温下开花的品种。

（5）枝姿与株型

目前龙游型和垂枝型的梅花较少。梅是小乔木，适宜露地园林栽培；树型的矮化或丛生是"改革梅花走新路"的目标之一。

（6）抗寒

在323个梅花品种中，只有13个抗寒品种能在北京露地生长，仅占4%。如果从国花的角度来看，实在太少了，难以代表梅花的风采，抗寒肯定是梅花育种的长期目标。

31.4 杂交与诱变育种

31.4.1 实生选种

除去种质资源调查所得249个品种，在74个新育品种中各种育种途径的贡献率以实生选种为主（58%），国外引种为辅（21%），其余依次为选择育种（7%）、杂交育种（5%）和远缘杂交育种（5%）及其他（4%）（表31-5）。种质资源和实生选种显然是得到现有323个品种的主要途径。目前从种质资源调查中发现新品种的可能性已经很小了，但实生选种仍不失为一种"多快好省"的方法；如果对一些重瓣性较强、结实率不高的优良品种进行人工辅助授粉，则会得到更好的品种。事实上，以中国梅花研究中心为主，仅靠实生选种（不知父本，甚至父、母本均不知），已育成梅花新品种43个，占所育梅花新品种总数的13.3%，远远超过杂交育种的成果。

梅花实生选种时需要注意的问题主要有两点：一是选好采种地点和植株。只有在品种比较丰富的资源圃或专类园，才能获得比较优良的品种间异花授粉结实的后代。单个品种的实生后代是很难选出良种的。对于采种品种和植株的选择，应该重点选择结实率低的，偶尔结实的往往蕴藏着较大的变异潜力。二是做好记录。实生选种须知其母。实生选种往往是生产单位的"副业"，常因人员变动等原因，将品种来源弄丢了或弄混了。这种情况一定要避免，否则在以后的品种登录、审定或保护时，麻烦重重。

表 31-5 梅花不同育种途径的品种数及贡献率

育种途径	《中国梅花品种图志》(1986)	《中国梅花》(1996)新品种	合 计		百分率(%)	
种质资源	125	127—3①	249		77	
国外引种	6	9	15		21	
选择育种	1	4	5		7	
实生选种	5	39—1②	43	74	58	23
杂交育种	0	4	4		5	
远缘杂交	0	4	4		5	
其他（不明）	0	3	3		4	
合 计	137	190—4	323			

注：①汪菊渊、陈俊愉1945年记载之（48）'飞蝶宫粉'、（123）'亚绿萼'和（150）'小台阁朱砂'，已不复存在；②（125）北京玉蝶系因更换彩照而重复，亦需扣除

31.4.2 品种间杂交

杂交育种是园林植物品种改良的主要途径，但在梅花中开展得并不多，对改良梅花观赏品质的潜力很大，应该大力加强。在现有的323个梅花品种中，只有8个来自杂交育种（含远缘杂交，不含实生选种），仅占2.5%。如果将各种系统、类的梅花按花型归类，就会发现许多缺口（表31-6）。5类7型可有35个型，现在只有17型，接近50%。其余50%只需常规的品种间杂交，就有可能培育新品种填补空白。同时，也将提升梅花的观赏品质。梅花的杂交育种最好在品种资源丰富的中国梅花研究中心品种资源圃（武汉），或南京中山陵梅花园进行。

梅花杂交育种要注意3个问题。①去雄时期的选择。太早花蕾极易脱落，一碰就掉；太晚有异花授粉的危险。一般应在开放的前1d去雄，此时花蕾已经比较结实，经得起去雄操作。②授粉时期的选择。初春天气变化比较剧烈，一般可以选择授粉昆虫为参照物。蜂蝶飞

表 31-6　梅花花型分类简表

真梅种系			杏梅种系	樱李梅种系
直枝梅类	垂枝梅类	龙游梅类	杏梅类	樱李梅类
江梅型	江梅垂枝型		单杏型	美人梅型
绿萼型	白碧垂枝型			
玉蝶型	残雪垂枝型	玉蝶龙游型		
宫粉型	双粉垂枝型		丰后型	
朱砂型	骨红垂枝型			
洒金型	五宝垂枝型			
黄香型				

舞的时候，是人工授粉的最佳时期。③杂交后代的自交纯化。至今还没有见到由F_1自交获得F_2的新品种。在选择F_1优良单株的同时，也要给部分植株自花授粉，获得F_2，可能能从中选出更好的品种。

31.4.3　远缘杂交

远缘杂交与其说是育种的途径，不如说是创造变异的方法，这从梅花育种上可见一斑。但要获得抗寒、矮化或丛生等梅花本身没有的目标性状，远缘杂交可能是最有效的方法。对于培育能在北方露地栽培的抗寒梅花，或适宜切花栽培的灌丛型"二度梅"，远缘杂交是主要途径。事实上，我国在梅花远缘杂交抗寒育种上取得了重要成果，目前已有13个抗寒梅花品种能在北京露地生长。梅花远缘杂交要注意以下问题。

（1）亲本选配

现有的远缘杂种都是以梅花作父本而获得的，如杏梅、樱李梅。母本对远缘杂种的影响一般都比父本大，因此现有的远缘杂种均无香气。在今后的远缘杂交中，应该着重进行以梅花为母本的杂交，单瓣的江梅型或果梅品种也可作母本。

（2）花期调控

李属植物是重要的早春花木，大多对温度很敏感，这就为花期调控提供了可能。可以通过室内切枝催花、异地采粉、花粉贮藏等途径，使双亲相遇。例如，冬末在北方采其他李属花枝，在室内催花。北方室内的温度条件满足需求，但要注意空气相对湿度，一般两周即可开花采粉。可将花粉带到南方给梅花授粉。返回北方时采集梅花花粉，置冰箱低温密封干藏。等到北方露地李属花木自然开花时，先经花粉生活力或萌发率测定，再人工授粉。

（3）克服杂交不亲和性

克服梅花杂交不亲和性综合起来有3种方法比较有效。①蒙导授粉，即混入已杀死的母本花粉。②激素处理，赤霉素处理授粉子房比较有效。③胚培养，授粉50d以上的未成熟胚可以培养成苗。

31.4.4 诱变育种

广义的诱变育种包括辐射诱变和多倍体育种。梅花的辐射诱变仅见一例。牛传堂等（1995）用 ^{60}Co-γ 射线处理'送春'夏枝，在30Gy处理的枝条中，出现了一个节间缩短、叶片披针形的突变体。日本早在20世纪30年代报道过梅的三倍体（$2n=3x=24$），但黄燕文（1995）、林盛华等（1999）对我国梅花和果梅染色体进行观测，均未发现多倍体。同属近缘种有多倍体，通过秋水仙碱处理，有可能获得多倍体。其中的主要问题是嵌合体（即混倍体）的分离。有人通过离体诱导试验，已经获得三倍体和四倍体细胞，但在分离时遇到困难。

31.5 分子生物学研究与分子育种

31.5.1 分子标记

梅花分子标记的研究方法已经从RAPD发展为AFLP、SSR等，研究目的也已经从亲缘关系的鉴定发展为特殊性状的标记。南京农业大学高志红（2019）、北京林业大学明军等（2012）分别对单瓣复瓣、垂枝等性状进行了很好的分子标记，为分子辅助选种和基因克隆奠定了基础。日本果树试验场对自交不亲和性相关基因 *S-RNase* 进行了分子标记及基因克隆的系列研究。

31.5.2 基因克隆与基因组研究

常规育种的周期长、费工费力，而且目标改良的预见性较低；现代基因工程则为梅花的抗寒育种或株型育种展现了美好的前景。分子育种大体上可以分为上游的基因克隆和下游的遗传转化。梅花所需的一些目的基因已被分离，如从拟南芥中分离出的冷调节基因 *CoR* 编码的74kD多肽，低温特异基因 *Kinl* 编码的6.5kD多肽，均与抗寒性有关。另外，从拟南芥中分离出的 *GA1*、*GA4*、*GA5*，豌豆中的 *Le*、*Lh*、*Ls* 等基因，与植株矮化有关。这些基因的转基因植株，都在不同程度上表现了目的性状。

在NCBI的基因库中，从酶克隆的核苷酸序列有74条之多，涉及多聚半乳糖醛酸酶抑制蛋白（PGIP）、18S核糖体RNA、自交不亲和性相关基因 *S-RNase*、*SFB m*RNA、乙烯合成基因 *PM-ACO1*、乙烯受体基因 *PM-ER1* 等许多方面。梅花的基因片段序列有中国登录的，上述PGIP就是南京农业大学园艺学院登录的。

看起来梅花的基因资源并不缺乏，但涉及基因的种属特异性。对此虽无定论，但总的来说，种属特异性还是存在的，尤其是控制植物生长发育的基因具有较强的特异性。近缘种或其他木本植物的目的基因只有少数被克隆。梅花目的基因的分离尚待时日，主要因为突变体缺乏；而同属的桃很可能是最先分离出目的基因的木本植物之一，如寿星桃的矮化基因、紫叶桃的叶色基因等。

梅花是我国完成全基因组测序的第一种园林植物（Zhang QX et al., 2012），这一测序对花色、花香、花期、枝姿、抗寒性等重要的观赏性状和抗逆性进行了系统的分子生物学研究，发表了一系列高水平的国际论文。对于分子育种来说，有很多功能基因已被分离、克隆和鉴定。

31.5.3 遗传转化

国内外均未见梅花遗传转化的研究报道；国内对核果类的转化只有一例不完整的报道，转化的难度可能比桃更难。国内报道的李属近缘种的遗传转化只有中国科学院植物研究所李曜东、魏玉凝（2003）对肥城桃基因转化的研究。他们将肥城桃反义多聚半乳糖醛酸酶（PG）基因通过农杆菌介导转化组培苗，转化苗在含卡那霉素培养基上筛选，获得抗卡那霉素的转基因苗；但尚未见分子检测和转基因植物性状的观测结果。这是我国目前仅有的一例转基因研究报道。国外有较多的桃遗传转化的报道，但有经济价值的转基因植株尚未得到。

梅花的组织培养已经比较成熟，但一直未见从愈伤组织或细胞再生植株的报道，而这正是转基因受体及其再生的关键。核果类的转化本身就比较困难，这在桃上已有充分的体现。所幸梅花的组织培养技术已经比较成熟，国家自然科学基金也有专题支持梅花遗传转化体系的研究，希望在此方面能尽快取得突破性进展。编者认为，对于梅花的遗传转化，可能要像花粉管通道法那样走一条非常规之路。近缘种目的基因的分离与梅花遗传转化体系的建立，将为梅花抗寒基因工程、矮化基因工程等奠定基础。

31.6 品种登录、保护与区域试验

31.6.1 国际品种登录

鉴于以北京林业大学教授、中国工程院资深院士陈俊愉为代表的我国梅花科研工作者取得了举世瞩目、国际领先的科研成果，国际园艺学会（ISHS）所属命名登录委员会（CNR）已于1998年11月将梅花（*Prunus mume*，含果梅）品种的国际登录权（ICRA），正式授予中国花卉协会梅花蜡梅分会（The Chinese Mei Flower and Wintersweet Society，CMWS）的陈俊愉先生。这为我国梅花品种的有关工作提供了新的机遇。

为了保证品种登录的完整性、科学性和权威性，我们做了如下工作：①以中国梅花品种记载标准为基础，参照日本梅花品种的记载标准，制定出统一的国际梅花品种记载标准。②根据统一标准，对我国已发表的323个梅花品种进行复查和补充记载，如品种保存地点、生长状况、现有株数、性状稳定性等；并尽可能地将全部拟登录的品种引种保存到中国梅花研究中心品种资源圃（武汉）。③按照统一标准，对日本梅花品种进行记载（这里，可对我国已引种的日本品种先行记载）。如南京市中山陵梅园就有日本梅花品种100多个。④根据中国梅花品种分类系统与所有梅花品种记载资料，制定统一的国际梅花品种分类系统。⑤开展正常的梅花品种国际登录工作，按规定编印《梅花品种登录年报》；并最终编辑、出版《世界梅花品种全志》。目前已累计登录383个梅品种，出版5期《国际梅品种登录年报》（1999，2000，2001—2002，2003—2004，2005—2006）。

在品种记载与分类过程中，肯定会遇到同物异名或同名异物的情况。如我国引自日本的品种，又起了一个中文品名；反之，日本引自我国的品种也可能又起了一个日文品名（见表31-4）。这需要按照优先权定名。另外，中、日梅花品种的记载与分类各不相同，不同名称的品种也可能是同一物。若仅从形态或生态性状上无法区分，就需要根据同工酶、RAPD、RFLP等遗传标记决定分与合。

31.6.2 新品种授权与保护

2008—2023年，国家林业和草原局（含国家林业局，以下简称国家林草局）经过DUS实质审查，共授权梅新品种38个（表31-7），其中果梅5个，其余33个均为花梅。品种权人（育种单位）先后有北京林业大学、青岛颐梅风景园林有限公司、丽江得一食品有限公司、昆明市黑龙潭公园、浙江农林大学、浙江长兴东方梅园有限公司和南京农业大学。育成的品种群均有涉及，比较丰富，但垂枝和龙游型的新品种尚未出现。

表31-7　国家林业和草原局授权梅（花）新品种一览表

品种权号	品种名称*	品种权人	培育人	备注
20080007	黑美人	北京林业大学	陈俊愉	
20080008	香瑞白	北京林业大学	陈瑞丹、张启翔、陈俊愉	
20100006	黄绿萼	青岛颐梅风景园林有限公司、北京林业大学	庄实传、张启翔、李杰等	
20100007	彦文丰后	北京林业大学、青岛颐梅风景园林有限公司	张启翔、庄实传、吕英民等	
20100008	舞丰后	北京林业大学、青岛颐梅风景园林有限公司	张启翔、庄实传、吕英民等	
20100009	明晓丰后	北京林业大学、青岛颐梅风景园林有限公司	张启翔、庄实传、吕英民等	
20120056	玉龙红翡	北京林业大学、丽江得一食品有限公司等	张启翔、吕英民、程堂仁等	
20120057	宫粉照水	北京林业大学、丽江得一食品有限公司等	张启翔、吕英民、程堂仁等	
20120058	玉龙绯雪	丽江得一食品有限公司、北京林业大学等	潘卫华、张启翔、邓黔云等	
20120059	丽云宫粉	北京林业大学、昆明市黑龙潭公园等	张启翔、华珊、程堂仁等	
20120060	锦粉	北京林业大学、昆明市黑龙潭公园等	张启翔、华珊、程堂仁等	
20120061	碗绿照水	北京林业大学、昆明市黑龙潭公园等	张启翔、华珊、程堂仁等	
20120062	晚云	北京林业大学、昆明市黑龙潭公园等	张启翔、华珊、程堂仁等	
20120063	皱波大宫粉	昆明市黑龙潭公园、北京林业大学等	张启翔、华珊、吴建新等	
20120064	清馨	昆明市黑龙潭公园、北京林业大学等	张启翔、华珊、吴建新等	
20180248	长蕊玉蝶	浙江农林大学、浙江长兴东方梅园有限公司	赵宏波、张超、付建新等	
20180249	粉台玉蝶	浙江农林大学	赵宏波、吴晓红、张超等	
20180250	红颜朱砂	浙江农林大学	赵宏波、吴晓红、张超等	
20180251	反扣二红	浙江农林大学、浙江长兴东方梅园有限公司	吴晓红、赵宏波、张超等	
20200079	素雅绿萼	浙江农林大学	赵宏波、董彬、张超等	
20200080	丽颜朱砂	浙江农林大学	赵宏波、董彬、张超等	
20200081	艳朱砂	浙江农林大学	赵宏波、董彬、张超等	
20210151	南农丰羽	南京农业大学	高志红、倪照君、侍婷等	果梅
20210152	南农丰茂	南京农业大学	高志红、倪照君、侍婷等	果梅

(续)

品种权号	品种名称*	品种权人	培育人	备注
20210153	南农丰艳	南京农业大学	高志红、倪照君、侍婷等	果梅
20210154	南农龙霞	南京农业大学	高志红、倪照君、侍婷等	果梅
20210230	溜溜梅1号	溜溜果园集团股份有限公司	杨帆、胡燕	果梅
20220015	平瓣绿萼	浙江农林大学	赵宏波、董彬、张超等	
20220016	长艳宫粉	浙江农林大学	赵宏波、董彬、张超等	
20220054	南农丰娇	南京农业大学	高志红、倪照君、侍婷等	
20220139	五福映日	浙江农林大学	赵宏波、董彬、杨丽媛等	
20220140	晓阳朱砂	浙江农林大学	赵宏波、董彬、杨丽媛等	
20220141	月光玉蝶	浙江农林大学	赵宏波、董彬、杨丽媛等	
20220142	多变粉妆	浙江农林大学	董彬、赵宏波、杨丽媛等	
20220143	桃红宫粉	浙江农林大学	董彬、赵宏波、杨丽媛等	
20220144	脂红宫粉	浙江农林大学	赵宏波、董彬、杨丽媛等	
20220145	素玉绿萼	浙江农林大学	赵宏波、董彬、杨丽媛	

注：*本栏具体品种名称未加单引号

31.6.3 区域试验

各种育种方法育成的品种，都要经过鉴定和区域试验。后者实际上是在异地进行的、后续的品种鉴定。对于观赏性状要按照梅花性状记载表仔细记载，并与原有品种比较、鉴别。确有明显可辨且比较稳定的性状，才能作为新品种。国家林草局正在进行的梅花品种DUS测试，就是为了保证梅花新品种的特异性、一致性和稳定性。对于抗寒性等生理性状，除实验室测定之外，还要结合露地鉴定，并进行区域试验。迄今为止的梅花抗寒性区域试验表明，已有14个抗寒品种能在兰州、延安、太原、北京、赤峰等"三北"以南地区推广应用。

（刘青林）

思考题

1. 梅、桃、李、杏、樱是早春开花的李属（核果类）花木，俗称"五艳争春"。请简述上述5种同属花木的亲缘关系。
2. 试述梅花种质资源的来源，并指出梅花与李属其他花木相比的独到之处。
3. 如何更有效地开展梅花的实生选种？
4. 梅花生产和应用中有什么问题？如何通过杂交育种来解决？
5. 梅花分子生物学的研究在园林植物中位列前茅（与月季并列），为什么至今没有分子途径育成的品种？症结何在？如何克服？

6. 国际梅花品种登录的权威是中国花卉协会蜡梅分会，但目前登录的品种绝大多数都是中国的品种，如何彰显梅花品种登录的国际性？

7. 你觉得梅花北移与全球气候变化有关联吗？请举例阐述。

推荐阅读书目

中国梅花品种图志. 2010. 陈俊愉. 中国林业出版社.

中国果树志·梅卷. 1999. 褚孟嫄. 中国林业出版社.

梅花基因组学研究. 2019. 张启翔等. 中国农业出版社.

The Prunus mume Genome. 2019. Gao Zhihong. Springer.

ウメの品種図鉴. 2009. 梅田操. 诚文堂新光社.

第32章

牡丹与芍药育种

[本章提要] 牡丹、芍药同属芍药科芍药属植物。牡丹是木本花卉,中国十大名花之一,并具油用、药用价值。芍药是多年生宿根花卉,是重要的切花与花坛花卉。本章密切结合牡丹、芍药研究与育种实践,从野生资源、品种资源、起源演化及品种分类、育种目标、花色及其他性状的遗传、引种驯化与选择育种、杂交育种、诱变育种与倍性育种、分子育种基础、育种进展与品种保护10个方面,全面论述了牡丹、芍药育种的有关情况。

牡丹是我国传统名花,唐代以来被誉为"国色天香",号称"花中之王",成为国家繁荣昌盛的象征之一。鉴于芍药草本是牡丹的姐妹花,牡丹、芍药并称"花中二绝",本章将牡丹、芍药共同论述,但内容以牡丹育种为主,兼顾芍药。

32.1 野生资源

芍药属(*Paeonia*)植物约有34种,分为3组:牡丹组、芍药组和北美芍药组。其中牡丹组约9个野生种均原产中国;北美芍药组2个种均原产美国;芍药组中国产8个种(其中部分种在国外其他地区亦有分布),在世界其他地区还分布约15个种及若干亚种、变种。

32.1.1 牡丹组 Sect. *Moutan*

该组分为两个亚组：革质花盘亚组与肉质花盘亚组。

32.1.1.1 革质花盘亚组 Subsect. *Vaginatae*

该亚组有1个栽培种，约5个野生种。落叶灌木。多为二回三出复叶。花单生，花盘革质。其中矮牡丹、卵叶牡丹具地下茎，为兼性繁殖。$2n=10$。各种简述如下：

（1）牡丹（*Paeonia suffruticosa*）

为起源复杂的栽培杂种。株高1.5~2.0m。顶生小叶宽卵形，侧生小叶窄卵形或长圆状卵形，不等2裂至3浅裂或3裂。花单瓣、半重瓣至重瓣，玫瑰红色、红紫或粉红至白色；花丝紫红色或粉红色，有时上部白色；花盘紫红色；心皮5，密生柔毛。$2n=10$。各地广为栽培。

（2）矮牡丹（稷山牡丹，*P. jishanensis*）

高约1.2m。小叶9~15枚，圆形或卵圆形，1~5裂，裂片具粗齿，上面无毛，下面被丝毛，后渐脱落。花白色，部分微带红晕；花丝暗紫红色，近顶部白色；花盘暗紫红色，顶部齿裂；心皮5枚，密被黄色粗丝毛。$2n=10$。分布于陕西延安、宜川、华阴、潼关，山西稷山、永济，河南济源等地。

（3）卵叶牡丹（*P. qiui*）

高0.6~0.8m。小叶9枚，卵形或卵圆形；花期表面多呈紫红色，通常全缘。花粉色或粉红色，花丝粉色或粉红色，花盘暗紫红色；心皮通常5枚，密被白色或浅黄色柔毛，幼果密被金黄色硬毛。分布在湖北保康、神农架，河南西峡，陕西旬阳、商南等地。

（4）杨山牡丹（*P. ostii*）

高约1.5m。小叶15枚，窄卵形或卵状披针形；全缘，通常不裂，上面基部沿中脉疏被粗毛，下面无毛。花白色，花瓣腹面及基部有淡紫红色晕，花丝、花盘暗紫红色；心皮5枚，密被粗丝毛，柱头暗红色。$2n=10$。分布区较广，在河南嵩县、卢氏、西峡，安徽宁国、巢湖，湖南龙山，陕西留坝、商南、洋县、眉县、略阳、镇平有野生个体或居群分布。

（5）紫斑牡丹（*P. rockii*）

高0.5~2.0m。二回或三回复叶，小叶19~33枚或更多。原亚种（subsp. *rockii*），小叶卵状披针形，叶面仅主脉上有白色长茸毛；亚种太白山紫斑牡丹（subsp. *atava*），小叶卵形或卵圆形，多有裂或缺刻。两个亚种花瓣通常为白色，稀淡粉红色或红色，瓣基内侧具黑色或暗紫红色斑块；雄蕊多数，花药黄色，花丝、花盘（花期全包心皮）黄色或黄白色；心皮5枚，密被茸毛，柱头黄色。$2n=10$。前者见于陕西、甘肃秦岭南坡，亦见于大巴山及其东延余脉神农架林区；后者见于秦岭北坡及陕甘交界的关山、子午岭一带。

（6）四川牡丹（*P. decomposita*）

高0.8~1.6m。老枝皮片状剥落，全体无毛。该种已分化为两个亚种：原亚种（subsp. *decomposita*），叶多为三回稀为四回三出复叶，小叶44~81枚，椭圆形至卵形，羽状浅裂至深裂。花淡紫至粉红色；花盘白色，革质，半包心皮，心皮5枚，无毛。圆裂四川牡丹

（subsp. *rotundiloba*），小叶19~39枚，阔卵形至倒卵形，多羽状浅裂，先端急尖。花淡粉至粉红色，瓣基部有白色斑块；花盘白色，包裹心皮2/3至全包；心皮多3~4枚。2*n*=10。原亚种分布于大渡河康定瓦斯沟以上的上游流域；圆裂四川牡丹间断分布于甘肃南部（迭部县电尕镇）至四川西北部。

32.1.1.2　肉质花盘亚组 Subsect. *Delavayanae*

该亚组约有4个种，落叶亚灌木。全体无毛，老枝片状剥裂。二回三出复叶，羽状分裂。每枝着花2~3（4）朵至更多。花盘肉质。2*n*=10。其中紫牡丹、黄牡丹、狭叶牡丹为近缘种[或合称为滇牡丹复合体（*P. delavayi complex*）而没有种下类型]，具地下茎，为兼性繁殖。各种简述如下：

（1）紫牡丹（*P. delavayi*）

高约1.5m。每枝着花2~5朵，通常3朵，花红至紫红色；花丝淡紫色，具大型总苞；心皮2~5枚，多3~4枚，无毛。该种主要分布在云南西北部丽江、香格里拉（中甸）、鹤庆、永宁一带，四川西南部木里和盐源一带亦见。

（2）狭叶牡丹（保氏牡丹，*P. potaninii*）

高1.0~1.5m。小叶裂片近线状披针形。花红色至紫红色，花径5~6cm，较小；雄蕊多数，花丝红色，花药黄色；心皮2~3枚，罕见1枚，无毛。该种主要分布在四川雅江、巴塘一带。

（3）黄牡丹（*P. lutea*）

高0.5~1.5m。每枝着花2~3朵，稀单花；花黄色、黄绿色，有时花瓣基部有棕褐色至棕红色色斑；雄蕊多数，花丝黄色或橙红色；心皮3~6枚，通常为5枚。该种分布较广，从云南景东到昆明西山、梁王山延伸到云南西北部、四川西南部、贵州西部及西藏东南部。变种有棕斑黄牡丹（var. *brunnea*），花瓣腹部具大型棕褐色斑。矮黄牡丹（var. *humilis*），植株高约0.5m，叶密花繁，近地面蘖芽出土即开花。银莲牡丹（var. *alba*），花白色，瓣基有小黑褐斑。

（4）大花黄牡丹（*P. ludlowii*）

该种株型高大，高2.0~2.5m（3.5m）。全体无毛，茎皮灰色，片状剥落。叶片大型。每枝着花2~4朵，花大，黄色，直径8~12cm；心皮1（2）枚，光滑无毛。该种仅见于西藏林芝市的巴宜区、米林县和山南市的隆子县。

32.1.2　芍药组 Sect. *Paeonia*

该组分为3个亚组：多花直根亚组、单花直根亚组与单花块根亚组。

32.1.2.1　多花直根亚组（Subsect. *Albiflorae*）

该亚组在中国约有5个种。

（1）芍药（*P. lactiflora*）

根条索状，圆柱形。茎高40~70cm，无毛。茎秆下部叶为二回三出复叶，小叶10~15枚，稀9枚，小叶狭卵形、椭圆形或披针形，叶缘具白色骨质细齿为该种特征。数朵花生于茎顶和近顶端叶腋，白色或粉红色；花盘浅杯状；心皮2~5枚，无毛或被棕褐色短茸毛。$2n=10$。在中国主要分布于东北、华北和西北地区。朝鲜半岛、蒙古国西部和俄罗斯（远东和西伯利亚西南）亦见。

（2）多花芍药（*P. emodi*）

茎高50~115cm，无毛。下部叶为二回三出复叶，小叶多15枚，长圆状椭圆形或长圆状披针形，全缘。每茎着花2~4朵，部分叶腋处花败育；花白色；心皮1~3枚，密生黄色糙伏毛，稀无毛。$2n=10$、20。在中国仅分布在西藏日喀则市吉隆县吉隆镇中国与尼泊尔交界处，该种在印度和尼泊尔也有分布。

（3）白花芍药（*P. sterniana*）

茎高35~58cm，通体无毛。休眠芽紫红色。根条索状。下部叶为二回三出复叶，顶小叶3裂至中部或2/3处，侧生小叶不等2裂，裂片再分裂，小叶或裂片狭长圆形至披针形，裂片约40枚。通常一茎着花1朵，花白色；心皮2~4枚，绿色，无毛。$2n=10$。产自中国西藏东南部（察隅、波密）。

（4）川赤芍（*P. veitchii*）

根圆柱形，条索状。茎高30~80cm。下部叶片为二回三出复叶，小叶羽状分裂，裂片线形至线状披针形，先端渐尖。一茎着花2~4朵，紫红至粉红色，偶见白色；心皮2~4枚，被黄棕色糙硬毛，稀无毛。种皮暗蓝色，肉质。$2n=10$。该种分布范围广，四川、陕西、山西、青海、宁夏、甘肃都有分布。

（5）新疆芍药（*P. anomala*）

根圆柱形，条索状。茎高40~80cm。下部叶片为二回三出复叶，小叶羽状分裂，裂片线形至线状披针形。花单生，玫瑰红色，偶见白色。种皮黑色，有光泽。本种为广布种，在中国主要分布在新疆阿勒泰地区和塔城地区。该种与川赤芍形态相似，主要区别是每茎着花量及新鲜种子的种皮颜色。

32.1.2.2 单花直根亚组（Subsect. *Foliolatae*）

该亚组在中国有2个种，世界其他地区分布9个种。

（1）草芍药（*P. obovata*）

根粗壮，长圆柱形。株高30~70cm。下部二回三出复叶，小叶倒卵形，多9枚；正面无毛，背面无毛至密被短柔毛或具粗毛，全缘。花瓣白色、粉红色、红色至紫红色；心皮（1~）2或3（~5）枚，绿色无毛。种皮暗蓝色，外种皮肉质。$2n=10$、20。一般认为其染色体倍性水平与地理分布相关而与花色无关。该种已分化为两个亚种：一是草芍药原亚种（subsp. *obovata*），该亚种叶背通常无毛或疏生短柔毛或具长硬毛，染色体多为10条。该亚种在中国主要分布在四川（东部）、贵州（遵义）、湖南（西部）、江西（庐山）、浙江（天目山）、安徽、湖北、河南（西北部）、陕西（南部）、宁夏（南部）、山西、河北和东北地区。除中国外，在朝鲜半岛、日本和俄罗斯远东地区也有大量分布。二是拟草芍药亚种（subsp. *willmottiae*），该亚种叶背密生短茸毛，染色体多为20条。主要分布于四川东北部、甘肃南部、陕西南部、湖北西部、河南嵩县一带及安徽九华山。

（2）美丽芍药（*P. mairei*）

根粗短，根皮泛红。株高35~100cm，茎无毛。下部叶为二回三出复叶，小叶数和裂片数多为14~17枚，小叶倒卵形或宽椭圆形，先端通常渐尖，甚至尾尖，叶脉下陷。花粉红至红色，心皮2或3枚，被黄色短硬毛。种皮暗蓝色，外种皮肉质。2n=20。该种分布于重庆、四川西南部到云南西北部，陕西汉中和甘肃西南部。

以下9种分布于世界其他地区。

（3）马略卡芍药（*P. cambessedesii*）

茎秆多为紫红色。小叶多9枚，全缘，卵形、椭圆形或卵状披针形。花粉红色，心皮光滑无毛。2n=10。分布于西班牙巴利阿里群岛。

（4）科西嘉芍药（*P. corsica*）

茎高35~80cm。小叶多9枚，全缘，卵形至椭圆形，叶片上表面多光滑，下表面多有毛。花玫瑰红色，心皮多被毛。2n=10。分布于法国的科西嘉，意大利的撒丁岛和德国西南部。

（5）伊比利亚芍药（*P. broteri*）

茎高30~80cm。小叶11~32枚，多15~21枚，叶椭圆形或卵状披针形。花粉色至红色；心皮多2~3枚，被茸毛。2n=10。仅分布于伊利比亚半岛。

（6）克里特芍药（*P. clusii*）

小叶多裂，线形至卵形。花白色，花盘平坦。该种有两个亚种：克里特芍药原亚种（subsp. *clusii*），叶裂片可多达95枚，线形到披针形，宽度<2.6cm。2n=10、20。分布于克里特岛和喀帕苏斯岛。亚种罗得岛芍药（subsp. *rhodia*），叶裂片最多48枚，披针形至卵形，宽2.5~4.5cm。2n=10。仅分布于罗得斯岛。

（7）达呼里芍药（*P. daurica*）

小叶多9枚，多全缘；叶圆形至长卵形或卵状披针形。花色有红、黄、白色或黄色基部有红斑；花瓣5~8；心皮多2~3枚，多被毛。2n=10、20。该种有7个亚种：

①原亚种（subsp. *daurica*）叶背无毛或微毛，小叶或裂片宽倒卵形。花红色或玫瑰红色。分布于土耳其到克里米亚和克罗地亚。

②克罗地亚芍药（subsp. *velebitensis*）叶背密被茸毛。花萼背面常有茸毛，花粉色。仅分布于克罗地亚的韦莱比特山。

③大叶芍药（subsp. *macrophylla*）叶片密被茸毛。花黄色，心皮光滑或近光滑。分布于亚美尼亚、格鲁吉亚西南部和土耳其东北部。

④阿布哈兹芍药（subsp. *wittmanniana*）叶片零星被毛。花黄色。分布于格鲁吉亚西北部及与俄罗斯与之靠近的区域。

⑤黄花芍药（subsp. *mlokosevitschii*）叶下部微被毛或无毛，倒卵形，有微尖。花黄色，心皮被毛。分布于格鲁吉亚（东部）、阿塞拜疆（西北部）和俄罗斯（达吉斯坦）。

⑥高加索芍药（subsp. *coriifolia*）小叶或裂片倒卵形至长圆形，叶尖圆钝或急尖。花红

色或玫瑰红色。分布于高加索的西部和西北部。

⑦密毛芍药（subsp. *tomentosa*） 小叶背面被毛。花黄色或淡黄色，瓣基红色或有红斑。分布于阿塞拜疆到伊朗东北部。

（8）南欧芍药（*P. mascula*）

株高可达80cm。小叶11~15（21）枚，卵形、倒卵形至长圆形，叶部多无毛。花有粉、红、白色等；心皮被毛。该种有4个亚种：

①原亚种（subsp. *mascula*） 花红色或粉色。2n=20。见于整个南欧，除了爱琴海一些岛屿，土耳其的恰纳卡莱，意大利的西西里岛和卡拉布里亚。

②地中海芍药（subsp. *russoi*） 叶背有硬毛，稀无毛。花白色，稀红色或粉色。仅分布于意大利的西西里岛和卡拉布里亚。

③恰纳卡莱芍药（subsp. *bodurii*） 叶背多无毛，叶裂片9~11，裂片较大。分布于土耳其西北部的卡纳卡莱省。

④爱琴海芍药（subsp. *hellenica*） 叶背多无毛，叶裂片9~21，裂片较小。分布于德国南部和爱琴海岛屿。

（9）黎巴嫩芍药（*P. kesrouanensis*）

茎高35~80cm。小叶10~14（17）枚，叶上部无毛，下部密被短硬毛。花粉色或红色。2n=20。分布于黎巴嫩、叙利亚西南部和土耳其南部。

（10）革叶芍药（*P. coriacea*）

植株通体无毛。小叶多9枚，卵圆形或宽卵形，无毛。花红色，心皮1~4枚，多2枚，无毛。2n=20。分布于西班牙南部和摩洛哥。

（11）阿尔及利亚芍药（*P. algeriensis*）

茎高>50cm。叶全缘，小叶10~13枚，卵形或长圆形，顶端渐尖。花粉色或红色；心皮多单生，常光滑无毛。染色体条数未知。分布于非洲北部的阿尔及利亚的卡比利亚非常小的范围内。

32.1.2.3 单花块根亚组（Subsect. *Paeonia*）

该亚组在中国仅有1个种，世界其他地区分布6个种。

（1）块根芍药（*P. intermedia*）

块根纺锤形或近球形。茎高30~70cm。下部叶为二回三出复叶，小叶多次分裂，裂片线状披针形至披针形。花单生，通常紫红色；心皮1~5枚，多2~3枚，无毛到密被短硬毛。2n=10。分布于中国新疆西部、哈萨克斯坦、吉尔吉斯斯坦、塔吉克斯坦、乌兹别克斯坦和俄罗斯的阿尔泰地区。

（2）细叶芍药（*P. tenuifolia*）

主根细长，侧根纺锤形。株高18~60 cm，下部叶三回三出复叶，叶裂片134~340枚，线形或丝状，光滑无毛。花红色；心皮多2枚，被毛绿色、黄色或紫红色。2n=10。分布于亚美尼亚、阿塞拜疆、保加利亚、格鲁吉亚、罗马尼亚、俄罗斯（高加索）、塞尔维亚、土耳其

（欧洲部分）和乌克兰。

（3）欧洲芍药（*P. peregrina*）

次生根梭形或块状。茎高30~70cm。小叶近全裂，裂片17~45枚，上表面叶脉常有刚毛，下表面无毛。花瓣红色或深红色；心皮1~4枚，被毛。$2n=20$。分布于阿尔巴尼亚、保加利亚、希腊、意大利、马其顿、摩尔多瓦、罗马尼亚、塞尔维亚和土耳其。

（4）刚毛芍药（*P. saueri*）

次生根梭形或块状。茎高45~65cm，通体无毛。小叶分裂，裂片数19~45枚，先端急尖。花瓣红色；心皮1~6枚，多2~3枚，被毛。$2n=20$。分布于希腊东北部和阿尔巴尼亚南部。

（5）旋边芍药（*P. arietina*）

主根柱型，次生根块状。茎高30~70 cm，常通体被毛。小叶裂片多13~23枚，椭圆形、长圆形至卵状披针形。花红色或玫瑰红色；心皮1~5，多2~3，被黄茸毛。$2n=20$。分布于阿尔巴尼亚、波斯尼亚和黑塞哥维那、克罗地亚、意大利（艾米利亚）、罗马尼亚和土耳其。

（6）黑瓣芍药（*P. parnassica*）

主根柱形，次生根块状或梭形。全株微被或密被茸毛。小叶多9枚，裂片9~15（25）枚，卵圆形至椭圆形，叶尖渐尖。花暗紫色；心皮多2枚，被长茸毛。$2n=20$。分布于希腊的帕纳索斯和埃利科纳斯。

（7）荷兰芍药（*P. officinalis*）

根块状，较短。茎秆多被毛。小叶9枚，常分裂，线状椭圆形到椭圆形，先端渐尖。花紫红色；心皮被毛或无毛。有栽培品种。$2n=20$。该种有5个亚种：

①原亚种（subsp. *officinalis*）　叶裂片19~45枚，全裂，裂片宽1~3cm；叶背被毛不平展，基部圆柱形。分布于意大利北部、斯洛文尼亚和瑞士南部。

②巴纳特芍药（subsp. *banatica*）　叶裂片11~24枚，宽2~4.5cm，无毛或微被毛。分布于巴尔干（波斯尼亚和黑塞哥维那、匈牙利南部、罗马尼亚西南部和塞尔维亚）。

③毛叶荷兰芍药（subsp. *huthii*）　叶裂片35~130枚，叶背常被毛。分布于意大利西北部和法国的东南部和南部。

④意大利芍药（subsp. *italica*）　叶裂片19~45枚，全裂，叶背面被毛平展。分布于意大利中部、克罗地亚和阿尔巴尼亚北部。

⑤矮荷兰芍药（subsp. *microcarpa*）　茎秆通常光滑无毛。分布于葡萄牙、西班牙、法国西南部。

32.1.3 北美芍药组 Sect. *Oneapia*

该组2个种：

（1）北美芍药（*P. brownii*）

根纺锤形。茎高15~48cm。下部叶具9小叶，每个小叶具有多个节段，每个节段具有多个裂片。每枝着花1~4朵，下垂；萼片3~5枚，大小大于花瓣；花瓣红棕色或棕紫色，边缘常黄色，短于萼片；花盘肉质；心皮多为5枚。2n=10。分布于美国西部。

（2）加利福尼亚芍药（*P. californica*）

根稍梭形加厚。茎高40~70cm，全缘。下部叶三出，偶尔近二出，小叶3枚；每个小叶有3个或多个节段，每个节段有两个或多个裂片，裂片线形到披针形，通常锐尖。每枝着花1~6朵；萼片3或4枚，圆形，与花瓣同大或稍小；花瓣紫色、暗红色、暗紫红色或棕紫色；心皮多为3枚，无毛。2n=10。分布于墨西哥下加利福尼亚州北部和美国加利福尼亚州南部。

32.2 品种资源

32.2.1 品种数量

根据中国花卉协会牡丹芍药分会2015年的调查统计，美国牡丹芍药协会（APS）牡丹、芍药品种国际登录的统计资料及相关文献的分析，各地牡丹、芍药品种数量如下：①中国牡丹品种1345个（2015年年底）；②世界牡丹品种2500个以上（包含中国品种，日本品种350个，亚组间杂种800个）；③中国芍药品种400个；④世界芍药品种6100个（含中国芍药品种，欧美培育的中国芍药品种群品种4500个，杂种芍药品种1200个）；⑤牡丹、芍药组间杂种200个。全世界牡丹、芍药品种总数在8800个以上。

32.2.2 品种系统

根据近年来的研究结果，结合牡丹、芍药育种工作进展，对牡丹、芍药栽培类群的划分做了如下整理：首先按照芍药属内亚组或组的起源将所有的品种划分为五大品种系统，然后按照种的起源，结合地域分布、生态习性等特点进行品种群的划分。具体如下：

32.2.2.1 普通牡丹品种系统

这类品种包括牡丹组革质花盘亚组内的种间或种内杂交后代形成的所有品种。从种的起源上看，该类品种由以下几个栽培类群组成。

（1）普通牡丹栽培类群

由栽培种普通牡丹（*Paeonia suffruticosa*）发展演化而来的栽培类群。该类群的起源种为矮牡丹、紫斑牡丹、杨山牡丹和卵叶牡丹。在不同地区先后形成4个品种群：

①中原牡丹品种群（*Paeonia suffruticosa* Central Group）这是栽培牡丹中最早形成的品种群，其历史悠久，品种众多，花色、花型及其他园艺性状变异也最丰富，对国内外其他地区牡丹品种群形成有着重要而深刻的影响。该品种群品种数量约800个。

②江南牡丹品种群（*Paeonia suffruticosa* Southern Yangtze Group）中原牡丹品种南移，经长期驯化栽培，形成适应江南一带湿热气候的品种类群。该品种群有杨山牡丹后代如'凤丹'的深刻影响。

③西南牡丹品种群（*Paeonia suffruticosa* Southwest Group）中原牡丹品种向西南一带引种，经长期驯化栽培，实生选育形成的品种群。也有其他栽培类群如西北牡丹、江南牡丹的深刻影响。

④日本牡丹品种群（*Paeonia suffruticosa* Japanese Group） 中国中原牡丹品种引种国外，首先在日本经长时间的驯化栽培、实生选育等，形成了适应日本海洋性气候、具有日本特色的品种类群，即日本品种群。日本牡丹在中国和世界各地有较多引种。

中原牡丹品种和日本品种先后引种到欧洲和美国，通过驯化栽培和实生选育，也形成了适应各地气候条件的品种类群。但总的数量不多，影响不大。可酌情划分欧洲亚群、美国亚群等。

（2）紫斑牡丹栽培类群

该类群是指由紫斑牡丹（*P. rockii*）直接发展演化形成的品种系列。在国内主要是由亚种太白山紫斑牡丹（*P. rockii* subsp. *atava*）形成的西北牡丹品种群（*Paeonia rockii* Northwest Group）。该品种群又称紫斑牡丹品种群。该品种群主要分布于甘肃中部及其周边地区，因花瓣基部具有丰富多彩的色斑而闻名于世，特色鲜明。该类群品种数量约400个。

西北紫斑牡丹品种引种东北，经长期驯化、实生选育，正在形成更耐寒的东北亚群。

紫斑牡丹品种引种欧美已有近百年历史。并分别形成了所谓的美国类型（US form）和英国类型（UK form），前者花瓣平展，数量较少；后者花瓣增多，边缘多皱（Smithers，1992；成仿云，2005）。20世纪90年代中国紫斑牡丹又有较大规模的向外输出，欧美各地常有新品种育出，应为紫斑牡丹的欧美亚群。

（3）杨山牡丹栽培类群

杨山牡丹（*Paeonia ostii*）的栽培类群通常被称为凤丹牡丹。它参与了中原牡丹品种群和江南牡丹品种群的形成。由于长期作药用栽培，较少从观赏角度选育与繁育品种，因而其直接演化的品种类型不多。但'凤丹'分布范围很广，而且随着油用育种与观赏育种的加强，品种正在不断增多。该类群目前可归类为凤丹牡丹品种群（*Paeonia ostii* Fengdan Group）。

32.2.2.2 牡丹组亚组间杂种品种系统

这类品种包括牡丹组内肉质花盘亚组的种与革质花盘亚组的种（或品种）间的所有杂交后代。这类品种的产生不过100余年，目前已有两个类群的分化，即普通杂交系与高代杂交系的区分。在美国牡丹芍药协会（APS）的国际牡丹品种登录表中，该类群被划为黄牡丹杂交系（Lutea Hybrid Tree Peony Group）。该类群仅划分一个品种群：牡丹亚组间杂种品种群（*Paeonia* Intersubsectional Hybrid Tree Peony Group或*Paeonia* Lutea Hybrid Tree Peony Group）。该品种群品种数量已超过800个。

32.2.2.3 中国芍药品种系统

这是由芍药（*P. lactiflora*）独立驯化形成的芍药品种类群。该类群最早在中国被驯化栽培，其栽培历史可能超过2000年，并在中国形成众多栽培品种。该类品种一般多具有侧蕾，花期集中在5~6月，花色以粉、紫、白色为多。

中国芍药品种在19世纪初（1805年）被约瑟夫·班克斯（Joseph Banks）引至英国，并以引进品种为亲本育出一批优良品种，如'查理白'（'Charlie's White'）、'朱尔斯·埃利先生'（'Mons. Jules Elie'）、'内穆尔公爵夫人'（'Duchesse de Nemours'）、'莎拉·伯恩哈特'

('Sarah Bernhardt')、'冰沙'('Sorbet')、'塔夫'('Taff')、'堪萨斯'('Kansas')、'卡尔·罗森菲尔德'('Karl Rosenfield')、'奶油碗'('Bowl of Cream')、'粉红宝石'('Pink Cameo')等。这些品种均为国际市场非常流行的切花品种，很多也是重要的育种亲本。

该类群下目前仅划分一个品种群，即中国芍药品种群（*Paeonia* Lactiflora Group）。该类群品种在中国约有400个品种，在欧洲和北美洲有超过4500个品种。

在中国芍药被引种到欧洲前，当地有药用芍药（*P. officinalis*）较早被驯化栽培，并育出部分品种，但总体数量不多，影响不大。

32.2.2.4　杂种芍药品种系统

所谓杂种芍药是指芍药组内由两个以上野生种（或种下的品种）参与杂交形成的所有品种。这类品种基本上植株高大，单茎单花，花期早（集中在4月中旬至5月下旬），花茎粗壮，花朵以单瓣、半重瓣为主，但花色艳丽。

该类品种首先兴起于欧洲，是在中国芍药品种的基础上形成的。当中国芍药引入英国后，育种家将其与欧洲原产的野生种杂交，从而使杂种芍药在欧洲大陆兴起。1863年英国Kelwey芍药苗圃育出了第一个杂种芍药品种，以后育种队伍扩大，并波及北美。美国育种家桑德斯育出杂种芍药品种180余个，成果丰硕。参与该品种系统形成的欧洲芍药种主要有药用芍药、细叶芍药（*P. tenuifolia*）和欧洲芍药（*P. peregrina*）等。根据杂交世代，目前有两个类群的划分，即普通杂交系与高代杂交系。

该类品种目前仅划分为一个品种群，即杂种芍药品种群（*Paeonia* Herbaceous Hybrid Group）。主要分布于欧洲和北美洲，国内近年来有大量引种，发展切花栽培。该品种群品种数量已超过1200个。

32.2.2.5　牡丹芍药组间杂种品种系统

这类品种包含由芍药组内的种（或品种）与牡丹组内的种（或品种）之间的所有杂交后代形成的品种。从1974年第一批品种正式在APS登录以来，这类远缘杂交品种因具有顽强的生命力而不断得到发展。由于这类品种首先由日本伊藤东一育出而称为伊藤杂种、伊藤杂交系。该类群目前仅划分为一个品种群，即牡丹芍药组间杂种品种群（*Paeonia* Intersectional Hybrid Group 或 *Paeonia Itoh Group*）。该类群品种数量现阶段不超过200个。

芍药属野生种与栽培品种类群的对应关系可参见表32-1所列。

32.3　起源演化及品种分类

32.3.1　芍药属野生类群起源与演化

分子系统学研究表明，芍药属（科）属于核心真双子叶植物，是虎耳草目的成员之一。对该属植物的系统发育分析结果（Zhou et al., 2020）认为，泛喜马拉雅地区是芍药属木本和草本类群的孑遗分布区，是该属植物的诞生地。基于分子钟计算结果，芍药属从虎耳草目中分化出来的时间约为距今78.24Ma（百万年）的白垩纪。属内木本类群和草本类群分化的时间约为28Ma（早第三纪渐新世）。值得注意的是，木本和草本类群分化形成期正是喜马拉雅地区

表 32-1　芍药属野生种与栽培品种群对应表

组	亚组	种	品种群	品种类群	品种系统
牡丹组（Sect. Moutan）	革质花盘亚组（Subsect. Vaginatae）	牡丹（P. suffruticosa）	中原牡丹品种群（Paeonia suffruticosa Central Group）	普通牡丹栽培类群	普通牡丹品种系统
			江南牡丹品种群（Paeonia suffruticosa Southern Yangtze Group）		
			西南牡丹品种群（Paeonia suffruticosa Southwest Group）		
			日本牡丹品种群（Paeonia suffruticosa Japanese Group）		
		杨山牡丹（P. ostii）	凤丹牡丹品种群（Paeonia ostii Fengdan Group）	杨山牡丹栽培类群	
		紫斑牡丹（P. rockii）	紫斑牡丹品种群（Paeonia rockii Northwest Group）	紫斑牡丹栽培类群	
		卵叶牡丹（P. qiui）			
		四川牡丹（P. decomposita）			
			牡丹亚组间杂种品种群（Paeonia Intersubsectional Hybrid Tree Peony Group or Paeonia Lutea Hybrid Tree Peony Group）		牡丹组亚组间杂种品种系统
	肉质花盘亚组（Subsect. Delavayanae）	紫牡丹（P. delavayi）			
		狭叶牡丹（P. potaninii）			
		黄牡丹（P. lutea）			
		大花黄牡丹（P. ludlowii）			
			牡丹芍药组间杂种品种群（Paeonia Intersectional Hybrid Group or Paeonia Itoh Group）		牡丹芍药组间杂种品种系统
芍药组（Sect. Paeonia）	多花直根亚组（Subsect. Albiflorae）	芍药（P. lactiflora）	中国芍药品种群（Paeonia Lactiflora Group）		中国芍药品种系统
		多花芍药（P. emodi）			
		白花芍药（P. sterniana）			
		川赤芍药（P. veitchii）			
		新疆芍药（P. anomala）			
		草芍药（P. obovata）			
		美丽芍药（P. mairei）			
	单花直根亚组（Subsect. Foliolatae）	马略卡芍药（P. cambessedesii）			
		科西嘉芍药（P. corsica）			
		伊比利亚芍药（P. broteri）			
		克里特芍药（P. clusii）			
		达呼里芍药（P. daurica）			
		南欧芍药（P. mascula）			

(续)

组	亚组	种	品种群	品种类群	品种系统
芍药组 （Sect. Paeonia）	单花直根亚组 （Subsect. Foliolatae）	黎巴嫩芍药 （P. kesrouanensis）			
		革叶芍药（P. coriacea）			
		阿尔及利亚芍药 （P. algeriensis）			
芍药组 （Sect. Paeonia）	单花块根亚组 （Subsect. Paeonia）	细叶芍药（P. tenuifolia）	杂种芍药品种群 （Paeonia Herbaceous Hybrid Group）*		杂种芍药 品种系统
		欧洲芍药（P. peregrina）			
		药用芍药（P. officinalis）			
		块根芍药（P. intermedia）			
		刚毛芍药（P. saueri）			
		旋边芍药（P. arietina）			
		黑瓣芍药（P. parnassica）			
北美芍药组（Sect. Oneapia）		北美芍药（P. brownii）			
		加利福尼亚芍药 （P. californica）			

注：* 杂种芍药品种群形成的基础是中国芍药品种群，杂交亲本除细叶芍药、欧洲芍药、药用芍药外，其他如达呼里芍药、新疆芍药、多花芍药等一些野生种也参与了该品种群的形成

快速抬升时期，抬升作用创造的丰富地形和环境可能是芍药属分化的重要因素。虽然木本和草本类群可能在渐新世晚期已经分化，但活跃的多样化和随后的迁移发生在中新世，即现存的大多数芍药属物种分化形成的历史都不超过10Ma。木本类群至少发生过一次变异事件，从而形成了泛喜马拉雅地区（肉质花盘亚组）和东亚地区（革质花盘亚组）的分化。草本类群自泛喜马拉雅地区向四周迁移，形成两条明显的迁移路线：一部分向东迁移到东亚，然后通过白令海峡迁移到北美地区；另一部分向北迁移到中亚，然后进一步向西迁移到西亚和欧洲。此外，还可能存在一支类似于草芍药（P. obvata）的支系直接向西迁移到西亚和欧洲。

上新世晚期和更新世早期的欧洲，经历了多次冰期与间冰期循环，迫使沿着北部线路到达欧洲的具有块根的芍药（P. tenuifolia）向南迁移到地中海地区，与当地的物种（P. daurica 和 P. obvata）发生杂交并多倍化，产生了8个四倍体物种（如 P. officinalis），还有不少种下四倍体类型。

距今12Ma前，革质花盘亚组内又出现了一次分化，在7.16Ma～2.0Ma有不少新物种形成，从而形成了东西分布的两群：西部群包括四川牡丹、紫斑牡丹（原亚种西部居群及太白山紫斑牡丹）以及有可能为四川牡丹与栽培牡丹杂交种的圆裂四川牡丹；东部群包括紫斑牡丹（原亚种东部居群）、矮牡丹、卵叶牡丹等。在牡丹组内，肉质花盘亚组是较为原始的类群。该类群随地势抬升及气候剧烈变化而不断垂直迁移，从而加剧了遗传分化，并使其仍处于活跃的物种形成过程中。

32.3.2 牡丹栽培类群形成及其起源

牡丹由野生到家生，由药用而至观赏栽培，逐渐形成了一个分布相当广泛的栽培群体。在中国，牡丹的药用已有逾2000年的历史；作为观赏植物栽培，也已逾1600年。根据史料记载分

析，牡丹品种的形成约始于唐代，并开始进入宫苑，这是牡丹观赏栽培的一个重要转折。唐代首都长安牡丹栽培极盛，对全国牡丹的发展产生了相当重要的影响。在良好的栽培条件下，牡丹花色、花型开始产生各种变异。此后，经宋至明清，牡丹栽培中心虽有变化，但都集中在黄河中下游。这是中国牡丹栽培类群发展演化的一条主线。除了主要栽培中心外，全国各地还形成了一些次要栽培中心。在主要中心和次要中心之间，一方面有着程度不同的品种交流；另一方面，又各自独立地发展。以不同种源为基础，在不同生境条件下，形成了既有明显区别又有一定联系的几个栽培类群：中原品种群、西北品种群、江南品种群和西南品种群。

中国中原牡丹于7世纪引至日本，经过长期的驯化改良，形成了别具特色的日本牡丹品种群。其次是欧洲（主要是英、法）和美国的引种，通过驯化与杂交育种（主要是应用黄牡丹、紫牡丹分别与中国中原牡丹与日本牡丹进行杂交选育），形成了牡丹亚组间杂交系品种群。此外，这些地区也有少量由中国中原品种引种驯化及实生选育形成的品种。

根据各品种群遗传背景及相关性状分析，牡丹品种的形成可以分为单元起源和多元（杂交）起源，或在单元起源的基础上，进而为品种间或品种群间的杂交起源。早期原始品种的形成主要是单元（种）起源，也有少数为多元（种）起源；而品种群的形成，则可以是单元起源，也可能是多元起源。参与中国牡丹品种形成的祖先种主要是革质花盘亚组中的几个种，依次为矮牡丹（*P. jishanensis*）、紫斑牡丹（*P. rockii*）和杨山牡丹（*P. ostii*），卵叶牡丹（*P. qiui*）的影响较小，而四川牡丹（*P. decomposita*）目前还没有发现对栽培类群的种质渗入（李嘉珏，1998）。肉质花盘亚组中，紫牡丹（*P. delavayi*）和黄牡丹（*P. lutea*）等于1900年前后首先在欧美育种上得到应用。而在国内，直到20世纪90年代黄牡丹和紫牡丹才开始在育种上应用，2005年前后开始有亚种间杂种产生。总的来看，大部分品种群属多元起源，属单种起源的纯系已经很少。野生原种与各品种群的关系如图32-1所示（李嘉珏，1998，1999，2005）。

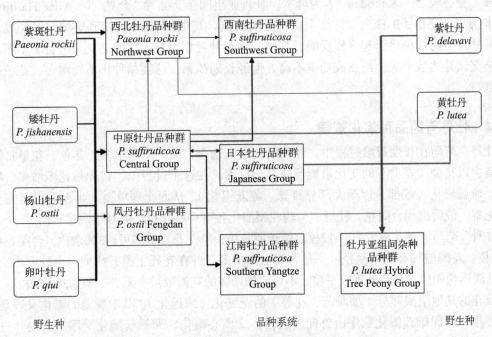

图32-1 野生牡丹与中国及世界各地栽培牡丹的相互关系

32.3.3 芍药栽培类群形成及其起源

中国芍药栽培早于牡丹。如按宋代虞汝明《古琴疏》记述推论，芍药栽培约始于帝相元年（前1936），至今已逾3900年的历史。不过宫苑中的观赏栽培较为普遍则在魏晋南北朝时。唐代重牡丹而轻芍药，但宋代起，芍药有较大发展，形成不少观赏品种，花色、花型有着丰富的变化。由于栽培芍药主要由芍药（*P. lactiflora*）演化而来，全国各地芍药品种虽有某些差异，但目前还没有发现栽培类群的分化。

欧洲芍药栽培约始于12世纪，开始栽培南欧原产的药用芍药（*P. officinalis*），并培育出一些园艺品种。15世纪育出重瓣品种，如'Albicans'（白花，重瓣）、'Rosea'（深粉色）、'Rubra'（鲜红色）、'Anemoneflora'（白头翁花）等。有些品种花期较早，植株普遍较矮小。19世纪初，中国芍药优良品种引入欧洲，其华丽优美的花容，使欧洲原有的药用芍药品种黯然失色，从而引起巨大轰动。美国栽培的中国芍药约于1806年由英国传入，1830年已栽培许多园艺品种，1904年正式成立美国芍药协会（https://americanpeonysociety.org），随即开展了品种整理工作。从此，欧洲各国及美国以巨大的热情倾注于芍药新品种选育，并以中国芍药优良品种为亲本进行杂交，取得明显成效。近百余年来，芍药切花逐渐在欧美流行，并筛选出了部分花梗粗壮适作切花的中国芍药品种群的品种。伴随中国芍药品种在欧美的流行，当地的育种家充分利用中国芍药品种群的品种与芍药组的其他种进行杂交，取得了重要成就，并形成了杂种芍药品种群。杂种芍药的出现极大地丰富了原有芍药品种，出现了珊瑚色、香槟色、黄色等新花色的芍药品种。

长期以来牡丹和芍药因为亲缘关系较远，其杂交一直被认为是不可能实现的梦。前期育种者也做了大量的尝试但均以失败告终。1948年，日本园丁伊藤东一（Toichi Itoh）以白花芍药品种'花香殿'（'Kakoden'）为母本，牡丹亚组间杂交品种'金晃'（'Alice Harding'）为父本杂交，获得了9株主要特征类似牡丹的后代。其中4个品种被带到美国登录和展示后在欧美牡丹芍药育种界引起强烈反响，其中一些育种者相继投入组间杂交并进行了不懈的努力，杂交试验达数千次，虽然成功率不高，但经长期积累，这类品种仍不断增多，花色进一步丰富。

32.3.4 牡丹芍药品种演化规律

牡丹、芍药在长期栽培过程中，经不断的人工选育，品种不断增多，花色、花型日渐丰富。其中以花朵（花型）的变化最能反映演化过程。在这个过程中，首先是花瓣增多，继而雄蕊、雌蕊瓣化（或部分以至大部分雄蕊、雌蕊退化），从而出现单瓣、半重瓣以至完全重瓣的花型，最后出现台阁花。牡丹、芍药花型演化各有一些特点，但基本规律相同。

牡丹、芍药原种花瓣数为5~12枚，经长期栽培，单花花瓣最多可达300余枚，台阁花可达880余枚。花瓣增加有两条途径：一是花瓣自然增多，并在花托上整齐排列，由外向内变小，但内外瓣形状相似，花朵外观较平整，不过自然增多的花瓣数量有限，一般为30~50枚。二是雄蕊及花的其他组成部分（如雌蕊、花萼）的花瓣化（或退化）。其中雄蕊的瓣化又表现为：①向心瓣化，即雄蕊瓣化顺序由外向内进行；②离心瓣化，即雄蕊瓣化顺序由内向外进行；③双向式瓣化；④不规则瓣化。其中以离心瓣化为主要表现形式。由于花朵中心部分雄蕊先瓣化且大多瓣化较完全，大部分楼子类花型全花呈高耸状。依这两条途径形成了花型演进中的两个系列：以花瓣自然增多为主兼有雄蕊向心瓣化方式形成千层类花型，其单花亚类依次有荷花型、菊花型、蔷薇型；以雄蕊离心瓣化为主形成楼子类花型，其单花亚类依次有金蕊型、托桂型、皇冠型、绣球型。另有金心型、金环型等过渡花型。不过，两个系列并非截然分离，中间存在一定的联系。

在品种演化过程中，最后出现由二花乃至数花相叠形成一朵台阁花的现象。最新的研究表明，牡丹、芍药台阁花的形成是雌蕊极度增多并异形化发育的结果（廉永善，2005；李嘉珏，2006）。每一个单花花型都有可能演化成相应的台阁花。目前易见的主要是以下6个花型：相应于千层台阁花亚类的荷花台阁型、菊花台阁型及蔷薇台阁型；相应于楼子台阁亚类的皇冠（彩瓣）台阁型、分层台阁型及球花台阁型。台阁花与单花往往不易区别，需注意解剖花部结构，根据雌蕊（或瓣化瓣）、花盘（房衣）出现的轮数加以判断。

由于以往人工选育过程中，天然杂交占主导地位，往往出现一些花型杂乱的品种，或某些品种表现为中间性状的花型。在今后的育种工作中，应从亲本选择开始加以注意。

32.3.5 品种分类

牡丹芍药品种分类有多种方法，最常用的方法一是按花色分类，二是按花型分类。由于花型分类能够反映品种演化过程中的基本规律，因而应用较多。不过，由于花色最为直观，又是传统的分类方法之一，从实际出发，花色与花型的分类应该结合运用。除此以外，按花期早晚可将品种分为早花、中花、晚花3类，按观赏品质、繁殖难易等性状进行分级分类，对于育种实践和商品营销也有重要意义。

根据陈俊愉花卉品种二元分类法对牡丹、芍药品种进行的分类研究已取得重要进展。牡丹、芍药花型演进中虽有一些差异，但有着许多共同的特点，因而趋向于将二者结合考虑。根据近年芍药属植物分类和品种分类研究进展，提出如图32-2所示牡丹芍药品种分类系统（李嘉珏，2023）。该分类系统中，一级、二级分类单元是以植物学分类中"组""亚组"和"种"的起源为基础的。该分类系统有以下几点应予注意：①由于频繁的品种交流及更多的原始育种材料参与新品种培育，使得各品种群的起源日趋复杂化，实际应用中难以区分纯系与杂交系，因而该分类系统中没有细分。②台阁品种在中国牡丹、芍药品种中已占很大比重，但由于台阁花在外观上仍类似于单花，需仔细观察才能鉴别；同时由于台阁花的表现因品种、生境、栽培措施的不同常呈现不稳定状态，在简化花型以便于应用的前提下，台阁花仅区分千层台阁型与楼子台阁型两个基本型，其余类型均做亚型处理。③分类系统中的金心型仅见于牡丹品种，是雄蕊向心瓣化的表现形式。有关牡丹芍药花型，请参考有关文献，这里不再赘述。

32.4 育种目标

育种目标的确定是牡丹、芍药品种改良工作的首要任务和第一个关键环节。近年来，芍药属植物特别是牡丹生产已从单纯观赏转向果（油）用、药用、保健用与观赏结合，从而引起了育种目标与方向的重要变化。

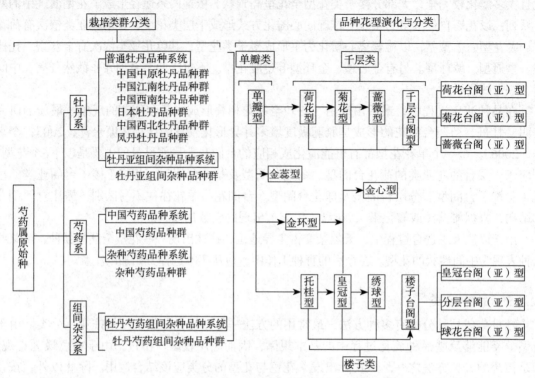

图32-2 牡丹、芍药品种分类系统示意图

32.4.1 提高产量与品质

对于果（油）用、药用、香料等品种培育而言，产量与品质都很重要。如果仅就观赏品质的提高来说，则以下性状的改良仍需给予关注：

（1）丰富花色

牡丹、芍药品种经过长期选育，已形成9大色系，但我国各牡丹栽培品种群中以粉色、红色占绝大多数。如对菏泽549个品种的调查，粉色占15.9%，红色占33.4%，紫红色占19.4%，其他各色品种所占比例都低于9.1%；甘肃兰州新选育的500多个紫斑牡丹品系中，白色占21.0%，粉色占25.7%，红色占19.7%，其他各色所占比例均低于9.9%。中国现有牡丹、芍药品种中，花色相差悬殊，并且还缺乏真正的绿色和蓝色品种。丰富花色仍然是重要任务。

（2）延长花期

牡丹花期较短，也较集中。芍药花期比牡丹稍长，但仍然需要延长。选育单株花期较长的品种，增加早花、晚花品种数量，不仅可提升观赏价值，同时也可以提升商品价值和经济价值。

（3）色香兼备

牡丹、芍药栽培品种多有程度不同的香味，但花香怡人的品种数量有限，需要培育花色更为艳丽，花型更为丰富，香味怡人、开花容易的新品种。

32.4.2 增强抗逆性

（1）增强耐寒性、耐湿热性

选育耐寒、耐湿热性强的品种，是牡丹芍药北进南移、扩大栽培范围的关键。

（2）增强抗病虫害的能力

牡丹、芍药中心产区病虫害有日趋严重的倾向。由于多种病虫害的侵袭，降低了其观赏品质和药用价值，常给生产带来很大损失，需要加强抗病虫害品种的选育。

32.4.3 改良生产性状

（1）加强特色品种选育

包括牡丹芍药催花品种、切花品种和盆栽品种的选育，多次开花牡丹芍药品种、药用品种、油用品种以及花油兼用品种的选育等。

（2）提高繁殖能力、缩短实生苗开花年限等

牡丹、芍药实生苗生长缓慢，一般需4~5年及以上才能正常开花，育种周期长。需要选育繁殖容易、实生苗开花早的品种。

32.5 花色及其他性状的遗传

杂交育种成败的关键，在于根据性状遗传规律科学地选配亲本。迄今为止，对牡丹芍药性状遗传规律的研究和总结都很不够。

32.5.1 牡丹、芍药的花色素

植物色素通常分为类胡萝卜素、类黄酮、生物碱类和叶绿素四大类。芍药属植物除个别花瓣带绿色的种（如'黄牡丹'）或品种（如'豆绿'等）含有叶绿素外，大多数种类花瓣中含有的色素属类黄酮化合物，包含花青苷、黄酮苷、黄酮醇苷、查耳酮苷4类。目前已从牡丹野生种及近400个品种的花瓣中检测、鉴定（推定）了48种类黄酮结构，其中花青苷12种，黄酮苷11种，黄酮醇苷24种，查耳酮苷1种（李崇晖，2010；Ogawa et al., 2015；Zhang et al., 2017）。此外，从滇牡丹黄色类群（即黄牡丹）中检测出14种类胡萝卜素物质（邹红竹 等，2021）。

对芍药组植物花瓣色素的研究报道较少。钟培星等（2012）从芍药（*P. lactiflora*）中检测到6种花青苷、4种黄酮苷、15种黄酮醇苷，并大多为首次发现。综合此前报道，芍药中已发现11种花青苷。

32.5.1.1 牡丹野生种的花色素构成

革质花盘亚组野生种的花瓣色素组成中，花青苷以芍药花素（Peonidin，简称Pn）型和矢车菊（Cyanidin，简称Cy）型色素为主，天竺葵素（Pelargonidin，简称Pg）型色素含量很低；其主要的糖苷类型是3,5-二葡糖苷（3,5-diglucoside，简称3G5G）型和3-葡糖苷（3-monoglucoside，简称3G）型。黄酮苷和黄酮醇苷类色素以芹菜素（Apigenin，简称

Ap）型和山奈酚（Kaempferol，简称Km）型色素为主，不含查耳酮；糖苷类型以7-葡糖苷（7-monoglucoside，简称7G）型为主，3,7-二葡糖苷（3,7-diglucoside，简称3G7G）次之（Li et al.，2009）。

肉质花盘亚组中有的种类花色变异丰富，花青苷类型为Pn+Cy型，不含Pg型色素；其他类黄酮苷类色素以槲皮素（Quercetin，简称Qu）型、异鼠李素（Isorhamnetin，简称Is）型和查耳酮苷类为主，Km型、Ap型色素含量低；糖苷类型以3G7G型和3Galloy（没食子酰）1G为主。大花黄牡丹不含花青苷，主要含有3种黄酮醇苷（Km3G7G、Km3G 和Ap7Neo）（曾秀丽 等，2012）。

从黄牡丹的花瓣中检出α-胡萝卜素、花药黄质、番茄红素等14种类胡萝卜素类物质，其中以叶黄素和八氢番茄红素含量最高。

32.5.1.2 芍药野生种的花色素构成

在芍药（*P. lactiflora*）野生种中检测出6种花青苷，在其他芍药种中还发现5种，共11种花青苷；其中5种（Cy3G5G、Pg3G5G、Cy3G、Pg3G、Pn3G）与牡丹相同。芍药花青苷主要成分为Pn3G5G，约占其花青苷总含量的93.93%。芍药含有4种黄酮苷、15种类黄酮苷，前者有2种（Km3G、Km3G7G），后者有6种（Qu3G5G、Is3G7G、Qu7G、Qu3G、Km7G、Is3G）与牡丹相同。芍药类黄酮的主要成分为Km3G，约占其总类黄酮含量的48.78%。

32.5.1.3 牡丹栽培品种各色系的花色素构成

栽培品种各色系的类黄酮组成特点如下：

①红色系　绝大多数花青苷以Pg型色素为主，其中Pg3G5G的含量最高，其次是Pg3G，Cy和Pn型色素含量较低。黄酮和黄酮醇类中，Ap和Km型的7G型和3G7G型糖苷是主要的呈色色素。Hosoki（1991）认为Pg3G是日本牡丹呈现鲜红色的主要因素，而牡丹鲜红色花需要Pg3G的含量高，同时要求黄酮苷、黄酮醇苷的含量低（Sakata et al.，1995）。

②淡紫红色系　花青苷以Pg3G5G和Pn3G5G为主，且大部分品种中Pg型色素含量较高。Ap型和Km型糖苷占绝对优势，且主要以7G型糖苷为主。

③紫红色系　大部分品种中花青苷以Pn3G5G为主，Cy3G5G次之，少部分品种中以Pg3G5G为主。Ap型和Lu型的糖苷含量较高，7G型糖苷为主。

④紫色系　包括淡紫红色和淡紫色品种，花青苷中Pn3G5G含量最高，Pg3G5G次之，Cy型色素含量较少。Ap型糖苷含量最高，其次是Km型糖苷，且以7G型糖苷为主。

⑤黄色系　花瓣的非斑部分不含花青苷。Ap型苷类含量最高，其次是查耳酮苷，随后是Km型苷。色斑中含有Pn型和Cy型花青苷。

⑥白色系　大部分品种花瓣中未检测到花青苷，但有一定的呈色反应，这与其含有无色或呈淡黄色的黄酮或黄酮醇有关。

牡丹盛花期各类花色的深浅与花瓣中总黄酮含量高低密切相关。

32.5.1.4 西北牡丹品种斑与非斑部分的花色素构成

在西北牡丹品种中，色斑部分与非斑部分的花青素成分一致，分别为Pn3G5G、Pn3G、

Cy3G5G 和Cy3G，而红色系品种的主要成分为Pg3G5G。但斑和非斑部分中的花青素含量存在差异，色斑部分的花青素含量明显高于非斑部分，以Cy型色素为主，3G型糖苷占主导，而非斑部分则以Pn型色素为主，主要糖苷类型为3G5G型（Zhang et al., 2007）。

影响牡丹花色的因素很复杂，花青苷、查耳酮苷、黄酮苷和黄酮醇苷都对花色表型有不同程度的贡献，但还缺乏深入的研究。

32.5.2 花色遗传与育种

花色的遗传是个相当复杂的问题。实际上，亲本遗传给后代的是色素而非颜色，或者说，是控制色素种类、含量及其分布，控制细胞液酸碱度以及使生成助色素等的基因。在花色育种中，有以下几点值得注意：

①一般由单一原种培育并且园艺化不高的品种系列，花色较为单纯，如'凤丹'牡丹品种；而由多个原种培育园艺化程度高的品种系列，花色较为丰富，如中国中原品种系列。其中一些优良品种常用作改良其他品种群的原始材料。

②培育某些特殊花色的品种，只有采用具有这种花色的原种进行种间杂交，然后在其杂交后代中进行选育。借鉴欧美在牡丹育种中应用黄牡丹、紫牡丹的成功经验，今后的花色育种应充分发挥肉质花盘亚组中各个种的巨大潜力。芍药花色育种也是如此，其中黄色芍药品种的选育，既与黄花芍药的应用有关，也与黄牡丹色素基因的导入有关（如Itoh杂种）。

③在分析色素组成的基础上进行亲本的选择与组合。根据花色素组成的分析，不同起源（包括种源与产地）的品种（群）间色素组成有所不同，不同色彩的品种之间色素组成也有差异。这样，在花色育种中，为了育出鲜红色牡丹品种，作为育种亲本，高的Pg3G色素含量和低的助色素化指数（即指共色作用Co-pigmentation指数，等于类黄酮色素量/花青苷色素量，指数越大紫色越明显）是必要的。因为在中国牡丹中Pg系的Pg3G色素含量高的品种没有，有必要引进一些Pg3G色素含量高的日本牡丹（如'芳纪''新岛辉''红辉狮子'等）作为育种亲本。若能将其Pg3G色素生成基因导入'罗汉红''胭脂红'等品种中，通过品种间相互杂交和回交，有可能在F_2选育出更鲜红的牡丹品种。由于西北牡丹不含Pg系色素，要想育出鲜红色或红色的品种，需要导入中原牡丹或日本牡丹的Pg3G5G色素生成的基因。关于鲜紫色品种的选育，由于要求育种亲本具有高的Pn3G5G含量和高的助色素化指数，在这种情况下，一是选择中国牡丹'茄蓝丹砂''赵紫''宫样妆''红馨''东方锦'等作为育种亲本；二是引进日本牡丹'丰丽''八云'等高色调的紫色品种作育种亲本。

32.5.3 中国西北牡丹性状遗传初步研究

在中国西北（甘肃）品种群（紫斑牡丹品种群）长期育种实践中，对某些性状的遗传进行了初步总结（陈德忠、李嘉珏，1995）。

32.5.3.1 紫斑牡丹品种群内品种间杂交后代的性状遗传

①花色　以红色品种作母本，白色品种作父本时，F_1中红色占35%，粉红和雪青色（淡蓝色）占40%，白色占25%，其比率为3.5∶4.0∶2.5。以白色品种作母本，红色品种作父本时，后代中45%为白色，40%为淡蓝色和粉色，15%为红色，比率为4.5∶4.0∶1.5。从F_1的表型可

以看出，紫斑牡丹的花色遗传受母本影响较大，白色遗传力较强。

②花型　以单瓣品种为母本与重瓣品种杂交，F_1中65%为单瓣，20%为半重瓣，15%为重瓣。以重瓣类品种为母本，单瓣类品种为父本时，F_1中30%植株为单瓣，40%为半重瓣，30%为重瓣。可见紫斑牡丹花型性状的遗传与花色一样，受母本影响，且单瓣遗传性较强。另外，单瓣类品种间杂交，F_1中单瓣类型约占75%，重瓣及半重瓣类约占25%，其比率为3∶1，符合孟德尔的分离定律。说明重瓣性状趋向于隐性，可能受单基因（或少数主基因）控制，所用的亲本实际上为杂合体。

32.5.3.2　甘肃紫斑牡丹（品种群）×中原牡丹（品种群）

在杂种F_1随机抽样，对株高、株型、叶型、花色、紫斑等性状进行了调查，结果显示，株高偏母本的占26.7%，偏父本的占21.5%，中间型占50.8%；株型偏母本的（直立）占67.0%，偏父本的（开张）24.8%，中间型占8.2%；叶型偏母本的占57.5%，偏父本的占8.4%，中间型占34.1%；花色中白色占41.0%，红色占30.5%，粉色占16.2%，淡蓝色占8.5%，复色占2.9%，紫色占0.9%；花型中单瓣类占69.4%，半重瓣占10.0%，重瓣类占20.6%；紫斑类型中黑紫斑占69.3%，棕色斑占20.50%，棕红斑占10.2%。可以看出，以紫斑牡丹品种作母本与中原牡丹品种杂交，其后代表现多偏向于前者，这不仅与紫斑牡丹的母本影响有关，也表明紫斑牡丹各性状的遗传力均较强。紫斑牡丹品种花瓣基部均有黑紫斑，而中原牡丹仅有31%的品种有紫红斑，其F_1中均有斑，且以黑斑或黑紫斑占多数，说明黑斑遗传力极强。在这些杂交组合中，可选出兼有双亲优良性状，色彩艳丽，观赏价值高的品种，如'光芒四射''柔情似水'等。

32.5.4　牡丹亚组间杂交后代性状遗传

对部分牡丹亚组间杂交后代性状遗传进行观察分析（郝津藜 等，2014），初步得到以下结果：

（1）不同杂交组合F_1观赏性状遗传趋势

①花色　无明显偏父或偏母遗传，但当亲本一方为白色，另一方为非白色时，则F_1多数为非白色，表明白色性状遗传力较弱；而当亲本一方为黄色时，F_1多为黄色或橙色，表明黄色性状遗传力较强。

②花型　随父本花瓣数目及轮数增多，单瓣型母本F_1向高级花型发展。

③色斑　花瓣有色斑相对于无斑呈显性性状。

④花盘与心皮　花盘革质与心皮被毛呈显性性状。

⑤其他　花径遗传有较强的偏母性；叶型遗传表现一定的偏母性，F_1花期偏晚，与革质花盘的花期接近。

（2）同一杂交组合不同F_1的遗传差异

同一杂交组合大多只得到一个F_1，但也有部分组合得到2个或2个以上的F_1，其中黄牡丹（♀）×'日月锦'（♂）组合得到8个F_1。但观察发现，同一杂交组合亲本与子代之间表型差异显著。

①花色 母本为黄色时，子代花色有偏母倾向，但出现了双亲花色的中间色，如橙黄色及少有的香槟色。

②花型 花型遗传偏母本。子代以单瓣型为主，但也出现了双亲之间牡丹的菊花型和蔷薇型。

③分枝与株高 有无侧蕾多随母本，子代株高偏父本，多数较高大。

④其他花部特征 花径均介于双亲之间，约10cm；花期均为10d左右，花盘随父本遗传，均为革质，心皮均被白色茸毛；花盘、花丝、柱头颜色高度相关，三者同色或为相近色。

⑤叶部特征 8个F_1代复叶与革质花盘亚组的亲本相似，叶片大小有增加趋势，仅一个F_1与母本一致，为小型长叶；复叶羽裂回数多为二回，顶小叶均为深裂至全裂；小叶叶型随父本，以卵形为基本型。

32.6 引种驯化与选择育种

牡丹芍药育种方法有多种，其中以选择育种（尤其是实生选种）和杂交育种（尤其是远缘杂交）最为重要。引种驯化是直接丰富各地牡丹芍药品种和育种原始材料的捷径，也是品种改良的基础工作。

32.6.1 野生种质资源引种搜集

世界各国都很重视种质资源的搜集和研究。对我国丰富的芍药属种类，应在摸清家底、加强就地保护的同时，选择合适地点，建立种质资源圃，实行迁地保护；同时搜集世界各地的芍药属植物（包括种与品种），开展系统研究与育种工作。20世纪80年代中期至90年代中后期，中国牡丹专家开始关注牡丹野生种质资源的调查搜集，在摸清家底的基础上建立种质资源圃。先后有李清道（河南洛阳）、李嘉珏、陈德忠、何丽霞、成仿云（甘肃兰州）、赵孝知、赵孝庆（山东菏泽）以及洪涛、洪德元等参与全国各牡丹分布区的调查引种，并首先在甘肃兰州建成了中国第一个野生牡丹种质资源圃。截至1998年，甘肃省林业科技推广站成功搜集引种了牡丹组9个野生种23个居群的材料，并随即开展了亚组间、组间的远缘杂交（李嘉珏，1999，2005），利用这些野生资源相继育出一批远缘杂种（何丽霞 等，2011）。2001年，王莲英等在河南栾川筹建了中国芍药科野生种迁地保护基地，先后成功引种牡丹组所有野生种以及国产芍药组6个野生种，同时开展了亚组间、组间远缘杂交（王莲英 等，2013，2015）。

除兰州、栾川基地外，还有北京林业大学、中国科学院植物研究所、中国林业科学院、中国农业科学院、西北农林科技大学的牡丹芍药研究团队，分别在当地建立了资源圃收集芍药属种质资源，并开展育种工作。

32.6.2 国内外牡丹品种引进

中国国内以及日本、欧美各国对牡丹、芍药品种有过较长的引种栽培与驯化改良的历史，是形成各具特色的品种群的重要基础工作。其中以各地对中国中原牡丹品种群的引种所做的工作最多、时间最长、成就最大。如日本牡丹品种群就是在对中国中原牡丹引种驯化的基础上，结合当地气候特点、群众爱好，进一步加以改良而形成的一个极具特色的栽培类群。近年来，中国西北牡丹（紫斑牡丹）在国内外受到了广泛的关注。

32.6.2.1　中原及西北牡丹的北引与南移

历史上南北各地对中原牡丹都有较多引种，其中在东北各地引种的中原牡丹大多需要防寒越冬，而南方引种的中原牡丹大多难以长期保存，四川彭州、上海、江苏南京、安徽铜陵、湖北武汉以及云南武定的大规模引种都存在同样问题，需要认真总结。江南一带引进以'凤丹'为母本、中原品种为父本的杂交后代表现较好。武汉在20世纪五六十年代曾有十余年引种菏泽牡丹的历史，其中仅有极少数品种能正常生长开花。武汉及江南一带引种中原牡丹有两个关键问题：一是如何度过高温多湿的炎夏；二是避免早期落叶，防止秋发。但根本的措施还在如何选择合适的亲本，通过杂交后代进行驯化改良，选育适合当地条件的品种。

各地对西北牡丹的大量引种始于20世纪90年代中期，通过东北地区广泛的引种，进一步发现大多数西北紫斑牡丹品种耐寒性极强。而在江苏常熟等地，通过改善小气候和改良土壤，大多数西北品种也能在江南正常生长开花。

32.6.2.2　中原一带对各地牡丹的引种

从唐代起，洛阳等地即开始了对全国各地牡丹的引种。据宋代欧阳修《洛阳牡丹记》所载，洛阳牡丹品种除当地（含邻近各县）起源外，还包括山东、陕北（延安、宜川）、浙江（绍兴）等地。可见自古以来，中原牡丹就是全国精品的荟萃。近20年来，菏泽、洛阳又多次从全国各地引进牡丹品种。并在河南洛阳建立了国家牡丹基因库。其中引进最多的是甘肃兰州、陇西一带的西北牡丹，其次为湖北建始、四川彭州。这些牡丹引到洛阳、菏泽大多表现正常。甘肃牡丹在当地花期可延后3~5d。但洛阳市牡丹研究所引进的云南丽江牡丹，则营养生长旺盛，只显蕾，不开花，经摘除部分叶片和生长调节物质处理花蕾，加上其他措施，终于开花。

总结各地引种的实践经验，有以下几点值得注意：①注意原产地与引种地气候、土壤条件的差异，引种与逐步驯化相结合，循序渐进。②苗木引进与采集种子、播种相结合；引种驯化与杂交育种、实生选育相结合。对于有一定抗性的种类直接引进苗木栽植，可大大缩短引种工作进程，但不应忽视近区采种，逐步驯化改良的原则。这对东北地区的抗寒育种与南方的抗湿热育种尤为重要。③注意小气候条件的应用。

32.6.2.3　国外优良品种的引进和利用

在世界范围内，除中国牡丹外，还有日本牡丹、牡丹亚组间杂交种两大品种类群，它们既起源于中国牡丹（包括栽培种和野生种），又具有各自鲜明的特色。引进其中优良品种并加以研究和利用，对于丰富中国牡丹品种资源，探讨牡丹遗传变异规律及其相互关系，均具有重要意义。对于国外品种，民国时期上海、南京等地即有引进。1978年以后，随着与国外交流的增多，牡丹品种的交流逐渐频繁。特别是河南洛阳、山东菏泽与日本主要牡丹产区的品种交流最多，并在2000年前后，河南洛阳引种日本牡丹的规模最大、时间最长。据报道，1999年洛阳从日本岛根县引进晚开品种106个5812株（包括日本及美国、法国的品种），延长整体花期6~10d，成为洛阳牡丹花会后期的一大亮点。2000年再次从岛根县引进56个品种5580株。2008年又一次引进38个品种2635株，60%品种是以前没有引过的新品种，如'紫晃''八云'等。几次累计引进品种162个（李清道 等，2013）。由于2008年后陆续仍有引进，总数在200个左右。2017年前后国外的芍药品种和组间杂种（伊藤杂种）开始被大量引种到国内，主要用于切花生产，引入的品种数量超过300个。这些国外优良品种的引种推广对于丰富中国牡丹芍药品种、延长观赏期、推进切花生产有着重要意义。

32.6.3 芽变选择

芽变选择是获得新品种的重要途径。当牡丹栽培个体受到环境条件、栽培技术以及体内代谢的影响，都有可能发生体细胞突变，进而形成芽变。要经常注意观察，一旦发现优良性状变异，应立即标记，并通过嫁接等方法将其固定。如山东菏泽的'玫瑰红'就是1971年从'乌龙捧盛'的芽变中选育出的新品种，其品质明显优于原品种。1962年以前，洛阳花农也曾从'洛阳红'芽变中选出'关公红''鹤顶红'等品种。日本的复色牡丹品种'岛锦'是从鲜红色牡丹品种'太阳'的芽变中选育出来的。由于牡丹与芍药栽培历史悠久，遗传基础复杂，在大量的栽培品种群体中，往往可以发现某些品种个别单株的株型、叶型、花型、花色、抗逆性等性状的变异现象。将性状优良的单株单独繁殖选育，可望获得新的优良品系（无性系）。

32.6.4 实生选种

实生选育是在天然授粉所产生的种子播种后形成的实生苗群体中，通过反复评选，经单株选择而育成新品种。中国在1960年之前几乎一直采用实生选择育种的方式培育芍药属新品种，规模最大的一次牡丹实生选种由山东农学院的喻衡教授带领菏泽花农在1956—1975年开展，最终获得252个新品种（喻衡，1982）。欧洲和美国在19~20世纪育出的芍药品种大部分也是实生选育获得，如2018年获得APS金奖的品种'Pietertje Vriend Wagenaar'（APS，2018）。实生选种由于持续时间较长，需要在初开花一二年内尽快进行初选，决定去留。掌握初花时的某些性状表现及其发展趋势，可为初选提供依据。根据多年来紫斑牡丹新品种选育的实践，初步提出如下要点（陈德忠 等，1995）：①初开花时，雄蕊多达100枚以上时，以后多是单瓣花；初开花时雄蕊少，花瓣也少的，以后多为重瓣。②初开花时，雌雄蕊已有少量瓣化或变态的，以后逐渐变为重瓣。③花色从初开起，以后极少变化。④有些重瓣品种不易结实，或结实后种子较弱，其实生苗也较弱，但往往是有较高观赏价值的植株。⑤花瓣的大小、多少及香味浓淡与水肥条件、栽培管理条件密切相关。初选时，可根据以上要点，结合预先制定的选择标准，决定去留。

32.7 杂交育种

牡丹、芍药现有品种的遗传组成原来就很复杂，杂交特别是远缘杂交又引起基因重组，因而可以产生全新性状，出现全新类型。尽管杂交育种费工、费时，但仍然是近代牡丹、芍药育种中的一个主要方法。

32.7.1 开花授粉习性

32.7.1.1 开花习性

牡丹芍药花期依栽培地区不同而有较大的差异；即在同一地区，由于春季气温变化，不同年度间常有较大变化幅度。中国芍药品种群的花期一般比牡丹晚10余天，群体花期也比牡丹长。但部分野生芍药和杂种芍药品种群与牡丹晚花品种花期已很接近，部分品种（种）的花期甚至早于牡丹。牡丹单花开花过程可分为初开、盛开、谢花3个阶段。花朵初开是指花蕾破绽露色1~2d后，花瓣微微张开的过程。单瓣类初开期为1~2d，重瓣类为3~4d。此期最明显的特点是雄蕊先熟，初开第1天部分品种已开始散粉，第2天绝大多数品种散粉，少数品种延至第3天。花瓣完全张开标志着进入盛开期，此时花径最大，花型花色充分显现，散发香味，雄蕊干枯，花粉散尽，柱头上分泌大量黏液，时间3~8d，此时为人工授粉的最佳时期。谢花期是指花瓣凋萎脱落的过程，单瓣类一般从第5天开始，重瓣类从第7~9天开始。此时，雄蕊脱落，柱头上黏液减少以至硬化，但少数品种此时开始分泌黏液。

芍药的开花过程与特点与牡丹基本相同，但芍药部分重瓣品种单花期较长，可达11d；群体花期也比牡丹长10~15d。此外，芍药花蕾从露色到初开约需7d。

32.7.1.2 花器构造与传粉特点

芍药属植物为两性花，花器构造并不复杂。雌蕊的花柱很短或花柱与柱头分化不明显，柱头往往向外呈耳状转曲90°~360°，从而使受粉面积增大。柱头受粉面为宽1mm左右的狭长带，表面有明显的乳突（papillae）发育，在进入盛花期时，分泌大量黏液。

牡丹、芍药是典型的虫媒花，主要传粉昆虫以甲虫类和蜂类为主，蝇类为辅。这些昆虫的活动受天气影响较大，在一天之中随温度升高而活动加强，中午达到高峰，此后逐渐减弱，在阴雨天活动很少甚至停止活动。

牡丹、芍药一般为雄蕊先熟。不过按雌雄蕊成熟期的先后，牡丹芍药品种可分为3种类型：第一类为雄先型，即花开后雄蕊随即散粉，而雌蕊成熟滞后。这里又有两种情况：一是花粉散落后次日柱头分泌黏液；二是花粉散落后1~3d，柱头才分泌黏液。大部分品种属后者。第二类为雌雄同熟型，即雄蕊散粉的同时，柱头也开始分泌黏液。总的来看，二者隔离并不完全，仍然具备自交的可能性。第三类为雌先型，如红雨等（2003）在呼和浩特对野生芍药（*P. lactiflora*）和部分栽培芍药的观察发现，芍药花为雌雄异熟、雌蕊先熟。他们观察到引种的各类芍药花药尚未开裂，花粉活力尚低时，柱头已具有过氧化氢酶活性。有的单瓣品种开花后2h即分泌黏液，第5~6天肉眼可辨，且以第6天分泌量最大，第7天柱头变黑变干。而重瓣花有的在开花2d后才分泌黏液，有的一直不分泌黏液。野生芍药与单瓣品种类似，雌蕊分泌黏液在开花后2h开始，第5天最大，第6天柱头变黑变干。另据Schlising（1976）对加州芍药的研究，也认为雌雄蕊成熟期不完全同步，亦为雌蕊先熟。

牡丹、芍药以异花授粉方式为主。据观察，紫斑牡丹栽培品种大多有一定的自交结实率（2%~18%），但都比自然开放授粉结实率低得多，该品种群以异花授粉为主，但自交是亲和的，不过育性已大为减弱（李嘉珏 等，1995）。而中原牡丹品种的自花及同品种内异花授粉完全不育（赵孝知，1992；何丽霞，1995）。芍药品种中自花授粉与同品种间异花授粉也完全不育（何丽霞，1997）。但在杂交育种中，为了避免自花花粉污染，将花粉活力及结实率高的品种用作杂交母本时，应在花朵将开前及早去雄。

32.7.1.3 花粉生活力测定与花粉贮藏

牡丹杂交育种中，父本花粉生活力是决定杂交成败的关键因子之一。在授粉前，宜进行花粉生活力测定。相对于染色法，采用培养基进行花粉萌发率检测来确定花粉活力更为可靠。适宜牡丹花粉萌发的培养基可用10%~20%蔗糖和0.01%~0.02%硼酸配制而成（王玉国 等，2004）。据观察，牡丹花粉萌发力与雄蕊发育情况有关，实生苗的花粉生活力强于长期营养繁殖植株上的花粉。此外，不同品种间也存在明显差异。如单瓣品种'书生捧墨''凤丹白'花粉萌发率高，'紫蝶迎风''紫蝶献金'也较高，而远缘杂种'金帝''金阁'及'正午'（'海黄'）'金东方'则很低。花粉活力一般随贮藏天数的延长而降低，杂交时应随采随用，若用贮藏花粉，则应增加授粉量和授粉次数。花粉贮藏对杂交育种和种质资源保存均具有重要意义。一般室温下5d后牡丹花粉萌发率明显下降，但低温贮藏可延到20~30d。如'书生捧墨''凤丹白'花粉-18℃贮藏23d后萌发率仍高于5%（何桂梅 等，2005）。如果采用超低温法，花粉保存时间还可延长，凤丹系品种有的保存期已超过1年。具体方法：采集花粉后，在室温下干燥，4℃预冻30min（可增强牡丹花粉超低温保存效果）后，液氮保存；如需使用时经30℃温水浴快速解冻，可以保持较高萌发率。大多数品种花粉含水量在7%~11%范围内有良好的保存效果（尚晓倩 等，2004）。

芍药花粉活力在开花1~2d均较高，第3天起单瓣品种开始下降，到第7天达最低；而重瓣品种则从第2天起迅速降低。二者花粉寿命均为7d。野生种花粉活力在开花后6d都很高，花粉寿命可达15d（红雨 等，2003）。芍药花粉同样可以采用低温保存的方法来延长花粉活性。

32.7.2 芍药属种间杂交亲和性

32.7.2.1 牡丹组亚组内的种间杂交

牡丹组内两个亚组间从形态特征到生态习性都有着极为显著的差别。

以革质花盘亚组中的矮牡丹、紫斑牡丹、杨山牡丹与卵叶牡丹等为亲本形成的各品种群内、品种群间的杂交，均表现出较强的亲和性。只要亲本选择得当，也可得到优良新品种。如菏泽在原有的黑色系品种中，采用'黑花魁'דく烟笼紫珠盘'组合，从F_1选出'冠世墨玉'。而'银红巧对''珊瑚台''粉中冠'等新品种则是采用多父本的杂交后代。而以杨山牡丹为主形成的凤丹系品种为母本，以中原牡丹品种为父本的杂交后代，则较耐湿热，是耐湿热育种的重要组合。20世纪90年代以来，洛阳、菏泽等地将中原牡丹与日本牡丹、西北牡丹杂交，也育出一些性状较好的品种。日本牡丹与中原牡丹亲缘关系较近，具有花头直立、花色艳丽而纯正、成花容易等优良性状；西北牡丹具有植株高大、耐寒性强等优点，其中一些优良品种可用作改良中原牡丹的亲本，已在洛阳、菏泽等地取得成效。

肉质花盘亚组内，紫牡丹、狭叶牡丹、黄牡丹为近缘种，这几个种之间以及它们和大花黄牡丹之间已有一些种间杂种育成的报道。野生居群中也有天然杂种（主要是 P. lutea × P.

delavayi 或 *P. lutea* × *P. potaninii*）的存在。但由于杂交后代花朵较小，花色不够艳丽，因而入选品种很少。目前国际上流行的主要还是黄牡丹、紫牡丹与栽培品种间的远缘杂种。

32.7.2.2 牡丹组亚组间的种间杂交

牡丹组内两个亚组间的杂交有一定难度，但已有突破。19世纪末，法国Victor Lemoine将引进的黄牡丹与中国牡丹品种杂交，育出一批新品种；1897年Louis Henry通过*P. lutea* × *P. suffruticosa* 'Ville de Saint-Denis' 组合育出新品种 'Souvenir de Maxime Cornu'（即'金阁'）。随后又育出一系列黄色牡丹品种，并称为Lemoine系（*P.* × *lemoinei*）。这些品种具有黄牡丹纯正的黄色，同时保留着中国中原牡丹高度重瓣、花头下垂等特点。常见的品种除'金阁'外，还有 'L'Esperance'（'金帝'）、'La Lorraine'（'金阳'）、'Chromatella'（'金鸰'）和 'Alice Harding'（'金晃'）等。百余年来，这些品种在世界各地长盛不衰。

美国牡丹芍药育种家桑德斯（Arthur P. Saunders）从1905年起开始搜集芍药属资源，并开展芍药、牡丹育种工作，从大量杂交组合中共获得了17 224株杂种苗。他于1953年去世前，共登录了320个牡丹、芍药品种，其中牡丹品种78个，成就斐然。这些杂交后代多为单瓣和半重瓣，花头直立性增强，颜色变化十分丰富，从深红、猩红、杏黄到琥珀、金黄和柠檬黄均有。受到莱蒙（Lemoine）牡丹杂交工作的启发，桑德斯将从欧洲引进的黄牡丹与从日本引进的日本牡丹品种杂交，杂交后代克服了法国杂种严重垂头的问题。牡丹组内两个亚组间的杂交后代（F_1）几乎不育，但桑德斯有一天突然发现两株F_1植株结实，分别收获了1粒种子，他采下播种后竟然萌发成苗。他自知年事已高，已经没有时间和精力继续育种工作，就将这两株珍贵的幼苗赠给了威廉·格拉特威克（Willian Gratwick）。格拉特威克有自己的牡丹园，收集有大量的日本品种，还有黄牡丹、紫牡丹等一些野生种以及几乎所有的桑德斯育出的牡丹亚组间杂种。两株幼苗在牡丹园中长大开花，分别被命名为Saunders F_2A和Saunders F_2B。格拉特威克的画家朋友纳索斯·达佛尼斯（Nassos Daphnis）经常到他的牡丹园中写生并深深爱上了牡丹。格拉特威克鼓励他参与牡丹的杂交育种。最初达佛尼斯的育种方向和桑德斯是一致的。1949年，当他从法国游学回到牡丹园，见到了这两株非常特殊的育种材料，意识到其重要的育种价值。他发现这两个材料不宜作母本，但经检查花粉状态后，发现其花粉育性很好。1953年，达佛尼斯以桑德斯培育的牡丹亚组间杂交种（Lutea hybrid）F_1为母本，F_2A或F_2B的花粉为父本进行杂交，当年即获得75粒种子，成为回交1代（BC_1）。1959年，达佛尼斯和格拉特威克又用F_2的花粉与普通牡丹杂交，授粉800朵花，仅获得1粒种子，其余全都是空壳。这粒种子播种成苗开花后，命名为'泽费罗斯（西风之神）'（'Zephyrus'，杂交组合为：'Suiho-haku' × Saunders F_2A）。

继达佛尼斯之后，有更多的美国园艺爱好者和育种家投入了牡丹芍药育种工作，如罗杰·安德森（Roger Anderson）、比尔·赛德尔（Bill Seidl）、大卫·里斯（David Reath）、克莱姆（Klehm）家族及纳特·布雷默（Nater Bremer）等。其中罗杰·安德森（Roger Anderson）和比尔·赛德尔（Bill Seidl）因育种成果突出而获得桑德斯纪念奖章。在育种中，他们应用的育种资源也更加广泛。目前，这类杂交已进行到第10代，形成所谓的"高代杂种"（Advanced Generation Lutea Hybrid），这是应用牡丹亚组间杂种与普通牡丹连续多次回交产生的后代。

受到国外牡丹亚组间杂交的启发，中国牡丹芍药专家从20世纪90年代开始关注芍药属野生资源的调查搜集与引种工作。利用这些野生资源尤其是肉质花盘亚组的野生种相继开展了远缘杂交，取得了可喜成就。但国内现阶段的牡丹亚组间杂种还多停留在F_1代。

牡丹亚组间的远缘杂交品种，不仅颜色组合十分丰富，而且花期较晚、较长，少数品种如'海黄'一年可开花2次，具有更高的观赏价值。牡丹亚组间杂种及其高代杂种在牡丹芍药远缘杂交育种中正在发挥着更为重要的作用。

32.7.2.3 芍药组内的种间杂交

在芍药属野生种中，仅芍药组有二倍体与四倍体的分化。据观察，芍药组内二倍体种与各个种容易杂交的有细叶芍药、多花芍药；而芍药与日本产草芍药则几乎和所有的种杂交困难。此外，川赤芍药与块根芍药之间、达呼里芍药与黄花芍药之间杂交则较容易。在四倍体种中，单花直根亚组的多个野生种之间杂交是容易的，它们之间已经形成了一些天然杂交种。

在19世纪末欧洲育种家开始尝试利用中国芍药和当地野生芍药杂交，最早利用的是 *P. lactiflora*（♀）× *P. daurica* subsp. *wittmanniana*（♂），培育出了4个品种。在芍药组内，种间杂交已获得优良品种的组合有：①芍药与下列各种（均为父本）的杂交，包括 *P. daurica* subsp. *macrophylla*、*P. officinalis*、*P. coriacea*、*P. peregrina*、*P. emodi* 及 *P. tenuifolia* × *P. daurica* subsp. *mlokosewitschii* 的 F_2；② *P. daurica* subsp. *mlokosewitschii* × *P. tenuifolia*；③ *P. tenuifolia* × *P. daurica* subsp. *mlokosewitschii*；④ *P. veitchii* × *P. emodi*；⑤ *P. officinalis* × *P. peregrina* 等。

在杂种芍药的育种工作中，桑德斯开创性地开展了约28个类型的杂交尝试，主要是中国芍药品种与不同野生种杂交，获得了数以万计的杂交后代，从中筛选出182个杂种芍药新品种（APS，2023）。从而为杂种芍药的发展奠定了坚实的基础。其培育的'Nosegay''Early Windflower''Moonrise''Nova''Blushing Princess'等品种也成为此后杂种芍药育种的重要亲本。在此基础上，美国育种家开展了大量的杂种芍药后代之间的杂交，目的是恢复高代杂种的育性，提高其观赏性（Kessenich & Hollingsworth，1990）。近几年已经有大量优秀的高代杂种芍药新品种问世，如'Slamon Dream''Lemon Chiffon''Pastelegance''Kim'等（APS，2023）。研究发现，育性得到恢复的杂交种后代都是四倍体（Kessenich & Hollingsworth，1990），这其中的原理还不大清楚。

32.7.2.4 芍药组与牡丹组间的远缘杂交

芍药组与牡丹组之间的杂交难度极大，但1948年前后，日本人伊藤东一（Toichi Itoh）设法将芍药品种'Kakden'（即'花香殿'，白色、重瓣）与黄牡丹系杂种'Alice Harding'（即'金晃'，黄色、半重瓣）杂交获得成功。杂交后代被带到美国后于1963年始花，1974年登录4个品种：'Yellow Crown''Yellow Dream''Yellow Emperor''Yellow Heaven'。这些品种均为黄色，半重瓣，部分带有红斑。自伊藤东一的牡丹和芍药组间杂种问世之后，美国育种家进行了大量类似的杂交尝试，其中最著名的3个育种家是唐·霍林斯沃斯（Don Hollingsworth）、罗杰·安德森（Roger Anderson）和唐纳德·史密斯（Donald Smith）（Page，2005）。通过总结育种经验，育种家已经筛选出了部分优良的杂交亲本：芍药如'Marth W.'

及其后代、'Miss America''Kakoden'等；牡丹如'Golden Era''Golden Experience'等（Smith, 2001a, b）。借鉴美国育种家的经验，中国育种专家近年利用类似杂交亲本也育出了部分组间杂交新品种（王莲英、袁涛，2015；于晓南，2019；钟原 等，2016）。

中国芍药品种（♀）×牡丹亚组间杂种（♂）是芍药属组间杂交最容易成功的类型，育种家们为了获得丰富的品种，也积极开展了其他类型的组间杂交尝试。在经历了大量的失败之后，部分新杂交组合也获得了一些新品种，如中国芍药品种（♀）×普通牡丹栽培品种（♂）培育出了'Pink Harmony''Pink Symphony'和'和谐'等品种（Smith, 1998；Hao et al., 2008）；中国芍药品种（♀）×紫牡丹（♂）培育出了'Unique''Red Compassrose'；普通牡丹栽培品种（♀）×中国芍药品种（♂）获得了'Reverse Magic''Impossible Dream'和'Momo Taro'（Smith, 1998；Smith, 2001c；APS, 2023）；紫牡丹（♀）×中国芍药品种（♂）获得了'German Medusa'和'Yes We Can'（APS, 2023）。除以上获得品种的杂交组合外，育种家也尝试了利用包括北美芍药组在内的多种类型的组间杂交组合，但仅少数能获得种子，未有新品种报道（Wang, 2009；Liu, 2016；Entsminger, 1997；Smith, 1999a, c；Zhang, 2008）。

现阶段研究发现伊藤杂种基本都是三倍体（杨柳慧 等，2017），育性很差，很难获得有效花粉和饱满的种子。史密斯（Smith）尝试恢复伊藤杂种的育性，他从自己杂交的伊藤杂种中筛选出了部分品种和芍药或高代杂种芍药进行杂交。在最近5年中尝试了超过500个杂交组合，收获约1300粒种子，其中有165粒比较饱满，播种后共有4粒种子发芽，形成了3株苗，最终保留下来2株，其中1株在2022年已经开花。这一尝试有可能改变伊藤杂种不育的现状。

32.7.3 人工杂交关键环节

开展牡丹芍药的杂交育种，首先要注意原始材料的搜集，以此为基础，注意抓好以下关键环节。

（1）正确确定育种目标

育种工作要从实际出发确定主要目标，可能条件下兼顾其他次要目标。如在中原一带，牡丹、芍药育种的重点应是提高观赏品质与抗病性，兼顾其他；在江南一带，耐湿热育种应是主攻方向；而东北地区，抗寒育种是首要任务。

（2）注意选择亲本，配制杂交组合

育种目标确定后，应注意选择杂交亲本，配制与筛选杂交组合。亲本应该具备育种目标所需要的突出的优良性状，双亲之间的优点、缺点要能相互弥补。在远缘杂交情况下，杂交育种所用亲本更需要慎重对待。要注意品种群内不同品种与其他种的杂交亲和性往往有较大差异。选用杂种作母本进行种间以及亚组间、组间杂交有可能获得较好的结果。此外，在牡丹的育种中，野生种应用潜力很大。丰富花色，延长花期，增强抗性等育种问题，均可利用野生种质资源加以解决。

（3）提高杂交结实率和杂种成苗率

①花期调控　杂交亲本如花期不遇，可通过温度调控等措施调整花期。收集早花品种的花粉，妥善贮藏后授予中晚花品种，也可解决花期不遇问题。此外，还可利用不同地区、不

同海拔物候差异采集花粉进行异地授粉。

②多次重复授粉　在母本雌蕊成熟前，先授1次父本的花粉，以增加柱头蛋白与花粉蛋白的亲和力；待雌蕊成熟（柱头分泌大量黏液）时，继续授粉1~2次或多次，以提高结实率。此外，也可运用包括母本花粉在内的混合花粉授粉。

③化学药剂或激素处理　授粉前后在柱头上喷一定浓度的硼酸或激素，提高花粉管的萌发能力及柱头蛋白的亲和力，促进结实。

④杂种胚培养　在植物远缘杂交中，种子不能正常发育的重要原因是胚乳不发育，通过杂种胚培养能克服这一障碍。牡丹、芍药远缘杂交也有类似问题，可加以借鉴。

（4）加强培育，细致观察

整个杂交育种过程中，无论是亲本（尤其是母本）还是杂种苗，均应加强培育，细致观察。杂种苗要及时分栽，加强观察记载与分析比较，不放弃任何机遇。在牡丹远缘杂交中，F_1均为不育。欧美育种家用紫牡丹、黄牡丹分别与中国中原牡丹、日本牡丹杂交得到的杂种后代，只有极少数能形成饱满的种子，但不能正常萌发。桑德斯例外地发现两粒F_1种子并获得了两株F_2植株。在以后的研究中发现，这两株F_2代植株互交和回交可育，从而克服了杂种不育的难点。

32.8　诱变育种与倍性育种

32.8.1　诱变育种

据上海植物园试验，秋水仙碱对'凤丹'根尖有显著的促膨大效应，根尖染色体能形成三倍体、四倍体或多倍体。平阳霉素（PYM）处理诱变效应明显，表现为染色体减少（胡永红 等，2018）。物理诱变有辐射诱变、航天诱变等。山东农业大学曾用$^{60}Co-\gamma$射线照射牡丹种子，由于剂量过高或管理不善，均未取得具体结果。但初步看出，5000R（伦琴）以上的剂量可视为致死剂量；4000R左右为临界剂量或半致死剂量；对植株的处理中，5000R剂量也抑制了鳞芽的萌动以致枯死，低剂量则可正常生长（喻衡，1990）。1998年7月底山东省菏泽牡丹研究所在菏泽百花园牡丹观赏区混合收集牡丹种子500g，9月底对种子进行$^{60}Co-\gamma$射线辐射处理后播种。2006年春季，发现了1株花色粉蓝、菊花型、花瓣基部有紫红色斑块的单株，之后对其进行性状调查并扩繁，并于2022年在美国牡丹芍药协会进行登录，定名为'福照粉蓝'。除采用人工辐射源外，我国也开展了牡丹芍药的太空育种，将牡丹种子搭乘返回式卫星送入太空，利用太空特殊的环境诱变作用，使种子产生变异。利用该方法，我国先后多次利用返回式卫星、神舟飞船和其他返回式航天器搭载牡丹、芍药种子，已获得了部分变异的新品种和变异株系。此外，对花粉进行辐射处理有可能提高远缘杂交的亲和力。

32.8.2　芍药属染色体倍性

芍药属染色体基数为5，染色体数目为$2n=10$或$2n=20$，属大型染色体。据观察，芍药属牡丹组野生种均为二倍体，但芍药组存在二倍体、四倍体的分化。在中国分布的野生芍药中，芍药、白花芍药、多花芍药、新疆芍药、块根芍药、川赤芍均为二倍体（$2n=10$），美丽芍药为四倍体（$2n=20$），草芍药则存在二倍体和四倍体的分化。

在芍药属栽培品种中，牡丹品种仅发现'首案红''黄冠'等少数品种为三倍体，牡丹亚组间高代杂种中存在部分四倍体，其余均为二倍体。芍药品种中，中国芍药品种群均为二倍体，国外引进的杂种芍药品种则有三倍体、四倍体的分化（表32-2）。牡丹芍药组间杂种则多为三倍体。

表32-2　国外引进的杂种芍药染色体倍性

染色体倍性	品　种
三倍体	'Buckeye Belle' 'Coral Sunset' 'Pink Hawaiian Coral' 'Red Charm' 'John Harvard' 'Lovely Rose' 'Brightness' 'Chalice' 'Carina' 'Command Performance' 'Cytherea' 'Etched Salmon' 'Fairy Princess' 'Henry Bockstoce' 'Joker' 'Many Happy Returns' 'Prairie Moon' 'Roselette'
四倍体	'May Lilac' 'Pink Teacup' 'Cream Delighe' 'Athena' 'Garden Peace' 'Lemon Chiffon' 'Old Faithful' 'Roy Pehrson Best Yellow' 'Sarlet O'Hara'

32.8.3　牡丹芍药倍性育种

倍性育种包括多倍体诱导、单倍体诱导等。芍药属植物染色体大、数目少，是进行倍性育种的好材料。在杂种芍药品种中，多倍体品种大多性状优良，利用这些品种与中国芍药品种杂交或杂种芍药品种间相互杂交，可培育性状优良的切花芍药。如于晓南团队2015年以'朱砂判'为母本，与3个杂种芍药品种杂交，均得到杂交后代。其中以四倍体杂种芍药为父本的杂交组合得到的真杂种苗均为三倍体。此外，还有用芍药与药用芍药（*P. officinalis*）杂交可育出三倍体杂种，其形态特征表现为双亲中间性状。

利用秋水仙碱等药剂，对牡丹、芍药进行诱变处理产生多倍体，可能是改进观赏品质和经济价值的有效途径之一。朱炜等（2022）对芍药'粉玉奴'的花蕾发育外部形态和小孢子减数分裂的时期进行了关联分析，确定了小孢子母细胞减数分裂的最旺盛时期的花蕾外部形态特征，在此基础上，对处于减数分裂旺盛时期的花蕾注射秋水仙碱，最终获得了$2n$花粉，然后利用该花粉进行杂交，获得了四倍体的中国芍药杂交后代。除化学诱变外，高温诱导也能促使牡丹、芍药产生多倍体。程世平等（2022）通过大量形态观察掌握了花粉母细胞减数分裂进程后，使用"树木非离体枝芽加热处理装置"（ZL200610113448.X）对处于旺盛减数分裂时期的花蕾进行高温处理，当花蕾处于"小风铃"至"大风铃"时期，即花蕾直径13mm时，花粉母细胞减数分裂达到双线期——中期I；此时期40℃高温处理4h，可获得较高比率（21.98%）具有生活力的$2n$花粉。刘春洋等（2023）利用相同的加温装置施加高温诱导'凤丹'$2n$雌配子，当花蕾发育至"大风铃"期前后，小孢子发育至单核花粉期后3~4d，40℃高温处理花蕾4h，自然授粉后代群体中可获得高比率（2.45%）三倍体植株。

芍药属植物存在花粉二型性现象，其中异常花粉的核能像离体培养那样启动分裂，在活体状态下朝着形成孢子体方向发育，从而为通过花粉培养诱导产生花粉胚或单倍体植株创造了有利条件。深入研究牡丹、芍药花粉二型性现象，并将其与组织培养技术相结合，开展单倍体育种，有着广阔前景。

牡丹胚胎发育过程中，当游离核原胚完成细胞化后，随即形成许多胚原基，它们大多在发育过程中退化，但也有不少种子有多个胚能得到正常发育，形成特殊的多胚现象。如能利用组织培养技术，使杂种原基能正常发育成胚，并以此为基础建立无性系，将可缩短育种周期，加快良种繁育进程（成仿云，1996）。

32.9 分子育种基础

分子育种是芍药属常规育种发展的必然趋势。现阶段由于芍药属植物尚未建立稳定的遗传转化体系，无法采用基因编辑等方式来实现精准调控育种。相关分子机理的研究正在进行，从而为未来开展芍药属植物分子育种奠定了基础。

32.9.1 功能基因挖掘与克隆

对于分子育种而言，与芍药属植物观赏与油用品质形成相关的功能基因的研究具有重要意义。品质性状涉及花色、花型、花香、花期、抗性、休眠及油脂合成代谢等诸多方面。下文是部分研究进展。

32.9.1.1 花色和叶色

影响植物花色的主要因素是花瓣中色素的种类和含量（Wang，2001；戴思兰，2005），芍药属花瓣中的色素属于类黄酮，主要包括花青苷、黄酮和黄酮醇的苷类（Jia et al，2008；张晶晶，2006）。花色的多样性是由类黄酮生物合成相关基因的差异表达引起的。芍药属植物类黄酮代谢途径研究比较清晰（李崇晖，2010），结构基因 *DFR*、*ANS* 在花色苷的合成调控上起非常关键的作用，决定了粉色和红色花的形成（Zhang et al.，2018；Zhao et al.，2016；史旻，2017），*AOMT* 的高表达促使花色从红色变为紫色（Du et al.，2015）；而其他的结构基因如 *CHS*、*CHI*、*FLS*、*PAL*、*F3H*、*F3'H*、*F3'5'H*、*FLS*、*ANR*、*UF3GT* 和 *UF5GT* 表达量的高低，对花色呈现黄色、白色或其他颜色也起到调控作用（Zhao et al.，2014；Guo et al.，2019；李想，2019；甘林鑫，2019；Gu et al.，2019）。除了结构基因外，转录因子在芍药属植物花色调控中也起着至关重要的作用。转录因子 PsMYB 和 PsWD40 的显著差异表达可能在红色和白色花瓣中的花色苷浓度中起关键调控作用，从而介导双色的形成（Zhang et al.，2018）；PsMYB12 可以激活 *PsCHS* 的启动子，对牡丹花斑的形成起直接作用（Gu et al.，2019），MYB-1、MYB-5 可能对牡丹色斑的形成也有调控作用（李想，2019）。bHLH3 在白色系牡丹花瓣中表达量高，而转录因子 MYB22 在紫色系牡丹花瓣中表达量最高，因此这两个转录因子可能对调控牡丹花色深浅也起到一定作用（甘林鑫，2019）。

芍药属植物红色叶片的呈色机理与花瓣呈色机理一致，也是类黄酮代谢途径。对卵叶牡丹的红色叶和非红色叶研究发现，结构基因 *CHS*、*DFR* 和 *ANS* 的高表达，*LAR* 和 *ANR* 的低表达，导致红叶期叶片中花青素大量积累。春季花青素阻遏物 MYB2 被激活，替换 MYB1，通过 MYB2+bHLH1+WD40-1 复合物的调控，使得 *CHS*、*DFR* 和 *ANS* 的表达水平降低，导致叶色的改变（Luo et al.，2017）。后期对牡丹'满园春光'叶片红叶期和非红叶期的研究发现，结构基因 *PsDFR* 与 *PsANS* 表达量与花青素变化趋势相同，*PsFLS*、*PsANR* 与黄酮醇等的含量变化一致，转录因子PsMYR113、PsMYR4、PsMYR1可能是调控这些结构基因表达的重要转录因子（段晶晶，2018）。

32.9.1.2 花型

芍药属植物经过上千年人工驯化筛选，已经形成了丰富的花型。芍药属植物花型的变化主要是依靠花瓣自然增多结合雄雌蕊等花器官的瓣化等途径实现的（李嘉珏，2011）。对芍药属植物花发育的研究发现，芍药属植物花器官的发育主要受MADS-box基因家族的基因调控，且已经克隆出大量的功能基因（Li et al.，2017；Tang，2018；Zhang et al.，2015；Ge et al.，2014；Wu et al.，2018）。Shu等（2012）克隆得到了牡丹euAP3谱系中的*PsTM6*基因，通过对23个牡丹品种中该基因的gDNA序列分析，认为*PsTM6*可能影响雄蕊的瓣化。Ge等（2014）对芍药花中与花器官发育相关的MAD-box家族的基因进行克隆和表达差异分析，发现随着花瓣瓣化程度提高，*PlAP1*、*PlAP2*和*PlSEP3*表达呈上升趋势，*PlAP3-1*、*PlAP3-2*、*PlPI*表达呈下降趋势；*PlAP1*、*PlSEP3*主要决定芍药萼片和花瓣发育，*PlAP3-1*、*PlAP3-2*和*PlPI*主要决定雄蕊和花瓣发育；*PlAP2*不仅确定萼片和花瓣发育，而且还参与心皮的形成。Wu等（2018）的研究也支持*PlAP2*与花瓣形成相关。任磊等（2011）对'赵粉'牡丹中与花型发育相关的基因进行分析，发现*PsAP1*属于MADS家族AP1/SQUA亚家族，主要在花瓣、萼片和心皮中表达，在花芽分化前期表达量最高，*PsPI*、*PsMADS1*、*PsMADS9*均主要在花瓣和雄蕊中进行表达，负责对花瓣和雄蕊进行调控；*PsAG*在拟南芥中的转基因结果也表明*PsAG*参与调控花器官的发育。唐文龙（2018）在'洛阳红'花瓣中克隆得到了*PsMADS5*、*PsMADS7*、*PsMADS12*，通过基因差异分析，推测*PsMADS5*参与调控花萼的发育和雄蕊的瓣化；*PsMADS7*启动雄蕊瓣化，并与多个MADS-box家族成员协作，共同调控多个花器官的形成；*PsMADS12*在楼子类花型内瓣中显著表达，可能是楼子类雄蕊瓣化的关键基因。

栽培牡丹雄蕊瓣化的分子机制与牡丹花型发育的多样性模式假说。凤丹牡丹（*P. ostii*）是栽培牡丹（*P. suffruticosa*）的重要祖先亲本之一。研究发现，花发育过程中器官身份决定基因中A类基因*AP1*的异位表达和C类基因*AG*在部分雄蕊中的表达减少可能有助于雄蕊瓣化的形成。同时发现，在牡丹的长期栽培驯化过程中，决定花多样性的多个花器官发育基因的表达明显受到人工选择干预。千百年的人工驯化过程是牡丹花发育模式的进化驱动力。

32.9.1.3 花期

对模式植物拟南芥的研究表明，与花期相关的调控途径涉及光周期途径（photoperiod pathway）、春化途径（vernalization pathway）、赤霉素途径（gibberellic acid pathway）和自主成花途径（autonomous pathway）（王翊 等，2010）。在有关花期调控因子的研究中，从'紫罗兰'牡丹中克隆得到转录因子PsCOL4，其在茎和叶中表达量最高，在花芽发育过程中其表达呈降低趋势，其在早期的大量表达启动下游基因*FT*或*SOC1*的表达，从而保证开花过程（王顺利 等，2014）。Wang等（2014）在'洛阳红'中克隆得到属于MADS-box家族的*PsSVP*基因，其主要受GA_3调控，该基因主要在营养生长期间表达，以叶片和茎中表达量最高，且在败育的花蕾中远高于正常花蕾中的表达量，表现为抑制牡丹成花；*AP1*基因在'金辉'芍药不同发育阶段中表达量不同，在衰败期其内外花瓣中表达水平差异极显著，表明*AP1*表达水平可能与芍药花器官发育有关（吴彦庆，2015）；周华等在二次开花和非二次开花的牡丹中分离得到*PsFT*基因，通过表达差异分析及转基因功能验证，认为该基因与二次开花密切相关（Zhou et al., 2015）；Wang等（2019）也对再次开花的牡丹花芽进行转录组分析筛选到与二次开花相关的基因如*PsAP1*、*PsCOL1*、*PsCRY1*、*PsCRY2*、*PsFT*、*PsLFY*、*PsLHY*、*PsGI*、*PsSOC1*和*PsVIN3*。位伟强等（2017）发现*PsFUL1*在牡丹花芽和花瓣中表达量最高，其在早花品种中很快就达到高峰，促进下游基因的启动，保证早花的发生。因此推测*PsFUL1*是成花转变及开花调控的重要转录因子。

部分学者研究了人为花期调控过程中的基因响应。从紫牡丹中分离得到的*PdFT*基因在芽中表达量最高，通过GA_3和摘叶处理均可以提高该基因的表达量，且在短日照和低温条件下，*PdFT*表达量下降，表明了*PdFT*是光周期途径决定植物开花的关键基因（朱富勇 等，2014）。GA_3处理对牡丹中赤霉素合成相关基因*PsCPS*和*PsGA2ox*分别有诱导作用和抑制作用，并且摘叶和施用外源GA_3处理抑制与乙烯的变化一致的*PsNCEC*和*PSbZIP*基因的表达（Xue et al., 2018）。更深入的研究发现，*PsGA2ox*是'洛阳红'牡丹开花的抑制基因（Xue et al., 2019）。

32.9.1.4 凤丹牡丹种子高效积累不饱和脂肪酸的分子机制

通过对448份不同产地的凤丹牡丹种质的简化基因组测序和全基因组关联分析（GWAS），结合种子时序发育转录组，揭示了牡丹种子高效积累不饱和脂肪酸的机制：在脂肪酸生物合成通路中的每个关键节点至少有一个高表达基因在行使功能，进而保障了α-亚麻酸的大量积累。*SAD*、*FAD2*以及*FAD3*、*FAD7/8*等多个候选油脂合成基因在其中发挥了重要作用。

32.9.2 分子标记

在芍药属植物育种中单靠传统形态性状等的分析难以满足现代育种要求。而DNA分子标记具有数量丰富、信息量大、不受环境影响等优点，在芍药属育种中的应用日渐广泛。现阶段芍药属分子标记辅助育种主要应用在两个方面：杂种后代真实性的早期鉴定和表型性状的QTL定位。

对芍药属繁育系统的研究发现，芍药属植物存在一定比例的自交亲和性（杨勇 等，2015；李奎 等，2013；Bernhardt et al., 2013），在杂交过程中如操作不当可能出现自交结实，导致假杂种出现。芍药属植物童期较长，为减少人工养护成本，有必要开展杂种真实性的早期鉴定。早期鉴定使用的分子标记有ISSR、AFLP、SRAP和SSR等（索志立 等，2004；吴静 等，2013；Hao et al., 2013；刘建鑫，2016）。这些方法均能收到较好的效果，其中SSR分子标记操作简单，准确度高，稳定性好，对DNA需求量较少，并且具有共显性等优点，用于早期鉴定的效果更好。

研究发现，在牡丹组两个亚组间杂交中，形态学性状也可作为判定真假杂种的依据。即当母本为肉质花盘亚组的种类时，杂交后代（F_1）表现为花盘革质化，心皮被毛，花径明显比母本大，叶裂片变宽（近似父本），4个性状同时出现者为真杂种，而花盘肉质、心皮光滑无毛、花径小、叶裂片窄者即为假杂种（袁涛 等，2015）。

因芍药属植物的遗传群体较少，针对芍药属植物表型性状的QTL的研究非常有限。蔡长福（2015）利用'凤丹'M24×'红乔'的F_1分离群体和遗传图谱，用复合区间作图法对作图群体的枝、叶、花和果实4大类共27个数量性状进行了QTL分析。其中有20个性状成功检测到相关的QTLs，其中控制花瓣数的QTL-pn-2对表型变异的贡献率最高达71.9%。此外，花色相关的性状共检测到3个与其相关的QTLs，这些QTLs可以揭示表型变异的11.4%~12.8%（蔡长福，2015）。

吴静等（2016a）利用11对多态性SSR分子标记，对具有代表性的99个无直接亲缘关系的紫斑牡丹单株的自然群体的32个表型性状进行关联分析，发现5个标记位点与6个性状显著关联（$P<0.01$），各标记位点对表型变异的解释率为30.4%~55.8%。Wu等（2016b）利用138对SSR分子标记对462个紫斑牡丹自然群体和'凤丹'M24×'红乔'的F_1分离群体分别进行关联分析。在紫斑牡丹自然群体中确定了与花部特征、叶部特征和果实特征有显著关联的SSR分子标记。在F_1连锁作图群体中进一步证实了5个关联，涉及4个标记和4个花部性状：花瓣宽（PS029和PS296）、花瓣性状（PS029）、花瓣颜色（PS134）和花瓣数量（PS309）。以上研究的表现性状统计均采用一年一点的统计方式，无法排除环境因素的干扰，因此QTL的可靠性会受到一定影响，后期还需要对这些QTL进行验证。分子标记辅助育种在芍药属植物的应用还较少，明确关联到表型性状的分子标记更少。后期可借鉴其他作物，开发和筛选针对特定性状的分子标记，使其更有效地为芍药属育种服务。

32.9.3 牡丹基因组研究进展

21世纪20年代初，上海、洛阳等地先后开展牡丹全基因组测序及其后续研究工作。以上海辰山植物园科研中心胡永红、袁军辉等为代表的团队，历经十余年艰苦探索，终于取得重大突破。牡丹基因密码的破译将对牡丹遗传改良及分子育种产生重大影响。

①牡丹基因组是极其复杂的超大型基因组　据研究，凤丹牡丹（即杨山牡丹，*P. ostii*）基因组大小为12.28Gb，其中11.49Gb（约93.5%）成功组装到5条超大染色体（1.78~2.56Gb）上；共注释基因73 177条，高置信基因集59 758条，有54 451条锚定在5条不同染色体上。而此前对中原品种'洛神晓春'的分析，其基因组大小为13.79Gb，共注释65 898个基因。牡丹的染色体是迄今人类已经测序的陆地生物中最大的染色体。

②凤丹牡丹超大染色体和巨大基因组的形成机制　凤丹牡丹基因组中，约有33 0511条假基因和15 238个基因家族，这是目前已经通过全基因组测序的几十种植物中数量最多的物种。与其他具有巨大基因组的单子叶植物大多经历了全基因组加倍事件不同，凤丹牡丹基因组似乎没有经历过其谱系特定的全基因组复制，而是在约200万年时间尺度内，其基因间区的逆转录转座子（以Del为代表的LTR）爆发式扩张，是促成了其超大基因组和超大染色体的形成的可能机制。由于大量的LTR是插入在远离功能区的基因间区，因而具有超大基因组与染色体的凤丹牡丹大部分功能基因仍然能正常表达和转录。

据研究，牡丹基因组中约有208个组蛋白编码基因。5种组蛋白（H1、H2A、H2B、H3和H4）编码基因的扩张（特别是H2A.W和H3.1）可能有助于维持其超级巨大的染色体。除凤丹牡丹外，2023年大花黄牡丹的基因组测序工作也已完成。该基因组总长度为11.3Gb，其中10.3Gb的序列挂载到了5条染色体上。该研究也破译了其超大基因组的形成机制，并解析了大花黄牡丹的种子脂肪酸、花色和花香相关的代谢合成通路。

32.10 育种进展与品种保护

32.10.1 育种进展

①通过引种驯化与杂交改良，逐步形成了各具特色、能适应不同生境条件的品种群 在中国，以中原牡丹为主，与西北、西南、江南一带的牡丹一起，已经形成一个庞大的中国牡丹大家族。在国外，日本、欧美牡丹发展已有相当基础，日本牡丹是在引进中国牡丹的基础上通过长期的驯化和反复杂交形成的适应当地气候和审美的一个品种群，该品种群具有较耐湿热，花色鲜艳，以半重瓣花型为主，花头直立等特色。欧美牡丹主要是利用分布在中国西南地区的黄牡丹、紫牡丹与中国传统牡丹和日本牡丹杂交培育而形成的一个品种群，创制出了传统牡丹中不曾出现的黄色、橙色、猩红色等新花色，且花期普遍较晚。

②品种选择目标多元化，有不同应用前景的特色品种日渐增多 中国中原牡丹遗传背景复杂，变异丰富，在培育微型牡丹及多季开花品种上已表现出较大潜力；中国西北（甘肃）牡丹中，为了展示紫斑的风采，单瓣花型品种具有特殊韵味，正在形成品种系列；此外，该类群中托桂花型的牡丹品种也日渐丰富。

③远缘杂交上的突破为牡丹花色育种及其他育种开辟了广阔前景 从1897年法国育种家路易斯·亨利成功培育出牡丹亚组间杂种'金阁'以来，又有美国育种家A. P. Saunders应用黄牡丹、紫牡丹与日本牡丹杂交获得成功。20世纪40年代末，日本伊藤东一在芍药与牡丹亚组间杂种'金晃'间杂交获得成功，并于1974年在美国APS登录以来，组间杂种逐步形成品种类群。这些成就为丰富牡丹花色、延长牡丹花期作出了重要贡献，也为牡丹成为世界名花奠定了基础。

④牡丹芍药育种工作仍然任重道远 一是育种中一些主要问题还未得到根本解决，传统育种技术仍占主导地位；二是国内芍药育种起步较晚，目前切花品种仍主要依赖进口。自2018年以来，国内芍药切花生产保持快速发展。截至2022年，菏泽芍药种植面积已经超过牡丹。但国内芍药育种长期以来未得到足够重视，芍药生产主要依靠传统品种，而传统品种多数不适合生产切花。现阶段中国芍药切花生产几乎完全依靠进口品种。

32.10.2 品种保护与良种繁育

按照一定的标准，对牡丹芍药的新品种进行初选、复选以及决选后，进行扩繁，之后可以向国家林业和草原局植物新品种保护办公室申请植物新品种权或向中国牡丹芍药协会品种登录委员会申请登录，经审定获得植物新品种权证书或同意登录后，即可进行大量繁育，进入市场销售。

牡丹芍药国际品种登录权威在美国牡丹芍药协会（American Peony Society），因而可以进一步开展国际登录，让中国牡丹芍药品种走向世界。

应当注意，申请品种权的植物新品种应属于国家植物新品种保护名录中的属和种。由国家林业局于1999年4月22日发布实施的我国第一批林业植物新品种保护名录中，含牡丹。根据《中华人民共和国植物新品种保护条例实施细则（林业部分）》的有关规定，申请授予品种权的牡丹品种应具备如下条件：新颖性、特异性、一致性和稳定性，并具有适当的名称，对实质审查合格的品种，由审批单位颁发品种权证书。品种保护期为20年。

目前，组织培养等新技术在牡丹繁殖中初获成功，但离实际应用还有距离。因此，良种繁育仍需采用常规嫁接技术。加快繁殖的关键是尽快建立新品种采穗圃，以提供较多优良接穗。

（李嘉珏　杨勇）

思考题

1. 简述芍药属的分类与种质资源可利用的特点。
2. 芍药属组间、亚组间、种间的亲缘关系与牡丹和芍药的起源是何关系？
3. 牡丹（*P. suffruticosa*）有野生种吗？牡丹的起源与芍药的起源有何异同？
4. 牡丹与芍药的花型有何异同？各是如何演化与分类的？
5. 品种与技术、良种与良法，是产业发展的基础。请结合生产实践，选择牡丹育种的3~5个主要目标进行排序。
6. 如何针对不同育种目标的遗传规律，选择针对性的、更有效的育种方法？
7. "养花一年，看花十日"，这是大家对牡丹性价比的评价，如何从育种上加以解决？
8. 牡丹、芍药虽同为芍药属，但一木一草，生活型差异显著，反映在育种上有何异同？
9. 如何通过远缘杂交，培育牡丹或芍药新品种？

推荐阅读书目

中国牡丹. 2011. 李嘉珏, 张西方, 赵孝庆等. 中国大百科全书出版社.
中国牡丹种质资源研究与利用. 2023. 李嘉珏. 中原农民出版社.
中国芍药科野生种迁地保护与新品种培育. 2013. 王莲英, 袁涛, 王福等. 中国林业出版社.
中国牡丹品种图志（续志）. 2015. 王莲英, 袁涛. 中国林业出版社.
观赏芍药. 2019. 于晓南. 中国林业出版社.
The Gardener's Peony: Herbaceous and tree peonies. 2005. Page M. Timber Press.

第33章 月季育种

[**本章提要**] 月季是我国十大名花、世界三大切花之一，花色丰富、花型端庄、四季开花，被誉为"花中皇后"。月季用作切花、盆花、园林庭院时各有不同的品种类群；且有地被、微型、矮丛、灌丛、藤本、树状等不同的株型，可谓独木成园！本章从种质资源，起源演化与品种分类，育种目标及其遗传，引种与选种，杂交育种，诱变育种，细胞工程与分子育种，品种登录、保护与良种繁育8个方面，论述了月季育种的原理与技术。

月季（*Rosa* cvs. 或 *Rosa hybrida*），属蔷薇科蔷薇属（*Rosa*）植物，是以四季开花的月季花（*Rosa chinensis*）为决定性亲本，和其他同属多个种反复杂交，演化而成的一类连续开花的杂种品种群的通称，即凡是多季开花的蔷薇类品种都可称为月季（或现代月季）。月季是全世界的重要花卉，观赏价值高，花色丰富，目前除蓝色外几乎涵盖了色谱上所有的颜色；有盆花、切花、庭院用等多种应用类型，栽培面积最大、产值最高，要求品种不断提高和更新。因此，月季育种前赴后继、经久不衰，是园林植物育种中最活跃的领域之一。

33.1 种质资源

月季种质资源丰富多彩，具有多样性，包括蔷薇属的种（变种、变型）、古老月季品种和现代月季品种等。

蔷薇属原产于北半球，分布在北纬20°~70°的欧亚大陆及北美、北非各处，其中中亚和西南亚是蔷薇属植物的分布中心。全世界约有200种，亚洲有105种；欧洲有53种；北美有28种，其中美国24种，加拿大4种；非洲约4种；南半球至今未发现野生蔷薇属植物。中国是蔷薇属种质资源最丰富的国家，《中国植物志》中记述了中国产和引进的82个种，分成2个亚属7个系9个组；《中国月季》中记述了中国产和引进的115个种，37个变种、变型，分成2个亚属11个组。美国月季协会《Modern Roses XI》中记述了261个种、变种、变型，分成4个亚属10个组。蔷薇属染色体基数$x=7$，有多倍体序列$2n=2x, 3x, 4x, 5x, 6x, 8x=14, 21, 28, 35, 42, 56$。这些都是月季育种的种质基础。现参照《Modern Roses XI》，把蔷薇属植物分成4个亚属10个组，下面介绍部分种及其变种。

33.1.1　单叶蔷薇亚属Subgen. *Hulthemia*（*Simplicifoliae*）

本亚属只有1个种，原产亚洲。单叶，无托叶，杂交种全部复叶；花中心红色。

小檗叶蔷薇（单叶蔷薇）（*R. berberifolia*）$2n=2x=14$；产于中国新疆。此种是独特的单叶、矮生、耐寒、耐旱种质。

33.1.2　蔷薇亚属Subgen. *Eurosa*（*Rosa*）

本亚属约140种，分成10个组。

（1）月季组Section *Chinensis*

有3个种，原产于中国。

月季花（*R. chinensis*）　$2n=2x, 3x, 4x=14, 21, 28$。常绿或半常绿灌木，叶片光滑无毛；四季开花。是培育现代月季的最重要种质材料。

香水月季（*R. odorata*）　$2n=2x=14$，常绿或半常绿攀缘灌木，芳香。原产中国云南。是培育现代月季的最重要种质材料之一。

大花香水月季（巨花蔷薇）（*R. odorata* var. *gigantea*）（*R.×odorata gigantea*）　$2n=2x=14$。藤本；芳香，单瓣，大花。原产中国云南、缅甸。是培育大花品种和大型植株月季的种质材料。

（2）木香组Sect. *Banksianae*

有2个种，原产于亚洲东南部。

木香花（木香）（*R. banksiae*）　$2n=2x=14$。原产中国中部和西部。此种是大型植株、藤木等性状的种质资源。

小果蔷薇（山木香）（*R. cymosa*）　$2n=2x=14$。攀缘灌木。产于中国南部。此种是聚花、蔓性、抗病性状种质资源。

（3）硕苞组Sect. *Bracteata*

有2个种，原产于亚洲南部。

硕苞蔷薇（*R. bracteata*）　$2n=2x=14$。产于中国南部。是常绿、大型植株种质资源。

（4）狗蔷薇组Sect. *Caninae*

有31个种，原产于欧洲、中东。

狗蔷薇（R. canina） $2n=5x, 6x=35, 42$。是砧木、观果种质资源。
红叶蔷薇（R. glauca） $2n=4x=28$。此种是彩叶种质资源。

（5）卡罗来纳组 Sect. *Carolinae*
有6个种，原产于北美洲。
卡罗来纳蔷薇（R. carolina） $2n=4x=28$，罕有 $2n=2x=14$。是重要的野生种质资源。

（6）桂味组 Sect. *Cinnamomeae*
本组有47个种，原产于亚洲北部、北美洲北部、欧洲东部。
刺蔷薇（R. acicularis） $2n=4x, 6x, 8x=28, 42, 56$。是倍性遗传研究、抗寒种质。
弯刺蔷薇（R. beggeriana） $2n=2x=14$。原产于中国西部，中亚伊朗、阿富汗也有分布。是耐寒、耐旱、抗性强、聚花等性状的种质资源。
美蔷薇（R. bella） $2n=4x=28$。是香花和果用种质资源。
山刺玫（R. davurica） $2n=2x=14$。果近球形，红色。此种是抗寒和果含丰富Vc种质资源。
疏花蔷薇（R. laxa） $2n=4x=28$。是抗寒和聚花的种质资源。
华西蔷薇（R. moyesii） $2n=6x=42$。是倍性遗传研究、砧木种质资源。
玫瑰（R. rugosa） $2n=2x=14$。原产中国北部、日本和朝鲜。直立灌木，浓香。此种是培育耐寒、耐旱、耐病等抗性强、玫瑰浓香型品种的种质资源。

（7）法国蔷薇组 Sect. *Gallicanae*
有1个种，原产于欧洲、西亚。
法国蔷薇（R. gallica） $2n=4x=28$。直立灌木。是现代月季的重要种源，也是培育提取国际香型香精油品种的种质资源。

（8）金樱子组 Sect. *Laevigatae*
本组有1个种，原产于亚州东南部。
金樱子（R. laevigata） $2n=2x=14$。原产于中国。是常绿、藤本、大型植株、观果等性状的种质资源。

（9）芹叶组 Sect. *Pimpinellifoliae*
本组有13个种，原产于亚洲北部、欧洲。
异味蔷薇（臭蔷薇）（R. foetida） $2n=4x=28$。原产于西亚。花深黄色，单瓣。其变种有双色异味蔷薇（R. foetid var. bicolor），花瓣里面橙红至猩红色，外面黄色，为月季表里双色和混色系的重要种质；波斯臭蔷薇（R. foetid var. persiana）花重瓣性强，金黄色，为月季黄橙色系的重要种源。此种是月季演化中的重要种质之一。
黄蔷薇（R. hugonis） $2n=2x=14$。是耐寒、耐旱的种质资源。
峨眉蔷薇（R. omeiensis） $2n=2x=14$。原产于中国中西部。花白色，单瓣常4枚。
报春刺玫（樱草蔷薇）（R. primula） $2n=2x=14$。此种是春季早开花、抗性强的种质资源。
密刺蔷薇（英格兰蔷薇）（R. spinosissima） $2n=4x=28$。此种是耐寒、耐旱、抗性强的种质资源。

黄刺玫（*R. xanthina*）　$2n=2x=14$。此种是耐旱、耐寒、耐病、抗性强、灌丛等性状的种质。

（10）合柱组Sect. *Synstylae*

本组有24个种，原产于亚洲东南部、欧洲、北美东北部、非洲北部。

麝香蔷薇（*R. moschata*）　$2n=2x=14$。是培育大型植株、蔓性和聚花品种的种质资源，参与了现代月季的演化。

软条七蔷薇（*R. henryi*）　$2n=2x=14$。是藤本、聚花和浓香性状的种质资源。

野蔷薇（*R. multiflora*）　$2n=2x=14$。此种是重要的砧木资源，也是培育大型植株、藤本、耐寒月季品种的优良种质资源。

悬钩子蔷薇（*R. rubus*）　$2n=2x=14$。是蔓性、聚花性状的种质资源。

光叶蔷薇（*R. wichuraiana*）　$2n=2x=14$。此种是培育蔓性藤本月季的种质资源。

33.1.3　缫丝花亚属Subgen. *Platyrhodon*（*Microphyllae*）

此亚属有3个种，原产于亚洲。

缫丝花（*R. roxburghii*）　$2n=2x=14$。原产于中国西部和南部，是观花、观果、果用（富含Vc）性状的种质资源。

33.1.4　沙蔷薇亚属Subgen. *Hesperhodos*（*Minutifollae*）

此亚属有2个种，原产于北美洲。

醋栗蔷薇（*R. stellata*）　$2n=2x=14$。

33.2　起源演化与品种分类

33.2.1　起源演化

月季是世界最古老的花卉之一。根据目前发现的化石和蔷薇原种在南纬6°~65°的自然野生分布，普遍认为蔷薇属植物起源于第三纪、北温带的大陆。在长期自然野生和人工栽培的变异、杂交、选择下，蔷薇种演化到古代月季，进而由古代月季演化到现代月季（图33-1）。

古代中国、埃及、巴比伦、希腊、罗马等国家，公元前即有关于蔷薇的记载。波斯人早在公元前1200年就把蔷薇属植物用作装饰；公元前9世纪时，古希腊已有文字记载。中国栽培月季历史相当悠久，南北朝梁武帝时代（502—549年）在宫中已有栽培，他曾手指蔷薇对其宠姬丽娟曰："此花绝胜佳人笑也。"唐宋以来栽培日盛，有不少记叙、赞美的诗文。苏东坡有"花落花开不间断，春来春去不相关"和"唯有此花开不厌，一年常占四时春"的诗句。明代王象晋的《群芳谱》中记载了很多月季品种。近200年来，欧美一些花卉业发达国家，在月季育种方面取得了辉煌成就，先后培育出了数以百计的品种。目前我国的主要栽培品种，大多是引进的国外品种，其中一年多次开花的现代月季均有中国月季花的血统。

33.2.1.1　中国古代月季的起源及演化

西汉汉武帝（前140—前87年）曾在宫廷中栽种蔷薇。北魏（386—534年）的《神农本

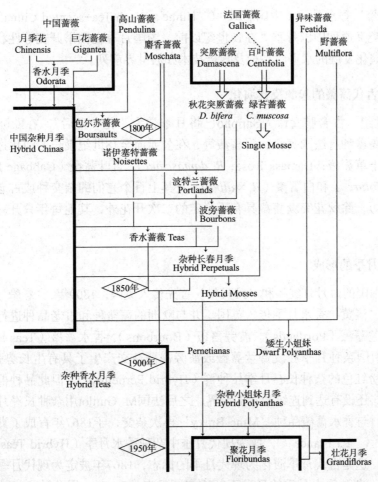

图33-1 月季的演化关系

草经》中提到了蔷薇属植物的种子；从晋朝开始王室普遍栽培蔷薇。唐代诗人白居易、刘禹锡等均有咏蔷薇诗。宋代宋祁《益部方物略记》（1082年）中最早提到月季，当时仅洛阳一地，就有'蓝田碧玉'等极品月季品种41个；1621年王象晋《群芳谱》中最早把蔷薇属植物分为蔷薇、玫瑰、刺蘼、月季、木香5类。北宋初叶960年至清代中叶1760年的800年是中国古代月季选育的基础阶段。

在中国月季演化发展史上，最重要的蔷薇种是月季花和大花香水月季（巨花蔷薇）。月季花在中国有悠久的历史，湖北、云南、四川、陕西等省份有自然野生分布；李时珍《本草纲目》中云："月季花，处处人家多有栽插"；1621年王象晋《群芳谱》中有月季花"……一名月月红……逐月一开，四时不绝……蔷薇之类也。"月季花演化产生很多古老品种，通称月季花类，其中最重要的有'月月红'（'Semperflorens'，'Slater's Crimson China'）、'月月粉'（'Parson's Pink China'）、'绿萼''变色'月季花（'Mutabilis'）等。

一般认为一季开花的巨花蔷薇和四季开花的月季花杂交演化产生了连续开花的杂种香水月季（R. × odorata），在云南省有自然分布，也有悠久的栽培历史。香水月季有许多古老品种，通称香水月季类；其中最著名的有'粉红'香水月季（'Erubescens'）、'橙黄'香水月季（'Pseudindica'）、'淡黄'香水月季（中国黄）（'Ohroleuca'，'Park's Yellow Tea-scented

China'）、'彩晕'香水月季（中国彩晕）（'Hume's Blush Tea-scented China'）等。月季花类和香水月季类又通称中国月季。在18世纪以前，中国月季在四季开花等性状方面超过了同时代欧洲蔷薇演化发展的水平，品种及栽培技术亦居世界前列。

33.2.1.2　欧洲古代蔷薇的起源及其演化

公元前6世纪，古希腊女诗人Sappho已将月季誉为"花中皇后"。在欧洲蔷薇演化发展史上，重要的蔷薇种有法国蔷薇、狗蔷薇等，在公元前至18世纪漫长的演化过程中产生了突厥蔷薇（大马士革蔷薇；Damask Rose；*R. damascena*）、百叶蔷薇（Cabbage Rose；Provence Rose；*R. centifolia*；）和白蔷薇（*R.* × *alba*），及其上百个它们的杂交种或古老品种。当时欧洲的蔷薇花期短，除秋花突厥蔷薇具有不稳定的二次开花外，其他每年只开一次花，且花色单调。

33.2.1.3　现代月季的形成

1789年，中国的'月月红'和'月月粉'首先传入英国；1809年，'彩晕'香水月季传入英国；1824年'淡黄'香水月季传入英国。并与欧洲的蔷薇种和古老品种进行反复杂交，先后产生了波特兰蔷薇（Portlands）、波旁蔷薇（Bourbons）、香水蔷薇（Teas）。约在1837年，法国Laffay将中国杂种月季和波特兰蔷薇或波旁蔷薇杂交产生了具有生长势强、植株高大、花香、红色或粉红色的杂种长春月季品种群（Hybrid Perpetuals）。但此品种群成员每年也只开一、二次花，还没有达到连续开花的境界。之后法国M. Guillot用杂种长春月季品种'Mme Victor Verdier'与香水蔷薇品种'Mme Bravy'再次杂交，于1867年育成了真正四季开花的品种'法兰西'（'La France'），成为现代月季中杂种香水月季（Hybrid Teas Rose）这一新品种群的起点。这是古代月季演化为现代月季的标志，1867年被定为现代月季与古代月季的分界线。此后，杂种香水月季的品种不断增多。丹麦的Poulson用杂种小姐妹月季（Hybrid Polyanthas）与杂种香水月季杂交，于1920年育出'Else Poulson'品种，首创了现代月季的新类型聚花月季（Floribunda Rose）。美国的W. E. Lammerts用杂种香水月季品种'Charlotte Armstrong'与聚花月季杂交，在1954年获得突破性进展，育出植株高大、抗性强、大花聚生的'粉后'（'Queen Elizabeth'），划定为新类型——壮花月季（Grandiflora Rose）。此外，微型月季（Miniature Rose）、藤本月季（Climbing Rose）等现代月季类型先后育成。至今，已经形成了色彩缤纷、芳香四溢、四季开花的近30 000个品种的现代月季品种群。

33.2.2　园艺分类

全世界的月季遗传资源，根据种源和园艺性状有不同的园艺分类方法。美国月季协会在《Modern Roses X》中将月季分成56个组，包括Old Garden Roses 31个组，Miniature Roses 2个组，Shrubs 13个组，Hybrid Teas, Grandifloras, Folribundas, Polyanthas, Ramblers & Climbers 10个组；而在《Modern Roses XI》中简化成35个组，包括Species Roses 1个组，Old Garden Roses 21个组，Modern Roses 13个组；英国分成29个栽培组和1个物种组。《Modern Roses XII》中已登录近30 000个月季品种。世界月季联合会（World Federation of Rose Societies）1979年批准的月季园艺分类方案主要分为现代月季、古代月季和野生蔷薇三大类，

其下再按藤本与否、开花习性、株型、花径等分为31组。该方案既反映了月季类型间的血统联系，又反映了月季类型间的形态差别，是一个较为完善的分类方法，得到绝大多数国家的采用。1988年，中国月季协会正式决定采用此分类方法。

33.2.3 实用分类

33.2.3.1 株型分类

全世界月季品种绝大多数都是现代月季品种。许多国家月季组织根据种源、株型、开花习性、花朵大小与多少和生长习性等特点，在"园艺分类"的基础上，对现代月季品种的系统分类不尽相同，可概括为以下几大系统：

①灌丛月季（灌木月季，Shrubs，Shrub Roses，S.）植株在紧凑型和松散型之间，高度一般超过150cm，多是现代月季品种和古代月季品种或种、变种杂交的品种，花期长，多为一季或二季开花。如'天山之星'等。

②杂种香水月季（Hybrid Teas，Hybrid Tea Roses，HT.）植株紧凑型，矮丛灌木，高度一般在60~150cm，植株大而挺拔，枝条粗壮而长。花单生，大型花，花径一般大于10cm，重瓣，花型优美，花色丰富多彩，芳香浓郁，四季开花（一年多次开花）。品种最多，如'和平'（'Peace'）、'明星'（'Super Star'）等。

③聚花月季（丰花月季，Floribundas，F.，Fl.）植株紧凑型，矮丛灌木，高度一般为60~150cm，植株中等，茎枝分枝多。花中型，花径一般5~10cm，花朵多聚生成束开放；花色丰富，花耐开，一年多次开花。植株耐寒、耐病、抗性强；品种较多，如'杏花村'（'Betty Prior'）、'玛丽娜'（'Marina'）等。

④壮花月季（Grandifloras，Gr.）灌木，植株紧凑型，长势特别旺盛，植株比杂种香水月季更高大，一般大于150cm，更健壮。一年多次开花，花朵近于杂种香水月季，花大型，花径一般10cm以上，一茎枝通常多花聚生。抗病性、耐寒性较强。目前品种较少，代表品种有'白雪山'（'Mount Shasta'）、'伊丽莎白女王'（'Queen Elizabeth'）等。

⑤微型月季（Miniature Roses，Min.）植株矮，株高和伸展宽度约20cm，枝条细小。一年多次开花，花小型，花径约3cm，多为重瓣，枝密花多常成束开花。代表品种'小假面舞会'（'Baby Masquerade'）、'微型金丹'（'Colibri'）等。

⑥藤本月季（攀缘月季、杂交藤本月季，Clibmbers，Cl.）植株松散型，藤本，高度一般超过200cm。一季或常二季开花即晚春或初夏季和秋季开花，常成束开放。代表品种有'藤和平'（'Climbing Peace'）等。

⑦蔓性月季（地被月季，Ramblers，Grand Cover Roses，R.）藤本，植株蔓生型，茎枝匍匐生长。花多朵聚生成束开放。一般抗病性较强。品种较少，有'道潘金'（'Dorothy Perkins'）等。

⑧小姐妹月季（Polyanthas，Pol.）植株紧凑，矮灌丛，株高约100cm，枝细；叶小。花径约2.5cm，重瓣，花多朵聚生成大簇，经常开花。抗寒性、耐热性较强。代表品种有'Paquerette''冬梅'等。

33.2.3.2 色系分类

在世界上所有的园林植物中，月季的花色最丰富多彩。花色种类多、变化大。因此，根据花色对月季品种分类，世界各国不尽相同，在中国也不尽统一。中国月季协会分成9类：白色系、黄色系、橙色系、粉红色系、朱红色系、红色系、蓝紫色系、表里双色系和混色系（含变色、复色、镶边色、斑纹色）品种。在国外按花色分得更多更细，如美国分成白色、浅黄色、黄色、深黄色、黄混色、杏黄和杏黄混色、橙和橙混色、橙粉色、橙红色、浅粉色、粉红色、深粉红色、粉红混色、红色、深红色、红混色、蓝紫和蓝紫混色、茶褐色系等。

33.3 育种目标及其遗传

33.3.1 花色

花色是月季的重要观赏性状之一，改良月季的花色一直是育种的重要目标。包括培育白色、黄色、橙色、粉红色、朱红色、红色、蓝紫色、表里双色（花瓣正背面颜色不同）、混色（含变色、镶边色、斑纹嵌合色）等新品种，特别是要求白色纯正、黄色不褪色、红色不黑边、粉色柔和、表里双色对比强烈、混色多层次且多变化等花色亮丽的新品种，也包括培育真正蓝色、黑色、绿色等珍奇品种，使品种不断更新，使花色更加丰富多彩。

花色遗传表现出明显的显隐性遗传趋势，红色对白色、黄色，红色是显性，白色、黄色是隐性。杂交亲本花色相同，可得到相近花色后代（表33-1）；杂交亲本花色不同，一般出现花色差异较大的后代。

表 33-1 月季花色遗传

母 本		父 本		F_1
品种*	花色	品种*	花色	花色
卡拉米亚	红色	红衣主教	红色	红色
白缎	白色	坦尼克	白色	白色
金徽章	黄色	黄金时代	黄色	黄色

注：*表示品种未加单引号

1956年，McGredy育出淡紫色花品种'Lilac Time'，随后品种渐多，形成蓝紫色系，其中'蓝月'（'Blue Moon'）是最有名的品种，但它还不是真正的蓝花月季。1980年，Harkness育出浅粉转豆绿色品种'绿袖'（'Green Sleeves'），之后育出'绿宝石'（'Green Diamond'）、'大绿洲'等，这些品种只是花初开或末期带有绿色。1990年，黄善武等人用辐射诱变与有性杂交相结合育出花朵整个花期豆绿色的'绿星'，并指出花绿色机制是叶绿素的存在。2000年以来，国外育出近绿色的品种，有'翡翠'（'Jade'）等。黑花月季育种在探索中，虽育出名带黑字的'黑夫人'（'Black Lady'）、'黑夜'（'Night'）、'黑珍珠'（'Black Pearl'）、'黑巴克'（'Black Baccara'）等，为深墨红色，但离黑色甚远的距离正在进一步缩小。

33.3.2 花香

月季的花香诱人,培育浓香月季品种对提高月季的观赏品质和芳香油含量都是十分重要的育种目标。浓香与不香的品种杂交,后代全部表现为有不同程度的香味;浓香品种间杂交,后代绝大多数浓香,少数有香味,没有不香的植株。月季香味的遗传力较强。如'墨红'(浓香)×'香紫绒'(浓香)→F_1(浓香或香),浓香杂交后代大多数浓香。

33.3.3 花型与花朵大小

月季的花型也是重要的观赏性状,不同时期、区域、消费类群对花型的喜爱和需求也有差异。如近代曾一度普遍认为高心翘角和高心卷边杯状最佳,因此,培育高心杯状型品种成为育种者追求的目标之一。高心杯状花型性状是可遗传的,这样花型的品种间杂交就能获得高心杯状花型后代。培育高心翘角杯状花型,一般选用长阔花瓣、中脉明显而粗、主次脉分枝次数多,瓣缘肉薄的品种作亲本;培育高心卷边杯状花型,一般选用圆阔花瓣,主脉分枝次数多,瓣缘和瓣中厚度差异小的品种作亲本。

花朵大小也是重要的育种目标。从花朵直径大小可分为微型(<3cm)、小型(3~5cm)、中型(5~10cm)、大型花(>10cm)。花瓣数因种和品种不同差异很大,有4~60瓣或更多,可分为单瓣花(<10枚)、半重瓣(10~20枚)、重瓣(>20枚)。杂种香水月季为大花型,聚花月季为中花型,微型月季要求小花型。花朵大小为数量性状遗传,大花间杂交,后代多为大花;小花间杂交,后代多为小花;大小花间杂交,后代多为中花。月季的倍性研究表明,月季有一个多倍体序列,花朵大小与倍性相关;一般二倍体的花小,绝大多数四倍体的花大,而六倍体和八倍体的花小;杂种香水月季品种为四倍体($2n=4x=28$),聚花月季品种有三倍体($2n=3x=21$)、四倍体和二倍体($2n=2x=14$);同倍体间杂交,子代与亲本相同;一般不同倍性间杂交,遗传较复杂。四倍体和二倍体杂交后代一般为不留残花、不结果的三倍体。因此,三倍体也是聚花月季的育种目标之一。

33.3.4 开花习性

月季开花习性分春季一季开花、春秋二季开花、四季(连续)开花。四季开花性即连续开花性是现代月季绝大多数品种的基本特征,也是月季的重要优点之一。因此,四季开花性状一直是育种的首要目标。很多研究表明,连续开花性为单一隐性基因遗传。遗传基因同质的一季开花与四季开花的品种杂交,后代全部表现为一季开花的性状。一季开花是显性,四季开花是隐性。如欧洲赤蔷薇(一季开花)×'世外桃源'(四季开花)→F_1(一季开花)。四季开花的品种间进行杂交,则后代全部表现为四季开花性状。如'墨红'(四季开花)×'和平'(四季开花)→F_1(四季开花)。

33.3.5 株型

月季株型分为藤本和非藤本,后者有灌丛、矮丛、矮生等类型,不同的用途需要培育不同株型的品种。因此,株型也是育种重要的目标之一。株型为质量性状遗传。1987年L. A. M. Dubois等研究指出,小月季花的矮生性状由显性基因D控制,其基因型为Dd,矮生(微型)

品种均含有*D*基因。矮丛株型HT系等纯合体品种与藤本纯合体品种进行杂交，后代全部表现为藤本，藤本为显性，矮丛为隐性。

33.3.6 抗性

月季花期长，可周年生长开花。可我国大部分地区处北温带，寒冷季节长，夏季高温高湿，致使月季病虫害多，生长开花不良，只春秋两季开花较好。为延长月季的观赏期和提高品质，减少病虫害防治等，应把抗寒、抗旱、抗高温高湿、抗病虫害等作为育种目标，以培育出花期长、抗性强的露地和保护地栽培应用的品种。

①抗寒性　抗寒品种与不抗寒品种杂交，后代多表现中等抗寒程度，也有接近抗寒亲本特性的植株；抗寒品种作母本的后代抗寒性程度比作父本的后代抗寒性程度高。

②抗黑斑病性　月季的抗病性是遗传的。不抗病品种与抗病品种杂交，一般后代50%以上抗病，有的高达100%，表现为显性遗传趋势（表33-2）。Thomas Debener研究表明，抗黑斑病为单一显性基因遗传。

表 33-2　不同抗病（黑斑病）性月季品种的抗病性遗传

组合	杂交后代		
	总株数	抗病株数	抗病株率（%）
不抗病品种×抗病品种			
'X夫人'×父本	39	27	69.2
'荣光'×父本	14	5	35.7
'查森纳'×父本	10	3	30.0
'樱桃白兰地'×父本	4	3	75.0
'弯刺蔷薇'×父本	9	5	55.6
'世外桃源'×父本	3	3	100.0
'世外桃源'×'太阳仙子'	4	2	50.0
不抗病品种×不抗病品种			
'战地黄花'×'红茶'	16	0	0
'战地黄花'×'绿袖'	15	0	0
'世外桃源'×'赤阳'	9	0	0
'战地黄花'×'绿云'	8	0	0
'战地黄花'×'樱红'	6	0	0
'X夫人'×'荣光'	10	0	0
'X夫人'自交	5	0	0

③抗白粉病性　培育抗白粉病的品种，特别对于切花月季尤为重要。抗白粉病的能力是遗传的。抗病品种间杂交，90%的杂交组合后代抗病株率在50%以上；抗病品种与不抗病品种杂交，后代抗病株率50%；不抗病品种间杂交，绝大多数组合后代不抗病，个别组合后代

只有少数植株抗病。月季的抗白粉病性为显性遗传趋势。

月季的观赏功能多，应用广泛，有盆栽、地植、切花用等，为此应根据不同用途，制定育种目标，或有所侧重或增加新的内容，如切花月季育种，除以上目标外还有切花产量高、花枝长、耐久开等。又如月季砧木育种，以上花色、花香等某些目标就不需要，而要求根系发达、嫁接亲和性好、无刺或少刺等育种目标。

由于现代月季遗传组成上的高度杂合性、多倍体、远缘杂交不亲和性与杂种不育性等原因，对于月季性状遗传的研究难度大、报道少，除以上育种目标性状遗传外还有以下与育种有关性状的遗传（表33-3）。

表 33-3 月季性状的遗传

性　状	遗传方式	资料来源
耐霜性	多基因	Svejda，1979
花青素累积	多基因	Devries，1974；Marshal，1983
矮小株型	单一显性基因	Dubois，1987
花瓣数目	数量性状	Thomas Debener，2001
重瓣性	单一显性基因	Thomas Debener，2001
单瓣/重瓣	质量性状单基因	Debener，1999
皮刺密度	数量性状	Debener&Mattiesch，1999
皮刺大小	数量性状	Debener&Mattiesch，1999
皮刺数量	多基因	Crespel，2002
连续开花	双隐性基因	Dugo，2005；Bendahmane，2013

33.4 引种与选种

33.4.1 引种

月季引种一直是丰富某一地区种、变种、变型，特别是品种的重要方法。在月季栽培和演化发展史上，引种起到了重要作用。引种使月季野生类型成为栽培类型，使中国月季和欧洲的蔷薇有机会杂交演化产生了现代月季，使野生资源和栽培品种得到了充分利用，使月季栽培分布区扩大到南半球地区。因此，英、美、法、德、日等国对引种非常重视，澳大利亚已引进800多个种、变种和品种。中国已引进1000多个种和品种，而且每年新引进几十个品种，目前还在不断增加中，这丰富了中国的月季遗传资源，使主栽品种不断更新，促进了月季产业的迅速发展。目前中国栽培应用的现代月季品种绝大多数都是从国外引入的。月季引种方法也是根据引种理论，并按照一定的引种步骤进行的。

（1）确定引种类型及其品种

收集国内外的月季品种资料和市场需求。根据本地区月季品种群存在的问题和生产者的需求，分析世界各地月季新品种的特征特性和要求的自然栽培条件，确定引种的类型及其品种。

(2)引种试验

引种必须通过试验确保引种成功,否则一旦失败就会造成极大的损失。引种试验即对引种品种进行种植试验,观测其对本地区自然和栽培条件适应程度,观赏价值以及品种特征特性是否符合本地区栽培应用和市场需求。试验分两个阶段,一是少量小面积种植引进品种,并与当地主栽品种对比,从中选出有希望的品种;二是中选品种扩大面积种植,进行品种正式对比试验。

(3)栽培应用鉴定

引种试验选中的品种,在一般栽培应用条件下大面积栽培应用,鉴定品种的抗逆性、观赏性、市场需求度,肯定利用价值,最后扩大繁殖应用。如1984年以来,中国先后引进切花品种100多个;经全国多点试种,到1990年全国生产者和消费者对主栽品种达成了共识:红色系主栽品种为'萨曼莎',粉红色品种为'贝拉米',黄色系北方为'金徽章',而南方为'金奖章',白色系为'坦尼克'。又如北京市,1985—1990年引种聚花月季'杏花村''大桃红''小桃红'第一代品种成功;1990—1995年引种聚花月季'红帽子''金玛丽''冰山'第二代品种成功;1995—1998年引种藤本月季品种成功,使北京绿化月季品种、类型不断更新。2000年以来全国各地引进一批又一批新品种,使栽培品种不断更新。

全世界每年培育推出近百个新品种,栽培应用的品种需要不断更新。因此,月季引种也要不断进行。

33.4.2 实生选种

无论是种还是杂种,特别是杂交品种,在天然自交、天然杂交,加之配子体突变情况下,实生后代会发生分离、变异,产生多样性,这就为实生选种奠定了基础。实生选种的方法如下:①根据选种目标选择亲本;②亲本植株具有多个优良品种;③实生群体要求大;④设置选择压力,如干旱寒冷等;⑤根据选种目标选择优良单株。月季实生选种通过自然选择和人工选择,选出许多月季新品种和新的育种材料。如'Ophelia'实生苗→'Ellesmere';'Victor Verdier'实生苗→'Etienne Levet';'Peace'בOpera'实生苗→'奇异玫瑰'('Rose Galljard')。

33.4.3 芽变选种

月季植株在自然界由于受到外部条件和内部条件等因素的影响,引起基因突变或倍性变异,改变了遗传性,而产生芽变,尤其是花色、株型的芽变频率较高。研究表明,绝大多数月季品种特别是现代月季品种常易产生芽变,这就给培育新品种提供了机会。因此,根据芽变规律,在月季生长开花季节,经常细致地去观察,从现有月季类型品种繁殖圃或栽培应用的大量植株群体中,选择芽变的枝或单株;通过嫁接、扦插等无性繁殖方法,使芽变分离、纯合、稳定下来;经与原品种比较试验,筛选优良的芽变培育成新品种。从芽变选育出的品种很多,如珊瑚粉色的'索尼亚'→浅粉色的'淡索尼亚'、深粉红色的'幽静';'墨红'(矮丛)→'藤墨红'(藤本)等。Hareing所列的近18 000个月季栽培品种有10%是由芽变而来。在国外曾选出'古龙''藤和平'等著名品种;在国内曾选出'飞虎''金城''花仙''欢腾'夏令营''红枫''大风歌''卧龙''白河''华夏'等藤本芽变品种。

33.5 杂交育种

33.5.1 开花生物学特性

月季的花为完全花，单朵或数朵着生在新梢顶端。花萼5或4片。雌雄同花，雌雄蕊均多数，雌蕊30~70枚，花柱多离生，少数合柱连生；雄蕊40~90枚，离生，雄蕊先熟。大部分月季品种花粉萌发率较低，一般30%左右，花粉的最适萌发温度为23~30℃，最适湿度为55%~70%；柱头分泌液的pH=5。每年第一次开花期因纬度和有效积温不同而异，长江流域春花期一般为4月下旬始花、5月中旬盛花、5月下旬至6月上旬终花；在华北、东北后延15~20d。同一地区不同种、品种间的开花早晚差异大，一般约20d。杂交育种选用第一批春花最好，花期稳定，父、母本花期容易相遇，授粉及果实发育环境条件适宜。月季每朵花的开放期多为3d，分为初开期即含苞待放，花瓣抱合，雄蕊未散粉；盛开期即花瓣展开露出雄雌蕊，雄蕊花药开裂散粉；末期即雄蕊和花柱枯萎。月季原种为自花授粉；古代月季或现代月季品种都是杂合体，基本上为异花授粉，也能自花授粉，但有无融合生殖现象。结实能力因种和品种不同差异很大。果实通常秋末冬初成熟，少数种夏末成熟；果实为假果，又称为蔷薇果；内生骨质硬粒种子（瘦果）10~20粒，罕达80~100粒。

33.5.2 杂交技术

（1）选择亲本的原则

①具有育种目标所要求的性状，而且优良性状突出，双亲的优缺点能互补。

②根据性状遗传规律，尽量选择具有目标性状遗传背景、遗传组成相对纯合的为亲本。

③选用雌雄发育健全的品种。母本的杂交可育性是杂交成功的主要因素。一般以雌蕊正常、结果性好的为母本，雄蕊花粉正常发育的为父本；最好父母亲本花期相遇。

④应选个体发育中年，生长势中庸，无病植株为母本，以确保杂交果的生长发育成熟。

（2）去雄

将母本植株上发育正常、当天或翌日要开的花苞，在初开期去掉雄蕊。以每天10:00以前为好，一般采用镊子或手去掉花瓣萼片，再去掉雄蕊（图33-2）；少量杂交也可剥开花瓣只去掉雄蕊。去雄后套袋（硫酸纸袋等）隔离，以防自然授粉混杂。

（3）采花粉

将父本植株上发育正常、翌日或当天要开的花苞，也是在初开期采收雄蕊花药，放入容器或纸上置室内晾干至花药自然开裂，花粉散出备用。如果作母本的是另一个组合的父本或者正反交情况下，可在去雄的同时采收花粉。

（4）授粉

一般在去雄后翌日10:00以前进行，此时母本雌蕊柱头已分泌黏液，用干毛笔等授粉工具将父本花粉涂于柱头上；翌日同法再次授粉，每次授粉后都要套袋。然后挂牌注明杂交的

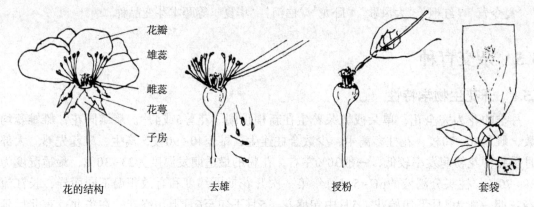

图33-2 月季杂交技术示意图

父母本名称，杂交日期。授粉后7~10d检查，如果花托膨大，说明杂交成功，可去掉纸袋，进行正常管理。为了提高杂交坐果率，一般可采用次生枝摘心或摘除的方法，控制新生枝生长发育直到果实成熟。

在进行大量杂交的情况下，一般在每日10:00以前花初开期，先去萼片、花瓣、雄蕊，后接着授粉，一次完成，不套袋（去花瓣后昆虫不去采花，也便于二次人工重复授粉），一行或一株挂一个牌即可。在保护地隔离区大量杂交时更是采用此办法。

在月季远缘杂交时，一般采用不去雄就授粉即混合授粉，以确保杂交率极低的杂交种子随着大量自交种子的果实成熟而成熟，然后用遗传标记来区别真假杂种。还有重复授粉、赤霉素处理、胚培养等克服杂交不亲和与杂种不育的方法。重复授粉仅对有结实力的组合有效，结果率提高，种子数增加；重复授粉以2~3次为好，过多的重复授粉会伤柱头，降低受精率。1991年I. Ogilvie等人报道赤霉素（GA_3）处理柱头，能提高结果率，而果中种子数不增加。

33.5.3 播种与选择

5~6月杂交，10~11月果实成熟收果采种。一般采收的鲜种子马上用水选法选留有种仁的种子，然后于1~5℃低温下湿沙藏处理50~60d，以达到出苗率高而整齐的目的。其机理是果皮软化，种子的ABA含量下降，种子后熟。用沙藏后的种子播种，5℃以上就发芽出苗。

作为品种间杂交或者品种与种、变种、变型、杂种的远缘杂交，都会在杂交后代发生分离，因此，一般在杂交第一代（F_1）植株群体中，按照育种目标选择优株。幼苗期必须加强栽培管理，以利优良性状的表达。幼苗在繁殖圃的一二年中经过一次选择，然后移植选种圃内，也可初选优株进行高接或扦插。这样，由播种到开花经3年选优去劣，直到符合育种目标的性状稳定，最后选出优良的植株进而成为新品种。

根据幼苗第一次开花与成年后开花性状的相关性可进行预先选择。播种幼苗5~10片真叶开花者即为四季开花植株，否则为一或二季开花种；幼苗第一次开花的花色、花香就已充分表达，一般以后也不会变化；花径、花瓣数等性状，成年后一般将增加1倍以上；但只有5个整齐花瓣而又无碎瓣的，成年后花瓣数不变。以选择四季开花性等花的性状为育种目标的，一般在5~6月苗龄达到5片真叶以上第一次开花时就可进行初选。

33.5.4 杂交育种成效

杂交育种包括品种间杂交育种和远缘杂交育种。品种间杂交育出的品种最多，进展最快。已知的月季品种中80%是通过品种间的杂交得到的。法国的Meilland 1945年育出超前的品种'和平'（'Peace'），以后用其作亲本相继育出'游园会'（'Garden Party'）等一批优良品种，把现代月季品种向前推进一大步。

'红双喜'（'Double Delight'）、'天堂'（'Paradise'）、'俄州黄金'（'Oregold'）、'爱'（'Love'）、'赌城'（'Las Vegas'）、'引人入胜'（'Intrigue'）、'赫尔斯坦'（'Holstein'）、'贝罗利娜'（'Beiolina'）、'大紫光'（'Big Purple'）、'香魔'（'Liebeszauber'）、'歌剧'（'Holsteinperle'）等是1970—1991年有性杂交育种的著名品种。1991年以来育成的品种有'万花筒'（'Kaleidoscope'）、'好莱坞'（'Hollywood'）、'第一夫人'（'First Lady'）、'Miss Position''San Remo''High Society''Rossi''Jennifer'等，使品种更新越来越快、越来越好。

远缘杂交育种主要是现代月季品种与种、变种、变型、杂种进行杂交，培育独特性状的品种。全世界共有蔷薇原种200个左右，被用于创造现代月季的约15个种。现代月季需要导入新的种质，扩大变异谱。因此研究未被利用的种质已受到育种家们的重视。目前，远缘杂交也育成了一些抗性强的新类型、新品种和新的遗传育种材料。1982年E. Haenchen报道，1951—1980年用70个亲本杂交，50个参与回交，仅育出8个品种。一次杂交需要3~4年，而育成一个新品种需要多次杂交和回交。周期长、效率低是其存在的问题，因而以前采用甚少。1980年以来研究报道增多，在抗病、抗寒等育种上取得进展。美国的G. J. Buck用抗寒种质疏花蔷薇（*R. Laxa*）与现代月季杂交，在1979年育成了能耐-35℃低温的聚花月季新品种'无忧女'（'Care-free Beauty'）；加拿大的H. H. Marshall等人用抗寒种质阿肯色蔷薇（*R. arkansana*）与现代月季杂交，分别在1977年和1980年推出2个抗寒性很强的聚花月季新品种'Morden Amorettie'和'Morden Cardinette'。1988年F. Svejda用*R. kordesii*和G49杂交获得抗黑斑病和白粉病的L83，并具有连续开花的特性。1989年以来，中国利用弯刺蔷薇（*R. beggeriana*）、报春刺玫（*R. primula*）等抗性种质与现代月季品种杂交，黄善武等先后培育出大花耐寒品种'天山之光''天香'等和高抗黑斑病品种'天山之星'；获得弯刺蔷薇与木香（*R. banksiae*）、弯刺蔷薇与黄刺玫（*R. xanthina*）杂交的2个杂种，具有抗寒、抗病性；1989—1993年马燕等培育出一些抗性强的刺玫月季类型的新品种'雪山娇霞''太真出浴''一片冰心''珍珠云'等。

近50年来，切花育种非常活跃，不断育出很多新品种，每年都有新品种问世，使得切花品种名录每10年左右更新一次。绝大多数切花品种作母本不结果，是切花育种存在的问题之一。

砧木育种也有进展，荷兰的L. A. M. Dubois等人报道，月季花（*R. chinensis*）无性砧和野蔷薇（*R. multiflora*）实生砧嫁接的切花月季切花产量最高，狗蔷薇（*R. canina*）实生砧的切花月季切花质量较好。日本选育出抗根癌肿病和线虫的岛田系S1、S2等。1989年M. C. Cid进行耐盐化砧木育种，将野蔷薇与*R. polliniana*杂交，用盐压处理筛选育出一杂种。中国农业大学赵梁军等选育出优于粉团蔷薇无性砧的无刺无性砧'No.3''No.4'等。

中国的科研院所、花圃、企业等单位和月季爱好者不断进行月季育种研究,采用杂交育种、芽变选种、诱变育种、有性杂交与射线诱变相结合等育种技术,1980—2010年育成了'绿云''绿野''怡红院'等100多个现代月季新品种(王世光 等,2010),近十余年自育新品种超过300个。

目前,月季育种继续围绕着改良现代月季品种性状进行,不断培育新品种。重要性状遗传变异研究深入,达到了分子水平。杂交育种与诱变育种相结合,诱变育种与体细胞无性系变异选择相结合,远缘杂交育种与胚培养相结合等,尝试用基因工程等育种新技术,解决存在的问题。切花育种是热点,不断育出高产优质的品种。抗性育种加强,育出双抗或多抗品种、耐寒、耐热性等更强的观赏品种和砧木品种。奇特花色育种继续进行,育出真正蓝花、黑花品种和更绿的绿花品种。培育无刺月季,观花、叶、果及其食用、药用一体的月季新品种和类型也正在进行中。

33.6 诱变育种

月季的诱变育种包括物理诱变和化学诱变。国内的月季诱变育种主要采用物理诱变中的射线诱变即辐射育种。射线包括χ、β、γ射线和中子等。国内外多采用^{60}Co-γ射线进行辐射诱变育种,包括辐射处理月季的枝芽、种子、花粉。其特点是:①变异频率高,比月季自然芽变可提高100~1000倍。②变异范围广,产生超亲本或自然界还没有的新性状类型。③改善月季品种的个别性状,保持绝大多数性状不变。④克服月季远缘杂交不亲和性,提高杂交率。国内外辐射处理月季枝芽取得了育种家公认的成果,获得了深花色、浅花色、嵌合花色、藤本、抗性强等突变体,培育出一些独特优良品种。其技术方法一般包括以下内容:

33.6.1 选择亲本材料

为了提高辐射诱变育种的效率,除了制定可行的育种目标外,必须选择好亲本材料。①选用综合性状好,个别性状需要改善的优良品种和品系,以便培育出综合性状好而具有特异性状的好品种;否则,即使发生突变,选育出的突变体应用价值小而成不了品种。②选择健壮的植株和枝芽作为处理材料。③选用遗传背景复杂(基因型杂合等)和具有育种目标遗传变异基因的品种或品系,以利获得多样性的突变体及其较高的突变频率。选用红色系、粉红色系和混色系品种比白色系、黄色系品种的诱变频率高;花瓣颜色与雌雄蕊颜色不一致的品种比一致的品种诱变频率高,而且突变花色向着雌雄蕊颜色的方向突变。因此,黄色、白色品种,特别是雌雄蕊颜色与花瓣颜色相同的黄色、白色系品种,很难获得辐射突变体。

33.6.2 辐射处理

月季辐射处理一般采用外部急照射方法。生长状态的植株、枝芽,适宜的处理剂量一般为2~3kR(20~30Gy);休眠状态植株、枝芽是3~4kR;沙藏种子一般为4~5kR。处理后,植株进行定植,枝芽进行嫁接或扦插成苗,种子进行播种,并加强栽培管理使其生长开花。

33.6.3 选择突变体

月季辐射处理后,只有个别芽内分生组织的个别细胞发生突变。由于被处理的芽在萌发抽枝生长过程中，发生突变的细胞与正常细胞相比往往生活力弱、分裂较慢、生长发育较慢，使突变组织经常被慢慢掩盖而表现不出来。因此，如果处理芽长出的VM_1枝及其花没有表现出突变性状，则采取VM_1枝修剪产生VM_2、VM_3分枝，分离突变体，使突变组织生长发育成突变枝和花而表现出来。突变体一般在VM_1、VM_2、VM_3枝整个生长开花期都要进行细致的观察选择。一旦发现突变，就将突变枝剪下来，进行嫁接或扦插繁殖无性后代。然后进行突变体与原品种比较试验，经突变性状稳定性、一致性、特异性鉴定成为新品种。

月季诱变育种的历史较短。1980年以后取得了进展，用理化处理改善月季品种一二个性状，特别是花色上有效。中国利用^{60}Co-γ射线处理获得'小桃红'双二倍体、'南海浪花''霞晖'等突变新种质和新品种。突变率低和不确定性是诱变育种存在的主要问题。

33.7 细胞工程与分子育种

33.7.1 胚培养

Gudin等（2001）最先采用月季幼胚培养，成功地得到了1个变种间和1个种间（*Rosa rugosa* × *Rosa foetida*）的杂交后代，并提出月季的幼胚必须长到成熟胚的大小才能萌发。1994年R. Marchant等以*Rosa arvensis*为材料的试验证明，培养基中以单糖（葡萄糖、果糖）为碳源的培养效果优于双糖（蔗糖、麦芽糖），碳源和矿物盐类对胚的培养十分重要，低温处理可促进幼胚的萌发，在4℃低温下贮藏1个月的幼胚萌发时间提前3d，萌发率也有提高，生长速度是未经低温贮藏者的3倍。在胚的发育前期取出胚很困难，这是胚培养需要研究解决的问题。胚培养在月季远缘杂交时已成为有效的技术。

33.7.2 体细胞无性系变异的选择

1967年Hill从月季愈伤组织中成功诱导体胚以来，英、法、美、日等国都通过根叶等外植体器官发生和体胚诱导得到了再生植株。Laurence Arene等（1993）从根叶等植物器官与合子胚中得到的愈伤组织上诱导出的体胚变异率分别达21%以上，变异主要表现在株型、花瓣形状和花瓣数目等方面，而且扦插后代证明这些变异是稳定的。如果与适当的生理特征、选择压力（如干旱、高盐、抗病性等），相结合，体细胞无性系变异的选择将成为一种有效的育种技术。

33.7.3 原生质融合

A. Schum等（2002）进行了二倍体和四倍体之间的原生质融合，得到了倍性水平变异广泛的愈伤组织，$2n=6x\sim18x$，但未能诱导出体胚。Pratap Kumar Pati等（2001）在月季的香花育种中，把*Rosa bourboniana*和*Rosa damascena*的原生质融合，得到的愈伤组织经PCR分析具有杂合性，但也未形成再生植株。

33.7.4 月季基因组

月季基因组的研究很早就展开了。前人在1988年利用孚尔根法和流式细胞术测定了狗蔷薇（*Rosa canina*）的2C DNA含量；在2000年利用流式细胞术测定了蔷薇属5个现代月季品种的基因组大小，确定月季基因组大小为560Mb；此后，多位研究者测定了80余个蔷薇属中的种、品种的基因组大小，其中包含二倍体、三倍体、四倍体的中国古老月季；这些研究为月季基因组的研究奠定了基础。由于月季具有高度杂合的特性，因此，尽管月季基因组相对较小，但将它们组装起来仍然具有挑战性。

2017年Nakamura等利用短序列初步组装现代月季基因组，但组装非常碎片化，难以破译。2018年Raymond和Mohammed等通过小孢子培养从中国古老月季'月月粉'中获得了一个纯合子基因型，然后利用长读测序（long-read sequencing）技术和元组装方法（a meta-assembly）得到了迄今为止最完整的月季基因组。研究人员将其与草莓、杏、桃、苹果和梨等植物的基因组进行比对分析，探索了月季的起源和演化；根据基因组信息与生物化学及分子分析结果相结合，提出了一个月季气味和花色的关联调控模型；同时还鉴定出了与开花相关的候选基因。这为开展现代月季分子育种研究奠定了基础。

33.7.5　分子标记辅助育种

分子标记技术对月季的品种鉴定、亲本选配和辅助育种有着重要作用。1992年Rajapakse等首先报道了RFLP在月季中的应用。之后，利用DNA多态性和AFLP片段推断月季品种的原始品种和种子之间的遗传差异；利用SSR分子标记结合形态学观察，发现多引物结合确定杂交后代的真实性，有效缩短育种进程，提高了选择的效率。用分布在蔷薇属植物7条染色体上的14对SSR分子标记，对蔷薇属191份材料进行亲缘关系和群体遗传结构分析，发现现代月季的遗传背景中野生蔷薇的渗透较低，这表明还有较多野生资源未应用于育种当中。因此充分挖掘利用野生蔷薇资源对拓宽月季遗传背景和现代月季育种有着重要意义。2015年Koning-Boucoiran等利用RNA-Seq建立了蔷薇属转录组资源，鉴定出13 390个表达基因的全长。基因中有很多SNP存在于68k WagRhSNP Axiom阵列上，能够支持候选基因的鉴定。并且具有68 893个SNPs的密集SNP阵列将能够产生密集的遗传图谱，这些图谱在遗传研究和标记辅助育种中已被证明有效。2021年Mostafavi等使用水稻引物（URP）和起始密码子靶向（SCoT）进行分子标记，标记系统显示了伊朗大马士革玫瑰种群的遗传多样性的综合模式，这可为未来大马士革玫瑰育种计划提供参考。目前，分子标记技术广泛应用于月季种质亲缘遗传关系、起源、抗性遗传等特异性状基因，能够建立转育特异性状的分子标记辅助选择（MAS）系统用于月季的育种工作和解决生产上的新品种资源鉴定以及知识产权保护等问题。

33.7.6　转基因

转基因方法能给月季产业提供更多具有优良性状的品种。蓝色月季一直是月季花色育种中备受关注的热门方向。澳大利亚、日本等将矮牵牛的蓝色基因导入月季组织取得成功，由于混合着色、液泡pH值等诸多因子会影响花色的表达，改变液泡pH值成为蓝色月季育种成功的关键因子之一。1994年Holton和Tanaka阐述了蓝色月季产生的合成途径，为转基因月季提供了思路参考。Ogata等人（2005）发现了月季花色途径中RhGT1酶，是其他物种中所没有的，对改良月季花色创造了新的可能。进而，研究人员观察到董菜的$F3'5'H$和鸢尾的DFR在转化植株中产生了新的蓝色表型，他们将董菜的$F3'5'H$基因引入月季，同时又抑制了月季中

*DFR*基因的表达，并转入鸢尾的*DFR*基因，使得具有较高纯度的蓝色月季得以投放市场。

除了花色改良外，转基因技术也应用于月季其他重要性状的改良。Chen等（2010）从短梗紫花苜蓿中分离的*MtDREB1C*基因增强了转基因月季的抗冻性。可利用的基因还有抗月季花叶病毒和其他病毒的外壳蛋白基因、抗虫性几丁质基因等。1997年vanderSalm等通过表达根际农杆菌*ROL*基因，可以获得生根改善的转基因。在月季中克隆出的GA生物合成负调控因子*RcSPY*，导致了异源转化烟草花期延迟。

但是上述仍处于研究阶段。此技术虽目的性最强，但难度也最大。因此，作为月季育种的一个有效的技术还需要走漫长的道路。

33.8 品种登录、保护与良种繁育

33.8.1 月季品种登录

国际园艺学会制定的月季品种登录权威（ICRA-Rosa）是美国月季协会（https://www.rose.org/）。目前既有网上登录（https://www.rose.org/single-post/2018/04/19/rose-registrations），也有ICRA-Rosa编写的Official Registry And Checklist-Rosa（ARS，2009）的印刷品出版，收录月季品种名称33 000个，可以作为《Modern Roses Ⅶ》的后续。

33.8.2 新品种保护与良种审定

自国家林业和草原局2000年4月7日首次授权焦作市风景园林处培育的月季品种'太行之恋'（品种权号20000009）至今，自育月季品种的授权数量达到416个。加上国外育种机构申请、授权的592个，总数达到1008个。事实上，在《中国林业植物授权新品种（1999—2019）》和国家林业和草原局授权新品种公告中，蔷薇属的新品种能占到1/4。

除了新品种保护之外，各省级林草良种审定委员会还进行月季良种的审定工作。如中国农业科学研究院蔬菜花卉研究所月季育种团队历时30余年，不仅开创性地评价了我国新疆野生蔷薇资源，挖掘和创造了一批优良抗寒种质，还培育出优质高抗月季新品种40余个，其中获得新品种权和北京市良种证书的品种17个。

33.8.3 良种繁育

严格来说，授权保护的新品种只是个别性状有特异性（新种质），综合性状不一定优良；只有通过审定的良种，才能繁育推广。但月季未列入国家法定审定目录，育种和生产单位往往"以新为良"，对授权新品种直接繁育、推广。月季良种繁育的任务是提供符合品质标准的生产用月季品种苗木，提高繁殖系数，加速繁殖，防止品种退化，保持种性（遗传性）。

建立良种繁育圃，包括品种母本园、砧木母本园和育苗圃3个部分。要求良种繁育圃品种纯正，无病毒和检疫性病虫害，采用合理的农业技术措施，保障良种植株生长发育良好。其技术措施有：①扩大繁殖材料的来源。采用增施肥水，合理修剪和摘心，摘花蕾控制开花，高接扩繁等，促进营养生长产生大量的枝芽。②经济利用繁殖材料。以单芽嫁接和扦插，提高成活率。③加强管理，早嫁接、早成苗、早出圃。④改进繁育技术，延长繁殖时

间，采用保护地育苗和露地育苗相结合，周年嫁接和扦插、茎尖组织培养等技术。

对品种纯度、苗木质量和病虫害程度，在生长开花期和休眠期进行鉴定，淘汰不符合要求的苗木。一般优良苗木应具备以下共同特点：①根系发达，有一定长度、粗度和侧根数；②嫁接部位愈合良好，无明显坏死组织；③茎枝生长发育正常，组织成熟、充实；④具有该品种典型特征特性；⑤无严重机械损伤；⑥无病虫害。

按照国家和地区规定检疫月季病虫，一旦发现，则苗木不能外运，采取防治、隔离或烧毁等措施；对常见有害病虫也要控制到最低程度，起运前喷药消除，减少病虫传播。

（黄善武　葛红　刘青林）

思考题

1. 参与月季演化的野生种有哪些，各有何贡献?还有哪些性状或基因有待进一步转移和利用？
2. 现代月季的几个主要品种群（实用分类）是如何形成的？
3. 针对切花、盆栽和庭院用3种不同用途，各提出一个主要的育种目标，再提出一两个共同的目标，并简述其遗传规律。
4. 不同的育种目标的遗传规律不同，育种方法也应该不同。请根据各种育种目标，匹配可能最有效的育种方法。
5. 月季为何容易发生芽变？如何尽快分离、固定嵌合体，并育成无性系品种？
6. 月季（'和平''Peace' HT）品种的芽变产生了数百个品种。请据此分析各有关性状的变异性，并设计一个改良单一性状的育种计划。
7. 月季的杂交育种，国内喜欢做新组合或远缘（种间）杂交，国外喜欢做容易的组合，以产生大量的子代。对此你有什么看法和选择？
8. 月季的基因组、转基因都有报道。如何将常规育种与生物技术相结合，培育具有更高商业价值的月季新品种？
9. 月季的品种已有33 000个，如何从中选择符合自己需要的良种？

推荐阅读书目

中国古老月季. 2015. 王国良. 科学出版社.
中国现代月季. 2010. 王世光，薛永卿. 河南科学技术出版社.
月季群芳谱. 1985. 张本. 贵州人民出版社.
中国月季. 2006. 张佐双，朱秀珍. 中国林业出版社.
Modern Roses XI ——The World Encyclopedia of Roses. 2000. Cairns T. American Rose Society.
Modern Roses XII. 2007. Young M A. American Rose Society.
Official Registry And Checklist—Rosa. 2009. ICRA-Rosa. American Rose Society.
Encyclopedia of Rose Science（Vol. 1-3）. 2003. Roberts A V, Debener T, Gudin S. Elsevier.
バラ大図鑑. 2014. 上田善弘，河合伸志. NHK出版.
月季花图谱. 1995. 铃木省三. 京成园艺株式会社.

第34章 杜鹃花育种

[**本章提要**] 杜鹃花是我国十大名花之一,花色艳丽、聚成花序、群体花期长,盆栽、园林地栽均宜,是唯一遍布长城内外、大江南北的木本名花,被誉为"花中西施"。本章从种质资源、育种目标、引种驯化与杂交育种、诱变与基因工程育种、良种繁育5个方面,论述了杜鹃花育种的原理与技术。

杜鹃花是世界著名园林植物。中国杜鹃花资源丰富,在引种驯化的基础上再进行育种则进一步强化资源状况。现在人们通过各种手段培育的杜鹃花新品种已逾25 000个。其育种目标确定以后,经人工杂交、播种、发芽到幼苗生长直至开花总有意想不到的变异出现。就育种技术而言,从传统的人工杂交到诱变育种和分子育种技术都有了一定的改进。当然,无论哪种育种技术都离不开选择,更离不开资源。国外杜鹃花育种工作开展较早,始于19世纪30年代,已培育出了耐寒、大花、早花、晚花、香花品种(Reike,2000)。我国杜鹃花引种驯化工作起步较晚,育种工作自20世纪80年代开始(张长芹,1998,2003)。自2012年起授权植物新品种数量逐年增加,截至2022年国内授权杜鹃花新品种194个(中国林业信息网数据库)。2002—2014年,分类、繁殖、种质创新一直都是杜鹃花属的研究重点(侯慧 等,2022)。杜鹃花是自然杂交频繁的类群,从自然资源中进行新品种选育,不仅是杜鹃花育种较为便捷的途径之一,也是探讨杜鹃花物种形成和起源演化的主要研究内容。中国科学院昆明植物所正在进行这方面的研究,这种研究不仅能获得理想的自然杂交种,而且为杜鹃花的物种形成提供科学证据(Zhang et al.,2007;Ma et al.,2010;Zhang et al.,2017)。

目前，杜鹃花的育种多数还是采用常规育种方法。在准备杂交育种之前，亲本的选择是非常重要的。人们理想中的优良性状分别存在于不同的杜鹃花种或品种之中，若要达到某种理想的性状，首先必须引种选择具有这种性状的亲本，然后用常规育种手段——人工杂交，将这些性状组合起来，传播、繁衍下去。近年来随着分子生物学技术的发展，基因工程技术也成为杜鹃花育种的重要手段。2004年美国科研人员培育出一种含有青蛙基因的杜鹃花。表面看来，这种盆栽杜鹃花与普通植物相比没有什么异样，但是它的基因能控制合成青蛙体内的蛋白质，通过这种青蛙蛋白，杜鹃花能更好地抵抗疾病（http://www.agri.com.cn）。因此，人类为了达到常规育种实现不了的目的，也不排除花巨资进行转基因育种。但是，常规育种方法目前还是人们常用的基本方法，而种质资源则是育种最基本的材料。

34.1 种质资源

34.1.1 野生资源

杜鹃花属于杜鹃花科（原石楠科，Ericaceae）杜鹃花属（*Rhododendnon*），野生资源极为丰富。全世界有杜鹃花1200余种（不包括亚种和变种）（刘德团 等，2020）。其中，中国大陆720种（包括114变种、45亚种和2变型），中国台湾21种（包括亚种或变种），南亚至西亚地区83种，中南半岛至东北亚地区402种，东亚至东北亚地区54种；欧洲9种，北美洲25种，大洋洲1种。可见，杜鹃花属植物的分布及资源蕴藏量主要集中于中国，其中特产我国的种类就有450种（程洁婕 等，2021）。

我国除新疆、宁夏至今未发现有野生杜鹃花外，其他省份均有杜鹃花的分布。在"中国十大名花"的6种花木中，只有杜鹃花在大江南北、长城内外，均有自然分布。依据《中国植物志》第57卷第1、2册（方瑞征 等，1999；胡琳贞、方明渊，1994），及2021年统计（程洁婕 等，2021），中国各省份分布的杜鹃花种类（包括亚种和变种）如下：云南394、四川279、西藏271、广西98、贵州156、广东47、湖南69、福建34、台湾21、江西50、湖北39、浙江33、甘肃48、陕西42、安徽12、吉林12、辽宁9、黑龙江6、内蒙古1、江苏10、山东3、山西4、河南20、河北9。杜鹃花在我国主要集中于西南地区，在云南、西藏、四川三省区共有583种。因此，我国西南地区不仅是世界杜鹃花的分布中心，也是多度中心或多样化中心（方瑞征、闵天禄，1995）。众多的杜鹃花野生资源，为杜鹃花的杂交育种提供了基本的种质材料。

34.1.2 起源演化

杜鹃花的起源与其他被子植物的起源一样，离不开历史的时空背景。若要知道杜鹃花的起源时间以及起源地，首先要看何处能找到最早的有关杜鹃花的化石标本，其次还要根据杜鹃花种类的分布来推测。在中国的西藏、四川、云南，以及日本，北美，欧洲的奥地利、意大利和高加索地区均发现了杜鹃花的化石，时代均为白垩世第三纪中、晚期（李浩敏、郭双兴，1976）。根据晚白垩纪土仑期植物群已有杜鹃花科植物的化石记录，联系到杜鹃花在全球的分布，始祖类群起源的时代可能是在晚白垩纪至早第三纪的过渡期。而中国杜鹃花种类最丰富，约有720个种、亚种和变种，因此推测中国西南至中国中部最有可能是杜鹃属植物的起源地。也有外国学者认为杜鹃花属可能起源于北极地区，因为该地区发现了迄今最早的杜鹃花化石，并且杜鹃花属现存最原始的类群也分布在这一地区。

有关杜鹃花的演化，依据斯勒曼（Sleumer）（1980）的分类系统以及闵天禄和方瑞征先生（1990）的研究，认为本属的系统发育是沿着下列13个途径演化和发展的。

①地生→附生。

②常绿→半常绿→落叶。

③叶片革质、宽大，表皮细胞2~3层，有贮水组织，角质层薄，无凸起物→叶片厚革质或革质、较小，表皮细胞2层，下层细胞大，无贮水组织，角质层厚，有凸起物（有鳞杜鹃）；或表皮仅1层细胞，无贮水组织，角质层薄，无凸起物（落叶类群和有鳞杜鹃附生类群）。

④植物体各部无毛→腺体或腺毛→分别演化为各式鳞片或各式毛被。

⑤复合三叶隙→三叶隙→居间型或各种不明显的过渡型→单叶隙。

⑥花序顶生→腋生；混合芽（花芽与营养芽同在一顶芽中，如映山红亚属）→非混合芽。

⑦多花总状伞形花序→少花伞形花序→单花。

⑧花冠大，宽钟形或漏斗状钟形→花冠小，辐状、高脚碟状或肉质管状；花冠裂片8、7、6→5。

⑨雄蕊多数至少数25→22→16→14→12→10→8→7、6、5；雌、雄蕊伸出或与花冠等长→雌雄蕊极度缩短内藏于花冠管下部。

⑩子房（25→12室、10→5室）。

⑪蒴果果瓣木质，直立→薄革质或纸质，反卷。

⑫种子有鳞片状狭翅→无翅或两端具线形长尾状附属物。

⑬染色体：二倍体→四、六、八、十二倍体。

2022年中国科学院植物研究所汪小荃及其合作者对代表杜鹃花属所有亚属、组和几乎所有多物种亚组的200个物种进行取样，通过转录组测序获得了3437个直系同源核基因（OGs），利用这些基因的串联和溯祖分析，构建了该属首个高分辨率的进化树，并且重建的亚属和组间亲缘关系得到了38个母系遗传叶绿体基因联合分析的支持。基于获得的杜鹃花属坚实的系统发育关系，结合物种分化时间的分子钟度量、祖先分布区重建、多样化速率分析以及化石记录等，发现杜鹃花属植物于早古新世起源于北方高纬度地区，后南迁至亚热带高山，并跨越赤道到马来群岛等地区。在中新世南迁至喜马拉雅—横断山区和马来群岛时发生了辐射分化，导致主要分布于这些地区的常绿杜鹃组（Sect. *Ponticum*）和类越橘杜鹃花组（Sect. *Schistanthe*）物种形成速率的大幅提升。此外，对全球杜鹃花属植物的气候、土壤、地形和土地覆被的分析发现，决定该属全球物种丰富度式样的两个主要生态因子是海拔和年降水量，造山运动导致的地形异质性与亚洲季风增强导致的年降水量增加共同驱动了该属在喜马拉雅—横断山区和马来群岛的辐射分化，地理区域间不均衡的物种多样化导致东亚的物种多样性显著高于其他地区（Xia et al., 2022）。

34.1.3　品种分类

杜鹃花的品种分类目前没有一个固定的分类方法，各国基本按照植物分类学的方法进行。其实，品种分类并不像植物分类那样系统，大多还是按照形态和应用进行划分，也有按照育种地和育种人进行分类。如美国弗莱德·加勒（Fred C. Galle）（1987）所著的《Azaleas》中，将落叶类杜鹃花品种分成了8组，即Ghent Hybrids、Mollis Hybrids、Occidental Hybrids、Knap Hill Hybrids、Exbury、Ilam、Windsor and Others Eastern North America Hybrids、Interspecific Hybrids。而英国杜鹃花栽培专家彼得·哥斯（Peter Cox）将杜鹃花品种按种的常规分类分为野生常绿杜鹃花（Rhododerdron）与半常绿和落叶类杜鹃（Azalea）两大类。负责杜鹃花品种国际登录的英国皇家园艺学会（RHS）将杜鹃花分为高山常绿有鳞杜鹃花（Lepidote rhododendron）、常绿无鳞杜鹃花（Elepidote rhododendron）、常绿杜鹃花（Evergreen azalea）、半常绿杜鹃花（Semi-evergreen azalea）、落叶类杜鹃花（Deciduous azaleas）、越橘杜鹃花（Vireyas）和踯躅杜鹃花（Azaleodendrons）7类（Royal Horticultural Society，2004；常宇航 等，2020）。根据大多育种者的研究结果，结合国外的育种经验及品种分类，我国也正在研究一种适合中国杜鹃花栽培者爱用的品种分类方法。在此，按其亲本来源、花期、花色、花香以及耐寒、耐旱、株型和繁殖的难易等进行杜鹃花的品种分类。

（1）高山常绿无鳞杜鹃花（Elepidote rhododendron）

①耐寒品种　该类品种可耐-20℃低温，如英国杜鹃花品种'快乐圣诞'（'Christmas Merry'），该品种是小乔木，花期正值欧洲圣诞节。

②耐旱品种　该类品种目前已由中国科学院昆明植物所育出。如以大白杜鹃（$R.\ decomum$）为母本和马缨杜鹃（$R.\ delavayi$）为父本杂交育出的杂交种，可在春季耐19 d不浇水。

③早花品种　高山常绿杜鹃花中的早花种如红马银花杜鹃（$R.\ vialii$）以及碎米花杜鹃（$R.\ spiciferum$）与炮杖杜鹃（$R.\ spinuliferum$）的杂交种。上述种和品种均在2月开花，是一类非常好的杜鹃花早花品种。

④晚花品种　杜鹃花的正常花期大都在4～6月，7月以后的品种相对正常花期的品种为晚花品种。在自然界，有些杜鹃花的花期是比较晚的，这与它们分布的海拔高度有一定的相关性。当然，可以在自然界相同种不同的居群中进行选择。

⑤其他品种　除上述分类外，还可根据杂交种的花是否大花，花色、花香、分枝的疏密以及繁殖的难易等分为不同的品种群。

（2）高山常绿有鳞杜鹃花（Lepidote rhododendron）

该类杜鹃花因叶片、幼枝甚至花瓣上具有鳞片而成为有鳞类杜鹃花，但目前国内尚未进行该类杜鹃的杂交育种工作。国外虽有该类杜鹃花新品种的登记，相对于无鳞类和Azalea类杜鹃花的育种，有鳞杜鹃花的品种非常少，园林应用者较少。鉴于该类杜鹃花的花型、花色以及花香等均富有特色，因此这类杜鹃花应该成为我国杜鹃花育种的重点。

（3）落叶类杜鹃花品种（Azaleas）

传统上该类杜鹃花品种分类一般是以花期及来源为依据分为毛鹃、东鹃、夏鹃和西鹃4类。

①毛鹃　大叶大花种，一般是指平户系杜鹃，最初这类杜鹃因在日本长崎县平户市栽培而被命名。其株型高大，高可达2～3m。叶大，长6～8cm，叶面多毛，粗糙；新叶在花后抽生。花大，直径可达8cm；花冠5裂，宽喇叭形，单瓣，常3朵集生枝顶，花色有白、粉、红各色。开花时布满枝头，十分绚丽，是园林美化的优良树种，该类杜鹃如锦绣杜鹃（$R.$

pulchyrum），及其品种'玉蝴蝶''琉球红'等。

②东鹃　小叶小花种，一般是指久留米系杜鹃。市场中许多由日本引进的杜鹃也称东鹃。株型较小，高约1m。叶小，长1~4cm，叶面较平滑，毛少，叶形为卵形、倒卵形、卵状椭圆形等。花2~3朵集生枝顶，直径1.5~4cm，漏斗形，喉部有深色斑点或色斑，单瓣或半重瓣，花色有白、粉、红、紫、绿色或复色。新叶在花后生于叶腋，萌发力强，易修剪，叶到秋季变为淡紫红色。

毛鹃与东鹃合称春鹃，花期在云南是3~4月，在江南是4~5月。

③夏鹃　是指在江南5~6月开花，在云南6~7月开花的杜鹃花品种，一般是指日本的皋月杜鹃（*R. indicum*）品系。该类杜鹃高可达2m。叶长4cm，叶形为狭披针形至倒披针形，边缘有稀疏锯齿及纤毛，两面均贴生棕红色扁平毛。花单生于枝顶，阔漏斗形，红色至玫瑰红色，直径6~8cm。据记载，由皋月杜鹃育出的品种约2000个。

④西鹃　顾名思义，西鹃主要是比利时、德国、美国等西方国家育成的杜鹃（Azalea）杂交品种。株型较矮，株高0.6~1m，半张开型，生长慢，常绿型。当年生枝条的颜色和毛的颜色与花色有相关性，开红花的枝条为红色，开白、淡粉以及桃红花的枝条为绿色。叶片集生枝顶，表面有短柔毛，无光泽。花形为张开喇叭形或浅漏斗形，有时为盘状、碟状等，花蕊瓣化，花直径一般为6~8cm，偶有10cm以上的；花色有白、红、玫瑰红、粉、紫、橙红等。

总之，杜鹃花的品种上万个，目前国内外还没有一个较为系统的分类方法，当前的分类也是按照英国和美国以及国内一些习惯的方法进行的。

34.2　育种目标

杜鹃花分为野生常绿杜鹃花（Rhododendron）和落叶类杜鹃花（Azalea），杜鹃花的栽培历史逾百年。与落叶类杜鹃花相比，野生常绿杜鹃花亚属的植物则是育种者关注的焦点。但由于人们还不能完全掌握这些物种的遗传特性，还需要不断地探索。依据美国爱德华·雷克（Edward H. Reike）（2000）对杜鹃花育种目标的阐述，结合其他国家和我国杜鹃花育种的实际情况以及国际需求，目前国际杜鹃花育种的目标集中在花色、花期、重瓣大花、花香、矮生、抗性、叶色以及其他目标如易繁殖、根系强壮8个主要方面。

34.2.1　花色育种

野生杜鹃花的花色除红、粉、白、黄、橙、蓝诸色之外，又有浓淡的变化，使得杜鹃花色彩斑斓，可以说没有哪一类园林植物像杜鹃花的花色这样丰富多彩。人们在过多地追求变化之后，现又趋向于培育纯色花，如纯白、纯黄、纯红等，特别是明亮的黄色、恬静的蓝色等更显珍贵。

（1）红色花

中国原产的杜鹃花资源，特别是野生常绿无鳞杜鹃花亚属中开红色花较多，而追求红花杂种的育种工作则是20世纪50年代的热点。理想的红色亲本都产于中国，如火红杜鹃（*R. neriiflorum*）、文雅杜鹃（*R. facetum*）、似血杜鹃（*R. harmatodes*）、马缨杜鹃（*R. delavayi*）

等常作为红花亲本。以外，还有黏毛杜鹃（*R. glischrum*）以及由它们育出来的杂种后代如'Harold Amateis'等也是常用的红花杂种亲本。红色花在杜鹃花中是由一个显性单基因控制，遗传性很强，与白花种类杂交F₁仍为红色，如张长芹等所做的马缨杜鹃（红）×大白杜鹃（*R. decorum*）杂交组合，F₁为深粉红色；但后代的生长习性常出现叶片稀疏，开花后显得全株较瘦的现象，只能与枝叶密集的种类再杂交才能改进缺点。开大红色花的杜鹃花都集中在常绿无鳞杜鹃花亚属，在常绿有鳞亚属中选育大红色的杜鹃花品种成为国际杜鹃花育种的目标。

（2）粉色花

粉红色的杜鹃在野生资源和杜鹃花品种中较常见。据编者杂交育种的经验，如用白色花杜鹃与红色花杜鹃杂交，可得到粉红色杜鹃花，如用大白杜鹃（白）×马缨杜鹃即是。

（3）白色花

天然的白花杜鹃种类很多，如大白杜鹃、碗花杜鹃（*R. souliei*）、腺果杜鹃（*R. davidii*）、腺柱杜鹃（*R. griffithianum*）以及常绿有鳞杜鹃亚属的大喇叭杜鹃（*R. excellens*）和马银花亚属的滇南杜鹃（*R. hancockii*）等。白色花纯洁可爱，其杂交后代因白色花瓣中仍有形成杂色的花青素，故会出现红色或浅紫色晕斑。用白花杜鹃与红、粉、橙、黄色花的杜鹃杂交后，常出现两个亲本之间的中间色，也偶有白花基因在F₁隐性表达，F₂才会出现白花。总之，白花的遗传在很大程度上取决于另一亲本的遗传特性，因为白花由一个弱隐性基因所控制。

（4）黄色花

近年来，世界各地特别是欧洲对黄花杜鹃爱之有加，黄色杜鹃花很多，常绿无鳞中的黄色杜鹃如凸尖杜鹃（*R. sinogrande*）、黄杯杜鹃（*R. wardii*）、乳黄杜鹃（*R. lacteum*）、腺柄（杯萼）杜鹃（*R. pocophorum* var. *hemidartum*）、羊踯躅（*R. molle*）等均产于我国。有鳞类黄花杜鹃如硫黄杜鹃（*R. sulfureum*）、黄花杜鹃（*R. lutescens*）等产于云南，卡罗林纳杜鹃（*R. caruolinea*）产于美国。常绿、开黄色花的Azalea杜鹃花品种比较少见，一般是白色花或淡奶油色花与淡绿色结合形成的视觉错觉。而通过将羊踯躅与常绿Azalea杂交可获得相对较深色的黄色花朵的常绿Azalea，以这种方式培育的品种，其花朵中类胡萝卜素（黄色）的表达明显不如黄酮类色素的表达（冈本章秀，2007）。黄色杜鹃花的遗传主要是受基因的控制，另有细胞内色素形成化学变化的结果。已知杜鹃花瓣中有不溶于细胞液的质体色素，有溶于细胞液的黄酮或黄碱醇，还有产生红、蓝二色的花青素，这3类物质含量的多少决定了花色。较显著的例子是云锦杜鹃（*R. fortunei*）×黄杯杜鹃（*R. wardii*），杂交后得到了大花淡黄色品种'Golden Star'。

（5）橙色花

最常用的常绿无鳞类橙色亲本是两色杜鹃（*R. dichroanthum*）。国外育出的橙色品种'Bodnant'也是经过常规的杂交育种得到的。该品种的杂交程序如下：

{[两色杜鹃×火红杜鹃×朱红杜鹃（*R. griersonianum*）]×[腺柱杜鹃（云锦杜鹃）]→紫血杜鹃（*R. sanguineum* var. *haemaleum*）}×[（腺柱杜鹃×火红杜鹃）×（两色杜鹃×朱红杜鹃）×朱红杜鹃]→'Bodnant'。

以上5种亲本中，只有两色杜鹃和紫血杜鹃具有橙色花，其余3种有大红、粉、白等花色，但具有大花、香气等性状，经过反复杂交最终得到了较为理想的品种（余树勋，1992）。

（6）蓝色花

野生杜鹃花中，蓝色花仅限于有鳞杜鹃类，灰背杜鹃（*R. hipophoides*），紫蓝杜鹃（*R. russatum*）、优雅杜鹃（*R. coneinnum*）以及张口杜鹃（*R. augustinii*）等都是较好的蓝色杜鹃花亲本材料。这些蓝紫色杜鹃花都集中于常绿有鳞杜鹃花中，常绿无鳞杜鹃花中尚无真正蓝色的常绿杜鹃花。国外育出的品种中也无纯蓝色品种，各国育种者都在积极努力，试图在常绿无鳞和落叶类杜鹃花中育出纯蓝色品种。

34.2.2 花期育种

因杜鹃花花期大多集中于4~6月，若要杜鹃花提前开花必须选择有早花习性的亲本，早花亲本如马银花亚属的红马银花（*R. vialii*），无鳞类的大白杜鹃以及有鳞类的云南杜鹃、碎米花（*R. spiciferum*）、迎红杜鹃（*R. mucronulatum*）等。华中地区的鹿角杜鹃（*R. latoucheae*）也能在2月底3月初开放。大白杜鹃花大而香，在国外常用作亲本。早花杜鹃花类的F_1杂交种子可当年播种，3~4年即可开花。但如果亲本选择不当，杂交后5年也不开花。晚花种类如绵毛房杜鹃（*R. facetum*）和黑红血红杜鹃（*R. sanguineum* var. *didymum*）的花期均在6~7月，用作亲本可以延迟后代的花期。

34.2.3 重瓣大花育种

在杜鹃花资源调查中发现了蓝果杜鹃（*R. cyanocarpum*）有自然重瓣变异，常绿无鳞类杜鹃花中极少种类是重瓣的。重瓣品种大多在落叶类杜鹃花中，如'红牡丹''玫瑰皇后''爱丽''加州晚霞'等。张长芹等于2005年育出的芽变品种'娇艳''雪美人'等也是重瓣花。其重瓣性一是来自杂交，二是来自芽变。如张长芹等在云南腾冲找到了野生映山红重瓣花。由于大多数重瓣种类都集中于落叶类，重瓣大花的育种目标集中于常绿无鳞和有鳞杜鹃花。

我国花形较大的杜鹃花如大喇叭杜鹃花冠直径可达8~11cm，云锦杜鹃（*R. fortunei*）花冠直径达8cm左右。这些花都是宽漏斗状，具香味，世界上获得大型花的实例为云锦杜鹃×腺柱杜鹃，育出了花冠直径18cm的大花品种。

34.2.4 花香育种

杜鹃花香气的遗传有两个特点：①淡色的花朵具有香味，如大白杜鹃、云锦杜鹃、粗柄杜鹃（*R. pachypodum*）、隐脉杜鹃（*R. madenii*）、大喇叭杜鹃等均具有香味；香味较浓烈的有毛喉杜鹃（*R. cephalanthum*）、千里香杜鹃（*R. thymifolium*）等。这些花的花色较淡，一般为白色或淡粉色，红色花品种绝少有香气。编者研究杜鹃花20余年，未见过开红色花、具有香味的常绿野生杜鹃花种，在已登记的杜鹃花品种中也未见红色有香味的品种。②杜鹃花香气的基因在F_1为隐性，F_2才出现。世界上已知野生杜鹃中具有香气者40余种。已育成具有香气的杜鹃花品种如德罗斯希德（L. de Rothschied）育出的香花品种'CowBell'是用睫毛杜鹃（*R. ciliatum*）×泡泡叶杜鹃（*R. edgewovthii*）作亲本育成的。目前，具有香气且色彩鲜艳的杜鹃花仍是杜鹃花育种者的目标之一。

34.2.5　矮生育种

杜鹃花大多为小乔木或大灌木，追求矮生杜鹃就成了育种者的另一目标。我国的矮生杜鹃种类有紫背杜鹃（*R. forhestii*）、似血杜鹃（*R. hamatoides*）。前者高不足30cm，红花而下垂，后代矮生性仍能保存；后者红花似血，驰名中外，这两种属于无鳞类杜鹃。有鳞类中矮生杜鹃如毛喉杜鹃、腋花杜鹃（*R. racemoszcm*）、弯柱杜鹃（*R. campylogynum*）、鳞腺杜鹃（*R. lepidotum*）等均为高度10~50cm的矮生种类。截至目前，世界上尚未育出植株矮小的杜鹃花品种。

34.2.6　抗性育种

（1）抗炎热及日晒

火热的夏季是大部分温带杜鹃花最难熬的日子。日本Wada（1973）报道，考查品种是否耐热有两个途径：①8月盆栽杜鹃的盆底如有白嫩的新根生出，即表示有耐热的能力，如新根呈现褐色则表示该品种不耐热。②观察叶片的反卷程度，杜鹃花在干热情况下，为减少蒸发常将叶片反卷，如叶片反卷程度大则表示该品种耐炎热及干旱。大多数杜鹃花特别是我国西南地区高山常绿类杜鹃花都生长在冷凉山区，要把这些杜鹃花引到城市，最有效的办法是抗性育种。

相对耐热的高山常绿种类有微笑杜鹃（*R. hyperythrum*）、猴头杜鹃（*R. simiarum*）、台湾杜鹃（*R. formosanum*）、阿里山杜鹃（*R. pseudochrysanthum*）、马缨杜鹃（*R. delavayi*）、长序杜鹃（*R. ponticum*）等（郑硕理，2019）。

（2）耐寒

我国东北地区曾多次从云南引种高山常绿杜鹃花，但都因不能忍耐严寒的冬天而失败，所以提高杜鹃花的抗寒性一直是育种家追求的目标。国外已育出了一些较耐寒的品种，如美国东北部的酒红杜鹃（*R. catawbiense*）能耐-32℃的低温，是抗寒育种的重要种质资源，以它为亲本育出了许多耐寒且红花艳丽的品种。淀川杜鹃（*R. yedoense*）是踯躅类杜鹃中耐寒的种类，能耐-26℃的低温，因为原产地在朝鲜半岛和日本对马岛，在我国北方引入时常称为韩国杜鹃，许多耐寒的踯躅杜鹃品种继承了其耐寒的特性。

（3）抗病虫害

近年来，育种家又把抗病虫害作为杜鹃花的一个重要目标。

34.2.7　叶色育种

杜鹃花开花时较为引人注目，但花后因为叶色的单一而被人们忽略。如何改良常绿杜鹃花在秋冬季节的叶片颜色也成为杜鹃花育种的目标之一。常见的叶色育种有叶绿体部分缺失形成的斑叶，著名的品种有'President Roosevelt' 'Goldfinger'及*R. ponticum* 'Variegata'。新叶萌发时叶表面带有蜡质而形成蓝绿色，如蓝果杜鹃（*R. cyanocarpum*），新叶萌发时叶表面密集茸毛形成灰白色或黄铜色，如屋久岛杜鹃（*R. yakushimanum*）。美国Briggs苗圃所选育的'Everred'红叶品种，在冷凉气候下新叶是紫红色，叶片成熟褪成暗绿色。

34.2.8 其他目标

由于人们对杜鹃花需求的多样化，如有人希望容易繁殖、根系强大等，育种目标也出现了多样化趋势。

34.3 引种驯化与杂交育种

34.3.1 引种驯化

一个出色的育种者，须熟知世界杜鹃花种质资源分布情况，并拥有其习性、株形、花期、花色、花型、香味、抗逆性等的第一手资料；然后通过引种驯化，了解其个体发育状况以及生长方式和适应习性，只有这样才能选育出自己需要的品种。国外杜鹃花野生种的引种驯化工作于19世纪30年代开始。约在1843年，英国皇家园艺学会派出福琼来中国收集园艺植物，特别是杜鹃花。福琼在我国的浙江山区采到了云锦杜鹃，这种杜鹃花10朵左右簇生枝顶，艳丽如云锦，还伴有淡淡的清香。云锦杜鹃被运回英国后引起了英国园艺界的重视。

1867年，法国传教士法盖斯在川陕交界的四川一侧，收集到粉红杜鹃（*R. fargesii*）、喇叭杜鹃（*R. discolor*）和四川杜鹃（*R. sutchuenense*）等西方人认为最好的杜鹃花标本。后来英国著名园艺学家威尔逊来华引种了60余种杜鹃花送回欧美各国栽培。

随着中国杜鹃花的引入，英国公众对杜鹃花的喜爱日益增长，因此成立了杜鹃花协会。1904年爱丁堡植物园的园丁福雷斯特受雇于一家花木公司被派到中国收集杜鹃花。福雷斯特从1904年始在我国的西南设点进行了长达28年的收集，主要是在云南丽江等地雇人采集，重点在滇西北兼顾川西和藏东。英国人从此盗走了约200余种杜鹃花。由于英国的气候很适合杜鹃花的栽培，加上杜鹃花色彩艳丽，深受英国园林界的欢迎。在福雷斯特来华后不久，还有一些西方人在我国收集了不少杜鹃花回国栽培，其中包括后来在喜马拉雅山地区考察取得突出成绩的英国人瓦德，以及在研究纳西族文字方面声名显赫的洛克。西方人利用我国众多杜鹃花培育出了众多的新品种。我国虽然栽培杜鹃花的历史很悠久，但栽培种类少，主要集中于落叶类杜鹃花。

我国20世纪80年代初才恢复杜鹃花的引种驯化工作，起步较晚。虽然如此，但由于中国杜鹃花资源丰富，经过40余年的引种，现中科院昆明植物园已成功引种驯化了141种（包括亚种、变种）野生常绿杜鹃花，并在此基础上进行了杜鹃花的育种研究，已育出杜鹃花新品种6个（张长芹，2007）。另外，我国的中国科学院华西亚高山植物园、中国科学院庐山植物园、杭州植物园等也进行野生杜鹃花的引种驯化工作，这为我国杜鹃花育种奠定了基础。

34.3.2 亲本选配

杂交亲本可以用野生种或变种，也可以用栽培品种。野生种类因长期生长在自然界，对原产地的自然环境已有稳定的适应性，具有一定的抗逆性，生存竞争的能力远胜过栽培品种。同时，野生种类某一性状的等位基因多是相同基因结合的纯合子，比较稳定。而品种中多是杂合子，因此在杂交时仍以野生种为好，容易获得某种性状。世界上特别是欧美仍以原产地的原种搜集为主。

除了解特性之外，育种者还要了解亲本的分布区。对于露地栽培的杜鹃花尤其要了解亲本原产地和以后传播的栽培范围。如果选用的亲本是杂交种，应该了解这个杂交种的祖先，及其优良特性和适宜栽培范围。另外，还要充分了解国内外已做过的杜鹃花杂交组合，以免重复。英国皇家园艺学会1963年出版的《杜鹃花手册》以及考克斯（Cox）等1988年出版的《杜鹃花杂种大全》，是有关高山常绿杜鹃花杂交育种的资料，载有杂交品种的亲本及其分布，给近代育种者带来了方便。关于落叶类杜鹃花可以查询美国Fredc. Galle（1987）的《Azaleas》等有关资料。

亲本的选择还要注意杜鹃花之间的亲缘关系。已知杜鹃花属中明显地分为无鳞类和有鳞类两大类群以及落叶类。杜鹃花同亚属不同亚组之间杂交亲和力强，不同亚属之间杂交不育，二倍体与二倍体的杜鹃花杂交亲和力强，二倍体与多倍体的杂交不易获得种子。这说明杜鹃花的亲缘关系越近，杂交的成功率越高（张长芹，1998；Reike，2000）。

此外，在选择亲本时还应注意亲本的生态习性。生态习性相近也是杂交成功的因素。如父母本分布的海拔高度相差太大、常绿与落叶等，都因习性与环境差异太大而不易杂交成功。

34.3.3　杂交技术

杂交组合确定后，理论上认为，母本性状的影响比较大，母性遗传的比重较大。

（1）母本的准备

杂交前选择母本杜鹃花即将开放的花朵，于10:00以前将花瓣撕开，将雄蕊去掉，然后进行授粉、套袋。一般一株杜鹃花上处理8~10朵为宜，一个花序上留3~4个发育相近的花朵，其余均去掉以节约养分。柱头授粉时机的依据是其分泌出黏液，表面有光泽。

（2）父本的准备

杜鹃花的花药是生在花丝顶端的一对壶状物，开口在上部，内部藏有花粉，花粉互相黏成花粉块。授粉前可用TTC染色法测定花粉的生活力，如花粉粒呈蓝色即说明该花粉成熟度高，有萌发率。授粉时一般选晴天无风之日，于10:00左右用镊子将花药取下，花粉囊口向下在花柱上轻轻抖动，使花粉块落在柱头上，或轻抹在柱头上。

一个杂交组合，花粉与柱头不一定同时成熟。解决的方法如下：①每个花序和花序上的各个花朵有先后开放的差别，可以相互等待；②用低温、干藏（用氯化钙为干燥剂）的方法延长花粉的寿命，并挂牌、登记；③在温棚内盆栽，人工控制花期，待授粉后再露地栽培。

（3）重复授粉

从花粉萌发到花粉管伸入约需2h。为确保授粉成功，可在柱头成熟后的2~3d内再重复授粉1~2次。

（4）挂牌及登记

杂交后须挂牌，写明亲本名称、授粉日期及授粉花朵数，挂在花序梗上；挂牌的同时进行登记。

（5）种子采收

授粉成功的标志是看子房是否膨大发育。如逐渐变大，授粉后1周即达到采收时的果实大小，表示授粉成功。果实的采收一般在10月进行。将采收的果实放在室内晾干，等果瓣开裂、种子自然脱落后收集，并写明亲本。然后可在当年将种子播下，以缩短杂交育种的周期。

（6）回交方法

回交是将F_1中表现最好的植株与母本回交，如果在F_2还不能获得较为理想的品种，还必须在F_2之间杂交，然后在F_3进行回交。

34.4 诱变与基因工程育种

34.4.1 辐射处理

目前，我国用放射线处理杜鹃花种子使其发生变异，尚无先例。据余树勋（1992）《杜鹃花》中记载，用不过滤的X光处理杜鹃花种子，处理后75%的种子丧失发芽能力，25%的种子延迟发芽，但可使下代的隐性基因表现出来。

34.4.2 多倍体诱导

用秋水仙碱处理杜鹃花的种子，先将种子放在培养皿的湿纸上，将1g秋水仙碱溶于100mL水中，倾入培养皿，每8h取出种子的1/6，清水洗后播种。处理后可使杜鹃花染色体由二倍体变为三倍体。如用1%秋水仙碱处理幼枝的生长点，或用棉花球将溶液涂在枝顶，都有同样的效果。

氨磺灵亦能促使杜鹃花产生多倍体，在试管组织培养基中添加氨磺灵处理杜鹃花愈伤组织（氨磺灵最佳浓度为7.5μM）7d，四倍体幼苗诱导率为20%。赫伯特（Hebert）（2010）将试管苗茎段浸泡在不同浓度秋水仙碱以及氨磺灵溶液中24h、48h，其结果为秋水仙碱较氨磺灵对细胞有更大毒性，氨磺灵在诱导杜鹃花多倍体时比秋水仙碱更为有效。在0.005%氨磺灵溶液中浸泡24h，存活的幼苗能获得18.2%四倍体诱导率（Väinölä，2000）。

34.4.3 航空育种

有关杜鹃花航天育种的报道尚未见到。植物经过太空物理环境的综合作用，发生的主要变异性状为株高、株形、花色、生育期、抗性等。这些变异的频率高（4%~22%），变异幅度大，有益变异多，稳定性强且可以遗传，可以利用这些变异特点，培育出需要的新品种。虽然如此，对于航空育种机理方面的研究还没有取得突破性进展。

34.4.4 基因工程育种

近年来基因工程技术已成为杜鹃花育种研究的热点。可通过全基因组重测序等技术，利用GWAS分析，获得与杜鹃花性状（如花色等）或者抗性（如抗热、抗碱等）相关的基因，以杜鹃花无菌叶片和愈伤组织为受体材料，利用农杆菌介导将目的基因导入其基因组中，或利用基因枪技术实现目的基因的瞬间表达，获得再生转基因植株，培育观赏价值高、抗性强的杜鹃花品种（Tripepi et al.，1999；兰熙 等，2012；解玮佳 等，2021；李佳静 等，2022）。

34.5 良种繁育

在获得了较为理想的杂种之后，如何使其繁衍，显得尤为重要。最常见的方法如下。

34.5.1 扦插繁殖

扦插技术较为简单，适用于半木质化软枝和扦插成活率较高的杜鹃（魏茂胜，2019）。对于落叶类品种，扦插繁殖都较容易，无须进行激素处理。但对高山常绿无鳞类杂交种的插条必须进行激素处理。目前扦插过程中通常选用赤霉素（GA）、吲哚-3-乙酸（IAA）、吲哚丁酸（IBA）、α-萘乙酸（NAA）等诱导杜鹃花生根，以克服生根难的问题，维生素B_1和IBA对常绿无鳞杜鹃的插条有明显的刺激生根作用（张长芹，1993，1998；孔鑫 等，2022）。另外，取条时间也是一个很重要的因素，一般7~9月采条扦插较适宜；有些种类要在10月以后进行扦插，如马缨杜鹃及大白杜鹃等。

34.5.2 嫁接繁殖

植物体的一部分（接穗）与另具根、茎的植物体（砧木）相结合，砧木根部吸收的营养供应接穗生长、开花、结果，叶片光合作用制造的碳水化合物输送至根部，这种营养繁殖方法即为嫁接。嫁接方法有枝接、芽接、靠接、嫩枝顶接及侧接等多种。

嫁接时砧木的选择是非常重要的，常用的砧木有如下几种：①长序杜鹃（*R. poaticum*），原产于高加索，生长强健，根系发达，在不同的酸碱度土壤中均能生长良好，耐寒，亲和力广泛。②大白杜鹃（*R. decorum*），植株嫁接适应性广，营养生长活跃，繁殖快。③锦绣杜鹃（*R. pulchyrum*），该杜鹃是落叶类品种较好的砧木，具有广泛的亲和力。

34.5.3 组织培养

利用植物的茎尖分生组织进行组织培养也是良种繁殖的一种有效途径，经组织培养可以繁殖出大量的苗木（杨乃博，1982；阙国宁，1985）。杜鹃植物离体培养研究的材料主要集中于叶片（汪玲敏 等，2015）、茎段（汤桂钧 等，2009）、种子胚（刘燕 等，2010）、实生苗（李娜 等，2019）等。组织培养过程中根和茎的分化是形成完整植物的关键，有研究发现用噻苯隆（TDZ）、玉米素（ZT）可以对杜鹃离体组织进行诱导（田歌 等，2020）。组织培养获得的植株需要经过炼苗后才能在自然环境下存活生长，但因杜鹃种类、组织培养材料以及生长特性的不同，其萌发、诱导、增殖及壮苗生根的激素、基质均不相同，因而针对不同杜鹃需调整培养基配比（苏家乐 等，2019）。虽然植物组织培养技术相比于扦插和嫁接等繁殖速度更加快捷，能够很好地保持母本的优良特性，且组织离体培养后所得植株，可以为体细胞融合、体细胞无性系研究及基因工程育种打下基础（孔鑫 等，2022）；但是其操作要求较高，对于不同杜鹃花的外植体消毒时间、方法以及培养基的选择都有严格的要求，在试管苗驯化的过程中，也面临着较多的问题。

（张长芹　张敬丽）

思考题

1. 杜鹃花属逾1000种，国产571种，现有品种逾25 000个。请比较野生种与品种的主要区别，简述人工选育的贡献。
2. 哪些国产的野生种尚未参与杜鹃花品种的形成，它们有何可资利用的特点？
3. 对于野生种非常丰富的木本花卉，引种驯化是新品种培育的主要途径。请举例说明引种驯化对杜鹃花育种的创造性作用。
4. 杜鹃花种类大致包括盆栽和地栽的、落叶的和高山常绿的。它们的育种目标有何异同？
5. 杜鹃花杂交育种的关键环节是什么？如何高效开展杜鹃花的杂交育种？
6. 请制定一个改良单一性状的杜鹃花育种计划。
7. 我国自育的、授权的杜鹃花新品种有多少？（https://www.forestry.gov.cn/）这些品种的繁育、推广情况如何？

推荐阅读书目

中国植物志57卷1册（杜鹃花科）. 1999. 方瑞征. 科学出版社.
高山杜鹃品种及栽培技术. 2021. 解玮佳，王继华，李世峰. 科学出版社.
中国杜鹃花——园艺品种及应用. 2008. 林斌. 中国林业出版社.
杜鹃花. 2003. 张长芹. 中国建筑工业出版社.
The Rhododendron Handbook. 1998. Argent G, Bond J, Chamberlain D F, et al. The Royal Horticultural Society.

第35章 茶花育种

[本章提要] 茶花是山茶属花木的统称，叶片四季常绿，花型端庄秀丽，花色丰富多彩，不仅是我国十大名花之一，也是世界名花，深受各国人民喜爱。本章从育种概况、遗传资源与起源演化、育种目标及性状遗传、引种与杂交育种、倍性育种、品种登录与新品种授权6个方面，介绍了茶花育种的原理与技术。

茶花是山茶花（*Camellia japonica*）、滇山茶（*C. reticulata*）、金花茶（*C. nitidissima*）、茶梅（*C. sasanqua*）等具有观赏价值的山茶属常绿花木的统称。茶花叶色亮丽、四季常青、冬春开花、花大色艳、傲霜斗雪，为世人所喜爱。山茶属全世界有280种，我国有250种，是世界的分布中心。其中有观赏价值者约30种。我国青岛崂山沿海，浙江舟山群岛及云南腾冲、华坪，四川盐边等地都发现成片野生茶花。我国茶花栽培历史悠久，最早可追溯到1800年前的三国时期，当时先民已将山茶列为品评"七品三名"（见张翎《花经》）。到南北朝及隋代，茶花栽培已相当普遍。部分来我国留学的日本遣唐使回国时，从宁波、温州等地把山茶引去栽培。18世纪中叶，我国山茶由东印度公司商船队传到欧洲，1783年又传到美国、澳大利亚、新西兰等国。由于美国南部诸州和澳、新两国的气候很适合山茶生长，此花得到迅速发展，成为上述国家人民喜爱的花卉。1979—1980年金花茶外流至日、美、澳三国。茶花经过长期的杂交育种，现国际茶花协会登录的品种达5.2万个。花色有白、粉、红、橙红、橘红、黑红、紫、云斑、花边、条纹等复色；叶型有金鱼叶、锯齿叶、孔雀叶、桉叶、柊叶、橡皮树叶、花斑叶、复色叶等；树型有灌木型、小乔木型、乔木型、盆景型等。茶花已成为欧美国家、日本、大洋洲等不可缺少的庭院观赏花木，有的欧美国家已进行大宗的商品化生产。如德国东部的德勒斯登市（Dresden）每年输出山茶达10万株，美国牛西奥苗圃已成为世界非常著名的茶花产地。1988年，由中国花卉协会茶花分会主办的首届中国茶花展览会在杭州举办；2021年第十三届中国茶花博览会在浙江温州举办。1999年我国加入国际茶花理事会，2003年在浙江金华成功举办第十六届国际茶花会议，并建立了国际茶花物种园和茶花文化公园。2012年第二十七届国际茶花大会在云南楚雄举办，2016年国际茶花大会在云南大理成功举办。2015年，中国科学院昆明植物所管开云当选为国际茶花协会主席，该所王仲朗当选为国际茶花品种登录员，扩大了我国在国际茶花界的影响力，使我们掌握了话语权。在广东阳春市发现叶子似杜鹃，几乎周年开花的张氏红山茶，后来叫杜鹃红山茶，引起国际山茶界的重视和兴趣。但我国山茶新品种培育和产业化与世界发达国家还有相当大的差距。为此，呼吁我国茶花工作者和业余爱好者，要团结奋斗，努力利用我国种质资源，培育有特色的山茶新品种，把种质资源优势变成产品优势，恢复和发扬我国在国际花坛上固有的声誉，振兴我国茶花业。

35.1　育种概况

1951年美国E. H. Cater以红山茶与云南山茶杂交，选育了大花型（花径13.5cm）淡粉色'大卡特'品种，并从中分离出'白边大卡特''复色大卡特'等系列品种群。1960年豪瓦德用怒江山茶与琉球连蕊茶杂交，获得了淡香山茶品种。1962—1963年美国Ackerman用雪山茶与琉球连蕊茶杂交，也获得了粉香茶花杂交种。1981年杰姆用'丝纱罗'与琉球连蕊茶杂交获得了'甜香水''列香'（红山茶בʼ十八香'）、'松达斯'（红山茶בʼ甜香水'）等品种。1983年美国W. F. Homeyer以'Witmanis Yellow'为母本和'Elizabeth Boardman'为父本杂交，获得的杂种再与'Colonia Dame'杂交，获得了'黄达'品种。1985年美国帕克斯博士从"四月"系列（'四月雪''四月玫瑰''四月幽会''四月黎明''四月笑脸''四月记忆'等品种）在遭受-23℃严重冻害的幸存株中，筛选了抗寒品种。1990年日本Yamaguchi用红山茶作母本与金花茶杂交，获得了'密月'品种。同年以北京林业大学为主持单位的"金花茶育种与繁殖研究协作组"，用金花茶作母本与华东山茶（'五宝'ב七星白'）获得'金背丹心'，1994年又获得了防城金花茶（*C. chrysantha* var. *phaeopubisperma*）×华东山茶'红装素裹'杂交的'新黄'品种，1997年开出黄色的花朵。

束花茶花花小且开花极其繁密，给人以花似成束开放的效果。该类型茶花主要是指连蕊茶组原种及以连蕊茶组资源为亲本获得的品种，适宜用作花篱、绿篱、盆景等形式。束花茶花作为茶花家族小花、密花的一类，随着该类茶花原种资源在种质创新中的应用及新品种的丰富，该类茶花日渐受到重视。1939年以前，Caerhays Castle苗圃选用尖连蕊茶（*C. cuspidata*）和怒江红山茶作为亲本，培育出新品种'Winton'，成为束花茶花品种的最早记载。1948年英国皇家园艺协会杂志曾介绍英国J. C. Williams同样用尖连蕊茶作母本，以怒江红山茶作父本进行杂交，培育出花呈白色，花瓣上偶尔出现泛粉红色斑晕的新品种'Cornish Snow'，并荣获"梅里特奖"（"Award of Merit"）。目前世界束花茶花品种以日本、新西兰、澳大利亚等国家居多，有记载的品种100余种。

中国的束花茶花育种起步相对较晚，近年来，上海植物园开展了大量的束花茶花育种工作。其中，以小卵叶连蕊茶（*C. parviovata*）为父本，山茶品种'黑椿'（*C. japonica* 'Kuro-tsubaki'）为母本获得的5个束花茶花新品种，是中国目前最早申请新品种保护的束花茶花品种。

多季茶花新品种主要为杜鹃红山茶（*C. azalea*）或越南抱茎茶（*C. amplexicaulis*），两个多季开花茶花原种与常规茶花种或品种之间进行杂交获得。自从1985年杜鹃红山茶被发现以来，茶花界便开始了改变茶花开花期的目标育种。首先创制季茶花新品种的是广东的棕榈园林股份有限公司，李纪元等人（2011）引进杜鹃红山茶等四季茶花物种6种，扩繁保存120余株，同时开展了杜鹃红山茶、越南抱茎山茶等30多个组合的人工控制授粉，获杂交子代新种质24份。截至2023年，我国培育的多季茶花品种的数量已增加到317个。

多季茶花具有花期长、花色多样化、开花稠密、抗性强、长势快的特点。适宜长三角地区的多季茶花新品种有'星源红霞''星源晚秋''星源花歌''夏梦玉兰''夏梦文清''夏日粉裙''欢乐聚会'等，均为以杜鹃红山茶为亲本，杂交选育的新品种。

35.2 遗传资源与起源演化

35.2.1 遗传资源

①山茶花　山东、浙江、福建和四川等省野生，分布至韩国、日本。我国民间栽培普遍，花色、花型多种。截至2013年，我国选育的和长期栽培的山茶品种439个，至今还无一个完整的品种名录。我国青岛崂山，浙江温州瑞安，江苏泰州市姜堰区，湖南衡山、平江，湖北麻城，安徽歙县都有百年以上的古茶树。山东青岛'耐冬'，日本的雪山茶（*C. japonica* subsp. *rusticana*）是培育抗寒品种的重要亲本。$2n=30$。

②滇山茶　云南野生或栽培，花色有红、淡红、深红至深紫色，近年又发现了重瓣白色品种。在楚雄、大理、昆明、保山、临沧等地有百年以上古茶树163株。花大，直径6.6~10.5cm，花期冬季至翌年早春，开花壮观，现已培育众多园艺品种。$2n=60$。

③茶梅　原产日本，栽培已有几百年历史，花白色至红色。品种较多，1997年日本品种图志记载有200多个。我国明代即已栽培。花期秋季冬初，花红粉或白色，花径5.0~7.6cm，芳香，适应性强，较耐热，是培育小叶、多花、芳香、矮型盆栽茶花的重要亲本。$2n=45$、90、120。

④杜鹃红山茶（*C. azalea*）　又名张氏红山茶（*C. changii*）。叶似杜鹃叶；花期长，盛花期5~11月，艳红色，花瓣肉质，花径6.0~10.0cm。可耐-5℃低温。现浙江、广东种植，是培育四季开花、观叶、观花品种的优良亲本。$2n=30$。

⑤越南抱茎茶（*C. amplexicaulisi*）　花紫红色，花径4.0~7.0cm，单生或簇生于枝顶或叶腋；花柄粗壮，花瓣8~13枚；在栽培条件下，一年四季都可开花。叶片基部耳状抱茎，是培育切花品种的重要亲本。分布于云南河口与越南接壤地区，现海南有栽培。

⑥怒江山茶（*C. saluensis*）　分布于云南中部、昆明周围。叶形小；花型小巧清雅，花淡粉红色，偶有白色，花瓣6~7枚，花径4.0~8.7cm，花期秋末至春季。生长健壮，萌生力强，耐干旱。用作母本亲和性好，坐果率高，是培育多花、抗性强品种的优良亲本。$2n=30$。

⑦金花茶　全世界有24种5个变种，主产于广西南部，分布中心为左江流域的龙州、宁

明、凭祥、崇左、扶绥一带。花瓣蜡质金黄色，花径4.0~6.0cm，花瓣8~12枚，花期冬季至翌年春初，是培育深黄、橙黄山茶品种的良好原始材料。$2n=30$。

⑧攸县油茶（*C. yuhesienensis*） 分布于湖南、江西、陕西。花白色、基部略带黄色，花瓣6~7片，呈向外展开型，花瓣边缘向外反卷，香味浓，花径6.5~9.5cm，顶生或腋生，花芽多，花瓣7~11枚；花期冬季至春季。适应强，在河南新县能耐-14.6℃低温。是培育抗寒性强、芳香品种的重要亲本。$2n=45、75、90$。

⑨光连蕊茶（*C. cuspidate*） 叶片小；花白色，外轮花瓣有深粉红色斑块，芳香，花径4.0~5.0cm，花芽很多，花瓣5~6枚；花期冬季至翌年春初。生长快，抗寒性强，是培育抗寒、丰花、有香味品种的重要亲本。$2n=30$（Kondo，1988）。

35.2.2 系统发生途径

①山茶 日本津山尚根据萼片在花落后是否宿存，或子房上是否有纤毛等分类上的形态，和原产地与日本之间的距离作为指标，对山茶属系统发育研究的结果表明，从分布离日本最远的唐山茶（云南山茶）开始，依次经过萨尔温山茶（缅甸种）、花瓣山茶、宛田红花油茶、南山茶、浙江红花油茶，演变到日本的灌木山茶。坂田佑介分析中国和日本山茶类的色素组成，结果表明中国的唐山茶和花瓣山茶（云南种）是以花青素3-二糖苷和酰化花青素3-二糖苷型为主体的群体；萨尔温山茶和花瓣山茶（花瓣种）是以花青素3,5-二糖苷型和酰化花青素3,5-二糖苷为主体的群体；宛田红花油茶花青素3-葡糖苷和3-半乳糖苷占56%，酰化花青素3-葡糖占21%，花青素3,5-二糖苷和酰化花青素3,5-二糖苷占5%（属二糖型）；南山茶为酰化3-葡糖苷型；浙江红花油茶为无酰化3-半乳糖苷型。他认为从色素进化的角度来说，四川的萨尔温山茶最进化，是起源的中心。由此往西，经由花瓣山茶（云南种），而达到唐山茶；往东经由花瓣山茶（花瓣种）而顺次达到宛田红花油茶、南山茶、浙江红花油茶。他推测日本的苹果山茶和宝山山茶是由南山茶演变而来；日本的雪山茶和我国台湾的宝山山茶是由浙江红花油茶演变而来。日本长户依据同工酶变异说明山茶属植物种间及种内关系，茶、山茶、茶梅虽然保持着山茶属的同质性，可是每种酶存在着不同的分化，茶与茶梅的亲缘关系相对较远，山茶、怒江山茶和滇山茶等的近缘种处于中间位置。

②茶梅 茶梅的天然分布范围狭窄（Tokui，1955；Uehara，1969；Idakda，1974），典型品种出自日本九州岛，冬红山茶和春山茶未发现有野生种。长期以来，人们认为冬红山茶与春山茶是红山茶和茶梅的天然杂交种，C. R. Parks等（1981）经过比较分析（表35-1）支持上述观点，他认为冬红山茶和春山茶受到红山茶与茶梅不同程度的遗传影响。尽管红山茶和茶梅是两个截然分开的种，两者之间很难杂交合成杂种（Ackerman，1971），但他们曾发

表35-1 茶梅、红山茶、春山茶和冬红山茶部分性状比较

种 名	过氧化物酶酶带	开花期	花瓣与花丝	栓皮瘤
茶梅	AB	秋季	分离	无
红山茶	CG	冬季	连合	有
冬红山茶、春山茶	ABCG	秋末冬初	略有连合	有少量

现天然杂交，其F_1与茶梅回交是可育的。Uemoto等（1980）得出的有力的证据表明，三倍体的春山茶是其F_1再与红山茶杂交而产生的。

③金花茶　金花茶组的原始种类。可能在白垩纪晚期至古新世纪形成，成为当时热带、亚热带常绿阔叶林的组成成分。到了晚始新世，热带、亚热带潮湿气候促使金花茶组进一步发展。从古地理时期看，原始的金花茶先从凭祥—南宁形成，并且外延包括越南北部。十万大山东南麓的金花茶，或是从凭祥—南宁的原始金花茶向东南扩展，在新的生态环境中逐渐适应，形成新的种类，或是就地形成金花茶种类。从目前人工栽培的情况看，前者的可能性很大（谢永泉 等，1994）。

35.2.3　染色体倍性

大多数山茶、金花茶为二倍体$2n=2x=30$（基数$x=15$）。近年来在云南腾冲、华坪和四川盐边地区发现大面积野生山茶为二倍体，是云南山茶最原始的种类，可能是云南山茶的发源地。大多数红山茶园艺品种（$2n=3x=45$）如'美人'茶，只开花，不结果，花粉败育，只能用无性繁殖。其起源一是四倍体与二倍体杂交，子代形成三倍体；起源二是六倍体孤雌生殖形成三倍体。四倍体$2n=4x=60$的种类有大苞白山茶（*C. granthamiana*）、栓皮红山茶（*C. phelloderma*）、斑枝红山茶（*C. stictoclata*）、木果红山茶（*C. xylocarpa*）、寡脉红山茶（*C. oligophlebia*）、石果红山茶（*C. lapidea*）、短蕊红山茶（*C. brevipetiolata*）等。六倍体（$2n=6x=90$）的种类有多数滇山茶、冬红山茶（*C. heimalis*）、窄叶西南红山茶（*C. pitardii*）、毛蕊红山茶（*C. mairei*）、金沙江红山茶（*C. jinshajiangica*）、隐脉红山茶（*C. cryptoneura*）、毛花连蕊茶（*C. fraterna*）、琉球短柱茶（*C. miyagii*）、油茶（*C. oleifera*）等。茶梅和毛籽金花茶（*C. ptilosperma*）染色体倍性较为复杂。茶梅最原始的为二倍体，现栽培种类有四倍体、五倍体、八倍体及非整倍体。毛籽金花茶为混倍体，有时一株树上有$2x$、$3x$、$4x$，可能是天然杂种。越南油茶（*C. vietnamensis*）$2n=90$、105、120（Kondo，1990；肖调江 等，1991）。

35.3　育种目标及性状遗传

35.3.1　育种目标

（1）培育蓝紫、深黄、橙黄茶花

有的山茶在开花时带有蓝色，尤其在低温多湿的气候条件下表现更显著。Parks（1964）用这种带有蓝色特征的若干品种作亲本，想通过杂交把蓝色固定和积聚起来，但没有成功。1968年他又用怒江山茶、云南山茶和山茶杂交，也未能育出蓝色花朵。1973年日本横井从茶梅品种'根岸红'、金花茶及冬红山茶中发现含有少量显示蓝色的飞燕草色素，与山茶杂交，但不亲和。他认为克服杂交障碍是获得蓝色杂种的先决条件。有人建议选用酰化二糖型、花翠素含量高的紫色山茶作亲本，可能培育出蓝色稍深的山茶新品种。培育深黄、橙黄山茶，这是在淡黄山茶育成的基础上提出的进一步要求。据金花茶分析，金花茶颜色较深，是由于这种花中含有黄酮醇之一的栎精7-葡糖苷和类叶红素，这两种色素生物合成途径不同，两者分别遗传，如淡黄山茶通过与金花茶回交，可望育成深黄、橙黄山茶品种。

（2）培育矮生型、多花型、垂枝型、曲枝型茶花

城市高层建筑较多，居住面积较小，这就要求培育矮生紧凑、小叶、多花山茶或垂枝盆吊型山茶，在室内既可装饰，又少占空间。我国有较多的种质资源，如树型紧密的怒江山茶、小花多花的连蕊茶组和毛蕊茶组，枝条纤细的茶梅，枝条悬垂的有云南连蕊茶（*C. tsaii*）、玫瑰连蕊茶（*C. rosaeflora*）等都可应用。

（3）培育芳香茶花

山茶花花大而美，但大多无香味。我国具有香味的茶属植物资源丰富，开展芳香育种有广阔前景。茶属芳香植物有微花连蕊茶（*C. minutiflora*）、岳麓连蕊茶（*C. handell*）、毛花连蕊茶（*C. fraterna*）、长瓣短柱茶（*C. grijsii*）、琉球连蕊茶、琉球短柱茶（*C. miyagii*）、茶梅、攸县油茶、毛药山茶（*C. renshanxiangiae*）、香花糙果茶（*C. suaveolens*）、钝叶短柱茶（*C. obtusifolia*）等。

（4）培育四季开花山茶

茶花花期在南方一般是9月至翌年5月，北京4月上旬初开。近些年发现和推广的张氏红山茶（杜鹃红山茶）、抱茎山茶在人工栽培条件下几乎全年开花。还有怒江山茶花期也很长。弄岗金花茶（*C. longgangensis*）开花期3~11月。目前已利用杜鹃红山茶选育多季开花的品种（含品系）300多个。

（5）培育抗寒、抗病茶花

茶属植物分布于北纬10°~35°东南亚大陆，是华夏植物区系的典型代表，适生于温带、亚热带温暖气候条件。欧美各国引种后，选育出抗寒品种，现已在高纬度露地种植。我国山茶分布的北界在青岛崂山沿海岛屿（北纬36°），如果以此为基础，选择抗寒性强的红山茶，与日本的雪山茶，云南高山的五柱滇山茶、大理大叶茶、怒江山茶、窄叶西南红山茶、蒙自连蕊茶等进行杂交，可望选育抗寒品种。

山茶花腐病1938年由日本带入美国加利福尼亚州，1993年后已蔓延到南美洲、欧洲、新西兰、我国四川等地。这是一种真菌病害，孢子落到花瓣上发芽，产生菌丝体，使花瓣褐变脱落；菌核寿命长，能在土壤越冬，翌年再危害，给各地山茶花带来严重威胁。研究表明，华东山茶、云南山茶及其杂种易受感染；攸县油茶、尖叶连蕊茶、栓叶连蕊茶、毛花连蕊茶、毛果山茶、五柱滇山茶具有较强的抗性，通过杂交选育抗病品种也是当务之急。

35.3.2 花色遗传

茶花花色中花青素占多数，它是受多基因控制的。红色山茶的花青素，由于糖结合的方式（糖的种类、结合的位置、数量）不同，花色苷的种类也不相同。有的花色素苷被有机酸酰化，称为酰化花色素苷。花青素与葡萄糖的结合或酰化，即对花色素的修饰是由基因决定的。山茶花花瓣颜色的深浅是受微效多基因控制的。如浅粉是受1对红色基因和2对非红色基因控制的；红色花是受2对红色基因和1对非红色基因控制的；深红色花是受3对红色基因控制的。红色花的基因越多，花色越深，呈微效累加遗传效应。如极浅粉的与粉红的杂交，或浅粉与深红的杂交，其子代多呈中间颜色，并出现分离现象（表35-2）。

表 35-2　山茶子代花色分离

杂交系谱	表型	极浅粉红	浅粉红	粉红	深粉红	红	深红
'Dr.Tinsleg' × 'Donation'	极浅粉红×粉红	—	4	1	—	—	—
'Berenice Boddy' × 'Zohei-haku'	浅粉红×极浅粉红	7	5	6	1	1	—
'Berenice Boddy' × 'Daikagura'	浅粉红×深粉红	1	6	4	4	—	—
'Berenice Boddy' × 'Purpurea'	浅粉红×深红	—	—	7	6	10	—
'Donckelarii' × 'C. pitardii'	红×极浅粉红	—	8	1	—	—	—
'Donckelarii' × 'Berenice'	红×浅粉红	—	—	7	4	3	—
'Donckelarii' × 'Herme'	红×粉红	—	—	—	—	14	6
'Donckelarii' × 'Princess Lavender'	红×粉红	—	—	—	2	1	15
'Donckelarii' × 'Kuro-tsubaki'	红×深红	—	—	—	5	3	5

山茶白色花是受1对白花隐性基因控制的。如杂交时选用的亲本带有1个白花基因和1个杂合红色基因与纯隐性白色花杂交，其子代有1/2开白花，1/2开红花。如亲本选用2个带有白花基因杂合型的杂交，其子代出现1/4开白花，3/4开红花（表35-3）。

表 35-3　带有白花基因山茶杂交子代花色分离

杂交组合	白	极浅粉红	浅粉红	粉红	深粉红	红	深红
'Snow Bell' × 'Kuro-tsubaki'	14	—	—	—	—	13	5
'Jenny Jones' × 'Kuro-tsubaki'	10	—	—	1	2	5	—
'Berenice Boddy' × 'Kuro-tsubaki'	2	3	2	3	1	4	1

山茶花杂色，即在花瓣上有不固定的白斑或不规则的条纹多半是由病毒引起的；花瓣上固定的条纹或斑块图案等多半是遗传的杂色型，它是受1对隐性基因控制的。杂交时，如选用2个带有杂色隐性基因的杂合型单色花亲本杂交，其子代出现大约1/4的杂色花；如1个亲本是杂合型单色花，另1亲本是纯隐性的杂色花，杂交时其后代约1/2开杂色花（表35-4）。

表 35-4　杂色花遗传型杂交子代花色分离

杂交组合	有条纹的	白色	单色
'Berenice Boddy' × 'Tomorrow'	5	2	15
'Donckelarii' × 'Yohei-hakn'	2	—	12
'Ville Denantes' × 'Lady in Red'	2	—	15
'Dr. Tinsley' × 'Tomorrow'	3	2	2
'Fred Sander' × 'Tomorrow'	1	—	1
小计	13	4	45

35.3.3 花型遗传

根据花瓣的多少及其排列方式一般分成3类9型，即单瓣类花瓣1~2轮，瓣数5~7枚，花型有喇叭型、玉兰型；复瓣类花瓣3~5轮、瓣数20~50枚，花型有五星型、荷花型、松球型；重瓣类花瓣50枚以上，花型有托桂型、芍药型、牡丹型、蔷薇型等。

花瓣的多少一般受微效多基因控制，有累加效应。如单瓣花与单瓣花杂交，其后代都出现单瓣花；单瓣花与复瓣花杂交，其后代单瓣与复瓣各1/2；2个复瓣花杂交，其子代主要为复瓣，有时出现重瓣。亲本花瓣数越多，杂交后代出现蔷薇型、芍药型的可能性越大。重瓣牡丹型的产生，还取决于亲本中另外一些基因，如用复瓣的'Donckelarii''Caprice'杂交，其子代有芍药型没有牡丹型；当父本选用极重瓣的'William Penn'杂交时，其子代出现牡丹型，很少见到芍药型，可能牡丹型基因起着减少芍药型花瓣的作用（Park，1968）（表35-5）。

表 35-5　父本对山茶杂种苗花型株数的影响

父本名称	花型	瓣数	单瓣	复瓣	重瓣			
					蔷薇型	牡丹型	芍药型	正常型
C. purpurea	单瓣	4	6	5				
C. pitardii 'Descanso'	单瓣		5	4				
C. granthamiana	单瓣		2	2				
'Berenice Boddy'	复瓣	10	4	9				
'Knro-tsubaki'	复瓣	18	19	35	4			
'Princess Lavender'	复瓣	19	4	15				
'Herme'	复瓣	37	11	17	3		1	5
'Sweet Delight'	复瓣	29	4	6				1
'Caprice'	重瓣	50	16	27	1		4	2
'William Penn'	极重瓣	126	3	8		3	1	

注：母本'Donckelarii'复瓣

35.3.4 花径遗传

茶花花朵的大小也受微效多基因控制，有累加效应。如用大花（花径10~13cm）的'Donekelarii'作母本，用小花作父本，其杂交后代花径比大花亲本要小得多；如用中花品种作父本，其杂交后代花径介于两亲本之间；如用大花者作父本，其杂交后代花径较大，甚至超过亲本。由此可见，父本花径的大小，对子代的影响也很大（表35-6）。

表 35-6　父本对茶花杂种苗花径的影响

父本名称	花径	子代花径（cm）											
		4	5	6	7	8	9	10	11	12	13	14	平均
C. puyrnurea	小	4	1	5	2				1				5.7
'Kuro-tsubaki'	小	1	7	9	21	13	3						6.9

（续）

父本名称	花径	子代花径（cm）										平均
		4	5	6	7	8	9	10	11	12	13	14	
C. pitardii 'Descanso'	小			5	1	3	1						7.0
'Berenice Boddy'	中			2	5	4	1	1					7.6
'Herme'	中			6	8	13	5	4					7.8
'Caprice'	中		3	6	8	12	9	7		1			8.0
'Sweet Delight'	中				2	4	4	2					8.5
'Willian Penn'	中		1	2	1		2	4		2	1	1	9.4
C. granthamiana	大			1	1						1		8.8
'Princess Lavender'	大			4	1	1	5	6	2				8.9

35.3.5 花期遗传

根据1972年国际茶花协会山茶花系统命名法则规定，1月1日前开花的为早花，1~2月开花的为中花，3月后开花的为晚花。我国云南山茶11月底以前开花的为早花，2月底以后开花的为晚花。如用中花'Donckelarii'与早花*C. granthamiana*杂交，其后代多在12月开花；而与中花偏晚的*C. pitardii* 'Doscanso'杂交，其后代多在3月开花；父母双亲都为中花的杂交，其后代花期居中。一般来说，后代的开花期处于两个亲本之间（表35-7）。山茶开花期受到多基因控制，也属累加遗传型，种间杂交也证明了这一点。如以早花型的*C. granthamiana*作花粉源，与早花型的'Norumi-Gata'，及晚花型的*C. reticulata* 'Wildform'进行杂交。前者的子代在12至翌年1月开花，而后者的子代在1~2月开花。

表35-7 父本对子代花期频率的影响

父本名称	花期	子代花期					
		11月	12月	1月	2月	3月	4月
C. granthamiana	早		3				
'Caprice'	中	2	12	9	17	6	1
'Princess Lavender'	中	1	4	2	9	2	
'Berenice Boddy'	中		3	3	2	5	
'Sweet Delight'	中		6			4	1
'William Penn'	中				5	2	
'Herme'	中		2	1	11	5	2
'Kuro-tsubaki'	中晚		1	2	4	6	3
C. pitardii 'Descanso'	中晚				4	5	1

注：母本为'Donckelarii'，中花

35.3.6 芳香遗传

花香来自花中所含一批易挥发有香气的化合物，这批化合物总称香精油由靠近子房的花瓣上表皮细胞产生。一般香精油的成分都很复杂，常含酯类、乙醇类、聚醛类、酮类、苯类和萜烯类等数十种甚至近百种化合物，主要的是萜类化合物（单萜或少数半萜）。萜类化合物生物合成始于乙酸。其合成途径大致为：乙酸与辅酶A形成乙酰辅酶A（Ⅰ），两分子乙酰辅酶A缩合成B-J酮酰辅酶A（Ⅱ），B-J酮酰辅酶A与乙酰辅酶A通过羟醛缩合形成有支链的六碳化合物甲瓦龙酸（Ⅲ），甲瓦龙酸经脱羧和脱水消除，便得到异戊二烯单位骨架的化合物（Ⅳ、Ⅴ）。然后以此为单元逐步缩合成萜和倍半萜等。这些化合物的生物合成是在基因调控下形成的，不同芳香植物有不同的基因调控，所以形成不同的香型和香韵。在有性杂交的情况下，香味也是明显遗传的。如金花茶育种与繁殖研究协作组（1989）进行金花茶与香茶梅的远缘杂交，获得了有香味的杂种。1975年美国Ackerman通过研究认为杂交最好选择双亲都具有香味的，这样可使双亲芳香性基因聚集，产生芳香性更强的新品种。如果亲本一个有香味，另一个没有香味，两者杂交，其效果要差得多。

35.3.7 矮生性遗传

在被子植物和裸子植物中都有矮生遗传。典型的矮生具有生长慢、叶子小、节间短等特点，其植株高度通常为正常同胞植株高度的1/10~1/2。1969年美国阿克曼用中国南京油茶（*C. oleifera*）和日本久留米茶梅杂交，正交获得18株苗木，其中5株矮生；反交获得16株苗木，其中4株矮生。正反交结果说明，25株正常，9株矮生，其比率接近3∶1，是1对基因控制，双隐性时呈现矮生。矮生的机制从生化分析，是由于基因的突变，影响生长素（或赤霉素）的合成，从而降低了生长速率；从细胞学分析，一般多元杂交，子代染色体很难配对或为非整倍体，细胞分裂迟缓，生长量小所致。

35.4 引种与杂交育种

35.4.1 引种

山茶属植物现已引种到美洲、欧洲、大洋洲的20多个国家。国内除少数省份外，大多数省份已种植。引种子便于携带，适应性强，缺点是品种性状不能保证。引种苗创造相似环境条件，也能取得较好效果。引种条，用最适应当地的实生油茶作砧木，用枝接或芽接，成活率高，开花早。引试管苗快繁容易。引花粉用于杂交，方法多样，要因地制宜。引种珍贵稀有野生种苗时要慎重，移植时尽可能带土团或采用高空压条，待生根后再移入新区，避免种质资源的破坏。

35.4.2 开花习性

山茶花在夏季长日照（13.5~16h/d）、高温（白天27℃以上，夜间18℃以上）条件下生长（有的地区一年抽二次梢，即春梢3~4月，秋梢7~8月），并产生花芽。花芽多着生于当年新梢的顶部和侧面的叶腋。随着秋季的来临，日照变短，温度下降，植株进入休眠。花芽又在低温（10℃以下）、短日照（8~9.1h/d）诱导下开放。山茶花为两性花，雄蕊多数，雌蕊柱头3~5裂，雌雄蕊几乎同时成熟，花药以边缘方式开裂。大部分山茶靠昆虫和蝇类传粉。单朵花寿命7~15d，单株花期1~2个月，有的可延续2~3个月。金花茶花芽分化一般在6~7月，花蕾着生于前一年秋梢上部的叶腋，亦有着生于2~3年生的老枝上，花期11月至翌年3月，单朵花寿命8~10d，单株开花时间可延续2~3个月。

35.4.3 去雄、套袋与授粉

当花蕾着色，花瓣稍松开时，用剪子剪去下部花冠及花药，如花药掉在子房基部，必须小心剔除，然后套上牛皮纸袋。如花瓣已全部张开，表明雌雄蕊已成熟，去雄已晚，不宜做杂交。

授粉时间一般选择在去雄后2~3d柱头分泌黏液时进行。如刮风、下雨、天气寒冷时，往往影响花粉管的萌发和生长。试验表明，温度在15℃以下时，花粉粒即失去活动能力，-4℃以下时造成严重损害。为保障授粉成功，最好用盆栽母株在低温温室或选择背风向阳、小气候条件较好的环境中进行杂交。如用冰箱储藏过的花粉，最好在授粉前做萌发试验。如萌发率显著降低，授粉时要适当加大授粉量或重复授粉。金花茶胚胎研究表明，授粉后24h，花粉在柱头上萌发，花粉管开始伸长，4d后卵细胞受精，1周后柱头萎蔫，表明授粉成功。

35.4.4 杂交后的管理与杂交果的采收

授粉后子房开始膨大，即可除去套袋，并剪去未杂交的天然授粉的果实和花朵，以使养分集中，并在果实发育的高峰期增施磷钾肥或喷叶面肥，保证杂交幼果的良好生长。山茶果实一般10月成熟，成熟前最好用尼龙纱罩住，对果实加以保护，防止杂交果丢失或散落。

山茶种子成熟时，胚即停止生长，进入休眠期，种子采收后可沙藏或低温贮藏（0~4℃），在贮藏期间防止种子霉烂、变质或过分干燥。翌春播种，基质多用泥炭、蛭石、砂等量混合。气温25℃时，发芽极为迅速。金花茶种子成熟后，没有休眠期，在气候适宜地区，可随采随播。

35.4.5 选种

山茶属异花授粉植物，在自然繁殖或人工繁殖的情况下，往往有鹤立鸡群的优良单株，通过评选、对比试验，可产生新品系。1984年金花茶育种与繁殖研究协作组在广西防城港、东兴、南宁等地用百分制评选法，评选出了'金杯''金吊钟''黄铃铛''大鹏''毛玉兰'等优株。日本茶花协会在全国评选出'田原紫''万叶桃红''沙美'等优良品种；从芽变中评选出'并天白'（叶有白边）、'富士雪''五色山茶'等品种。初步统计日本2000多个新品种中，从实生苗选出的约占3/5，从芽变选出的约占1/5，可见在山茶中进行选种是行之有效的方法。

云南山茶品种175个（2013），大都从野生自然杂交种子播种选育，或从古树花的变异选育。这些都是"机会性杂交"（chance seedling），是靠蜜蜂、昆虫或飞鸟将一朵花的花粉传到另一朵花上产生茶果及种子。从野生原始林及茶花园植株上收集了很多不知亲本的杂交种子，它们可以产生新品种。

35.5 倍性育种

35.5.1 单倍体诱导

对金花茶试验研究表明，金花茶适宜接种期为小孢子单核期，此时花蕾略带黄色，横径1.5cm左右。以早春花蕾诱导概率最高。启动培养基为MS+6-BA 1mg/L+KT 0.2mg/L+NAA 0.5 mg/L。金花茶体细胞极易脱分化，高浓度蔗糖（15%~20%）对体细胞有强烈抑制作用。小孢子发育观察到3条途径，即非均等分裂，一般称为A途径，包括A-V途径和A-G途径；另外为均等分裂，即B途径。在多核花粉中还观察到微核。采用变温处理（即在20℃培养10d，后升至25℃培养）有利于小孢子的快速生长。胚状体形成后要及时解除激素和生长素控制，并降低培养基中无机盐的浓度（大量元素减半），以利于胚状体的发育成苗。

35.5.2 多倍体诱导

对金花茶进行诱导多倍体的研究表明，茎尖试管诱导的最适秋水仙碱浓度为0.04%~0.1%，处理时间12~24h。处理时间过长，药害严重，从而影响加倍细胞的分裂。最高诱导概率可达30%。在离体诱导中，处理前暗培养40d和处理后3周冷藏（8℃）可以提高诱导效果及植株存活率。其原因可能是暗培养能诱导茎尖细胞同步化，经冷藏可延缓渗入细胞内的秋水仙碱对细胞的继续毒害作用，有利于染色体损伤的修复。通过镜检，对已诱导成多倍体细胞要挑出单独培养，避免二倍体竞争，以获得非嵌合的多倍体植株。

在实际育种工作中，各种育种技术要综合应用。如日本在黄色山茶花的育种中，就综合应用了远缘杂交、胚（胚珠、子房）培养和染色体加倍及回交（图35-1）。

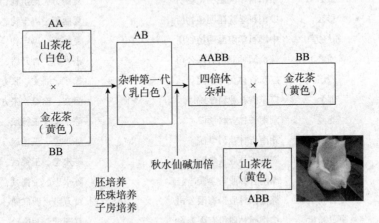

图35-1 黄色山茶花育种技术路线

35.6 品种登录与新品种授权

35.6.1 品种国际与国内登录

茶花品种的国际登录权威是国际茶花协会（https://internationalcamellia.org/zh-hans/），中国科学院昆明植物所王仲朗研究员现任国际茶花协会副会长和国际茶花品种登录官

（International Camellia Registrar）。他建设了世界山茶属植物品种登录中心及数据库（https://camellia.iflora.cn）及山茶属植物品种的离线电子词典（https://camellia.iflora.cn/Developer/Tool），可用于茶花品种的国际登录。迄今已登录山茶属品种名称52 417，其中接受26 703占50.9%；同名25 317，占48.3%；未决397，占0.8%。同名比例如此之大，也彰显出国际品种登录的必要性。

中国茶花命名统一登录委员会育种小组于2004年成立，我国茶花育种工作飞速发展，至2022年登录茶花新品种347个。

35.6 2　新品种授权

从2000年至2023年，国家林业和草原局共授权山茶属茶花新品种（不含茶用、油用品种）132个（表35-8）。

表35-8　授权茶花（山茶属）新品种（132个）一览表

品种权号	品种名称*	品种权人	培育人
20000014	玉丹	林兆洪	林兆洪、游慕贤、申屠文月
20000015	华美红	林兆洪	林兆洪、游慕贤、申屠文月
20010019	骄阳	杭州花圃	杭州花圃
20120001	小粉玉	上海植物园	费建国、胡永红、张亚利等
20120002	玫瑰春	上海植物园	费建国、张启翔、胡永红等
20120054	玫玉	上海植物园	费建国、胡永红、张亚利等
20120055	俏佳人	上海植物园	费建国、胡永红、张亚利等
20120065	玉洁	中国科学院昆明植物所	夏丽芳、冯宝钧、王仲朗等
20120066	彩云	中国科学院昆明植物所	夏丽芳、冯宝钧、王仲朗等
20120067	粉红莲	中国科学院昆明植物所	夏丽芳、冯宝钧、王仲朗等
20120068	黄埔之浪	棕榈园林股份有限公司	谌光辉、钟乃盛、刘玉玲等
20120102	烈焰	广东省林业科学院	徐斌、潘文、张方秋等
20120103	郁金	广东省林业科学院	潘文、徐斌、张方秋等
20120139	晚霞	湖南省林业科学院	陈永忠、王德斌
20120140	赤霞	湖南省林业科学院	陈永忠、王德斌
20120141	朝霞	湖南省林业科学院	陈永忠、王德斌、王湘楠等
20120142	秋霞	湖南省林业科学院	陈永忠、王德斌、王湘楠等
20130101	夏日粉裙	棕榈园林股份有限公司	黄万坚、殷广湖、邓碧芳
20130102	夏日粉黛	棕榈园林股份有限公司	赵珊珊、黎艳玲、叶琦君等
20130103	夏日七心	棕榈园林股份有限公司	钟乃盛、冯桂梅、刘玉玲等
20130104	夏日光辉	棕榈园林股份有限公司	赵强民、谌光辉、黄万坚
20130105	夏咏国色	棕榈园林股份有限公司	高继银、黄万坚、刘信凯等
20130106	夏日广场	棕榈园林股份有限公司	赖国传、刘玉玲
20130107	夏梦文清	棕榈园林股份有限公司	唐文清、钟乃盛
20130108	夏梦可娟	棕榈园林股份有限公司	许可娟、钟乃盛、刘信凯
20130109	夏梦华林	棕榈园林股份有限公司	徐华林、冯桂梅、凌迈政

（续）

品种权号	品种名称*	品种权人	培育人
20130110	夏梦衍平	棕榈园林股份有限公司	何衍平、钟乃盛、赵强民
20140038	奋进	云南远益园林工程有限公司	李奋勇、刘国强、皮秋霞
20140039	粉溢	云南远益园林工程有限公司、云南省特色木本花卉工程技术研究中心	李奋勇、刘国强、皮秋霞
20140040	紫玉云祥	云南远益园林工程有限公司、云南省特色木本花卉工程技术研究中心	李奋勇、刘国强、皮秋霞
20140041	紫玉云霞	云南远益园林工程有限公司、云南省特色木本花卉工程技术研究中心	李奋勇、刘国强、皮秋霞
20140051	墨红刘海	上海植物园	费建国、胡永红、张亚利等
20140052	墨玉鳞	上海植物园	费建国、胡永红、张亚利等
20140147	夏风热浪	棕榈园林股份有限公司	刘坤良、刘信凯
20140148	夏日红绒	棕榈园林股份有限公司	刘信凯、钟乃盛、冯桂梅
20140149	夏梦小璇	棕榈园林股份有限公司	吴桂昌、高继银、吴晓璇
20140150	夏梦春陵	棕榈园林股份有限公司	刘春陵、黄万坚、黄万建
20140151	夏梦玉兰	棕榈园林股份有限公司	冯玉兰、骆海林、冯桂梅
20150022	玉之蝶舞	上海植物园	奉树成、张亚利、莫建彬等
20150023	玉之台阁	上海植物园	奉树成、张亚利、莫建彬等
20150024	玉之芙蓉	上海植物园	奉树成、张亚利、莫建彬等
20160041	金背丹心	南宁市金花茶公园	黄连冬
20160042	冬月	南宁市金花茶公园	黄连冬
20160122	红屋积香	棕榈园林股份有限公司	黄鹤、钟乃盛、叶琦君等
20160123	茶香居	棕榈园林股份有限公司	赵强民、钟乃盛、刘信凯等
20160124	夏梦谢作	棕榈园林股份有限公司	谢作、严丹峰、叶琦君等
20160125	夏日叠星	棕榈园林股份有限公司	武艳芳、邓碧芳、沈顺峰等
20170036	抱香	棕榈园林股份有限公司	钟乃盛、刘信凯、高继银等
20170037	抱星	棕榈园林股份有限公司	黎艳玲、钟乃盛、叶琦君等
20170038	抱艳	棕榈园林股份有限公司	刘信凯、严丹峰、叶琦君等
20170039	彩黄	棕榈园林股份有限公司	赵强民、钟乃盛、刘信凯等
20170040	黄绸缎	棕榈园林股份有限公司	高继银、叶琦君、黎艳玲等
20170059	上植华章	上海植物园	奉树成、张亚利、郭卫珍
20170060	上植欢乐颂	上海植物园	奉树成、张亚利、李湘鹏
20170061	上植月光曲	上海植物园	奉树成、张亚利、李湘鹏
20170069	金粉妍	中国科学院昆明植物所	沈云光、夏丽芳、冯宝钧等
20170070	艳红霞	中国科学院昆明植物所	沈云光、夏丽芳、冯宝钧等
20170127	香穗	宁波大学、宁波植物园筹建办公室	倪穗、王大庄、游鸣飞等
20180144	淀西灯火	上海市园林科学规划研究院、上海星源农业实验场	张斌、张冬梅、张浪等
20180145	新潮头饰	上海市园林科学规划研究院、上海星源农业实验场	张斌、张冬梅、张浪等
20180146	淀西风情	上海市园林科学规划研究院、上海星源农业实验场	张斌、张冬梅、张浪等

(续)

品种权号	品种名称*	品种权人	培育人
20180178	羞粉	宁波大学、宁波植物园筹建办公室	倪穗、陈越、王大庄等
20180179	羞红	宁波大学、宁波植物园筹建办公室	倪穗、陈越、王大庄等
20180260	芩芯	广西林科院	曾雯珺、王东雪、江泽鹏等
20180261	傲雪	广西林科院	王东雪、江泽鹏、张乃燕等
20180262	义林	广西林科院	马锦林、叶航、夏莹莹等
20180271	毛紫	广西林科院	李开祥、韦晓娟、马锦林等
20180286	白碧红霞	江西省林业科学院	周文才、龚春、雷小林等
20180287	南湘红	湖南省林业科学院	王湘南、陈永忠、王瑞等
20180288	南湘粉	湖南省林业科学院	王湘南、陈永忠、王瑞等
20180367	好运来	东阳市歌山镇绿峰珍稀花卉苗木场	胡祖兰
20190006	岭南元宝	棕榈生态城镇发展股份有限公司、广东省农科院环境园艺所等	高继银、孙映波、周明顺
20190115	桂月昌华	棕榈生态城镇发展股份有限公司等	吴桂昌、赵强民、陈炽争等
20190116	夏日台阁	棕榈生态城镇发展股份有限公司等	严丹峰、柯欢、刘信凯等
20190117	夏梦岳婷	棕榈生态城镇发展股份有限公司等	赵珊珊、高继银、赵强民等
20190118	瑰丽迎夏	棕榈生态城镇发展股份有限公司等	刘信凯、柯欢、钟乃盛等
20190119	园林之骄	棕榈生态城镇发展股份有限公司等	钟乃盛、叶土生、赵强民等
20190132	棕林仙子	棕榈生态城镇发展股份有限公司等	高继银、严丹峰、刘信凯等
20190133	秋风送霞	棕榈生态城镇发展股份有限公司等	刘信凯、钟乃盛、陈炽争等
20190134	怀金拖紫	棕榈生态城镇发展股份有限公司等	赵强民、刘信凯、钟乃盛等
20190135	四季秀美	棕榈生态城镇发展股份有限公司等	赵强民、高继银、周明顺等
20190136	顺哥领带	棕榈生态城镇发展股份有限公司等	刘信凯、孙映波、周明顺等
20190137	曲院风荷	棕榈生态城镇发展股份有限公司等	郑乃胜、叶土生、赵强民等
20190164	星源花歌	上海市园林规划科学研究院、上海星源农业实验场	张冬梅、张浪、周和达等
20190165	星源晚秋	上海市园林规划科学研究院、上海星源农业实验场	张浪、张冬梅、周和达等
20190166	星源红霞	上海市园林规划科学研究院、上海星源农业实验场	周和达、张冬梅、张浪等
20190214	粉魅	怀化市林科所、湖南省森林植物园	张凌宏、颜立红、张华等
20190321	桃园结义	棕榈生态城镇发展股份有限公司等	钟乃盛、叶土生、高继银等
20190322	红天香云	棕榈生态城镇发展股份有限公司等	钟乃盛、黎艳玲、宋遇文等
20190323	大红灯笼	棕榈生态城镇发展股份有限公司等	赵强民、叶琦君、高继银等
20190324	粉浪迎秋	棕榈生态城镇发展股份有限公司等	赵强民、严丹峰、刘信凯等
20210023	金叶粉玉	上海植物园	张亚利、郭卫珍、李湘鹏等
20210024	鱼叶粉香	上海植物园	张亚利、李湘鹏、郭卫珍等
20210061	湘粉娇	湖南省林业科学院	王湘南、陈永忠、王瑞等
20210062	湘艳	湖南省林业科学院	王湘南、陈永忠、彭邵锋等
20210123	红铃	怀化市林科所、湖南省森林植物园	颜立红、唐娟、蒋利媛等
20210124	玲曲	怀化市林科所、湖南省森林植物园	钟凤娥、唐娟、蒋利媛等

（续）

品种权号	品种名称*	品种权人	培育人
20210129	南湘骄	湖南省林业科学院	王湘南、陈永忠、王瑞等
20210130	南湘珍	湖南省林业科学院	王湘南、陈永忠、王瑞等
20210571	粤桂明珠	棕榈生态城镇发展股份有限公司、广东省农业科学院环境园艺所等	刘信凯、孙映波、高继银等
20210572	夏日红霞	棕榈生态城镇发展股份有限公司等	钟乃盛、刘信凯、黎艳玲等
20210573	夏蝶群舞	棕榈生态城镇发展股份有限公司、广东省农科院环境园艺所等	赵强民、孙映波、黎艳玲
20210593	云上紫魁	云南省农业科学院花卉所	蔡艳飞、黄文仲、王继华等
20210732	云上妃	云南省农业科学院花卉所	蔡艳飞、李树发、王继华等
20220156	宝钧夏风	龙岩市花木南园艺有限公司	张陈环、游鸣飞、王大庄
20220157	春晓	龙岩市花木南园艺有限公司	张陈环、游鸣飞、王大庄
20220158	春香	福建省龙岩市秀峰茶花有限公司	张陈环、张森行、游鸣飞等
20220159	大庄秋香	福建省龙岩市秀峰茶花有限公司	张陈环、游鸣飞、王大庄
20220160	秀峰一号	福建省龙岩市秀峰茶花有限公司	张陈环、张寿丰、段明霞
20220546	云上曦	云南省农业科学院花卉所	蔡艳飞、李树发、王继华等
20230002	义臣	广西林科院	陈国臣、马锦林、曾祥艳等
20230009	义丹	广西林科院	马锦林、陈国臣、叶航等
20230010	义禄	广西林科院	马锦林、陈国臣、叶航等
20230011	鸿林	广西林科院	马锦林、叶航、梁国校等
20230012	鸿果	广西林科院	叶航、陈国臣、江泽鹏等
20230013	夏思	广西林科院	夏莹莹、叶航、廖健明等
20230059	粉娇	怀化市林科所、湖南省植物园	唐娟、蒋利媛、张凌宏等
20230060	妍丽	怀化市林科所、湖南省植物园	袁春、颜立红、张凌宏等
20230074	增彩	广州市增城区林业和园林科学研究所、中国林科院亚林所等	朱政财、李纪元、高继银等
20230076	乔之千金	广州棕科园艺开发有限公司、中国林科院亚林所等	钟乃盛、李纪元、叶土生等
20230077	欢乐聚会	广州棕科园艺开发有限公司、中国林科院亚林所等	赵强民、李纪元、黎艳玲等
20230078	帕特之乐	广州棕科园艺开发有限公司、中国林科院亚林所	刘信凯、李纪元、叶琦君等
20230219	阳春白雪	江西省林业科学院	温强、刘丽婷、李田等
20230227	金滇缘	中国科学院昆明植物所	沈云光、夏丽芳、冯宝钧等
20230303	粉增秀	棕榈生态城镇发展股份有限公司等	钟乃盛、赵强民、叶土生等
20230304	豪爽	棕榈生态城镇发展股份有限公司等	黎艳玲、叶琦君、赵珊珊等
20230305	揽月阁	棕榈生态城镇发展股份有限公司等	赵强民、吴桂昌、黎艳玲等
20230306	玉粉楼	棕榈生态城镇发展股份有限公司等	刘信凯、高继银、钟乃盛等
20230364	嫣红	宁波大学、宁波植物园	倪穗、陈越、周建得等
20230365	晕染	宁波大学、宁波植物园	倪穗、陈越、周建得等
20230583	叠翠流金	江西省林业科学院	温强、刘丽婷、高伟等

注：*本栏品种名称不加单引号

（程金水　刘青林）

思考题

1. 试列出我国特有茶花种类及其优缺点。这些特有种对茶花育种有何贡献?
2. 当前国际山茶育种的主攻目标是什么?山茶花、云南山茶、茶梅等不同类群的育种目标有何异同?
3. 各种育种目标的遗传规律有所不同,能否根据遗传规律,对育种目标(性状)进行适当的归类?
4. 试述山茶杂色花形成的机制及其遗传规律。
5. 如何根据不同的育种目标,选择有针对性的、有效的、高效的育种方法?
6. 在茶花杂交中如何提高杂交成功率,如何加快选育茶花新品种?
7. 近年来束花茶花和四季茶花比较流行,请分析这些类群的性状特点及其可能的遗传规律。
8. 茶花有盆栽和园林地栽等不同用途,其中生产上各有什么问题,如何从育种角度加以解决?

推荐阅读书目

云南山茶花. 1981. 冯国楣,夏丽芳,朱象鸿. 云南人民出版社.
山茶属植物主要原种彩色图谱. 2005. 高继银,杜跃强. 浙江科学技术出版社.
中国茶花图鉴. 2014. 管开云,李纪元,王仲朗. 浙江科学技术出版社.
四季茶花杂交新品种彩色图集(第1、第2部). 2016, 2023. 刘信凯,钟乃盛,柯欢等. 浙江科学技术出版社.
山茶. 2009. 沈荫椿. 中国林业出版社.
山茶花. 2003. 夏丽芳. 中国建筑工业出版社.
 The Illustrated Encyclopedia of Camellias. 1998. Macoboy S. Timber Press.
Camellias. 2014. Mikolajski A. Southwater.
日本ツバギ.サザンカ名鉴. 1998. 日本ツバギ协会. 成文堂新光社.

第36章 桂花育种

[**本章提要**] 虽有日香桂、四季桂,但桂花仍是我国十大名花中唯一秋季开花的花木。四季常绿、花香怡人,花期较长,着花繁密,满树金黄,非常壮观。不仅可用作观赏,还广泛用作食品。本章从种质资源、育种目标、引种与选种、杂交育种与嫁接、利用生物技术选育新品种、良种繁育6个方面,介绍了桂花育种的理论和技术。

桂花（*Osmanthus fragrans*）属木樨科木樨属,染色体基数 $x=23$。常绿灌木或小乔木。树形端庄,冠幅阔大;分枝性强且分枝点低。芽为鳞芽,多2~4个叠生。叶对生,革质。花小,密集簇生于叶腋。桂花为短日照秋季开花的树种,花多开于9~10月,通常分前后二次开放,相隔约2周,素有"独占三秋压群芳"之美誉;花开时,香气浓郁;花色因品种而异,有浅黄白、黄、橙黄和橙红等色。桂花是园林中绿化、美化、香化的重要树种,也是我国十大名花之一,深得人们喜爱。此外,桂花又为香料与食品工业的重要原料,用桂花提取的香精、浸膏是制造香皂、香水等化妆品的配料;花、果、根等还可药用,具多方面的经济价值。

桂花原产于我国西南横断山脉地区,在印度、尼泊尔及柬埔寨也有分布。目前在我国四川、云南、广东、广西、湖北、湖南等省份均有野生分布,淮河流域至黄河下游以南各地普遍栽培。桂花在日本及印度均有栽培,英国也于18世纪70年代由我国引种栽培,此后欧洲一些国家相继引种。

桂花在我国栽培历史悠久,早在2000多年前春秋战国时期的《山海经》《楚辞》就有关于桂花的记述;秦汉时也有关于桂花品种的记载;唐宋时种植桂花已成为上层社会的一种时尚，唐代《平泉山居草本记》已记载花色不同的5个桂花类型；明代李时珍《本草纲目》已记载有'金桂''银桂''丹桂''四季桂'等类型。到了现代，桂花已在我国南方地区广为栽培，为苏州、桂林等多个城市的市花，每年举办桂花节等相关综合活动，桂花品种丰富多样，在江苏苏州、南京，湖北咸宁，广西桂林，浙江杭州，四川成都等地形成了较大规模的传统桂花生产基地，桂花产业兴旺发达。

桂花宜生于温暖的亚热带地区，喜温暖湿润气候和深厚肥沃的微酸性土壤；不耐水渍和盐碱土；喜光，不耐寒。桂花树体强健，树龄可达千年以上。

36.1 种质资源

36.1.1 近缘种及资源特点

桂花为木樨属植物，该属植物全世界约有27种，我国约有22种，占世界总种数的81.4%，中国为本属的现代分布中心，资源丰富。从地理分布来看，除美丽木樨（*O. decorus*）分布于西亚高加索山脉地区之外，其余物种均在东亚地区，从青藏高原东麓的横断山脉地区延伸至华东、华南地区，最终达到朝鲜半岛以及日本。

该属植物种类多，应用潜力很大。花均具芳香，为著名的芳香植物，很多种类可直接应用于园林，有的种类为很好的育种原始材料。从它们的形态特征看，有多种类型（表36-1）。从花期看，美丽木樨、野桂花、短丝木樨、香花木樨以及山桂花在早春（3~5月）开花；属内大部分物种如桂花、宁波木樨、柊树等种类的花期为秋天（9~10月）开花。花色方面，以白色花者占据主导地位，其次是黄色，部分品种为橙红至深红色。花冠形态基本是管状花，但花冠管长度、直径及花冠顶端裂片长度，不同种的变化较大。管花木樨组的香花木樨、山桂花花冠管长达6~10mm，顶端裂片也长达4~6mm，在木樨属中为最大的花；而云南木樨、短丝木樨花冠裂片几达基部；桂花、蒙自木樨花冠管极短。大多数种类花冠长约为3~5mm，裂片与管多为等长。

表36-1 木樨属植物主要形态性状

序号	中文名	学名	株形	花色	花期（月）
1	毛柄木樨	*O. pubipedicellatus*	灌木	白色	9
2	红柄木樨	*O. armatus*	灌木、乔木	白色	9~10
3	毛木樨	*O. venosus*	灌木、小乔木	白色	8~9
4	宁波木樨	*O. cooperi*	灌木、小乔木	白色	9~10
5	狭叶木樨	*O. attenuatus*	灌木	白色	9
6	坛花木樨	*O. urceolatus*	灌木	白色	10
7	柊树	*O. heterophyllus*	灌木、小乔木	白色	11~12
8	齿叶木樨	*O. fortunei*	灌木、小乔木	白色	9~10
9	蒙自木樨	*O. henryi*	灌木、小乔木	白或淡黄	10~11
10	尾叶木樨	*O. caudatifolius*	乔木	白色	11
11	云南木樨	*O. yunnanensis*	乔木、灌木	黄白	4~5

（续）

序号	中文名	学名	株形	花色	花期（月）
12	短丝木樨	O. serrulatus	灌木、小乔木	白色	4~5
13	无脉木樨	O. enervius	小乔木	花色未见	10
14	细脉木樨	O. gracilinervis	小乔木、灌木	白色	9~10
15	锐叶木樨	O. lanceolatus	小乔木、灌木	白色	10
16	网脉木樨	O. reticulatus	灌木、小乔木	白色	10~11
17	显脉木樨	O. hainanensis	灌木、小乔木	白色	10~11
18	桂花	O. fragrans	灌木、小乔木	黄白-红	9~10
19	石山桂花	O. fordii	灌木	淡黄色	9~10
20	香花木樨	O. suavis	灌木、小乔木	白或奶白	4~5
21	山桂花	O. delavayi	灌木	白色	4~5
22	双瓣木樨	O. didymopetalus	乔木	白-奶白	9~10

木樨属植物均常绿，但有的为乔木，有的为灌木，如山桂花与石山桂花均为高约2m的矮小灌木，而大的乔木种如云南木樨等，高达15~20m。叶片大小形态也有很大变化，如山桂花叶极小，长仅1~2.5cm，宽1~1.5cm；大者如厚边木樨、牛矢果等，叶长8~15（19）cm，宽2.5~4.5cm。叶形有的为披针形，如狭叶木樨、尾叶木樨等，宁波木樨等为椭圆形或倒卵形。叶缘多为全缘，但柊树、齿叶木樨、山桂花等叶缘具锯齿。此外，叶片颜色、质地、毛被状况、网脉、花序、花期等许多性状在不同种类上也表现出一定变异。

36.1.2　品种资源及特点

桂花作为木樨属内栽培历史最为悠久的物种，其种内变异较多，品种丰富。秦汉时《尔雅》就已记载了桂花花色的几种类型，"梭木桂树也，一名木樨，花淡白；其淡红者谓之丹桂，黄花者能著导，丛生岩岑间"。到了明代，李时珍《本草纲目》则记有'银桂''金桂''丹桂'，还观察到花期有"秋花者，春花者，四季花者，逐月花者"等形态，清代陈溴子《花镜》则命名了'四季桂'与'月月桂'的品种名。到了现代，桂花在园林中应用相当广泛，选育出的品种类型也很多。由于桂花种内存在天然杂交，加之栽培环境的影响，使桂花种内形态变异非常丰富。近年来很多学者根据花期、花色和叶片颜色等提出了各自的品种分类系统，例如南京林业大学向其柏于2008年在广泛采样和分析的基础上对桂花品种进行了系统和全面的分类学研究，提出了以"花色""花序结构"以及"花期"等重要形态特征为分类学依据的4个主要品种群，从而为后续的桂花品种资源的开发与利用奠定了坚实的研究基础。2004年12月，国际园艺协会（ISHS）正式授予了南京林业大学桂花研究中心主任向其柏为木樨属栽培植物品种国际登录权威；世界首个桂花品种基因库也在浙江临安横畈镇落户。这些都为我国桂花育种的相关工作提供了新的机遇。之后随着育种的进展，又增加了彩叶桂品种群。

至此，桂花品种资源具有5大品种群成为业界的共识。具体介绍如下：

①四季桂品种群（Osmanthus Asiaticus Group）　植株较低矮，常为丛生灌木状。叶显著

二型，春叶较宽，近于全缘，先端常突尖；秋叶狭窄，多有锯齿，先端渐尖。花序顶生或（及）腋生，二型，一为具有花梗（花序梗）的葶状花序或近圆锥状，多见于冬季和春季花期；二为无总梗的簇生聚伞花序，主要见于秋季花期。花期长，以春季和秋季为盛花期。

②银桂品种群（*Osmanthus* Albus Group） 植株较高大，多为中小乔木。花序腋生，为簇生聚伞花序，无总梗。花期集中于秋季8~11月。花色较浅，呈银白、乳白、绿白、乳黄、黄白色等，都多少含有白、绿的色质。

③金桂品种群（*Osmanthus* Luteus Group） 植株较高大，多为中小乔木。花序腋生，为簇生聚伞花序，无总梗。花期集中于秋季8~11月。花色为淡黄色、金黄色至深黄色。

④丹桂品种群（*Osmanthus* Auranticus Group） 植株较高大，多为中小乔木。花序腋生，为簇生聚伞花序，无总梗。花期集中于秋季8~11月。花色较深，呈浅橙黄色。

⑤彩叶桂品种群（*Osmanthus* Color Group） 叶色为彩色或复色，具有鲜明的色彩变异，并可保持全年或半年以上，具有较高的观赏价值。

36.1.3 品种多样性

随着育种技术的快速发展，我国现有桂花品种200余个，分属于5个品种群。2013—2023年国家林业和草原局授予桂花类新品种权共计70余项，仅彩叶桂品种群新品种就达40余个。这些品种体现了桂花物种在植株、叶片、花和果实等形态特征上的丰富性和多样性，也表明桂花品种选育的巨大发展空间。

（1）花色

桂花花色受遗传和环境等多因素的影响，表现出从纯白到米色，从柠檬黄到金黄，从浅澄到大红系列的色彩变化，如纯白色的'梅园白'，淡黄色的'早黄'，黄金色的'大花金桂'，浅红色的'苏州浅橙'，以及著名的大红色品种'状元红'和'朱砂'桂等，近年来选育的新品种'胭脂红'更是具有迷人的胭脂粉红色，也有具浅紫色和血清色的变异发现。研究表明，类胡萝卜素裂解酶基因（*OfCCD*）和番茄红素合成酶基因（*OfPSY*）等类胡萝卜素合成通路相关的基因，以及花青素合成途径中的苯丙氨酸解氨酶（*OfPAL*）、查耳酮合成酶（*OfCHS*）、查耳酮异构酶（*OfCHI*）等基因对花色的形成起着重要的调节作用。因此，桂花花色创新育种的潜力十分巨大。

（2）花期

桂花品种的花期主要有秋季开花与四季开花两种类型。大部分品种秋季开花，每一单株秋季开花1~3次，累计开花时间12~15d；此类花期仍有早、中、晚之分，花期较早者如'早银'桂'早黄''早金'桂等，于8月中下旬至9月下旬开花；而'晚银'桂'晚金'桂等花期为10月上中旬。四季开花的品种为四季桂品种群，花期集中在秋季，其他季节陆续开花，花量较秋季为少，累计开花时间每年150~200d，多为灌木状，如'大叶四季'桂、'小叶四季'桂、'月月'桂、'日香'桂、'佛顶珠'等常见品种。

（3）花香

桂花花香为甜清香型，但不同品种、类型的桂花香型仍有不同，香气成分及含量均有一定变化。研究表明，桂花不同品种香气由30余种成分构成，包括β-紫罗兰酮、罗勒烯和芳樟醇及其氧化物。萜类合酶基因（*OfTPS*）、*OfWRKY*和*OfMYB*等转录因子与主要成分芳樟醇的香气合成积累密切相关。深度探索花香在产业上的应用还需进一步加强。

（4）结实性

桂花属于少见的雄全异株繁育系统，在桂花自然居群中，两性花和雄花共存。在品种资源中，多数为雌蕊败育的不结实类型，也有部分品种雌、雄蕊正常发育，能正常结实，如'籽银'桂和'月月'桂等，大部分品种都是不结实品种。

（5）花径

桂花总体上属于小花类型，部分品种花径较大，如'大花丹'桂、'大花金'桂等品种，四季桂品种群里的'天香台阁'由于具有台阁特征，属于较大的花型，花径可达8~11mm，而小花品种花径多为5~7mm。

此外，不同品种的花序也存在一定变化，金桂、银桂、丹桂品种群是稳定的单一花序，即聚伞花序植物；而四季桂品种群，既有聚伞花序，也有圆锥花序等。

（6）营养器官

桂花叶形、叶片大小、质地、色泽、网脉状况、叶缘形态、株型等都存在一定变异。以这些性状命名的品种也有很多。如'大叶金'桂、'小叶金'桂、'柳叶'桂、'硬叶丹'桂、'软叶丹'桂等。彩叶桂品种群更是以多种多样的叶色变化为其关键识别特征。

（7）抗逆性

毕绘蟾等（1996）对桂花的抗冻性进行了研究，种内不同单株抗低温能力表现出明显的差异。韩瑞超（2011）研究发现，桂花品种耐寒性与品种群的分化并无显著的相关性，每个品种群中都存在耐寒性强或者弱的品种，这可能是由于品种群的地域性不强导致。有试验数据（尤杨 等，2018，2020，2021）表明桂花品种'状元红'的最低生长温度不能小于-10℃，当低于该温度时，叶肉细胞发生了质壁分离并且伴随着部分细胞的破碎现象；另外，一些品种（如'万点金'）的生长温度不能低于-5℃，一旦低于该温度则会出现细胞内部结冰以及结构变形的不可逆伤害。光照方面，王定跃等（2012）研究发现4个桂花品种（'日香'桂、'小叶佛顶珠'、'晚银'桂、'万点金'）在夏季存在明显的光合"午休"现象，而在冬季则不存在这一现象。目前来看，桂花品种的光合产量与一些生理生态因素，如胞间CO_2浓度、气孔导度、饱和蒸汽压亏缺等关系较为密切。以上研究均为增强桂花品种的抗性提供了宝贵的参考资料。

结合种间以及种下的变异特征可看出，种间与种内性状变异较大，有很多性状为育种可利用的性状。桂花及其近缘种间的主要形态差异是可遗传的差异，也只有这些可遗传的性状才能为育种所利用。桂花种内的形态差异，有的是品种间的，有的是单株内变异，应加以区分。此外，种内形态性状的差异有哪些是可遗传的，哪些为环境等因子综合作用的结果，育种者必须注意和区分。否则在育种中就会事倍功半，浪费人力物力。

36.1.4 品种分化

据吴光洪等（2004）研究表明，在长期的进化过程中，桂花的花序、性别、花梗的长度及花色等性状均有一系列的变化。如桂花的花序中仅四季桂类的花序有总梗现象，其余花均呈簇生，无总梗。资料表明（段一凡 等，2019），桂花仅有两性花和雄性花两种类型的花，且两性花和雄性花异株，属于典型的雄全异株（androdioecy）特征。两性花的桂花能正常结实，繁殖后代，是自然选择的结果。通常野生桂花均具有正常的结实能力。而现在大量栽培的多为单性雄花的桂花，本身没有繁殖后代的能力，只能通过无性繁殖（如扦插和嫁接）的方法才能保存下来。从花色来看，野生桂花和四季桂品种群的花色均为白色或淡黄色，推测黄色和橙红色花的金桂和丹桂品种群有可能属于人为选择的结果。这些研究结果都为育种提供了可能的方向。

36.2 育种目标

桂花虽为优良的园林树种，但往往花期比较短促，一般仅能维持1~2周；花小，花型相对单一。目前，利用丰富的种质资源及各种育种手段与方法，桂花育种目标集中在品质和抗性方面。

36.2.1 提高观赏品质

①丰富花色　桂花经过长期的栽培选育，颜色多以白、黄、橙为主，缺乏奇异和复色类型，桂花的花色育种将是一个长期且艰巨的任务。

②延长花期　除四季桂外，其他桂花品种的花期一般在9月中下旬或10月上旬，且花期十分短暂。可利用木樨属丰富的种间资源，多选育单株花期较长的品种以及早花、晚花品种，以延长观赏时间，同时提高商品价值。

③矮化株型　桂花是中小乔木（同时也存在少量丛生灌木状品种），大量运用在室外园林中。多培育矮化或丛生株型的桂花品种，可扩大桂花的应用范围。

36.2.2 增强抗逆性

桂花属于常绿树种，宜生于温暖的亚热带地区，喜温暖湿润气候和深厚肥沃的微酸性土壤；不耐水渍和盐碱土；喜光，不耐寒。可根据品种间对低温适应性的差异，有针对性地逐步开展耐寒品种的选育，真正实现桂花南种北移。

36.3 引种与选种

36.3.1 逐步完善种质资源收集与整理

我国桂花种内及其近缘种种质资源丰富，全国范围内种质资源的调查与收集，全面的形态及园艺性状的评价正逐步进行。如何高效利用不同水平的遗传学评价与鉴定，有针对性地开展有利于桂花市场需求的新品种是选育的当务之急。

36.3.2 引种

引种是最简单的丰富园林植物种类的方法。木樨属野生资源，除了桂花等少量种类在园林中得到应用外，其他很多种类仍自生自灭于山野之中。因此在保护野生资源的前提下，需及时大力开展木樨属野生种及桂花种内不同种源与区域的植物引种，特别是一些生境特殊地区的种源，往往存在某些抗逆性的种质，应加以格外重视。

36.3.3 实生选种

桂花易发生天然杂交，在实生繁殖的条件下，个体变异比较复杂。所以有计划地从野生群体和结实品种中采种育苗，从实生苗中选择优良变异类型，从而育成新品种，这是目前应用较为普遍的选育新品种的方法，现有的很多新品种均由此法选育而来。采种时应注意从遗传多样性高的地区和从尽量多的不同地域进行采种。这种选育方法花费时间较长。在幼苗期进行选择时，除了淘汰劣株、病株外，不要轻易淘汰幼苗，一般应经多年观测；若选择花的变异类型，则应持续到花期再进行选种。

36.4 杂交育种与嫁接

36.4.1 杂交育种

杂交是获得桂花新品种的一个重要途径，桂花近缘种变异丰富，分布地区甚宽广，应大力开展远缘杂交以获取新优类型。其中齿叶木樨就为桂花与柊树的杂交种，形态也介于二者之间。桂花种内存在天然杂交，目前多利用天然杂交的种子选育优良类型，进行种内人工近缘杂交时应注意选择含有目标性状的父、母本进行杂交。进行人工杂交时，有的桂花品种不能结实，育种者选择母本时须注意；此外，木樨属植物花小，操作时应注意及时去雄与套袋。对于花期不一的父、母本，可收集花粉后进行短时低温贮藏，或利用光温调控使植株花期一致。杂交所获种子及时采集，一般须贮藏数月以利后熟，然后播种。对杂种苗的选择，那些幼年期可表现出来的性状可进行早期选择；否则必须逐年观察选择，这样花费人力、物力较大，因此如何能在苗期就预测出成年树的优劣，是一个待解决的问题。对中选的优良单株应繁殖成无性系，然后与对照品种一起栽植，进入观察、比较、选择、鉴定等一系列育种过程。

36.4.2 嫁接在育种上的应用

嫁接是一个无性杂交的过程。嫁接后，保持砧木枝叶，减少接穗枝叶，这样就有可能通过接穗和砧木间的相互影响，使接穗或砧木产生变异。特别是在有性远缘杂交常有杂交不孕或杂种不育的情况下，如果事先将两个亲本进行嫁接，使双方生理上互相接近，然后再授粉杂交，常能成功。现在常用的桂花嫁接砧木主要有女贞（*Ligustrum lucidum*）、小叶女贞（*L. quihoui*）、小蜡（*L. sinense*）、水蜡（*L. obtusifolium*）、流苏树（*Chionanthus retusus*）等树种，均为木樨属以外的树种，这为桂花的属间杂交提供了某种可能。

36.5 利用生物技术选育新品种

桂花易于天然杂交，故遗传性非常混杂，这样人工杂交难以获得具明显杂种优势的后代。因此可培育自交系进行杂交以获取优良杂种。但桂花为木本植物，用常规方法获得自交系相当困难。应用花药、花粉离体培养获得单倍体植株，再将单倍体植株人工加倍使之成为纯合的二倍体，就能获得稳定的自交系。此外，在花粉离体培养过程中，可结合诱导变异，然后加倍，即可能获得稳定的新优类型。

利用分子标记辅助育种手段有望加快育种进程。近年来一系列分子标记的发展与完善，如全基因组以及重测序、等位酶、RFLP、RAPD、AFLP等。利用这些方法可对某些性状进行标记与定位。在杂交育种中，幼苗期即可利用这些分子标记，检测某些性状在子代中是否已存在或表达，从而大大节省子代检测所需年限。

桂花花径大小、花色等性状的变异幅度相对来说仍然有限。近几十年转基因技术的日益成熟与完善，为获得桂花的崭新品种提供了一种新的思路；特别是近年来控制花色的相关基因及其序列，抗寒、抗旱相关的基因及其序列的成功克隆，其他植物转基因植株的获得等，都预示着获得大花、具崭新花色、抗逆性强或具其他优良性状的新的桂花类型与品种已为时不远，这也是桂花育种者今后努力的方向。

另外，航空航天育种技术也是可利用的重要育种途径。

36.6　良种繁育

桂花的繁殖可采用扦插、嫁接、压条或播种等法。扦插多用嫩枝扦插，于6月中旬至8月下旬进行，扦插后及时遮阴，可提高成活率。嫁接多行靠接与切接，砧木多用女贞、小叶女贞、小蜡、水蜡、流苏树等树种。播种繁殖一般应于4~5月果熟时采集果实，清除果肉，混沙贮藏至少半年，使种子后熟，然后秋播或翌春播。

（陈龙清　王贤荣　李涌福　张成）

思考题

1. 木樨属约有30种，中国产23种（含桂花）。桂花有何特点使其能够被誉为十大名花？
2. 木樨属除了桂花，还有哪些常见栽培种？它们对桂花育种有何贡献？
3. 试析各个育种目标的遗传规律。
4. 木本园林植物的育种周期很长，根据不同的目标，针对性地选择有效的育种方法尤为重要。试述其详。
5. 请以桂花为例，简述木樨科（属）不同属种之间嫁接的亲和性。并说明嫁接如何育种。
6. 木樨科种间的嫁接亲和性与杂交亲和性有关联吗？
7. 请从国家林业和草原局近期授权的桂花新品种中（https://www.forestry.gov.cn/c/www/gsgg/540676.jhtml），分析桂花育种的趋势，并结合生产实践加以评述。

推荐阅读书目

中国桂花品种图志. 2008. 向其柏, 刘玉莲. 浙江科学技术出版社.

中国桂花（第2版）. 2019. 杨康民. 中国林业出版社.

第37章 玉兰育种

[**本章提要**] 玉兰树形高达，先花后叶、洁白如玉、香馨似兰，故名玉兰，位居"玉堂富贵"之首，文人百姓，皆大欢喜。本章从种质资源、育种目标及主要性状遗传规律、引种选育与杂交育种、育种现状及进展、品种登录与保护5个方面，论述了玉兰育种的原理与技术。

中国栽培玉兰属（*Magnolia*）植物历史悠久，已逾2500年。在唐代，玉兰（*M. denudata*）和紫玉兰（*M. liliflora*）（618—907年）传至日本，1780年又被引至英国。法国人Etienne Soulange-Bodin于1820—1840年在他的园子里将玉兰作为母本与父本紫玉兰进行人工杂交，培育出二乔玉兰（*Magnolia* × *soulangeana*），后于1827年或1828年引至英国园林，许多二乔玉兰品种被培育出来并命名。后在欧美各国广泛栽培，成为世界性的名贵花卉（中国农学会遗传资源学会，1994）。

37.1 种质资源

木兰属（*Magnolia*）有90余种，自然分布于亚洲东南部、北美洲东南部、美洲中部及大小安的列斯群岛。我国有40多种，产于西南部、秦岭以南至华东和东北。欧洲各国分布的木兰属植物应是栽培分布区。木兰属分玉兰亚属（Subgen. *Yulania*）和木兰亚属（Subgen. *Magnolia*）（郑万钧，1983；刘玉壶，1996；刘玉壶，2004）。

37.1.1　木兰亚属和玉兰亚属等的杂交亲和性

越来越多的证据显示玉兰亚属、木兰亚属两亚属之间的亲缘关系较远。木兰亚属花粉粒通常较大，变化多，覆盖层光滑，近似盖裂木属和木莲属；而玉兰亚属的花粉粒小，变化少，侧面观的形态及表面雕纹与含笑属类似。木兰亚属种子内中皮合点区为复合管的窝状，附属物发达呈板状，属较高的分化类群（张冰，2001）。在木兰科属内属间进行的常规人工杂交试验结果表明，木兰亚属与玉兰亚属除因花期错开而形成的天然生殖隔离外，人工杂交后不能结实或F_1花粉无活力；而在木兰科的其他属内无生殖隔离（龚洵 等，2001）。Filger（2000）通过野外生长及苗圃栽培的木兰亚属和含笑亚属植物的观察研究提出：玉兰亚属与含笑亚属均为预生分枝（prolepsis），即芽经过一段时间休眠方可萌发形成枝条的分枝习性；而木兰亚属中除天女花组（Sect. Oyama）外均为同生分枝（syllepsis），即芽不经过休眠即可形成枝条的分枝习性。这不仅提出了一个新的分类依据，也进一步说明玉兰亚属与含笑亚属的亲缘关系较其与木兰亚属更近（Figar R. B.，2000）。叶绿体DNA的RELP标记研究结果也显示玉兰亚属的6个种与含笑（*M. figo*）、盖裂木（*Talauma ovata*）形成一个单系类群，而与木兰亚属的几个种为姊妹类群（Qiu Y. L. Chase M. W. & Parks C.R. 1995）。叶绿体DNA序列分析也得出了同样结果（Azuma H. & Thien L. B.，2000）。Kim Sangtage 和Park Chong-Wook（2001）对木兰科99个种*ndhF*基因进行序列分析的结果表明，玉兰亚属的几个种形成一支，并与含笑属以及华盖木、拟单性木兰成为单系类群，显著区别于其他属树种，同时木兰亚属为一个多系类群（Ueda K. et al.，2000；Kim Sangtae & Park Chong-Wook.，2001）。傅大立（2001）提出玉兰亚属与木兰亚属为趋同演化的两个并系类群，建议恢复玉兰属（*Yulania*）。

通过木兰科29个种的*trnL-trnF*基因内含子的525个碱基序列及21个种的*trnL-trnF*基因间隔区的370个碱基序列测定和分析，构建的严格一致性树建议：①含笑属为相对一致的单系类群；②玉兰亚属的几个种形成一个单系类群，与木兰亚属的几个种无共衍位点；③木莲属为一个相对保守的类群，种间碱基差异很小。碱基位点差异分析表明，含笑和野含笑的*trnL*基因序列具2个位点的差异，结合形态学特征考虑，不支持David把两个种合并的处理（王亚玲 等，2003）。

由于木兰科植物分布范围广及美洲，亚洲的温带、亚热带和热带，存在较多的性状交叉和形态变异，在属的界限和种的确定上有较大的争议。形态解剖学和分子系统学研究成果表明，木莲属、含笑属均为相对一致的类群，而木兰属为一个多系起源的趋同演化的类群。其中含笑属与玉兰亚属的亲缘关系较近；木兰亚属有许多趋异和趋同演化类型，其种间系统发育关系不准确可能是导致木兰科属间界限不清的根源所在（王亚玲 等，2003）。

用常规人工杂交方法，王亚玲等在木兰科中进行了68个组合杂交试验。结果表明，花粉活力随种类不同有很大差异，人工授粉后结实率很高，小孢子败育不是木兰科植物自然结实率普遍低的主要原因。木兰亚属种间杂交均表现为亲和，含笑亚属有些种间杂交不亲和；属间杂交多不亲和，但红元宝二乔玉兰与金叶含笑和云南含笑的杂交完全亲和，结实率高达80%~100%，表明玉兰亚属和含笑亚属间有较近的亲缘关系。

37.1.2 玉兰亚属植物的形态、分布与繁殖特征

玉兰亚属植物为落叶乔木、小乔木或灌木树形挺拔，株形美观。花先于叶开放或花叶近同时开放；花繁且香，为优良的早春花木。花药内侧向开裂或侧向开裂；外轮与内轮花被片形态近相似，大小近相等或外轮花被片极退化成萼片状；花期一般为3~4月。栽培上多采用嫁接手段进行繁殖，也可用播种法，采收成熟种子，随采随播。

玉兰亚属的类群划分，其形态特征与RAPD聚类结果的不完全吻合，显示了栽培玉兰亚属类群复杂的遗传背景和丰富的种质资源现状，仅凭形态特征难以对其亲缘关系进行正确判断。如鹤山玉兰和美丽紫玉兰、华中木兰和黄山木兰、罗田玉兰和武当木兰、玉灯玉兰和蜡质玉兰，若依据花被片等性状来划分，应属不同的组，但RAPD聚类结果却表明它们的亲缘关系较近。RAPD聚类结果显示，栽培玉兰亚属基本分为两大类群即白玉兰类群（包括武当木兰和黄山木兰等）和望春玉兰类群（包括紫玉兰等）。考虑到紫玉兰和望春玉兰外部形态差异较大，可将紫玉兰从望春玉兰类群中分出来。二乔玉兰是玉兰亚属中第一个通过人工杂交育成的杂交种，栽培时间长，变异类型多，基因型复杂，因此也将其作为一个单独类群。栽培玉兰亚属植物可分为：①白玉兰类群，包括白玉兰、黄山木兰、武当木兰等种或其变异类型，如玉灯玉兰、蜡质玉兰、华中木兰、飞黄玉兰、鹤山玉兰、美丽紫玉兰、湖北白玉兰、多瓣玉兰、罗田玉兰；②紫玉兰类群，包括紫玉兰及其变异类型，如多瓣紫玉兰；③望春玉兰类群，包括望春玉兰等种或其变异类型，如伏牛山玉兰、紫望春玉兰；④二乔木兰类群，包括二乔木兰及其杂交种和变异类型，如红元宝玉兰。

根据玉兰亚属形态上的变异幅度，同时结合RAPD分子标记结果，王亚玲等人（2006）将玉兰亚属划分为美洲组（section *Tulipastrum*）和亚洲组（section *Yulania*）2个类群，再将亚洲组分为4个类群，即白玉兰亚组（subsect. *Yulania*）、武当木兰亚组（subsect. *Mutitepala*）、望春玉兰亚组（subsect. *Buergeri-a*）、黄山木兰亚组（subsect. *Cylindrica*）。

该亚属约有22个种，分布在北美洲的东部和亚洲的东南部的温带和暖温带。主要分布在中国，仅渐叶木兰（*M. acuminata*）一种分布于美国的东南部，日本辛夷（*M. kobus*）或 *M. praecocissima*，星花玉兰（*M. stellata*）或（*M. tomentosa*）、柳叶木兰（*M. salicifolia*）3种分布于日本。均为著名的观赏植物，在园林应用中有较长的栽培历史。

白玉兰、紫玉兰是该亚属中最著名的观赏种类。

①紫玉兰　产于陕西、湖北及四川海拔300~1600m的山坡、林缘。长江流域庭园中普遍栽植，暖温带亦有种植。在唐代传至日本，1790年从日本传到英国，现在欧美广泛栽培。紫玉兰可作为木兰科其他属种的砧木。紫玉兰约有近30个栽培品种，主要是在花的大小、花色的浓淡、株型上有差别，有多花型、矮化型、深红色、紫红色、锈红色、深紫色。

②望春玉兰（*Magnolia biondi*）　原产于陕西、河南西部、甘肃、湖北、四川东部海拔600~3300m的森林或开敞地。该种的花蕾是中药"辛夷"的正品。被用作木兰树种的砧木。其从温带到南亚热带均可生长。

③武当木兰（*Magnolia sprengeri*）（*Magnolia diva*）　原产于陕西及甘肃南部、河南西南部、湖北西部、四川东部及东北部海拔900~1950m的林地和灌木丛中。寿命很长，很多游览胜地、古刹庙宇保存的木兰古树都是本种，俗名旱莲。武当木兰栽培上以白玉兰、望春

玉兰或黄兰为砧木，进行枝接或芽接，成活率很高；在湖北有很多武当木兰分布，并有丰富的变异类型，如湖北白玉兰、紫红玉兰、椭蕾武当玉兰、无毛武当玉兰，分别在花色、叶形、花蕾形状、毛被多寡等性状上有很多变异。笔者在野外曾发现花瓣多至22瓣的多瓣类型。

④二乔玉兰　是Soulange-Bodin于1820—1840年将玉兰与紫玉兰杂交而成的。栽培时间久，品种繁多。杭州、广州及昆明等地有栽培。二乔玉兰约有20个栽培品种。以颜色分有红、桃红色、白色带红色；有9瓣的、有多瓣的；有矮化型、腋花型等。

⑤星花木兰（*Magnolia stellata*）（*Magnolia tomentosa*）　原产日本，分布区狭小。现在我国南京、上海、杭州等地均有栽培。星花木兰可以白玉兰、黄兰为砧木，其1年生嫁接苗即可开花。栽培品种近30个，花色从粉红色到纯白色，株形从小乔木到小灌木均有，都为多瓣类型。

⑥天目木兰（*Magnolia amoena*）　原产于浙江、安徽、江西、江苏海拔690~990m的林中。

⑦黄山木兰（*Magnolia cylindrical*）　分布于安徽、浙江、江西、湖北、福建等海拔600~1700m的亚热带山地疏林中。

⑧宝华玉兰（*Magnolia zenii*）　产江苏句容宝华山，生于海拔约220m的丘陵地。

⑨凹叶木兰（*Magnolia sargentiana*）　生于云南东北部、北部、四川中部、南部海拔1560~2250m。

⑩光叶木兰（*Magnolia dawsoniana*）　产于四川中部海拔1950~2250m的山地。光叶木兰实生苗开花需20年，嫁接苗开花要10年，向阳处花多。条件好可长成极大的灌木。

⑪滇藏木兰（*Magnolia campobellii*）　叶形大小、形状、毛被多寡、花色（白色到粉红色、大红色）多变化。从种子到开花需20~25年，嫁接可减至10~12年或5年（嫁接到二乔玉兰上）。

⑫日本辛夷（皱叶木兰）　原产于日本。日本辛夷以望春玉兰或黄兰为砧木，进行枝接或芽接，成活率很高。

37.1.3　木兰亚属植物的形态、分布与繁殖特征

木兰亚属的花药内向开裂，先出叶后开花；花被片近相似，外轮花被片不退化为萼片状；叶为落叶或常绿。

①荷花玉兰（*Magnolia grandiflora*）　常绿乔木。花大色白，直径可达20cm，形如荷花，有芳香。花期（4）5~9月。在美国，该种最北可以种在华盛顿州，但极端天气需要一些保护；在美国西海岸，也可生长。在中国南及广州、深圳，北到黄河流域都有栽培，在西安地区基本可安全越冬。现已在北京地区栽培，但遇极端低温部分枝条会受冻，在庭院内背风向阳处等小气候较暖区域生长正常。

②绢毛木兰（*Magnolia albosericea*）　常绿灌木或小乔木。外轮花被片无脉纹，花被片9枚，白色。花期4~5月。原产于海南海拔300~390m的山坡、溪旁、杂木林中。绢毛木兰叶色浓绿，花大芳香，是良好的木本花卉和园林风景树。繁殖用播种法，采成熟种子，随采随播。于夏季进行嫩枝扦插繁殖的成活率较高。

③香港木兰（*Magnolia championii*）　常绿灌木或小乔木。花梗长1~1.5cm；花被长

2~3cm，花被片9枚，外轮三枚淡绿色，其余纯白色；极芳香。花期5~6月。香港木兰树形优雅，花芳香。用播种繁殖法，采成熟种子，随采随播。

④夜香木兰（*Magnolia coco*）　常绿小乔木，或成灌木状。花梗弯垂，具3~4苞片痕；花球形，径3~4cm，夜间极香；花被片9枚，肉质，倒卵形，腹面凹，外轮3片带绿色，长约2cm，内2轮白色，长3~4cm。花期夏季。产于福建及广东，生于海拔600~900m的湿润肥沃土壤林下；在浙江、广东、广西及云南有栽培。越南有分布，现广泛栽植于亚洲东南部。为华南著名庭园观赏树种。

⑤山玉兰（*Magnolia delavayi*）　常绿乔木。花梗较细，短于7cm，花直立；花芳香，杯状，径15~20cm；花被片9~10枚，外轮3片淡绿色，长圆形，外卷，内2轮乳白色，倒卵状匙形，较大，内轮较窄。花期4~6月。产于云南、贵州及四川西南部，生于海拔1500~2800m的石灰岩山地阔叶林中或沟边坡地。山玉兰是珍贵庭园观赏树种，也是分布区内重要造林树种。在陕西南部，有引种作为盆栽的，春节前后开花。

⑥大叶玉兰（*Magnolia henryi*）　常绿小乔木。花梗粗壮，长约8cm，向下弯曲；花被片9~10（~12）枚，白色芳香，径5~10cm。花期4~5月。原产于云南南部、东南部及缅甸东北部、泰国南部、老挝北部，生长于海拔600~1500m的山地、丘陵沟谷地带。本种叶形奇大而浓绿，花大而芳香，是良好的热带城乡庭院观赏绿化树种。用播种法进行繁殖，采收成熟种子，随采随播。圃地需排水良好，苗期要遮阴。

⑦长叶木兰（*Magnolia paenetalauma*）　常绿灌木，有时为小乔木。花梗纤细，微弯，长1.5~3cm；花被片9枚，白色，夜间芳香。花期4~7月。原产于广西西南部和广东西部海拔420m的森林和灌木丛中，常靠近溪水边生长。长叶木兰树形优雅，叶色亮绿，花白芳香，可作为园林风景树。

⑧厚朴（*Magnolia officinalis*）　落叶乔木。花芳香，径10~15cm；花梗粗短，被长柔毛，离花被片下1cm处具苞片痕；花被片9~12（~17）枚，肉质，外轮3片淡绿色，长圆状倒卵形；花盛开时中内轮直立。花期5~6月。产于陕西南部、甘肃东南部、河南东南部、湖北、湖南西北部、广西、贵州及四川，生于海拔300~1500m的山地林中。广西北部及长江中下游地区有栽培。厚朴为叶大荫浓，花大美丽，可作园林绿化树种。

⑨凹叶厚朴（*Magnolia officinalis* subsp. *biloba*）　本亚种与原亚种的区别在于，叶先端凹缺，具2钝圆浅裂片，幼苗叶先端钝圆。花期4~5月。产于安徽、浙江西部、江西、福建、湖南南部、广东北部、广西北部及东北部，生于海拔300~1400m的林中。多栽培于山麓及村舍附近。

⑩西康玉兰（*Magnolia wilsonii*）　落叶小乔木或灌木状。花梗弯垂，被褐色长毛；花盛开时下垂，花叶同放，白色，芳香，初杯状，盛开时碟状，径10~12cm；花被片9（12）枚，膜质，外轮3片与内2轮近等大，宽匙形或倒卵形，长4~7.5cm。花期5~6月。产于云南北部、四川中部及西部、贵州，生于海拔1900~3300m的山地林中。树皮药用，称"川姜朴"，为厚朴代用品。

⑪长喙厚朴（*Magnolia rostrata*）　落叶乔木。花后放叶，芳香，径8~9cm；花被片9~12枚，外轮3片绿带粉红色，内面粉红色，长圆状椭圆形，长8~13cm，反卷，内2轮常4片，白色，直立，倒卵状匙形，长12~14cm，具爪。花期5~7月。产于云南西北部、西藏东南部，

生于海拔2100~3000m的山地阔叶林中。缅甸东北部也有分布。

⑫日本厚朴（*Magnolia hypoleuca*） 落叶乔木。花盛开时内轮花被片展开不直立，外轮花被片平展不反卷；奶白色，极芳香，径18~23cm；花被片（6）9~12，长10~12cm，宽4~5cm，外轮3片比内轮短，淡绿色，微粉色。花期6~7月。聚合果基部蓇葖沿果轴下延而基部尖花杯状。本种叶形奇大而浓绿，花大而芳香，是良好的热带城乡庭院园林绿化树种。原产于日本千岛群岛以南，生于海拔600~1680m的湿润密林中。现中国东北地区及青岛、北京、广州、洛阳、西昌等地有栽培。

⑬毛叶玉兰（*Magnolia globosa*） 落叶小乔木。花盛开时下垂或平展，花叶同放，乳黄白色，芳香，杯状，径6~7.6cm；花被片9（10）枚，大小形状相似，倒卵形或椭圆形，长4~7.5cm，先端圆。花期5~7月。产于云南、四川西部、西藏南部及东南部，生于海拔1900~3300m的山地林中。印度锡金东部、缅甸北部有分布。

⑭天女花（*Magnolia sieboldii*） 落叶小乔木或灌木。花盛开时稍弯垂；花杯状，白色芳香，径7~10cm；花被片9~12枚，倒卵形。花期5~6月。原产于辽宁、安徽、浙江、江西、广西北部以及朝鲜、日本南部。天女花单株花期可达6周。白花在红色雄蕊和绿叶的映衬下显得格外美丽，粉红色的果也具有极好的观赏效果。

37.1.4 新种或新类型在中国的陆续发现

在21世纪之交前后，随着调查的深入，木兰属植物很多新种或新类型陆续在中国深山里被发现，充分表明中国存在有比较丰富的木兰种质资源，本身即为非常好的观赏植物，同时也可作为培育优良品种的种质资源原始材料。如赵天榜、刘玉壶、丁宝章等人（1983，1984，1986）在河南发现有'全紫花'玉兰（*Magnolia liliflora* 'Quanzi'）、小蕾望春玉兰（*M. biondii* var. *parvialabastra*）、桃实望春玉兰（*M. biondii* var. *ovata*）、紫色望春玉兰（*M. biondii* var. *purpurea*）、宽被望春玉兰（*M. biondii* var. *latitepala*）、白花望春玉兰（*M. biondii* var. *alba*）、黄花望春玉兰（*M. biondii* var. *flava*）、椭圆叶河南玉兰（*M. ellipticlimba*）、腋花玉兰（*M. axilliflora*）、舞钢玉兰（*M. denudata* subsp. *wugangensis*）、塔形玉兰（*M. denudata* var. *pyramidalis*）、黄花玉兰（*M. denudata* var. *flava*）、白花武当木兰（*M. sprengeri* var. *elongata*）等。

37.2 育种目标及主要性状遗传规律

37.2.1 育种目标及前景

玉兰主要的育种目标如下：大花、花香、花期的持久性、所希望的花色和形状、多瓣性、生长习性、叶形、叶色、种子的数目和颜色、易繁殖性、适应性即抗逆性等。

美国许多玉兰爱好者梦想着拥有常绿，开粉色、紫色花的玉兰品种。他们用荷花玉兰和紫玉兰（*Magnolia liliflora*）、渐尖木兰（*Magnolia acuminata*）作为父母本，企图培育出目的品种，但没有成功（D. J. Callaway，1994）。前文木兰科系统学的研究表明木兰亚属和玉兰亚属杂交不亲和，人工杂交后不能结实或F_1无活力；从遗传逻辑上推断，以及编者目前了解的情况看，尚未成功。

我国分布的常绿小乔木山玉兰花色有白色、粉红色、淡黄色，甚至在栽培中也发现（汉中）同一植株上有两种花色，应加以充分利用。

矮生、小株型或慢生性木兰类型在美国的别墅区很流行。例如，用 *M. liliflora* 和 *M. kobus* var. *stellata* 杂交得到的 'Eight Little Girls' 'Ann' 'Betty' 'Jane' 'Judy' 'Pinkie' 'Randy' 'Ricki' 和 'Susan' 等。杨廷栋等（1993）培育出 '玉灯' 玉兰（*M. denudata* 'Lamp'）为矮生类型，具有推广前景。玉灯玉兰花蕾卵圆形，花被片纯白色，12~33（42）瓣，长7.5~8.5cm，宽3.0~4.5cm，将开时状如灯泡，盛开时如一朵洁白的莲花。

广玉兰（*M. grandiflora*）中不同冠型品种存在差异。'Hasse' 长圆柱形；'Little Gem' 和 'Bracken's Brown Beauty' 为浓密的金字塔形。*M. kobus* var. *loebneri* 的品种 'Merrill' 为直立树型。

胡挺进和彭春生从1990年开始广玉兰的引种和杂交试验，并成功获得狭叶广玉兰×紫二乔玉兰的杂种F_1代——'京' 玉兰，其外形酷似父本，唯花期继承了母本并有超显性现象，自3月底到9月初开花不断，花色暗紫，花蕾呈紫黑色，枝叶繁茂，这对改变北京夏季少花的现状有着重要意义。

王亚玲自1995年始通过人工杂交、物理化学诱变、自然变异选优，培育各类株型、各种花色的系列新优品种，同时将自主培育的木兰新品种，在中国、欧洲和美国申请品种权保护并进行市场推广，提升了中国木兰的国际影响力，创造了中国木兰的国际品牌。

玉兰品种的培育仍有很多工作可做。例如，可利用那些野生近缘植物种质资源，培育出不同花色、花型、不同株高、不同抗逆性的品种；同时也可利用野生的或半野生的变异单株或部位培育新品种，以丰富其品种多样性。

37.2.2 主要性状遗传规律

尽管木兰的杂交育种工作已逾百年，但对主要性状的遗传规律未见详细的研究，只能依据其他木本园林植物的遗传规律结合散见于文献的资料及经验，归纳出一些倾向和趋势。

（1）花型遗传

玉兰的花型分为两种，即外轮花被片花瓣状或萼片状，该性状是玉兰亚属分组的主要依据，但在栽培中，该性状显示了其不稳定的一面。如望春玉兰的变型河南玉兰的外轮花被片同时存在着花瓣状和萼片状两种类型，同时有11~12枚花被片的花型。另外，在嫁接繁殖 '红霞' 玉兰时，如果砧木用花被片内外同形的白玉兰，则 '红霞' 玉兰的花被片也内外同形；如果砧木用具萼片状外轮花被片的望春玉兰，则 '红霞' 玉兰的外轮花被片略短于内轮花被片，但不呈萼片状。但在自然界中，无论是花被片内外同形类型，如白玉兰、武当木兰、天目木兰等种类，还是外轮花被片萼片状的类型，如望春玉兰、黄山木兰等类型，其花型的遗传都很稳定。因此该性状可能是通过核基因的稳定遗传而控制的，但受砧木的部分影响。二乔玉兰（内外同形的白玉兰×外轮萼片状的紫玉兰）的外轮花被片多为花瓣状，说明内外同形可能是显性性状。

（2）花色遗传

木兰科是一个在进化上较为原始的类群，因此花色不太丰富。玉兰只有3种颜色，即白色、红色和黄色。不同花色杂交时，颜色深者是显性。即红色相对白色、粉红色、黄色是显性，如二乔玉兰（白玉兰×紫玉兰）花多为红色，*M.* 'Nigra'（星花玉兰×紫玉兰）花为红色。粉红色相对白色是显性，如白玉兰×凹叶木兰的变种 *M. sargentiana* var. *robusta* 后代是粉红色。黄色相对白色为显性，如渐叶木兰×白玉兰的后代（'黄鸟'玉兰）花为黄色。

玉兰的花色除跟遗传基因有关，还跟栽培环境和管理有关。一般来讲，在水肥条件好，光照条件好的环境下，花大色深。但在温度很高的酷暑季节，再次开花的玉兰种类的花小、色淡。

花色是玉兰属植物分类的重要依据，为了更加科学地界定玉兰花色，杜习武等（2021）采用分光测色仪对64个玉兰品种进行数量分类研究。通过聚类分析，结合ISCC-NBS色彩名称表示法，将花色分为6个色系（白色系、黄色系、黄绿色系、粉色系、红色系、紫色系），整理出不同色系表型参数分布范围，能够实现对玉兰花色的定量描述，为品种分类和鉴定提供参考。

（3）花径和重瓣性遗传

花径大小属于数量性状，易受环境影响。在栽培条件好的生境，玉兰的花大色艳；在逆境中，其花小色淡。

重瓣类型在适宜生境下，花的瓣数增多；而在生长不佳时，花瓣数会明显减少，从而影响花的大小。如玉灯玉兰，一般花瓣数为20枚左右，在肥水条件好的情况下，可达33~42瓣；而在较差的生长环境中，花瓣数降为12瓣。

玉兰的花基数多为9，也有多瓣类型，如武当木兰、凹叶木兰、光叶木兰、滇藏木兰等，这些种类的多瓣性状可以稳定遗传。但玉灯玉兰的多瓣性状是雄蕊瓣化的结果，所增加的新花瓣由外向内逐渐变小，有花瓣和雄蕊的过渡形式，所以对生境的变化较敏感。

（4）株形遗传

植物的乔灌之分，主要是顶端优势的作用。玉兰依分枝可分为乔木和灌木，依株高可分为乔化和矮化。一般来讲，乔化和矮化是数量性状，受环境的影响较大。在适宜条件下，生长迅速，表现为乔化；在不利条件下，表现为矮化。另外，株型还有紧凑型，如紫二乔玉兰；矮化型，如常春二乔、矮化玉灯玉兰。

37.3　引种选育与杂交育种

37.3.1　引种

玉兰属有约90种，主要分布于亚洲东南部温带及热带和北美洲东南部、美洲中部等地。有栽培品种800余个，类型多种多样。花色有白色、二乔色、紫色、红紫色、粉红色、黄色、绿色等。花形有碟碗状花、灯（梨）形、圆柱形、香蕉形、星形等。引种时，应利用不同产地、不同类型的分类群作为原材料，首先引种到圃地，或栽植到园地。

引种收集保护中国野生珍稀的玉兰属植物资源，能为中国乃至世界的园林绿地培育并筛选各类株型、各种花色的系列新优玉兰品种。通过对国内外木兰科栽培品种的引种、野外优良资源的收集、自主新品种的培育，建设木兰种质资源保存与示范基地；迁地保护野生珍稀的木兰资源，尤其是木兰落叶类群资源。如陕西省西安植物园木兰科植物的物种保存达4

个属63个种或变种（木兰属39个、木莲属4个、含笑属16个、拟单性木兰2个、鹅掌楸属2种），栽培品种269个，野生材料144个，共476个材料。采用经典分类学、分子生物学、解剖学、细胞生物学等手段对木兰科植物的系统分类、保护生物学相关内容进行了研究；探讨了木兰科植物景宁木兰、广东含笑、红花深山含笑等种类的种间系统地位、濒危种类的生存现状和濒危机理（王亚玲 等，2018）。

37.3.2 选育

在野生和栽培生境中，玉兰属植物都存有丰富的变异类型。在栽培中，这些变异类型可作为选育新品种的变异材料或种质资源，用无性繁殖（嫁接、压条）等手段保存下来，培育成优良品种进行推广。

长期的自然杂交使栽培白玉兰的遗传背景异常复杂，表现在实生苗分离幅度大，如在陕西省西安植物园同区栽培的白玉兰就有很多种不同的类型，像花蕾香蕉形、灯形、梨形或小蕾而香的类型；一些年份某些枝条成为腋花的多花类型；花型大的玉兰；具红色或绿色中脉的玉兰；多瓣的玉兰；宽被或窄被的玉兰等。

在望春玉兰（*M. biondii*）中也有类似的变异（赵天榜 等，1985，1992），如小蕾望春玉兰（*M. biondii* var. *parvialabastra*）、桃实望春玉兰（*M. biondii* var. *ovata*）、紫色望春玉兰（*M. biondii* var. *purpurea*）、宽被望春玉兰（*M. biondii* var. *latitepala*）、白花望春玉兰（*M. biondii* var. *alba*）、黄花望春玉兰（*M. biondii* var. *flava*）、腋花玉兰（*M. axilliflora*）、伏牛玉兰（*M. funiushanensis*）等。

这些变异反映了玉兰亚属植物一些共同的变异与演化方向。有些在变异幅度之内，称为可饰性变异；或有新种质的渗入；有些为芽变，可作为有用的变异种质培育新品种。这些变异类型在栽培条件下只要注意观察可能会遇到，可比较准确地定位观察、记录、繁殖一定数量并作为栽培品种分类处理。但对野外或半野生条件下出现的此类变异，在做分类群处理时应该慎重，不宜轻易定为种或变种，而作为培育新品种的种质材料可能较为妥当，这跟玉兰属植物种间自然杂交容易有关。对在圃地或园地的分类群进行观察、记载，建立档案。如发现某个单株或某个部位有特殊的性状或特殊变异，可用无性繁殖的办法把这些特殊性状或特殊变异保存和固定下来。

37.3.3 杂交育种

（1）花粉采收

在父本植株上收集花粉。首先确定花粉采收时期，观察判断花的成熟期。一般在露水干的正午收集花粉较好。仅采摘雄蕊或采整朵花。对整朵花去除花瓣，切除雌蕊，将雄蕊放于白纸上置于无风处。要记载整个采收过程，包括来源、名称、收集日期等相关信息。花粉散出后移走蕊体；小心将花粉倒入信封中，写上名称和花粉采集日期；信封放入密封性能好、有干燥剂的广口瓶中，在冰箱中可保存数月。

（2）授粉套袋

在选择好的母本植株上选几个花芽，须能够得着、2d后能开放的花芽，一般特征是花芽鳞片脱落到只剩一片。将花芽顶部切除，留下0.5cm直径大小的洞。此时可看到雌蕊的柱头下弯。将装有花粉的信封打开，用干净的导管或笔刷涂匀即可。使柱头沾满花粉。用细绳或橡皮筋束住花芽口，防止其他花粉混入。然后绑上标签。几天后去除绑缚物，套上网袋，网袋套到采种为止。

（3）杂种果的采收与评价

果实完全成熟时进行采收，放于温暖、干燥的地方等到果实开裂。应将种子外表有颜色的皮去掉，之后放入冰箱中，温度保持在0.5~4℃。种子贮藏3~4个月后进行播种。等长至成熟植株时观察其特征，并进行评价。

（4）育种记录

育种过程要做好试验记录，包括直接参与杂交的亲本信息，杂交日期，杂交数目，成功率，结实率，种子的发芽率，杂交种的成苗率，杂种的描述，杂种不同植株的差异等。

37.4 育种现状及进展

37.4.1 美欧育种进展

美国育种者Todd Gresham在1909—1969年总共进行了15 500个杂交组合试验，其中，*M.* × *soulangiana*和*M.* × *veitchii*的杂交组合育成了'Crimson Stipple''Cup Cake''Darrell Dean''Delicatissima''ElisaOdenwald''Joe McDaniel''Leather Leaf''Manchu Fan''Mary Nell''Peter Smithers''Rouged Alabaater''Royal Flush''Spring Rite''Sulphur Cockatoo''Sweet Sixteen''Tina Durio'和'Todd Gresham'。另外一个重要的美国育种者为Philip J. Savage（1960开年始），他的很多品种为玉兰爱好者所青睐，如'Big Dude''Curly Head''Fireglow''Goldfinch''Helen Fogg''Yellow Lantern''Karl Flinck''Birgitta Flinck''Marj Gossler''Butterflies'等。美国国家树木园、布鲁克林植物园等机构（1930，1937，1954，1956，1962，1963，1967，1978）也培育出一系列观赏价值很高的木兰品种，如'Galaxy''Spectrum''Nigra''Elizabeth''Yellow Bird''Marillyn'等。新西兰的育种家们也培育了很好的品种，如'First Flush''Early Rose''Star Wars''Apollo''Milky Way''Mark Jury''Lotus'（图37-1）（Callaway D J.，1994）等。

以往欧美地区逾100个木兰属的杂交品种用于栽培。后经1997—1999年，2003年笔者经实际调查，知在欧美共有700余个木兰品种。

37.4.2 国内育种进展

我国目前的木兰品种经笔者初步研究，估计有百余个，主要是由西安、浙江、北京等地的育种者培育所得。如西安杨廷栋、崔铁成、王兵等人（1977年始，经刘玉壶先生为组长的鉴定小组1993年3月鉴定通过的）培育的'玉灯'玉兰*Yulania denudata* 'Lamp'（*Magnolia denudata*. var. *pyriformis*）、'香蕉'玉兰（*Yulania denudata* 'Banana'）、'红脉'玉兰（*Yulannia soulangeana* 'Red Nerve'）、'红霞'玉兰（*Yulannia* 'Hongxia'）、'紫霞'玉兰（*Yulannia* 'Zixia'）（*M.* 'Zixia'）、'火炬'玉兰（*Yulannia* 'Torch'）（*M.* 'Torch'）、'象牙'玉兰

图37-1 国外培育的玉兰新品种

A. *Magnolia acuminata* var. *subcordata* 心叶渐叶木兰　B. *Magnolia* 'Golden Gift' ×（*Acuminata* × *denudata*）'金色礼物'木兰
C. *Magnolia* × 'Yellow Bird' '黄鸟'玉兰　D. *Magnolia* × 'Betty' '贝缇'玉兰　E. *Magnolia* × *loebneri* 'Ballerina' '巴拉瑞纳'星花木兰　F. *Magnolia* 'Yellow Garland' kaka '伽蓝'木兰（*Acuminata* var. *subcordata* × Sawada's Cream heotepeta）
G. *Magnolia* 'Legend' × 'Butterflies' '传说×蝴蝶'木兰　H. *Magnolia* × *loebneri* 'Spring Snow' '春雪'星花玉兰
I. *Magnolia* 'Yellow Fever' '黄晕'木兰

（*Yulannia* 'Elephant Tusk'）（*M.* 'Elephant Tusk'）等（表37-1、图37-2）（杨廷栋 等，1993，1994，1996；王亚玲 等，1998；崔铁成 等，2006；费砚良 等，2008；崔铁成 等，2012）。浙江王飞罡培育的'常春'二乔玉兰（*Yulannia* × *soulangeana* 'Semperflorens'）、'红运'玉兰（*Yulannia* × *soulangeana* 'Hongyun'）、'红元宝'玉兰（*Yulannia* 'Red Ingot'）（*M.* 'Red Ingot'）、'飞黄'玉兰（*Yulannia* 'Feihuang'）（*M.* 'Feihuang'）等（表37-1、图37-3）（王飞罡，1986，2011）。胡挺进和彭春生从1990年开始广玉兰的引种和杂交试验，并成功获得狭叶广玉兰×紫二乔玉兰的杂种F_1——'京'玉兰，其外形酷似父本，唯花期继承了母本并有超显性现象，自3月底到9月初开花不断，花色暗紫，花蕾呈紫黑色，枝叶繁茂，这对改变北京夏季少花的现状有重要意义（胡挺进 等，2003）。

表 37-1　西安、浙江等地培育的玉兰品种

名　称	品种特征	育种者
'玉灯'玉兰（Y. denudata 'Lamp'）	为1982年从武汉栽培9瓣白玉兰萌芽条进行压条繁殖所得一株优良的变异类型（在母株上共压条34个）。其花几为纯白色，径10~15cm，花蕾卵圆形，将开时形如灯泡状，盛开时如一朵洁白的莲花。花被片12~42枚，长7.5~8.5cm，宽3.0~4.5cm；叶厚、浓绿、圆形或卵圆形，较大，长8.5~15.5cm，宽8.0~14.5cm。1993年通过鉴定。该品种被陈俊愉先生收录在《中国花经》，名为'长安玉灯'	杨廷栋、崔铁成、王兵
'香蕉'玉兰（Y. denudata 'Banana'）	花瓣白色，窄长，花被外基部有浅红晕，花蕾尖长，梢带弯钩；枝条顶叶紧抱花蕾，越冬残留不落，开花早其他玉兰品种5~10d，花苞形似剥皮的香蕉，有惟妙惟肖感。1993年鉴定通过	杨廷栋、崔铁成、王兵
'红脉'玉兰（Y. soulangeana 'Red Nerve'）	花瓣长卵状匙形，先端近圆形，白色，外基部紫红色，具几条辐射状红色脉纹，由瓣基直达瓣缘，观赏性极高，长10.5~12.0cm，宽4.55~5cm。其适应性强，生长快，花大芳香，耐移栽。1993年鉴定通过	杨廷栋、崔铁成、王兵
'红霞'玉兰（Y. 'Hongxia'）	落叶灌木。花繁且花期长，每年除4月为集中开花期外，从6月末可陆续开花至10月。花蕾卵形，花被片长椭圆形，长4~5.8cm，宽1.5~3.0cm，红色，二次花的颜色淡，花型小。该品种生长速度快，适应性强	杨廷栋、崔铁成、王兵
'紫霞'玉兰（Y. 'Zixia'）	落叶灌木。每年除4月为集中开花期外，7月可再次开花。花蕾长卵形，花被片长椭圆形，长4.5~7.5cm，宽1.0~2.5cm，桃红色。该品种适应性较强	杨廷栋、崔铁成、王兵
'火炬'玉兰（Y. 'Torch'）	花被片外紫红色，先端褶皱似火炬	杨廷栋、崔铁成、王兵
'象牙'玉兰（Y. 'Elephant Tusk'）	2001年在陕西省西安植物园观察到。落叶乔木。花被片象牙白色，每枚花被片卷曲呈半管状、直筒状，晶莹剔透。在西安地区3月中下旬开花	杨廷栋、崔铁成、王兵
'树旺'玉兰（Y. denudata 'Luxuriance'）	2001年在陕西省西安植物园观察到。2012年开始繁殖。将此品种命名为'树旺'玉兰，原因是以往一些玉兰品种的母株往往因遭受病虫害死亡，而此株母株至今在西安仍然长势旺盛，落叶比其他品种往往晚落叶1周或10d左右；落叶乔木。叶纸质，倒卵形，先端圆，平截或微缺，具短尖。花被片9，长椭圆形，先端突圆，直立，向内卷，白色，基部1/4淡紫红色，似有中脉	杨廷栋、崔铁成、王兵
'常春'二乔玉兰（Y. × soulangeana 'Semperflorens'）	二乔玉兰20世纪初传入我国，先后在上海、杭州、南京、苏州等地引种。上海黄家私人花园从日本引进一批二乔玉兰，其中有一株出现芽变新品种，从1965年始，每年花期与一般不同，除早春花开后，还能在6~12月陆续开花不断。浙江省嵊州市环保植物引种驯化场，从1978年始将此二乔玉兰新品种引种后，高枝嫁接在野生玉兰上，经三、四年反复试验，已有后代新苗，花期花色无变异，且适应性增强，比二乔玉兰更加抗寒、耐旱。嫁接在紫玉兰上试验，结果根系增多，更适宜盆栽。该品种因为每年三季开4次花，经北京林业大学陈俊愉教授初提议，命名'常春'二乔玉兰	王飞罡
'红运'玉兰（Y. × soulangeana 'Red Lucky'）	'红运'玉兰是从'常春'二乔玉兰里面选出来的新品种，取自'红运当头'之意。花瓣外呈红色，内为白色。叶片椭圆；原先每年只开1次花，选育出了自然芽变品种后，在南方一年能开3次花。由于其新梢长得不是很明显，在北方为一年开两次花，时间分别为6月上旬和7月上旬；其中第二次的花期较长，能够持续近2个月	王飞罡
'红元宝'玉兰（Y. 'Red Ingot'）	落叶灌木。该品种花色深于紫玉兰，花似元宝模样。花期为3月底至4月初，同年6月能够二次开花，且性状稳定	王飞罡
'飞黄'玉兰[Y. 'Feihuang'（'Yellow River'）]	'飞黄'玉兰是白玉兰里面的一个自然芽变新品种，其花色纯正，选育难度大，具有极高的研究价值。它有两个特性：一为纯黄色；二为速生树种，生长得快，经济效益好，与'红运'玉兰相比，'飞黄'玉兰的花期相对迟	王飞罡

图37-2 西安植物园杨廷栋、崔铁成、王兵等培育的玉兰品种

A. 玉兰'Lamp'花朵形态　B. 玉兰'Lamp'株型　C. 玉兰'Lamp'花部解剖结构　D. 玉兰'Lamp'果实　E. *Yulannia* 'Hongxia'花朵形态　F. *Yulannia* 'Hongxia'枝条　G. '紫霞'玉兰（*Y.* 'Zixia'）株型　H. '树旺'玉兰（玉兰'Luxuriance'）株型　I. '树旺'玉兰枝条　J. '树旺'玉兰　K. '象牙'玉兰（玉兰'Elephant Teeth'）　L. 厚叶玉兰（*Y. crassifolius*）

图37-3　浙江王飞罡培育的玉兰品种

A. '红元宝'（*Y.* 'Red Ingot'）（叶卵形，先端自然尖，花露色时紫黑色，开时具平绒色，外瓣暗红平绒色，内淡平绒色）
B. '常春'二乔玉兰（*Y.* × *soulangeana* 'Semperflores'）

王亚玲自1995年开始进行玉兰杂交育种，已坚持28年，以陕西省西安植物园近40年的深厚基础研究、丰富的资源收集和长期品种选育工作为基础，同时以深圳仙湖植物园木兰科植物的引种驯化为基础，对已有研究成果进行提炼、总结，对研究、生产、推广中遇到的关键问题进行深入探索，同时与生产经营性农业公司进行合作，已培育出很有特色的木兰科植物的自育品种达126个，其中20个品种获国家林业和草原局新品种授权，国际新品种登录4个，在欧洲市场成功推广自育新品种一个。如①'如娟'玉兰是由'黄鸟'玉兰（母本）与'红元宝'紫玉兰（父本）杂交后代中选出的玉兰新品种。落叶灌木，株形紧凑，株高2.5~3.5 m。叶形倒卵状椭圆形。花蕾顶生、簇生、腋生，花被片背面橘红色，腹面浅红色。花期3月下旬至4月下旬，6~8月；2018年12月年获得国家林业和草原局授予的植物新品种权证书。②玉兰新品种'小璇'（*Magnolia* 'Xiao Xuan'）是由星花玉兰'睡莲'（*Magnolia stellata* 'Waterlily'）和阔瓣含笑'新含笑'（*Michelia platypetala* 'Xin Hanxiao'）通过人工杂交获得。常绿灌木，绿叶期较长；株形矮小、紧凑；花量大，花被片红至粉红，花开两季，花期长，花粉红色，极繁密，集中花期4月，夏秋有零星花。适宜种植范围广。用玉兰、望春玉兰、黄兰等作砧木进行嫁接繁殖。'小璇'玉兰与其白色花的母本和父本不同，花色为粉色，并且株形更为紧凑。8年生种苗株高仅为1.6m，是近缘种'红笑星'玉兰同龄种苗的2/5，叶片也比其小，更具观赏性。2016年11月获得国家林业和草原局新品种权，2017年12月在国际木兰学会登录，定名为'小璇'，是中国迄今叶形、株形最小，花最密集的玉兰属品种，可作盆栽。③'紫韵'玉兰是由黄山木兰'绿星'（母本）和多瓣紫玉兰（父本）杂交育成的玉兰新品种。为落叶灌木或小乔木，株形紧凑。叶形长椭圆形、倒卵状长椭圆形。花被片背面白色，基部1/2~2/3紫红色，具较粗紫红色中脉直达瓣顶；腹面白色。花期3月下旬至4月上中旬，果熟期8月。2019年7月获得国家林业和草原局授予的植物新品种权证书（表37-2、图37-4）。

表 37-2　王亚玲等培育的玉兰及含笑品种

品种权号	品种名称	品种权号	品种名称	品种权号	品种名称
20160035	'世植2017'	20090044	'绿星'	20180523	'小芙蓉'
20180229	'如娟'	20170031	'香绯'	20180524	'芙蓉姐姐'
20080015	'红笑星'	20170032	'香雪'	20180525	'小黄人'
20080009	'红寿星'	20180187	'云裳'	20180526	'玉莲'
20090045	'红金星'	20180527	'洪金'	20180529	'长安金杯'
20090046	'红玉'	20180528	'小可人'	20180530	'长安玉盏'
20090047	'清心'	20180522	'变叶莲'	20200069	'彩玉'
20190611	'辰星'	20190045	'小璇'	20140047	'甜甜'
20190646	'大唐红'	20190048	'紫辰'	20140048	'转转'
20190647	'长安贵妃'	20180228	'紫玉'	20120090	'红吉星'
20190648	'长安丽人'	20190047	'紫韵'	20190649	'辰紫'
20190049	'廷栋'	20190046	'桂昌'	20190650	'秦荷'
20190484	'秦草粉梦'	20190483	'秦草语嫣'	20190664	'秦草绛紫'
20190612	'紫云'				

A　　　　　　　　　　　　　　　　　B

图37-4　王亚玲等培育的玉兰及含笑品种（王亚玲摄）
A.'紫韵'玉兰（花初开）　B.'小璇'玉兰

红花玉兰又名五峰玉兰（*Magnolia wufengensis*），是北京林业大学马履一等人2004年在湖北宜昌地区进行木兰科植物资源调查时发现的植物新种，也是我国首次发现整个花被片内外纯红色的玉兰类型。红花玉兰具有丰富的花部形态特性，花色有深红、红色和浅红，花瓣9~46片，花型有菊花型、月季型、荷花型和牡丹型，是观赏价值极佳的园林绿化树种。种质资源调查结果表明，红花玉兰仅分布于湖北省西南部五峰土家族自治县及周边的狭窄区域，是三峡地区特有物种。红花玉兰长期在特定的环境下生存与演化，保留了祖先的群体遗传多样性，也形成了丰富的遗传变异类型。花被片颜色、数量及花型均存在丰富的变异。花色有深红、红与浅红等不同表现；花被片的数目9~46枚不等；花被片的形状有阔倒卵状匙形、匙形与条形等；花型有菊花、月季、荷花和牡丹形状等。马履一等从红花玉兰原生树中选出了60株性状优良单株，建立了种质资源圃，同时又从中选出30个优良单株进行新品种选育，目前已有'娇红1号''娇红2号''娇丹''娇莲''娇姿''娇菊''娇艳''娇玉'8个新品种获得了国家新品种保护权；这8个红花玉兰新品种已经被国际木兰科品种数据库收录（表37-3、图37-5）。

表37-3 红花玉兰品种简介

品种名称	品种权号	主要特征
'娇红1号'	20120073	花被片9（~11），花色内外红色
'娇红2号'	20140050	花被片12（~14），花色外侧红色、内侧粉红
'娇艳'	20140044	花被片12~15，背腹面均为红色
'娇姿'	20140043	花被片12（~13），背面颜色粉红色，花瓣中下部颜色略深，中上部颜色略浅
'娇菊'	20140042	花被片12~24，背腹面均为粉红色，条形，顶端圆，基部匙形
'娇丹'	20170115	花被片24~36，外侧红色、内侧淡红色
'娇莲'	20170114	花被片18~20（~24），外侧红色、内侧淡紫红色
'娇玉'	20170113	花被片14~18，外侧粉色、内侧白色

图37-5 红花玉兰8个新品种（马履一，2019）

A.'娇丹' B.'娇玉' C.'娇莲' D.'娇红1号' E.'娇姿' F.'娇艳' G.'娇菊' H.'娇红2号'

37.5 品种登录与保护

37.5.1 品种国际登录

国际园艺学会制定的木兰属国际品种登录权威是国际木兰学会（Magnolia Society International）（MSI，https://www.magnoliasociety.org/）。美国The Morton Arboretum 的Lobdell

教授（登录员）在《HortScience》上发表的木兰品种名录《Register of Magnolia Cultivars》，收录了木兰属品种1000多个。

37.5.2 新品种保护

国家林业和草原局（包括国家林业局）1999年至今，共授权木兰属新品种63个，加上早期论文发表的新品种5个，我国自育木兰新品种共计68个，以上品种在育种进展中已进行部分介绍。

（崔铁成　邱茉莉　王亚玲　张爱芳）

思考题

1. 《中国植物志》（英文版）分为玉兰属和木兰属，国际木兰学会（MSI）分为木兰属。这两个属到底有何异同，你赞同哪种分类法？
2. 玉兰属的栽培种与野生种的主要区别是什么？大家为何喜欢栽培种？
3. 从玉兰的芽变考虑，人工诱变应该如何开展？
4. 玉兰属的种间、玉兰属与木兰属属间的杂交亲和性如何？如何更有效地开展玉兰的杂交育种？
5. 试从国家林业和草原局授权的木兰属新品种，分析国内玉兰育种的趋势。
6. 玉兰生产和应用上的主要问题是什么？哪些可以通过育种途径来解决？

推荐阅读书目

中国木兰. 2004. 刘玉壶. 北京科学技术出版社.
中国迁地栽培植物志——木兰科. 2016. 杨科明，陈新兰，龚洵等. 科学出版社.
世界玉兰属植物资源与栽培利用. 2013. 赵天榜，田国行. 科学出版社.
The World of Magnolias . 1994. Callaway D J. Timber Press.
Magnolias in Art and Cultivation. 2014. Gardiner J, Oozeerally B. Royal Botanic Gardens, Kew.

第38章 丁香育种

[**本章提要**] 丁香花耐寒、耐旱，着花繁密、花色艳丽、花期春夏，不仅是哈尔滨、呼和浩特、西宁等北方省会的市花，在日本、欧洲、北美等地区也很受喜爱。本章从育种历史及现状，种质资源，育种目标及潜力，主要性状遗传规律，杂交选育，品种登录、保护与良种繁育6个方面，介绍了丁香育种的理论和技术。

丁香属（*Syringa*）是木樨科久负盛名的木本观赏植物，在世界温带地区广泛栽培。丁香属分为长花冠管组（Sect. *Syringa*）和短花冠管组（Sect. *Ligustrina*）。前者又分为欧丁香系（Ser. *Syringa*）、羽叶丁香系（Ser. *Pinnatifoliae*）、红丁香系（Ser. *Villosae*）、巧玲花系（Ser. *Pubescentes*）4个组系，注册品种逾2400个。

38.1 育种历史及现状

丁香在中国的栽培可追溯到唐代（618—907年），宋代和明、清时丁香的栽植更为兴盛。中国丁香的栽培历史固然悠久，但应用的种类却相对有限。从众多诗词歌赋和佛教寺庙保留下来的丁香古树来看，浅紫色花序的华北紫丁香（*S. oblata*）是经久不衰的栽培种类。明代高濂所著《草花谱》（1591年）记述丁香的繁殖"接、分具可"，不过播种一直是主要的繁殖方式，但遗憾的是很难找到古人对丁香变异选择的记述。直到20世纪五六十年代，中国科学院植物研究所的科技工作者开始在中国"三北"地区收集野生的丁香资源，并通过国际种子交换进行丁香品种的引进，同时着手丁香育种的尝试，中国从此拉开了丁香育种的序幕。研究人员从最初人工授粉的感性尝试，到花粉生活力和杂交亲和性的理性探索，并利用著名的中国野生广布种华北紫丁香与欧洲丁香的白花重瓣品种'佛手'（*S. vulgaris* 'Alba-plena'）进行了种间杂交，第一次培育出了中国的重瓣丁香品种'罗蓝紫''香雪''紫云'和'春阁'等。如今，中国的丁香育种走过了逾60年的历程，已经有更多的育种者利用本土资源和国外品种培育出了20余个丁香新品种，在花色和叶色性状上都实现了一定程度的突破。

15世纪欧洲开始欧洲丁香（*S. vulgaris*）的栽培。从史料记载来看，欧洲丁香最初的栽培是在东罗马帝国的首府君士坦丁堡（即现在土耳其的伊斯坦布尔）。16世纪中期以前奥地利的维也纳也有栽培，随即从中欧引种到了法国等西欧国家。18世纪欧洲丁香随新大陆殖民引入北美，并很快遍地开花。虽然西方国家的丁香栽培历史相对较短，不过几百年来，众多花色和花型的变异被接受过园艺训练的专业人士选择并保留下来，形成了早期的丁香品种。例如，很早人们就发现并保留了欧洲丁香常见的粉紫花色中出现的白花变异。丁香品种的大量涌现则在19世纪后期至20世纪中期，这与西方的植物采集者（也称"植物猎人"）和传教士对中国华北、西南和华中地区的野生丁香资源的频繁引种密不可分。以幼苗、种子或枝条的方式引种的中国原产野生丁香，被同时分配到欧美多个植物园中保存。这些在英国、法国、荷兰、俄罗斯以及美国、加拿大等欧美国家定居的野生种质，随着人工杂交或天然授粉的人工选育又以新品种的方式呈现出来，从此有了更为丰富的花色、瓣型等野生种隐含却没能表达的表型。

在当今国际丁香协会注册的超过2400个品种中，至少有七成出自丁香系。广布于东亚北部的华北紫丁香和分布于巴尔干半岛的欧洲丁香是众多丁香系品种的原始亲本。在我国有着广泛分布的华北紫丁香，其分布地区横跨中国"三北"及华东和西南地区。千百万年的适应性进化赋予了华北紫丁香宽阔的生态幅，以及杂合度较高、体量可观的基因组，支撑着众多品种在花色和叶形上的变化，也蕴含着对寒旱、湿热等逆境的出色抗性。与华北紫丁香在东亚北部的广泛分布相呼应，欧洲丁香因为在巴尔干半岛喀尔巴阡山中的广泛分布，也成了欧洲的广布种。这两种丁香之间的杂交是法国育种家兼种苗商Victor Lemoine实施的。他用欧洲丁香的重瓣品种'Azurea Plena'作母本，以华北紫丁香作父本杂交，在1876年获得了具有风信子般蓝紫色花朵的后代，冠名*S. hybrida* 'Hyacinthiflora Plena'，于1878年上市销售（Fiala, 2008）。此后，风信子品种群（*S. × hyacinthiflora*）专指由这两个雄踞亚、欧的物种经远缘杂交所形成的众多品种。在此后的几十年，加拿大的园艺工作者Isabella Preston（1881—1964年）也尝试着通过红丁香（*S. villosa*）和垂丝丁香（*S. refleta*）杂交，并培育出了红丁香系的第一个杂交品种，被后人命名为普雷斯顿丁香（*S. × prestoniae*），以纪念她在丁香育种中的开创性贡献。

尽管分子生物学与生物技术辅助育种已经在诸多植物的新品种培育中得到了满意的结果，但相对于作物、蔬菜以及草本园林植物，创制优质等位基因的基因编辑技术在丁香上的应用还遥遥无期。这是因为丁香属植物遗传背景复杂、性状表达周期长达数年，以及基于形态重建的遗传转化体系尚未建成。目前常规育种仍旧是丁香新品种创制的主导手段。与其他异花授粉植物一样，人工杂交和开放性授粉的人工选择一直是丁香广泛运用的选育手段。

38.2 种质资源

38.2.1 野生种质

中国是丁香属植物的自然分布中心。主要分布在我国西南横断地区的东北部、秦巴山区、华北和东北，以及朝鲜半岛和日本；少部分种类经我国西南川藏地区及东喜马拉雅向西北延伸至阿富汗、伊朗、土耳其；罗马尼亚和匈牙利等东南欧国家，以及喀尔巴阡山和阿尔卑斯山有着少量种类的分布。全属有野生种、变种和变型30余种。

在经典分类中，按照花冠管的长短将丁香分为长花冠管组和短花冠管组。两组恰好分别与灌木和乔木两个生活型相对应。因此也可以直观地称作灌木丁香和乔木丁香。灌木型的长花冠管组中进一步分为4个系，即顶生花序系（Ser. Villosae）、丁香系（Ser. Syringa）、羽叶丁香系（Ser. Pinnatifoliae）、巧玲花系（Ser. Pubescentes）。而乔木型的短花冠管组内仅有暴马丁香、北京丁香和日本丁香3种。

在野生种质中，除欧洲丁香、匈牙利丁香和日本丁香仅分布在东南欧和日本以外，其余在中国均有野生分布，仅在中国分布的中国特有种为24个。新近基于全基因组测序和生物地理重建的研究表明，丁香属作为一个独立的进化枝起源于以中国北方为核心的东亚北部，属内分化开始于距今约14.73百万年前的中新世中期至更新世中期（Wang et al., 2022）。中国的华北、东北和西北聚集着全属1/2以上的野生种质，覆盖了丁香属从远古分化到新近分化的所有组系，成为呈现丁香属植物演化历程的"博物馆"。

从形态上看，丁香为温性落叶灌木或小乔木，灌木型丁香株高1~2m，小乔木丁香的株高可达3~6m。叶片最明显的特征是单叶对生，多为纸质或厚纸质；从叶缘来看，包括全缘叶和裂叶。多年生枝具有疏密不同的皮孔，冬芽卵形被鳞片。花冠基部合生形成筒状的花冠管，属于合瓣花类群。根据花冠管长度，分为长花冠管和短花冠管两组；花两性，2枚雄蕊；由数个聚伞花序组成圆锥花序；花序从顶芽或侧芽抽生；花冠由4个裂片组成；花白色、紫色或粉色。蒴果长圆形，子房2室；种子1~2枚，扁平或呈三棱形。染色体基数$x=22$、23、24。

在丁香属的经典分类中，很直观地将花冠管的长短作为第一级分类标准，形成长花冠管组和短花冠管组两个组。其次是按照花序的着生位置，强调了顶生花序系的分出，也就是叶片较大且常呈椭圆形的红丁香系。最常见的丁香系和巧玲花系都属于侧生花序，但它们因在花期和叶片形态上的显著差异而易于区分。

38.2.1.1 长花冠管组（Sect. *Syringa*）

包括4系（张美珍 等，1992；Rehder，1940）：

（1）系1. 顶生花序系（Ser. *Villosae*）

花序由顶芽抽生，基部常有叶状苞片；花药黄色。具有全缘单叶。野生种大多分布在我国。

①藏南丁香（*S. tibetica*） 产于西藏。性喜光，生于海拔2900~3200m的山地林缘；在低海拔的湿热环境中很难存活。

②云南丁香（*S. yunnanensis*） 产于云南中甸、丽江，四川西南及西藏；多生于海拔3200~3600m的林下或林缘。20世纪初引至美国，现在欧美许多国家有栽培；我国于20世纪

50年代引种栽培。在夏季湿热的地区生长量很小。

③辽东丁香（*S. wolfii*） 主要分布于中国长白山区及黑龙江流域，以及河北燕山，山西五台山、恒山，内蒙古大青山及朝鲜北部。多生长在海拔1200m的山地林缘、溪边或灌木丛中。喜光，耐半阴，惧炎热。单花花径较大，花色亮粉；植株呈丰满的球形。

④西蜀丁香（*S. komarowii*） 分布于云南及四川西部海拔1800~3000m的山地；在欧美广有栽培。喜光、耐寒、耐旱；花色紫红艳丽。

⑤垂丝丁香（*S. komarowii var. reflexa*） 原产四川东部及湖北西部，生长在海拔1500~2700m的山地林缘。喜光，耐半阴，有很强的耐旱能力。是本属中唯一花序倒挂的野生种质，悬垂的花序格外别致，花色艳丽；1910—1911年被引入美国阿诺德树木园及英国邱园栽培。

⑥红丁香（*S. villosa*） 原产辽宁、河北、山西、陕西。生长在海拔1200~2700m的林缘、河边或向阳坡地。喜光，稍耐阴，耐干旱，长势强健，花开繁茂；在生长季炎热的地区新梢生长量较小，成型较慢。19世纪后期被引入美国阿诺德树木园栽培。

⑦毛丁香（*S. tomentella*） 原产云南、四川。生长在海拔2400~4000m处的高山。性喜光，喜夏季凉爽，耐寒、耐旱。20世纪初引入美国栽培。

⑧四川丁香（*S. sweginzowii*） 原产四川西部、西北部及西北。生长在海拔2400~3000m的林下、谷地或溪边。性喜光，喜湿润，耐寒、耐旱、耐半阴。花色明快、叶片小巧，风格清秀。

⑨匈牙利丁香（*S. josikaea*） 分布于欧洲喀尔巴阡山及阿尔卑斯山。生长在海拔490~700m的向阳坡地。早在19世纪20年代欧洲已有栽培。

（2）系2. 巧玲花系（Ser. *Pubescentes*）

花序由侧芽抽生，基部常无叶状苞片；花药多紫色。具有全缘单叶，叶片常被毛。

①巧玲花（*S. pubescens*） 原产辽宁、华北及西北。生长在海拔800~2400m的向阳山坡灌丛中。喜光，耐寒、耐旱、耐瘠薄。19世纪后期引入法国。芳香远溢是其最突出的特点，是芳香品种培育的重要目标性状。

②关东丁香（*S. velutina*） 原产我国辽宁、吉林长白山及朝鲜。喜光，耐阴、耐寒、耐旱。19世纪末和20世纪初引入欧洲和北美。

③光萼丁香（*S. julianae*） 原产湖北及陕西。生于海拔1200~2000m的山地。喜光，喜湿润。20世纪初引入欧洲。

④小叶丁香（*S. microphylla*） 又称四季丁香。原产华北及西北。生长在海拔800~2000m的灌丛、河谷。喜光，喜湿润，耐寒、耐旱。20世纪初引入美国阿诺德树木园栽培。典型的两季开花品种，是培育多花期的理想种质资源。

⑤蓝丁香（*S. meyeri*） 原产辽宁。株型矮小，喜光，耐寒、耐旱。20世纪初北京庭院中已有栽培，后传入欧美。玲珑小巧的体态颇为引人。

⑥皱叶丁香（*S. mairei*）和松林丁香（*S. pinetorum*） 云南和四川野生。生长在海拔2400~3000m的山谷中。20世纪初引入英国和美国栽培。喜冬季温暖、夏季凉爽；对环境要求苛刻，畏惧低海拔的湿热环境。

（3）系3. 丁香系（Ser. *Syringa*）

花序由侧芽抽生，基部常无叶状苞片；花药黄色。具有全缘单叶或裂叶；叶片两面常无毛。果光滑。

①华北紫丁香（*S. oblata*） 广泛分布在我国"三北"地区。生长在海拔1200~2600m的向阳山地。喜光，耐寒、耐旱、耐瘠薄。在宋朝已有栽培，历来为育种所用，以此为亲本的品种众多。

②朝鲜丁香（*S. oblata* var. *dilatata*） 主要分布在我国北方及朝鲜。生长在海拔约2000m的林缘灌丛中。喜光，耐寒、耐旱、耐瘠薄。

③白丁香（*S. oblata* var. *affinis*） 在我国北方栽培。喜光，耐寒、耐旱、耐瘠薄。

④花叶丁香（*S.×persica*） 分布于我国西北。喜光、喜温暖湿润，耐寒、耐旱。17世纪初波斯已有栽培。花枝修长而繁密是育种的理想目标性状。

⑤华丁香（*S. protolanciniata*） 产于西北；欧美广有栽培。喜光、喜温暖湿润，也耐寒、耐旱。

⑥欧洲丁香（*S. vulgaris*） 原产喀尔巴阡山及巴尔干半岛。生长在海拔1200m的向阳坡地，常与白蜡属、卫矛属等落叶树木混生。16世纪中期以前在土耳其及欧洲栽培，20世纪初引入美国。长久以来用作亲本培育出大量品种（图38-1）。

⑦什锦丁香（*S.×chinensis*） 认为由法国里昂植物园于1777年选育，分类上被列为天然杂交种。

（4）系4. 羽叶丁香系（Ser. *Pinnatifoliae*）

系内仅羽叶丁香（*S. pinnatifolia*）1种。奇数羽状复叶；花序由侧芽抽生，花药黄色；果光滑。产于我国秦岭、贺兰山、秦巴山区和四川；生长在海拔1700~3400m的山坡疏林、河谷或石滩处。现为濒危物种，被列为国家三级保护植物；20世纪初引入美国阿诺德树木园栽培。羽叶丁香因独有的羽叶复叶和丰富的木脂素在系统演化研究和民族药应用中具有重要价值。

38.2.1.2　短花冠管组（Sect. *Ligustrina*）

花冠管短，花丝细长；花期晚，为5月下旬至6月上旬。包括3种，其中暴马丁香（*S. amurensis*）和北京丁香（*S. pekinensis*）分布于我国西北、华北和东北山区的较低海拔处以及远东；花色牙白，从实生苗中可以选出花色亮黄色的品种。日本丁香（*S. reticulata*）则分布于日本。

38.2.2　栽培品种

拥有30余个野生种质的丁香属在开花植物中属于体量偏小的类群，但千百万年的适应性进化却在它们花色淡雅、花香悠远的朴素表型背后蕴藏了丰富的隐性性状。经过200余年的人工选育，那些在自然博弈

图38-1　欧洲丁香（*S. vulgaris*）

中没有机会入选的多样表型有机会在人工创制的优越环境中呈现出来，形成了数以千计多姿多彩的品种，使丁香成为世界温带地区木本园林植物的经典。当前国际丁香协会登录的丁香品种已超过2400个，不仅有着野生种所没有的单层多瓣和多层重瓣的花型，直立或悬垂的花序，独具个性的香气，还有着比野生种质更为鲜艳多彩的花色，不少品种还具有适应环境胁迫的抗逆性。

从谱系分类和花期早晚的角度看，现有品种涵盖了属内全部5个组系；按每年最初开花的始花期时间，又可以分为早、中、晚花期3个类群。在庞大的品种群体中，丁香系的品种数量最多，约占全部品种的70%，也是人们最为熟悉的一年中最早开花的早花期丁香，其花色多彩和着花繁密的习性构成了强烈的视觉冲击力而深受人们喜爱。早花类群中还包括羽叶丁香系品种，虽为数甚少，但大多具有与丁香系全缘叶完全不同的具裂叶片。中花期品种来自红丁香系（或称顶生花序系）和巧玲花系。红丁香系品种约占品种总数的25%，始花期比早花品种晚2周。同期开花的还有巧玲花系，品种数量虽少，但其中不乏两季开花的品种，有效延长了观赏期。乔木型的短花冠管组品种的数量最少，始花期比中花期类群晚3~4周，属于晚春至初夏开花的树状丁香。

相对于丁香的花型，丁香的花色更具感染力。花色的变异历来是丁香育种者的不懈追求。在最近100年的常规育种中，随着品种的不断涌现，人们没有停止过丁香花色分类的摸索。一个时期以来，国际丁香协会归纳的包括白色（white）、蓝色（blue）、蓝紫色（violet）、浅紫色（lilac）、粉色（pink）、洋红色（magenta）和红紫色（purple）在内的7色分类得到了同行的认同。而在20世纪70年代中国的育种者从北京丁香野外采种获得的实生群体中选育出了深黄花色的'北京黄'之后，传统的七色就变成了包含新晋黄色的八色分类。

蓝紫色（violet）和浅紫色（lilac）是丁香品种的标志性花色。这在早花期的丁香系品种中最为多见，在中花期的红丁香系及巧玲花系的品种中也占有优势。研究表明，丁香的花色由飞燕草素-3-O-芸香糖苷（Dp3Ru）和矢车菊素-3-O-芸香糖苷（Cy3Ru）两种花青苷，以及芦丁（Rutin）和山奈酚-3-O-鼠李糖-7-O-葡萄糖苷（Km3R7G）两种黄酮醇苷构成（张洁，2011）。其中，Dp3Ru是丁香花冠裂片的主要类成分，这使得丁香品种的花色以紫色至蓝紫色为主。紫色的丁香花中花青苷Dp3Ru和Cy3Ru的含量可能都比较高，白花和黄花中则不含花青苷而含有Rutin和Km3R7G两种黄酮醇成分。新近研究表明，在花色渐变的过程中，WRKY家族基因是花开初期颜色变化的调控因子，而在蓝紫色逐渐褪去的过程中ERF家族则发挥着重要作用（Ma et al., 2022）。

38.3 育种目标及潜力

在长期的育种实践中，各个国家的育种者依据丁香的植物学特征和生物学特性，结合当地的自然条件、消费习惯和地域文化等因素，形成了多样的育种目标。

（1）培育特殊花色的品种

花部观赏性的提升始终是包括丁香在内的园林植物最重要的育种目标。丁香单花小巧但花序醒目，因此在人工选育中花色的特异性选择决定了品种的视觉冲击力，也是品种商品性的重要构成因素。早在18世纪，西方人就开始对粉紫花的欧洲丁香群体里出现的蓝紫花和白花变异产生了兴趣（Fiala，2008）。我们已经知道，花冠中的花青素和黄酮醇成分的相对含量决定丁香花从蓝紫色到红紫色的变化，这不仅取决于花青素代谢途径关键基因的调控能力，还受到转录调控因子的影响（张洁，2011；Ma et al.，2022）。在内外协同的复杂因素决定丁香品种花色表达的过程中，人工选育起到了重要作用，这让丁香品种的花色远远超过了天然群体中的浅紫色和粉紫色，进而出现了白色、黄色、蓝色、洋红色和红紫色的斑斓色彩。例如，1920年代加拿大育种家Isabella Preston以红丁香系种间杂交获得的 $S. \times prestoniae$ 系列中出现了更为鲜亮的粉色品种'Goplana'，20世纪四五十年代俄罗斯丁香育种家Leonid Kolesnikov培育的柔和粉色品种'Beauty of Moscow'。由此可见，在早花类和中花类的丁香中培育具有浓重色彩，或者具有柔美中间色彩的品种显然已经成为丁香的花色育种目标。同样，在晚花的乔木型丁香中突破现有的黄色和乳白色，也是人们应该尝试的花色育种方向。

（2）培育馥郁芳香的品种

顾名思义，丁香因"香"而得名。早花期的丁香系品种因含有丰富的苯基芳香化合物和萜烯成分而馨香扑鼻；中花期的巧玲花系一定程度上减少了苯基芳香化合物的含量而使幽香远溢；同为中花期的红丁香系仅保留有限的苯基芳香化合物，花香清淡而不易察觉；而晚花期乔木型种类在保留一定比例的苯基芳香成分的同时，也增加了脂肪酸种类和含量，从而形成了独具个性的异香。虽然在丁香属中重瓣并带有浓郁芳香的品种并非少见，但带有浓重香气的品种往往不具有艳丽或特殊的花色，因而在看重花色的育种中，花香因素会被长期忽视。因此，培育芳香而色艳的品种，期望把这种嗅觉享受与视觉效应结合的想法就成为丁香理想的育种目标。不过在现实中，至少对于香气不那么怡人，但树体高大伟岸、观赏性上乘的乔木型短花冠组品种进行花香改良应该是更为现实的目标。

（3）培育花序硕大且着花繁茂的品种

丁香的花序是由3朵小花组成的聚伞花序，由多数聚伞花序构成大型圆锥花序，花序硕大与否由枝条上的花芽数量决定，单株的着花密度直接关系到群体观感。尽管这两个性状可能受到树龄和营养状况的影响，但也与遗传不无关联。花序硕大（或修长）和着花繁密两个性状同时表达在早花的丁香系的杂交品种中是可能实现的。在低矮小株型品种的培育中，着花密度是除了花色以外又一个决定商品性的重要性状。在株高普遍较低的巧玲花系育种中，如果以小叶丁香和（或）蓝丁香作为亲本进行人工杂交，或者对其开放性授粉的实生群体进行选育时，很容易获得着花密度高的繁花品种。在丁香系的较小株型品种选育时，繁花亲本的选择必须考虑。

（4）培育中、晚花期或多季开花的品种

丁香在北京的花期集中在4月上中旬至5月上中旬。早花期的丁香系群体花期在4月中下旬，较为集中。中花期类群红丁香系（即顶生花序系）和巧玲花系的花期集中在4月下旬至5月初。早、中花期之间紧密衔接，甚至会有3~5d的交叠，这样不会显得过于单调。但中花期的品种总量较少，加之花色远不及早花类群丰富，使景观吸引力不足。由乔木型的北京丁香、暴马丁香和日本丁香为亲本组成的晚花类品种，品种数量的丰富。针对这类初夏开花的晚花期类群，在白、黄花色的基础上实现花色突破应该成为更具挑战的目标。此外，要实现中花期类群的景观质量提升，充分利用两季开花习性的野生亲本是突破两季花品种瓶颈的有效策略。

(5) 培育抗逆性强的品种

尽管丁香不像农作物对生态环境变化响应较为敏感，但如果进行纬度和海拔上的大跨度引种栽培，在耐寒和耐热方面也存在适应性狭窄的缺陷。例如，从欧美国家引进的丁香品种不经驯化用于园林绿化，很容易出现不耐湿热或不耐严寒的长势衰退或落叶死亡现象。充分利用原产我国广域分布的野生种质进行品种抗逆性的提升，在气候变暖或极端气象事件频发的背景下具有现实意义。

(6) 培育鲜切花和促成栽培品种

长久以来，中国和北美的民众习惯了欣赏丁香的露地开花盛景，其实丁香作为节庆上市的鲜切花和反季节促成盆栽早在19世纪的西欧就很盛行。需要明确的是，这两类丁香衍生产品对品种的筛选性很强。切花要求品种有纯正的花色、修长的花序、坚挺的花梗，排列紧密的小花和较长的瓶插期。反季节促成栽培除要求品种花色纯正以外，还须枝条繁密、叶片茂盛、株形丰满紧凑、开花整齐、花序繁多、株龄适宜。因此培育切花和促成栽培品种是对丁香育种提出的更高要求。

38.4 主要性状遗传规律

丁香属植物演化历史久远，野生种质的生态位差异较大，核基因组中记录着物种形成过程中经历过的基因渗入和大量变异，有着丰富的潜在优良性状的挖掘空间。尽管丁香育种受到幼苗童期长（播种后的幼苗需3~4年开花），杂交幼苗因环境水热敏感，成苗率低（常规管理下能够度过童期呈现开花表型的幼苗仅占播种出苗总量的10%~20%），花部性状的充分表达与树龄正相关（花色的稳定表达常在播种后5~7年）等因素影响，限制了备选群体的大小，不过这并不妨碍我们从国内外诸多杂交案例中定性地归纳性状的遗传倾向，而这些归纳也使选育更加高效。

38.4.1 花色的遗传变异

花色是丁香育种的重要目标。浅紫色是丁香花色的基本色调，也是花色的显性性状，而白色和黄色表现为隐性性状。这两个隐性性状的表达最初都来自天然杂交群体的分离。例如，最初的白花欧洲丁香（*S. vulgaris* var. *alba*）来自奥地利栽培了半个世纪的淡紫色欧洲丁香。短花冠组深黄色品种'北京黄'同样是研究人员从采自河北涿鹿杨家坪的北京丁香种子实生群体中发现的黄花变异。用两个浅紫花品种杂交，其后代多数为紫色和粉紫色，也有少量白花植株，表明白花是被紫花性状掩盖的隐性性状。在紫花的华北紫丁香与白丁香的正、反交中，F_1中都出现了大量紫色花或白-紫中间花色，也出现了少量白色花的植株。而花色醒目的红紫色或浓重的暗紫色性状的获得则需要尽力保留较大的杂种群体。

38.4.2 重瓣性遗传变异

丁香属于合瓣花植物。花冠裂片的数量和空间排布有单瓣、多瓣、重瓣和台阁4种类型。

丁香花的单瓣最为常见，是指排列在一个平面上的4裂片花型，雌雄蕊可见。多瓣是指花冠裂片数量多于4个，但均排布为一个平面，雌蕊可见，雄蕊有时退化。重瓣是指花冠裂片的数量多于4个，且其排布为两层或三层；重瓣花有时不见雄蕊，有时少数雄蕊健全并能产生可育的花粉。台阁型属于重瓣花型中特化出来的一类，其显著特征是在两层或三层花瓣之间存在筒状联结，看似亭台状，雌蕊和雄蕊多退化。

丁香属的野生种质资源均为单瓣花型，这是在千百万年适应性进化中的自然选择，而重瓣花型的存在则是人工选择的结果。在用重瓣的'佛手'丁香（*S. vulgaris* 'Alba-plena'）与单瓣的华北紫丁香或欧洲丁香进行正反交后，F_1中都出现了大量类似华北紫丁香及欧洲丁香的单瓣花型植株，也出现了少量类似'佛手'丁香的重瓣花型的植株，甚至出现了台阁状花型。定向杂交后重瓣后代的花瓣层数可能多于重瓣亲本，表明重瓣性遗传的可能性较大，并可在后代中得到强化。重瓣品种在丁香系中很常见，但在其他4个组系中几乎未出现过。

38.4.3 花期遗传变异

丁香品种的始花期分为早、中、晚3期，与组系的划分对应，即丁香5个组系从4~6月渐次开花。虽然光照、气温和地理因子变化会使组系内部种或品种的花期有迟有早，但组系之间已经形成的彼此错峰的相对花期，却不会因为地理环境的变化而轻易改变。这种因遗传保守性所带来的生殖隔离保证了各组系内的基因纯正。但也意味着针对花期改良的常规育种只能在组系内部的种间进行"微调"，而超越组系花期阈值的改变则不容易实现。从'罗蓝紫''晚花紫''华彩'等11个早花期丁香系品种、'四季蓝'等10个中花期巧玲花系品种，以及'北京黄'和'Ivory Silk' 2个晚花期短花冠管组品种等有限的案例来看，还很难归纳后代的花期在父本或母本上的趋向性，但却可能大概率地得到花期晚于母本的后代。

38.4.4 其他性状的遗传变异

丁香属植物的其他观赏性状，如小花大小、花序大小和长度、小花紧实度、花冠裂片姿态等性状，在杂交群体中都有很多优于亲本的变异。例如，华北紫丁香与欧洲丁香杂交获得的'波峰'（'Buffon'），其小花花径比亲本增大了1~2倍，花序大小和小花排列的紧实度都优于亲本。著名的亨利丁香（*S.* × *henryi*）品系是由红丁香与匈牙利丁香杂交获得，花序性状优于亲本，新品种'华彩'也有着远超亲本华北紫丁香的硕大花序。

38.5 杂交选育

丁香品种主要通过杂交育种和实生选种获得。通过种间杂交或种内杂交都可能得到具有杂种优势的杂种一代（F_1）。遵照育种目标，在目标性状表达最充分的时间初选备选群体，参照丁香属DUS测试指南确定近似品种，并进行综合比较评价，确定带有目标性状的F_1单株，继而进行无性系的构建。

38.5.1 亲本抗逆性和亲和性

丁香育种中的亲本选择除强调观赏性以外，还应注意抗逆性评估。抗逆性理想的品种能够较好地适应地带性气候，是展现其观赏性的基本前提，也是商品性的重要考量因素，甚至可以作为亲本选择的首要条件。

广域野生种或带有较多野生种基因的品种，或是经过长期驯化的品种往往具有区域环境适应的遗传积累，可以优先选作抗性亲本。例如，在培育湿热耐受的丁香品种时，首先选择广域种华北紫丁香为亲本；其次根据重瓣和芳香两个目标观赏性状，选择重瓣和芬芳兼备的'佛手'丁香为亲本，杂交获得了多个观赏性突出、兼具优异耐湿热抗性的品种，如当今国内的主流品种'罗蓝紫'和'香雪'。又如，在培育长花序且冬春不抽条的品种时，在选择了野生的华丁香作为长花序亲本的同时，优选华北紫丁香为亲本，旨在改良华丁香的抽梢现象，从而形成了花序修长、消除抽梢、花色独特的'华彩'。

了解双亲的亲和性有利于提高育种效率。相对于古老的被子植物来说，丁香属是较为进化的类群，具有更为严格和相对保守的遗传机制。最典型的表现是存在于系间的严格生殖隔离，即系间杂交不育。系间的生殖隔离限制了组系之间的遗传混杂，也给人工杂交设置了障碍。因此丁香属的杂交一般应在系内选择亲本，采用种间和种下品种间杂交都具有亲和性。而系间杂交成功的案例只是在丁香系和羽叶丁香系之间实现，如 $S. \times diversifolia$ 'Nouneau'。

38.5.2 杂交操作

在亲本选择之后即可着手杂交操作。

①花粉收集　需密切观察花蕾的变化进程，在花蕾最大程度地膨大、花冠裂片尚未张开时将花蕾取下带回室内，置于4℃做短暂保存以防花冠裂片萎蔫致使花粉剥离困难。此时用镊子将花冠裂片撕开，将花药取下，散放于光滑的白纸上，静置于阴凉处；8~12h见花粉散出后将其收集到离心管中盖好管口，贴好标签备用。

②去雄　当母本花蕾最大程度地膨大、花冠裂片尚未绽开时开始授粉。授粉操作选择晴朗无风的天气，以8：00~11：00操作最宜。去雄时左手固定住花冠管基部的花萼部位，右手轻捏花蕾膨大部分，向外拔除即可使雄蕊连同花冠管被轻易去除。

③授粉、套袋、挂标签　用干净的毛笔蘸取花粉轻轻涂抹在花序中的每个柱头上，随后用半透明的纸质育种袋套袋，以曲别针封住袋口；随即在杂交的小枝上挂好注明亲本组合等信息的标签。

④换袋　在授粉后月余可将纸质育种袋更换成纱网袋，以改善果实采光通风条件，直至秋季蒴果变褐开裂时将纱网袋连同标签一起剪下收回。

⑤采收种子　杂交种子在10月初完全成熟，采收后置于1~4℃，干藏或沙藏均可，翌年3月中旬播种。

38.5.3 杂种群体

通过异花授粉得到的子代会分离出诸多表型，如果保存的杂种群体不够大则会造成表型损失。丁香从播种到开花需要3~4年，在多年的幼苗栽培中不可避免地会遇到各种胁迫因素，如北方初夏的阳光暴晒、旱季的严重缺水、雨季的湿涝等。其中雨热同期的夏季是原本喜好冷凉的温性树种丁香幼苗最难过的季节。大量幼苗会在此时夭折，极大地消减杂交群体中的个体数量。人工创制的冷凉环境无疑会提高幼苗初期的成活率，但在出圃移栽后仍旧需要面对高温湿热的不利的露地环境。因此在杂交环节增加授粉的小花数量，是形成理想的群体大小、获得目标单株的基本保障。

38.5.4　实生选种与芽变选种

从母本已知的开放性授粉的实生苗群体中选择变异，是借助自然力进行品种选育的有效途径。可以免除人工杂交的高成本操作，也是最近10余年中国丁香育种者常用的育种策略。在100余年前，不少欧洲品种就是经由这种方式培育的。丁香的芽变表现为变异个体叶片性状的变化。近年我国育种者从华北紫丁香的芽变中选育了多个金叶、花叶或卷叶品种，改善了叶片观赏性。

38.5.5　变异单株评估

在杂交或从天然授粉的实生群体中进行选择，都需要对表现理想变异的目标单株进行评估。传统的做法是进行群体内的比对评分（臧淑英、刘更喜，1990）。评估中首先列出特异性状，重点对特异性状进行分级评分，计算品种积分，将得分高者定为初选品种。可以参照已经发布的丁香属DUS测试指南进行性状描述和近似品种的选择，从而确定特异性。其次对于已经初步认定具备特异性的目标单株进行无性系构建，并对无性系进行至少2~3个生长周期的生物学特征的重复观察，以评估其一致性和稳定性。

38.6　品种登录、保护与良种繁育

38.6.1　品种国际登录

国际园艺学会指定的国际丁香属品种登录机构设在国际丁香协会（International Lilac Society, https://www.internationallilacsociety.org/）。2023年《International Register and Checklist of Cultivar Names in the Genus Syringa L.》（Oleaceae, pp. 639），共登录品种约1600个。

38.6.2　新品种保护

2003年授权的'金园'是我国第一个丁香属新品种，品种权人是北京市植物园。至今国家林业和草原局共授予丁香属新品种45个。除中国科学院植物研究所即国家植物园南园以外，黑龙江森林植物园、潍坊市农业科学院、内蒙古和盛生态科技研究院有限公司等也培育了诸多新优品种。

38.6.3　良种繁育

丁香良种繁育最为有效的方法是无性繁殖。

嫁接是较为常用的手段。砧木可以选择乔木型的暴马丁香，其异速生长效应会小于传统砧木女贞和白蜡。嫁接可在春季采用枝接，将品种接穗以枝接法嫁接在砧木上，或在夏季进行带木质部芽接，都能够最大限度地实现品种快繁。

扦插也是繁育丁香良种的有效措施。但丁香属植物内源激素水平和分生组织活性较低，给扦插带来了一定困难。采用特殊的生根促进剂（如3A生根粉）能够很好地解决扦插生根的

瓶颈。但丁香绿枝扦插生根历时40~60d，并且对环境湿度和温度的要求相对苛刻，在一定程度上限制了良种的高效繁育。

丁香的良种繁育也可以通过组织培养实现。丁香的组织培养是以带芽茎段为外植体的微体繁殖（崔洪霞、臧淑英，2000）。即使从相同杂交组合中获得的丁香品种，促进丛生芽分化的激素种类和浓度也有很大差别。此外，关键环节是组培瓶苗的出瓶定植（Cui et al., 2009）。在北京最理想的出瓶定植时间仅为春秋两季。在其他季节出瓶，即使栽培条件较为理想，出瓶成苗率也可能较低。定植成功的丁香组培苗至少需要2~3年才能进入生理成熟阶段，其间通过园艺修剪进行刺激可以实现尽早成型。

（崔洪霞）

思考题

1. 丁香属有20种，国产16种。城市园林绿化中引种栽培的有哪些种？这些栽培种与野生种相比有何优点？
2. 作为丁香的主产国，野生种质资源的开发利用或引种栽培是丁香种质资源保育的主要内容。请推荐几种方法，并制定一份针对某种的引种驯化及育种计划。
3. 如何根据主要性状的遗传规律，选配能实现目标性状的杂交组合？
4. 丁香的自然变异多吗？如何人工诱发更多的有利变异？
5. 试从国家林业和草原局授权的丁香新品种中分析国内丁香育种的趋势，并与国际登录的丁香品种比较一下差异。

推荐阅读书目

丁香花. 2000. 崔洪霞，臧淑英. 上海科学技术出版社.
丁香. 1990. 臧淑英，刘更喜. 中国林业出版社.
Lilacs: A Gardener's Encyclopedia-Revised and undated. 2008. Fiala J L, Vrugtman F. Timber Press.
The Lilac. 1928. Mickey, Susan Delano. Micmillan Company.
Lilacs: Beautiful Varieties for Home and Garden. 2022. Slade N, Georgianna Lane G. Gibbs Smith.

参考文献

产祝龙, 王艳平, 向林, 2021. 荷兰国花郁金香 跋山涉水自天山[J]. 中国花卉园艺（12）: 32-34.

产祝龙, 向林, 王艳平, 2022. 郁金香种质资源、育种进展及种球国产化思考[J]. 华中农业大学学报, 41（2）: 144-150.

常宇航, 田晓玲, 张长芹, 等, 2020. 中国杜鹃花品种分类问题与思考[J]. 世界林业研究, 33（1）: 60-65.

陈俊愉, 1998. 观赏植物编写组[C]//中国生物多样性国情研究报告. 北京: 中国环境科学出版社, 136-140.

陈俊愉, 程绪珂, 1990. 中国花经[M]. 上海: 上海文化出版社.

陈俊愉, 王四清, 1995. 花卉育种中的几个关键环节[J]. 园艺学报, 22（4）: 372-376.

陈利文, 唐楠, 张五华, 等, 2023. 万寿菊雄性不育两用系遗传转化体系的建立[J]. 分子植物育种, 21（19）: 6398-6405.

程洁婕, 李美君, 袁桃花, 等, 2021. 中国野生杜鹃花属植物名录与地理分布数据集[J]. 生物多样性（9）: 1175-1180.

褚云霞, 邓姗, 陈海荣, 等, 2020. 中国草本花卉DUS测试现状[J]. 中国农业大学学报, 25（2）: 34-43.

崔玥晗, 邢桂梅, 张艳秋, 等, 2020. 中国郁金香种质资源与育种研究进展[J]. 园艺与种苗, 40（1）: 31-35.

杜习武, 叶康, 秦俊, 等, 2021. 玉兰品种花色表型数量分类研究[J]. 种子, 40（11）: 68-73, 132.

杜晓华, 朱坤婷, 齐阳阳, 等, 2022. 三色堇新品种'百堇3号'[J]. 园艺学报, 49（S2）: 2.

段连峰, 李颖, 刘晓娜, 等, 2023. 国内外萱草新品种选育研究进展[J]. 核农学报, 37（4）: 730-739.

费砚良, 刘青林, 葛红, 2008. 中国作物与野生近缘植物·花卉卷[M]. 北京: 中国农业出版社.

符勇耀, 杨利平, 郑开敏, 等, 2021. 药用万寿菊多倍体的诱导与特征分析[J]. 热带作物学报, 42（5）: 1318-1325.

耿兴敏, 宦智群, 苏家乐, 等, 2021. 杜鹃花属植物种质创新研究进展[J]. 分子植物育种, 19（2）: 604-613.

郭和蓉, 张腾, 袁红丽, 等, 2021. 利用 12 C^{6+} 重离子辐射和尖孢镰刀菌毒素筛选杂交兰抗茎腐病突变体[J]. 核农学报, 35（12）: 2688-2695.

郭生虎, 朱永兴, 关雅静, 2016. 百合科十二卷属玉露的组培快繁关键技术研究[J]. 中国农学通报, 32（34）: 85-89.

何佳越, 刘天乐, 余丽萍, 等, 2017. 帝玉露的离体培养及快速繁殖技术[J]. 安徽农业科学, 45（8）: 148-150, 160.

侯慧, 赵文娜, 李淑娟, 2023. 基于CiteSpace对国内杜鹃属近20年研究热点分析[J/OL]. 分子植物育种, 1-10[2023-03-09]. http://kns.cnki.net/kcms/detail/ 46.1068.S.20220801. 1842.006.html.

胡姗, 俞天成, 李洁, 等, 2023. 萱草属植物分子育种及应用研究进展[J/OL]. 分子植物育种, 1-10[2023-12-27].http://kns.cnki.net/kcms/detail/46.1068.S.20231016.1133.016.html.

黄丽娟, 2020. 石蒜属植物扦插繁殖的研究综述[J]. 上海农业科技（2）: 10-12, 15.

黄玲, 胡先梅, 梁泽慧, 等, 2022. 郁金香花青素合成酶基因$TgANS$的克隆与功能鉴定[J]. 园艺学报, 49（9）: 1935-1944.

蒋至立, 耿兴敏, 祝遵凌, 等, 2023. 牡丹杂交育种研究进展[J]. 分子植物育种, 21（2）: 602-619.

解玮佳, 李世峰, 2021. 我国杜鹃花育种研究进展[J]. 中国花卉园艺（5）: 50-51.

孔鑫, 王剑峰, 熊涵, 等, 2022. 杜鹃属植物育种、繁殖及逆境胁迫的研究进展[J]. 分子植物育种, 20（20）: 6918-6925.

昆明植物所, 2021. 杜鹃花属植物自然杂交区遗传结构研究获进展[J]. 高科技与产业化, 27（12）: 86.

李德珠, 2020. 中国维管植物科属志（上中下卷）[M]. 北京: 科学出版社.

李德珠, 2018. 中国维管植物科属词典[M]. 北京: 科学出版社.

李佳静, 陈亮明, 2022. 杜鹃花的育种研究进展[J]. 绿色科技, 24（7）: 110-112.

李娜, 张信玲, 李新艺, 等, 2019. 泡泡叶杜鹃的组培快繁技术研究[J]. 大理大学学报, 4（12）: 79-83.

李仁娜, 王亚玲, 王宏, 等, 2022. 玉兰新品种'紫韵'[J]. 园艺学报, 49（5）: 1177-1178.

李仁娜, 王亚玲, 闫会玲, 等, 2022. 玉兰新品种'如娟'[J]. 园艺学报, 49（2）: 469-470.

李淑娟, 尉倩, 陈尘, 等, 2019. 中国睡莲属植物育种研究进展[J]. 植物遗传资源学报, 20（4）: 829-835.

李晓花, 童俊, 王凯红, 等, 2020. 5种常绿杜鹃组杜鹃杂交亲和性及播种繁殖研究[J]. 华中师范大学学报, 54（6）: 990-997.

李心, 张永春, 姜红红, 等, 2018. 朱顶红染色体核型分析及倍性鉴定[J]. 上海农业学报, 34（4）: 1-6.

林剑波, 张俊丽, 刘和平, 2020. 杜鹃红山茶研究进展[J]. 安徽农业科学, 48（6）: 12-15.

刘鹏, 郝青, 徐丽慧, 等, 2018. 秋水仙碱诱导睡莲多倍体的研究[C]//张启翔. 中国观赏园艺研究进展2018. 北京: 中国林业出版社, 168-172.

刘青林, 2019. 观赏植物品种的登录保护与审定[J]. 中国花卉园艺（15）: 22-23.

吕文涛, 娄文, 娄晓鸣, 等, 2024. 基于EST-SSR标记的朱顶红种质资源鉴定[J]. 分子植物育种, 22（4）: 1123-1132.

马杰, 徐婷婷, 苏江硕, 2018. 菊花F_1代舌状花耐寒性遗传变异与QTL定位[J]. 园艺学报, 45（4）: 717-724.

马履一, 2019. 红花玉兰的选育及在国土绿化中的应用[J]. 国土绿化（3）: 54-56.

马秀花, 唐道城, 唐楠, 2019. 万寿菊育性相关基因SRAP分子标记开发[J]. 分子植物育种, 17（20）: 6718-6723.

屈连伟, 2018. 郁金香属植物细胞学观察及多倍体种质创新研究[D]. 沈阳: 沈阳农业大学.

屈连伟, 苏君伟, 赵展, 等, 2016. 国产郁金香种球产业化及市场营销策略探析[J]. 园艺与种苗（9）: 42-45.

任倩倩, 张京伟, 张英杰, 等, 2019. 十二卷属多肉植物的组培快繁研究进展[J]. 安徽农业科学, 47（7）: 12-14.

宋毅豪, 吴坤耀, 吴远双, 2019. 7种十二卷属植物栽培品种组培技术的比较研究[J]. 农业科技与信息（6）: 54-56, 59.

苏家乐, 刘晓青, 何丽斯, 等, 2019. 杜鹃品种'江南春早'叶片离体再生体系的建立[J]. 分子植物育种, 17（4）: 1283-1289.

孙丽丹, 2013. 梅花遗传连锁图谱构建和表型性状QTLs分析[D]. 北京: 北京林业大学.

唐楠, 唐道城, 杨洁, 等, 2022. 万寿菊新品种'雪域3号'[J]. 园艺学报, 49（10）: 2291-2292.

田蔼茜, 秦巧平, 张志国, 等, 2023. 萱草花色育种研究进展[J]. 植物生理学报, 59（1）: 1-12.

田代科, 2022. 荷花的育种与国际登录[J]. 花木盆景（8）: 9-13.

屠礼刚, 丁建平, 马忠社, 等, 2016. 荷花辐照育种技术初步研究[J]. 现代园艺, 39（7）: 21-22.

王毕, 邓婕红, 王彩霞, 等, 2019. 长寿花组培快繁技术[J]. 湖北大学学报, 41（4）: 494-496.

王晶, 王先磊, 吴建军, 等, 2016. '红吉星'玉兰[J]. 中国园艺文摘（10）: 24-27.

王静, 徐雷锋, 王令, 等, 2022. 百合花色表型数量分类研究[J]. 园艺学报, 49（3）: 571-580.

王黎, 徐郝, 俞云栋, 等, 2020. 基于SCoT标记的朱顶红品种遗传多样性分析[J]. 浙江农林大学学报, 37（5）: 930-938.

王瑞, 刘思泱, 何祥凤, 等, 2022. 百合*TTG1*基因的克隆、表达及其与MYB和bHLH的互作分析[J]. 分子植物育种, 20（16）: 1-9.

王亚琴, 韦陆丹, 王文静, 等, 2020. 万寿菊再生体系的建立及优化[J]. 植物学报, 55（6）: 749-759.

王艺程, 张世杰, 丁寒雪, 等, 2023. 甲基磺酸乙酯（EMS）在植物诱变育种中的应用[J]. 分子植物育种, 21（19）: 6455-6462.

王禹, 张广辉, 赫京生, 等, 2020. 杜鹃花色研究进展[J]. 世界林业研究, 33（5）: 19-24.

魏茂胜, 2019. 不同处理对茶绒杜鹃扦插生根与生长的影响[J]. 森林与环境学报, 39（1）: 27-31.

吴美娇, 张亚明, 王雪倩, 等, 2019. 无花粉污染百合的杂交育种研究[J]. 南京农业大学学报, 42（6）: 1030-1039.

肖月娥, 于凤扬, 奉树成, 2020. 鸢尾属主要园艺类群及育种进展[J]. 花木盆景（4）: 4-9.

谢斌, 王亚玲, 叶卫, 2020. 玉兰新品种'小璇'[J]. 园艺学报, 47（5）: 1015-1016.

辛海波, 宋利娜, 李子敬, 等, 2017. 万寿菊新品种'橙玉'[J]. 园艺学报, 44（S2）: 2713-2714.

邢桂梅, 2017. 我国野生郁金香繁殖生物学及种间杂交亲和性研究[D]. 沈阳: 沈阳农业大学.

邢全, 李晓东, 2021. 中国迁地栽培植物志百合科芦荟属[M]. 北京: 中国林业出版社.

徐森富, 陈依桃, 2017. 截形十二卷组培快繁试验[J]. 植物学研究, 6（3）: 185-191.

徐婉, 林雅君, 赵莊, 等, 2022. 兰属植物资源与育种研究进展[J]. 园艺学报, 49（12）: 2722-2742.

杨柳燕, 李青竹, 蔡友铭, 等, 2019. 二十四个朱顶红品种观赏性状分析及杂交育种研究[J]. 北方园艺（1）: 109-114.

杨文汉, 曾媛, 李霆格, 等, 2016. 三色堇酪氨酸脱羧酶基因的克隆及其生物信息学分析[J]. 分子植物育种, 14（11）: 3002-3010.

杨宗宗, 迟建才, 马明, 2021. 新疆北部野生维管植物图鉴[M]. 北京: 科学出版社.

殷丽青, 邵雅东, 李青竹, 等, 2021. 石蒜属植物组织培养及其植物生长调节剂应用的研究进展[J]. 上海农业学报, 37（4）: 147-154.

尹丽娟, 有祥亮, 张冬梅, 2019. 多季茶花育种现状及公园绿地中的配置应用[J]. 园林（11）: 72-76.

尤扬, 王贤荣, 张晓云, 2018. 低温对桂花'状元红'叶肉细胞超微结构的影响[J]. 中国细胞生物学学报, 40（5）: 752-758.

尤扬, 张晓云, 2021. 低温对桂花万点金叶肉细胞超微结构的影响[J]. 中山大学学报, 60（4）: 34-41.

游慕贤, 游鸣飞, 2018. 高效率茶花育种[J]. 中国花卉园艺（10）: 33-34.

余鹏程, 谭平宇, 高丽, 等, 2021. OT百合杂交育种历程中的花色演变分析[J]. 园艺学报, 48（10）: 1885-1894.

袁琳, 高亦珂, 朱琳, 等, 2018. 连续开花萱草杂交育种研究[J]. 中国农业大学学报, 23（6）: 49-58.

袁王俊, 叶松, 董美芳, 等, 2017. 菊花品种表型性状与SSR和SCoT分子标记的关联分析[J]. 园艺学报, 44（2）: 364-372.

曾瑞珍, 黎扬辉, 郭和蓉, 等, 2016. 兰花新品种'小凤兰'[J]. 园艺学报, 43（S2）: 2817-2818.

张丰收, 王青, 2022. 植物辐射诱变育种的研究进展[J]. 河南师范大学学报, 48（6）: 39-49.

张华丽, 李子敬, 秦贺兰, 等, 2017. 万寿菊新品种'金玉'[J]. 园艺学报, 44（S2）: 2711-2712.

张华丽, 辛海波, 秦贺兰, 等, 2016. 万寿菊新品种'美誉'[J]. 园艺学报, 43（S2）: 2791-2792.

张序, 刘雄芳, 万友名, 等, 2019. 杜鹃属植物自然杂交研究进展[J]. 世界林业研究, 32（6）: 20-24.

张艳秋, 邢桂梅, 鲁娇娇, 等, 2022. 天山郁金香鳞茎营养成分和生物活性物质含量分析[J]. 北方园艺（17）: 64-68.

赵祥云, 王文和, 2017. 拓展市场 强强联手 合作共赢——我国百合产业现状、存在问题和发展前景[J]. 中国花卉园艺（13）: 10-13.

郑硕理, 张巧玲, 张陈阼, 等, 2019. 耐热杜鹃花种质及其在暖热地区栽培研究进展[J]. 湖南生态科学学报, 6（1）: 49-55.

周贝蓓, 柯雯欣, 吕奕, 等, 2023. 石蒜与萱草远缘杂交育种研究[J]. 中国野生植物资源, 42（5）: 25-31.

庄平, 2019. 杜鹃花属植物的可育性研究进展[J]. 生物多样性, 27（3）: 327-338.

庄平, 2019. 杜鹃花属植物种间杂交向性研究[J]. 广西植物, 39（10）: 1281-1286.

邹红竹, 周琳, 韩璐璐, 等, 2021. 滇牡丹花瓣着色过程中类胡萝卜素成分变化和相关基因表达分析[J]. 园艺学报, 48（10）: 1934-1944.

AI Y, ZHANG CL, SUN YL, et al, 2017. Characterization and functional analysis of five MADS-box B class genes related to floral organ identification in *Tagetes erecta*[J]. PLoS ONE, 12（1）: e0169777.

AI Y, ZHANG QH, WANG WN, et al, 2016. Transcriptomic analysis of differentially expressed genes during flower organ development in genetic male sterile and male fertile *Tagetes erecta* by digital gene-expression profiling[J]. PLoS ONE, 11（3）: e0150892.

BAEK S, CHOI K, KIM GB, et al, 2018. Draft genome sequence of wild *Prunus yedoensis* reveals massive inter-specific hybridization between sympatric flowering cherries[J]. Genome Biology, 19（1）: 127.

BALILASHAKI K, VAHEDI M, HO TT, et al, 2022. Biochemical, cellular and molecular aspects of *Cymbidium* orchids: an ecological and economic overview[J]. Acta Physiologiae Plantarum, 44: 24.

BO M, WU J, SHI TL, et al, 2022. Lilac（*Syringa oblata*）genome provides insights into its evolution and molecular mechanism of petal color change[J]. Communications Biology（5）: 686.

BOLAÑOS-VILLEGAS P, CHEN FC, 2022. Advances and perspectives for polyploidy breeding in orchids[J]. Plants（11）: 1421.

BRICKEL C, 1996. The Royal Horticultural Society A-Z Encyclopedia of Garden Plants[M]. London: Dorling Kindersley Limited.

CAO XS, XIE HT, SONG ML, et al, 2023. Cut-dip-budding delivery system enables genetic modifications in plants without tissue culture[J]. Innovation, 4（1）: 100345.

CARDOSO JC, ZANELLO CA, CHEN JT, 2020. An overview of orchid protocorm-like bodies: Mass propagation, biotechnology, molecular aspects, and breeding[J]. International Journal of Molecular Sciences, 21: 985.

CHAO Y, CHEN W, CHEN C, et al, 2018. Chromosome-level assembly, genetic and physical mapping of *Phalaenopsis aphrodite* genome provides new insights into species adaptation and resources for orchid breeding[J]. Plant Biotechnology Journal, 16（12）: 2027-2041.

CHEN J, WANG L, CHEN JB, et al, 2018. *Agrobacterium tumefaciens*-mediated transformation system for the important medicinal plant *Dendrobium catenatum* Lindl[J]. In Vitro Cellular & Developmental Biology-Plant: Journal of the Tissue Culture Association, 54: 228-239.

CHEN JR, CHEN YB, ZIEMIANSKA M, et al, 2016. Co-expression of MtDREB1C and RcXET enhances stress tolerance of transgenic China rose（*Rosa chinensis* Jacq.）[J]. Journal of Plant Growth Regulation, 35: 586-599.

CHEN J Y, 1989. Chinese floral germplasm resources and their superiorities[C]//Intern. Symposium on Hort. Germplasm, Cultivated and Wild, Part Ⅲ Ornamental Plants.

CHOI YH, RAMZAN F, HWANG YJ, et al, 2021. Using cytogenetic analysis to identify the genetic diversity in *Lilium hansonii*（Liliaceae）, an endemic species of Ulleung Island, Korea[J]. Horticulture, Environment, and Biotechnology, 62（5）: 795-804.

CHONG X, SU J, WANG F, et al, 2019. Identification of favorable SNP alleles and candidate genes responsible for inflorescence-related traits via GWAS in chrysanthemum[J]. Plant Mol Biol., 99（4-5）: 407-420.

CHONG X, ZHANG F, WU Y, et al, 2016. A SNP-enabled assessment of genetic diversity, evolutionary relationships and the identification of candidate genes in chrysanthemum[J]. Genome Biology and Evolution, 12（8）: 3661-3671.

CHRISTENHUSZ MJ, FAY MF, CHASEM MW, 2017. Plants of the World, An Illustrated Encyclopedia of Vascular Plant Families[M]. Royal Botanic Gardens, Kew. Publishing; Chicago: The Vniversity of Chicago Press.

CHUANG YC, LEE MC, CHANG YL, et al, 2017. Diurnal regulation of the floral scent emission by light and circadian rhythm in the *Phalaenopsis* orchids[J]. Botanical Studies, 58: 50.

CPOV. https://online.plantvarieties.eu/login. (欧盟植物新品种保护数据库)

CUI HX, GU XH, SHI L, 2009. *In vitro* proliferation from axillary buds and *ex vitro* protocol for effective propagation of *Syringa × hyacinthiflora* 'Luo Lan Zi' [J]. Scientia Horticulturea, 121: 186-191.

DEBARD ML, 2023. International Register and Checklist of Cultivar names in the Genus *Syringa* L. (Oleaceae) [M]. International Lilac Society (ILS). (www. Internationa Lilacsociety. org)

DEMASI S, CASER M, HANDA T, et al, 2017. Adaptation to iron deficiency and high pH in evergreen azaleas (*Rhododendron* spp.): potential resources for breeding[J]. Euphytica, 213: 148.

DHIMAN MR, MOUDGIL S, PARKASH C, et al, 2018. Biodiversity in *Lilium*: a review[J]. International Journal of Horticulture (8): 83-97.

DUAN YF, LI W H, ZHENG SY, et al, 2019. Functional androdioecy in the ornamental shrub *Osmanthus delavayi* (Oleaceae)[J]. PLoS ONE, 14 (9): e0221898.

FANG L, TONG J, DONG Y, et al, 2017. *De novo* RNA sequencing transcriptome of *Rhododendron obtusum* identified the early heat response genes involved in the transcriptional regulation of photosynthesis[J]. PLoS ONE, 12 (10): e0186376.

FANG SC, CHEN JC, CHANG PY, et al, 2022. Co-option of the SHOOT MERISTEMLESS network regulates protocorm-like body development in *Phalaenopsis aphrodite*[J]. Plant Physiology, 190: 127-145.

FENG Y, LIU T, WANG XY, et al, 2018. Characterization of the complete chloroplast genome of the Chinese cherry *Prunus pseudocerasus* (Rosaceae) [J]. Conservation Genetics Resources (10): 85-88.

FONTAINE N, GAUTHIER P, CASAZZA G, et al, 2022. Niche variation in endemic *Lilium pomponium* on a wide altitudinal gradient in the Maritime Alps[J]. Plants, 11 (16): 833.

FU ZZ, WANG LM, SHANG HQ, et al, 2018. An R3-MYB gene of *Phalaenopsis*, *MYBx1*, represses anthocyanin accumulation[J]. Plant Growth Regulation, 88: 129-138.

GIVNISH T, SKINNER M, REŠETNIK I, et al, 2020. Evolution, geographic spread and floral diversification of the Genus *Lilium* with special reference to the lilies of North America[J]. North American Lily Society Year Book, 74: 26-44.

GUO YH, GUO ZY, ZHONG J, et al, 2023. Positive regulatory role of R2R3 MYBs in terpene biosynthesis in *Lilium* 'Siberia' [J]. Hortic Plant J (9): 1024-1038.

HAN JN, LI T, WANG X, et al, 2022. AmMYB24 regulates floral terpenoid biosynthesis induced by blue light in snapdragon flowers[J]. Frontiers in Plant Science (13): 885168.

HAN Y, WANG H, WANG X, et al, 2019. Mechanism of floral scent production in *Osmanthus fragrans* and the production and regulation of its key floral constituents, β-ionone and linalool[J]. Horticulture Research (6): 106.

HAN Y, WU M, CAO L, et al, 2019. Characterization of OfWRKY3, a transcription factor that positively regulates the carotenoid cleavage dioxygenase gene OfCCD4 in *Osmanthus fragrans*[J]. Plant Mol Biol, 91 (4): 485-496.

HAN YJ, LU MM, YUE SM, et al, 2022. Comparative methylomics and chromatin accessibility analysis in uncovers regulation of genic transcription and mechanisms of key floral scent production[J]. Horticulture Research (9): uhac096.

HE XF, LI WY, ZHANG WZ, et al, 2019. Transcriptome sequencing analysis provides insights into the response to *Fusarium oxysporum* in *Lilium pumilum*[J]. Evolutionary Bioinformatics (15): 1-10.

HE YH, SUN YL, ZHENG RR, et al, 2016. Induction of tetraploid male sterile *Tagetes erecta* by colchicine treatment and its application for interspecific hybridization[J]. Horticultural Plant Journal, 2（5）: 284-292.

HIBRAND SL, RUTTINK T, HAMAMA L, et al, 2018. A high-quality genome sequence of *Rosa chinensis* to elucidate ornamental traits[J]. Nature Plants, 4（7）: 473-484.

HINSLEY A, De BOER HJ, FAY MF, et al, 2018. A review of the trade in orchids and its implications for conservation[J]. Botanical Journal of the Linnean Society, 186: 435-455.

HOJSGAARD D, 2018. Transient activation of apomixis in sexual neotriploids may retain genomically altered states and enhance polyploid establishment[J]. Frontiers in Plant Science, 230（9）: 1-15.

HOU ZQ, TANG DC, TANG N, et al, 2016. Isolation and analysis of differentially expressed genes between male fertile and male sterile flower buds of marigold（*Tagetes erecta* L.）[J]. Pak J Bot, 48（6）: 2423-2431.

HSIEH KT, LIU SH, WANG IW, et al, 2020. *Phalaenopsis* orchid miniaturization by overexpression of *OsGA2ox6*, a rice GA2-oxidase gene[J]. Botanical Studies, 61: 10.

HSU CC, CHEN SY, CHIU SY, et al, 2022. High-density genetic map and genome-wide association studies of aesthetic traits in *Phalaenopsis* orchids[J]. Sci Rep, 12（1）: 3346.

HU YH, SONG AP, GUAN ZY, et al, 2023. CmWRKY41 activates CmHMGR2 and CmFPPS2 to positively regulate sesquiterpenes synthesis in *Chrysanthemum morifolium*[J]. Plant Physiol Bioch, 196: 821-829.

HUALSAWAT S, KHAIRUM A, CHUEAKHUNTHOD W, et al, 2022. Profiling of black rot resistant *Dendrobium* 'Earsakul' induced by *in vitro* sodium azide mutagenesis[J]. European Journal of Horticultural Science, 87（2）: 1-13.

HUANG J, YANG L, YANG L, et al, 2023. Stigma receptors control intraspecies and interspecies barriers in Brassicaceae[J]. Nature, 614（7947）: 303-308.

HUANG W, FANG Z, 2021. Different amino acids inhibit or promote rhizome proliferation and differentiation in *Cymbidium goeringii*[J]. HortScience, 56: 79-84.

INTERNATIONAL CAMELLIA SOCIETY, 1993, 1997, 2011. The International Camellia Register（1-2, S1, S2）[M]. ICS.

IRISH V, 2017. The ABC model of floral development[J]. Curr Biol, 27: R887-R890.

JIANG L, JIANG XX, LI YN, et al, 2022. FT-like paralogs are repressed by an SVP protein during the floral transition in *Phalaenopsis* orchid[J]. Plant Cell Reports, 41: 233-248.

JIU S, CHEN B, DONG X, et al, 2023. Chromosome-scale genome assembly of *Prunus pusilliflora* provides novel insights into genome evolution, disease resistance, and dormancy release in *Cerasus* L.[J]. Horticulture Research, 10（5）: uhad062.

KHAIRUM A, HUALSAWAT S, CHUEAKHUNTHOD W, et al, 2022. Selection and characterization of *in vitro*-induced mutants of *Dendrobium* 'Earsakul' resistant to black rot[J]. *In Vitro* Cellular & Developmental Biology-Plant, 58: 577-592.

KILBANE T, 2020. Plant registrations new waterlilies[J]. IWGS Water Garden Journal, 35（4）: 19-28.

KILBANE T, 2021. Plant registrations new waterlilies[J]. IWGS Water Garden Journal, 36（4）: 19-37.

KREBS SL, 2018. Rhododendron[M]. In: Van Huylenbroeck J（ed）. Ornamental Crops（Handbook of Plant Breeding 11）. Cham, Switzerland: Springer. 673-718.

KUMAR KR, SINGH KP, BHATIA R, et al, 2019. Optimising protocol for successful development of haploids in marigold（*Tagetes* spp.）through *in vitro* androgenesis[J]. Plant Cell Tiss Organ Cult, 138: 11-28.

KUMARI S, KANTH BK, JEON Y, et al, 2018. Internal transcribed spacer-based CAPS marker development for *Lilium hansoni* identification from wild *Lilium* native to Korea[J]. Scientia Horticulturae, 236: 52-59.

LaFOUNTAIN AM, YUAN YW, 2021. Repressors of anthocyanin biosynthesis[J]. New Phytol, 231（3）:

933-949.

LAN Z, SONG Z, WANG Z, et al, 2023. Antagonistic RALF peptides control an intergeneric hybridization barrier on Brassicaceae stigmas[J]. Cell, 186（22）: 4773-4787.

LI CR, DONG N, ZHAO YM, et al, 2021. A review for the breeding of orchids: Current achievements and prospects[J]. Horticultural Plant Journal, 7（5）: 380-392.

LI J, CAI J, QIN HH, et al, 2022. Phylogeny, age, and evolution of tribe Lilieae（Liliaceae）based on whole plastid genomes[J]. Frontiers in Plant Science, 12.

LI J, JIANG XX, LI YN, et al, 2022. FT-like paralogs are repressed by an SVP protein during the floral transition in *Phalaenopsis* orchid[J]. Plant Cell Reports, 41: 233-248.

LI M, SANG M, WEN Z, et al, 2022. Mapping floral genetic architecture in *Prunus mume*, an ornamental woody plant[J]. Frontiers in Plant Science, 13. doi: 10.3389/fpls.2022.828579.

LI P, ZHANG F, CHEN S, et al, 2016. Genetic diversity, population structure and association analysis in cut chrysanthemum（*Chrysanthemum morifolium* Ramat.）[J]. Molecular Genetics and Genomics, 291（3）: 1117-1125.

LI Y, ZHANG B, WANG YW, et al, 2021. *DOTFL1* affects the floral transition in orchid *Dendrobium* Chao Praya Smile[J]. Plant Physiology, 186: 2021-2036.

LIN HY, CHEN JC, FANG SC, 2018. A protoplast transient expression system to enable molecular, cellular, and functional studies in *Phalaenopsis* orchids[J]. Frontiers in Plant Science, 9: 843.

LIU GX, YUE L, QU LW, et al, 2022. Analyzing the genetic relationships in *Tulipa* based on karyotypes and 5S rDNA sequences[J]. Scientia Horticulturae, 302: 111178.

LIU L, XUE YJ, LUO JY, et al, 2023. Developing a UV-visible reporter-assisted CRISPR/Cas9 gene editing system to alter flowering time in *Chrysanthemum indicum*[J]. Plant Biotechnology Journal, 21（8）: 1519-1521.

LIU YC, YEH CW, CHUNG JD, et al, 2018. Petal-specific RNAi-mediated silencing of the phytoene synthase gene reduces xanthophyll levels to generate new *Oncidium* orchid varieties with white-colour blooms[J]. Plant Biotechnology Journal, 17: 2035-2037.

LOBDELL MS, 2021. Register of *Magnolia* Cultivars[J]. HortScience, 56（12）: 1614-1675.

LU RS, YANG T, CHEN Y, et al, 2021. Comparative plastome genomics and phylogenetic analyses of Liliaceae[J]. Botanical Journal of the Linnean Society, 196（3）: 279-293.

LUO X, HE YH, 2020. Experiencing winter for spring flowering——a molecular epigenetic perspective on vernalization[J]. J Integr Plant Biol, 62（1）: 104-117.

MARASEK-CIOLAKOWSKA A, NISHIKAWA T, SHEA DJ, et al, 2018. Breeding of lilies and tulips-Interspecific hybridization and genetic background[J]. Breeding Science, 68: 35-52.

MARCUSSEN T, BALLARD HE, DANIHELKA J, et al, 2022. A revised phylogenetic classification for *Viola*（Violaceae）[J]. Plants, 11（17）.

MOSTAFAVI AS, OMIDI M, AZIZINEZHAD R, et al. 2021. Genetic diversity analysis in a mini core collection of Damask rose（*Rosa damascena* Mill.）germplasm from Iran using URP and SCoT markers[J]. Journal of Genetic Engineering and Biotechnology, 19（1）: 144.

NAKAMURA N, HIRAKAWA H, SATO S, et al, 2017. Genome structure of *Rosa multiflora*, a wild ancestor of cultivated roses[J]. DNA Research, 25（2）: 113-121.

NIE C, ZHANG Y, ZHANG X, et al, 2023. Genome assembly, resequencing and genome-wide association analyses provide novel insights into the origin, evolution and flower colour variations of flowering cherry[J]. Plant J, 114（3）: 519-533.

NOPITASARI S, SETIAWATI Y, LAWRIE MD, et al, 2018. Development of an *Agrobacterium*-delivered

CRISPR/Cas9 for *Phalaenopsis amabilis*（L.）Blume genome editing system[C]. The 6th International Conference on Biological Science ICBS, AIP Conf. Proc. 2260, 060014.

PHILLIPS RD, REITER N, PEAKALL R. 2020. Orchid conservation: from theory to practice[J]. Annals of Botany, 126: 345-362.

PONIEWOZIK M, PARZYMIES M, SZOT P, et al, 2021. *Paphiopedilum insigne* morphological and physiological features during *In vitro* rooting and *ex vitro* acclimatization depending on the types of auxin and substrate[J]. Plants, 10: 582.

QU LW, LI X, XING GM, et al, 2018. Karyotype analysis of eight wild *Tulipa* species native to China and the interspecific hybridization with tulip cultivars[J]. Euphytica, 214（4）: 65.

QU LW, XING GM, ZHANG YQ, et al, 2017. 'Purple jade': the fist tulip cultivar released in China[J]. HortScience, 52（3）: 465-466.

QU LW, ZHANG YQ, XING GM, et al, 2019. Inducing 2*n* pollen to obtain polyploids in tulip[J]. Acta Horticulturae, 1237: 93-100.

RAYMOND O, GOUZY J, JUST J. et al, 2018. The *Rosa* genome provides new insights into the domestication of modern roses[J]. Nat Genet, 50: 772-777.

REN R, GAO J, LU CQ, et al, 2020. Highly efficient protoplast isolation and transient expression system for functional characterization of flowering related genes in *Cymbidium* orchids[J]. International Journal of Molecular Sciences, 21: 2264.

REN ZM, LIN YF, LV XS, et al, 2021. Clonal bulblet regeneration and endophytic communities profiling of *Lycoris sprengeri*, an economically valuable bulbous plant of pharmaceutical and ornamental value[J]. Scientia Horticulturae, 279: 109856.

REN ZM, XIA YP, ZHANG D, et al, 2017. Cytological analysis of the bulblet initiation and development in *Lycoris* species[J]. Scientia Horticulturae, 218: 72-79.

REN ZM, ZHANG D, CHEN J, et al, 2022. Comparative transcriptome and metabolome analyses identified the mode of sucrose degradation as a metabolic marker for early vegetative propagation in bulbs of *Lycoris*[J]. The Plant Journal, 112（1）: 115-134.

RHS. https://www.rhs.org.uk/plants/plantsmanship/plant-registration/dianthus-cultivar-registration. The International Dianthus Register and Checklist 2016.

ROWLEY GD, FIGUEIREDO E, 2015. Garden Aloes, Growing and Breeding cultivars and Hybrids[M]. Johannesburg: Jacana Media（Pty）Ltd.

SCHULZ DF, SCHOTT RI, VOORRIPS RE, et al, 2016. Genome-wide association analysis of the anthocyanin and carotenoid contents of rose petals[J]. Frontiers in Plant Science（7）: 1798.

SEMIARTI S, NOPITASARI Y, SETIAWATI MD, et al, 2020. Application of CRISPR/Cas9 genome editing system for molecular breeding of orchids[J]. Indonesia Journal of Biotechnology, 25: 61-68.

SHAN X, LI Y, YANG S, et al, 2020. The spatio-temporal biosynthesis of floral flavonols is controlled by differential phylogenetic MYB regulators in *Freesia hybrida*[J]. New Phytol, 228: 1864-1879.

SHERPA R, DEVADAS R, BOLBHAT SN, et al, 2022. Gamma radiation induced *in vitro* mutagenesis and isolation of mutants for early flowering and phytomorphological variations in *Dendrobium* 'Emma White' [J]. Plants, 11（22）: 3168.

SHI SC, DUAN GY, LI DD, et al, 2018. Two-dimensional analysis provides molecular insight into flower scent of *Lilium* 'Siberia' [J]. Scientific Reports（8）: 5352.

SMULDERS MJM, ARENS P, BOURKE PM, et al, 2019. In the name of the rose: a roadmap for rose research in the genome era[J]. Horticulture Research（6）: 65.

SONG A, SU J, WANG H, et al, 2023. Analyses of a chromosome-scale genome assembly reveal the origin and evolution of cultivated chrysanthemum[J]. Nat Commun, 14(1): 2021.

SONG X, XU Y, GAO K, et al, 2020. High-density genetic map construction and identification of loci controlling flower-type traits in Chrysanthemum (*Chrysanthemum × morifolium* Ramat.)[J]. Horticulture Research, 7: 108.

SRIVASTAVA D, GAYATRI MC, SARANGI SK, 2018. *In vitro* mutagenesis and characterization of mutants through morphological and genetic analysis in orchid *Aerides crispa* Lindl[J]. Indian Journal of Experimental Biology, 56(6): 385-394.

SRIVASTAVA R, TRIVEDI H, 2021. Conservation and Use of Plant Genetic Resources[C/OL]. In: Datta SK, Gupta YC(eds). Floriculture and Ornamental Plants. Handbooks of Crop Diversity. Springer, Singapore, https://doi.org/10.1007/978-981-15-1554-5_24-1.

STEINBECK J, 2017. IWGS new waterlily competition winners announced[J]. IWGS Water Garden Journal, 32(4): 15-17.

SU J, YANG X, ZHANG F, et al, 2018. Dynamic and epistatic QTL mapping reveals the complex genetic architecture of water logging tolerance in chrysanthemum[J]. Planta, 247(4): 899-924.

SUN CQ, MA ZH, ZHANG ZC, et al, 2018. Factors influencing cross barriers in interspecific hybridizations of water lily[J]. Journal of the American Society for Horticultural Science, 143(2): 130-135.

SUN L, SANG M, ZHENG C, et al, 2018. The genetic architecture of heterochrony as a quantitative trait: lessons from a computational model[J]. Briefings in Bioinformatics, 19(6): 1430-1439.

TONG CG, WU FH, YUAN YH, et al, 2020. High-efficiency CRISPR/Cas-based editing of *Phalaenopsis* orchid *MADS* genes[J]. Plant Biotechnology Journal, 18: 889-891.

URS ANN, HU YL, LI PW, et al, 2019. Cloning and Expression of a Nonribosomal Peptide Synthetase to Generate Blue Rose[J]. Acs Synthetic Biology, 8: 1698-1704.

VAN GEEST G, BOURKE PM, VOORRIPS RE, et al, 2017. An ultra-dense integrated linkage map for hexaploid chrysanthemum enables multi-allelic QTL analysis[J]. Theoretical and Applied Genetics, 130(12): 2527-2541.

VAN TUYL JM, ARENS P, SHAHIN A, et al, 2018. *Lilium*[C]. In: Van Huylenbroeck J(ed). Ornamental Crops, Handbook of Plant Breeding 11.Cham, Switzerland: Springer. 481-512.

VAN WYK BE, ROWLEY GD, 2014. Guide to Aloes of South Africa[M]. Pretoria: Briza Publications.

VILCHERREZ-ATOCHE JA, SILVA JC, CLARINDO WR, et al, 2023. *In Vitro* polyploidization of *Brassolaeliocattleya* hybrid orchid[J]. Plants, 12(2): 281.

VUKOSAVLJEV M, ARENS P, VOORRIPS RE, et al, 2016. High-density SNP-based genetic maps for the parents of anoutcrossed and a selfed tetraploid garden rose cross, inferred from admixed progeny using the 68krose SNP array[J]. Horticulture Research, 3: 16052.

WANG B, SMITH SM, LI JY, 2018. Genetic Regulation of Shoot Architecture[J]. Annual Review of Plant Biology, 69: 437-468.

WANG CP, LI Y, WANG N, et al, 2022. An efficient CRISPR/Cas9 platform for targeted genome editing in rose (*Rosa hybrida*)[J]. Journal of Integrative Plant Biology, 65(4): 895-899.

WANG J, FENG L, MU S, et al, 2022. Asymptotic tests for Hardy-Weinberg equilibrium in hexaploids[J]. Horticulture Research, 9: uhac104.

WANG L, LU X, HAN B, et al, 2020. The complete chloroplast genome of Amana baohuaensis (Liliaceae)[J]. Mitochondrial DNA Part B, 5(3): 3647-3649.

WANG L, SUN J, REN L, et al, 2020. CmBBX8 accelerates flowering by targeting *CmFTL1* directly in summer chrysanthemum[J]. Plant Biotechnol J, 18（7）: 1562-1572.

WANG M, ZHANG S, WU J, et al, 2022. *Amana hejiaqingii*（Liliaceae）, a New Species from the Dabie Mountains, China[J]. Taxonomy, 2: 279-290.

WANG MZ, FAN XK, ZHANG YH, et al, 2023. Phylogenomics and integrative taxonomy reveal two new species of *Amana*（Liliaceae）[J]. Plant Diversity, 45（1）: 54-68.

WANG SL, AN HR, TONG CG, et al, 2021. Flowering and flowering genes: from model plants to orchids[J]. Horticulture, Environment and Biotechnology, 62: 135-148.

WANG WB, YUE JY, WANG WH, et al, 2017. Hybridization and Identification of Asiatic Lily Hybrids using Fluorescence *In Situ* Hybridization[J]. International Journal of Agriculture and Biology, 19（6）: 1627-1632.

WANG Y, LU LM, LI JR, et al, 2022. A chromosome-level genome of *Syringa oblata* provides new insights into chromosome formation in Oleaceae and evolutionary history of lilacs[J]. The Plant Journal, 111: 836-848.

WANG YW, LI Y, YAN XJ, et al, 2020. Characterization of C- and D-class MADS-box genes in orchids[J]. Plant Physiology, 184: 1469-1481.

WRAITH J, NORMAN P, PICKERING C, 2020. Orchid conservation and research: An analysis of gaps and priorities for globally Red Listed species[J]. Ambio, 49: 1601-1611.

WU J, WANG M, ZHU Z, et al, 2022. Cytogeography of the East Asian Tulips（*Amana*, Liliaceae）[J]. Taxonomy, 2: 145-159.

WU Q, WU J, LI SS, et al, 2016. Transcriptome sequencing and metabolite analysis for revealing the blue flower formation in waterlily[J]. BMC Genomics, 17（1）: 897.

XIA KK, ZHANG DW, XU XJ, et al, 2022. Protoplast technology enables the identification of efficient multiplex genome editing tools in *Phalaenopsis*[J]. Plant Science, 322: 111368.

XIA XM, YANG MQ, LI CL, et al, 2022, Spatiotemporal Evolution of the Global Species Diversity of *Rhododendron*[J]. Molecular Biology and Evolution, 39（1）: msab314.

XIAO KZ, ZHENG W, ZENG J, et al, 2019. Analysis of abnormal meiosis and progenies of an odd-allotetraploid *Lilium* 'Honesty' [J]. Scientia Horticulturae, 253（27）: 316-321.

XING G, QU L, ZHANG W, et al, 2020. Study on interspecific hybridization between tulip cultivars and wild species native to China[J]. Euphytica, 216（4）: 66.

XU XD, WEN J, WANG W, et al, 2018. The complete chloroplast genome of the threatened *Prunus cerasoides*, a rare winter blooming cherry in the Himalayan region[J]. Conservation Genetics Resources（10）: 499-502.

YAGI M, SHIRASAWA K, WAKI T, et al, 2017. Construction of an SSR and RAD marker-based genetic linkage map for carnation（*Dianthus caryophyllus* L.）[J]. Plant Molecular Biology Reporter, 35（1）: 110-117.

YAMAGUCHI H, 2018. Mutation breeding of ornamental plants using ion beams[J]. Breeding Science, 68（1）: 71-78.

YAN M, BYRNE DH, KLEIN PE, et al, 2018. Genotyping-by-sequencing application on diploid rose and resulting high-density SNP-based consensus map[J]. Horticulture Research, 5（1）: 17.

YANG X, YUE Y, LI H, et al, 2018. The chromosome-level quality genome provides insights into the evolution of the biosynthesis genes for aroma compounds of *Osmanthus fragrans*[J]. Horticulture Research（5）: 72.

YANG Y, SUN M, LI S, et al, 2020. Germplasm resources and genetic breeding of *Paeonia*: a systematic review[J]. Horticulture Research（7）: 2662-6810.

YI XG, YU XQ, CHEN J, et al, 2020. The genome of Chinese flowering cherry（*Cerasus serrulata*）provides new insights into *Cerasus* species[J]. Horticulture Research（7）: 165.

YONG YY, ZHANG X, HAN MZ, et al, 2023. LiMYB108 is involved in floral monoterpene biosynthesis induced by light intensity in Lilium 'Siberia' [J]. Plant Cell Reports, 42: 763-773.

YU CW, QIAO GR, QIU WM, et al, 2018. Molecular breeding of water lily: engineering cold stress tolerance into tropical water lily[J]. Horticulture Research (5): 73.

YUAN J, JIANG S, JIAN J, et al, 2022. Genomic basis of the giga-chromosomes and giga-genome of tree peony *Paeonia ostii*[J]. Nature Communications, 13: 7328.

ZAKIZADEH S, KAVIANI B, HASHEMABADI D, 2020. *In vivo*-induced polyploidy in *Dendrobium* 'Sonia' in a bubble bioreactor system using colchicine and oryzalin[J]. Brazilian Journal of Botany, 43: 921-932.

ZENG RZ, ZHU J, XU SY, et al, 2020. Unreduced male gamete formation in *Cymbidium* and its use for developing sexual polyploid cultivars[J]. Frontiers in Plant Science (11): 558.

ZHANG D, LI YY, ZHAO X, et al, 2024. Molecular insights into self-incompatibility systems: From evolution to breeding[J]. Plant communications, 5 (2): 100719.

ZHANG DY, ZHAO XW, LI YY, et al, 2022. Advances and prospects of orchid research and industrialization[J]. Horticulture Research (9): uhac220.

ZHANG HL, SONG LN, LI LF, et al, 2022. Interspecific hybridization with African marigold (*Tagetes erecta*) can improve flower-related performance in French marigold (*T. patula*)[J]. Not Bot Horti Agrobo, 50 (4): 12808.

ZHANG HL, XIN HB, CONG RC, et al, 2019. Cross Compatibility Analysis to Identify Suitable Parents of *Tagetes erecta* and *T. patula* for Heterotic Hybrid Breeding[J]. Not Bot Horti Agrobo, 47 (3): 676-682.

ZHANG JL, MA YP, WU ZK, et al, 2017. Natural hybridization and introgression among sympatrically distributed *Rhododendron* species in Guizhou, China[J]. Biochemical Systematics and Ecology, 70: 268-273.

ZHANG Q, CHEN W, SUN L, et al, 2012. The genome of *Prunus mume*[J]. Nat Communication (3): 1318.

ZHANG Q, ZHANG H, SUN L, et al, 2018. The genetic architecture of floral traits in the woody plant *Prunus mume* [J]. Nature Communications, 9 (1): 1702.

ZHANG XQ, GAO JY, 2021. Colchicine-induced tetraploidy in *Dendrobium cariniferum* and its effect on plantlet morphology, anatomy and genome size[J]. Plant Cell, Tissue and Organ Culture, 144: 409-420.

ZHOU S, XU C, LIU J, et al, 2020. Out of the Pan-Himalaya: Evolutionary history of the Paeoniaceae revealed by phylogenomics [J]. Journal of Systematics and Evolution, 59: 1170-1182.

ZHOU YP, WANG ZX, DU YP, et al, 2020. Fluorescence *in situ* hybridization of 35S rDNA sites and karyotype of wild *Lilium* (Liliaceae) species from China: taxonomic and phylogenetic implications[J]. Genetic Resources and Crop Evolution, 67 (6): 1601-1617.